WØ194116

E-Book inside.

Mit folgendem persönlichen Code können Sie die
E-Book-Ausgabe dieses Buches downloaden:

a79z6-p56r5-01800-dc1tb

Registrieren Sie sich unter

www.hanser-fachbuch.de/ebookinside

und nutzen Sie das E-Book auf Ihrem Rechner*,
Tablet-PC und E-Book-Reader.

Der Download dieses Buches als E-Book unterliegt gesetzlichen
Bestimmungen bzw. steuerrechtlichen Regelungen, die Sie unter
www.hanser-fachbuch.de/ebookinside nachlesen können.

* Systemvoraussetzungen: Internet-Verbindung und Adobe® Reader®

Ramin (Hrsg)

Handbuch Digitale Kompetenzentwicklung

Philipp Ramin

Handbuch Digitale Kompetenzentwicklung

Wie sich Unternehmen auf die digitale Zukunft vorbereiten

Bibliografische Information der Deutschen Nationalbibliothek:
Die Deutsche Nationalbibliothek verzeichnet diese Publikation in der Deutschen Nationalbibliografie; detaillierte bibliografische Daten sind im Internet über *http://dnb.d-nb.de* abrufbar.

© 2021 Carl Hanser Verlag München
www.hanser-fachbuch.de
Lektorat: Dipl. Ing. Volker Herzberg
Herstellung: Cornelia Speckmaier
Covergestaltung: Florian Habler, *www.i40.de*
Coverrealisation: Max Kostopoulos
Satz: Eberl & Kœsel Studio GmbH, Krugzell
Druck und Bindung: Druckerei Hubert & Co. GmbH und Co. KG BuchPartner, Göttingen

Print-ISBN: 978-3-446-46738-5
E-Book-ISBN: 978-3-446-46907-5
ePub-ISBN: 978-3-446-46999-0

Vorwort

Warum beschäftigen wir uns eigentlich mit digitaler Kompetenz? Eine Frage, die Sie sich als geschätzte Leserinnen und Leser wohl bereits vor dem Kauf dieses Buches beantwortet haben, richtig? Es ist aber ebenso eine Frage, die ich mir in den letzten Jahren wiederholt gestellt habe – obwohl ich nun Herausgeber eines Handbuches zu digitaler Kompetenz bin.

Wie passt das zusammen? Mein ursprünglicher, fachlicher Background liegt vor allem im Innovations- und Technologiemanagement und in meinen früheren beruflichen Stationen habe ich mich eher mit Geschäftsmodell-Innovationen, digitalen Technologien und Beratungsansätzen auseinandergesetzt als mit Personalentwicklung oder Kompetenzmanagement.

Um die Motivation hinter diesem Handbuch zu verstehen, muss man ebenso die Entwicklung des „Innovationszentrum für Industrie 4.0" kennen, das ich im Januar 2015 gemeinsam mit meinem Partner Helmut Kraft in der Nähe von Regensburg gegründet habe.

Getrieben durch Begeisterung für die Vision „Industrie 4.0", die einige Jahre zuvor von Kanzlerin Merkel auf der Hannover Messe erstmals vorgestellt wurde, wollten wir der Welt die Chancen und Potenziale der digitalen Transformation in der Industrie erklären.

Über mehrere Monate hinweg reisten wir durch Teile Europas und Asiens, um zunächst selbst zu verstehen, wie weit Industrie 4.0 schon ist und welche Konzepte und Ideen wirklich funktionieren. All diese Erkenntnisse waren schlussendlich die Grundlage für unser modularisiertes Schulungsprogramm, den sogenannten Digitalisierung und Industrie 4.0 Führerschein, der auch zur Gründung unseres Unternehmens führte.

Es war durchaus ungewöhnlich ein Startup mit einem Schulungsprogramm zu gründen, in einem Jahr, in dem Apple seine erste Smartwatch vorstellte und Gartner unter anderem 3D-Druck, Internet of Everything und diverse Cloud Services als wichtigste Trends des Jahres prognostizierte. Ein Startup zu gründen bedeutete damals wie heute vor allem Technologie zu entwickeln.

Aus der ursprünglichen Idee, Mitarbeiter und Führungskräfte in Unternehmen für die Industrie 4.0 zu schulen und damit zu begeistern, hat sich im Laufe der Jahre eine deutlich andere Aufgabenstellung für mein Team und mich entwickelt. Schon nach den ersten Schulungen Anfang 2015 in Singapur, musste ich feststellen, dass es nicht so sehr darum geht, bestimmte Technologien zu erklären, sondern vielmehr Menschen dazu zu befähigen, die für Sie richtigen Entscheidungen im Kontext der heutigen VUCA-Welt (Velocity, Uncertainty, Complexity, Ambiguity) zu treffen. Die Menschen müssen hierfür in der Lage sein, mit den mehrdimensionalen Anforderungen eigenständig umgehen zu können. Um dieses ambitionierte Ziel zu erreichen, setzte es allerdings für mich persönlich voraus, die Bedingungen und Realitäten in den Unternehmen noch besser zu verstehen. Eine besondere Realität, die ich in den vergangenen Jahren und bis heute immer wieder beobachten musste, lag in einem Wahrnehmungs-Gap. Da waren auf der einen Seite die großen Konferenzen, Messen und Workshops der Verbände und Institutionen mit hochkarätigen Speakern, Use Cases und reichlich „Digitalisierungs-Konfetti". Diese Veranstaltungen fühlten sich oft wie Familientreffen an. Warum? Weil man meist überall einen sehr ähnlichen Personenkreis traf, der sich intensiv mit der digitalen Zukunft beschäftigte. Leider entsprachen diese gut gemeinten Szenarien häufig nicht der Realität in den Unternehmen. Konkret wurden weitaus weniger und deutlich unbedeutendere Projekte umgesetzt, wie etliche Studien in den vergangenen Jahren immer wieder hervorbrachten. Zudem nahmen von den Initiativen und Projekten viel zu wenige Menschen in den Firmen und erst recht in der breiten Gesellschaft wirklich Kenntnis: der uns allen bekannte Elfenbeinturm. Erschwerend kommt hinzu, dass in der deutschen Industrie und Finanzbranche fast schon eine historisch gewachsene Beziehung zu großen Beratungshäusern existiert, wodurch viele Digitalprojekte als verlängerte Werkbank vor allem extern getrieben wurden.

Eine breite digitale Teilhabe über unterschiedliche Disziplinen und Personengruppen hinweg oder gar eine Demokratisierung der Digitalisierung konnte so in vielen Fällen nicht stattfinden.

Zurück zu meiner Eingangsfrage, warum ich mich mit digitaler Kompetenz beschäftige. Bohren wir die fast schon abgedroschen klingenden Begriffe hinter der digitalen Transformation auf, so können wir viele Fragestellungen und Themen erkennen, die es in einem deutlich größeren Kontext zu verstehen gilt. Dieser Kontext ist weitaus breiter als eine rein technisch-betriebswirtschaftliche Perspektive. Vielmehr hat die Digitalisierung als neue Dimension der Innovation einen ökonomischen, gesellschaftlichen, ja sogar sozialen Diskurs entfacht, den es in seinen Schattierungen zu verstehen gilt – auch außerhalb des Elfenbeinturms. Nehmen wir als Beispiel das Prinzip der Vernetzung. Dabei handelt es sich in keiner Weise um eine neue Entwicklung, sondern vielmehr um ein im Menschen tief verankertes Bedürfnis, Barrieren und Klippen zu überbrücken sowie Dinge und Menschen miteinander zu verbinden. Das gilt in besonderer Weise auch für Unternehmen, die sich seit jeher aus Beziehungen zwischen unterschiedlichen Stakeholdern entwickeln. Die Organisation der Hanse ist hier ein gutes, historisches Beispiel. Die Möglichkeiten zur Vernetzung haben sich technisch um ein Vielfaches erhöht, die es zu verstehen gilt – nicht nur von einer kleinen, exklusiven Minderheit. Die spannende Fragestellung liegt aber nicht nur in der Art der Vernetzung, sondern auch in den Konsequenzen die sich für Menschen, Gesellschaften und ganze Wirtschaftssysteme daraus ergeben werden.

Viel zu oft sind unsere Antworten auf die „Warum"-Frage zu oberflächlich. Jagen wir nur einem Trend hinterher oder wollen wirklich verstehen, worum es geht?

Ein zweites Beispiel: das Sprichwort, wonach Wissen Macht sei, wurde nicht erst im Zuge der Digitalisierung festgeschrieben, sondern bereits im 17. Jahrhundert durch Francis Bacon artikuliert. Heute könnten wir diese Aussage vereinfacht als Big-Data-Phänomen umschreiben, das sich durch die exponentiellen Datenmengen weiter zu intensivieren scheint. Gehen wir davon aus, dass Wissen heute mehr denn je Macht ist, müssen wir uns intensiver damit auseinandersetzen, wie digitale Themen unser Leben verändern und welche Rolle der Mensch dabei ausübt. Der viel beschworene Blick über den Tellerrand ist gefordert, nicht nur in der Theorie, sondern ganz intuitiv für jeden von uns. Auch das ist für mich digitale Kompetenz und daher ein entscheidender Faktor für unsere gemeinsame Zukunft.

Zugegeben, die beschriebenen Zusammenhänge sind etwas vereinfacht, jedoch unterstreichen Sie ein interessantes Paradoxon: Einerseits verändert sich unsere Welt ganz massiv, andererseits bleiben bestimmte menschliche, gesellschaftliche und unternehmerische Fragestellungen recht unverändert.

Die Zusammenhänge unserer Zeit ganzheitlich und mehrdimensional zu verstehen, genau das ist für mich digitale Kompetenz oder zumindest deren Ausgangspunkt. Die digitale (R)Evolution findet nicht nur in Smart Devices und Algorithmen statt, sondern vor allem im Verstehen der „neuen" Welt und damit im Lernen und der Bildung, auf unterschiedlichsten Ebenen. Erst wenn es einer breiten Basis gelingt, die Potenziale gemeinsam zu durchdringen, werden wir auch in der Lage sein, die Herausforderungen unserer Zeit zu lösen. Digitale Kompetenz muss somit raus aus dem „Elfenbeinturm" und zugänglich für jeden Menschen werden.

Diese Erkenntnis ist für mich persönlich der Grund, warum ich das Thema als so zentral erachte für unsere gesellschaftliche und ökonomische Entwicklung. Diese Erkenntnis ist der Grund, warum dieses Buchprojekt entstanden ist.

Das Handbuch soll Sie mit Inspiration und konkreten Ideen versorgen, wie unterschiedliche Unternehmen, Institutionen und Branchen „digitale Kompetenz" für sich zu operationalisieren versuchen. Das Buch folgt keinem einheitlichen Paradigma, stattdessen ist es eine Synthese verschiedener Perspektiven. Nutzen Sie das Buch daher als Toolbox, um Ihren eigenen Wirkungsbereich – im „Kleinen" oder im „Großen" fit für die Zukunft zu machen. Die einzelnen Beiträge nehmen unterschiedliche Sichtweisen ein, werden aber dadurch vereint, dass in diesem Buch diejenigen Expertinnen und Experten zu Wort kommen, die tatsächlich etwas machen, die Verantwortung übernehmen und die somit zur Gestaltung der (digitalen) Zukunft beitragen und diese Erfahrungen mit Ihnen nun teilen.

Das Buch hat nicht den Anspruch auf Vollständigkeit, sondern es zielt vor allem auf die Mehrdimensionalität des Themas ab. Dementsprechend werden Sie heterogene Ansatzpunkte finden, was digitale Kompetenz bedeuten kann, welche organisationalen, kulturellen und strategischen Veränderungen benötigt werden und wie sich Menschen in Organisationen zukünftig weiterentwickeln können. Hierzu umfasst das Buch auch sehr konkrete Praxisberichte, wie Unternehmen beispielsweise ihre Kompetenz-Frameworks konzipiert haben, Ausbildungs-Curricula entwickelt haben oder konkrete E-Learning und Blended-Learning-Konzepte umsetzen.

Dieses Buch kann auch als Einladung verstanden werden, den Diskurs zu digitaler Kompetenz weiterzuführen. Sollten Sie als Leserinnen und Leser, Ideen, Erfahrungen und Anregungen zum Thema haben, kommen Sie gerne auf uns zu – das Projekt Handbuch ist mit der Veröffentlichung dieses Werks noch lang nicht abgeschlossen.

Abschließend möchte ich mich mit einem großen Dankeschön an alle beteiligten Personen dieses Projektes richten. Ein Buch solchen Umfangs zu realisieren, benötigt ein starkes Team. Dazu gehören vor allem die Autorinnen und Autoren, die sich bereit erklärt haben, ihre wertvolle Zeit in dieses Projekt zu investieren, um einen einzigartigen Blick in die verschiedensten Schattierungen und Umsetzungen der digitalen Kompetenzentwicklung in Praxis und Wissenschaft zu gewähren.

Es braucht aber ebenso einen innovativen Verlag, der den Mut hat, diesem wichtigen Thema so viel Raum zu widmen, weshalb ich Herrn Justus und Herrn Herzberg vom Hanser Verlag herzlich danken möchte. Nicht realisierbar wäre das Handbuch ebenso ohne das Team des Innovationszentrum für Industrie 4.0, Anne Koark, Daniela Wischinski, Martin Dowling und Florian Habler.

Ihr

Philipp Ramin, im Mai 2021

> Allen Autorinnen und Autoren ist die Gleichbehandlung aller Geschlechter ein Anliegen. Aus Gründen der besseren Lesbarkeit, kann es vorkommen, dass die maskuline Form verwendet wurde. Dies soll keineswegs darauf hindeuten, dass nur Männer gemeint sind. Digitalisierung braucht Diversity!

Autorenübersicht

Handbuch Digitale Kompetenzentwicklung

Silvio Andrae	Deutscher Sparkassen und Giroverband	Associate Director, Regulierungs- und Aufsichtsexperte, Bankenaufsicht
Prof. Dr. Daniel Beimborn	Universität Bamberg	Inhaber des Lehrstuhls für Wirtschaftsinformatik, insb. Informationssystemmanagement an der Otto-Friedrich-Universität Bamberg
Felicitas Birkner	Fujitsu	Head of Fujitsu Academy, Central Europe, Vorsitzende Bitkom Fachausschuss Frauen in der Digitalwirtschaft
Kim Leonardo Böhm	Universität Duisburg-Essen	Wissenschaftlicher Mitarbeiter und Doktorand
Sebastian Borchers	Continental AG	Leiter vom Continental Institut für Technologie und Transformation (CITT)
Sebastian Bruckert	Universität Bamberg	Data Scientist, Schwerpunkt erklärbares Maschinelles Lernen im Umfeld der automatisierten Finanzbuchführung bei Datev und Doktorand in der Gruppe Kognitive Systeme bei Frau Professorin Dr. rer. nat. Ute Schmid, Universität Bamberg
Prof. Dr. Michael Dowling	Universität Regensburg	Lehrstuhl für Innovation und Technologie Management, Universität Regensburg, Vorstandsvorsitzender und Mitglied des Forschungsausschusses des MÜNCHNER KREIS e.V.
Martin Dowling	Innovationszentrum für Industrie 4.0 GmbH & Co. KG	COO & Head of Digital Competence Development
Kathrin Droste	Volksbank Mittweida	Bereichsleiterin Organisationsentwicklung und Personal
Dr. Wolfgang Gallenberger	Maschinenfabrik Reinhausen	Referent Personalentwicklung/HR Expertise Center
Prof. Dr. Patrick Glauner	Technische Hochschule Deggendorf	Professor für Künstliche Intelligenz an der Technischen Universität Deggendorf

Dr. Lutz Goertz	mmb Institut – Gesellschaft für Medien- und Kompetenz- forschung mbH, Essen	Leiter Bildungsforschung
Thomas Hagenhofer	Zentral-Fachausschuss Berufsbildung Druck und Medien, Kassel.	Projektkoordinator, wiss. Mitarbeiter, Plattform- manager Zentral-Fachausschuss Berufsbildung Druck und Medien
Julia Held	Bertelsmann Stiftung	Program Assistent im Programm „Unternehmen in der Gesellschaft"
Yannick Hildebrandt	Universität Bamberg	Doktorand am Lehrstuhl für Wirtschafts- informatik, insb. Informationssystemmanagement der Otto-Friedrich-Universität Bamberg & Head of Research i40.de
Anke Hoffmann	Bertelsmann Stiftung	Projektmanagerin im Team Zukunft der Arbeit
Dr. Jürgen Hollatz	Siemens	Leitung Berufsbildung Süd, Siemens Professional Education
Charlotte Karpenchuk	Deutscher Volkshochschul-Verband	Projektleitung vhs.now
Simone Kaucher	Deutscher Volkshochschul-Verband	Pressesprecherin
Dr. Heike Krämer	Bundesinstitut für Berufsbildung, Bonn	Wissenschaftliche Mitarbeiterin
Beate M. Kreiner, MSc, MBA	BOLD Enterprise Busi- ness-, Organizational- & Leadership GmbH	Gründerin und CEO BOLD Enterprise
Dorothee Kubitza	Bertelsmann Stiftung	Project Assistant
Angela Luft	FH Aachen	Doktorandin
Prof. Dr.-Ing. Nils Luft	FH Aachen	Professor for Intralogistics in Manufacturing Companies
Dr. Lutz Marten	IBM	„Squad Leader Europe & MEA IBM Learning & Leadership Development"
Dr. Elvire Meier-Comte	Airbus Defence & Space	Vize-Präsidentin und Personaldirektorin für Operations Airbus Defence and Space
Annika Müller de Vries	Deutsche Bundesbank	Bundesbankdirektorin, Leiterin Weiterbildung
Dr. Rahild Neuburger	MÜNCHNER KREIS e.V, LMU	Geschäftsführerin

Prof. Dr. habil. Robert Neumann	BOLD Enterprise Business-, Organizational- & Leadership GmbH	Gründer und CEO BOLD Enterprise
Barbara Ofstad	Siemens	Leiterin der Siemens Professional Education Deutschland und stellvertretende Sprecherin des VDMA Bildungsausschusses und Sprecherin des Bildungsausschusses der Vereinigung hessischer Unternehmerverbände (VhU) e.V.
Luise Ortloff	Acatech	Wissenschaftliche Referentin Themenschwerpunkt Volkswirtschaft, Bildung und Arbeit
Dr. Herbert Prickarz	Robert Bosch GmbH	Director Chief Digital Office Mobility Transformation
Dr. Philipp Ramin	Innovationszentrum für Industrie 4.0 GmbH & Co. KG	Geschäftsführer und Gründer Innovationszentrum für Industrie 4.0
Joachim Rattinger	Bayerischer Volkshochschulverband e.V.	Referent für Erweiterte Lernwelten
Erich Renz	Universität Regensburg	wissenschaftlicher Mitarbeiter und Doktorand am Lehrstuhl für Innovations- und Technologiemanagement der Universität Regensburg
Dr. Alexander Röck	Robert Bosch GmbH	Director Chief Digital Office Mobility Transformation
Andrea Schindler	Continental	Global HR Project Manager und Global HR Business Partner
Prof. Dr. Ute Schmid	Uni Bamberg	Professorin für Angewandte Informatik insbesondere Kognitive Systeme an der Universität Bamberg
Dr. Alexandra Schmied	Bertelsmann Stiftung	Senior Project Managerin
Katharina Schüller	STAT-UP STATISTICAL CONSULTING & DATA SCIENCE GMBH	Geschäftsführerin STAT-UP, Vorstandsmitglied der Deutschen Statistischen Gesellschaft und leitet die Expertengruppe COVID-19 des Dachverbands europäischer Statistik-Gesellschaften
Nils Stamm	Deutsche Telekom	Chief Digital Officer
Andrea Stich	Infineon Technologies AG	Director Frontend Academy
Laura Stiller	Universität Regensburg	Wissenschaftliche Mitarbeiterin und Doktorandin am Lehrstuhl für Innovations- und Technologiemanagement an der Universität Regensburg

Katharina Winkler	Acatech	Wissenschaftliche Referentin Themenschwerpunkt Volkswirtschaft, Bildung und Arbeit
Birgit Wintermann	Bertelsmann Stiftung	Wissenschaftliche Referentin Themenschwerpunkt Volkswirtschaft, Bildung und Arbeit
Dr. Ole Wintermann	Bertelsmann Stiftung	Senior Project Manager Program Business in Society
Grit Zimmer	Volksbank Mittweida	Mitarbeiterin Organisationsentwicklung
Leonhard Zintl	Volksbank Mittweida	Geschäftsführer und Vorstand

Einen ausführlicheren Beitrag zu allen Autoren finden Sie im Autorenverzeichnis.

Inhaltsverzeichnis

Konzeptionelle Überlegungen aus betriebswirtschaftlicher, psychologischer und technischer Sicht

II Digitale Kompetenzen im Zusammenspiel zwischen Wirtschaft und Bildungsinstitutionen

IV   Ansätze zu ausgewählten Herausforderungen im Kontext digitaler Kompetenzen

V   Die Transformation der Finanzbranche: Analysen und Lösungsansätze aus unterschiedlichen Kompetenz-Perspektiven

Über den Herausgeber

Dr. Philipp Ramin ist Gründer und Geschäftsführer des internationalen Schulungs-, Beratungs- und Forschungsunternehmens Innovationszentrum für Industrie 4.0 und Experte für digitalen Kompetenzaufbau und digitale Technologie und Geschäftsmodelle. Philipp Ramin hat das führende internationale E-Learning und Schulungsprogramm für Industrie 4.0 und Digitalisierung entwickelt, das mittlerweile bei Unternehmen in 14 Ländern weltweit durchgeführt wird. Der Fokus liegt hier auf systematischem und kontinuierlichem Wissens- und Kompetenzaufbau hinsichtlich technischer, strategischer und kultureller Aspekte. Auch die erste internationale und unabhängige Online-Plattform für Industrie 4.0 wurde von Philipp Ramin im Jahr 2015 initiiert. Das von ihm gegründete Innovationszentrum für Industrie 4.0 ist heute ein spezialisierter Anbieter in den Bereichen Edu-Tech, Kompetenzentwicklung und lebenslangem Lernen. Das Team des Innovationszentrums, das auch maßgeblich dieses Buch realisiert hat, entwickelt für die führenden Unternehmen weltweit individuelle Qualifizierungslösungen im Bereich Digitalisierung und Industrie 4.0. Dazu gehören komplette Weiterbildungscurricula und Lernstrategien sowie AR/VR-Lösungen oder komplette digitale Online-Lernsysteme.

Darüber hinaus ist Philipp Ramin seit 2014 stellvertretender Geschäftsführer des renommierten MÜNCHNER KREIS e. V., ein Verein, der als unabhängige, interdisziplinäre und internationale Plattform für zentrale Akteure aus Wirtschaft, Wissenschaft und Unternehmen zu politischen und sozialen Herausforderungen der digitalen Transformation agiert. Hierbei war Dr. Ramin auch mitverantwortlicher Projektleiter der im Juni 2020 herausgegebenen Zukunftsstudie VIII „KI im Kontext von Leben, Arbeit, Bildung 2035+". Neben seiner Tätigkeit in der Praxis ist Dr. Ramin auch regelmäßiger Gastdozent zu den wirtschaftlichen, technischen und gesellschaftlichen Konsequenzen der Digitalisierung an mehreren internationalen Hochschulen, u. a. in Tallinn, Vilnius, Kuala-Lumpur, Amberg-Weiden und Regensburg. Ebenso ist er Autor zahlreicher Fach- und Praxisartikel zu unterschiedlichen Digital-Themen.

Durch sein ehrenamtliches politisches Engagement wurde Philipp Ramin bereits im Jahr 2008 zu einem der jüngsten Stadträte Bayerns gewählt. Mittlerweile ist er Fraktionsvorsitzender und dritter Bürgermeister in seiner Heimatstadt Neutraubling, wo er sich vor allem für die Digitalisierung der Verwaltung einsetzt.

Philipp Ramin hat an der Universität Regensburg und der American University, Washington D.C., mit Schwerpunkt auf Innovations- und Technologiemanagement studiert und promovierte zum Thema diskontinuierliche Innovation und Geschäftsmodelle.

Vor seinen aktuellen Tätigkeiten war Philipp Ramin Berater im Deutschen Bundestag und arbeitete sowohl in der Automobil- als auch in der Beratungsbranche.

Be part of the
digital competence
revolution.

Autorenverzeichnis

Silvio Andrae

Als Projektmanager und Lehrbeauftragter ist er überzeugt davon, dass digitale Kompetenz ein ganzheitlicheres und breiter angelegtes Verständnis erfordert. Neben der Relevanz und Bedeutung von technischem Wissen und Fertigkeiten spielen für ihn soziokulturelle Fragestellungen der Implikationen und Auswirkungen der digitalen Technologien auf Individuen und Gesellschaft eine Rolle. Dies gilt branchenunabhängig. Jenseits dessen hat Silvio Andrae die meiste Erfahrung seiner Berufszeit in der Finanzbranche gesammelt. Sein besonderes Interesse liegt in der Neuausgestaltung und Weiterentwicklung von Geschäftsmodellen in der Finanzbranche. Aktuell ist er als Regulierungs- und Aufsichtsexperte beim Deutschen Sparkassen- und Giroverband beschäftigt. Studium und Promotion absolvierte er an der Freien Universität Berlin.

Firma: Deutscher Sparkassen- und Giroverband
Position: Senior Advisor

LinkedIn: *www.linkedin.com/in/silvio-andrae*

Finanzgruppe
Deutscher Sparkassen- und Giroverband

Prof. Dr. Daniel Beimborn

ist Inhaber des Lehrstuhls für Wirtschaftsinformatik, insb. Informationssystemmanagement an der Otto-Friedrich-Universität Bamberg. Zuvor war er von 2014 bis 2018 Professor an der Frankfurt School of Finance & Management. Prof. Beimborn studierte und promovierte an der Goethe-Universität in Frankfurt am Main und war Gastforscher bei Microsoft in Redmond, an der Georgia State University, der Louisiana State University und am MIT.

Seine Forschungsaktivitäten umfassen organisationale Erfolgsfaktoren digitaler Innovation und Transformation, das Management von IT-Outsourcing-Beziehungen, IT Governance und Business/IT Alignment sowie die Standardisierung von Geschäftsprozessen. Er hat zahlreiche Artikel in einschlägigen wissenschaftlichen Journals (MIS Quarterly, Journal of Management Information Systems, Journal of IT u. a.) veröffentlicht und ist Mitglied in den Editorial Boards mehrerer Fachzeitschriften.

Prof. Beimborn unterrichtet verschiedene Module zu Digital Innovation, Digital Transformation und IT-Outsourcing in Bachelor-Master-, und MBA-Programmen in Bamberg und Frankfurt. Er hat die Einführung von Studienprogrammen zu International Information Systems Management und Digital Business geleitet und er ist Vertrauensdozent der Bayerischen Eliteakademie.

Institution: Universität Bamberg
Position: Inhaber des Lehrstuhls für Wirtschaftsinformatik, insb. Informationssystemmanagement an der Otto-Friedrich-Universität Bamberg

LinkedIn: *https://www.linkedin.com/in/daniel-beimborn-804402/*
Google Scholar: *https://scholar.google.de/citations?user=cp7sLKQAAAAJ*
ResearchGate: *https://www.researchgate.net/profile/Daniel-Beimborn*
Xing: *https://www.xing.com/profile/Daniel_Beimborn/cv*
Twitter: *twitter.com/uniwiai*

Felicitas Birkner

Unter dem Motto: „Potentiale entfalten und Persönlichkeiten entwickeln" führte sie in fast 30 Jahren Berufspraxis viele Business Projekte zum Erfolg. Nach ihrem Studium (TU Dresden) arbeitete sie in internationalen IT-Unternehmen in verschiedenen Rollen und Verantwortungen, verfügt über umfangreiche Fachkenntnisse in Finanzen & Vertrieb, Marketing & Kommunikation, Business-Management, HR & Bildung. Heute leitet sie die Fujitsu Academy (Central Europe) sowie als Vorstand im Bitkom e.V. den Fachausschuss Frauen in der Digitalwirtschaft und ist Advisory Board Member der Asian European Society der TUM.

Als Coach, Referentin und Trainerin setzt sie sich stark für Bildung und Chancengleichberechtigung in der Gesellschaft ein, arbeitet als Mitglied im Unternehmensbeirat des BIBB Forschungsprojektes FeMINT mit, unterstützt seit vielen Jahren Change Prozesse im digitalen Wandel, Diversity & Inclusion-Initiativen und begleitet als Mentorin Karrierewege. Felicitas entwickelte die P.e.P.Lebens•Stil•Programme® (2009) und gründete (2012) den PWN-Munich e.V. mit, der heute dem Professional Women Netzwerk global angehört. Als Autorin motiviert sie u.a. in „Visionäre von heute-Gestalter von morgen" (2018) oder „CSR-Digitalisierung" (2017), Hrsg. vom Springer-Gabler Verlag. 2019 wurde sie als „Women of the Year 2019" mit dem „Women in IT Award Europe" ausgezeichnet und erhielt den „Female in IT 2019 Award" in der Kategorie Digital Transformation in Deutschland. Felicitas ist Mutter (3 Kinder) einer Patchwork-Familie, bringt verschiedene Erfahrungen des Alltags von Familie und Beruf mit und ist überzeugt davon, dass der bewusste Umgang mit Ressourcen, Vielfalt, Miteinander und Vernetzung wesentliche Erfolgsfaktoren im digitalen Wandel sind.

Firma: Fujitsu
Position: Head of Fujitsu Academy, Central Europe, Vorsitzende Fachausschuss Bitkom Frauen in der Digitalwirtschaft, Advisory Board Member Asian European Society, Certified MBTI Beraterin, Certified NLP Trainerin & Certified Systemic Coach, P.e.P. Lebensmomente Beraterin & Coach, Buchautorin

LinkedIn: *https://www.linkedin.com/in/felicitasbirkner/*
Facebook: *https://www.facebook.com/felicitas.birkner.7*
Twitter: *https://twitter.com/Feli_Birkner*
Xing: *https://www.xing.com/profile/Felicitas_Birkner/cv*

Kim Leonardo Böhm

ist wissenschaftlicher Mitarbeiter und Doktorand am Lehrstuhl für Verhaltensökonomie der Mercator School of Management der Universität Duisburg-Essen. Seine Forschung fokussiert die Anwendung von Verhaltensinterventionen, insbesondere Nudging, zur Optimierung von Entscheidungen. Desweitern forscht er im Bereich des unethischen Verhaltens und der Informationsverarbeitung. Methodische Grundlage ist hierbei die experimentelle Wirtschaftsforschung. Vor seinem wissenschaftlichen Werdegang begann seine berufliche Karriere mit einer Ausbildung zum Industriekaufmann bei einem Energieversorgungsunternehmen, einem dualen Bachelorstudium der Betriebswirtschaftslehre mit dem Schwerpunkt Controlling an der Rheinischen Fachhochschule Köln und einem späteren Masterstudium der Betriebswirtschaftslehre mit den Schwerpunkten Wirtschaftsinformatik, Personal und Unternehmensführung sowie Wirtschaftspolitik an der Universität Duisburg-Essen. Vor seiner Promotion, arbeitete Kim in der Vertriebsentwicklung und -steuerung sowie später in der Stabstelle für Innovation und Digitalisierung der rhenag Rheinische Energie AG (ehemals RWE/innogy-Konzern, heute E.ON-Konzern). An der Universität Duisburg-Essen lehrt Kim in den Themen Verhaltensökonomie, Ökonometrie sowie Makroökonomik. Er absolvierte Lehraufenthalte an der Universität von Borås (Schweden), an der Radboud Universität in Nimwegen (Niederlande) und an der Rheinischen Fachhochschule Köln.

Offen *im Denken*

Institution: Universität Duisburg-Essen

Position: wissenschaftlicher Mitarbeiter und Doktorand

LinkedIn: *https://www.linkedin.com/in/kim-leonardo-boehm/*

Xing: *https://www.xing.com/profile/KimLeonardo_Boehm/*

Sebastian Borchers

ist überzeugt, dass datenbasierte Analyse und ganzheitliche Konzepte mit konkreten Angeboten die Schlüssel zum Erfolg von Transformationsprozessen sind.

Er studierte Betriebswirtschaftslehre in Ingolstadt und London. Nach breiter studienbegleitender Praxiserfahrung, begann er 2004 im Bereich Human Resources in internationalen Unternehmen aus Maschinenbau und Automobilindustrie. Dort betreute er operatives Personalmanagement sowie Veränderungen in neuen Tarifverträgen, Restrukturierung und HR Prozessdesign.

Seit 2015 beschäftigte er sich in der Corporate HR Strategy der Continental AG mit agilen Arbeitsmethoden und Projektmanagement. Neben diesen Expertentätigkeiten gehörte er über 5 Jahre dem Betriebsrat der Continental Unternehmenszentrale an.

Im Jahr 2018 wurde er Programmleiter von „Continental in Motion!", einem Programm mit dem Fokus „Interner Arbeitsmarkt" und „Qualifizierung" für 58 000 Continental Mitarbeiter in Deutschland. Seit 2019 leitet er das neu gegründete Continental Institut für Technologie und Transformation (CITT). Das Institut ist mit einer internen Akademie das HR Kompetenzzentrum für die Ausgestaltung und Begleitung der Transformation bei Continental.

Firma: Continental AG

Position: Leiter vom Continental Institut für Technologie und Transformation (CITT)

LinkedIn: *https://www.linkedin.com/in/sebastian-borchers-aa2667163/*

Sebastian Bruckert

beendete im Jahr 2014 ein duales Bachelorstudium der Wirtschaftsinformatik in Kooperation mit der Firma Siemens AG und schloss 2016 ein Masterstudium der Wirtschaftsinformatik an der Universität Bamberg ab. Bis 2018 war er als IT Lead und Rolloutmanager bei der Firma Siemens AG angestellt. Seit 2019 ist er externer Doktorand am Lehrstuhl für Kognitive Systeme bei Professorin Dr. rer. nat. Ute Schmid. Er forscht in Zusammenarbeit mit der Firma DATEV eG in den Bereichen Künstliche Intelligenz, maschinelles Lernen und Human Computer Interaction. Sein Schwerpunkt ist interpretierbares und menschenähnliches (human-level) maschinelles Lernen sowie die Generierung von kontextuellen Erklärungen für Klassifikatoren.

Firma: Universität Bamberg

Position: Data Scientist, Schwerpunkt erklärbares Maschinelles Lernen im Umfeld der automatisierten Finanzbuchführung; Doktorand in der Gruppe Kognitive Systeme bei Frau Professorin Dr. rer. nat. Ute Schmid, Universität Bamberg

Twitter: *twitter.com/uniwiai*

Prof. Dr. Michael Dowling

wurde im Jahr 1996 auf den Lehrstuhl für Innovations- und Technologiemanagement an der Universität Regensburg berufen.

Prof. Dowling wurde 1958 in New York, USA, geboren. Er studierte an der University of Texas in Austin (Bachelor of Arts with High Honors), Harvard University (Master of Science) und University of Texas at Austin (Doctor of Philosophy in Business Administration). Weiterhin arbeitete er als Research Scholar am Internationalen Institut für Angewandte Systemanalyse (IIASA) in Laxenburg, Österreich, und als Research Analyst bei McKinsey & Company in Düsseldorf.

Nach der Promotion war Prof. Dowling als Assistant Professor an der University of Georgia, USA, tätig und wurde dort 1995 zum Associate Professor mit Tenure befördert. Im Sommersemester 1990 war er Gastforscher am Institut für Organisation an der Ludwig-Maximilians-Universität München bei Prof. Dr. Eberhard Witte und im Sommersemester 1994 an der Universität Erlangen-Nürnberg am Lehrstuhl für Unternehmensführung bei Prof. Dr. Steinmann.

Seit 2014 ist Prof. Dowling Vorsitzender des Vorstandes des MÜNCHNER KREIS e. V. die führende unabhängige Plattform zur Orientierung für Gestalter und Entscheider in der digitalen Welt.

www.muenchner-kreis.de

Institution: Universität Regensburg

Position: Lehrstuhl für Innovation und Technologie Management, Universität Regensburg, Vorstandsvorsitzender und Mitglied des Forschungsausschusses des MÜNCHNER KREIS e. V.

Martin Dowling

ist Chief Operations Officer des internationalen Schulungs-, Beratungs- und Forschungsunternehmens *Innovationszentrum für Industrie 4.0* und Experte für die Entwicklung von digitaler Kompetenz für Unternehmen. Als Leiter des Teams für Digitale Kompetenzentwicklung entwickelt Martin vielfältige Lösungen für datengetriebene Lernarchitekturen mit dem Ziel die richtigen Mitarbeitergruppen zu identifizieren und diese mit den besten Kombinationen aus Lerninhalt und Lernmethode zur richtigen Zeit zu unterstützen. Parallel zum Tagesgeschäft ist Martin ein aktives Mitglied des renommierten MÜNCHNER KREIS e.V., ein Verein, der als unabhängige, interdisziplinäre und internationale Plattform für zentrale Akteure aus Wirtschaft, Wissenschaft und Unternehmen zu politischen und sozialen Herausforderungen der digitalen Transformation agiert. Vor seiner jetzigen Anstellung schloss Martin einen doppelten Master of Science in Psychologie (Fokus: Wirtschaftspsychologie, Führung, quantitative Analyse) an er *Universität Regensburg* und in Organizational Communication an der *Murray State University,* Kentucky, USA. Nach einer kurzen Zeit als Dozent für Public Speaking in den USA verbrachte Martin einige Zeit bei der HR Beratung Mercer | Promerit. Während seiner Zeit als HR Berater nahm Martin an Projekten teil, welche von HR Prozessoptimierung, über gesamthafte HR Transformation, über Implementierung von Mercer Gradingstrukturen, bis hin zur Harmonisierung von HR Policy reichten.

Innovationszentrum
für Industrie 4.0

Firma: Innovationszentrum für Industrie 4.0 GmbH & Co. KG

Position: COO Innovationszentrum für Industrie 4.0 GmbH & Co. KG

LinkedIn: *www.linkedin.com/in/martinrdowling*

Kathrin Droste

begann 1996 mit einer Ausbildung zur Bankkauffrau ihren beruflichen Werdegang bei der Volksbank Mittweida eG. Ab 1999 übernahm Frau Droste die Funktion als Abteilungsleiterin in verschiedenen Bereichen und konnte somit Expertise u.a. in den Bereichen Vertriebsunterstützung, Betriebsorganisation, Compliance, Marketing und Personal sammeln. 2007 übernahm sie die Bereichsleitung Organisationsentwicklung/Personal. Neben der strategischen und prozessualen Weiterentwicklung des Personalbereiches berät sie die Führungskräfte der Bank, initiiert Unternehmenskultur- und Personalentwicklungsprojekte und unterstützt die digitale Transformation in der Bank. Aktuell verantwortet Kathrin Droste das Gesamtprojekt Nachhaltigkeit, begleitet die Einführung agiler Arbeitsmethoden und engagiert sich in der Weiterentwicklung der Führungskultur.

Firma: Volksbank Mittweida eG

Position: Bereichsleiterin Organisationsentwicklung/Personal

Dr. Wolfgang Gallenberger

hat an der Universität Regensburg Erziehungswissenschaften (Diplom) studiert und dort im Fach Erziehungswissenschaften zur Weiterbildungsbeteiligung älterer Arbeitnehmer promoviert.

Als wissenschaftlicher Mitarbeiter der Universität Regensburg erhielt er den Preis für gute Lehre der Bayrischen Staatsregierung und befasste sich mit dem Einsatz von Lernplattformen zur Unterstützung der Hochschullehre. Im Juli 2002 ging er an das Institut für Arbeit und Gesundheit der Deutschen Gesetzlichen Unfallversicherung in Dresden. Auch dort verband er seine bildungspraktischen wie theoretischen Ambitionen. Er bildete Trainer weiter, forschte zu den Wirkungen der präventiven Weiterbildungsmaßnahmen im Arbeits- und Gesundheitsschutz und war Mitbegründer eines bis heute praktizierten Auditsystems zur Qualitätssicherung der Bildungsarbeit in den Unfallversicherungen.

Ende 2007 wechselte er zum Softwareunternehmen Capgemini sd&m. Als Head of Learning and Development systematisierte er die Personalentwicklung für die Mitarbeiter der Technology Services der Capgemini Gruppe in DACH. Eine weltweite Umstrukturierung der Human Ressources bei Capgemini nahm er zum Anlass, seinen Traum von der Selbständigkeit als Führungskräftetrainer und Coach in die Praxis ab 2011 umzusetzen.

Er beriet diverse größere und mittelständische Unternehmen, erhielt dann aber Mitte 2012 einen Ruf in ein interdisziplinäres Lehrprojekt an die Hochschule Coburg als Professor auf Zeit. Ab Mitte 2016 verantwortete er die technische Weiterbildung der IHK-Akademie in Ostbayern und in Perosnalunion auch die wirtschaftswissenschaftlichen und technischen Studiengänge des Studienzenrums Regensburgs der Hamburger Fernhochschule (HFH). In beiden Rollen förderte er den Einsatz virtueller Elemente in der beruflichen Weiterbildung bzw. berufsbegleitendem Fernstudium. Pilotprojekte zum Einsatz von Lernplattformen und virtuellen Klassenzimmern waren an der Tagesordnung.

Dr. Gallenberger wechselte im September 2019 an die Maschinenfabrik Reinhausen. Als Teil des HR Expertise Centers beschäftigt er sich dort mit der Workforce Transformation eines traditionsreichen Unternehmens mit (digitaler) Zukunft.

Firma: Maschinenfabrik Reinhausen

Position: HRE Referent Learning and Development

Xing: *https://www.xing.com/profile/Wolfgang_Gallenberger*

Prof. Dr. Patrick Glauner

ist seit seinem 30. Lebensjahr Professor für Künstliche Intelligenz an der Technischen Hochschule Deggendorf. Er ist parallel dazu Geschäftsführender Gesellschafter der skyrocket.ai GmbH, einem KI-Beratungsunternehmen mit Sitz in Regensburg. Zuvor war er Leiter des Bereichs „Data Academy" bei dem KI-Beratungsunternehmen Alexander Thamm GmbH, führte das konzernweite KI-Competence Center der Krones AG und leitete KI-Projekte bei der Europäischen Organisation für Kernforschung (CERN). Seine Arbeiten zu KI wurden u. a. von New Scientist, McKinsey, Imperial College London, Udacity, dem Fonds National de la Recherche Luxembourg und Konstruktionspraxis vorgestellt. Er promovierte an der Universität Luxemburg über die KI-basierte Erkennung von Elektrizitätsdiebstahl in Entwicklungs- und Schwellenländern. Zuvor studierte er Informatik am Imperial College London und an der Hochschule Karlsruhe und hat zusätzlich einen Abschluss als Master of Business Administration erworben. Er ist Alumnus der Studienstiftung des deutschen Volkes.

> **Institution:** Technische Hochschule Deggendorf
> **Position:** Professor für Künstliche Intelligenz

> **Webseite meines Unternehmens:** *www.skyrocket.ai*
> **LinkedIn:** *www.linkedin.com/in/glauner*

Dr. Lutz Goertz

Von den Problemen, mit denen die Gesellschaft zur Zeit konfrontiert wird, lassen sich viele durch eine bessere Bildung lösen. Das ist eine der wichtigsten Motivationen für Dr. Lutz Goertz, sich als Leiter Bildungsforschung beim mmb Institut – Gesellschaft für Medien- und Kompetenzforschung seit 1997 mit empirischen Studien zum Thema Bildung zu beschäftigen.

Dabei ist er von Haus aus gelernter Kommunikationswissenschaftler. An der Westfälischen-Wilhelms-Universität promovierte er über die Verteilung von Handzetteln auf der Straße – und unter welchen Bedingungen sie von Passanten angenommen werden. Ab den 1990er Jahren kam er dann als Wissenschaftlicher Mitarbeiter am Institut für Journalistik und Kommunikationswissenschaft an der HMTM Hannover zu den „interaktiven Medien".

Zunächst standen das Publikum und die Wirkungen von Internet & Co. im Mittelpunkt seiner Forschung. Mit dem Wechsel zu mmb folgte dann die Beschäftigung mit den „Medienmachern". Die ersten Studien im Auftrag des Bundeswirtschaftsministeriums erforschten die Berufsbilder der „Multimedia-Wirtschaft".

Beim „Deutschen Multimediaverband (dmmv)" (heute BVDW) lernte er diese Unternehmen als Mitglieder aus nächster Nähe kennen – zu Zeiten des „Internet-Hypes" und der „Dot.com-Krise". Als Referent betreute er dort die Themen „Bildung" und „Forschung".

Zurück beim mmb Institut im Jahr 2002 leitete er zahlreiche Projekte in der Bildungsforschung mit dem Schwerpunkt „Digitale Lernmedien". Hierzu zählten Förderprojekte, in denen mmb die Evaluation übernahm, ebenso wie Marktübersichten und Studien zum Thema „Medienkompetenz". Hier schließt sich der Kreis zum Studium der Kommunikationswissenschaft. Für die Staatskanzlei NRW erstellte das mmb Team 2018 unter seiner Leitung ein Konzept für ein Medienkompetenzportal, das heute unter dem Namen „#DigitalCheckNRW" allen Bürgerinnen und Bürgern einen Check der individuellen Medienkompetenz anbietet. Weitere Arbeitsschwerpunkte sind „Virtual Reality Learning", „KI zum Lernen" und „Didaktik des Lernens mit digitalen Medien".

Firma: mmb Institut – Gesellschaft für Medien- und Bildungsforschung mbH
Position: Leiter Bildungsforschung
Selbständigkeit: Business Coaching

Thomas Hagenhofer

In zahlreichen Projekten an der Schnittstelle zwischen Didaktik und Technik hat er seit 2000 alle Hypes der Branche durchgemacht. Entscheidend dabei war immer, nicht die Technik sondern Menschen im Vordergrund zu sehen, für die digitales Lehren und Lernen Mehrwerte bieten muss und keine Bedrohungen. Sei beruflicher Werdegang begann mit einer Ausbildung zum Energieanlagenelektroniker und einem anschließenden Studium der Informationswissenschaft an der Universität des Saarlandes. Seit 2001 managt er beim ZFA die dort angesiedelten Forschungsprojekte in der Aus- und Weiterbildung, seit 2014 als Verbundkoordinator. Mit dem Projekt Mediencommunity 2.0 ist er seit über 12 Jahren an Aufbau, Betrieb und Weiterentwicklung einer Web2.0-basierten Branchenbildungsplattform maßgeblich beteiligt. Seit 2013 wurden in den von ihm koordinierten Projekten Social Augmented Learning, Social Virtual Learning und Social Virtual Learning 2020 sehr erfolgreich neue Formen und Werkzeuge für das immersive Lehren und Lernen in der Beruflichen Bildung geschaffen. Derzeit leitet er ein Verbundprojekt, in dem diese Ergebnisse für die inklusive Ausbildung adaptiert werden.

Organisation: Zentral-Fachausschuss Berufsbildung Druck und Medien (ZFA)
Position: Projektkoordinator, wiss. Mitarbeiter, Plattformmanager

Xing: *https://www.xing.com/profile/Thomas_Hagenhofer/cv*
LinkedIn: *https://www.linkedin.com/in/thomas-hagenhofer-a3539b1b5/*

Julia Held

BertelsmannStiftung

ist Program Assistent im Programm „Unternehmen in der Gesellschaft" und Teil des Teams von Zukunft der Arbeit. Seit 2015 betreut sie den Blog Zukunft der Arbeit sowie die Social Media Kanäle des Projekts.

Institution: Bertelsmann Stiftung
Position: Program Assistent im Programm „Unternehmen in der Gesellschaft"

Yannick Hildebrandt

ist Doktorand am Lehrstuhl für Wirtschaftsinformatik, insb. Informationssystemmanagement der Otto-Friedrich-Universität Bamberg. Er absolvierte ein kombinatorisches Studium der Medieninformatik und Informationswissenschaften in Regensburg (B. A.) auf welches der Abschluss als M. Sc. in Wirtschaftsinformatik an der Universität Bamberg folgte. An seiner Zeit an der Universität Skövde in Schweden legte er seinen Schwerpunkt dabei auf Data Analytics. Herr Hildebrandt besitzt durch diverse Tätigkeiten bereits Erfahrungen in der Industrie, sowie in VR/AR und EdTech Start-Ups für Digitalisierung und Industrie 4.0.

Im Zuge einer Forschungskooperation des Lehrstuhls mit dem Innovationszentrum für Industrie 4.0 in Regensburg ist er dort weiterhin als Head of Research tätig und verzahnt aktuelle Forschung mit praktischen Lösungen.

Seine Forschungsschwerpunkte liegen in den Bereichen der menschlichen sowie organisationalen Faktoren digitaler Innovationen und digitaler Transformationen, insbesondere in der Industrie. Die „technologische Lücke" zwischen „digital natives" und „digital immigrants" stellt seiner Meinung nach die größte Herausforderung für erfolgreiche digitale Innovationen und eine digitale Transformation dar.

Institution: Uni Bamberg

Position: Doktorand am Lehrstuhl für Wirtschaftsinformatik, insb. Informationssystemmanagement der Otto-Friedrich-Universität Bamberg

Anke Hoffmann

hat in Rostock und Bielefeld Soziologie und Sozialpsychologie studiert und abgeschlossen. Darüber hinaus hat sie einen Abschluss im Bereich Betriebliches Gesundheitsmanagement. Als Projektmanagerin im Team Zukunft der Arbeit der Bertelsmann Stiftung beschäftigt sie sich mit der betrieblichen digitalen Transformation und deren Wirkung auf die in bzw. für Betriebe/-n tätigen Menschen und deren Umfeld. Die Vereinbarkeit von Arbeit und Leben, die Auswirkungen des zunehmenden Einsatzes künstlicher Intelligenz und die Bedeutung gesunder Arbeit sind dabei ihre Arbeitsschwerpunkte.

Firma: Bertelsmann Stiftung

Position: Project Managerin

Twitter: *https://twitter.com/Hoffmann_Anke*

LinkedIn: *https://www.linkedin.com/in/anke-hoffmann-1001ab168/*

BertelsmannStiftung

Dr. Jürgen Hollatz

hat an der Technischen Universität in München Informatik mit dem Nebenfach Theoretische Medizin studiert. 1992 schloss er seine Promotion an der TU München über das Lernen in künstlichen Neuronalen Netzen ab. Danach stieg er bei Siemens in der Zentralabteilung für Forschung und Entwicklung ein und übernahm die Leitung der Forschungsgruppe für Fuzzy-Systeme. Aus dieser Zeit stammen viele seiner internationalen Veröffentlichungen und Patente.

1998 wechselte Jürgen Hollatz in die Bildung an die Siemens Technik Akademie in München. 1999 gründete er die Technik Akademie bei Siemens in Düsseldorf, ein staatlich anerkanntes Berufskolleg, das heute als Berufskolleg für Informations-, Kommunikations- und Automatisierungstechnik erfolgreich weitergeführt wird.

Seit 2006 verantwortet er die Ausbildungszentren der Siemens AG erst in Nordbayern, inzwischen an allen Ausbildungsstandorten in Bayern. Von 2012 bis 2017 war er Vorsitzender des Vorstandes der Stiftung Siemens Technik Akademie.

Jürgen Hollatz engagiert sich in vielen Bereichen der Bildung, wie z. B. in der Arbeit des Netzwerkes Schule-Wirtschaft, in verschiedenen IHK-Berufsbildungsausschüssen und im DIHK, sowie als Kuratoriumsmitglied der Technischen Hochschule Nürnberg.

Firma: Siemens AG

Position: Leitung Berufsbildung Süd, Siemens Professional Education

LinkedIn: *www.linkedin.com/in/juergen-hollatz-9552b917a*

Twitter: *www.twitter.com/HollatzJuergen*

Charlotte Karpenchuk

ist seit 2017 beim Deutschen Volkshochschul-Verband im Bereich Digitalisierung tätig und hat im März 2020 die Leitung des Projekts vhs.now übernommen. Das Projekt unterstützt die Volkshochschulen in ihrer Organisationsentwicklung, wo immer es um digitale Themen geht, und umfasst die nutzerorientierte Weiterentwicklung der verbandseigenen Lern- und Arbeitsplattform vhs.cloud. Drei Jahre nach ihrem Start sind Anfang 2021 mit 790 Einrichtungen ca. 88 % der Volkshochschulen an der vhs.cloud beteiligt, veranstalten auf der Plattform digital gestützte Kurse und vernetzen sich deutschlandweit. Vor ihrer Zeit beim Deutschen Volkshochschul-Verband war Frau Karpenchuk am Sprachlernzentrum der Rheinischen Friedrich-Wilhelms-Universität Bonn tätig. Dort entwickelte sie ein übergreifendes Curriculum für die Sprachmodule auf Basis des Gemeinsamen Europäischen Referenzrahmens (GER) für Sprachen und war für die Umsetzung und Weiterentwicklung des Blended-Learning-Konzepts sowie für die Schulungen dazu verantwortlich.

Firma: Deutscher Volkshochschul-Verband e. V.

Position: Projektleitung vhs.now

Deutscher Volkshochschul-Verband e. V.
Königswinterer Straße 552 b
53227 Bonn

Telefon: 0228 97569 173
Fax: 0228 97569 402

Simone Kaucher

ist seit 2015 beim Deutschen Volkshochschul-Verband e. V. beschäftigt, seit 2016 als Pressesprecherin. Neben der Medienarbeit verantwortet sie das vier Mal jährlich erscheinende Magazin der Volkshochschulen, „dis.kurs", die Social Media-Aktivitäten des vhs-Dachverbands sowie den Webauftritt www.volkshochschule.de, der auch den bundesweiten vhs-Kursfinder mit einer wachsenden Zahl von Online-Lernangeboten umfasst.

Vor ihrem Wechsel in die Bundesgeschäftsstelle des vhs-Dachverbands lernte die diplomierte Politologin die Praxis der Volkshochschulen im kommunalen Kontext kennen – als ausgebildete Lokalredakteurin der Zeitungsgruppe Lahn-Dill im Raum Marburg und als Mitarbeiterin im Presseamt der Stadt Offenbach am Main.

Der digitale Transformationsprozess, wie ihn Volkshochschulen und ihre Verbände seit mehreren Jahren mit enormem Engagement vollziehen, kann aus ihrer Sicht auch andere zivilgesellschaftliche Organisationen und Unternehmen inspirieren und überall vor Ort die Lust am digitalen Kompetenzerwerb in die breite Bevölkerung tragen.

Firma: Deutscher Volkshochschul-Verband e. V.

Position: Pressesprecherin

Twitter: *@Simone_Kaucher*

Dr. Heike Krämer

arbeitet als wissenschaftliche Mitarbeiterin beim Bundesinstitut für Berufsbildung (BIBB) in Bonn. Dort ist sie zuständig für die Berufe der Medien- und Kommunikationswirtschaft, Druck- und Papierindustrie. Als gelernte Schriftsetzerin hat sie den Wandel von der analogen zur digitalen Produktion schon seit Ende des vergangenen Jahrtausends erlebt. Nach Studienabschlüssen als Diplom-Ingenieurin Drucktechnik und Diplom-Ökonomin begleitete sie als Projektleiterin des BIBB die Novellierung von Aus- und Fortbildungsregelungen und damit verbunden die Integration von Kompetenzen zur Arbeit mit digitalen Technologien in die Berufsbildung. Sowohl im Rahmen ihrer Promotion als auch in verschiedenen Forschungsprojekten des BIBB beschäftigte Sie sich mit bildungspolitischen Fragestellungen im Zusammenhang mit der Digitalisierung, z.B. in Projekten zur Entwicklung von Medienkompetenz in der Berufsausbildung sowie zum Thema Berufsausbildung 4.0: Kompetenzen für die digitalisierte Arbeit von morgen.

Firma: Bundesinstitut für Berufsbildung, Bonn

Position: wissenschaftliche Mitarbeiterin

Beate M. Kreiner MSc, MBA

ist als Gründerin und Geschäftsführerin der BOLD Enterprise Business-, Organizational- & Leadership Development GmbH davon überzeugt, dass man das Leben nur rückwärts verstehen kann, es jedoch vorwärts leben muss. Sie studierte berufsbegleitend und erlangte in den Jahren 2007 bzw. 2017 die Abschlüsse Master of Business Administration und Master of Science.

Die berufliche Laufbahn begann Beate M. Kreiner Ende der 1980er Jahre in einer Rechtsanwaltskanzlei, wechselte anschließend für über ein Jahrzehnt ins Gesundheitswesen und etablierte in den Jahren 2009 bis 2019 erfolgreich eine Business School, an der sie auch die organisatorische Leitung zahlreicher akademischer Programme verantwortete. Ihre freiberufliche Tätigkeit in den Schwerpunktbereichen Human Resource Management, Projektmanagement und Change-Management rundete sie mit der Unternehmensgründung im Jahr 2019 ab. Als Unternehmerin, Coach und Konsulentin unterstützt und begleitet sie mit Leidenschaft und Mut Management-Projekte, bei denen die Kunden – die von ihrer langjährigen, branchenübergreifenden Erfahrung und Kompetenz profitieren – als Partner gesehen werden.

Xing: *https://www.xing.com/profile/BeateMaria_KreinerMScMBA/cv*

LinkedIn: *https://www.linkedin.com/in/beate-maria-kreiner-msc-mba-a0015030/?originalSubdomain=at*

LinkedIn BOLD: *https://www.linkedin.com/company/bold-enterprise-business-organizational-leadership-development-gmbh/*

Dorothee Kubitza

ist Project Assistant in der Bertelsmann Stiftung, wo sie nach ihrem Abitur und einer Ausbildung an der Academy for Management Assistants im Jahr 2001 ihren beruflichen Lebensweg begann. Hier unterstützte sie unterschiedliche Projekte, bevor sie 2013 zum Programm „Unternehmen in der Gesellschaft" stieß und nun Teil des Teams Zukunft der Arbeit ist. Im Jahr 2010 entschied sie sich zudem dazu, ihr Profil durch ein Fernstudium an der Fernuniversität Hagen zu erweitern. Neben Beruf und Familie schloss sie das Fernstudium im Jahr 2017 erfolgreich mit dem B. A. Bildungswissenschaft ab.

Firma: Bertelsmann Stiftung, Gütersloh

Position: Project Assistant

eMail: *Dorothee.Kubitza@Bertelsmann-Stiftung.de*

Twitter: *@Dorothee_K_*

Angela Luft

Nach dem Studium, als Wirtschaftsingenieurin mit verschiedenen Stationen im Ausland, begann sie ein internationales Traineeprogramm bei der MTU Friedrichshafen im Bereich Global Operations Footprint. Dort arbeitete sie insgesamt drei Jahre, in welchen sie Projekte für Operations- und technisches Lizenzmanagement in Deutschland, Südafrika und den USA begleitet und umgesetzt hat. Im Anschluss machte sie sich als Beraterin im Bereich Produktionsoptimierung und Projektmanagement selbstständig und war für verschiedene Automobilzulieferer tätig. Zurzeit promoviert sie an der FH Aachen in Kooperation mit der Universität Cluj-Napoca im Bereich additive Fertigungstechnologien im Kontext von Produktionssystemen. Als Transformationscoach ermutigt sie Menschen und Unternehmen Verantwortung zu übernehmen, Arbeit neu zu denken und gemeinsam die Zukunft zu kreieren.

Institution: Fachhochschule Aachen

Position: Doktorandin

Selbständigkeit: Transformationscoaching und Consulting

Prof. Dr.-Ing. Nils Luft

ist Professor für Intralogistik in Fertigungsunternehmen am Fachbereich Maschinenbau und Mechatronik der FH Aachen. Er lehrt und forscht dort in den Bereichen Fabrikplanung, Intralogistik und Operations Management. Nach dem Studium der Logistik an der Universität Dortmund promovierte er dort im Bereich Maschinenbau zum Thema Flexibilisierung von Produktionssystemen. Im Anschluss an die Promotion gründete er zusammen mit Kollegen im Rahmen des EXIST-Gründerstipendiums als geschäftsführender Gesellschafter ein Software-Unternehmen für Fabrikplanung und Produktionsmanagement. Seit 2016 ist er als Professor an die FH Aachen berufen. Er ist Vorsitzender des VDI Fachausschuss für Fabrikplanung, Mitglied im Aufsichtsrat der Werhausen AG und als Trainer für das Innovationszentrum für Industrie 4.0 in Regensburg tätig. Er berät Unternehmen und Unternehmer zu den Themen Industrie 4.0, Digitalisierung und Fabrikplanung.

Institution: Fachhochschule Aachen

Position: Professor

Selbständigkeit: Unternehmensberater und Trainer

Dr. Lutz Marten

ist seit über 20 Jahren im Unternehmen IBM tätig. In seiner aktuellen Verantwortlichkeit führt er Trainer- und Beraterteams in Europe und Middle East & Africa für den Bereich „Learning, Leadership Development & Inclusion". In einer weiteren Funktion ist er als globaler Ansprechpartner für den Bereich Leadership und Management Development tätig, in der er die Durchführung von Kursen und Assessment Centern für die Population der angehenden Führungskräfte bis zu leitenden Angestellten hin, in der IBM koordiniert. Bevor Dr. Marten in den Bereich IBM Corporate Learning kam, war er für 10 Jahre als Berater und Führungskraft im Bereich IBM Global Business Services in verschiedenen Lösungs- und Industriebereichen tätig.

Dr. Marten agiert als Mentor und Coach in der IBM und als Tutor für Studenten innerhalb und ausserhalb der IBM. Daneben ist er aktiver Almnus der RWTH Aachen und im Bereich Universitätsbeziehungen der IBM engagiert.

Sein beruflicher Hintergrund aus seinen Positionen vor IBM, sind geprägt von den Bereichen Beratung, Projektmanagement, Geschäftsfeldentwicklung und Führen von formellen und informellen Teams verschiedener Größe und Zusammensetzung.

Dr. Marten hat Informatik, Betriebswirtschaft und Operations Research and der RWTH Aachen studiert und hat während seiner Tätigkeit bei der Fraunhofergesellschaft am Institut für Lasertechnik in Aachen, einen Doktorgrad im Bereich Informatik, erlangt. Er ist Senior Member der ACM (Association for Computing Machinery) und Mitglied der GI e. V. (Gesellschaft für Informatik).

Lutz Marten ist verheiratet und lebt in Würzburg.

Firma: IBM Deutschland GmbH

Position: IBM Transformation & Culture – Learning & Leadership Development – Squad Leader Europe, Middle East & Africa

LinkedIn: *https://www.linkedin.com/in/lutzmarten/*
Xing: *https://www.xing.com/profile/Lutz_Marten*
Twitter: *https://twitter.com/ISPF*

Dr. Elvire Meier-Comte

ist seit 2019 Vize-Präsidentin und Personaldirektorin für Operations im europäischen Luft- und Raumfahrtkonzern Airbus Defence and Space. In dieser Rolle ist sie Mitglied des Boards „Operations", mit aktuell über 10 000 Mitarbeitern zuständig und leitet von der Personal- und Organisationsseite die Implementierung der Industrie 4.0 in der Produktion, Qualität und Einkauf weltweit. In ihrer vorherigen Position als VP, Head of Talent & Executive Management, zeichnete sie für die Top 250 Führungskräfte und Talente weltweit verantwortlich. Ihr besonderes Augenmerk galt hier der Konzipierung und Implementierung innovativer Lern- und –Netzwerk-orientierter-Ansätze zur Nutzung der Chancen der digitalen Transformation.

Vor ihrer Zeit bei Airbus hat sie 18 Jahre bei der Siemens AG in unterschiedlichen Führungspositionen, Industrien & Funktionen in Europa, Amerika und Asien gearbeitet. Nach Stationen in der Konzernstrategie und im Marketing & Vertrieb, war sie zehn Jahre als Senior Beraterin des Technologiezentralvorstands tätig. Dort hat sie an „disruptiven" Veränderungen gearbeitet.

Die sogenannten „Smart Innovationen" am Beispiel China und Indien waren integraler Bestandteil ihres Expertenbereichs.

Frau Dr. Meier-Comte ist auch ehrenamtlich Lenkungskreismitglied des Deutsch-Französischen Zukunftswerks, einer Initiative des Bundesministeriums für Forschung und Entwicklung für die europäische Transformation und Mitglied des Transferrats der Universität Hamburg.

Sie ist Französin, hat am Institut d'Etudes Poliques, Lyon und an der Universität Salzburg studiert, einen MBA in Metz-Saarbrücken absolviert und an der Universität Potsdam im Innovationsmanagement promoviert.

Firma: Airbus Defence & Space

Position: Vize-Präsidentin und Personaldirektorin für Operations Airbus Defence and Space

LinkedIn: *linkedin.com/in/elvire-meier-comte-dr-026b1b*

Annika Müller de Vries

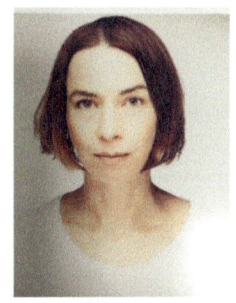

übernahm im April 2011 die Leitung der „Weiterbildung" der Deutschen Bundesbank (Frankfurt am Main) und ist gemeinsam mit 25 Mitarbeiterinnen und Mitarbeitern zuständig für die fachliche und überfachliche Qualifizierung von rund 10 000 Beschäftigten mit stark ausdifferenzierten Aufgabengebieten in rund 35 Dienststellen deutschlandweit. Der Aufbau digitaler Kompetenzen hat sich hierbei zu einem zentralen Thema entwickelt. Als Mitglied der Task Force on Training and Development des Europäischen Systems der Zentralbanken (ESZB) und des Single Supervisory Mechanism (SSM) ist die Autorin zudem eng vernetzt mit den trainingsverantwortlichen Stellen anderer europäischen Notenbanken und gestaltet die systemweiten Trainingsmaßnahmen mit, die zunehmend auch digital ablaufen werden. Als studierte Politologin und Historikerin (Technische Universität Berlin/University of Edinburgh) folgte nach journalistischen Stationen der berufliche Einstieg in die Bundesbank im November 2000 zunächst in der Vorstandskommunikation. 2016/2017 ermöglichte ihr die Bank den Einsatz im Koordinationsteam für die deutsche G20-Präsidentschaft. Nicht zuletzt aufgrund der eigenen Vita vertritt die Autorin Positionen einer kontinuierlichen fachlichen Neuorientierung und Entwicklung.

Institution: Deutsche Bundesbank

Amt und Position: Bundesbankdirektorin, Leiterin Weiterbildung

Branche: Notenbank, öffentlicher Dienst

LinkedIn: *https://www.linkedin.com/in/annika-m%C3%BCller-de-vries-146a54ab/*

Dr. Rahild Neuburger

ist an der Forschungsstelle „Information, Organisation und Management" im Cluster „Information Systems & Digital Business" an der LMU Munich School of Management tätig und hat dort seit ihrer Promotion viele Buch- und Forschungsprojekte an der Schnittstelle zwischen digitalen Technologien und betriebswirtschaftlichen Themen begleitet. Ihre Forschungsschwerpunkte sind Implikationen der Digitalisierung/Künstlichen Intelligenz auf Arbeits- und Organisationsstrukturen sowie damit zusammenhängende Fragen der Führung, Bildung/Kompetenzentwicklung, Change-Management und Arbeitsmethodik. Zudem ist sie Geschäftsführerin des MÜNCHNER KREIS e.V. und hier Koordinatorin des Arbeitskreises „Arbeit in der digitalen Welt", Mitglied des Vorstandes der Charta Digitale Vernetzung sowie Autorin zahlreicher Veröffentlichungen zum Thema Kompetenzen.

Institution: LMU

Position: Akademische Oberrätin

Website: *https://www.iom.bwl.uni-muenchen.de/personen/kontakt/neuburger/index.html*

LinkedIn: *https://www.linkedin.com/in/rahild-neuburger-4456b18a/*

Xing: *https://www.xing.com/profile/Rahild_Neuburger/*

Prof. Dr. habil Robert Neumann

hat in Betriebswirtschaft im Schwerpunkt Organisations-, Personal- und Managemententwicklung promoviert und habilitiert. Er übernahm seither Management Funktionen auf Zeit, Beratungsmandate, entwickelte und leitete Management-Development Programme und ist selbst für Leadership und Change Management-Themen international lehrend tätig. An der St. Galler Business School ist er seit 2008 in wissenschaftlichen Leitungsfunktionen und als Trainer aktiv. Neben seiner wissenschaftlichen Universitäts-Karriere hat er über einen Zeitraum von 10 Jahren erfolgreich eine Business-School aufgebaut und sich als Anbieter berufsbegleitender Führungskräfteentwicklung in Form von Universitätslehrgängen etabliert.

Aktuell konzentriert sich Robert Neumann als Gründer und CEO der BOLD Enterprise Business-, Organizational- & Leadership Development GmbH als Speaker, Trainer, Coach, Autor und Berater auf jene Themen, die ihn seit mehr als 30 Jahren begleiten – die Gestaltung, Führung und Umsetzung von Lern-, Veränderungs- und Entwicklungsprozessen von Führungskräften, High-Performance-Teams und Organisationen zur nachhaltigen Sicherung von Erfolg.

Xing: *https://www.xing.com/profile/Robert_Neumann18/portfolio*

LinkedIn: *https://www.linkedin.com/in/robert-neumann-prof-dr-habil-ceo-2b63a424/*

LinkedIn BOLD: *https://www.linkedin.com/company/bold-enterprise-business-organizational-leadership-development-gmbh/*

Barbara Ofstad

Barbara Ofstad, Dipl.-Betriebswirtin (FH), studierte Europäische Betriebswirtschaft am ESB Reutlingen und an der ESC Reims. Sie hat außerdem einen Abschluss als MBA, International Management vom Monterey Institute of International Studies (USA).

Während Frau Ofstad ihre berufliche Laufbahn nach dem Studium im Mittelstand begann, ist sie seit über 20 Jahren bei der Siemens AG tätig und durchlief unterschiedliche Business Units im In- und Ausland in den Funktionen Marketing, Produktmanagement- und SW-Entwicklungsleitung. 2015 wechselte sie in die Ausbildung und verantwortet seit 2017 als Leiterin der Siemens Professional Education die technische und kaufmännische Ausbildung sowie die dualen Studienprogramme in Deutschland. Sie ist derzeit stellvertretende Sprecherin des VDMA Bildungsausschusses und Sprecherin des Bildungsausschusses der Vereinigung hessischer Unternehmerverbände (VhU) e. V.

Frau Ofstad ist darüber hinaus als Kuratorin am Fraunhofer Institut für Wirtschafts- und Technomathematik, Kaiserslautern, tätig.

Firma: Siemens AG

Position: Leiterin der Siemens Professional Education Deutschland

LinkedIn: *https://www.linkedin.com/in/barbofstad/*

Twitter: *https://twitter.com/barbofstad*

Luise Ortloff

arbeitet seit 2016 als Politikberaterin und wissenschaftliche Referentin im Themenschwerpunkt Volkswirtschaft, Bildung und Arbeit bei acatech – Deutsche Akademie der Technikwissenschaften. Dort ist sie für das Thema Zukunft der Arbeit zuständig und unter anderem Projektverantwortliche des Human-Resources-Kreises von acatech.

Nach ihrem Masterstudium an der Helmut-Schmidt-Universität/Universität der Bundeswehr Hamburg in Bildungs- und Erziehungswissenschaften, Schwerpunkt Beratungspsychologie und Erwachsenenbildung, konnte sie als Offizier und Führungskraft in der Bundeswehr Erfahrungen in der Personal- und Projektarbeit sammeln.

Ab 2016 studierte sie berufsbegleitend an der FOM Hochschule für Ökonomie & Management Human Resource Management, wo sie 2018 ihren Abschluss zum Master of Science erlangte. Mit ihrer Masterarbeit zum Thema Digitalisierung im Arbeitskontext zählte sie im Wettbewerb „Supermaster" des Magazins WirtschaftsWoche zu den Finalisten für die beste wirtschaftswissenschaftliche Masterarbeit im Jahr 2019.

Institution: acatech – Deutsche Akademie der Technikwissenschaften

Position: Wissenschaftliche Referentin Themenschwerpunkt Volkswirtschaft, Bildung und Arbeit

Dr. Herbert Prickarz

hat Wirtschafts- und klinische Psychologie studiert und als Mitarbeiter der Robert Bosch GmbH an der Universität zu Köln über psychologische Faktoren erfolgreichen Change Managements promoviert. 2006 wechselte er als Projektleiter für Human-Machine-Interaction in die Hybrid-fahrzeugentwicklung. Von 2009 an koordinierte er das internationale Kompetenzmanagement-netzwerk der Robert Bosch GmbH und leitete das angegliederte weltweite Digitalisierungs-projekt.

Ab 2012 übernahm er unterschiedliche Projekt- und Führungsaufgaben in der HR und unter-stützte mit seinem Team den Konzern im Aufbau des Bereichs für „Autonomes Fahren".

Seit 2019 treibt er zusammen mit den Geschäftseinheiten des Mobilitätssektors der Robert Bosch Gruppe die digitale Transformation in der Organisation voran. Der zertifizierte Project Management Professional (PMP)® und Coach verbindet Digitalisierung, Personal-, Kultur- und Organisationsentwicklung, um das Unternehmen fit für die Zukunft zu machen.

Firma: Robert Bosch GmbH

Position: Director Chief Digital Office Mobility Transformation

LinkedIn: *www.linkedin.com/in/herbert-prickarz*

Dr. Philipp Ramin

ist Gründer und Geschäftsführer des internationalen Schulungs-, Beratungs- und Forschungs-unternehmens Innovationszentrum für Industrie 4.0 und Experte für digitalen Kompetenzauf-bau über alle Unternehmensstrukturen hinweg. Philipp Ramin hat das führende internationale E-Learning und Schulungsprogramm für Industrie 4.0 und Digitalisierung entwickelt, das mittlerweile bei Unternehmen in 14 Ländern weltweit durchgeführt wird. Der Fokus liegt hier auf systematischem und kontinuierlichem Wissens- und Kompetenzaufbau hinsichtlich techni-scher, strategischer und kultureller Aspekte. Auch die erste internationale und unabhängige Online-Plattform für Industrie 4.0 wurde von Philipp Ramin im Jahr 2015 initiiert.

Darüber hinaus ist Dr. Ramin seit 2014 stellvertretender Geschäftsführer des renommierten MÜNCHNER KREIS e.V., ein Verein, der als unabhängige, interdisziplinäre und internationale Plattform für zentrale Akteure aus Wirtschaft, Wissenschaft und Unternehmen zu politischen und sozialen Herausforderungen der digitalen Transformation agiert. Hierbei war Dr. Ramin auch mitverantwortlicher Projektleiter der im Juni 2020 herausgegebenen Zukunftsstudie VIII „KI im Kontext von Leben, Arbeit, Bildung 2035+".

Neben seiner Tätigkeit in der Praxis ist Dr. Ramin auch regelmäßiger Gastdozent zu den wirt-schaftlichen, technischen und gesellschaftlichen Konsequenzen der Digitalisierung an mehre-ren europäischen Hochschulen, u.a. in Tallinn, Vilnius, Kuala-Lumpur, Amberg-Weiden und Regensburg. Ebenso ist er Autor zahlreicher Fach- und Praxisartikel zu unterschiedlichen Digi-tal-Themem.

Durch sein ehrenamtliches politisches Engagement wurde Philipp Ramin bereits im Jahr 2008 zu einem der jüngsten Stadträte Bayerns gewählt. Mittlerweile ist er Fraktionsvorsitzender und dritter Bürgermeister in seiner Heimatstadt Neutraubling, wo er sich vor allem für die Digitalisierung von Bürgerdiensten einsetzt.

Philipp Ramin hat an der Universität Regensburg und der American University, Washington D.C., mit Schwerpunkt auf Innovations- und Technologiemanagement studiert und promo-vierte zum Thema diskontinuierliche Innovation und Geschäftsmodelle.

Vor seinen aktuellen Tätigkeiten war Philipp Ramin Berater im Deutschen Bundestag und arbeitete sowohl in der Automobil- als auch in der Beratungsbranche.

Firma: Innovationszentrum für Industrie 4.0 GmbH & Co. KG
Position: CEO

LinkedIn: https://www.linkedin.com/in/dr-philipp-ramin-a5319675/

Joachim Rattinger

arbeitet seit 2012 als Bildungsreferent beim Bayerischen Volkshochschulverband. Er ist für die Bereiche Erweiterte Lernwelten und Digitale Transformation verantwortlich. Der studierte Erwachsenenbildner entwickelt in Kooperation mit vhs Kolleginnen und Kollegen aus dem Bundesgebiet Ideen und Konzepte zur Digitalen Transformation an Volkshochschulen und begleitet deren Umsetzung. Zu seinen Themen und Handlungsfeldern gehören die vhs.cloud, das bundesweite Lernmanagementsystem der Volkshochschulen, die Trainerqualifizierung, die Entwicklung von neuen Online-Vertriebskanälen, wie auch die Förderung von Produktwerkstätten. Das aktuell herausforderndste Projekt ist die Entwicklung einer vhs-übergreifenden online.vhs. Die 200 bayerischen Volkshochschulen führen jährlich rund 160 000 Veranstaltungen mit 20 000 Trainern ca. 3 Mio. Teilnehmerinnen durch.

Firma: Bayerischer Volkshochschulverband e. V.
Position: Referent für Erweiterte Lernwelten und Digitale Transformation

LinkedIn: *https://www.linkedin.com/in/joachim-rattinger-768a4173/*

Erich Renz

ist derzeit wissenschaftlicher Mitarbeiter und Doktorand am Lehrstuhl für Innovations- und Technologiemanagement der Universität Regensburg. Dort lehrte er bisher zu experimenteller Innovationsforschung und Verhaltensökonomie, Management und Unternehmensgründung, und internationalem Management. Zu seinen Forschungsschwerpunkten gehören Einflüsse auf Widerstände bei Innovationen und organisatorischem Wandel sowie auf unternehmerische Entscheidungen unter Risiko und Unsicherheit. Methodisch arbeitet Erich in Labor-, Online- und Feldexperimenten. Forschungsaufenthalte führten ihn an den Lehrstuhl für Innovation, Entrepreneurship und Strategie der Tsinghua-Universität Peking und den Lehrstuhl für angewandte Ökonomie der Technischen Universität Peking. Vor seiner wissenschaftlichen Laufbahn war Erich Produktmanager bei der Softwarefirma Vuframe in Regensburg. Erich studierte im Master an der Popakademie Baden-Württemberg Kultur- und Kreativwirtschaft und absolvierte während dieser Zeit Auslandsaufenthalte an der Queensland University of Technology in Brisbane und an der Hochschule Amsterdam in der Forschungsgruppe Digitale Medien und Kreativwirtschaft. Sein Bachelorstudium schloss er an der LMU München in der Fächerkombination Musik- und Rechtswissenschaft ab. Erich war bisher als Dozent an der Hochschule Ansbach, der Technischen Hochschule Deggendorf, der Popakademie Baden-Württemberg und beim Innovationszentrum für Industrie 4.0 bei Schulungs- und Beratungsprojekten tätig.

Institution: Universität Regensburg

Position: Wissenschaftlicher Mitarbeiter und Doktorand am Lehrstuhl für Innovations- und Technologiemanagement der Universität Regensburg

LinkedIn: *linkedin.com/in/erichrenz*

Dr. Alexander Röck

hat theoretische Physik in Tübingen und London studiert. Anschließend war er wissenschaftlicher Mitarbeiter am Max-Planck-Institut für Metallforschung und promovierte an der Universität Stuttgart. Seit 1999 ist er Mitarbeiter der Robert Bosch GmbH. Dort startete er in der Entwicklung von Komponenten für Benzin-Einspritzanlagen in verschiedenen Positionen. Nach der Leitung der Kompetenzzentren für Metall, Kunststoffe und Simulation wechselte er in die Rolle eines internen Beraters mit den Schwerpunkten Lean Development, Fluss-basierte Arbeitsorganisation und Digitalisierung. Seit 2016 treibt er die digitale Transformation im Mobilitätssektors der Robert Bosch Gruppe mit Fokus auf Transformations-Architektur sowie die Vermittlung von Basiswissen für diesen fundamentalen Wandel im Rahmen zahlreicher Weiterbildungsaktivitäten.

Firma: Robert Bosch GmbH

Position: Director Chief Digital Office Mobility Transformation

LinkedIn: *www.linkedin.com/in/alexander-roeck*

Andrea Schindler

Auf Grund ihres diversen Hintergrunds ist sie davon überzeugt, dass kontinuierliche Weiterentwicklung und Lernen der Schlüssel zum Erfolg sind.

Seit 2014 ist sie bei Continental beschäftigt und durchlief seitdem bereits verschiedene Unternehmensbereiche.

Bevor Andrea Schindler bei Continental anfing studierte sie Englisch und Spanisch für Lehramt an Gymnasien und Internationale Handlungskompetenz. Sie schloss ihre Ausbildung 2014 mit dem 2. Staatsexamen ab und kehrte zurück zu Continental, wo sie 2011 bereits als Werksstudentin tätig war.

Andrea Schindler begann ihre Karriere als Executive Assistant im Elektronikwerk Regensburg, danach arbeitete sie im Bereich Lean Manufacturing als Trainer und Projektleiter mit dem Fokus auf Prozessoptimierung am Shopfloor.

2018 wechselte sie zu HR in einer Zentralfunktion, zuständig für 30 Elektronikwerke weltweit und übernahm die Projektleitung des Future Learning Projekts. Zentraler Bestandteil war die Entwicklung neuer Lernstrategien und -formate im White und Blue Collar Bereich, u. a. entstand das Trainingsprogramm für Digitale Kompetenzen in Zusammenarbeit mit dem Innovationszentrum I4.0.

Seit 2020 ist Andrea Schindler in einer R&D Zentralfunktion im Software Bereich und leitet globale HR Projekte im Bereich Kompetenzmanagement und agile Transformation. Als HR Business Partner unterstützt sie außerdem (Senior) Executives bei allen operativen HR Themen und strategischen Entscheidungen zur Organisationsentwicklung des Bereichs.

Firma: Continental Automotive GmbH

Position: Doppelfunktion als Global HR Project Manager und Global HR Business Partner

LinkedIn: *http://www.linkedin.com/in/andrea-schindler/*

Prof. Dr. Ute Schmid

ist Diplom-Psychologin und Diplom-Informatikerin. Sie hat an der TU Berlin promoviert und sich für das Fach Informatik habilitiert. An der TU Berlin hat sie zunächst wissenschaftliche Mitarbeiterin im Bereich Allgemeine Psychologie und danach wissenschaftliche Assistentin (C1) im Bereich Methoden der Künstlichen Intelligenz gearbeitet. Sie war ein Jahr, finanziert über ein DFG-Forschungsstipendium, als Gastwissenschaflerin der Carnegie-Mellon University und hat an der Universität Osnabrück akademische Rätin im Bereich Intelligente Systeme gearbeitet. Seit 2004 ist sie Professorin für Angewandte Informatik insbesondere Kognitive Systeme an der Universität Bamberg. Sie lehrt und forscht in den Bereichen Künstliche Intelligenz, maschinelles Lernen und kognitive Modellierung. Ihr Schwerpunkt ist induktives Programmieren, interpretierbares und menschenähnliches (human-level) maschinelles Lernen sowie die Generierung von Erklärungen für Klassifikatoren. Seit 2020 ist Ute Schmid Mitglied im Direktorium des Bayerischen Instituts für Digitale Transformation (bidt). Sie leitet die Fraunhofer IIS Projektgruppe Erklärbare KI. Ute Schmid widmet sich intensiv der Förderung von Frauen in der Informatik und bietet bereits seit 2005 Informatik-Workshops für Kinder und Jugendliche an. Ute Schmid hat den von Informatics Europe vergebenen Minerva Gender Equality Award für ihre Universität gewonnen. Sie hält Fortbildungen zum Thema Informatik für Vorschule und Grundschule und ist aktiv im Bereich „KI und Schule". Für ihr Engagement zum Wissenstransfer, insbesondere im Bereich KI wurde sie 2020 mit dem Rainer-Markgraf-Preis ausgezeichnet.

Institution: Universität Bamberg

Position: Professorin für Angewandte Informatik insbesondere Kognitive Systeme an der Universität Bamberg

LinkedIn: *https://www.linkedin.com/in/ute-schmid-95a2371b9/*

Twitter: *twitter.com/uniwiai*

Dr. Alexandra Schmied

BertelsmannStiftung

hat an der Westfälischen Wilhelms-Universität in Münster Rechtswissenschaft studiert und, nach einem Forschungsaufenthalt in England, promoviert. Seit dem zweiten Staatsexamen ist sie zugelassene Rechtsanwältin. Für die Bertelsmann Stiftung hat sie unter anderem das Kompetenzzentrum Initiative Bürgerstiftungen in Berlin aufgebaut und die Entwicklung des INQA-Audits Zukunftsfähige Unternehmenskultur verantwortet. Ihr Kompetenzschwerpunkt liegt in der Organisationsentwicklung, dem Changemanagement sowie dem Betrieblichen Gesundheitsmanagement. Sie befasst sich aktuell im Rahmen des Themas „Zukunft der Arbeit" mit der Untersuchung der „Neuen Orte des Arbeitens" (insbesondere von Coworking Spaces im ländlichen Raum) und generell der Bedeutung der digitalen Transformation für die Entwicklung einer nachhaltigeren Arbeitswelt.

Firma: Bertelsmann Stiftung

Position: Senior Project Managerin

Twitter: *@AlSchmied*

LinkedIn: *https://www.linkedin.com/in/dr-alexandra-schmied-04866031/*

Katharina Schüller

verfügt mit fast 20 Jahren Erfahrung im Bereich Advanced Analytics, Big Data und Künstliche Intelligenz über eine außergewöhnliche Expertise. Mit der Gründung von STAT-UP 2003 gilt sie als eine der unternehmerischen Pionierinnen im Segment Statistical Consulting und Data Science. Sie arbeitete u.a. mit Nobelpreisträger Kary Mullis zusammen und berät namhafte Unternehmen, wissenschaftliche Einrichtungen und die öffentliche Hand.

Einer breiten Öffentlichkeit bekannt ist sie durch zahlreiche Vorträge sowie Publikationen in Fach- und Publikumsmedien zu den Themen KI, Datenkompetenz und Datenethik. Schüller hat mehrere Aufsichts- und Beiratsmandate in der Wirtschaft und politischen Gremien inne. Seit 2005 ist sie Lehrbeauftragte an verschiedenen Hochschulen. Seit 2020 ist sie Vorstandsmitglied der Deutschen Statistischen Gesellschaft (DStatG) und leitet die Expertengruppe COVID-19 des Dachverbands europäischer Statistik-Gesellschaften (FENStatS).

Die vierfache Mutter ist Stipendiatin der Bayerischen EliteAkademie und der Lindau Nobel Laureate Meetings, „Statistician of the Week" (American Statistical Association), „Vordenker" (Handelsblatt/BCG) und Preisträgerin des Wirtschaftspreises LaMonachia der LH München.

Firma: STAT-UP Statistical Consulting & Data Science GmbH

Position: CEO STAT-UP GmbH; Aufsichtsratsvorsitzende des Instituts für Wissenschaftliche Weiterbildung/FernUniversität Hagen; Vorstandsmitglied der DStatG

LinkedIn: *https://www.linkedin.com/in/schueller-statup/*

Twitter: *https://twitter.com/schuellerstatup*

Xing: *https://www.xing.com/profile/Katharina_Schueller*

Nils Stamm

ist seit 2017 Chief Digital Officer der Telekom Deutschland GmbH und seit 2019 Leiter der Internet-Vertriebskanäle und verantwortet so die digitale Transformation für die Telekom Deutschland.

Seine rund 20 Jahre Berufserfahrung in führenden Unternehmen mit Fokus auf digitales Marketing, Produktmanagement, Vertrieb und Strategie belegen seine Leidenschaft für die Digitalisierung. Eine wichtige Grundlage für seinen beruflichen Erfolg ist dabei sein ergebnis- und teamorientierter Managementstil, wie auch die Fähigkeit, Transformation in einem dynamischen Umfeld zu verantworten. Nach seinem Studium durchlief er verschiedene Positionen in der Feedback AG, bei WEB.DE, o2 Germany und Buongiorno S.p.A a NTT DOCOMO Company London. Zuletzt war er als Geschäftsbereichsleiter Marketing & Sales für die United Internet Media und 1&1 Mail & Media im Einsatz.

Firma: Deutsche Telekom

Position: CDO Deutsche Telekom

LinkedIn: *https://www.linkedin.com/in/nils-stamm-4b18066/*

Andrea Stich

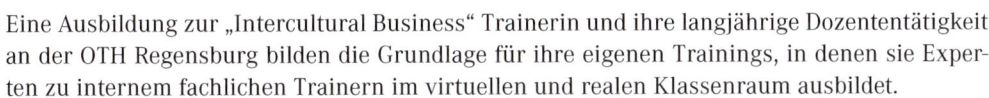

In ihrer aktuellen Funktion als Leiterin einer internen Akademie bei Infineon Technologies verbindet Andrea Stich ihre beiden fachlichen Leidenschaften – Physik und Lehre.

Nach einem geisteswissenschaftlichen Studium in Theaterwissenschaften und Germanistik an der LMU München folgte der Abschluss als Diplom-Ingenieurin für Physik an der Münchner Hochschule. 1995 startete sie ihre Karriere als Technologie Entwicklerin und arbeitete in verschiedenen Projektleitungs- und Managementfunktionen bei Siemens und Infineon, bis sie 2013 im Bereich Operations eine globale interne Akademie gründete. Ziel ihrer Organisation ist es, die Mitarbeiter in ihren fachlichen Rollen im Unternehmen mit den jeweils richtigen funktionalen Kompetenzen auszustatten, um damit zum Unternehmenserfolg beizutragen.

Eine Ausbildung zur „Intercultural Business" Trainerin und ihre langjährige Dozententätigkeit an der OTH Regensburg bilden die Grundlage für ihre eigenen Trainings, in denen sie Experten zu internem fachlichen Trainern im virtuellen und realen Klassenraum ausbildet.

Seit 2018 bringt Andrea Stich ihre Expertise und Erfahrung in Technologie und Lehre in der Plattform Lernender Systeme des BMBF im Bereich der Auswirkungen von angewandter Künstlicher Intelligenz auf Beruf und berufliche Bildung aktiv mit ein.

Firma: Infineon Technologies AG

Position: Director Frontend Academy

LinkedIn: *https://www.linkedin.com/in/andrea-stich-48b544/*

Laura Stiller

Universität Regensburg

absolvierte ihr Bachelorstudium in Betriebswirtschaftslehre B.Sc. an der Universität Regensburg. Ihren Master of Science in Betriebswirtschaftslehre erlangte sie an der Katholischen Universität Eichstätt-Ingolstadt sowie an der Copenhagen Business School. Während ihres Studiums sammelte sie praktische Erfahrung in den Bereichen Strategie und IT Consulting bei Osram in Regensburg, der Maschinenfabrik Reinhausen in Montréal, bei IBM in Walldorf sowie bei Capgemini Consulting in Frankfurt am Main.

Während ihrer Tätigkeit bei IBM arbeitete sie an dem Positionspapier „Automatisierung von Entscheidungen mit Big Data und Künstlicher Intelligenz – wirtschaftliche Bedeutung, Herausforderungen, gesellschaftliche Verantwortung" von Bitkom und DFKI zum Digital-Gipfel der Bundesregierung 2017 mit.

Laura Stiller ist seit November 2018 wissenschaftliche Mitarbeiterin und Doktorandin am Lehrstuhl für Innovations- und Technologiemanagement an der Universität Regensburg. Ihre Forschungsinteressen liegen an den Schnittstellen von digitalen Plattformen, Plattformökosystemen und -netzwerken, KI Anwendungen auf Plattformen und Coopetition mit besonderem Fokus auf den Finanzsektor.

Institution: Universität Regensburg

Position: Wissenschaftliche Mitarbeiterin & Doktorandin

Linkedin: *https://www.linkedin.com/in/laura-stiller-663900104/*

Katharina Winkler

acatech

DEUTSCHE AKADEMIE DER
TECHNIKWISSENSCHAFTEN

ist Expertin für das Themenfeld „Zukunft der Arbeit". Ihr Fokus liegt auf einem menschenzentrierten, wertebasierten Umgang mit dem digitalen Wandel. Zu ihren Leitthemen gehören Ansätze des Lebenslangen Lernens, neue Arbeits- und Führungsmodelle, digitale (Weiter-)Bildung.

Seit 2019 ist sie als Politikberaterin und wissenschaftliche Referentin bei acatech, der Deutschen Akademie der Technikwissenschaften tätig. Im Bereich Volkswirtschaft, Bildung und Arbeit koordiniert sie u. a. die Tätigkeiten des HR-Kreises, einem Forum für Personalvorstände zur Zukunft der Arbeit.

Zuvor spezialisierte sie sich als selbstständige Beraterin, systemischer Business-Coach und Trainerin auf die Themen Führung, Personal- und Teamentwicklung im Kontext der digitalen Transformation. Darüber hinaus engagierte sie sich in der allgemeinen Berufsvorbereitung Geringqualifizierter und Zugewanderter, um deren Integration in den Arbeitsmarkt zu unterstützen. Bildung sieht sie als einen zentralen Schlüssel, die digitale Transformation nicht nur mitzutragen sondern aktiv partizipieren und gestalten zu können.

Nach ihrem Studium der Politik- und Kommunikationswissenschaften an den Universitäten Jena und Augsburg war sie unter anderem beim Goethe-Institut e. V. als Nachwuchsführungskraft in den Bereichen Kultur und Bildung in Neuseeland und in der Zentrale in München als stellvertretende Leiterin „Personalentwicklung weltweit" tätig.

Institution: acatech

Position: Wissenschaftliche Referentin Themenschwerpunkt Volkswirtschaft, Bildung und Arbeit

LinkedIn: *https://www.linkedin.com/in/katharina-winkler/*

Birgit Wintermann

hat an der Christian-Albrechts-Universität zu Kiel Rechtswissenschaften studiert und mit dem zweiten Staatsexamen abgeschlossen. Für die Bertelsmann Stiftung hat die zugelassene Rechtsanwältin das Qualitätssiegel Familienfreundlicher Arbeitgeber entwickelt und in den wirtschaftlichen Geschäftsbetrieb überführt. Sie war bei der Erstellung des INQA-Audits Zukunftsfähige Unternehmenskultur des BMAS für die Entwicklung des Prozesses, der Online-Auswertung sowie der Ausbildung der Prozessbegleiter verantwortlich. Aktuell befasst sie sich mit der digitalen Transformation von Betrieben, dabei insbesondere der Vereinbarkeit 4.0 sowie der arbeitsrechtlichen Umsetzung digitaler Arbeitsweisen.

| BertelsmannStiftung

Institution: Bertelsmann Stiftung

Position: Wissenschaftliche Referentin Themenschwerpunkt Volkswirtschaft, Bildung und Arbeit

Twitter: *www.twiter.com/win_bee*

LinkedIn: *https://www.linkedin.com/in/birgit-wintermann-b4280b153/*

Dr. Ole Wintermann

hat an den Universitäten Kiel, Göteborg und Greifswald VWL und Sozialwissenschaften studiert und über den schwedischen Wohlfahrtsstaat promoviert. Für die Bertelsmann Stiftung hat er nach dem Aufbau eines demografischen Indikatorensystems für die deutschen Bundesländer die internationale Blogger Plattform Futurechallenges.org aufgebaut und in die Selbständigkeit überführt. Er befasst sich aktuell mit der Zukunft der Arbeit, Fragen von Globalisierung und Nachhaltigkeit und den Auswirkungen der Digitalisierung auf die Gesellschaft. Er bloggt außerdem für die Netzpiloten.de und das Journalisten-StartUp PIQD.de.

| BertelsmannStiftung

Institution: Bertelsmann Stiftung

Twitter: *www.twitter.com/olewin*

LinkedIn: *https://www.linkedin.com/in/ole-wintermann/*

Grit Zimmer

begann 2001 ihre berufliche Laufbahn in der Volksbank Mittweida eG mit einer Ausbildung zur Bankkauffrau. Ab 2008 erfolgte die Weiterqualifikation an der Frankfurt School of Finance & Management. Nach Abschluss ihres Studiums zur Bankbetriebswirtin übernahm sie Abteilungsverantwortung im Bereich private Baufinanzierung. Neben der Beratung von Finanzierungskunden begleitete sie die strategische Weiterentwicklung der Abteilung und führte diese in die digitale Transformation. Kundenzentrierung, Prozessoptimierung und der Ausbau der Digitalen Kompetenz standen dabei im Mittelpunkt ihres Handelns. 2019 nahm sie eine neue Herausforderung an und wechselte in den Bereich Organisationsentwicklung. Heute verantwortet Grit Zimmer das Projekt Digitalisierungsoffensive, begleitet die Einführung agiler Arbeitsmethoden und ist in vielen weiteren Themen, welche zur Zukunftsgestaltung und Weiterentwicklung des Unternehmens beitragen, engagiert.

Firma: Volksbank Mittweida eG

Position: Mitarbeiterin Organisationsentwicklung

Leonhard Zintl

ist Banker, Genossenschaftler, Autor, Herausgeber, Vortragsredner und besonders leidenschaftlich Zukunftsmacher. Nach der Ausbildung in einer bayerischen Genossenschaftsbank geht er 1991 nach Sachsen. Zunächst als junge Führungskraft, ab 1997 als Vorstandsmitglied und seit 2009 als Vorstandsvorsitzender ist er für die Volksbank Mittweida eG tätig. Er engagiert sich in Gremien des genossenschaftlichen Finanzverbundes, wirkt ehrenamtlich in Vereinen und Organisationen seiner Heimat und überregional mit und ist in der regionalen Politik aktiv. „Einfach machen" lautet sein Lebensmotto. Die damit verbundenen Ideen, Werte, Einsichten gibt er an seine drei Kinder, an Mitarbeitende, Führungskräfte und viele andere Menschen weiter. Mit Optimismus nach vorne blicken, mutig handeln und Visionen in Realität verwandeln – Leonhard Zintl bringt Menschen, die etwas bewegen wollen, in Bewegung.

Firma: Volksbank Mittweida eG

Position: Vorstand

Konzeptionelle Überlegungen aus betriebswirtschaftlicher, psychologischer und technischer Sicht

Digitale Kompetenz ist nicht der Ausgangspunkt dieses Handbuches, sondern vielmehr sind es die Veränderungen in unserem Umfeld, die Unternehmen und Menschen unter Druck setzen sich laufend neu zu erfinden.

Die folgenden Kapitel sind daher als konzeptionelle Vorüberlegungen zu verstehen, um einerseits den Wandel als auch den Begriff der digitalen Kompetenz etwas greifbarer zu machen. Hierzu finden Sie wissenschaftliche Überlegungen aus unterschiedlichen Domänen.

Die Kapitel in diesem Buchteil drehen sich um folgende Leitfragen:

- Welche Zusammenhänge sind zwischen disruptiven Innovationen und digitaler Kompetenz zu erkennen?
- Wie kann mit Widerständen gegenüber Innovationen umgegangen werden?
- Wie lässt sich digitale Kompetenz identifizieren und messen?
- Wie sieht das Zusammenspiel zwischen Technik und digitaler Kompetenz in der Fabrik der Zukunft aus?

Kann man einem alten analogen Hund neue digitale Tricks beibringen?

Kompetenzen und disruptive Innovation in der digitalen Transformation

Martin Dowling und Michael Dowling

1.1 Einführung

Disruptive Innovationen gibt es schon viel länger als nur im aktuellen Zeitalter der digitalen Transformation. Ein gutes Beispiel dafür ist die Geschichte von Lieutenant Sims von der U.S. Navy, wie sie von Denning und Dunham (2012) basierend auf den Forschungen von Morison (1966) erzählt wird (eigene Übersetzung):

Bild 1.1 Lieutenant Sims

... Um ca. 1898 standen die Kanoniere auf Marineschiffen vor einem ernsten Problem, wenn sie auf feindliche Schiffe zielten: Das Geschütz konnte nur für einen kleinen Teil des Intervalls zwischen den Wellenbergen auf das Ziel ausgerichtet werden. Der einzelne Kanonier musste den genauen Zeitpunkt des Feuerns erraten, damit die Granate das Ziel treffen würde. In der U.S. Navy fanden weniger als 1 Prozent der Schüsse ihr Ziel. Im Jahr 1900 traf William Sims, damals Leutnant der U.S. Navy, Admiral Percy Scott von der britischen Marine, der auf seinem Schiff, der HMS Scylla, ein neues Kanonensystem eingeführt hatte. Scott war aufgefallen, dass einer seiner Kanoniere ständig die Zahnräder verstellte, die den Winkel der Kanone kontrollierten, und damit eine viel höhere Genauigkeit erreichte als alle anderen. Er rüstete seine Geschütze mit besseren Zahnrädern und mit Zielfernrohren aus, wodurch seine Männer routinemäßig eine Trefferquote von über 10 Prozent erreichten. Leutnant Sims überredete seinen eigenen Hauptmann, die neue Methode auszuprobieren, und demonstrierte beeindruckende Verbesserungen der Genauigkeit. Er schrieb einen detaillierten Bericht voller unterstützender Daten und schickte ihn an das Naval Bureau of Ordnance (NBO) mit der Empfehlung, die Methode in der Marine zu übernehmen. Die NBO-Bürokraten fanden Sims Konzept nicht glaubwürdig und legten seinen Bericht kommentarlos zu den Akten. Sims schickte weitere Berichte mit mehr Daten, aber

erhielt immer noch keine Antwort. Er wurde zunehmend angriffslustig und kämpferisch in seiner Sprache in dem Bemühen, ihre Aufmerksamkeit zu bekommen, und schickte Kopien seiner Berichte auch an andere Offiziere in der Marine. Schließlich entlockte er dem NBO eine Antwort, die besagte, dass die neue Technologie die etablierte soziale Ordnung auf einem Schiff unnötig stören würde und dass eine bessere Ausbildung der Männer die Lücke zwischen den Leistungen der britischen und der amerikanischen Marinegeschütze schließen würde. Er blieb hartnäckig, aber es gelang ihm nur, eine Ad-hominem-Antwort aus ihnen herauszulocken, nämlich die, dass er ein hirnverbrannter Egoist und ein Fälscher von Beweisen sei. Nach dreizehn Berichten unternahm Leutnant Sims den außergewöhnlichen Schritt, seine Befehlskette zu durchbrechen, und verschickte einen Brief an Präsident Theodore Roosevelt, in dem er von der Lücke und der Weigerung des U. S. Navy Department zu handeln berichtete. Roosevelt, der gerne auf solche Appelle reagierte, rief Sims 1902 nach Washington und ernannte ihn zum Inspektor für Zielübungen. Von dieser Position aus konnte Sims neue Schießübungen und Feldversuche in Auftrag geben und die Einführung des Dauerzielschießens als Standardpraxis der US-Marine bewirken. Als er diesen Posten am Ende der Roosevelt-Administration 1908 verließ, wurde er in der Marine als „der Mann, der uns das Schießen beigebracht hat", gefeiert. William Sims ging 1922 als Admiral der U. S. Navy in den Ruhestand.

Es gibt viele Gründe, warum diese eindeutig überlegene „architektonische" und disruptive Innovation auf so viel Widerstand innerhalb der Organisation der U. S. Navy stieß (Henderson und Clark 1990). Für unsere Zwecke blicken wir auf die Analyse desselben Falles von Tushman und O'Reilly (1997), die die wichtigsten Probleme/Fragen aufführt, welche wir in diesem Kapitel des vorliegenden Handbuchs vorstellen:

... das Bureau of Ordnance (bei der U. S. Navy) war der offizielle Aufbewahrungsort von Fachwissen über die Technologie der Geschütztechnik. Es war außerdem stolz auf seine Kompetenz (kursiv hinzugefügt), aber es stand nicht in engem Kontakt mit seinen „Kunden". Um ein neues Geschütz zu übernehmen, insbesondere eines, das eine so massive Steigerung der Genauigkeit bewirkte, hätte die Marine zugeben müssen, dass sie weniger kompetent war, als sie glaubte. Dass die Entwicklung eines solchen Produkts von einem Nachwuchsoffizier ausging, noch dazu von einem, der als nichttraditionell bekannt war, war eine zusätzliche Beleidigung. (S. 8)

Ein aktuelleres und wohl bekannteres Beispiel für solche Kompetenzträgheit ist Nokia, wie Kevin J. O'Brian in der New York Times am 26. September 2010 berichtete:

Ein paar Jahre, bevor Apple das iPhone vorstellte, bereiteten Forschungsingenieure bei Nokia einen Prototyp eines internetfähigen Touchscreen-Handys mit großem Display vor, von dem sie dachten, dass er dem Unternehmen einen mächtigen Vorteil im schnell wachsenden Smartphone-Markt verschaffen könnte. Der Prototyp wurde Geschäftskunden in der finnischen Nokia-Zentrale vorgeführt als Beispiel für das, was das Unternehmen in der Pipeline hatte, so ein ehemaliger Mitarbeiter, der die Präsentation 2004 in Espoo leitete. Aber das Management war besorgt, dass das Produkt ein kostspieliger Flop werden könnte, sagte der ehemalige Mitarbeiter, Ari Hakkarainen, ein für das Marketing verantwortlicher Manager im Entwicklungsteam für die Nokia Series 60, die damalige Premium-Smartphone-Linie des Unternehmens. Nokia verfolgte die Entwicklung nicht weiter ... „Es war noch sehr früh, und niemand wusste wirklich etwas über das Potenzial des Touchscreens", erklärte Hakkarainen. „Und die Produktion des Geräts war sehr teuer", so dass es für Nokia ein größeres Risiko darstellte. Also tat das Management das Übliche. In Interviews schilderten Herr Hakkarainen und die anderen ehemaligen Mitarbeiter ein Unternehmen, das durch seinen frühen Erfolg so aufgeblasen war, dass es selbstgefällig und langsam wurde und sich weit von den Wünschen der Verbraucher entfernte. Als Ergebnis, so sagten sie, verlor Nokia die Führung in mehreren entscheidenden Bereichen, indem es versäumte, seine Entwürfe für Touchscreens, Softwareanwendungen und 3-D-Schnittstellen schnell voranzutreiben.

Es ist klar, dass die Kompetenzen, die Nokia für die Massenproduktion von billigen, einfachen Mobiltelefonen entwickelt hatte, nicht dieselben waren, die für neue Touchscreens in Kombination mit App-Software benötigt wurden.

Diese Beispiele legen nahe, dass einer der wichtigeren Gründe für die Ablehnung von oder den Widerstand gegen disruptive Innovationen Probleme mit den Kompetenzen der Organisation und der Mitarbeiter sind. Henderson (2006) war einer der Ersten, der sich darauf bezog, welche

> *„... kritische Rolle die tief verankerten kunden- oder marktbezogenen Kompetenzen bei der Gestaltung der Art und Weise spielen, wie Unternehmen auf disruptive Innovationen reagieren."*

Henderson argumentierte (2006), dass trotz des großen Einflusses, den Clayton Christensens „Theory of Disruptive Innovation" (Christensen 1997) auf die Innovationsmanagementforschung und -praxis hatte, die Bedeutung der Kompetenz nur wenig beachtet wurde:

> *„Ich schlage vor, dass organisatorische Kompetenz, im traditionellen Sinne der eingebetteten organisatorischen Routinen etablierter Unternehmen, viel zentraler für das Scheitern etablierter Unternehmen angesichts disruptiver Innovationen sein kann, als allgemein anerkannt wird."*

In früheren Untersuchungen betonten Tushman und Anderson (1986) die Bedeutung von Kompetenz und Innovation, als sie eine Typologie der Auswirkungen des technologischen Wandels auf Produkte und Prozesse entwickelten. Sie unterschieden zwischen zwei Arten von Veränderungen:

> *Eine kompetenzvernichtende Produkt-Diskontinuität schafft entweder eine neue Produktklasse (z. B. Xerographie oder Automobile) oder substituiert ein bestehendes Produkt (z. B. Diesel vs. Dampflokomotive; Transistoren vs. Vakuumröhren). Kompetenzvernichtende Prozess-Diskontinuitäten stellen eine neue Art der Herstellung eines bestimmten Produkts dar ...*

> *Kompetenzvernichtende Diskontinuitäten unterscheiden sich so grundlegend von zuvor dominanten Technologien, dass sich die Fähigkeiten und die Wissensbasis, die für den Betrieb der Kerntechnologie erforderlich sind, verschieben. Solche großen Veränderungen von Fähigkeiten, ausgeprägten Kompetenzen und Produktionsprozessen werden mit großen Veränderungen in der Verteilung von Macht und Kontrolle innerhalb von Firmen und Branchen assoziiert ... (S. 442).*

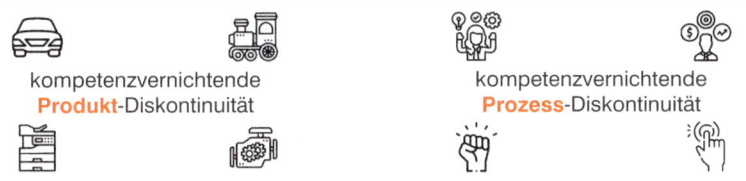

Bild 1.2 Kompetenzdiskontinuität

Später schlug Leonard-Barton (1992) vor, dass Kompetenzen nicht nur eine wichtige Quelle für Wettbewerbsvorteile insbesondere bei der Entwicklung neuer Produkte sind, sondern dass „Kompetenzfallen", d. h. festgelegte Verhaltensweisen, den Umgang von Unternehmen mit Veränderungen im Allgemeinen und disruptiven Innovationen im Besonderen erschweren können.

Seit diesen frühen Studien gab es jedoch weder eine nennenswerte Forschung über die Rolle von Kompetenzen im Umgang mit technologischem Wandel noch mit disruptivem technologischen Wandel. Wir glauben aber, dass Kompetenzen besonders wichtig für den Umgang mit disruptiver Innovation durch neue digitale Technologien sind.

In diesem Kapitel werden wir kurz Christensens „Theorie der disruptiven Innovation" und einige der wichtigen Forschungsarbeiten der letzten 20 Jahre beschreiben. Aufbauend auf der Forschung von Henderson (2006), Leonard-Barton (1992) und Tushman & Anderson (1986) werden wir argumentieren, dass Kompetenzentwicklung und „Kompetenzfallen" immer noch sehr wichtige Bereiche sind, die es zu verstehen gilt.

Anschließend werden wir eine Reihe von Bereichen aus der Psychologie beschreiben, wie z. B. die Rolle von Eigenschaften und Zuständen oder kognitiven Stilen nach Guilford (1950), um die Nützlichkeit solcher Kenntnisse im Geschäftsrepertoire eines jeden Managers hervorzuheben. Hierzu zählt beispielsweise das Verständnis von Dispositionen in Bezug auf Akzeptanz und Widerstand gegen disruptive Innovationen. Wir werden diese Ideen illustrieren und einige vorläufige Empfehlungen für die Managementpraxis geben.

1.2 Überblick über die Disruptionstheorie

Die von Clayton Christensen (1997) aufgestellte Theorie der „Disruptive Technology" erklärt, warum bestehende Unternehmen besondere Schwierigkeiten mit der technologischen Entwicklung haben. Zugleich schlägt sie Wege für ein erfolgreiches Innovationsmanagement vor.

Christensen unterteilt technologische Veränderungen in zwei Kategorien: disruptiv und erhaltend. Eine disruptive Technologie unterbricht den bestehenden Entwicklungspfad (Trajektorie) der Leistungsverbesserung oder definiert neu, was Leistung für die Kunden bedeutet. Eine erhaltende Technologie verbessert die Leistung entlang der bisher bekannten und von den aktuellen Kunden akzeptierten Leistungsdimensionen. Die meisten Innovationen gehören zur Kategorie der erhaltenden Technologie.

Merke: Disruptive Technologie definiert Kundenerwartungen neu.

Merke: Erhaltende Technologie verbessert sich entlang der Kundenerwartung.

Die Begriffe „disruptiv" und „erhaltend" beziehen sich auch auf die Wirkung, die der jeweilige Technologietyp auf etablierte Firmen, also die sogenannten Incumbents, hat. Etablierte Unternehmen entwickeln in der Regel erhaltende Technologien und verfügen allgemein über die Fähigkeiten und Kompetenzen, den damit verbundenen technologischen Wandel zu bewältigen. Dennoch sind disruptive Technologien eine Herausforderung für etablierte Unternehmen, da solche Innovationen in der Regel neue Marktteilnehmer begünstigen. Damit etablierte Unternehmen disruptive Technologien überleben können, müssen sie diese nach Christensens Theorie als solche erkennen, um die entsprechenden Kompetenzen zu entwickeln und ihre Entwicklung steuern zu können.

Solange sich disruptive Technologien noch in ihrer frühen Entwicklungsphase befinden, sind sie typischerweise nur in kleineren, neu entstehenden Märkten relevant. Die neuen Produkte, die auf solchen Technologien basieren, sind meist zu minderwertig für die aktuellen Kundenpräferenzen, weshalb die meisten etablierten Kunden sie zunächst ablehnen. Es gibt aber oft kleine Gruppen von Neukunden, die andere Eigenschaften von neuen Produkten erwarten oder gar verlangen. Diese neuen Kunden sind daher für die etablierten Unternehmen zunächst uninteressant, weil die disruptive Technologie zwar einfacher, billiger und komfortabler, aber anfangs eben nicht sehr profitabel ist. Angesichts der kleinen und zudem unsicheren Märkte sind also Investitionen in disruptive Technologien für die etablierten Unternehmen nicht sehr attraktiv. Stattdessen ist es profitabler, weiterhin in die tragenden Technologien zu investieren, die sie gut kennen und bei denen sie über etablierte Kompetenzen verfügen. Diese Technologien bieten einen sicheren und attraktiven Markt mit einem bekannten Kundenstamm und höheren Margen (siehe Beispiel Nokia oben). Obwohl dieses Verhalten der etablierten Unternehmen auf den ersten Blick verständlich ist, kann es schnell zum Untergang dieser Unternehmen führen (siehe (Christensen 1997)).

Das Grundmodell ist in Bild 1.3 dargestellt:

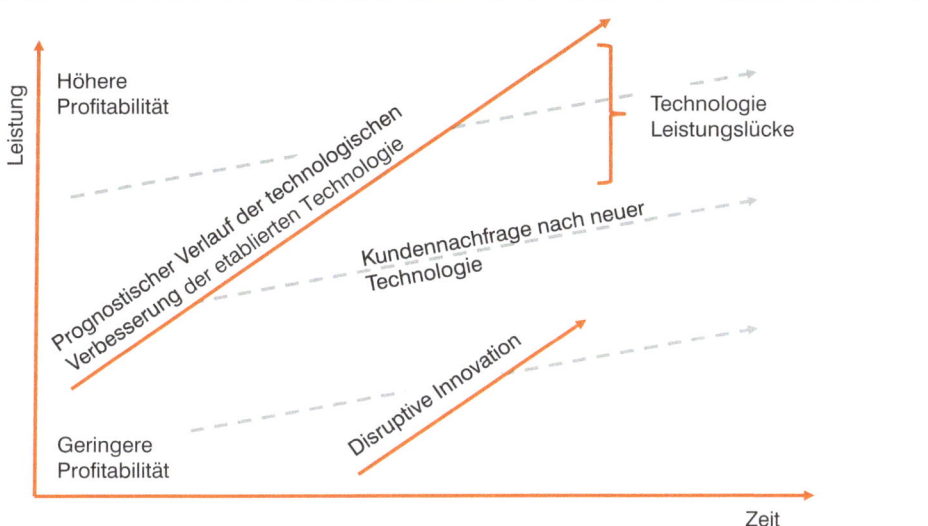

Die obere rote Linie beschreibt die zeitliche Entwicklung von erhaltenden Technologien, die ihre Leistung bzw. Performance als Reaktion auf die aktuellen Kundenanforderungen verbessern. Die untere rote Linie stellt eine diskontinuierliche disruptive Technologie dar, die anfangs die Bedürfnisse von weniger profitablen Kunden erfüllt, sich aber im Laufe der Zeit verbessert und das Potenzial hat, das Bedürfnis nach etablierter Technologie zu erfüllen (Christensen et al. 2018).

1.3 Kompetenzen und Disruption

Christensen und seine Kollegen veröffentlichten eine Übersicht von etwa 20 Jahren Forschung, die auf seinem ursprünglichen Buch von 1997 basiert (Christensen et al. 2018). Obwohl viel empirische Forschung die Gültigkeit und Nützlichkeit des Konzepts gezeigt hat, haben sich nur sehr wenige Forscherinnen und Forscher mit den von Henderson (2006) vorgeschlagenen Ideen beschäftigt.

Assink (2006), ein praktizierender Manager von Epson Europe, untersuchte etwa zur gleichen Zeit, als Hendersons Aufsatz veröffentlicht wurde, die Hemmnisse für disruptive Innovationsfähigkeiten. Er listete mehrere relevante Hemmungskategorien auf, von denen sich die Folgenden für unsere Diskussion als am relevantesten erweisen.

Die Mindset Barriere   Versteifung   Die Lernfalle   Furcht vor Kannibalisierung   Kompetenz Ökosysteme

- Die Mindset-Barriere

Es ist oft schwierig für Menschen in Unternehmen, Verhaltensweisen zu „verlernen", die einst erfolgreich waren. Das Verlernen wird typischerweise durch externe Schocks (wie z. B. eine Pandemie oder Wirtschaftskrise etc.) in Gang gesetzt, aber Mitarbeiter haben Schwierigkeiten, den angemessenen Zeitpunkt für den Beginn eines solchen Prozesses zu bestimmen. In seiner Studie über die Festplattenindustrie in den USA stellte Christensen (1997) fest, dass disruptive Innovationen oft in etablierten Unternehmen entstanden, aber intern abgelehnt wurden, weil sie nicht den aktuellen Kundenpräferenzen entsprachen.

- Versteifung

Basierend auf den Ideen von Leonard-Barton (1992) argumentiert Assnik außerdem, dass vergangene erfolgreiche Kernkompetenzen in der Zukunft zu einer Veränderungshemmung führen können. Vor allem große etablierte Unternehmen haben Schwierigkeiten, neue Kompetenzen zu entwickeln. In den letzten Jahren haben viele große Unternehmen separate Prozesse zur Entwicklung neuer Geschäftsfelder, Corporate-Venture-Capital-Tochtergesellschaften oder separate Innovationslabore eingerichtet, um diese Art von Problemen zu lösen.

- Die Lernfalle

Diese Barriere hängt eng mit dem „Das-wurde-nicht-von-uns-erfunden-Syndrom" oder mit Ideen des „Group Think" zusammen, bei denen Unternehmen dazu neigen, das zu tun, was sie gut kennen und von dem sie wissen, dass es funktioniert, anstatt das Risiko einzugehen, etwas Neues zu entwickeln. Nokia ist eindeutig in diese Falle getappt, weil sie glaubten, Touchscreens seien zu kostspielig und zu riskant. Das wirkliche Risiko bestand darin, sie NICHT zu entwickeln. Henderson (2006) schildert den Fall eines Süßwarenherstellers, der die Innovation „Sport-Energieriegel" verpasste, weil sein Wissen über die Vorlieben seiner aktuellen Kunden (nämlich Süßes) nicht mit den Vorlieben eines völlig anderen Marktsegments (Sportler und ernährungsbewusste ältere Verbraucher) übereinstimmte.

- Furcht vor Kannibalisierung

Schließlich bespricht Assink Literatur, die nahelegt, dass viele Firmen nicht in neue disruptive Märkte eintreten, weil sie nicht bereit sind, ihre eigenen Investitionen und Vermögenswerte zu kannibalisieren, bis es oftmals zu spät ist. Menschen fühlen sich oft an frühere Entscheidungen gebunden und neigen deshalb dazu, solche Entscheidungen so lange wie möglich zu verteidigen. Er verweist auf den Fall der digitalen Fotografie, wo Global Player wie Kodak in den USA und AGFA in Deutschland zögerten, ihr Geschäft mit chemischen Filmen durch die neue digitale Drucktechnologie zu kannibalisieren. In einem ähnlichen Fall baute Motorola, ein weltweit führender Hersteller von analogen Mobiltelefonen, diese weiter, obwohl sich der Markt schnell auf digitale Telefone verlagerte. Keines dieser Unternehmen überlebte die darauffolgende Disruption.

- Kompetenz-Ökosysteme

In einer sehr aktuellen Analyse argumentiert McKinley (2019), dass die Unterscheidung zwischen kompetenzsteigernden und kompetenzvernichtenden technologischen Diskontinuitäten für viele Innovationen zu simpel ist. Denn diese Innovationen treten nicht innerhalb einer einzelnen Organisation, sondern in „Kompetenz-Ökosystemen" auf und überschreiten somit Firmengrenzen. Er diskutiert mehrere Beispiele für solche Ökosysteme – das Erste ist die mechanische Schweizer Uhrenindustrie. In dieser Industrie gibt es Uhrmacher mit tiefgreifenden Kompetenzen im Zusammenbau von Uhren aus präzise bearbeiteten Teilen. Diese Kompetenzen sind über mehrere Firmen im Schweizer Uhrencluster in der Westschweiz verteilt. Dieser Cluster wird durch verschiedene Kompetenzen auf der Seite der Zulieferer von Rohstoffen, Komponenten und Fachkräften unterstützt. Eine weitere Gruppe von Kompetenzen findet sich im Produkt- und Dienstleistungsvertriebssystem, das die Uhren von den Herstellern zu den Einzelhandelsgeschäften in der ganzen Welt bringt und ein hohes Serviceniveau für ein sehr teures Produkt garantiert.

Diese Idee eines „Kompetenz-Ökosystems" ist besonders wichtig in Branchen, die durch digitale disruptive Innovationen gekennzeichnet sind. McKinley (2019) erörtert, wie die digitale Disruption des Video-Streamings kompetenzzerstörend für den Einzelhandelsverleih von DVDs durch Vermittler wie die amerikanische Firma Blockbuster war. Während Netflix in der Lage war, auf die neue Technologie umzusteigen, war dies bei Blockbuster nicht der Fall. Gleichzeitig war dieselbe Technologie kompetenzsteigernd für „Content"-Lieferanten wie Schauspieler, Produzenten und Regisseure, die mehr Filminhalte als je zuvor produzieren konnten. Es ist klar, dass Manager verstehen müssen, wo ihre Kompetenzen in dem Ökosystem liegen, das eine Technologie mit disruptivem Potenzial umgibt, und dass Kompetenzen also auch über die traditionellen Firmengrenzen hinaus betrachtet werden müssen.

Nach der Geschichte von Lieutenant Sims zu urteilen, ist es klar, dass es in der gesamten Geschichte von Organisationen Probleme mit dem Umgang sowohl mit disruptiver Technologie als auch mit den damit verbundenen Veränderungen der organisatorischen Kompetenzen gegeben hat.

Disruptive Technologien treten nicht nur in Form von neuen Produkten auf, die verkauft werden sollen, sondern auch in Form von neuen Werkzeugen, die neue Arten von Arbeit ermöglichen. Diese Veränderungen können sich auf den Erfolg und das allgemeine Ansehen einer Organisation in ihrem Markt auswirken. Aus Sicht der Wirtschaftsforschung werden organisatorische Kompetenzen als eingebettete organisatorische Routinen und festgelegte Verhaltensweisen verstanden. Probleme entstehen, wenn eine Organisation mit der Notwendigkeit zur Veränderung konfrontiert ist (der Mindset-Barriere), mit der Unfähigkeit, neue Kompetenzen zu adaptieren (Versteifung), mit der aktiven und bewussten Ablehnung neuer Ideen (der Lernfalle) oder mit der mangelnden Bereitschaft, das alte Geschäft mit neuen Produkten zu untergraben (Furcht vor Kannibalisierung).

Infobox

Die Mindset-Barriere	Schwierigkeiten zu verlernen Etablierte Firmen erzeugen neue Innovationen, lehnen sie aber ab
Versteifung	Schwierigkeiten darin, neue Kompetenzen zu entwickeln Ehemalige innovative Kompetenzen stehen irgendwann im Wege
Die Lernfalle	Firmen fokussieren sich weiterhin darauf, was sie gut können Kenntnisse über den Kernkundenstamm trüben gleichzeitig den Weitblick
Furcht vor Kannibalisierung	Fehlende Bereitschaft, die eigene Investition früh genug zu kannibalisieren Starkes Engagement für frühere Entscheidungen
Kompetenz-Ökosysteme	Kompetenz geht über Firmengrenzen hinaus Besonders wichtig in digitalen Industrien

---

Wie kommt es also, dass nach so vielen Jahren der Forschung das Thema Kompetenzen immer wieder auftritt, wenn auch eingebettet in neue Konzepte, wie hier in das Gesamtthema dieses Buches: „Handbuch der Digitalen Kompetenzentwicklung"?

1.4 Kompetenz aus psychologischer Sicht

Da Organisationen aus Menschen bestehen, müssen wir Kompetenzen auch aus einer psychologischen Perspektive verstehen, d.h. die persönliche Fähigkeit von Mitarbeitern und Managern zur Veränderung untersuchen. Es gibt bestimmte Regeln oder Hebel aus einer Managementperspektive, die es uns ermöglichen, Menschen in einer Organisation zu beeinflussen, damit Innovationen ankommen und akzeptiert werden. Wir argumentieren, dass es von entscheidender Bedeutung ist, den Prozess zu verstehen, in dem einer Organisation „beigebracht" wird, sich von ihrer alten Art, Dinge zu tun, zu lösen und „neue Tricks zu lernen". Ein solches Lernen ist besonders wichtig im Bereich der neuen digitalen Arbeit.

Unabhängig davon, ob sich Innovation auf die Entwicklung digitaler Produkte, die Umstellung von Prozessen auf ein neues und verbessertes digitales Format oder die vollständige Änderung des Geschäftsmodells bezieht, stehen die Menschen im Mittelpunkt solcher Veränderungen. Im folgenden Abschnitt werden wir einige spezifische psychologische Eigenschaften von Menschen herausgreifen, die ihr Verhalten bestimmen, um die große Vielfalt an Variablen für Veränderungen aufzuzeigen. Zusätzlich werden wir diskutieren, inwieweit diese Eigenschaften beeinflusst werden können. Mit anderen Worten: Inwieweit haben Menschen einen „freien Willen", wenn sie sich für eine Veränderung entscheiden? Und inwieweit sind wir wirklich alle irgendwann „einfach zu alt oder zu eingefahren, um neue Tricks zu lernen"?

Zunächst einmal müssen wir uns mit den Definitionen von „Kompetenz" im Allgemeinen und „digitaler Kompetenz" im Besonderen auseinandersetzen. Forscher, sowohl aus der Wirtschaft als auch aus der Psychologie, haben nicht nur eine einzige Definition von Kompetenz akzeptiert. Tatsächlich kann man mehr als ein Dutzend verschiedener Definitionen oder Beschreibungen von Kompetenz finden (Prifti 2018). Da es sich um ein unscharfes Konzept handelt, beinhaltet „Kompetenz" oft Aspekte, die auf anderen unscharfen Konzepten aufbauen, und die Elemente darin verändern sich auf Grundlage verschiedener Fachgebiete. Diese Unschärfe macht es in der Praxis schwierig, die grundsätzliche Frage „Wann bin ich gut genug in einer Tätigkeit, um zu behaupten, eine neue Kompetenz zu besitzen?" zu beantworten und damit einen Endpunkt der Kompetenzentwicklung zu bestimmen. Die allzu einfache Lösung ist die Feststellung: „Es gibt keinen Endpunkt! Wir müssen uns zu lebenslangem Lernen verpflichten!" Wir argumentieren jedoch, dass man die Definition von Kompetenz und speziell von digitaler Kompetenz sehr wohl enträtseln kann und einen praktischen Nutzen daraus ziehen kann. Hierzu sehen wir uns zunächst die Komponenten einer psychologischen Definition an.

Zum Beispiel lieferte Weinert (2001) eine sehr nützliche psychologische Definition von Kompetenz:

„... die bei Individuen vorhandenen oder von ihnen erlernbaren (kognitiven) Fähigkeiten und Fertigkeiten, um bestimmte Probleme zu lösen, sowie die damit verbundenen motivationalen, volitionalen und sozialen Bereitschaften und Fertigkeiten, das Problemlösen in variablen Situationen erfolgreich und verantwortungsvoll zu nutzen".

Wie auch die „eingebetteten Organisationsroutinen" von Henderson (2006) beinhaltet diese Definition die Komponenten „erwerbbare (kognitive) Fähigkeiten" und „(kognitive) Fertigkeiten". Weinert (2001) fokussiert ebenfalls auf das „Problemlösen". Es gibt zwei Einschränkungen: Der Problemlöser muss „gut genug" sein, um die erworbenen Fähigkeiten in wechselnden Situationen und innerhalb sozialer Normen, die verantwortungsvolles Verhalten vorschreiben, einzusetzen. Weitere psychologische Aspekte kommen hinzu, indem drei zusätzliche Komponenten angesprochen werden: Der Problemlöser muss „motiviert" sein, sich auf eine bestimmte Art und Weise zu verhalten, er muss genügend „Volition", d.h. Willenskraft, besitzen, um die Handlung durchzuziehen, und er muss sich an die „soziale Bereitschaft" halten, die die Akzeptanz, die Bedürfnisse und die Prioritäten sowohl des Individuums als auch seiner (organisatorischen) Umgebung widerspiegelt.

Merke: Motivation bezeichnet die Gesamtheit aller Motive, die zur Handlungsbereitschaft führen, und das auf emotionaler und neuronaler Aktivität beruhende Streben des Menschen nach Zielen oder wünschenswerten Zielobjekten (Pschyrembel (Klinisches Wörterbuch) 2002).

Merke: Volition bezeichnet die bewusste, willentliche Umsetzung von Zielen und Motiven in Resultate (Ergebnisse) durch zielgerichtete Steuerung von Gedanken, Emotionen, Motiven und Handlungen (Brockhaus Psychologie 2009).

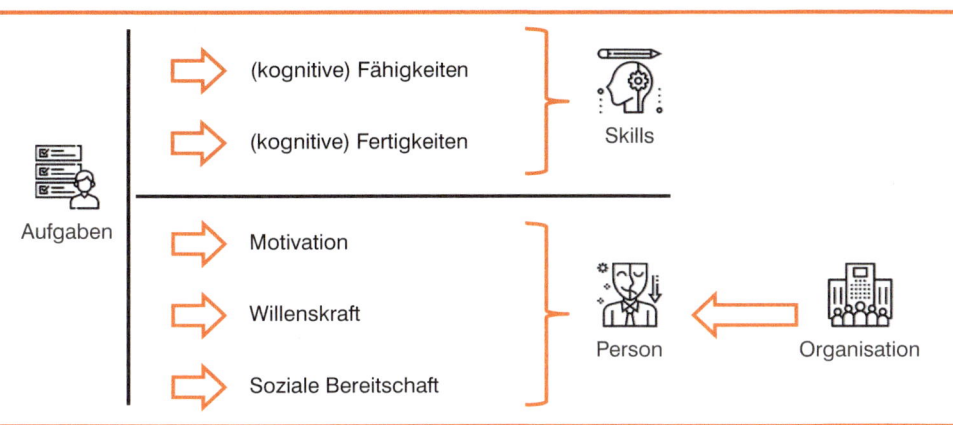

Ein weiterer grundlegender Aspekt in der obigen Definition bezieht sich auf den Kernzweck der Kompetenzentwicklung: das Lösen von Problemen. Mit anderen Worten, wir gehen aufgabenorientiert an die Kompetenz und die Kompetenzentwicklung heran, indem wir verstehen, welche Aufgaben unter Verwendung der oben genannten Regeln und Einschränkungen bewältigt werden müssen.

Betrachten Sie zum Beispiel, wie Sie lernen, ein Auto zu fahren. Sobald Sie Ihren Führerschein als Bescheinigung für „Fahrkompetenz" erworben haben, sind Sie in den Augen Ihrer Mitmenschen gut genug, um ein Auto verantwortungsvoll zu fahren, ohne dass irgendjemand jemals beurteilt, ob Sie lediglich gut im Fahren oder möglicherweise der beste Fahrer aller Zeiten sind.

Wenn uns diese Komponenten helfen, Kompetenz allgemein zu definieren, wie kann dann „digitale Kompetenz" beschrieben werden? Unsere Erweiterung der Definition von Weinert (2001) würde wie folgt aussehen:

> *„. . . die bei Individuen vorhandenen oder von ihnen erlernbaren (kognitiven) Fähigkeiten und Fertigkeiten zur Lösung spezifischer Probleme im digitalen Zeitalter sowie die damit verbundenen motivationalen, volitionalen und sozialen Bereitschaften und Fertigkeiten, Problemlösungen in variablen digitalen Situationen erfolgreich und verantwortungsvoll zu nutzen."*

Es ist wichtig, darauf hinzuweisen, dass eine Person nicht **alle** möglichen digitalen Fähigkeiten erwerben muss, um **alle** möglichen digitalen Probleme zu lösen. Stattdessen wurde eine ausreichende digitale Kompetenz erworben, wenn sie oder er ihre oder seine eigenen Aufgaben im digitalen Zeitalter erfüllen kann.

Als nächsten Schritt halten wir es für wichtig, die Beziehung zwischen digitaler Kompetenz und Innovation zu verstehen und wie diese Konzepte die Menschen beeinflussen. Die Schlüsselfragen sind Folgende: Gibt es eine Verbindung zwischen diesen Konzepten? Welche psychologischen Konzepte sind mit Innovation oder innovativem Verhalten am engsten verbunden? Und am wichtigsten, können wir psychologische Hebel einsetzen, um die innovative Fähigkeit eines Individuums zu verbessern?

Wie von Cropley & Cropley (2018) erörtert, ist Innovation stark mit Kreativität verbunden, und beide Konstrukte werden oft austauschbar verwendet, da sie beide den Prozess der Schaffung von etwas Neuem beinhalten. Der Output des Innovationsprozesses muss jedoch zwingend auch zu einer Wertschöpfung führen. Zusätzlich verwendeten Cropley & Cropley (2018) das sogenannte 4P-Modell der Kreativität (Product, Process, Person, Pressure), um Innovation aus psychologischer Sicht zu beschreiben. Dieses Modell führte zu einer Liste von psychologischen Komponenten: kognitive Prozesse, Persönlichkeitsmerkmale und -eigenschaften, Einstellungen, Motivation, Emotionen und schließlich umweltbedingter und sozialer Druck am Arbeitsplatz, die mit den Komponenten aus unserer obigen Definition von digitaler Kompetenz übereinstimmen. Diese Eigenschaften bieten eine solide Grundlage aus der Psychologie für ein besseres Verständnis der Kompetenzentwicklung.

Bild 1.6 4P-Modell der Kreativität

Person   Product   Process   Pressure

Bild 1.6 4P-Modell der Kreativität

Persönlichkeitseigenschaften und -zustände

Zur Beschreibung von Persönlichkeitseigenschaften (Traits) wird eine Vielzahl von unterschiedlichen Modellen verwendet. Spätestens seit dem Cambridge-Analytica-Facebook-Skandal bei der US-Präsidentschaftswahl 2016 ist klar, wie mächtig diese Modelle sein können, um Verhalten zu analysieren (Facebook-Cambridge-Analytica-Datenskandal, Wikipedia 2021). Ein bekanntes und akzeptiertes Modell zur Beschreibung der Persönlichkeit sind die „Big Five" (Bild 1.7).

Bild 1.7 Modell zur Beschreibung der Persönlichkeit *(https://de.wikipedia.org/wiki/Big_Five_(Psychologie)*

Offenheit	„Interesse und das Ausmaß der Beschäftigung mit neuen Erfahrungen, Erlebnissen und Eindrücken"
Gewissenhaftigkeit	„Grad an Selbstkontrolle, Genauigkeit und Zielstrebigkeit"
Extraversion	„Aktivität und zwischenmenschliches Verhalten"
Verträglichkeit	„Verständnis, Wohlwollen und Mitgefühl" gegenüber anderen
Neurotizismus	„Individuelle Unterschiede im Erleben von negativen Emotionen"

Bild 1.8 Eigenschaften eines Individuums bestimmen das Innovationsverhalten, aber der Psychologische Zustand einer Person ist genauso ausschlaggebend

Eigenschaft   Zustand

Je nachdem, wie diese Faktoren bei einer Person ausgeprägt sind, können Vorhersagen über das Verhalten gemacht werden, da diese Eigenschaften als Disposition dafür angesehen werden können, wie eine Person in einer bestimmten Situation höchstwahrscheinlich handeln wird. Wenn eine Person beispielsweise eine hohe Extraversion aufweist, wird sie sich eher in Führungspositionen hervortun (Judge, Bono, Ilies und Gerhardt 2002). Das alles bedeutet jedoch nicht, dass unsere Zukunft durch unsere Persönlichkeitseigenschaften vorbestimmt ist. Eigenschaften beschreiben lediglich die wahrscheinlichsten Verhaltensweisen eines Individuums. Wenn jemand auf dem Faktor Extraversion hoch eingestuft ist, dann würden wir erwarten, dass sich die Person in den meisten Situationen wie ein Extravertierter verhalten wird. Es ist jedoch möglich, dass das gezeigte Verhalten in anderen Situationen gegenteilig sein kann. Aber im Durchschnitt werden Personen, die eine hohe Extraversion aufweisen, im Laufe der Zeit zu Führungspositionen tendieren. Personen, die eine niedrige Extraversion aufweisen, werden sich dagegen von den notwendigen Erfahrungen und Lernsituationen fernhalten, die es ihnen ermöglichen würden, bessere Führungskräfte zu werden. Normalerweise verändern sich Persönlichkeitsmerkmale im Laufe der Zeit, wenn auch sehr langsam, was wiederum bedeutet, dass ein oder zwei volle Jahrzehnte vergehen können, bevor Veränderungen messbar werden.

Wie sich herausstellt, gibt es bei Individuen auch eine Eigenschaft, mehr oder weniger innovativ zu sein. Die Veranlagung zur Innovation (man könnte sie sogar „das Mind-Set der Innovation" nennen) basiert auf erlernten Regeln und Routinen (Collins 2010), die durch die Bedingungen innerhalb der Organisation verändert oder neu erlernt werden können. Es mag zwar unmöglich sein, die vorherrschenden Eigenschaften innerhalb einer Organisation schnell zu verändern, ohne Individuen auszutauschen, aber es ist durchaus möglich, innovatives Verhalten durch das organisatorische Umfeld zu lehren und neu zu lernen. Beispiele für Personalentwicklung durch Qualifizierungsmaßnahmen stehen im Mittelpunkt dieses Buches und bilden einige der folgenden Kapitel. Ein Kapitel dreht sich um die Frage, wie man eine agile digitale Organisation aufstellt und erfolgreich führt. Ein anderes befasst sich mit der Entwicklung eines E-Learnings für einen unternehmensweiten Mentalitätswandel. Und ein weiteres vertieft die Herausforderungen bei der Implementierung von E-Learning für Mitarbeiter in der Produktion.

Das komplementäre Konzept zu den Merkmalen sind sogenannte **psychologische Zustände (States)**. Wir können zum Beispiel den Zustand der „Angst" betrachten, um den Unterschied zu erklären. Wenn die Trait-Angst einer Person hoch ist, neigt sie dazu, ständig ängstlich zu sein, und kann von anderen als ständig nervös beschrieben werden. Ist die Trait-Angst einer Person niedrig, wird sie von anderen als jemand wahrgenommen, der eine allgemein positivere Zukunftsperspektive hat, der vielleicht gelassener ist und entspannter wirkt. Wenn jedoch plötzlich ein Tiger direkt neben dieser zweiten Person mit niedriger Trait-Angst auftaucht, können wir davon ausgehen, dass diese situative Veränderung des Zustands zu einem hohen Maß an State-Angst führt.

Betrachten wir dazu ein reales Beispiel aus der Arbeitswelt: Wie kommt es, dass Motivations-Workshops (zu neuen Projekten oder Change-Management-Initiativen) während des Workshops eine große Wirkung auf alle Teilnehmer zu haben scheinen, aber sobald das Geschäft wieder zur Normalität übergegangen ist, überträgt sich der Motivationseffekt nicht auf die tägliche Arbeit? Diese Beobachtung beruht in gewisser Weise auf dem Unterschied zwischen Zuständen und Eigenschaften. Wir können den Zustand der Mitarbeiter für eine gewisse Zeit verändern, aber die Mitarbeiter fallen in ihre Persönlichkeitsmerkmale zurück, die hauptsächlich ihre Herangehensweise an die tägliche Büroarbeit bestimmen.

Locus of Control

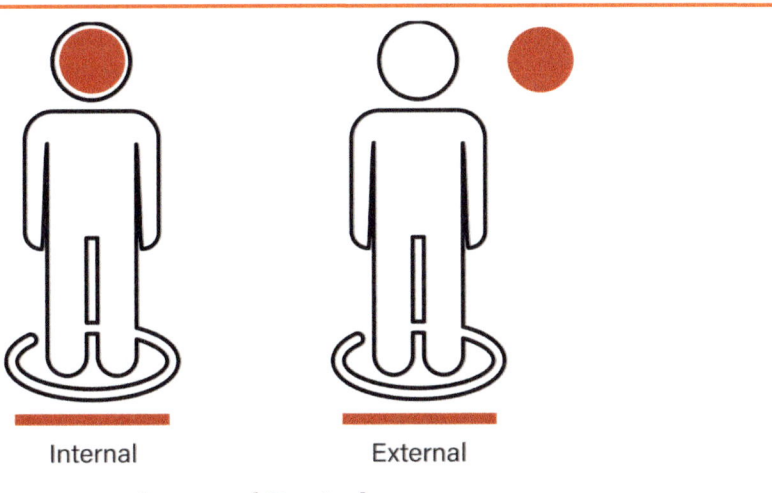

Internal   External

Locus of Control

Bild 1.9 Locus of Control

Neben einem Mix aus Persönlichkeitsmerkmalen, die unser Verhalten gewissermaßen vordefinieren, gibt es viele weitere relevante Konzepte aus der Psychologie. Eines davon heißt „locus of control" (Rotter 1954). Dieses Konzept informiert uns über die Zukunftsaussichten eines Individuums. Stellen Sie sich einen Studenten vor, der gerade eine Matheklausur geschrieben hat, die sich als unglaublich schwierig herausgestellt hat, und er befürchtet, dass er eine schlechte Note bekommen hat. Wem würde der Schüler die Schuld dafür geben? Wird er dazu neigen zu sagen, dass der Test unfair war oder dass der Lehrer ihn nicht ausreichend auf die Prüfung vorbereitet hat? Oder findet er die Schuld eher in der mangelnden persönlichen Anstrengung bei der Vorbereitung auf den Test? Personen mit externalem Locus of Control, auch „Externe" genannt, werden eher die Schuld auf den Lehrer schieben, indem sie sagen, dass das Ereignis außerhalb ihrer eigenen Kontrolle lag. Personen mit internem Locus of Control, d. h. „Interne", werden die Ursache des Ereignisses eher in sich selbst suchen (Rotter 1954). Natürlich haben beide Arten von Loci of Control Vor- und Nachteile. Es kann gesund sein, zu wissen, wann Ereignisse in unserer Kontrolle liegen und wann nicht, damit wir uns weder fälschlicherweise selbst die Schuld geben noch uns völlig vor der Verantwortung drücken, den Ausgang unserer Zukunft zu verändern. Der Locus of Control bewegt sich auf einem Kontinuum und ist unter anderem abhängig von der wahrgenommenen Selbstwirksamkeit in verschiedenen Situationen. Wenn ein Individuum an seine Fähigkeiten und Fertigkeiten glaubt, eine bestimmte Aufgabe zu erledigen, dann liegt der Ort der Kontrolle wahrscheinlich eher im Inneren. In diesem Zusammenhang hat die Forschung (Allen, Weeks, Moffiitt 2005) gezeigt, dass Interne eher die Verantwortung übernehmen, um zu handeln, etwas zu verändern oder ihre Aufgaben zu erweitern, als Externe, die dazu neigen, nur über Veränderungen zu reden. Es kann also davon ausgegangen werden, dass es für das Management möglich ist, durch Um- und Weiterbildungen den Locus of Control bestimmter Personen so zu verschieben, dass sie mehr Selbstwirksamkeit erleben und so ihre Arbeitsplätze entsprechend dem sozialen Druck (wie z. B. der Einführung der Digitalisierung) verändern. Eine solche Verschiebung kann die Akzeptanz von Veränderung und Innovation verbessern.

Kognitive Prozesse

Wie bereits erwähnt, ist Innovation nicht nur die Schaffung von etwas Neuem, sondern umfasst zwingend auch die Nutzung dieses neuen Produkts oder Prozesses, um einen Wert auf dem Markt zu erzielen. Im Innovationsmanagement werden oft die notwendigen Schritte von einer ersten Idee bis zur daraus resultierenden Wertschöpfung beschrieben (Cropley & Cropley 2018). Hier soll jedoch auf das „Wie" dieser Schritte eingegangen werden. Guilford (1950) prägte die Begriffe für zwei unterschiedliche kognitive Stile, die auch heute noch in der Literatur zu Kreativität und Innovation verwendet werden. Der erste Stil, konvergentes Denken, beschreibt einen Stil, der auf Geschwindigkeit, Genauigkeit und Logik basiert. Er ist am nützlichsten, wenn Sie eine klar definierte Frage und einen Wissenspool haben, aus dem Sie schöpfen können, um die richtige Antwort zu finden. Der zweite Stil, das divergente Denken, beschreibt einen Stil, der auf der unkonventionellen Verknüpfung von Wissen basiert, das vielleicht nicht offensichtlich mit dem Problem in Verbindung steht und so zu einer Vielzahl von alternativen Antworten führt. Natürlich neigen die meisten Menschen dazu, einen der beiden Stile zu bevorzugen, was ihn für bestimmte Probleme besser geeignet macht. Es wäre jedoch ein Fehler anzunehmen, dass konvergentes Denken schlecht ist, während divergentes Denken gut ist. Stattdessen sind beide Denkstile für bestimmte Schritte des Innovationsprozesses nützlich (Cropley & Cropley 2018). Sich der kognitiven Stile bewusst zu sein, ist ein Aspekt der Schaffung von Innovation; es unterstützt jedoch nicht notwendigerweise die Nutzung oder Akzeptanz von Innovation an sich.

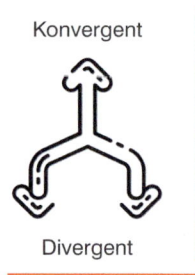

Konvergent

Divergent

Bild 1.10 Denkarten

Das Selbst (Smith & Mackie 2007)

Die Summe aller unserer psychologischen Teile ergibt unser Selbst. Jeder hat sein eigenes Selbstbild, verfügt über Wissen darüber und empfindet Gefühle ihm gegenüber. Unser Selbst wird auch Opfer von Verzerrungen in der Selbstwahrnehmung und motivationalem Druck, positiv über sich selbst zu sein. Wir konstruieren ein Selbst, das nach einem kohärenten Selbstkonzept strebt, das auch den aktuellen kulturellen Erwartungen entspricht. Wir konstruieren ein Selbstwertgefühl als Maß dafür, wie wir uns über uns selbst fühlen. Und schließlich verteidigen wir uns, indem wir Bedrohungen und Ungereimtheiten bekämpfen. Individuen schöpfen aus vergangenen Erfahrungen, um ihr Selbstbild zu entwickeln. Außerdem werden vergangene Verhaltensweisen durch unsere eigene Motivation (entweder intrinsisch oder extrinsisch) angetrieben. Für unsere Zwecke konzentrieren wir uns auf die Verteidigung des Selbst. Ein relevantes Konzept ist die kognitive Dissonanz. Es beschreibt das Gefühl, das wir bekommen, wenn wir z.B. Beweisen ausgesetzt sind, die unseren eigenen Überzeugungen widersprechen. In einem solchen Fall wird die Dissonanz dadurch gemildert, dass man die Beweise ignoriert oder ihre Bedeutung aktiv reduziert. Der Umgang mit kognitiver Dissonanz kann als eine Form der „Verteidigung des Selbstkonzepts" gesehen werden. Im Allgemeinen fallen Bewältigungsmechanismen zur Verteidigung in zwei Kategorien: emotionsfokussierte Bewältigung und problemfokussierte Bewältigung.

In Bezug auf (digitale) Kompetenzentwicklung und Innovation wird alles, was wir bei der Arbeit erleben, wie wir uns selbst sehen, unsere Überzeugungen über unsere Fähigkeiten, natürlich Teil unseres Selbstkonzepts. Jede Veränderung unserer Arbeit, sei es die Einführung einer neuen Technologie oder die Aufforderung, neue Fähigkeiten zu erlernen oder auf eine andere Art zu arbeiten, ist auch eine Herausforderung für das Selbstkonzept. Menschen werden darum kämpfen, ihr Selbstkonzept zu schützen. Um jeden potenziellen Schlag gegen das Selbstkonzept abzumildern, müssen Führungskräfte Einfühlungsvermögen und eine ausreichende Kommunikation über Veränderungen einsetzen.

Gravitation und Sozialisation

Menschen neigen dazu, sich in Gruppen zusammenzuschließen, die wiederum aus ähnlichen Individuen bestehen, und es entstehen Organisationen aus sich ähnelnden Personen. Der Prozess kann durch das „Attraction-Selection-Attrition-Modell" (Schneider et al. 2001) erklärt werden. Grundsätzlich gilt, dass ähnliche Menschen von bestimmten Arten von Organisationen angezogen werden. Personen aus der Organisation wählen aus, wer Mitglied wird, und am Ende bleiben nur diejenigen, die wirklich zur Organisation passen. Dieser Prozess führt dazu, dass sich hieraus im Laufe der Zeit eine Organisationskultur entwickelt, da die Menschen aufgrund ihrer Selbstkonzepte und Eigenschaftsausprägungen in Gruppen zusammengefasst werden. Den daraus resultierenden Effekt nennt man Gravitation und Sozialisation. Für Außenstehende kann der Versuch sehr schwierig sein, Veränderungen in einer Organisation einzuführen, die unbewusst eine starke Kultur entwickelt hat. Sieht man von Krisenereignissen ab, die eine Organisation zu neuen Verhaltensweisen zwingen können, kann es ein quälend langsamer und bewusster Prozess sein, die Denkweise der Organisation zu ändern.

Merke: Weitere Informationen zu kognitiven Verzerrungen finden Sie in Büchern wie „Thinking Fast and Slow" von Daniel Kahneman.

Merke: „Das Selbstbild, wie man sich selbst wahrnimmt, misst sich am Idealbild, also daran, wie jemand gerne sein möchte." *(https://de.wikipedia.org/wiki/Selbstkonzept)*

Bild 1.11 Selfconcept-defense

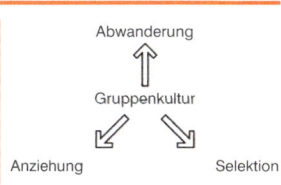

Bild 1.12 Attraction-Selection-Attrition-Modell

1.5 Schlussfolgerungen und Empfehlungen

Nachdem wir sowohl betriebswirtschaftliche als auch psychologische Beschreibungen und Hebel zur (digitalen) Kompetenzentwicklung behandelt haben, kehren wir zum Titel unseres Kapitels zurück. Ist es möglich, einem alten analogen Hund neue digitale Tricks beizubringen?

Besonders bei disruptiven Innovationen kann die Entwicklung neuer Kompetenzen eine Herausforderung für Organisationen darstellen. Die Managementforschung hat mehrere Hemmnisse für eine erfolgreiche Kompetenzentwicklung identifiziert. Die Forschung in der Psychologie liefert einen detaillierten Blick auf die relevanten Persönlichkeitseigenschaften und Einstellungen, die das Verhalten von Organisationsmitgliedern steuern.

Welche Empfehlungen für praktizierende Manager können wir aus beiden Perspektiven ableiten?

Je größer die Organisation ist, desto schwieriger wird es sein, organisatorische Routinen zu überwinden und die über lange Zeiträume entwickelten Organisationskulturen zu verändern. Zur Lösung schlagen Christiansen und Overdorf (2000) die Schaffung kleinerer Organisationseinheiten oder Spin-offs vor, die neue Mitarbeiter auswählen und neue Kulturen mit den entsprechenden neuen Kompetenzen entwickeln können.

Größe macht einen Unterschied

Organisationen sind Teil von Ökosystemen

Wie McKinley (2019) argumentiert, können einige Innovationen für eine Organisation kompetenzzerstörend sein, für andere Teile eines Ökosystems jedoch kompetenzsteigernd. Manager sollten die Kompetenzentwicklung nicht nur innerhalb ihrer aktuellen Organisationsgrenzen betrachten.

Vergessen wir nicht die Psychologie

Menschen in Organisationen sind komplex. Ihre Persönlichkeitsmerkmale, Zustände und Dispositionen, die ihr „Selbstkonzept" bilden, können sich alle auf ihre Fähigkeiten auswirken, die neuen Kompetenzen zu entwickeln, die durch eine (digitale) Innovation erforderlich sind. Manager sollten diese Komplexität erkennen und die nötige Zeit und Ressourcen in Kommunikation und Training investieren, um diese Themen anzusprechen.

Organisationskultur ist sehr schwer zu verändern. Aber es ist machbar!

Wie Schein (1990) und andere schon vor langer Zeit erkannt haben, sind Organisationskulturen sehr wichtig für die erfolgreiche Umsetzung von Veränderungen im Allgemeinen und (digitalen) Innovationen im Besonderen. Aufgrund ähnlicher psychologischer Eigenschaften werden sich Menschen zu bestimmten Organisationen hingezogen fühlen und durch den Prozess der Sozialisierung werden sich Kulturen entwickeln, die mehr oder weniger offen für bestimmte Arten von Veränderungen sein können. Widerstand gegen Veränderungen ist ein häufiges Phänomen und Manager sollten sich darüber im Klaren sein, dass die Veränderung von Kulturen ein sehr schwieriger und zeitaufwändiger Prozess sein kann. Auch hier wird die Bedeutung von Kommunikation und Schulung deutlich.

Wir sind optimistisch, dass Manager lernen können, mit Widerständen gegen Veränderungen umzugehen (ein Thema, das im nächsten Kapitel dieses Buches noch genauer behandelt wird), um eine Organisation erfolgreich auf (digitale) Innovationen umzustellen, indem sie nicht nur die betriebswirtschaftliche Forschung berücksichtigen, sondern auch psychologische Aspekte besser verstehen. Wenn Sie also, gerade was die Digitalisierung betrifft, wie Leutnant Sims sein möchten oder ein Team aus lauter Leutnants Sims aufbauen wollen, dann hoffen wir, dass Sie an dieser Stelle unseren Optimismus teilen, dass eine solche positive organisatorische Veränderung und Weiterentwicklung sehr wohl möglich ist.

Und schließlich, neben all den oben genannten Argumenten, wird unser Optimismus noch durch eine Annahme des weltbekannten Psychiaters und Psychoanalytikers Viktor Frankl gestärkt. Er argumentierte, dass die ultimative Freiheit des Menschen die Fähigkeit ist, zu wählen, wie man jeder Situation begegnet, die sich uns präsentiert (Frankl 2011). Frankls Perspektive legt also nahe, dass wir uns als Mitarbeiter und Mitarbeiterinnen oder Manager und Managerinnen immer dazu entscheiden können, egal ob jung oder alt, ein analoger Hund zu bleiben oder aber neue digitale Tricks zu lernen und damit erfolgreich zu sein.

Referenzen

Allen, D. G.; Weeks, K. P.; Moffitt, K. R.: Turnover Intentions and Voluntary Turnover: The Moderating Roles of Self-Monitoring, Locus of Control, Proactive Personality, and Risk Aversion. Journal of Applied Psychology 90 (2005) 5, S. 980 – 990, doi:10.1037/0021-9010.90.5.980. PMID 16162070

Assink, M.: Inhibitors of disruptive innovation capability: a conceptual model Marnix Assink. European Journal of Innovation Management 9 (2006) 2, S. 215 – 233

Brockhaus Psychologie. 2. Auflage, Mannheim 2009

Baumeister, R.; Tierny, J.: Willpower – Rediscovering the Greatest Human Strength. The Penguin Press, New York 2011

Bruch, H.; Ghoshal, S.: Entschlossen führen und handeln. Wiesbaden 2006

Christensen, C. M.: The Innovator's Dilemma: When New Technologies Cause Great Firms to Fail. Boston 1997

Christensen, C. M.; McDonald, R.; Altman, R. J.; Palmer, J. E.: Disruptive Innovation: An Intellectual History and Directions for Future Research. Journal of Management Studies 2018

Christensen, C. M.; Overdorf, M.: Meeting the Challenge of Disruptive Change. Harvard Business Review, March – April 2000, S. 67 – 76

Collis, J.: Innovate or Die: Outside the square business thinking. HarperCollins, New York 2010

Cropley, D. H.; Cropley, A. J.: Die Psychologie der organisationalen Innovation – Eine Einführung für Führungskräfte. 2018

Denning, P. J.; Dunham, R.: The Innovator's Way, MIT Press, 2012

Guilford, J. P.: Creativity. American Psychologist (1950) 5, S. 444 – 454

Henderson, R. M.; Clark, K. B.: Architectural Innovation: The Reconfiguration of Existing Product Technologies and the Failure of Established Firms. Administrative Science Quarterly 35 (1990) 1, S. 9 – 30

Henderson, R.: The Innovator's Dilemma as a Problem of Organizational Competence. Journal of Product Innovation Management, 23 (2006), S. 5 – 11

Judge, T. A.; Bono, J. E.; Ilies, R.; Gerhardt, M. W.: Personality and Leadership: A qualitative and quantitative review. Journal of Applied Psychology, 87 (2002), S. 765 – 780. In: Nerdinger; Blickle; Schaper: Arbeits- und Organisationspsychologie. Springer, 2011

Leonard-Barton, D.: Core Capabilities and Core Rigidities: A Paradox in Managing New Product Development. Strategic Management Journal 13 (1992) 2, S. 111 – 126

McKinley, W.: Doomsdays and New Dawns: Technological Discontinuities and Competence Ecosystems. Academy of Management Perspectives, 2019

Morison, E.: Men, Machines, and Modern Times. Cambridge, MA; MIT Press, 1966

O'Brian, K.: Nokia's New Chief Faces Culture of Complacency. New York Times (2010), September 26

Pelz, W.: Volition (Willenskraft), abgerufen am 12. November 2017

Tushmann, M.; O'Reilly, Ch. A.: Winning through Innovation: A Practical Guide to Leading Organizational Change and Renewal. Harvard Business School Press, 1997

Tushman, M. L.; Anderson, P.: Technological Discontinuities and Organizational Environments. Administrative Science Quarterly 31 (1986) 3, S. 439 – 465

Frankl, V.: Interview. Youtube: *https://www.youtube.com/watch?v=LlC2OdnhIiQ&t=502s&ab_channel =iakhan90*

Prifti, I.: Dissertation: Professional Qualification in „Industrie 4.0": Building a Competency Model and Competency-Based Curriculum. Technische Universität München, 2018

Pschyrembel: Klinisches Wörterbuch. 259. Auflage, Berlin 2002, S. 1087

Rotter, J. B.: Social learning and clinical psychology. Prentice-Hall, Inc., 1954, *https://doi.org/ 10.1037/10788-000*

Schneider, B.; Smith, D. B.; Paul, M. C.: P-E fit and the attraction-selection-attrition model for organizational functioning: Introduction and overview. In: Erez, M.; Kleinbeck, U.; Thierry, H. (Eds.): Work motivation in the context of a globalizing economy. 2001, S. 231 – 246. Mahwah, N. J.: Erlbaum

Schein, E. H.: Organizational culture. American Psychologist, 45 (1990) 2, S. 109 – 119. *https://doi.org/ 10.1037/0003-066X.45.2.109*

Smith, E. R.; Mackie, D. M.: Social Psychology. 3rd Edition, 2007

Weinert, F. E.: Vergleichende Leistungsmessung in Schulen – eine umstrittene Selbstverständlichkeit. In: Weinert, F. E. [Hrsg.]: Leistungsmessung in Schulen. Beltz-Verlag, Weinheim und Basel 2001

Wikipedia – Facebook-Cambridge Analytica Data Scandal: *https://en.wikipedia.org/wiki/Facebook% E2%80%93Cambridge_Analytica_data_scandal* Retrieved 05. 01. 2021

Die betriebliche Digitale Transformation als Lackmustest der Innovationsfähigkeit von Betrieben und Menschen

Julia Held, Anke Hoffmann, Dorothee Kubitza, Alexandra Schmied, Birgit Wintermann und Ole Wintermann

Die betriebliche Digitale Transformation ist ein ganzheitlicher Wandlungsprozess innerhalb eines Unternehmens, der Arbeitgebende und Arbeitnehmende auf der institutionellen und auch der individuellen Ebene vor große Herausforderungen stellt. Die Transformation ist aber – spätestens seit der Corona-Krise – ein notwendiger Umbau, um in einer globalisierten Welt, in der sich die Rahmenbedingungen des Wirtschaftens immer schneller verändern, als Unternehmen weiter bestehen zu können.

Diese Transformation beinhaltet mehrere Handlungsfelder (HR, IT, Führung, Unternehmenskultur, Arbeitsorganisation, Geschäftsmodell) innerhalb der Unternehmen, die durch den Prozess adressiert werden müssen.[1] Sie setzt des Weiteren ein besonderes Wertesystem bei allen Arbeitenden voraus, das sich inzwischen im Begriff von „New Work" manifestiert hat.[2] „New Work" trifft aber auf bestehende Arbeitsregulierungen aus der analogen ehemaligen Arbeitswelt, die einerseits zu Inkompatibilitäten führen können. Andererseits existieren aber Freiräume des Handelns sowohl bei Arbeitgebenden wie auch Arbeitnehmenden, die jedoch größtenteils nicht immer bekannt sind. Und schließlich geht es bei der betrieblichen Digitalen Transformation auch um die Auflösung fester Unternehmensgrenzen, die Hereinnahme externen Wissens und die Loslösung vom tradierten Verständnis des „Arbeitsplatzes".

Diese multiplen Herausforderungen haben eines gemeinsam: Es geht grundsätzlich um die Frage, ob und in welcher Weise Unternehmen und die in ihnen arbeitenden Menschen in der Lage sind, sich auf neue Herausforderungen einzustellen. Menschen, Prozesse, Rollen, Selbstverständnisse, Geschäftsmodelle, Paradigmen des Wirtschaftens müssen sich ändern. Im besten Fall geschieht dies durch Innovationen, im schlechtesten Fall werden diese Veränderungen negiert, so dass die Logik des Marktes und damit des Marktaustritts zum Tragen kommt.

> Die betriebliche Digitale Transformation ist keine technische Aufgabe, sondern basiert auf einer erfolgreichen betrieblichen Innovationskultur. Innovationen erfordern Mut – von allen in einem Unternehmen Arbeitenden.

Im Folgenden werden wir die Ergebnisse unserer 5-jährigen Forschungsarbeit skizzieren, die sich mit eben jenen Themen beschäftigt hat und die einen Handlungsraum der notwendigen

---

[1] *https://www.bertelsmann-stiftung.de/de/publikationen/publikation/did/erfolgskriterien-betrieblicher-digitalisierung-all*
[2] Acar, A.; Kueper, M.; Wintermann, O.: Nachhaltigkeit und Arbeit: Mit digitalen Lösungen analoge Probleme lösen. In: Nachtwei, J.; Sureth, A.: Handbuch Zukunft der Arbeit. Human Resources Consulting Review, Band 12, S. 22 – 25

Veränderungen aufgespannt hat.[3] Die betriebliche Digitale Transformation ist der „Master-Plan", der alle wesentlichen Elemente des Umbaus enthält. Damit aber diese Elemente auch Wirkung entfalten können, bedarf es in gleicher Weise auch der Betrachtung und Gestaltung der Rahmenbedingungen dieser Transformation. So ist eine essenzielle Veränderung der Arbeitsweisen in Richtung der Prinzipien von „New Work" unabdingbar, wenn Betriebe als Ganzes den digitalen Wandel vollziehen wollen. New Work bedingt jedoch an sich auch wieder ein anderes Verständnis von „Vereinbarkeit" des Privat- mit dem Arbeitsleben. Bestehende Vorstellungen zur Vereinbarkeit müssen aber weiter gefasst werden, wenn New Work ermöglicht werden soll. Diese Art des neuen Arbeitens findet im Rahmen eines existierenden Systems der Arbeitsregulierung statt und fordert dieses System beständig heraus, da es (noch) nicht auf die digital bedingte Flexibilität ausgerichtet ist. New Work geht letztlich sogar so weit, das Konzept des festen Arbeitsortes in Frage zu stellen. Gerade in einer Dienstleistungsgesellschaft betrifft dieser Aspekt die Mehrheit der Beschäftigten, so dass er auch für den Arbeitgeber ein zu berücksichtigender Faktor wird. Es gibt zunehmend neue Orte des Arbeitens, sei es im Home-Office oder in der Ausübung von mobiler Arbeit auch in Cafes oder Coworking-Spaces sowohl in der Stadt als auch auf dem Land.

Wir werden daher im Folgenden in einem ersten Schritt die „Gesetzmäßigkeiten" der betrieblichen Digitalen Transformation darstellen, um daran anschließend die genannten Rahmenbedingungen zu beschreiben und abschließend auf die typischen digitalen Kompetenzen einzugehen, die mit all diesen Veränderungen einhergehen müssen und die wir selbst in der eigenen Arbeit auch tatsächlich anwenden mussten.

2.1 Die betriebliche Digitale Transformation

Das Internet als technisch basierte Austauschplattform von Wissen, von Daten und von Meinungen ist nicht neu. Es wurde in der heute bekannten Form bereits Anfang der 1990er Jahre „erfunden", nachdem es die ersten Vorläufer des Internets bereits in den 1960er Jahren gegeben hatte.[4] Seit 1992 gibt es das Internet in der Form, wie wir es heute grundsätzlich nutzen.[5] Erste innovative Unternehmen haben insbesondere in Skandinavien bereits Mitte der 1990er Jahre das Potenzial des Internets entdeckt und begonnen, ihre Produkte und Inhalte ins Netz zu stellen, um auf sich aufmerksam zu machen. Der erste „Hype" um das Internet endete mit dem Platzen der Internet-Bubble an den Finanzmärkten im März 2000. Seitdem waren „Internet" und „Aktien" in Deutschland in der medialen Diskussion überwiegend negativ besetzte Begriffe.

> Die mangelnde digitale Innovationsbereitschaft in deutschen Unternehmen ist neben anderen Ursachen auch einem Führungsversagen geschuldet. Führung will stets Verantwortung übernehmen, hat es aber in den letzten Jahren vermissen lassen, diesen Anspruch beim Eingehen von Risiken im Zuge der Digitalen Transformation einzulösen. Deutschland wurde digital abgehängt.

Nur so ist es auch zu erklären, dass auch in der Corona-Krise etliche Einzelhandelsunternehmen und -geschäfte noch immer beklagen, dass ihnen durch die krisenbedingten Ladenschließungen „Lauf"-Kundschaft abhanden komme. Der Aufbau eines „Web-Shops" sei technisch auf-

---

[3] https://www.bertelsmann-stiftung.de/de/unsere-projekte/betriebliche-arbeitswelt-digitalisierung/
[4] https://www.internetsociety.org/internet/history-internet/brief-history-internet/
[5] https://de.wikipedia.org/wiki/Tim_Berners-Lee

wändig und kostenintensiv, die Fachkräfte hierfür seien nicht in ausreichender Zahl vorhanden, nichts könne die Beratung vor Ort ersetzen. Gleichzeitig berichten aber andere regionale Einzelhändler von neuen Erfahrungen in der Art und Weise, ihre Produkte trotz Schließung des Ladengeschäfts an die Menschen zu bringen. So haben sich einige Restaurants darauf konzentriert, über digitale Plattformen ihr Essen den Menschen in einem Ort anbieten und bringen lassen zu können. Buchhändler berichten von der erfolgreich erprobten Möglichkeit, via Click and Collect ihren Umsatz einigermaßen stabil halten zu können. Etliche Produkte werden inzwischen auf den zahlreichen sozialen Plattformen von den Geschäftsinhabern multimedial beworben. Nie gab es einen direkteren Kontakt zwischen Ladeninhaber und potenziellem Kunden. Erst die digitale Kommunikation hat ein Verkaufsgespräch in einer entspannten häuslichen Umgebung statt im lauten Laden möglich gemacht. Auf kommunaler Ebene schließen sich Einzelhändler zu Plattformen im Internet zusammen, um durch eine Kombination von regionaler Markterschließung und Erschließung von Synergiepotenzialen des gemeinschaftlichen Auftritts weiterhin „stattzufinden".

All diese doch positiven Entwicklungen – innerhalb des Umfeldes einer Pandemie – hätten sicher schon seit Mitte der 1990er Jahre angeschoben werden können. Es hätte – technisch – absolut nichts dagegen gesprochen. Allein, die Kultur war nicht vorhanden, die den Blick dafür hätte öffnen können, dass über das Internet im Zuge der betrieblichen Digitalen Transformation neue – auch gemeinschaftliche – Kanäle der Kommunikation und des Verkaufs erreichbar sind. Es gibt inzwischen erste spannende Debatten darüber, warum Deutschland in der Frage der Digitalisierung des Lebens- und Arbeitsalltags so dermaßen international hinterherhinkt. Ein Erklärungsansatz ist, dass die Entscheider in der Wirtschaft in Deutschland von der Generation der Baby Boomer dominiert werden und diese sehr analog sozialisiert worden sind, bis heute also mit der Digitalisierung als gesellschaftlichem Trend fremdeln und zudem altersentsprechend auch risikoaverser sind. Ein zweiter Erklärungsansatz, der sich eher auf größere Unternehmen bezieht, stellt einen Mangel an Entrepreneuren und eine Dominanz des Managertypus in der Geschäftswelt in den Mittelpunkt. Ein dritter Erklärungsansatz schließlich sieht die Dominanz der Industriesicht auf die Digitalisierung in den letzten zwei Jahrzehnten in Deutschland als Hauptgrund für die digitale Misere.[6] So habe die (auto-)industriegeprägte Sicht auf die reine Technik der Digitalisierung den Blick auf die weitergehenden gesellschaftlichen Veränderungen verstellt. Zu lange wurde die Debatte um „Digitalisierung" durch Akteure dominiert, die Roboter und Maschinen als die wesentlichen Treiber sahen. Digitalisierung war demnach ein Thema für die menschenleeren Produktionshallen, das aber mit dem Alltag der Menschen insgesamt wenig zu tun hatte.

Wir beobachten nun im Moment in Zeiten der Krise, dass wir alle diesem in den Medien und in den industriepolitischen Debatten vermittelten Irrglauben aufgesessen sind, und dass das Internet im Kern eine zutiefst menschliche Angelegenheit ist. Digitale Plattformen bringen Menschen in einem Maße zusammen, wie es vor einem Jahr nicht denkbar gewesen wäre. Die Plattformen ermöglichen es, dass älteren Menschen via Einkaufshilfen geholfen werden kann, sie koordinieren die Impftermine, auf die wir alle warten, sie helfen dem örtlichen Einzelhändler, mit den Kunden in Kontakt zu bleiben, sie transportieren die so wichtigen Informationen über den Krisenverlauf in die Fläche, sie machen es uns möglich, dass wir auf Bargeld verzichten können. Die Botschaft scheint endlich anzukommen: Das Internet und damit die digitalen Plattformen sind nicht das Eldorado für Nerds und US-Konzerne, sondern zuvorderst ein sozialer Informationsraum für uns Menschen.

Handlungsfelder der betrieblichen Digitalen Transformation

Diese Erkenntnis hatten einzelne innovative Unternehmen und Geschäftsführer aber natürlich bereits vor der Corona-Krise. Hierbei haben sich gewisse Muster der Schaffung erfolgreicher Voraussetzungen einer betrieblichen Digitalen Transformation offenbart, die die Führung in einem Unternehmen berücksichtigen muss:

---

[6] https://idguzda.de/blog/150-jahre-zukunft-der-arbeit/

Die Einführung einer zeitgemäßen technischen Infrastruktur bezüglich Hard- und Software ist nur eine notwendige Bedingung für eine Transformation. Innovation als Voraussetzung eines Wandels wird aber weniger durch Technik als vielmehr durch Kultur angeschoben. Die digitale Infrastruktur muss mit einer digitalen Arbeitskultur einhergehen, die mit Offenheit, Transparenz, Kommunikation auf Augenhöhe, dem Willen zum Teilen von Informationen und zum kollaborativen Arbeiten im Sinne eines übergeordneten Ganzen sowie einer grundsätzlichen digitalen Werkzeuge-Kompetenz verbunden ist.

> Eine erfolgreiche betriebliche Digitale Transformation erfordert ein ganzheitliches Vorgehen in verschiedenen Handlungsfeldern. Dabei ist das wichtigste Handlungsfeld nicht etwa die Weiterentwicklung der IT-Infrastruktur, sondern das authentische Vorleben der Veränderung durch die Führungsebene.

Diese digitale Arbeitskultur geht grundsätzlich auch einher mit einer starken Bereitschaft aller im Unternehmen Arbeitenden, sich auf Veränderungen einzustellen und diesen innovativen Veränderungen auch proaktiv und offen zu stellen.[7] Arbeitskulturell können wir derzeit eine starke Abwehr von Veränderungen in den Arbeitsabläufen durch die Führung in deutschen Unternehmen beobachten. Die immer wieder geäußerte Meinung vieler Verbändevertreter der Arbeitgeberseite, dass das Corona-bedingte Home-Office zu Arbeitsplatzverlusten und Missbrauch der Flexibilisierung durch Beschäftigte führen würde, offenbart (neben der erschreckenden Unwissenheit über die operative Umsetzung von Home-Office) das in den Köpfen dominierende Menschenbild der Personalverantwortlichen und den mangelnden Willen, sich auf Veränderungen zum Wohle des eigenen Unternehmens und der Gesellschaft als Ganzes einzulassen.

Aber auch auf der Ebene der Instrumente sind Veränderungen natürlich unvermeidlich. Das tradierte Projektmanagement muss in Folge der Umstellung auf digitale Arbeitsprozesse durch ein zeitgemäßes agiles Projektmanagement abgelöst werden. Dass dies nicht ohne gewisse Spannungen mit den bestehenden übergeordneten Regularien insbesondere der Arbeitswelt einhergehen kann, ist selbstredend. Natürlich wird der Übergang zum mobilen Arbeiten (ein Trend, der sich auch nach der Corona-Krise fortsetzen dürfte) nicht ohne Klärung der Frage der Arbeitszeiterfassung dauerhaft vollzogen werden können. Daher ist es aber elementar wichtig, dass die Führung erkennt, dass diese ganzheitliche Transformation nicht ohne die starke Einbeziehung der Beschäftigten vollzogen werden kann. „Einbeziehung" meint an dieser Stelle ganz klar nicht die Alibi-Partizipation, nachdem ein Beschluss durch die Führung schon gefasst worden ist, sondern die vorherige substanzielle Beteiligung der vielen klugen Köpfe des Unternehmens.

Dies bedingt natürlich die Fähigkeit der Führenden, die Mitmenschen im eigenen Unternehmen nicht nur als Kostenfaktoren, sondern als Ideengeber und Unterstützer des eigenen Geschäftsmodells zu sehen. Wenn aber ein Menschenbild vorherrscht, das Mitmenschen als „zu Führende" betrachtet, kann sich das „Social Intranet" (Vorstandsmitteilung: „Wir laden Sie ein zur Diskussion") gespart werden. Dies zu erkennen, setzt die Fähigkeit zur Demut angesichts des eigenen eingeschränkten Horizonts voraus – eine immens große Herausforderung in der auf ruinösen Wettbewerb und Verdrängung ausgerichteten heutigen Karrierewelt. Innovativ denkende Führung versteht aber, dass die eigentliche Kompetenz bezüglich des eigenen Geschäftsmodells außerhalb der eigenen Mauern sitzt. Das Unternehmen ist nur ein vertragliches Gebilde von Menschen, die zufällig gemeinsam an einem Produkt oder einer Dienstleistung arbeiten. Innovative Führung reißt daher die Mauern zwischen innen und außen ein. Dass dies nicht ohne andere Modelle der Führung erfolgen kann, dürfte selbstverständlich sein. Führen

---

[7] https://www.bertelsmann-stiftung.de/de/publikationen/publikation/did/mittelstand-in-der-digitalen-transformation?tx_rsmbstpublications_pi2%5Bpage%5D=1&cHash=c9f4fbc4c4efe1069272105af653445b

auf Zeit und Führen ohne Hierarchie sind hierbei die wichtigen Stichworte. Gern wird es auch als „Digital Leadership" bezeichnet.[8] Dies kann auf Dauer nicht ohne eigene starke digitale Kompetenz erfolgen. Kurz gesagt: Führung kann in einem Online-Dokument nicht durch lautes und starkes Auftreten erfolgen, sondern nur durch inhaltlich oder prozedural kompetente Führung.

Führung muss verstehen lernen, dass interne Kritik an Prozessen, Entscheidungen, Rollen oder Produkten eine unglaublich große Chance darstellt, das eigene Geschäftsmodell bzw. das Produkt zu verbessern, bevor die Kritik auf dem Markt durch Verbraucher geübt wird. Die aus interner Kritik erfolgenden Veränderungen und Innovationen sind damit großartige Chancen, länger am Markt zu bestehen und Einkommen sowie Umsätze zu generieren. Kritik ist also kein Statusverlust.

Offenheit für Veränderungen, digitale Kompetenz und die Fähigkeit zur Empathie sind aber Skills, auf die im Idealfall bereits beim Eintritt in das Unternehmen geachtet werden sollte. Die Bewerbungsfrage „Wo wollen Sie in fünf Jahren stehen?" muss abgelöst werden durch die neue Frage „Was treibt Sie an?" Bekannte Internetfirmen aus den USA haben bereits vor Jahren begonnen, ihre Personalpolitik entsprechend abzuändern. „Bunte Vögel", Menschen, die auf anderen als auf den ausgetretenen Pfaden zur Lösung kommen, die nach den Werten fragen, die ein Unternehmen vertritt, die nach flexibleren Arbeitsweisen suchen, die weniger an der Karriere und mehr daran interessiert sind, was sie bewegen können, werden auf jeder HR-Konferenz von den Personalverantwortlichen eingefordert. Wenn dann aber tatsächlich die „bunten Vögel" im Unternehmen ankommen, werden sie häufig von den „grauen Wölfen", lang gedienten Führungskräften der mittleren Managementebene, in ihre Schranken verwiesen. Innovation wird damit im Keim erstickt.

Ansätze für interne digitale Innovationen

Daher muss eine innovationsorientierte Personalpolitik auch immer fragen, wie Veränderungen innerhalb bestehender Strukturen angeschoben und verstetigt werden können. Dabei haben sich unterschiedliche Modelle, deren Auswahl aber letztlich der Führung unterliegt, bewährt. Die Modelle können bezüglich zweier Eigenschaften systematisiert werden. Die erste Eigenschaft bezieht sich auf den Umfang des Wissenstransfers. Der Wissenstransfer in das Unternehmen hinein oder aber innerhalb des Unternehmens ist dort besonders groß, wo die Transformation auch innerhalb des Unternehmens direkt ansetzt, und dort besonders gering, wo sie von außen in das Unternehmen injiziert wird. Die zweite Dimension bezeichnet den Grad der Integration der Transformationstendenzen in das Unternehmen. Integrationsgrad und Wissenstransfer stehen in einem gewissen Spannungsverhältnis zueinander. Wissen kann dort besonders gut generiert werden, wo es abseits tradierter Prozesse und Entscheidungen entstehen kann. Damit ist es aber wiederum schlecht in das Unternehmen integriert und wird weniger gut akzeptiert. Hohe Akzeptanz von Innovationen geht deshalb mit einer relativ geringen Integration in das Unternehmen einher und vice versa. Für jede Kombination von Akzeptanz und Innovation gibt es institutionelle Best Practices.

---

[8] https://www.harald-schirmer.de/wp-content/uploads/2016/12/Digital_Leadership_Schirmer.pdf

Bild 2.1 Maßnahmen zur Umsetzung der digitalen Transformation und deren Wechselwirkung auf die Akzeptanz und Innovationsgeschwindigkeit, Quelle: Fraunhofer IAO, Bertelsmann Stiftung

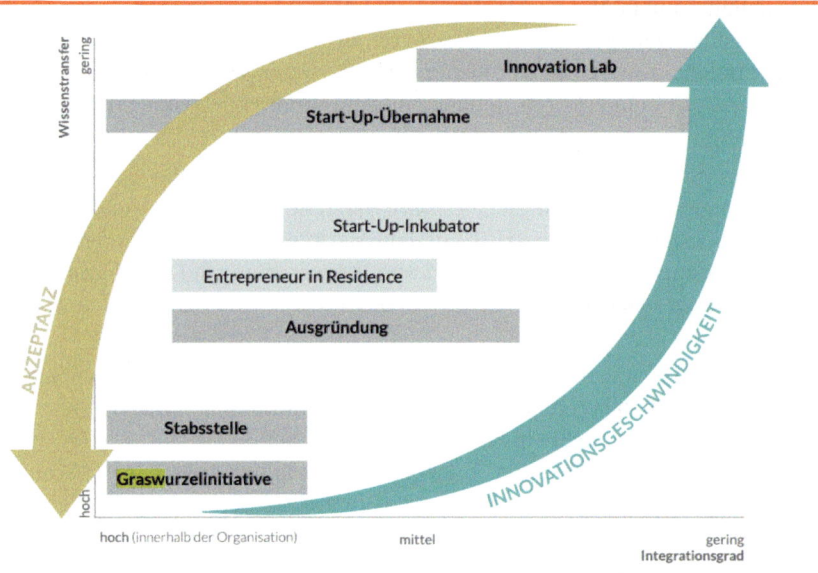

Die Verortung der Innovationen bei einer Stabsstelle oder in einer internen Graswurzelinitiative engagierter Mitarbeiter garantiert eine hohe Akzeptanz der in Gang gebrachten Veränderung, geht aber zwangsläufig mit einer verringerten Innovationsdynamik einher. Die hohe Akzeptanz, die mit dem integrierten Ansatz verbunden ist, führt aber zu einem direkten internen Wissenstransfer. Das Unternehmen muss bei der Wahl dieses Ansatzes bereit sein, sogenannte ambidextre Strukturen und Prozesse zuzulassen. Ambidextrie bedeutet das Nebeneinander von zwei Geschwindigkeiten innerhalb ein und desselben Unternehmens. Denn wenn die Graswurzelinitiative mit personellen und finanziellen Ressourcen ausgestattet ist und an Dynamik gewinnt, darf diese nicht wieder durch langsame Entscheidungsfindungen im Rest des Unternehmens ausgebremst werden. Führung muss sich bewusst sein, dass sie zur gleichen Zeit innerhalb von zwei Unternehmen aktiv sein muss und sich darauf kulturell und im Selbstverständnis einstellen können.

Am anderen Ende der Kombination der zwei Dimensionen stehen dann die Start-Up-Übernahme durch das eigene Unternehmen oder auch die Einrichtung eines externen Innovation Labs. Mit diesen Maßnahmen, die schlecht in gewohnte Prozesse integriert sind, wird eine hohe Innovationsdynamik eingekauft, die aber häufig auf tradierte interne Logiken trifft, schlecht akzeptiert wird und dann zu Abwehrreaktionen führen kann.

> Für den Aufbau einer offenen Innovations- und Fehlerkultur gibt es – je nach Eigenheit der bestehenden Unternehmenskultur – unterschiedliche Modelle, die sich im Grad der Integration in das Unternehmen und dem Umfang der Innovationssprünge unterscheiden. Den für sich besten Weg muss jede Unternehmensführung selbst finden.

Lösungen, die zwischen diesen beiden Polen einer betrieblichen Innovationspolitik verortet sind, bauen auf Start-Up-Inkubatoren oder Ausgründungen. Im ersten Fall kauft sich ein Unternehmen in einen regionalen oder kommunalen Inkubator ein, um dort dann mit innovativen Ideen in Kontakt zu kommen. Ein temporärer Ansatz ist hierbei auch, Innovationen vor Ort durch die Organisation von Hackathons ins eigene Haus zu holen. Beliebt ist es auch, im Zuge dieser Hackathons ganz bewusst das eigene eventuell jahrzehntealte Geschäftsmodell in den Mittelpunkt des Hacks zu stellen. Dann würde die Aufgabenstellung an die Externen gehen, sich dezidiert mit der Disruption des eigenen Geschäftsmodells zu befassen. Ausgründungen sollen demgegenüber einer innovativen betrieblichen Einheit extern die „Luft zum Atmen" ermöglichen. Dies setzt voraus, dass es Beschäftigte gibt, die dieses Risiko eingehen wollen, und dass es eine Innovation gibt, deren Marktfähigkeit ansatzweise abschätzbar ist.

Welche der drei Kombinationen für ein Unternehmen am ehesten umsetzbar ist, sollte die Führung mit den Beschäftigten besprechen. Es ist häufig so, dass in dem Fall, dass eine solche Transformation angekündigt wird, vereinzelte Beschäftigte ihre digitale Kompetenz und Interesse äußern. Es liegt dann sehr nahe, diese engagierten Mitarbeiter von Beginn an auf den weiteren Weg mitzunehmen und einzubinden. Es ist aber an diesem Beispiel sehr einfach zu erkennen, wie wichtig es ist, dass die Führung ein neues Rollenselbstverständnis transportiert, wie wichtig Empathie und Demut sind und dass mit einer solchen Änderung der Prozesse am Ende auch die existierende Gehaltsstruktur und -logik in Frage gestellt werden muss.

Die drei Hauptfehler im Rahmen einer Innovationspolitik

Ein erster Fehler besteht darin, Veränderungen von den Beschäftigten zu verlangen, die man als Führung aber selbst nicht bereit ist einzugehen. Ein Appell im neuen Social Intranet, sich dort einzubringen, scheitert zum Beispiel in dem Moment, in dem der Vorstand seinen Assistenten diese Einladung schreiben und platzieren lässt. Die Ansage der Führungskraft, ab sofort auf Augenhöhe zu kommunizieren, wird in dem Moment ad absurdum geführt, in dem sie bei nächster Gelegenheit in einer Sitzung eine Entscheidung nur deshalb trifft, weil sie die Person im Raum mit dem höchsten Gehalt ist. Der Wunsch der Führung nach mehr Kollaboration muss ins Nichts führen, wenn sie sich nicht selbst online an der gemeinsamen Erstellung von Inhalten beteiligt.

Ein zweiter Fehler besteht darin zu glauben, dass die für die betriebliche Digitale Transformation benötigte technische Infrastruktur der entscheidende Faktor für Innovationen ist. Innovationen als Bereitschaft, neue Wege zu gehen, entstehen im Kopf und nicht in einem Online-Dokument. Die technische Infrastruktur erlaubt es nur einfacher als in der Vergangenheit, diese Idee mit anderen Menschen weiter und schneller zu entwickeln. Und dass diese Ideen überhaupt geäußert werden, ist das Ergebnis einer entsprechenden vertrauensvollen und transparenten Arbeitskultur.

Ein dritter Fehler besteht gerade bei betrieblichen Digitalen Transformationen darin, die Digitalisierung der Schnittstelle zum Kunden ohne eine Umstellung der Prozesse im Backend voranzutreiben. Wenn dann plötzlich – und dies trifft gerade in der Corona-Situation zu – nach der Eröffnung eines Shops im Internet mehr Bestellungen als jemals zuvor eintreffen, kommt es darauf an, dass auch die Prozesse vor Ort darauf ausgerichtet sind. Es kommt darauf an, Mitarbeiter dahingehend zu schulen, dass nun statt analoger die digitale Beratung gefragt ist. Kommunikationsverantwortliche, deren Tätigkeit vorher nur als Luxusfrage betrachtet wurde, werden plötzlich elementar wichtig, gestalten sie doch ganz zentral die Verbindung zwischen dem eigenen Unternehmen und dem digitalen Kunden.

Es gab in der Vergangenheit stets Veränderungen, die Unternehmen immer wieder vor neue Herausforderungen gestellt haben. In der ganz überwiegenden Zahl der Fälle handelte es sich aber um technisch bedingte Veränderungen: Die Einführung neuer Managementmethoden, das Aufkommen neuer Wettbewerber innerhalb der eigenen Branche, die Veränderung der Rahmenbedingungen auf den eigenen Märkten, politische Widrigkeiten, Finanzkrisen. Mit der Digitalisierung ist zum ersten Mal eine drastische Veränderung der Arbeitskultur und der Frage, wie wir als Menschen miteinander umgehen, in den Fokus gelangt. Die betriebliche Digitale Transformation ist nicht nur eine technisch bedingte Weiterentwicklung; sie stellt auch unsere Arbeitskultur auf den Kopf. Diese Veränderungen hatten Vordenker aber bereits in den 1970er Jahren kommen sehen.

2.2 New Work als Katalysator der arbeits- kulturellen Transformation und Innovationen

Die Analyse der sechs betrachteten Baustellen oder Handlungsfelder der betrieblichen Digitalen Transformation zeigt, dass sie eines gemeinsam haben: Sie setzen die Existenz von Menschen im Unternehmen voraus, die bereit sind, ausgetretene Pfade zu verlassen und neue Wege zu gehen. Diese Bereitschaft an entscheidenden Punkten in den Unternehmen ist überhaupt die Bedingung dafür, dass mit Innovationen eine Transformation angegangen werden kann. Wir haben es im vorherigen Abschnitt die entsprechende Unternehmenskultur genannt. Nun ist aber Kultur immer das Ergebnis der sozialen Interaktion von Individuen, die sich dann in Werten und Normen als Elemente der Kultur manifestiert.

Von daher lohnt es sich, einen genaueren Blick auf die Motive der Menschen zu werfen, diese Änderungen, die auch ihren eigenen Status zum Negativen verändern könnten, trotz der Risiken anzugehen. Wir haben in den letzten Jahren im Zuge unserer Projektarbeiten die Erfahrung machen können, dass betriebliche Digitale Transformation ohne eine genauere Betrachtung der Prinzipien von „New Work" als Motor für Innovationen unmöglich erscheint.

> Der US-Österreicher Fridtjhof Bergmann hat bereits in den 1970er Jahren den Kern der New-Work-Bewegung geschaffen. Mit der Digitalisierung der Arbeit erfährt das Konzept eine nochmals aktualisierte Dynamik. Führung ist gut beraten, sich mit den Prinzipien von „New Work" zu beschäftigen – ihre Angestellten machen dies bereits.

Das Konzept von „New Work" wird in seinem Ursprung Fridtjhof Bergmann zugeschrieben. Bergmann, ein österreichisch-amerikanischer Philosophieprofessor an der Universität von Ann Arbor, hatte in den 1970er Jahren in den Autofabriken von General Motors in der Produktion gearbeitet und angefangen, die bestehenden Logiken der Produktion und der Bedeutung von Arbeit zu hinterfragen.[9] Er hat vor Augen geführt bekommen, dass die meisten Menschen in ihrem Job als „Rädchen im Getriebe" fungieren und der „Zweck" von Arbeit mit der Einführung von Lohnarbeit als Arbeitsmodell zum Selbstzweck geworden ist. Eine Nähe zu den Aussagen von Karl Marx zur Selbstentfremdung ist naheliegend. Als General Motors dann eine großflächige Kündigung der dortigen Arbeiter ankündigte, schlug Bergmann vor, alternativ die Arbeitszeit aller zu reduzieren. In der dann gewonnenen freien Zeit von sechs Monaten sollten die Beschäftigten in sogenannten „Zentren der Neuen Arbeit" herausfinden, wie sie mit selbständiger Arbeit ihren eigenen Unterhalt dadurch verdienen können, dass sie herausfinden, was „sie wirklich, wirklich wollen". Er beklagt eine „Armut der Begierde", die sich daraus ergibt, dass wir im Zuge der Lohnarbeit vergessen oder verschüttet haben, was uns wirklich antreibt, für welche Werte wir wirklich stehen, was unserem Leben wirklich einen Sinn gibt.

An dieser Stelle wird deutlich, wie wichtig diese Arbeiten für die heutige Einordnung digitalen Arbeitens gewesen sind. Wenn wir heute im Kontext der betrieblichen Digitalen Transformation über die Notwendigkeit von Eigenverantwortung, Kommunikation auf Augenhöhe, Wertschätzung der anderen, Fähigkeit zum Teilen, Befähigung zur Kreativität, Leben von Diversität, Achtsamkeit mir selbst gegenüber und Nachhaltigkeit der Umwelt gegenüber sprechen, dann steckt darin die Bergmannsche Frage nach dem, was wir wirklich, wirklich wollen. Wir erwarten diese Werte im Umgang mit den Mitmenschen im Unternehmen genauso und verstärkt auch im Umgang mit der Umwelt. Eine Transformation muss diese Fragen im Blick haben und sie beantworten können. In Corona-Zeiten und mit der politischen Bitte um Home-Office gelangen diese Fragen in ein Brennglas, wenn Arbeitgeber in den Nachrichten behaupten

---

[9] https://www.youtube.com/watch?v=Runf2hsnWRo

konnten, der Beschäftigte würde im Home-Office den Arbeitgeber hintergehen und Monopoly mit den Kindern spielen statt zu arbeiten. In diesen Momenten fragen sich die Beschäftigten, für wen sie da eigentlich arbeiten, welches Menschenbild für den Arbeitgeber handlungsleitend ist, wie man in entsprechenden Unternehmen eigentlich miteinander umgeht.

Um aber diese Widersprüche überhaupt zu erkennen, muss man als Führungskraft, die eine Transformation mit Innovationen vorantreiben möchte, erstens erkennen, welche Bedeutung das digitale Arbeiten dafür hat, die entsprechenden Fragen überhaupt stellen zu können, und zweitens auch den Willen haben, darauf im Zuge der Transformation Antworten zu finden. Praxisnah formuliert: Als Führungskraft muss man gelernt haben, dass man in digitalen Räumen nicht mit den üblichen Insignien der Macht – Mimik, Gestik, Lautstärke, körperliche Dominanz, Verhinderung von schwierigen Diskussionen – agieren kann. Es macht keinen Sinn, in einem gemeinsam vom Team bearbeiteten Dokument mit Caps-Locks – dem Pendant des lauten Sprechens in Offline-Meetings – zu arbeiten.

Voraussetzung von individueller Innovationsfähigkeit als Bedingung für eine erfolgreiche Transformation ist demnach das Hinterfragen des eigenen Wertesystems, das Hinterfragen bisheriger Arbeitsweisen und Arbeitskulturen. Aus unserer Sicht sind dabei drei Bausteine maßgeblich. Erstens geht es darum, das Prinzip der Vereinbarkeit weiterzuentwickeln. Auch Bergmann hat von Anfang an die Arbeitsrealität in zwei Sphären eingeteilt. Auf der einen Seite die Sphäre der Pflicht-Arbeit, auf der anderen Seite die Arbeit, die wir wirklich wollen. Vereinbarkeit muss also in Zukunft noch sehr viele weitere Aspekte aufnehmen als sich „nur" auf die Vereinbarkeit von Privat- und Arbeitsleben zu konzentrieren.[10] Zweitens findet Arbeiten daher zunehmend auch an anderen Orten statt, da sich bei jeder Form von Büroarbeit – und dies betrifft die relative Mehrheit aller Arbeitsplätze – die Frage stellt, warum sie nur im Büro und nicht in angenehmeren Umgebungen stattfinden sollte. Und drittens führen Vereinbarkeits- und Arbeitsortüberlegungen ganz automatisch zu der Frage, wie diese Veränderungen mit der bestehenden Arbeitsregulierung vereinbar sind. Und davon handeln die weiteren Abschnitte.

2.3 Kein digitales Arbeiten ohne Vereinbarkeit 4.0 (und umgekehrt)

Echte Innovationen benötigen Freiheit im Denken

Wann fühlen Sie sich wirklich so gut und sind so motiviert, dass es Ihnen leichtfällt, neue Gedanken zu denken, Ideen zu generieren und diesen Stück für Stück ein Gerüst zu geben, an dem Sie gern weiterarbeiten möchten, einfach, weil Sie wissen, dass es gut wird?

Diese besonderen Momente haben viele Menschen schon erleben können. Erfinder, Innovatoren, Wissenschaftler. Aber wissen wir, welche Ressourcen sie genutzt haben? Welche Kompetenzen sie eingebracht haben, um ihre Idee umzusetzen und sie in ihr Unternehmen, ihre Organisation, ihren Betrieb einzubringen? Und welches Ziel haben sie dabei verfolgt? Und warum war es erfolgreich?

Vielleicht haben sie die Idee schnell mit anderen geteilt, sie um ihre Meinung gebeten. Vielleicht haben sie sich Unterstützer gesucht, gemeinsam ist man oft schneller, kreativer und meistens auch stärker. Vielleicht haben sie aber auch einen Mangel oder einen ungünstigen Zustand von etwas als Katalysator genutzt, um ihrer Idee noch mehr Anschub zu verleihen. Eines war mit großer Sicherheit gegeben: ihre Einschätzung, dass die Idee tragfähig und gut

---

[10] https://www.bertelsmann-stiftung.de/de/publikationen/publikation/did/booksprint-vereinbarkeit-40?tx_rsmbstpublica tions_pi2%5Bpage%5D=1&cHash=c9f4fbc4c4efe1069272105af653445b

ist, denn sie hatten sich sorgfältig mit ihr auseinandergesetzt und ihre Expertise genutzt. Sie waren auf mögliche Nachfragen vorbereitet und willens, ihre Idee noch weiter zu streuen, um Gleichgesinnte zu finden, die ebenfalls an diese Idee glauben. Vielleicht war der Begriff Purpose zu diesem Zeitpunkt noch nicht en vogue, aber genau er beschreibt, worum es ging: Diese Personen wussten, wofür ihr Engagement gut war und was sie damit Positives erreichen können.

> In einer komplexer werdenden Arbeitswelt wird ein klar definierter Purpose zunehmend wichtiger. Diese Sinnorientierung bewirkt Identifikation ins Innere der Organisation und schafft eine Auszeichnung sowie Unterscheidung nach außen. Der Sinn bzw. der Zweck der eigenen Bemühungen hinterlegt die Motivation der Menschen, sich für etwas einzusetzen, oder eben nicht.

Was aber war in diesen besonderen Momenten des Entwickelns ihrer Idee gerade nicht gegeben? Hier ein paar Beispiele: das Gefühl von Unsicherheit, Existenzsorgen, gesundheitliche Probleme, Schwierigkeiten bei der Organisation privater Gegebenheiten und dadurch bedingter Stress, Zweifel, Langeweile und das Gefühl, mit der Idee nicht überzeugen zu können, nicht gehört zu werden, nicht relevant zu sein? Die Aufzählung beansprucht keine Gleichzeitigkeit der genannten Aspekte, sie soll lediglich als gedanklicher Rahmen dienen.

Bei diesen einleitenden Gedanken gehen wir davon aus, dass die wirklich guten, die durchsetzungsfähigen Ideen meistens in einem Zustand großer emotionaler Stabilität, Stärke und Zuversicht zustande kommen, also wenn die Rahmenbedingungen gut und wenn wir uns nicht nur unserer selbst sicher sind, sondern auch von außen Zuspruch und Unterstützung empfangen.

Natürlich entstehen Initiativen und Ideen nicht selten auch aus der Not heraus. Der Beweggrund, die Motivation ist hier aber eine andere. Wir wissen, dass Menschen, die frei von Ängsten, Sorgen und Unsicherheiten sind, Menschen, die ihre Lebensbereiche (Arbeit, Familie, Freizeit, Gesundheit etc.) gut aufgestellt wissen, Menschen, die sich wahrgenommen, gehört fühlen, sich einbringen können und für ihre Ideen Resonanzraum finden, Menschen, die ihr tagtägliches Leben (im Wesentlichen) in sicheren Bahnen wissen und nicht fürchten müssen, dass die schwierigen, nicht planbaren Momente des Lebens alles durcheinanderwerfen werden, freier im Denken und Tun sind. Sie haben eine positivere Grundhaltung, sind motivierter sich zu beteiligen und wissen, wofür genau ihr Engagement nützlich ist. Es geht dabei vor allem um unsere grundlegendsten Bedürfnisse: Sicherheit, Stabilität, Anerkennung, Selbstverwirklichung und Kontrolle.

In der Regel sind es unsere primären, direkten Lebensumstände, die dafür maßgeblich sind, wie wir uns fühlen, wie wir handeln und wie wir mit anderen Menschen agieren. Als soziale Wesen sind wir auf ein wertschätzendes Miteinander, auf Bestätigung, positives Feedback und auf die Berücksichtigung unserer Bedürfnisse angewiesen. Die inneren und äußeren Bedingungen, unter denen wir leben, die Aufgaben und Verpflichtungen, die wir haben, die Werte, die wir durch Sozialisation und Interaktion erworben haben, in uns tragen und die wir weitergeben möchten, die psychischen und physischen Gegebenheiten unseres Seins, aber auch die durch Politik und Gesellschaft vorgegebenen Strukturen und Normen bestimmen über einen großen Teil unserer Wahrnehmung der Welt um uns herum. Gerade mit Blick auf berufliche Arbeit sind es diese vielen Facetten der Verschmelzung von Arbeit und Leben, die uns beeinflussen, motivieren, befähigen, ausbremsen oder schlimmstenfalls frustriert resignieren lassen.

Deshalb: Für eine bessere Vereinbarkeit von #Arbeit und #Leben

Seit vielen Jahren befassen wir uns im Rahmen unserer Projektarbeit intensiv mit dem klassischen Thema Vereinbarkeit von Arbeit und Leben. Uns begegneten über die Zeit hinweg immer dieselben Fragen: Wie sind Arbeitsbedingungen gestaltet, wenn ein Unternehmen mitarbeiterorientiert und familienfreundlich ist? Welche Werte fokussieren Unternehmen, denen Familienfreundlichkeit wichtig ist? Was tun Unternehmen, die die Vereinbarkeit von Arbeit und (Privat-)Leben hoch priorisieren? Das von der Bertelsmann Stiftung entwickelte und hier auch noch immer (Stand 02/2021) beheimatete Siegel „Familienfreundlicher Arbeitgeber"[11] lieferte wertvolle Erkenntnisse: In Unternehmen mit weit fortgeschrittenen Transformationsprozessen lassen sich in der Regel immer gute Beispiele für gelebte Familienfreundlichkeit bzw. Mitarbeiterorientierung finden und die Mündigkeit der Mitarbeitenden wird zum Hebel für die Schaffung struktureller und organisatorischer Rahmenbedingungen für flexible, mobile Arbeit. Die Individualität aller im Betrieb tätigen Menschen wird berücksichtigt. Beschäftigt man sich mit den Erfolgskriterien für die Umsetzung der digitalen Transformation in Betrieben, dann zeigen sich bei Betrieben mit hohem Digitalisierungsniveau auch hohe Werte in den Kernbereichen der Arbeitskultur: Mitarbeiterorientierung, Menschen- und Familienfreundlichkeit, Wertschätzung, Partizipation, Hierarchiefreiheit.

> Die Vereinbarkeit von Arbeit und Leben beschränkt sich nicht allein auf die Dimension der Organisation von Familie und Beruf. Mindestens zehn weitere Facetten, u. a. Vereinbarkeit von Arbeit und Werten, Arbeit und Wohnort, Arbeit und sozialer Sicherung u. v. m., bestimmen maßgeblich über die gedankliche und physische Freiheit des/der Einzelnen.

Gemeinsam mit der interessierten Fachwelt wurden im Mai 2019 die Ergebnisse eines teils virtuellen, teils ganz persönlichen Diskussions- und Schreibprozesses rund um den aktuellen Stand der gelebten Vereinbarkeit von Arbeit und Leben veröffentlicht: der Booksprint Vereinbarkeit 4.0.

Die Bandbreite der unterschiedlichen Vereinbarkeitsdimensionen im Arbeitskontext, die wir dabei abbilden konnten, bietet eine starke Basis für die diesem Text zugrunde liegende Frage: Unter welchen Bedingungen sind Menschen in der Lage, ihre größtmögliche Exzellenz, ihre besten Ideen, ihre wichtigsten Arbeitserfolge zu erzielen bzw. zu zeigen? Und damit einher geht die Frage: Wann gelingen Innovationen?

Wir sollten mehr Menschlichkeit ins Unternehmen lassen

Trotz all der Technisierung, die derzeit auf Grund der Digitalen Transformation in den Betrieben stattfindet, rückt der Mensch selbst immer weiter in das Zentrum der Betrachtung. Der Grund dafür ist dabei genauso einfach, wie er schwer umzusetzen ist: Es sind die Menschen, die ein Unternehmen ausmachen, die Veränderungen anstoßen und umsetzen, die innovativ sind, neue Ideen einbringen, Geschäftsmodelle verändern und vielleicht sogar neue Unternehmen gründen. Oder sie tun es eben nicht. Entscheidend dabei ist, dass jeder Mensch gesamtheitlich mit seinen Fähigkeiten, Kompetenzen und seiner Persönlichkeit in die Lage versetzt wird, sich so in „sein" Unternehmen einzubringen, dass seine ganz eigenen Vereinbarkeitsbedürfnisse erfüllt werden, so dass er Kraft, Motivation und den Wunsch hat, diese für ein gemeinsames Unternehmensziel einzubringen.

Die Berücksichtigung von Individualität fördert Freiheit im Denken und Tun und die Freiräume, die sich durch kluge Lösungen zur Vereinbarkeit beruflicher und privater Anforderungen ergeben können, sind eine wichtige Grundlage humanistischer, mitarbeiterorientierter, zukunftsfähiger Unternehmenskultur.

---

[11] https://www.familienfreundlicher-arbeitgeber.de/

Es geht bei der Vereinbarkeit um wesentlich mehr als nur um die Frage: „Wohin mit den Kindern, wenn die Schule/die Kita bei Schnee und Eisesglätte am nächsten Tag nicht öffnet?" Es gibt eine Vielzahl von Mitarbeitenden und Erwerbstätigen, für die andere Vereinbarkeitsdimensionen mindestens genauso wichtig sind und die hier Lösungen brauchen (und entwickeln), um arbeitsfähig zu sein: die hybrid arbeitenden Plattformarbeiter und -arbeiterinnen, die mit ihrer Arbeit keinerlei eigene Interessenvertretung haben, trotz größerer und regelmäßiger Beauftragung. Ingenieure und Ingenieurinnen, die sich fragen, ob die Motoren, die sie entwickeln sollen, mit ihren Vorstellungen von Umwelt- und Klimaschutz vereinbar sind. Gründer und Gründerinnen, die vor der Quadratur des Kreises stehen und sich fragen, wie sie die eigene Arbeit in das Sozialversicherungssystem einfließen lassen können, um hierüber Absicherung und Vorsorge zu erzielen, genau wie in regulären Arbeits- und Beschäftigungsverhältnissen auch. Beschäftigte im Gesundheitswesen, die bis über ihre Belastungsgrenze in viel zu langen Schichten arbeiten, dabei für viel zu viele Patienten verantwortlich sind und sich darauf verlassen müssen, dass wenigstens ihr Körper bei dem hohen Stresspegel nicht versagt und sie arbeitsfähig bleiben. Die junge Familie, die sich mit dem Häuschen auf dem Land eine ruhige, umweltfreundliche Alternative zum hektischen und vor allem teuren Stadtleben geschaffen hat, aber nun mangels ÖPNV und Breitbandinternet täglich viele Kilometer mit dem Pkw in die Stadt zur Arbeit und zur Schule pendeln muss. Der alleinstehende, in Vollzeit an vier Standorten des Betriebes arbeitende Hausmeister, der in seiner knappen Freizeit nichts lieber tut, als Schäferhunde zu züchten und deshalb mehrmals täglich deren Versorgung sicherstellen muss. Auch er hat Dinge zu vereinbaren. Oder der in der Freiwilligen Feuerwehr ehrenamtlich engagierte Trainee aus der IT-Abteilung: Klingelt das Handy, ist er im Einsatz.

Bild 2.2 Aspekte der Vereinbarkeit 4.0 (s. Bertelsmann Stiftung, Booksprint Vereinbarkeit 4.0 1990)

Die Menschen hinter den Geschichten brauchen Lösungen für ihre jeweilige Lebenssituation und ihre Lebensentwürfe. Arbeitsfähigkeit her- und sicherzustellen ist nicht allein eine medizinische Disziplin.

Es gibt unzählige Beispiele, an denen wir sehen können, dass die Vereinbarkeit von Arbeit und Mensch vielschichtig ist und dass unterschiedliche Konzepte hierfür notwendig sind. Im Kern geht es darum, Mitarbeiter und Mitarbeiterinnen immer als Individuen zu sehen, ihre Besonderheiten und ihre Bedürfnisse zu erkennen und gemeinsam kluge und vor allem passende, vielleicht sogar maßgeschneiderte Lösungen zu erarbeiten.

Arbeitgeber sind gefordert, mehr in den Mitarbeitenden zu sehen als eine Ressource, die im Tausch gegen Geld einer bestimmten Arbeit nachgeht oder eine bestimmte Aufgabe erledigt. Wenn Unternehmen anstelle dessen anfangen, ihre Mitarbeitenden als Menschen mit individuellen Merkmalen, Geschichten, Lebensentwürfen und Bedürfnissen zu betrachten, ihnen zuzuhören und echtes Interesse für ihre Meinungen und Vorschläge zu zeigen, dann erschließen sie sich Potenziale, die ihnen sonst verborgen bleiben. Die Ideen und Wünsche der Mitarbeitenden können sie leicht in unternehmerische Entscheidungen einfließen lassen. Sie können z.B. mithilfe von digitalen Tools und Werkzeugen Abläufe und Prozesse verändern und so etwa mehr Vereinbarkeit im Sinne von Care-Arbeit ermöglichen. Mittels moderner – agiler – Methoden wie z.B. Kanban oder Scrum etc. kann die Organisation von Arbeit neu gedacht und den Mitarbeitenden der Zugang zu neuen Strukturen und komplexen Sachverhalten erleichtert werden. Unternehmen sollten vor allem diejenigen Mitarbeitenden an diesen Prozessen beteiligen, die Lust auf kreatives Denken und Tüfteln haben. Alles was sie dafür tun müssen, ist Wünschen und Ideen Raum zu geben, zuzuhören und Partizipation zu ermöglichen: technisch, methodisch, räumlich, persönlich, organisatorisch, gesetzlich, gesundheitlich und gesellschaftlich. Gemeinsam lassen sich so Ideen und Innovationen herbeiführen, die anders nie Eingang in die betrieblichen Routinen gefunden hätten.

Unternehmen, die sich konsequent mitarbeiterorientiert aufstellen und ihre Arbeitskultur und die Arbeitsbedingungen entsprechend ausrichten, greifen in der Regel von sich aus auf digitale Arbeitsweisen zurück, denn hier liegen enorme Hebel. Sie verfolgen oft auch ein moderierendes, hierarchiefreies, auf Augenhöhe ausgerichtetes Führungsprinzip und der Erwerb und die Nutzung digitaler Kompetenzen stehen im Zentrum aller Bemühungen. Digitale Arbeitsweisen erfordern einen konsequent auf Lernen ausgerichteten und ebenfalls von Hierarchien unabhängigen Entwicklungsgedanken.

Vertrauen schafft Innovationsbereitschaft

Digitale Transformation in Betrieben und ein umfassender Kulturwandel sind zwei sich gegenseitig bedingende Elemente. Das eine geht nicht ohne das andere. Die Frage ist nur, wie schnell und wie erfolgreich sie diesen Prozess durchlaufen können und wie viel Betriebe dabei selbst steuern müssen. Die Verantwortung für die Entwicklung neuer Produkte und Geschäftsmodelle auch auf die Mitarbeitenden zu übertragen, ist ein wichtiges Signal. Vertrauen wird dabei zur Kenngröße, denn Menschen, die sich für ihre jeweiligen Arbeitsbereiche und Produkte verantwortlich fühlen und sich – by the way – damit für gewöhnlich auch am besten auskennen, wissen meist sowieso besser, woran es fehlt und was es zu deren Verbesserung braucht. Echtes Interesse, Wertschätzung und Anerkennung geben Selbstvertrauen und verleihen Ideen Flügel.

Wer wissen möchte, welches Potenzial in Mitarbeitenden steckt und was man hätte gemeinsam erreichen können, muss die Menschen sehen und die Human-Ressource-Brille abnehmen. Es erfordert eine umfassende Vereinbarkeit, die auch innerhalb von Betrieben gelebt werden können muss. Führung muss eine moderierende Rolle einnehmen und eine Ermöglicherfunktion ausüben. Menschen in Betrieben dürfen nicht auf ihre Stellenbeschreibung reduziert werden. Vielmehr sollten die Fähigkeiten und Kompetenzen der Menschen ihre Arbeit gestalten. So wird Raum für Kreativität und Innovation geschaffen. Dieses neue Arbeiten stellt für viele Menschen eine Herausforderung dar. Und deshalb müssen parallel Selbstorganisation und Selbstwirksamkeit gestärkt werden.

Veränderung beginnt im Kopf und das richtige MindSet bestimmt über die Zukunft.

2.4 Digitales Arbeiten und Arbeitsrecht: Hürden und Freiräume bei der Transformation

Spielregeln für das neue innovative Arbeiten

Der Veränderungsprozess hin zu einer neuen Arbeitsweise betrifft aber nicht nur tatsächliche Änderungen wie zum Beispiel den Umbau von Arbeitsflächen in Open Office Spaces, die Einführung neuer Tools und Entscheidungswege oder die Änderung der Arbeitskultur. Mit der Anpassung der realen Arbeitsbedingungen ist es auch notwendig geworden, rechtliche Anpassungen vorzunehmen.

> Digitale Arbeitsformen müssen in der Arbeitsorganisation nicht nur praktisch umgesetzt und implementiert werden, sondern auch rechtlich angepasst werden. Nur so können auch alle Arbeitnehmerschutzrechte sichergestellt werden.

Es zeigt sich bei zunehmender Veränderung, dass insbesondere kleine und mittlere Unternehmen dabei überfordert sind, die Veränderungen der Arbeitsorganisation auch rechtlich umzusetzen. So führte zum Beispiel ein Urteil des Europäischen Gerichtshofes zur Arbeitszeiterfassung zu großer Unruhe: Es wurde plötzlich gefordert, dass Arbeitszeit immer und genau dokumentiert werden sollte. Da stellte sich die Frage: Wie war das eigentlich bisher? Was passiert mit der mühevoll eingeführten Vertrauensarbeitszeit? Kommt die Stechuhr zurück? Müssen wir das sofort anpassen oder warten wir erst die Reaktion des deutschen Gesetzgebers ab?

Ähnliches war zu beobachten, als durch die Corona-Pandemie bedingt im ersten Lockdown die Unternehmen angehalten waren, alle Mitarbeiter ins Home-Office wechseln zu lassen – wo es denn möglich war. Was genau sind die Voraussetzungen von Home-Office? Wie regelt man das – und ist das nicht das Gleiche wie mobiles Arbeiten? Die Unterschiede und Voraussetzungen waren bis dahin kaum bekannt und es ist zu bezweifeln, dass im Verlaufe der Pandemie und der damit einhergehenden Lockdowns den arbeitsrechtlichen Voraussetzungen Genüge getan worden ist. Ohne klare Spielregeln ist aber digitales innovatives Arbeiten nicht denkbar.

So wurde deutlich: In dem Prozess der Digitalen Transformation ist neben der Dimension der tatsächlichen Veränderung auch zu beachten, wie die regulatorische Anpassung der Arbeitsorganisation zu erfolgen hat, was insbesondere für die kleinen und mittleren Unternehmen schwierig zu bewerkstelligen ist: Diese verfügen in der Regel nicht über die notwendigen Stabsabteilungen, geschweige denn Rechtsabteilungen oder breit aufgestellte Personalabteilungen, die all die notwendigen Prüfungen und Anpassungen leisten könnten. Dieser Umstand führte dann zu der Veröffentlichung eines Leitfadens für Unternehmen, in dem die folgenden Themenkomplexe aufgeführt werden, die bei den regulatorischen Anpassungen berücksichtigt werden müssen:[12]

---

[12] *https://www.bertelsmann-stiftung.de/de/publikationen/publikation/did/new-work-potentiale-nutzen-stolpersteine-vermeiden-all*

Bild 2.3 Aspekte von Digitalisierung und Arbeitsrecht, Quelle: Bertelsmann Stiftung

Die Einteilung sowie die Reihenfolge der Themen berücksichtigen, in welcher Reihenfolge sich Unternehmen üblicherweise der Digitalisierung nähern und was damit prioritär durch die Unternehmen in der Regelungsanpassung bearbeiten sollte. Im Weiteren werden die zentralen Punkte beleuchtet.

Mitbestimmung

Für alle Bereiche ist jedoch wortwörtlich die Basis die Beteiligung der Mitarbeitenden. Dies geschieht rechtlich – wo vorhanden – durch eine Mitarbeitervertretung, also Betriebsräte und Personalvertretungen. Dafür gibt es nun schon sehr lange die Betriebsverfassung, die das Miteinander in Unternehmen regelt. Allerdings stellt man bei näherem Hinsehen fest, dass es zwischen der betriebsverfassungsrechtlichen Mitbestimmung und der im digitalen Arbeiten üblichen Partizipation gewisse Unterschiede gibt – wie die Bezeichnungen auch schon zeigen.

> Die Mitbestimmung nach dem BetrVG ist gesetzlich vorgeschrieben. Unabhängig davon sollte jedoch jedes digital arbeitende Unternehmen durch Partizipation sicherstellen, dass alle Mitarbeiter in die Entscheidungsprozesse eingebunden werden. Mitbestimmung kann insoweit die Grundlage für die weitergehende Partizipation sein.

Die betriebsverfassungsrechtliche Beteiligung beruht auf der Idee, dass die Mitarbeitenden eine Stimme haben sollen. Aber nicht immer. Nur dort, wo ein Betriebsrat gewählt wurde, ist die Beteiligung verpflichtend. Und auch der Grad der Beteiligung ist abgestuft: Dieser geht von einem echten Entscheidungsrecht bis hin zu der bloßen Information durch die Unternehmensführung, ohne jedoch etwas ändern zu können. In der Welt des digitalen Arbeitens wird unter Partizipation aber etwas viel Weitergehendes verstanden: Bereits die Entstehung einer Entscheidung erfolgt unter Beteiligung der Mitarbeiterschaft. Die Mitarbeitenden sind es letztendlich, die das Produkt, die Kunden, deren Wünsche und die Herstellungsverfahren am besten kennen. Ausgehend von der Überlegung ist die Einbindung aller Menschen an jedem Punkt essenziell.

Eine Schwierigkeit, der sich digital arbeitende Unternehmen immer wieder gegenübergestellt sehen, sind die vergleichsweise langwierigen und bürokratischen Prozesse der Mitbestimmung. Immer mehr Unternehmen bemühen sich auch im Bereich der Mitbestimmung um agiles Vorgehen. Aber die gesetzlichen Grenzen sind relativ resistent, was zuletzt im Rahmen der Corona-Pandemie anhand der Frage der Anwesenheitspflicht von Betriebsratsmitgliedern bei der Beschlussfassung deutlich wurde: Um diese Verpflichtung zu umgehen, brauchte es die (zunächst befristete) Änderung des Gesetzes.

Selbstverständlich spielt die Mitbestimmung auch im Transformationsprozess eine entscheidende Rolle. Aber dabei muss und sollte es nicht bleiben. Dennoch kann die Mitbestimmung als eingeübtes Prozedere der Weg zu echter Partizipation sein.

Arbeitsort und Arbeitszeit

Die Flexibilisierung von Arbeitsort und Arbeitszeit sind die wichtigsten und häufigsten Maßnahmen, die im Zuge der Digitalen Transformation als Einstieg genutzt werden. Sie werden bereits seit langem im Zuge der Bemühung um familienfreundliche Arbeitsorganisation umgesetzt. Ziel ist es dabei immer gewesen, private und berufliche Verpflichtungen derart in Einklang bringen zu können, dass die Mitarbeitenden beidem nachkommen können. Ging es dabei eher darum, bei Krankheit von Kindern auch mal ausnahmsweise Tätigkeiten von zu Hause aus ausüben zu können oder bei der Betreuung von pflegebedürftigen Angehörigen längere Pausen zu nehmen, um den Arztbesuch zu bewerkstelligen, geht es inzwischen um wesentlich weitreichendere Veränderungen.

> Mobiles Arbeiten ist flexibler, weitreichender und leichter umzusetzen als Home-Office. Entscheidend sind die Anforderungen der Arbeit, aber vor allem auch die Bedürfnisse der Mitarbeitenden: Sie wissen selbst am besten, wo und wann sie die besten Leistungen bringen.

Grundsätzlich bleibt die Basis der Überlegungen die Gleiche, nämlich die individuellen Bedürfnisse des Mitarbeitenden zu berücksichtigen. Allerdings geht es bei der Flexibilisierung der Arbeitsorganisation als familienfreundliche Maßnahme eher darum, die grundsätzlich weiterhin existierende Präsenzpflicht und Weisungsgebundenheit punktuell zu lockern. Ein sehr viel weitreichenderer Ansatz wird dagegen für die digitale Arbeit verfolgt: Es geht um die Frage, wann, wo und wie der Mitarbeitende am besten seine Arbeitsaufgaben erledigen kann. Diese Entscheidung wird aber gänzlich ihm überlassen. Man geht davon aus, dass die Berücksichtigung der Bedürfnisse in Bezug auf Arbeitsort, Arbeitszeit und sonstige Umstände dem Menschen folgen soll, so dass die Arbeitsleistung dementsprechend motivierter und unter besten Bedingungen geleistet werden kann.

Dies widerspricht nun vollkommen der ursprünglich im Arbeitsrecht verankerten Vorstellung des Weisungsrechts des Arbeitgebers, das sich aus § 106 der Gewerbeordnung ergibt. Danach ist es allein das Recht des Arbeitgebers, den Inhalt sowie die Rahmenbedingungen der Arbeit (also insbesondere Art und Weise, Ort und Zeitpunkt) zu bestimmen. Wenn man also nun als Arbeitgeber derart von diesem Grundsatz abweicht, dass man die Entscheidung dem Arbeitnehmer überlässt, kann dies eine solche Veränderung darstellen, die einer Versetzung entspricht (§ 95 Abs. 3 Satz 1). Gegebenenfalls kann also auch ein Interessenausgleich notwendig werden. Das kann auch schon der Fall sein, wenn nur die vorherigen Einzelbüros in einen Open-Space-Office-Bereich umgebaut werden.

Im räumlichen Bereich ist jedoch das Kernthema das des flexiblen Arbeitsortes. Dabei ist vor allem der Unterschied zwischen Home-Office und dem mobilen Arbeiten von Bedeutung: Home-Office liegt vor, wenn ein vom Arbeitgeber fest eingerichteter Arbeitsplatz im Privatbereich der Beschäftigten, für den der Arbeitgeber eine mit dem Beschäftigten vereinbarte Arbeitszeit und die Dauer der Einrichtung festgelegt hat, vorhanden ist. Rechtlich handelt es sich um die sogenannte Telearbeit (§ 2 ArbStättV). Die Vorgaben für das Home-Office beachten streng den Arbeitsschutz, so dass die Voraussetzungen auch nicht für jeden Mitarbeiter erfüllbar sind – zumindest muss ja ein gesonderter Raum vorhanden sein. Inzwischen wird die Einrichtung nicht mehr von dem Arbeitgeber vorgenommen, sondern auf den Arbeitnehmer übertragen. Die Räume sind aber dann jederzeit durch den Arbeitgeber überprüfbar. Bei den relativ strengen Voraussetzungen ist es also von vornherein nicht jedem Mitarbeiter möglich, diese zu erfüllen und somit auch von zu Hause aus zu arbeiten. Bislang wurde die Frage der

Ungleichbehandlung noch sehr wenig thematisiert. Völlig offen ist auch vor dem Hintergrund der Pandemie, inwieweit überhaupt diese Regelungen überprüft werden.

Anders ist es hingegen beim mobilen Arbeiten: Dabei ist der Arbeitsplatz frei wählbar, also auch außerhalb des im Unternehmen bereitgestellten Arbeitsplatzes. Dies kann das gelegentliche Arbeiten von zu Hause aus sein, aber auch ein Coworking-Space, ein Cafè oder jeder andere Ort. Auch darüber muss es eine Vereinbarung mit dem Arbeitgeber geben. Jedoch geht man davon aus, dass die Einhaltung des Arbeitsschutzes in der Verantwortung des Mitarbeiters liegt und dieser dafür selbst Sorge trägt. Dies bietet wesentlich mehr Flexibilität und macht es insbesondere für Menschen möglich, einen passenden Arbeitsort für sich zu finden, wenn gerade das eigene Zuhause nicht in Frage kommt. Dabei sind gerade die Coworking-Spaces ein Modell, das immer mehr Zulauf erhält und eine gute Lösung ist, wenn man gerade auch das Pendeln vermeiden möchte (s. Abschnitt 2.5).

Die Arbeitszeitflexibilisierung ist in den letzten Jahren stark vorangeschritten und geht Hand in Hand mit der Flexibilisierung des Arbeitsortes. Gerade die Vertrauensarbeitszeit und auch Vertrauensurlaub basieren darauf, dass Mitarbeitende selbst bestimmen, wann, wie lange und wie viel sie arbeiten. Die „Skala" stellt die Erledigung der Aufgaben dar. Der Zeitfaktor spielt für Arbeitnehmer eine immer größere Rolle und ist daher auch ein wesentlicher Aspekt für New-Pay-Überlegungen. Gegenspieler dieser Flexibilisierungen ist das Arbeitszeitgesetz mit fest vorgegebenen Pausen und Ruheregelungen. Diese sind statisch, unabdingbar und finden ihren Rahmen auf der Ebene des europäischen Rechts. In diesem Kontext ist trotz aller Bemühungen kaum ein Ausweichen oder Umgehen möglich. Dies wäre vor dem Hintergrund, dass man die Menschen vor Überlastung schützen möchte, auch kontraproduktiv. Aber es zeigt sich: Die Möglichkeit, nach individuellen Bedürfnissen gerade auch zu Gunsten von Kreativität und Innovation arbeiten zu können, ist klar durch den Schutzgedanken eingeschränkt. Es wird dazu in Zukunft zu diskutieren sein, wie beidem Rechnung getragen werden kann.

Digitale Innovationseinheiten

Zunehmend richten Unternehmen digitale Innovationseinheiten ein, die sowohl das digitale Arbeiten an sich erlernen sowie neue Ideen für Innovationen entwickeln sollen. Dies soll dann der Kern der Weiterentwicklung des gesamten Unternehmens sein. Grundsätzlich hängt die rechtliche Regelung, wie man mit diesen Einheiten umgeht, von der Frage ab, ob die neue Einheit intern im Betrieb geschaffen wird oder externalisiert wird, also räumlich und rechtlich von dem Betrieb getrennt ist: Bleibt die Einheit intern, ist beispielsweise auch der „alte" Betriebsrat zuständig und alle Regelungen innerhalb des Betriebes sind zu berücksichtigen. Ist die Einheit externalisiert, gelten völlig neue Regelungen.

> Raum für Innovationen muss (rechtlich) geschaffen werden. Dies kann innerhalb des Betriebes stattfinden, aber auch außerhalb. Dabei gilt: Je unabhängiger die Einheit gestaltet ist, desto höher die Innovation – aber auch umso größer die Schwierigkeiten beim Implementieren im „Ursprungsbetrieb".

So (relativ) einfach die rechtliche Handhabung von Innovationseinheiten ist, so wichtig ist doch deren Wirkungsweise zu sehen: Eine solche Kerneinheit befördert Veränderung und Innovation in „organischem Wachstum". Dies gilt allerdings hauptsächlich nur dann, wenn eine ausreichende Nähe zum eigentlichen Betrieb vorhanden ist (s. Abschnitt 2.1). Im Grunde kann also festgestellt werden, dass rechtliche Anpassungen immer notwendig sind. Den größten Nutzen wird man aber erhalten, wenn man direkt an den vorhandenen, internen Gegebenheiten arbeitet und nicht nur versucht, gleich von Anfang an besonders innovativ und kreativ zu sein, ohne eine gute Chance auf Einbindung in das eigentliche Unternehmen zu haben.

Der Leitfaden zeigt noch weitere rechtliche Bereiche auf, die es bei der Transformation hin zu digitalem Arbeiten zu berücksichtigen gilt. Grundsätzlich kommt es ohne rechtliche Anpassungen erst einmal zu keinen Konsequenzen – solange sich alle in dem Betrieb einig sind. Sobald jedoch ein Konflikt aufkommt, wie in bestimmten Situationen mit den Gegebenheiten umgegangen werden soll, zeigt sich die Bedeutung der rechtlichen Situation. Es ist also immer zu empfehlen, die rechtlichen Grundlagen im Blick zu behalten und Anpassungen vorzunehmen, bevor alles umgesetzt wird. Veränderungen im Nachhinein sind immer schwieriger und aufwändiger.

Es zeigt sich aber auch, wie notwendig Anpassungen der geltenden Gesetze sind. Dabei ist die Herausforderung, den wichtigen Schutzzweck des Gesetzes gegen die Wünsche nach Flexibilisierung abzuwägen und Möglichkeiten zu finden, beides zu ermöglichen. Dies ist sicher keine leichte Aufgabe, aber eine, die im Sinne von zukunftsorientierten, innovativen Unternehmen notwendig ist.

> Die Arbeitsgesetze weisen Defizite auf, wenn es um digitale Arbeitsweisen geht, und hemmen so auch Innovationen. Nun ist der Gesetzgeber gefragt, dafür Lösungen zu entwickeln.

2.5 Neue Orte des Arbeitens

Die Einführung bzw. der Ausbau einer zeitgemäßen, digitalen Infrastruktur und der Wandel hin zu einer zunehmend echten digitalen Arbeitskultur stellen Gegebenheiten in Frage, die viele bisher für unabänderlich hielten.[13] So war es bis vor Kurzem für tradierte Unternehmen noch undenkbar, Betriebsort und Arbeitsort nicht als selbstverständliche Einheit zu sehen.

Es war für viele Arbeitgeber und Arbeitgeberinnen nur schwer vorstellbar, dass Mitarbeitende von anderen Arbeitsorten als dem eigenen Betrieb aus tätig werden (Außendienst etc. natürlich ausgenommen). Das „Home-Office", auch „Telearbeit" genannt, war nicht nur die Ausnahme, sondern war auch überwiegend negativ besetzt. Unter „mobilem Arbeiten" verstand man lediglich das Arbeiten im Rahmen von Dienstreisen. Und das, obwohl es mittlerweile durch die zunehmende Ausstattung mit mobilen Endgeräten (Smartphone, Tablet, Laptop) und die stetig steigende digitale Kompetenz der Mitarbeitenden bei einer Vielzahl der Tätigkeiten möglich ist, der Arbeit unabhängig vom Betriebsort nachzugehen.

> Was ist Coworking? Ein Ort, an dem Menschen gemeinsam, aber nicht unbedingt zusammenarbeiten. Er bietet zudem die Möglichkeit sich mit den dort zufällig angetroffenen anderen Coworkern auszutauschen und Teil einer Gemeinschaft zu werden. Der vernetzende Gedanke ist Teil des Geschäftsmodells.

Menschen, die dank guter WLAN-Ausstattung in Cafés, Bibliotheken oder einer anderen Form von „Shared-Work-Spaces" ihrer Tätigkeit nachgingen, wurden eher als Exoten gesehen und in der Gruppe der Kreativen oder Digital-Nomaden verortet. Obwohl die technischen Möglichkeiten gegeben waren, wurde „mobiles Arbeiten" nur einer relativ kleinen Gruppe ermöglicht,

---

[13] D.h. eine Arbeitskultur basierend auf den hierfür notwendigen Werten wie Offenheit, Transparenz, Kommunikation auf Augenhöhe, dem Willen zum Teilen von Informationen und zum kollaborativen Arbeiten wie oben im Abschnitt „Handlungsfelder der betrieblichen Transformation" beschrieben

weil Unternehmens- und Arbeitskultur den Weg der Digitalen Transformation noch nicht mit-gegangen waren.

Infolgedessen wurde die Notwendigkeit der Ertüchtigung der betriebsinternen Infrastruktur zur Schaffung der Voraussetzungen für belegschaftsweites mobiles Arbeiten nicht erkannt und an dieser Stelle auf Investitionen verzichtet. Es bedurfte hierfür eines Impulses, der genügend Leidensdruck erzeugte und zum Handeln animierte. Dieser Impuls erfolgte im Frühjahr 2020 mit dem Ausbruch der Covid-19-Pandemie. Beinahe von heute auf morgen war die scheinbar unauflösbare Einheit von Arbeits- und Betriebsort zunächst in Frage gestellt, dann aufgeho-ben, Organisationsabläufe waren umgestellt, Infrastruktur ertüchtigt und es begann die Suche nach den neuen Orten des Arbeitens.

Digitale Kompetenz und Transformation ermöglichen Arbeiten an neuen Orten

Die neuen Orte des Arbeitens entwickeln sich aber bereits, seit es die technischen Möglich-keiten zum mobilen Arbeiten gibt. Denn die fortschreitende Technisierung und zunehmende digitale Kompetenz der Menschen erweckte das Bedürfnis vieler an einem selbstgewählten und der Tätigkeit angepassten Ort zu arbeiten – und das war in vielen Fällen nicht das Groß-raumbüro des Betriebes. Die Folge hiervon ist, dass die Angebote der neuen Arbeitsorte mitt-lerweile so vielfältig sind, wie es der Bedarf der arbeitenden Menschen ist.

Home-Office und mobiles Arbeiten

Oft synonym verwandt, ist mobiles Arbeiten nicht gleichzusetzen mit Home-Office. Denn Home-Office bezieht sich im gesetzlichen Sinne nur auf Tätigkeiten, die Mitarbeitende von zu Hause aus erledigen und auch nur von dort. D. h., im Gegensatz zum mobilen Arbeiten ist beim Home-Office die Wahl anderer Arbeitsorte wie z. B. des Cafés oder eines Coworkingspace nicht zugelassen. Für die Einrichtung eines Arbeitsplatzes im Home-Office (oder auf Deutsch Tele-arbeit) gelten zudem besondere Regelungen, die mit den Anforderungen an einen Arbeitsplatz am Betriebsort vergleichbar sind. Im Falle der mobilen Arbeit gilt das nicht. Hier sind die Vor-gaben für das Arbeiten an verschiedenen Orten wesentlich allgemeiner und weiter gefasst. (Weitere Ausführungen hierzu in: Wintermann, B.; Redmann, B.: New Work: Potenziale nut-zen – Stolpersteine vermeiden. Bertelsmann Stiftung, S. 10.)

Im Zuge der Covid-19-Pandemie erlebte das Arbeiten von zuhause aus zunächst einen starken Zulauf. Sowohl Arbeitgebende als auch viele Arbeitnehmende erkannten, dass weit mehr Tätigkeiten außerhalb des Betriebsortes ausgeübt werden konnten als zunächst angenommen. Sehr schnell wurde aber deutlich, dass das Arbeiten von zuhause aus nur unter optimalen Be-dingungen (Netzabdeckung, störungsfrei) einen guten Arbeitsplatz bietet. Die Einhaltung der rechtlichen Vorgaben stellt insbesondere kleine und mittelständische Unternehmen vor erheb-liche organisatorische und finanzielle Herausforderungen. Insofern ist für sie das Konstrukt des mobilen Arbeitens die bessere Wahl. Hierbei können die Arbeitnehmenden über den Ar-beitsort selbst entscheiden. Neben den traditionellen Arbeitsorten hat sich auf Grund der Zunahme von mobilem Arbeiten eine Vielzahl von neuen Orten des Arbeitens entwickelt, an denen sich mehrere Arbeitende eine dort vorhandene Infrastruktur in sogenannten Shared Workspaces teilen.

Coworking-Kultur als Nährboden für Innovationen

Ebenso wie in den Metropolen der Welt beobachten wir in deutschen Großstädten einen star-ken Zuwachs an den unterschiedlichen Facetten von Shared-Workspace-Angeboten für Men-schen, die zeitweilig oder auch dauerhaft einen Arbeitsort außerhalb der eigenen vier Wände oder des Betriebes suchen. Von der Strandbar über das klassische Café bis hin zur Hotellobby oder dem gemieteten Schreibtisch bei einem professionellen Co-Working-Anbieter – überall findet man heute ein Plätzchen, das man als persönlichen Arbeitsplatz nutzen kann. So viel-fältig der Bedarf der arbeitenden Menschen ist, so unterschiedlich sind nach der Erkenntnis einer unserer Studien auch die Angebote der neuen Arbeitsorte.

> Coworking-Spaces ermöglichen das Knüpfen von Kontakten. Zufällige Begegnungen mit Vertretern unterschiedlicher Branchen geben Impulse und sind idealer Nährboden für Innovationen.

In unserer Interviewsammlung „Neue Orte des Arbeitens" haben wir auf der Grundlage von dreizehn Tiefeninterviews die unterschiedlichen Typen von Shared Workspaces in Abgrenzung dargestellt.[14] Auf Grund ihrer unterschiedlichen Ausrichtungen wurden dabei drei Typen identifiziert: Büro, Werkstatt und „Dritte Orte".

Die unter dem Begriff „Büro" zugeordneten Orte stellen alle eine Weiterentwicklung der bereits bekannten Bürolandschaften dar, so z.B. die klassischen Bürogemeinschaften oder Coworking-Space-Varianten.

Unter dem Begriff der „Werkstatt" lassen sich Orte finden, die eine im weitesten Sinne handwerkliche Tätigkeit erlauben und Ressourcen hierfür bereitstellen, Beispiele sind hier Hackerspaces oder Makerspaces.

Der Kategorie „Dritte Orte" lassen sich alle hybriden Modelle zuordnen. Hier ist der „Shared Workspace" nur eine sinnvolle Ergänzung zum ursprünglichen Geschäftsmodell. Typische Beispiele sind hier die Hotellobby, das Café, die Bahn-Lounge oder die Bibliothek.

Eine besondere Form des Shared Workspaces ist ein Coworking-Space. Hier kommen Menschen zusammen, die gemeinsam, aber nicht unbedingt miteinander arbeiten und die darüber hinaus auch ein Interesse daran haben, sich mit den dort zufällig angetroffenen anderen Co-Workern auszutauschen und vielleicht sogar Teil einer Gemeinschaft zu werden. Der vernetzende Gedanke steht hier immer im Mittelpunkt. Echtes Coworking bietet somit den Nutzern und Nutzerinnen die Möglichkeit (manchmal unerwartete) Kontakte zu knüpfen und Impulse von unterschiedlichen Branchen zu den eigenen Themen zu erhalten. Diese zufälligen Begegnungen können – gut genutzt – ein idealer Nährboden für Innovationen sein.

Coworking im ländlichen Raum

Viele Menschen in Deutschland leben aber nicht in Großstädten, sondern fernab der Ballungsräume oder bestenfalls in deren Einzugsgebieten. Insofern ist es wichtig zu fragen, inwieweit diese Art des „alleine zusammen Arbeitens" auch auf den ländlichen Raum zu übertragen ist. In einer deutschlandweiten Trendstudie der Bertelsmann Stiftung zum Thema „Coworking im ländlichen Raum" wurden daher Nutzer- und Nutzerinnentypen und Geschäftsmodelle untersucht (Bertelsmann 2020).

Folgende Unterschiede zu den Coworking-Spaces in den Großstädten hat unsere Studie aufgedeckt:

Coworking-Angebote auf dem Lande werden von einer wesentlich vielfältigeren Gruppe nachgefragt. Die Nutzer und Nutzerinnen sind älter, zeichnen sich durch unterschiedlichste Bildungsabschlüsse und Berufe aus. So ist es nicht ungewöhnlich, dass Kreative, Handwerker und Handwerkerinnen sowie Wissenschaftler und Wissenschaftlerinnen aufeinandertreffen. Außerdem ist die Anzahl der Angestellten erheblich höher.

Coworking auf dem Land bedient sich anderer Geschäftsmodelle, denn die üblichen Einnahmequellen (Laufkundschaft, Events etc.) funktionieren im ländlichen Raum nur bedingt. Der Vernetzung mit den Akteuren vor Ort und der Zusammenarbeit mit der Kommune kommen hier daher eine große Bedeutung zu.

---

[14] *https://www.bertelsmann-stiftung.de/de/publikationen/publikation/did/neue-orte-des-arbeitens-all*

> Coworking-Spaces bieten Betrieben sichere, gut ausgestattete und kostengünstige Ausweicharbeitsplätze und somit dauerhaft Möglichkeiten zur ressourcenschonenderen Arbeitsraumplanung. Für Mitarbeitende und Umwelt ergibt sich der Vorteil, dass unnötige Pendelwege wegfallen.

Die Angebote sind auch inhaltlich etwas anders aufgestellt. D.h., neben dem Netzwerkgedanken kommen noch weitere wichtige Aspekte hinzu und diese sind von Ort zu Ort sehr unterschiedlich. An touristisch interessanten Orten finden sich z.B. Spaces mit Übernachtungsangeboten. Es gibt aber auch Spaces, die sich ausdrücklich als Teil der Daseinsvorsorge und neue Ortsmitte verstehen.

Coworking-Spaces halten für Unternehmen ein interessantes Angebot bereit. Sie bieten gut ausgestattete, kostengünstige Ausweicharbeitsplätze für Mitarbeitende und das ist nicht nur in Pandemie-Zeiten interessant, sondern bietet dauerhaft Möglichkeiten zur ressourcenschonenderen Arbeitsraumplanung. Für viele Mitarbeitende und die Umwelt ergibt sich der Vorteil, dass unnötige Pendelwege wegfallen.

Insgesamt lässt sich darüber hinaus feststellen, dass die steigende digitale Kompetenz und Mobilität es immer mehr Menschen ermöglicht, an inspirierenden Orten tätig zu werden, vermehrt neue Impulse zu erhalten und so zu kreativeren Lösungen zu kommen. Neue Orte des Arbeitens sind damit ein wertvoller Baustein für eine Steigerung der Innovationsfähigkeit von Unternehmen – auch in Deutschland.

2.6 Digitale Kompetenzen

Digitale Kompetenzen – Ein Blick auf unsere eigene interne Baustelle aus Sicht eines Teammitglieds

Im Jahr 2015 startete unser Projekt „Die betriebliche Arbeitswelt in der Digitalisierung". Dies war auch der Startschuss, unsere eigene(n) Arbeitsweise(n) in Frage zu stellen, nach Neuerungen in der (Zusammen-)Arbeit und auch nach geeigneten Tools zur Optimierung unseres Arbeitsalltags zu suchen.

Dabei ist es wichtig zu wissen, dass dieses Thema natürlich nicht nur für den Arbeitsmarkt insgesamt, sondern speziell auch für uns selbst absolut relevant ist. Es ging und geht für uns auch darum, dass die Nutzung digitaler Werkzeuge und Medien der besseren Einordnung der eigenen Arbeit in einen größeren Kontext dienen sollte. Das bedingt natürlich, dass ich die Technik nicht nur oberflächlich nutzen sollte, sondern auch eine Ahnung davon haben sollte, wie die Technik zu welchem Ergebnis kommt. Gerade in unserem eigenen Arbeitsbereich ist es essenziell zu wissen, wie mit diesen digitalen Werkzeugen Inhalte analysiert und erstellt und wie diese Inhalte dann digital kommuniziert werden können. Wir erstellen diese Inhalte aber eben nicht nur selbst, sondern gerade auch besonders in Kollaboration mit Netzwerken. Dabei haben wir in den letzten Jahren eine deutliche Beschleunigung des Anlaufens und Abebbens von Themenwellen beobachten können. Es kommt für uns immer stärker darauf an, die digitalen Tools dafür zu nutzen, um schnell und kompetent auf Debatten reagieren zu können. Dies bedingt aber eben auch eine substanziell andere Art des (agilen) Arbeitens. Wir haben aus diesem Grund als Projekt, das sich mit der (digitalen) Zukunft der Arbeit befasst hat, immer den Anspruch gehabt, nicht nur über diese Arbeit zu theoretisieren, sondern sie selbst auch zu leben.

Unsere eigene Ausgangslage

Für uns war die Bereitschaft, sich auf diese Neuerungen einzulassen und sich von der herkömmlichen, teilweise zeitraubenden, aber langjährig eingefahrenen Variante der Zusammenarbeit zu verabschieden, nur eine kleine Herausforderung; die meisten Teammitglieder hatten bereits vorher Erfahrungen im digitalen Arbeiten – und sei es in der privaten Vereinsarbeit – sammeln können.

> Eine erfolgreiche und von Innovationen getriebene Digitale Transformation fängt bei jedem in einem Unternehmen Arbeitenden – unabhängig von der Verortung in der formalen Hierarchie – selbst an. Dazu bedarf es einer persönlichen Haltung. Jeder Beschäftigte sollte sich fragen, ob und welche Haltung er zu Veränderungen hat.

Um digitale Kompetenzen zu erlangen, bedarf es vor allem Bereitwilligkeit, so hat es sich für uns schnell gezeigt, sich mit den neuen Herausforderungen befassen zu wollen. Die Ebene der Teammitglieder ist aber nur eine notwendige Bedingung, um einen Wandel anzuschieben. Die dann auch hinreichende Bedingung ist, dass diese Bereitschaft zur internen Innovationsoffenheit auch auf der Führungsebene existieren muss. Das Verständnis, dass der Ansatz „Never change a running system" der Vergangenheit angehört und die Zukunft der Arbeit anders aussieht als „9 to 5" am Schreibtisch mit dem Familienfoto in Sichtweite, muss in den Köpfen sowohl der operativen als auch der Führungsebene vorhanden sein, bevor über eine innovative Transformation der gesamten Institution auch nur nachgedacht werden kann. Hier konnten wir als „Versuchsprojekt" wichtige Erfahrungen intern weitergeben.

Der Mailverteiler sollte nicht mehr die erste Wahl für die Kommunikation (in- und extern) sein. Ein Team kann nur dann agil zusammenarbeiten, wenn ein kurzer Dienstweg, ein digitaler Flur, zum Beispiel durch einen gemeinsamen Chat oder gemeinsame Boards im Netz, geschaffen wird. Tools wie Slack, Trello, Signal oder der Gruppenchat auf Twitter können sicherlich nicht den persönlichen Besuch am Schreibtisch des Kollegen oder der Kollegin ersetzen, sind aber eine große Hilfe bei der digitalen zeit- und ortsunabhängigen Zusammenarbeit. Abgeschafft gehören Laufwerke, auf die nur durch umständliche VPN-Codes zugegriffen werden kann und deren Funktionalität von unterschiedlichen Endgeräten abhängig ist. Der digital gesicherte Ordner hingegen, egal bei welchem Anbieter virtueller Speicherorte abgelegt, ist schnell und zuverlässig abrufbar sowie zu jeder Zeit für mehrere Nutzer gleichzeitig zu bearbeiten. Diese technischen Möglichkeiten bringen es zudem mit, dass nur eine Version eines aktuellen Stands existiert. Rückfragen bzgl. Versionstypen bleiben damit aus, es existiert keine doppelte Ablage mehr. Interaktiver, schneller und vor allem immer und überall arbeiten können, ohne große Log-in-Probleme (Kämpfe) und unabhängig von Hard- oder Software, so lauteten unser Anspruch in der Theorie und unser Ziel in der Praxis.

Dies alles hört sich für digital offene Menschen vielleicht profan an. Es darf aber nicht vergessen werden, dass für die Mehrheit der Beschäftigten ein solches Arbeiten nach wie vor eher eine Ausnahme darstellt. Dies haben wir immer dann zu spüren bekommen, wenn wir die eigenen Systeme gemeinsam mit Externen nutzen wollten. Virtuelles gemeinsames Arbeiten an einem Dokument ist nach wie vor weit davon entfernt, Standard in der Arbeitswelt zu sein.

Es darf und muss eine gewisse Zeit in Anspruch nehmen (können), sich als Team neu zu finden und optimale Lösungen der Zusammenarbeit zu finden. Diese Zeit muss zur Verfügung gestellt werden, um festzustellen, dass sie nicht verschwendet sein wird. Ein Team wird sich in Geduld üben müssen, aber an einen Punkt der vertrauensvollen Zusammenarbeit kommen, so unsere eigene spannende Erfahrung. In regelmäßigen Updates in Routinen muss über Vor- und Nachteile unterschiedlichster Arbeitsweisen im eigenen Team sowie positive und negative Erfahrungen gesprochen werden dürfen. Eine offene Fehlerkultur ist für diese Umorientierung unumgänglich.

Durch unsere interne Zusammenarbeit mit anderen Projekten und deren Teams, aber auch durch – mit Blick auf die digitale Arbeitskultur – sehr heterogene abteilungsübergreifende Arbeitsgruppen und -kreise war es in unserem Fall ein Leichtes, innerhalb der Institution offen über unsere Neuerung zu sprechen und zu berichten. Von totaler Abwehr bis zu größtem Interesse sind uns alle Arten von Rückmeldungen begegnet. Vorurteile gegenüber Rollen, Verantwortlichkeiten, Kompetenzen haben in der digitalen Zusammenarbeit keinen Platz mehr. Im Kern geht es sehr viel mehr als in der analogen Arbeitskultur um den Menschen und nicht um seine formale Stellung. Es spielt keine Rolle, wie lange eine Person in ihrem Beruf tätig ist, wenn das Interesse der Kompetenzerweiterung überwiegt. Ein erstes Ziel kann beispielsweise sein, die (Zusammen-)Arbeit jenseits des tradierten Organigramms zu beschleunigen und eingefahrene Routinen umzustrukturieren aka „zu hacken", z. B. die eher formale Mail durch den informellen und offeneren Chat zu ersetzen. Digitale Lösungen bringen in den meisten Fällen eine Beschleunigung der digitalen Zusammenarbeit mit sich – so unsere Erfahrung –, weil es mehr um die Sache und weniger um interne Politik geht.

Damit hat sich in unserer eigenen persönlichen Erfahrung in der Summe das bestätigt, was wir in unserer Fallstudie zur Transformation auch für die analysierten Unternehmen im letzten Jahr festgestellt hatten: Digitale Kompetenz schließt mehr als reine Computeranwendungskenntnisse ein und umfasst eine breite Palette von Verhaltensweisen, Strategien und Identitäten, die in einem digitalen Arbeitsumfeld wichtig sind.[15]

Unser Tipp nach Jahren des Befassens mit dem digitalen Arbeiten im eigenen Projekt: Dranbleiben und sich von Rückschlägen nicht verunsichern zu lassen, auch wenn nicht alle Test-Läufe erfolgreich sind. Nicht jedes Angebot des digitalen Arbeitens ist nützlich oder wertvoll. Wichtig ist es aber, zu Anfang in ersten kleinen Schritten digitales und analoges Arbeiten miteinander zu verbinden. Versuchen Sie sich an Alternativen zum eingefahrenen Denken und Arbeiten, seien Sie innovativ.

---

[15] *https://de.wikipedia.org/wiki/Digitale_Kompetenz#:~:text=%20%20%201%20Digitale%20Identit%C3%A4t%20und%20* *Karriereplanung:,aber%20auch%20im%20Kollektiv%20mit%20beispielsweise ...%20More*

Widerstands- und Akzeptanzverhalten bei der digitalen Kompetenzentwicklung

Kim Leonardo Böhm und Erich Renz

Künftig wird es weniger darauf ankommen, einen bestimmten Beruf zu beherrschen, als vielmehr auf allumfassende Fähigkeiten, die vielfältig anwendbar sind, lautet etwa eine These des amerikanischen Publizisten Thomas Frey, eines selbsterklärten Futuristen, der früher unter anderem Ingenieur beim Technologiekonzern IBM war.

In etlichen Metiers ist das schon lange der Fall, sie gehen über ihr Berufsbild hinaus: Steuerberater, die gleichzeitig als Wirtschaftsprüfer im Einsatz sind, Sekretärinnen als Buchhalter oder Dolmetscher. Eine Patentanwältin macht etwas anderes als eine Strafverteidigerin, beide aber heißen Anwältin. Und dass man in manchen Jobs gleichzeitig Techniker, Diplomat, Handwerker, Psychologe und Notarzt sein muss, kann einem jeder Schulhausmeister bestätigen. Auf Menschen mit mehreren Teilzeitjobs trifft das sowieso zu, sie müssen automatisch Unterschiedliches beherrschen.

Viola Schenz, Süddeutsche Zeitung, 29. 12. 2020

3.1 Einführung: Lernen vs. Anwenden

Führungskräfte stehen vor der Herausforderung, für ihre Organisationen und Mitarbeiterinnen[1] die Voraussetzungen für eine produktive, erfolgsversprechende Arbeitsumgebung im digitalen Zeitalter zu schaffen. Zentral sind neue, sich entwickelnde und sich verändernde Mitarbeiterinnenfähigkeiten und -fertigkeiten.

> **Definition:**
>
> Unter Mitarbeiterinnenfähigkeiten und -fertigkeiten im Sinne der digitalen Kompetenzen verstehen wir die geistige und praktische Ausstattung der Mitarbeiterin. Dies umfasst theoretisches Wissen über, Verständnis von und Handlungsbefähigung für digitale Prozesse, Produkte und Systeme.

Diese „digitale Kompetenzen" und deren Entwicklung sind kein fixer, einmal zu erreichender Zustand, sondern vielmehr ein *in der Lage sein* mit stetiger Veränderung der notwendigen Fähigkeiten und Fertigkeiten umzugehen. Auf dem Weg zur erfolgreichen Anwendung der aktu-

---

[1] Wir verwenden in unserem Text das generische Femininum – dabei beziehen wir uns auf alle Geschlechter.

ell benötigten Fähigkeiten und Fertigkeiten müssen unserer Beobachtung nach zwei Teilschritte Beachtung finden:

1. **Die Kompetenz muss erworben werden.** Das heißt, die Mitarbeiterin kennt die Anforderung, nimmt die Anforderung an und erlernt die notwendige Fähigkeit oder Fertigkeit. Dabei erzeugt dieser Prozess keinen sprunghaften Anstieg von *nicht Können* zu *Können*, sondern lässt sich vielmehr als stetige Steigerung von *nicht Können* über *teils Können* zu *Meistern* verstehen. Diese fundamentale Feststellung wurde schon im 19. Jahrhundert von Edward Lee Thorndike (1898) gezeigt. Thorndike wies in einer wegweisenden Tierstudie zum Lernprozess nach, dass Erlernen nicht von sprunghaften Anstiegen, sondern viel mehr von einem Prozess mit kleinen Schritten mit aufbauenden Lernerfolgen gekennzeichnet ist.

2. **Die Kompetenz, die zuvor erworben wurde, muss angewendet werden.** Die Mitarbeiterin verwendet zur Bewältigung der Aufgabe oder zur Lösung der Herausforderung die erlernte Fähigkeit oder Fertigkeit. Dies ist in der Abgrenzung zum obigen Prozess deutlich häufiger von sprunghaften Entwicklungen gekennzeichnet (Oreg und Goldenberg 2015). Das Anwenden ist im Gegensatz zum Erlernen also weniger ein schrittweiser Prozess, sondern ein *sprunghafter Prozess zwischen Versuch und Irrtum*. Wir meinen damit, dass die Mitarbeiterin die alte Vorgehensweise ablegt und die neue Vorgehensweise mit neu erworbener Fähigkeit oder Fertigkeit anwendet. Dies passiert nicht schrittweise, also sich langsam entwickelnd, sondern durch einen Sprung von der alten zur neuen Vorgehensweise.

Was in der Unterscheidung von (1.) Lernen und (2.) Anwenden vielleicht banal klingt, lässt sich in der Praxis häufig nicht eindeutig erkennen. Mitarbeiterinnen können aus zwei Gründen eine benötigte Fähigkeit oder Fertigkeit für eine Aufgabe nicht zeigen. Entweder (i) die Mitarbeiterin verfügt faktisch nicht über die Kompetenz oder (ii) die Mitarbeiterin verfügt zwar privat über die Fähigkeit oder Fertigkeit, wendet diese jedoch für die berufliche Aufgabe nicht an. Im Fall (i) liegt fehlender Kompetenzerwerb vor. Im Fall (ii) das Fehlen der Kompetenzanwendung. In beiden Fällen beobachtet die Führungskraft entweder den Misserfolg oder die Nicht-Erledigung der Aufgabe, kann aber daraus nicht direkt ableiten, ob der Kompetenzerwerb oder die Kompetenzanwendung fehlt.

3.2 Widerstand und Akzeptanz bei der digitalen Transformation

Im Zuge der digitalen Kompetenzentwicklung identifizieren wir Akzeptanz- und Widerstandsverhalten von Mitarbeiterinnen an drei wesentlichen Stellen:

1. Mitarbeiterinnen müssen aus der alten, stabilen Welt in die neue, variable und digitale Welt geführt werden. Dies ist eine schlichte Voraussetzung, um variable Anforderungsprofile (siehe Bild 3.1: Kästchen ganz links) stellen zu können.

> **Definition:**
>
> Variable Anforderungsprofile sind definierte Anforderungen an die Fähigkeiten und Fertigkeiten der Mitarbeiterin für die Erledigung der ihr übertragenen Tätigkeit. Variabel sind diese Profile aufgrund der stetigen Änderung der notwendigen digitalen Kompetenzen. Es bedarf z. B. heute einer gewissen Fähigkeit, die morgen bereits wieder veraltet ist und durch eine neue Version der Fähigkeit ersetzt wurde.

Bei diesem Paradigmenwechsel – der Überführung von Mitarbeiterinnen aus der alten in die neue Welt – kann es zu Akzeptanz oder Widerstand gegen eine Maßnahme des Unternehmens kommen.

2. Mitarbeiterinnen können Akzeptanz und Widerstand im Prozess des Kompetenzerwerbs beim Erlernen neuer Fähigkeiten und Fertigkeiten zeigen (siehe Bild 3.1: Pfeil links von Anforderungsprofil zum *Haben* der digitalen Kompetenz).

3. Mitarbeiterinnen können die Anwendung der Fähigkeit oder Fertigkeit verrichten oder gegen diese Anwendung Widerstand zeigen (siehe Bild 3.1: Pfeil rechts von *Haben* der digitalen Kompetenz zu *Anwenden* der digitalen Kompetenz).

Im Hinblick auf die digitale Kompetenzentwicklung unterscheiden wir zwischen unterstützenden und hinderlichen Verhaltensweisen von Mitarbeiterinnen. Hierbei können beide Verhalten entweder aktiv oder passiv sein (Heidenreich und Talke 2020).

Aktives Verhalten geht von der Mitarbeiterin aus und stellt eine tatsächliche Handlung dar. Passives Verhalten ist durch eine Handlungsinaktivität gekennzeichnet. Dabei kann, wie zuvor aufgestellt, sowohl Akzeptanz als auch Widerstand aktiv und passiv sein. Ein Beispiel für aktives Akzeptanzverhalten ist das selbstständige Erlernen neuer Fähigkeiten oder Fertigkeiten, während die passive Ausprägung lediglich die Annahme von Lernmöglichkeiten durch die Mitarbeiterin ist, wobei die Lernmöglichkeit aktiv vom Unternehmen geschaffen wird. Beispielsweise könnte eine neue benötigte Fähigkeit die Internetseitenoptimierung für Suchmaschinen sein. Sofern die Mitarbeiterin das veränderte Anforderungsprofil wahrnimmt, ist die aktive Akzeptanz gekennzeichnet durch das proaktive Erlernen der notwendigen Fähigkeit – im Beispiel gesprochen: das Beschaffen von Lernmaterial zum selbstständigen Erlernen von Optimierungstechniken. Passives Akzeptanzverhalten wäre in unserem Beispiel lediglich die Teilnahme an einem vom Unternehmen angebotenen Seminar zum Erlernen von Optimierungstechniken.

Der Akzeptanz gegenübergestellt ist Widerstand. Aktiver Widerstand lässt sich beispielsweise an kontraproduktiven Tätigkeiten festmachen. Passiver Widerstand wäre z.B. das Unterlassen der Annahme der Veränderungsmaßnahme. Im Rückgriff auf das Beispiel der Internetseitenoptimierung wäre aktiver Widerstand das Weiterleiten der E-Mail der Vorgesetzten, die den Hinweis zum Bedarf des Erlernens der Optimierungstechniken beinhaltet, mit der Ergänzung einer Einschätzung der Mitarbeiterin, dass dies nicht sinnvoll ist. Dies ist insofern kontraproduktiv und aktiv, da es nicht nur eine Verweigerung darstellt, sondern aktiv nach außen den Widerstand kommuniziert und stärkt. Eine passive Widerstandsverhaltensweise ist das Ignorieren und gegebenenfalls auch das individuelle Löschen von entsprechenden Hinweisen zu geänderten Anforderungen.

Merke: Aktiv ist Verhalten, das von Handlungsaktivität gekennzeichnet ist, während passives Verhalten durch Inaktivität oder das Unterlassen beschrieben werden kann. Akzeptanz ist das Unterstützen der Erreichung des Lern- oder Anwendungsziels, während Widerstand die Erreichung behindert, verlangsamt oder bisherigen Fortschritt zunichtemacht.

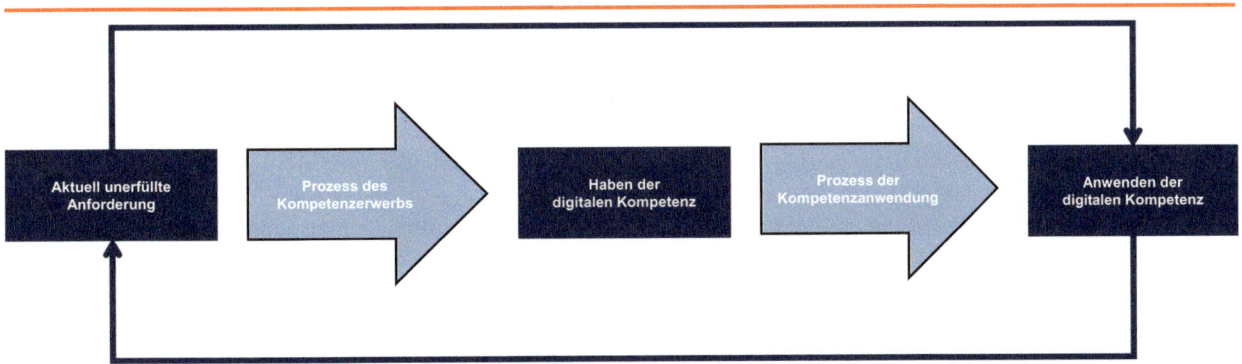

Bild 3.1 Digitale Kompetenzentwicklung als sich stetig wiederholender Prozess aus unerfüllten Anforderungen mit Kompetenzerwerb und Kompetenzanwendung

Für die genauere Beschreibung von Faktoren, die jeweils als positive oder negative Einflussgröße auf Akzeptanz und Widerstand wirken können, unterscheiden wir zwischen persönlichen und organisatorischen Faktoren.

Merke: Wir unterscheiden zwei Arten von Faktoren für Akzeptanz- und Widerstandsverhalten bei digitaler Kompetenzentwicklung: (i) Persönliche Faktoren sind in der Mitarbeiterin behaftet. (ii) Organisatorische Faktoren sind durch die Organisation, ihre Führung, Struktur und Prozesse bedingt.

Die Faktoren können dabei jeweils förderlich oder hinderlich auf die Akzeptanz oder auf den Widerstand wirken. Entsprechend unterscheiden wir hier zwischen positiven Auswirkungen, die förderlich für Akzeptanz oder hinderlich für Widerstand sind, und negativen Auswirkungen, die hinderlich für Akzeptanz oder förderlich für Widerstand sind. Bevor Akzeptanz und Widerstand im Prozess des Kompetenzerwerbs und der Kompetenzanwendung dargestellt werden, zeigen wir allgemein Akzeptanz und Widerstand bei einem Paradigmenwechsel, also beim Wechsel der statischen, alten Arbeitswelt hin zu einer neuen, von Kompetenzentwicklung geprägten Arbeitswelt.

3.3 Akzeptanz- und Widerstandsverhalten beim Wechsel von alter zu neuer Arbeitswelt

Wir beobachten den Ruf aus der Praxis, dass Unternehmen bei der digitalen Kompetenzentwicklung das alte Konzept der *Arbeit folgt Ausbildung* ablegen müssen. Zwar gibt es nach wie vor klassische Ausbildungsphasen, die öffentlich oder privatwirtschaftlich organisiert sind, jedoch folgte früher auf die Ausbildungsphase eine Einführung in eine Tätigkeit und das langfristige Ausführen ebendieser Tätigkeit. Dabei wurde die Ausführung in der Regel nicht oder kaum angepasst im Verlauf des Arbeitslebens der Mitarbeiterin. Mit dem Konzept des *lebenslangen Lernens* wurde die Idee der Veränderung der Tätigkeit nicht zwischen der alten Mitarbeiterin mit alter Tätigkeit und der neuen Mitarbeiterin mit neuer Tätigkeit, sondern inmitten des Arbeitslebens einer Mitarbeiterin geboren. Digitale Kompetenzentwicklung bedeutet nun die konsequente Abkehr von *Arbeit folgt Ausbildung* hin zu einem stetigen Lernen im Verlauf des Arbeitslebens aufgrund der notwendigen Änderungen der Arbeitstätigkeit. Daher ist es wichtig, dass Mitarbeiterinnen Akzeptanz gegenüber der Veränderung ihrer Tätigkeit und dem Erwerb sowie der Anwendung neuer Fähigkeiten und Fertigkeiten zeigen.

Für die erfolgreiche Einführung eines neuen Unternehmensparadigmas aus Offenheit für stetige Veränderung ins Ungewisse bedarf es zweier grundlegender Elemente: Zum einen muss die Organisation, ihre Struktur, ihre Führung und ihre Kultur den Bedarf der digitalen Kompetenzentwicklung nach innen zu den Mitarbeiterinnen und nach außen zu potenziellen Mitarbeiterinnen, Geschäftspartnerinnen und Kundinnen abbilden und nachvollziehbar begründen. Zum anderen müssen die einzelnen Mitarbeiterinnen, die die Organisation ausmachen, die digitale Kompetenzentwicklung akzeptieren und tragen.

Organisationen, ungeachtet, ob sie eine Gewinnerzielungsabsicht verfolgen oder nicht, müssen auch mit dynamischen Marktentwicklungen rechnen. Diese Dynamiken bedeuten für Unternehmen, dass sie ihre Geschäftsmodelle anpassen und auch die Tätigkeiten bzw. Vorgehensweisen zur Erledigung von Aufgaben ihrer Mitarbeiterinnen kontinuierlich adaptieren. Daher müssen Organisationen um relevant, gewinnbringend oder anderweitig erfolgreich zu bleiben, das Stattfinden digitaler Kompetenzentwicklung im Arbeitsleben der Mitarbeiterinnen sicherstellen. Eine stetige Kompetenzentwicklung bedarf jedoch genauso einer regelmäßigen Überprüfung und Aufstellung von Anforderungen und Entwicklungsmaßnahmen zum Haben dieser Kompetenz und Förderungsmaßnahmen zum Anwenden dieser Kompetenz. Hierbei entsteht der erste große Faktor für Akzeptanz oder Widerstand: **Teilhabe.**

Wir wissen, dass Unternehmen einen niedrigeren digitalen Reifegrad aufweisen, wenn sie die digitale Transformation mitarbeiterinnengetrieben und IT-fokussiert angegangen sind, als wenn diese Transformation *zentral gesteuert, aus der Führung* mit einem Fokus auf Innovationen ausgeführt wurde (Berghaus et al. 2017). Wir erwarten für die digitale Kompetenzentwicklung ein vergleichbares Ergebnis. Die aus dem Marktgeschehen abgeleiteten neuen Anforderungen müssen zentral gesteuert in die Belegschaft gebracht werden. Dieser Ansatz von *zentral gesteuert* und *aus der Führung kommend* erzeugt aber potenziell Widerstand in der Mitarbeiterin. Allerding konnten schon Kurt Lewin (1947) sowie Lester Koch und John French (1948) vor über 70 Jahren in Sozialexperimenten zeigen, dass die Teilhabe an einem Wandel eben diesen begünstigen kann. Diese Teilhabe sollte im Prozess der zentral gesteuerten Entwicklung Berücksichtigung finden. Dies kann insbesondere durch Beteiligung der Mitarbeiterinnen bei der Entwicklung des Prozesses des Kompetenzerwerbs und der Anpassung von Anforderungsprofilen stattfinden.

Zugleich erzeugt der Paradigmenwechsel eine Planungsunsicherheit sowohl in Bezug auf die Position der Mitarbeiterin und ihrer Tätigkeit als auch – und vielleicht sogar noch gravierender – im Ziel, nämlich darin, wohin das Unternehmen sich entwickelt. Dass Ungewissheit (engl. *Ambiguity*) Widerstand und die Flucht in eine sichere Zone erzeugt, ist in der Forschung deutlich belegt (Ellsberg 1961; Ghosh und Ray 1997; Holt und Laury 2002; Holt und Laury 2005).

> **Merke:** Teilhabe bei der Kompetenzentwicklung beeinflusst Akzeptanz und Widerstand

Neben der oben beschriebenen organisatorischen Veränderung und dem Fokus auf Kompetenz statt Karriere ist es notwendig, die Mitarbeiterin konkret in Bezug auf ihre individuellen Fähigkeiten und Fertigkeiten zu betrachten. Mitarbeiterinnen, die vor dem Konzept des lebenslangen Lernens ins Berufsleben eingetreten sind *(Digital Immigrants),* werden im größeren Umfang Widerstandsverhalten gegen den Paradigmenwechsel von alter zu neuer Arbeitswelt zeigen (Wang et al. 2013). Dies kann in verschiedenen Faktoren begründet sein und geht von strategischen Motiven wie dem Erhalt einer Machtstellung bis hin zu einfältigen Motiven wie einem unreflektierten (im Sinne von dem Neuen keinen Raum geben) Erhalt des Status quo. Mit Blick auf diverse Studien zu zukünftigen Arbeitnehmeranforderungen, Beschäftigungsbedarfen und Tätigkeitsbereichen (MÜNCHNER KREIS e.V. 2020; World Economic Forum 2020), kristallisiert sich heraus, dass es solche *Digital Immigrants* gibt, die heute in einer Position sind oder eine Tätigkeit ausführen, die zukünftig an Relevanz einbüßen wird und wiederum solche, deren Position oder insbesondere Tätigkeiten in Zukunft weiterhin relevant bleiben. Bei einer Position oder Tätigkeit, die an Relevanz einbüßen wird, halten wir aktives Widerstandsverhalten für erfolgsgefährdend, beispielsweise beim Sträuben gegen die Einführung von neuen Technologien und damit einhergehenden Fähigkeiten. Ein passives Widerstands- oder Akzeptanzverhalten erachten wir aufgrund zukünftiger digitaler Kompetenzanforderungen an die veränderte oder neue Tätigkeit als vernachlässigbar, weil die Position oder Tätigkeit höchstwahrscheinlich an Relevanz einbüßen wird. Dem entgegen steht sowohl aktives als auch passives Widerstandsverhalten von denjenigen *Digital Immigrants,* die die Entwicklung ihrer Position bzw. Tätigkeit behindern, obwohl dies für die zukünftige Geschäftsentwicklung Relevanz hat.

Die vorher von uns genannte Erfolgsgefährdung des gesamten Prozesses der digitalen Kompetenzentwicklung und der stetigen Entwicklung der Mitarbeiterinnen entsteht durch das *Lernen durch Beobachtung* (frühe Studien dazu gibt es z.B. von John et al. 1969; Terkel 1996). Das beinhaltet für unseren Kontext auch, dass Widerstandsverhalten zwischen Mitarbeiterinnen kopiert werden könnte. Zuletzt finden wir die Gruppe der *Digital Natives,* die gesellschaftlich und bestenfalls auch im Rahmen ihrer Ausbildung gezielt auf das stetige Entwickeln ihrer Kompetenzen vorbereitet wurden. Aus dieser Gruppe lässt sich weniger Widerstand und mehr Akzeptanz erwarten, wobei es auch hier Stolpersteine gibt. Zum einen ist aktiver und zum Teil passiver Widerstand von den *Digital Immigrants* eine mögliche negative Einflussgröße. Zum anderen könnten *Digital Natives* selbst Widerstand zeigen, wenn es zu einer unfairen Verteilung von Ansprüchen an die Entwicklung, den Erwerb und Anwendung neuer Kompetenzen kommt (Bolton und Ockenfels 2000; Fehr und Schmidt 1999).

3.4 Akzeptanz- und Widerstandsverhalten beim Prozess des Kompetenzerwerbs

Wie zuvor beschrieben, unterscheiden wir im Prozess der digitalen Kompetenzentwicklung neben dem Prozess der Kompetenzanwendung (siehe Abschnitt 3.5) den Prozess des Kompetenzerwerbs (dieser Abschnitt) basierend auf aktuell nicht erfüllten Anforderungen hin zur erlernten Fähigkeit oder Fertigkeit. Hierfür lassen sich zwei entscheidende Kategorien von Faktoren aufzeigen: Persönliche und organisatorische. Für jede der beiden Kategorien zeigen wir auf aktueller Forschung basierend mögliche Kanäle für Akzeptanz- und Widerstandsverhalten. In der Regel können alle Faktoren positiv wie negativ wirken, also sowohl Akzeptanz fördern oder Widerstand abbauen, als auch Widerstand fördern oder Akzeptanz abbauen (siehe Bild 3.2).

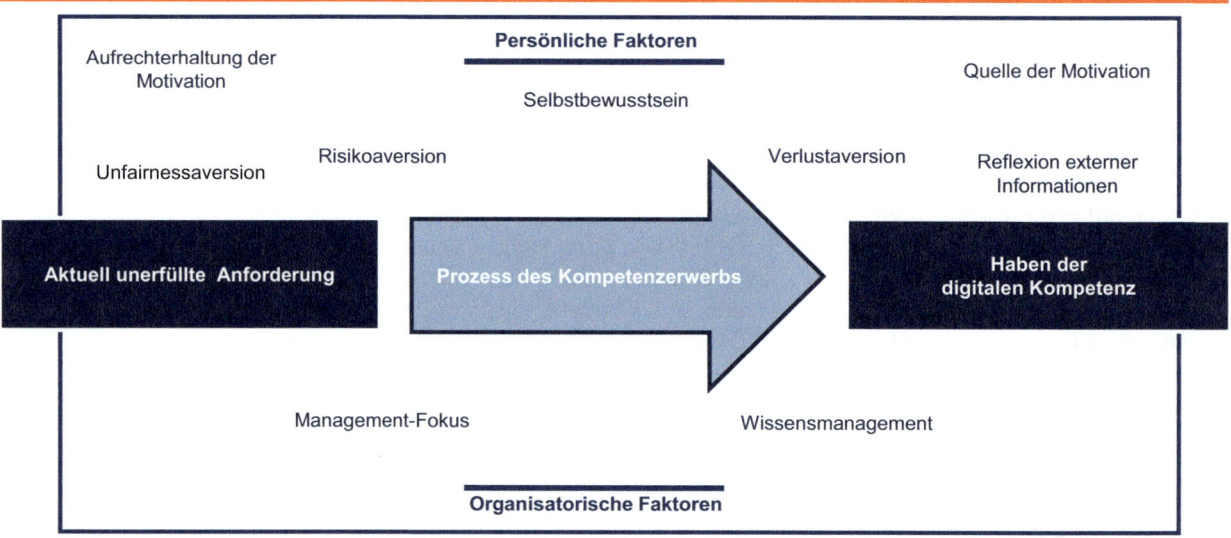

Bild 3.2 Prozess des Kompetenzerwerbs im Spannungsfeld von Akzeptanz und Widerstand durch persönliche und organisatorische Faktoren

3.4.1 Persönliche Faktoren

Ein wichtiger persönlicher Faktor, der Akzeptanz oder Widerstand befördern kann, ist die **Quelle der Motivation** für das Erlernen.

Wir haben zuvor beschrieben, dass wir bei einem Kompetenzerwerbsprozess von einem schrittweisen Erlernen ausgehen. Für den Start dieses Prozesses bedarf es einer Motivation, die sowohl von extern *(extrinsische Motivation)* oder aus der Person und dem Erlernen selbst *(intrinsische Motivation)* kommen kann.

Merke: Intrinsische Motivation kann stärker wirken als extrinsische Motivation. Managerinnen müssen beim Einsatz externer Anreize besondere Sorgfalt walten lassen.

> **Definition:**
>
> Intrinsische Motivation ist die innere, aus sich selbst entstehende Motivation einer Mitarbeiterin. Im Kontext der digitalen Kompetenzentwicklung sprechen wir von intrinsisch-motiviertem Lernen, wenn aktives Akzeptanzverhalten im Prozess des Kompetenzerwerbs gezeigt wird, ohne dass externe Anreize (Belohnungen oder Bestrafungen) vorhanden sind.

Im Gegensatz dazu bedingt extrinsische Motivation einen äußeren Reiz wie beispielsweise eine Belohnung oder Bestrafung. Auch durch extrinsische Motivation kann der Kompetenzerwerb stattfinden.

Ein klassisches Beispiel für extrinsische Motivation ist ein Entgelt, also eine Bezahlung für das Erledigen der Aufgabe. Intrinsische Motivation hingegen entsteht durch das Erledigen in der Person selbst und lässt sich etwa mit dem Flow-Erlebnis verknüpfen (Csikszentmihályi 1990).

Nun müssen wir gleich mehrere Punkte bei der Motivationsentstehung und damit einhergehend für die Akzeptanz oder den Widerstand gegen das Erlernen bedenken: Extrinsische Motivation kann einen stark positiven Einfluss auf die Erledigung einer Aufgabe beziehungsweise das Unterlassen eines negativen Verhaltens haben (Charness und Gneezy, 2009; Volpp et al. 2009). Dies gilt auch für Gehaltszahlungen, die vorab geschehen und nicht direkt an die Leistungserbringung geknüpft sind. So finden beispielsweise Charness (2004) und Gilchrist et al. (2016), dass die Steigerung der Vergütung mit einer erhöhten Erledigung verknüpft ist. Diesen Effekt der *positiven Reziprozität* kann man sich auch im Kontext der stetigen Entwicklung der Mitarbeiterin zu eigen machen und das Akzeptanzverhalten gegenüber dem Prozess des Kompetenzerwerbs fördern. Jedoch zeigt sich hier exemplarisch auch die große Schwäche von extrinsischer Motivation: Das Ausbleiben eines positiven Signals des Unternehmens beziehungsweise der Führungskraft führt in der Regel auch zu einer negativen Reaktion und damit zu einer Verstärkung von Widerstand gegenüber neuen Anforderungen und so auch zum Ausbleiben des (tiefergehenden) Erlernens. Pereira et al. (2006) zeigen, dass sich sowohl, wie oben beschrieben, positive Reziprozität als auch *negative Reziprozität* belegen lässt und es damit genau zum Gegenteil des gewünschten Verhaltens kommen kann. Trotz dieser Gefahr kann der gezielte Einsatz eines Mittels der extrinsischen Motivation zur Einführung von neuen Gewohnheiten führen. Charness und Gneezy (2009) zeigen in ihrer experimentellen Studie, dass Menschen bei Geldanreizen zur sportlichen Aktivität auch nach dem Ausbleiben dieser Anreize weiterhin sportlich aktiver sind als zuvor. Dies gilt jedoch vorrangig für Teilnehmerinnen, die zuvor wenig oder nicht aktiv waren. Dieses Ergebnis wundert insofern nicht, da der Einsatz eines Mittels zur Erzeugung extrinsischer Motivation auch einen negativen Effekt auf die Motivationsbilanz an sich haben kann. Diesen Effekt beschreibt man als *Verdrängungseffekt* (engl. *crowding-out*). Beispielsweise Gneezy und Rustichini (2000) finden, dass die Einführung eines externen Anreizes in Form eines Entgelts zu insgesamt weniger Leistung führt, da der externe Anreiz unter Umständen mehr intrinsische Motivation verdrängt als er extrinsische Motivation schafft.

Intrinsische Motivation ist daher oftmals nicht nur günstiger für das Unternehmen, sondern auch langfristig zielführender für die Kompetenzentwicklung. Hierfür bedarf es jedoch einer Mitarbeiterin, die am Prozess des Lernens Freude oder einen anderen positiven Nutzen empfindet. Für einen solchen Fall einer Mitarbeiterin, die intrinsisch motiviert ist, können wir von aktiver Akzeptanz und daher entsprechendem Verhalten ausgehen. Vermehrt findet auch der Gamification-Ansatz Beachtung in Forschung und Praxis.

Merke: Durch das Einbauen spielerischer Elemente in eine Aufgabe oder Tätigkeit können intrinsische Motivation gesteigert und komplexere Inhalte zugänglicher gemacht werden.

Beispielsweise zeigen Banfield und Wilkerson (2014) die gesteigerte intrinsische Motivation beim Erlernen komplexer Inhalte durch Gamification. Sailer und Hommer (2020) diskutieren in einer Meta-Analyse, dass insbesondere für kognitive Lernziele verschiedene Forschungsergebnisse einen positiven Effekt von Gamification auf das Lernen aufzeigen.

Ergänzend zur Quelle der Motivation ist auch die Aufrechterhaltung der Motivation entscheidend.

Wir beobachten oftmals einen abnehmenden Trend der Leistung und Motivation nach Beginn einer Tätigkeit oder eines Prozesses (Campbell und Storch 2011; Touré-Tillery und Fishbach 2011). Hier kann individuelle Vorerfahrung mit Lernstrategien, in der Regel ausgeprägter bei Digital Natives als bei Digital Immigrants, aufgrund früherer Technologieadaption und der Modernisierung des Bildungswesens, einen entscheidenden Unterschied machen. Schon 1962

Merke: Nicht nur die Motivation zu Beginn, sondern auch die Aufrechterhaltung der Motivation ist entscheidend für den Lernerfolg.

argumentierte der Kommunikationstheoretiker und Soziologe Everett Rogers in dem viel beachteten Werk *Diffusion of Innovations,* dass die Annahme einer Innovation das Ergebnis individuellen Vorwissens und des Grads der persönlichen Überzeugung von dem jeweiligen neuen Produkt, der neuen Dienstleistung oder des neuen Prozesses ist. Dabei führt weniger Vorwissen in der Regel zu einem stärkeren Widerstand gegenüber Innovationen (Heidenreich und Handrich 2014; Joachim et al. 2018). Analog lässt sich für den Prozess des Kompetenzerwerbs herleiten, dass wir mehr Widerstand von Personen mit niedrigerer Toleranz gegenüber Wissenserarbeitung und weniger Vorwissen in Bezug auf geeignete Lernstrategien erwarten. Zusätzlich zeigen Ariely und Wertenbroch (2002), dass das Setzen von Fristen – bis wann ein definierter Fortschritt erreicht sein muss – einen entscheidenden Einfluss auf den Erfolg hat. Die Autoren der Studie kommen zum Schluss, dass extern gesetzte, gleichverteilte Fristen die größte Leistung, und damit den Fortschritt bzw. das Erlernen, versprechen. Hier wird mit den Fristsetzungen aber nicht direkt die Aufrechterhaltung der Leistungserbringung über Zeit, sondern viel mehr das Aufschieben von (Teil-)Aufgaben aufgrund einer fehlenden Startmotivation adressiert. Das durch die Mitarbeiterin gezeigte Widerstandsverhalten wird daher zum einen vom Umfang des Lernziels und ob und wie Zwischenziele definiert und terminiert werden beeinflusst. Zum anderen ist eben auch die Vorbildung in Bezug auf Lernstrategien wichtig, da sich hieraus für die Mitarbeiterin ein schnellerer Zugang zum Lernmaterial ergibt und sie in der Lage ist, besser eigenständig Zwischenziele zu bestimmen.

Was wir auch beobachten: Akzeptanz- und Widerstandsverhalten hängt vom Zeitpunkt der Rückmeldung auf eine Verhaltensweise ab (für ein Lernexperiment siehe Thorndike 1898). Darüber hinaus finden unter anderem Green et al. (1981) und Kagel et al. (1995), dass naheliegende, kleine positive Rückmeldungen gegenüber fernen, großen Rückmeldungen bevorzugt werden. Die Relevanz des Zeitpunkts der Rückmeldung sowie der Frequenz der Rückmeldungen zeigen sich eindrucksvoll in der positiven Wirkung von Gamification-Ansätzen (Sailer und Hommer 2020) und ihrer Wirkung auf die Aufrechterhaltung von Motivation. Zum Fortbestehen von Akzeptanzverhalten in diesem Prozess bedarf es also nicht nur Motivation an sich, sondern vielmehr einer hinreichend großen Startmotivation und eine Methode zum Aufrechterhalten der Motivation, sei es durch wiederholte Verstärkung oder durch Fristen. Das Fehlen der Startmotivation oder Abfallen der Motivation unter einen kritischen Wert, der die Mitarbeiterin dazu bringt, das Lernen als größere Last denn als Nutzen zu empfinden, führt zum Einbruch des Lernprozesses und so womöglich zu Widerstandsverhalten.

Zusätzlich zur Motivation sehen wir das **Selbstbewusstsein** als persönlichen Faktor für das Akzeptanz- und Widerstandsverhalten im Prozess des Kompetenzerwerbs.

Merke: Selbstbewusstsein kann sowohl hoch als auch niedrig sein. Beide Ausprägungen können einen positiven oder negativen Einfluss auf die digitale Kompetenzentwicklung haben. Dies ist von der konkreten Situation, dem Kontext und der individuellen Reflexionsfähigkeit abhängig.

Dabei lässt sich eine positive oder negative Wirkung von hohem und niedrigem Selbstbewusstsein ableiten. Zum einen führt ein hohes Selbstbewusstsein und eine hohe Selbstwirksamkeit zu einer höheren Akzeptanz von Optionen mit einem ungewissen Ausgang (Krueger und Dickson 1994). Nach diesem Ansatz geht die Mitarbeiterin an das Thema *neue Fähigkeit erlernen* mit einem „Ich kann das (schaffen)" ran. Andererseits kann hohes Selbstbewusstsein auch den Hang zum Status quo verstärken, indem ein „Ich mache das bereits richtig" dazu führt, dass die geänderte Anforderung nicht angenommen und Widerstand aufgebaut wird. Hier scheint die Reflexionsfähigkeit einen wichtigen Einfluss zu haben (Dunning und Kruger 1999). Weitläufig ist eher von einer Überschätzung der eigenen Fähigkeiten und Fertigkeiten auszugehen. Genauer wird im Dunning-Kruger-Effekt dargelegt, dass weniger fähige Personen ihre eigene Fähigkeit höher einschätzen als sie tatsächlich ist (Dunning 2011; Mahmood 2016). An einem Beispiel festgemacht heißt das, dass sich mehr als 93 % der US-Amerikaner als überdurchschnittliche Autofahrer einstufen (Svenson 1981), was mutmaßlich zu viele sind. Hier fehlt es an Reflexionsfähigkeit. Wir folgern aus diesem Forschungsbereich, dass ein hohes Selbstbewusstsein mit Reflexionsfähigkeit förderlich für die Akzeptanz der Kompetenzgewinnung ist, während fehlende Reflexion eher Widerstand erzeugt. Ungeachtet der Reflexionsfähigkeit gehen wir bei einem niedrigen Selbstbewusstsein von einer geringeren Selbstwirksamkeit aus und daher auch von einer unwahrscheinlicheren Annahme neuer Herausforderungen (Schunk 1989; Schunk 1995). Mitarbeiterinnen, die nur über ein geringes Selbstbewusstsein verfügen, werden zurückhaltend reagieren, wenn eine neue Kompetenzanforderung an sie gestellt wird. Wichtig ist auch hier der Aspekt der Reflexion.

Darüber hinaus ist eine Einflussgröße auf Akzeptanz oder Widerstand in welchem Verhältnis die Mitarbeiterin eigene Informationen, beispielsweise über aktuelle Fähigkeiten, Tätigkeiten, Anforderungen und Informationen aus externen Quellen, wie Beobachtungen und Feedback, gewichtet. Aus einer zu starken Gewichtung eigener Informationen im Gegensatz zu Informationen aus externen Quellen leitet sich zumindest teilweise eine verzerrte oder falsche Reflexion her. Diese Art des Fehlens der **Reflexion externer Informationen** ist weit verbreitet (Anderson und Holt 1997; Alos-Ferrer und Schlag 2009).

Zum Beispiel Simonsohn et al. (2008) finden, dass Menschen ihre Erfahrungen in Bezug auf das Ergebnis eines Prozesses deutlich stärker gewichten als die beobachtete Erfahrung anderer in demselben Prozess.

> **Merke:** Menschen blenden Informationen aus externen Quellen teilweise aus.

Menschen sind generell betrachtet risikoavers, das heißt, sie scheuen Risiko und nehmen dabei durchschnittlich auch ein weniger vorteilhaftes, dafür sicheres Ergebnis in Kauf. Diese Art von **Risikoaversion** wird in der Forschung vielfach gezeigt (z. B. bei Dohmen et al. 2011).

Dies ist für das Lernen deshalb interessant, weil Risikoaversion gleich aus zwei Gründen Widerstand begünstigten kann: Zum einen ist unklar, ob der investierte Aufwand des Lernens sich für die Mitarbeiterin lohnt – sei es finanziell oder durch eine Beschäftigungssicherheit. Zum anderen ist an sich fraglich, ob die spezifische Mitarbeiterin das Lernziel erreichen kann, ob also das Haben der Fähigkeit oder Fertigkeit im Bereich des für die Person Erlernbaren liegt. Myers und Sadler (1960) sowie Busemeyer und Townsend (1993) zeigen, dass Teilnehmerinnen ihres Experiments einen geringen durchschnittlichen Verdienst erzielten und sich daher in die weniger profitable, aber sicherere Option flüchteten, wenn die Auszahlungsvariabilität der Risiko-Option größer war. Diesen Effekt nennen Busemeyer und Townsend *Effekt der Auszahlungsvariabilität* (engl. *payoff variability effect*). Bei digitaler Kompetenzentwicklung gehen wir wie oben beschrieben von einem stetig wiederholenden Prozess der neuen, unerfüllten Anforderungen und der mehr oder minder lang verwendbaren neuen Fähigkeit und Fertigkeit aus. Diese Verwendbarkeit und damit der Nutzen sind in der Zukunft mutmaßlich schnelllebig und potenziell hoch variabel. Beispielsweise unterliegt die Suchmaschinenoptimierung von Internetseiten einem stetigen Wandel, wodurch das Erlernen der Fähigkeit, eine solche Optimierung heute durchführen zu können, bereits morgen weniger wert ist und z. B. auf diese Weise als riskante zeitliche Investition in eine Fähigkeit oder Fertigkeit gewertet wird. Daher erwarten wir hohen Widerstand insbesondere von risikoaversen Mitarbeiterinnen. Risikoaversion ist aber nicht nur als eine in der Person liegende Eigenschaft potenziell widerstandsfördernd. Durch den Charakter der digitalen Kompetenzentwicklung erwarten wir zunehmend auch negative Erfahrungen, also zum Beispiel das Erlernen einer Fähigkeit, die, wenn die Mitarbeiterin sie erlernt hat, bereits nicht mehr benötigt wird. Für das menschliche Lernen sehen wir hier einen Zusammenhang mit der **Verlustaversion** (Tversky und Kahnemann, 1979).

> **Merke:** Lernen ist für Mitarbeiterinnen potenziell mit Risiko verbunden. Menschen sind Risiko gegenüber aber avers.

Mit diesem Phänomen ist gemeint, dass Menschen Verluste stärker gewichten als vergleichbare Gewinne. Einfacher formuliert: Wir bedauern den Verlust von 5 € stärker, als uns der Gewinn derselben Geldsumme erfreut. Wenn das Feedback nach dem Lernprozess negativ ist, könnte eine Steigerung der Risikoaversion in dieser Lernsituation die Folge sein (Denrell 2005; Denrell 2007; Denrell und March 2001; Einhorn und Hogarth 1978). Übertragen auf unseren Fall der digitalen Kompetenzentwicklung heißt das: Hat der Prozess des Kompetenzerwerbs für die Mitarbeiterin eine negative Konsequenz und sie nimmt einen Verlust wahr, kann es zu stärkerem Widerstandsverhalten bei künftigen Anforderungen des Kompetenzerwerbs kommen. Gegen diese Art des Widerstandsverhaltens, das auf Risikoaversion beruht, gibt es eine potenzielle Lösung: Unter anderem Cokely et al. (2012) finden, dass Personen mit besserer mathematischer Kompetenz auch rationaler in Situationen, die Risiko beinhalten, agieren können. Folglich ist zu erwarten, dass Mitarbeiterinnen mit weniger Widerstand reagieren, wenn sie über mehr mathematische Kompetenz verfügen und der Widerstand mit Risikoaversion begründet ist.

> **Merke:** Lernen ist für Mitarbeiterinnen potenziell mit Verlust verbunden. Menschen sind Verlust gegenüber aber avers.

Ergänzend könnte die individuelle **Aversion gegen Unfairness** eine relevante Rolle beim Kompetenzerwerb spielen (Fehr und Schmidt 1999).

Merke: Digitale Kompetenzentwicklung kann unfaire Situationen erzeugen. Menschen sind Unfairness gegenüber avers.

Wir erwähnten zuvor, dass mit zunehmenden Anforderungen und Entwicklungen der Fähigkeiten und Fertigkeiten von Mitarbeiterinnen eine unfaire Verteilung der Lern- und Leistungslast entstehen könnte. Die grundlegende Studie von Güth et al. (1982) deutet darauf hin, dass Menschen in der Tat eine starke Aversion gegen unfaire Verteilungen aufweisen. Für uns bedeutet dies, dass Widerstandsverhalten auch dann noch entstehen kann, wenn bereits Akzeptanzverhalten gezeigt wurde, da sich Verteilungen der Lern- und Leistungslast ändern und unfair werden können.

3.4.2 Organisatorische Faktoren

Wir erläutern zwei wichtige Faktoren, die beim Kompetenzerwerb unserer Sicht nach aus der Organisation heraus entstehen und sich abgrenzen von den persönlichen Faktoren einzelner Mitarbeiterinnen.

Zum einen wird der **Fokus des Managements** das Akzeptanz- und Widerstandsverhalten der Mitarbeiterinnen grundlegend beeinflussen.

Merke: Managerinnen beeinflussen durch ihren Fokus die Lernwilligkeit von Mitarbeiterinnen.

Dies kann sowohl auf einer stark übergeordneten Ebene, beispielsweise der Geschäftsführungsebene, aber auch in darunter liegenden Ebenen, zum Beispiel auf Bereichs-, Abteilungs- oder Teamleistungsebene, angesiedelt sein. Unabhängig von der hierarchischen Ebene kann Leitung oder Führung entweder die aktuellen Tätigkeiten der Mitarbeiterinnen an sich und deren spezifische Zielerreichung oder die Fortentwicklung des Wertversprechens (engl. *value propostion*) und Vision des Unternehmens fokussieren.

Die Kernaufgabe zur Erreichung des Wertversprechens einer Mitarbeiterin kann beispielsweise die Kommunikation von Produktangeboten an potenzielle Kundinnen sein. Dabei wäre z. B. eine aktuelle Tätigkeit das Erstellen und Drucken von Werbeflyern durch die Mitarbeiterin. Eine Fokussierung auf die reine Tätigkeit wird kurzfristig diese Aufgabe erfüllen. Im Rahmen der digitalen Kompetenzentwicklung gehen wir allerdings davon aus, dass hier neue Anforderungen entstehen. Zum Beispiel führt eine Wettbewerberin einen E-Mail-Newsletter ein, was die Mitarbeiterin privat erfährt und daraus eine Anforderung an ihre Fertigkeit ableitet. Dies kann nur dann zur Erweiterung der eigenen Fähigkeit und Fertigkeit der Mitarbeiterin führen, wenn die Führung zumindest teilweise einen Fokus auf das Wertversprechen und daher die Kernaufgabe und nicht die aktuelle Tätigkeit – in unserem Beispiel die Kommunikation von Produktangeboten an potenzielle Kundinnen – legt (Baum et al. 1998; Sadri und Lees 2001). Wenn der Fokus des Managements einzig auf die aktuelle Tätigkeit gelegt ist, wird die Mitarbeiterin vermutlich gegen die neue Anforderung einer Fähigkeit oder Fertigkeit mit Widerstand reagieren. Dass ein Fokus auf Entwicklung eine positive Wirkung hin zu mehr Akzeptanz haben kann, lässt sich mit dem Ankereffekt (engl. *anchoring*; Lieder et al. 2018; Tversky und Kahnemann 1974) erklären.

Merke: Von einem Ankereffekt spricht man, wenn die ursprüngliche Information oder Ausgangslage von der Entscheiderin stark in die Entscheidungsfindung einbezogen wird.

Der Mitarbeiterin wird durch den Anker für ihren Denkprozess über Akzeptanz- oder Widerstandsverhalten in Bezug auf eine neue Anforderung ein Startpunkt gegeben. Im oben beschriebenen Beispiel wäre der Startpunkt bei einem Fokus auf die reine Tätigkeit also weiter entfernt von der Einsicht, dass ein Bedarf zum Erlernen besteht, als bei einem Fokus auf die Entwicklung des Unternehmens. Für den Fall eines Fokus auf Entwicklung startet der Denkprozess der Mitarbeiterin näher an der Akzeptanz. Eine andere Erklärung ist die Bahnung (engl. *priming*). Unter Bahnung versteht man das Definieren des Kontexts im Vorfeld einer Entscheidung (Dobelli 2011; Weingarten et al. 2016).

Merke: Von einer Bahnung spricht man, wenn eine vorhergehende Information oder Situation von der Entscheiderin stark in die jetzige Entscheidungsfindung einbezogen wird.

In diesem Zusammenhang bedeutet ein Fokus auf Entwicklung, dass ein Grundwert hin zur Veränderlichkeit des Unternehmens und daraus auch den notwendigen Tätigkeiten, Fähigkeiten und Fertigkeiten von Mitarbeiterinnen gesetzt wird. Beide zuvor genannten Erklärungen für einen positiven Effekt des Fokus auf Entwicklung durch einen Anker beziehungsweise eine

Bahnung, funktionieren gleichartig für einen negativen Effekt des reinen Fokus auf die Tätigkeit auf den digitalen Kompetenzerwerb. Wenn die Mitarbeiterin einen Fokus auf die Tätigkeit wahrnimmt, beginnt ihr Gedankenprozess weiter entfernt von der Entwicklung (Anker) beziehungsweise steht nicht im Kontext der Weiterentwicklung (Bahnung), wodurch mehr Widerstandsverhalten erwartbar ist.

Zum zweiten ist der Aspekt der Unternehmenskultur, der **Wissensmanagement** betrifft, eine zentrale Stellgröße.

Ungeachtet der zum Teil komplexeren Definition einer Unternehmenskultur kann das Wissensmanagement ganz unterschiedlich, formell wie informell, entweder förderlich für den Fähigkeits- und Fertigkeitstransfer oder hinderlich für diesen wirken. Eine Kultur, die positiv auf Lernprozesse und die Akzeptanz solcher Lernprozesse wirkt, ist förderlich für die Akzeptanz der digitalen Kompetenzentwicklung. Ein Transfer kann zwischen zwei Mitarbeiterinnen stattfinden. Dieser Transfer kann von einem förderlichen Wissensmanagement positiv angeregt werden. Jedoch zeigen unter anderem Stark et al. (2019), dass im Transfer zwischen Mitarbeiterinnen diskriminierende Aspekte das Lernen hindern können. Konkret zeigen sie, dass Diskriminierung aufgrund ethnischer Merkmale das *Lernen durch Beobachtung* und damit den Transfer zwischen Mitarbeiterinnen schwächen kann. Ein Transfer kann aber auch innerhalb einer Mitarbeiterin zwischen der neuen Fähigkeit für die eine Aufgabe hin zu einer anderen Aufgabe stattfinden. Dieser Transfer zwischen zwei Aufgaben ist, fußend auf Osgood (1949) und Cooper und Kagel (2003), abhängig von den Charakteristika der beiden Tätigkeiten. Je ähnlicher sich die beiden Tätigkeiten sind, desto wahrscheinlicher ist ein positiver Transfer. Wir sehen daher, dass selbst eine förderliche Wissenskultur nicht zwingend immer einen guten Transfer zwischen Mitarbeiterinnen oder zwischen Tätigkeiten erzeugt, sondern hier noch weitere Aspekte von Relevanz sind. Unter anderem diskutieren wir (Böhm und Renz 2019) im Artikel *Nudging als Instrument der Wertevermittlung,* dass Führungskräfte als Teil der Organisation durch das bewusste Verändern und Anpassen der Handlungs- und Entscheidungsumgebung der Mitarbeiterin (engl. *nudging*) und den Einsatz einer experimentellen Prozedur (Recherche, Operationalisierung, Test/Re-Test, Einführung/Anpassung, Nutzung/Kontrolle) das Verhalten direkt oder über die Einstellung der Mitarbeiterin beeinflussen können und müssen, um erfolgssichernd einzugreifen.

Merke: Ein modernes Wissensmanagement ist förderlich für digitale Kompetenzentwicklung.

Definition:

Nudge/Nudging (engl. für Schubs oder schwacher Stoß) ist ein Begriff aus der Verhaltensökonomie. Mit einem Nudge kann man das Verhalten von Menschen ohne Anreize, Gebote oder Verbote beeinflussen. Das Konzept geht auf Thaler und Sunstein (2008) zurück. Neuere Forschung unter anderem von Hauser et al. (2018) zur Thematik fokussiert stärker die Interaktionen von Nudging mit den Überzeugungen der Mitarbeiterin, dem Kontext, in dem die Entscheidung getroffen wird, und psychologischen Barrieren auf dem Weg zu erfolgsbringenden Verhalten. In dieser Linie verstehen wir unseren Ansatz der Nudge-basierten Wertevermittlung.

Wir halten diesen Ansatz als Ergänzung zu einem gelungenen Wissensmanagement und dem richtig ausbalancierten Fokus des Managements als Teil des organisatorischen Wirkens für wertvoll. Dafür ist zwingend die korrekte Umsetzung der experimentellen Prozedur notwendig, die in Bild 3.3 basierend auf unserer Ausführung dargestellt wird.

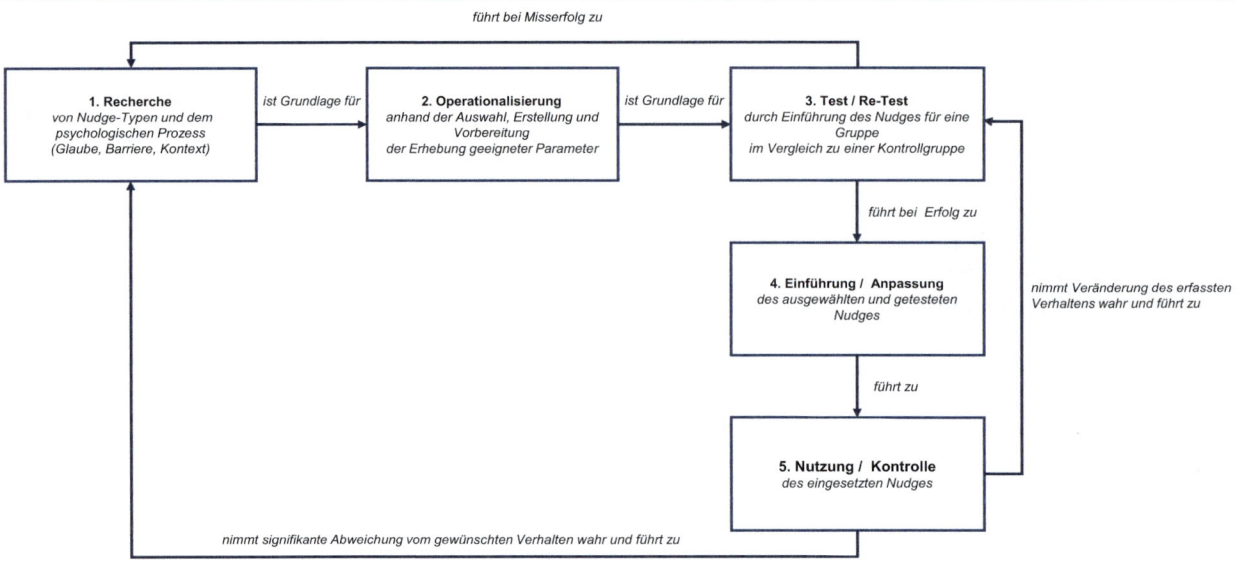

Bild 3.3 5-Phasen-Modell zur erfolgreichen Einführung und Pflege eines Nudges (basierend auf Böhm und Renz 2019)

3.5 Akzeptanz- und Widerstandsverhalten beim Prozess der Kompetenzanwendung

Während eine Mitarbeiterin zwar mit entsprechender Akzeptanz eine neue Fähigkeit oder Fertigkeit erlernt, bedeutet dies nicht zwingend deren Anwendung für die berufliche Aufgabe. Durch den Paradigmenwechsel von der statischen, alten Arbeitswelt hin zu einer neuen, von Kompetenzentwicklung geprägten Arbeitswelt entsteht auch eine Übertragung größerer Verantwortung auf die Mitarbeiterin, deren Tätigkeit daher nicht rein durch die Führungsebene, sondern vor allem von der Mitarbeiterin selbst verändert werden muss. Daher ist der Prozess der Kompetenzanwendung im Rahmen der digitalen Kompetenzentwicklung gleich wichtig wie der Prozess des Kompetenzerwerbs für die erfolgreiche, stetige Wandlung der digitalen, angewandten Fähigkeiten und Fertigkeiten. Bild 3.4 stellt den Prozess der Kompetenzanwendung analog zum Prozess des Kompetenzerwerbs in das Spannungsfeld persönlicher und organisatorischer Faktoren. Auch hier finden wir je Kategorie mögliche Kanäle mit positiver und zugleich negativer Wirkung je nach Ausprägung.

3.5.1 Persönliche Faktoren

Auch für diesen Teilprozess zeigen wir eine Reihe von persönlichen Faktoren, die einen Einfluss auf Akzeptanz und Widerstand haben. Im Gegensatz zum Kompetenzerwerb ist die Kompetenzanwendung aber potenziell macht- oder existenzbedrohender. Wir kennen aus der Psychologie die Problematik des Machtverlusts (McClelland und Burnham 2008; Oreg und Goldenberg 2015) und des Stresses, der aus Veränderungen, die mit einem möglichen Arbeitsplatzverlust, Gehaltseinbußen und der Möglichkeit, dass die eigenen Fähigkeiten überflüssig werden, einhergeht (Ashford 1988). Zum einen lässt sich das mit dem persönlichen **Grundmotiv** als zentralem Baustein für Verhalten erklären.

Dazu beschreibt McClelland (1987), dass sich ein Motiv aus drei Quellen ergeben kann. Er unterscheidet zwischen *Machtmotiv* mit einem Fokus auf Kontrolle, Dominanz und Einfluss; *Leistungsmotiv* mit einem Fokus auf Erfolg, Abwechslung und Fortschritt; und *Sozialmotiv* mit einem Fokus auf Geborgenheit, Freundschaft und Zuwendung. Mitarbeiterinnen mit einem höheren *Machtmotiv* zeigen wahrscheinlich höheren Widerstand gegenüber der Anwendung neuer Fähigkeiten und Fertigkeiten, insofern sie ihre Macht bedroht sehen. Oreg und Goldenberg (2015) beschreiben dieses Verhalten im Allgemeinen als Widerstand gegen Innovation, welcher sich aus der wahrgenommenen Bedrohung, unter anderem für die Macht der Mitarbeiterin, speist. Zum anderen finden wir das von Oreg (2003) und Oreg et al. (2008) beschriebene und validierte Konzept der persönlichen **Veranlagung zum Widerstand gegen Wandel.**

Merke: Ein persönliches Grundmotiv mit Fokus auf Macht, Leistung oder Soziales kann hinderlich oder fördernd auf die Kompetenzanwendung wirken.

Oreg (2003) zeigt, dass es eine in der Person liegende Neigung gibt, mit verschiedenen Facetten von Wandel unterschiedlich umzugehen und daher mit höherem oder niedrigerem Widerstandsverhalten zu reagieren. Er legt dar, dass die Neigung aus vier Dimensionen besteht: das Verfolgen von Routinen, die Art der emotionalen Reaktion auf die Veränderung, das Augenmerk auf kurzfristigen statt langfristigen Nutzen durch die Veränderung und kognitive Inflexibilität. Diese Neigung erzeugt entsprechendes Widerstandsverhalten im Kontext der digitalen Kompetenzanwendung, da Routinen aufgebrochen und Emotionen bei der Veränderung im Griff gehalten werden müssen, weiter ein Langzeitfokus sowie geistige Flexibilität gefordert ist.

Merke: Eine Veränderung, hervorgerufen durch einen technologischen oder organisatorischen Wandel, kann einen Widerstand in der Mitarbeiterin erzeugen.

Wir hatten unter Kompetenzerwerb bereits das Konzept der **Risikoaversion** und **Verlustaversion** erläutert. Beide treffen auch in diesem Teilprozess zu.

55

Merke: Anwenden ist für Mitarbeiterinnen potenziell mit Risiko oder Verlust verbunden. Menschen sind Risiko und Verlust gegenüber aber avers.

Die Aversion gegen Risiko und der beschriebene Effekt der *Auszahlungsvariabilität* (engl. *payoff variability effect;* Busemeyer und Townsend 1993) sind hier deshalb so kritisch, weil die heute anzuwendenden Fähigkeiten und Fertigkeiten bereits morgen durch neue Anforderungen – dann neu zu erwerbenden und auch anzuwendenden Kompetenzen – ersetzt werden. Das heißt, dass das Risiko, dass sich die Anwendung bereits übermorgen nicht mehr auszahlt, verhältnismäßig hoch ist. Hierbei ist diesem Risiko aber entgegenzusetzen, dass die Anwendung der heutigen Kompetenzen potenziell einen Vorteil für den Erwerb und die Anwendung der morgigen Kompetenzen birgt. Dass dieser morgige Teil jedoch häufig zu niedrig bewertet wird, zeigt das Konzept der **Zeitverzerrung** (Ainslie 1975).

Merke: Menschen beziehen den Zeitpunkt der Realisierung von Nutzen bei ihren Überlegungen ein. Hier können Denkfehler passieren.

Hierunter verstehen wir, dass Menschen in der Regel sowohl impulsiv als auch ungeduldig sind. Impulsivität zeigt sich darin, dass nur heutige Gewinne oder Verluste hoch relevant sind, während alle Ergebnisse ab morgen stark diskontiert sind („Das ist das Problem des morgigen Ichs").

Definition:

Diskontieren bedeutet das Gewichten zukünftiger Ereignisse aus heutiger Sicht. Durch das Diskontieren wird der heutige Wert eines zukünftigen Nutzens greifbar.

Ungeduld zeigt sich hingegen durch eine stärkere Diskontierung weiter entfernter Ergebnisse („Besser heute als morgen als übermorgen"). Beides kann hier eine entscheidende Rolle spielen: Morgige Vorteile aus der heutigen Anwendung erscheinen weniger relevant, wenn die Mitarbeiterin eine höhere Zeitverzerrung aufweist. Daraus folgt auch, dass der Vorteil der Kompetenzanwendung bei der Entscheidung, ob die neue Fähigkeit oder Fertigkeit angewendet werden soll, nicht oder weniger einbezogen wird. Das kann dazu führen, dass die Anwendung an sich nicht mehr positiv eingestuft wird. Auch denkbar ist, dass der zukünftige Vorteil aus der gelungenen Anwendung, wenn dieses Risiko beinhaltet, weniger geschätzt wird und demzufolge diese Risikoaversion als persönlicher Faktor nochmal relevanter wird.

Nehmen wir als Beispiel die Einführung von digitalen Mitschriften als Ersatz für papierbasierte Notizen. Wenn die Mitarbeiterin bereits über die Fertigkeit verfügt, den Tabletcomputer mit aktivem Eingabestift zu nutzen, steht sie vor der Entscheidung, ob sie das in der konkreten Situation anwenden will. Daraus ergibt sich für die erste, heutige Anwendung ein Mehraufwand beispielsweise in Form eines langsameren Schreibens aufgrund der Umstellung. Der Vorteil ist, dass digitale Mitschriften später einfacher zugänglich sind. Dieser Vorteil wird je nach Zeitverzerrung der Mitarbeiterin stärker oder schwächer diskontiert, wodurch es je nach persönlicher Auslegung entweder zu einer positiven oder negativen Entscheidung bei der Kompetenzanwendung kommen kann. Wenn diese Entscheidung nun auch ein Risiko beinhaltet und damit nicht klar ist, ob und wie die Mitschriften später zugreifbar bleiben können, spielt ergänzend die Risikoaversion der Mitarbeiterin eine Rolle bei der Abwägung des Technologieeinsatzes.

Merke: Der Status quo bezeichnet, wie Dinge im Unternehmen aktuell erledigt werden. Einem Wandel kann die Überschätzung des Status quo im Weg stehen.

Menschen unterliegen in ihrer Umwelt zwangsweise einer stetigen Veränderung. Dabei findet sich diese in kleineren Ausprägungen wie der Weiterentwicklung von Produkten bis hin zu großen Umwälzungen wie der Änderung eines politischen Prozesses. Daher ist der Mensch stetigem Fortschritt ausgesetzt und erwirbt automatisch neue Fähigkeiten und Fertigkeiten, um sich seiner verändernden Umgebung anzupassen. Dem gegenüber steht, dass die Arbeit und Tätigkeit einer Person oft als stabil und zeitüberdauernd angesehen wird. Entsprechend ist die Anwendung einer neuen Fähigkeit oder Fertigkeit, die eine Verbesserung verspricht, und die damit verbundene Anpassung der Tätigkeit, die dann besser oder schneller abläuft, gegenläufig zum Status quo. Hieraus Widerstand zu entwickeln, bezeichnet man als **Status quo-Verzerrung** (Samuelson und Zeckhauser 1988): Mitarbeiterinnen überschätzen die Wichtigkeit und die Güte des aktuellen Status – und damit der bisherigen Erledigungsweise der Tätigkeit – gegenüber einer adaptierten, neuen Weise.

Dem entgegen steht die Idee der **Suche nach Abwechslung** (engl. *variety seeking*; McAlister und Pessemier 1982).

Eine solche Person sucht bewusst nach Abwechslung. Hirschmann (1980) beschreibt dies beispielgebend für Konsumentscheidungen. Insbesondere bei Mitarbeiterinnen mit einem *Leistungsmotiv* gehen wir davon aus, dass Akzeptanz zur Anwendung neuer Kompetenzen auch aus der damit einhergehenden Abwechslung in der Erledigung entsteht. Neben den Konzepten der Status quo-Verzerrung und seinem Spiegelbild, der Suche nach Abwechslung, ist hierbei auch das von uns vorher genannte Motiv (Leistung, Macht, Sozial) der Mitarbeiterin relevant.

Ein ähnliches, aber leicht abgewandeltes Konzept zur Aversion gegen Unfairness (siehe oben; Fehr und Schmidt 1999; Güth et al. 1982) ist die **Ungleichheitsaversion** (Bolton und Ockenfels 2000; Kerschbamer 2015).

Dies ist insbesondere bei der Kompetenzanwendung ein wichtiger persönlicher Faktor. Durch die Anwendung einer neuen Fähigkeit oder Fertigkeit entsteht häufig eine Ungleichheit. Die neue Anwendung erzeugt individuell mehr oder weniger Arbeits- oder Denkaufwand für die einzelnen Mitarbeiterinnen. Da dies die Ungleichheit erhöht, begünstigt es bei entsprechender Aversion Widerstandsverhalten. Beispielsweise erzeugen die individuelle Annahme und Anwendung von einem System für digitale Mitschrift bei der entsprechenden Mitarbeiterin Aufwand. Durch die Vorteile bei der Zugänglichkeit kommt es gegebenenfalls dazu, dass die Mitarbeiterin verstärkt von anderen Kolleginnen angefragt wird, da sie das verbesserte System beherrscht und potenziell Hilfestellung leisten kann. Dadurch kommt es zu einer erhöhten Arbeitslast der Mitarbeiterin, die die neue Fähigkeit anwendet und infolgedessen zu einer Ungleichverteilung von Arbeitslast relativ zur Ausgangslage. Wenn die Mitarbeiterin gegen solche Ungleichheit eine stärkere Aversion hat, wird sie dem Prozess der Kompetenzanwendung mit Widerstand begegnen. Auch bei dieser Aversion und ihrer Wirkung auf Akzeptanz und Widerstand kann das Motiv der Mitarbeiterin erneut eingreifend wirken. Ein starkes Sozialmotiv wird Widerstand abbauen bzw. Akzeptanz begünstigen, wenn die neue Anwendung voraussichtlich eher zu einem sozialeren Miteinander oder einem stärkeren Sozialausgleich beiträgt. Das Sozialmotiv hat eine gegensätzliche Wirkung, wenn die Anwendung einen ungleichheitsfördernden Charakter hat.

Darüber hinaus führt eine neue Anwendung auch zu einer potenziellen Änderung von etablierten Prozessen im Unternehmen und den darin enthaltenen Tätigkeiten. Hieraus ergeben sich für die Mitarbeiterin nicht absehbare Konsequenzen, die sich auf sie auswirken können. Diese Art der Unvorhersehbarkeit ist jedoch kritisch, da sie Unsicherheit beinhaltet und Menschen eine **Aversion gegen Unsicherheit** haben (Ellsberg 1961; Fox und Tversky 1995).

Übertragen auf unser Beispiel heißt das: Wenn die Mitarbeiterin bei der Einführung der digitalen Mitschriften darüber nachdenkt, wie das den Gesamtprozess der Dokumentation verändert und hier eine Unsicherheit verspürt, wird sie je nach Ausmaß ihrer Aversion gegen Unsicherheit mit mehr oder weniger Widerstandsverhalten reagieren.

Vergleichbar zum Kompetenzerwerb sehen wir das mitarbeiterinnenspezifische **Selbstbewusstsein** als Element, das je nach Ausprägung und Situation unterschiedlich auf Akzeptanz- und Widerstandsverhalten gegenüber der Kompetenzanwendung wirken kann.

Einerseits wirkt ein hohes Selbstbewusstsein förderlich für die Anwendung neuer Fähigkeiten, da die Akzeptanz zur Anwendung von Bewusstsein gestärkt wird, dass die Person die neue Fähigkeit erfolgreich anwenden kann. Ein entsprechend niedriges Selbstbewusstsein kann genau darin Widerstand fördern. Anderseits erlaubt ein niedriges Selbstbewusstsein potenziell auch eine stärkere Beeinflussung durch die Führungskraft oder Kolleginnen. Dies kann im Fall einer Akzeptanz für die Kompetenzanwendung bei der Führungskraft beziehungsweise der Kollegin dazu führen, dass die Mitarbeiterin positiv beeinflusst wird. Ebenso kann diese Beeinflussung negativ sein, wenn andere Personen Widerstand zeigen. Diese Einflussnahme kann weniger stattfinden, wenn die Mitarbeiterin ein hohes Selbstbewusstsein besitzt.

Ein weiterer persönlicher Faktor ist die **Wichtigkeit der Außenwirkung** (Bursztyn und Jensen 2017).

Merke: Mitarbeiterinnen, die nach Abwechslung suchen, werden häufiger neue Anwendungen testen.

Merke: Digitalisierungsprojekte sollten nicht auf Kosten einzelner Mitarbeiterinnen gehen, die dann mehr für andere arbeiten. Menschen sind solchen Ungleichheiten gegenüber avers.

Merke: Je mehr Möglichkeiten die Mitarbeiterin hat, neue Technologien auszuprobieren, desto weniger Unsicherheit wird sie gegenüber neuen Prozessen haben. Menschen sind Unsicherheiten gegenüber avers.

Merke: Ein hohes oder niedriges Selbstbewusstsein kann jeweils sowohl einen positiven als auch einen negativen Einfluss auf die digitale Kompetenzentwicklung haben.

Merke: Die Situation und der Kontext im Unternehmen bedingen die Außenwirkung der Anwendung, welche von der Mitarbeiterin in ihre Entscheidung einbezogen wird.

Dieser Faktor geht nicht nur von der Mitarbeiterin aus, sondern steht im Kontext zwischen der sozialen Situation, wie im kollegialen Umfeld geurteilt und kommuniziert wird, und der bisherigen Akzeptanz der neuen Anwendung, also der vorherrschenden Meinung im kollegialen Umfeld. Es mag einfach sein zu sagen, dass eine Anwendung, die mit einer positiven Außenwirkung besetzt ist, höhere Akzeptanz erfährt als eine solche mit einer negativen Außenwirkung. Zugleich ist die Außenwirkung einer neuen Anwendung davon abhängig, ob und wie über diese Anwendung im sozial-beruflichen Umfeld geurteilt wird. Am Beispiel der digitalen Mitschriften ist zuerst fraglich, ob die Gruppe der Mitarbeiterinnen über die neue Anwendung nachdenkt und diese bzw. allgemein neue Anwendungen überhaupt beurteilt. Wenn ein Prozess der Beurteilung und Bewertung von Mitarbeiterinnen stattfindet, die sich durch das Anwenden oder das Unterlassen dieser Anwendung von neuen Kompetenzen abgrenzen können, wirft dies die Frage auf, wie die Anwendung beurteilt wird. Wenn beispielsweise das System für digitale Mitschriften stark negativ bewertet wird, ist die Anwendung durch die einzelne Mitarbeiterin unwahrscheinlicher, da sie auf ihre Außenwirkung bedacht ist und nicht die negative Bewertung anderer Mitarbeiterinnen auf sich ziehen will.

Zusätzlich wichtig ist, dass eine neue Anwendung dabei sowohl identitätsstärkend als auch identitätsschwächend sein kann, je nachdem wie weit diese Anwendung verbreitet ist und ob die neue Anwendung die eigene Identität – zum Beispiel die Einzigartigkeit der bisherigen Tätigkeiten der Mitarbeiterin – bedroht. Unter anderem Swann et al. (2003) führen an, dass einer neuen Anwendung dann mit Widerstand begegnet wird, wenn die eigene Identität geschwächt wird und damit die Unterscheidbarkeit von Mitarbeiterinnen geringer wird. Dies ist also zum Beispiel der Fall, wenn eine Mitarbeiterin zuvor eine sehr spezifische Vorgehensweise hatte und diese durch Anwendung einer neuen Fähigkeit vergleichbarer zur Vorgehensweise anderer Mitarbeiterinnen wird. Ähnliches finden Berger und Heath (2008) in einer Feldstudie. Eine Gruppe von Studierenden trug ein bestimmtes Armband. Als eine andere Gruppe, die aus Sicht der ersten Gruppe sozial negativ konnotiert war, ebenso anfing diese Bänder zu tragen, beendete die erste Gruppe dieses Verhalten, um sich von der anderen Gruppe erneut abzugrenzen. Für die digitale Kompetenzanwendung bedeutet dies, dass ungeachtet von anfänglichem Akzeptanzverhalten, das Akzeptanz- und Widerstandsverhalten der Mitarbeiterinnen im Zeitverlauf aufgrund vom **Bedürfnis nach Gruppenidentität** (Tajfel und Turner 1986) schwanken und sich je nach Ausprägung der Gruppen Akzeptanz und Widerstand bilden.

Merke: Die Dynamiken von Gruppenidentitäten können einen positiven oder negativen Einfluss auf die digitale Kompetenzentwicklung haben.

3.5.2 Organisatorische Faktoren

In der Abgrenzung zu persönlichen Faktoren erläutern wir drei Faktoren, die erneut in der Organisation behaftet sind. Ein wesentlicher Faktor ist dabei die Kultur der **Geschäftspraxis.**

Merke: Eine moderne Geschäftspraxis ist förderlich für die digitale Kompetenzentwicklung.

Zum Teil beschreiben andere Autoren (z. B. Ries 2017) als Wettbewerbsvorteil von Start-ups die dort vorherrschende Kultur. Länger bestehende, organisch gewachsene Unternehmen zeichnen sich häufig im Gegensatz zu Start-ups durch eine auf Sicherheit fokussierte Kultur aus (Li et al. 2013). Dies erzeugt bei der Kompetenzanwendung dann in der Mitarbeiterin Widerstand, wenn die Kompetenzanwendung nicht vergleichbar sicher ist wie die aktuelle Vorgehensweise. Digitale Kompetenzentwicklung impliziert eine mit der neuen Anwendung einhergehende Unsicherheit, die nicht nur mittels Aversion gegen Unsicherheit in der Mitarbeiterin, sondern eben auch über sicherheitsfokussiertes Handeln im Unternehmen als organisatorischem Faktor Widerstand befördert. Dem entgegen steht die oben zuvor genannte Kultur des Hinterfragens des Status quos und des stetigen Probierens (Ries 2011). Dies begünstigt Akzeptanzverhalten für die Übernahme neuer Fertigkeiten und Fähigkeiten in die berufliche Tätigkeit.

Ergänzend zur Geschäftspraxis stellen wir fest, dass die Kultur des **Fehlermanagements** der zweite entscheidende Faktor für mitarbeiterinnenspezifisches Akzeptanz- und Widerstandsverhalten gegenüber der Anwendung digitaler Kompetenzen ist.

Fehler können als etwas Negatives angesehen werden. In diesem Fall folgt oft eine Bestrafung des fehlermachenden Akteurs. Schon Skinner (1953) zeigt in Bezug auf das Lernen, dass Bestrafung einen negativen Effekt haben kann und so zu einem Zusammenbruch vom Experimentieren, Testen und Adaptieren und infolgedessen für die digitale Kompetenzentwicklung zum Erliegen vom Ausprobieren neuer Fähigkeiten zur Verbesserung der Tätigkeit im Rahmen geänderter Anforderungen führen kann. Genauer beschreibt Skinner und darauf aufbauende Arbeiten, u. a. von Straus (1991), dass weniger Bestrafung einen positiven Effekt hat. Im Kontext der digitalen Kompetenzentwicklung bedeutet dies, dass ein Fehlermanagement, welches einen Fehler als nicht primär negativ und daher zu bestrafen ansieht, ebenso einen positiven Effekt auf das Akzeptanzverhalten bei der Kompetenzanwendung der Mitarbeiterin haben kann. Overmier und Seligman (1967) finden in einer experimentellen Studie, dass Schocks ohne Ausweichmöglichkeit zu einem späteren Versagen führen, selbst dann, wenn in der späteren Situation eine Ausweichmöglichkeit gegeben ist (siehe dazu u. a. Maier und Seligman 1976). In diesem Fall spricht man von erlernter Hilflosigkeit. Dies ist für den Kontext der Kompetenzanwendung dann relevant, wenn das Ausbleiben der Anwendung bestraft wird und zugleich die Anwendung an sich aber mit einem Risiko verbunden ist, das unter Umständen zu einem negativen Ergebnis führt. Da hier in beiden Fällen ein negatives Ereignis droht, erlernt die Mitarbeiterin die Hilflosigkeit und kann sich daraus eventuell auch in späteren Situationen – bei geändertem Fehlermanagement des Unternehmens – nicht ohne weiteres lösen. Daher erzeugt ein Fehlermanagement, das Fehler bestraft, nicht nur direkt Widerstand, sondern unter Umständen auch noch dann, wenn es durch ein modernes Fehlermanagement ersetzt wurde.

Zusätzlich sehen wir die **Endgültigkeit von Entscheidungen** als dritten wichtigen Faktor für mitarbeiterinnenspezifisches Akzeptanz- und Widerstandsverhalten gegenüber der Anwendung digitaler Kompetenzen.

Dieser Faktor geht oft mit der Kultur des Fehlermanagements und der Geschäftspraxis einher. Früher waren Entscheidungen in Unternehmen wesentlich starrer und endgültiger. Heutzutage findet man in vielen Unternehmen eine Kultur, die zwar erneute Entscheidungen zulässt, hierbei aber oftmals eine aktuelle Entscheidung immer als das Maß der Dinge definiert. So kommt es dazu, dass aktuelle Vorgehensweisen stark übergewichtet sind und der erneute Prozess der Entscheidung darüber, was aktuell gut und richtig in der Vorgehensweise wäre, zu spät oder nicht angestoßen wird. In diesem Fall wird die Mitarbeiterin sich hieran orientieren und ebenso an ihrer aktuellen Tätigkeit mit der bisherigen Kompetenz länger festhalten als vielleicht sinnvoll. Erneut steht dem eine moderne Entscheidungskultur entgegen, die Raum für die Neubewertung von Entscheidungen und Vorgehensweisen erlaubt und damit Akzeptanz bei der Anwendung neuer Kompetenzen fördert.

Wenn organisatorische Faktoren nicht explizit gegen die Kompetenzanwendung wirken und dennoch die Kompetenzanwendung durch die Mitarbeiterinnen ausbleibt, könnte eine Wert-Aktions-Lücke (engl. *value action gap*; Blake 1999) vorliegen. Dies ist dann der Fall, wenn die Mitarbeiterin die digitale Kompetenz erworben hat und daher erfolgreich in den Besitz der notwendigen Fähigkeit oder Fertigkeit gelangt ist. Ergänzend ist für die Wert-Aktions-Lücke notwendig, dass die Mitarbeiterin grundsätzlich den Bedarf der Anwendung anerkennt und daher eine Lücke zwischen dem Wert („Digitale Kompetenz soll angewendet werden") und der Aktion („Digitale Kompetenz wird angewendet") besteht. Nudges sind auch in diesem Fall geeignet, um diese Lücke zu schließen (vgl. dafür in Bezug auf nachhaltiges Verhalten Renz und Böhm 2020). Für die digitale Kompetenzanwendung ist es dabei zentral, dass die Managerin die Schlüsselbarriere identifiziert und den Nudge-Typ (verhaltens-, kognitiv-, affektivorientiert) zur mentalen Aktivität (verhaltens-, kognitiv, affektivfokussiert; Cadario und Chandon 2020) der Mitarbeiterin passend auswählt. Auch hier ist eine Vorgehensweise mit experimenteller Fundierung (vgl. Bild 3.3) am erfolgversprechendsten.

Merke: Ein Fehlermanagement, in dem Fehler nicht bestraft werden, ist eine Voraussetzung für die stetige Entwicklung digitaler Kompetenzen und deren Anwendung.

Merke: Sind Entscheidungen in einem Unternehmen endgültig, hindert dies die Anwendung neuer Fähigkeiten und Fertigkeiten.

3.6 Fazit

Die digitale Kompetenzentwicklung stellt Unternehmen und Mitarbeiterinnen vor die Herausforderung, einen Paradigmenwechsel von alter in neue Arbeitswelt zu erzeugen und den sich stetig wiederholenden Prozess der Kompetenzentwicklung aus Kompetenzerwerb und Kompetenzanwendung basierend auf aktuell unerfüllten Anforderungen an Fähigkeiten und Fertigkeiten zu meistern. In diesem Kapitel diskutieren wir eine Reihe von persönlichen und organisatorischen Faktoren, die Akzeptanz- und Widerstandsverhalten von Mitarbeiterinnen bei diesen beiden Prozessen (Kompetenzerwerb und Kompetenzanwendung) beeinflussen. Managerinnen müssen verstehen, woran die erfolgreiche Anwendung scheitert und wie sie auf den Erwerb oder die Anwendung zielgerichtet wirken können. Ein geeignetes Instrument ist das Verändern beziehungsweise Anpassen der Entscheidungsumgebung (engl. *nudging*). Hierbei diskutieren wir mögliche Anwendungen und zeigen, wie erfolgreiche Interventionen durchgeführt werden müssen. Die Förderung von Akzeptanz von digitaler Kompetenzentwicklung beziehungsweise der Abbau von Widerstand gegen diese Entwicklung durch die Mitarbeiterinnen ist dabei der entscheidende Schlüssel, um Unternehmen zukunftsfähig und langfristig erfolgreich zu machen.

Literatur

Ainslie, G. (1975). Specious reward: A behavioral theory of impulsiveness and impulse control. Psychological Bulletin, 82 (4), 463 – 496.

Alós-Ferrer, C. & Schlag, K. H. (2011). Imitation and learning. In P. Anand (Hg.), The Handbook of Rational and Social Choice: An Overview of New Foundations and Applications. Oxford Univ. Press.

Anderson, L. R. & Holt, C. A. (1997). Information cascades in the laboratory. The American Economic Review, 87 (5), 847 – 862.

Ariely, D. & Wertenbroch, K. (2002). Procrastination, deadlines, and performance: self-control by precommitment. Psychological Science, 13 (3), 219 – 224.

Ashford, S. J. (1988). Individual strategies for coping with stress during organizational transitions. The Journal of Applied Behavioral Science, 24 (1), 19 – 36.

Banfield, J. & Wilkerson, B. (2014). Increasing student intrinsic motivation and self-efficacy through gamification pedagogy. Contemporary Issues in Education Research (CIER), 7 (4), 291 – 298.

Baum, J. R., Locke, E. A. & Kirkpatrick, S. A. (1998). A longitudinal study of the relation of vision and vision communication to venture growth in entrepreneurial firms. Journal of Applied Psychology, 83 (1), 43 – 54.

Berger, J. & Heath, C. (2008). Who drives divergence? Identity signaling, outgroup dissimilarity, and the abandonment of cultural tastes. Journal of Personality and Social Psychology, 95 (3), 593 – 607.

Berghaus, S., Back, A. & Kaltenrieder, B. (2017). Digital Maturity & Transformation Report.

Blake, J. (1999). Overcoming the ‚value-action gap‘ in environmental policy: Tensions between national policy and local experience. Local Environment, 4 (3), 257 – 278.

Böhm, K. L. & Renz, E. (2019). Nudging als Instrument der Wertevermittlung: Wie Entscheidungen durch veränderte Rahmenbedingungen beeinflusst werden. Zeitschrift Führung + Organisation: ZfO, 88 (5), 289 – 295.

Bolton, G. E. & Ockenfels, A. (2000). ERC: A theory of equity, reciprocity, and competition. American Economic Review, 90 (1), 166 – 193.

Bursztyn, L. & Jensen, R. (2017). Social image and economic behavior in the field: Identifying, understanding, and shaping social pressure. Annual Review of Economics, 9 (1), 131 – 153.

Busemeyer, J. R. & Townsend, J. T. (1993). Decision field theory: a dynamic-cognitive approach to decision making in an uncertain environment. Psychological Review, 100 (3), 432 – 459.

Campbell, E. & Storch, N. (2011). The changing face of motivation. Australian Review of Applied Linguistics, 34 (2), 166 – 192.

Charness, G. (2004). Attribution and reciprocity in an experimental labor market. Journal of Labor Economics, 22 (3), 665 – 688.

Charness, G. & Gneezy, U. (2009). Incentives to exercise. Econometrica, 77 (3), 909 – 931.

Coch, L. & French, J. R. P., Jr. (1948). Overcoming resistance to change. Human Relations, 1 (4), 512 – 532.

Cokely, E. T., Galesic, M., Schulz, E., Ghazal, S. & Garcia-Retamero, R. (2012). Measuring risk literacy: The Berlin numeracy test. Judgment and Decision Making, 7 (1), 25 – 47.

Cooper, D. J. & Kagel, J. H. (2003). Lessons learned: Generalizing learning across games. American Economic Review, 93 (2), 202 – 207.

Csikszentmihályi, M. (1990). Flow: The psychology of optimal experience. Harper & Row.

Denrell, J. (2005). Why most people disapprove of me: experience sampling in impression formation. Psychological Review, 112 (4), 951 – 978.

Denrell, J. (2007). Adaptive learning and risk taking. Psychological Review, 114 (1), 177 – 187.

Denrell, J. & March, J. G. (2001). Adaptation as information restriction: The hot stove effect. Organization Science, 12 (5), 523 – 538.

Dobelli, R. (2011). Die Kunst des klaren Denkens: 52 Denkfehler, die Sie besser anderen überlassen (1. Aufl.). Carl Hanser Fachbuchverlag.

Dohmen, T., Falk, A., Huffman, D., Sunde, U., Schupp, J. & Wagner, G. G. (2011). Individual risk attitudes: Measurement, determinants, and behavioral consequences. Journal of the European Economic Association, 9 (3), 522 – 550.

Dunning, D. (2011). The Dunning-Kruger Effect. In Advances in Experimental Social Psychology (Bd. 44, S. 247 – 296). Elsevier.

Einhorn, H. J. & Hogarth, R. M. (1978). Confidence in judgment: Persistence of the illusion of validity. Psychological Review, 85 (5), 395 – 416.

Ellsberg, D. (1961). Risk, ambiguity, and the savage axioms. The Quarterly Journal of Economics, 75 (4), 643 – 669.

Fehr, E. & Schmidt K. M. (1999). A Theory of fairness, competition and cooperation. The Quarterly Journal of Economics, 114 (3), 817 – 868.

Fox, C. R. & Tversky, A. (1995). Ambiguity aversion and comparative ignorance. Quarterly Journal of Economics, 110 (3), 585 – 603.

Ghosh, D. & Ray, M. R. (1997). Risk, ambiguity, and decision choice: Some additional evidence. Decision Sciences, 28 (1), 81 – 104.

Gilchrist, D. S., Luca, M. & Malhotra, D. (2016). When 3 + 1 > 4: Gift structure and reciprocity in the field. Management Science, 62 (9), 2639 – 2650.

Gneezy, U. & Rustichini, A. (2000). Pay enough or don't pay at all. Quarterly Journal of Economics, 115 (3), 791 – 810.

Green, L., Fisher, E. B., Perlow, S. & Sherman, L. (1981). Preference reversal and self control: Choice as a function of reward amount and delay. Behaviour Analysis Letters, 1 (1), 43 – 51.

Güth, W., Schmittberger, R. & Schwarze, B. (1982). An experimental analysis of ultimatum bargaining. Journal of Economic Behavior & Organization, 3 (4), 367 – 388.

Hauser, O. P., Gino, F. & Norton, M. I. (2018). Budging beliefs, nudging behaviour. Mind & Society, 17 (1-2), 15 – 26.

Heidenreich, S. & Talke, K. (2020). Consequences of mandated usage of innovations in organizations: Developing an innovation decision model of symbolic and forced adoption. AMS Review, 10 (279 – 298).

Heidenreich, S. & Handrich, M. (2015). What about passive innovation resistance? Investigating adoption-related behavior from a resistance perspective. Journal of Product Innovation Management, 32 (6), 878 – 903.

Hirschman, E. C. (1980). Innovativeness, novelty seeking, and consumer creativity. Journal of Consumer Research, 7 (3), 283.

Holt, C. A. & Laury, S. K. (2002). Risk aversion and incentive effects. American Economic Review, 92 (5), 1644 – 1655.

Holt, C. A. & Laury, S. K. (2005). Risk aversion and incentive effects: New data without order effects. American Economic Review, 95 (3), 902 – 912.

Joachim, V., Spieth, P. & Heidenreich, S. (2018). Active innovation resistance: An empirical study on functional and psychological barriers to innovation adoption in different contexts. Industrial Marketing Management, 71, 95 – 107.

Kagel, J. H., Battalio, R. C. & Green, L. (1995). Economic choice theory: An experimental analysis of animal behavior. Cambridge Univ. Press.

Kahneman, D. & Tversky, A. (1979). Prospect theory: an analysis of decision under risk. Econometrica, 47 (2), 263 – 291.

Kerschbamer, R. (2015). The geometry of distributional preferences and a non-parametric identification approach: The equality equivalence test. European economic review, 76, 85 – 103.

Krueger, N. & Dickson, P. R. (1994). How believing in ourselves increases risk taking: Perceived self-efficacy and opportunity recognition. Decision Sciences, 25 (3), 385 – 400.

Kruger, J. & Dunning, D. (1999). Unskilled and unaware of it: How difficulties in recognizing one's own incompetence lead to inflated self-assessments. Journal of Personality and Social Psychology, 77 (6), 1121 – 1134.

Leary, M. R. & Tangney, J. P. (Hg.). (2003). Handbook of self and identity. Guilford Press.

Lewin, K. (1947). Group decision and social change. In T. Newcomb & E. Hartley (Hg.), Readings in Social Psychology (S. 197 – 211). Holt, Rinehart & Winston.

Lieder, F., Griffiths, T. L., M Huys, Q. J. & Goodman, N. D. (2018). The anchoring bias reflects rational use of cognitive resources. Psychonomic Bulletin & Review, 25 (1), 322 – 349.

Mahmood, K. (2016). Do people overestimate their information literacy skills? A systematic review of empirical evidence on the Dunning-Kruger Effect. Comminfolit, 10 (2), 199 – 213.

Maier, S. F. & Seligman, M. E. (1976). Learned helplessness: Theory and evidence. Journal of Experimental Psychology: General, 105 (1), 3 – 46.

McAlister, L. & Pessemier, E. (1982). Variety seeking behavior: An interdisciplinary review. Journal of Consumer Research, 9 (3), 311.

McClelland, D. C. & Burnham, D. H. (2008). Power Is the great motivator. Harvard Business Review Classics. Harvard Business Review Press.

MÜNCHNER KREIS e. V. (2020). Leben, Arbeit, Bildung 2035+. Durch Künstliche Intelligenz beeinflusste Veränderungen in zentralen Lebensbereichen.

Myers, J. L. & Sadler, E. (1960). Effects of range of payoffs as a variable in risk taking. Journal of Experimental Psychology, 60, 306 – 309.

Oreg, S. (2003). Resistance to change: Developing an individual differences measure. Journal of Applied Psychology, 88(4), 680-693.

Oreg, S. et al. (2008). Dispositional resistance to change: Measurement equivalence and the link to personal values across 17 Nations. The Journal of Applied Psychology, 93 (4), 935 – 944.

Oreg, S. & Goldenberg, J. (2015). Resistance to innovation: Its sources and manifestations. University of Chicago Press.

Osgood, C. E. (1949). The similarity paradox in human learning; a resolution. Psychological Review, 56 (3), 132 143.

Overmier, J. B. & Seligman, M. E. (1967). Effects of inescapable shock upon subsequent escape and avoidance responding. Journal of Comparative and Physiological Psychology, 63 (1), 28 – 33.

Pereira, P. T., Silva, N. & Silva, J. A. e. (2006). Positive and negative reciprocity in the labor market. Journal of Economic Behavior & Organization, 59 (3), 406 – 422.

Renz, E. & Böhm, K. L. (2020). Using behavioral economics to reduce the value-action gap. Ökologisches Wirtschaften – Fachzeitschrift, 33 (4), 45 – 50.

Ries, E. (2014). The lean startup: How today's entrepreneurs use continuous innovation to create radically successful businesses (1. Aufl.). Crown Business.

Ries, E. (2017). The startup way: How modern companies use entrepreneurial management to transform culture and drive long-term growth (1. Aufl.). Currency.

Rogers, E. M. (1962). Diffusion of innovations. Free Press of Glencoe.

Sadri, G. & Lees, B. (2001). Developing corporate culture as a competitive advantage. Journal of Management Development, 20 (10), 853 – 859.

Sailer, M. & Homner, L. (2020). The gamification of learning: A meta-analysis. Educational Psychology Review, 32 (1), 77 – 112.

Samuelson, W. & Zeckhauser, R. (1988). Status quo bias in decision making. Journal of Risk and Uncertainty, 1 (1), 7 – 59.

Schenz, V. (29. Dezember 2020). Welche Berufe in Zukunft wichtig werden. Süddeutsche Zeitung. *https://www.sueddeutsche.de/karriere/karriere-berufe-zukunft-digitalisierung-qualifikation-1.5155 667*

Schunk, D. H. (1989). Self-efficacy and achievement behaviors. Educational Psychology Review, 1 (3), 173 – 208.

Schunk, D. H. (1995). Self-efficacy, motivation, and performance. Journal of Applied Sport Psychology, 7 (2), 112 – 137.

Simonsohn, U., Karlsson, N., Loewenstein, G. & Ariely, D. (2008). The tree of experience in the forest of information: Overweighing experienced relative to observed information. Games and Economic Behavior, 62 (1), 263 – 286.

Stark, D., Reypens, C. & Levine, S. (2019, Juni). Without inclusion, racial bias blocks learning. In Sase Society for the Advancement of Socio-Economics (Hg.), Fathomless Futures: Algorithmic and Imagined, New York.

Straus, M. A. (1991). Discipline and deviance: Physical punishment of children and violence and other crime in adulthood. Social Problems, 38 (2), 133 – 154.

Svenson, O. (1981). Are we all less risky and more skillful than our fellow drivers? Acta Psychologica, 47 (2), 143 – 148.

Swann, W. B., JR., Rentfrow, P. J. & Guinn, J. S. (2003). Self-verification: The search for coherence. In M. R. Leary & J. P. Tangney (Hg.), Handbook of self and identity (S. 367 – 383). Guilford Press.

Tajfel, H. & Turner, J. C. (1986). The social identity theory of intergroup behavior. In S. Worchel & W. G. Austin (Hg.), The @Nelson-Hall series in psychology. Psychology of intergroup relations (2. Aufl., S. 7 – 24). Nelson-Hall.

Thaler, R. H. & Sunstein, C. R. (2009). Nudge: Improving decisions about health, wealth, and happiness. Penguin.

Thorndike, E. L. (1898). Animal intelligence: An experimental study of the associative processes in animals. Columbia University.

Touré-Tillery, M. & Fishbach, A. (2011). The course of motivation. Journal of Consumer Psychology, 21 (4), 414 – 423.

Tversky, A. & Kahneman, D. (1974). Judgment under uncertainty: Heuristics and biases. Science, 185 (4157), 1124 – 1131.

Volpp, K. G., Troxel, A. B., Pauly, M. V., Glick, H. A., Puig, A., Asch, D. A., Galvin, R., Zhu, J., Wan, F., DeGuzman, J., Corbett, E., Weiner, J. & Audrain-McGovern, J. (2009). A randomized, controlled trial of financial incentives for smoking cessation. The New England Journal of Medicine, 360 (7), 699 – 709.

Wang, Q., Myers, M. D. & Sundaram, D. (2013). Digital natives and digital immigrants. Business & Information Systems Engineering, 5 (6), 409 – 419.

Weingarten, E., Chen, Q., McAdams, M., Yi, J., Hepler, J. & Albarracín, D. (2016). From primed concepts to action: A meta-analysis of the behavioral effects of incidentally presented words. Psychological bulletin, 472 – 497.

World Economic Forum. (2020). The Future of Jobs Report.

Wissenschaftliche Ansätze zur Identifikation und Messung digitaler Kompetenzen

Daniel Beimborn und Yannick Hildebrandt

Die allgegenwärtige Digitalisierung verändert nicht nur die Gesellschaft und das tägliche Leben, sondern spielt auch im betrieblichen Kontext eine fundamentale Rolle. Egal, ob das Internet der Dinge, Data Analytics oder von Softwareagenten gesteuerte Produktionsprozesse – sie alle tragen im Kern zu einer Veränderung der Wertschöpfung und somit zur flexibleren, effizienteren und individuelleren Produktion bei (Geißler et al. 2019). Die technologischen Entwicklungen haben dabei gravierende Auswirkungen auf die Geschäftsmodelle und Wettbewerbslandschaften von Unternehmen. Von der strategischen Planungsebene bis hin zur praktischen Umsetzung entstehen neue Herausforderungen für den Menschen, diese transformierten Arbeitsprozesse, Geschäftsmodelle und Technologien zu verstehen, mit ihnen zu interagieren und deren neue Möglichkeiten zu nutzen. Dies hat häufig eine Veränderung der Arbeitsprofile von Mitarbeitern zur Folge. Bestehende Kompetenzen erfahren eine andere Gewichtung und die Entwicklung neuer Kompetenzen wird erforderlich (Müller 2019). Um diese aufzubauen, muss festgestellt werden, welche Anforderungen in Zukunft an diese benötigten Digitalkompetenzen gestellt werden, welche konkreten Fertigkeiten hierfür benötigt werden und inwieweit bestimmte Kompetenzen schon im Unternehmen vorhanden sind. Um bei Mitarbeitern diese Kompetenzen zu evaluieren und darauf basierend Entwicklungsmaßnahmen, auch individuell für einzelne Angestellte, spezifizieren zu können, müssen diese zunächst messbar gemacht werden. Das folgende Kapitel befasst sich aus wissenschaftlicher Perspektive mit dieser Problemstellung; basierend auf dem aktuellen Stand der Forschung werden Ansätze und Werkzeuge zur Modellierung und Messung digitaler Kompetenzen vorgestellt, die im Anschluss in einen in der betrieblichen Praxis anwendbaren Leitfaden zur Kompetenzmessung zusammenfließen.

4.1 Modelle und Messung digitaler Kompetenzen: Stand der aktuellen Forschung

Sowohl zu digitalen Kompetenzmodellen als auch zur Messung von Kompetenzen existieren diverse Forschungsarbeiten, jedoch kein ganzheitliches und allgemein anerkanntes Rahmenwerk. In „Skills Needs Analysis for ‚Industry 4.0' Based on Roadmaps for Smart Systems" haben Hartmann und Boverschulte (2013) bereits erste digitale Kompetenzanforderungen anhand der Analyse von Technologie-Roadmaps entwickelt. Die identifizierten Kompetenzen bleiben jedoch recht generisch, vernachlässigen technische Anforderungen und beschränken sich weitgehend auf verhaltensorientierte Kompetenzen im Sinne von „soft skills" (Hartmann und Boverschulte 2013). In einer weiteren Forschungsarbeit haben Prifti et al. (2017) ein digitales Kompetenzmodell als Basis für ein universitäres Lehr-Curriculum entwickelt, um Studierende besser auf die zukünftige Arbeitswelt vorzubereiten. Auffällig an diesem Kompetenzmodell ist ebenfalls, dass sich diese erarbeiteten Kompetenzen größtenteils auf verhaltensbasierte Kompetenzen beschränken und sich fachlich-technische Kompetenzen auf einer sehr generischen Ebene bewegen. So wurden beispielsweise die benötigten Kompetenzen in den Bereichen von Big Data oder Predictive Maintenance nicht detaillierter spezifiziert. Auch Machado et al. (2019) zeigen, dass die Operationalisierung solcher generischen Msodelle bisher nur auf Makroebene des Unternehmens geschieht. Zusammenfassend fehlt es der bisherigen Forschung an detaillierten technischen Kompetenzbeschreibungen, einem generischen Kompetenzmodell, welches über Digitalkompetenzen in der Lehre oder für spezifische Branchen oder Anwendungsfälle hinausgeht, und der Operationalisierung eines Kompetenzmodells auf der Mikroebene des Individuums. Diese Schwachstellen und Lücken implizieren die in Bild 4.1 entwickelten Leitfragen für dieses Kapitel.

Bild 4.1 Aus dem aktuellen Forschungsstand abgeleitete Fragestellungen

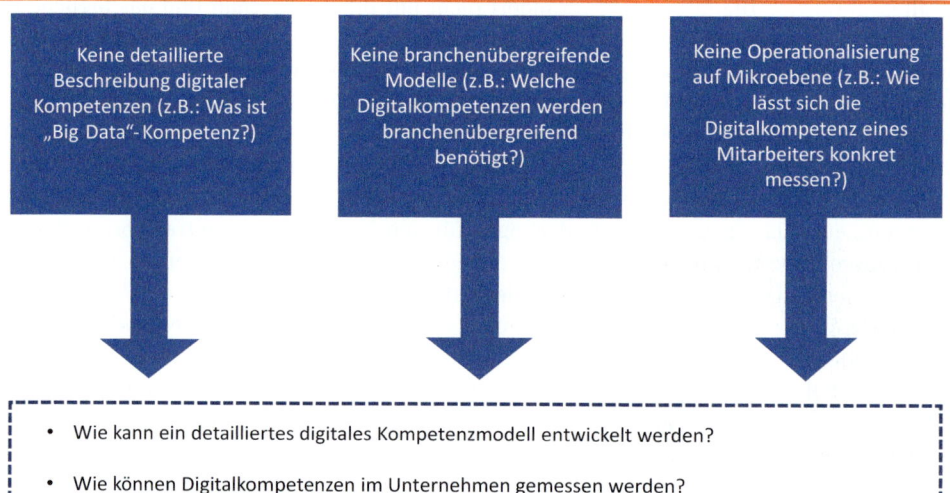

Im Folgenden sollen Werkzeuge und deren Verwendung aufgezeigt werden, um eben diese Leitfragen zu beantworten. Am Ende dieses Kapitels werden dann eine Vorgehensweise zur Entwicklung eines Kompetenzmodells für Digitalisierung und Werkzeuge zur digitalen Kompetenzmessung zur Verfügung stehen. Damit können die spezifischen technischen Kompetenzanforderungen nicht nur generisch genannt, sondern konkrete Fertigkeiten aus den einzelnen Kompetenzkategorien abgeleitet werden und die Ausprägung der verschiedenen Digitalkompetenzen im Unternehmen auf Mitarbeiterebene evaluiert werden, um Qualifizierungsmaßnahmen abzuleiten.

4.2 Der Werkzeugkasten: Digitale Kompetenz, Kompetenzmodelle und Kompetenzmessung

Im Folgenden wird zunächst der Begriff der digitalen Kompetenz definiert; im Anschluss stellen wir existierende Ansätze der Modellierung und Messung von Kompetenzen vor.

Schon beim generellen Begriff der Kompetenz herrscht in der Literatur wenig Einigkeit (Le Deist und Winterton 2005). Beispielsweise definiert Woodruffe (1993) Kompetenz aus einer Verhaltensperspektive als eine Dimension von offenem, manifestiertem Verhalten, das es einer Person ermöglicht, kompetent zu arbeiten. Wesentlich konkreter bezeichnet Shavelson (2010) Kompetenz dagegen als ein Konstrukt, das aus physischen oder intellektuellen Fähigkeiten und Fertigkeiten sowie einer erreichbaren und nutzbaren Leistungskapazität besteht. Diese Definition ist bezüglich des Kerns der intellektuellen sowie physischen Fähigkeiten kongruent zu derjenigen des Europaparlaments und der Europäischen Kommission (EP/EC 2006), die Kompetenzen als eine Kombination von Wissen, Fähigkeiten und weitergehend persönlichen Haltungen beschreiben. In Kombination ergibt sich die in Bild 4.2 dargestellte Definition.

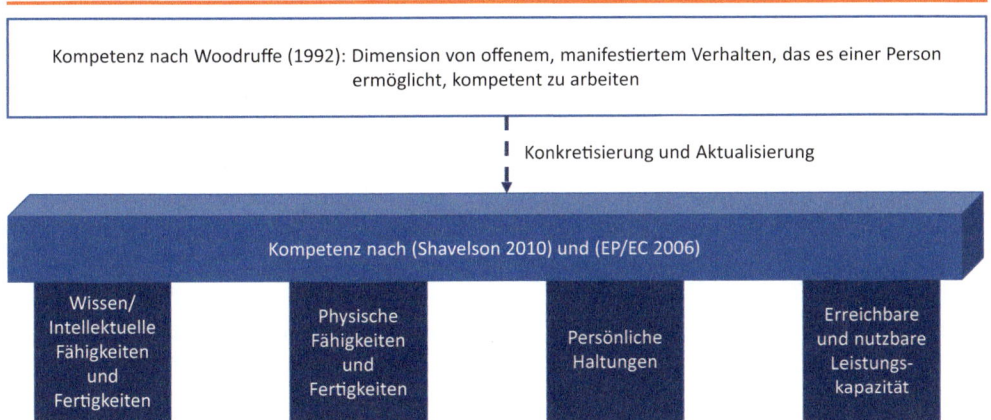

Bild 4.2 Herleitung einer Kompetenzdefinition basierend auf (Shavelson 2010) und (EP/EC 2006), eigene Abbildung

Definition Kompetenz:

Ein Konstrukt aus physischen oder intellektuellen Fähigkeiten und Fertigkeiten, einer persönlichen Haltung und einer erreichbaren und nutzbaren Leistungskapazität (Shavelson 2010; EP/EC 2006)

Die Literatur unterscheidet zwischen funktionalen, methodischen, sozialen und persönlichen Kompetenzarten (Bild 4.3) (Le Deist und Winterton 2005). Der funktionale Kompetenzbereich beinhaltet spezielle Fertigkeiten und Fachkenntnisse zur Erfüllung und Umsetzung klar definierter Aufgaben in einem Berufsfeld oder einer fachlichen Domäne, bspw. Kompetenzen in einem bestimmten Technologie- oder Marktbereich (Le Deist und Winterton 2005; Ryschka et al. 2011). Der Bereich der Methodenkompetenz – auch Metakompetenz genannt (Le Deist und Winterton 2005) – umfasst „flexibel einsetzbare, generelle Planungs- und Entscheidungsfähigkeiten, die eine Person zur selbstständigen Bewältigung neuartiger und komplexer Probleme befähigen" (Ryschka et al. 2011, S. 20). Dazu gehören auch grundsätzliche Kompetenzen zur Problemlösung und die Anpassungsfähigkeit (Le Deist und Winterton 2005). Zum Bereich der Sozialkompetenzen gehören persönliche Einstellungen und Verhaltensweisen bezüglich der Kommunikation sowie Kooperation mit anderen Personen.

Bild 4.3 Kompetenztypologien (eigene Abbildung, auf Basis von (Le Deist und Winterton 2005))

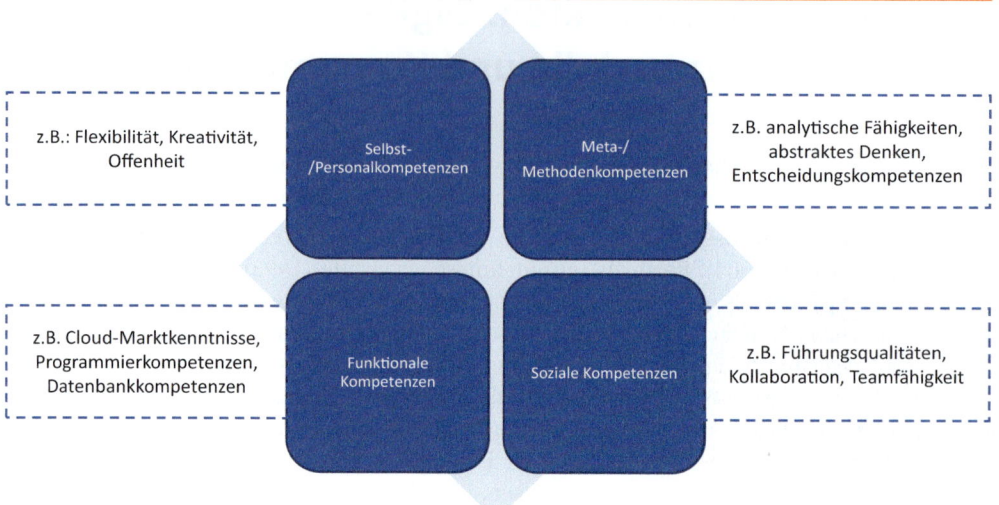

z.B.: Flexibilität, Kreativität, Offenheit

Selbst-/Personalkompetenzen

Meta-/Methodenkompetenzen

z.B. analytische Fähigkeiten, abstraktes Denken, Entscheidungskompetenzen

z.B. Cloud-Marktkenntnisse, Programmierkompetenzen, Datenbankkompetenzen

Funktionale Kompetenzen

Soziale Kompetenzen

z.B. Führungsqualitäten, Kollaboration, Teamfähigkeit

Der Bereich der Selbst- und Personalkompetenzen umfasst abschließend Fertigkeiten und Fähigkeiten zur Nutzung „persönlichen Erfahrungswissens, Entwicklung von Selbstbewusstsein und Identität, effektives Selbstmanagement sowie individuelle Dispositionen im Umgang mit Wissen" (Edelmann und Tippelt 2004, S. 8). Dazu gehören neben einer grundsätzlichen Offenheit für neue Erfahrungen und Proaktivität auch Reflexionsfähigkeit und Urteilsvermögen (Edelmann und Tippelt 2004; Ryschka et al. 2011). Die Forschung fasst diese sozialen, methodischen sowie personalen Kompetenzen vereinfacht unter Verhaltenskompetenzen (sog. Soft Skills) zusammen. Dem gegenüber stehen die funktionalen Kompetenzen (sog. Hard Skills) (Hecklau et al. 2016).

Für die Betrachtung und Konzeption der „Digitalkompetenz" werden im Folgenden nun primär die *funktionalen* Kompetenzen betrachtet, die für die Digitalisierung, bspw. für die Entwicklung oder Anwendung digitaler Technologien, benötigt werden.

4.2.1 Digitalkompetenz und ihre Stufen

Digitalkompetenzen beschreiben eine Spezialisierung des allgemeinen Kompetenzbegriffs auf den Kontext der Digitalisierung. Die bisherige Forschung der EU-Kommission vereint verschiedene Definitionen mit unterschiedlichen Facetten und Perspektiven zu einer allgemeinen und ganzheitlichen Definition von Digitalkompetenz. Im „Digital Competence Framework" (Ferrari 2013, S. 15) wird diese beschrieben als die Menge von Wissen, Fähigkeiten, Einstellungen, Fertigkeiten, Strategien und Bewusstseinsinhalten, welche nötig sind, um digitale Technologien und Medien sowie damit verbundene Konzepte (IKT) zur Erfüllung bestimmter Aufgaben zu nutzen. Diese Eigenschaften sind dabei essenziell für Problemlösung, Kommunikation, Management von Informationen, Kollaboration, Teilen von Inhalten und Aufbau von Wissen in effektiver, effizienter, angemessener, kritischer, kreativer, autonomer, flexibler, ethischer und reflektiver Art und Weise. Folgearbeiten von Vuorikari et al. (2016) und Carretero et al. (2017) konkretisieren diese Definition durch Entwicklung eines Kompetenzstufenmodells. Vuorikari et al. (2016) gliedern dabei zunächst in vier Kompetenzstufen von „Grundlagenkompetenz" bis zur „hochspezialisierten Kompetenz" (Bild 4.4). Diese Stufen repräsentieren die jeweilige kognitive Leistung einer Person. In (Carretero et al. 2017) werden diese vier Stufen noch einmal feiner gegliedert und dabei Aussagen über die damit assoziierten Grade der Aufgabenautonomie und -komplexität getroffen (Bild 4.4).

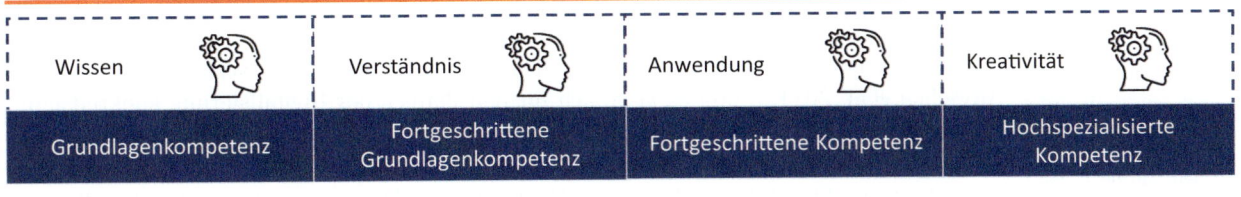

Wissen	Verständnis	Anwendung	Kreativität
Grundlagenkompetenz	Fortgeschrittene Grundlagenkompetenz	Fortgeschrittene Kompetenz	Hochspezialisierte Kompetenz

Stufe der Autonomie

Anleitung benötigt	Teilautonom mit Anleitung	Eigenständig aber abhängig	Unabhängig	Leitend	Anpassungs-fähig an komplexe Umgebungen	Leitend und fortschritts-beitragend	Kann neue Ideen und Prozesse zum Bereich beisteuern
Einfache Aufgaben		Wohldefinierte, unkomplizierte Aufgaben	Wohldefinierte, nicht-routinisierte Aufgaben	Viele verschiedene nichtroutinisierte Aufgaben und Probleme	Komplexe Aufgaben	Komplexe, kaum definierte Aufgaben und Probleme	Komplexe, kaum definierte innovative Aufgaben und Probleme

Aufgabenkomplexität

Dieses Rahmenwerk bildet eine solide, offizielle und konsistente Basis zur Identifizierung und Operationalisierung von Kompetenzen.

Bild 4.4 Die vier Kompetenzstufen digitaler Kompetenz (Vuorikari et al. 2016) und die korrespondierenden Grade an Autonomie und Aufgabenkomplexität in Anlehnung an (Carretero et al. 2017)

Praxistipp:

Als Ausgangsbasis für Aktivitäten hinsichtlich der digitalen Kompetenzentwicklung kann das EU-Framework für digitale Kompetenz (Vuorikari et al. 2016; Carretero et al. 2017) verwendet werden. Dieses bietet einen offiziellen Rahmen für Implementierungen und Operationalisierungen von Kompetenzmaßnahmen und wendet die detaillierte Kompetenzdefinition auf den digitalen Kontext an.

Definition Digitalkompetenz:

Die Menge von Wissen, Fähigkeiten, Einstellungen, Fertigkeiten, Strategien und Bewusstseinsinhalten, welche nötig sind, um IKT sowie digitale Medien und Konzepte zur Erfüllung bestimmter Aufgaben zu nutzen (Ferrari et al. 2012).

4.2.2 Kompetenzmodelle

Ein Kompetenzmodell ist ein Modell, das die benötigten Kompetenzen für die Erfüllung einer bestimmten Aufgabe in verschiedenen Detailgraden umfasst. Dabei enthält es idealerweise auch konkrete Beschreibungen einzelner Kompetenzen und Indikatoren, welche deren Messung ermöglichen (Lucia und Lepsinger 1999). Die Entwicklung von Kompetenzmodellen kann mithilfe verschiedener Ansätze geschehen. Gängig sind literaturbasierte Ansätze, bei denen auf bereits existierenden Kompetenzmodellen in der Literatur aufgebaut wird und diese aggregiert oder eigenständig erweitert werden. Daneben werden häufig konkrete Leitfäden oder Stellenausschreibungen ausgewertet, Mitarbeiter oder Experten befragt oder die Ergebnisse aus Fokusgruppen genutzt (Prifti et al. 2017).

Merke: *Die Wissenschaft* strebt vor allem eine Generalisierung von Kompetenzmodellen an. Das hat zur Folge, dass bereits bestehende Modelle zu einem ganzheitlichen Modell verschmolzen werden.

Die Praxis konkretisiert diese generischen Modelle durch qualitative Methoden wie Interviews, die Auswertung von Stellenbeschreibungen oder Fokusgruppen.

Neben der Art der Entwicklung unterscheiden sich Kompetenzmodelle bezüglich ihres Anwendungsbereichs („Scope"). Das *allgemeine* Kompetenzmodell beschreibt eine „[…] allgemeingültige Taxonomie oder Systematik beruflicher Anforderungen oder Verhaltensweisen […]" (Ryschka et al. 2011, S. 66); es lässt sich für den Bereich der Digitalisierung konkretisieren und sollte im Zuge von Kompetenzentwicklungsmaßnahmen immer als Ausgangsbasis dienen. Daraus lässt sich ein *unternehmensspezifisches* Kompetenzmodell ableiten, welches Kompetenzanforderungen für ein konkretes Unternehmen beschreibt und ein Untermodell des allgemeinen Kompetenzmodells darstellt. Das *funktionsspezifische* Kompetenzmodell beschränkt sich auf Kompetenzen für einen bestimmten Funktionsbereich wie Fertigung oder Marketing, während das *stellenspezifische* Kompetenzmodell ein Anforderungsprofil für eine konkrete Stelle, Rolle oder Position enthält (Bild 4.5).

Allgemein	Beispiel

Bild 4.5 Hierarchie der Kompetenzmodelle, eigene Abbildung

Praxistipp:

Als Ausgangsbasis zur Entwicklung eines Kompetenzmodells im Unternehmen sollte ein allgemeines Kompetenzmodell dienen. Aus dieser Gesamtheit lassen sich alle weiteren Sub-Kompetenzmodelle für Unternehmen, Funktionsbereiche und individuelle Aufgabenbereiche ableiten.

Innerhalb des allgemeinen Kompetenzmodells kann zwischen den zuvor erläuterten Kompetenzkategorien unterschieden werden.

Definition Kompetenzmodell:

Modell, das die benötigten Kompetenzen für die Erfüllung einer bestimmten Aufgabe beinhaltet. Dabei enthält es gegebenenfalls auch konkrete Beschreibungen einzelner Kompetenzen und Indikatoren, welche deren Messung zulassen (Lucia und Lepsinger 1999).

4.2.3 Kompetenzmessung

Die Kompetenzmessung beschreibt verschiedene Messwerkzeuge, mit deren Hilfe Gutachter oder ein automatisiertes System eine Aussage darüber treffen können, ob ein Individuum die Kompetenzen für einen Aufgabenbereich erfüllt. Dabei werden die individuell evaluierten Kompetenzen mit vordefinierten Standards abgeglichen (Gonczi et al. 1993). Da Kompetenzen nicht unmittelbar messbar sind, müssen sie aus Beobachtungen von Verhaltensweisen oder Beurteilungen bestimmter Situationen oder Fähigkeiten abgeleitet werden (Hager et al. 1994; Sauter und Staudt 2016).

> **Definition Kompetenzmessung:**
>
> Ein System, mit dessen Hilfe Gutachter oder ein automatisiertes System basierend auf Belegen eine Aussage darüber treffen können, ob ein Individuum die Kriterien für einen Bereich erfüllt oder für diesen geeignet ist (Gonczi et al. 1993).

Grundsätzlich lassen sich die Verfahren der Kompetenzmessung in Paper-Pencil-Methoden und observierende Methoden unterscheiden, welche in ihrer Form jeweils subjektiv, objektiv oder hybrid ausgeprägt sein können (Bastians und Runde 2002; Erpenbeck und Rosenstiel 2007). Bild 4.6 zeigt eine Übersicht mit konkreten Beispielen.

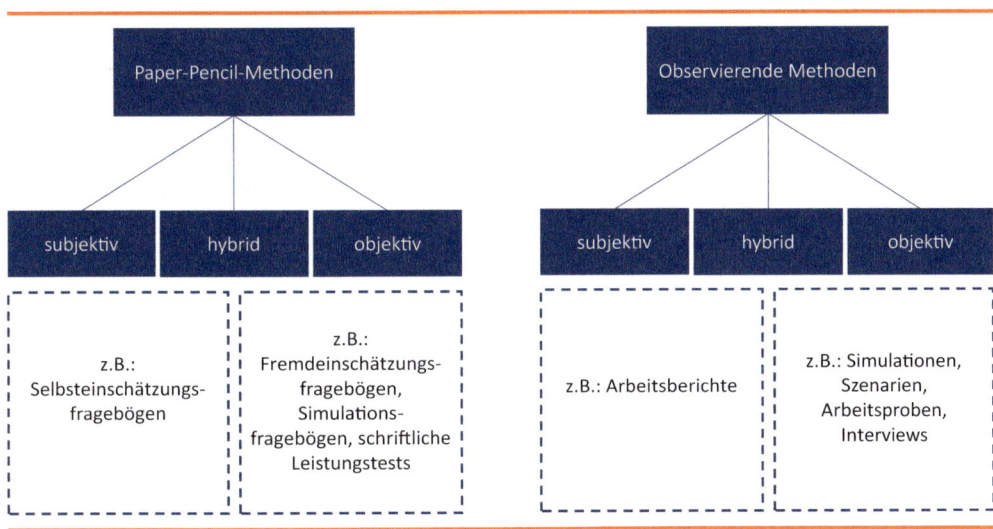

Bild 4.6 Kompetenz-messverfahren und ihre Kategorisierung (eigene Abbildung, auf Basis von (Erpenbeck und Rosenstiel 2007) und (Kaslow et al. 2009))

Paper-Pencil-Methoden sind die klassischen Erhebungsverfahren und umfassen das Ausfüllen eines Tests oder Fragebogens mit Stift und Papier. Durch die heutige Verbreitung von Computern und dem Internet wurde diese klassische Methode jedoch weitestgehend durch computerbasierte Fragebögen und Online-Tests abgelöst (Rebholz 2006). Die allgemeinen Vorteile dieser Methodik liegen in der einfachen Standardisierbarkeit der Testverfahren.

Subjektive Paper-Pencil-Methoden können mittels Selbsteinschätzungsfragebögen durchgeführt werden. So können insb. funktionale Kompetenzen gut in ihrer Breite gemessen werden. Weitere Stärken dieses Verfahrens liegen in den ökonomischen Aspekten, da keine überwachenden Entitäten benötigt werden. Zudem kann die eigene Kompetenz der Selbstreflexion durch derartige Selbsteinschätzungen gesteigert werden. Schwächen zeigen solche Verfahren vor allem in auftretenden Reaktionstendenzen und möglichen Verzerrungen der Einschätzungen auf Grund sozialer Erwünschtheit. Entsprechend ist die Validität solcher Messmethoden teilweise umstritten, lässt sich jedoch durch Anonymität oder die Ankündigung von Validierungen erhöhen. Weitere mögliche Schwachpunkte liegen in der Ungenauigkeit der Eigeneinschätzungen der Probanden bei fehlender Erfahrung mit Selbsteinschätzungen und dem benötigten Verständnis für die abgefragte Kompetenz (Bastians und Runde 2002; Rebholz 2006).

Tabelle 4.1 Stärken und Schwächen der Paper-Pencil-Methoden

Paper-Pencil-Methoden	Stärken	Schwächen
Selbsteinschätzungs-fragebögen	Selbstreflexion Kostengünstige funktionale Kompetenzmessung in der Breite Keine überwachenden Entitäten	Fehleinschätzungen auf Grund sozialer Erwünschtheit Negative Reaktionen auf Grund Kontrollen Validität
Fremdeinschätzungs-fragebögen	Kostengünstige funktionale Kompetenzmessung in der Breite und Tiefe möglich Ausmerzen von Schwächen wie sozialer Erwünschtheit	Standardisierung problematisch Kulturelle Probleme bei Fremdbeurteilungen Verstärkt benötigte zeitliche und personelle Ressourcen
Simulationsfragebögen	Messung sozialer Kompetenzen Realitätsnah und situations-spezifisch	Aufwand und Kosten Standardisierung problematisch
Schriftliche Leistungstests	Funktionale Kompetenzmessung in der Breite und Tiefe möglich Ausmerzen von Schwächen wie sozialer Erwünschtheit	Aufwand und Kosten

Objektive Erhebungen

Objektive Erhebungen mithilfe von Paper-Pencil-Methoden werden in Form von Fremdeinschätzungsfragebögen, Simulationsfragebögen oder schriftlichen Leistungstests durchgeführt (Bastians und Runde 2002; Kaslow et al. 2009). Dabei lassen sich funktionale Kompetenzen ebenfalls gut messen. Eine Stärke dieser Ansätze ist das Ausmerzen von Verzerrungen auf Grund sozialer Erwünschtheit. Probleme können bei Fremdbeurteilungen vor allem eine schwierige Standardisierung der Fragebögen für die bewertenden Personen und die benötigte offene Kultur darstellen. So sind die bewertenden Personen oft unsicher über die Anonymität und Auswirkungen ihrer Bewertung. Gegenüber der subjektiven Erhebung benötigt eine solche Erhebung zudem ggf. höhere zeitliche und personelle Ressourcen (Muellerbuchhof und Zehrt 2004; Kaslow et al. 2007).

Simulationsfragebögen

In Simulationsfragebögen werden realitätsnahe Situationen beschrieben, in welchen sich die zu testenden Personen für eine Alternative entscheiden müssen. Diese Vorgehensweise wird auch als Low-Fidelity-Simulation beschrieben. Auf Grund der fest vorgegebenen Aufgaben und Lösungen besitzt diese Vorgehensweise ihre Stärken vor allem in der Objektivität und wird insbesondere zur Messung sozialer Kompetenzen eingesetzt. Im Gegensatz zu den bisher genannten Verfahren ist dieses deutlich realitätsnäher und situationsspezifischer. Kompetenzen lassen sich hier also spezifischer und tiefgehender messen und der Proband kann die Ergebnisse nicht bewusst oder unbewusst verfälschen. Schwächen zeigt dieses Vorgehen vor allem beim hohen Aufwand und den Kosten der Entwicklung und Auswertung dieser Fragebögen. Zudem ist eine Standardisierung nur schwer möglich (Bastians und Runde 2002).

Leistungstests

Die Anwendung von Leistungstests mithilfe der Paper-Pencil-Methodik ist ein weiteres Verfahren zur objektiven Erhebung, bei dem die zu testenden Kompetenzen mithilfe von Situationsfragen oder Wissensabfragen bei einem einheitlichen Maßstab zur Bewertung der Leistung ausgewertet werden. Es liegt also eine konkrete Aufgabe mit einer genauen Anforderung vor, von welcher auf die jeweilige Kompetenz geschlossen werden kann. Je nach Tiefe und Spezifikation des Tests können Kompetenzen somit in der Breite, aber auch in der Tiefe gemessen werden. Die Stärken liegen hier wieder in der Objektivität und der nicht vorhandenen Verfälschbarkeit durch soziale Erwünschtheit. Schwächen zeigt das Verfahren vor allem hinsichtlich ökonomischer Aspekte durch den erhöhten zeitlichen Aufwand auf Seiten des Probanden, jedoch auch auf der Kostenseite der Entwicklung (Hager et al. 1994; Bastians und Runde 2002; Muellerbuchhof und Zehrt 2004).

Neben den auf Fragebögen basierenden Evaluationsmethoden existiert eine Vielzahl an *observierenden Methoden* zur Messung von Kompetenzen. Diese bestehen aus einer Beobachtung der Probanden in Form von Simulationen, Szenarien, Laborversuchen, Arbeitsproben oder Interviews. Dabei werden die Kompetenzen der Probanden in einer realen Situation (Arbeitsproben, Interviews) oder in einer künstlichen Umgebung (Simulationen, Szenarien, Laborexperimente) evaluiert. Die Vorteile liegen vor allem im hohen Realitätsbezug und der situationsspezifischen Erhebung. Kompetenzen können hier akkurater und tiefer gemessen werden und es können wesentlich komplexere Situationen dargestellt werden als bei fragebogenbasierten Tests (Hager et al. 1994). Dabei verlieren diese Methoden jedoch schnell die Möglichkeit zur Standardisierung und sind gegenüber der Paper-Pencil-Methodik wesentlich kosten- und zeitintensiver (Muellerbuchhof und Zehrt 2004). Meist ist auch die Generalisierbarkeit nicht gegeben (Kaslow et al. 2007).

Observierende Methoden

Bei Simulationen werden reale Situationen künstlich nachgebildet, um funktionale Kompetenzen mittels konkreter Aufgaben und Problemlösungen zu evaluieren. Die Stärken dieser Art der Kompetenzmessung liegen in der hohen Verlässlichkeit sowie der Fokussierung auf eine spezielle Aufgabe oder eine bestimmte Fähigkeit. Diese Simulationen sind zudem wesentlich realistischer als die oben genannten Fragebogen-basierten Low-Fidelity-Simulationen. Wie grundsätzlich bei allen Observationsmethoden liegen die Schwächen dieser Vorgehensweise im hohen Aufwand, in der Kostenintensität, der schlechten Standardisierung sowie der kaum möglichen Generalisierbarkeit (Hager et al. 1994; Erpenbeck und Rosenstiel 2007; Kaslow et al. 2009).

Simulationen

Tabelle 4.2 Stärken und Schwächen der Observationsmethoden

Observationsmethoden	Stärken	Schwächen
Simulationen	Hohe Verlässlichkeit	Hoher Aufwand
Szenarien	Fokussierung auf spezielle Aufgabe und Kompetenz	Kostenintensität
	Realismus	Standardisierung problematisch
	Mögliche Komplexität	Kaum generalisierbar
Laborexperimente	Standardisierbarkeit	Hoher Aufwand
	Generalisierbarkeit	Kostenintensität
		Weniger Realismus
Arbeitsproben	Realismus	Standardisierung problematisch
Interviews	Flexibilität	Kaum generalisierbar
	Messung in der Tiefe	Kostenintensive Auswertungen

Bei der Erhebung mittels Szenarien wird ein realistisches Szenario und ein Narrativ vorbereitet. Darin bekommt der Proband Informationen darüber, wie das vorhandene Problem zu lösen sein könnte. Ein typisches Beispiel ist die Verwendung von Programmierszenarien in Bewerbungsgesprächen. Nach einer Darstellung eines vorhandenen Problems durch den Recruiter wird durch eine Skizzierung des Codes und Schilderung des Vorgehens beispielsweise die Programmierkompetenz, das analytische Denken und die Problemlösekompetenz erhoben. Die Stärke dieses Ansatzes liegt in der guten Abbildbarkeit recht realitätsnaher Situationskomplexitäten und der Fokussierung auf bestimmte Aufgaben und Kompetenzen. Generell muss jedoch angemerkt werden, dass dieser erhöhte Realitätsbezug meist immer noch weit von einer Beobachtung im echten Umfeld des Probanden entfernt ist. Zudem sind Kosten und Zeitaufwand gerade bei einer Durchführung in der Breite eine weitere Schwäche des Vorgehens (Rebholz 2006).

Erhebung mittels Szenarien

Einsatz von Labor-
experimenten

Die Verwendung von Laborexperimenten ähnelt den eben genannten Ansätzen, jedoch ist damit die Schaffung einer standardisierbaren Testumgebung für die Probanden verbunden. Beispielsweise kann dieses Vorgehen zur Erhebung von Instandhaltungskompetenzen von Produktionsmaschinen verwendet werden, indem in einem Labor abseits der tatsächlichen Produktion eine baugleiche Produktionsmaschine platziert wird. Im Labor wird die Testperson aufgefordert, die Maschine sicherheitskonform zu bedienen. Anhand eines Abgleichs der durchgeführten Tätigkeiten in einem Kriterienkatalog kann auf die Kompetenz geschlossen werden. Dies führt zu Vorteilen hinsichtlich der Standardisierbarkeit und Generalisierbarkeit der durchgeführten Tests, ist jedoch besonders kostenintensiv und benötigt eine lange Vorbereitungszeit. Zudem entspricht ein solcher Laborversuch immer noch nicht der Realität einer zu bewältigenden Situation (Bastians und Runde 2002; Rebholz 2006). Beim genannten Beispiel spielen im Labor beispielsweise realweltliche Einflüsse und Interdependenzen der gesamten Produktionslinie keine Rolle.

Arbeitsproben und
Interviews

Die realitätsgetreueste Erhebung von Kompetenzen wird mithilfe von Arbeitsproben und Interviews ermöglicht. Dabei werden keine künstlichen Situationen geschaffen, sondern das Verhalten und die Fähigkeiten zur Lösung eines Problems oder einer Aufgabe werden direkt im realen Umfeld abgefragt. Arbeitsproben können dabei Aufzeichnungen aller Art wie Portfolios oder Protokolle sein (Kaslow et al. 2009), während Interviews direkt durch einen Evaluator durchgeführt werden. Die Vorteile ergeben sich gegenüber allen anderen Methoden vor allem durch die realitätsnahe Dokumentation und Erhebung des Verhaltens. Auf Grund der Flexibilität von Interviews und der Erhebung spezifischer Arbeitsproben lassen sich Kompetenzen dadurch vor allem in ihrer Tiefe gut messen. Durch die Erhebung in realen Situationen sind Standardisierbarkeit sowie Generalisierbarkeit allerdings kaum gegeben. Auch sind die Auswertung von Arbeitsproben sowie die Durchführung von Interviews kosten- und zeitintensiv (Hager et al. 1994; Erpenbeck und Rosenstiel 2007).

Praxistipp Methodenauswahl:

In der Realität bietet die Kombination subjektiver und objektiver Paper-Pencil-Methoden den besten Ansatz. Hier wird in der Literatur vom hybriden Ansatz gesprochen (Erpenbeck und Rosenstiel 2007). Dieses Verfahren kombiniert die Stärken der beiden Methoden und ermöglicht die Sichtbarkeit von Diskrepanzen, objektive, faire und gut abgerundete Messungen und gegenüber observierenden Methoden eine weniger kosten- und zeitintensive Erhebung. Die Schwächen erbt dieses Verfahren zum einen von den Verfahren der Fremdeinschätzung, zusätzlich erhöht sich gegenüber den einzelnen Verfahren der Aufwand in der Umsetzung und Auswertung sowie der involvierten Personen (Kaslow et al. 2009; Drisko 2014).

4.3 Einsatz des Werkzeugkastens: Verknüpfung der Konzepte

Für die Anwendung der erläuterten Werkzeuge zur Kompetenzmodellentwicklung und Kompetenzmessung benötigt man zunächst eine ausreichende Grundlage für die Bestimmung der im Einzelnen benötigten Kompetenzen. Wie bereits erläutert kann diese Grundlage auf Basis wissenschaftlicher Literatur als auch durch Befragungen mit Domänenexperten geschaffen werden. In beiden Fällen sollte ein mehrstufiger Ansatz gewählt werden, um zunächst übergeordnete Kompetenzen festzustellen, welche im zweiten Schritt des Vorgehens genauer spezifiziert werden. Beispielhaft könnte eine explorative Erhebung über benötigte Digitalkompetenzen folgende, in Tabelle 4.3 dargestellte Datengrundlage bilden. Durch den mehrstufigen Ansatz bilden diese identifizierten Kompetenzen jeweils *Kompetenzbereiche*.

Tabelle 4.3 Beispielhafter Auszug möglicher identifizierter Kompetenzbereiche

Kreativität	Interkulturelle Skills	Internet der Dinge	Robotik
Flexibilität	Analytische Fähigkeiten	Cyber Security	Additive Fertigung
Innovatives Denken	Entscheidungskompetenzen	Cloud Computing	Wissensmanagement
Kommunikation	Kritisches Denken	Augmented Reality	Arbeitsorganisation
Kollaboration und Teamwork	Big Data	Künstliche Intelligenz	Konfliktlösung

Hinweis:

Ein mehrstufiger Ansatz bei der Erhebung der Datengrundlage für ein Kompetenzmodell ermöglicht die Aggregation und die detaillierte Identifikation granularer Mikrokompetenzen, welche für diese übergeordneten Kompetenzen benötigt werden.

Die weiter vorne erläuterte Kategorisierung von Kompetenzen nach Le Deist und Winterton (2005) kann nun auf die Datengrundlage der Erhebung angewendet werden und somit ein erster Entwurf eines digitalen Kompetenzmodells angefertigt werden. Dieser erste Entwurf eines Kompetenzmodells entspricht je nach Breite der gewählten Grundlage einem allgemeinen oder schon einem auf ein Unternehmen zugeschnittenen Kompetenzmodell – Tabelle 4.4 zeigt ein Beispiel.

Tabelle 4.4 Kategorisierung der beispielhaften Kompetenzbereiche

Sozialer Kompetenz-bereich	Selbst- und Personal-kompetenz	Methodische Kompetenzen	Funktionaler Kompetenz-bereich
Kommunikation Kollaboration und Teamwork Interkulturelle Skills	Kreativität Flexibilität Innovatives Denken Wissensmanagement Arbeitsorganisation	Analytische Fähigkeiten Entscheidungskompetenzen Kritisches Denken Konfliktlösung	Big Data Internet der Dinge Cyber Security Cloud Computing Augmented Reality Künstliche Intelligenz Robotik Additive Fertigung

Im zweiten Schritt kann nun entschieden werden, welche Teile dieses initialen Kompetenzmodells tiefgehender betrachtet werden sollen und für die weitere Kompetenzentwicklung am relevantesten erscheinen. Für diese Bereiche wird dann mittels einer zweiten Erhebung im Detail untersucht, welche konkreten Kompetenzen, sog. *Mikrokompetenzen,* benötigt werden. Diese können innerhalb eines Kompetenzbereichs zu sog. *Makrokompetenzen* aggregiert werden.

Praxistipp:

Für die Erhebung der Mikrokompetenzen ist es sinnvoll, Fragebögen oder Interviews mit den jeweiligen Fachexperten über verschiedene Abteilungen, Unternehmen oder gar Branchen hinweg zu führen. So entsteht eine breite Datengrundlage und es wird das Risiko minimiert, essenzielle Kompetenzen zu übersehen.

Die Erhebung und Zuordnung der Makro- und Mikrokompetenzen führt im Anschluss zu einem detaillierten Kompetenzmodell. Bild 4.7 zeigt beispielhaft den Ausschnitt der Ergebnisse eines Forschungsprojekts, in welchem ein vollständiges Modell digitaler Kompetenzen für den Bereich „Industrie 4.0" mit 9 Kompetenzbereichen, 87 Makrokompetenzen und 507 Mikrokompetenzen entwickelt wurde. Der Ausschnitt stellt beispielsweise identifizierte Mikrokompetenzen und aggregierte Makrokompetenzen des funktionalen Kompetenzbereichs „Internet der Dinge" dar. Durch Anwendung quantitativer und qualitativer Methoden sowie verschiedener Modellframeworks lässt sich also im ersten Schritt in einem überschaubaren Prozess ein umfassendes digitales Kompetenzmodell entwickeln.

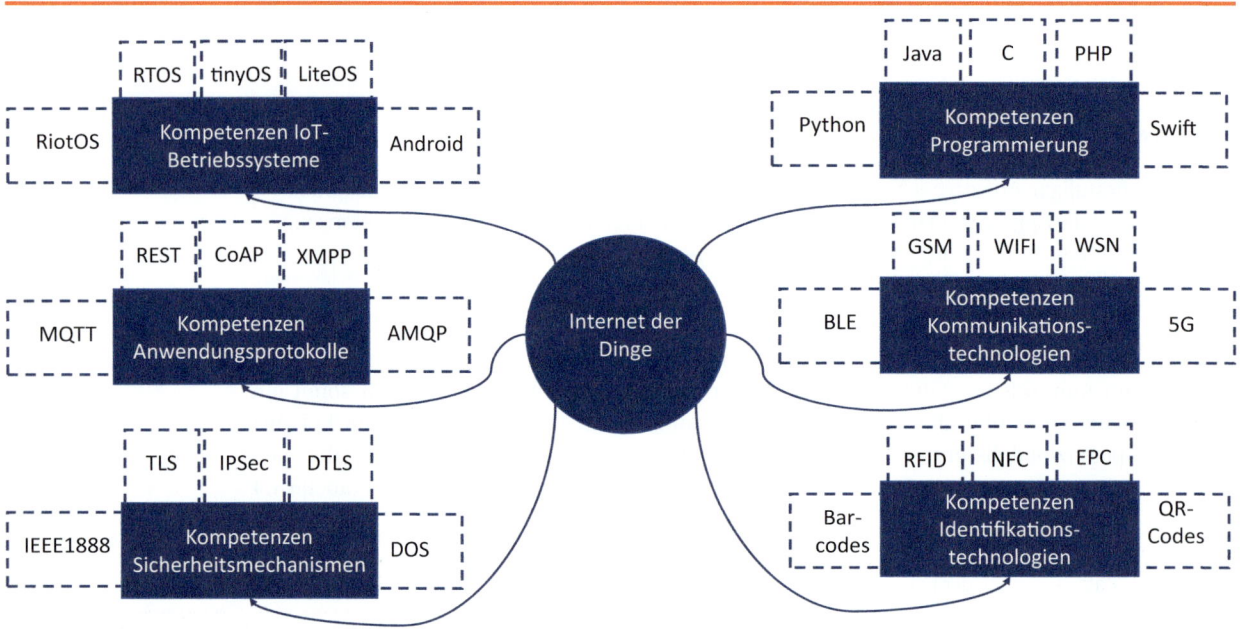

Bild 4.7 Beispiel für den funktionalen Kompetenzbereich „Internet der Dinge" und die dazugehörigen Makro- sowie Mikrokompetenzen

Ein Kompetenzmodell allein erlaubt keine Evaluierung und Entwicklung von Kompetenzen. Auf Basis dieses Modells können nun aber wichtige Fragen für weitere Maßnahmen gestellt werden. Bezogen auf das Beispiel aus Bild 4.7:

Inwiefern bilden meine Mitarbeiter schon benötigte Kompetenzen aus dem Bereich Internet der Dinge ab?

Welche Bereiche müssen besser geschult und entwickelt werden?

Passen die Anforderungen einer spezifischen Stelle auf das Kompetenzprofil eines Mitarbeiters?

Eine Operationalisierung des Modells, also die Entwicklung von Messsystemen, bietet eine Möglichkeit zur Beantwortung dieser Fragen.

Zur realweltlichen Anwendung und Operationalisierung können nun die dargelegten Vorgehensweisen zur Kompetenzmessung angewendet werden.

Wie oben beschrieben lässt sich Kompetenz nicht nur inhaltlich, sondern auch nach vier Kompetenzstufen gliedern, welche die Fähigkeiten aufeinander aufbauend repräsentieren. Um somit die eben erwähnten Kompetenzstufen für einen Kompetenzbereich und seine aggregierten Makrokompetenzen zu erheben und diese zu messen, müssen die Kompetenzstufen auf Mikrokompetenzebene erhoben werden. Die verschiedenen Kompetenzstufen auf der Mikroebene lassen sich aggregieren und somit die Kompetenzstufe für eine Makrokompetenz ableiten. Dabei wird zur Vereinfachung die Annahme getroffen, dass die identifizierten Mikrokompetenzen gleichermaßen, d. h. ungewichtet, zu einer Makrokompetenz beitragen.

Praxistipp:

Zur Entwicklung eines allgemeinen digitalen Kompetenzmodells und der grundlegenden Messung ist eine Gewichtung der benötigten Kompetenzen noch nicht sinnvoll. Für branchen-, abteilungs- und stellenspezifische Modelle kann diese jedoch bedarfsweise vorgenommen werden.

Entsprechend der obigen Analyse der diversen Messverfahren erscheint für eine umfassende Vermessung eine Kombination aus subjektiven und objektiven Paper-Pencil-Methoden als effektiv und effizient. Im Sinne der geforderten Multimethodik sollten reine Selbsteinschätzungsmethoden auf Grund der genannten Schwächen nicht alleinstehend verwendet werden, sondern kombiniert werden mit objektiven Leistungstests und Simulationsfragebögen. Diese Vorgehensweise bietet zusätzlich zur eigentlichen Kompetenzmessung Einblicke darüber, wie akkurat Mitarbeiter ihre eigenen Kompetenzen einschätzen.

Bei objektiven Leistungstests und Simulationsfragebögen müssen für jede Mikrokompetenz mehrere konkrete Aufgaben mit Anforderungen vorliegen, von welchen auf eine jeweilige Kompetenzstufe geschlossen werden kann. Entsprechend sollte jede Kompetenzstufe durch (mindestens) eine eigene Frage repräsentiert werden, wobei zunächst Testfragen und für höhere kognitive Leistungsstufen Simulationsfragen verwendet werden. Diese müssen die Mikrokompetenz inhaltlich möglichst valide, d. h. vollständig oder zumindest repräsentativ, widerspiegeln und ihre Ergebnisse müssen interpretierbar und aggregierbar sein, um eine Gesamtaussage über die Mikrokompetenz der jeweiligen Person treffen zu können. Bild 4.8 fasst die zu entwickelnden Komponenten der modellbasierten Kompetenzmessung zusammen.

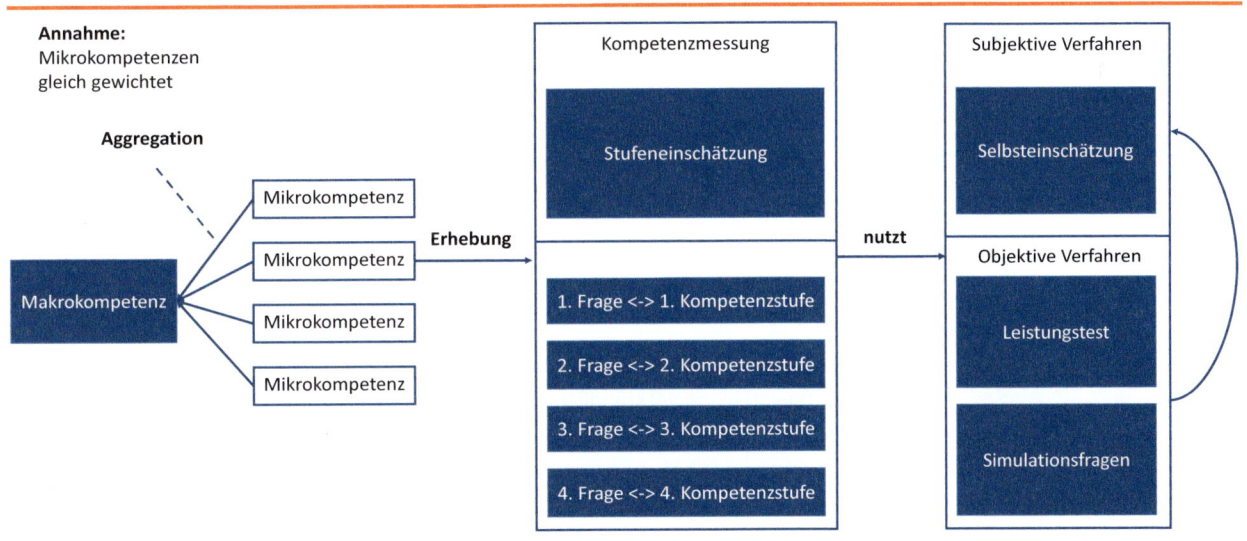

Bild 4.8 Vorgehensweise bei der digitalen Kompetenzmessung

Praxistipp:

Häufig bietet sich eine Umsetzung der Messinstrumente im Multiple-Choice-Format an. Neben Wissen kann durch ein gutes Design des Multiple-Choice-Formates ebenfalls taxonomisch höher geordnete kognitive Leistung wie die Interpretation und Anwendung erfasst werden (McCoubrie 2004).

Durch die weitreichende Anwendung objektiver Kompetenztests und von Multiple-Choice-Formaten in der Psychologie können zur Erstellung und zum Entwurf der grundsätzlichen Fragenstruktur die Richtlinien zum Aufbau von Fragen zur Kompetenzerhebung aus ebendieser Domäne verwendet werden. Um eine adäquate Testfrage zu entwickeln, muss diese zum einen klar strukturiert sein und zum anderen wichtige Inhalte für die Kompetenz repräsentieren sowie typische Messfehler und Verzerrungen verhindern (Case und Swanson 2002). Für eine einheitliche Struktur und den Aufbau der Fragen sollten zur Komplexitätsreduktion One-best-Answer-Fragen erstellt werden. One-best-Answer-Fragen besitzen im Vergleich zu Wahr-oder-falsch-Fragen neben der einfacheren Möglichkeit zur Formulierung auch eine weniger ausgeprägte Anfälligkeit für Ambiguität. Ein Element des Tests setzt sich somit aus den drei Komponenten des Vorbaus, der einleitenden Frage und aus vier Antwortoptionen zusammen.

Bild 4.9 Beispiel für eine One-Best-Answer-Frage im Multiple-Choice-Format, eigene Abbildung auf Basis von (Case und Swanson 2002)

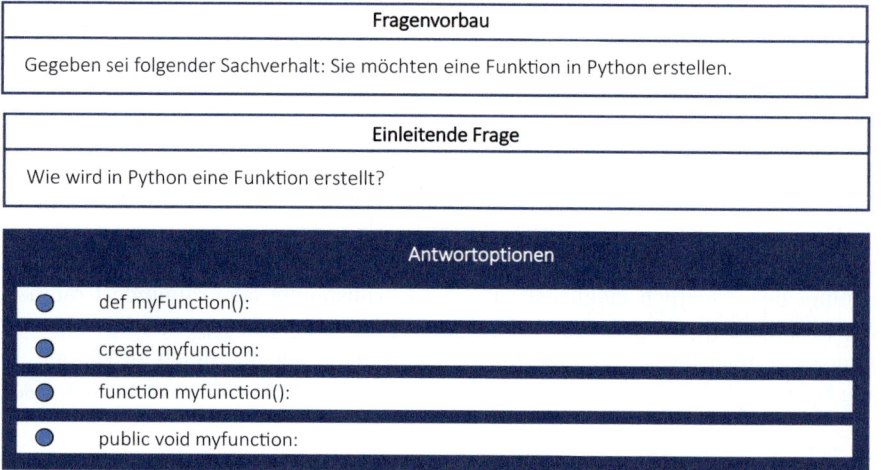

Der Umfang des Fragenvorbaus wird typischerweise bei höheren Kompetenzstufen auf Grund der steigenden Komplexität zunehmen. Neben Fragen im Multiple-Choice-Format sollte für die Erhebung der letzten Kompetenzstufe (Kreativität) eine Frage in offener Form gestellt werden (Case und Swanson 2002).

> **Hinweis:**
>
> Ein fester vordefinierter Fragenaufbau steigert die Effizienz der Fragenentwicklung und ermöglicht zeitgleich einen verständlichen und klaren Anforderungskatalog an die spätere Implementierung des Messsystems.

Um mit den Inhalten der Fragen die jeweiligen Kompetenzstufen abzubilden, sollte sich bei der Formulierung einer Frage für die jeweilige Stufe an der Einordnung der Komplexität der Aufgaben sowie der kognitiven Leistungen des Frameworks für digitale Kompetenz in Bild 4.4 orientiert werden:

- Die erste Frage einer Mikrokompetenz fragt einfache und allgemeine Grundkonzepte eines Themas in Form von Wissen der Mikrokompetenz ab und die Beantwortung der Frage ist durch reines Faktenwissen ohne eine Anwendung in einem konkreten Szenario möglich.

- Fragen der zweiten Kompetenzstufe erheben Kompetenzen normaler, wohldefinierter Aufgaben, welche auch außerhalb der routinemäßig durchgeführten Aufgaben liegen können. Dabei wird vor allem die kognitive Leistung des Verständnisses angesprochen (Carretero et al. 2017). Folglich wird bei der zweiten Frage zu einer Mikrokompetenz, um das Verständnis in nicht routinemäßigen Aufgaben zu prüfen, ein konkretes wohldefiniertes Szenario geschildert, dessen Ausgang durch das Verständnis des Themas und die Verknüpfung seiner Konzepte beantwortet werden kann.

■ Fragen der dritten Kompetenzstufe der „fortgeschrittenen Kompetenz" erheben Kompetenzen, welche für seltenere, komplexere und nicht wohldefinierte Aufgaben benötigt werden, und entsprechen der kognitiven Leistung der Anwendung und Evaluation eines Themas (Carretero et al. 2017). Um die Fähigkeit der Anwendung des jeweiligen Themas zu prüfen, werden seltenere, komplexere oder detailliertere Szenarien für einen Themenbereich gewählt, in welchem der Nutzer als Antwort das Vorgehen zur Erreichung eines nicht vollständig definierten Ergebnisses auswählen muss. Dabei muss der Nutzer das Problem, die Lösungsansätze und die Anwendung auf den Problemfall verstehen.

■ Fragen der vierten Kompetenzstufe repräsentieren eine „hochspezialisierte Kompetenz". Diese wird benötigt, um komplexe Probleme auf Grund begrenzter Lösungsmöglichkeiten oder vieler beeinflussender Faktoren kreativ zu lösen (Carretero et al. 2017). Hier wird vor allem die kognitive Leistung der Kreativität erhoben. Zur Evaluation sollten also seltene, komplexe und konkrete Szenarien entworfen werden. Zur Lösung dieses Szenarios muss die Testperson eine eigene, die jeweilige Mikrokompetenz betreffende Idee stichpunktartig beschreiben.

Um diese entwickelten Fragen, die dazugehörigen Antworten und resultierenden Ergebnisse der Testpersonen einzuordnen und aggregieren zu können, kann auf bestehende Bewertungsmethoden zurückgegriffen werden (Case und Swanson 2002). Für die ersten drei Fragen können die Leistungspunkte durch die vorher festgelegten richtigen und falschen Antworten direkt und automatisiert vergeben werden. Für Antworten auf Fragen der vierten Kompetenzstufe muss die Bewertung manuell anhand vordefinierter Kriterien erfolgen – aktuelle Entwicklungen in der KI-Forschung lassen hoffen, dass in naher Zukunft hier ebenfalls eine zunehmende Automatisierung der Auswertung möglich ist.

Im Anschluss lassen sich die Ergebnisse bezüglich der einzelnen Mikrokompetenzen jeweils zu einem Wert für die Makrokompetenz aggregieren. Die aggregierten Durchschnittswerte aller Makrokompetenzen bilden letztendlich die gesamte Digitalkompetenz einer Person, wobei dieser Aggregatwert nur bedingt aussagekräftig ist und die Einzelwerte für die sich anschließenden Überlegungen bzgl. Weiterbildung o. ä. die größere Relevanz besitzen.

Die Einordnung der Messwerte verschiedener Mikrokompetenzen in die vier Kompetenzstufen lassen durch ein Mapping auf die Klassifizierungen der Aufgabenautonomie sowie Komplexität Schlussfolgerungen auf die Makrokompetenz zu. In Bild 4.10 ist eine Einordnung und Mapping-Verfahren beispielhaft dargestellt. Die roten Markierungen stellen die Einordnung auf Basis der Kompetenzmessung dar. Die am niedrigsten ausgeprägte Kompetenz determiniert die *Bottom-Line* der bewältigbaren Aufgabenkomplexität und -autonomie. Im dargestellten Beispiel kann der Mitarbeiter zumindest einfache Aufgaben der „Makrokompetenz Identifikationstechnologien" teilautonom mit Anleitung bewältigen. Um die Aufgabenautonomie und Aufgabenkomplexität sowie die dafür notwendige Kompetenz zu steigern, muss die entsprechende Kompetenz durch Qualifizierungsmaßnahmen gesteigert werden.

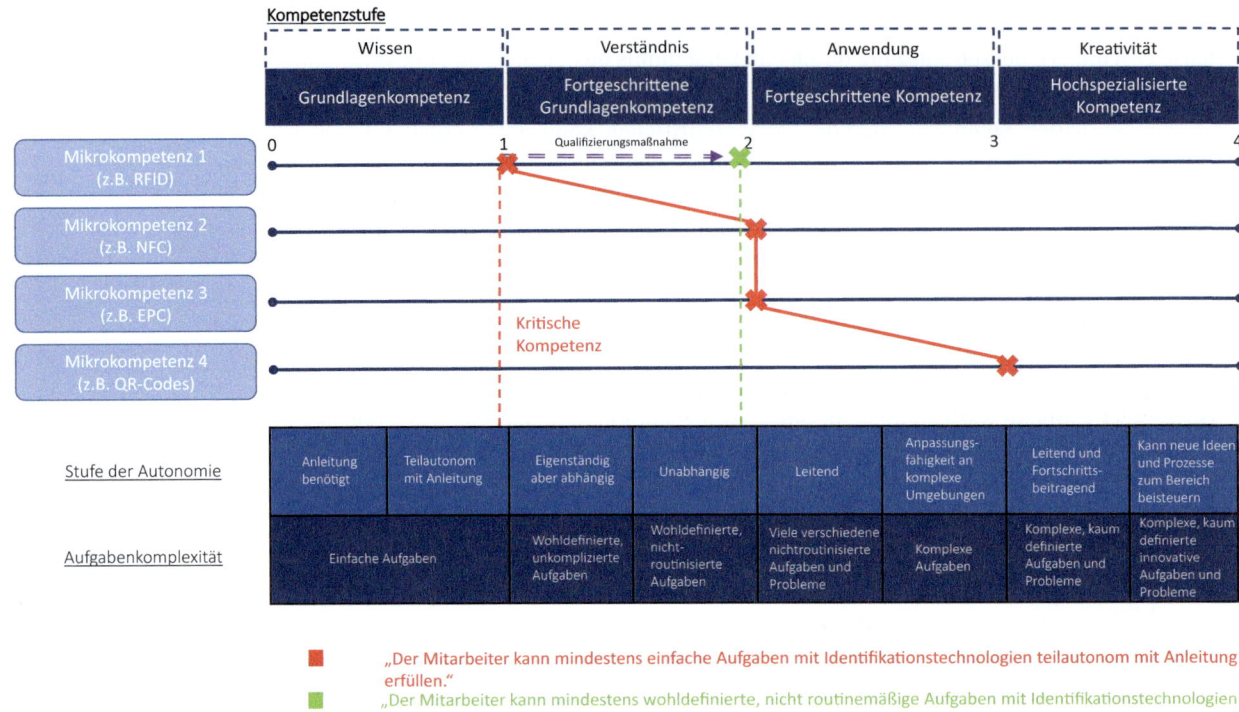

Bild 4.10 Ergebnis-interpretation einer digitalen Kompetenz-messung, eigene Abbildung, auf Basis von (Carretero et al. 2017) und (Vuorikari et al. 2016)

4.4 Beispielhafte Implementierung und Auswertung von Kompetenzprofilen

Im Folgenden wird die konkrete Implementierung einer Kompetenzmessung für das Beispiel der Makrokompetenz „Programmierung" vorgestellt. Um die Kompetenzmessung praktikabel durchzuführen, bietet sich die Implementierung der Fragen und Aufgaben in Form einer Webapplikation an. Mit dieser lässt sich der gesamte Prozess einfach und kosteneffizient administrieren sowie die Daten automatisiert, d. h. fehlerarm und schnell, auswerten. Zwar existieren einige Bedenken bezüglich der im Vergleich zu papierbasierten Erhebungen geringeren Aussagekraft computerbasierter Tests (Paek 2005), bisherige Studien lassen jedoch vermuten, dass die Unterschiede tendenziell gering sind (Vrabel 2004; Epps 2010; Retnawati 2015) und es eher auf die Rahmenbedingungen in der Testumgebung ankommt (so ist bspw. zu gewährleisten, dass die Teilnehmer sich vollständig auf die Aufgaben fokussieren können und keine Ablenkungen bestehen, z.B. durch Bereitstellung gesonderter Rechner und Räume für die Durchführung der Kompetenzmessung).

Bei der Implementierung kann auf zahlreiche Plattformen zur Entwicklung von Online-Umfragen wie Survey.js, LimeSurvey, Qualtrics oder SurveyMonkey zurückgegriffen werden.

Praxistipp:

Für die Auswahl eines Survey-Werkzeugs sollten diverse Kriterien zur Hilfe herangezogen werden. Neben Funktionsumfang, Service, Modularität oder Erweiterbarkeit spielt dabei die Realisierung von Schutzmechanismen zur Sicherung persönlicher Daten eine wichtige Rolle.

Essenziell sind für die aufeinander aufbauenden Fragen die automatische Verarbeitung der Antworten und die Abbildung der Abhängigkeiten der Folgefragen (Abprüfen höherer Kompetenzstufen nur nach erfolgreicher Absolvierung der Fragen der unteren Stufen). Nutzerführung und Nutzereingaben müssen so leicht wie möglich gehalten werden, um negative Einflüsse des Messinstruments selbst auf die Ergebnisse zu verhindern. Bei der folgenden beispielhaften Implementierung wurde das Werkzeug *Survey.js* verwendet. Survey.js bietet eine Bibliothek mit verschiedenen vorgefertigten Fragentypen, welche sich in der Arbeitsumgebung des Rahmenwerks implementieren und verknüpfen lassen.

Bild 4.11 und Bild 4.12 zeigen eine beispielhafte Implementierung der zuvor erläuterten Vorgehensweise zur Entwicklung einer Messmethodik für das digitale Kompetenzmodell. Dabei stellt Bild 4.11 die vorgelagerte Selbsteinschätzung dar, während Bild 4.12 die vier objektiven Test- und Simulationsfragen zur Bestimmung der Kompetenzstufen (selektiv für die Mikrokompetenz „Python") darstellt

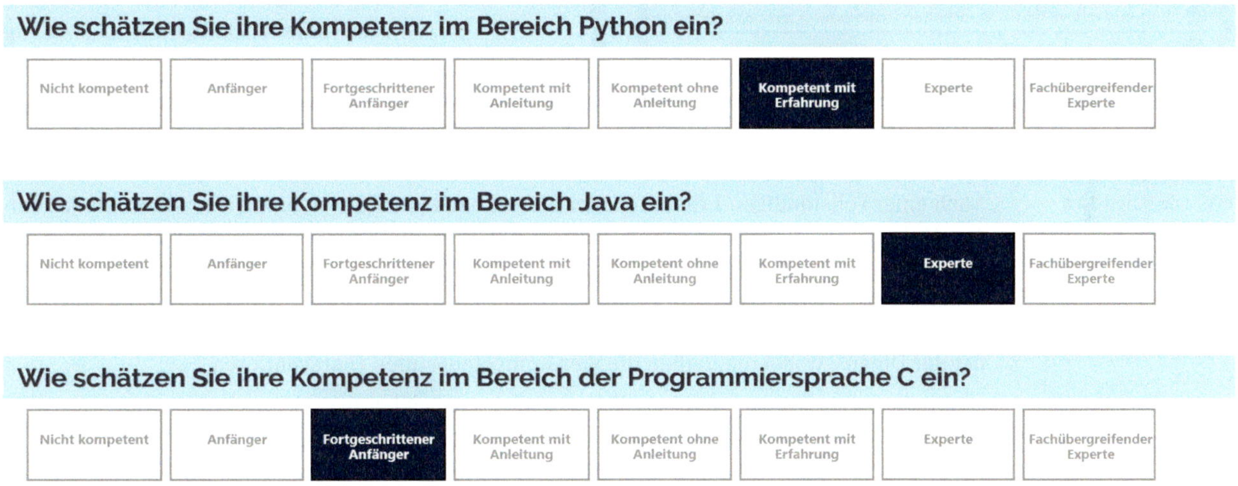

Bild 4.11 Beispielhafte Implementierung der vorgelagerten Selbsteinschätzung

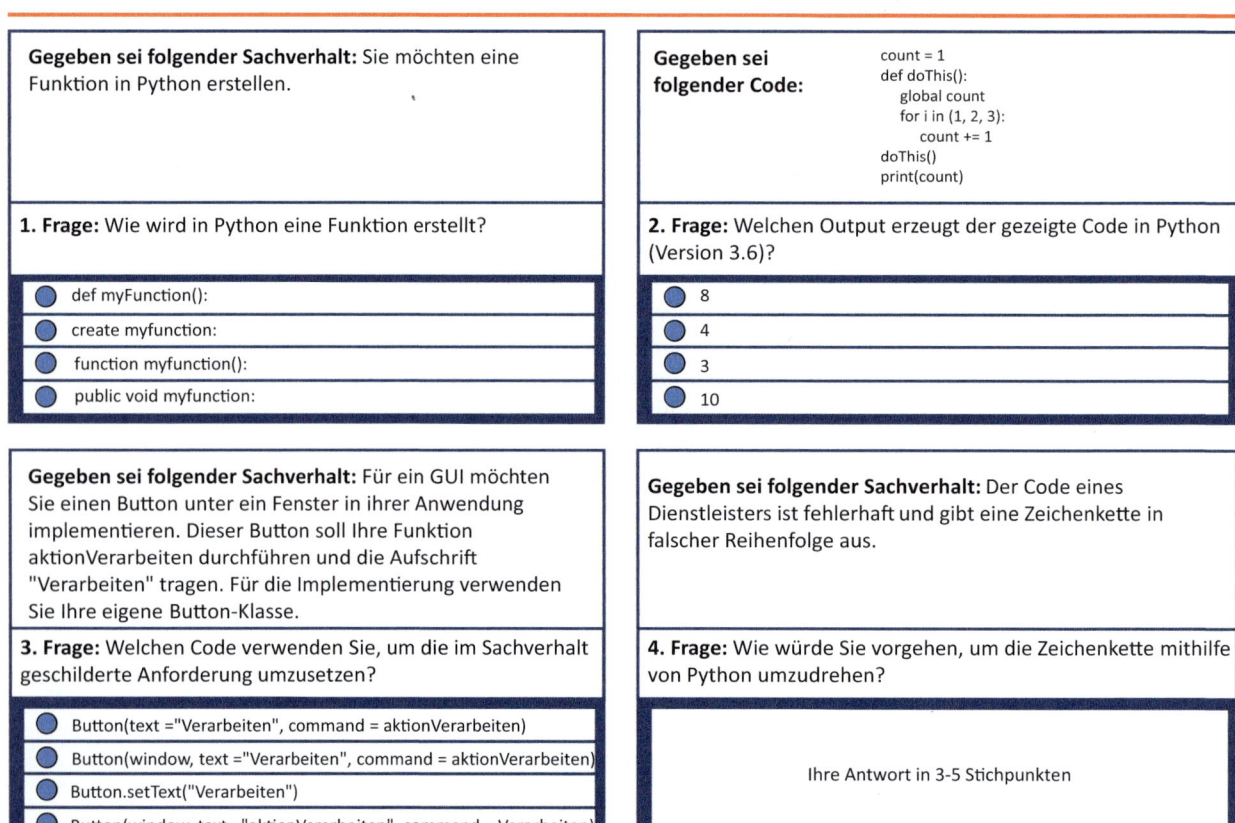

Gegeben sei folgender Sachverhalt: Sie möchten eine Funktion in Python erstellen.

1. Frage: Wie wird in Python eine Funktion erstellt?

- def myFunction():
- create myfunction:
- function myfunction():
- public void myfunction:

Gegeben sei folgender Code:

```
count = 1
def doThis():
    global count
    for i in (1, 2, 3):
        count += 1
doThis()
print(count)
```

2. Frage: Welchen Output erzeugt der gezeigte Code in Python (Version 3.6)?

- 8
- 4
- 3
- 10

Gegeben sei folgender Sachverhalt: Für ein GUI möchten Sie einen Button unter ein Fenster in ihrer Anwendung implementieren. Dieser Button soll Ihre Funktion aktionVerarbeiten durchführen und die Aufschrift "Verarbeiten" tragen. Für die Implementierung verwenden Sie Ihre eigene Button-Klasse.

3. Frage: Welchen Code verwenden Sie, um die im Sachverhalt geschilderte Anforderung umzusetzen?

- Button(text ="Verarbeiten", command = aktionVerarbeiten)
- Button(window, text ="Verarbeiten", command = aktionVerarbeiten)
- Button.setText("Verarbeiten")
- Button(window, text ="aktionVerarbeiten", command = Verarbeiten)

Gegeben sei folgender Sachverhalt: Der Code eines Dienstleisters ist fehlerhaft und gibt eine Zeichenkette in falscher Reihenfolge aus.

4. Frage: Wie würde Sie vorgehen, um die Zeichenkette mithilfe von Python umzudrehen?

Ihre Antwort in 3-5 Stichpunkten

Bild 4.12 Beispielhafte Implementierung objektiver Leistungs- und Simulationsfragen für die Mikrokompetenz Python

Nach einer vollständigen Erhebung aller Mikrokompetenzen können die Scores für die jeweiligen Makrokompetenzen aggregiert werden und dann für den Kompetenzbereich „Internet der Dinge" in Form von Kompetenzprofilen visualisiert werden. Diese Kompetenzprofile können bedarfsweise aggregiert über Abteilungen, Teams oder für Individuen erstellt werden. Bild 4.13 zeigt beispielhaft das Kompetenzprofil eines einzelnen Mitarbeiters im Makrobereich „Internet der Dinge", wobei die Radien die vier Kompetenzstufen repräsentieren.

Durch diese Auswertung und Visualisierung lassen sich bereits Fragestellungen zur Verortung der Mitarbeiterkompetenz hinsichtlich seiner Autonomie und bewältigbaren Aufgabenkomplexität beantworten. Bei der Auswertung des Kompetenzbereichs des Internets der Dinge ist der betrachtete Mitarbeiter mit einem Wert von 2,72 fortgeschritten kompetent. Der Wert der am schwächsten ausgeprägten Makrokompetenz (Programmierung) determiniert, dass Mitarbeiter X zumindest eigenständig, unter Anleitung wohldefinierte Aufgaben im Bereich „Internet der Dinge" erledigen kann. Während die Stärken des Mitarbeiters im Bereich der Identifikationstechnologien und Mikrocontroller liegen, besitzt er Schwächen bei der Programmierung. Um den Mitarbeiter zu autonomerem Handeln und der Bearbeitung komplexerer Aufgaben zu befähigen, sollte an dieser Stelle mit Qualifizierungsmaßnahmen angesetzt werden. Für eine genauere Analyse sollte jedoch zunächst das entsprechende Mikrokompetenzprofil konsultiert werden (Bild 4.14).

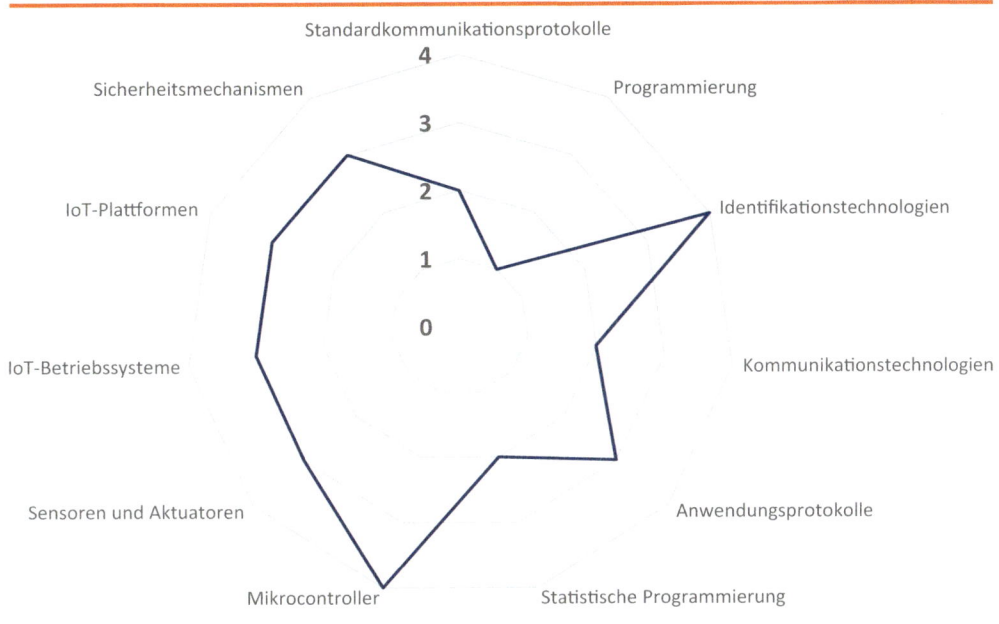

Durchschnitt: 2,72

Bild 4.13 Beispielhaftes Kompetenzprofil eines Mitarbeiters für den Kompetenzbereich „Internet der Dinge"

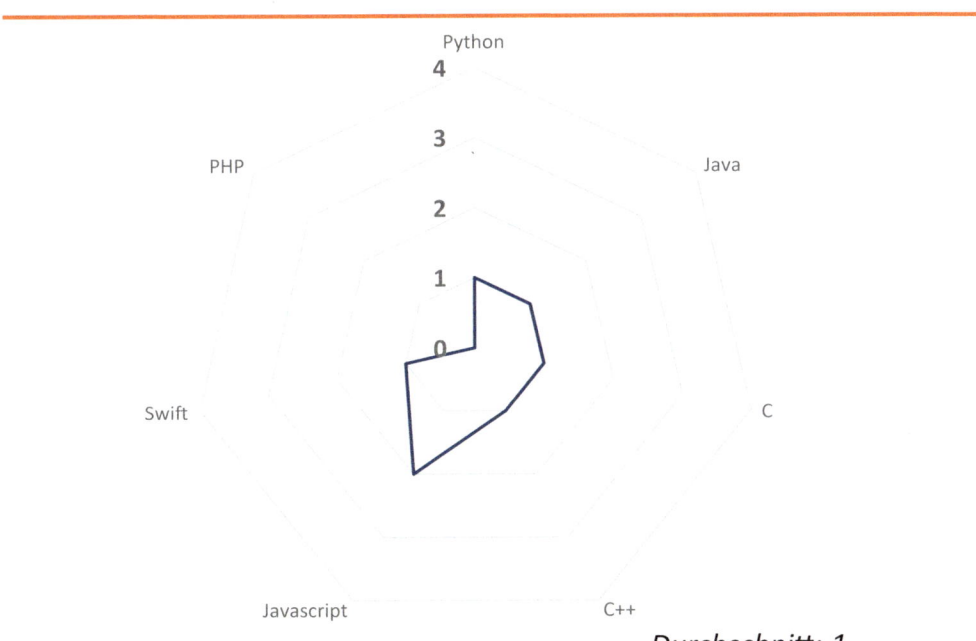

Durchschnitt: 1

Bild 4.14 Beispielhaftes Mikrokompetenzprofil für Programmiersprachen

In diesem Mikrokompetenzprofil wird ersichtlich, dass der Mitarbeiter im Bereich der Programmierung nur einen geringen Teil der benötigten Kompetenzen abbildet. Qualifizierungsmaßnahmen sind somit in den Bereichen notwendig, welche geringer ausgeprägt sind. Um Qualifizierungsmaßnahmen jedoch gezielt einzuleiten, sollten Soll-Kompetenzprofile von konkreten Stellen zum direkten Vergleich herangezogen werden. Bild 4.15 zeigt eine Überlagerung eines solchen Soll-Profils mit dem aktuellen Kompetenzprofil.

Bild 4.15 Überlagerung des Kompetenzprofils mit einem Soll-Profil

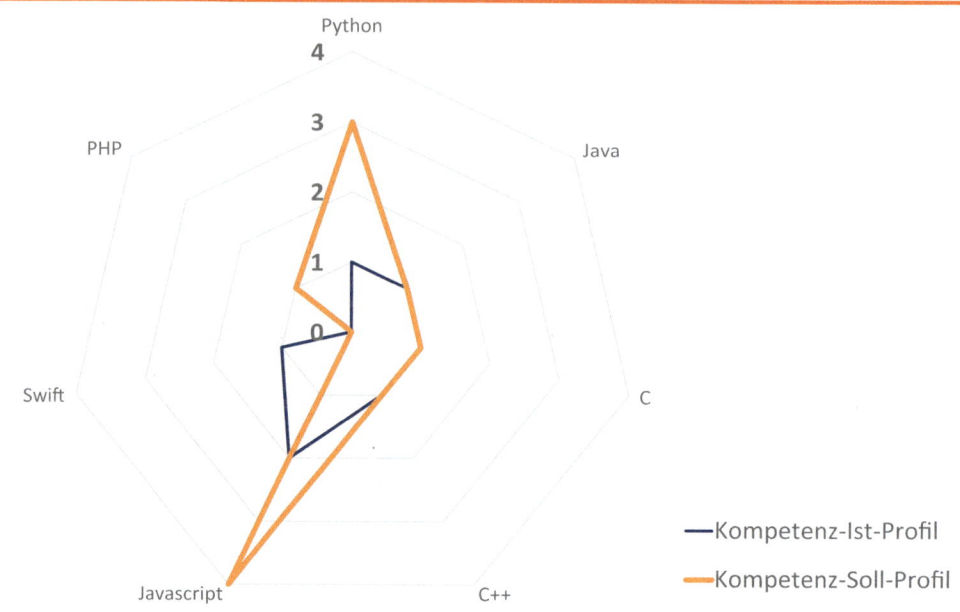

— Kompetenz-Ist-Profil
— Kompetenz-Soll-Profil

Durch die Einordnung der Mikrokompetenzen in die Auswertungsschablone lässt sich erkennen, dass hier insbesondere in den Bereichen Python und JavaScript angesetzt werden sollte, und zwar mit anwendungsorientierten Maßnahmen wie praktischen Übungen und Workshops. Im Bereich PHP wird hauptsächlich Grundwissen verlangt, weshalb dort reine Maßnahmen zum Wissensaufbau ausreichend sein werden.

Eine umfassende Kompetenzmessung der Mitarbeiter des Unternehmens bietet auch Grundlagen für strategische Überlegungen. Eine Abbildung der Makrokompetenzen über das gesamte Unternehmen hinweg lässt eine Aussage über die digitale Reife bzw. die digitale Kompetenz des gesamten zur Verfügung stehenden Talents zu. Daraus lassen sich zum einen umfassendere Handlungsmaßnahmen zur Behebung von Defiziten ableiten. Zum anderen lässt sich umgekehrt aus den identifizierten Stärken auch Orientierung bzgl. der Weiterentwicklung von Geschäftsmodellen und Strategien gewinnen. Bild 4.16 zeigt ein solches Kompetenzprofil auf übergeordneter Ebene.

Das dargestellte Beispiel legt nahe, dass vor allem Qualifizierungsmaßnahmen im Bereich Cloud Computing durchgeführt werden sollten. Auf der anderen Seite zeigt sich aus strategischer Perspektive, dass besondere Stärken im Bereich KI und IoT bestehen, so dass in der Verknüpfung dieser Themen ein besonderes Potenzial für die (Weiter-)Entwicklung von Geschäftsmodellen liegt.

Zusammenfassend zeigen diese Beispiele noch einmal auf, dass die Entwicklung eines Kompetenzmodells und die Verknüpfung mit einer Messung zahlreiche Potenziale und Anknüpfungspunkte bieten. Diese sind nicht nur für die zielgerichtete und effektive Entwicklung der eigenen Mitarbeiter und des Personals nützlich, sondern bieten auch zahlreiche Impulse für die strategische Weiterentwicklung eines Unternehmens.

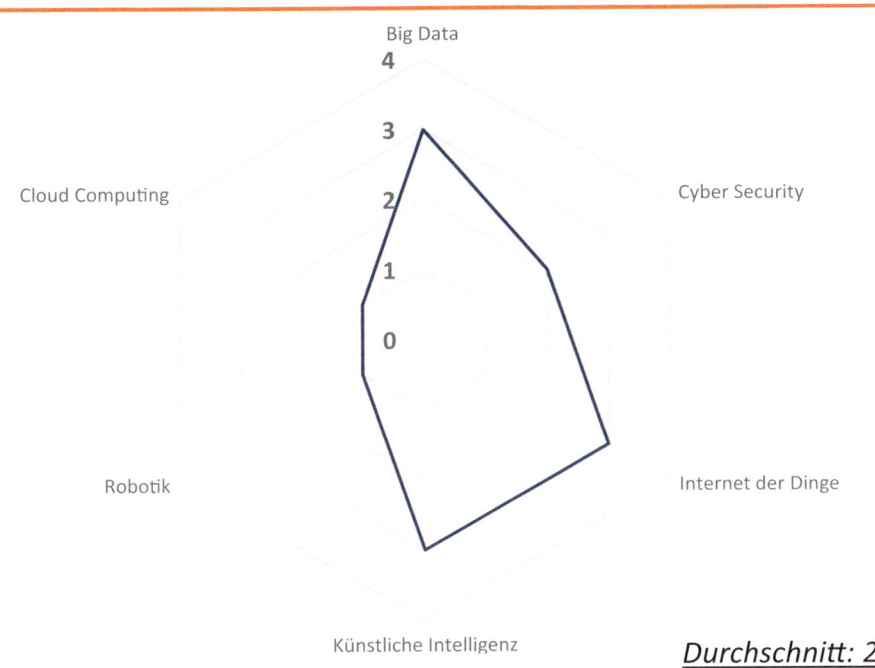

Durchschnitt: 2,16

4.5 Herausforderungen

Die Umsetzung eines solchen Werkzeugs ist in der Realität mit einigen Herausforderungen verbunden. Diese sind nicht unüberwindbar, jedoch ist ein Bewusstsein und eine Adressierung dieser unumgänglich.

1. **Kosten und Aufwand für die Entwicklung eines Gesamtmodells:** Die Entwicklung eines allgemeinen digitalen Kompetenzmodells ist mit erheblichem Aufwand und Kosten verbunden. Obwohl eine Entwicklung eines gesamten digitalen Kompetenzmodells zunächst nicht sinnvoll erscheinen mag, ermöglicht es jedoch Modularität und Flexibilität bei der späteren Ableitung von Teilmodellen und -werkzeugen. Auch die eigentliche Durchführung der Messung und Auswertung der Ergebnisse bedeuten Zeitaufwand, nicht zuletzt bei den Mitarbeitern, deren Kompetenzen evaluiert werden sollen.

2. **Vollständigkeit:** Bei der Entwicklung eines umfassenden Modells für Digitalkompetenzen ist die Garantie der Vollständigkeit nie gegeben. Das Risiko fehlender Kompetenzbereiche kann jedoch durch eine mehrseitige Validierung, stetige Weiterentwicklung sowie sog. Trend-Radare bewerkstelligt werden. Trend-Radare beobachten den Markt und erfassen relevante neue technologische Entwicklungen.

3. **Genauigkeit und Abdeckung der Fragen:** Die Genauigkeit der Kompetenzmessung steht und fällt mit den gestellten Fragen. Auch diese sollten hinsichtlich Richtigkeit und Abdeckung von mehreren Parteien validiert werden.

4. **Gewichtung:** Um die realweltlichen Anforderungen für einen konkreten Bereich angemessen abzubilden, müssen in den jeweiligen Subkompetenzmodellen Gewichtungen über die Wichtigkeit der einzelnen Mikrokompetenzen determiniert werden. Im vorliegenden Kapitel wurden diese Gewichtungen zunächst vernachlässigt, sie sind jedoch für eine genauere kontextbezogene Ermittlung von Soll- und Ist-Kompetenzprofilen zwingend notwendig.

5. **Unternehmenskultur:** Abhängig von der jeweiligen Firmenkultur kann die Erhebung von Kompetenzen und das Bilden von Kompetenzprofilen durch die Mitarbeiterschaft als Überwachung und Druck interpretiert werden. Eine Strategie zur vorherigen Anpassung der Unternehmenskultur sowie Transparenz über das Vorgehen sind dabei wichtige Faktoren. Eine Möglichkeit bietet hier beispielsweise ein freiwilliges individuelles Weiterbildungsangebot, welches auf den dann erhobenen Profilen basiert.

6. **Datenschutz und Mitbestimmungsrechte:** Selbstverständlich müssen betriebs- und datenschutzrechtliche Faktoren beachtet werden. Arbeitnehmervertretungen sind frühzeitig in den Prozess der Modellentwicklung einzubeziehen. Jeglicher Zwang zur Beteiligung sowie Missbrauch der erhobenen Daten ist auszuschließen. Zugeordnete Kompetenzprofile müssen durch ausreichende Sicherheitsvorkehrungen geschützt sein. Die Erstellung eines Kompetenzprofils mit direkter namentlicher Mitarbeiterzuordnung sollte freiwillig geschehen und ansonsten möglichst von vornherein vermieden werden.

4.6 Leitfaden zur digitalen Kompetenzmessung

Zusammenfassend lassen sich die erläuterten Werkzeuge, deren Einsatz und Herausforderungen im Leitfaden zur digitalen Kompetenzmessung darstellen. Bild 4.17 enthält dabei die benötigten Werkzeuge und kreierten Artefakte, welche zur erfolgreichen Messung und zu Qualifizierungsmaßnahmen hinsichtlich digitaler Kompetenzen führen. Dieser Leitfaden bietet die Möglichkeit, einzelne Komponenten zu adaptieren, um somit ein angepasstes Modell zu entwickeln.

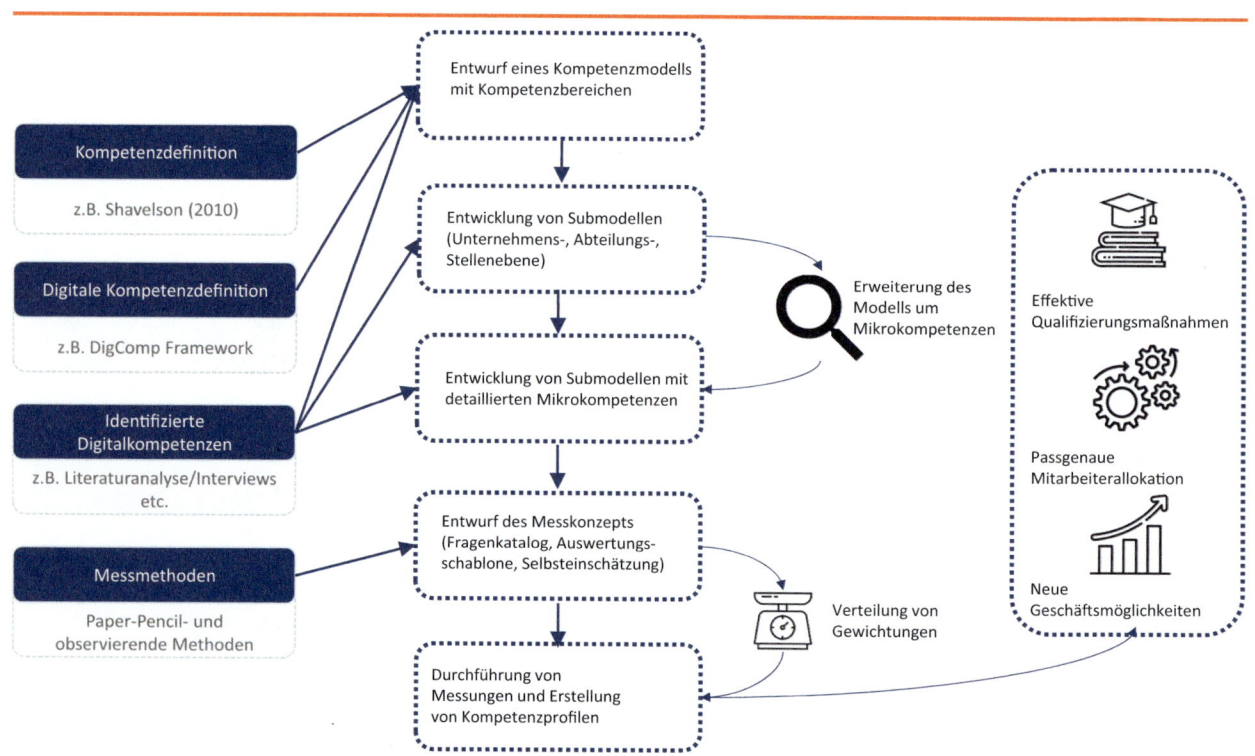

Bild 4.17 Leitfaden zu Identifikation und Messung digitaler Kompetenzen (eigene Abbildung, Icons genutzt von Freepik, Becris und Good Ware (*www.flaticon.com*))

Literatur

Bastians, Frauke; Runde, Bernd (2002): Instrumente zur Messung sozialer Kompetenzen. In: *Zeitschrift fur Psychologie* 210 (4), S. 186 – 196. DOI: 10.1026//0044-3409.210.4.186.

Carretero, Stephanie; Vuorikari, Riina; Punie, Yves (2017): DigComp 2.1: The Digital Competence Framework for Citizens. With Eight Proficiency Levels and Examples of Use. Online verfügbar unter *http://publications.jrc.ec.europa.eu/repository/bitstream/JRC106281/web-digcomp2.1pdf_(on line).pdf*, zuletzt geprüft am 15. 02. 2021.

Case, Susan M.; Swanson, David B. (2002): Constructing Written Test Questions For the Basic and Clinical Sciences. In: Director 27 (21), S. 1 – 181. Online verfügbar unter *http://www.nbme.org/PDF/ItemWriting_2003/2003IWGwhole.pdf,* zuletzt geprüft am 10. 02. 2021.

Drisko, James W. (2014): Competencies and their Assessment. In: *Journal of Social Work Education* 50 (3), S. 414 – 426. DOI: 10.1080/10437797.2014.917927.

Edelmann, D.; Tippelt, R. (2004): Kompetenz – Kompetenzmessung: ein (kritischer) Überblick. In: *Durchblick* 3, S. 7 – 10. Online verfügbar unter *http://www.benachteiligtenfoerderung.de/download-center/fachbeitrag/durchblick3_2004/Seiten aus DB_3_04 S. 7 - 10.pdf*.

EP/EC (2006): Recommendation of the European Parliament and of the Council of 18 December 2006 on Key Competences for Lifelong Learning. In: *Official Journal of the European Union* 2006 (394), 10-18. Online verfügbar unter *https://eur-lex.europa.eu/eli/reco/2006/962/oj*, zuletzt geprüft am 10. 02. 2021.

Epps, Adrian (2010): Impact of Fiscal Resources Allocation to Schools Based on a Differentiated Supervision Model. In: *Academy of Educational Leadership Journal* 14 (4), S. 53.

Erpenbeck, John; von Rosenstiel, Lutz (2007): Einführung. In: Handbuch Kompetenzmessung. Stuttgart: Schäffer-Poeschel.

Ferrari, Anusca (2013): DIGCOMP: A Framework for Developing and Understanding Digital Competence in Europe. Hg. v. Publications Office of the EU. Publications Office of the EU. Luxembourg. Online verfügbar unter *https://op.europa.eu/en/publication-detail/-/publication/a410aad4-10bf-4d25-8c5a-8646fe4101f1/language-en*.

Ferrari, Anusca; Punie, Yves; Redecker, Christine (2012): Understanding Digital Competence in he 21st Century: An Analysis of Current Frameworks. Berlin, Heidelberg: Springer. Online verfügbar unter *https://www.researchgate.net/profile/Yves_Punie/publication/313535383_Understanding_digital_competence_in_the_21st_century_An_analysis_of_current_frameworks/links/5c9ce2fd299bf111694c2cfe/Understanding-digital-competence-in-the-21st-century-An-analysis-of-current-frameworks.pdf*.

Geißler, Annabelle; Voit, Christian; Häckel, Björn; Übelhör, Jochen (2019): Structuring the Anticipated Benefits of the Fourth Industrial Revolution. In: 25th Americas Conference on Information Systems, AMCIS 2019, S. 1 – 10.

Gonczi, Andrew; Hager, Paul; Athanasou, James (1993): The Development of Competency-Based Assessment Strategies for the Professions: Canberra: AGPS.

Hager, Paul; Gonczi, Andrew; Athanasou, James (1994): General Issues about Assessment of Competence. In: *Assessment and evaluation in higher education* 19 (1), S. 3 – 16. DOI: 10.1080/0260293940190101.

Hartmann, E.; Boverschulte, M.: Skills Needs Analysis for „Industry 4.0" based on Roadmaps for Smart Systems. In: SKOLKOVO Moscow School of Management & International Labour Organization(ed): Using Technology Foresights for Identifying Future Skills Needs. Global Workshop Proceedings., S. 24 – 36.

Hecklau, Fabian; Galeitzke, Mila; Flachs, Sebastian; Kohl, Holger (2016): Holistic Approach for Human Resource Management in Industry 4.0. In: Procedia CIRP 54 (1), S. 1 – 6. DOI: 10.1016/j.procir.2016.05.102.

Kaslow, Nadine J.; Grus, Catherine L.; Campbell, Linda F.; Fouad, Nadya A.; Hatcher, Robert L.; Rodolfa, Emil R. (2009): Competency Assessment Toolkit for Professional Psychology. In: *Training and Education in Professional Psychology* 3 (4 SUPPL. 1), S. 27 – 45. DOI: 10.1037/a0015833.

Kaslow, Nadine J.; Rubin, Nancy J.; Bebeau, Muriel J.; Leigh, Irene W.; Lichtenberg, James W.; Nelson, Paul D. et al. (2007): Guiding Principles and Recommendations for the Assessment of Competence. In: *Professional Psychology: Research and Practice* 38 (5), S. 441 – 451. DOI: 10.1037/0735-7028.38.5.441.

Le Deist, Françoise Delamare; Winterton, Jonathan (2005): What is Competence? In: *Human Resource Development International* 8 (1), S. 27 – 46. DOI: 10.1080/1367886042000338227.

Lichtenberg, James W.; Portnoy, Sanford M.; Bebeau, Muriel J.; Leigh, Irene W.; Nelson, Paul D.; Rubin, Nancy J. et al. (2007): Challenges to the Assessment of Competence and Competencies. In: *Professional Psychology: Research and Practice* 38 (5), S. 474 – 478. DOI: 10.1037/0735-7028.38.5.474.

Lucia, Anntoinette D.; Lepsinger, Richard (1999): The Art and Science of Competency Models. Jossey-Bass/Pfeiffer. San Francisco. Online verfügbar unter *http://www.thecommonwealthpractice.com/ CompetencyModelReview.pdf*.

Machado, Carla Gonçalves; Winroth, Mats; Carlsson, Dan; Almström, Peter; Centerholt, Victor; Hallin, Malin (2019): Industry 4.0 Readiness in Manufacturing Companies: Challenges and Enablers Towards Increased Digitalization. In: *Procedia CIRP* 81, S. 1113 – 1118. DOI: 10.1016/j.procir.2019.03.262.

McCoubrie, Paul (2004): Improving the Fairness of Multiple-choice Questions: A Literature Review. In: *Medical Teacher* 26 (8), S. 709 – 712. DOI: 10.1080/01421590400013495.

Muellerbuchhof, Ralf; Zehrt, Peter (2004): Vergleich subjektiver und objektiver Messverfahren für die Bestimmung von Methodenkompetenz – Am Beispiel der Kompetenzmessung bei technischem Fachpersonal. In: *Zeitschrift fur Arbeits- und Organisationspsychologie* 48 (4), S. 132 – 138. DOI: 10.1026/0932-4089.48.3.132.

Müller, Marion (2019): Weiterbildung für die digitale Arbeitswelt. In: *Die Aktiengesellschaft* 2019 (7), S. 99. DOI: 10.9785/ag-2019-640718.

Paek, Pamela (2005): Recent Trends in Comparability Studies. PEM Research Report 05-05. Pearson Education Measurement. Upper Saddle River, New Jersey. Online verfügbar unter *https://www. researchgate.net/profile/Pamela_Paek/publication/245023911_Recent_Trends_in_Comparability_ Studies_Using_testing_and_assessment_to_promote_learning/links/00b7d51d5c29b537b5000000. pdf*.

Prifti, Loina; Knigge, Marlene; Kienegger, Harald; Krcmar, Helmut (2017): A Competency Model for „Industrie 4.0" Employees. In: 13th International Conference on Wirtschaftsinformatik, S. 46 – 60.

Rebholz, Maureen O'Hearne (2006): A Review of Methods to Assess Competency. In: *Journal for Nurses in Professional Development* 22 (5), S. 241 – 245. DOI: 10.1097/00124645-200609000-00007.

Retnawati, Heri (2015): The Comparison of Accuracy Scores on the Paper and Pencil Testing vs. Computer-based Testing. In: *Turkish Online Journal of Educational Technology* 14 (4), S. 135 – 142.

Ryschka, Jurij; Mattenklott, Axel; Solga, Marc (Hg.) (2011): Praxishandbuch Personalentwicklung. Instrumente, Konzepte, Beispiele. 3. Aufl. Wiesbaden: Springer.

Sauter, Werner; Staudt, Anne-Kathrin (2016): Kompetenzmessung in der Praxis: Mitarbeiterpotenziale erfassen und analysieren: Springer-Verlag.

Shavelson, Richard J. (2010): On the Measurement of Competency. In: *Empirical Research in Vocational Education and Training* 2 (1), S. 41 – 63.

Vrabel, Mark (2004): Computerized Versus Paper-and-pencil Testing Methods for a Nursing Certification Examination: A Review of the Literature. In: CIN: Computers, Informatics, Nursing (22), S. 94 – 98.

Vuorikari, Riina; Punie, Yves; Carretero, Stephanie; van den Brande, Lieve (2016): DigComp 2.0: The Digital Competence Framework for Citizens. Update Phase 1: The Conceptual Reference Model. Report EUR 27948 EN. Joint Research Centre. Online verfügbar unter *http://svwo.be/sites/default/ files/DigComp%202.1.pdf*.

Woodruffe, Charles (1993): What Is Meant by a Competency? In: *Leadership and Organization Development Journal* 14 (1), S. 29 – 36. DOI: 10.1108/eb053651.

Leitfaden: Systematische Kompetenzentwicklung im Umfeld der Smart Factory

Angela Luft und Nils Luft

5.1 Einleitung

Die Digitalisierung der Produktion und die intelligente Fabrik sind zentraler Kern der Vision von Industrie 4.0. Seitdem die vierte industrielle Revolution im April 2011 auf der Hannover Messe als fester Bestandteil der „Hightech-Strategie für Deutschland" verkündet wurde, ist das Rennen um die Fabrik der Zukunft eröffnet. Insbesondere das vielgelobte Rückgrat der deutschen Wirtschaft, die Unternehmen kleiner und mittlerer Größe, sollen durch Industrie 4.0 und die sich dahinter verbergenden Technologien auf eine neue Zukunft vorbereitet werden. Liest man jedoch Umfragen und Studien zu diesem Thema, der Partizipation des Mittelstands an Industrie 4.0, so ist das Ergebnis gemischt und kann objektiv betrachtet nicht wirklich so gedeutet werden, dass ebenjene Unternehmen, für welche die vierte industrielle Revolution ja ursprünglich ausgerufen wurde, sich auch mit Feuereifer an dieser beteiligen. Die Gründe dafür sind sicherlich vielfältig und unterscheiden sich von Unternehmen zu Unternehmen und können demzufolge auch nicht generell beantwortet werden. Wir wollen jedoch versuchen etwas Licht in unterschiedliche Bereiche rund um das Thema der Smart Factory zu bringen. Wir werden uns die Technologien hinter dem Schlagwort Industrie 4.0 ansehen und analysieren, wie Unternehmen davon berührt und verändert werden. Dabei sind keine Kochrezepte und Allheilmittel zu erwarten. Vielmehr geht es darum, einmal ganz nüchtern auf die folgenden Fragestellungen zu schauen und diese aus unterschiedlichen Perspektiven zu betrachten.

- Was sind Industrie 4.0 und die Smart Factory?
- Welche Technologien treiben Industrie 4.0?
- Was ist in vielen Unternehmen der Status quo?
- Was läuft gerade schief bei der Implementierung von Industrie-4.0-Technologien?
- Wie verändern sich Aufgaben, Kompetenzen und Fähigkeiten?
- Welche Kompetenzen sind für die Smart Factory entscheidend?
- Ist die Smart Factory für jedes Unternehmen sinnvoll?
- Was nun, womit fangen wir an?

Nicht jede Frage wird dabei in gleichem Umfang diskutiert. Vielmehr geht es darum, sich unterschiedliche Bereiche und Fragestellungen in und um Unternehmen anzusehen, die Vision mit der Realität zu vergleichen und daraus Impulse für weitere Handlungen abzuleiten. Aber auch um eine ehrliche Diskussion um die Frage, warum es gerade nicht so richtig (oder so schnell, wie von einigen Akteuren erhofft) läuft mit der Implementierung von Industrie-4.0-Technologien und der smarten Fabrik.

Implikationen und
Konsequenzen von
Industrie 4.0 reichen
weit über die
Technik hinaus in die
Organisation

An dieser Stelle sollte der Fairness halber eine Warnung erfolgen. Der nachfolgende Text wurde von zwei Ingenieuren verfasst. Dies bedeutet, dass es durchaus etwas technisch wird und bestimmte Sachverhalte für Leser ohne produktionswissenschaftlichen Hintergrund möglicherweise an der einen oder anderen Stelle nicht ganz einfach zu durchdringen sind. Allerdings sind die Autoren überzeugt, dass es sich lohnt, auch diese Passagen zu lesen. Industrie 4.0 ist (zumindest derzeit) ein technisch dominiertes Thema, obwohl die Implikationen und Konsequenzen weit über die Technik hinaus in die Organisation hineinreichen und jeden Einzelnen betreffen. Dies möchten wir zeigen. Es ist ein disziplinübergreifendes Themenfeld, welches einerseits Ingenieure und Produktionsmitarbeiter zwingen wird sich verstärkt mit Themen wie agile Methoden, Datenanalyse, Digitalisierung und persönlicher Entwicklung auseinanderzusetzen. Andererseits werden auch Akteure aus den Bereichen IT, HR oder Vertrieb nicht umhinkommen, sich bis zu einem gewissen Grad mit den grundlegenden Details von Industrie 4.0 und den treibenden Technologien zu beschäftigen. Auch vor dem Hintergrund der Frage, wie diese das Thema Wertschöpfung und die eigene Produktion betreffen. Insbesondere für Vertreter aus dem Bereich des Personalwesens und -managements kann es äußerst gewinnbringend sein, die nachfolgenden Seiten aufmerksam zu studieren. Für viele Technologien, welche Industrie 4.0 und die smarte Fabrik antreiben, werden sie neue Mitarbeiter und Mitarbeiterinnen benötigen oder ihre bestehenden signifikant weiterqualifizieren müssen. Oder den einen oder anderen möglicherweise ziehen lassen. Das ist sicherlich in der aktuellen Situation nicht einfach und wird im Fall von Industrie 4.0 noch dadurch erschwert, dass die Ausgangssituation jedes Unternehmens eine ganz individuelle ist. Demzufolge sind auch die Herausforderungen und daraus resultierenden Bedarfe nicht für alle Unternehmen die gleichen und es muss daher sehr genau für jedes einzelne Unternehmen geschaut werden, was in welcher Reihenfolge sinnvoll ist und wie man es am besten umsetzt.

Um dies möglichst nachvollziehbar und anschaulich zu gestalten, wurde die nachfolgende Struktur gewählt. Um sich differenziert mit der Frage auseinandersetzen zu können, was die Kompetenzen der Zukunft im Zusammenhang mit der Smart Factory sein müssen, ist es in einem ersten Schritt erforderlich, sich die intelligente Fabrik der Zukunft einmal näher anzusehen. Welche Technologien sind dort vertreten, was kann diese Fabrik, welche Vorteile bringt sie mit sich und was sind die Aufgaben der Menschen in diesen Systemen? Daran anschließend erfolgt im nächsten Schritt eine kurze Betrachtung des Status quo. Anhand dieser beiden Betrachtungen lässt sich im nächsten Schritt wunderbar das zu überbrückende Delta identifizieren – technologisch, kompetenztechnisch, organisatorisch. Daran anschließend wenden wir uns der Frage zu, warum sich viele Unternehmen so schwer mit Industrie 4.0 tun und welchen Anteil Akteure wie Forschungseinrichtungen, Fabrikausstatter und Automatisierungsfirmen daran haben könnten. Im Anschluss an diese Betrachtungen wenden wir uns dem Themenfeld der Kompetenzen und Fähigkeiten zu, welche aus unserer Sicht zentral für die Zukunft sein werden. Abschließen wollen wir mit Handlungsempfehlungen und einem kurzen Ausblick.

Ganz grundsätzlich geht es immer um die Rolle des Menschen und die benötigten Kompetenzen auf verschiedenen Ebenen und in unterschiedlichen Phasen. In diesem Kontext ist es heute umso wichtiger, die Einzigartigkeit des Menschen wertzuschätzen und ihn in dieser zu (be-)stärken. Dafür wollen wir hier ein Plädoyer halten. Aber starten wir erst einmal mit der Frage, was die Smart Factory eigentlich sein soll und wie demgegenüber die Realität in den meisten produzierenden Unternehmen aussieht.

5.2 Vision und Realität – ein nicht ganz so kurzer Vergleich

Die intelligente bzw. smarte Fabrik ist in der deutschen Hightech-Strategie fester Bestandteil und zunehmend zentraler Dreh- und Angelpunkt. Wie genau diese Fabrik jedoch aussehen soll bzw. was sie kann und welche Technologien dabei eine Rolle spielen, ist nicht klar definiert. Jede größere Forschungseinrichtung und Beratungsgesellschaft in Deutschland, die etwas auf sich hält und an Beratungsaufträgen der Industrie bzw. Forschungsmitteln interessiert ist, hat Whitepaper und Definitionen zu diesem Thema veröffentlicht, zusammen mit Reifegradmodellen und Implementierungshilfen und Vorschlägen für einen Masterplan auf dem Weg zur Smart Factory. Da diese mitunter sehr unterschiedlich sind bzw. bestimmte Schwerpunkte fokussieren, nachfolgend eine kurze Skizze dessen, was sich in nahezu allen Positionspapieren wiederfindet und diesbezüglich gewissermaßen Konsens ist.

5.2.1 Die Vision der Smart Factory

Die **intelligente Fabrik** oder auch die **smarte Produktion** ist der zentrale Erfolgsfaktor für das produzierende Unternehmen der Zukunft (ten Hompel 2020). Sie ist Kernelement der von Technologie und Vernetzung geprägten vierten industriellen Revolution. In der Smart Factory sind alle Elemente des Systems (Werkzeugmaschinen, Menschen, Werkstücke, Ladungsträger, Logistikressourcen, …) digital miteinander verbunden. Durch die Integration von Sensoren und Aktoren sowie mit ausreichend Rechenleistung und Kommunikationstechnologie ausgestattet, werden selbst einfachste Elemente der Fabrik zu **Cyber-physischen Systemen (CPS).** Damit in die Lage versetzt, ihre jeweilige Position im System eigenständig zu erfassen, zu analysieren und zu bewerten, können alle Ressourcen des Systems – der digitalen Vernetzung sei Dank – miteinander in Austausch treten und sich kollektiv und alleine dezentralisiert organisieren. In der Fabrik der Zukunft sind dabei nicht nur alle Maschinen und Ressourcen entlang der Wertschöpfungskette miteinander vernetzt **(horizontale Integration),** sondern auch alle sonstigen IT-Systeme tauschen Daten in Echtzeit miteinander aus **(vertikale Integration).** Die Daten aller Cyber-physischen und sonstigen IT-Systeme werden in die **Cloud** übermittelt. Dort werden die Daten mittels fortschrittlichster Algorithmen analysiert und bewertet und neue Muster und Abhängigkeiten identifiziert, welche dabei helfen die Produktion noch effizienter zu steuern (Stichwort **Big Data**). Die Fabrik steuert und optimiert sich selbst. Da die Vernetzung (und damit auch die Optimierung) nicht am Werktor aufhören darf, speisen in der vollvernetzten Supply Chain auch alle anderen Protagonisten (Lieferanten, Logistikdienstleister, Händler und dergleichen mehr) ihre Daten in die Cloud ein, um so auch über die Unternehmensgrenzen hinweg ein optimales Gesamtergebnis zu erzielen. Begleitet wird dies durch den massiven Einsatz **fortgeschrittener Assistenzsysteme,** welche den Mitarbeiter/die Mitarbeiterin der Zukunft digital (virtual und augmented reality **AR/VR**) mit allen Informationen versorgen und ihn/sie auch physisch, wenn nötig, unterstützen (z. B. **Exoskelette**). Der Mensch wird somit zum Dirigenten der digitalen Wertschöpfung. Darüber hinaus werden auch an die Produktion angrenzende Bereiche wie beispielsweise die Instandhaltung nahtlos integriert und durch Konzepte wie **predictive Maintenance** und **Smart Glasses** digitalisiert.

> In der Fabrik der Zukunft sind alle Maschinen und Ressourcen entlang der Wertschöpfungskette miteinander vernetzt und auch alle sonstigen IT-Systeme tauschen Daten in Echtzeit miteinander aus

Bild 5.1 Die Vision der Smart Factory

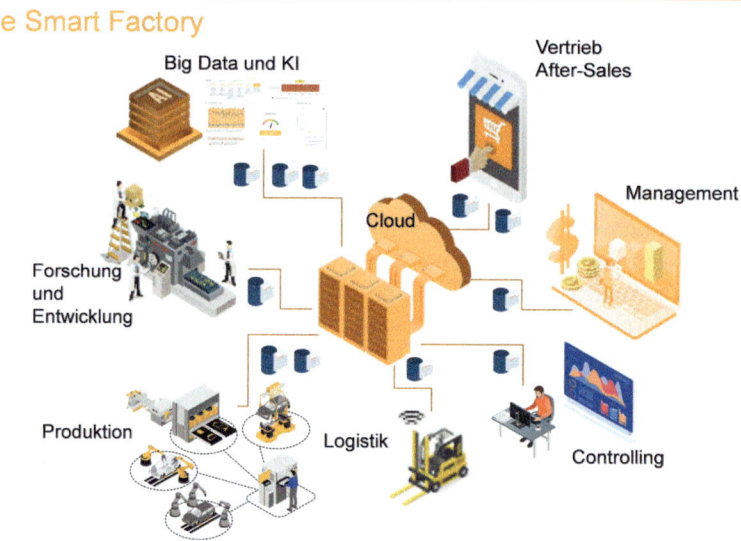

Die Smart Factory

Big Data und KI

Vertrieb
After-Sales

Management

Cloud

Forschung
und
Entwicklung

Produktion

Logistik

Controlling

Die vorangestellte Vision der durchdigitalisierten Smart Factory findet sich so oder so ähnlich in nahezu jedem Flyer, jeder Veröffentlichung und jedem Buchbeitrag zu diesem Thema. Jedoch dürfte jedem, der in einem Unternehmen oder einer Fabrik arbeitet, auffallen, dass es gewisse Unterschiede zum Status quo gibt. Und diese bisweilen sehr drastisch sind. Und auch der Mensch ist mitunter noch recht weit davon entfernt sich als Dirigent zu fühlen. Vor allem im Mittelstand findet sich die Aussage: „Wir fahren auf Sicht" deutlich häufiger als: „Die Algorithmen haben das Produktionsprogramm der kommenden Tage durchanalysiert, mit den Vergangenheitsdaten der letzten 24 Monate korreliert, die Ausfallwahrscheinlichkeiten liegen bei unter 0,05 Prozent und die angestrebte Gesamtanlagenverfügbarkeit absolut im Soll". Kurzfassung: „System läuft".

Der Unterschied zwischen Wunsch und Wirklichkeit der Smart Factory ist immer noch recht groß

Darüber hinaus wird dem aufmerksamen Leser, der aufmerksamen Leserin wahrscheinlich nicht entgangen sein, dass sich die Vision der Fabrik der Zukunft doch sehr technisch liest. Die Themen Mensch und Organisation kommen darin sehr selten vor. Fakt ist jedoch, dass Fabriken soziotechnische Systeme sind und auch bleiben werden und Mensch und Organisation darin eine große Rolle spielen. Technologie lässt sich relativ einfach verändern. Menschen und Organisationen in ein neues Umfeld oder gar eine neue Zeit zu überführen ist eine ganz andere Aufgabe. Und die wenigsten dürften daran zweifeln, dass die smarte Fabrik der Zukunft ganz anders organisiert sein wird als die heutigen Systeme und auch dass die Rolle des Menschen darin eine ganz andere sein wird. Mit anderen Aufgaben, Rahmenbedingungen und Verantwortlichkeiten. Aber auch neuen Werkzeugen, Methoden und Möglichkeiten. Entscheidende Frage dabei ist: Welche Kompetenzen braucht der Mitarbeiter nicht nur in der Zukunft, sondern auch auf dem Weg dahin? Wie viel Wandel vertragen Mensch und Organisation (oder ist das schon Transformation)?

Die aktuellen Diskussionen um die smarte Fabrik und Industrie 4.0 drehen sich fast ausschließlich um Technologien. Fabriken sind aber soziotechnische Systeme mit gewachsenen Organisationsstrukturen. Wenn diese beiden Komponenten nicht synchron mitentwickelt werden, wird Industrie 4.0 scheitern.

Um diese Fragen schlüssig und abschließend beantworten zu können bräuchten wir eine Glaskugel, Modell 4.0. Haben wir leider nicht. Daher werden wir den Umweg über jene Technologien nehmen, welche die Smart Factory am Ende antreiben werden, und analysieren, was sich dabei für Mensch und Organisation verändert. Wir werden in diesem Zusammenhang auch einmal etwa kritisch auf die Frage schauen, ob, wann und für wen eine Technologie wirklich einen Mehrwert stiften kann. An dieser Stelle noch einmal die Warnung, es wird mitunter technisch. Aber wir sind der Überzeugung, dass wir nicht nur cross-funktionales Denken predigen, sondern auch umsetzen müssen.

Aber wenden wir uns zunächst der Frage zu, wie denn nun die Realität aussieht, bevor wir auf die Frage zurückkommen, wie bestimmte Technologien den Arbeitsalltag in einer Fabrik verändern werden.

5.2.2 Die heutige Fabrik/der Status quo

Es gibt ihn nicht, DEN Status quo. Zumindest nicht in Form einer generalisierten Aussage, was der Status des Mittelstands oder produzierender Unternehmen im Hinblick auf die digitale Fabrik bzw. Industrie 4.0 ist. Jedes Unternehmen hat ausgehend von seinen Produkten und den damit angebotenen Services, der Kundenstruktur und den existierenden Produktionsstandorten, den existierenden Maschinen und Produktionsressourcen, den verwendeten IT-Systemen, der Aktualität und Korrektheit der darin enthaltenen Datenbasis, dem Implementierungsstand von Shopfloor- und Lean-Management-Konzepten und vielen anderen Faktoren eine jeweils individuelle Startposition. Und auch diese Startposition ist über die Zeit dynamisch, je nachdem wie sich beispielsweise Märkte, Wettbewerber oder Lieferanten entwickeln. Nachfolgend werden einmal einige Aspekte vor dem Hintergrund ihrer potenziellen Relevanz für Smart Factory und Industrie 4.0 etwas näher erläutert. Dabei sollte noch hervorgehoben werden, dass es sich bei allen Themenfeldern immer um ein Kontinuum handelt, auf welchem sich Unternehmen bewegen. Die Aussagen dienen also lediglich der Veranschaulichung bestimmter Gegebenheiten, welche uns so oder so ähnlich in den letzten Jahren immer wieder begegnet sind.

Während in der smarten Fabrik alle Maschinen miteinander kommunizieren, Informationen austauschen und sich im Kollektiv optimieren, sieht die Situation in vielen heutigen Fabriken grundlegend anders aus. Viele Maschinen sind Jahrzehnte alt. Sie wurden mehr oder weniger gut gewartet, funktionieren, wenn sie fachkundig bedient werden, einwandfrei und sind abgeschrieben und demzufolge betriebswirtschaftlich sehr attraktiv. Sie sind aber auch nicht vernetzt, verfügen über wenig bis keine Sensoren und müssen, wenn möglich, häufig noch von Hand programmiert werden. Dies bedeutet, dass die Mitarbeiter über ein sehr spezifisches Wissen hinsichtlich der Maschinen verfügen müssen. Wenn kein Sensor einem sagt, wann und wo ein Problem auftritt, dann ist es an dem Mitarbeiter dies entweder während der Bedienung frühzeitig festzustellen oder aber im Rahmen einer entsprechenden Instandhaltungsstrategie die Einsatzfähigkeit sicherzustellen. Gleiches gilt für die Bearbeitung der Teile. Darüber hinaus bedeutet die fehlende Vernetzung der Maschinen in vielen Fällen eine oftmals undurchsichtige Datenlage, was viele Prozesse angeht.

Die in der Regel schlechte Prozess- und Datenqualität in den allermeisten Unternehmen stellt eines der größten Hindernisse auf dem Weg zur smarten Fabrik dar. Da Stamm- und Prozessdatenpflege und -kontrolle in der Regel, wenn überhaupt, einmal ansatzweise durchgeführt werden, wenn ein größeres Projekt (z.B. Fabrikplanung) ansteht oder etwas grundlegend falsch gelaufen ist und ein wichtiger Kunde sauer ist, ist die Datenbasis in den meisten Unternehmen schlicht gesagt eine Katastrophe. Die Probleme ziehen sich dabei in der Regel durch alle Abteilungen und alle Ebenen. Von Arbeitsplänen, welche Maschinen enthalten, die seit 20 Jahren nicht mehr im Unternehmen sind, über Inkonsistenzen in unterschiedlichen IT-Systemen (z.B. ERP vs. MES) bis hin zu falschen oder unvollständigen Datensätzen im Controlling oder Marketing ist in der Regel alles dabei. Solange Menschen vor den Computern sitzen und gewissermaßen als analoges Korrektiv mitdenken und eingreifen, ist das meistens unkritisch. Wenn die Algorithmen künftig allein rein auf der zuvor erwähnten Datenbasis Entscheidungen treffen, sind gewisse Komplikationen vorprogrammiert. Interessanterweise werden in nahezu allen Fabrikplanungs- und Optimierungsprojekten die Projektteile Datenüberprüfung und Konsistenzchecks bei den Verhandlungen als Streichmasse verbucht und fallen raus.

> Die schlechte Prozess- und Datenqualität in den allermeisten Unternehmen stellt eines der größten Hindernisse auf dem Weg zur smarten Fabrik dar.

Ein weiterer Punkt, bei welchem viele Unternehmen sehr unterschiedliche Startvoraussetzungen haben, ist die jeweilige Organisationsstruktur und die innerbetriebliche Kooperation und

> Silostrukturen sind immer noch weiter verbreitet, als prozessorientierte und segmentierte Organisationen.

Zusammenarbeit. Obwohl die Wissenschaft seit mehreren Jahrzehnten die Vorzüge einer prozessorientierten und segmentierten Organisation predigt und Vorteile wie Transparenz, Mitarbeitermotivation und Kundenzufriedenheit als Argumente dafür anführt (Wildemann 2000) (Warnecke 1992) (Schuh 2014), findet man in vielen Unternehmen eine gewisse Silostruktur (vgl. Bild 5.2) mit entsprechender Mentalität (mancherorts auch liebevoll „die Bunker" genannt). Das Arbeiten über Abteilungsgrenzen hinweg, ein wechselseitiges Verstehen der Probleme und Herausforderungen des anderen oder eine durchgängige Analyse der Schwachstellen in unterschiedlichen Prozessketten findet vielerorts nicht statt. Das kann unter bestimmten Umständen mit relativ statischen Rahmenbedingungen funktionieren. Ob es in einer Zeit erfolgreich sein wird, in welcher kürzere Produktlebenszyklen, deutlich breitere und variantenreichere Produktportfolios und eine immer schlechtere Prognostizierbarkeit der Märkte auftreten, bleibt abzuwarten. Grundsätzlich fordern diese Entwicklungen eine immer flexiblere und nachfragegesteuerte (Pull) Produktionsstrategie, welche es Unternehmen ermöglicht, schnell auf Kundenwünsche zu reagieren, Produktionskapazitäten flexibel umzuschichten und die unternehmensweite Transparenz zu stärken. Viele dieser Dinge sind mit einer Silostruktur nicht realisierbar. Darüber hinaus kommt mit der zunehmenden Vernetzung ein weiteres Problem hinzu. Viele Abteilungen (Silos) arbeiten mit unterschiedlichen Systemen, was den ohnehin bestehenden organisationalen Schnittstellen weitere technologische Schnittstellen hinzufügt. Geht man jetzt davon aus, dass im Kontext von Industrie 4.0 und smarter Fabrik eine einheitliche, vernetzte Systemarchitektur mit übergreifend konsistenter Datenbasis und autonomen Regelkreisen entlang der Prozessketten etabliert werden soll, multiplizieren sich hier die Probleme.

Bild 5.2 Der gegenwärtige Zustand in den Unternehmen ist noch immer eine Silo-orientierte Organisation, in der jeder sein eigenes Süppchen kocht

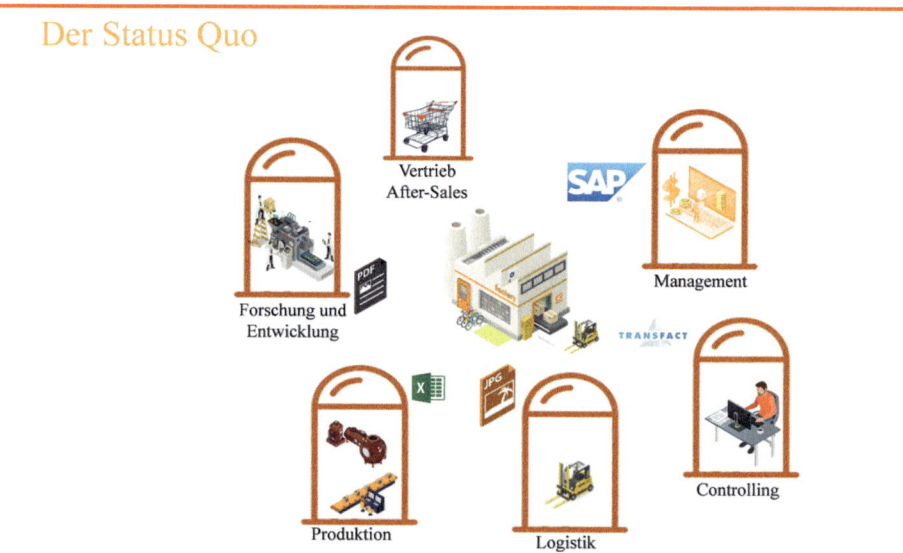

Der Status Quo

An dieser Stelle sollte jedem klar sein, welch außerordentliche Rolle die Mitarbeiter in diesen Systemen einnehmen. Natürlich sind Menschen für eine Vielzahl der Komplikationen und Herausforderungen mitverantwortlich, indem sie beispielsweise Prozesse so durchführen, wie es ihnen sinnvoll erscheint (oder es eben seit 20 Jahren so gemacht wird) und nicht wie der definierte Standardprozess es vorschreibt. Aber Menschen sind eben in unzähligen Situationen diejenigen, die auf eine Situation schauen und intuitiv das Richtige tun, um den Prozess oder eben die Situation zu retten. Von einer Vision, in welcher Algorithmen dieses „Out-of-the-Box"-Denken übernehmen können, sind wir noch sehr weit entfernt.

Dies alles macht die Beantwortung einer Frage wie „Welchen Reifegrad für Industrie 4.0 haben Sie?", nicht unbedingt leichter. Dies mag ein Grund dafür sein, warum es von nahezu jeder großen Beratungsgesellschaft, jeder namhaften Forschungseinrichtung, von Ministerien und

Verbänden und auch allen anderen, welche sich berufen fühlen oder die Welle der vierten industriellen Revolution mitreiten wollen, unterschiedlichste Reifegradmodelle, Industrie-4.0-Readyness-Checks und dergleichen gibt, um damit die realen oder vermeintlichen Defizite der Unternehmen zu identifizieren. Ob dies sinnvoll ist oder zu einem wünschenswerten Ergebnis führt, soll an dieser Stelle nicht bewertet werden. Ein alleiniger Fokus auf die Frage, wie gut ein Unternehmen bei der Vernetzung seiner Produktionsmittel ist oder welcher Anteil der Daten in Echtzeit erfasst und in der Cloud analysiert wird, kann hilfreich sein. Ist diese Betrachtung jedoch losgelöst von Aspekten wie beispielsweise dem Geschäftsmodell, Produktionsprogrammen, Kundenwünschen, Flexibilitäts- und Transparenzerfordernissen, Bevorratungsebenen und Kundenauftragsentkopplungspunkten und dergleichen, darf man die Relevanz der dabei entstehenden Aussagen zumindest mit Vorsicht genießen.

5.3 Das Delta und einige seiner Ursachen

Das Delta zwischen der beschriebenen Version der Smart Factory und dem wie gesagt durchaus sehr unterschiedlichen Status quo in den allermeisten Unternehmen hat sicherlich vielfältigste Gründe. Jedes Unternehmen hat andere Voraussetzungen, Möglichkeiten und Herausforderungen. Wer sich einmal detaillierter mit den Ursachen des bisher begrenzten Erfolgs bei der Umsetzung von Industrie 4.0 befassen möchte, dem sei das sehr unterhaltsame Buch von Syska und Lièvre „Illusion 4.0" empfohlen. Wir wollen allerdings an dieser Stelle lediglich auf zwei Aspekte eingehen. Auf der einen Seite wollen wir einen Blick auf die Protagonisten der vierten industriellen Revolution werfen, die Fabrikausstatter, Beratungsgesellschaften, Cloud-Anbieter und Forschungsinstitute, welche die treibenden Technologien und begleitende Dienstleistungsangebote maßgeblich entwickeln und vertreiben. Auf der anderen Seite wollen wir einen Blick auf ebenjene Mittelständler werfen, für welche viele dieser Angebote entwickelt werden. Die nachfolgenden Ausführungen basieren auf dutzenden Gesprächen mit Vertretern mittelständischer Produktionsunternehmen und stellen gewissermaßen das Kondensat der entsprechenden Unterhaltungen dar. Beginnen wir mit der Anbieterseite.

Diese Seite wird unter anderem repräsentiert durch die Fabrikausstatter, die Automatisierungsanbieter, die Forschungseinrichtungen, Beratungsgesellschaften und alle anderen, welche Produkte, Technologien, Konzepte oder Lösungen für die smarte Fabrik oder Industrie 4.0 ganz allgemein verkaufen. Wenn man an Beratungsterminen oder Vertriebsgesprächen zu einer oder mehreren Technologien oder Konzepten teilnimmt, bekommt man in der Regel einen hervorragenden Einblick in die Möglichkeiten und Potenziale, welche die jeweiligen Technologien einzeln oder im Verbund mit sich bringen. Es wird beispielsweise erläutert, welche Analysen bei vollständiger Vernetzung der Maschinen in bestimmten Bereichen erfolgen können oder wie sich theoretisch durch Big Data die große Mehrheit aller operativen Entscheidungen automatisieren lässt. Diese Termine erinnern sehr an das sogenannte Push-Prinzip in der Produktion. Man drückt rein, was rein geht, und hofft, dass damit am Ende etwas herauskommt, was der Kunde kauft bzw. für ihn einen Mehrwert darstellt. Das Problem ist, dass diese Herangehensweise die Verantwortlichen in vielen Unternehmen abschreckt. Sie fürchten, dass ihnen an dieser Stelle etwas verkauft werden soll, und sind abgeschreckt von möglichen Umsetzungshindernissen. Viele wünschen sich, dass die oben genannten Personengruppen das Thema Industrie 4.0 und die Technologien aus Sicht des Unternehmens und nicht der Technologie betrachten würden. Die Mehrheit der Unternehmen steht den Innovationen und technischen Möglichkeiten auch durchaus interessiert gegenüber und sieht den Bedarf. Sie vermissen jedoch in vielen Fällen eine unternehmensbezogene Darstellung des jeweiligen Nutzens und wollen die Kontrolle behalten. Viele Unternehmensvertreter wünschen sich an dieser Stelle mehr Aufmerksamkeit und Verständnis für die jeweils eigene Situation und individuelle Lösungsvorschläge anstatt generalisierter Blaupausen.

Die unternehmensbezogene Darstellung des jeweiligen Nutzens von Industrie 4.0 seitens der Anbieter lässt zu wünschen übrig.

Der Experte für den Vertrieb komplexer Lösungen Marcus Holzheimer (Inhaber der MH³ Beratung) beschreibt seine Beobachtung folgendermaßen: Die Unternehmen haben gehört (und teilweise verstanden), dass sie das berühmte „Loch in der Wand" brauchen (Industrie 4.0) – doch sie möchten gleichzeitig wissen, ob grundsätzlich ein Bohrer oder vielleicht doch Dynamit verwendet wird und ob die Wand danach auch noch steht. Während die Anbieter von Dynamit, Bohrern oder Vorschlaghämmern alle die Vorzüge ihrer Produkte darlegen, argumentieren sie häufig an den Problemen und Fragestellungen der Unternehmen vorbei und können die Vorteile nicht adäquat übersetzen. Gleichzeitig erfahren die Unternehmen meistens nicht genug über Nebenwirkungen, welche die Produkte haben, und können somit nicht abschätzen, ob die Lösung am Ende teurer ist als das Problem. Um die smarte Fabrik zu realisieren, muss dieses Übersetzungsproblem gelöst werden.

Fünf essenzielle To-dos für Lösungsanbieter und Kontrollfragen für Unternehmen

1. Standardisierte Bedarfsanalysen für ALLE – auch wenn es das x-te Projekt ist und Sie glauben, Sie kennen die Lösung/das Ergebnis –, das Unternehmen muss verstehen, warum es das Loch wirklich braucht.

2. Verständliche und nachvollziehbare Lösungspräsentation – niemand kauft etwas, was nicht verstanden wurde. Zeigen Sie auf, warum Sie welches Werkzeug (z. B. Bohrer) verwenden – wobei das Unternehmen dieses nicht selbst bedienen können muss.

3. Individuelle Nutzendarstellung – der Nutzen muss messbar sein. „Schneller", „besser", „einfacher" reicht nicht, der ROI muss quantifizierbar sein. Warum ist welches Werkzeug das richtige, wann und warum sollten Profis beauftragt werden, wann lohnt sich die Anschaffung eines eigenen Werkzeugs?

4. Dem Unternehmen ein gutes Gefühl bei der Entscheidung geben – genauso wie die Möglichkeit den Prozess und die Konsequenzen nachvollziehen zu können. „Überzeugen" kann man über Zeugen – stellen Sie den Kontakt zu anderen Unternehmen her, in denen Sie bereits erfolgreich Ihre Lösung implementiert haben.

5. Professionelles Veränderungsmanagement während der Implementierung – von Ihrer und von Unternehmensseite. Für das Unternehmen ist die Erstellung des Lochs etwas Neues und Aufregendes, es möchte zu jedem Zeitpunkt Kontrolle und Sicherheit haben, dass das Ziel erreicht wird und die Wand nachher noch steht.

Für Unternehmen, die das Thema Industrie 4.0 angehen möchten, können diese Punkte als kleiner Leitfaden und als Kontrollelement dienen. Verwenden Sie sie bei der Auswahl des richtigen Anbieters und fordern Sie die Punkte im Vertriebsprozess ein.

„Am Ende des Tages gilt auch hier das bekannte Beispiel: ‚Der Kunde braucht bzw. möchte eigentlich keinen Bohrer, sondern das Loch in der Wand'. Wenn Anbieter dies (und die oben genannten Punkte) konsequent umsetzen, kommt zusammen, was zusammengehört: eine (maßgeschneiderte) Lösung bei einem zufriedenen Kunden."

Marcus Holzheimer, MH³-Beratung

Auf der anderen Seite finden wir die Unternehmen. Vielen ist wie bereits oben beschrieben klar, dass Industrie 4.0 und Digitalisierung etwas ist, was nicht wieder verschwinden wird und was über kurz oder lang das Potenzial hat, ganze Branchen und große Teile der Gesellschaft gründlich durcheinander zu wirbeln und etablierte Geschäftsmodelle zu pulverisieren. Neben den zuvor beschriebenen Problemen sehen sich viele Unternehmen mit einer ganzen Reihe weiterer Herausforderungen konfrontiert, welche sie häufig davon abhalten, einen offensiveren Umgang mit Industrie 4.0 zu wählen. Eine sehr aufschlussreiche Studie aus dem Jahr 2015 aus Mittelhessen von Sames und Ostertag (Sames 2015) liefert vier zentrale Gründe, welche sich bis heute nicht nennenswert verändert haben. In einigen Bereichen ähnliche Ergebnisse liefert auch der Future Jobs Report des WEF von 2020 (WEF 2020).

Gründe mittelständischer Unternehmen, bei Industrie 4.0 nicht aktiv zu werden, nach Sames und Ostertag

1. Fehlende IT-Fachkräfte
2. Fehlende Standardlösungen
3. Fehlende Referenzlösungen am Markt
4. Zu alter Maschinenpark

Wenn man diese Zusammenstellung liest, fällt auf, dass die häufig von Anbieterseite vorgebrachten Ursachen wie fehlende IT-Infrastruktur, IT-Gefahrenpotenzial oder hohe Datenverwaltungskosten aus Sicht vieler Unternehmen nicht die zentralen Argumente sind. Zwei dieser Punkte, fehlende Standards und fehlende Referenzlösungen, sind sicherlich nichts, woran ein einzelnes Unternehmen etwas ändern kann. Solange sich die Fabrikausstatter und Automatisierungsanbieter nicht auf bestimmte Standards einigen, wird dies auch so bleiben, unabhängig von der Frage, wie viel Potenzial damit ungenutzt bleiben wird. Allerdings gibt es bei den Punkten IT-Fachkräfte und alter Maschinenpark ein gewisses Potenzial, was gehoben werden kann. Um eine bessere Rekrutierung von IT-Fachkräften zu ermöglichen, ist ein durchaus erfolgversprechender Weg der direkte Kontakt zu Hochschulen, Universitäten und anderen Bildungsträgern. Persönliche Erfahrungen und die unserer Praxispartner haben gezeigt, dass eine enge Zusammenarbeit mit diesen Einrichtungen auf unterschiedlichen Ebenen und Formaten durchaus dabei helfen kann, sich bei potenziellen Interessenten frühzeitig ins Bewusstsein zu bringen. Über Abschlussarbeiten, Praktika, Praxisprojekte, gemeinsame Forschungsprojekte oder die aktive Teilnahme von Unternehmensvertretern an Lehrveranstaltungen können Kontakte und Kanäle aufgebaut werden, um junge, motivierte Menschen früh an das Unternehmen zu binden. In von uns betreuten Vorlesungen sind beispielsweise regelmäßige Praxisprojekte in Unternehmen, welche die Studierenden in interdisziplinären Gruppen lösen müssen, an der Tagesordnung. In vielen Fällen entstehen daraus Abschlussarbeiten und Forschungsprojekte, welche Wissen in die Unternehmen bringen und die Studierenden weiter an das Unternehmen heranführen und binden, wenn Sie ihnen in Gegenleistung ein persönliches Wachstumsfeld bieten.

Bei Punkt vier, dem zu alten Maschinenpark, bestehen ebenfalls gewisse Möglichkeiten zur preiswerten Modernisierung bzw. Vernetzung. Viele Maschinen in vor allem mittelständischen Unternehmen stammen aus den 1970er bis 1990er Jahren. Sie verfügen teilweise über eine gewisse Menge an Sensoren, sind aber in den meisten Fällen einfach nicht für eine Vernetzung ausgestattet. Dafür sind sie aber in der Regel sehr gut gewartet worden, abgeschrieben und technisch voll einsatzfähig. Dies macht sie aus betriebswirtschaftlicher Sicht sehr attraktiv für die Unternehmen und lässt die Notwendigkeit des Kaufs neuer Maschinen und Anlagen unattraktiver erscheinen. Vor allem dann, wenn die Themen Echtzeitdatenerfassung, selbststeuernde Regelkreise und dergleichen keinen Mehrwert für die Kunden oder das Geschäftsmodell bringen. Wenn die Vernetzung dieser Systeme oder zumindest eine Verbesserung der Datenbasis in der Produktion jedoch etwas ist, was aus Sicht der Geschäftsführung einen Bedarf darstellt, gibt es Alternativen zu neuen Betriebsmitteln. Durch das intelligente Anbringen von Sensoren zusammen mit einem kleinen Computer (Embedded System) und etwas Anschlusstechnik (WLAN etc.) können alte Maschinen sehr einfach so weit digital aufgewertet werden, dass sie in einem beschränkten Umfang Informationen erfassen, speichern und senden können. Auf diese Weise können bestimmte Parameter wie Output, Temperaturen und dergleichen auch remote überwacht werden und es wird eine Datenbasis für spätere Optimierungsprojekte geschaffen. Die dafür erforderlichen Kompetenzen werden im Abschnitt Basiskompetenzen

Modernisierung des Maschinenparks bietet erhebliches Potenzial, das leichter freigesetzt werden kann als andere Potenziale.

erläutert. Hier lediglich der Hinweis, dass sich auch an dieser Stelle Kooperationen und Forschungsprojekte mit Hochschulen, Universitäten und Forschungseinrichtungen anbieten, da diese zum einen in vielen Fällen monetär gefördert werden und die Unternehmen zum anderen direkten Zugriff auf das relevante Wissen und die Kompetenzen bekommen.

Zu viele Veränderungen auf einmal überfordern Mitarbeiter und Organisation

Ein letzter Punkt, welcher hier noch angeführt werden muss, ist das Thema der Veränderung an sich in Form von Change oder Transformation. Organisationen und Unternehmen verkraften über einen gewissen Zeitraum immer nur eine gewisse Menge davon. Zu viele Veränderungen auf einmal überfordern die Mitarbeiter und auch die Organisation als Ganzes. Vielen Unternehmern ist dies bewusst, weshalb die Anzahl der Projekte oder Technologien, welche in einem Unternehmen gleichzeitig durch- bzw. eingeführt werden, einen bestimmten Level bzw. eine bestimmte Anzahl nicht überschreitet. Dies ist natürlich in einer Zeit, in welcher in vielen Unternehmen die Herausforderungen und Veränderungen der dritten industriellen Revolution noch nicht ganz gemeistert wurden, die Technologien der vierten aber schon in den Startlöchern stehen, doppelt schwierig. Es gibt jedoch an dieser Stelle keine Abkürzungen. Die Implementierung von Lean-Management-Konzepten, eine prozessorientierte Organisation, das Aufbrechen von Silos oder das Training der Mitarbeiter hin zu einem permanenten Hinterfragen des Status quo sind in den meisten produzierenden Unternehmen wesentliche Voraussetzungen auf dem Weg zur smarten Fabrik und zu Industrie 4.0 (siehe Abschnitt Basiskompetenzen).

5.4 Kompetenzen für die Fabrik der Zukunft

Wie in den vorangegangenen Ausführungen dargestellt, wird die Fabrik der Zukunft grundlegend anders sein als die Fabriken von heute. Smarter, autonomer, flexibler und schneller. Allerdings werden dort auch weiterhin Menschen arbeiten, die unterschiedlichsten Tätigkeiten nachgehen werden, welche sich auf Grund veränderter Technologien und Organisationsstrukturen mitunter deutlich von den heutigen unterscheiden werden. Zum Teil werden dafür grundlegend neue Kompetenzen und Fähigkeiten entwickelt werden müssen. Kompetenzen, bei welchen heute noch unklar ist, wie diese überhaupt zu vermitteln sind. Zum Teil sind es jedoch auch Kompetenzen, Fähigkeiten und Methoden, welche bereits seit Jahrzehnten (und länger) bekannt sind, aber in vielen Bereichen und Unternehmen einfach noch nicht Einzug gehalten haben. Und natürlich ist auch eine Menge technologischer Kompetenzen dabei, welche abhängig von den jeweiligen Technologien und deren wechselseitigem Zusammenspiel erworben werden müssen. Dabei ist natürlich klar, dass nicht jeder alles auf dem gleichen Level oder es überhaupt können muss. Es gilt wie immer abzuwägen, was in der jeweiligen Position und dem entsprechenden Kontext erforderlich ist.

Die nachfolgende Darstellung und Aufschlüsselung erhebt dabei keineswegs Anspruch auf Vollständigkeit und Relevanz für jedermann. Sie soll einen Einblick in das geben, was nach Ansicht der Autoren erforderlich sein wird, um auf der Welle der Digitalisierung mitschwimmen zu können. Die dafür erforderlichen Kompetenzen werden dabei in die drei Dimensionen untergliedert, welche jeweils eine gewisse Anzahl an Elementen/Kompetenzen enthalten:

- Basiskompetenzen,
- Technologiekompetenzen und
- Entwicklungskompetenzen

Basiskompetenzen sind in diesem Zusammenhang beispielsweise Methoden und Konzepte des Lean Managements wie Wertstromdesign, Kundenorientierung oder der kontinuierliche Verbesserungsprozess. Sie sind hinlänglich bekannt und in vielen Unternehmen auch mehr oder weniger fester Bestandteil der Unternehmenskultur. Sie sind jedoch absolut zentral für den

Weg hin zu einer smarten Fabrik, da sie gewissermaßen einen Großteil des Fundaments legen, auf welchem dann weiter aufgebaut wird. Es kann darüber hinaus auch sein, dass bestimmte Kompetenzen bereits vorhanden sind, aber für die Fabrik der Zukunft noch deutlich ausgebaut und auf eine breitere Masse verteilt werden müssen (z. B. Datenkompetenz).

Unter dem Cluster Technologiekompetenzen werden all jene Kompetenzen zusammengefasst, welche sich auf bestimmte Technologien beziehen. Dies umfasst auf der einen Seite bereits bestehende Technologien (Fräsen, Drehen, Eloxieren, …) und Verfahren (z. B. einfache Kosten-leistungsrechnung), welche in den Unternehmen bereits eingesetzt und von den Mitarbeitern beherrscht werden. Neben diesen etablierten Technologien und Verfahren kommt im Rahmen von Industrie 4.0 eine ganze Reihe neuer Technologien hinzu, welche die smarte Fabrik antreiben werden. Für diese Technologien sind in den wenigsten Unternehmen derzeit die entsprechenden Kompetenzen vorhanden und auch die Hochschulen und andere Ausbildungsstätten tun sich in vielen Bereichen noch schwer damit, die entsprechenden Leute auszubilden. Wenn die Digitalisierung der Produktion gelingen soll, ist hier Kompetenzaufbau auf allen Ebenen erforderlich.

Während Basis- und Entwicklungskompetenzen wesentlich für die Gestaltung effizienter Prozesse und Strukturen sowie die richtige Implementierung und Anwendung der treibenden Technologien sind, geht es bei den Entwicklungskompetenzen um die Mitarbeiter und ihre zentrale Rolle bei der Gestaltung der Fabrik der Zukunft. Es geht um Fähigkeiten oder Kompetenzen wie Risikobereitschaft, den Willen zur Veränderung (selbst wenn noch nicht ganz klar ist, wie das Ergebnis am Ende aussehen wird) oder auch Empathie und Intuition. Die Rolle des Mitarbeiters wird sich wandeln und viele Dinge, die wir durch die Rationalisierung und Analytik der letzten Jahrzehnte verlernt haben, gewinnen wieder an Bedeutung. Analyse und Optimierung, Datenerfassung und Interpretation werden Algorithmen und künstliche Intelligenz über kurz oder lang wahrscheinlich ohnehin besser und schneller können als wir Menschen. Es ist daher absolut zentral, dass sich insbesondere die Personalentwicklungsabteilungen mit der Frage auseinandersetzen, wie ihre Mitarbeiter wieder das lernen, was die Smart Factory nicht kann.

Ganz grundsätzlich stellt sich bei vielen Kompetenzen natürlich die Frage, wie stark müssen diese ausgeprägt sein. Natürlich muss nicht jeder Mitarbeiter den gleichen Level in allem haben oder überhaupt erreichen. Für nahezu alle Bereiche werden Kompetenzen in jedweder Ausprägung erforderlich sein. Sicherlich wird es von Abteilung zu Abteilung oder Bereich zu Bereich Unterschiede geben. Lean-Management-Methoden werden in der Produktion vermutlich deutlich wichtiger sein als im Controlling oder Marketing. Gleichzeitig sind Kompetenzen wie Data Literacy (Datenkompetenz) oder der Wille zur kontinuierlichen Verbesserung und dem permanenten Hinterfragen des Status quo Eigenschaften, welche überall Wert stiften und ein Unternehmen voranbringen. Ob es sich dabei schlussendlich um Kompetenzen, Fähigkeiten oder etwas ganz anderes handelt, soll uns an dieser Stelle egal sein. Uns geht es einzig um die Relevanz für die Zukunft und weniger die konkrete Kategorisierung.

5.4.1 Basiskompetenzen

Unter dem Cluster der Basiskompetenzen werden an dieser Stelle jene Kompetenzen, Methoden und Konzepte zusammengefasst, welche bereits gut bekannt sind. D. h., es gibt gewissermaßen auf Abruf Schulungen, Zertifikatskurse und dergleichen mehr für sie, oder Mitarbeiter sollten in der heutigen Welt einfach selbst darüber verfügen (z. B. analytisches und systematisches Denken, Projektmanagement etc.). Diese Basiskompetenzen sind entscheidend, um bei der anstehenden Reise zur smarten Fabrik erfolgreich zu sein. Nachfolgend wird aus Praktikabilitätsgründen lediglich auf die „großen" Blöcke Lean Management und Data Literacy eingegangen, da diese die größte Relevanz für die Unternehmen als Ganzes haben.

5.4.1.1 Lean Management und Shopfloor Management

Ja, Lean Management gibt es seit Jahren. Die Konzepte und Methoden sind bekannt, unzählige Bücher wurden geschrieben und noch mehr Paper und Präsentationen auf allen möglichen Konferenzen veröffentlicht. Und dennoch, in den wenigsten Unternehmen wird Lean Management wirklich gelebt. Die Prinzipien von Pull und Wertstrom, 5s und Kaizen haben die meisten natürlich schon einmal gehört, aber von einer wirklich flächendeckenden Implementierung sind wir hier in Deutschland noch weit entfernt. An dieser Stelle soll auch nicht weiter auf die Ursachen eingegangen werden. Vielmehr soll unsere Aufmerksamkeit der Frage gelten, warum Lean Management eine absolut zentrale Voraussetzung für Industrie 4.0 ist und warum Unternehmen, welche selbiges noch nicht implementiert haben, dies schleunigst nachholen sollten. Lean Management schafft nicht nur notwendige Voraussetzungen für eine effiziente Digitalisierung von Produktionssystemen, sondern fördert auch mitarbeiterseitig die Entwicklung wesentlicher Kompetenzen für die Reise zur smarten Fabrik (siehe Fallbeispiel). Aus diesem Grund hier ein absolutes Plädoyer für die große Relevanz von Lean Management und die darin enthaltenen Methoden für die Vorbereitung und Umsetzung von Industrie 4.0 im Allgemeinen und der Smart Factory im Speziellen.

Lean Managements ist die Gesamtheit an Methoden, Verfahrensweisen und Denkprinzipien zur effizienten Gestaltung von Wertschöpfungsketten.

Hinter dem Begriff des Lean Managements verbirgt sich die Gesamtheit an Methoden, Verfahrensweisen und Denkprinzipien zur effizienten Gestaltung von Wertschöpfungsketten. Ursprünglich in Japan bei Toyota entwickelt, trat das Lean Management Anfang der 1990er Jahre seinen Siegeszug rund um die Welt an. Die Überlegenheit der Kernidee „Werte ohne Verschwendung" zu schaffen, war den tayloristischen Automatisierungskonzepten der westlichen Welt in Bereichen wie Effizienz, Qualität, Instandhaltung oder Bestandsmanagement und dergleichen klar überlegen. Lean Management bringt dabei eine Vielzahl von Methoden zur Verbesserung und Optimierung von Prozessen, Strukturen und der Organisation mit sich. An dieser Stelle soll lediglich auf einige Aspekte eingegangen werden, welche Lean-Management bzw. ein Unternehmen, welches Lean Management und die dahinterstehenden Ideen, Methoden und Prinzipien implementiert hat, optimal für die Implementierung von Industrie-4.0-Technologien aufstellt.

Bei Kaizen geht es um das permanente Streben nach Verbesserung. Die Mitarbeiter stehen dabei im Zentrum der Unternehmensstrategie.

Zentrales Element des Lean Management ist Kaizen, der „Wandel zum Besseren". Bei Kaizen geht es nicht primär um monetäre Ergebnisse, sondern um das permanente Streben nach Verbesserung. Grundlegende Annahme ist, dass das Umfeld sich kontinuierlich wandelt, und das, was gestern sehr gut war, heute nicht länger die bestmögliche Lösung ist. Der Status quo wird also permanent hinterfragt und die kontinuierliche schrittweise Verbesserung von Prozessen, Qualitäten oder Daten ist ein zentrales Element. In diesem Prozess der kontinuierlichen schrittweisen Verbesserung sind Mitarbeiter wie Führungskräfte gleichermaßen eingebunden. Kaizen ist dabei ein Konzept, bei welchem der Mitarbeiter im Zentrum der Unternehmensstrategie steht. Verantwortung wird auf alle Mitarbeiter verteilt und Probleme werden gemeinsam und in Zusammenarbeit gelöst. Jeder Mitarbeiter soll dazu motiviert werden eigene Ideen und Verbesserungspotenziale für seinen Bereich und das Unternehmen zu finden. Nimmt man diese Ansätze und Prinzipien und überträgt sie auf die Herausforderungen, welche Industrie 4.0 mit sich bringt, so wird schnell ersichtlich, welcher Schatz hier gehoben werden kann. Menschen, welche mit Kaizen und den Prinzipien der kontinuierlichen Verbesserung vertraut sind, die aktiv ihre Umgebung betrachten und analysieren und die neu entwickelte Prozesse standardisieren und gleichzeitig immer wieder hinterfragen, werden sowohl bei der Identifikation der Potenziale neuer Technologien als auch deren Integration eine absolute Bereicherung sein.

Wertschöpfend ist nur das, wofür der Kunde bereit ist zu bezahlen. Alles andere ist Verschwendung.

Aber auch aus organisatorischer Sicht hat Lean Management für die Implementierung einer smarten Fabrik große Vorteile. Denn in einer Organisation, welche die Prinzipien des Lean wirklich lebt, ist die Ausgangsbasis für die Digitalisierung deutlich besser. Dies beginnt bereits damit, dass alles, was in einem solchen Unternehmen getan wird, wertschöpfend sein muss. Alles andere ist Verschwendung und sollte eliminiert werden. Wertschöpfend ist dabei nur das, wofür der Kunde bereit ist zu bezahlen. Alles andere ist Verschwendung. Die Analyse des sogenannten Wertstroms, also all jener spezifischen Aktivitäten, welche für die Erfüllung des Kundenwunschs erforderlich sind, resultiert also in einem System, in welchem nur noch Prozesse existieren, mit denen entweder Geld verdient wird oder aber die essenziell dafür sind, dass Prozesse, mit denen Geld verdient wird, so effizient wie möglich laufen. Konkret bedeutet dies, dass es in einem solchen Unternehmen idealerweise nur noch eine standardisierte Version eines Prozesses gibt. Und dieser Prozess ist vollständig auf den Kundennutzen ausgerichtet und wird dennoch immer wieder hinterfragt.

„Perfektion ist nicht dann erreicht, wenn es nichts mehr hinzuzufügen gibt, sondern dann, wenn man nichts mehr weglassen kann."

Antoine de Saint-Exupéry

Wenn wir nun kurz an die Beschreibung des Status quo in vielen Unternehmen zurückdenken, finden wir hier ein weiteres zentrales Argument für die Implementierung von Lean Management, bevor mit der Digitalisierung gestartet wird: Es gibt weniger zu digitalisieren. Das Digitalisieren von Prozessen kostet Geld. Und das Digitalisieren von beliebig vielen (potenziell schlechten) Varianten eines Prozesses, welche am Ende das gleiche (oder erfahrungsgemäß ein schlechteres) Ergebnis liefern, kostet noch mehr Geld. Viele dieser Prozessvariationen sind in den Unternehmen im Laufe der Zeit wahrscheinlich aus guten Gründen entstanden oder auch einfach, weil Menschen Individuen sind, die Dinge nun mal gerne auf „ihre" Weise erledigen. Aus Sicht von Industrie 4.0, der Smarten Factory und dem Weg dorthin ein sehr teurer Alptraum. Bitte merken Sie sich das folgende Zitat. Es ist, wie Thorsten Dirks sagte:

„Wenn Sie einen Scheißprozess digitalisieren, dann haben Sie einen scheiß digitalen Prozess."

Thorsten Dirks, CEO von Telefónica Deutschland

Ein weiteres absolut zentrales Element für die Einführung von Lean Management und Lean Production, bevor mit einer breiten Implementierung von Industrie-4.0-Technologien gestartet wird, ist das Thema Daten. Wie bereits anfangs bei der Betrachtung des Status quo erwähnt, ist die Reise hin zu einer smarten, durchdigitalisierten Fabrik, in welcher Algorithmen die meisten Entscheidungen basierend auf aktuellen und Vergangenheitsdaten treffen, nicht unbedingt die beste Idee, da die Qualität der getroffenen Entscheidungen direkt mit der Qualität der Datenbasis korreliert. Und diese ist nun mal in den allermeisten Unternehmen schlecht bis katastrophal. Durch das Eliminieren aller überflüssigen Prozesse werden deren Daten eliminiert und durch die Neuausrichtung und Optimierung der verbleibenden Prozesse werden diese Daten wiederum von Fehlern bereinigt. Im Rahmen dieses Prozesses gewinnen die Mitarbeiter auch wieder Vertrauen in die Daten und damit auch in einem weiteren Schritt Vertrauen in die Ergebnisse von Algorithmen. Die Akzeptanz und auch die Bereitschaft sich auf Industrie-4.0-Technologien wie Big Data oder auch Predictive Maintenance einzulassen, wird auf diese Weise steigen.

Darüber hinaus liefert das Lean Management eine ganze Palette an Methoden zur Gestaltung von Prozessen oder der Optimierung von Rüstzeiten, zur Fehlerbeseitigung, der Bestandsoptimierung, der Sauberkeit und Sicherheit und des Visuellen Managements. Allein durch eine konsequente Implementierung dieser Prinzipien sind Unternehmen in der Lage ihre Effizienz und Produktivität kontinuierlich zu steigern. Die in einer Studie des IOA angegebenen 2,2 Prozent Wertschöpfungspotenzial durch Industrie 4.0 im Maschinen- und Anlagenbau bis 2025 sind da in den allermeisten Fällen locker drin. Und das ganz ohne Investitionsrisiko und mit allen oben genannten Vorteilen für die Vorbereitung der Digitalisierung.

> Die Datenbasis ist in den allermeisten Unternehmen schlecht bis katastrophal.

Eine solide Implementierung von Lean Management im Unternehmen bringt viele Vorteile

- Schlanke Prozesse
- Schlankes Denken
- Hohe Ressourcenauslastung
- Wertschöpfungsorientierte Systemausrichtung
- KVP-Mentalität (KVP = Kontinuierlicher Verbesserungsprozess)
- Geistig aktive und motivierte Mitarbeiter
- Hoher Standardisierungsgrad
- Konsistente Datenbasis

Um die positiven Effekte, welche ein erfolgreiches Lean-Projekt auf die Motivation von Mitarbeitern haben kann, einmal exemplarisch zu verdeutlichen, hier noch ein Beispiel.

Beispiel eines erfolgreichen Lean-Projekts

In einem Projekt, in dem Führungsaufgaben in der Fertigung in Form der Einführung eines Shopfloor Managements (ein Ansatz aus dem Lean Management) optimiert werden sollten, wurden bereits in der Planungsphase einzelne Mitarbeiter aus sämtlichen Unternehmensebenen involviert und als Team zusammengebracht. Insbesondere den Produktions- und Interlogistikmitarbeitern wurden Gestaltungsfreiraum, Verantwortung und Führungsaufgaben übertragen, um maßgeblich das System, mit dem sie später arbeiten würden, zu designen. Von diesem Projekt, in dem sich Menschen ganz neu und in sogar umgekehrten Führungsrollen gegenübergetreten sind, haben das Unternehmen und die einzelnen Akteure noch lange profitiert. Denn die Mitarbeiter hatten hier echtes Mitsprache- und Gestaltungsrecht. Es wurden Fähigkeiten wie Eigenverantwortung, Kreativität, auch Empathie im Umgang mit Menschen aller Unternehmensebenen gefördert und geschätzt. Auch beim späteren Anpassen der Ergebnisse von z. B. Kennzahlen, Shopfloorboards etc. brachten die Mitarbeiter an der Linie selbstbewusst ihre wertvollen Beiträge zur Verbesserung des Gesamtsystems und Unternehmens ein. Davon abgesehen konnten sie ihren direkten Kollegen in der Produktion täglich Feedback, Erklärungen, Motivation und Begeisterung für den umgesetzten Veränderungsprozess geben, was sowohl Transparenz für alle als auch Akzeptanz nachhaltig gefördert hat. Fazit: Die Lösung in einer komplexen Welt muss nicht zwangsläufig komplex sein.

5.4.1.2 Datenkompetenz (Data Literacy)

Eine weitere zentrale Basiskompetenz, auf welche im Kontext der smarten Fabrik eingegangen werden muss, ist die sogenannte Datenkompetenz oder englisch Data Literacy. Grundsätzlich geht es dabei um die Fähigkeiten im Umgang mit Daten:

- Erfassung und Sammlung von Daten
- Analyse von Daten
- Verwaltung und Anpassung von Daten
- fachgerechte Bewertung von Daten
- Präsentation und Visualisierung von Daten
- Anwendung von Daten

In vielen Bereichen im Unternehmen sind diese Kompetenzen sicherlich bereits in hohem Maße vorhanden. Niemand wird Controller oder Prozessingenieur ohne beflissen im Umgang mit Daten zu sein. Allerdings gibt es auch sehr viele Bereiche in Stellen in Unternehmen, in welchen Datenkompetenz nicht vorhanden ist. Dies ist kein Grund für Fingerzeigen. Es war bisher in vielen Bereichen einfach nicht erforderlich. Was muss sich ein Produktionsmitarbeiter in bisherigen Systemen mit Daten beschäftigen? Das regelte eben der Vorarbeiter, Meister oder der Betriebsingenieur in der Arbeitsvorbereitung. Diese Arbeitsteilung wird sich aber in Zukunft verändern. CPS werden sich in der Produktion immer weiter ausbreiten, überall dort, wo Probleme auftreten oder einfach nicht genug Daten vorhanden sind, um Sachverhalte zu analysieren. Hier wird in Zukunft der Mitarbeiter vor Ort gefragt sein, zum einen, um bei der Erfassung und Sammlung der Daten zu unterstützen, und zum anderen ggf. auch, um einen Input für die Analyse zu leisten. Denn auch wenn die Dateninterpretation durch einen entsprechenden Experten erfolgen kann, so kann das Feedback der Mitarbeiter vor Ort, welche Tag für Tag mit den Maschinen arbeiten, wertvolle Hinweise und Anregungen geben. Die Qualifizierung der Mitarbeiter sollte dabei über eine Bewusstmachung der eigenen Position im Gesamtgefüge (hierfür eignet sich Lean wieder besonders) erfolgen und über eine Darstellung der Möglichkeiten und Potenziale, welche sich durch Industrie-4.0-Technologien ergeben. Dabei muss wie nachfolgend dargestellt nicht jeder alles gleich gut können (siehe Bild 5.3).

> Die Qualifizierung der Mitarbeiter hinsichtlich Datenkompetenz sollte immer eine Bewusstmachung der eigenen Position im Gesamtgefüge beinhalten.

Bild 5.3 Kompetenzprofil Data Literacy

Die meisten wären überrascht, wie häufig die Mitarbeiter aus der Fertigung, die tatsächlich leider viel zu selten befragt werden, in einem Workshop die besten und vor allem anwendungsbezogenen Fragen stellen. Gleiches gilt ebenso für alle anderen Bereiche und Abteilungen im Unternehmen. Überall wird der großflächige Einzug von CPS, Sensoren und autonomen Systemen neue Datenquellen erzeugen, welche vor Ort „betreut" werden müssen. Gleichzeitig wird es von zentraler Bedeutung sein, Mitarbeiter in verschiedensten Bereichen auf das Thema Big Data und Predictive Analytics vorzubereiten. Spätestens wenn Prozessketten in der Cloud analysiert werden und einzelne Maschinenparameter automatisiert in selbststeuernden Regelkreisen angepasst werden, müssen Planungsabteilungen und Prozessingenieure ein grundsätzliches Vertrauen in die Plausibilität der Auswertungen haben. Dieses Vertrauen wird nur durch Wissen, Verstehen und Erfahrung aufgebaut werden können.

Mitarbeitern zu zeigen, welche Technologien existieren, was diese können und auch welche Voraussetzungen benötigt werden, ist ein zentraler erster Schritt. Aufgabe von Geschäftsführung, Personalabteilungen und allen Entwicklungsverantwortlichen muss es an dieser Stelle sein, allen Mitarbeitern des Unternehmens Zugang zu Wissen über neue Technologien zu vermitteln, sei es durch Kurse, Beispielprojekte, Wikis oder Vorträge, durch Kooperationen mit Hochschulen und Bildungsträgern oder durch die Schaffung von Freiräumen zum persönlichen Experimentieren.

Jeder sollte nur die Daten bekommen, die zur Ausführung der aktuellen Aufgabe benötigt werden.

Bezogen auf Daten und vor allem Datenverfügbarkeit muss an dieser Stelle noch eine abschließende Warnung ausgesprochen werden. Die Flut der Daten wird zunehmen. Wir werden immer neue Quellen erschließen, immer mehr Datenpunkte miteinander vernetzen und auch Big Data und kollaborative Robotik und viele andere neue Technologien und Systeme werden die Masse an Informationen, welche uns in jeder Sekunde zur Verfügung steht, immer weiter anschwellen lassen. Auf der einen Seite ist es an der Organisation, den entsprechenden Experten und jedem Einzelnen, dass wir alle in jeder Situation nur jene Daten bekommen, die wir zur Ausführung unserer aktuellen Aufgabe benötigen. Die Alternativen sind Überforderung, Überlastung, Paralyse und Panik und das System fährt im schlimmsten Fall an die Wand. Auf der anderen Seite müssen wir uns auch ab einem bestimmten Punkt von der Idee und den Glaubenssätzen verabschieden, dass es, egal wie viel Information wir schon haben, da draußen in der Cloud immer noch den einen Datenschnipsel gibt, der alles auf den Kopf stellt oder die Entscheidung 200 % absichert. Wir müssen lernen von der totalen gefühlten Kontrolle loszulassen, den Mut zu haben auch ohne dreifaches Netz und doppelten Boden Entscheidungen zu treffen und uns im Zweifel von unserer Intuition leiten zu lassen (siehe Abschnitt Entwicklungskompetenzen). Wenn man sich allerdings in großen Unternehmen die Entscheidungswege ansieht, bis in welche Hierarchieebene manche Kleinigkeiten weitergereicht werden, weil niemand den Mut hat eine Entscheidung zu treffen, wird dies ein langer und steiniger Weg werden.

5.4.1.3 Change-Management und Transformation

Eine absolut zentrale Kompetenz, welche sowohl die Organisation als Ganzes als auch jeder Einzelne, der in ihr arbeitet vermehrt benötigen wird, ist die Fähigkeit und Bereitschaft zur Veränderung und zur Wandlung. Die eigene Arbeitsweise, die Tools, Werkzeuge und Methoden, die wir täglich einsetzen, das Geschäftsmodell und auch die Art und Weise der Mitarbeiterführung stehen in den kommenden Jahren auf dem Prüfstein und müssen grundlegend hinterfragt und gegebenenfalls radikal verändert werden. Dafür zwingend erforderlich sind einerseits ein gutes Change-Management und andererseits die Fähigkeit und der Wille zur Transformation. Da Change und Transformation sehr häufig synonym verwendet werden, hier eine kurze Unterscheidung, welche auf den Überlegungen von Dr. Behrend beruht (Behrend 2020).

Change und das Managen desselbigen haben in der Regel die Aufgabe ein bestimmtes Problem zu beseitigen oder einen bestimmten, vorher klar definierten Zielzustand zu erreichen. Der Anfangsimpuls entsteht meist aus einem Bereich oder Prozess, der im Unternehmen nicht richtig oder optimal funktioniert. Daraus wird dann mit allen Beteiligten ein optimiertes Zielbild entwickelt. Die angestrebte Veränderung wird in der Regel in einem klassischen Projektmanagement mit altbewährten Tools und Methoden abgewickelt und umfasst einen definierten Zeitraum, in dem das Ganze umgesetzt werden soll, zugewiesene Ressourcen und Meilensteine, welche erreicht werden müssen. Neben technischen und organisatorischen Änderungen soll natürlich auch das Verhalten der eingebundenen Personen geändert werden, damit das Endergebnis erfolgreich ist und der Change auch nachhaltig bleibt.

Ein gutes und effizientes Change-Management wird einer der Schlüssel zur erfolgreichen Bewältigung von Industrie 4.0 sein und bleiben. Wenn wir kurz an die oben beschriebene Diskrepanz zum aktuellen Status quo in vielen Unternehmen zurückdenken, wird schnell klar, dass es von der Implementierung von Lean-Konzepten über die Aufbereitung der Datenbasis, die Begradigung von Prozessketten und Elimination von überflüssigen Prozessvarianten mehr als genug Herausforderungen gibt, die wunderbar in Projekte verpackt, mit Ressourcen und Meilensteinen ausgestattet, erledigt werden können. Grundsätzlich wird auf diese Weise die Basis für eine effiziente und effektive Implementierung von Industrie 4.0 gelegt. Wir nutzen also Change-Management, um die Missstände der Vergangenheit zu korrigieren.

In diesem Zusammenhang wird es Aufgabe der Personalabteilungen sein, eine ausreichende Anzahl von Mitarbeitern mit den entsprechenden Kompetenzen auszustatten. Da es für diese Themen mehr als genug Anbieter auf dem Markt gibt, welche einerseits entsprechende Schulungskonzepte anbieten und andererseits auch aktiv bei der Umsetzung begleiten, ist die Herausforderung hier eher darin zu sehen, den Anbieter zu finden, der mit seinem Portfolio am besten zu den Bedürfnissen des Unternehmens passt. Und natürlich unternehmensseitig jene Mitarbeiter zu identifizieren, die für die entsprechenden Weiterbildungen in Frage kommen.

Leider reicht es vor dem Hintergrund der anstehenden Veränderungen nicht, sich lediglich auf Change vorzubereiten und diesen möglichst effizient zu gestalten.

Transformation geht weiter als Change und greift deutlich tiefer. Sie stellt die grundlegenden Maximen, auf welchen beispielsweise Organisationen und Geschäftsmodelle basieren, in Frage.

> *„Change fixes the past, transformation creates the future."*
> Tanmay Vora, Senior Business Leader, Autor, Blogger

Wenn wir uns völlig neue Strategien oder eine Neuformulierung von Geschäftsmodellen anschauen, sollten wir den Unterschied zwischen Change und Transformation verstehen. Viel zu häufig werden die beiden Begriffe synonym verwendet, obwohl sie mitnichten das Gleiche darstellen. Zwar geht es bei beiden um die Umsetzung einer Veränderung, jedoch gibt es Unterschiede, die wir uns vor dem Hintergrund der Digitalen Transformation (ja, genau, Digitale Transformation …, Sie ahnen schon was) noch einmal bewusstmachen mögen. Es geht um das grundsätzliche Hinterfragen existierender Strukturen, die Bereitschaft, Altes zu zerstören und Neues zu kreieren. Dies umfasst die Gesamtheit des Unternehmens und all seine bestehenden Prozesse und Arbeitsweisen. Es geht darum, neue Visionen zu entwickeln, die Zukunft neu zu (über-)denken und alte Strukturen wirklich aufzubrechen. Und es bedeutet auch, dass das Endergebnis nicht so leicht vorhergesagt, geschweige denn quantifiziert werden kann. Dies erfordert von allen Beteiligten zusätzlich zu Change-Management-Fähigkeiten die permanente Kultivierung von Entwicklungskompetenzen wie beispielsweise Kreativität, Risikobereitschaft (man riskiert den Status quo und lässt sich auf etwas völlig Neues, vielleicht Unberechenbares ein), Frustrationstoleranz (ja, die werden Sie brauchen), intrinsische Veränderungsbereitschaft, feine Kommunikationsfähigkeiten über alle Organisationsebenen und ein hohes Maß an Empathie (bspw. im Umgang damit, dass Loslassen von Altbekanntem nun einmal nicht jedermanns oder -fraus Stärke ist).

Transformation kann nicht im Rahmen eines kurz- oder mittelfristigen Projekts geschehen. Wer sich für Transformation entscheidet (und das ist mit Blick in die Zukunft rein rhetorisch gemeint), stellt sich auf einen langfristigen und permanenten Prozess ein. Einen Wandel, der nicht mehr rückgängig gemacht werden kann, weil er sowohl in der Organisation als auch in den Menschen selbst eine dauerhafte Veränderung hervorruft.

Wir appellieren daher an alle, ehrlich und kontinuierlich die eigene Transformationsbereitschaft, sowohl bei sich persönlich als auch innerhalb ihres Unternehmens, zu hinterfragen und immer weiter kleine Schritte in die Veränderung/hin zur Zukunftsvision zu gehen (siehe Abschnitt Lean Management). Denn wir sind überzeugt davon, dass Mut immer belohnt wird! Wir rufen daher Unternehmen und Führungskräfte auf, sich an die Arbeit zu machen und eine lebendige und zukunftsgerechte Kultur zu schaffen. Konkret bedeutet das, dass ganz klar und zielstrebig eine radikal neue Unternehmensstruktur aufgebaut wird, die den angestrebten Entwicklungskompetenzen und der neuen Unternehmensvision gerecht wird. Jedes Unternehmen muss dazu auch für sich die Bedeutung von Arbeit (neu) definieren. Wir haben in den letzten Jahrzehnten, insbesondere auch innerhalb der Lean-Management-Bewegung, alle Vorgänge quantifizierbar gemacht und Kennzahlen (Produktions-, Controlling-Kennzahlen usw.) angelegt, nach denen gearbeitet, reportet und verbessert wird. Hier wird der Mitarbeiter aber vor allem als Humankapital, „Human Ressource" oder Produktionsressource betrachtet. Er wird also in die Gleichung des Produktionssystems „eingepflegt", als wäre er ein mit Maschinen oder Prozessen vergleichbarer Teil bzw. eine Variable einer KPI-Formel. Dies ist aus rein prozessualer Produktionssicht sogar nachvollziehbar. Es geht hier auch nicht um eine Entweder-oder-, sondern eine Sowohl-als-auch-Denke. Es ist völlig klar, dass messbare Ergebnisse sowie gut dokumentierte, stabile und fähige Prozesse ein absolutes Muss für jede Produktion sind und das Fundament für ein gutes Gelingen von Industrie 4.0. Und DENNOCH ist es wichtig, den Menschen gleichzeitig nicht nur über KPIs in einen Topf mit Maschinen und Computersystemen zu werfen. Im Gegensatz zu Robotern und Computerprogrammen hat jeder Mensch seine eigene, einzigartige DNA, Talente und Fähigkeiten. Ein zukunftsweisendes Modell für Arbeit und eine wegweisende Unternehmenskultur müssen davon frei sein, den Menschen in irgendeiner Weise als quantifizierbare und dispositive Produktionsressource (in welcher Form auch immer) zu sehen, sondern sich auf seine Entwicklung und Entfaltung konzentrieren. Und genau darauf konzentrieren wir uns heutzutage noch viel zu wenig, gerade im Produktionsumfeld. Nach Amartya Sen, Ökonom und Philosoph, bedeutet es, neben der finanziellen Entlohnung jedem Menschen die Chancen, sogenannte „Verwirklichungschancen", zu geben, um ein nach seinen Vorstellungen gutes Leben zu verwirklichen. Im Unternehmenskontext würde das vom heutigen Standpunkt aus gesehen erst einmal erfordern, grenzenlos disruptiv zu denken. Sich die Frage zu stellen, wie man die Arbeit an den Menschen anpasst, anstatt den Menschen versucht an die Arbeit anzupassen (Vasek 2016). Wenn Sie das geschafft haben, haben Sie übrigens mit Ihrem Unternehmens-Branding und -Standing in Zukunft auch erstmal kein Thema mehr.

5.4.1.4 Digitale Geschäftsmodellentwicklung

Die letzte Basiskompetenz, auf welche an dieser Stelle kurz eingegangen werden muss, ist die Fähigkeit zur Entwicklung neuer, digitaler Geschäftsmodelle. Die Entwicklungen der letzten Jahre haben eindeutig gezeigt, dass es einen unumkehrbaren Trend weg von analogen, „dummen" Produkten hin zu digitalen, smarten und vernetzten Erzeugnissen gibt. Diese ermöglichen den Unternehmen einerseits die Entwicklung völlig neuer Lösungen und Produkte, mit streckenweise revolutionären Möglichkeiten. Zentraler Vorteil aus Sicht der Unternehmen, welcher auch den Schritt zu neuen Geschäftsmodellen erforderlich machen wird, ist die Tatsache, dass die allermeisten dieser neuen Produkte ebenfalls sogenannte Cyber-physische Systeme (CPS) sein werden. Dies bedeutet, dass nun die Möglichkeit besteht über den gesamten Lebenszyklus des Produktes Daten und Informationen darüber zu sammeln, wie das Produkt verwendet wird, wie die Beanspruchung ist, welche Teile wann ermüden und dergleichen mehr. Dies öffnet neuen Geschäftsmodellen vor allem im Bereich After Sales und Services gewissermaßen Tür und Tor. Daten sind das neue Öl und es wird im Rahmen von Industrie 4.0 zu einem großen Teil darum gehen, dieses Öl zu fördern, zu raffinieren (aus Rohdaten nutzenstiftende Informationen zu generieren) und die daraus gewonnenen Informationen so an die Nutzer der Produkte oder Dritte zurückfließen zu lassen, dass daraus ein monetär quantifizierbarer Mehrwert entsteht, für welchen diese bereit sind zu bezahlen. Ob dies effizientere Prozesse, höhere Anlagenverfügbarkeiten, weniger Zeit in Staus, erhöhte Energieeffizienz oder eine effizientere Instandhaltungsstrategie auf Grund zustandsbasierter Einzelentscheidungen sind, ist dabei unerheblich.

Die Herausforderung an die Entwicklung neuer Geschäftsmodelle ist allerdings nicht zu unterschätzen. Für viele Unternehmen ist die Digitalisierung vor allem im Bereich der Produkte immer noch „Neuland", wie unsere Kanzlerin es vor einiger Zeit so schön formulierte. Der zentrale Gedanke ist, das eigene Produkt aufzuwerten und mit einem individualisierten Dienstleistungsangebot zu koppeln, um so einen Mehrwert für den Kunden zu generieren (Syska und Lièvre 2016). Die Entwicklung solch hybrider Geschäftsmodelle gestaltet sich für viele schwieriger, als es zunächst den Anschein hat. Umso wichtiger ist es an dieser Stelle, eine möglichst unternehmensweite Ausbildung von Entwicklungskompetenzen wie Kreativität, Kooperation, Ko-Kreation oder auch Intuition bei möglichst vielen Menschen innerhalb unterschiedlichster Abteilungen und Bereiche zu erreichen.

Die Fähigkeit und Bereitschaft, das bestehende Geschäftsmodell immer wieder kritisch zu hinterfragen und bei Bedarf auch zu zerstören, ist entscheidend für die Entwicklung neuer, nachhaltiger Geschäftsmodelle. Der Fokus muss dabei immer auf der Frage liegen, was dem Kunden oder Dritten Nutzen stiftet. Kurz: Der erste Win sollte immer dem Kunden gehören.

5.4.2 Technologiekompetenzen

Ein zentraler Baustein auf dem Weg zur Smart Factory wird der Aufbau von Kompetenzen in genau jenen Technologiefeldern sein, welche die vierte industrielle Revolution vorantreiben. Die grundlegende Frage bei allen Technologien von I4.0 wird jene nach dem Nutzen für das Unternehmen und dessen Kunden sein. Ein grundlegendes Verständnis der Möglichkeiten, Potenziale, Herausforderungen, Kosten und auch Voraussetzungen ist dabei ein essenzieller erster Schritt. Wie bereits im Abschnitt Vision und Realität angedeutet, gibt es keine wirklich allgemeingültige Definition, wie die smarte Fabrik der Zukunft schlussendlich aussehen wird und was für Technologien sie antreiben werden. Nachfolgend finden sich daher Kompetenzbetrachtungen und Vorschläge für ein Herantasten an jene Technologien, welche mit großer Sicherheit eine zentrale Rolle spielen werden. Der Vollständigkeit halber finden Sie in der nachfolgenden Aufzählung all jene Technologien, welche großes Anwendungspotenzial zeigen.

Zentrale Technologien bzw. Technologiecluster für die Smart Factory (Auszug)

- Autonome Systeme in der Logistik
- Kollaborative Roboter
- Cloud-, Fog- und Edge-Computing
- Cyber-physische Systeme (CPS) und das Internet der Dinge (IoT)
- Additive Fertigungstechnologien (3-D-Druck)
- Künstliche Intelligenz
- Fortgeschrittene Assistenzsysteme (AR, VR und HMI)
- OPC-UA
- Digitaler Zwilling
- Blockchain
- Business Analytics und Data Mining

Zu jeder dieser Technologien wurden schon mehrere Bücher und teilweise ganze Bibliotheken verfasst. Es gibt also mehr als genug Recherchemöglichkeiten für alle weitergehend Interessierten. Aus diesem Grund wollen wir uns nachfolgend wie gesagt lediglich auf jene konzentrieren, welche bereits einen hohen TRL (Technical Readyness Level – Technologischer Reifegrad) besitzen, für die es viele Anwendungsbeispiele gibt und welche für die allermeisten Unternehmen wahrscheinlich relevant sein werden.

5.4.2.1 Embedded Systems, Sensoren und Aktoren (kurz CPS)

Gewissermaßen eine Basistechnologie der vierten industriellen Revolution und auch der Smart Factory sind die sogenannten Embedded Systems (eingebetteten Systeme). Eingebettete Systeme sind digitale Systeme, welche in ein umgebendes technisches System eingebettet sind (daher der Name). Sie stehen mit diesem in Wechselwirkung und übernehmen in der Regel Überwachungs-, Steuerungs- und Regelungsaufgaben. Darüber hinaus übernehmen diese Systeme auch Aufgaben in den Bereichen der Daten- und Signalverarbeitung. Sie sind damit zusammen mit Sensoren, Aktoren und Kommunikationstechnologien die zentralen Elemente der Cyber-physischen Systeme. Da nach Aussage so ziemlich aller Veröffentlichungen, Prognosen und Expertenmeinungen die Digitalisierung nicht mehr aufzuhalten und allumfassend sein wird, werden auch immer mehr Elemente in Produktionssystemen cyberphysische Systeme werden und auch immer mehr Produkte werden ebenjene Technologien enthalten. Dies kann besonders Unternehmen vor Herausforderungen stellen, welche bisher überhaupt keine Berührungspunkte mit diesem Thema hatten und beispielsweise rein mechanisch fertigen. Es mag auch sein, dass dieser Kelch komplett an Ihnen vorübergeht. Wir persönlich müssen auch sagen, dass wir auf die Frage: „Wie soll aus einem Drehteil sinnvoll ein CPS werden?" absolut keine Antwort haben. Für alle anderen Unternehmen stellt sich allerdings die Frage, wie sie dieses Thema angehen. Grundsätzlich können Unternehmen natürlich den Weg über die Rekrutierung neuer Mitarbeiter gehen. Wenn jedoch noch nicht klar ist, ob sich für das eigene Geschäftsmodell digitale Erweiterungen oder neue Geschäftsfelder realisieren lassen, so bieten sich in der Regel Forschungsprojekte mit Hochschulen und sonstigen Forschungseinrichtungen an. Insbesondere, da diese bei der Entwicklung neuer Produkte oder innovativer Lösungen vor allem für mittelständische Unternehmen gute Chancen haben einen Großteil der Kosten aus Fördermitteln decken zu können. Darüber hinaus bekommen sie über mehrere Monate, teilweise Jahre einen direkten Zugang und intensiven Kontakt zu Spezialisten in den entsprechenden Gebieten. Idealerweise übernehmen die Unternehmen die Leute am Ende einfach. Da die allermeisten Hochschulen ohnehin immer auf der Suche nach Problemstellungen und Kooperationspartnern für Forschungsprojekte sind, kann dies eine sehr gute Einstiegsmöglichkeit sein, welche natürlich auch für die meisten der nachfolgend betrachteten Technologien gilt.

5.4.2.2 Kollaborative Robotik und autonome Systeme

Ein weiteres Technologiefeld, in welches immer mehr Unternehmen vordringen, ist das Feld der kooperativen, sensitiven Robotik. Im Gegensatz zu klassischen Robotern, welche durch virtuelle und reale Absperrungen und Käfige von Menschen getrennt werden müssen, sind neue kollaborative Roboter ohne all diese Schutzmaßnahmen direkt in die jeweilige Arbeitsumgebung integrierbar. Darüber hinaus müssen sie nicht wie klassische Industrieroboter aufwändig eingerichtet werden, sondern sind über einfache Bedienelemente und Touchpads schnell auf neue Aufgaben hin programmierbar. Dies macht sie ideal für die Flexibilisierung der Produktion, da sie mit geringem Aufwand bedarfsgerecht an unterschiedliche Arbeitsstationen angepasst werden können. Allerdings sind diese sehr einfachen kollaborativen Roboter (z. B. UR3 oder UR5 von Universal Robotics) für viele industrielle Anwendungen nicht geeignet. Ursachen sind beispielsweise die Geschwindigkeit oder auch die Präzision beim Ausführen von Bewegungen. Dies macht sie beispielsweise für viele Montagetätigkeiten, bei welchen eine hohe Präzision erforderlich ist, ungeeignet. Schnellere und präzisere Roboter sind mitunter deutlich teurer und in den meisten Fällen deutlich aufwändiger zu programmieren. An dieser Stelle stellt sich für viele Unternehmen natürlich die Frage, inwieweit dafür spezialisiertes Know-how beispielsweise in der Programmierung erforderlich ist, da viele Hersteller diese Systeme nur mit ihrer eigenen Programmierung vertreiben und Schnittstellen teilweise Mangelware sind. Dies ist häufig die Ursache für einen sehr homogenen Roboterpark in vielen Unternehmen.

Eine alternative Lösung könnte in der Adaption von ROS-Industrial oder ROS liegen, dem Robotic Operating System. ROS ist ein Open Source Framework zur Roboterprogrammierung, welches von einer weltweiten Community kontinuierlich weiterentwickelt wird. Diese entwickelt immer neue Funktionalitäten und Erweiterungen, so dass für nahezu jeden Anwendungsfall eine Basis existiert, auf der man aufsetzen kann. Es gibt tausende Tutorials, Webinare und zehntausende beantworteter Fragen zu unterschiedlichsten Themenstellungen, so dass sehr schnell Wissen aufgebaut werden kann. Darüber hinaus gibt es mit dem Fraunhofer IPA in Stuttgart als europäische Koordinationsstelle für das ROS Industrial Consortium Europe oder dem MASKOR-Institut an der FH Aachen auch potenzielle Forschungspartner mit viel Erfahrung in diesem Bereich. Des Weiteren entwickelt sich ROS zum internationalen Standard, was die Mobile Robotik angeht. Dies macht es insbesondere für Anwendungsfälle autonomer Intralogistik interessant, wie sie ja in der Smart Factory überall zu finden sein sollen.

5.4.2.3 Additive Fertigungstechnologien

Das Feld der additiven Fertigungstechnologien stellt einen weiteren Bereich mit großem Potenzial für die Zukunft dar. Auch wenn das Thema 3D-Druck in der aktuellen Diskussion um Industrie 4.0 teilweise etwas an den Rand gedrängt wird, zeigt eine große Zahl von Unternehmen gesteigertes Interesse an diesen Technologien und ihren Anwendungsmöglichkeiten. Ursachen dafür sind sicherlich neben der immer größer werdenden Anzahl von druckbaren Materialien die Innovationen im Bereich der Drucker, der Aufbau eines immer größeren 3D-Druck-Ökosystems sowie die zunehmende Tendenz zu einer immer weiteren Individualisierung von Produkten. Da durch additive Verfahren eine Produktion in Losgröße eins teilweise deutlich effizienter möglich ist als durch konventionelle Fertigungsverfahren, erscheint das Drucken der Bauteile als eine in bestimmten Nischen und Anwendungen zunehmend wirtschaftliche Option. Darüber hinaus können Bauteile mit neuen Proportionen und Funktionalitäten geschaffen werden (z. B. innenliegende Kühlkanäle in Motorblöcken), welche vorher nicht realisierbar waren. Auch in der Optimierung der Produktion (z. B. Reihenfolgeplanung), der Instandhaltung (Druck von Ersatzteilen) oder der Beschaffung (Reduktion von Sicherheitsbeständen) lassen sich immer mehr Bereiche identifizieren, in welchen additive Fertigungstechnologien dabei helfen können wirtschaftliche Potenziale zu erschließen.

Bild 5.4 Potenzielle Wirkfelder additiver Fertigungstechnologien

Der Einstieg in die Thematik der additiven Fertigung ist dabei auf unterschiedlichen Wegen möglich. Auf Grund der großen Verfügbarkeit bereits relativ preisgünstiger Drucker mit ausreichender Qualität und der relativen Autonomie bezogen auf den sonstigen Fertigungsablauf sind diese Systeme verhältnismäßig leicht integrierbar. Vor allem, wenn der Fokus zunächst einmal auf dem Experimentieren mit den Möglichkeiten der Technologie liegt. Viele Automobilhersteller haben beispielsweise bereits in den meisten Werken in unterschiedlichen Abteilungen Drucker für verschiedene Materialien installiert. Hier können Mitarbeiter Ideen für neue Werkzeuge und Arbeitshilfsmittel oder Positionierungshilfen und dergleichen einfach unkompliziert drucken und damit ihre Prozesse verbessern. Oder sich einfach mal kreativ ausprobieren. Es gibt an dieser Stelle keinen Zwang zur Optimierung oder Verbesserung. Der primäre Gedanke ist, den Mitarbeitern diese neue Technologie zur Verfügung zu stellen und zu sehen, was sich daraus entwickelt. Auch viele andere Unternehmen in Deutschland gehen bereits diesen Weg. Häufig ist die Aussage, dass die Qualität noch nicht für den Endkunden reicht, aber für intern verwendete Werkzeuge auf jeden Fall, da hier Funktionalität Anspruch an Optik in jedem Fall schlägt. Gewissermaßen im Vorbeigehen werden so intern Kompetenzen aufgebaut, welche später die Grundlage für spezialisierte Abteilungen legen.

5.4.2.4 Fortgeschrittene Assistenzsysteme

Fortgeschrittene Assistenzsysteme stellen einen weiteren zentralen Technologiekomplex in der smarten Fabrik dar. Egal ob es sich dabei um Datenbrillen handelt, welche den Mitarbeiter beispielsweise bei der Kommissionierung unterstützen, indem sie Informationen über Wege, Produkte oder den Zustand der Logistikressourcen anzeigen, Projektoren und Sensoren, welche Montageprozesse unterstützen, oder Exoskelette, welche Mitarbeitern bestimmte Tätigkeiten erleichtern. All diese Technologien können dabei helfen Mitarbeiter in bestimmten Situationen auf unterschiedlichste Weisen zu entlasten. Gewichte können reduziert werden, Fehler einfacher erkannt, zusätzliche Informationen bereitgestellt und Prozesse abgesichert werden. Der Umgang mit diesen Technologien ist in vielen Fällen relativ einfach zu erlernen und auch die technologische Implementierung ist für viele Anwendungsfälle grundsätzlich nicht schwierig. Die große Herausforderung an dieser Stelle ist die exakte Abstimmung der Technologien auf die Bedürfnisse der Mitarbeiter vor Ort und die Absicherung bzw. Einhaltung von Datenschutzrichtlinien.

Gefahr der Komplett-überwachung des Menschen durch autonome Systeme.

Die digitale Transformation bringt vor allem bei diesen Systemen Konflikte zwischen Überwachung und freier Entfaltung mit sich. Wenn wir uns die Beispiele der kollaborativen Roboter und der Smart Glasses ansehen, bedeuten diese oftmals eine Komplettüberwachung von Mitarbeitern. Ohne eine 360°-Überwachung des Arbeitsraumes können vor allem autonome Systeme nicht effizient arbeiten. Mit Smart Gloves oder Augmented-Reality-Brillen werden dem Nutzer die exakten Bewegungen von Augen, Händen etc. vorgegeben. Ein Abweichen vom Standard wird detektiert. Anstatt der Förderung von Kreativität, Eigeninitiative und Gestaltungsmacht gleicht dies doch eher einer nie dagewesenen Komplettüberwachung des Menschen. Wie gehen wir damit um, wenn wir gleichzeitig die steigende Wichtigkeit von Entwicklungskompetenzen kommunizieren?

Bedarfsgerechte Unterstützung der Mitarbeiter mit greifbarem Vorteil vonnöten.

Grundsätzlich sind die Möglichkeiten, diese Systeme so zu konfigurieren, dass sie den Mitarbeiter genauso unterstützen, wie sein jeweiliger Bedarf ist, ohne ihn zu gängeln und mit eigenem Gestaltungsspielraum, in den Technologien selbst vorhanden. Diese müssen jedoch auch konsequent genutzt werden, um die Akzeptanz und das Vertrauen der Mitarbeiter zu gewinnen, ebenso wie die Bereitschaft langfristig mit diesen Systemen zu arbeiten.

An dieser Stelle ist die Bildung interdisziplinärer Teams aus Produktionsplanern, Betriebsräten, Entwicklern und den Mitarbeitern vor Ort zwingend erforderlich. Nur wenn es einen greifbaren Vorteil für die Mitarbeiter gibt, ohne dass Daten erhoben werden, welche diesen zum Nachteil gereichen können, und der Gesamtprozess stabilisiert oder verbessert wird, können positive Einsatzszenarien generiert werden.

Eine große Herausforderung ist an dieser Stelle die potenzielle Dequalifizierung der einzelnen Stellen. Wenn beispielsweise komplizierte Montageprozesse durch die Bereitstellung zusätzlicher Informationen wie Videos zu Teilprozessen, visuelle Positionierungshilfen oder deutlich kleinteiligere Arbeitsanweisungen so weit vereinfacht werden, dass sie innerhalb von wenigen Tagen oder Wochen anstelle von bisher Monaten oder Jahren erlernt werden können, stellt dies die Legitimation ganzer Entlohnungsmodelle in Frage. Dies muss im Entwicklungsprozess hin zur smarten Fabrik unbedingt adressiert werden.

5.4.2.5 Künstliche Intelligenz

Algorithmen und autonome bzw. intelligente Computersysteme machen sich immer mehr in Bereichen breit, in denen Menschen dachten, es wären ihre Kernkompetenzen und für Maschinen unerreichbar. Die einen begrüßen das, gibt es ihnen doch ganz neue Möglichkeiten, ihr Leben zu gestalten. Andere fürchten, ihre Fähigkeiten werden bald gar nicht mehr benötigt. Viele haben eine indifferente Meinung zu den Zukunftsprognosen bzgl. Künstlicher Intelligenz, miteinander kommunizierenden und selbstlernenden Maschinen und Computersystemen und bewegen sich zwischen sorgenträchtiger Skepsis und der Hoffnung auf ein einfacheres und komfortableres Leben.

An dieser Stelle sollen auch keine vertiefte Diskussion und Analyse der Möglichkeiten und aktuellen Grenzen dieser Technologie erfolgen (weitergehend Interessierten sei das Buch „Künstliche Intelligenz – Was sie kann & was uns erwartet" von Manuela Lenzen empfohlen).

Klar ist, dass selbstlernende Algorithmen und Roboter uns in äußerst vielen Bereichen und bei noch mehr Tätigkeiten sehr viel Arbeit abnehmen können und immer mehr übernehmen werden. Und gleichzeitig müssen wir uns unsere Unwissenheit eingestehen, welche der vielen postulierten Zukunftsszenarien tatsächlich eintreten werden, und stattdessen die Chancen der Mitgestaltung nutzen. Wenn wir aber auf lange Frist versuchen, nur mehr unsere Basiskompetenzen wie analytisches und systemisches Denken, Projektmanagement etc. upzugraden und auszubauen, wird unsere Spezies sich tatsächlich selbst langsam, aber sicher überflüssig machen und wir werden desillusioniert. KI ist heute schon besser darin, Daten zu sichten, zu analysieren und auf eine Art und Weise zu interpretieren, auf die wir Menschen nie gekommen wären. Auch die Entscheidungen bzw. Handlungsempfehlungen, welche daraus abgeleitet werden, übersteigen in vielen Fällen das, wozu unser menschliches Gehirn in der Lage ist. Und wir stehen erst am Anfang dieser Entwicklung. Es gibt so viele Forschungsprojekte und Anwendungsmöglichkeiten, die schon heute oft die Grenzen unserer Vorstellung sprengen. Das hätte vor 15 Jahren tatsächlich kein Science-Fiction-Film besser darstellen können. Anstatt dort in Konkurrenz zu treten, wo uns Computersysteme mittlerweile gleichgestellt oder weit überlegen sind, sollten wir unsere zutiefst menschlichen Fähigkeiten wiederentdecken und stärken. Und das natürlich nicht nur im Yogastudio oder Wochenendkurs, sondern auch im gewinnorientierten Unternehmenskontext. Es geht darum, jenes im Menschen wertzuschätzen und zu fördern, was ihn von Maschinen und Robotern unterscheidet. Und es geht darum, einen Weg zu finden, mit Künstlicher Intelligenz zu koexistieren, anstatt zu konkurrieren und die Mensch-Maschine-Zusammenarbeit aktiv mitzugestalten. Dies wird möglich, indem wir vermehrtes Augenmerk auf die Entwicklungskompetenzen legen, da hier unser menschliches Potenzial liegt und Dinge wie Innovation, Empathie oder Intuition weniger leicht von Computersystemen übernommen werden können als alles, was mit Analytik, Zahlen und Daten zu tun hat. Leider haben wir uns diese Fähigkeiten im Laufe der industriellen Revolutionen eins bis drei großflächig abtrainiert (Hofert 2019):

Der Verlust der zentralen Fähigkeiten von morgen im Laufe des Gestern

Von Revolution zu Revolution ging es fast immer um die weitere und spezifischere Ausbildung technischer und analytischer Fähigkeiten, um Prozessdenken, Regelkonformität und darum, Routinen im Autopiloten durchzuführen. Vor dem Hintergrund der Digitalisierung mit der Vielzahl an wirklich smarten Technologien und der damit verbundenen erforderlichen Konzentration auf Entwicklungskompetenzen als unser größtes Alleinstellungsmerkmal (gewissermaßen unser menschlicher USP), stehen uns die lang gepflegten und in Produktionsstätten und Unternehmen geschätzten Kompetenzen immer öfter im Weg, um neue Wege zu erdenken, große Visionen zu kreieren und sie dann auch selbstbewusst umzusetzen.

Die Basiskompetenzen sind ebenso wie die Technologiekompetenzen, welche beide nur in Auszügen vorgestellt wurden, zentrale Bestandteile für die Fabrik der Zukunft und auch den Weg dorthin. Darüber hinaus wird es jedoch von entscheidender Bedeutung sein, dass sich alle Menschen im Unternehmen weitere Kompetenzen aneignen, welche sie in der Welt von morgen unterstützen.

5.4.3 Entwicklungskompetenzen

Die Entwicklungskompetenzen sind neben den Basis- und Technologiekompetenzen der dritte (und aus unserer Sicht entscheidende) Kompetenzcluster, welcher für eine erfolgreiche Entwicklung Richtung Industrie 4.0 und Smart Factory zwingend erforderlich ist. Hier geht es wie bereits mehrfach angedeutet nicht um bestimmte Technologien oder Managementkonzepte, sondern vielmehr um die Frage, wie sich jeder Einzelne von uns weiterentwickeln kann (möglicherweise auch muss), um in der smarten Fabrik, der digitalisierten Wirtschaft der Zukunft und auf der Reise dorthin bestmöglich aufgestellt zu sein. Die Ausbildung bzw. Entwicklung dieser Kompetenzen wird viele sicherlich vor große Herausforderungen stellen, da die wenigsten davon in einem Curriculum an einer Universität oder sonstigen Ausbildungsstätte auftauchen. Aber vielleicht macht gerade das sie so wertvoll für jene, welche sie haben.

Mit alten Schlüsseln öffnet man alte Türen. Wir benötigen neue Schlüssel, um uns (jeder Einzelne von uns!) Zugang zu komplett neuen Möglichkeiten zu verschaffen. Dies bedeutet unter anderem auch, mutig alte Lern- und Denkweisen umzustoßen und durch neue zu ersetzen.

Die nachfolgenden Kompetenzen sind nicht sortiert. Sie werden auch bewusst nicht zueinander in Beziehung gesetzt oder im Stile einer Pyramide gruppiert oder hierarchisiert. Jede Fähigkeit oder Kompetenz wird in Zukunft an Bedeutung gewinnen, die Bedeutung für die eigene Situation und das persönliche Weiterkommen muss jeder für sich selbst bestimmen.

> ### Zentrale Entwicklungskompetenzen für die Smart Factory und Industrie 4.0
>
> - Risikobereitschaft
> - Entscheidungsfähigkeit
> - Fokus
> - Loslassen können
> - Frustrationstoleranz
> - Ko-Kreation
> - Kreativität
> - Empathie
> - Kooperationsfähigkeit
> - Selbstmanagement und Eigenverantwortung
> - Intuition
> - Resilienz
> - Wahrnehmungsfähigkeit
> - Intrinsische Veränderungsbereitschaft

Fokus

Eine absolut zentrale Fähigkeit, welche immer seltener anzutreffen ist, ist **Fokus.** Fokus im Sinne des Ausblendens aller Ablenkungen und der totalen Konzentration auf ein bestimmtes Problem, eine Aufgabe. Die Aufgaben und Probleme der Zukunft werden sicherlich nicht einfacher werden. Die Vernetzung nimmt zu, die Anzahl der Unwägbarkeiten ebenso. Aber auch Lösungsmöglichkeiten und Werkzeuge, welche wir dabei einsetzen können, nehmen zu. Das Problem ist jedoch häufig, dass die Entwicklung einer Lösung für viele Probleme ein zeitintensiver Prozess ist. Das Problem und die Lösung müssen „richtig durchdacht" werden. Dies benötigt Zeit, dies benötigt Fokus. Leider ist es in unserer heutigen Zeit so, dass die wenigsten von uns einmal wirklich Zeit haben, etwas zu durchdenken oder sich einfach über einen längeren Zeitraum ungestört mit einem Thema zu befassen. Die nächste E-Mail, das nächste Telefonat, das nächste Meeting, alles wartet um die nächste Ecke, immer mit der Erwartung des

Absenders, der Anruferin gekoppelt, dass man immer erreichbar ist und reagieren muss. Wenn Professoren an Hochschulen darüber nachdenken, die Inhalte ihrer Vorlesungen in Schnipsel von jeweils sieben Minuten herunterzubrechen, da sie der Meinung sind, dass Studierende keine längere Aufmerksamkeitsspanne besitzen, ist unserer Ansicht nach ein Punkt erreicht, um gewisse Dinge kritisch zu hinterfragen. Für Organisationen mag dies bedeuten aktiv Freiräume für Mitarbeiter zu schaffen. Zeiten, zu welchen alle Ablenkungen und Verpflichtungen, welche bei der Lösungssuche ablenken könnten, auszuschalten sind. Dies ist sicherlich nicht für alle erforderlich oder notwendig. Aber wenn ein Mitarbeiter eine Idee oder ein Problem präsentiert, welchem er sich widmen möchte, sollten dafür die Voraussetzungen geschaffen werden. Und zwar überall, auf jeder Ebene und nicht nur in den Forschungs- und Entwicklungsabteilungen. Für jeden Einzelnen von uns bedeutet dies, sich einerseits von dem Gefühl, permanent erreichbar sein zu müssen und immer sofort zu antworten, frei zu machen. Die Welt dreht sich in der Regel weiter, auch wenn wir mal für ein paar Stunden nicht erreichbar sind. Andererseits müssen die meisten von uns auch wieder lernen über einen längeren Zeitraum fokussiert zu arbeiten. Allen, welche sich auf diese Reise begeben wollen, sei das Buch „Deep Work" von Cal Newport empfohlen. Letzten Endes geht es auch hier darum, möglichst in einen sogenannten „Flow" zu kommen. Flow fördert laut Studien Kreativität um 400 % und erhöht die Problemlösungsfähigkeit immens, da nicht aus Mangel, sondern aus dem Flow Probleme maximal effizient gelöst werden können. Es dürfte den meisten allerdings sehr schwer fallen in der aktuellen Arbeitswelt mit all ihren Ablenkungen und starren Regeln einen solchen Zustand zu erreichen bzw. dann auch zu halten. Hier ist wieder die Organisation gefordert.

Risikobereitschaft und Entscheidungsfähigkeit

Zwei weitere Kompetenzen oder Eigenschaften, welche zentral für die Zukunft sein werden, sind eine gewisse **Risikobereitschaft** und **Entscheidungsfähigkeit.** Wenn man sich die Wege ansieht, welche eine Entscheidung in Unternehmen manchmal nehmen muss, bis sie bei jemandem ankommt, der sie dann auch trifft, ist mitunter erschreckend. In zu vielen Unternehmen haben die Mitarbeiter in zu vielen Abteilungen auf zu vielen Ebenen Angst davor eine Entscheidung zu treffen. Aus Angst davor, es könnte die falsche sein und der Karriere schaden. Dies führt in vielen Unternehmen dazu, dass die Entscheider auf den höheren Ebenen permanent mit irgendwelchem Kleinkram beschäftigt sind, welcher auch zwei, fünf, drei Hierarchieebenen weiter unten hätte entschieden werden können. Wurde er aber nicht, weshalb sich die Entscheidungen in die Länge ziehen, Projekte unnötig verlängert werden und wertvolle Zeit verloren wird, die an anderer Stelle fehlt oder teuer erkauft werden muss. Für das Individuum bedeutet dies, sich mit der Idee anzufreunden, dass es auch im Berufsleben Situationen geben wird, bei denen wir auf das eine oder eben das andere Pferd setzen müssen und nicht delegieren können. Privat sind ja auch die allermeisten von uns in der Lage immer wieder Entscheidungen zu treffen, welche rückblickend betrachtet vielleicht nicht ideal waren (die Waschmaschine, der Handyvertrag, die letzte Beziehung oder das letzte Bier gestern Abend). Für Organisationen ist es von absolut zentraler Bedeutung die Risikobereitschaft zu fördern und eine positive Fehlerkultur zu implementieren. Nur wenn Mitarbeiter Fehler machen dürfen, ohne dafür Nachteile zu bekommen, werden sie es sich auch trauen. Es müssen Beispiele dafür geschaffen werden, wie wunderbar uns Fehler dabei helfen schlechte Prozesse, fehlerhafte Aufgabenbeschreibungen oder auch verdeckte Potenziale zu heben. Fehler dürfen auch nicht mehr unter den Tisch gekehrt oder heimlich mit unglaublich viel Extraaufwand vertuscht werden. Damit erhöhen wir nur das Risiko, dass der Fehler wieder auftritt und noch mehr Geld, Zeit und Energie kostet. Ein mehr oder weniger gutes Beispiel ist die Forschung. Wenn es mal eine Konferenz gäbe, auf welcher nur Misserfolge (gerne humoristisch verpackt) präsentiert würden, würde dies der Forschungsgemeinschaft als Ganzes sicherlich mehr helfen als 50 Konferenzen mit den geschönten Ergebnissen katastrophal gelaufener Forschungsprojekte. Wir könnten uns als Gesellschaft extrem viel Geld sparen und zusätzliche Ressourcen in diesen Bereichen freisetzen, wenn Misserfolge auch ehrlich kommuniziert würden, einfach um zu vermeiden, dass jemand anderes den oder die gleichen Fehler noch einmal wiederholt. Viele große Tech-Firmen wie bspw. Google haben die Fehlerkultur im Kern ihrer Firmenphilosophie und -werte verankert.

Loslassen können

Eine weitere immer wichtiger werdende Fähigkeit wird das „**Loslassen**" sein. Also die Fähigkeit, sich von bestimmten Objekten, Situationen, Prozessen, Prozeduren, Hierarchien, Arbeitsplätzen oder anderen Dingen emotional verabschieden zu können. Vielen Menschen fällt dies sehr leicht, anderen unglaublich schwer. Vor allem Menschen, denen dies schwer fällt, bauen mitunter extreme Widerstände gegen Veränderungen jeglicher Art auf, wenn sie das Gefühl haben, dass diese etwas verändern werden, was ihnen wichtig ist. Dies ist völlig nachvollziehbar. Problematisch ist jedoch, dass durch jene Technologien, welche die smarte Fabrik antreiben werden, über kurz oder lang nahezu alle Bereiche von Unternehmen auf die eine oder andere Weise betroffen sein werden. Die absolut zentrale Aufgabe der Personalabteilungen wird sein, die Mitarbeiter auf diese Veränderungen vorzubereiten und sie durch geeignete Angebote zu begleiten.

Selbstmanagement

Die Corona-Krise hat es verschärft gezeigt: Ein gutes Selbstmanagement, d. h. Verantwortung für sich selbst übernehmen zu können, ist mehr denn je gefragt. Die Digitalisierung, Erweiterung von Remote-Arbeitsplätzen und sich verändernde Führungsstile (bspw. heute partizipativer statt früher autoritärer Führungsstil) erfordern ein hohes Maß an Eigenverantwortung der Mitarbeiter. Darunter fällt unter anderem proaktives Lernen, Zeitmanagement, Selbstorganisation und Vertrauenswürdigkeit. Genauso wichtig für Mitarbeiter ist es aber auch, zu lernen mit Stress und Druck umzugehen. Hier kommen Resilienzstrategien ins Spiel, viele Unternehmen bieten ihren Mitarbeitern auch bereits Achtsamkeits- oder Meditationskurse an, die diese Selbstregulationsfähigkeiten fördern.

Empathie

Es gibt dutzende Definitionen für Empathie und deren Inhalt. Kurz gefasst ist Empathie die Fähigkeit mitzufühlen und sich in die Gedanken und Gefühle anderer hineinversetzen zu können. Wahrscheinlich sagen neun von zehn Personen über sich, sie seien emphatisch. Zugang zu den Empfindungen anderer Menschen setzt aber zunächst einen offenen Zugang zu sich selbst und den eigenen Gefühlen voraus. Mit dem Wahrnehmen, Händeln und präzisen Kommunizieren von Gefühlen tun sich dann aber doch mehr als neun von zehn schwer. So sind die meisten von uns doch auch einen Großteil des Tages in Umfeldern, wo Gefühle keinen großen Raum haben. Da es im Unternehmen der Zukunft aber immer mehr um die Individualität und das Erwecken (versteckter) Potenziale von Menschen sowie freie Entfaltungsmöglichkeiten und die Nutzung kollektiver Intelligenz geht, gilt es, die (Selbst-)Wahrnehmungsfähigkeit als Grundlage für Empathie wieder mehr zu verfeinern. Vor allem im Bereich des Managements ist hier eine gewisse Entwicklung gefragt. Sowohl vor dem Hintergrund der anstehenden technologischen Veränderungen und der damit einhergehenden Veränderungen des Status quo als auch bezüglich der aktiven Integration und ehrlichen Mitnahme aller Mitarbeiter in Richtung der Smart Factory. Wenn wir die Mitarbeiter nicht dort abholen, wo sie jeweils stehen, auch und vor allem mit ihren Sorgen und Ängsten und der daraus resultierenden Unsicherheit, können wir keine gesunde und zukunftsfähige Unternehmenskultur erreichen.

Kreativität

Die Digitalisierung ohne ein hohes Maß an Kreativität kann nicht funktionieren. Innovation, die in immer kürzeren Zeitfenstern benötigt wird, ist zudem die logische Konsequenz von Kreativität in Form einer großen Menge von (guten) Ideen. Denn schlussendlich entscheidet und bewertet einzig der Markt die Ideen und bestimmt, welche daraus als die nächste Innovation gefeiert wird.

Aber nicht nur für den großen Durchbruch, sondern auch im ganz alltäglichen Geschehen wird kreatives Denken und das Eröffnen und Erkennen neuer Möglichkeiten immer wichtiger. Probleme mit zuvor nie dagewesenen Technologien benötigen noch nie dagewesene Lösungsmöglichkeiten und die ständigen Veränderungen machen Ideenreichtum und häufige Neuausrichtung notwendig. Daher können wir davon ausgehen, dass Kreativität als Zukunftskompetenz an Wichtigkeit weiter zunimmt. Glücklicherweise kann man Kreativität, wenn man denn von sich meint, man sei an sich der weniger kreative Typ, entgegen manch vorherrschender Meinung durchaus lernen und trainieren. Die Kreativitätsforschung hat in diesem Bereich etliche Tools und Methoden entwickelt, die das kreative Potenzial in Menschen hervorbringen. Es geht aber nicht nur um den kreativen Erschaffungsprozess, sondern damit einhergehend auch um Mut und die Flexibilität Althergebrachtes zu zerstören, neue Möglichkeiten auszuprobieren und seine eigenen Überzeugungen in Frage stellen zu können.

Intuition

Mittlerweile wird das „innere Wissen" mehr und mehr von Wissenschaftlern ernst genommen und erforscht. Vieles ist noch nicht bekannt, aber Studien zeigen, dass gerade in unübersichtlichen Situationen die Intuition dem Verstand voraus ist, ohne jedoch gegen diesen zu arbeiten. Bei der Entwicklungskompetenz „Intuition" geht es um die Fähigkeit, das in uns wohnende (unbewusste) Wissen, z. B. das aus nicht mehr präsenten Erinnerungen oder Erfahrungen, mit einzubeziehen. Muster werden unbewusst erkannt und Verknüpfungen hergestellt. Gerade vor dem Hintergrund der Informationsfluten, denen wir ausgesetzt sind, eine bedeutsame Ressource, die wichtiger wird, umso komplexer die Fragestellung wird. Voraussetzung für Intuition ist Aufmerksamkeit und eine feine Wahrnehmung und wieder (s. Empathie) ein guter Zugang zu uns selbst. Insbesondere vor dem Hintergrund der Implementierung neuer Technologien und der damit verbundenen Unsicherheiten wird die Intuition eine immer größere Rolle bei der Bewertung von Ergebnissen spielen. Dieser Satz: „Irgendwie passt das nicht zusammen" wird immer wichtiger werden. Auch ohne abschließend verifizierte Datenkette zu sagen, dass etwas vom Gefühl her nicht passt, ist in Zeiten, in denen Algorithmen sich alles Mögliche selbst beibringen können, immer entscheidender. Wir können nicht jede Berechnung von Algorithmen und Künstlicher Intelligenz in der zur Verfügung stehenden Zeit nachvollziehen und selbst durchrechnen. Wir müssen wieder lernen auf unser Gefühl zu vertrauen und als Organisation eine Kultur aufbauen, welche dies fördert.

Co-Kreieren

Wir sprechen hier sehr bewusst vom Prozess des „Co-Kreierens", da Begriffe wie Kollaboration oder Kooperation für uns nicht mehr ausreichend beschreiben, was in Zukunft essenziell sein wird. Co-Kreation ist die nächste Ebene der Zusammenarbeit zwischen mehreren Menschen, die an einem Erschaffungsprozess jedweder Art beteiligt sind, in welchen die Individualität, unterschiedlichen Bedürfnisse und einzigartigen Fähigkeiten von Menschen einfließen, die gemeinsam ein Ziel verfolgen. Jeder in dem Team muss die Verantwortung für sich selbst übernehmen und sich ebenso um den Erfolg seiner Teammitglieder kümmern. Dazu sind ebenfalls sehr feine Kommunikationsfähigkeiten gefragt.

Beziehungen und Netzwerke werden die Basis sein, die neue Art komplexer Arbeit heute zu schaffen und erschaffen. Das Ziel von Co-Kreation ist also nicht nur, das Ergebnis zu erreichen, sondern auch persönlich zu wachsen und sich gegenseitig zu fördern.

An dieser Stelle noch eine abschließende Bemerkung. Natürlich gibt es unzählige Studien und Umfragen, welche Kompetenzen Arbeitgeber als die Skills der Zukunft betrachten. Darauf haben wir hier bewusst verzichtet. Insgesamt lässt sich verzeichnen, dass Personalverantwortliche und Recruiter Softskills den Vortritt vor Hardskills geben. Dies ist verständlich. So sind doch weiche Faktoren wie Empathie oder Kommunikation weit schwieriger zu vermitteln als für den Job benötigte fachliche Qualifikationen wie eine bestimmte Programmiersprache oder Lean-Management-Konzepte. Natürlich sind diese wichtig und werden eine wesentliche Rolle auf dem Weg zur smarten Fabrik spielen. Aber sie werden nicht ausreichen, um den Weg ganz zu Ende zu gehen.

Intrinsische Veränderungsbereitschaft

Eine weitere zentrale Fähigkeit, welche immer größere Bedeutung in der Zukunft erlangen wird, ist intrinsische Veränderungsbereitschaft. In einer Zeit, in welcher immer mehr Veränderungen in immer kürzeren Abständen auf die Menschen und ihre Umgebung einprasseln, wird es von entscheidender Bedeutung sein, dass wir aus uns selbst heraus die Motivation und die Bereitschaft zur Veränderung entwickeln. Unternehmen und Organisationen können Menschen auf Dauer nicht zur Veränderung und Bereitschaft zu dieser zwingen. Was sie tun können, ist ein förderndes und ermutigendes Umfeld und entsprechende Rahmenbedingungen zu schaffen. Der Schlüssel wird aber für jeden Einzelnen sein, aus sich heraus den Wandel anzunehmen und ihn aktiv mitzugestalten. Sei es aus Freude an Neuem, einem persönlichen Wachstumsgedanken oder anderer persönlicher Motivation. In diesem Zusammenhang wird es auch immer wichtiger werden, sich selbst und das eigene Verhalten in dem jeweiligen Kontext zu reflektieren. Dies ist sicherlich einer der schwersten Schritte, da es deutlich einfacher ist, das jeweilige Umfeld und die dort stattfindenden Neuerungen für bestimmte Dinge verantwortlich zu machen. Interessierten seien an dieser Stelle die Werke von Jens Corssen empfohlen, welcher beispielsweise das Thema Kontextänderung sehr anschaulich beschreibt (Corssen 2004) (Corssen 2017).

5.4.4 Schlussfolgerungen

Auch die hier beschriebenen Entwicklungskompetenzen stellen natürlich nur einen Ausschnitt dessen dar, was in Zukunft in noch höherem Maße erforderlich sein wird. Jedoch halten wir eben jene Kernkompetenzen für ganz besonders beachtenswert und entscheidend für den langfristigen Erfolg von Unternehmen in der Digitalen Transformation.

Kompetenzentwicklung auf allen Ebenen und bei allen Beteiligten wird ein absolut zentraler Schlüssel für Erfolg auf dem Weg zur Smart Factory sein. Mitarbeiter müssen entsprechende Basis-, Technologie- und Entwicklungskompetenzen aufbauen, um sich auf die Zukunft vorzubereiten und sie aktiv gestalten zu können. Weiterhin ist es natürlich absolut wichtig, dass Mitarbeiter direkt an der Einführung neuer Tools und Techniken beteiligt werden (s. Case Study). Niemand sollte das Gefühl haben, sich selbst „sein eigenes Grab zu schaufeln". Machen Sie Betroffene zu Beteiligten!

> Entscheidend bei der Entwicklung der smarten Fabrik der Zukunft wird es sein, Technologie, Organisation und Menschen im Gleichschritt oder gewissermaßen als Dreiklang zu entwickeln. Wenn zu viele Technologien zu schnell implementiert werden, ohne dass die Menschen eine Chance haben, die damit einhergehenden Veränderungen auch emotional zu erfassen, zu verarbeiten und sich in der neuen Situation wohl zu fühlen, und die organisationalen Strukturen nicht schnell genug angepasst werden können (organisationale Trägheit), lähmt dies das Unternehmen dauerhaft.

Letzten Endes wird sich jeder Einzelne die Frage stellen müssen, wie man ganz persönlich mit dieser Flut von Informationen, Technologien und der daraus resultierenden Komplexität und Unsicherheit langfristig und positiv umgehen kann. Dies betrifft den CEO eines Unternehmens genauso wie den Produktionsplaner, den Produktionsmitarbeiter und den Gabelstaplerfahrer.

Und damit stellt sich die ganz grundsätzliche Frage nach dem Mindset, welches es braucht, um bei diesen Entwicklungen vorne dabei zu sein oder zumindest mitschwimmen zu können.

Das heißt im Umkehrschluss, aus wirtschaftlichen Gründen und auf langfristige Unternehmenssicht kann die angestrebte Lösung nicht nur sein, Menschen langsam an neue Technologien und ihre zukünftigen Arbeitsplätze heranzuführen. Vor dem Hintergrund, dass die technologischen Innovationen immer vielfältiger, komplexer und in kürzeren Zeitintervallen auf den Markt gebracht werden, wird dies scheitern. Zudem wird Ihnen niemand sagen können, wohin die Reise genau geht.

Auf dem Weg zur smarten Fabrik, welche eingebettet in die durchdigitalisierte Gesellschaft von morgen lediglich eine Dimension eines grundlegenden gesellschaftlichen Wandels darstellt, sollte sich jeder auch persönlich auf neue und dynamischere Zeiten einstellen. Dies muss nicht negativ sein, verlangt aber, dass wir uns möglicherweise von Ideen oder bestimmten Vorstellungen wie der langfristigen Karriere in nur einem Unternehmen oder der Sicherheit bestimmter Kompetenzen und Stationen bzw. Positionen, welche wir erreicht haben (CEO, Produktionsleiter, Professor etc.), verabschieden müssen.

> Wie wollen wir Menschen jedes Mal wieder aufs Neue „langsam" an Technologien heranführen? In Zeiten immer kürzerer Innovationszyklen schlichtweg hoffnungslos.

Das mag sich zunächst schwer anfühlen, da wir nun einmal „Gewohnheitstiere" sind. Neurobiologen erklären das ganz vereinfacht etwa so: Die Neuronen in unseren Gehirnen erzählen sich die ganze Zeit die gleichen alten Stories, was automatisch immer wieder zu den gleichen Reaktionen auf bestimmte Situationen und Menschen usw. führt. Aber diese Stories lassen sich mit neuen (förderlicheren) „überschreiben": Zig Studien und Forschungsarbeiten zeigen, dass man die Arbeitsweise seines Gehirns verändern und neue neuronale Muster erzeugen kann (Stichwort neuronale Plastizität).

Wieso erwähnen wir das an dieser Stelle? Weil wir Sie begleitend zur Digitalisierung Ihres Unternehmens zu Programmen aus Persönlichkeitsentwicklung und Mindset-Arbeit ermutigen wollen. Auf unsere Anwendungsfälle bezogen: Die meisten werden es bestimmt schon erlebt haben, dass Mitarbeiter (und wir selbst?) zunächst neue Technologien, Arbeitsweisen und Strukturen ablehnen. Etwas ist unbekannt, wir sind unsicher, gehen in den „Fight or Flight"-Modus. Eine Situation abzulehnen frisst im Arbeitsalltag aber enorm viel Energie und Motivation. Und mehr noch, es löst Stresssymptome aus, die sich sowohl auf mentaler als auch körperlicher Ebene (z.B. Schlaflosigkeit, Depression, hoher Blutdruck etc.) niederschlagen. Als Führungskraft möchte man das natürlich sowohl aus menschlicher als auch aus wirtschaftlicher Sicht vermeiden. So wandelt sich Ablehnung auf emotionaler Ebene zudem in Wut oder Zorn und führt nicht selten zu Schuldzuweisungen an die äußeren Umstände (Mingyur 2007). Nichts davon ist in irgendeiner Weise hilfreich für die Reise zur smarten Fabrik und das digitale Land dahinter.

> Wir können unsere Gedanken, Denkweisen und Gewohnheiten mit Übung verändern und uns Gefühle wie Sorgen, Ängste oder Handlungsohnmacht abgewöhnen.

Wenn man perspektivisch nicht immer wieder die gleichen Ergebnisse bei der Einführung neuer Technologien, Ergebnisse oder Methoden haben will (und diese werden bei der aktuellen Innovationsgeschwindigkeit immer schneller und häufiger kommen) und Menschen neue Sichtweisen eröffnen möchte, wird es also unumgänglich, langfristig in Persönlichkeitsentwicklung und Mindset-Arbeit zu investieren. Und zwar als Möglichkeit für Mitarbeiter aller Ebenen, Menschen an das Prinzip konstanter Veränderung und an Veränderungsfähigkeit an sich heranzuführen. Nicht die Technologie, sondern die Veränderung sollte man schmackhaft machen. Auch hier zeigt sich wieder die zentrale Bedeutung von Lean Management und Kaizen als Vorbereitung auf Industrie 4.0.

Abgesehen von der Tatsache, dass Sie der Menschheit mit dieser Intention von Möglichkeiten zur Persönlichkeitsentwicklung gewissermaßen einen humanitären Dienst erweisen, wird sich dies auch in Ihrem Unternehmenserfolg und -bestehen niederschlagen und die intrinsische Motivation fördern, sich auf Neues (neue Technologien etc.) einzulassen. Natürlich werden Sie dabei auch Mitarbeiter verlieren, Sie können nicht jeden dafür begeistern und überzeugen. Aber die grundsätzliche Frage sollte ja auch sein: Wen wollen Sie haben? Machen Sie allen das Angebot, die Richtigen werden Ihnen folgen. Entscheidungsfähigkeit ist eben auch eine Zukunftsfähigkeit (auf allen Ebenen).

5.5 Zusammenfassung

Industrie 4.0 und die smarte Fabrik der Zukunft sind keine Illusion mehr. Aus einer rein technischen Perspektive haben die meisten der dafür erforderlichen Technologien sowohl den technischen Reifegrad und die entsprechende Verfügbarkeit als auch einen Preis, welcher den Einsatz in vielen Szenarien rechtfertigt, erreicht. Allerdings sind bei den meisten Unternehmen die erforderlichen Vorarbeiten wie Prozessorientierung, Datenaufbereitung, Lean-Management-Implementierung, Organisationsentwicklung und dergleichen mehr bei weitem noch nicht da, wo sie für einen erfolgreichen Start der Reise Richtung Industrie 4.0 sein sollten. An dieser Stelle gibt es noch viel zu tun.

Ganz grundsätzlich wird sich die Arbeitswelt der Zukunft in vielen Bereichen weitreichend von der heutigen unterscheiden. Dies bedingt für viele den Ausbau bisheriger Kompetenzen ebenso wie den Erwerb neuer. Der Erwerb von Technologiekompetenzen ist sicherlich für alle nachvollziehbar. Wenn es im Unternehmen mehr Roboter, mehr fahrerlose Transportsysteme oder mehr Assistenzsysteme wie smarte Brillen oder Handschuhe gibt, müssen auch mehr Mitarbeiter in der Lage sein diese Technologien zu bedienen und zu betreuen. Dafür werden Kompetenzen auf unterschiedlichen Leveln erforderlich sein. Nicht jeder muss dabei alles gleich gut können, aber es gibt Themen wie beispielsweise Datenkompetenz, die in einer digitalen Welt an niemandem vorbeigehen werden.

Bild 5.5 Matrix der digitalen Kompetenzen

Darüber hinaus werden aber auch nichttechnische Kompetenzen (Softskills) eine absolut zentrale Rolle einnehmen. Co-Kreation, Intuition, emotionale Intelligenz und Kreativität werden Schlüsselkompetenzen sein. Sowohl auf dem Weg zur digitalisierten smarten Fabrik als auch darüber hinaus. In einer Welt, in welcher immer neue Technologien in Bereiche unserer Arbeitswelt vordringen, die noch bis vor wenigen Dekaden als Kernzonen menschlicher Kompetenz angesehen wurden, müssen wir uns neu orientieren und auf Kompetenzen besinnen, welche eben nicht direkt wieder von Computern und Algorithmen substituiert werden können. Menschen werden dabei jeder für sich sehr grundlegende Entscheidungen treffen müssen, mit welchem Mindset und welcher Einstellung sie diese Arbeitswelt von morgen betreten möchten. Unternehmen werden die Aufgabe haben entsprechende Organisationsstrukturen aufzubauen, welche ihre Mitarbeiter in dieser Entwicklung unterstützen.

Nur wenn die Mitarbeiter den Weg mitgehen, bereitwillig und gerne und aktiv den Prozess der Transformation begleiten, besteht die Chance neue, erfolgreiche Geschäftsmodelle zu kreieren.

> Wenn Sie das wirkliche Potenzial von Industrie 4.0 und Smart Factory nutzen wollen, fangen Sie bei den Menschen an.

5.6 Ausblick

Die Richtung, in die es sowohl mit dem Wandel von Arbeitsplätzen als auch den benötigten Fähigkeiten (sowohl Hard- als auch Softskills) geht, war bereits vor der Corona-Krise ersichtlich und durch die stetig zunehmende Automatisierung geprägt. Hinzu kommen seit Anfang 2020 nun noch die Auswirkungen der globalen Pandemie. Der „The future of Jobs Report" des Weltwirtschaftsforums (englisch Word Economic Forum) unter Leitung von Professor Klaus Schwab, veröffentlicht im Oktober 2020, beschreibt die Auswirkungen auf Arbeitsplätze eindrücklich (WEF 2020).

Die Experten gehen davon aus, dass sich die Hälfte aller Arbeitnehmer bis zum Jahr 2025 durch die Umwandlung der Arbeitsplätze bzw. auf Grund der zugrunde liegenden Technologisierung sowie der wirtschaftlichen Auswirkungen der Corona-Krise beruflich umqualifizieren (reskilling) müssen. Gleichzeitig werden Umschulungen und das Sich-aneignen von Skills in deutlich kürzeren Zeitfenstern erfolgen müssen (WEF 2020).

Insgesamt war die Richtung, in die es sowohl mit dem Wandel von Arbeitsplätzen als auch den benötigten Fähigkeiten (sowohl Hard- als auch Softskills) geht, schon vor der Corona-Krise ersichtlich und durch die stetig zunehmende Automatisierung geprägt. Die Ereignisse im Jahr 2020 haben diese Entwicklung lediglich verstärkt.

Fakt ist nun mal, wir befinden uns inmitten disruptiver Veränderungsprozesse. Der Arbeitsplatzwandel und auch das Wegfallen von bestimmten Arbeitsplätzen ist dabei nicht wegzudiskutieren. Wichtig ist aber vor allem, dass Unternehmen selbst die Rolle definieren, die ihre Mitarbeiter im Spannungsgeflecht zwischen menschlicher Arbeit, Robotern und Algorithmen einnehmen sollen. Dies sollte in der Form stattfinden, dass sich Mitarbeiter bestmöglich innerhalb ihrer zukünftigen Arbeitsplätze entfalten können. Es wird aber nicht mehr nur darum gehen, die Mitarbeiter bei der Vision des Unternehmens an Bord zu bekommen. Um diesen Wandel wirklich zu vollziehen und auch die entscheidenden Potenziale im Unternehmen wachsen zu lassen oder zu akquirieren, werden die Unternehmen zunehmend mehr Engagement und Unterstützungsbereitschaft für die individuellen Visionen der Mitarbeiter haben.

> *„Work will no longer be just about getting employees engaged in the company vision, companies will need to be engaged in the employees vision."*
>
> Bill Jensen in (Lakhiani 2020, S. 130)

Die Personalabteilungen werden dabei eine herausragende Rolle einnehmen, da sie wesentlich über Weiterbildungsprogramme, Trainings, Anforderungsprofile, Arbeitsverträge und dergleichen mitentscheiden. Sie werden somit zu Schlüsselspielern auf der Reise zur Smart Factory. Damit ist jedoch auch verbunden, dass Führungskräfte und Mitarbeiter sich in diesen Abteilungen auf den Weg machen, die jeweiligen Probleme und Herausforderungen, Bedürfnisse und Ängste der Menschen in den einzelnen Bereichen zu verstehen und in die Planungen mit einzubeziehen.

> Es wird zu einem guten Teil auch an den Personalabteilungen selbst liegen, ob das Kürzel HR im Kontext der smarten Fabrik für „Headcount Reduction", „Human Resistance" oder etwas Positives, Neues stehen wird. Die Potenziale für beides sind gegeben.

Wir sind davon überzeugt, dass die technologischen Möglichkeiten von Industrie 4.0 der Schlüssel für die gesellschaftliche und ökonomische Weiterentwicklung sind und die Tore zu neuen Arbeitswelten aufstoßen.

Literatur

Behrend, F.: Link: *https://transformation.work/blog/impulse/change-und-transformation-ein-paar-schuhe/ https://transformation.work/blog/impulse/change-und-transformation-ein-paar-schuhe/*, zuletzt abgerufen am 21.01.2021 um 23:47.

Corssen, J.: Der Selbst-Entwickler. marix Verlag, 2004.

Corssen, J.: Als Selbst-Entwickler zu Gelassenheit und gehobener Gestimmtheit. Campfire Media, 2017.

Hofert, S.: Mindshift: Mach dich fit für die Arbeitswelt von morgen. Campus Verlag, 2019.

Lakhiani, V.: The Buddha and the Badass. Rodale, 2020.

Mingyur Rinpoche, Y.: Buddha und die Wissenschaft vom Glück. Goldmann Verlag, 2007.

Sames, G.; Ostertag, W.: Stand von Industrie 4.0 in Mittelhessen. Link: *https://www.thm.de/w/compo nent/edocman/industrie-4-0-stand-in-mittelhessen;* zuletzt abgerufen am 22.01.2021 um 21:31.

Schuh, G.; Schmidt, C.: Produktionsmanagement, Handbuch Produktion und Management 5. Springer, 2014.

Syska, A.; Lièvre, P.: Illusion 4.0; CETPM GmbH 2016

ten Hompel, M.; Henke, M.; Clausen, U.: Der Weg zur Smart Factory – Whitepaper. Fraunhofer IML, 2020.

Vasek, T.: Arbeitende aller Länder verwirklicht Euch. In: Hohe Luft, Sonderheft 1 (2016), Philosophie & Wirtschaft. Inspiring Network, 2016.

Warnecke, H.-J.: Die Fraktale Fabrik. Springer, 1992.

WEF – World Economic Forum: The Future of Jobs Report. World Economic Forum, 2020.

Wildemann, H.: Innovative Fertigungsstrategien auf der Basis modularer Produktionsstrukturen. In: Baumgarten, H.; Wiendahl, H.-P.; Zentes, J. (Hrsg.): Logistik-Management. 7.02.01. Springer, 2000.

Digitale Kompetenzen im Zusammenspiel zwischen Wirtschaft und Bildungsinstitutionen

Die Entwicklung und Förderung digitaler Kompetenzen ist eine gesamtgesellschaftliche Aufgabe, die ein starkes Ökosystem benötigt. Insbesondere gilt es unter dem Begriff der digitalen Teilhabe, möglichst alle Menschen in diesen Diskurs zu integrieren.

Dementsprechend umfasst der folgende Buchteil, verschiedene Kapitel die vor allem auf die Rolle von Bildungsinstitutionen beim Aufbau digitaler Kompetenz eingehen. Dabei geht es aber nicht um eine isolierte Betrachtung, stattdessen werden dabei spannende Querverbindungen zur Wirtschaft hergestellt.

Die Kapitel in diesem Buchteil drehen sich um folgende Leitfragen:

- Welche Synergien lassen sich zwischen Wirtschaft und Bildungsinstitutionen beim Aufbau digitaler Kompetenz erzeugen?
- Welche Rolle können und sollten Hochschulen beim Aufbau digitaler Kompetenz spielen?
- Was ist die Rolle der Volkshochschulen? Wie können Volkshochschulen die Förderung von Breitenkompetenz bei digitalen Themen unterstützen?
- Wie wird künstliche Intelligenz die digitale Kompetenz der Zukunft beeinflussen?

Wissenschaft und Wirtschaft im Dialog – Impulse für die digitale Bildung

Luise Ortloff und Katharina Winkler

1.1 Ausgangslage

Die digitale Transformation stellt in Verbindung mit der Globalisierung, den Auswirkungen der Corona-Pandemie und der demografischen Entwicklung eine der größten Herausforderungen für Wirtschaft und Gesellschaft der kommenden Jahre dar. Der bereits begonnene grundlegende Wandel der Arbeitswelt wird sich in Richtung verstärkter hybrider Formen der Zusammenarbeit, Digitalisierung von Prozessen und Sacharbeiten, Automatisierung und der immer größeren Bedeutung von Daten und Plattformen weiterentwickeln. Die Geschwindigkeit der teils disruptiven Entwicklungen und die tiefgreifenden Veränderungen in der Art zu arbeiten erfordern stetig neue Ausrichtungen von Geschäftsmodellen, Innovationsfähigkeit sowie Anpassungsleistungen und stetiges Dazulernen aufseiten der Beschäftigten und des Arbeitgebers. Die hierfür erforderlichen Kompetenzen können nicht „auf Vorrat" ausgebildet und im Laufe der Berufstätigkeit abgerufen und verfeinert werden. **Lebenslanges Lernen ist ein Schlüssel zur erfolgreichen Bewältigung der Herausforderungen.** Veränderten Kompetenzanforderungen muss frühzeitig Rechnung getragen werden, um den Wettbewerbsvorteil Deutschlands auszubauen, Innovation und Produktivität zu ermöglichen und die Beschäftigungsfähigkeit von Arbeitnehmerinnen und Arbeitnehmern nachhaltig zu sichern. Seitens der Unternehmen besteht ein großer Bedarf an Nachwuchskräften, die mit den neuen – teils deutlich anspruchsvolleren – Anforderungen der Arbeitswelt kompetent umgehen und den Wandel (mit-)gestalten können und wollen (Guggemos et al. 2018).

An dieser Stelle ist eine **systemische Betrachtungsweise** erfolgskritisch. Das Wirtschaftssystem kann die beschriebenen Anforderungen und Veränderungen nicht losgelöst bewältigen. Eine enge Verknüpfung mit Schul- und weiteren Bildungssystemen und entsprechende flankierende politische Maßnahmen sind nötig. Jegliche Qualifikation und der Kompetenzaufbau innerhalb des Bildungssystems müssen sich im Zuge der Digitalisierung dringend verändern. Die Auswirkungen und Anforderungen der digitalen Transformation müssen berücksichtigt und die jungen Menschen passgenau auf die Zukunft vorbereitet werden. Insgesamt gilt: (Weiter-)Bildung ist nicht nur ein Thema für Pädagogen, sondern ein knallhartes Wirtschafts- und Standortthema.

> **Merke:** Lebenslanges Lernen ist ein kritischer Erfolgsfaktor – für Unternehmen, individuelle Karrieren sowie die Arbeits- und Beschäftigungsfähigkeit von Arbeitnehmerinnen und Arbeitnehmern.

Die Zukunft der Bildung gestalten. Einblicke aus der Wissenschaft

Ein Gespräch zwischen Innovations-Expertin Prof. Dr. Martina Schraudner und Arbeitswissenschaftler Prof. Dr. Dieter Spath. Welche Rolle spielt Bildung für Innovation? Wie kann Schule einen Beitrag leisten? Wie kann die Nachwuchssicherung im MINT-Bereich gelingen?

Prof. Dr. Dieter Spath (* 1952) ist Arbeitswissenschaftler und seit 2016 wieder Leiter des Fraunhofer-Instituts für Arbeitswirtschaft und Organisation sowie des Instituts für Arbeitswissenschaft und Technologiemanagement der Universität Stuttgart (bereits 2002 bis 2013 in dieser Funktion). Von 2013 bis 2016 war er Vorstandsvorsitzender der Wittenstein AG. Seit 2017 ist er einer von zwei Präsidenten von acatech. Als Inhaber zahlreicher nationaler und internationaler Ämter, Funktionen und Ehrenämter gestaltet er den fächerübergreifenden Austausch zwischen Wissenschaft und Wirtschaft.

Herr Spath, wie würden Sie als Arbeitswissenschaftler die aktuellen Herausforderungen für die Innovationspolitik beschreiben?

Spath: Bis zu zehn Millionen Arbeitskräfte werden fehlen, wenn die Babyboomer in den Ruhestand gehen. Daher brauchen wir in Deutschland unbedingt eine Produktivitätsdebatte. Vor dem Hintergrund der Auswirkungen der Corona-Pandemie ist diese Dringlichkeit noch gestiegen. Wir brauchen Innovation in Effizienz und Leistungen – nicht bloß inkrementelle, sondern fundamentale. Digitalisierung gibt uns unter anderem dafür die Mittel für Effizienzsteigerung an die Hand: Automatisierung und Künstliche Intelligenz unterstützen unsere alternde Gesellschaft, die notwendige Produktivität zu erreichen. Gleichzeitig sind begehrte marktstarke Produkte und Geschäftsmodelle ein genauso wichtiger Beitrag. Dazu sind neue Technologien und gute Ingenieurideen zu nutzen.

Welche Rolle spielt in diesem Kontext das Thema Bildung?

Spath: Auf Grund dieses Wandels sind gezielte Strategien gegen den Fachkräftemangel und für die Kompetenzentwicklung notwendig. Sprich: Wir müssen uns fit machen und fit halten für die Arbeitswelt der Zukunft. Lebenslanges Lernen ist einer der wichtigsten Schlüssel, um neue Bedarfe frühzeitig zu adressieren. Innovationen und gesteigerte Produktivität wachsen dort, wo Menschen lernen, Technologieeinsatz wie z. B. die digitale Transformation zu gestalten und die Chancen, die er bietet, auszuschöpfen.

Dabei gibt es keine Standardlösungen für die Aus- und Weiterbildung: Sie muss immer an individuellen Bedürfnissen und Kompetenzen der Beschäftigten ansetzen. Digitale Angebote, die sich stark an den Bedürfnissen des Einzelnen orientieren, unterstützen flexibles, passgenaues und selbstbestimmtes Lernen. Vor allem präsenzarme Weiterbildungsangebote werden in Zeiten des Fachkräftemangels immer wichtiger – unterstützt durch digitale Tools und durch digital bereitgestellten Content. Gleichzeitig können an orts- und zeitunabhängigen Angeboten auch mehr Beschäftigte teilnehmen.

Frau Schraudner, Sie sind die Leiterin des acatech Innovationsforums und leiten das Fraunhofer Center for Responsible Research and Innovation. Welche Ansatzpunkte sehen Sie für die Innovationspolitik?

Prof. Dr. Martina Schraudner (* 1962) leitet das Fraunhofer Center for Responsible Research and Innovation in Berlin. Seit Januar 2018 ist sie im Vorstand der acatech und leitet dort das Innovationsforum. An der Technischen Universität Berlin leitet sie das Fachgebiet „Gender und Diversity in der Technik und Produktentwicklung". Sie ist Mitglied im Gender-Summit-Komitee, eine der Direktorinnen der „Gendered Innovations"-Webseite der EU und u. a. im Kuratorium der Europäischen Akademie für Frauen in Politik und Wirtschaft (EAF).

Schraudner: Digitalisierung ist die treibende Kraft für die Veränderungen von Arbeits- und Organisationsprozessen; sie ist Auslöser und Hilfsmittel zugleich. Doch wir dürfen dabei nicht die anderen Innovationspotenziale in Deutschland aus dem Auge verlieren, die für unsere Zukunft wichtig sind. Digitalisierung wird in Verbindung mit den Nachhaltigkeitszielen zu vielen Innovationen führen. Hier sind die Leistungen von Expertinnen und Experten aus dem Ingenieurswesen und den Naturwissenschaften gefragt. Gut ausgebildete Fachkräfte sind die Basis für die erfolgreiche Innovationsarbeit von Unternehmen und wissenschaftlichen Einrichtungen. Eine gute MINT-Bildung ist gleichzeitig Voraussetzung dafür, dass junge Menschen den gesellschaftlich-technologischen Wandel mündig, selbstbestimmt und verantwortungsbewusst mitgestalten können. Die Nachwuchssicherung im MINT-Bereich ist daher von ganz besonderer Bedeutung und mit der Verknüpfung zur Nachhaltigkeit kann es gelingen, mehr Frauen für diese Berufe zu begeistern.

Wie kann Schule hier bereits frühzeitig einen Beitrag leisten?

Spath: Wir müssen das Interesse von Kindern und Jugendlichen für MINT-Fächer wecken. Dafür sollten Technikinhalte kontinuierlich in allen Fächern unterrichtet werden und die Förderung des MINT-Interesses bei jungen Menschen so früh wie möglich beginnen. Wichtig wäre ein „digitaler Dreh" innerhalb möglichst aller Fächer im Curriculum – Informatik als Pflichtfach löst nicht die Herausforderung der digitalen Transformation an den Schulen.

Schraudner: Stereotype Vorstellungen beeinflussen auch Studien- und Berufswünsche. Wir müssen deswegen einen gesellschaftlichen Kulturwandel auf unterschiedlichen Ebenen erreichen, dazu gehört eine partnerschaftliche Verteilung von Erwerbs- und Sorgearbeit ebenso wie mehr weibliche Rollenvorbilder in MINT-Berufen. Eine ausreichende Anzahl frühpädagogischer Einrichtungen, mehr Frauen in Führungspositionen in Technikunternehmen sowie die Erhöhung der weiblichen MINT-Auszubildenden würden dazu beitragen. Denn nur über viele Ansatzpunkte lassen sich stereotype Zuschreibungen verändern.

Was müssen Schülerinnen und Schüler heute lernen, um am Arbeitsmarkt der Zukunft zu bestehen?

Spath: Neben den technischen Themen sollten Schülerinnen und Schüler vor allem fachunabhängige Kompetenzen erwerben wie analytisches und kritisches Denken, Urteilsfähigkeit, Kreativität sowie Projekt- und Dienstleistungsmanagement.

Was bedeutet das für didaktische Konzepte digitaler Bildung?

Schraudner: Idealerweise spricht der Schulunterricht die Schülerinnen und Schüler auch in ihrer Rolle als zukünftige Gestalterinnen und Gestalter ihres digitalen Umfelds an, in dem sie sich als Digital Natives ja schon bewegen. Es geht um den Perspektivwechsel weg von der Konsumentensicht hin zu den gestalterischen Möglichkeiten der Digitalisierung. Wenn sie später in Teams und in Netzwerken arbeiten, müssen sie kollaborationsfähig, kommunikationsstark und konfliktfähig sein – all dies können sie bereits in der Schule trainieren. Für den Lernerfolg und die Lernmotivation ist es entscheidend, zeitgemäße und an die Lebensrealität anschlussfähige digitale Technologien in den Einsatz zu bringen.

Ähnlich wie in der betrieblichen Aus- und Weiterbildung?

Spath: Genau. Viele Unternehmen erproben bereits seit Längerem neue digitale Lehr- und Lernformen. Insbesondere in Zeiten wie dieser, in der durch die Corona-Pandemie Arbeitsabläufe teils völlig neu organisiert und digitalisiert werden, bedarf es verstärkt der Weiterbildung auf digitalen Wegen. Gerade jetzt zeigt sich, welche Bedeutung innovative, technologiegestützte Lehr-Lern-Lösungen und eine zukunftsorientierte Lernkultur haben. Besonders wichtig scheint mir, die Freude am Experimentieren zu fördern, womit wir Kreativität und Fehlerkultur sowie Unternehmergeist und Innovationsfähigkeit stärken.

Neue Kompetenzen für die Digitalisierung

Die Vorbereitung zum **Umgang mit (disruptiven) Veränderungen** und die **Befähigung zum lebenslangen Lernen** beginnt bereits bei der schulischen Bildung, ihre Inhalte und Ziele erfahren eine erhebliche Erweiterung. Die Vermittlung der traditionellen, grundlegenden Kulturtechniken Lesen, Schreiben und Rechnen dient weiterhin als notwendige Basis der individuellen Lernbiografie. In Verbindung mit naturwissenschaftlichen Denk- und Arbeitsweisen reichen sie allerdings nicht aus, um adäquat auf die zukünftige Arbeits- und Lebensumgebung vorzubereiten. Ergänzend benötigen die Heranwachsenden unter anderem auch die Fähigkeit zum souveränen Umgang mit digitalen Technologien und Medien wie auch ein Verständnis ihrer Wirkungsweisen. Eine reine Anwender- und Methodenkompetenz, die teils in jungen Jahren spielerisch erlernt wird, stellt lediglich die Basis dar. Darüber hinaus erforderlich sind informatische Grundkompetenzen ebenso wie die Digital Literacy, d. h. die Aneignung und Verarbeitung von Wissen, das mithilfe digitaler Tools erworben wird (Gokus et al. 2019).

Zusätzlich müssen die Schülerinnen und Schüler vor allem befähigt werden, mit der Geschwindigkeit der Veränderungen umgehen zu können. Die schnelle und effiziente Reaktion auf neue, bislang unbekannte Herausforderungen sowie die verschiedenen Optionen in der eigenen Lebensgestaltung erfordern die Fähigkeit, lebenslang zu lernen. Reflexion des eigenen Handelns, erweiterte Problemlösungsfähigkeiten, analytisches und kritisches Denken und Veränderungsbereitschaft gehören zu den Schlüsselkompetenzen, die in Zukunft noch wichtiger werden. Heranwachsende werden in Zukunft noch stärker **eigenverantwortlich, kreativ, interdisziplinär, kooperativ und mit agilen Methoden** arbeiten. Dies zeigt sich insbesondere auch im Verlauf der Corona-Pandemie. Der Lernort Schule hat sich binnen kürzester Zeit auf den virtuellen Raum verlagert und damit eine grundlegende Veränderung erfahren. Lernende und Lehrende mussten sich ohne die Möglichkeit intensiver Vorbereitung kurzfristig und zusätzlich zu den starken Einschnitten des alltäglichen Lebens auf diese Dynamik der Entwicklungen einstellen.

Leitfragen für eine **Neuausrichtung der schulischen Bildung** können daher lauten: Wie können wir bereits im Schulsystem unvorhersehbaren Anforderungen gerecht werden? Wie kann chancengerechte Bildung gelingen? Wie kann der Fokus des Kompetenzaufbaus bei Schülerinnen und Schülern sowie dem Lehrpersonal auf einen souveränen Umgang mit neuen Herausforderungen und Veränderungen ausgerichtet werden?

Schule muss sich der Dynamik der Digitalisierung anpassen

Im Sinne einer erfolgreichen und zielorientierten Entwicklung von Schulen besteht die Kernaufgabe der verantwortlichen Akteure darin, alle Ebenen **ganzheitlich und systematisch** anzupassen. Schulen müssen umfassend in die Dynamik der Digitalisierung einbezogen und entsprechend ausgerichtet werden (Cress et al. 2018). Der Digitalpakt Schule setzt seit Mai 2019 länderübergreifend auf der Ebene der technischen Ausstattung und technischen (Weiter-)Qualifizierung der Lehrkräfte an. Ziel ist eine flächendeckende Weiterentwicklung aller Schulen, damit die Schülerinnen und Schüler die souveräne und selbstbestimmte Nutzung digitaler Medien lernen und digital arbeiten können. Jede einzelne Schule muss zur Beantragung von Fördermitteln ein technisch-pädagogisches Konzept vorlegen. Der Aufbau von digitalen Lerninfrastrukturen wird langfristig nur als lohnende Investition gesehen, wenn er auf begleitenden pädagogischen Konzepten basiert. Die erforderliche Qualifizierung von Lehrkräften soll durch die Länder ermöglicht und durch schulbezogene bedarfsgerechte Fortbildungsplanungen sichergestellt werden.

Lernen und Lehren im virtuellen Klassenzimmer

In diesem Zusammenhang beschäftigt auch uns die Frage, wie **zukunftsorientiertes Lernen und Lehren** gestaltet werden kann. Die Erfahrungen mit digitaler Wissensvermittlung während der Corona-Krise haben gezeigt, wie unverzichtbar Investitionen in Bildung sind und wo digital unterstütztes Lernen und Lehren noch verbessert werden kann. Folgende Vision des „virtuellen Klassenzimmers" als Konzept fasst wesentliche Eckpunkte zusammen (Bild 1.1).

Um ein Verständnis von digitaler Bildung zu erreichen, das mehr als die Ausstattung der Schulen im Blick hat, möchten wir folgende Aspekte besonders hervorheben:

- Schülerinnen und Schüler sollten zukünftig in Präsenz- und Distanzphasen im Sinne von **Blended-Learning-Konzepten** lernen können. So können sie eigenverantwortliches und selbstorganisiertes Lernen stärken und weiterentwickeln. Auch eine intelligente Lernsoftware eröffnet neue Möglichkeiten der individualisierten, bedarfsgerechten Wissensvermittlung. Eine **zeitgemäße IT-Ausstattung und WLAN-Infrastruktur** auf Basis von zukunftstauglichen, adaptiven Konzepten ist dafür Voraussetzung. Die Corona-Krise hat in diesem Zusammenhang deutlich gezeigt, dass mindestens landesweit geltende Leitlinien für die Einführung und Umsetzung von Blended Learning-Konzepten notwendig sind. Sie betreffen sowohl datenschutzrechtliche Vorgaben für die Nutzung von Plattformen und Tools als auch das virtuelle Lernen im häuslichen Umfeld.

- Alle Schülerinnen und Schüler sollten – unabhängig von ihrer sozioökonomischen Herkunft – über **eigene digitale Lern-Endgeräte** verfügen, die im Zweifel von den Schulen bereitgestellt werden. Unter diesen Voraussetzungen können sie rasch computer- und informationstechnologische Grundkompetenzen aufbauen, d. h., sie lernen die Funktionsweise digitaler Technologien kennen und können sich digital verfügbares Wissen aneignen und verarbeiten. Bislang verfügen 30 % der Achtklässler in Deutschland nur über sehr geringe informationstechnologische Kompetenzen (Eickelmann et al. 2019).

- **Lehrkräfte** bleiben der **zentrale Bezugspunkt für Schülerinnen und Schüler**. Sie benötigen entsprechendes Know-how, um die Potenziale digitaler Medien im Fachunterricht nutzen und den persönlichen Kontakt zu den Lernenden sowie zu ihrem Kollegium in den Distanzphasen aufrechtzuerhalten. Hierfür muss das Thema Digitalisierung in Zukunft in allen drei Phasen der Lehrkräftebildung (Hochschulstudium, Vorbereitungsdienst und Fort- und Weiterbildung) systematisch verankert werden (acatech und Körber-Stiftung 2019).

Bild 1.1 Das virtuelle Klassenzimmer (Quelle: acatech)

1	*Schülerinnen und Schüler lernen – auch digital*	**6**	*Virtuelles Lernen zuhause*
2	*Lehrkraft bleibt zentrale Figur*	**7**	*IT-Support und Medienpädagogen*
3	*Zeitgemäße IT-Ausstattung*	**8**	*Innovative Lernmethoden einsetzen*
4	*Bildung und Forschung an der Universität*	**9**	*Außerschulische Lernorte stärken*
5	*IT-Infrastruktur in (außer-)schulischen Lernorten*	**10**	*Agiles Arbeiten in der Gruppe*

www.acatech.de/virtuelles-klassenzimmer

acatech DEUTSCHE AKADEMIE DER TECHNIKWISSENSCHAFTEN

- **Agile Arbeitsweisen und lebenslanges Lernen** werden zu Basiskompetenzen für alle Schülerinnen und Schüler: Der Unterricht sollte erweiterte Problemlösungsfähigkeiten, kritische Reflexion, Kollaborationsfähigkeit, Kreativität sowie die Selbstständigkeit der Schülerinnen und Schüler fördern.

- Es wird Aufgabe der **Bildungsforschung** sein, die Qualität der Lerninhalte zu sichern und digitale Lernprogramme hinsichtlich des Lernerfolgs zu evaluieren, zum Beispiel durch wissenschaftliche Begleitstudien (acatech 2020).

Die Rolle der Lehrkraft verändert sich

Um als entscheidende Akteure in der Vorbereitung der jungen Menschen auf das Berufsleben und den Umgang mit lebenslangem Lernen agieren zu können, müssen die Lehrkräfte auch weiterqualifiziert werden (acatech und Körber-Stiftung 2017). Die **Rolle der Lehrkräfte** in diesem Aspekt der Transformation ändert sich vom Wissensvermittler zum **Lernbegleiter und Coach**. Die Lehrenden bleiben trotz dieser Neuausrichtung weiterhin der **zentrale Ankerpunkt im Unterricht**, allerdings werden neue Kompetenzanforderungen an sie gestellt. Diese müssen ebenso wie die technischen Kenntnisse Berücksichtigung in der systematischen Fortbildung von Lehrkräften finden. Damit wird die Grundlage geschaffen, Schülerinnen und Schüler bestmöglich auf den Umgang mit neuen, bislang unbekannten Herausforderungen und damit auf eine zentrale Anforderung im zukünftigen Berufsleben vorzubereiten.

Merke: Lehrkräfte sind die entscheidenden Akteure der Veränderung an den Schulen. Die Lehrkraft bleibt weiterhin der zentrale Ankerpunkt im Unterricht, allerdings wird sich ihre Rolle ändern: vom Wissensvermittler zum Lernbegleiter und Coach.

Digitalkompetenz sollte fester Bestandteil jedes Schulfachs sein.

Aktuell sehen Unternehmen insbesondere bei Schulabgängerinnen und Schulabgängern Kompetenzlücken, die einen souveränen Umgang mit den Herausforderungen der Arbeitswelt von heute und morgen verhindern (acatech und Körber-Stiftung 2020). Die Befähigung zum lebenslangen Lernen ist noch zu wenig ausgeprägt. Doch: Welche Kompetenzen benötigen Lehrkräfte, um die Schülerinnen und Schüler zielgerichteter auf die veränderten Anforderungen vorzubereiten? Welche Erfahrungen aus den Unternehmen können für das Bildungssystem adaptiert und entsprechend übertragen werden?

Im Sinne einer wirksamen und gelungenen Zusammenarbeit zwischen Unternehmen und relevanten Stakeholdern aus dem Bildungsbereich (Lehrkräften, Vertretungen von Bildungsträgern und Lehrerverbänden) ist es entscheidend, verschiedene Blickwinkel und Gestaltungsoptionen einzubeziehen und gemeinsam im partnerschaftlichen Dialog diese Herausforderung zu meistern. Im Fokus sollten eine **Vernetzung und der Austausch zwischen Unternehmen und Schulen** stehen, anstelle pauschaler Appelle im Sinne von „die Schulen müssen beim Thema Digitalisierung einfach mehr tun".

Schulen fit für den digitalen Wandel machen. Wissenschaft und Wirtschaft im Dialog

Ein Gespräch zwischen Pisa-Expertin Prof. Dr. Kristina Reiss und dem Personalvorstand der Deutschen Post, Dr. Thomas Ogilvie. Was können Schulen im Bereich Digitalisierung von der Wirtschaft lernen? Welche Kompetenzen werden besonders wichtig? Wie kann lebenslanges Lernen digital unterstützt werden?

Mit dem Digitalpakt will die Politik die Digitalisierung auch in den Schulen unterstützen und fördern. Doch der Schulalltag sieht oft noch wenig digital aus. Woran liegt das?

Reiss: In Deutschland wird Digitalisierung nach wie vor sehr skeptisch gesehen – technikscheu sind die Deutschen allerdings nicht. Diverse Studien bestätigen dies, so auch das Technikradar von acatech und der Körber-Stiftung. Außerdem sorgt die Bürokratie für eine langsame Entwicklung. Und wir haben viel zu lange auf die Strategie „Bring-your-own-Device" gesetzt, also die Integration privater, mobiler Endgeräte wie Laptops oder Smartphones in den Schulalltag. Ich bin strikt dagegen, denn dann haben Lehrkräfte keine Kontrolle, was auf diesen Geräten passiert. Alle Lernenden sollten gleichwertig ausgestattet werden. Dass fast alle Lehrkräfte mit ihren privaten Geräten arbeiten müssen, ist ein Unding. Das wäre in jedem Unternehmen undenkbar.

Ogilvie: Wir müssen uns auf die Stärken des Föderalismus konzentrieren, um die Digitalisierung in den Schulen voranzutreiben. Blended Learning, also die Kombination aus Präsenz- und Onlineunterricht, ist meiner Meinung nach ein wichtiger Baustein in zukünftigen Lernumwelten. Dafür brauchen wir eine kluge Kombination aus einer gewissen Handlungsfreiheit für einzelne Schulen, allgemein verbindlichen Leitlinien sowie der nötigen IT-Ausstattung. Lehrkräfte sollten mit Dienstlaptops ausgestattet werden, da stimme ich völlig zu. Aber bei den Lernenden sollte man die ohnehin vorhandenen Geräte durchaus nutzen – egal ob Smartphone, Tablet oder Notebook. Wichtig ist, dass niemand zurückbleibt: Für Kinder ohne Laptops müssen wir Lösungen finden, sowohl für die Schule als auch für zuhause. Bildung muss unabhängig von den Voraussetzungen des Elternhauses, schulischen Fördervereinen oder Freizeitangeboten möglich sein. Ein erster Schritt in diese Richtung wurde während der Corona-Krise getan.

Abgesehen von der Ausstattung der Lernenden plädieren Sie auch für die Entwicklung einer „digitalen Mündigkeit".

Reiss: Unbedingt. Schülerinnen und Schüler müssen auch im kritischen Umgang mit Daten vertraut sein: Alle Daten können aufgezeichnet werden. Dazu gehört jede Aktivität auf einem digitalen Endgerät, wann und wofür sie das Gerät nutzen. Sie sollten lernen, sich in der digitalisierten Welt orientieren und selbstbestimmt lernen zu können (Digital Literacy). Für die Vermittlung dieser Kompetenz benötigen wir kein Pflichtfach Informatik; das kann fächerübergreifend geschehen. Gerade in den vergangenen Monaten hat sich gezeigt, wie wichtig es ist, zuverlässige Quellen identifizieren und Rechercheergebnisse überprüfen zu können.

Ogilvie: Da stimme ich zu. Digitalkompetenz sollte fester Bestandteil jedes Schulfachs sein. Zusätzlich ist die Vermittlung logischer Strukturen zukunftskritisch. Sie bildet die Voraussetzung für die Digitaljobs von heute und von morgen. Zur Digitalkompetenz gehört aber auch Demokratiekompetenz und Mündigkeit im digitalen Raum. Sie machen junge Menschen weniger anfällig für Filterblasen und Echoräume.

Auch für Erwachsene, die schon mitten im Berufsleben stehen, ändern sich im Zuge der digitalen Transformation Tätigkeiten und Aufgabenfelder. An Schulen stehen die Lehrkräfte vor neuen Herausforderungen, in Unternehmen ändert sich der Arbeitsalltag der Beschäftigten. Wie können wir sie darin unterstützen, mit neuen Anforderungen umzugehen und Prozesse mit zu gestalten?

Ogilvie: Der kontinuierliche Wissens- und Kompetenzerwerb, das lebenslange Lernen, ist im digitalen Zeitalter wichtiger denn je. Hierfür muss sich auch die Didaktik weiterentwickeln und dazulernen. Lehrkräfte müssen zu Lern-Ermöglichern werden, indem sie den angeborenen Entdeckergeist und die Begeisterung für das Lernen erhalten und fördern. Neben dem Ausprobieren, Entdecken und Reflektieren dürfen die grundlegenden Kernkompetenzen Lesen, Schreiben und Mathematik nicht zu kurz kommen. Eine umfassende Schulung der Lehrkräfte ist für die Veränderung ihrer Rolle und die Transformation an den Schulen nötig. Da sehe ich als Personalvorstand eines Weltkonzerns noch Handlungsbedarf. Dennoch möchte ich betonen, dass viele Lehrende bereits sehr gute Arbeit leisten.

Wir haben mit unserem unternehmensinternen Ansatz in der Fortbildung sehr gute Erfahrungen gemacht. Bei der DPDHL beschäftigen wir weltweit rund 550 000 Mitarbeitende. Dazu gehören Paketzusteller/innen, Flugzeugmechaniker/innen, Netzwerkplaner/innen oder Finanzexpert/innen. Wir wollen, dass sie alle „zertifizierte Spezialisten" sind, die stetig dazulernen. Zur Unterstützung des lebenslangen Lernens statten wir alle Beschäftigten beim Eintritt ins Unternehmen mit einem Bildungspass aus. In diesem wird der persönliche Entwicklungsweg abgebildet. Für erworbenes Wissen, die erbrachte Leistung und das Engagement in Trainings und Veranstaltungen erhalten die Lernenden Stempel und Abzeichen in ihren Pass. Unser Ziel ist es, in den Formaten noch vielfältiger zu werden und eine ausgewogene Mischung aus Präsenz-, Hybrid- und Onlineformaten anzubieten.

Reiss: Regelmäßige Fortbildungen für Lehrkräfte sind in allen Bundesländern Pflicht. Hierbei können die Lehrkräfte zumeist aus unterschiedlichen Themen wählen. Gerade im Themenfeld Digitalisierung wäre es jedoch sehr sinnvoll gewesen, frühzeitig Pflicht-Fortbildungen einzuführen. Auch brauchen wir sehr viel mehr Kooperationen und abgestimmte Formate zwischen den Ländern – gerade, weil Digitalisierung so teuer ist.

Die Corona-Pandemie hat auch an den Schulen in Bezug auf Digitalisierung wie ein Brennglas gewirkt: Nun existiert ein deutlich größeres Bewusstsein dafür, wie nützlich digitale Technologien sein können, Fortbildungen zu diesem Thema treffen auf viel fruchtbareren Boden. Ungeachtet dessen benötigen wir generell verbindliche Regeln, wie die Fortbildung von Lehrkräften nach dem Examen weitergeht. Bei der Lehramtsausbildung waren wir durchaus schon weit mit dem Einsatz des Blended Learning. Die Resonanz an den Hochschulen ist sehr positiv. Aufgezeichnete Vorlesungen etwa bieten Studierenden einen großen Vorteil. In der Weiterbildung hingegen gibt es noch viele ungenutzte Möglichkeiten.

Prof. Dr. Kristina Reiss (* 1952) ist Professorin für Didaktik der Mathematik an der Technischen Universität München. Dort ist sie seit 2014 Dekanin der TUM School of Education. Außerdem ist sie Vorstandsvorsitzende des Zentrums für internationale Bildungsvergleichsstudien (ZIB), das seit 2011 die PISA-Studien in Deutschland durchführt. Sie ist Mitglied bei der Deutschen Akademie der Technikwissenschaften (acatech) sowie Mitglied im Kuratorium des Deutschen Museums. Für Ihre Beiträge zur Bildungsforschung und zur Ausbildung von Lehrkräften erhielt Kristina Reiss 2008 das Bundesverdienstkreuz am Bande.

Dr. Thomas Ogilvie (* 1976) ist seit 2017 Arbeitsdirektor und Vorstand für Personal bei Deutsche Post DHL Group. Der Konzern ist der weltweit führende Logistik-Anbieter und beschäftigt rund 550 000 Mitarbeiter und Mitarbeiterinnen in über 220 Ländern und Territorien der Welt. Damit gehört er zu den weltweit größten Arbeitgebern. Ogilvie ist Mitglied des HR-Kreises bei acatech.

Richten wir den Blick auf die Rolle des Staates und der Hochschulen. Wie könnten sie lebenslanges digitales Lernen unterstützen?

Reiss: Hier sollten vor allem mehr gezielte Möglichkeiten geschaffen und Lehr-Lern-Einrichtungen verstärkt aufgebaut werden. Eine stärkere Vernetzung zwischen Schule, Hochschule und Wirtschaft schafft Erkenntnisse darüber, welche theoretischen Ansätze im realen Leben wirklich helfen und sinnvoll sind.

Zudem ist die Finanzierung ein Knackpunkt: An der School of Education der TU München haben wir zwar das Wissen, um Lehrkräfte fortzubilden – das Personal fehlt uns allerdings manchmal. Digitale Formate bieten auch hier gute Möglichkeiten, um Lehrveranstaltungen zukunftsorientierter zu gestalten.

Ogilvie: Analog zu fortlaufenden Updates unserer digitalen Geräte müssten auch die Hochschulen das Wissen ihrer Absolventinnen und Absolventen regelmäßig auffrischen. Unser System fokussiert sich immer noch zu sehr auf den ersten Abschluss, dann endet die Lernreise. Das muss dringend konzeptionell und institutionell verändert werden.

1.2 Die Lehrkraft als Lernbegleiter und Coach statt Wissensvermittler

Folgende Fragestellungen können als Grundlage dienen, um die Ausrichtung der **Rahmenbedingungen und Gestaltungsansätze der Schulbildung** für die digitale Transformation festzulegen:

- Was muss Schule leisten können, um die Selbstbestimmtheit/Selbstwirksamkeit der Lernenden und deren Lernfitness zu fördern? Welche Anforderungen haben Unternehmen?
- Welche Basisqualifikationen sollten in der Schule erworben werden? Welche wesentlichen Kompetenzen müssen wir im Kontext der digitalen Transformation stärker in den Blickpunkt rücken?
- Wie können wir einen „digitalen Dreh" von Schulen erreichen?
- Wie können Lehrkräfte als entscheidende Akteure der Veränderung befähigt werden?

Die hohe Geschwindigkeit der Veränderungen erschwert eine langfristige, spezifische und zuverlässige Prognose von Kompetenzbedarfen in Unternehmen. **Wissen und Kompetenzen müssen fortlaufend (weiter-)entwickelt werden**. Eine solide Grundlagenausbildung der Schülerinnen und Schüler als Versicherung für die Anpassungsfähigkeit in der Zukunft ist erforderlich.

Wichtiger als eine konkrete Anwendungskompetenz von Tools wird von führenden Technologie- und Dienstleistungsunternehmen eine Grundkompetenz zu digitalen Prozessen (general literacy), Anwendungskompetenz und Urteilsfähigkeit eingeschätzt. Die Förderung und Entwicklung von Basiskompetenzen sollte darüber hinaus den Fokus setzen auf die Fähigkeit, mehrdeutige Situationen und widersprüchliche Handlungsweisen zu ertragen (Ambiguitätstoleranz) und zu beurteilen (Urteilsfähigkeit). Somit kann die Basis zur Bereitschaft und Fähigkeit zum lebenslangen Lernen, zur Reflexion und Bewertung angebotener Inhalte geschaffen und eine gelebte Fehlerkultur unterstützt werden.

Ein Training für Lehrkräfte gestalten

Eine Lehrkraft, die didaktisch und methodisch als reiner Wissensvermittler agiert, kann diesem Anspruch nicht gerecht werden. Daher sehen wir ihre zukünftige **Rolle analog der einer**

modernen Führungskraft als Lernbegleiter und Coach. So kann eine erfolgreiche Begleitung von Entwicklung und Aufbau der (Lern-)Kompetenz der Schülerinnen und Schüler gelingen. In ihrer Vorbildfunktion für die Lernenden sollten die Lehrkräfte einen positiven Umgang mit Veränderungen und lebenslanges Lernen vorleben und auch im Unterricht Freiräume für Experimente schaffen. Im Sinne einer zielgerichteten Anwendungsorientierung sollte frühzeitig der regelmäßige und intensive Austausch zwischen Unternehmen und den jungen Menschen angebahnt werden. Die Entwicklung neuer Konzepte in der Berufsorientierung und das Sichtbarmachen neuer Berufsfelder machen die Bedeutung dieser neuen Kompetenzen klar und erhöhen die Motivation der Lernenden. Ein **neues Verständnis von Führung** an der Schule und bei den Lehrkräften stärkt und unterstützt diesen Transformationsprozess.

Diese Erfahrung machen auch Unternehmen bei der Einführung und Etablierung neuer Führungskonzepte und -prinzipien. Eine Unternehmens- und Führungskultur, die **selbstbestimmtes und bedarfsgerechtes Lernen** fördert, ist von zentraler Bedeutung und stärkt das Bewusstsein für die eigene Bildungsbiografie. Neue Führungskonzepte werden mit entsprechenden Weiterbildungsaktivitäten seitens der Personalentwicklung begleitet und sind ein elementarer Bestandteil des Change-Prozesses der Unternehmen (Jacobs et al. 2020). Aber: Lassen sich die Erfahrungswerte aus der Transformationsarbeit in Unternehmen und Aktivitäten in der betrieblichen Weiterbildung auch auf das Bildungssystem und die Fortbildungsmaßnahmen der Lehrkräfte übertragen?

> acatech bringt im Human-Resources-Kreis (HR-Kreis) – Forum für Personalvorstände zur Zukunft der Arbeit hochrangige Persönlichkeiten aus Wirtschaft und Wissenschaft zu einem vertraulichen Strategiedialog zusammen. Im Jahr 2014 haben acatech und die Jacobs Foundation den HR-Kreis ins Leben gerufen, um sich zu den Herausforderungen der digitalen Transformation auszutauschen und Lösungsvorschläge zu erarbeiten, wie Unternehmen, Beschäftigte, Betriebspartner und Politik den Wandel gemeinsam gestalten können. Die Mitglieder des HR-Kreises sind in der Mehrzahl Personalvorstände führender Technologie- und Dienstleistungsunternehmen. Gastgeber sind acatech Präsident Dieter Spath, Henning Kagermann, Vorsitzender des acatech Kuratoriums, und Joh. Christian Jacobs, Managing Partner der Joh. Jacobs & Co. (AG & Co.) KG und acatech Senator.

Ausgehend von der Annahme, dass die Rolle der Lehrkräfte ähnlich wie die der modernen Führungskräfte im Unternehmen zu sehen ist, entwickelte eine Arbeitsgruppe des HR-Kreises im Rahmen eines Pilotprojektes erste Ansätze für die Lehrkräftebildung. Ziel ist die Entwicklung eines speziellen **Trainings für Lehrkräfte,** in dem die Erfahrungen der Unternehmen mit Führungskräftetrainings eingebracht werden. Das Training soll die **Lehrkräfte** befähigen, zu **Change Agents der Transformation und des kulturellen Wandels von Bildung im Digitalen** zu werden. Langfristig könnte ein solches Training Bestandteil des Angebots der regulären Weiterqualifizierung für Lehrkräfte werden.

Im ersten Schritt luden verschiedene Unternehmen Lehrkräfte dazu ein, als externe Gäste an bereits bestehenden Programmen der Führungskräfte-Entwicklung teilzunehmen („Pretest" **der Konzeptidee).** Durch den Pretest konnten Erkenntnisse und Feedback zur zielgerichteten Gestaltung des Piloten aus Sicht der Zielgruppe gesammelt werden. Zeitgleich erarbeiteten Lehrkräfte und Vertretungen von Bildungsinstitutionen gemeinsam mit Expertinnen und Experten aus den Unternehmen die zukünftig benötigten **Kompetenzen für Lehrkräfte.** Dabei lag der Fokus immer auf der Frage, wie Lehrkräfte die Heranwachsenden dazu befähigen können, lebenslang zu lernen und auf Veränderungen schnell und flexibel reagieren und diese aktiv gestalten zu können. Mithilfe des Ansatzes der Szenarienentwicklung wurde eine sogenannte Kompetenzmatrix entwickelt, auf deren Grundlage die konzeptionelle Entwicklung des Trainingsdesigns erfolgen kann.

(Unmittelbare) **Zielgruppe für den Piloten** könnten Lehrkräfte sein, die die Weiterbildung als Baustein der eigenen Weiterentwicklung sehen und die Möglichkeit ergreifen möchten, ihrer Rolle als „Vorreiter" und „Promotoren" gerecht zu werden. Sie sollten offen für Veränderungen sein und die Bereitschaft zeigen, als Schlüsselspieler zu agieren. So können sie Veränderungen in die Breite bringen.

Bild 1.2 Zielgruppen – Vorreiter, Promotoren, Passive (Quelle: acatech)

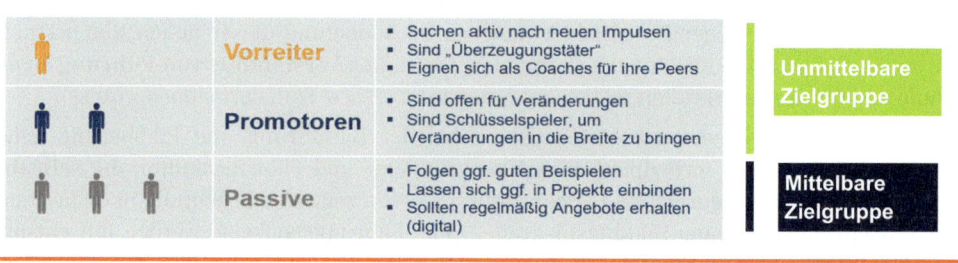

Durch den Einblick in die betriebliche Praxis von Qualifizierung erhalten sie außerdem Impulse und aktuelle Inputs unter anderem zu neuen Technologien, unternehmerischem Change-Management und Leadership-Konzepten. Der Transfer in den Schulalltag wird unterstützt, beispielsweise durch die Vernetzung mit anderen Teilnehmenden über Schulen hinweg. Gegebenenfalls können sich dadurch auch Gelegenheiten zur Anbahnung von Schulpartnerschaften ergeben.

Ein wichtiges Kriterium bei der weiteren Ausgestaltung und Skalierung des Vorhabens ist der **Austausch und die Vernetzung zwischen Schulen, Lehrkräften, Bildungsträgern und Unternehmen.** Eine stärkere Öffnung von Schulen für ihr Umfeld und somit für den Umgang mit den Herausforderungen der Digitalisierung ist unverzichtbar. Schulische, universitäre sowie außerschulische/privatwirtschaftliche Angebote müssen stärker miteinander verzahnt werden. Der „Digital divide" zwischen Unternehmen und Schule soll verringert werden.

1.2.1 Pretest der Konzeptidee – Anregungen zur zielgerichteten Gestaltung des Piloten erlangen

Wie adaptierbar sind Unternehmensweiterbildungen für den Bildungsbereich? Insgesamt lässt sich konstatieren: Führungskräftetrainings in Unternehmen sind für Lehrkräfte grundsätzlich geeignet und lassen sich für Weiterbildungsprogramme von Lehrkräften adaptieren. Basierend auf der Ausgangshypothese, dass eine **moderne Lehrkraft** – ähnlich wie eine Führungskraft im agilen Unternehmenskontext – zukünftig vor allem eine **Coaching-Rolle** erfüllen wird, können ähnliche Kompetenzanforderungen festgestellt werden. Mitarbeitende in Unternehmen wie auch Lernende an den Schulen sollen motiviert und befähigt werden, sich kontinuierlich und eigenverantwortlich fortzuentwickeln und sich in neue, unbekannte Themen und Problemstellungen einzuarbeiten.

Einen Pretest für die Lehrkräftefortbildung entwickeln

Für den Pretest wurden Präsenz-Weiterbildungsmaßnahmen der Unternehmen aus den Themenbereichen Digitalisierung und Neues Arbeiten ausgewählt. Dazu gehören Angebote für (Nachwuchs-)Führungskräfte, die die neue Rolle einer modernen Führungskraft fokussieren und in agile Methoden einführen. Die teilnehmenden Lehrkräfte erhielten dadurch einen aktuellen Einblick in die betrieblichen Anforderungen an Kompetenzen und Aufgaben der Führungskräfte und konnten diese in Abgleich mit der eigenen Arbeitsrealität reflektieren und einen möglichen Transfer herstellen. Gleichzeitig wurde so auch der Austausch zwischen Unternehmen und Bildungssystem gefördert.

Für eine zielführende Einbindung der Erkenntnisse und Erfahrungen aus dem Pretest erfolgte eine quantitative und qualitative **Erhebung und Auswertung des Feedbacks** der teilnehmenden Lehrkräfte. Die gewonnenen Einschätzungen und Anregungen können für die Weiterentwicklung in Bezug auf die Trainingsqualität und die Passgenauigkeit der zu entwickelnden Angebote genutzt werden. Die Rückmeldungen wurden jeweils nach der Teilnahme an den Trainings anonym erhoben und für die weitere konzeptionelle Ausgestaltung ausgewertet. Dafür entwickelten acatech und die Trainingsabteilungen der Unternehmen einen Evaluationsbogen (Bild 1.3). Dieser beinhaltet sowohl offene als auch geschlossene Fragen zum Transfer der betrieblichen Sichtweisen und Ansätze der Führungskräftetrainings auf die Bedarfe und Fähigkeitsprofile von Lehrkräften.

acatech
DEUTSCHE AKADEMIE DER
TECHNIKWISSENSCHAFTEN

Sehr geehrte Trainingsteilnehmerin, sehr geehrter Trainingsteilnehmer,

vielen Dank, dass Sie sich die Zeit nehmen, diesen Evaluationsbogen auszufüllen.

Ihre Antworten fließen in die weitere Arbeit unseres Projektes ein. Dieses hat zum Ziel, gemeinsam mit Lehrkräften Ansätze der Führungskräfteentwicklung für Lehrkräfte zu entwickeln und Lehrkräfte so zu Wegbereitern der digitalen Transformation in der Bildung zu machen.

Für die Weiterentwicklung der Trainings-Qualität sind Ihre Einschätzungen und Anregungen sehr wichtig.

Die Bearbeitung der Fragen wird circa 10 Minuten in Anspruch nehmen. Ihre Angaben werden im weiteren Verlauf anonymisiert und lassen keine Rückschlüsse auf Ihre Person zu.

Bitte beantworten Sie alle Fragen.

Folgende Aussage...	trifft vollständig zu				trifft nicht zu	kann ich nicht beurteilen
Ich habe neue Erkenntnisse erworben und neue Erfahrungen gemacht.	☐	☐	☐	☐	☐	☐	☐
Der inhaltliche Aufbau des Trainings war logisch, der „rote Faden" war erkennbar.	☐	☐	☐	☐	☐	☐	☐
Die Inhalte wurden verständlich erklärt.	☐	☐	☐	☐	☐	☐	☐
Es gab genügend Raum für eigenes Erarbeiten und Übungen.	☐	☐	☐	☐	☐	☐	☐
Die Trainingsinhalte haben für meine Tätigkeit als Lehrkraft eine hohe Relevanz.	☐	☐	☐	☐	☐	☐	☐
Das Training motiviert mich, neue Methoden im Unterricht auszuprobieren.	☐	☐	☐	☐	☐	☐	☐
Ich glaube, dass ich die vermittelten Inhalte in meinem Arbeitsalltag ohne große Veränderungen anwenden kann.	☐	☐	☐	☐	☐	☐	☐
Ich habe in dem Training Impulse erhalten, die ich in meinem beruflichen Alltag nutzen kann.	☐	☐	☐	☐	☐	☐	☐

Bild 1.3 Auszug des Evaluationsbogens (Quelle: acatech)

Merke: Eine Likert-Skala ist ein mehrstufiges Verfahren mit dem Ziel, persönliche Einstellungen zu messen.

Die Angaben der geschlossenen Fragen wurden mittels sechsstufiger Likert-Skala erhoben. Für die Skala mit sechs Punkten wurde sich auf Grund der oftmals bei Befragungen bestehenden Tendenz zur Mitte entschieden, also der Tendenz von Befragten, bei mehrstufigen Skalen eher die mittleren Skalenpunkte auszuwählen als die Extrema. Durch diese Tendenz wäre ein eindeutiges Feedback erschwert zu ermitteln gewesen. Mit Blick auf die Zielgruppe der Lehrkräfte und die mögliche Analogie zu Schulnoten wurden die Ausprägungen der Skala bewusst nicht durch Nummerierung abgefragt, sondern innerhalb der Dimensionen „trifft vollständig zu" und „trifft nicht zu" verbalisiert. Zusätzlich wurde der sogenannte Net-Promoter-Score ermittelt, um die zusammenfassende Weiterempfehlungsquote des Trainings an andere Lehrkräfte zu ermitteln. Mittels offener Fragen wurden zusätzlich die Motivation zur Teilnahme an den Trainings, weitere Angaben zu den Lerninhalten sowie der Nutzen des Trainings für die Schule hinterfragt.

Zwischenergebnisse des Pretests: Ein erster Eindruck

Bei den im Folgenden präsentierten Ergebnissen handelt es sich um eine **vorläufige Zwischenbilanz**; sie sind eine erste Bestandsaufnahme mit explorativem Charakter:

Insgesamt zeichnen die Zwischenergebnisse mit einer nahezu vollständigen Weiterempfehlungsrate ein positives Bild und stützen die Annahme der grundsätzlichen **Übertragbarkeit von vorhandenen Trainingsinhalten und -methoden auf den Schulalltag** (Bild 1.4). Dass die Teilnehmenden ausschließlich Bewertungen oberhalb des Mittelfelds abgegeben haben, unterstreicht dies. Das didaktische Trainingsdesign sowie die Relevanz für die Tätigkeit als Lehrkraft finden große Zustimmung. Verbesserungspotenzial sehen die Befragten darin, während des Trainings mehr Raum für eigenes Erarbeiten und Üben zu bekommen.

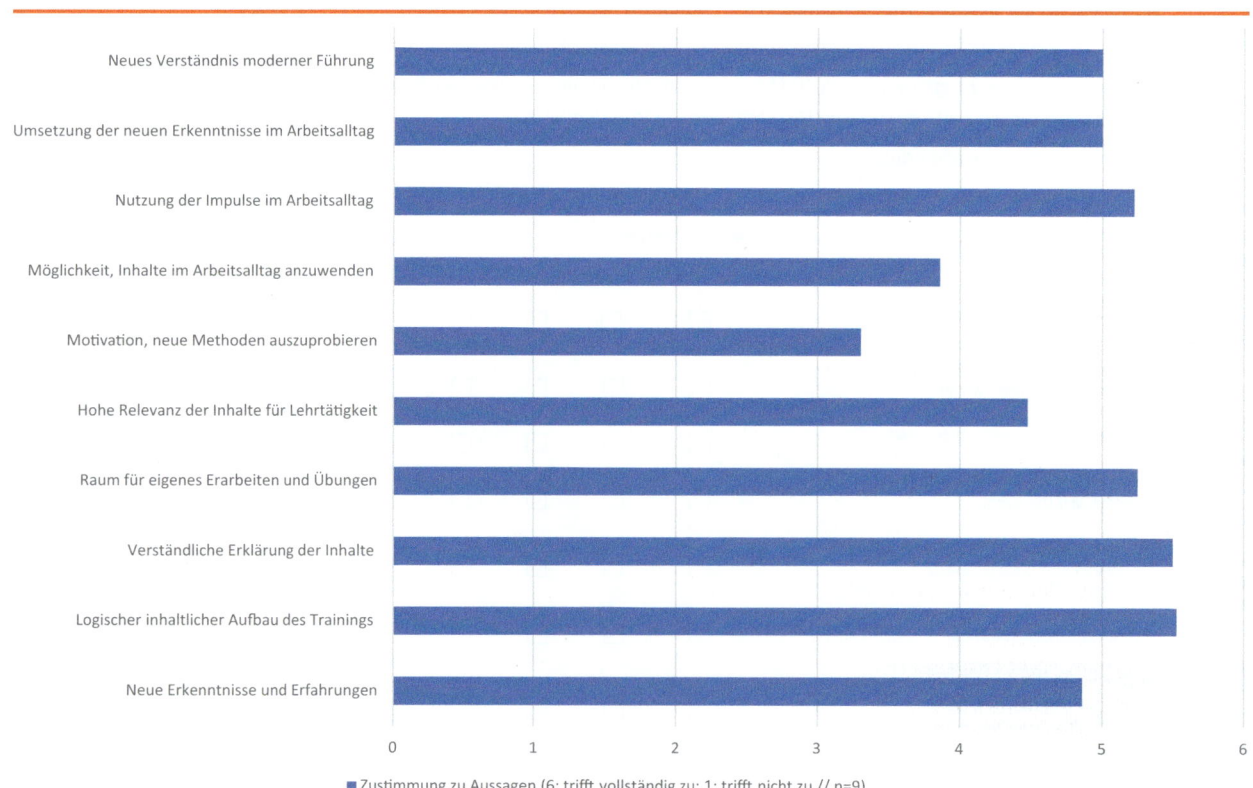

Bild 1.4 Pretest – Zwischenauswertung der geschlossenen Fragen (Quelle: acatech)

Aus inhaltlicher Perspektive bieten Impulse zu Führungsarbeit sowie agilen Teamstrukturen einen besonderen Mehrwert für Lehrkräfte. Sie sehen diese als umsetzbar im Schulalltag an. Allerdings sollten bei der inhaltlichen Ausgestaltung der Trainings für Lehrpersonal insbesondere in Bezug auf die Umsetzungsideen an Schulen die **strukturellen Unterschiede** herausgestellt werden. Zu diskutieren wäre in diesem Zusammenhang insbesondere die Idee einer potenziellen Äquivalenz der Führung an Schulen und der in Unternehmen.

Merke: Für eine gelingende Lehrkräftebildung bedarf es Anpassungen bestehender betrieblicher Trainings an den schulischen Kontext.

Im Detail zeigen sich in der Rolle von Lehrkräften an Schulen und Führungskräften in Unternehmen doch wichtige Unterschiede:

- Schulen haben auf Grund ihrer Monopolstellung andere Zielsetzungen bzw. einen anderen Auftrag als Unternehmen mit Gewinnorientierung.

- Auch muss eine Sensibilisierung dafür erfolgen, dass die soziale Rolle bei Lehrkräften einen größeren Raum einnimmt als bei Führungskräften in Unternehmen. Dies spiegelt sich auch in dem Wunsch der Pretest-Teilnehmenden wider, dem Themenbereich Gesprächsführung mehr Raum einzuräumen.

- Das „Machtgefälle" zwischen Lehrkräften und Schülerinnen und Schülern ist ein anderes als das zwischen Arbeitgeber und Beschäftigtem. Es kann demnach nicht angenommen werden, dass Führung in Schulen unter (annähernd) gleichen Voraussetzungen wie in der Wirtschaft abläuft beziehungsweise ablaufen kann. Auch das Führen einer sozialen Gruppe (wie es Lehrkräfte tun) ist nicht (direkt) mit dem Führen von Einzelpersonen in der Wirtschaft zu vergleichen.

- Die Rolle der Lehrkräfte als Coach bezieht sich nicht nur auf die Arbeit mit den Heranwachsenden, sondern auch auf die Teamstrukturen an den Schulen und auf die Zusammenarbeit mit den Eltern der Schülerinnen und Schüler.

1.2.2 Kompetenzmatrix für Lehrkräfte

Die Entwicklung von möglichen Zukunftsszenarien für Lehrkräfte sowie die konzeptionelle Weiterentwicklung von Zukunftskompetenzen für Lehrkräfte wurde im **interdisziplinären Austausch** zwischen Lehrkräften sowie Expertinnen und Experten aus Wissenschaft und Wirtschaft erarbeitet.

In einem methodisch mehrstufigen Vorgehen wurden ausgehend von der handlungsleitenden Kernfrage interne und externe Faktoren entwickelt, die den größten Einfluss auf die Fragestellung haben. In Ableitung daraus erfolgte mittels Bewertung und Überkreuzung dieser Treiber die Entwicklung und Ausgestaltung von vier Zukunftsszenarien. Die Besonderheiten und Schlüsselfaktoren der jeweiligen Szenarien müssen so konkret wie möglich in Bezug auf die jeweils zu untersuchende Rolle beschrieben werden. Erst im nächsten Schritt ist es dann sinnvoll, die zukünftigen Kompetenzen zu bestimmen und einheitlich zu definieren. Nach Erfassung der Zukunftskompetenzen pro Rolle werden diese in einer Kompetenzmatrix festgehalten und einem SOLL-IST-Vergleich unterzogen. So kann die Grundlage für Entwicklungsmaßnahmen auf individueller und Team-Ebene geschaffen werden.

Bild 1.5 Vorgehen zur Entwicklung der Kompetenzmatrix (Quelle: acatech)

Kompetenzen für die Zukunft erarbeiten

Gemeinsam mit Expertinnen und Experten aus der Wirtschaft verständigten sich die Lehrkräfte und Vertretungen von Bildungsinstitutionen auf folgende spezifische **Kernfrage** als Basis für die Erarbeitung der Zukunftskompetenzen: „Wie können Lehrkräfte als entscheidende Akteure der Veränderung an den Schulen die Heranwachsenden dazu befähigen, lebenslang zu lernen und auf neue, bislang unbekannte, zum Beispiel technisch getriebene Veränderungen und Herausforderungen und verschiedene Optionen in der eigenen Lebensgestaltung effizient zu reagieren?"

Zunächst wurden nun interne und externe Einflussfaktoren gesammelt, die Einfluss auf diese Fragestellung haben. Zu den strukturellen Rahmenbedingungen und Schlüsselfaktoren (**interne Faktoren**) mit dem größten Einfluss auf die Rolle der Lehrkräfte zählen Schulcurriculum und -kultur sowie die Möglichkeiten zur Qualifizierung und Weiterbildung. Auch den Ressourcen der Lehrkräfte und der individuellen Haltung mit Blick auf Veränderungen durch die Digitalisierung kommt ein hoher Stellenwert zu. Darauf aufbauend wurden zwei entscheidende Makrotreiber (**externe Faktoren**) erarbeitet, die diese Schlüsselfaktoren maßgeblich bestimmen und beeinflussen: „Wert von Wissen" und „Künstliche Intelligenz/Digitale Trends". Der Treiber „Wert von Wissen" bewegt sich dabei zwischen den Polen einer einerseits hohen gesellschaftlichen Anerkennung von Wissen und Expertentum und andererseits der Exklusion von Menschen mit geringen kognitiven Fähigkeiten und Beschränkung auf reines Methodenlernen. Der Treiber „digitale Trends" wurde am Beispiel der Künstlichen Intelligenz gesehen. Dabei bewegen sich die Kalibrierungen zwischen digitalen Klassenräumen bei hoher Ausprägung und der Schule als bewusst technikfreiem Raum.

Wie kann sich die Zukunft entwickeln? Was kommt auf die Lehrerrolle zu? Was verändert sich im Vergleich zum Hier und Jetzt? Wo liegen Chancen und Risiken?

Bild 1.6 Zukunftsszenarien (Quelle: acatech)

Szenario 1
Hoher Wert von Wissen
Geringer Einfluss digitaler Trends

Szenario 2
Hoher Wert von Wissen
Hoher Einfluss digitaler Trends

Szenario 3
Geringer Wert von Wissen
Geringer Einfluss digitaler Trends

Szenario 4
Geringer Wert von Wissen
Hoher Einfluss digitaler Trends

Erklärung:

Hoher Wert von Wissen: Fokus auf Expertentum; hohes Bestreben in Bezug auf Aneignung von Wissen; gesellschaftliche Anerkennung von hohem Wissen

Geringer Wert von Wissen: Exklusion von Menschen mit geringen kognitiven Fähigkeiten; reines Methodenlernen; „ich muss nur wissen, wo ich es finde"; Meinung ist wichtiger als Wissen

Hoher Einfluss digitaler Trends (z. B. Künstliche Intelligenz): Digitale Klassenräume; KI weist Schülern Aufgaben zu (zentral, je nach individuellem Lernstand); Messung von Schüleraktivität/Lernhistorie; Digitalisierung schafft Schule als Einrichtung ab; Lehrkraft ist Coach; Mensch als Ressource obsolet

Geringer Einfluss digitaler Trends (z. B. Künstliche Intelligenz): Schule ist bewusst ein technikfreier Raum; Schule „hinkt" 15 – 20 Jahre hinterher

Zur Entwicklung der Zukunftsszenarien wurden die externen Treiber gekreuzt (Bild 1.6). Hieraus lassen sich **vier mögliche Zukunftsszenarien** ableiten: „Hoher Wert von Wissen – Geringer Einfluss digitaler Trends", „Hoher Wert von Wissen – Hoher Einfluss digitaler Trends", „Geringer Wert von Wissen – Geringer Einfluss digitaler Trends" sowie „Geringer Wert von Wissen – Hoher Einfluss digitaler Trends":

Für jedes Szenario wurde eine möglichst realistische Welt geschaffen (Was ist das Besondere in diesem Szenario? Was sind zentrale Faktoren? Wie konnte es dazu kommen? Welche Rolle spielt Schule hier? Welche Implikationen ergeben sich aus jedem Szenario für die Ausgangsfrage?). Die ausformulierten Szenarien bildeten die Basis für den fünften und letzten Schritt der Entwicklung einer Kompetenzmatrix. Aus dem Zukunftsbild kann abgeleitet werden, welche Kompetenzen nötig sind, um in dieser Zukunft bestmöglich bestehen und agieren zu können.

Ziel der Szenarien-Entwicklung ist es, Orientierung zu geben. Betrachtet man die jeweiligen Implikationen der einzelnen, so konkret wie möglich ausgestalteten Szenarien, kann man wertvolle Rückschlüsse auf die Ausgangsfrage ziehen. Dabei werden sowohl Schwachpunkte der einzelnen Szenarien in den Blick genommen als auch Überlegungen getätigt, welche Entscheidungen in Bezug auf die Ausgangsfrage zu positiven beziehungsweise zu negativen Konsequenzen führen würde. Anschließend erfolgt die Festlegung von Indikatoren, anhand derer bestimmt werden kann, welches Szenario am realistischsten erscheint. Hilfreich ist es, von der Zielvorstellung zu einem bestimmten Zeitpunkt auszugehen und in zeitlichen Zwischenschritten zu bestimmen, welche Schritte und Voraussetzungen nötig sind.

Eine Kompetenzmatrix für Lehrkräfte entwickeln

Auf Basis des wünschenswertesten Zukunftsszenarios wurde eine sogenannte Kompetenzmatrix entwickelt. Mit Hilfe von Kompetenzmatrizen können benötigte Kompetenzlevel für verschiedene Rollenprofile abgeleitet werden. Die Kompetenzmatrix ist ein vielfach in Unternehmen eingesetztes Tool und stellt eine **Übersicht über die Fähigkeiten und Kompetenzen** jeder Mitarbeiterin und jedes Mitarbeiters im Team dar. Ziel ist es, die einzelnen Teammitglieder dabei zu unterstützen, ihre vorhandenen Fähigkeiten zu verstehen sowie ihre **individuelle Weiterentwicklung optimal zu gestalten.** Mithilfe der Matrix können die für eine Rolle erforderlichen Fähigkeiten (Soll-Profil) mit den vorhandenen Fähigkeiten (Ist-Profil) abgeglichen und möglicherweise vorhandene Abweichungen identifiziert werden. Die persönliche Entwicklung einer beziehungsweise eines jeden wird so unterstützt; klare Ziele können definiert werden.

Dieser Ansatz lässt sich auch im schulischen Kontext anwenden (Welche Kompetenzen werden für Lehrkräfte bei der Gestaltung der digitalen Transformation noch wichtiger? Wie können Lehrkräfte weiterhin einen aktiven Beitrag zur Vorbereitung der Heranwachsenden auf lebenslanges Lernen leisten? Wie können Lehrkräfte bei ihrer eigenen Kompetenzentwicklung unterstützt werden?). Die **Entwicklung eines Zukunftskompetenzbilds für Lehrkräfte** (Kompetenzmatrix) erfolgt in vier Schritten (Bild 1.7):

1. Definition der Rollen

   Neben der Rolle der Lehrkräfte als Fachvermittler, Coach und Erzieher bestehen an Schulen noch weitere Rollen. So kann die Lehrkraft auch verstärkt in ihrer Rolle als Führungskraft angesprochen sein, in die Rolle der Schul- und Abteilungsleitung wechseln, Fort- und Ausbildender sein oder im mittleren Management an Schulen agieren.

2. Festlegung der Dimensionen

   Für die Bestimmung der erforderlichen Fähigkeiten, die es zur Ausübung der Rolle braucht, bedarf es der Festlegung von Dimensionen. Diese können unter anderem Fach-, Methoden- und Sozialkompetenz, IT-Kenntnisse oder Projektmanagement sein.

3. Definition der Fähigkeiten

   Die einzelnen Dimensionen werden mit erforderlichem Wissen und Fähigkeiten befüllt. Dabei kann die Anzahl der zugeordneten Fähigkeiten je nach Dimension variieren.

Bild 1.7 Prozess der Erarbeitung einer Kompetenzmatrix für Lehrkräfte (Quelle: acatech)

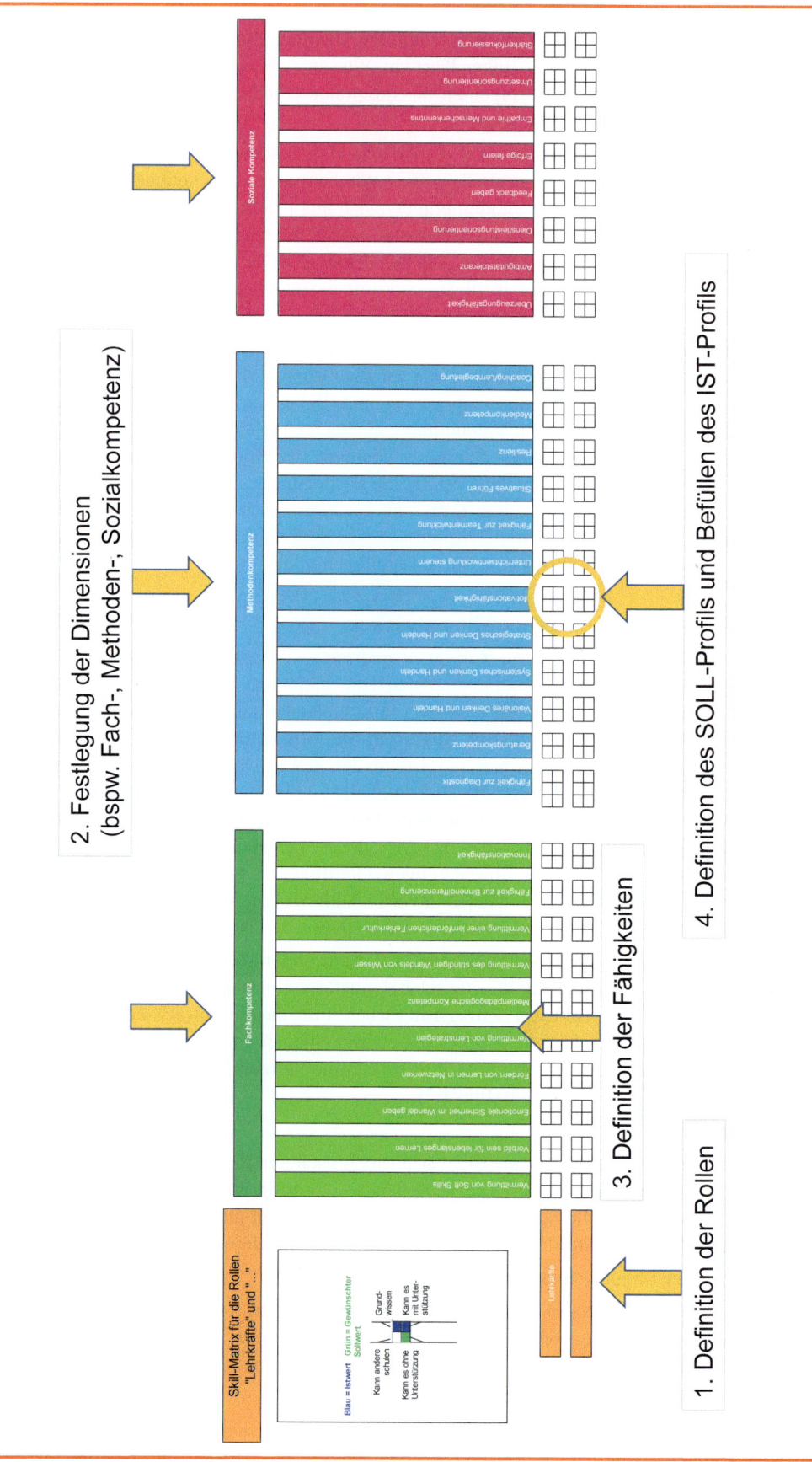

4. Definition des SOLL-Profils und Befüllen des IST-Profils

Die definierten Fähigkeiten werden nun im Detail ausformuliert, das heißt, die jeweiligen Kompetenzen werden mit Beschreibungen mit einer Ausprägung von vier Schritten hinterlegt (Ausprägung von vier Schritten: 1 = Basiswissen, 2 = Kann anwenden mit Unterstützung, 3 = Kann anwenden ohne Unterstützung, 4 = Kann andere schulen). Im Team werden die SOLL-Profile fixiert. Die Erstellung des IST-Profils erfolgt anschließend im Gespräch mit der Führungskraft.

Auf diese Weise konnten in einem Co-Creation-Prozess relevanter Stakeholder insgesamt **30 Zukunftskompetenzen für die Rolle der Lehrkraft** als Fachvermittler, Coach und Erzieher bestimmt werden (Bild 1.8). Für die weitere Arbeit müssen diese deutlich reduziert werden. Aus wissenschaftlicher und praktischer Sicht ist ein Set aus maximal zehn Kompetenzen in den Feldern Fach-, Methoden- und Sozialkompetenz anzustreben.

Die interdisziplinäre Zusammenarbeit zwischen Wissenschaft, Unternehmen und Lehrkräften erwies sich bei der Erarbeitung als sehr zielführend und erforderlich, um die Vielschichtigkeit der Rolle der Lehrkraft und die Anforderungen an diese zu erfassen. In der Erarbeitung und Erprobung eines Trainings für Lehrkräfte und mit Blick auf die mögliche Skalierung des Projekts sollten weitere Stakeholder wie beispielsweise Personen aus nachgeordneten Behörden (u. a. zur Schulaufsicht, Lehrerbildung), Vertretungen der Landesinstitute, Lehrerverbände, Schulleiterverbände, Vertretungen der Schulentwicklung und Lehrerbildung sowie Expertinnen und Experten aus Wissenschaft und Wirtschaft in den Prozess eingebunden werden.

Das föderalistische Bildungssystem und die regulatorischen Bestimmungen innerhalb des Schulwesens erfordern eine **enge und kontinuierliche Abstimmung** mit den relevanten Stakeholdern in der konkreten Ausgestaltung der Optionen für eine **Fortentwicklung und perspektivische Skalierung** eines solchen Vorhabens. Dabei sind unterschiedliche Optionen denkbar, die weiter ausdifferenziert und auf ihre Umsetzungsmöglichkeit geprüft werden sollten. Dazu gehören u. a. die Etablierung der Kompetenzmatrix als Grundlage für Mitarbeiter- und Entwicklungsgespräche an Schulen, das Rollout des Trainings bei den Anbietern von Weiterqualifizierungen für Lehrkräfte oder die Ausbildung von Lehrkräften als Multiplikatoren gemäß eines Train-the-trainer-Ansatzes.

Kompetenzen	Beschreibung	1 Kästchen	2 Kästchen	3 Kästchen	4 Kästchen
Vermittlung von Soft Skills	Vermittlung von außerfachlichen bzw. fachübergreifenden Kompetenzen an Schülerinnen und Schüler; z. B. Kommunikation, Kreativität, Kollaboration und kritisches Denken.	verfügt über Kenntnisse über Soft Skills.	verfügt über Kenntnisse über Soft Skills und kann diese mit Unterstützung vermitteln.	verfügt über Kenntnisse über Soft Skills und kann diese eigenständig vermitteln.	verfügt über Kenntnisse über Soft Skills, entwickelt diese kontinuierlich weiter und kann diese eigenständig vermitteln.
Vorbild sein für lebenslanges Lernen	Vorbild sein für alles Lernen während des gesamten Lebens, das der Weiterentwicklung von Wissen, Qualifikationen und Kompetenzen dient.	nimmt nur verpflichtende Fortbildungen wahr, ohne diese zu reflektieren.	nimmt verpflichtende wie auch freiwillige Fortbildungsangebote wahr, ohne diese zu reflektieren.	nimmt Fortbildungen wahr, reflektiert regelmäßig den eigenen Wissensstand und baut ihn kontinuierlich aus.	nimmt Fortbildungen wahr, reflektiert regelmäßig den eigenen Wissensstand, baut ihn aus und inspiriert andere, sich weiterzuentwickeln.
Emotionale Sicherheit im Wandel geben	Einordnung der eigenen Rolle und der Rolle anderer im Kontext von Veränderung, u. a. Globalisierung, Digitalisierung, Technologisierung	kann die eigene Rolle im Kontext der Veränderung einordnen, ohne Schlüsse daraus abzuleiten.	kann die eigene Rolle im Kontext der Veränderung einordnen und daraus Schlüsse ableiten.	kann die eigene Rolle im Kontext der Veränderung einordnen und unterschiedliche Rollen anderer im Veränderungsprozess verorten (Perspektivwechsel).	kann die eigene Rolle im Kontext der Veränderung einordnen und hilft anderen aktiv, ihre Rolle in Veränderungsprozessen zu finden.

Bild 1.8 Auszug aus der erarbeiteten Kompetenzmatrix für Lehrkräfte (Quelle: acatech)

1.3 Einblicke aus der betrieblichen Praxis – Ideen für den Transfer

Für die Ausgestaltung einer Lernkultur, die **eigenverantwortliches und selbstbestimmtes Lernen** fördert, bedarf es eines **Bewusstseinswandels im gesamten Bildungssystem.** Schulische, universitäre sowie außerschulische/privatwirtschaftliche Angebote müssen neu gedacht werden. Für den Wandel der Rolle der Lehrenden vom Wissensvermittler hin zum Lernunterstützer und Coach bedarf es neuer Führungs- und Rollenverständnisse, die mit einem **dauerhaften Kulturwandel** einhergehen sollten. Zahlreiche Beispiele aus der betrieblichen Praxis der Aus- und Weiterbildung verdeutlichen dies (Jacobs et al. 2020). Eine Unternehmens- und Führungskultur, die selbstbestimmtes, arbeitsintegriertes und kontinuierliches Lernen fördert, schafft **Freiräume und Flexibilität für das Lernen.** Damit entstehen auch erweiterte Anforderungen an Selbstständigkeit und Eigenverantwortung der Mitarbeiterinnen und Mitarbeiter. Offenheit und eine positive Grundeinstellung der Organisation gegenüber digitalen Lernformaten sind dabei entscheidend – weg von einer präsenzorientierten Ausrichtung hin zu Ergebnisorientierung und Vertrauen. Das Zulassen von Fehlern und die Bereitschaft, aus diesen zu lernen, sind Teil dieser zukunftsorientierten Lernkultur.

Wie es gelingen kann, dass Lehrende zu Lernbegleitern und Coaches werden und junge Menschen passgenau auf die Zukunft vorbereitet werden, zeigt das Beispiel der BMW TalentFactory. Das Unternehmen hat mit der Einführung der TalentFactory eine völlig neue Lernkultur in der Berufsausbildung der BMW Group geschaffen.

Ausbildung neu denken – BMW TalentFactory (BMW Group)

Im Zuge der Digitalisierung und der Transformation in der Automobilindustrie muss auch die Berufsausbildung grundlegend neu gedacht werden: Um praxisnahes, eigenverantwortliches Lernen wie auch Kollaboration und Kreativität in der Lösungsfindung noch stärker zu fördern, hat die BMW Group das bisherige Lernformat „Juniorfirma" der IT- und kaufmännischen Ausbildung im Münchener BMW-Werk zur „TalentFactory" mit Startup-Charakter weiterentwickelt. Agile Projektmethoden, interdisziplinäre Teams, innovative Lehrmethoden bilden den Kern der zukunftsorientierten Berufsausbildung. Arbeits- und Beschäftigungsfähigkeit der Auszubildenden werden dadurch nachhaltig gesichert.

Auszubildende und dual Studierende im ersten Ausbildungsjahr agieren wie in einem Startup und entwickeln Produkte und Dienstleistungen für Fachabteilungen und externe Kunden. Im Gegensatz zur Ausbildung in der ehemaligen Juniorfirma, in der die Auszubildenden bislang eher in traditionellen Strukturen und Prozessen, rotierenden Abteilungen und mit Fokus auf Produkte gearbeitet haben, finden sie sich in der neuen TalentFactory in interdisziplinären Teams zusammen, erlernen agile Arbeitsmethoden und übernehmen frühzeitig Verantwortung für ein Gesamtprojekt. Lernen findet dadurch prozessübergreifend und kontinuierlich „on the Job" statt. Eine hochmoderne digitale Ausstattung mit mobilen Endgeräten, vernetzten Konferenzsystemen und Kollaborationsplattformen fördert die übergreifende Zusammenarbeit und den Austausch untereinander. Ihre Aufträge akquirieren die Auszubildenden aus verschiedensten Fachabteilungen des Unternehmens. Individuelles Coaching durch die Ausbilderin beziehungsweise den Ausbilder und prozessbegleitendes Mentoring seitens der Fachabteilung sind dabei unerlässlich. Ihr theoretisches Rüstzeug erhalten die Auszubildenden weiterhin in der Berufsschule und bei internen Schulungen.

Mit dem Launch der TalentFactory wurde eine völlig neue Lernkultur in der BMW-Group-Berufsausbildung geschaffen. Kulturelle Offenheit und Vernetzung, Kollaboration und Wettbewerb, Experimentierräume, flache Hierarchien und eine crossfunktionale Zusammenarbeit zwischen Auszubildenden, Ausbildern und Kunden schaffen die Rahmenbedingungen für eine moderne Lernkultur. Sie geben den jungen Talenten Raum, um aktiv mitzugestalten und Ideen einzubringen.

Dieser Kulturwandel – weg von reiner Wissensvermittlung, hin zu praxisnahem und ganzheitlichem Kompetenzerwerb – soll weltweit an allen BMW-Group-Ausbildungsstandorten umgesetzt werden. Auszubildende und das Unternehmen profitieren davon gleichermaßen (Win-Win): Die Lernenden erlangen die fachlichen und überfachlichen Kompetenzen, die in der digitalen Arbeitswelt gefragt und notwendig sind. Die Fachabteilungen wiederum gewinnen Nachwuchskräfte, die neue Ideen einbringen.

Neben der Neugestaltung der Lernkultur war die Veränderung des Selbstverständnisses der Ausbilderinnen und Ausbilder entscheidend für den Erfolg und die Umsetzung der TalentFactory. Die mit der Digitalisierung einhergehende immer kürzere Halbwertszeit von Wissen und Kompetenzen erfordert deren kontinuierliche und flexible Weiterentwicklung. Für das Lehrpersonal wird es daher immer schwieriger, auch künftig Expertin oder Experte für alle neuen Entwicklungen und Trends zu sein. Zwar bleibt die Lehrkraft weiterhin der zentrale Ankerpunkt der Ausbildung, allerdings musste sich ihre Rolle in der BMW Group verändern: vom Wissensvermittler zum Lernunterstützer und -begleiter. Unterschiedliche Qualifizierungsprogramme beispielsweise zu agilen Methoden und Projektmanagement wie auch zu neuen technischen Lösungen und Tools unterstützten die Ausbilderinnen und Ausbilder dabei. Darüber hinaus hat das Prinzip des „Reverse Mentorings" – Auszubildende coachen erfahrene Mitarbeiter in Themen wie Social Media – durch die Neuausrichtung der Berufsausbildung an Bedeutung gewonnen. Der kontinuierliche Dialog zwischen Auszubildenden, Lehrpersonal und Betriebspartnern sicherte und sichert die gemeinsame, strategiebasierte Neuausrichtung der Berufsausbildung in der BMW Group.

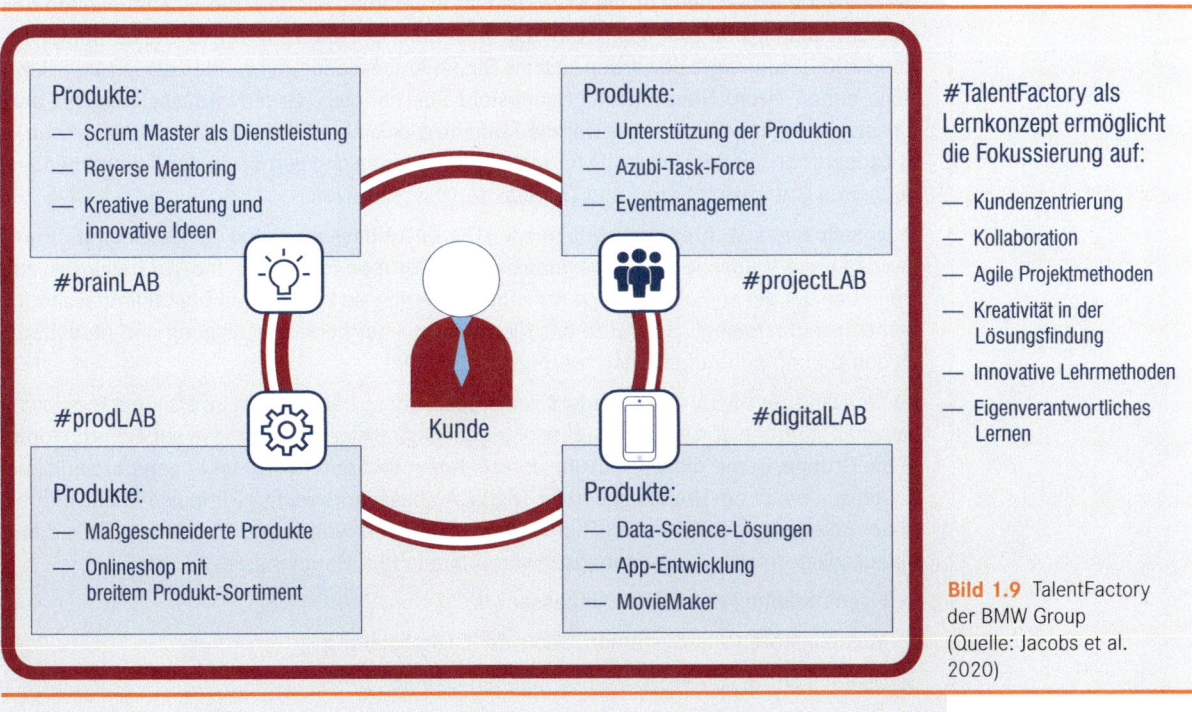

Bild 1.9 TalentFactory der BMW Group (Quelle: Jacobs et al. 2020)

Der erfolgreiche Umgang mit Veränderungen im Zuge der digitalen Transformation erfordert die Befähigung aller zum Umgang mit diesem Wandel und dessen aktive Gestaltung. Dies betrifft die Transformation in Unternehmen ebenso wie im Bildungssystem und der Gesellschaft im Allgemeinen. Als Change Agents der Transformation spielen „Vorreiter", die aktiv nach neuen Impulsen suchen und die Transformation gestalten wollen, eine entscheidende Rolle sowohl als Treiber des Wandels als auch als Multiplikatoren des Wissens (Bild 1.2). Sie leben den Wandel vor, hinterfragen bisherige (starre) Prozesse und Strukturen und entwickeln diese weiter, wenden neue Methoden an und eignen sich als Coaches und Trainerinnen und Trainer ihrer Kolleginnen und Kollegen. Wie es gelingen kann, Mitarbeitende innerhalb des digitalen Wandels in eine **Botschafter- und Gestalterrolle** zu bringen, zeigt die Initiative „Digital Ambassadors Program" der SMS group. Das Unternehmen fördert dadurch die Motivation und Eigeninitiative der Mitarbeitenden und greift auf vorhandene Kenntnisse und Potenziale im Unternehmen zurück.

Beschäftigte zu Botschaftern für digitale Themen machen – Digital Ambassador Program (SMS group)

Um die digitale Transformation im Unternehmen aktiv zu gestalten und eine Unternehmenskultur der Mitgestaltung dieses Wandels durch die Beschäftigten zu fördern, hat die SMS group GmbH auf Initiative der Geschäftsführung das partizipativ ausgerichtete Programm „Digital Ambassador" implementiert. Dabei fungieren die sogenannten Digital Ambassadors als Multiplikatoren für digitale Themen im Unternehmen und vermitteln eine positive, aktive Grundhaltung gegenüber Veränderungen. Vorhandene Potenziale und Präferenzen der Belegschaft mit Blick auf das Thema Digitalisierung können so identifiziert und genutzt, wie auch neue Wege der Kommunikation und Beteiligung gegangen werden.

Gestartet ist die Initiative mit einem Videoaufruf in der Belegschaft zur formlosen Bewerbung als Digital Ambassador. Bewerben konnte sich jede und jeder mit persönlichem Interesse an den Themen und der Motivation, als Botschafter und Gestalter des digitalen Wandels agieren zu wollen. Im Unterschied zu sonstigen Stellenausschreibungen bestimmte nicht die fachliche Expertise über ein Mitwirken im Programm, sondern die Einstellung und der eigene Wunsch, sich zu engagieren – ein wesentlicher Faktor für den Erfolg der Initiative. Rund 100 Beschäftigte bewarben sich als Digital Ambassador und wollten diese zusätzliche Rolle neben ihrem Hauptbeschäftigungsfeld übernehmen. Grundvoraussetzung für den Einsatz als Digital Ambassador war die Teilnahme an einem E-Learning-Kurs. Dieser wurde in Kooperation mit der University for Industry angeboten und vermittelt den Teilnehmenden ein erstes Grundverständnis von Themen der Digitalisierung.

Im gemeinsamen Auftaktworkshop mit den Digital Ambassadors und der Geschäftsführung wurden erste Wünsche und Erwartungen an die Gruppe formuliert und Vorstellungen zur Definition der neuen Rolle und den Aufgabenfeldern eines zukünftigen Digital Ambassadors gemeinsam festgelegt. So wurde das Momentum einer hohen Beteiligung und Motivation zu den zukünftigen Aufgabenschwerpunkten genutzt.

Im Kern sind die Digital Ambassadors das Sprachrohr sowohl Bottom-up als auch Top-down. Geschäftsführung und weitere Stakeholder der Digitalisierungsprozesse geben ihren Input in die Gruppe, damit dieser aktiv im Unternehmen verbreitet wird. Im engen persönlichen Austausch mit ihrem Umfeld geben die Digital Ambassadors wichtige Impulse zu den aktuell in der Belegschaft diskutierten Themen und zu offenen Fragen und Unklarheiten. Darüber hinaus gliedern sich die Aufgabenschwerpunkte in fünf Handlungsfelder:

1. Eigenmarketing der Digital Ambassadors
2. Multiplikatoren von Systemen/Tools der Digitalisierung
3. Digitalisierung von Prozessen im eigenen Umfeld

4. Arbeitskultur und Interaktion

5. Digital Dictionary

Im ersten Handlungsfeld wurde eine Intranetseite geschaffen, um die Sichtbarkeit der Gruppe der Digital Ambassadors im Unternehmen zu steigern und zukünftige Ergebnisse weiterzugeben. Bei Umstellungen und Neueinführungen von Software oder neuen Arbeitsweisen erhalten die Digital Ambassadors im zweiten Handlungsfeld eine intensive Vorabinformation und treten zum Beispiel als Beta-Tester oder Key-User in Roll-out-Prozessen auf. Die erhaltenen Informationen geben sie in ihrem Umfeld weiter. So regen sie den Dialog in der Belegschaft an und schaffen die Basis für ein breites Verständnis für die neuen Prozesse. Bereits bei der Bewerbung hatten viele Digital Ambassadors eine Vorstellung davon, welche Themen sie anstoßen oder vorantreiben möchten. Im Handlungsfeld drei sind daher vielfältige Einzelprojekte zu finden. Um Synergien zu nutzen und Doppelarbeiten zu vermeiden, sind Austausch und Transparenz zentral. Das vierte Handlungsfeld enthält Impulse für den Umgang mit Veränderungen von Arbeitsweisen und -methoden und unterstützt die Vernetzung und Interaktion von den Mitarbeitenden der SMS Digital und der SMS group GmbH. Zudem erstellten die Digital Ambassadors das sogenannte Digital Dictionary, eine Wissensdatenbank von Begrifflichkeiten und Terminologien der Digitalisierung. In enger Abstimmung mit den Verantwortlichen werden dort klare und unternehmensweit einsehbare Definitionen erarbeitet; dies fördert eine einheitliche Sprache und schafft ein einheitliches Verständnis.

Erfolgskritisch für die Initiative ist die Motivation der beteiligten Personen und deren Engagement. Durch das Netzwerk bekommen lokale Initiativen eine unternehmensweite Bekanntheit und können Vorbild für Transformationsprozesse sein. Zentral sind die Nutzung eines gemeinsamen Kommunikations-Tools, regelmäßige Termine mit der Geschäftsführung und einem Steuerkreis, der sich um übergeordnete Themen kümmert. Im Sinne einer agilen und iterativen Gestaltung des Digital-Ambassador-Programms erfolgen in einem gemeinsamen Workshop das kritische Review der Vorgehensweisen, mögliche Anpassungen und die Weiterentwicklung des Programms.

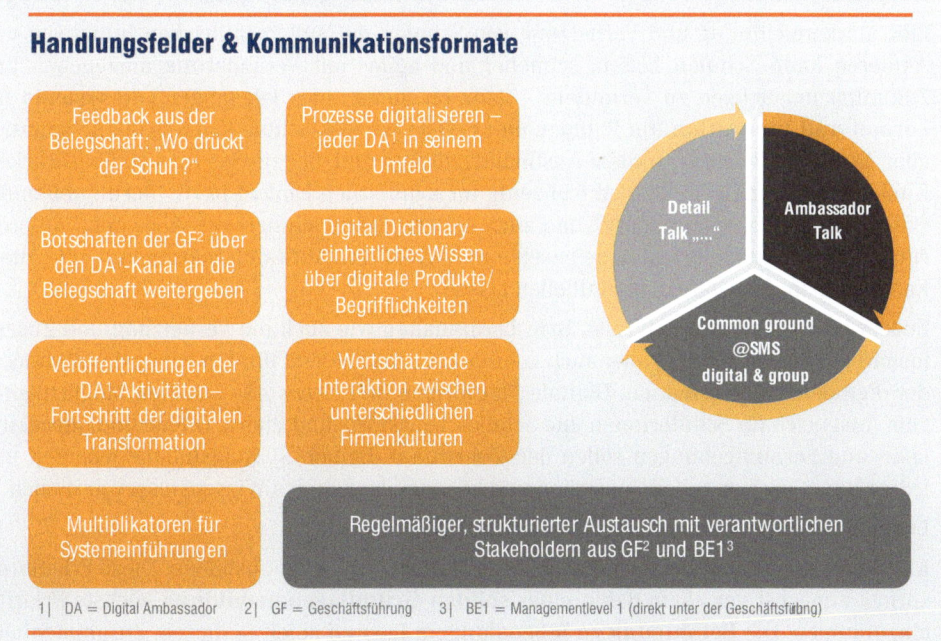

Bild 1.10 Digital Ambassador Program der SMS group (Quelle: Jacobs et al. 2020)

1.4 Ausblick

Die digitale Transformation ist der Strukturwandel unserer Zeit und berührt dabei alle Lebensbereiche. Schulische, universitäre sowie außerschulische/privatwirtschaftliche Bildung muss sich verändern. Bereits in der Schule müssen junge Menschen auf die neue Arbeitswelt vorbereitet werden. Insgesamt muss sich die Schule dem neuen Veränderungsdruck anpassen und den Chancen und Innovationsmöglichkeiten öffnen, die damit verbunden sind. Als wichtige Akteure der Veränderung an den Schulen agieren die Lehrkräfte verstärkt als Wissensbegleiter und Coach; sie fordern zunehmend Fortbildungsangebote u. a. im Bereich digitaler Medien und neuer Arbeitsmethoden ein. Wissenschaft und Wirtschaft können einen Beitrag leisten, gute Angebote zu konzipieren und in die Fläche zu tragen.

Im Sinne einer systemischen, ganzheitlichen Betrachtungsweise bedarf es verschiedener Eckpfeiler für gutes und zukunftsorientiertes Lernen und Lehren in Schulen. Drei Ansatzpunkte bieten Orientierung:

1. **Potenziale der Digitalisierung nutzen („Digitalisierung für Bildung")**

   Der „duale Weg", der Theorie und Praxis „on the Job" miteinander verbindet, hat sich in der Aus- und Weiterbildung bewährt. In Zukunft werden sich die Schwerpunkte auf Ad-hoc- (bzw. On-demand-)Lernangebote vor Ort in den Betrieben verlagern. **Digital verfügbare Lerninhalte und intelligente Lernsysteme,** auf die die Lernenden jederzeit zugreifen können, ergänzen das Bildungsangebot. Die Bildung in den Schulen sollte komplementär dazu den technologischen Wandel der Arbeitswelt stärker berücksichtigen und digitales Lernen als didaktische Chance begreifen. Dabei geht es nicht nur um IT-Ausstattung und Tabletnutzung in größerem Umfang, sondern vor allem um eine neuartige Gestaltung des Lernens insgesamt.

   Das MINT Nachwuchsbarometer von acatech und der Körber-Stiftung zeigt, dass das Potenzial der Digitalisierung sowohl in der beruflichen Qualifizierung als auch in der Schulbildung bislang nicht ausgeschöpft wird: Digitale Medien werden zwar eingesetzt, aber (noch) nicht umfassend in didaktische und methodische Konzepte integriert.

2. **Kooperationen im Bildungssystem fördern, Vernetzung und Zusammenarbeit anregen**

   Eine stärkere Öffnung und Vernetzung von Schulen mit außerschulischen Initiativen und Akteuren kann Schulen helfen, schneller und agiler mit Veränderung umzugehen und Zukunftskompetenzen zu vermitteln – ganz im Sinne eines lebendigen **Ökosystems für Lernen und Innovation.** Im Rahmen eines „Ökosystems" Schule kann so die Kooperation aller Akteure erleichtert werden: Ausbildungslücken und -defizite lassen sich überbrücken; Kinder und Jugendliche können frühzeitig im schulischen Umfeld in (IT-)Berufswelten der Unternehmen „reinschnuppern" und auch die Lehrkräfte können sich über neue Anforderungen der digitalisierten Arbeitswelt ohne größeren Aufwand informieren und diese Kenntnisse in den Unterricht einfließen lassen.

   Zudem ist das Teilen von Wissen bzw. Lerninhalten wie auch die Vernetzung und Zusammenarbeit von Lernenden, aber auch Lehrenden entscheidend für den Erfolg der Bildung in der digitalen Transformation. Digitale Plattformen und Netzwerke schaffen Möglichkeiten zum Austausch für Schülerinnen und Schüler, Lehrkräfte und Eltern. Offene und interaktive Lehr- und Lernumgebungen sollen den Zugriff auf digitale Bildungsinhalte jederzeit und jedem Interessierten möglich machen und können als digitales Wissensreservoir dienen.

3. **Lebenslanges Lernen zielgruppengerecht fördern**

   Know-how zu Zukunftstechnologien lässt sich nicht auf Vorrat ausbilden. Diese Erkenntnis spricht zunächst vor allem dafür, einer **soliden Grundlagenausbildung** höchste Priorität einzuräumen. Die **Befähigung zu lebenslangem Lernen** spielt in diesem Zusammenhang ebenfalls eine zentrale Rolle. Eine zu starke Spezialisierung in der Erstausbildung sollte vermieden werden. Das würde den Anforderungen der neuen Arbeitswelt widersprechen, in der es auf Interdisziplinarität, vernetztes Denken und Arbeiten sowie Geschäftsmodell-innovationen ankommt.

Staatliche und private Bildungsinstitutionen, Unternehmen und die Gesellschaft müssen zukünftige Kompetenzbedarfe frühzeitig antizipieren und entsprechend in den Angeboten der Ausbildung, Weiter- und Umqualifizierung adressieren. Es wird dabei verstärkt darauf ankommen, **noch schneller von der Bedarfsanalyse in den Weiterbildungsmodus umzuschalten.**

Die Transformation im Bildungssystem wird nur mit Offenheit für Innovation, Willen zur Veränderung und einem nachhaltigen Bewusstseinswandel aller Akteure gelingen.

Literatur

acatech: Lehren und Lernen im virtuellen Klassenzimmer. 2020; *https://www.acatech.de/allgemein/ digitale-bildung-lernen-und-lehren-im-virtuellen-klassenzimmer/*

acatech/Körber-Stiftung: MINT Nachwuchsbarometer. München/Hamburg 2019; *https://www.aca tech.de/publikation/mint-nachwuchsbarometer-2019/*

acatech/Körber-Stiftung: MINT Nachwuchsbarometer. Fokusthema: Bildung in der digitalen Transformation. München/Hamburg 2017; *https://www.acatech.de/publikation/mint-nachwuchsbaro meter-2017/*

Cress, U.; Diethelm, I.; Eickelmann, B.; Köller, O.; Nickolaus, R.; Pant, H. A.; Reiss, K.: Schule in der digitalen Transformation – Perspektiven der Bildungswissenschaften (acatech DISKUSSION), München 2018; *https://www.acatech.de/publikation/schule-in-der-digitalentransformation-perspek tiven-der-bildungswissenschaften/*

Eickelmann, B.; Bos, W.; Gerick, J.; Goldhammer, F.; Schaumburg, H.; Schwippert, K.; Senkbeil, M.; Vahrenhold, J. (Hrsg.): ICILS 2018 #Deutschland – Computer- und informationsbezogene Kompetenzen von Schülerinnen und Schülern im zweiten internationalen Vergleich und Kompetenzen im Bereich Computational Thinking. Waxmann, Münster 2019

Gokus, S.; Ortloff, L.; Lange, T.: Bildung in der digitalen Transformation. In: Koch, A.; Kruse, S.; Labudde, P. (eds): Zur Bedeutung der Technischen Bildung in Fächerverbünden. Springer Spektrum, Wiesbaden 2019

Guggemos, M.; Jacobs, J. C.; Kagermann, H., Spath, D. (Hrsg.): Die digitale Transformation gestalten: Lebenslanges Lernen fördern. Empfehlungen des Human-Resources-Kreises von acatech und der Jacobs Foundation sowie der Hans-Böckler-Stiftung (acatech DISKUSSION), München 2018; *https://www.acatech.de/publikation/die-digitale-transformation-gestalten-lebenslanges-lernen-foer dern/*

Jacobs, J. C.; Kagermann, H.; Spath, D. (Hrsg.): Lebenslanges Lernen fördern – gute Beispiele aus der Praxis. Ein Good-Practice-Bericht des Human-Resources-Kreises von acatech. Lessons Learned, wissenschaftliche Analysen und Handlungsoptionen (acatech DISKUSSION), München 2020; *https://www.acatech.de/publikation/good-practice-bericht/*

Digitalisierungskompetenzen: Rolle der Hochschulen

Patrick Glauner

Die Digitalisierung unserer Arbeitswelt und unseres alltäglichen Lebens hat in den vergangenen Jahren zu einer starken Veränderung der gesamten Weltwirtschaft geführt. Jeder – sowohl jede Privatperson als auch jedes Unternehmen – muss moderne Digitalisierungskompetenzen erwerben und sich kontinuierlich weiterbilden, um wettbewerbsfähig bleiben zu können. Die Hochschulen haben als Wissensquellen hierfür eine zentrale Bedeutung. Dabei stehen sie jedoch auch in einem sich immer weiter verschärfenden Wettbewerb mit Anbietern von anderen Angeboten, wie z. B. innovativen Online-Kursen. Dieses Kapitel richtet sich primär an Entscheidungsträger aus dem Hochschulwesen und der Politik. Es führt zuerst eine Bestandsaufnahme zu Hochschulen im Jahr 2021 – insbesondere mit Hinblick auf Digitalisierung – durch. Anschließend analysiert es die Herausforderungen, denen Hochschulen aktuell gegenüberstehen bzw. weitere, denen sie in den kommenden Jahren gegenüberstehen werden. Daraus leitet das Kapitel verschiedene Handlungsempfehlungen für Hochschulen ab, die sie umsetzen müssen, um weiterhin ihren Aufgaben als Wissensquellen gerecht werden zu können. Das Kapitel richtet sich zudem auch an Entscheidungsträger aus Unternehmen. Abschließend überträgt es diese Handlungsempfehlungen auf Unternehmen und darauf, wie ihre Mitarbeiter moderne Digitalisierungskompetenzen erwerben können, um damit die Wettbewerbsfähigkeit der Unternehmen zu stärken.

2.1 Bestandsaufnahme: Hochschulen im Jahr 2021

Das Wort „Digitalisierung" ist bedingt durch die COVID-19-Pandemie an den Hochschulen in aller Munde. Darunter wird jedoch meist die Digitalisierung der Lehre verstanden, wie z. B. das Aufzeichnen und Streamen von Vorlesungen, bis hin zur Erstellung von neuartigen digitalen Lehrangeboten.

Digitalisierung bedeutet in jeder Fachrichtung etwas anderes

Je nach Fachrichtung verstehen die Beteiligten (u. a. Professoren[1], Dekane, Studierende) etwas völlig Unterschiedliches unter dem Begriff „Digitalisierung". Informatiker verstehen auf der einen Seite darunter primär datengetriebene Geschäftsmodelle und Künstliche Intel-

---

[1] Aus Gründen der leichteren Lesbarkeit wird in dem vorliegenden Buchkapitel die gewohnte männliche Sprachform bei personenbezogenen Substantiven und Pronomen verwendet. Dies impliziert jedoch keine Benachteiligung des weiblichen Geschlechts, sondern soll im Sinne der sprachlichen Vereinfachung als geschlechtsneutral zu verstehen sein.

ligenz. Auf der anderen Seite verstehen Betriebswirtschaftler darunter viel grundlegendere Konzepte, wie z. B. digitale Souveränität, das Verschicken von verschlüsselten E-Mails etc. Einen Bedarf nach Lehrangeboten zu diesen Kenntnissen können sich Informatiker hingegen oft jedoch nicht vorstellen, da sie diese als „trivial" betrachten.

Eine Bestandsaufnahme der deutschen Hochschulen – insbesondere mit Hinblick auf Digitalisierung – lässt sich wie folgt zusammenfassen:

- Damit die Studierenden und Absolventen im internationalen Wettbewerb bestehen können, müssen die Hochschulen als Wissensquellen spürbar mehr Wissen zu Digitalisierung, wie z. B. Künstlicher Intelligenz, verstärkt unterrichten. Damit die Hochschulen diese Rolle glaubhaft vertreten können, müssen sie jedoch auch selbst digitalisiert sein. Nach wie vor sind die internen Prozesse von Hochschulen jedoch bisher kaum digitalisiert und bestehen oft aus vielen manuellen, papierlastigen Arbeitsschritten.

- Die Hochschulen waren in den vergangenen 60 Jahren sehr stark auf Grund der geburtenstarken Jahrgänge gewachsen. Die Hochschulen erhielten in vielen Studiengängen zudem oft ein Vielfaches an Bewerbungen gegenüber den zur Verfügung stehenden Studienplätzen und konnten lediglich einen Bruchteil der Bewerber zulassen. Wegen des demografischen Wandels ist mittlerweile jedoch festzustellen, dass Hochschulen in manchen Studiengängen nicht mehr alle Studienplätze befüllen können. Dieser Trend wird sich auch auf Grund von Online-Kursen und anderen Angeboten in der nahen Zukunft noch weiter beschleunigen.

- Hochschulen bestehen traditionell aus Fakultäten (oder Fachbereichen). In der Praxis werden durch eine Vielzahl an Fakultäten innerhalb einer Hochschule jedoch unnötige Grenzen zwischen Professoren gezogen und unnötige Parallelstrukturen in der Verwaltung der Fakultäten aufgebaut.

- Es besteht – aus Haushaltsgründen – an vielen Hochschulen eine strikte Trennung zwischen dem regulären Lehrbetrieb und der Weiterbildung. Hierdurch entstehen ebenfalls administrative und lehrangebotsmäßige Parallelstrukturen und eine Trennung der Studierenden in zwei völlig unterschiedliche Gruppen, zwischen denen kein Austausch besteht.

Diese Probleme sind hinderlich für Hochschulen, um im Wettbewerb der Digitalisierung und des 21. Jahrhunderts schnell auf Veränderungen reagieren zu können.

2.2 Demokratisierung des Wissens durch MOOCs

In den vergangenen zehn Jahren hat sich der Zugang zu Wissen grundlegend verändert. Dieser Prozess begann etwa um das Jahr 2011, als die Stanford-Professoren Andrew Ng, Sebastian Thrun und weitere ihre KI-Kurse über Online-Plattformen für jedermann zugänglich machten (Ng und Widom 2014). Diese Art von Plattform wird oft als „Massive Open Online Courses" (MOOCs) bezeichnet. Zu den beliebten MOOC-Plattformen gehören heutzutage u. a. Coursera[2] – siehe Bild 2.1, Udacity[3] und edX[4]. Bis zum Jahr 2011 konnte man KI in der Regel nur durch einige wenige zur Verfügung stehende Hochschulkurse und Bücher erlernen. Dieses Wissen war vor allem nur in hochentwickelten Ländern verfügbar. Daher hatten potenzielle

---

[2] www.coursera.com
[3] www.udacity.com
[4] www.edx.com

Lernende in Schwellenländern Schwierigkeiten, Zugang zu entsprechenden Quellen zu erhalten. Die sogenannte „Demokratisierung des KI-Wissens" hat durch MOOCs damit begonnen, die Art und Weise, wie wir lernen, grundlegend zu verändern. Die Demokratisierung des KI-Wissens wurde auch als ein massiver Beschleuniger der chinesischen Führungsrolle im Bereich der KI-Innovation identifiziert (Lee 2018).

Neben Kursen zu KI ist auf verschiedenen MOOC-Plattformen eine Vielzahl von weiteren Kursen zu nahezu jedem vorstellbaren Thema entstanden. Diese Kurse ermöglichen Lernenden, virtuell in eigener Geschwindigkeit und mit geringen oder keinen Kosten hochqualitative Inhalte von renommierten Dozenten zu lernen. Dabei sind auch Kooperationen mit renommierten Hochschulen und Industriepartnern entstanden, wie in Bild 2.1 und Bild 2.2 dargestellt.

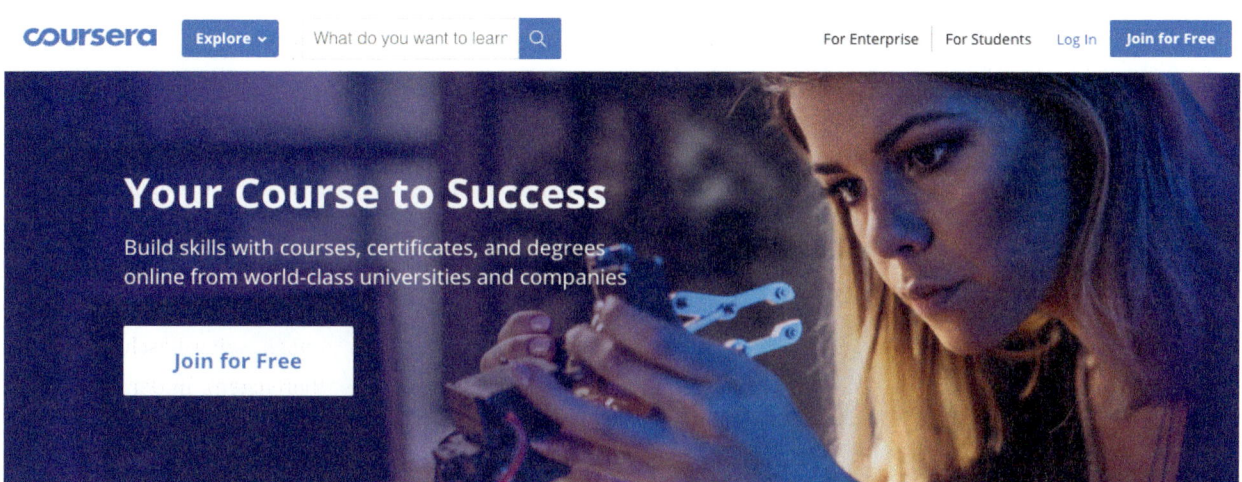

Achieve your goals with Coursera

Learn the latest skills

like business analytics, graphic design, Python, and more

Get ready for a career

in high-demand fields like IT, AI and cloud engineering

Earn a certificate or degree

from a leading university in business, computer science, and more

Upskill your organization

with on-demand training and development programs

Bild 2.1 Startseite von Coursera. Quelle: Screenshot von *www.coursera.com*

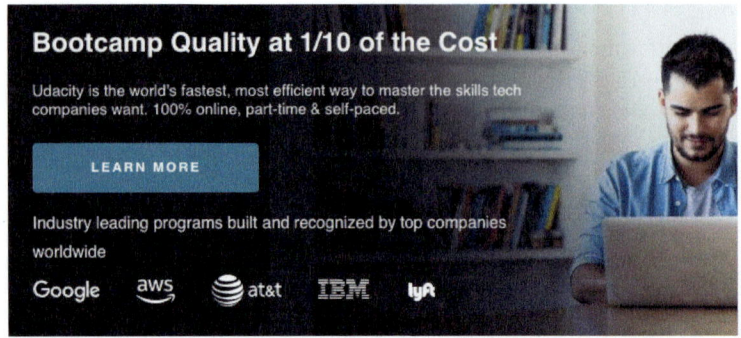

Bild 2.2 Startseite von Udacity. Quelle: Screenshot von *www.udacity.com*

Neben reinen Lehrangeboten wird von manchen MOOC-Plattformen auch Career Coaching angeboten. Auch haben Unternehmen Kooperationsprogramme mit MOOC-Plattformen zur Weiterbildung ihrer Mitarbeiter begonnen.

Es gibt in den Nachrichten (NY Times 2020) oder beispielsweise auch auf LinkedIn, eine Vielzahl von Beispielen, die durch das Absolvieren von praxisorientierten MOOCs innerhalb kurzer Zeit neue, hochbezahlte Jobs in verschiedenen Branchen gefunden haben. Dies trifft insbesondere auch auf die – traditionell durch Seiteneinsteiger geprägte – IT-Branche zu. MOOCs haben sich daher in den vergangenen Jahren stetig weiter etabliert. Dieser Trend hat sich zusätzlich durch COVID-19 weiter gefestigt.

Gebührenfreier MBA-Studiengang der Quantic School of Business and Technology

An dieser Stelle sei auch die US-amerikanische Quantic School of Business and Technology[5] erwähnt, welche einen berufsbegleitenden Master of Business Administration (MBA)-Studiengang anbietet. Dieser besteht aus den neun Modulen Grundlagen der Betriebswirtschaft, Buchführung, Volkswirtschaft, Statistik und datenbasiertes Entscheidungsverhalten,

---

[5] *www.quantic.edu*

Leadership, Marketing und Preisgestaltung, Finance, Supply Chain und Operations sowie Strategie und Innovation.

Der Studiengang bietet insbesondere die folgenden drei Alleinstellungsmerkmale an:

1. Zugelassene Studierende bezahlen keine Studiengebühren. Der Anbieter ermöglicht die Vernetzung von Studierenden mit Industriepartnern über ein Stellenportal. Die Industriepartner bezahlen Gebühren für das Anbahnen der Kontakte sowie bei einer eventuell über das Portal erfolgten Einstellung eines Absolventen. Für die Studierenden entstehen weder Verpflichtungen zur Teilnahme daran noch Kosten.

2. Die einzelnen Module sind auf kleine Einheiten à ca. fünf bis sieben Minuten heruntergebrochen, die beispielsweise während einer Pause oder Busfahrt auf dem Smartphone bearbeitet werden können. Jede Einheit setzt aktiv-basierendes Lernen ein und enthält somit direkt Fragen zu dem unterrichteten Stoff, wie in Bild 2.3 dargestellt.

3. Die Studierenden bearbeiten in weltweit verteilten Gruppen gemeinsam mehrere Case Studies, u. a. zu Buchführung und Marketing.

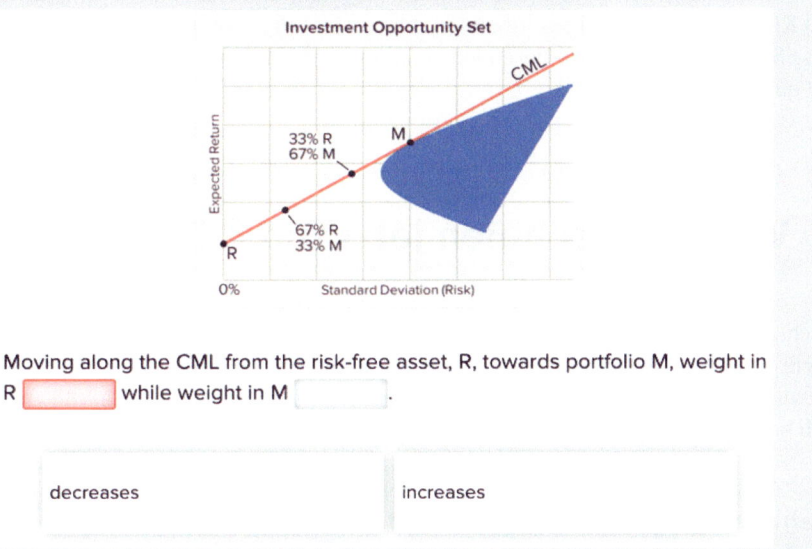

Bild 2.3 Aktiv-basierendes Lernen des Quantic MBA. Quelle: Screenshot von *www.quantic.edu*

Dieser in den USA akkreditierte Studiengang startet mehrfach pro Jahr, auf Grund der hohen Nachfrage werden jedoch nur einige Prozent der Bewerber zugelassen. Durch das angebotene innovative Studiengangkonzept stellt sich die berechtigte Frage, warum Studierende überhaupt noch einen regulären, hochpreisigen MBA-Studiengang belegen sollen, wenn sie online vergleichbare Inhalte erlernen können und dabei ebenfalls einen akademischen Grad erwerben.

2.3 Herausforderungen für Hochschulen

Durch MOOCs haben viele Hochschulen und Lehrende mittlerweile ernstzunehmende Konkurrenten erhalten. Es ist zudem davon auszugehen, dass sich in den kommenden Jahren und Jahrzehnten dieser Wettbewerb noch weiter verschärfen wird, insbesondere durch den Einsatz von KI und die dadurch ermöglichte Individualisierung der Lehrinhalte in MOOCs. Die Hochschulen werden daher mittelfristig vor den folgenden Herausforderungen stehen:

1. Viele Hochschulen werden durch den demografischen Wandel in den kommenden Jahren auf Grund des Mangels an qualifizierten Studienanfängern zunehmend ihre aktuelle Größe nicht halten können. In der Politik wird es daher mit Hinblick auf das Kosten-Nutzen-Verhältnis vermutlich auf kurz oder lang erste Forderungen nach der Schließung von einzelnen Fakultäten im ländlichen Raum geben, die dann auch früher oder später umgesetzt werden müssen.

2. Hochschulen werden sich von MOOCs abgrenzen müssen, um weiterhin den Mehrwert eines drei- bis fünfjährigen Studiums gegenüber Studienbewerbern rechtfertigen zu können. Andernfalls werden sich schon in wenigen Jahren viele sehr gute Schulabgänger gegen ein klassisches Studium entscheiden. Sie werden dann hingegen innerhalb von wenigen Monaten bis vielleicht einem Jahr in MOOCs alle für die Praxis notwendigen Kenntnisse erlernen, parallel eventuell durch Startup-Gründungen schon Praxiserfahrung sammeln und anschließend sehr gute Anstellungen innehaben und klassischen Hochschulabsolventen in der Praxis überlegen sein.

3. Viele Studiengänge vermitteln bisher meist nur traditionelle Fachinhalte wie vor 20 Jahren, mit wenig oder gar keinem Bezug zu Digitalisierung und Automatisierung durch Software und KI. Falls diese wichtigen Inhalte in der Ausbildung weiter unbeachtet bleiben, werden diese Studiengänge ihre Studierenden eines Tages mit hoher Sicherheit für die Arbeitslosigkeit ausbilden.

2.4 Was Hochschulen jetzt tun müssen

Hochschulen müssen sich diesen Herausforderungen stellen. Dieses Unterkapitel erläutert konkrete Handlungsempfehlungen für Hochschulleitungen, Professoren und Politiker. Diese bieten viele Chancen, denn die Hochschulen können dadurch sogar gestärkt aus dem Wettbewerb hervorgehen.

Mehrwert gegenüber MOOCs bieten

Hochschulen müssen sich durch eine moderne Lehre von MOOCs abgrenzen, um weiterhin ein drei- bis fünfjähriges Studium gegenüber Studienbewerbern zu rechtfertigen. Hierfür müssen bewusst sehr anspruchsvolle Inhalte behandelt und verständlich aufbereitet werden, damit die Studierenden mindestens die gleichen Kenntnisse wie ambitionierte MOOC-Teilnehmer erwerben. Zudem muss ein noch stärkerer Einsatz von praktischen Übungen in Laboren bzw. mit Hardware stattfinden, denn dies ist über MOOCs in dieser Form nicht möglich.

In Themenfeldern, Projekten und Prozessen denken

Hochschulen müssen ihre Strukturen radikal ändern und dabei künstlich gezogene Grenzen und Parallelstrukturen auflösen. Idealerweise sollten sie im Sinne der folgenden Konzepte denken:

1. Themenfelder (wie z. B. Gesundheit, Künstliche Intelligenz, Automatisierung etc.)
2. Prozesse (wie z. B. Studiengänge, Zulassungen, Auswahl von Bewerbern etc.)
3. Projekte (wie z. B. Forschungsprojekte, Reform von Studiengängen etc.)

Professoren können dadurch in verschiedenen Themenfeldern ihre Kompetenzen einsetzen und sich flexibel mit Kollegen aus anderen Fachrichtungen in unterschiedlichen Prozessen und Projekten einbringen, was in bisherigen Fakultätsstrukturen nicht möglich ist. So können Digitalisierungsexperten ihre Kompetenzen in jedem Bereich einer Hochschule nutzen.

Student Recruitment statt Zulassungen

Damit Hochschulen auch in Zukunft genug sehr gute Studierende erhalten, müssen sie radikal von Zulassungen in Richtung „Student Recruitment" umdenken. Dabei müssen sie – ähnlich zu Headhuntern – direkt potenzielle Studierende anwerben. Dies geschieht heute zwar schon in einfacher Form durch Werbemaßnahmen und Tage der offenen Tür, muss in den kommenden Jahren aber noch deutlich professionalisiert und ausgebaut werden. Ein besonderer Fokus muss darauf liegen, nicht nur die Masse (Studierendenzahl) zu erhalten oder gar zu steigern, sondern dabei auch die Klasse (Qualität der Studierenden) nicht zu vernachlässigen.

Digitalisierungskompetenzen in jedem Studiengang vermitteln

Digitalisierungskompetenzen müssen Bestandteil eines jeden Studiengangs werden. Hierbei darf es sich jedoch nicht nur um oberflächliche Benutzerkenntnisse handeln. Vielmehr muss jeder Studierende als Grundlage erlernen, wie Prozesse durch Programmierung von Software automatisiert werden können. Darauf aufbauend muss jeder Studierende lernen, wie Zusammenhänge/Muster in Daten durch Künstliche Intelligenz automatisiert erkannt und zur Entscheidungsfindung eingesetzt werden können. Nur so können Absolventen die digitale Transformation aktiv mitgestalten und an ihr teilhaben.

Innovationsmanagement und Entrepreneurship fördern

Damit die unterrichteten rein technischen Konzepte schlussendlich auch zur Wertschöpfung in Unternehmen beitragen, müssen Studierende über Kompetenzen des Innovationsmanagements verfügen und können dadurch Entwicklungen von Anfang an hin zum wertschöpfenden Einsatz begleiten.

Darüber hinaus müssen Hochschulen Studierende noch mehr in unternehmerischem Denken schulen, so dass sie vielmehr Arbeitsplatzschaffende als Arbeitsplatzsuchende werden. Dieser Ansatz wurde im August 2020 u. a. von dem Premierminister Indiens Narendra Modi vorgeschlagen[6].

---

[6] https://www.thehindu.com/news/national/new-education-policy-emphasises-on-making-job-creators-instead-of-job-seekers-says-pm-modi/article32248552.ece

Beispiel: Innovationsmanagement und Intrapreneurship an der Universität der Bundeswehr München

Jede Hochschule kann sich in diese Richtung hin entwickeln. Als sehr positives Beispiel sei die Universität der Bundeswehr München genannt. Sie fördert in dem von Frau Prof. Dr. Rafaela Kraus ins Leben gerufenen Programm founders@unibw[7] explizit auch die Intrapreneurship-Kompetenzen der jungen Offiziere, z. B. über Design-Thinking-Trainings oder Innovation Challenges. Die Studierenden gewinnen in der Projektarbeit wertvolle soziale und Führungskompetenzen und werden dazu befähigt, als zukünftige militärische Führungskräfte die Herausforderungen der Digitalisierung und technischer Disruptionen im Kontext des Auftrags der Bundeswehr zu meistern. Als „Defense Intrapreneure" sollen sie die Initiativkraft und Handlungskompetenz haben, Innovationen als „Unternehmer in der Organisation" alleine oder in Zusammenarbeit mit anderen zu realisieren und in der Bundeswehr als Multiplikatoren für die Etablierung einer Innovationskultur zu wirken.

Lebenslanges Lernen fördern: regulären Lehrbetrieb und Weiterbildung verschmelzen

Hochschulen müssen die strikte Trennung zwischen dem Lehrbetrieb und der Weiterbildung überwinden, da ein lebenslanges Lernen wichtiger denn je ist und auch in Zukunft an weiterer Bedeutung gewinnen wird. Durch die Verschmelzung dieser beiden Bereiche können administrative und lehrangebotsmäßige Parallelstrukturen abgeschafft werden. Zudem stehen dann alle Lehrangebote für die Weiterbildung zur Verfügung, wodurch Hochschulen in diesem Bereich auch wiederum besser mit MOOCs konkurrieren können. Zudem können die unterschiedlichen Gruppen an Studierenden (reguläre Studierende und Berufstätige) miteinander besser in Kontakt kommen, sich gegenseitig austauschen und neue Gedanken in die Lehrveranstaltungen einbringen.

2.5 Innovative Beispielkurse

Dieses Unterkapitel stellt zwei Beispielkurse des Autors vor. Diese setzen die zuvor aus den Herausforderungen abgeleiteten Handlungsempfehlungen heute schon konkret um. Sie tragen daher dazu bei, dass die TH Deggendorf im sich weiter verschärfenden internationalen Wettbewerb bestehen und sich von anderen Lehrangeboten abgrenzen kann.

KI-Innovationsmanagement

In den letzten Jahren haben viele Unternehmen damit begonnen, in Künstliche Intelligenz (KI) zu investieren, um wettbewerbsfähig zu bleiben. Die traurige Wahrheit ist jedoch, dass etwa 80 % aller KI-Projekte scheitern oder keinen finanziellen Mehrwert liefern (Nimdzi Insights 2019; Thomas 2019). Eine der zugrunde liegenden Ursachen ist die Art und Weise, wie KI an Hochschulen gelehrt wird, die in der Regel nur rein methodologische Aspekte der KI behandeln. Dies ist ein ernsthafter Anlass zur Sorge, denn in der Industrie besteht

---

[7] https://www.unibw.de/entrepreneurship

eindeutig ein akuter Bedarf an Experten, die über umfassende Kenntnisse davon verfügen, was getan werden muss, damit KI den Unternehmen einen Mehrwert bringt. Lehrende müssen dieses Problem angehen, indem sie die Studierenden auch in die Lage versetzen, im Sinne des KI-Innovationsmanagements zu denken.

Die TH Deggendorf hat im September 2020 damit begonnen, diesen neuartigen und international einzigartigen Kurs zu diesem Thema zu unterrichten, der sich mit diesem Bedarf befasst. Die Studierenden lernen anhand einer Reihe von Herausforderungen, sowohl technischer als auch betriebswirtschaftlicher Art, denen sich Unternehmen typischerweise stellen müssen, wenn sie KI-getriebene Unternehmen werden möchten. Die Inhalte des Kurses werden in Bild 2.4 zusammengefasst dargestellt.

The following topics will be discussed in class:

- Introduction: how AI is changing our society, selected examples of successful and unsuccessful AI projects and transformations
- History and promises of AI: Dartmouth conference, AI from 1955 to 2011, AI winters
- Deep learning era: breakthroughs, DeepMind, promises and hypes, no free lunch theorem, AI innovation in China, technological singularity
- AI transformation of companies: opportunities, challenges, best practices
- Case studies on how to turn companies into AI-driven companies

Bild 2.4 Inhalte des Kurses *„Innovation Management for Artificial Intelligence"* an der TH Deggendorf. Quelle: Autor

Die Studierenden lernen auch die jeweiligen Best Practices entlang der gesamten KI-Wertschöpfungskette kennen und erfahren, wie diese zu produktiv eingesetzten Anwendungen führen, die einen echten finanziellen Mehrwert schaffen. Hierbei wird auch zwischen Trends und Hypes unterschieden sowie auf historische Erfolge und Misserfolge der KI eingegangen. Abschließend erarbeiten die Studierenden in einer Fallstudie, wie konkrete KI-Anwendungsfälle in Unternehmen umgesetzt werden, welche Herausforderungen dabei auftreten werden und wie diese gelöst werden können. Die Inhalte des Kurses sind angelehnt an (Glauner 2020).

Bildverstehen

Das Gebiet „Bildverstehen" (Computer Vision) ist ein Teilgebiet der KI und beschäftigt sich mit dem automatisierten Verstehen von Bild- und Videoinhalten, um daraus Entscheidungen abzuleiten. MOOC-Plattformen bieten eine Reihe von sehr guten Kursen[8] zu diesem Gebiet an. Um im internationalen Wettbewerb bestehen zu können, müssen sich die Inhalte eines selbsterstellten Kurses von diesen sinnvoll abgrenzen und Alleinstellungsmerkmale anbieten.

Die TH Deggendorf hat im Oktober 2020 damit begonnen, solch einen Kurs anzubieten. Die Inhalte des Kurses werden in Bild 2.5 zusammengefasst dargestellt.

---

[8] Auswahl: *www.udacity.com/course/computer-vision-nanodegree–nd891*, *www.coursera.org/learn/computer-vision-basics* und *www.coursera.org/learn/deep-learning-in-computer-vision*

Bild 2.5 Inhalte des Kurses „Computer Vision" an der TH Deggendorf. Quelle: Autor

The following topics will be discussed in class:

- Introduction: applications, computational models for vision, perception and prior knowledge, levels of vision, how humans see
- Pixels and filters: digital cameras, image representations, noise, filters, edge detection
- Regions of images: segmentation, perceptual grouping, Gestalt theory, segmentation approaches, image compression
- Feature detection: RANSAC, Hough transform, Harris corner detector
- Object recognition: challenges, template matching, histograms, machine learning
- Convolutional neural networks: neural networks, loss functions and optimization, backpropagation, convolutions and pooling, hyperparameters, AutoML, efficient training, selected architectures
- Image sequence processing: motion, tracking image sequences, Kalman filter, correspondence problem, optical flow
- Foundations of mobile robotics: robot motion, sensors, probabilistic robotics, particle filters, SLAM
- Outlook: 3D vision, generative adversarial networks, self-supervised learning

Der Kurs grenzt sich zu MOOC-Angeboten wie folgt ab:

1. Es werden bewusst sehr anspruchsvolle Inhalte behandelt und verständlich aufbereitet, damit die Studierenden mindestens die gleichen Kenntnisse wie weit überdurchschnittlich ambitionierte MOOC-Teilnehmer erwerben.

2. Ein Großteil der an Hochschulen und in MOOCs gelehrten Bildverstehen-Kurse enthält praktische Übungsaufgaben, welche mithilfe nahezu jedes handelsüblichen Computers – ggf. unter Einsatz einer Cloud-Umgebung – implementiert werden können. Um den Studierenden einen wirklichen Mehrwert eines physischen Hochschulstudiums bieten zu können, werden die praktischen Übungsaufgaben anhand der in Bild 2.6 dargestellten mobilen Roboterplattform umgesetzt. Diese enthält eine Kamera und kann mit Hilfe eines im Roboter integrierten Grafikprozessors effizient KI-basierte Bildverstehen-Algorithmen ausführen. Durch den Einsatz dieser Plattform können die Studierenden nicht nur die Inhalte des Kurses einüben, sie erleben diese viel mehr.

Bild 2.6 Die in den praktischen Übungen eingesetzte mobile Roboterplattform „NVIDIA Jetbot"[9]. Quelle: Autor

---

9 *www.github.com/NVIDIA-AI-IOT/jetbot*

2.6 Übertragung auf Unternehmen

Die zuvor vorgestellten Handlungsempfehlungen lassen sich auch auf Unternehmen übertragen. Unternehmen sollten daher auch noch enger mit lokalen Hochschulen zusammenarbeiten und dadurch gemeinsam ein Innovationsökosystem aufbauen, durch welches beide Seiten wettbewerbsfähig bleiben. Zudem müssen Unternehmen offener gegenüber neuen Lernformen wie MOOCs werden und diese in ihren Arbeitsalltag integrieren.

> **MOOCs für effiziente und kontinuierliche Weiterbildung einsetzen**
>
> Unternehmen können zur kosteneffizienten Weiterbildung ihrer Mitarbeiter MOOCs einsetzen. Hierdurch entstehen im Wesentlichen „nur" die Kosten für die benötigte Arbeitszeit, jedoch kaum oder keine zusätzlichen Gebühren für das eigentliche Weiterbildungsangebot. Zudem erhalten sie dadurch stets aktuelle Inhalte. Da viele MOOCs keinen festen Zeitrahmen haben, lassen sie sich leicht für die kontinuierliche Weiterbildung der Mitarbeiter einsetzen, beispielsweise mit einigen Stunden in einem festen Zeitraum oder an einem festen Tag, wie z. B. zwei Stunden an einem Freitag.

2.7 Fazit

Hochschulen stehen auf Grund der fortschreitenden Digitalisierung vor großen Herausforderungen. Dies sind u. a. die Konkurrenz durch Massive Open Online Courses (MOOCs) und der Mangel an in Studiengängen vermittelten Digitalisierungskompetenzen. Beide Herausforderungen werden durch den demografischen Wandel – und die somit geringer werdende Anzahl von potenziellen Studierenden – weiter verschärft. Wenn die Hochschulen diese Herausforderungen zügig, ambitioniert und nachhaltig angehen, können sie jedoch auch gestärkt aus dieser Situation hervorgehen. Dieses Kapitel enthält verschiedene entsprechende Handlungsempfehlungen, die sich in leicht angepasster Form ebenfalls auf Unternehmen übertragen lassen.

Literatur

Glauner, P.: Unlocking the Power of Artificial Intelligence for Your Business. In: Innovative Technologies for Market Leadership. S. 45 – 59, Springer, 2020

Lee, K.-F.: AI Superpowers: China, Silicon Valley, and the new world order. Houghton Mifflin Harcourt, 2018

Ng, A.; Widom, J: Origins of the Modern MOOC (xMOOC). 2014, *http://www.robotics.stanford. edu/~ang/papers/mooc14-OriginsOfModernMOOC.pdf*. [Online; Zugegriffen: 1. Oktober 2020]

Nimdzi Insights: Artificial intelligence: Localization Winners, Losers, Heroes, Spectators. 2019, *http://www.nimdzi.com/wp-content/uploads/2019/06/Nimdzi-AI-whitepaper.pdf*. [Online; Zugegriffen: 1. Oktober 2020]

NY Times: Remember the MOOCs? After Near-Death, They're Booming. 2020, *https://www.nytimes. com/2020/05/26/technology/moocs-online-learning.html*. [Online; Zugegriffen: 1. Oktober 2020]

Thomas, R.: The AI Ladder: Demystifying AI Challenges. 2019, *http://www.ibm.com/downloads/cas/ O1VADKY2*. [Online; Zugegriffen: 1. Oktober 2020]

Digitale Teilhabe für alle: Lernen von und mit den Volkshochschulen

Charlotte Karpenchuk, Joachim Rattinger und Simone Kaucher

Der digitale Wandel fordert auch die Volkshochschulen als größtes Netzwerk der allgemeinen Weiterbildung in Deutschland heraus – in dreierlei Hinsicht:

1. Die Menschen zur souveränen Teilhabe an der digitalen Welt zu befähigen, ist eine der größten bildungspolitischen Herausforderungen unserer Zeit. Die Digitalisierung hält Einzug in allen Lebensbereichen. Digitale Bildung ist also ein zentrales Querschnittsthema der Erwachsenenbildung.

2. Die Digitalisierung verändert auch die Art des Lernens. Digitale Technologie ermöglicht Lernprozesse jenseits klassischer Unterrichtsformate – durch die Kombination von Präsenz- und Online-Lernen und durch die Kombination von synchronem Begegnungslernen und asynchronem Selbstlernen. Um solche neuen Lernformen zu unterstützen, bedarf es einer leistungsfähigen Ausstattung und geeigneter digitaler Lerninstrumente. Digitale Bildung ist also auch eine Frage der Infrastruktur.

3. Volkshochschulen verstehen Lernen als einen gemeinschaftlichen und interaktiven Prozess. Digitale Bildung ist daher mehr als der Live-Stream eines Frontalunterrichts. Digitale Lernformate mit einer erfolgversprechenden Didaktik zu entwickeln und anzuwenden, digitale Instrumente sinnvoll einzubinden und sachkundig zu handhaben, Interaktion anzuregen und gemeinsame Lernprozesse zu initiieren, setzt hochqualifiziertes Lehrpersonal voraus. Digitale Bildung ist also auch eine Qualifizierungsaufgabe.

All dies wurde in der vhs-Community frühzeitig erkannt. Spätestens der Volkshochschultag 2016, der europaweit größte Kongress der Weiterbildung, hat „Digitale Teilhabe für alle" ganz oben auf ihre Agenda gesetzt. Die Volkshochschulen und ihre Verbände setzen sich seither gegenüber Bund und Ländern für eine digitale Weiterbildungsoffensive ein, um die breite Bevölkerung für den digitalen Wandel zu qualifizieren.

Unter dem Begriff (digital) „Erweiterte Lernwelten" hat die vhs-Community gleichzeitig aus eigener Kraft einen Prozess angestoßen, der die drei Komponenten digitale Infrastruktur- und Organisationsentwicklung sowie Ausweitung der digitalen Breitenbildung umfasst. Dieser Prozess hat nahezu sämtliche der bundesweit 900 Volkshochschulen erfasst und sukzessive verändert und er hat das vhs-Programmangebot enorm erweitert. Diese Entwicklung nachzuzeichnen, ist Gegenstand des nachfolgenden Beitrags. Er nimmt auch die Potenziale einer Kooperation zwischen Volkshochschulen und Unternehmen in den Blick, wenn es um digitale Qualifizierung von Beschäftigten geht:

Der nachfolgende Beitrag folgt den Leitfragen:

- Wie wurde der digitale Transformationsprozess der Volkshochschulen angestoßen?
- Wie hat die vhs-Community ihren eigenen Transformationsprozess im Zuge der Digitalisierung organisiert?

- Auf welche Infrastruktur kann sich digitale Weiterbildung an Volkshochschulen heute stützen?

- Mit welchen Konzepten und Formaten lässt sich die digitale Kompetenz der breiten Bevölkerung bedarfsgerecht und systematisch fördern?

- Wie können Kooperationen zwischen Volkshochschulen und Unternehmen die digitale Qualifizierung von Belegschaften und damit die Digitalisierung von Arbeitsprozessen unterstützen?

3.1 „Wecke den Riesen!" – ein erster Impuls für die digitale Organisationsentwicklung

Lernen in der Begegnung vor Ort ist im Auftrag und Selbstverständnis der Volkshochschulen fest verankert. Lernen mit dem Internet stieß hingegen zunächst auf vielseitig begründeten Widerstand. Trotzdem starteten 2013 einige Pionierinnen und Pioniere aus Volkshochschulen und ihren Verbänden, unterstützt von einigen externen Akteurinnen und Akteuren der Weiterbildungslandschaft einen vhsMOOC: eine offene, achtwöchige Online-Veranstaltung mit dem Ziel, die Potenziale des Weblernens sichtbar zu machen, Know-how zu teilen und Perspektiven für die vhs als Organisation zu entwickeln. Der vhsMOOC war rückblickend der erste bundesweite Impuls für die digitale Transformation der klassischen Institution Volkshochschule.

Bild 3.1 Wecke den Riesen auf, Quelle: Nina Oberländer

Zahlen und Fakten

Massive Open Online Course (MOOC), umgesetzt als sog. cMOOC

Dauer: 8 Wochen, Sept, Oktober 2013

Veranstalter: v. a. Pionierinnen und Pioniere aus Volkshochschulen und vhs-Verbänden

Anlass: Neugier, Offenheit, Pioniergeist

Themen: Online Tools für das Weblernen, Weblern-Didaktik, Perspektiven für das Angebot und Organisation der Volkshochschule

Fragen: Welche Lernsettings werden zukünftig eine Rolle spielen? Welche organisatorischen Voraussetzungen müssen geschaffen werden? Wie verändert das Weblernen das Geschäftsmodell der Volkshochschulen?

689 Teilnehmer, v. a. Mitarbeiterinnen und Mitarbeiter sowie Kursleitungen aus Volkshochschulen

Finanzierung: Sponsoring

3.1.1 Der vhsMOOC – mehr als Lernen

Der vhsMOOC war ein frühes Selbstexperiment, mit dem die Initiatorinnen und Initiatoren zusammen mit den Teilnehmenden ausprobieren wollten, wie selbstorganisiertes Lernen in einem MOOC funktioniert und welche Folgen das Weblernen 2.0 für die Organisation Volkshochschule haben könnte. Rund 700 Teilnehmerinnen und Teilnehmer haben sich bundesweit auf das Experiment eingelassen. Engagierte Mitarbeiterinnen und Mitarbeiter haben damit einen ersten innovativen Impuls für den digitalen Wandel der eigenen Organisation gegeben. Neu am vhsMOOC war, dass es nicht nur um Qualifikation und Wissenstransfer ging, sondern erstmalig mit großer Beteiligung die digitale Organisationsentwicklung in den Blick genommen wurde. Innovativ war auch, dass sich vhs-Kolleginnen und Kollegen aus eigenem Antrieb und unabhängig von bestehenden Strukturen auf den Weg machten.

„Hochachtung, hier zeigen Mitarbeitende, wie notwendige Veränderungen in festgefügten Strukturen ganz unaufgeregt mit Sachverstand und Netzwerkbildung begonnen werden. Dazu braucht es keinen Auftrag, nur einen Initiator ... Nun liegen interessante Ergebnisse vor, von Menschen zusammengetragen, die man offiziell vermutlich dafür kaum angesprochen hätte. Und die auch noch weitgehend außerhalb der Dienstzeit entstanden sind, weil sich Mitarbeitende und Kursleitende dafür freiwillig engagieren ... Unsere Organisationen heute sind hierarchisch organisiert. Selbstorganisation ist darin nicht vorgesehen. Außerhalb, im Web 2.0, ist Vernetzung und Selbstorganisation schon ganz selbstverständlich. Und wie das Beispiel des vhsMOOCs zeigt, lässt sich diese Erfahrung auch für die Entwicklung von Organisationen nutzen." Karlheinz Pape, externer Mitinitiator

Begriffsdefinition

Massive Open Online Course (auf Deutsch etwa massiver offener Online-Kurs), kurz MOOC, sind Onlinekurse, bei denen sehr viele Teilnehmer anwesend sein können, theoretisch beliebig viele. Dabei werden bekannte Formen der Wissensvermittlung mit Internet-typischen Möglichkeiten verbunden. Video- und Textinhalte werden kombiniert mit Foren, in denen sich die Teilnehmer und die Online-Dozenten austauschen und in Communities zusammenfinden können. Es gibt xMOOC und cMOOC. Die xMOOC sind Vorlesungen, die als Video aufgezeichnet werden und eine Prüfung beinhalten. Die cMOOC werden eher als Seminare oder Workshops abgehalten, wobei die Interaktion der Teilnehmer wichtig ist.

Ablauf und Methodik

Der vhsMOOC war als sogenannter cMOOC angelegt, also weniger instruktionistisch als vielmehr seminaristisch, also auf Kollaboration hin konzipiert. Basis waren die Webseite *www.weckedenriesenauf.de* und der Newsletter. Beides gab Orientierung zum Ablauf. Ein weiterer Hauptkanal war der Youtube-Channel des MOOCs. Der MOOC hatte drei Phasen: Die erste Phase stellte wichtige Arbeitsmittel der Webkommunikation vor (FB, Twitter, YT u.a.), damit auch Kolleginnen und Kollegen ohne Erfahrung mit Web 2.0 einsteigen konnten. Phase zwei zeigte die vhs-Web-Lernlandschaft (von moodle über Video-Tutorials, über Webinare bis zu Lernbegleitung in Präsenzkursen). Die dritte Phase fokussierte in Arbeitsgruppen Perspektiven für das Weblernen an Volkshochschulen. Der Input und der Austausch in Arbeitsgruppen erfolgten über Google-Hangouts, die, aufgezeichnet auf Youtube, zur Verfügung gestellt wurden. In geringem Umfang wurden Facebook, Twitter und Google+ für den informellen Austausch genutzt. Jeder Teilnehmende konnte seine eigenen Ziele und sein Arbeitspensum festlegen. Ein Zertifikat gab es nicht.

„Das ist neu, denn unsere Online-Vernetzung funktioniert hierarchiefrei und wird von positiver Energie getrieben. Diese Begeisterung ist Grundlage unserer weiteren Arbeit zum Weblernen." Joachim Sucker, Initiator

> **How to Mooc**
>
> Ein didaktischer Leitfaden für Macher. Zu finden unter *https://vhs.link/MOOCLeitfaden*

3.1.2 Ergebnisse und nachhaltige Effekte für die weitere Organisationsentwicklung

Mit Blick auf die Zielsetzungen des MOOCs, Wissenstransfers zu leisten und organisatorische Entwicklungen anzustoßen, hat der MOOC erste Signale für die weiteren Schritte hin zur späteren Verbandsstrategie der „Erweiterten Lernwelten" gesetzt. Es wurde deutlich, dass es keine Nebensache ist, sich als Institution auf den Weg ins Weblern-Zeitalter zu begeben und dass vielmehr die Transformation als systematischer und längerfristiger Prozess angelegt werden muss. Dies gilt in vielerlei Hinsicht. Eine neue strategische Positionierung muss verschiedene „Gelingensbedingungen" gleichzeitig in den Fokus nehmen: die pädagogischen Konzepte, die Professionalisierung der Mitarbeitenden und Kursleitenden, die technische Infrastruktur, den rechtlichen Rahmen und nicht zuletzt die Geschäftsmodelle.

> *„Konkret: Internetgestütztes Lernen verursacht (laufende) Sachkosten und Personalstunden, die in die Gesamtkalkulation einer Bildungseinrichtung zwingend einberechnet sein müssen, für Ideenentwicklungen, Qualifizierungen und Kommunikationsaufgaben der Beteiligten, die Umlage für die Handhabung der Daten (Serverkosten), für die eventuelle Beschaffung der Lizenzen für kommerzielle Lerninhalte oder auch für die Möglichkeit, Materialien aus digitalen Archiven zu nutzen. Nicht zu vergessen auch für die gesonderte Honorierung von Dozenten, für die es erfahrungsgemäß kein Regelmaß gibt."* Dr. Christoph Köck, Direktor des hessischen Volkshochschulverbandes, 2013

Die Arbeitsgruppen des MOOCs formulierten in der letzten Phase konkrete Anforderungen an die technische Infrastruktur, an die Qualifizierung des Personals und entwickelten Ideen für neue Marketingansätze und Geschäftsmodelle. Zum Beispiel wurden immer wieder einheitliche Lösungen für eine gemeinsame technische Basis gefordert, um Standards zu schaffen für etwa die Bereitstellung von Content, Rechtssicherheit und den Einsatz von Webtools. Bei all den Überlegungen zeigte sich immer wieder sehr schnell, dass man ohne Ressourcenbündelung und Kooperation nicht vorankommt.

> **Mehr erfahren**
>
> Die Praxis-Handreichung zum vhsMOOC, unter anderem mit Erläuterungen zum Set der genutzten Tools und Kanäle unter
>
> *https://www.wbv.de/openaccess/themenbereiche/erwachsenenbildung/shop/detail/ name/_/0/1/6004409w/facet/6004409w///////nb/0/category/1485.html*
>
> Der Youtube-Kanal zum vhsMOOC „Wecke den Riesen" unter *https://www.youtube.com/ channel/UC651h3YKmfikH5InyFDyy_g*
>
> 48 Videos dokumentieren die Lernschritte zu neuen Lehrformaten, unterstützenden Tools und Perspektiven für Didaktik und Organisationsentwicklung.

„Der MOOC war ein Kristallisationspunkt, an dem die Auseinandersetzung von Volkshochschulen mit dem digitalen Wandel von der Beschäftigung einzelner Pioniere überging zu einer breiteren Bewegung." Karsten Schneider, Direktor des Landesverbands der Volkshochschulen Schleswig-Holsteins

Der vhsMOOC bildete den Auftakt zu einer Folge von Initiativen und Veranstaltungen, die den Prozess der Digitalisierung weiterführten. Weiterhin fanden jährliche vhsBarcamps statt, die das Lernen mit digitalen Medien in den Fokus nahmen (Köln 2014, Leipzig 2015). Diese mündeten 2015 in die erste, offizielle Strategie des Deutschen Volkshochschul-Verbandes mit dem Titel „Erweiterte Lernwelten", um den digitalen Wandel als programmatische Herausforderung anzugehen. Im Fokus stand dabei die digitale Erweiterung der Lernsettings.

3.2 Erweiterte Lernwelten – eine Strategie für einen heterogenen Verband

Bereits die ersten Bestrebungen des Dachverbandes und der Landesverbände, die Volkshochschulen in ihrem Digitalisierungsprozess zu unterstützen, berücksichtigten, dass der Titel „Volkshochschule" äußerst unterschiedliche Einrichtungen zusammenfasst. Die beinahe sprichwörtliche „heterogene vhs-Welt" reicht von der ehrenamtlich geleiteten vhs mit einer Handvoll Kursen bis zur großstädtischen GmbH mit mehr als 10 000 Veranstaltungen pro Jahr, einem großen Kollegium festangestellter Mitarbeiterinnen und Mitarbeiter und der entsprechenden Zahl von Lehrbeauftragten. Digitalisierungsprozesse bedeuten für so verschiedene Organisationen auch sehr unterschiedliche Herausforderungen. Hier war schnell klar, dass ein übergreifendes Digitalisierungskonzept unrealistisch sein würde.

Da sich außerdem bereits eine Graswurzelbewegung an vielen Standorten in Deutschland auf den Weg gemacht hatte, bot sich eine Strategie an, die diesen Aufbruch möglichst individuell unterstützte und das gemeinsame Lernen zum Prinzip erhob.

Für die Pionierphase ab 2016 wurde ein Masterplan verfasst, der im Kern folgende Maßnahmen umfasste:

- die Bildung sogenannter Digicircles als Orte der Praxis und Innovation und für die Entwicklung und Durchführung von modellhaften Digitalisierungsvorhaben
- die Sensibilisierung, Fortbildung und Beratung der hauptamtlichen Mitarbeiterinnen und Mitarbeiter sowie Dozentinnen und Dozenten in Volkshochschulen
- die Entwicklung und Bereitstellung eines gemeinsamen Portals für die Durchführung von digital gestützten Kursen
- daran angegliedert ein digitales Netzwerk für alle hauptamtlichen Mitarbeiterinnen und Mitarbeiter sowie Dozenteninnen und Dozenten an Volkshochschulen
- politische Bildung im Kontext von „Leben in einer digitalisierten Welt"

3.2.1 Digicircles als Keimzellen der Medienintegration

Digicircles sind Arbeitskreise von drei bis fünf Volkshochschulen, die als lokales, regionales oder auch überregionales „Lernnetzwerk" arbeiten. Die primäre Zielsetzung der Digicircles war es, exemplarisch ein oder mehrere Pilot- bzw. „Leuchtturmprojekte" zu entwickeln, zu erproben und zu evaluieren, konkrete oder potenzielle Hemmnisse bzw. Widerstände zu analysieren und gemeinsam Lösungsansätze zu finden. Sie boten Raum für den vhs-übergreifenden Erfahrungsaustausch und somit die Chance, mit- und voneinander zu lernen.

Ein bunter Projektblumenstrauß

In den Digicircles entstanden kreative und mutige Projektideen, die zu den Gegebenheiten und Bedarfen vor Ort passten und auch dank der Unterstützungsangebote seitens der Verbände in Angriff genommen werden konnten. Meist stand ein neues Kursangebot im Zentrum, hier eine Auswahl:

- Integrationskurse mit digitalen Lerntools des DVV
- Betriebswirtschaftskurse mit dem Xpert Business Lernnetz (Präsenz und Webinar)
- Anreicherung von Yoga- und Pilates-Unterricht durch Lehrvideos
- neue Formate der politischen Bildung im Kontext des Rechtspopulismus
- Vortragsangebote für Mütter mit Neugeborenen, die direkt nach Hause gestreamt werden
- ein Kurs für Jugendliche, in dem ein Handyspiel produziert wurde.

Allen Projekten ist gemeinsam, dass sie gleichzeitig Fragen der Organisationsentwicklung behandeln. Denn Themen wie Honorarordnung, Gebührenordnung, Zuwendungs-/Förderrichtlinien, neue Anforderungsprofile für hauptamtliche pädagogische Mitarbeiterinnen und Mitarbeiter sowie Lehrende, Verwaltungsabläufe oder Verortung in der kommunalen Verwaltungsstruktur sind entscheidende Fragen für das Gelingen von Digitalisierungsvorhaben.

Sobald sich Digicircles gegründet und ihr Vorhaben beschlossen hatten, konnten sie beim vhs-Dachverband dazu Fortbildungstage beantragen. Ein klarer Schwerpunkt lag auf Fortbildungen für den Einsatz der gemeinsamen digitalen Plattform, auf der zahlreiche Vorhaben umgesetzt wurden. Aber auch Fortbildungen zu Themen wie Produktion von Lernvideos, Streaming, Mediendidaktik und Online-Marketing wurden nachgefragt.

Für Beratungen standen der jeweilige Landesverband, das Projektteam beim Bundesverband sowie eigens fortgebildete vhs-Mediencoaches zur Verfügung, sodass ein mehrdimensionales Unterstützungsangebot existierte. Für die Einsetzung und Qualifizierung der vhs-Mediencoaches setzte der Dachverband auf eine Kooperation mit dem Learning Lab der Universität Duisburg Essen, das Expertise für Digitalisierungsprozesse in Bildungseinrichtungen einbrachte. Der Coaching-Ansatz, in Abgrenzung zu klassischen Beratungen, bietet den Vorteil, dass Volkshochschulen selbst Lösungen für ihre ganz spezifischen Situationen und Bedarfe entwickeln statt sich an einem standardisierten One-Size-fits-all-Modell zu orientieren. Die vhs-Mediencoaches unterstützten in erster Linie Mitarbeiterinnen und Mitarbeiter bei der Planung erster digital gestützter Kursangebote, teilweise aber auch vhs-Teams, die sich schon mit strategischen Überlegungen zur Medienintegration beschäftigt hatten.

Damit die Digicircles auch eine Wirkung über die teilnehmenden Volkshochschulen hinaus entfalten konnten, wurde der jeweilige Projektverlauf dokumentiert. So konnten Gelingensbedingungen und Barrieren identifiziert werden, die sich auf viele Volkshochschul-Kontexte übertragen lassen. In Kooperation mit dem mmb Institut wurden unter der Leitung von Dr. Lutz Goertz die Ergebnisse der Digicircles ausgewertet und Empfehlungen für den weiteren Digitalisierungsprozess abgeleitet. Demnach müssen

- vhs-Leitungen die Entwicklung von Digitalisierungsstrategien an ihrer Einrichtung vorantreiben
- Volkshochschulen ihre technische Ausstattung entsprechend ihrer Digitalisierungsstrategie gestalten
- nach Möglichkeit neue personelle Ressourcen geschaffen werden, in der Regel ein/e hauptamtliche/r Mitarbeiter/in für den Aufgabenbereich Medienintegration
- handlungsorientierte Fortbildungen für Kursleitende und Mitarbeiterinnen und Mitarbeiter angeboten werden

- Volkshochschulen Tools zur Selbstevaluation nutzen können, die durch die Verbände bereitgestellt werden könnten
- der Austausch von erprobtem Lernmaterial gestärkt werden und
- die vhs.cloud als gemeinsame Plattform weiter etabliert werden.

(Bericht „Evaluation" im Projekt „Erweiterte Lernwelten" des mmb, S. 25 – 27)

Das Konzept der Digicircles hat sich als klarer Erfolg erwiesen. 154 Volkshochschulen beteiligten sich. In der ersten Phase wurden insgesamt 32 Digicircles gegründet, die mit ihren jeweiligen Projekten wichtige Fortschritte in der Medienintegration erzielten und digital gestützte Kurse in ihr Angebot aufnehmen konnten. Dass das Konzept des gemeinsamen Lernens ein nachhaltiger Ansatz ist, wird aber auch dadurch bestätigt, dass die Arbeit in den Digicircles nach Ende der offiziellen Projektphase nicht endete. Etwa zwei Drittel der Digicircles mit rund 100 Volkshochschulen arbeiten nach wie vor an neuen Projekten und Konzepten, wobei manche Digicircles nach Abschluss ihrer Gründungsvorhaben erweitert und einer sogar neu gegründet wurde.

3.2.2 Eine gemeinsame Plattform für alle – die vhs.cloud

Als zentrales Erfordernis wurde im Masterplan eine gemeinsame digitale Lern- und Arbeitsumgebung genannt. Dabei spielt eine große Rolle, dass die meisten kleineren Einrichtungen schon aus Kapazitätsgründen kaum individuelle Lernplattformen betreuen könnten. Mit der seit 2018 für alle Volkshochschulen offenen vhs.cloud steht nun eine Plattform zur Verfügung, die

- zeitgemäße digital gestützte Lernszenarien ermöglicht
- digitale Arbeitsformen in den Volkshochschulen unterstützt
- einen gemeinsamen Standard setzt, so dass zum Beispiel Kursmaterialien leicht weitergegeben und fortentwickelt werden können
- Kurskooperationen zwischen Volkshochschulen fördert
- höchste Sicherheitsstandards erfüllt
- über einen großen Netzwerkbereich einen Zugang zur deutschlandweiten Community schafft.

Eine der größten Herausforderungen für die vhs.cloud besteht darin, bezüglich des Funktionenumfangs den Spagat zwischen anspruchsvollen Early Adopters und noch sehr unerfahrenen Userinnen und Usern zu schaffen. Niedrigschwelligkeit ist in zweierlei Hinsicht ein großes Thema. Zum einen ist es wichtig, dass Technik und Usability der Plattform nicht zu kompliziert sind. Zum anderen dürfen keine zu hohen strukturellen Zugangshürden für die Volkshochschulen und ihre Leitungen bestehen. So war der Zugang zur vhs.cloud für die Einrichtungen in den ersten zwei Jahren kostenlos, bevor 2020 sehr moderate Nutzungsgebühren eingeführt wurden. Die Hürde der Qualifizierung für Mitarbeiterinnen und Mitarbeiter und Kursleitende wurde dadurch niedrig gehalten, dass Schulungen ebenfalls kostenlos abgerufen werden konnten.

Dank der hilfreichen Werbung durch die vhs-Landesverbände war der Zulauf zur vhs.cloud schon zu Beginn groß. Der Trend verstärkte sich 2019 und 2020 kontinuierlich, so dass Anfang 2021 rund 790 Volkshochschulen registriert sind und die Plattform nutzen, was einer Quote von etwa 88 Prozent entspricht. Die Zahl der registrierten Kursleitenden bewegt sich auf 38 000 zu, bei den Mitarbeiterinnen und Mitarbeitern sind es etwa 12 000. Diese große Akzeptanz der vhs.cloud übertrifft deutlich die anfänglichen Erwartungen. Sie zeigt, dass es wichtig und richtig war, auf ein gemeinsames Tool zu setzen, um den Weg zur Medienintegration frühzeitig und vorausschauend zu ebnen.

Die vhs.cloud in der Corona-Pandemie

Als im März 2020 klar wurde, dass Volkshochschulen ihren Präsenzbetrieb unterbrechen mussten, um Infektionsrisiken zu minimieren, richteten viele Einrichtungen den Blick auf digitale Kursangebote. Die vhs.cloud ermöglichte den Volkshochschulen, ihre Teilnehmenden weiterhin zu erreichen. Und sie bot Kursleitenden die Chance, Honorarausfälle wenigstens teilweise zu kompensieren. Dass die Plattform zu diesem Zeitpunkt die Betaphase hinter sich gelassen hatte, alle nötigen Tools bereithielt und es überall im Land bereits erfahrene Userinnen und User gab, ermöglichte den erfolgreichen Umstieg von analog auf digital.

Die Registrierungszahlen gerade bei den Kursleitenden schnellten in die Höhe – und mit ihnen das Supportaufkommen. Zu den Lessons learned des Pandemie-Jahres gehört, dass eine Plattform „für alle" einen schnell skalierbaren First-Level-Support benötigt. Offenkundig wurde auch, wie hilfreich und effektiv modulare Onlineschulungen sind. Der Dachverband konnte dank seines Multiplikatoren-Teams sehr kurzfristig ein Programm bereitstellen, das Kursleitende ohne Erfahrung schnell in die Lage versetzte, ihre Kurse mit einfachen digitalen Mitteln online fortzusetzen.

Das Multiplikatoren-Programm

Die vhs.cloud-Multiplikatoren sind Spezialisten im Umgang mit den Funktionalitäten der vhs.cloud. Ihre erste Aufgabe bestand darin, handlungsorientierte Einführungsveranstaltungen für Kursleitende und Mitarbeitende anzubieten. Weitere Schulungskonzepte kamen später hinzu.

Diese Gruppe aus besonders engagierten und begeisterten Personen zu bilden, war strategisch überaus wichtig: Ihre Mitglieder sind die Gesichter der vhs.cloud. Sie machten die Plattform zu einem Ort der persönlichen Begegnung, bevor große Mitgliederzahlen das Netzwerk beleben konnten. Ihre Identifikation mit der vhs.cloud ist hoch und sie sind ihre stärksten Fürsprecher.

Bei der Entwicklung eines so komplexen Angebots wie der vhs.cloud kommt es ganz natürlich zu frustrierenden Erlebnissen, wenn etwa neue Funktionalitäten nicht so schnell bereitstehen wie erhofft. Innerhalb der Community können sich dann schnell Diskussionen entwickeln, die das konstruktive Miteinander erschweren. Umso wertvoller sind dann fachkundige Mitstreiter, die dem Frust mit Verständnis begegnen, Workarounds benennen und erklären können, was die vhs.cloud im Kern ausmacht und warum sie so ist, wie sie ist.

Die Multiplikatoren sind das stützende Gerüst der vhs.cloud in der Fläche.

3.2.3 Volkshochschulen auf dem Weg zur lernenden Organisation

Die erste Projektphase der Erweiterten Lernwelten endete 2019 – ein Anlass für den Verband, den Stand der Medienintegration in den Volkshochschulen neu zu bewerten und gemeinsam die nächste Phase einzuläuten. An der Schwelle zur neuen Phase steht das „Manifest zur digitalen Transformation von Volkshochschulen", das am 5. Dezember 2019 von der bundesweiten Delegiertenversammlung des Deutschen Volkshochschul-Verbandes verabschiedet wurde. Darin heißt es:

„Digitalisierung wird bislang häufig stark als technologisches Fortschrittsphänomen verstanden und gehandhabt. Dabei werden Automatisierungsprozesse von etablierten Vorgängen in unserer Organisation elektronisch angereichert abgebildet: Neben den Präsenz-Kurs tritt

das Blended-Learning-Seminar, neben das Lernen mit dem Lehrbuch das Webinar, neben die Mitarbeiter-Besprechung der Videochat. Das gedruckte Programmheft wird durch eine digitale Blättervariante ergänzt. Mit solchen elektronischen Formaten hilft uns Technologie, Arbeits- und Lernprozesse leichter zu bewältigen und die Nutzung zu flexibilisieren.

Digitalisierung im umfassenden Sinn bedeutet jedoch deutlich mehr als Automatisierung. Geht es bei der Automatisierung darum, Bewährtes aus der analogen Welt auf elektronischem Wege besser zu machen, so wird im Zuge einer umfassenden Digitalisierung Neues auf andere Art und Weise organisiert. Die digitale Vernetzung, die exponentiell zunehmende Informationsmenge, die algorithmische Prägung des Agierens im Netz und viele andere Entwicklungen gehen einher mit einer tiefgreifenden Veränderung von sozialen Prozessen wie Kommunikation, Interaktion und kreativer Gestaltung. Digitalisierung wird zum sozialen Prozess. Diese Veränderungen betreffen auch das Lernen sowie die Ermöglichung von Lernen als soziale Prozesse."

(Quelle: *https://www.volkshochschule.de/verbandswelt/Digitalisierungsstrategie/ manifest-digitale-transformation-von-vhs.php*)

Aus diesem Grundverständnis der Digitalisierung folgern die Verfasser des Manifests, dass sich der Fokus der Digitalisierungsstrategie erweitern und alle Arbeitsfelder in Volkshochschulen erfassen muss: Neben Programmentwicklung, Lernsettings und Lernberatung, die bereits in den vergangenen Jahren zahlreiche Schritte zur Medienintegration verzeichnen konnten, müssen auch beispielsweise Bildungsmarketing, Ressourcenmanagement, Führung und Personalentwicklung durch digitale Interaktion und Vernetzung weiterentwickelt werden.

Das Manifest enthält dazu eine Reihe von Vereinbarungen, die die Digitalisierungsstrategie des Verbandes in den kommenden Jahren charakterisieren. Sie umfassen unter anderem

- die strategische Vernetzung von Volkshochschulen und Verbänden mit relevanten gesellschaftlichen Akteuren und die Einbindung von Zivilgesellschaft in die Prozesse der vhs-Community
- die experimentelle Erschließung neuer Kommunikations- und Lernräume
- die Verankerung des Europäischen Referenzrahmens für digitale Kompetenzen (DigComp) in der Programmgestaltung der Volkshochschulen
- die Nutzbarmachung des Europäischen Rahmens für die Digitale Kompetenz von Lehrenden (DigCompEdu) als organisationale Grundlage für die Volkshochschulen
- die Neugestaltung der Arbeitsweisen im Verband unter Gesichtspunkten der Digitalisierung
- den Einsatz für ein Bundesprogramm im Sinne eines „Digitalpakts Weiterbildung"
- den systematischen und nutzerorientierten Ausbau der vhs.cloud.

3.2.4 Aus „Erweiterte Lernwelten" wird „vhs.now"

Der erweiterte Fokus, den das Manifest einfordert, prägt auch die neue Projektphase. Die Pionierphase zwischen 2016 und 2019 ist in einen flächendeckenden Aufbruch gemündet. Über Experimente hinaus sind erste Verstetigungen neuer Lernangebote und Kursformate zu verzeichnen. Erste Schritte werden auch bei der Flexibilisierung des Semesterrasters unternommen, wenn zum Beispiel Onlinekurse als Dauerangebote mit flexiblen Einstiegsmöglichkeiten ausprobiert werden. Und die Qualifizierung der Mitarbeiter und der Lehrenden schreitet voran, so dass eine Verbreiterung der digital gestützten Angebote und die Umsetzung von Qualitätsstandards begonnen haben.

Selten aber sind diese Veränderungen und Teilerfolge bisher eingebettet in tiefergreifende strategische Überlegungen der einzelnen Einrichtungen. Je kleiner die Volkshochschule, desto größer die Herausforderung, für eine Strategie zur Medienintegration Ressourcen bereitzustellen.

Bisher gibt es wenige Beispiele für neue personelle Strukturen, wobei teilweise Digitalisierungsbeauftragte benannt und Stellen aufgestockt oder eingerichtet werden. Einer Ausweitung des Marketingportfolios sind ebenso Grenzen gesetzt wie digital gestützten Optimierungen von Kommunikationswegen oder des Wissensmanagements. Vielerorts ist in die technische Ausstattung investiert worden, oft fehlen aber Kursleiter, die für digital gestützte Kursformate qualifiziert sind oder sich zumindest dafür interessieren. Die meisten Einrichtungen haben darüber hinaus keine Kapazitäten, um den notwendigen technischen Support zu leisten.

Daher zeichnete sich bei einer Bedarfserhebung 2019 deutlich ab, dass im Zentrum der neuen Projektphase die Entwicklung der Bildungsorganisationen in ihrer Gesamtheit stehen muss. Da die Digitalisierung sämtliche Prozesse und Strukturen durchdringt, erfordert sie eine umfassende Veränderung in den Volkshochschulen, die alle Ebenen und Arbeitsbereiche, alle Ressourcen und damit auch alle Mitarbeiterinnen und Mitarbeiter einschließt. Bildungsorganisationen haben nun die Chance, konkrete Ziele für ihr künftiges Profil, für ihre Organisation zu entwickeln, Schwerpunkte zu setzen, Handlungsfelder zu definieren und Aufgaben zu formulieren.

Angesichts der komplexen Aufgabenstellung für die Leitungsteams ist es daher nur folgerichtig, dass sich die verbandliche Strategie seit 2020 darauf konzentriert, Volkshochschulen in ihren Bestrebungen zu unterstützen und zu begleiten, sich als Bildungsorganisation zukunftssicher aufzustellen. Unter dem Titel „vhs.now" geht es jetzt darum, Volkshochschulen darin zu fördern, von reagierenden Weiterbildungseinrichtungen zu agilen, lernenden Organisationen zu werden, die selbst Impulse setzen und als Teil der Gesellschaft die Digitalisierung unserer Lebenswelt gestalten.

Im Einzelnen verfolgt die neue Projektphase vhs.now folgende Ziele:

- ein nachhaltig aufgestelltes Netzwerk, in dem die Volkshochschulen voneinander lernen und gemeinsam Innovation gestalten
- eine nachhaltige Marketingstrategie, die die Marke vhs („Flexibel, universell und am Puls der Zeit"), die Produkte des Projekts sowie das Online-Marketing der Volkshochschulen berücksichtigt
- Brücken-Content in der vhs.cloud für alle Programmbereiche, der Volkshochschulen den Weg zu ersten online gestützten Kursangeboten ebnet
- eine den aktuellen Anforderungen entsprechend weiterentwickelte vhs.cloud
- ein Nachhaltigkeitskonzept für Betrieb und Entwicklung der vhs.cloud
- Online-Beratung mit Sprechstunden zu rechtlichen Fragen, Online-Marketing sowie für die Zielgruppen Administratoren, Kursleiter und Programmplanende im Netzwerk.

3.2.5 Weiter gemeinsam lernend auf dem Weg

Kernstück der neuen Projektphase vhs.now ist das gleichnamige Netzwerkangebot. Da sich der Prozess der Medienintegration als Teil der Organisationsentwicklung weiterhin sehr individuell und komplex gestaltet und in den einzelnen Einrichtungen sehr unterschiedliche Voraussetzungen und Entwicklungsstände anzutreffen sind, wäre ein Top-Down-Modell auch jetzt wenig zielführend. Vielmehr benötigen die Volkshochschulen ein flexibles Unterstützungsangebot, das sie nach individuellem Bedarf nutzen können.

Hier liegt es nahe, auf bewährte Strukturen aufzusetzen, wie sie in den Digicircles und in der vhs.cloud aufgebaut wurden. Eine nachhaltige Netzwerkstruktur, in der Volkshochschulen Erfahrungen teilen und Impulse aufnehmen, bietet die benötigte Flexibilität. Nur vernetzte, kommunizierende und kollaborierende Volkshochschulen können das hohe Entwicklungstempo im digitalen Bereich mitgehen.

Darüber hinaus eröffnet ein solches Netzwerk die Chance, dass Volkshochschulen durch ihre Partizipation nicht nur individuelle Lösungen finden, sondern einen Kulturwandel vollziehen und lernende Organisationen werden. Das Netzwerk unterstützt sie darin, nicht bloß auf Entwicklungen zu reagieren, sondern diese zu steuern und Prozesse wie den der Medienintegration gemeinsam in die Hand zu nehmen. Außerdem können sich so unter dem Dach der Marke vhs ein gemeinsames Verständnis und sukzessive auch digitale Qualitätsstandards durchsetzen.

Das Netzwerkangebot vhs.now umfasst zahlreiche Online-Formate von der Podiumsdiskussion bis zur Fortbildung. Es bietet Materialien für die gezielte Arbeit an digitalen Themen der Organisationsentwicklung und unterstützt bei der Anbahnung von Kollaboration und Kooperation. Besonders wichtig ist seine Funktion als Impulsgeber für die Entwicklung von Digitalisierungsstrategien an kleineren Volkshochschulen, die dieses Unterstützungsangebot in besonderer Weise benötigen.

Indem der Netzwerkgedanke weiter gestärkt wird, sind nachhaltige Effekte in der Community zu erwarten. Die Volkshochschulen meistern die Herausforderungen des digitalen Wandels zunehmend gemeinsam und machen nach und nach die Kollaboration mit anderen zum Teil ihrer Zukunftsstrategie. Damit sind die Volkshochschulen auf einem guten Weg!

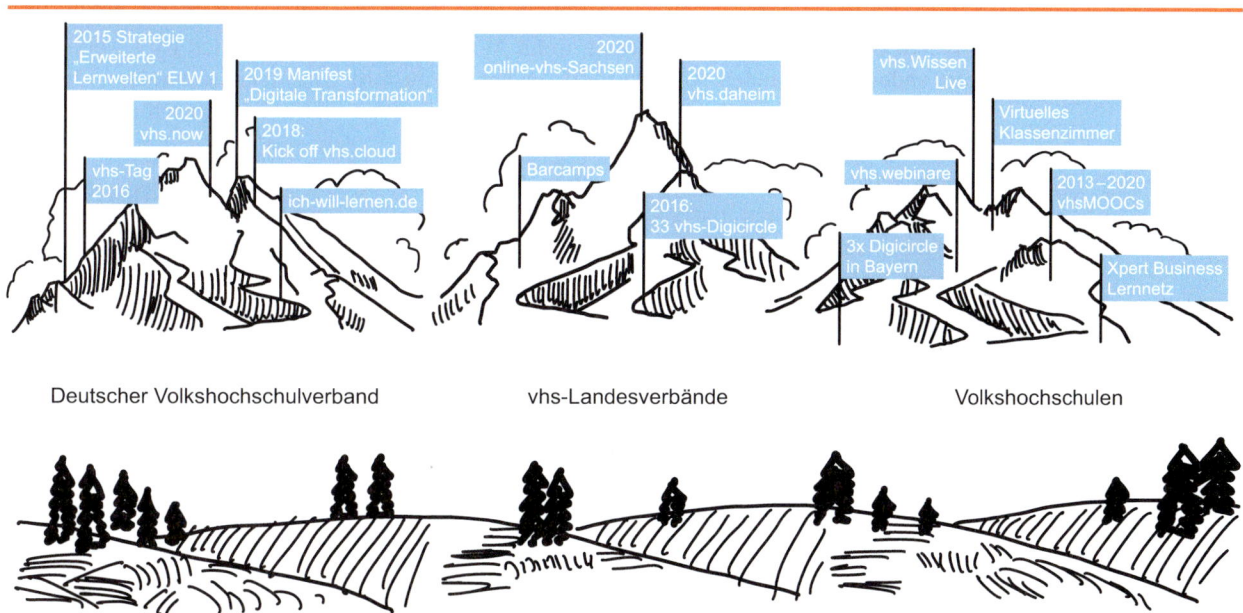

Deutscher Volkshochschulverband   vhs-Landesverbände   Volkshochschulen

Bild 3.2 Strategische Wegmarken der Digitalisierung in der vhs-Landschaft, Quelle: Kompetenzgruppe Digitale Transformation im Bayerischen Volkshochschulverband

3.2.6 Nicht irgendeine Plattform – erst das Netzwerk macht die vhs.cloud einmalig

Die vhs.cloud stellt alles bereit, was insbesondere für den digital gestützten Kursbetrieb nötig ist. Und sie wird stetig weiterentwickelt, um den Anforderungen der Weiterbildung immer besser zu entsprechen. Die gemeinsame Plattform hat hier einen schlagenden Vorteil: Sie bringt alle Akteure aus den Volkshochschulen zusammen und gibt ihnen die Chance, Gleichgesinnte zu finden, Experten zu kontaktieren und so von der enormen Schwarmintelligenz der vhs-Community zu profitieren. Erst dadurch werden manche Ziele, sowohl in der Organisationsentwicklung als auch in der Realisation guter digitaler Kursangebote, greifbar. Das Rad muss nicht immer wieder neu erfunden werden, wenn vhs.cloud-Mitglieder ihre Erfahrungen und Lösungen miteinander teilen. Genau diese Form der Kooperation findet in der vhs.cloud mittlerweile tagtäglich statt, und zwar in einer Atmosphäre von kollegialer Hilfsbereitschaft und gegenseitiger Ermutigung.

Im Folgenden werden die wichtigsten Aspekte des Netzwerkbereichs vorgestellt, die zeigen, wie die Bereitstellung einer solchen Infrastruktur und deren Belebung einen nachhaltigen Kulturwandel befördern. Ziel ist, dass die beteiligten Einrichtungen nicht nur im Rahmen des digitalen Wandels auf ihr Netzwerk zurückgreifen, um den Prozess mitzugestalten. Die Netzwerkstruktur soll vielmehr Mitarbeitende und Kursleitende befähigen, auch künftige Veränderungsprozesse gemeinsam in Angriff zu nehmen und sowohl ihre Institutionen als auch ihren Unterricht fortlaufend und kreativ weiterzuentwickeln.

3.2.6.1 Medienintegration klappt – mit Motivation und Identifikation

Der digitale Wandel erzeugt eine Flut an Emotionen. Mancherorts fühlt sich der vhs-Kollege oder die vhs-Kollegin, dem oder der man „alles Digitale" übertragen hat, allein auf weiter Flur. Kursleitende kämpfen mit Verunsicherung oder Überforderung angesichts neuer und komplexer Anforderungen. Mitarbeiterinnen und Mitarbeiter lehnen vielleicht digital gestützte Formate ab, weil doch in der vhs „die soziale Komponente, das Treffen" immer im Zentrum gestanden hat. Gleichzeitig bereitet das Ausprobieren von innovativen Formaten Freude und bringt in Zeiten der Pandemie Erleichterung, wenn Austausch eben doch möglich ist – wenn auch unter anderen Umständen. Aber die individuellen Herausforderungen können unüberwindlich erscheinen, wenn man an seiner Institution die Kolleginnen und Kollegen noch nicht mit im Boot hat.

Abhilfe schafft hier der Zugang zu einer Vielzahl an Hilfsangeboten, besonders aber der Kontakt zu Kolleginnen und Kollegen in ähnlicher Situation. Ort hierfür sind die zahlreichen thematisch ausgerichteten Gruppen des Netzwerks, die zum Teil vom Dachverband betreut, in der großen Mehrzahl aber von Mitgliedern der Plattform gegründet und moderiert werden. Die Schwerpunkte der Netzwerkgruppen reichen von einer Lernmaterialbörse bis zur Inklusion in Volkshochschulen. In den Gruppen finden Diskussionen in Foren oder Videokonferenzen statt, Wissen wird zum Beispiel in Wikis gesammelt, Dokumente werden in einer Dateiablage ausgetauscht.

Der Zugang zu diesen Gruppen erzeugt bei den Teilnehmenden vielfach zwei Effekte: Weil sie schnell persönliche Unterstützung auf Augenhöhe erhalten, entpuppt sich die Gruppe als eine Quelle der Motivation. Im zweiten Schritt führt die Mitarbeit, das Einbringen eigener Erfahrungen und das gemeinsame Lernen dazu, dass sich die Mitglieder stärker mit der Community, mit dem Prozess der Digitalisierung und mit der Plattform identifizieren. Beide Effekte sind große Stützen für die erfolgreiche Weiterentwicklung der Organisationen und der Menschen, die in ihnen arbeiten.

Besonders gut lässt sich das in den sogenannten Treffpunkt-Gruppen beobachten, die der DVV betreut, und hier zuvorderst im Treffpunkt Kursleitung. Die Treffpunkt-Gruppen sind Anlaufstellen für alle, die neu in der vhs.cloud sind und sich orientieren wollen. Im Treffpunkt Kursleitung sind Anfang 2021 mehr als 5000 Mitglieder zu verzeichnen. Während der Monate des Lockdowns im Jahr 2020 konnten teilweise verzweifelte Kursleitende hier nicht nur alle Informationen erhalten, die sie für den Umstieg auf ein Online-Format benötigten – sie erhielten von der Moderation und von engagierten Mitgliedern Rückhalt und die Gewissheit, dass sie diese Aufgabe bewältigen können. Immer mehr Mitglieder begannen in dieser Zeit, Fragen zu beantworten, ihre Workarounds zu posten und sogar selbst Anleitungen zu erstellen und zu teilen.

Wie groß der Zusammenhalt ist, zeigte die Weihnachtsfeier, die noch zwei Tage vor Weihnachten mehr als 100 Kursleitende mobilisierte. Der Blick auf das zurückliegende Jahr war geprägt von großer Dankbarkeit für die gegenseitige Unterstützung im Treffpunkt Kursleitung.

Kreativ motivieren – die Community macht's einfach selbst!

Um Identifikation und Motivation zu fördern, hat es sich bewährt, mit einem Stamm an Multiplikatoren zu arbeiten, die teilweise sogar auf eigene Faust tätig werden, wenn sie eine gute Idee haben. Dies verdeutlicht eine Reihe von Events, die mit einem „Tanz in die vhs. cloud" am 30. April 2020 begann. Die Initiatoren, ein kleiner Kreis von Multiplikatoren der ersten Stunde, sahen den Bedarf, mehr Spaß in die wegen der Pandemie angespannte Lage zu bringen. Ein abwechslungsreicher, vor allem unterhaltsamer Abend rund um die vhs.cloud wurde geplant. Die Veranstaltung wurde ein großer Erfolg, sodass sofort über ein nächstes Event nachtgedacht wurde – ein Quiz, dass dann auch im folgenden November stattfinden konnte. Das Engagement der Beteiligten ist ehrenamtlich und unersetzlich. Solche Impulse aus der Community selbst entfalten eine ganz andere Wirkung, als Fortbildungs- und Beratungsveranstaltungen der Verbände dies können. Durch den Netzwerkbereich der vhs. cloud haben sie einen Ort, der diese Art des Miteinanders ermöglicht.

3.2.6.2 Informell, selbstgesteuert und passgenau: das Netzwerk als Ort der Professionalisierung

In der vhs-Welt liegen Weiterbildungsangebote für Kursleitende und Mitarbeitende in der Hand der Landesverbände, so auch im Bereich Digitalisierung. Punktuell, zum Beispiel in der Startphase der vhs.cloud, bietet auch der Dachverband Fortbildungen an. Die Corona-Pandemie stellte die vhs-Community vor besondere Herausforderungen, so dass die Professionalisierung zusätzlich beschleunigt wurde. Vorhandene Formate wurden in schnellerem Takt angeboten und weiterentwickelt, neue, insbesondere reine Onlineangebote und hybride Formate kamen hinzu und erreichten sehr hohe Teilnahmezahlen.

Im Netzwerk gab es ebenfalls solche Angebote, und zwar in Form einstündiger Kurzschulungen, die als Webseminare durchgeführt wurden. Eingebettet waren diese in die schon erwähnten Treffpunktgruppen, in denen weiterführendes Material zur Verfügung stand. Noch viel wichtiger: Bei den Webseminaren wiesen die Referenten auf diese Angebote hin und erklärten, wie die Treffpunktgruppen funktionieren. So konnten sie über den Inhalt des Webseminars hinaus den Weg zu den nächsten Lernschritten weisen.

So erhalten Kolleginnen und Kollegen über den Netzwerkbereich der vhs.cloud Zugang zu neuen Lernwegen, die vollkommen individuell sein können. Wer kurzfristig lernen muss, wie man ein gutes Erklärvideo produziert, findet in den entsprechenden Gruppen Anschauungsbeispiele, technische Anleitungen und didaktische Kniffe. Wer noch nie einen Kurs online durchgeführt hat, kann sich mit Hilfe von Checklisten und Foreneinträgen das notwendige Handwerkszeug aneignen. Zur Vertiefung ist dann vielleicht wieder eine formelle Fortbildung der richtige Schritt. Die Lernwege, die auf diese Weise erkundet werden, machen die Mitglieder der Community fit für einen kontinuierlichen Prozess der Professionalisierung.

Diesen Effekt nimmt das Netzwerkangebot der neuen Projektphase vhs.now übrigens noch einmal besonders in den Blick. Einerseits suchen sich die Teilnehmenden aus einem Veranstaltungs-, Informations- und Beratungsangebot individuell heraus, was zum jeweiligen Zeitpunkt passt. Andererseits verfolgen Lernzirkel, in denen mehrere Personen miteinander an individuell gesetzten Lernzielen arbeiten, ebenfalls die Aspekte Selbststeuerung und Nachhaltigkeit.

Expertenwissen erhält man in der Onlineberatung

Zwei besonders schwierige Aspekte der Digitalisierung sind für die Volkshochschulen der Datenschutz und rechtliche Fragen, beispielsweise zum Urheberrecht. Da hier fachlich fundierte und vor allem rechtssichere Antworten benötigt werden, gibt es die Netzwerkgruppe „Treffpunkt Recht", in der einmal im Monat der Rechtstalk stattfindet. In dieser Online-Sprechstunde werden eingereichte Fragen von einem Fachanwalt beantwortet und anschließend im Wiki entsprechend dokumentiert, so dass sie auch nachlesbar sind.

Die Onlinesprechstunde hat sich als eines der wichtigsten und effektivsten Unterstützungsformate des Dachverbandes etabliert. Durch das zentrale Angebot haben Volkshochschulen jeder Größe und Wirtschaftsform kurzfristig Zugriff auf Expertinnen und Experten und können so ihren Digitalisierungsprozess auf sichere Füße stellen. Der große Erfolg des Rechtstalks zieht nun weitere Onlinesprechstunden nach sich. Im Jahr 2021 wird eine Sprechstunde zum Onlinemarketing folgen.

Tipps für die Praxis

In einem Netzwerk vieler Organisationseinheiten entwickelt sich vorbildliche Praxis oft an der Basis und liefert wertvolle Impulse für den Gesamtprozess.

Solche dezentralen Initiativen gilt es zu unterstützen und ihnen Raum zur Entfaltung zu geben.

Dazu gehört:

- das Selbstverständnis als lernende Organisation
- regelmäßiger Erfahrungsaustausch unter allen Beteiligten
- Communitybuilding, um Herausforderungen gemeinsam anzunehmen und Erfolge gemeinsam zu feiern
- Qualifizierungsangebote, um miteinander und voneinander zu lernen und gemeinsam voranzukommen
- die Bereitschaft zur Investition in eine leistungsfähige Organisations- und Infrastruktur für den gemeinsamen Entwicklungsprozess
- der Aufbau einer basisnahen Supportstruktur.

3.3 Wie man das Ungetüm „Digitalisierung" einfängt – Metastrategie des vhs-Landesverbandes Sachsen

Angesichts unterschiedlicher struktureller Voraussetzungen in den Volkshochschulen unterstützt der Sächsische Landesverband der Volkshochschulen seine Mitgliedseinrichtungen flankierend zur Netzwerk-Strategie des Deutschen Volkshochschul-Verbandes mit einer Metastrategie, die den einzelnen Organisationen einen individuellen Entwicklungsweg bahnt.

Bild 3.3 Medien-kompetenz

Der Landesverband hat ein Konzept entwickelt, das die digitale Transformation in Bildungs-organisationen umfassend abbildet und einen einheitlichen Rahmen bietet, innerhalb dessen die einzelne Volkshochschule, passend zu ihrer Leistungsfähigkeit Handlungsfelder definie-ren, Ziele setzen und Aufgaben formulieren kann. Leitende Idee dabei war, Komplexität zu re-duzieren und die Handlungsfelder so zu wählen, das sie voneinander unabhängig bearbeitet werden können. Damit ist die Basis gelegt für die Bereitschaft und Handlungsfähigkeit der Akteure.

Bildung zur Digitalisierung	Digitalisierung von Bildung	Digitales Marketing	Digitale Organisation
Hier geht es formatunabhängig um Inhalte und Themen:	Hier geht es themenübergreifend um Bildungsformate:		
• Medienkompetenz	• digitale Medien in Präsenzkursen	• Öffentlichkeitsarbeit und Präsenz in digitalen Medien (u.a. Social Media)	• digitale Vernetzung und interne Kommunikation
• digitale Verbraucher-kompetenz	• Blended Learning	• Online-Kampagnen	• Digitalisierung von Verwaltung und Prozessen
• digitale Teilhabe	• Online-Kurse	• SEO, SEA	• Arbeitsort und -zeit
• Datenschutz/-sicherheit	• neue Kanäle (z.B. Podcast, Video)	• online vhs Sachsen	
	• digitale Beratung		

technische Infrastruktur

Personalentwicklung

Bild 3.4 Vier Säulen auf zwei Fundamenten – Handlungsfelder der Digitalisierung in der Weiterbildung. Die Differenzierung der in der Grafik abgebildeten Handlungsfelder trägt zur Klarheit in der Kommunikation und zur Reduktion von Komple-xität im weit verzweigten und schwer abzugren-zenden Diskurs- und Handlungsfeld der Digitalisierung bei.

Vier Säulen

Zwar sind alle vier strategischen Handlungsfelder für eine Digitalisierungsstrategie in der Weiterbildung relevant und haben Einfluss aufeinander, können aber unabhängig voneinander betrachtet und verfolgt werden. Dies trägt den unterschiedlichen Ausgangssituationen, Mög-

173

lichkeiten und strategischen Ausrichtungen von Volkshochschulen Rechnung, indem die Einrichtungen in den einzelnen Handlungsfeldern unterschiedliche Zielsetzungen in unterschiedlicher Schwerpunktsetzung, Intensität und Geschwindigkeit verfolgen können.

Zwei Fundamente

Gemeinsam ist den vier Säulen ihre Abhängigkeit von den zwei Fundamenten, den funktionalen Handlungsfeldern: Eine gute technische Ausstattung/Infrastruktur in den Einrichtungen sowie ausreichend kompetentes und geschultes Personal sind kein Selbstzweck, sondern Voraussetzung für gelingende Digitalisierung in allen strategischen Handlungsfeldern. Viele der Maßnahmen aus den strategischen Handlungsfeldern münden mit konkreten Anforderungen in die funktionalen Handlungsfelder.

3.3.1 Handlungsfelder der digitalen Transformation

Handlungsfeld 1: Digitale Teilhabe/Themen und Inhalte

Um einer digitalen Spaltung entgegenzuwirken, um alle Bevölkerungsteile mitzunehmen und ihnen aktive Mitbestimmung und Mitgestaltung zu ermöglichen, werden der Aufbau und die ständige Erweiterung von Kompetenzen in den Bereichen

- Medienkompetenz
- digitale Teilhabe
- digitale Verbraucher-Kompetenz
- Datenschutz und Datensicherheit

durch formales und nonformales lebenslanges Lernen in der allgemeinen und in der beruflichen Weiterbildung unerlässlich sein. Dabei können alle Bildungsformate – sowohl Präsenzangebote als auch Online-Kurse oder hybride Formate – zum Einsatz kommen.

Handlungsfeld 2: Neue Bildungsformate

Internet und Digitalisierung eröffnen neue Möglichkeiten: Neue didaktische Methoden, Werkzeuge und Medien, neue Angebotsformate und Nutzungsformen von Bildung und nicht zuletzt neue Zugänge zu Bildung.

Zur Entwicklung strategischer Ziele und Maßnahmen in diesem Handlungsfeld empfiehlt sich die Betrachtung folgender Teil-Handlungsfelder:

- digital angereichertes Lehren und Lernen
- orts- und zeitunabhängiger Zugang zu Bildung
- orts- und zeitunabhängiger Zugang zu Bildungsberatung

Handlungsfeld 3: Digitales Marketing

Ebenso bietet das Bildungsmarketing neue und digital erweiterte Optionen, um bestehende und neue Kundengruppen anzusprechen. Vor allem die Vernetzung mit Kunden, Partnern und nicht zuletzt den Kursleitungen über Social Media-Kanäle weist neue Wege.

Zur Entwicklung strategischer Ziele und Maßnahmen in diesem Handlungsfeld empfiehlt sich die Betrachtung folgender Teil-Handlungsfelder:

- (Weiter-)Entwicklung von Online-Marketing-Kanälen zu Standard-Kanälen
- Professionalisierung von Kampagnenplanung und -management
- Nutzung von Social Media zur Werbung, Öffentlichkeitsarbeit und Lehrtätigkeit
- digitale Vernetzung mit relevanten gesellschaftlichen Akteuren und Zielgruppen
- gemeinsame Plattform *www.online-vhs-sachsen.de* zur Vermarktung von Online-Kursen

Handlungsfeld 4: Digitale Organisation

Nicht zuletzt werden Volkshochschulen sich auch selbst „digitalisieren". Organisationsstrukturen und Prozessabläufe, eine neue Verwaltung des Kursprogramms von Suchen bis Buchen, interne und externe Kommunikation, Vernetzung sowie Arbeitsplatz- und Arbeitszeit-Organisation müssen durch digitale Instrumente optimiert und den Erfordernissen einer digitalisierten Gesellschaft angepasst werden.

Zur Entwicklung strategischer Ziele und Maßnahmen liegen folgende Aktionsfelder nahe:

- Einführung des papierlosen Büros, E-Akte
- Installation von Telearbeit und Homeoffice
- Optimierung des Webfrontends zu modernen Online Marktplätzen
- Integration diverser Bezahldienstleistern
- automatisierte Kundenkommunikationsprozesse.

3.3.2 Passgenaue Strategien für die einzelne vhs

Die Metastrategie erlaubt den einzelnen Volkshochschulen, differenzierte Ziele für ihre Organisation zu formulieren und mit einem passgenauen Fahrplan zu kombinieren: kleine Einrichtungen realisieren ihre ersten Online-Kursformate mit der vhs.cloud; ländliche Volkshochschulen etablieren neue digitale Distributionswege für Onlinekurse; große, städtische Einrichtungen setzen den Fokus auf die Automatisierung von Buchungsprozessen und die strukturierte Feststellung digitaler Kompetenzen.

Der Landesverband unterstützt in allen Handlungsfeldern: mit strategischen Kooperationen zu Partnern wie Polizei und Verbraucherzentralen, mit der Bereitstellung von Bildungskonzepten, mit spezifischen Fortbildungen im Bereich Online-Didaktik und Online-Marketing, mit dem Betrieb einer zentralen Vermarktungsplattform und der Entwicklung von Kooperationsmodellen zur gemeinsamen Vermarktung.

3.4 Wie setzen sich Volkshochschulen für digitale Breitenbildung ein?

Spätestens seit 2016 setzen sich die Volkshochschulen in Deutschland und ihre Verbände im politischen Dialog für eine digitale Bildungsoffensive ein. An den Bund richtet sich ihre Forderung, die für Weiterbildung verantwortlichen Länder sowie die kommunalen Träger der Volkshochschulen zu unterstützen, um digitale Breitenbildung systematisch zu fördern. Eine wirksame digitale Bildungsoffensive muss aus Sicht der Volkshochschulen drei Ebenen umfassen:

- Fördermittel für den Ausbau digitaler Lernumgebungen in den Einrichtungen vor Ort
- Qualifizierung von Programmplanenden und Lehrkräften zu Fragestellungen des digitalen Wandels und zu Unterrichtsmethoden mit digitalen Mitteln
- Konzeption und Rollout eines Bundesprogramms zur digitalen Qualifizierung der breiten Bevölkerung

Der bekannte Journalist, Blogger und Buchautor zu Fragen der Digitalisierung, Sascha Lobo, fand dafür schon 2016 einen prägnanten Begriff: „Deutschland braucht einen digitalen Marshallplan". In seiner Kolumne auf Spiegel-Online schrieb er:

> *„Wo bleibt der Plan, endlich das digitale Infrastrukturdebakel zu beseitigen? Deutschland steht praktisch vorm Internexit durch Nichthandeln."* Sascha Lobo, S.P.O.N, 16. Juli 2016

175

Ebenfalls auf Spiegel-Online skizzierte er 2017, wie ein aus seiner Sicht sinnvoller staatlicher Förder- und Forderungsplan in Sachen Digitalisierung aussehen könnte. So formulierte er die Idee einer „Digital-Volkshochschule":

„Die Idee der Volkshochschule ist eng verknüpft mit der Aufklärung und dem Ziel des lebenslangen Lernens. Heute ist eine breite Offensive für digitale Bildung auch unter Erwachsenen erforderlich, geeignete Anreizsysteme müssen entwickelt werden. Das Rüstzeug zur Teilhabe an einer digitalen Gesellschaft entsteht nicht von allein – und die gewaltige Aufgabe der Integration von Einwanderern kann so auch digital unterstützt werden." Sascha Lobo, „Es ist Zeit für das ganz große Datenpaket", S.P.O.N, 27. September 2017

Die amtierende Bundesregierung nannte in ihrem Koalitionsvertrag von März 2018 die Volkshochschulen als wichtige Partner bei der Schaffung von Lernangeboten zum Erwerb von Digitalkompetenzen.

„Menschen müssen in jedem Alter und in jeder Lebenslage die Chance haben, am digitalen Wandel teilzuhaben, digitale Medien für ihr persönliches Lernen und ihre Bildung zu nutzen und Medienkompetenz zu erwerben. Wir wollen die Entwicklung von attraktiven, niedrigschwelligen Lernangeboten fördern, vor allem im Bereich der Volkshochschulen, und die Qualitätssicherung in der digitalen Weiterbildung durch Bildungsforschung unterstützen."

(Ein neuer Aufbruch für Europa – Eine neue Dynamik für Deutschland – Ein neuer Zusammenhalt für unser Land. Koalitionsvertrag zwischen CDU, CSU und SPD, 19. Legislaturperiode, Berlin 12. März 2018, Zeile 1307 – 1312)

Und außerdem:

„In der Erwachsenenbildung wollen wir Programme und digitale Angebote für Menschen jeden Lebensalters fördern, die dem Erwerb von Digitalkompetenzen dienen, z. B. auch an Volkshochschulen und in Mehrgenerationenhäusern." (ebenda, Zeilen 1749 – 1751)

Erwartungsvoll wertete die vhs-Community dies als ein Zeichen dafür, dass ihre eigenen Anstrengungen, insbesondere die innerverbandliche Strategie der „Erweiterten Lernwelten", auch außerhalb der vhs-Welt wahrgenommen worden waren.

„Volkshochschulen könnten damit die Chance erhalten, Werkzeuge, Konzepte, Materialien und Qualitätskriterien im Rahmen von öffentlich geförderten Programmen zu erproben und flächendeckend Lernangebote zum digitalen Kompetenzerwerb aufzulegen." Lisa Freigang, „Koalitionsvertrag birgt Chancen für die Weiterbildung. Bildungsarbeit der Volkshochschulen gewinnt politisch an Bedeutung", dis.kurs 2/2018, S. 16/17

3.4.1 Die Welt der Daten spielend begreifen

Das Jahr 2020 hat die Dringlichkeit einer digitalen Bildungsoffensive unterstrichen. In Folge der Corona-Pandemie mussten persönliche Kontakte auf ein Minimum reduziert, berufliche und private Kommunikationsprozesse in den virtuellen Raum verlagert werden. Dies brachte wachsende Teile der Bevölkerung beschleunigt und geradezu unausweichlich mit digitaler Technologie in Berührung – am Arbeitsplatz und in der Freizeit. Der Digitalisierungsschub verdeutlichte: Wir alle haben Lernbedarf. Denn es geht nicht allein um die Anwendung digitaler Instrumente, sondern auch um das Verständnis ihrer Funktionsweise und um Fragen der Datensicherheit. Es geht sowohl um Datenkompetenz als auch um Medienkompetenz. Digitales Basiswissen zu erwerben, um sich in virtueller Umgebung souverän bewegen zu können, fordert nicht alleine die so genannten Nonliner heraus, ist nicht an Alter oder Bildungsstand gebunden. Wissen um Daten und Fakten der Digitalisierung benötigen wir alle. Digitale Teilhabe zu ermöglichen, ist eine universelle Bildungsaufgabe.

Unter der Schirmherrschaft von Bundeskanzlerin Angela Merkel hat der Deutsche Volkshochschul-Verband eine App zur Vermittlung einer umfassenden Datenkompetenz (Data Literacy) insbesondere mit Blick auf die Herausforderungen der Digitalisierung herausgebracht. Der

Release der App markiert den Auftakt der „Initiative Digitale Bildung". Die App „Stadt I Land I DatenFluss" erschließt auf spielerische Weise verschiedene Themenfelder des täglichen Lebens, die durch Digitalisierung und Datafizierung verändert werden. Sie leitet an zu einer sachkundigen Nutzung neuer, datenbasierter Anwendungen und zu einem bewussten Umgang mit den eigenen Daten – sei es im Gesundheitswesen, am Arbeitsplatz oder im individuellen Mobilitätsverhalten. Zudem zeigt sie die Relevanz der Verfügbarkeit und Auswertung von Daten auf – und ordnet diese in alltägliche Kontexte ein. Davon ausgehend, dass Data Literacy als Schlüsselkompetenz des 21. Jahrhunderts zu bewerten ist, zielt die App darauf ab, Interesse an neuen Technologien zu wecken und Menschen zu befähigen, Chancen und Risiken der Datennutzung zu erkennen.

Das Konzept der App „Stadt I Land I DatenFluss" setzt auf der curricularen Grundlage des „Framework für Data Literacy" der Statistikerin Katharina Schüller auf, dessen Entwicklung 2019 durch das BMBF gefördert wurde (vgl. Beitrag in diesem Buch). Ohne Zugangshürden können sich App-Nutzer*innen im Spannungsverhältnis zwischen Open Data und Datensicherheit orientieren, ihr Datenverständnis verbessern und zu einem aufgeklärten und selbstbewussten Umgang mit ihren Daten finden.

Drei Leitfragen bilden das Grundgerüst des Curriculums:

- WAS sind die Technologien hinter der Digitalisierung und Datafizierung?
- WO findet Veränderung durch Digitalisierung und Datafizierung statt?
- WIE können wir in einer digitalisierten und datafizierten Welt erfolgreich und nachhaltig agieren?

In diesem Sinne kombiniert die App wichtige Erläuterungen mit Quizfragen und Übungen und lässt gleichzeitig Raum für die individuelle Meinungsbildung – stets eingebettet in nachvollziehbare narrative Kontexte.

Der Deutsche Volkshochschul-Verband entwickelt dazu begleitende Materialien und methodisch-didaktische Konzepte, die es Lehrenden an Volkshochschulen erleichtern, die App auch in Kursen zu behandeln oder als Lerninstrument einzusetzen.

3.4.2 Vhs-Lernportal fördert digitale Grundbildung

Schon frühzeitig hat der Deutsche Volkshochschul-Verband mit Förderung des Bundesministeriums für Bildung und Forschung (BMBF) eine digitale Lernumgebung entwickelt. Seit 2004 gibt es das DVV-Lernportal zur Alphabetisierung und Grundbildung Erwachsener; ursprünglich als ich-will-schreiben-lernen.de gemeinsam mit dem Bundesverband für Alphabetisierung entwickelt. Die im Portal verfügbaren Kurse richten sich primär an Menschen mit Deutsch als Erstsprache, die Schwierigkeiten im Lesen, Schreiben und Rechnen haben. Neben den Kursen zum Schreiben- und Rechnenlernen gibt es auch Kurse, die auf das Nachholen eines Schulabschlusses vorbereiten. Die digitale Lernumgebung hat sich bewährt, denn sie ermöglicht gering Literalisierten einen kostenlosen Einstieg in den individuellen Lernprozess im Schutz der Anonymität. Qualifizierte Online-Tutorinnen und Tutoren betreuen die Lernenden dabei.

Nach diesem Prinzip hat das BMBF auch den Auf- und Ausbau eines Lernportals zum Deutschlernen gefördert, das sich an Zugewanderte mit Deutsch als Zweitsprache richtet. Die Deutschkurse der Niveaustufen A1 bis B1 im vhs-Lernportal sind vom Bundesamt für Migration und Flüchtlinge (BAMF) sind seit 2017 als kurstragendes digitales Lehrwerk für den Integrationskurs anerkannt. Der „B2-Deutschkurs Beruf" richtet sich an Lernende, die ihre Sprachkenntnisse anhand von berufsbezogenen Szenarien weiterentwickeln möchten. Die branchenübergreifenden Themen behandeln unter anderem Kommunikation am Arbeitsplatz, Weiter- und Fortbildung, Bewerbungen und Vorstellungsgespräche. Zudem gibt es einen speziellen Kurs für Zweitschriftlerner*innen sowie seit Ende 2020 einen Kurs zur Berufssprache Deutsch auf dem Sprachniveau A2–B1.

2018 fusionierten die beiden Lernplattformen (Grundbildung und Alphabetisierung einerseits, Deutschlernen andererseits) zum integrierten vhs-Lernportal. Dies ermöglicht vor allem Zweitsprachlerinnen und Zweitsprachlern einen leichteren Einstieg in die Kurse zur Grundbildung und insbesondere in die Qualifizierung zum Schulabschluss.

Die technologische Basis des vhs-Lernportals wird stetig weiter verfeinert. Spezielle Algorithmen sorgen dafür, dass auf der Grundlage einer linguistischen Fehleranalyse automatisch Übungen passend zum individuellen Lernfortschritt angeboten werden. Auch das Lernspektrum wird beständig erweitert, 2020 etwa um den Bereich Gesundheitliche Grundbildung und ein offenes Angebot zur grundständigen Medienkompetenzbildung.

Dass der Bedarf an digitaler Grundbildung gerade bei Menschen mit geringer Literalität besonders ausgeprägt ist, konnte die Universität Hamburg in der Studie „LEO 2018 – Leben mit geringer Literalität" nachweisen. Die Studie belegt: Geringe Literalität macht die Menschen unsicher und begrenzt ihre Kompetenz, Alltagsentscheidungen zu treffen. Sie sind in der Nutzung digitaler Medien eingeschränkt, greifen beispielsweise kaum auf das Internet zurück, um Informationen zu suchen. Auch tun sich gering literalisierte Menschen oft schwer damit, Informationen und Quellen im Internet zu bewerten oder digitale Anwendungen wie beispielsweise Online-Banking sicher zu nutzen.

Das BMBF fördert das vhs-Lernportal bis 2024 in einer weiteren Entwicklungsphase mit dem Fokus der digitalen Grundbildung, um die digitale Teilhabe von Menschen mit Grundbildungsbedarf umfassend zu verbessern. Auch dieser spezifische neue Lernbereich wird so konzipiert sein, dass neben selbstgesteuertem Lernen ein begleitender Einsatz als Lernmedium im Präsenzkurs möglich ist.

Während der Phase des ausgesetzten Präsenzkursbetriebs 2020 förderte das BAMF Online-Tutorien mit dem vhs-Lernportal. Dies und die allgemeine Verlagerung von Lernprozessen in den virtuellen Raum sorgten für eine enorme Zunahme an registrierten Lernenden im vhs-Lernportal. Lag deren Zahl Anfang 2020 noch bei rund 167 000, stieg sie bis Dezember 2020 auf rund 680 000.

3.4.3 Volkshochschulen gestalten digitales Lernen

Die rund 900 Volkshochschulen in Deutschland betrachten die digitale Breitenbildung als Teil ihres öffentlichen Bildungsauftrags. Dabei sind zwei Dimensionen zu unterscheiden:

- Weiterbildung mit digitalen Instrumenten und Methoden
- Weiterbildung zu Themen rund um die Digitalisierung

Richtungsweisend für das digitale Weiterbildungsangebot an Volkshochschulen war 2015 ein MOOC (Massive Open Online Course) zu verschiedenen Aspekten des digitalen Ichs – gemeinsam veranstaltet von den Volkshochschulen Bremen und Hamburg in Kooperation mit der Fachhochschule Lübeck. Der sogenannte #IchMOOC stieß auf große Resonanz: Während der rund vierwöchigen Phase des moderierten Austauschs meldeten sich mehr als 1600 Teilnehmende an, davon fast zwei Drittel Frauen. Das Durchschnittsalter lag bei etwa 47 Jahren.

Unmoderiert ist der #IchMOOC weiterhin zugänglich. Lernmaterialien und Videos sind weiterhin verfügbar. Die Website begrüßt Besucherinnen und Besucher mit folgendem Intro:

> *„Was würde wohl jemand sagen, der deinen Browserverlauf liest? Versteckt sich da auch ein bunter Mix aus niedlichen Tierfotos, peinlichen Suchanfragen und Internetseiten, die du niemals zugeben würdest besucht zu haben? Kurz gefragt: Kennst du dein digitales Ich?*
>
> *Egal ob bewusst in Social Media oder unbewusst beim Surfen: Du hinterlässt Spuren und vermutlich auch deine dunkelsten Geheimnisse im Netz und diese Spuren können sich auch auf dein Offline-Leben auswirken. Auch über Privatpersonen gibt es etwas zu googeln und egal ob erstes Date oder Vorstellungsgespräch, wer schaut nicht gerne nach, mit wem man es zu tun hat?*

Wir zeigen dir in unserem kostenlosen vierwöchigen Kurs, wie du eine Online-Identität gestalten kannst, die zu dir passt." (https://www.oncampus.de/weiterbildung/moocs/ichmooc).

Der #IchMOOC thematisierte verschiedene Aspekte digitaler Identität:

„Was kannst du in diesem Kurs lernen?

- *Dir wird klar, was über Dich im Web offen zu erfahren ist.*
- *Du bist Dir Deiner Ziele im Web bewusst.*
- *Du kannst zwischen beruflicher und privater Identität wechseln.*
- *Du weißt, welche Orte im Netz für Deine Anliegen geeignet sind.*
- *Du weißt, wer Du online bist und wer Du sein willst.*
- *Du weißt, wie Du im Web von anderen wahrgenommen wirst.*
- *Du erkennst digitale Fettnäpfchen.*
- *Du weißt, was Du rechtlich posten darfst."*

Programmplanende an Volkshochschulen machen vielfach die Erfahrung, dass das Interesse an Kursen zu abstrakten Fragestellungen rund um die Digitalisierung eher gering ist. Der Weg in einen vhs-Kurs beginnt für die meisten Menschen mit dem Wunsch, sich neue Handlungsfelder zu erschließen, praktische Kompetenzen zu erwerben, insbesondere im Umgang mit digitalen Medien. Datenkompetenz ist daher nur selten das eigentliche Kursthema. Aspekte der Datenkompetenz werden kontextbezogen behandelt.

Der #IchMOOCc war nicht die erste und auch nicht die letzte vhs-Veranstaltung dieser Art, im Volkshochschulkontext allerdings sicherlich ein besonders herausragendes Beispiel für Lernen mit digitalen Mitteln, wobei gleichzeitig digitale Inhalte im Mittelpunkt stehen.

In den meisten Fällen griffen MOOCs populäre Trends als Lernthemen auf, sei es das Stricken (2014), das Grillen (2019) oder das Thema Bienenhaltung (2020).

Was die MOOCs aus Sicht der Organisatorinnen und Organisatoren zwar sehr aufwändig, andererseits aber auch so erfolgreich machte, war insbesondere die Verschränkung von virtuellem Austausch und der Begegnung in den MOOCBars vor Ort in den Volkshochschulen.

MOOCs fördern das selbstgesteuerte Lernen unter eigener Regie an jedem beliebigen Ort und mit freier Zeiteinteilung. Doch das stellt hohe Anforderungen an die Selbstdisziplin, erfordert Übung im Umgang mit dem technischen Equipment und setzt die Bereitschaft und Fähigkeit voraus, sich Lerninhalte selbst anzueignen. Vhs-Programmplanende wissen: Beim selbstgesteuerten Lernen sind die Abbruchquoten hoch. Gleichzeitig bietet es allerdings Möglichkeiten zum individualisierten Lernen und zur Binnendifferenzierung.

Um die positiven Potenziale digitaler Lernumgebungen und -formate bestmöglich zu entfalten, bedarf es entsprechender digitaler Methodenkompetenz sowohl der Programmplanenden als auch der Kursleitenden. Und so darf der Digitalisierungsboom des Corona-Jahres 2020 nicht darüber hinwegtäuschen, dass zwar die Zahl der Online-Lernangebote innerhalb kürzester Zeit enorm angewachsen ist, in der digitalen Didaktik aber nach wie vor großer Entwicklungs- und Qualifizierungsbedarf besteht.

Gegenüber den ursprünglichen Jahresplanungen haben Volkshochschulen die Zahl ihrer Online-Lernangebote im Jahr 2020 mehr als vervierfacht. Rund 33 000 Kurse wurden allein in den virtuellen Kursräumen der volkshochschuleigenen vhs.cloud *(https://www.vhs.cloud)* umgesetzt. Gerade Online-Vorträge erfreuten sich auch schon vor Corona wachsender Beliebtheit. Das Format ist inzwischen gut etabliert und beschränkt sich längst nicht mehr allein auf Frontalunterricht, sondern bietet Teilnehmenden auch die Möglichkeit, per Chat eigene Fragen und Kommentare zu formulieren. Auch die Zahl der Online-Kurse war bereits vor Corona im Anstieg begriffen, wenn auch zunächst in bescheidenerem Umfang.

Skeptisch sind hingegen viele vhs-Praktikerinnen und Praktiker im Hinblick auf einen fortlaufenden Kursbetrieb in rein digitaler Umgebung. Es besteht die Befürchtung, dass die persönliche Interaktion der Teilnehmenden und das gemeinsame voneinander Lernen darunter leiden könnten. Damit dies nicht der Fall ist, sind entsprechende didaktische Konzepte nötig.

Das Modell des flipped classrooms erscheint vielen vhs-Pädagoginnen und Pädagogen nur bedingt anwendbar, denn es setzt stark auf selbstgesteuertes, eigenverantwortliches Lernen der Teilnehmenden. In den gemeinsamen Unterrichteinheiten im virtuellen Klassenzimmer geht es dann nicht darum, Lernstoff gemeinsam zu erarbeiten oder zu wiederholen, sondern darum, ihn vertiefend anzuwenden. Dies setzt eine fortgeschrittene Lernkompetenz voraus.

Vielversprechend schätzen viele Erwachsenenpädagogen an Volkshochschulen indes das Modell der „Dritten Orte" ein. Immer mehr Volkshochschulen richten offene Lernräume als Anlaufstellen ohne festes Kursgeschehen ein, an denen Menschen qualifizierte Beratung in Anspruch nehmen können und Antworten auf ihre individuellen Fragen erhalten. Auch Lerncafés, wie es sie bereits an vielen Volkshochschulen gibt, können solche Orte sein, wo Menschen individuell lernen können und gleichzeitig Unterstützung durch geschulte Lernbegleiterinnen und Lernbegleiter erhalten, die Orientierung bieten im unüberschaubaren Kosmos verfügbarer Informationen und Lernmittel. Aus dem Bereich der Grundbildung ist bekannt, dass der Zugang zu solchen Dritten Orten und damit der Einstieg in den Lernprozess umso leichter fällt, je näher diese Orte dem eigenen Lebensumfeld sind.

3.4.4 Welche digitalen Inhalte stehen im Vordergrund?

Der Erwerb digitaler Daten- und Medienkompetenz rückt immer weiter in den Fokus. Denn neben der praktischen Anwendung geht es eben auch darum, die Funktionsweise datenbasierter Informations- und Kommunikationssysteme zu begreifen und sich des eigenen Umgangs mit digitalen Daten und Medien bewusst zu werden. Volkshochschulen greifen entsprechende Fragestellungen zunehmend in unterschiedlichen Kontexten auf.

Volkshochschulen setzen das Thema Medienkompetenz beispielsweise in Bezug zum individuellen Agieren in sozialen Netzwerken. In Folge der wachsenden Reichweite diverser Social-Media-Plattformen sind die Produktion und Verbreitung von Nachrichten nicht mehr allein professionellen Journalistinnen und Journalisten vorbehalten. Die barrierearme Many-to-many-Kommunikation birgt zweifellos demokratische Chancen einer breiten Beteiligung an öffentlichen Diskussionsprozessen, relativiert aber auch journalistische Qualitätsstandards.

Dass sich Falschmeldungen weitgehend ungehindert verbreiten können, Algorithmen im Sinne interessenspezifischer „Filterblasen" den Wahrnehmungshorizont verengen, leistet einem demagogischen Missbrauch Sozialer Netzwerke Vorschub und kann demokratische Meinungsbildungsprozesse erheblich beeinträchtigen. Volkshochschulen bieten daher seit Jahren Kurse rund um das Thema Social Media an. Zielgruppe solcher Kurse sind ausdrücklich auch Jugendliche und junge Erwachsene. Denn deren intuitive Bedienkompetenz als Digital Natives geht nicht automatisch einher mit der erforderlichen Medienkompetenz. Fake News zu durchschauen, Verschwörungsmythen zu entlarven, seriöse Quellen von unseriösen zu unterscheiden, Recherchekompetenz zu trainieren sind in diesem Zusammenhang wichtige Lernfelder.

In der Medienbildung geht es aber nicht allein darum, die Urteilskompetenz zu stärken. Es geht auch darum, die individuellen Handlungs- und Gestaltungskompetenzen zu erweitern, damit die Menschen Soziale Netzwerke sowohl für die Information als auch für die Kommunikation aufgeklärt nutzen können.

Und nicht zuletzt geht es um ethische Fragen in der digitalen Kommunikation, zum Beispiel die so genannte Netiquette, um einer Verrohung der Kommunikation im Schutze der Anonymität, um Hate Speech und Cybermobbing entgegenzuwirken. Immer mehr Volkshochschulen kooperieren in diesem Themenfeld beispielsweise mit Landesmedienanstalten.

3.4.5 Digitale Weiterbildung systematisieren

Weiterbildung zu Themenstellungen der Digitalisierung zu systematisieren, stellt die Erwachsenenpädagogik vor eine anspruchsvolle Aufgabe. Einen Anhaltspunkt liefert der Europäische Referenzrahmen für digitale Kompetenzen (DigComp). Er wurde 2017 im Auftrag der europäischen Kommission entwickelt und soll europäische Bürgerinnen und Bürger bei der Gestaltung ihrer digitalen Umwelt unterstützen und Orientierungshilfe sein.

Das European Digital Competence Framework for Citizens (DigComp) unterscheidet fünf Felder mit insgesamt 21 Kompetenzen, gegliedert in je acht Kompetenzstufen („proficiency levels").

Die Kompetenzfelder sind:

- mit digitalen Informationen umgehen
- Wirkungsvoll digital kommunizieren
- digitale Inhalte erstellen
- Sicherheit gewährleisten
- Probleme lösen

Das InfoWeb Weiterbildung, ein Subportal des Deutschen Bildungsservers (DBS), bezeichnet den DigComp als einen „umfassenden systematischen Katalog für gelebte Digitalität". Analog zum Referenzrahmen für Sprachen biete er ein Raster, das als Verständigungsgrundlage über entsprechende Kenntnisse und Fähigkeiten dienen könne (vgl. *https://www.iwwb.de*, Europaeischer Referenzrahmen für digitale Kompetenzen, 2017)

Im „Manifest zur digitalen Transformation von Volkshochschulen" *(https://www.volkshoch schule.de/manifest-digitale-transformation),* beschlossen in der Delegiertenversammlung des vhs-Dachverbands im Dezember 2019, heißt es:

> *„Wir verabreden, den Europäischen Referenzrahmen für digitale Kompetenzen „DigComp"*
> *als programmatische Grundlage in den Volkshochschulen zu verankern"*

Demnach betrachten die Volkshochschulen den DigComp als ein „Programm, das alle Aspekte von Digitalität anspricht: den souveränen Umgang mit Daten, die Fähigkeit der Zusammenarbeit mit digitalen Technologien, die kreative Produktion von digitalen Inhalten, das Handling sicherer digitaler Umwelten sowie technische Problemlösungskompetenz".

Aus Sicht der vhs-Programmplanenden bietet der DigComp den Vorteil, dass er verschiedene Kompetenzfelder systematisiert und verdeutlicht. Zudem umfasst er ein Bewertungsraster für verschiedene Kompetenzstufen als Grundlage für den Erwerb formaler Leistungsnachweise. Die vhs-Praktikerinnen und Praktiker wenden jedoch ein, dass es sich um ein sehr komplexes System sehr abstrakter Kategorien im Sinne von Lernzielen handelt, ungeeignet, um daraus bedarfsgerechte Kursthemen abzuleiten. Denn Kursteilnehmende verfolgen meist sehr konkrete Lerninteressen. Entsprechend praxisorientiert ist folglich auch das Kursangebot der Volkshochschulen. Kurse gibt es vielerorts etwa zu Social-Media-Marketing, 3D-Druck, KI-Anwendungen, zur Erstellung dynamischer Webseiten oder zu digitaler Bildbearbeitung. Bisher existiert aber keine verbindliche Systematik, wie Lerninteressen, Kursthemen und die Kompetenzfelder des DigComp transparent und nachvollziehbar aufeinander abzustimmen sind.

Eine Idee, wie eine theoretische Qualifizierung auch in praxisorientierten Kursen gelingen kann, ist, sie in Form kleiner Lerneinheiten zu integrieren, beispielsweise in Form eines universell einsetzbaren Moduls „10 Minuten Datensicherheit".

Aktuell gibt es in der Volkshochschullandschaft erste Überlegungen, digitales Lernen grundsätzlich in die Bildungsangebote und Lernformate aller Programmbereiche zu integrieren und bei ihrer Beschreibung neben inhaltlichen Lernzielen auch digitale Lernziele auszuweisen. Ein Beispiel ist der Kurs „Erfolgreich bewerben" aus dem Programmbereich Beruf, den Beate Kaiser (vhs Darmstadt-Dieburg) und Patrizia Stöhr (vhs Hanau) mit Blick auf den DigComp 2.1 konzipiert haben. (Vgl. Angelika Jäger, „Europäischer Referenzrahmen für Digitale Kompetenzen – Chance und Herausforderung. Ergebnisse einer Umfrage des Bundesarbeitskreises Arbeit und Beruf", diskurs Ausgabe 4/2020, S. 6 – 9)

3.4.6 Digitale Kompetenzfeststellung und verwandte Formate – einige Beispiele

Nach Einschätzung der vhs-Praktikerinnen und Praktiker ist vielen Menschen nicht bewusst, wie weitreichend oder auch lückenhaft ihre digitalen Kompetenzen sind, welche Kenntnisse ihnen fehlen und weshalb diese Kenntnisse wichtig sind.

Ein Ansatz ist, im Rahmen der Bildungsberatung – vor Ort oder auch über digitale Kanäle – die individuellen Lerninteressen mit gesellschaftlich definierten Bildungszielen in Einklang zu bringen, mit Fragen wie: „Was genau wollen Sie lernen? Wozu brauchen Sie das? Was wollen Sie später mit ihren Kenntnissen anfangen?"

Sinnvoll und gut umsetzbar erscheint den Volkshochschulen der Bezug zum Referenzrahmen in der Kurskonzeption, beispielsweise zur Identifizierung von Lernzielen und der Entwicklung passender Lernbausteine. Dies geschieht unter anderem in der Konzeption gruppenspezifischer Weiterbildungsformate für kommunale Einrichtungen, Unternehmen oder Bundesagentur für Arbeit und auch, wenn es um konkrete Zielgruppen geht, wie zum Beispiel junge Erwachsene im Übergang von der Schule in den Beruf. Verschiedene Initiativen zielen darauf ab, die breite Bevölkerung für die Notwendigkeit digitaler Kompetenzentwicklung zu sensibilisieren und für entsprechende Weiterbildungsangebote zu gewinnen. Eine dieser Initiativen ist der Digitalcheck NRW der Gesellschaft für Medienpädagogik und Kommunikationskultur, gefördert vom Ministerpräsidenten des Landes Nordrhein-Westfalen *(https://www.digitalcheck. nrw)*. Interessierte können ihre Kompetenzen bezogen auf sechs unterschiedliche Handlungsfelder testen und nach passenden Weiterbildungsangeboten suchen, unter anderem an Volkshochschulen.

Die Volkshochschule im Landkreis Herford orientiert sich auf ihrer Website am Raster zur Selbstbeurteilung digitaler Kompetenzen, das die EU 2015 entwickelt hat und ordnet das eigene Kursangebot den verschiedenen Kompetenzfeldern zu. Wer also ehrlicherweise schon die Feststellung „Ich kann mit Hilfe einer Suchmaschine online nach Informationen suchen" verneint, für den oder die ist möglicherweise der Kurs „Digitale Welt – den Umgang mit dem PC in Ruhe kennenlernen" das Richtige.

Der Digital-Kompass ist ein Projekt der Bundesarbeitsgemeinschaft der Senioren-Organisationen (BAGSO) und Deutschland sicher im Netz e. V. in Partnerschaft mit der Verbraucher Initiative mit Förderung des Bundesministeriums der Justiz und für Verbraucherschutz *(https://www.digital-kompass.de)*. Der Digital-Kompass versteht sich als ein Treffpunkt für persönlichen Austausch, für Schulungen vor Ort und online und um Materialien zu erhalten. Ein Digital-Kompass-Standort ist beispielsweise die Geschäftsstelle Löbau der Kreisvolkshochschule Dreiländereck in Sachsen. Sie fungiert als lokale Anlaufstelle für Menschen, die Unterstützung im Umgang mit digitalen Medien und Geräten suchen.

Ein viel versprechender Ansatz ist der Xpert Digital Competence Pass (Xpert DCP). Der Markenname Xpert ist bisher bekannt durch Xpert Business (XB), das bundesweite System für kaufmännische und betriebswirtschaftliche Weiterbildung der Volkshochschulen. Xpert DCP orientiert sich am europäischen Referenzrahmen für Digitale Kompetenzen „DigComp 2.1", am österreichischen Referenzrahmen „DigComp 2.2 AT" sowie an einer Studie des österreichischen Digitalministeriums zu digitalen Kompetenzen im Arbeitsleben. Die fünf Module richten sich sowohl an Schülerinnen und Schüler als auch an Erwachsene. Die Europäische Prüfungszentrale ist angesiedelt beim vhs-Landesverband Niedersachsen in Hannover. Als eine der ersten wird die Volkshochschule Wolfsburg in Kooperation mit dem örtlichen Bildungsbüro ab Frühjahr 2021 den Xpert Digital Competence Pass einführen.

Klar ist, ohne ein Curriculum wird sich ein bedarfsgerechtes Kurssystem für die digitale Kompetenzentwicklung der breiten Bevölkerung kaum einheitlich etablieren lassen, wird die Angebotspalette an Volkshochschulen also sehr divers und dem programmatischen Austausch und der Entwicklungsleistung der vhs-Expertinnen und Experten überlassen bleiben. Die sind sich in einem Punkt allemal einig: Die Förderung digitaler Kompetenzen ist als Querschnittsaufgabe zu begreifen.

3.5 Volkshochschulen als Partner von KMU

Volkshochschulen haben seit den 1990er Jahren ein beispielloses Wirtschaftsförderprogramm geleistet, indem sie viele Millionen Bürgerinnen und Bürger sowie Beschäftigte mit grundlegenden EDV-Anwendungen vertraut gemacht haben. Dabei profitierten nicht nur Arbeitssuchende, sondern auch ganze Firmenbelegschaften von der Ortsnähe und Flexibilität von Volkshochschulen. Heute reicht die Palette der Angebote von PC-Grundlagenwissen über Internet und Social Media bis hin zu Webdesign, Programmiersprachen und teilweise Netzwerktechnik. Auf Nachfrage unterstützen Volkshochschulen auch bei Umsteiger- und Updateschulungen oder bei der Einführung spezialisierter Branchensoftware. Volkshochschulen sind auch zukünftig Begleiter des digitalen Wandels in Gesellschaft und Wirtschaft.

3.5.1 Digitalisierung – gemeinsame Verantwortung von Staat und Wirtschaft

Menschen, die Zuhause oder am Arbeitsplatz keine oder kaum Berührung mit Informationstechnologie haben oder nur sehr eingeschränkt mit Computer und Internet umgehen können, erleben schon jetzt teilweise erhebliche Einschränkungen im alltäglichen Leben. Mindestens so gravierend sind aber die Auswirkungen auf die Beschäftigungsfähigkeit. Dabei geht es nicht allein um spezielle Kenntnisse in der Handhabung firmenspezifischer Maschinen und Geräte, sondern ganz grundsätzlich um ein fundiertes Verständnis und eine reflektierte Haltung zu den gravierenden Veränderungen in allen Wirtschaftsbereichen durch die Digitalisierung. Die exponentielle Vervielfachung von Information und die Geschwindigkeit der Neuerungen erfordern eine ausgeprägte Digital Literacy, um den Wiedereinstieg in den Beruf nach Erwerbslosigkeit oder Elternzeit zu bewältigen oder um den Tätigkeiten der aktuellen Arbeitsstelle auch zukünftig gewachsen zu sein.

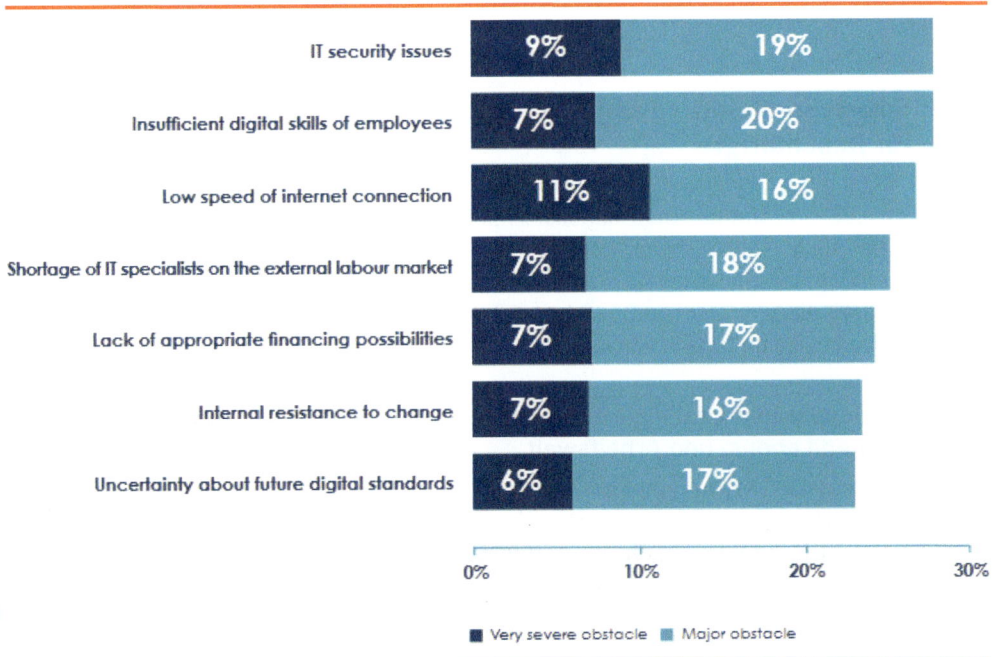

Bild 3.5 Hindernisse der Digitalisierung

3.5.2 Förderung von Beschäftigten

Um den digitalen Strukturwandel zu begleiten, hat der Staat auch im Bereich der Arbeitsförderung Maßnahmen ergriffen, die nicht nur Erwerbslose, sondern auch Arbeitnehmerinnen und Arbeitnehmer adressieren. Die Zielsetzung besteht dabei in der Sicherung von Beschäftigungsverhältnissen durch geeignete Qualifizierungs- und auch Beratungsangebote. Die entstehenden Kosten werden je nach Größe der Betriebe vollständig oder anteilig durch die Bundesagentur für Arbeit übernommen.

Mit dem Beschäftigungssicherungsgesetz vom 20. November 2020 hat der Gesetzgeber einen starken Anreiz zur Weiterbildung während der Kurzarbeit gesetzt. Betriebe bekommen nicht allein die Lohnkosten anteilig, sondern auch den Sozialaufwand für die Beschäftigten ersetzt, wenn die Mitarbeiterinnen und Mitarbeiter während der Kurzarbeit eine zertifizierte Weiterbildung von mindestens 120 Stunden besuchen.

> ## Qualifizierungschancengesetz
>
> Seit Januar 2019 in Kraft. Arbeitgeber und Arbeitnehmer haben das Recht auf Weiterbildungsberatung
>
> Förderung für alle Beschäftigten unabhängig von Qualifikation, Lebensalter und Betriebsgröße
>
> Förderung von Lohn- und Weiterbildungskosten durch Zuschüsse der Bundesagentur bzw. Jobcenter
>
> Weitere Informationen unter
>
> *https://www.arbeitsagentur.de/m/weiterbildung-qualifizierungsoffensive/*
>
> Fragen und Antworten zum Thema Kurzarbeitergeld und Qualifizierung unter
>
> *https://www.bmas.de/SharedDocs/Downloads/DE/kug-faq-kurzarbeit-und-qualifizierung.pdf*

3.5.3 Souverän digital – Trainingskonzepte der Volkshochschulen für Beschäftigte

Der kompetente Umgang mit Informationstechnologie als ständig zu aktualisierende Schlüsselkompetenz stellt einen Schwerpunkt im vhs Programmbereich „Arbeit und Beruf" dar. Volkshochschulen machen regional- und branchenspezifisch passgenaue Angebote. Qualifizierung von Mitarbeitern erfolgt häufig auch projektförmig. Ein Standardkonzept und zwei Angebotsbeispiele sind exemplarisch genannt.

Beispiel 1: Souverän digital – ein Trainingskonzept zur Kompetenzentwicklung in der digitalen Lebens- und Arbeitswelt

Souverän digital ist ein Trainingskonzept des Bayerischen Volkshochschulverbandes. Die Seminarreihe richtet sich vorrangig an erwachsene Arbeitnehmerinnen und Arbeitnehmer, da das Konzept schwerpunktmäßig für den beruflichen Anwendungskontext konzipiert sind. Die Reihe bietet ein modulares Curriculum mit einem Info-Vortrag und acht Einzelseminaren. Zielsetzung ist die Sensibilisierung und exemplarische Vertiefung für digitale Kompetenzen am Arbeitsplatz. Souverän digital orientiert sich an den Vorgaben des Digital Competence Framework (DigComp 2.1) der Europäischen Union. Die Seminare können als Tagesveranstaltungen, Abendkurse, als Blended Learning oder als Webinarreihe angeboten werden. Der Gesamtumfang beträgt 80 Unterrichtseinheiten und behandelt unter anderem die Anwendungsfälle Recherche, Korrespondenz und Kollaboration, Netzwerken, Einsatz von Webinaren, Lernen und das Querschnittsthema Datensouveränität und -sicherheit.

Das Konzept kann von Volkshochschulen adaptiert werden.

Nähere Informationen im Erklärvideo unter *https://vhs.link/souveraendigital*

Beispiel 2: IHK-Zertifikatslehrgang zur Digitalen Transformation in der Arbeitswelt 4.0

Der Blended Learning-Kurs „Digitale Schlüsselkompetenz (IHK)" der Volkshochschulen in Rheinhessen richtet sich vor allem an Arbeitnehmerinnen und Arbeitnehmer in Büro-Berufen und vermittelt in sechs Modulen grundlegende Kenntnisse und Fertigkeiten entlang der Kompetenzfelder des DigComp 2.1. Die Qualifizierungsmaßnahme hat einen Umfang von 60 Unterrichtsstunden und beinhaltet einen Kompetenz-Feststellungstest und bei erfolgreichem Absolvieren aller Module ein IHK-Zertifikat. Der Zertifikatslehrgang schließt mit einem Kolloquium mit Präsentation der Abschlussarbeiten. Die Inhalte sind auf den Bildungsbedarf der regionalen Unternehmen abgestimmt. Dieser Kurs findet im Blended Learning-Format statt, ca. 20 Prozent des Kurses sind online in der vhs.cloud (Lernplattform der Volkshochschulen) zu bearbeiten.

Nähere Informationen unter *https://www.vhs-mainz.de/kurssuche/kw/bereich/kursdetails/ kurs/XC33500/*

Beispiel 3: lokal.digital – digitale Knotenpunkte im ländlichen Raum

„Lokal Digital", so heißen die Ladenlokale in einigen kleineren Kommunen Schleswig-Holsteins. Die sogenannten digitalen Knotenpunkte sind Anlaufstellen für Bürgerinnen und Bürger und Schulen, um Digitalisierung greifbar zu machen, aber auch für andere lokale Akteure, darunter Betriebe. Im Ladenlokal in Meldorf bieten die Dithmarschen Volkshochschulen praktisches Ausprobieren technischer Geräte wie 3D-Drucker, Laser-Gravierer, Digitale Tafel, Drohne oder Roboter.

Es gibt Programmier-Kurse für Schülerinnen und Schüler sowie Smartphone-Hilfen für Seniorinnen und Senioren. Für Firmen bietet lokal.digital Vorträge, beispielsweise zu Themen wie Social Media oder Cloudcomputing oder leistet Netzwerkarbeit zu spezialisierten Dienstleistern. Das Projekt ist Teil des Wettbewerbs „Digitale Modellkommunen" des Landes Schleswig-Holstein.

3.6 Ausblick

Um den eigenen digitalen Transformationsprozess zu fördern, hat die vhs-Community kooperative Arbeits- und Organisationsstrukturen und eine leistungsfähige Lernplattform entwickelt.

Volkshochschulen begreifen Daten- und Medienkompetenz als zentrale Querschnittsthemen eines umfangreichen und differenzierten Lernangebots, das darauf abzielt, Menschen mit unterschiedlichem Kenntnisstand einen niederschwelligen Einstieg in den individuellen Lernprozess zu eröffnen.

> *„Datenkompetenz ist für uns alle der Schlüssel zum Verständnis unserer digitalisierten Welt. Wer die digitale Datenwelt begreift, kann sich souverän und verantwortungsbewusst darin bewegen und weiß die Chancen technologischer Innovation zu nutzen. In diesem Sinne setzen sich Volkshochschulen, für digitale Teilhabe ein."* Annegret Kramp-Karrenbauer, Präsidentin der Deutschen Volkshochschul-Verbandes

Digitale Kompetenzen sind eben kein Expertenwissen, sondern zunehmend unverzichtbares Grundwissen, um sich digitaler Technologie zu bedienen. Auch digitale Medienkompetenz ist unerlässlich, um digitale Kommunikationstechnologie aufgeklärt nutzen und Informationen bewerten zu können.

> *„Wenn es um digitale Teilhabe geht, darf niemand außen vor bleiben."* Martin Rabanus, Vorsitzender des Deutschen Volkshochschul-Verbandes

Volkshochschulen stehen als Partner für eine digitale Weiterbildungsoffensive bereit, um die breite Bevölkerung für den digitalen Wandel zu qualifizieren – für die Konzeption und das Rollout breit angelegter Bundes- und Landesprogramme ebenso wie für passgenaue Einzelkooperationen vor Ort.

„Wissen teilen" lautete das Motto zum 100-jährigen Bestehen der Volkshochschulen im Jahr 2019. Es bringt das Selbstverständnis auf eine prägnante Formel: Was immer Volkshochschulen im Bereich der Digitalisierung an Entwicklungen vollzogen, an Erfahrungen gesammelt und an Kompetenzen erworben haben: Wir geben es gerne weiter!

Quellen

Klotmann, E./Köck, C./Lindner, M. u. a. (Hg.): Der vhsMOOC 2013. Wecke den Riesen auf. Bielefeld: W. Bertelsmann Verlag, 2014.

Rohs, M. & Giehl, C.: Evaluationsbericht zum VHS-MOOC „Wecke den Riesen auf", Beiträge zur Erwachsenenbildung, Nr. 2., Technische Universität Kaiserslautern, 2014

Schneider, Karsten: Der Riese ist erwacht: Digitale Transformation von Volkshochschulen, Volkshochschulmagazin dis.kurs, Ausgabe 4/2017, S. 7 – 9

Landesstrategie „vhs digital" (Entwurfsfassung 01. 07. 2020) des Sächsischen Volkshochschulverbandes e. V.

GOING DIGITAL The Challenges Facing European SMEs EUROPEAN SME. SURVEY 2019

vhscast Folge 07: lokal.digital Teil 3 Standort Meldorf, *https://vhscast.de/vhscast-folge-007-lokal-digital-teil-3-standort-meldorf/*

Künstliche Intelligenz in Unternehmen – Zielgruppen-spezifische KI-Kompetenzen identifizieren und vermitteln

Ute Schmid und Sebastian Bruckert

Alle sollten über KI Bescheid wissen, aber auf verschiedene Weise

4.1 Motivation

Seit etwa 2015 ist ein starkes und immer noch wachsendes Interesse am Thema Künstliche Intelligenz (KI) zu beobachten. Unternehmen versprechen sich großen Nutzen vom Einsatz von KI – von der Personalauswahl über Produktionsprozesse bis hin zum Marketing. Allerdings haben deutsche Unternehmen bislang kaum KI-Expertinnen und Experten unter den Mitarbeitenden und entsprechend herrscht große Verunsicherung. Mit KI ist dabei meist die Anwendung von datenintensiven Ansätzen des maschinellen Lernens, vor allem tiefe neuronale Netze gemeint. Insbesondere bei kleinen und mittleren Unternehmen scheint oft der Eindruck zu bestehen, dass man ohne die Einführung von KI-Technologie im Unternehmen den Anschluss verliert, und gleichzeitig bestehen oft nur vage Vorstellungen über Voraussetzungen, Methoden und Anwendungsbereiche von KI. Im folgenden Beitrag sollen entsprechend zwei Aspekte behandelt werden: Erstens wird eine allgemeine Einführung in das Themengebiet Künstliche Intelligenz gegeben. Zweitens wird aufgezeigt, welche spezifischen KI-Kompetenzen in den jeweiligen Organisationseinheiten von Unternehmen vorhanden sein sollten und welche Besonderheiten es innerhalb des Softwareentwicklungsprozesses zu beachten gilt, sobald KI-Komponenten integriert werden.

4.2 Das Forschungsgebiet Künstliche Intelligenz

Zu Beginn des aktuellen KI-Hypes konnte man den Eindruck gewinnen, dass das Thema ganz neu wäre – die Bezeichnung vielleicht die Erfindung einer Marketing-Abteilung im Silicon Valley. KI ist tatsächlich aber ein lang etabliertes Teilgebiet der Informatik. Die Einführung des Begriffs „Artificial Intelligence" kann man sehr genau datieren – auf das Jahr 1956, als der Informatik-Pionier John McCarthy ein Treffen von Wissenschaftlern organisierte, die alle davon überzeugt waren, dass jeder Aspekt menschlicher Intelligenz so präzise beschrieben werden könnte, dass dieser mit einem Computerprogramm simuliert werden kann.

Künstliche Intelligenz wird allgemein definiert als Forschungsgebiet, das sich mit der Entwicklung von Computeralgorithmen für Probleme befasst, in denen Intelligenz vorausgesetzt wird, wenn Menschen sie lösen. Allerdings weckt die Verwendung des Begriffs „Intelligenz" falsche Erwartungen. Im Alltag schreiben wir Intelligenz etwa Menschen zu, die sehr gut in Mathematik sind oder sehr gut Schach spielen – beides Bereiche, die algorithmisch gut fassbar sind. Dagegen finden wir es nicht unbedingt eine große Intelligenzleistung, wenn jemand einen Turm aus Bauklötzen bauen kann, einen Text zusammenfassen kann oder Stühle von Tischen unterscheiden kann. Diese Bereiche stellen aber große Herausforderungen für die Entwicklung von KI-Programmen dar. Entsprechend gibt es auch Definitionen, die bewusst auf die Verwendung des Begriffs „Intelligenz" verzichten: KI ist ein Forschungsgebiet, das sich mit der Entwicklung von Computeralgorithmen für Probleme befasst, die Menschen im Moment noch besser lösen (von der KI-Forscherin Elaine Rich), oder KI-Forschung beschäftigt sich mit bislang ungelösten Problemen der Informatik (vom KI-Forscher Marvin Minsky).

KI-Forschung entwickelt Computerprogramme für Probleme, die Menschen im Moment noch besser lösen können.

Ein weiteres Problem bei der öffentlichen Wahrnehmung und Bewertung von KI ist, dass wir schnell bereit sind, die Fähigkeit eines Systems analog zu unseren menschlichen Fähigkeiten zu interpretieren. Wir gehen also davon aus, dass wenn ein KI-System verschiedene Arten von Möbeln unterscheiden kann, es auch verschiedene Arten von Tieren unterscheiden kann. Dies ist aber nicht der Fall – das System kann nicht ohne Weiteres einen Transfer auf neue Bereiche leisten. Noch weniger ist zu erwarten, dass ein KI-System, das Objekte erkennen kann, auch Zeitungstexte verstehen kann oder mathematische Textaufgaben lösen kann. Fast alle KI-Systeme gehören zur Klasse der sogenannten schwachen KI, bei der spezielle Lösungen für spezielle Problembereiche entwickelt werden. Forschung zur sogenannten starken KI hat große Bezüge zur Kognitionswissenschaft – hier geht es darum, allgemeine Prinzipien menschlicher Intelligenz besser zu verstehen. Die meisten Forscherinnen und Forscher gehen davon aus, dass für eine solche allgemeine Intelligenz Intentionalität und Bewusstsein notwendig sind. Ob diese Ingredienzen menschlicher Intelligenz je so gut verstanden sind, dass sie als Computerprogramm formulierbar sind, ist eine offene Frage.

KI-Systeme sind „Fachidioten", während menschliche Intelligenz sich als breite Menge von Fähigkeiten manifestiert.

Künstliche Intelligenz besteht aus verschiedenen Teilgebieten, insbesondere heuristischen Suchverfahren und Planung, Wissensrepräsentation und automatischem Schlussfolgern sowie Maschinellem Lernen. Die jeweiligen Ansätze werden in verschiedenen Inhaltsbereichen genutzt und für die speziellen Anforderungen weiterentwickelt. Wichtige Anwendungsbereiche sind Spiele, Sprachverstehen und Computersehen. Allgemein gilt, dass man ein Problem sorgfältig analysieren sollte, bevor man KI-Methoden anwendet. Wenn das Problem mit Standardalgorithmen, die in Lehrbüchern zum Thema Algorithmen und Datenstrukturen zu finden sind, lösbar ist, sollte man solche verwenden. Bei diesen Algorithmen ist sicher, dass eine korrekte Lösung gefunden wird. KI-Algorithmen sind dagegen überwiegend nur mehr oder weniger gute Annäherungen an die gewünschte Lösung. Man braucht KI-Algorithmen entweder, wenn ein Problem so komplex ist, dass ein Standardalgorithmus keine Lösung in vertretbarer Zeit liefern könnte, oder wenn es nicht möglich ist, ein Problem vollständig formal zu beschreiben. Im ersten Fall nutzt man heuristische Methoden, im zweiten Fall Maschinelles Lernen.

Heuristiken können als „Daumenregeln" beschrieben werden, die den eine Suchaufgabe beziehungsweise ein Optimierungsproblem betreffenden Aufwand reduzieren sollen. Die Optimalität einer gefundenen Lösung kann im Gegensatz zu analytischen Verfahren nicht garantiert werden. Für eine Definition von **Maschinellen Lernansätzen** siehe Abschnitt 4.3.

Die Idee, Computerprogramme zu schaffen, die ähnlich intelligent sind wie Menschen, übte zu Beginn der KI-Forschung ähnliche Faszination aus wie auch heute. Nach Gründung des Gebiets flossen reichlich Fördergelder und erste Erfolge in Form von Programmen zum automatischen Problemlösen, Lernen, zur Interpretation räumlicher Szenen, zum Spielen und Sprachverstehen stimmten enthusiastisch. Vollmundige Versprechen führten Kritiker auf den Plan und es kam zum ersten sogenannten KI-Winter, maßgeblich ausgelöst durch eine kritische Evaluation des britischen Mathematikers James Lighthill, der konstatierte, dass die entwickelten Algorithmen nur bei Spielproblemen, aber nicht für komplexe Echtweltanwendungen funktionieren.

Künstliche Intelligenz blieb seit der Begründung des Gebiets fester Bestandteil der Forschung und Lehre in der Informatik mit seit dieser Zeit etablierten wissenschaftlichen Tagungen und Zeitschriften. Allerdings ist das Gebiet von einem Auf und Ab geprägt, was sich in der Menge der Fördergelder und dem Interesse außerhalb von Hochschulen und Forschungseinrichtungen charakterisieren lässt. In Bild 4.1 wird ein kurzer historischer Abriss der Künstlichen Intelligenz gegeben. Die zweite Hochphase der KI ist insbesondere durch das Thema Expertensysteme geprägt. Seitens der Wirtschaft bestand große Hoffnung, dass das Wissen von Experten digital – in speziell entwickelten Wissensrepräsentationssprachen – gespeichert und nutzbar gemacht werden kann. Allerdings zeigte sich, dass große Teile an Expertenwissen sowie allgemeines Wissen (common sense knowledge) nicht einfach oder auch gar nicht explizit zu fassen und zu beschreiben sind. Das sogenannte „Knowledge Engineering Bottleneck" löste den zweiten KI-Winter aus. Viele in den ersten beiden Phasen der KI entwickelte Methoden haben sich bewährt und finden sich bis heute in Lehrbüchern. Auch wenn Expertensysteme im großen Stil als gescheitert betrachtet werden, werden Konzepte aus diesem Bereich heute in vielen Softwareanwendungen genutzt.

In der nächsten Phase wurden in vielen Bereichen der KI große Fortschritte gemacht, was die Performanz von KI-Algorithmen angeht. Neue Ansätze zur Generierung von Plänen, etwa zur Lösung von Logistikproblemen oder zur Steuerung von Robotern, sowie zum Maschinellen Lernen entstanden – allerdings ohne auf breites Interesse außerhalb der Forschung selbst zu stoßen. So begann der sogenannte Winter ohne Ende, in dem KI-Forschung unter anderen Bezeichnungen – Intelligente Systeme, Intelligente Agenten oder Kognitive Systeme – von einer eher kleinen Gruppe von Wissenschaftlerinnen und Wissenschaftlern weiter betrieben wurde.

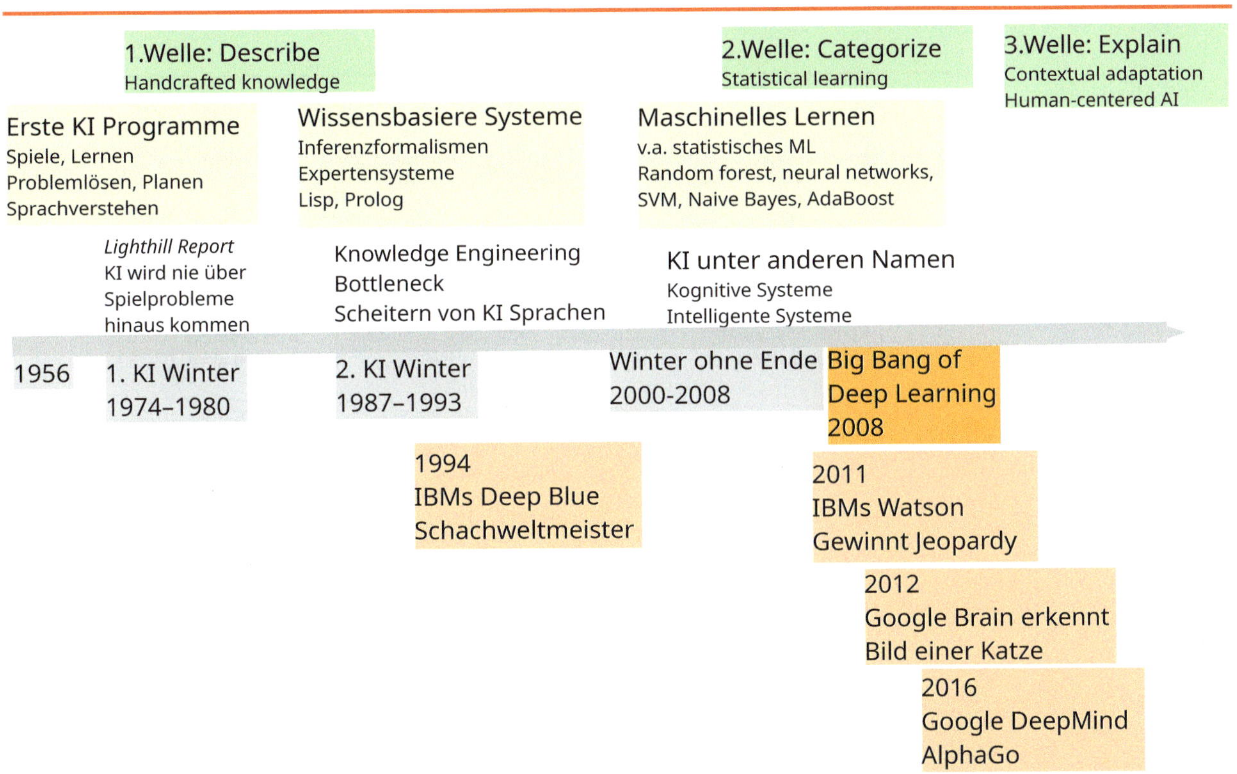

Bild 4.1 Ein kurzer historischer Abriss der KI-Forschung, bei der auf Phasen der Euphorie auf Grund überzogener Versprechen und Erwartungen sogenannte KI-Winter folgen. Bezogen auf die methodischen Schwerpunkte der einzelnen Phasen werden drei Wellen – wissensbasierte Ansätze (describe), Maschinelles Lernen (statistical learning) und als zukunftsrelevanter neuer Fokus hybride Ansätze (explain) unterschieden

Das Ende des letzten Winters wurde durch beachtenswerte Erfolge mit tiefen neuronalen Netzen, insbesondere bei der Klassifikation von Bildern und bei der Sprachverarbeitung, besiegelt. Das Thema Maschinelles Lernen wird im folgenden Abschnitt genauer beleuchtet.

4.3 Methoden des Maschinellen Lernens

Forschung zum
Maschinellen Lernen
gibt es seit Beginn
der KI-Forschung.

Maschinelles Lernen (ML) ist definiert als die Forschung zu Computeralgorithmen und -systemen, die ihr Wissen und ihre Performanz auf Grund von Erfahrung verbessern. ML hat zwei Wurzeln: Einerseits ist ML ein Teilgebiet der KI, andererseits wurden Methoden, mit denen über Daten generalisiert wird, unter der Bezeichnung Mustererkennung im Bereich der Signalverarbeitung entwickelt. Frühe ML-Forschung in der Künstlichen Intelligenz hatte – wie die gesamte KI-Forschung der ersten Phase – das Ziel, Leistungen des menschlichen Lernens mit Computeralgorithmen nachzubilden. Erste ML-Programme wurden für das Lernen von Strategien bei Spielen entwickelt – Vorläufer des heutigen Reinforcement Learning. Von Arthur Samuel wurde bereits 1952 ein Programm realisiert, das lernen konnte, Dame zu spielen. Donald Michie präsentierte 1963 die „Machine Educable Noughts And Crosses Engine" (MENACE), mit der das einfache Zwei-Personen-Spiel TicTacToe gelernt werden konnte. Ein erster Sammelband mit dem Titel „Machine Learning" wurde 1983 herausgegeben. In der frühen Phase des ML wurden insbesondere regelbasierte Ansätze wie Entscheidungsbaumalgorithmen entwickelt. Das Perzeptron als Modell eines einzelnen Neurons wurde 1958 eingeführt, konnte sich aber gegen die regelbasierten Ansätze zunächst nicht durchsetzen. Grund war das unter anderem von KI-Pionier Marvin Minsky vorgebrachte Argument, dass damit nur einfache lineare Funktionen lernbar sind.

Bild 4.2 Maschinelles
Lernen als Teilgebiet der
Künstlichen Intelligenz.
Auch Maschinelles Lernen
besteht aus mehr
Ansätzen als neuronale
Netze

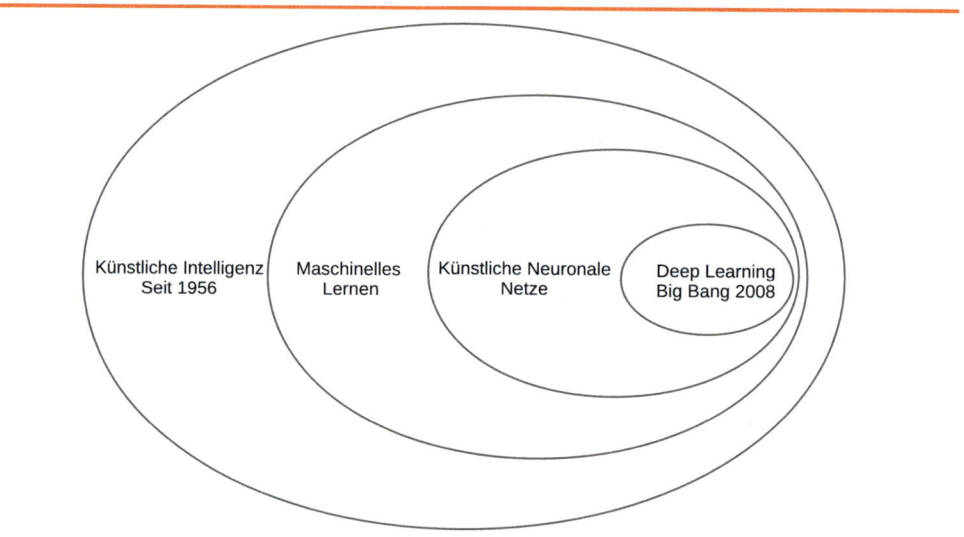

Mit dem Ende der Expertensysteme, das als generelles Scheitern der wissensbasierten Ansätze („Good old-fashioned AI") betrachtet wurde, fanden künstliche neuronale Netze erstmals starke Beachtung. Insbesondere wurden sogenannte Multi-Layer-Perzeptrons betrachtet und Backpropagation als Trainingsmethode entwickelt (siehe Bild 4.3).

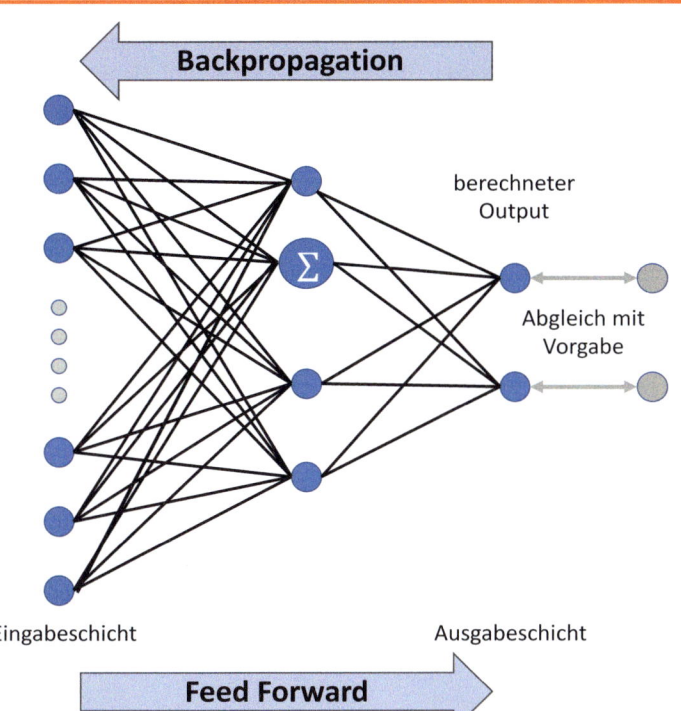

Bild 4.3 Die verbreitetsten klassischen neuronalen Netze sind Multi-Layer-Perzeptrons mit einer Eingabeschicht, einer oder zwei versteckten Schichten und einer Ausgabeschicht. Lernen erfolgt als Korrektur der Kantengewichte so, dass die errechnete Ausgabe möglichst gut mit der vorgegebenen Ausgabe bei den Trainingsbeispielen übereinstimmt

Arten des Maschinellen Lernens:

- Überwachtes Lernen (supervised learning): vorklassifizierte Trainingsbeispiele (Labeling, Annotation)

  - Lerne Abbildung f: X → Y

  - Konzeptlernen: Y kann wahr oder falsch sein

  - Klassifikationslernen: Y ist endliche Menge möglicher Klassen

  - Regressionslernen: Y ist numerischer Wert

- Unüberwachtes Lernen (unsupervised learning): Finden von Mustern in Datenmengen bezogen auf ein Ähnlichkeitsmaß

- Verstärkungslernen (reinforcement learning): Lernen von Strategien zur Handlungsauswahl (inkrementell)

Lernen heißt Generalisierung aus Beobachtungen oder Daten. Beim menschlichen wie beim Maschinellen Lernen ist der Lernprozess meistens überwacht: Eine erwachsene Person korrigiert ein Kind, zum Beispiel, wenn es einen Gegenstand falsch benennt („Nein, das ist kein Hund, das ist eine Katze."), und Lernen findet fortwährend – inkrementell – statt. Beim überwachten Maschinellen Lernen müssen dagegen bei den meisten Ansätzen zunächst alle Daten, mit denen gelernt werden soll, gesammelt und mit der korrekten Ausgabe gelabelt werden. Je nach Lernverfahren werden mehr oder weniger Daten benötigt. Dies ist insbesondere davon abhängig, wie viele Werte durch das Lernen verändert werden können (oft als Parameter bezeichnet) und wie viele Einstellungen (Hyperparameter) man beim Verfahren selbst anpassen kann. Lernen kann nur sinnvolle Ergebnisse liefern, wenn die Anzahl der Daten, mit denen gelernt wird, deutlich größer ist als die Anzahl von veränderlichen Werten im Lernverfahren. Ein tiefes neuronales Netz kann schnell eine halbe Million Parameter haben, das heißt, es werden Millionen Daten zum Lernen benötigt. Maschinelles Lernen und Statistik rücken in den letzten Jahren immer mehr zusammen. Im interdisziplinären Forschungsgebiet Data Science werden diese beiden Wissenschaften, die mathematische und algorithmische Methoden zur Extraktion von Mustern und Schlüssen entwickeln, durch andere Bereiche der Informatik, insbesondere Datenbanktechnologien, ergänzt.

Je mehr Eingangswerte und Parameter, desto mehr Daten werden zum Lernen benötigt.

Datenformate beim Maschinellen Lernen können klassische Tabellendaten sein, man spricht von Merkmalsvektoren. Ein Datum besteht aus einer festen Folge von Werten für vordefinierte Merkmale (siehe Bild 4.4). Weitere oft verwendete Datenformate sind Text und Bilder. Die meisten klassischen Ansätze des Maschinellen Lernens benötigen Daten in Form von Merkmalsvektoren. Sind dies Rohdaten, also zum Beispiel Bilder, müssen diese vorverarbeitet werden – man spricht hier von Merkmalsextraktion. Merkmalsextraktion kann sehr aufwändig sein und viel Vorwissen über den Lerngegenstand erfordern. Gerade bei Bilddaten war Maschinelles Lernen aus diesem Grund sehr arbeitsintensiv und oft konnte keine sehr gute Genauigkeit erzielt werden.

Klassische Ansätze des Maschinellen Lernens erwarten Merkmalsvektoren/Tabellendaten als Eingabe.

Bild 4.4 Beispiel für tabellarische Daten – Ausschnitt aus dem Adult Dataset aus dem UCI Machine Learning Repository. Dieser Datensatz wurde seit 2007 mehr als 2 Millionen Mal abgerufen und in zahlreichen Publikationen genutzt. Abbildung aus *https://towardsdatascience.com/pandas-index-explained-b131beaf6f7b*

	metrisch		kategorial				metrisch	metrisch	Vorherzusagende Klasse
index	age	workclass	education	occupation	race	sex	capital-gain	hours-per-week	label
1	37	Private	HS-grad	Sales	White	Female	0	45	>50k
2	24	Private	Bachelors	Sales	White	Male	0	40	<=50k
3	45	State-gov	Masters	Transport	Black	Male	3781	65	<=50k
4	30	Private	Doctorate	Managerial	Other	Female	7298	50	>50k
...	...	...	...	...	...	...	...	...	...
n	20	Local-gov	11th	Protective	Black	Male	2174	40	<=50k

End-to-end learning ermöglicht eine direkte Anwendung von ML-Algorithmen auf Rohdaten.

Sicher einer der entscheidenden Auslöser des aktuellen Hypes war der Durchbruch bei der Klassifikation von Bilddaten mit einem Convolutional Neural Network (dem Alexnet) bei der ImageNet Large Scale Visual Recognition Challenge (ILSVRC) im Jahr 2012. Aufgabe ist hier, Objekte aus 1000 Kategorien in Bildern zu identifizieren. Mit herkömmlichen, nicht auf Maschinellem Lernen basierenden Methoden der Bildverarbeitung war das beste Ergebnis im Jahr 2011 ein Klassifikationsfehler von 26 Prozent auf Testdaten. Alexnet machte den Sprung zu nur 15 Prozent Fehlern, und das direkt auf den Rohdaten. Ähnlich vielversprechend war die Anwendung solcher tiefen Netze auf Texten. Wenn direkt aus den Rohdaten gelernt werden kann, spricht man von end-to-end learning. Die große Hoffnung, die nun Unternehmen auf das Maschinelle Lernen aufmerksam machte, war nun, dass es nicht mehr nötig ist, Klassifikationsprozesse etwa bei der Qualitätskontrolle oder im predictive maintainance mit großem Aufwand an Zeit durch hochqualifizierte Fachleute zu definieren. Stattdessen könnten solche tiefen Netze genutzt werden. Dass dies nicht so einfach ist und wo die Probleme stecken, wird im nächsten Abschnitt diskutiert.

4.4 Herausforderungen: Datenqualität und Nachvollziehbarkeit

Es ist schon fast eine Binsenweisheit, dass die Güte eines mit Maschinellem Lernen aus Daten aufgebauten Modells im Wesentlichen von der Qualität der Daten bestimmt wird. In manchen Bereichen – etwa bei Internet-of-Things-Anwendungen – gibt es sehr viele Daten, in anderen Bereichen – etwa in der medizinischen Diagnostik für bestimmte Krankheitsbilder – sind Datensätze eher klein. Aktuell wird gerne versucht, auch für kleine Datensätze Ansätze des tiefen Lernens anzuwenden. In diesem Fall wird häufig mit Augmentierung gearbeitet, das heißt, es werden leicht veränderte Kopien von Daten erzeugt – bei Bildern zum Beispiel Rotationen oder Farbänderungen. Dabei ist jedoch zu beachten, dass der Unterschied zwischen den ursprünglichen Daten und den augmentierten Daten keine systematischen Abweichungen enthält. Insbesondere sollte geprüft werden, ob die veränderten Daten noch mit den realen Gegebenheiten übereinstimmen. Ansonsten lernt man zwar genaue Modelle bezogen auf die Trainings- und Testdaten, die aber die Realität schlecht abbilden. Man sollte, wenn man nur wenige Daten zur Verfügung hat, besser zunächst prüfen, ob nicht ein daten-sparsamer Ansatz des Maschinellen Lernens anwendbar ist. In vielen Anwendungen sind die Daten nicht gleichmäßig über verschiedene Klassen verteilt. Beispielsweise wird bei der Qualitätskontrolle die Klasse Gutteil deutlich häufiger vorkommen als Ausschuss. Wird bei solchen unbalancierten Datensätzen ohne weitere Vorkehrungen ein Modell gelernt, so wird dieses üblicherweise auf die häufigste Klasse optimieren. Dadurch wird die Gesamtperformanz des Modells hoch, allerdings nimmt man eine hohe – und sicher nicht gewünschte – Rate von übersehenen Instanzen der seltenen Klasse in Kauf.

Die meisten Ansätze des Maschinellen Lernens sind überwacht, benötigen also annotierte Trainingsdaten – beispielsweise die Zuordnung einer Klasse (labeling) oder die Markierung bestimmter Bereiche (Segmentierung). Bei datenintensiven Lernverfahren stellt dieser Prozess häufig den Flaschenhals dar. Geht es um alltägliche Objekte, kann die wahre Klasse, die sogenannte ground truth, von beliebigen Personen zugewiesen werden. Hier kann also zum Beispiel Crowd Sourcing eingesetzt werden. Allerdings sollte man kontrollieren, ob sorgfältig gearbeitet wurde, etwa, indem Teilmengen von Daten mehreren Personen zum Labeln zugewiesen werden und Übereinstimmungen berechnet werden. Bei speziellen Daten können jedoch nur Experten die Daten zuverlässig klassifizieren. So sollte ein geschulter Qualitätsingenieur beurteilen, ob ein konkretes Teil ein Gutteil oder Ausschuss ist. In diesem Fall wird das Labeling sehr teuer.

> In vielen Anwendungsbereichen ist die Verteilung der Daten auf Klassen unbalanciert.

Ein weiteres Problem der Datenqualität sind Stichprobenverzerrungen (sampling biases), also eine Verteilung von Daten beim Lernen, die nicht der wahren Verteilung entspricht. Dies kann zu unerwünschten Fehlern bei der Vorhersage von Klassen oder Werten führen. Besonders problematisch kann es werden, wenn eine aktuelle Verteilung der Daten auf unerwünschten Vorurteilen oder Benachteiligungen basiert. Gelernte Modelle verstärken solche Verzerrungen auf unfaire Weise. Bekannt wurde hier etwa, dass Google auf Bildern dunkelhäutige Menschen als Gorillas klassifiziert, oder dass Amazon erkannte, dass das gelernte Modell bei der Personalauswahl keine Frauen für Stellen im IT-Bereich auswählte. Sampling Biases können durch systematische Planung der Gewinnung von Trainingsdaten zumindest teilweise vermieden werden. Nicht damit zu verwechseln ist der Inductive Bias, den jedes lernende System – natürlich wie künstlich – aufweist. Damit werden die häufig nur impliziten Annahmen bezeichnet, die ein Lernalgorithmus machen muss, um über Beispiele und Beobachtungen zu generalisieren. Der menschliche Inductive Bias ist so mächtig, dass wir als Kinder unsere Muttersprache lernen können. Dabei kommt es zunächst zu Übergeneralisierungen, etwa bei der Vergangenheitsbildung: Ein Kind sagt vielleicht erst „gegangt", bevor es die unregelmäßigen Ausnahmen lernt. Die Kehrseite der menschlichen Generalisierungsleistung sind Stereotype und Vorurteile – Mädchen können nicht Mathe, Jungen können keine Gedichte interpretieren. Anders als

> Es könnte sein, dass der nächste KI-Winter durch ein Data Engineering Bottleneck ausgelöst wird.

Ansätze des Maschinellen Lernens verfügen Menschen aber über Metakognition – wir können eigene Vorurteile erkennen oder sie uns bewusst machen, wenn wir darauf hingewiesen werden, und gegensteuern.

Es gibt kein bias-freies Lernen.

Auch wenn man sehr sorgfältig bei der Vorbereitung der Trainingsdaten und bei der Anwendung eines Lernalgorithmus vorgeht, ist ein gelerntes Modell nie korrekt. Um die prädiktive Genauigkeit abzuschätzen, werden nicht alle vorhandenen Daten zum Training des Modells genutzt. Ein Teil wird zum Testen zurückbehalten. Die Anzahl der Fehler, die das Modell auf den Testdaten macht, gibt Aufschluss, wie gut das Modell auf ungesehenen Daten arbeiten wird. Eine genauere Beurteilung erhält man, wenn man betrachtet, wie sich die Genauigkeit über die einzelnen Klassen verteilt. Hier gibt es verschiedene statistische Maße (etwa das F1-Maß). Besser als ein Modell nur auf Grund seiner Performanz auf einer Testmenge zu beurteilen, ist es, die Performanz auf verschiedenen Testmengen zu prüfen. Um Daten zu sparen, kann man die gesamte Menge an Trainingsdaten in sogenannte folds aufteilen und immer auf k–1 folds lernen und das Modell mit dem restlichen fold testen. Ein Modell ist stabil, wenn es für jeden fold ähnliche Performanz zeigt. Ein Modell wird als robust bezeichnet, wenn es stabil ist und zusätzlich tolerant gegenüber Abweichungen von Werten einzelner Merkmale von denen in den Trainingsdaten. Aber egal, wie sauber man arbeitet, es wird immer ein Fehler bleiben. Ein Modell mit einer geschätzten prädiktiven Genauigkeit von 99 % macht bei jeder hundertsten Anwendung einen Fehler – übersieht zum Beispiel einen Ausschuss oder bewertet ein Gutteil als Ausschuss.

Gelernte Modelle sind nie fehlerfrei.

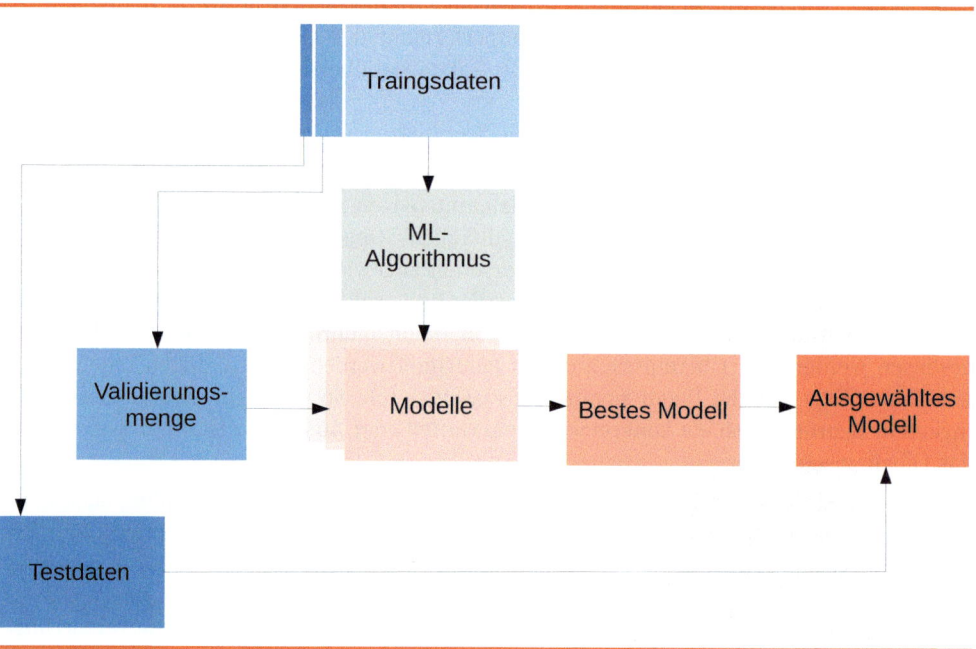

Bild 4.5 Vorgehen beim Training eines Modells und der Abschätzung seiner Performanz auf ungesehenen Daten. Der vorhandene Datensatz wird in Trainings-, Validierungs- und Testdatensatz aufgeteilt. Der Validierungsdatensatz wird genutzt, um das Modell mit den am besten geeigneten Hyperparametereinstellungen auszuwählen. Der Testdatensatz wird genutzt, um abzuschätzen, wie viele Fehler das Modell auf ungesehenen Daten machen wird. Dieses einfache Vorgehen sollte wenn möglich mehrfach durchlaufen werden. Dazu werden die Daten in einzelne folds aufgeteilt.

Beim Einsatz von Maschinellem Lernen in der Praxis ist es in vielen Bereichen unverzichtbar, dass die Entscheidungen, die ein gelerntes Modell trifft, nachvollziehbar sind. Dabei haben verschiedene Personengruppen verschiedene Anforderungen an Nachvollziehbarkeit: Die Modellentwickler selbst müssen nachvollziehen können, ob ein Modell auf gewünschte Weise generalisiert hat oder ob es sich an die speziellen Daten überangepasst hat. Domänenexperten, etwa ein Qualitätsingenieur, müssen nachvollziehen können, auf Grund welcher Information das Modell eine bestimmte Entscheidung getroffen hat. Endanwender möchten verstehen, warum sich ein System auf bestimmte Art verhält. Die Überprüfbarkeit der Entscheidungen eines Modells wird als Transparenz bezeichnet und ist auch für das Thema der Produkthaftung relevant. Das Verständnis der Entscheidung eines Modells bezogen auf das Wissen über die jeweilige Domäne wird als Erklärbarkeit bezeichnet. Sind Modelle in symbolischer Form zum Beispiel als Entscheidungsregeln repräsentiert, spricht man auch von Interpretierbarkeit. Häufig werden alle genannten Anforderungen mit dem Begriff Erklärbarkeit zusammengefasst. Man spricht von erklärbarer KI (explainable AI), kurz XAI (siehe Bild 4.6). Diese Bezeichnung führt allerdings häufig zu Missverständnissen – man könnte annehmen, dass es bei XAI darum geht, Menschen zu erklären, was KI ist. Deshalb wird zunehmend auch die Bezeichnung explanatory AI oder erklärende KI verwendet.

Modellentwickler, Domänenexperten und Endanwender haben verschiedene Anforderungen an Transparenz und Nachvollziehbarkeit von Modellen.

Bild 4.6 Im Jahr 2016 präsentierte David Gunning, Wissenschaftler bei der DARPA, dieses Bild und prägte den Begriff explainable AI.

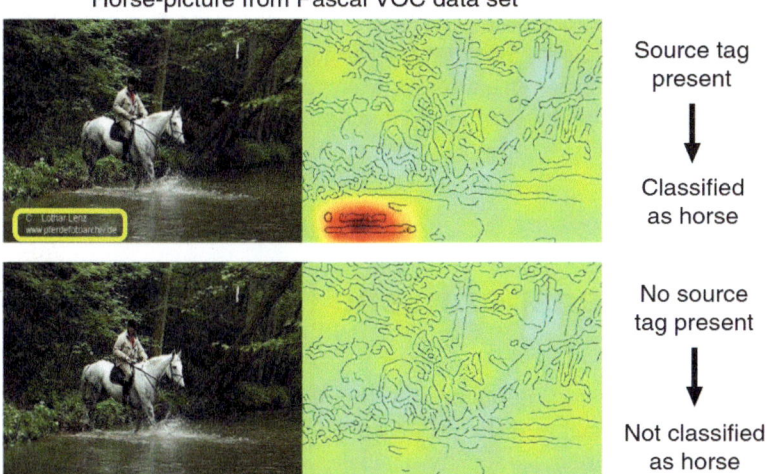

Bild 4.7 Die Visualisierung, welche Pixel eines Bildes ausschlaggebend sind, damit ein Pferd erkannt wird, zeigt, dass das gelernte Modell nur „so tut als ob". Die Entscheidung, ob ein Pferd zu sehen ist, basiert auf dem Text am linken unteren Rand (Quelle: Lapuschkin, S., Wäldchen, S., Binder, A., Montavon, G., Samek, W., & Müller, K.R. (2019). Unmasking clever hans predictors and assessing what machines really learn. Nature communications, 10 (1), 1 – 8. *https://www.nature.com/articles/s41467-019-08987-4.pdf?origin=ppub)*

Das Thema Erklärbarkeit ist zusammen mit neuen Ansätzen zum interaktiven Lernen zentral, um menschzentrierte, partnerschaftliche KI-Ansätze zu entwickeln. Eine wichtige Frage hierbei ist es, wie man gewährleisten kann, dass die generierte Erklärung tatsächlich zu den vom Modell berechneten Entscheidungen passt. Zudem ist zu beachten, dass Erklärungen in verschiedenen Modalitäten und in verschiedenen Details gegeben werden können. Dabei beeinflussen Gegenstandsbereich, Situation und Adressat, welche Form der Erklärung hilfreich ist. Möglich sind visuelle Erklärungen, sprachliche Erklärungen sowie Erklärungen durch prototypische Beispiele und Near-miss-Gegenbeispiele. In Bild 4.6 werden zum Beispiel charakteristische Merkmale einer Katze sprachlich genannt, die Form der Ohren wird mit visuellen Prototypen veranschaulicht. Near-miss-Beispiele sind immer dann hilfreich, wenn es um feine Unterschiede geht, ob ein Objekt zu einer Klasse gehört oder nicht. So kann in der Qualitätskontrolle erklärt werden, warum ein Objekt kein Gutteil ist, indem ein Beispiel für ein Gutteil gezeigt wird, das dem fraglichen Objekt möglichst ähnlich ist.

Wie erkennt man, ob jemand KI-Expertin oder KI-Experte ist?

Das große Interesse an KI, vor allem an Maschinellem Lernen, kam in einer Zeit, in der es kaum noch Professuren mit dieser Denomination gab. Im sogenannten Winter ohne Ende wurden neu zu besetzende KI-Stellen oft als Intelligente Systeme oder Kognitive Systeme ausgeschrieben. In der Öffentlichkeit war kaum bekannt, dass KI-Forschung ein lang etabliertes Fachgebiet der Angewandten Informatik ist. Der Fachbereich KI (FBKI) der Gesellschaft für Informatik (GI e. V.), in dem sich bereits seit mehr als 50 Jahren Expertinnen und Experten der deutschsprachigen KI organisieren, wurde kaum wahrgenommen. Entsprechend wurde jeder selbst erklärte Experte und jede selbst erklärte Expertin gerne akzeptiert und es wurden zum Teil recht falsche Konzepte und Vorstellungen verbreitet. Zunehmend wurden aber auch Vertreterinnen und Vertreter der KI sichtbar, fanden Gehör und im Jahr 2020 kann bereits festgestellt werden, dass sich zunehmend ein besseres Grundverständnis entwickelt hat. Dennoch sollen hier ein paar Indikatoren genannt werden, mit denen man feststellen kann, ob eine Person tatsächlich ausgewiesen im Bereich KI ist. (1) Publikationen: Basierend auf der sehr sorgfältig geführten Datenbank „dblp computer science bibliography" wurde eine Webseite AI-Rankings erstellt, in der alle für den Bereich KI relevanten Zeitschriften und Konferenzen gelistet sind. Wer hier keinerlei Eintrag hat, hat noch nie einen wissenschaftlichen Beitrag geleistet, der in einem von der wissenschaftlichen Gemeinschaft akzeptierten Journal oder Tagungsband publiziert wurde. (2) Engagement im FBKI: Wissenschaftlerinnen und Wissenschaftler, die im deutschsprachigen Raum aktiv sind, sind überwiegend im FBKI organisiert und treten über die Jahre hinweg auch in Erscheinung, zum Beispiel als Mitglied oder Sprecher einer Fachgruppe. (3) Lehrerfahrung im Bereich KI: KI-Expertinnen und -Experten an Hochschulen sollten – am besten nicht erst seit dem Hype – Lehrveranstaltungen zu KI-Themen durchgeführt haben.

4.5 Zielgruppenspezifische KI-Kompetenzen

Mittelständische und größere Unternehmen weisen häufig umfangreiche und komplexe Organisationsstrukturen über mehrere Hierarchieebenen hinweg auf. Mit dem stetig wachsenden Interesse am Thema KI werden perspektivisch viele, wenn nicht sogar die meisten Rollen und Vertreter der einzelnen Organisationsstrukturen mit Künstlicher Intelligenz in Berührung kommen. Innerhalb dieses Abschnitts sollen zielgruppenspezifische KI-Kompetenzen, vom Sachbearbeiter bis zum oberen Management von Unternehmen, aufgezeigt und erörtert werden. Bild 4.8 gibt einen Überblick darüber, welche Aspekte für einen betrieblichen Einsatz von KI von Bedeutung sind. Einige dieser Aspekte werden im weiteren Verlauf in Abhängigkeit spezifischer Zielgruppen diskutiert. Tabelle 4.1 am Ende dieses Abschnitts fasst die gewonnenen Erkenntnisse abrundend zusammen.

Management von Künstlicher Intelligenz (KI)					
(1) Initiale KI-Projekte durchführen, (2) Organisationales Lernen sicherstellen					
Organisation des Betriebs	**Rechtliche Gestaltung**	**Regulierung & Compliance**	**Lebenszyklus-Management**	**Technologie-Infrastrukur**	**Cyber-sicherheit**
(1) Identifikation von KI-Potentialen in Business und Use Cases	(1) Sicherung von geistigem Eigentum an KI-Modellen	(1) Identifikation und Übersetzung der anwendbaren regulatorischen Anforderungen	(1) Management von Trainingsdaten und Data Bias	(1) Auswahl geeigneter KI-Frameworks, KI-Bibliotheken und KI-Plattformen	(1) Identifikation von Angriffspunkten auf eingesetzte KI-Systeme
(2) Aufbau und Entwicklung von KI-Fähigkeiten in der Organisation	(2) Gestaltung haftungsrechtlicher Fragestellungen	(2) Implementierung von Governance, um Regularien umzusetzen	(2) Versionierung und Versionsmanagement von KI-Modellen	(2) Weiterentwicklung bestehender IT-Infrastrukturprozesse	(2) Bewusstsein für neue KI-Bedrohungsszenarian schaffen
(3) Gestaltung des Anbietermanagements für KI-Dienste					

Bild 4.8 Das St. Gallener Management-Modell für den betrieblichen Einsatz von Künstlicher Intelligenz (Quelle: van Giffen, B., Borth, D. & Brenner, W (2020). Management von Künstlicher Intelligenz in Unternehmen. HMD 57, 4 – 20. *https://doi.org/10.1365/s40702-020-00584-0*)

Sachbearbeiter

Sachbearbeiter, die meist einen kaufmännischen Hintergrund haben und innerhalb eines (Teil-)Prozesses tätig sind oder diesen verantworten, treten häufig als Nutzer von KI in Erscheinung. Oftmals sollen Sachbearbeiter durch entsprechende KI-Technologien unterstützt oder sogar von Routineaufgaben entlastet werden. Von zentraler Bedeutung ist es dabei, Aufklärung dahingehend zu leisten und Klarheit darüber zu schaffen, dass insbesondere schwache KI den Menschen unterstützen, ihn jedoch weder kontinuierlich verdrängen noch komplett ersetzen soll. State-of-the-Art-Fähigkeiten von KI-Systemen sowie die Konsequenzen des Einsatzes derer müssen unmissverständlich aufgezeigt, vermittelt und Sachbearbeitern bewusst gemacht werden. Der Gedanke, dass Mensch und Maschine partnerschaftlich zusammenarbeiten, sich interaktiv ergänzen und nicht als Konkurrenten zu sehen sind, ist von zentraler Bedeutung. Weiterhin sollte auf die gewichtige Bedeutung einer qualitativ hochwertigen Datenbasis für KI verwiesen werden und eine Sensibilisierung für das Thema der korrekten und vollständigen Datenerfassung, Datenpflege und Datenprüfung durchgeführt werden. Aus diesen Gegebenheiten lassen sich zentrale Anforderungen an KI-Systeme ableiten, damit diese Akzeptanz vom Nutzer erfahren und Interaktion mit diesem möglich ist: einfache und intuitive Bedienbarkeit, Transparenz bezüglich der Fähigkeiten und Nachvollziehbarkeit der getroffenen Entscheidungen. Sachbearbeiter sollten indes auf einen eventuellen Mehraufwand beim Thema des Datenmanagements eingestellt sein.

Software-Entwickler, Software-Tester und Qualitätsmanager

Starke Berührungspunkte mit Themen der KI werden in (Software-)Unternehmen vor allem jene Rollen haben, welche direkt mit oder insbesondere an Softwareprodukten arbeiten. So gilt es vor allem für klassische Softwareentwicklungs-Teams, welche Software-Entwickler, Software-Tester, Software-Architekten und zugehörige Product-Owner umfassen, die spezifischen Anforderungen an KI-Software-Komponenten kennenzulernen. Es ist also die Frage zu klären, welche zusätzlichen funktionalen sowie nichtfunktionalen Anforderungen im Rahmen des Softwareentwicklungsprozesses zu berücksichtigen sind, sobald KI-Komponenten integriert werden. Von zentraler Bedeutung sind alle Aspekte, die die Datenbasis für ein KI-Software-Projekt umfassen. Die meist eher technisch ausgebildeten Mitarbeiter eines Software-Teams sollten dennoch ein grundlegendes Verständnis für die betreffende fachliche Domäne sowie die Beschaffenheit der zugehörigen Daten entwickeln, um mögliche Verzerrungen bei der Datenextraktion sowie bei der Weiterverarbeitung erkennen und korrigieren zu können. Vor Projektbeginn müssen funktionale Anforderungen an die zu entwickelnde KI-Komponente definiert werden. So sind Anforderungen an die spätere Leistungsfähigkeit zu beschreiben wie die Vorhersagegenauigkeit und Vollständigkeit eines ML-Modells. Zudem gilt es, eine ganze Reihe nichtfunktionaler Anforderungen, die speziell für KI-Projekte relevant sind, zu berücksichtigen. In Bezug auf Zuverlässigkeit sollte sowohl fachliches als auch technisches Wissen vorhanden sein, um ML-Modelle im Zeitverlauf evaluieren und ein potenzielles Auftreten einer Datenverschiebung erkennen zu können. Auf Grund der Schnelllebigkeit von KI-Technologien, sowohl im Hinblick auf Software als auch auf Hardware, sollten Strategien entwickelt werden, um eine längerfristige Kompatibilität der entwickelten KI-Komponenten im Unternehmen zu ermöglichen. Enorme Datenmengen, die beispielsweise zum Training von tiefen neuronalen Netzen benötigt werden, sowie rechenintensive iterative Trainingsalgorithmen stellen hohe Anforderungen an die benötigte Hardware. So werden oftmals kosten- und ressourcenintensive Rechencluster oder Grafikprozessoren benötigt. Derartig gesteigerte Anforderungen sollten bereits im Zuge einer Wirtschaftlichkeitsrechnung bedacht werden. Um ein KI-Projekt als Software-Team möglichst umfassend stemmen zu können, müssen weiterhin Sicherheitsaspekte betrachtet werden, damit Manipulationen von Klassifikationsergebnissen erkannt werden, die durch sogenannte „Adversarial Attacks" hervorgerufen werden können. Die Tatsache, dass viele eingesetzte ML-Verfahren, vor allem aber tiefe neuronale Netzwerke, zudem als undurchsichtige schwarze Boxen zu bezeichnen sind, deren konkrete innere Entscheidungsmechanismen nur schwer nachzuvollziehen sind, sollten insbesondere Product Owner und Projektleiter kennen. Gemeinsam mit dem Kunden kann ein KI-Projekt dann systematisch geplant und kontinuierlich gesteuert werden.

Personalabteilung

Innerhalb von Unternehmen werden künftig auch Mitarbeiter der Personalabteilungen mit dem Themenbereich KI konfrontiert werden. Einerseits liegt es in ihrem Aufgabenbereich, Personal für KI-Aufgaben zu rekrutieren sowie zu betreuen. Dafür ist es notwendig, Kompetenzprofile für KI-Experten zu kennen und zu beschreiben sowie Qualifikationen von Bewerbern beurteilen zu können. Andererseits werden verstärkt auch KI-Verfahren zur Unterstützung von Human-Resources-(HR)-Prozessen eingesetzt, so beispielsweise für das Recruiting zur Unterstützung bei der Auswahl von Bewerbern, bei der individuellen Erstellung von Schulungsmaterialien sowie im Rahmen von Chat-Bots, die bei der Bewältigung administrativer Tätigkeiten unterstützen können. Im Zuge dessen werden Mitarbeiter der Personalabteilungen durch den Einsatz von KI perspektivisch von einer Vielzahl administrativer Aufgaben befreit. Die resultierenden freien Kapazitäten können dann zur strategischen Personalplanung für KI-Personal und zur fachlichen Unterstützung bei der Planung und Umsetzung von KI-Projekten für HR-Prozesse genutzt werden. Wenn KI für die Rekrutierung von Personal eingesetzt wird, sollten im HR-Bereich auch Kenntnisse vorliegen, die ethische Aspekte, Fairness und potenzielle Verzerrungen in Bezug auf KI-Entscheidungen betreffen. Insbesondere wenn personenbezogene Daten durch KI verarbeitet werden, ist gesondertes Augenmerk auf die Einhaltung von Datenschutzbestimmungen zu richten.

Controlling, Finance und Governance

Überall dort, wo große Datenmengen strukturiert vorliegen und verarbeitet werden, bietet sich der Einsatz von KI-Technologien an. Da sich Mitarbeiter der Bereiche Controlling und Finance sowohl mit der Planung als auch mit der Überwachung von Abläufen über alle Unternehmensbereiche hinweg befassen, ergeben sich hier unterschiedliche Möglichkeiten für den Einsatz von KI. Auf der einen Seite werden Ansätze zur Datenanalyse zum Zwecke des vergangenheitsorientierten Reportings benötigt. Hierfür bieten sich vor allem Kenntnisse in der KI-gestützten Mustererkennung, also vorwiegend des Data Minings und allgemein des Business Intelligence an, die um Visualisierungstechniken zur Darstellung der KI-Ergebnisse ergänzt werden sollten.

Für die zukunftsgerichtete Planung auf Basis in der Vergangenheit erhobener Daten, welche ebenfalls zentraler Bestandteil des Controllings ist, eignen sich Kenntnisse von KI-Verfahren mit geringerer Komplexität. Diese ermöglichen Prognosen in nachvollziehbarer und transparenter Art und Weise. Beispiele dafür sind lineare sowie logistische Regressionsmodelle, deren innere Funktionsweise durch Inspektion der gelernten Parameterwerte nachvollzogen werden kann und daraus abgeleitete Entscheidungen begründet werden können.

Der Unternehmensbereich Corporate Governance, welcher sich unter anderem um die Identifikation und unternehmensinterne Umsetzung regulatorischer Anforderungen kümmert, wird zunehmend mit rechtlichen Fragestellungen sowie der Einführung entsprechender Compliance-Maßnahmen in Zusammenhang mit KI gefordert sein. Das Verhältnis zwischen KI und anwendbarem Recht birgt derzeit noch enormes Klärungspotenzial. So stellen sich Fragen zum geistigen Eigentum von entwickelten KI-Modellen sowie Fragen zur Haftungssicherheit in einem durch KI verursachten Schadensfall. Weil das spezifische Verhalten sowie die individuellen Entscheidungen eines KI-Systems nicht vollständig vorhersagbar sind, resultieren große Herausforderungen für die Rechtsprechung sowie die daraus ableitbaren Präventionsmaßnahmen, die im Rahmen einer KI-Governance unternehmensintern umzusetzen sind. Mitarbeiter aus dem Unternehmensbereich Governance sollten in Zusammenhang mit KI also Kenntnisse des IT-Rechts und insbesondere der Datenschutz-Grundverordnung (DSGVO) der Europäischen Union aufbauen, um spätere rechtliche Unabwägbarkeiten und Fallstricke zu vermeiden.

Marketing

Um dabei zu helfen, gezielte Marketingstrategien zu entwickeln und umzusetzen, stehen Unternehmen diverse Datenquellen, unternehmensextern wie unternehmensintern, zur Verfügung. Innerhalb des Customer-Relationship-Managements (CRM) stehen kundenorientierte Ziele im Vordergrund. Im Hinblick auf die Kunden eines Unternehmens kann es sehr hilfreich sein, einen 360°-Kundenüberblick zu gewinnen, mit dessen Hilfe eine bessere Kundenzentrierung ermöglicht wird. So kann durch die Anbindung interner Datenquellen wie CRM-Systeme zielgruppenspezifische und personalisierte Werbung erstellt werden, infolgedessen im weiteren Verlauf des Customer Lifecycles kundenspezifische Angebote erarbeitet werden. KI kann hierbei unterstützen, indem unter Einbezug externer Datenquellen, beispielsweise von Geschäftspartnern, Marktforschungsunternehmen sowie von Social-Media-Kanälen, Kunden- und Kaufverhalten vorhergesagt sowie mittels Mustererkennung neue Marktzusammenhänge erkannt werden. Weiterhin besteht die Möglichkeit, im Rahmen von „Configure, Price, Quote" (CPQ) mittels KI-Einsatz Kunden bei der individuellen Produktkonfiguration, Preisgestaltung sowie dem eigentlichen Angebotsprozess zu unterstützen. Zusätzlich tragen Verfahren zur Sentiment-Analyse dazu bei, Kundenmeinungen und Produktbewertungen automatisiert zu analysieren und somit eine Stimmungsanalyse durchzuführen. Die gewonnenen Erkenntnisse können wiederum in die weitere Marketingstrategie einfließen. Alles in allem sollten im Marketing KI-Kompetenzen in den Bereichen des Data Engineerings und der Datenintegration, also des Extrahierens, Transformierens und Ladens von Daten aus verschiedenen Datenquellen, sowie der nachfolgenden KI-Analysemöglichkeiten vorliegen. Dazu zählen beispielsweise Clustering-Algorithmen zur Segmentierung von Kunden und Produkten sowie Topic-Modeling-Ansätze, die Sentiment-Analyse ermöglichen. Weiterhin sollte Bewusstsein für einen verantwortungsvollen Umgang mit Daten unter Berücksichtigung aktueller Bestimmungen aus dem Bereich Datenschutz entwickelt werden.

Strategisches Management

Um KI erfolgreich in einem Unternehmen einzuführen, bedarf es einer realistischen Einschätzung, welche Aufgaben im gegebenen Unternehmenskontext sinnvoll durch KI unterstützt werden können. Gerade in Unternehmen, die nicht zur IT-Branche gehören, existieren häufig sehr unklare Vorstellungen von KI-Methoden gepaart mit sehr hohen Erwartungen an den Einsatz von KI. Es ist sicher der Fall, dass eine durchdachte Strategie zur Implementierung von

KI in vielen Bereichen eines Unternehmens ein hohes Wertschöpfungspotenzial hat. Aber schnell ein paar Data Scientists ins Unternehmen holen oder Mitarbeitende aus vermeintlich verwandten Gebieten – vom Softwareingenieur bis zum Maschinenbauer – kurz zu schulen und dann Hals über Kopf irgendein Modell aus irgendwelchen Daten zu lernen, wird am Ende mehr kosten, als es nutzt. Entsprechend sollten sich auch die Vertreter des strategischen Managements grundlegend und von neutralen Fachexperten über grundlegende Konzepte der KI, wie sie in den vorangegangenen Abschnitten eingeführt wurden, informieren lassen. Insbesondere sollte verstanden werden, wie hoch die Anforderungen an Datenvolumen und Datenqualität sind, die notwendig sind, um tatsächlich von der Anwendung von tiefen neuronalen Netzen profitieren zu können. Werden aktuell Daten nicht systematisch gespeichert und existieren keine geeigneten Datenverarbeitungs-Pipelines, kann das Change Management sehr zeitaufwändig und kostspielig sein. Womöglich gäbe es einfachere und für die gegebene Datenlage sinnvollere Ansätze des Maschinellen Lernens oder auch anderer KI-Methoden, die durch die aktuelle Fixierung auf Deep Learning nicht beachtet werden. Wichtig ist auch zu verstehen, dass maschinell gelernte Modelle kein Ersatz für menschliche Mitarbeiter sind. Da sich die Welt immer weiterentwickelt, braucht es den human-in-the-loop, um KI-Modelle weiterzuentwickeln. Ziel für eine Arbeitswelt der Zukunft sollten Mensch-KI-Partnerschaften sein, bei denen die Kompetenzen der Menschen nicht nur erhalten bleiben, sondern sogar gefördert werden.

Tabelle 4.1 Überblick über zielgruppenspezifische KI-Kompetenzen in Unternehmen

Rollen in Unternehmen	Bezug/Verhältnis zu KI	Spezifische KI-Kompetenzen
Sachbearbeiter	Künftige KI-Nutzer	Offenheit gegenüber Change hin zu KI; Kompetenzen im Bereich Datenmanagement; Interaktion mit KI; Plausibilisierung von KI-Outputs
Software-Entwickler, Software-Tester und Qualitätsmanager	Künftige Entwickler von Software mit KI-Komponenten	Kenntnis von spezifischen Anforderungen an KI-Software-Komponenten und KI-Softwareentwicklungsprozesse; Basiswissen über KI-Anwendungsdomäne und zugehörige Daten; Kooperation mit Fachexperten
Personalabteilung	Künftige Recruiter von KI-Wissensträgern	Entwickeln von Kompetenzprofilen für einzustellendes KI-Personal; Beurteilen von Qualifikationen von KI-Bewerbern; Bewusstsein für KI-Ethik/Fairness und Datenschutz
Controlling, Finance und Governance	Anwender KI-gestützter Analysen mit Fokus auf Reporting und Planung; Entwickler von KI-Governance	Grundkenntnisse im Bereich Business Intelligence, Data Mining und Visualisierung; Basiswissen über Regressionsanalysen; Kompetenzen in IT-Recht (insbesondere der DSGVO); Erfahrung in der Umsetzung von KI-Governance
Marketing	Anwender von KI-gestützten Analysen mit Fokus auf Markt- und Kundenverhalten	Kenntnisse im Bereich Data Engineering, Datenintegration und Datenschutz; Überblick über CRM-bezogene KI-Anwendungsgebiete und KI-Techniken; Basiswissen über Data Mining (Clustering, Sentiment-Analyse, Assoziationsanalyse, Topic-Modeling)
Strategisches Management	Entwickler von und Entscheider über KI-Strategien und KI-Projekte	Überblick über KI-state-of-the-art; Kennen von KI-Potenzialen im Unternehmenskontext; Wissen über Anforderungen an KI-Einsatz sowie über mögliche Risiken; Entwickeln und Planen von KI-Strategien und KI-Projekten

Literaturhinweise und Referenzen

Das bekannteste Lehrbuch zum Thema KI, das weltweit eingesetzt wird, ist das „AIMA" – Artificial Intelligence: A Modern Approach – von Russell und Norvig (2020 in 4. Auflage). Einen sehr guten Überblick über Methoden und Themengebiete der KI gibt das deutschsprachige Handbuch, das von Görz, Schmid und Braun (2021 in 6. Auflage) herausgegeben wird. Speziell zum Thema Maschinelles Lernen gibt es verschiedene gute Lehrbücher, eines davon ist von Peter Flach (2012). Eine allgemeinverständliche Einführung gibt das Buch „Wie Maschinen lernen" (Kersting et al. 2019). Ein 2018 erschienenes Whitepaper von fortiss hat zwar den Fokus auf KI in Bayern, gibt aber einen guten und nicht auf Bayern beschränkten Überblick über KI-Forschung in Unternehmen. Verschiedene Publikationen mit Relevanz für KI in Unternehmen werden von der Plattform für Lernende Systeme herausgegeben, beispielsweise zum Thema Einführung von KI in Unternehmen (Stohwasser et al. 2020).

Flach, P.: Machine Learning. The Art and Science of Algorithms to Make Sense of Data. Cambridge University Press, 2012

Görz, G.; Schmid, U.; Braun, T.: Handbuch der Künstlichen Intelligenz. 6. Auflage, de Gruyter, 2021

Kersting, K.; Lampert, C.; Rothkopf, C. (Hrsg.): Wie Maschinen lernen. Künstliche Intelligenz verständlich erklärt. Springer, 2019

Rueß, H.; Krcmar, H.: Künstliche Intelligenz. fortiss Whitepaper. 2018 *https://www.fortiss.org/file admin/user_upload/Veroeffentlichungen/Informationsmaterialien/191029_fortiss_KI_White_Paper _web.pdf*

Russell, S.; Norvig, P.: Artificial Intelligence: A Modern Approach. 4. Auflage, Pearson, 2020

Schoonhoven, J.J.; Roelands, M.; Brenna, F.: Nach dem Hype: Was Führungskräfte über die erfolgreiche Implementierung künstlicher Intelligenz wissen müssen. IBM Services Whitepaper. 2019, *https://www.ibm.com/downloads/cas/AKYR48JM*

Stowasser, S.; Suchy, O. et al.: Einführung von KI-Systemen in Unternehmen. Plattform Lernende Systeme Whitepaper. 2020, *https://www.plattform-lernende-systeme.de/files/Downloads/Publikat ionen/AG2_Whitepaper_Change_Management.pdf*

Digitale Kompetenzen in der Konzernwelt: Ansätze, Projekte und Vorgehensweisen – operativ bis strategisch

Viele Konzerne stehen vor großen Herausforderungen. Einerseits haben viele Unternehmen äußerst erfolgreiche Jahre erlebt und sind mit Ressourcen gut ausgestattet, anderseits müssen sich in einem Umfeld bewähren, das sich massiv verändert. Die nachfolgenden Kapitel nehmen Sie daher mit auf eine Reise. Angefangen bei strategischen Überlegungen zur Bedeutung digitaler Kompetenzen bis hin zu konkreten operativen Umsetzungsbeispielen bei der Personalentwicklung, der Aus- und Weiterbildung und innovativen Lernprojekten, unterstreicht dieser Buchteil die Vielfältigkeit der Ansätze.

Die Kapitel in diesem Buchteil drehen sich um folgende Leitfragen:

- Wie gilt es digitale Kompetenzen aus Management-Sicht voranzutreiben?
- Welche Rolle spielen interne Akademien?
- Welche kulturellen und organisatorischen Veränderungen werden zur Transformation benötigt?
- Wie lässt sich digitale Kompetenz in der operativen HR-Arbeit operationalisieren?

Digitale Transformation für Organisationen und Mitarbeiter: Eine Management-Anleitung

Nils Stamm

1.1 Digitale Transformation: Hype oder gelebte Realität?

Das Geschäftsmodell einiger der weltweit erfolgreichsten Unternehmen setzt auf digitale Interaktion und Dialog mit ihren Kunden. Nicht nur die Kommunikation ist dabei digital, sondern die gesamte Leistungserbringung. Von der Kundengewinnung, über die Bereitstellung der jeweiligen Produkte und Services bis hin zur Betreuung. Durchgängig, ohne Medienbrüche, automatisiert und somit höchst effizient.

Für einige Unternehmen ist das heute trotz des gelebten Internetzeitalters aufgrund bestehender Strukturen, veralteter Strategien und fehlender Anpassungsfähigkeit eine große Herausforderung. Selbst Unternehmen, deren Fokus nicht in physischer Produktion oder Serviceleistung liegt, tun sich mit der Ausrichtung im Rahmen der digitalen Transformation schwer.

Zusätzlich entwickeln auch Kunden ihre Fähigkeiten zur digitalen Interaktion kontinuierlich und im hohen Tempo weiter. Heutzutage kann jeder Kunde öffentlich über einschlägige Webseiten und Apps Produkte als auch Services bewerten und kommentieren. Durch Instagram und Co. ist sogar jeder Einzelne in der Lage, eine große digitale Reichweite aufzubauen und eine Vielzahl an Follower mit Informationen zu bedienen. Folglich ist heute jeder befähigt, einen eigenen digitalen Mediakanal zu betreiben und seine Zielgruppe adressatengerecht, in real-time, mit relevanten Informationen zu versorgen. Man kann von einer revolutionären Entwicklung der Kommunikation sprechen, die nicht mehr den klassischen Medien allein obliegt.

> Wir sind mitten im Wandel, der noch schneller wird, als wir es bisher durch technologische Errungenschaften erfahren haben.

Wir stehen jedoch erst am Anfang der digitalen Revolution. Mit dem exponentiellen Anstieg von Rechenleistung, dem massiven Wachstum von mobilen Datenübertragungsraten durch 5G und der Reduktion von Latenzzeiten wird die nächste Stufe der Digitalisierung eingeläutet. Wie sich diese wiederum auf das digitale Kundenverhalten und Wirtschaft auswirkt, ist heute kaum vorherzusagen und auch nur bedingt vorstellbar.

Es steht fest, dass die Nutzung neuer digitaler Interfaces wie Smart Devices oder Wearables das Kundenverhalten weiter massiv verändern wird. Besonders große Auswirkungen sehen wir in der Art und Weise, wie und wo Informationen erfasst werden, sowie in der Kommunikation selbst.

Daher ist es für Unternehmen, unabhängig von ihrer Größe und Ausrichtung, notwendig, sich im Rahmen der digitalen Transformation für die Zukunft zu rüsten. Sie müssen sich auf einen noch schnelleren, fundamentaleren Wandel einstellen und vor allem die dafür notwendigen Grundlagen und Fähigkeiten zur Veränderung aneignen.

1.2 Transformationsansätze und Phasen

Es gibt zwei grundlegende Digitalisierungsansätze mit jeweils elementaren Vor- und Nachteilen. Eine evolutionäre Transformation, die aus der bestehenden Organisation kommt und in dieser dauerhaft implementiert wird (inside-out). Dem entgegen steht eine Veränderung außerhalb der bestehenden Organisation (outside-in). Für gewöhnlich zeigt letztere schneller Ergebnisse, sie ist jedoch aufgrund des zusätzlichen Engagements teurer und schwerer in das Unternehmen zu integrieren.

Die zentrale Frage ist, welche Ziele in welchen Zeitraum mittels der digitalen Transformation erreicht werden sollen.

Handelt es sich beispielsweise um Experimente und Erprobung neuer Arbeitsweisen und Geschäftsfelder, bietet sich die outside-in Methode an. Sie hilft, in einem definierten Bereich Erkenntnisse zu gewinnen, die für eine digitale Transformation eines Unternehmens notwendig sind und erste Ergebnisse im Sinne von Wirtschaftlichkeit und Effizienz erzielen können. Auch wenn eine parallele Bearbeitung mit höheren Kosten verbunden ist, kann dieses Vorgehen langfristig rentabel sein, insbesondere wenn der Geschäftszweck weiter vom Kerngeschäft entfernt ist. Zu überlegen ist jedoch von Beginn an, wie eine externe Initiative bei Erfolg integriert und für das gesamte Unternehmen Anwendung findet, um ein Bestandteil der Unternehmens DNA zu werden. Denn als reiner Digitalisierungs-Satellit wird das Vorhaben nur wenig Chance auf eine nachhaltige Entfaltung im Kerngeschäft haben und sendet lediglich Signale und Impulse, die dem notwendigen Wandel entgegenstehen. Ist also ein nachhaltiger Wandel innerhalb des Kerngeschäftes notwendig, gilt es, die Transformation inside-out zu etablieren.

Eine solche Transformation geschieht in der Regel in drei Phasen:

Merke: Exploring-Digital – Klein starten und Kritiker berücksichtigen. Agile Arbeitsmethoden implementieren.

In der ersten Phase, dem sogenannten Exploring-Digital, können neben den bereits existierenden Digitaleinheiten tragende Funktionen wie Produktion und Entwicklung mit dieser Herausforderung betraut werden, um eine kritische Masse initial für die Digitalisierung zu aktivieren. Entscheidend dabei ist, dass die Aufgabe, die es zu bewältigen gilt, aus eigener Kraft erbracht wird und sich auf ein Teil des Produktportfolios oder Kundensegment beschränken kann. Auch wenn dieser Ansatz einer digitalen Transformation primär innerhalb der Organisation startet, bedeutet das nicht, dass man auf Beratungsleistung verzichten muss. Vielmehr müssen bei Bedarf das fehlende Know-how und Transformationserfahrung ergänzt werden. Es sollte jedoch kein dauerhafter Bestandteil der Digitalisierungsinitiative sein. Alternativ bietet sich das Recruiting erfahrener Transformatoren an, um das Wissen langfristig im Unternehmen anzusiedeln.

Merke: Doing-Digital – Transformation im eigenen Bereich (der eigenen Wertschöpfungs-Stufe) pilotieren.

In der nächsten Phase, dem Doing-Digital, erhält der Begriff der Ende-zu-Ende Verantwortung. besondere Bedeutung und ist von hoher Relevanz. Teams sollen dabei eigenverantwortlich und unabhängig ihre Aufgaben umsetzen können. Angefangen bei der Konzeption, über die Entwicklung des Leistungsangebotes, bis hin zum Betrieb der notwenigen Funktionen auf den digitalen Touchpoints. Ist dies gegeben, können Teams im Zusammenspiel mit der bestehenden Organisation agieren und so die notwendigen Rahmenbedingungen für einen übergreifenden Wandel schaffen.

Merke: Being-Digital – Transformation im gesamten Unternehmen umsetzen.

In der letzten Phase, dem Being-Digital, geht es um die ganzheitliche Ausrichtung und Integration der Digitalisierung. Unabhängig davon, ob die Exploring-Phase inside-out oder outside-in war, sind alle Bereiche des Unternehmens nun Bestandteil der digitalen Zielerfüllung eines Unternehmens und stellt eine homogene, auf digitale Ziele ausgerichtete Organisation.

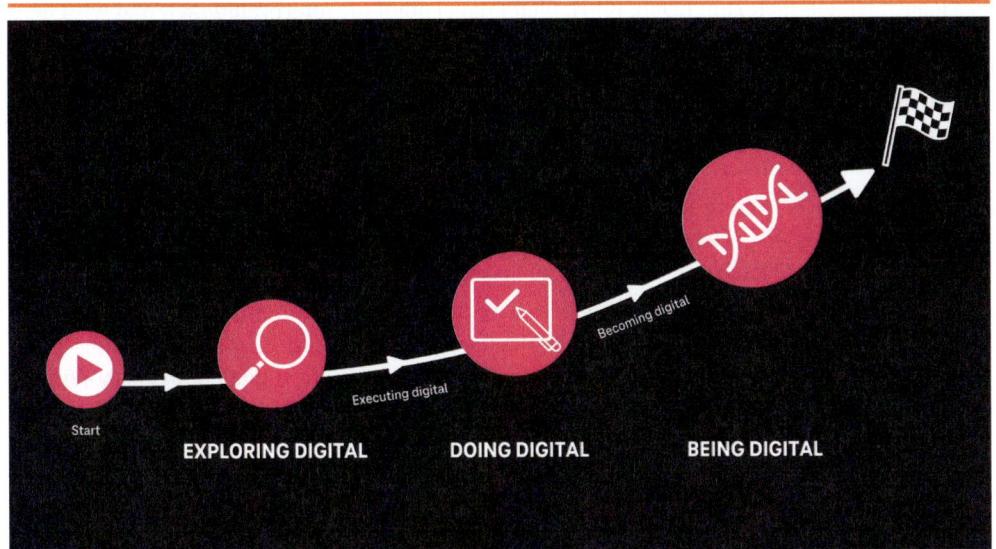

Bild 1.1 Digital Journey der Telekom Deutschland

Fazit:

Unterschiedliche Digitalisierungsansätze führen zum Ziel. Entscheidend ist, dass am Ende die DNA eines Unternehmens digital ist.

1.3 Die Transformationsebenen

Um eine unternehmensübergreifende Transformation bewerkstelligen zu können, hilft es, unterschiedliche Handlungsfelder zu bündeln und in Ebenen zu gliedern. Wir sprechen daher in der Transformation über Transformationsebenen. Bei den gewählten Ebenen, die auch häufig als Layer bezeichnet werden, handelt es sich um Kernbestandteile eines Unternehmens, die es im Rahmen der digitalen Transformation zu betrachten gilt.

1.3.1 Digital Business

Die erste Ebene der Transformation liegt im Geschäft selbst. Hier gilt es herauszufinden, welche Relevanz die Digitalisierung für Kunden hat und welche Elemente bereits in hoher Qualität bedient werden. Einfach zu überprüfen ist dies anhand der Wertschöpfungskette eines Unternehmens, d. h. wie ist die Interaktion mit den Kunden, wie wird der Bedarf gedeckt und wie werden Kunden im Rahmen des Kundenlebenszyklus betreut. Je stringenter eine Ende-zu-Ende Betrachtung dieses Prozesses ist, desto konsequenter kann eine digitale Transformation greifen.

Die Business-Transformation beginnt demnach bei der initialen Interaktion mit dem Kunden zum Zweck der Kundengewinnung. Häufig setzen Unternehmen in dieser kritischen Phase sehr stark auf klassische, meist analoge Methoden wie Print, Out of Home und TV, gepaart mit digitalen Vermarktungsaktivitäten wie Suchmaschinen-Marketing, Social Media-Marketing und Social Selling.

Fazit: Digitalisierung bedeutet, alle relevanten Geschäftsprozesse über alle Ebenen hinweg zu digitalisieren.

Was jedoch letztendlich zum Erfolg führt, bleibt dabei offen für Interpretationen und wird dem Marketing, Vertrieb oder dem Produktmanagement zugeschrieben. Deshalb steht ein digitales Informations-, Vermarktungs- und Vertriebssystem, welches den gesamten Prozess der Kundengewinnung abdeckt, an erster Stelle der Digitalisierung. Ist die Fähigkeit Kunden digital zu gewinnen erst einmal etabliert, gilt es den Prozess weiter zu digitalisieren und kontinuierlich, datenbasiert zu optimieren.

Entwicklung und Fertigung des Produktportfolios werden dementsprechend auf die digitale Kundengewinnung ausgerichtet, um die Bedürfnisse des Kunden frühzeitig zu erkennen und systematisch in die Umsetzung einfließen zu lassen.

Bei der Bereitstellung des Gutes und weiteren Betreuung des Kunden beginnt wiederum der Zyklus der Informationsgewinnung über Verhalten und Bedürfnisse. Ein solcher Zyklus ist in der digitalen Transformation als ein wesentlicher Bestandteil der digitalen Wertschöpfungskette zu berücksichtigen.

1.3.2 Digitale Kundenschnittstelle

Bei der digitalen Kundenschnittstelle kommen wir zum Herzstück der Digitalisierung. Denn die erfolgreichsten Geschäftsmodelle bzw. Unternehmen der Welt, betreiben ihr gesamtes Geschäft über digitale Kundenschnittstellen, den sogenannten digitalen Touchpoints. Dieses Phänomen lässt sich weltweit beobachten. Von Google über Facebook bis hin zu großen Plattformen wie Amazon und Alibaba. Alle haben gemeinsam, dass sie mit Webseiten und Apps erfolgreich sind. Entgegen der Skepsis vieler Kritiker, die einen Buchverkauf oder Massengüterhandel über das Internet für nicht erfolgsversprechend und skalierbar hielten.

Jedoch gehören zu den digitalen Touchpoints nicht nur die direkten digitalen Kundenschnittstellen wie Apps und Webseiten, sondern auch die indirekten, die bei der Befriedigung und Lösung von Kundenanliegen verwendet werden. Das sind beispielsweise die Arbeitsoberflächen von Call Center-Agenten, von stationären Geschäften und gegebenenfalls von denen der Außendienstmitarbeiter. Denn nur wenn sowohl Mitarbeiter als auch Kunden die gleiche digitale Produktpräsentation und Administration erleben, ist eine maximale Durchdringung der digitalen Kundenorientierung über digitale Touchpoints im Unternehmen möglich. Ein Beispiel dafür bietet das Frontend Decoupling. Dieser Prozess hat zum Ziel, die zahlreichen historisch gewachsenen Shop-Systeme auf jeder Plattform in einem Warenkorb zu vereinen.

Das gilt sowohl für Massenmarktprodukte als auch für beratungsintensive Produkte. Denn je konsequenter und konsistenter die digitale Customer Journey für Kunden und Mitarbeiter ist, desto höher ist die Effizienz. Allein durch den Wegfall von unterschiedlichsten Arbeitsoberflächen aus den verschiedensten Bereichen und den dahinter liegenden Systemen können hohe Kosteneinsparungen erzielt werden. Mit der dazu passenden IT-Infrastruktur wird die Entwicklung von Anwendungen für Mitarbeiter und Kunden maximal schnell, einfach und über Umfragen auf den digitalen Touchpoints am Kundenbedarf ausgerichtet.

Sprachgesteuerte und sensorische Interfaces sind bei den direkten digitalen Touchpoints von immer größerer Relevanz und etablieren sich als wichtige Kundenschnittstelle. Lässt sich doch zwischenzeitlich per Sprache der tägliche Bedarf an Produkten bestellen, ohne diese direkt über den Bildschirm zu begutachten. Allein darin liegt eine neue Herausforderung für viele Unternehmen, um Bestandteil des relevanten Produktportfolios eines Kunden zu sein, die die Produktkommunikation und Information fundamental verändert.

Fazit: Digitale Touchpoints bilden das Herzstück und umfassen alle Schnittstellen zum Kunden.

Aber auch den sensorischen Anwendungen kommt eine besondere Rolle zu. Ihnen obliegt die Fähigkeit, 24 Stunden am Tag mit Kunden zu interagieren, dabei Informationen zu sammeln und diese an das Unternehmen zurückzuspielen. Dies ist keine Domäne der medizinischen Anwendungen mehr, sondern hat beispielsweise über sogenannte Wearables den Sprung in den Alltag geschafft. Wearables sind tragbare Computersysteme, die Kunden bei einer Vielzahl an Aktivitäten physisch und psychologisch im Alltag unterstützen.

1.3.3 IT- & Systemarchitektur

IT-Systeme und die damit verbundenen IT-Architekturen vieler Gesellschaften stellen eine mittlere bis große Herausforderung für die digitale Transformation dar. Unternehmen, die bereits bei ihrer Gründung konsequent auf digitale Touchpoints gesetzt haben, sind hier wesentlich im Vorteil. Denn sie haben ihre Wertschöpfungskette folgerichtig an die digitale Interaktion angepasst und stellen ihren Kunden sowohl Produkte, Services, Features, als auch Funktionen ohne einen langwierigen Release-Prozess zur Verfügung.

Im Affekt gewachsene IT-Landschaften, die ihre Systeme über Jahre an unterschiedliche Herausforderungen des Marktes angepasst und dabei nicht auf eine durchgängige Entkoppelung ihrer Systeme geachtet haben, kommen hingegen an ihre Grenzen. Entkoppelt sind IT-Systeme und Programmierschnittstellen (APIs), die im Sinne der Befriedigung von unterschiedlichen Kundenbedürfnissen autark entwickelt werden. Gerade eine API-basierte IT-Architektur ermöglicht es beispielsweise den Entwicklern, Abhängigkeiten innerhalb der Systemlandschaft zu verringern und diese autark zu betreiben.

So ist unter anderem Amazon heute in der Lage, zu jeder Zeit und an jeder Stelle an seiner App oder Webeseite Verbesserungen vorzunehmen und den Kundenprozess kontinuierlich zu verbessern. Prominente Beispiele wie Spotify haben darüber hinaus ihre gesamte Organisation diesem Prinzip unterworfen und sind dadurch Vorbild vieler digitalisierter Unternehmen geworden.

Fazit: Entkoppelte IT-Architektur ist die Architektur der erfolgreichsten Unternehmen der Welt und damit bewiesenermaßen die IT-Architektur der Zukunft.

1.3.4 Organisation

Aus der Kombination, Ausrichtung an Kundenbedürfnisse, die über digitalen Touchpoints befriedigt werden, und einer entkoppelten IT-Landschaft ergibt sich notwendigerweise ein neues, angepasstes Arbeitsmodell für Unternehmen. Im Kern handelt es sich dabei um ein Arbeitsmodell, dass auf schnelle Anpassungen ausgelegt ist, ohne sich im permanenten Krisenmodus zu befinden. Denn viel zu häufig sind Unternehmen nur dann schnell, wenn sie dazu gezwungen werden.

Eine sogenannte Agile Arbeitsweise setzt genau darauf auf. Sie hat die schnelle Veränderung beziehungsweise Anpassung zu ihrem Grundprinzip erkoren und die damit einhergehenden Muster in eine neue Arbeitsform transformiert.

Die große Herausforderung bei der Einführung einer Agilen Arbeitsweise liegt allerdings in der Tatsache, dass Wandel häufig mit Unsicherheit und Richtungslosigkeit assoziiert wird und sich kontraproduktiv auf die Transformation auswirkt.

Dieses Dilemma wird durch die Agile Arbeitsweise gelöst, indem sie ein Fundament schafft, welches auf Werten basiert. Werte, die sowohl Richtung aber auch Sicherheit, Ansporn und Motivation geben und durch die Anwendung von grundlegenden Prinzipien den Wandel als gegeben annimmt. Untermauert mit Prinzipen, die die Zusammenarbeit vieler unterschiedlicher Teams verbessern.

Agilität

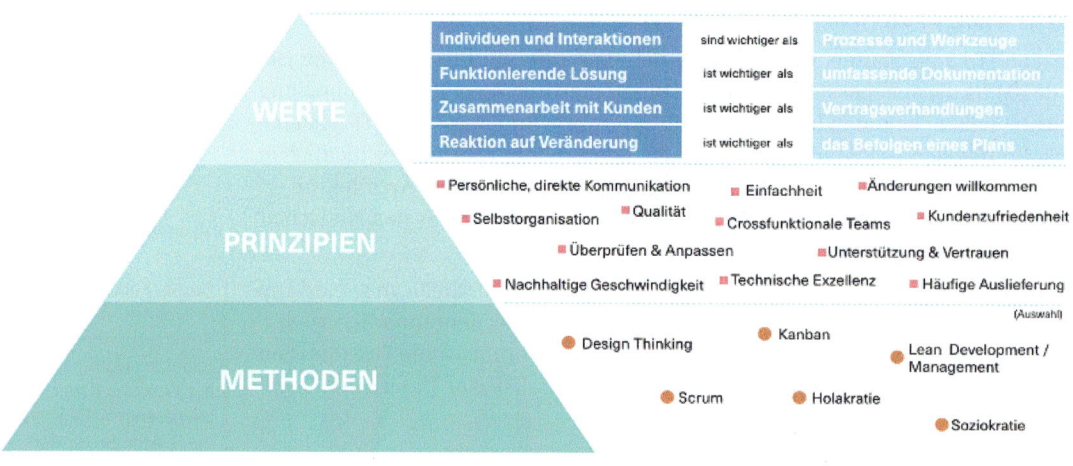

Bild 1.2 Werte und Prinzipien der Agilen Arbeitsweise

Die Effizienz in der Agilen Arbeitsweise kommt jedoch nicht durch Werte und Prinzipien allein, sondern durch die Anwendung agiler Methoden. Diese Methoden stellen sicher, dass Teams von der Idee über die Entwicklung bis zum Bereitstellen eines Produktes optimal zusammenarbeiten.

Je vollständiger und konsistenter agile Arbeitsmethoden über den gesamten Wertschöpfungsprozess zur Anwendung kommen, desto erfolgreicher ist ein Unternehmen. Die größten bzw. erfolgreichsten Unternehmen der Welt machen es vor und belegen, dass Unternehmensgröße kein limitierender Faktor ist. Agile Arbeitsformen und Methoden sind ebenso skalierbar wie die Produktion von Massengütern.

Fazit: Agilität ist die Organisationsform der Digitalisierung und unabhängig von Organisationsgröße oder Unternehmensausrichtung.

Sogenannte Scaled Agile Frameworks wie beispielsweise SAFe® 5.0 helfen dabei und stellen über unterschiedliche Ebenen sicher, dass verschiedene Entwicklungsbereiche eines Unternehmens synchronisiert sind. Das Framework legt auf den einzelnen Ebenen notwendige Rollen und Verantwortlichkeiten fest, die ein Zusammenspiel über Organisationseinheiten und Gesellschaften hinweg ermöglichen.

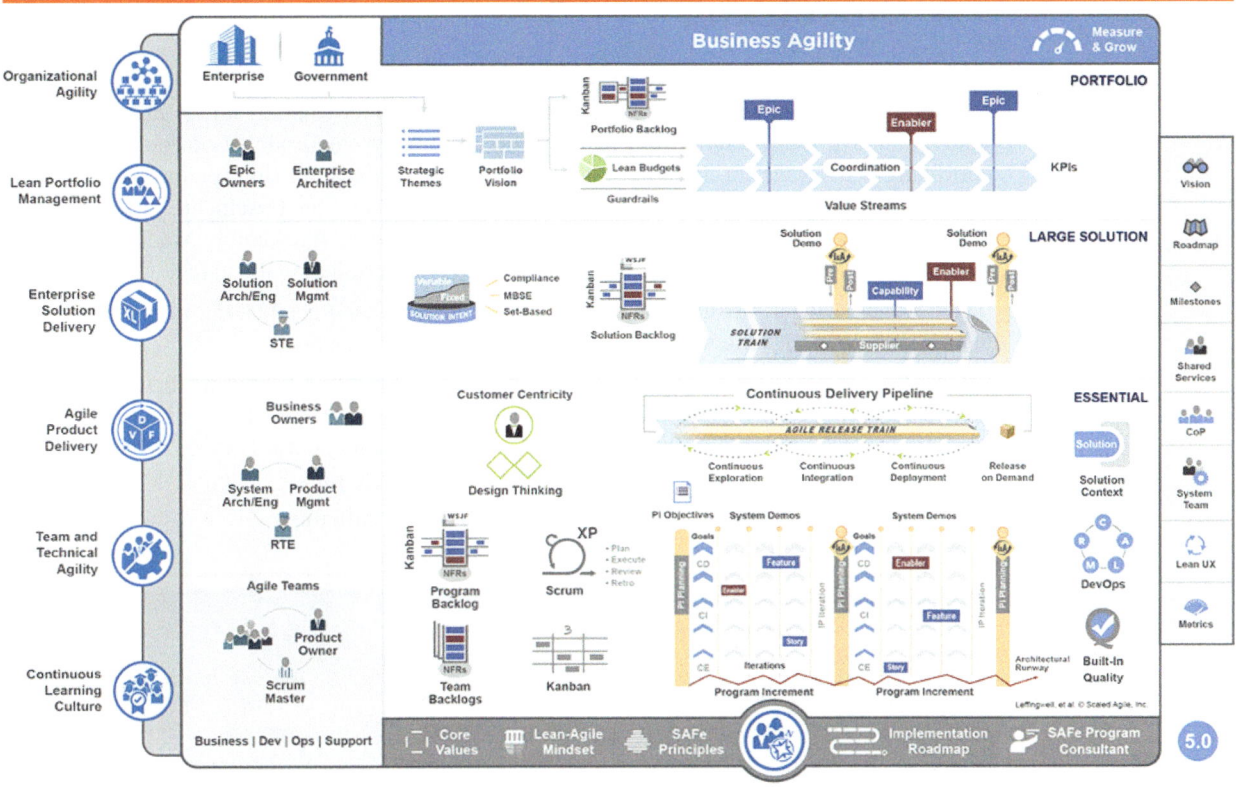

Bild 1.3 SAFe 5.0 Framework

1.3.5 Kultur

Das ganze zwanzigste Jahrhundert hindurch haben Organisationstheoretiker und Management-experten nach einem besseren Verständnis für die innere Funktionsweise von Unternehmen gesucht. Eine Analyse verschiedener Modelle der Organisationstheorie offenbart gewisse Ähnlichkeiten, die vielleicht am besten durch Scheins Theorem zur institutionellen Identität zusammengefasst werden.

Schein beschreibt Kultur als „ein Muster gemeinsamer Grundannahmen, dass die Gruppe gelernt hat, als sie ihre Probleme der externen Anpassung und internen Integration löste, das gut genug funktioniert hat, um als gültig angesehen zu werden und daher neuen Mitgliedern als die richtige Art und Weise, diese Probleme wahrzunehmen, zu denken und zu fühlen, beigebracht zu werden".

Die gute Nachricht lautet also, Kultur entwickelt sich quasi von selbst. Die schlechte Nachricht ist, sie ist nur sehr schwer veränderbar. Sowohl im Rahmen der digitalen Transformation und der konsequenten Ausrichtung des Unternehmens an den digitalen Wandel, wird sich die Kultur dem Handeln anpassen. Insbesondere wenn die Werte der Agilen Arbeit in einem Unternehmen konsequent gelebt werden. Ein weiteres verstärkendes, kulturprägendes Element ist das Bewusstsein des sogenannten Purpose, dem eigentlichen Unternehmenszweck. Damit ist nicht Wachstum oder Rentabilität gemeint, sondern das höhere Ziel und Daseinsberechtigung eines Unternehmens. Je stärker jedem Mitarbeiter im Unternehmen dieser Purpose bewusst ist und Sinn bietet, desto stärker lässt sich Kultur prägen.

Fazit: Kulturelle Veränderung ist ein stetiger Prozess und entwickelt sich mit der veränderten Ausrichtung eines Unternehmens.

1.4 Umsetzung

„Nichts ist so einfach wie die digitale Transformation". Leider existiert dieses Zitat nicht, was wohl daran liegt, dass Veränderung schwerfällt, wenngleich sie für viele Unternehmen lebensnotwendig ist. Gerade im digitalen Wandel wird klar, wie schnell Unternehmen in der Lage sein müssen, sich anzupassen. Einige jüngere Beispiele aus der Geschichte zeigen, welche Konsequenzen fehlende Anpassungsfähigkeit haben. Kodak, Blackberry, Nokia und Quelle sind nur einige Unternehmen, die der Digitalisierung zum Opfer gefallen sind.

Da ein Wandel wiederum nicht befohlen oder bestellt werden kann, gibt es bewährte Vorgehensmodelle, um Veränderung sicherzustellen und zu institutionalisieren.

Hierbei ist es bei Weitem nicht damit getan, einen CDO, CIO oder CEO für die digitale Transformation verantwortlich zu machen. Vielmehr bedarf es einer klaren Vision zur Digitalen-Transformation, welche durch die Organisation getragen und implementiert wird. Nicht als „Hack" von außen, sondern als positiv besetzter Treiber von innen heraus.

Die im Folgenden beschriebenen Absätze geben dazu eine Anleitung.

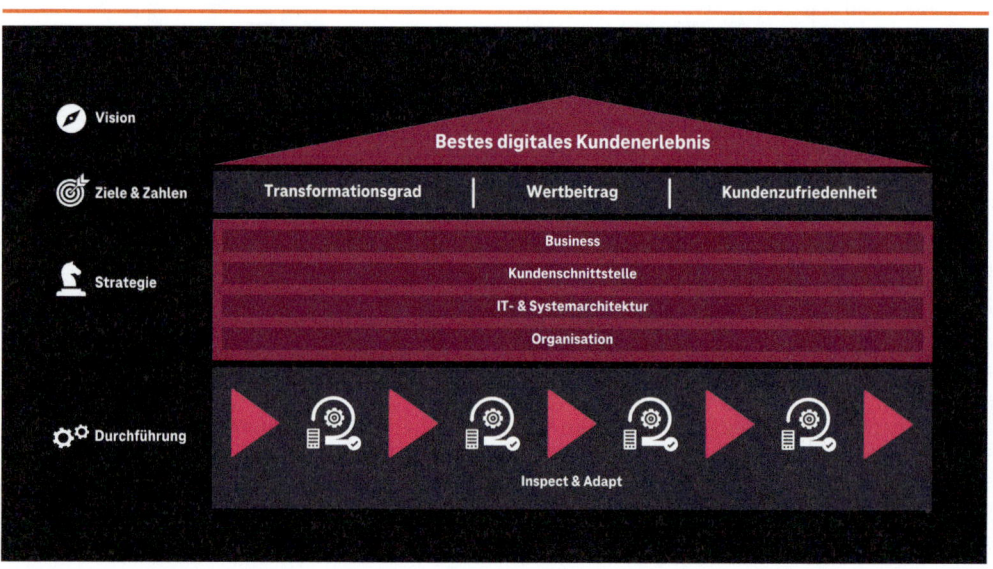

Bild 1.4 Digitale-Transformation kompakt

1.4.1 Vision

Von einigen belächelt, von erfahrenen Transformatoren hochgeschätzt, ist die Vision. Sie ist sozusagen der Polarstern unter den vielen leuchtenden Elementen am Unternehmensfirmament, welche hilft, bei den vielen Aktivitäten, Maßnahmen, Projekten, Initiativen, Strategien und Plänen die Richtung zu halten. Genau aus diesem Grund muss die Vision gezwungenermaßen einfach und sofort von allen klar verständlich sein. Dies stellt einige Herausforderungen an die Formulierung einer Vision, da wir im Unternehmenskontext darauf gedrillt sind, unserem Handeln große Bedeutung zuzusprechen und diese in aufwändigen Foliensätzen, Videos, Broschüren etc. zu formulieren. Tatsächlich kommt es darauf an, die Vision aus dieser Informationsflut herauszuheben und für jeden Einzelnen im Unternehmen klar und verständlich zu kommunizieren – Idealerweise auch für Investoren, Partner, Kunden, Stakeholder und für sonstige am Unternehmen beteiligten Personen.

Wenn die digitale Transformation nun Teil der Vision ist, ist es besonders wichtig, dass sie einfach und verständlich ist, da eine entsprechende Formulierung oft unterschiedlich interpretiert und verstanden wird. Demzufolge müssen die Worte mit Bedacht gewählt und nicht einfach austauschbar sein, damit die Vision den USP eines Unternehmens wiedergibt.

Bei der Formulierung hilft es zu wissen, was Kunden dauerhaft begeistert und auch noch in vielen Jahren Substanz hat. Denn das gilt auch, wenn die digitale Transformation einen anderen Namen erhält und der nächste Hype ansteht.

Merke: Visionen sind richtungsweisend und agieren als Leitplanken auf dem Weg zum Ziel.

1.4.2 Ziele und Zahlen

Kaum etwas ist einfacher als Ziele zu setzen. Im Gegensatz zur Formulierung einer Vision fällt dies häufig um ein Vielfaches leichter. Vielleicht ist das der Grund, warum wir im Unternehmenskontext so gerne mit Zielen und Zahlen arbeiten.

Ziele sind dabei interne Repräsentationen erwünschter Status, welche die Aufmerksamkeit lenken, Aktionen organisieren und die Bemühungen zur Erreichung unterstützen. Ob gesetzte Ziele jedoch erreichbar sind, hängt im Wesentlichen von der Fähigkeit zur Motivation und Sicherstellung von Produktivität ab. Nicht die des Unternehmenslenkers, sondern vom Großteil der Mitarbeiter, die Verantwortlich für Erreichung der Ziele sind. Deshalb empfiehlt es sich, an der Wertschöpfung des Unternehmens orientierte Kernkennzahlen zu wählen, gepaart mit den finanziell notwendigen Kennzahlen zur Profitabilität.

Gerade die Kernkennzahlen haben eine besondere Bedeutung, da diese sowohl Frühindikatoren als auch Aufschluss über die reale Arbeitsleistung und Effizienz geben.

Wenn nun Metriken der Agilen-Arbeit wie Velocity hinzugenommen werden, ist die wahre Leistungsfähigkeit einer Organisation trotz Wandel und vielerlei externer Einflüsse erkennbar. Denn die Velocity misst die Arbeitsmenge, die in einer Periode durch ein Team realisiert wird.

Um die Eintrittswahrscheinlichkeit von Ergebnissen ermitteln zu können, sollte ebenso das Vertrauen in die eigene Leistung bei der Zielewahl berücksichtigt werden. Dieses Vertrauen wird insbesondere bei der Planung von anstehenden Aktivitäten erhoben und lässt so mögliche Fehlplanung bzw. Abhängigkeiten in einem sehr frühen Stadium erkennen.

Betrachtet man die Metriken der digitalen Transformation, lassen sich die genannten Ziele im Sinne einer Wertkette schnell und einfach festlegen. Denn gerade durch die Interaktion der Kunden über digitale Touchpoints sind alle Daten in Echtzeit verfügbar.

Merke: Kundenzufriedenheit ist die Basis für den wirtschaftlichen Erfolg

Daher reichen drei Kennzahlen aus, um den Erfolg zu messen:

- Wertbeitrag, der direkt, aber auch indirekt, über digitale Touchpoints erwirtschaftet wird
- Kostenreduktion, die durch den Wegfall von Aufgaben, Systemen, analogen Prozessen und Personal entsteht
- Kundenzufriedenheit die direkt an der digitalen Kundenschnittstelle erhoben wird

Getreu dem Motto, was sich nicht messen lässt, kann nicht gemanagt werden, ist sowohl die agile wie auch die digitale Transformation gut messbar und stellt kein Hindernis in der Umsetzung dar.

1.4.3 Strategie

Stehen die Vision und an der Wertschöpfung orientierte Ziele fest, bedarf es nur noch des Weges dahin. Es gilt, die beste Route für das Unternehmen im Vergleich zu seinen Wettbewerbern zu finden. Das Festlegen des Weges stellt hierbei immer eine Momentbetrachtung dar. Die Strategie ist damit die Ausformulierung der Richtung. Nicht jede Abzweigung auf dem Weg

wird jedoch beschrieben, da der Weg zum Ziel sich aufgrund der Komplexität unseres Handelns ändern kann. Dafür gibt es dankenswerter Weise die Taktik, welche eher kurzfristige Richtungsänderungen und Anpassungen des Handelns festlegt.

Die Strategie der digitalen Transformation beschreibt das unternehmerische Handeln in der Zukunft, welches sich fundamental an digitalen Kundenschnittstellen, den digitalen Touchpoints ausrichtet.

Für die Formulierung einer guten Strategie ist es eine einfache und effiziente Übung, analoge menschliche Handlungen im Kontext des Unternehmens zu betrachten. Vor dem Start hilft es, sich bewusst zu machen, dass Google und Amazon allein das Suchen selbst digitalisiert haben. Eine Tätigkeit, die wir seit Entstehung der Menschheit ausüben. Egal ob nach Nahrung zum Überleben oder wie heutzutage nach Informationen oder trivialen Dingen wie Videos, Routen, Bildern und vielem mehr.

Es geht demnach nicht darum, eine 100 %ige Digitalisierung sicherzustellen. Bei rein physischen Produktionsschritten ist das gar nicht möglich. Das Produkt als auch die physische Dienstleistung bleiben weiterhin analog, sofern diese nicht durch ein digitales Gut oder digitalen Service ersetzt werden können.

Es geht darum, alle notwendigen Prozesse, die das Produkt zum Kunden bringen und ihn bei der Nutzung helfen, zu digitalisieren.

Wenn sich also das Kundenbedürfnis, mit den Möglichkeiten der Digitalisierung befriedigen lässt, dann lässt sich die Strategie dazu ausformulieren.

Merke: Die Strategie beschreibt den Weg. Sie ist die Vorwegnahme von zukünftigen Entscheidungen.

Damit die Strategie nicht nur als Richtung, sondern auch als Steuerungsinstrument eingesetzt werden kann, gibt es neuere Formate wie die Agile Strategy Map. Die Agile Strategy Map ist eine sehr praxisnahe Methode, die Veränderungen in einer Organisation über Ziele und die dafür notwendigen Erfolgsfaktoren und Voraussetzungen zur Umsetzung darstellt. Sie ist Bottom-up und stellt die realitätsnahe Umsetzbarkeit sicher. Eine Methode, die bei Firmen wie der Congstar GmbH zu sehr großem Erfolg geführt hat und durch die tägliche Anwendung die notwendige Durchdringung im Unternehmen erfährt. Genau das, was eine gute Strategie benötigt, um erfolgreich zu sein.

1.4.4 Plan

Bei aller Agilität und schnellen Reaktion auf Veränderungen, ist ein gewisser Plan notwendig. Nicht um diesen haargenau umzusetzen, sondern um die Strategie mit den notwendigen Maßnahmen im Zeitablauf festzulegen. Es bietet sich dabei an, alle relevanten Maßnahmen tatsächlich aufzulisten und in eine logische Reihung zu bringen. In einer ersten Iteration wird nach Wirtschaftlichkeit und Umsetzungsaufwand gelistet, um den Wertbeitrag zu berücksichtigen.

Eine zweite Iteration, in der nach Wirkung zur Veränderung gelistet wird, gibt schnell Aufschlüsse bezüglich der transformatorischen Wirkung. Das kann die konsequente Ausrichtung der Maßnahmen an der App des Unternehmens zur umfänglichen Kundenbetreuung sein, welche die Handlungsfähigkeit seitens des Unternehmens zur Information und Interaktion auf einen kleinen Bildschirm einschränkt. Alternativ kann es das Credo „Digital Touchpoints first" für alle Kundenprozesse sein, die alle Aktivitäten aus der Perspektive der Digitalen Touchpoints sicherstellt.

Im Anschluss an diese Übung ist es ratsam, sowohl Maßnahmen als auch den Plan einigen Kritikern der Transformation vorzustellen, um herauszufinden, welche Aktivitäten die geringste Zustimmung im Sinne der Transformation genießen. Wenn diese Aktivitäten trotz Skepsis weiterhin realisierbar erscheinen, sollte genau mit jenen begonnen werden. Mit voller Unterstützung der dafür notwendigen Beteiligten, um zu beweisen, dass Digitalisierung machbar und erstrebenswert ist. So werden aus Kritikern Befürworter, die wiederum positive Signale in die Organisation senden.

Der Start selbst sollte kleiner sein, um schnell Hindernisse aufzudecken und Erfahrungen zu sammeln. Auch wenn die Wirkung nur ein erfolgreiches Experiment ist oder das Erlebnis an der Umsetzung für Mitarbeiter und Kunden positiv verändert ist. Entscheidend ist, dass das Team Skeptikern der digitalen Transformation vermittelt, welche Wirkung diese erzeugt. Idealerweise sind tatsächlich die zukünftigen Botschafter für eine digitale Transformation und sollten daher früh eingebunden werden.

Merke: Ein Plan sollte in der Agilen Arbeit gerade so viele Details enthalten, um eine Zielrichtung festzulegen.

Jetzt ist der Zeitpunkt gekommen, ein breit angelegtes Kick-Off zu veranstalten, in dem der Plan und erste Erfolge vorgestellt werden. Der Plan sollte die nötige Menge an Details enthalten, damit er sich mit der Agilen Arbeitsweise vereinbaren lässt. Es wird dabei ein Ausblick mit dem Schwerpunkt auf Maßnahmen gegeben, welche die größte Veränderung im Unternehmen und die positivste Wirkung für die Kunden haben.

1.4.5 Orchestrierung

Die Frage nach der Verantwortung und Orchestrierung der digitalen Transformation ist häufig entscheidend, denn in vielen Unternehmen sind die wichtigsten Projekte immer noch die der Unternehmenslenker. Psychologisch gesehen ist das ein Relikt der Vergangenheit, da das Vertrauen gegenüber den „Anführern", die sich bewährt haben, meist am höchsten ist. Entsprechend fällt es auch vielen neu eingesetzten Unternehmenslenkern schwer, positive Veränderungen schnell umzusetzen, ohne sofort große Gehaltserhöhungen, Boni, Gratifikationen und weitere Incentivierungen zu gewähren.

Die Beauftragung eines Orchestrators und vor allem die regelmäßige Befassung mit der digitalen Transformation erfolgt mit der Haltung „Wie kann ich Euch bei der Umsetzung helfen?" und beschränkt sich nicht auf den Statusbericht selbst.

Zur Orchestrierung der digitalen Transformation gibt es unterschiedlichste Herangehensweisen. Einige Unternehmen legen die Verantwortung in die IT-Bereiche, andere in den Marktbereich. Viele beauftragen dafür einen dedizierten Chief Digital Officer. Ein Erfolgsrezept gibt es dafür nicht und hängt von der jeweiligen Unternehmensstruktur ab.

Es kommt vielmehr darauf an, dass der Orchestrator viele unterschiedliche Fähigkeiten und Kompetenzen mitbringt. Angefangen beim fachlichen Know-how und Digitalerfahrung ist die Fähigkeit elementar, Veränderung im positiven Sinne über unterschiedliche Hierarchiestufen zu vermitteln sowie unterschiedlichste Interessensgruppen zu begeistern. Es geht allerdings nicht um den „Showman" des Unternehmens, sondern um eine Person, die hohe Glaubwürdigkeit aufgrund seiner Integrität und Erfahrung besitzt.

Organisatorische Fähigkeiten für eine umfängliche Transformation sind notwendig und werden üblicherweise durch Unterstützungsteams ergänzt. Ziel ist es, die Organisation der Transformation schlank zu halten und weitere interne Transformatoren zu etablieren. Um dieses Ziel zu erreichen, muss die Selbstorganisation bereits früh auf den Plan zur Organisation der digitalen Transformation geschrieben werden. Deshalb entwickelt sich ein orchestriertes Projekt im Rahmen der Umsetzung zu einem in der Organisation verankerten und etablierten Selbstläufer.

Merke: Ziel der Orchestrierung ist es, dafür zu sorgen, dass alle dazu befähigt sind, ihren Beitrag zu leisten.

Ergo bedarf es vor Allem zu Beginn des Projekts entsprechender Orchestrierungsfähigkeiten.

1.4.6 Durchführung

Ist das Management eines Unternehmens überzeugt, die Zusammenstellung der ersten Teams abgeschlossen, sind Vision, Strategie, Ziele und Plan bekannt, geht es sozusagen in die Breite. Mit dem Vorteil, dass digitale Transformation kein abstrakter Begriff mehr ist, sondern eine im

Unternehmen bekannte, mit klarer Richtung versehene Initiative, mit entsprechender Unterstützung.

Auch wenn es in dieser Phase sehr schwer fällt nicht sofort umfänglich durchzustarten, liegt der Schwerpunkt auf kleineren und mittelgroßen Initiativen, um weiterhin flächendeckend zu lernen. In dieser essenziellen Phase geht es vornehmlich um die Anwendung der Methode und nicht ausschließlich um das Ergebnis des Handelns im Großteil des Unternehmens. Die unterschiedlichen Teams müssen die veränderten Arbeitsweisen und die veränderte Ausrichtung hin zu den digitalen Kundenschnittstellen adaptieren und im weiteren Verlauf professionalisieren. Mitarbeitern muss in dieser Phase methodisch versierte Unterstützung zur Verfügung gestellt werden. Das können agile Coaches aber auch Scrum Master sein, die dabei helfen, neue Arbeitsweisen in der Praxis anzuwenden und schnell Erfolge sichtbar zu machen. Diese Maßnahme ist von fundamentaler Bedeutung für den Erfolg, auch wenn sie für viele im ersten Schritt hemmend wirkt, und sich für einige Beteiligte anfühlt, als hätten sie vorher alles falsch gemacht. Gute agile Coaches und Scrum Master sind in der Lage, Teams den Sinn, die praktische Anwendung und Wertschätzung für das bereits Erbrachte zu vermitteln.

Sind Methoden und breitere Erfolge in der Transformation erzielt, geht es in die nächste Phase: Etablieren der eingeschwungene Veränderungsinitiative im gesamten Unternehmen.

In dieser Phase ist erneut mit Widerständen zu rechnen, und man wird Aussagen hören wie „wiederkehrende Tätigkeiten mit agilen Arbeitsmethoden bringen keinen Vorteil" oder „Bereiche haben keinen Einfluss auf die Transformation". Wenngleich der Einfluss der einzelnen Wertschöpfungsstufen eines Unternehmens auf die digitale Transformation unterschiedlich ist, bleiben sie zusammenhängend und müssen als solches ineinandergreifen. Nicht nur prozessual, sondern auch in Bezug auf Mindset und Methodik.

Auch die unterschiedlichen Hierarchieebenen sind davon nicht ausgeschlossen, und es bedarf eines veränderten Managements und Leaderships. Im Management geht es in der Veränderung insbesondere darum, die richtigen Voraussetzungen für den Wandel zu schaffen und Hindernisse aus dem Weg zu räumen. Für viele Manager ist das eine ungewohnte Situation, da sie sich auf Steuerung und Ergebnisproduktion spezialisiert haben, und nun selbst stärker gefordert sind, Probleme der jeweiligen Teams zu lösen und das Ruder aus der Hand zu geben.

Darüber hinaus gilt es, das agile und digitale Mindset vorzuleben, was wiederum eine Veränderung im Sinne des Leadership bedeutet. Denn gerade im Prozess der Veränderung müssen Nutzen, Mehrwert und Sinn immer wieder positiv vermittelt werden, um die Motivation zur Veränderung sicher zu stellen.

Top 5 Elemente des Digitalen Mindsets:

- Individuen und Interaktionen sind wichtiger als Prozesse und Werkzeuge
- Funktionierende Lösung ist wichtiger als umfassende Dokumentation
- Zusammenarbeit mit Kunden ist wichtiger als Vertragsverhandlungen
- Reaktion auf Veränderung ist wichtiger als das Befolgen eines Plans
- Vertrauen in die Organisation ist wichtiger als Kontrolle

Das Top Management ist davon gleichermaßen betroffen und muss sich selbst der Veränderung stellen, indem es neue Steuerungs- und Managementmethoden praktiziert. Diese können unterschiedlich sein, zielen jedoch darauf ab, dass Organisationseinheiten autonom agieren, sodass Entscheidungen im Sinne der digitalen Transformation dort getroffen werden, wo die jeweilige Kompetenz liegt.

Auf der anderen Seite müssen Richtung und Messbarkeit sichergestellt sein, ohne steuernd im operativen Geschäft einzugreifen. Jedenfalls nicht, wenn es nicht absolut notwendig ist und der Unternehmenszweck verfehlt wird.

Merke: Ein essenzieller Bestandteil der Durchführung ist das frühzeitige Erkennen und Eliminieren von aufkommenden Hindernissen.

1.4.7 Steuerung

Zusätzlich zur wirtschaftlichen Steuerung, die weiterhin integraler Bestandteil des Unternehmens bleibt, bedarf es während der digitalen Transformation einer Messmethode, die den Fortschritt der digitalen Transformation feststellt. Diese Informationen dienen zur Bestimmung des Reifegrades der Veränderung und geben Rückschlüsse auf notwendige Unterstützung oder weiterer Steuerungsbedarf. Ganz im Sinne der *„Inspect and Adapt"* Philosophie, welche die Grundlage für kontinuierliche Verbesserung bietet, indem regelmäßig überprüft wird, was besser gemacht werden kann. Überprüft wird hierbei, wie es zum Ergebnis gekommen ist, um daraus Gelerntes in der nächsten Umsetzung zu berücksichtigen.

Einer Organisation, die die agilen Werte verinnerlicht hat, sollte bekannt sein, dass Transparenz nicht mit Vertrauensverlust gleichzusetzen ist. Daher können Reportings über Velocity, das Erreichen von Objectives und Key Results (OKRs), Sprint Burndowns und natürlich die Steigerung der Kundenzufriedenheit und Interaktion mit Digitalen Touchpoints verwendet werden, ohne als zusätzlichen Reporting-Aufwand wahrgenommen zu werden.

Eine zentrale Steuerung der gesamten veränderten Wertschöpfungskette lässt sich über quartalsweise Business Reviews sicherstellen. In diesen bespricht man mit dem Top Management alle drei Monate die Durchdringung der digitalen Transformation und diskutiert, falls erforderlich, gemeinsame Steuerungsmaßnahmen, um weitere Fortschritte zu erzielen.

Merke: Der primäre Fokus der Steuerung liegt auf Transparenz und Austausch.

Damit eine solche Befassung nicht ausschließliche im Präsentationsmodus stattfindet, helfen schriftliche Memos wie sie beispielsweise bei Amazon zum Einsatz kommen. Kurze, geschriebene Seiten mit den wesentlichen Bestandteilen zum Fortschritt des Projektes. Dieses Memo wird in der Besprechung selbst durch die Beteiligten gelesen und im Anschluss besprochen.

1.5 Dos and Don'ts der digitalen Transformation

Auch wenn bewährte Methoden zur Transformation existieren, ist sie dennoch anspruchsvoll in ihrer Umsetzung und Fehler können weiterhin passieren. Wichtig ist daher, Fehler nicht unnötig zu wiederholen und möglichst schnell aus ihnen zu lernen.

Folgende Dos and Don'ts helfen dabei:

Dos

- Seien Sie von Anfang an maximal transparent
- Nehmen Sie sich Großes vor
- Starten Sie klein
- Nehmen Sie alle mit
- Zeigen Sie, was die Erfolge sind. Große und insbesondere die vielen Kleinen
- Gehen Sie offen mit Fehlern und Rückschlägen um
- Arbeiten Sie mit dem Grundprinzip Inspect & Adapt
- Eignen Sie sich die Fähigkeit an, Veränderung als Wachstumstreiber zu institutionalisieren
- Binden Sie den Betriebsrat bei der Einführung der agilen Arbeitsweise frühzeitig mit ein
- Denken Sie dran und bestehen drauf, dass Veränderung von ganz oben vorgelebt wird

Don'ts

- Machen Sie nicht zu viel auf einmal, vor allem nicht beim Start
- Delegieren Sie die Transformation nicht, seien sie Bestandteil dessen
- Fokussieren Sie sich nicht auf Probleme, sondern räumen Hindernisse aus dem Weg

Shaping tomorrow with you – Bildungswege im digitalen Wandel erfolgreich gestalten

**Ein Beispiel aus der Praxis:
Fujitsu Academy, Central Europe**

Felicitas Birkner

2.1 Zusammenfassung

Wie wollen wir die Zukunft gestalten? Fujitsu hat hierauf eine klare Antwort: gemeinsam.

Dafür gilt es, Menschen zu befähigen, Kompetenzen zu entwickeln und sie zu motivieren, sich in Gestaltungsprozesse einzubringen. Bildung ist der entscheidende Schlüssel dafür – im digitalen Zeitalter mehr denn je. Die Fujitsu Academy Central Europe leistet hier einen wichtigen Beitrag, indem sie den Herausforderungen des demografischen Wandels ganzheitlich entgegenwirkt, dem IT-Fachkräftemangel proaktiv begegnet und mit zielgruppengerechten Bildungsprogrammen Wissen für den Umgang mit digitalen Veränderungen vermittelt und konsequent fördert, um so digitale Kompetenzen aufzubauen.

Der Ursprungsimpuls für die Entwicklung des Akademie-Konzepts kam direkt aus der Praxis – aus Anforderungen von Unternehmen, die ihre wichtigen Geschäftsprozesse u.a. mit Hilfe von Mainframes auch zukünftig steuern und absichern müssen. Hier zeigen sich bereits seit mehreren Jahren zunehmende Herausforderungen, den Bedarf an qualifizierten Fachkräften zu decken. Viele IT-Fachkräfte sind inzwischen älter als 50 Jahre, während zugleich die anspruchsvolle Ausbildung eines qualifizierten Fachkräftenachwuchses stockt und Löcher bei Nachbesetzungen drohen.

Die digitale Transformation fordert stark heraus, Wissenstransfer permanent zu sichern und dem IT-Fachkräftemangel mit geeigneten Maßnahmen konsequent entgegenzusteuern. Fujitsu stellte sich bereits vor einigen Jahren mit einer „Mainframe Academy" dieser Herausforderung. Unter dem Motto „Qualifizieren. Begeistern. Machen." entstand ein ganzheitliches Akademie-Konzept mit vielseitigen und bereichsübergreifenden Angeboten und Initiativen, abgestimmt auf die sich zunehmend verändernden und teilweise völlig neuen beruflichen Tätigkeitsfelder. Dieses umfasste damals schon neben Trainingsprogrammen mit Fokus auf den digitalen Wandel begleitend praxisorientierte (Learning-by-Doing) Ausbildungs- und Lernformate, zielgruppenspezifische Programme für Schüler und Studierende sowie Kooperationsprogramme mit Bildungseinrichtungen, Verbänden und Vereinen. Viele Ansätze, um Lehre und Forschung zu unterstützen, aber auch um frühzeitig junge Zielgruppen insbesondere ebenso Frauen stärker für die digitale Welt und MINT-Fächer zu begeistern.

Das Entwickeln und Etablieren einer Akademie für den seit Jahrzehnten sehr erfolgreichen Fujitsu-Geschäftsbereich der Mainframes wurde als äußerst geschäftsrelevant gesehen. Eine sehr anspruchsvolle und komplexe Aufgabe, zumal sie damals – von der Definition der Anforderungen bis hin zur Umsetzung von Maßnahmen – in einem ambitionierten Zeitfenster bewältigt werden sollte, sehr unterschiedliche Zielgruppen und Bildungsbereiche einzubinden waren und das Projekt holistische Interaktionen erforderte.

Um schnell am Markt zu sein und den Anforderungen der Kunden gerecht zu werden, war ein konsistenter, pragmatischer Ansatz nötig. Empowerment erwies sich als eine entscheidende Kraft auf dem Weg zum erfolgreichen Gesamtergebnis. Darüberhinaus war es sehr hilfreich, dem Gesamtprozess von Beginn an eine klare Struktur zu geben und ihn zu sequenzieren. Ein bewährter Problemlösungsansatz sowie verschiedene Werkzeuge zur Analyse und Prozessverbesserung boten sich an, um Zeiten für Bearbeitungen, Lösungsansätze und Entscheidungsfindungen effizient zu verkürzen und Maßnahmen rasch in Umsetzung zu führen.

Das Setup der *Fujitsu Mainframe Academy* führte zu einer Fülle messbarer und dauerhaft wirksamer Verbesserungen – von der Art, Qualität und Quantität der Bildungsangebote bis hin zur Kundenzufriedenheit. Nachdem sich das Akademie-Konzept sehr erfolgreich etablierte und der Bedarf an digitaler Bildung weiterhin zunehmend steigt, entwickelte es sich in die heutige, breit aufgestellte *Fujitsu Academy, Central Europe,* die inzwischen entlang des gesamten Fujitsu-Portfolios eng mit Kooperationspartnern umfassende Bildungsprojekte umsetzt.

2.2 Fujitsu – Ein DX-Unternehmen auf dem Weg in die digitale Zukunft

Die Entwicklung und Integration von Technologien wie Künstlicher Intelligenz (KI), Internet of Things, Blockchain, Cloud Computing und Cyber-Security bilden das Wurzelwerk der Digitalisierung. Hieraus erwachsen digitale Innovationen – sei es für sichere, zukunftsfähige Mobilität, für das Gesundheitswesen und das Wohlergehen der Gesellschaft, für sichere und bequeme Finanzdienstleistungen oder für innovative Produktionsmethoden.

Als einer der weltweit größten IT-Konzerne und Digital Transformation (DX)-Anbieter unterstützt Fujitsu zum Beispiel seine Kunden weltweit durch den zielgerichteten Einsatz digitaler Technologien und Daten sowie durch ein umfangreiches Beratungs- und Serviceangebot und schöpft dabei aus Erfahrungen eigener Transformationsprozesse. Immer wieder geht es darum, Brücken zwischen realen Erfordernissen und einer modernen digitalen Begleitung zu bauen. Die Weichenstellungen erfolgen hier bereits seit Jahrzehnten mit einer Strategie, die sich an dem von Daten getriebenen Wandel orientiert, Diversity und Inklusion in den Unternehmensfahrplan integriert und die eigene Transformation zu einer DX Company mit großer Entschlossenheit gestaltet.

Seit der Unternehmensgründung im Jahr 1935 bringt Fujitsu Menschen und Organisationen auf der ganzen Welt zusammen, um die Zukunft von Wirtschaft und Gesellschaft aktiv mitzugestalten. Eine Vielzahl bahnbrechender Innovationen hat das Unternehmen zu dem gemacht, was es heute ist: ein führender IT-Player. Ein Unternehmen, das seit über 30 Jahren erfolgreich im Bereich Künstlicher Intelligenz (KI) Entwicklungen vorantreibt. Ein Unternehmen, das sich inmitten unterschiedlichster Veränderungsprozesse vielseitig damit auseinandersetzt, wie sich digitaler Wandel erfolgreich gestalten lässt (Bild 2.1).

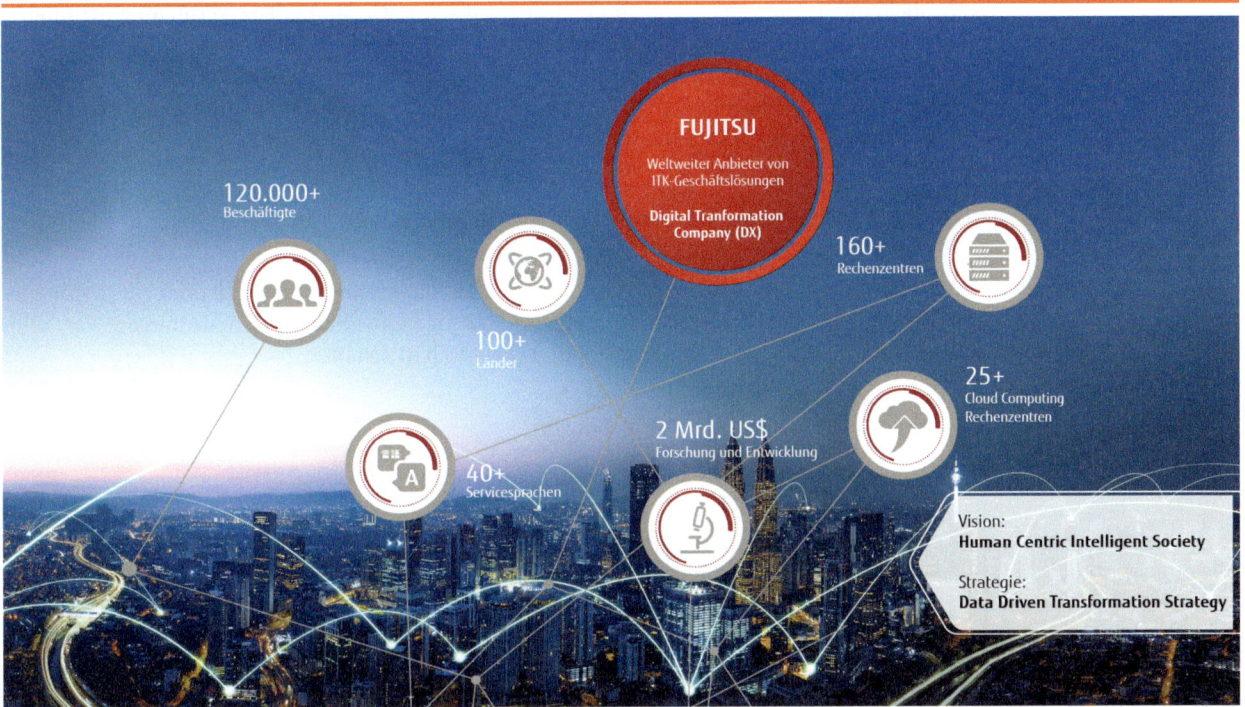

Bild 2.1 Website von Fujitsu

Unternehmenskultur als erfolgskritischer Faktor

Bei Veränderungen wirkt Unternehmenskultur, neben dem Menschen, als wichtiger erfolgskritischer Faktor. Vertrauen und Nachhaltigkeit sind dabei zweifellos von essenzieller Bedeutung und setzen in der Regel tiefgreifend kulturelles Mit- und Weiterentwickeln voraus. Digitaler Wandel ist kein kurzer Sprint, sondern eine niemals endende Reise mit vielen Unbekannten in komplexem Gefilde und der permanenten Herausforderung, mit Gegebenheiten flexibel, schnell passend und nachhaltig umgehen zu können.

Visionen, Wertesysteme, Verhaltenskodex, Einstellungen (Mindset), verantwortungsbewusstes Denken und Handeln sind einige der wesentlichen Taktschläger, wenn es darum geht, sich im digitalen Wandel zu behaupten und Zukunft zu gestalten. Weitere bedeutsame **Erfolgsfaktoren** für Unternehmen auf der DX-Reise zeigen sich unter anderem im Umgang mit:

Veränderung

- Transparenz und Nachhaltigkeit im Spannungsfeld permanenter Veränderungen
- Flexibilität in Organisationsstrukturen, agilen Prozessgestaltungen, bei Unsicherheiten und in bewusster Fehlerkultur

Vertrauen

- Permanenter Bildung und lebenslangem Lernen, fest verankert in der Unternehmenskultur zur Entfaltung von Potenzialen und Entwicklung vielseitiger und relevanter Kompetenzen
- Förderung von Eigenverantwortung, Selbstmanagement, Vertrauenskultur mit wertschätzender Kommunikation, interkulturell, global, sozial, digital

Verantwortung

- Verantwortungsbewusster und vorausschauender Auseinandersetzung mit und Gestaltung von Transformationsprozessen, Komplexität, Implikationen, Entscheidungsprozessen, Risikomanagement, Kundenbedürfnissen

- Respektvoller Unternehmens- und Führungskultur, Gesundheitsmanagement, Resilienz, Personalentwicklung sowie verantwortungsvoller Mitnahme aller Beschäftigten, Kunden und Partner eines Unternehmens als Teil des gesamten Eco-Systems, Social-Enterprise-Präsenz mit Engagement in Bereichen von Corporate Social Responsibility (CSR) und Corporate Digital Responsibility (CDR)

Vielfalt

- Nutzung aller Potenziale, gleichberechtigt, fair, unabhängig von Herkunft, Hautfarbe, Alter, Religion, Geschlecht
- Nutzung von Vielfalt als integrativen Mehrwert-schaffenden Bestandteil der Unternehmenskultur durch proaktive Integration von Vielfalt in Innovationen, Entwicklungen, Portfolio, Services, die Mehrwerte für Mensch und Gesellschaft schaffen

Digitalisierung fordert Visionen heraus

> **Merke:**
>
> Der Fujitsu Way gibt der Belegschaft von Fujitsu seit 2002 die Richtung vor, wie das Unternehmen soziale, ökologische und digitale Verantwortung lebt.
>
> Der Fujitsu Way umfasst:
>
> - Unternehmensvision als Grund für die Existenz des Unternehmens
> - Unternehmenswerte für das Erreichen der Vision
> - Prinzipien für alle Geschäftsbeziehungen und Aktionen in Übereinstimmung mit den Unternehmenswerten
> - Verhaltenskodex mit Regeln und Richtlinien, denen jeder in der Fujitsu Group Folge leistet

Digitale Technologien für die Zukunft und das Gemeinwohl der Gesellschaft einsetzen, um unsere Welt zum Besseren zu verändern – dies ist der Kern der Fujitsu-Vision – hin zu einer Human Centric Intelligent Society. Das Unternehmen tritt mit dieser Vision seit Jahrzehnten dafür ein, den Menschen stets in den Mittelpunkt von Innovation zu stellen. Mit dieser Ausrichtung werden, entlang der Philosophie des Fujitsu Way's weltweit Infrastrukturen, Produkte und Lösungen entwickelt, passende Services bereitgestellt und proaktiv gesellschaftliche Beiträge geleistet, wenn es um soziale, ökologische und digitale Verantwortung geht. Viele Initiativen zu CSR und CDR bieten herausragende Beispiele dafür, wie sich Unternehmen für eine nachhaltige Gestaltung in die Gesellschaft einbringen können. Fujitsu z. B. schafft dies gemeinsam mit seinen Mitarbeitern und Mitarbeiterinnen, mit Kunden und Kundinnen und Partnern sowie mit einem eigens entwickelten Co-Creation-Ansatz, um in einer zunehmend vernetzten Welt Innovationen zum Wohle der Menschen und der Gesellschaft zu gestalten. Die Förderung von Kreativität und Kooperationen spielen hier zielführende Schlüsselrollen. Die weltweite Vision des Unternehmens dient als fundamentaler Kompass, um in einer sich rasend schnell verändernden Welt, mit exponentiell wachsender Komplexität, die Orientierung zu behalten. Dabei fordert Digitalisierung jeden Tag aufs Neue heraus, unter anderem, wenn es darum geht:

- sich mit aktuellen Trends am weltweiten Markt auseinanderzusetzen, zu verstehen und agil reagieren zu können, d. h. Zukunft zu erahnen und Weitblicke zu wagen – z. B. durch Entwicklungen in KI und Quantum Computing mit Digital Annealing oder im Mainframe-Bereich mit hybriden IT-Infrastrukturen
- Kunden aufmerksam zuzuhören, um zu verstehen, was für morgen gebraucht wird – z. B., um durch Entwicklung von Automatisierungstechnologien und digitaler Zwillinge Kundeninnovationen in deren Anwendungsbereichen voranzutreiben

- neue Unsicherheiten einzuschätzen und damit sicher umgehen zu können und mutig zu sein, unbekanntes Neuland zu betreten, kennenzulernen und sich darin zu bewegen – z.B. die Auseinandersetzung mit und Entwicklung von biometrischen Systemen oder auch die Integration von Virtual Reality in Anwendungsbereiche

- die Zukunft der modernen IT-Welt nachhaltig beflügeln zu können, gepaart mit der Fähigkeit, zu reflektieren, Erfahrungen zu validieren, abzuschätzen und Bewährtes in Neues mit- und weiterzuentwickeln – z.B. durch Weiterentwicklung hybrider IT-Infrastrukturen im Mainframe-Bereich

- Potenzialentwicklung mit vielseitigen Skills (wie z.B. Hard- und Soft-Skills) und breitem Kompetenzaufbau abzusichern – wie z.B. digitalen Kompetenzen (sicherer Umgang in und mit digitalen Umgebungen), Medienkompetenz (sorgfältiger Umgang mit Medienformaten, Kommunikationsstilen, Online-Präsenzen) oder Überraschungskompetenz, um auf Überraschungen überraschend reagieren zu können, oder volatilem Verhalten für den Umgang mit unsicheren Umgebungen u.v.m.

- Lernfähigkeit mit Fokus auf Vielfalt und breite Tätigkeitsfelder zu fördern und zu unterstützen, weit über eng abgegrenzte Job-Profile hinausgehend – z.B. durch Job-Rotation-Programme oder bereichsübergreifende Programme, um Verbesserungsinitiativen zu unterstützen oder in Innovationsprojekte eingebunden zu werden

Bild 2.2 Website von Fujitsu

Die Kunst, den digitalen Wandel erfolgreich zu meistern

„Erfolg ist das Produkt von Vision und Handeln zum Quadrat", so leitet Matthias Krieger die Erfolgsformel $E = V \times H^2$ her (Krieger 2019). Geprägt durch Zielsetzungen, Denken, individuelle Einstellungen, Umfeld u.v.m. zeigen sich im digitalen Wandel Brennpunkte des 21. Jahrhunderts, wie Vertrauen und Verantwortung – Bildung und Beruf – Technologie-Enabler und Infrastrukturen, die besondere Aufmerksamkeit einfordern.

„Bildung ist die mächtigste Waffe, um die Welt zu verändern", so Nelson Mandela. Bildung ist ein zentrales Thema und Treibstoff im digitalen Wandel. Es braucht Menschen, die wissen – können – machen. Menschen, die mit Kreativität und Fantasie sinnstiftend zusammenwirken. Gestandene Profis und junge Talente. Menschen, die sich für Innovation begeistern und bereit sind, Fortschritt in der Gesellschaft inmitten des digitalen Wandels zu gestalten, sich mit Ideen einzubringen, mit Engagement Neues ausprobieren und vorantreiben wollen. Ebenso auch Menschen, die auf fundierten Erfahrungsschatz zurückgreifen und diesen nutzbringend in innovative Ansätze einbringen können. Kurzum, Menschen, die über offenes Mindset sowie passende Hard- und Soft-Skills verfügen, um digitalen Wandel erfolgreich voranzubringen.

Allein darin liegt oft schon eine gewaltige Herausforderung! Blicke in den vielschichtigen Themenkomplex Künstliche Intelligenz (KI) konfrontieren uns hier längst als Gesellschaft mit einer Unmenge neuer Fragen, erfordern besondere fachliche und soziale Kompetenzen derer, die an KI entwickeln, mit KI arbeiten oder diese anwenden können/sollen/müssen. Neue Ansätze in der Zusammenarbeit sind erforderlich, damit Lösungen entstehen, die letztlich unser aller Vertrauen in und den Umgang mit innovativen Technologien wie dieser stärken.

Mit diesem Bewusstsein wurde bei Fujitsu über Jahre hinweg eine lebendige Transformationskultur geschaffen. Eine Kultur, die bestrebt ist, den Menschen in den Mittelpunkt zu stellen. Die Kunst im Wandel ist es, Menschen zu begeistern, zu inspirieren, zu befähigen und Engagement zu wecken, um Bereitschaft zu gewinnen, sich auf das Abenteuer Veränderung einzulassen und sich zu trauen, neue Wege mitzugehen. Unterschiedliche Initiativen wurden hier ins Leben gerufen und etablierten sich erfolgreich bereichsübergreifend für unterschiedliche Interessenslagen. Vielseitig wurden Programme aufgelegt, um Menschen im Spannungsfeld zwischen Familie und Arbeit zu entlasten, Kommunikation zu verbessern, Vernetzungsmöglichkeiten zu erleichtern, individuell stetige Bildungswege zu eröffnen, moderne Lernumgebungen und Lernmethoden zu nutzen. Moderne Arbeitsumgebungen entwickelten sich innovativ, die die kreative Zusammenarbeit in Teams fördern, allen Mitarbeitenden Raum zu persönlicher Entfaltung bieten und sie bei Bedarf durch Mentoring- und Coaching-Angebote begleitend unterstützen.

Es kommt nicht von ungefähr, dass Fujitsu zu den innovativen Arbeitgebern zählt, die für ihre flexiblen Arbeitswelten und modernen Arbeitsplatzstrukturen geschätzt werden – auch bei jungen Talenten, denen sich hier sehr gute Arbeits- und Ausbildungsmöglichkeiten bieten. In Deutschland beispielsweise freut sich das Unternehmen regelmäßig über Auszeichnungen, wie etwa das Fair Company-Siegel von Hochschul-Praktika, die Auszeichnung als attraktiver Arbeitgeber von Universum oder die Absolventa-Auszeichnung für ein karriereförderndes und faires Trainee-Programm.

Visionen kompetent gestalten – dem digitalen Wandel Futter geben

Digitalisierung durchdringt alle Arbeits- und Lebensbereiche. Zugleich ist sie ein Jobmotor. Bestehende Berufsbilder und Tätigkeitsbereiche verändern sich signifikant, neue entstehen. Für Unternehmen, Beschäftigte und Berufseinsteiger gilt dabei mehr denn je die Devise, Chancen der Digitalisierung beim Schopf zu packen und Neues auszuprobieren, besonders wenn es darum geht, sich auf dem Parkett der Digitalisierung sicher bewegen zu können. Hierfür braucht es Personen, die notwendige Ausbildungen und Erfahrungsschätze in unterschiedlichen Kompetenzbereichen mitbringen. Kreativität, soziale und emotionale Intelligenz, Ethik, Umgang mit Daten-Schutz und -Sicherheit spielen hier ebenso wichtig hinein wie fachliche Kenntnisse plus fundiertes Wissen in zukunftsorientierten Themenfeldern, wie beispielsweise Künstlicher Intelligenz (KI) und Virtual Reality. Inmitten digitaler Veränderungen können uns neue Tools wie zum Beispiel SuccessFactors für HR Management oder Jira für agile Projektverfolgung oder BI-Tools zur Datenauswertung, Learning-Management- oder Online-Collaboration-Plattformen zwar schneller werden lassen, Prozesse verbessern, auch Kosten reduzieren. Das allein reicht jedoch nicht aus. Grundsätzliche Aufmerksamkeit ist gefordert, wenn Visionen hin zu Mensch-zentrierten Innovationen real werden sollen. Ein „Entwicklungsprozess für algorithmische Entscheidungssysteme umfasst eine lange Kette mit Verantwortlichkeiten, die in fast jeder Phase Aspekte enthält, bei denen wir Menschen mitreden und uns einbringen können" (Zweig 2019) ... und uns einbringen können müssen. Was nützen modernste Technologien und Infrastrukturen, wenn Wissen und Kompetenzen fehlen, diese verantwortungsvoll zu nutzen? Bildung und Nachwuchssicherung sind im Zuge der Digitalisierung längst erfolgskritische Faktoren geworden, die ganzheitliche Konzepte fordern.

Definition:

Mensch-zentrierte Innovation

Fujitsu tritt mit seiner Vision der Human Centric Intelligent Society dafür ein, den Menschen stets in den Mittelpunkt von Innovation zu stellen. Dafür sind drei Faktoren ausschlaggebend: Menschen zur Nutzung digitaler Technologien zu befähigen, kreative Intelligenz zu entwickeln und Infrastrukturen zu vernetzen.

Erfolg im digitalen Wandel fordert auf, bei der Gestaltung des Wandels vielseitige Perspektiven anzunehmen, sich mit der Zeit zu entwickeln, Veränderung als stetigen und normalen Prozess anzuerkennen und zu integrieren und bei alledem insbesondere bewusst aufzuklären, zu kommunizieren und in Bildung zu investieren. Es geht stark darum, Menschen zu befähigen, im datengetriebenen Wandel verantwortungsbewusst handeln und Entscheidungen treffen zu können, Nachwuchskräfte zu motivieren, bewährtes Know-how zu sichern, Generationen lernend zu verbinden und zusammen zu wirken – durch nachhaltiges Denken und Handeln: global – sozial – digital.

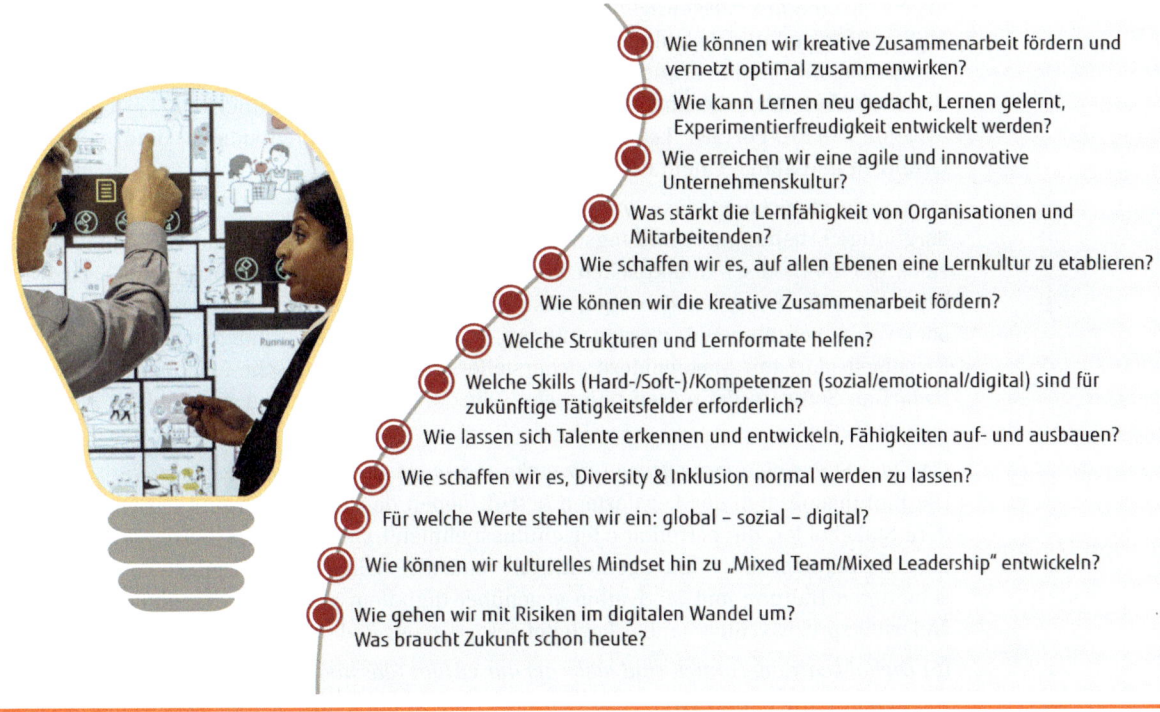

Wie können wir kreative Zusammenarbeit fördern und vernetzt optimal zusammenwirken?

Wie kann Lernen neu gedacht, Lernen gelernt, Experimentierfreudigkeit entwickelt werden?

Wie erreichen wir eine agile und innovative Unternehmenskultur?

Was stärkt die Lernfähigkeit von Organisationen und Mitarbeitenden?

Wie schaffen wir es, auf allen Ebenen eine Lernkultur zu etablieren?

Wie können wir die kreative Zusammenarbeit fördern?

Welche Strukturen und Lernformate helfen?

Welche Skills (Hard-/Soft-)/Kompetenzen (sozial/emotional/digital) sind für zukünftige Tätigkeitsfelder erforderlich?

Wie lassen sich Talente erkennen und entwickeln, Fähigkeiten auf- und ausbauen?

Wie schaffen wir es, Diversity & Inklusion normal werden zu lassen?

Für welche Werte stehen wir ein: global – sozial – digital?

Wie können wir kulturelles Mindset hin zu „Mixed Team/Mixed Leadership" entwickeln?

Wie gehen wir mit Risiken im digitalen Wandel um? Was braucht Zukunft schon heute?

Bild 2.3 Fragen, die bei der Entwicklung eines ganzheitlichen Konzepts für Bildung beschäftigten

Politik, Unternehmen und Bildungseinrichtungen sind hier besonders gefordert, Bildung zukunftsorientiert zu denken und Arbeitswelten zu gestalten. In einer Studie des Bitkom e. V. wurde die aktuelle Arbeitswelt in Deutschland untersucht (Bitkom Research 2019). Die Ergebnisse unterstreichen klar den enormen Einzug von digitalen Technologien in das Arbeitsleben. 91 % aller Befragten bestätigten die große bis sehr große Bedeutung von Computern, digitalen Produktionsmaschinen u. a. für die tägliche Arbeit. Das entsprach einem 11 %-Anstieg verglichen zu 2017. Es ist davon auszugehen, dass sich die Bedeutung von Digitalisierung in 2020 durch die Corona-Pandemie-Situation verstärkt hat und damit ebenso die Auseinandersetzung mit Kompetenzen zunehmend an Bedeutung gewinnt. Auf langfristige Überlegungen geht das

Bitkom-Positionspapier 2020 ein und stellt **9 Erfolgsfaktoren für Digital Learning in Unternehmen** heraus, die nach „Corona" für gelingende Weiterbildung wichtig sind.

(1) Neues Lernen und New Work – *Lernen und Arbeiten wachsen zusammen*
Technologie ermöglicht selbstgesteuertes Lernen, unabhängig von Zeit und Raum, wirtschaftlich akzeptabel und gut realisierbar. Ebenso erhöhen sich Flexibilität, Kollaboration und Organisationsmöglichkeiten. Das passende Mindset ist wichtig, bei dem Kompetenzerwerb und das Erarbeiten zukünftiger, dynamischer Handlungsfähigkeit im Vordergrund steht. Führungskräfte sind gefordert, ihre Mitarbeitenden in erforderliche Befähigung zu begleiten und dorthin zu entwickeln. Informierte und motivierte „Digital-Learning-Verantwortliche" sind bedeutsame Berater, um neben fachlichen Weiterbildungen die „Future Skills" zu sichern.

(2) *Kulturwandel und Digital Leadership gehen Hand in Hand*
Neue digitale Arbeitswelten erfordern einen Kulturwandel, der alle einbezieht, sowie ein Umdenken in Arbeit und Führung in Organisationen, hin zu Potenzialorientierung, Vertrauen und erfahrbarem Kompetenzerwerb, mit individuell sinnvoller Nutzung digitaler Unterstützungen, einem Fokus auf Haltungsänderung und Werte von Digital Leadership unter Beteiligung aller Mitarbeitenden mit gesteigerter Produktion im (sozio-)digitalen Transformationsprozess, wettbewerbsfähig und nahe am Kunden.

(3) *Pragmatisches Vorgehen und ganzheitliches Konzept als Erfolgsbaustein*
Digitales Lernen umfasst ein umfangreiches Angebot an Lernformen, insbesondere ganzheitliche Konzepte mit Ausgewogenheit an Lerndesign – Blended-Learning-Konzepte mit Vielfalt an Lernformaten und vollständig neuen Entscheidungen, wie Lerninhalte in welcher Form den Lernenden am besten vermittelt und zur Verfügung gestellt werden, mit der Bereitschaft neu nachzudenken über Lernmaterial, Compliance-sichere Dokumentierung, Lernmanagement-Systeme, MOOC-Portale, Learning-Experience-Plattformen, individuelle und pragmatische Lösungen und Managementansätze.

(4) *Konzeptentwicklung muss strategisch angegangen werden*
Sorgfältige Erhebung des Bildungsbedarfs der Zielgruppe, Klärung und Festlegung der Lernziele, der methodisch-didaktischen Vorgehensweise, der Anforderungen und Lernstrategie; Klärung, welche Serviceleistungen aus der eigenen Organisation gesichert werden können oder von außen eingeholt werden müssen, z.B. um digitale Lernangebote abzusichern, evtl. Klärungsbedarf mit Stakeholdern sicherstellen und technologische Machbarkeiten abklären, Bedarf an Software definieren und technische Anforderungen und Auswahl für Technologieeinsatz treffen.

(5) *Gutes Stakeholdermanagement für mehr Akzeptanz gegenüber Digital Learning*
Die Einführung digitaler Lernformen betrifft neben den Lehrenden und Lernenden auch andere Stakeholder, die betroffen oder einflussnehmend sind (Bsp. Betriebsrat, IT-Abteilungen, Security-Bereiche oder Management). Alle müssen frühzeitig informiert und eingebunden sein, deren Haltung und Motivation gegenüber digitalem Lernen ist einzuholen und der Veränderungsprozess muss sauber begleitet sein, von der Bedarfsanalyse bis zur Evaluation.

(6) *Digital-Learning-Formen sind mehr als nur virtual Classrooms*
Die Möglichkeiten sind zwar eingeschränkter als in der Präsenzlehre, aber genauso facettenreich und abhängig von Zielgruppe und Einsatz, Beispiele: virtueller Klassenraum (Webinar), Web Based Training, Lern-Video-Podcast, Sonder-Format Erklärvideos, Mobile Learning, Social Learning.

(7) *Interne Entwicklung oder externe Expertise?*
Abwägen, inwieweit eigene Digital-Learning-Plattform-Entwicklung sinnvoll ist oder über externe Provider bereitgestellt werden soll, abhängig von Unternehmensbedingungen, existierender Expertise, IT-Kenntnissen, Tool-Beherrschung, mediendidaktischen Fähigkeiten, medienrechtlichem Wissen, davon ob Inhalte (firmen- oder produktspezifisch) am Markt erhältlich oder Experten nur im eigenen Unternehmen vorhanden sind; Abwägung von Vorgehensweisen, auch Mischformen möglich, Content-Kuratoren als Unterstützer. Die qualitative Aufberei-

tung der Inhalte spielt eine entscheidende Rolle; ebenso wie die Einbindung themenspezifischer Fachleute, Trainer und Trainerinnen.

(8) *In die Zukunft gerichtete Investitionen in Weiterbildung sind nötig*
Zukunftskompetenzen in den Organisationen und vielfältige Fähigkeiten sind gefordert: technische Fähigkeiten, Problemlösungskompetenz, unternehmerisches Handeln, Kreativität u. v. m.; eine wichtige Herausforderung für HR (auch Recruiting) ist die Weiterbildung von Mitarbeitern, z.B. auf Grund von sich ändernden Arbeitsumgebungen. Der Veränderungsdruck gebietet eine Investition in die Mitarbeiter*innen, damit das eigene Unternehmen zukunftsfähig bleibt.

(9) *Qualifizierung als Erfolgsfaktor*
Um ein ganzheitliches Blended-Learning-Konzept aufzubauen, muss entsprechendes Knowhow aufgebaut oder Experten hinzugezogen werden. Digital-Learning-Projekte sind interdisziplinär, Projektmanager*innen und Umsetzenden müssen mit vier wesentlichen Dimensionen vertraut sein: Didaktik – Technologie – Design – Management, um ein Digital-Learning-Projekt zum Erfolg zu führen (Bitkom 2020).

Wenn Unternehmen langfristig über gelungene Weiterbildungsstrategien und Konzepte nachdenken, so ist wichtig, diese Aspekte mitzudenken. Das lässt sich aus den Erfahrungen bei der Entwicklung der Fujitsu Academy bestätigen.

Wer in dem von Daten getriebenen Wandel erfolgreich sein und bleiben will, muss sich proaktiv ganzheitlich mit den Herausforderungen auseinandersetzen und lösungsorientiert hinterfragen (Bild 2.3). Das betrifft nicht nur Unternehmen, sondern jeden einzelnen Menschen in der Gesellschaft. Digitalisierung fordert in den Bereichen Bildung und Beruf extrem heraus, wenn es darum geht, den Vorstellungen und Visionen Taten folgen zu lassen oder einfach nur im Alltag befähigt zu sein, mit digitalen Umgebungen umgehen zu können, den Anforderungen von Digitalisierung gerecht zu werden und eine Kultur des Vertrauens zu ermöglichen. Kompetenter Umgang mit Veränderungen, Wissen und Befähigung sowie wertschätzende Kommunikations- und Führungs-Stile sind gefragt. All dies wird zunehmend zu bestimmenden Faktoren, ebenso wie die Herausforderungen, sich mit knappen Ressourcen auseinanderzusetzen und Bewährtes im Wandel fit für die Zukunft zu machen.

Horizonte erweitern. Digitale Welten entdecken. Komplexität integrieren.

Ein prägnantes Beispiel bietet die Welt der Großrechner, der sogenannten Mainframes. Die Mainframe- und Rechenzentrumstechnologien spielen im digitalen Zeitalter nach wie vor eine zentrale Rolle. Der demografische Wandel und die gleichzeitig steigende Nachfrage an Fachkräften in diesem IT-Bereich fordern massiv heraus, dem hohen Druck aus Marktanforderungen und Kundenbedürfnissen gerecht zu werden. Fujitsu als einer der führenden Mainframe-Anbieter stand hier vor einigen Jahren vor der spannenden Aufgabe, für seine Mainframesparte über das bereits etablierte Trainingsangebot hinaus ein ganzheitliches bzw. übergreifendes Bildungskonzept mit neuen verschiedenen Bildungswegen zu entwickeln und in den Markt zu bringen.

Ziel war es damals und ist es heute ebenso, für Kunden, die ihre Geschäftsprozesse mit Mainframes steuern, im digitalen Wandel langfristige Perspektiven zu schaffen, Fachkräfte zu sichern und damit Planungssicherheit für IT-Systeme im Rechenzentrumsbetrieb zu bieten. Vor diesem Hintergrund entwickelte das Unternehmen damals die „Mainframe Academy", um weiterhin die nötige Innovationskraft für die Rechenzentren zu sichern, Lehre, Forschung sowie Aus- und Weiterbildung im Mainframe-Bereich spezifisch zu fördern und Nachwuchs für dieses interessante unternehmenskritische IT-Spektrum zu gewinnen.

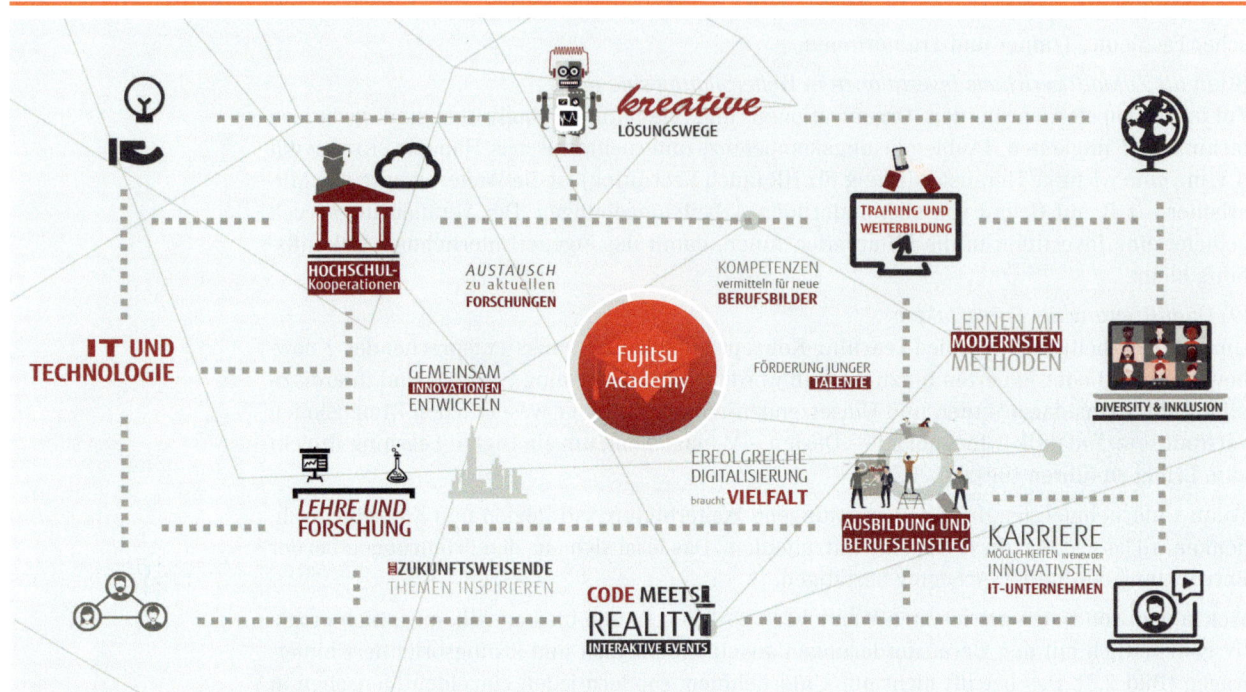

Bild 2.4 Vielfalt: Qualifizieren. Begeistern. Machen

Unter dem Motto „Qualifizieren. Begeistern. Machen." entstand ein ganzheitliches Akademie-Konzept (Bild 2.4). In einem ersten Schritt gelang dies mit Fokus auf Mainframes und vielseitigen, bereichsübergreifenden Angeboten und Initiativen, abgestimmt auf sich ändernde und neue berufliche Tätigkeitsfelder. Dieses Konzept umfasst verschiedene Ausbildungs- und Trainingsprogramme mit Fokus auf die Mainframes im digitalen Wandel. Es bietet begleitend praxisorientierte (Learning-by-Doing) Ausbildungs- und Lernformate, zielgruppenspezifische Programme für Schüler und Studierende sowie Kooperationsprogramme mit Bildungseinrichtungen, Verbänden und Vereinen. Kooperationen machen das Konzept zu einer starken Formation und bieten die Möglichkeit, Lehre und Forschung zu unterstützen und frühzeitig junge Schülerinnen und Schüler, insbesondere zunehmend auch weibliche Akteure, für die digitale Welt und MINT zu begeistern.

Ganz bewusst wurden von Anfang an Initiativen implementiert, die einen Fokus darauf legten, bei jungen Mädchen früh das Interesse für naturwissenschaftlich-technische Berufe zu wecken, sie zu inspirieren und für MINT-Berufe zu gewinnen. Die Ausbildung von Frauen in technischen Berufen stellt eine erfolgsversprechende Fachkräfteressource dar. Viele Initiativen sind international auf breiten Ebenen unterwegs, um Ansätze wie *#ShetransformsIT* oder *#Frauen in der Digitalwirtschaft* zu stärken, zumal Digitalisierung klar zeigt, dass Potenziale im digitalen Wandel erst dann voll ausgeschöpft werden können, wenn auch Frauen in technischen Berufen Normalität sind.

Nachdem sich dieses ganzheitliche Akademie-Konzept, ursprünglich für die Mainframes erschaffen, sehr erfolgreich etablierte und der Bedarf an Bildung zunehmend wuchs, entwickelte sich aus diesen Anfängen die heutige, thematisch breiter aufgestellte Academy für Fujitsu Central Europe. Angebote wurden inzwischen, entlang des gesamten Unternehmens-Portfolios, erweitert und eröffnen attraktive berufliche Perspektiven. Vielseitige Bildungsprojekte wurden/werden in enger Zusammenarbeit mit Kooperationspartnern und für sehr unterschiedliche Zielgruppen angeboten und umgesetzt (Bild 2.5).

Erfolgreich etabliert

Mit der Mainframe Academy gelang es, innerhalb von 24 Monaten die Zahl der Einstellungen junger Nachwuchskräfte, auch im Mainframe-Bereich, zu erhöhen sowie mehr dual Studierende und Trainees aufzunehmen. Zudem konnten im Rahmen akademischer Kooperationen mehr als 20 Partnerschaften geschlossen werden. Ausgebaut wurden darüber hinaus die Angebote für zertifizierte Aus- und Weiterbildungen, digitale Lehrformate, Investitionen in Lehre und Forschungsprojekte sowie Förder- und Sponsoring-Programme, um Bildung und Beruf zu unterstützen.

Bild 2.5 Konzept der Fujitsu Academy, CE

Blicke hinter die Kulisse der IT-Giganten – Die Boliden im Rechenzentrum

Um die Bedeutung und den dringenden Bedarf einer eigens für Mainframes entwickelten Akademie besser verstehen und einordnen zu können, lohnt ein Blick hinter die Kulisse dieser spannenden Welt der Hochleistungs-Systeme, die den Grundstein für heutige IT-Landschaften legten und auf eine Erfolgsstory von fast 60 Jahren zurückblicken.

Wer nicht mit der Zeit geht, geht mit der Zeit. „Wer nicht am Ball bleibt, wird abgehängt oder zum Zuschauer – im Sport wie in der Digitalisierung!" (Birkner 2019). Die Welt ändert sich und wer sich nicht mit ihr ändert und dem Wandel anpasst, wird auf der Strecke bleiben. Diese Gesetzmäßigkeit gilt für alle Technologien, mit denen wir täglich zu tun haben, wie z. B. Autos, TV-Geräte, Computer und natürlich auch für die Mainframes. Über Jahrzehnte hinweg entwickelten die führenden IT-Hersteller sie entlang jeweils aktueller IT-Trends und Anforderungen stetig weiter. Mainframetechnologien sind nach wie vor in modernen Rechenzentren von großer Bedeutung und tragende Säulen vieler Geschäftsmodelle. Dafür gibt es gute Gründe, die einerseits im hohen Sicherheits- und Verfügbarkeitsstandard ihrer kontinuierlich weiterentwickelten Hard- und Software-Technologie liegen, andererseits in den wachsenden Anforderungen, die Unternehmen und Organisationen an ihre Informationsverarbeitung inmitten digitaler Transformationen stellen.

Fakt ist: Ohne eine rund um die Uhr funktionierende IT-Infrastruktur kommt im Internetzeitalter kein Unternehmen mehr aus. Kein Wunder also, dass nach wie vor auf Mainframe-spezifische Tugenden wie Zuverlässigkeit, Hochverfügbarkeit, Sicherheit und höchste Transaktionsleistung gesetzt wird. Zahlen, die für sich sprechen, spiegeln die unsichtbare Hochleistungspower der Mainframes wider – ebenso deren Bedeutung als Rückgrat der Digitalisierung:

Unsichtbare Hochleistungspower – Mainframes als Rückgrat der Digitalisierung[1]

30 Milliarden Geschäftstransaktionen werden weltweit pro Tag auf Mainframes verarbeitet

80 % der weltweiten Unternehmensdaten befinden sich auf Mainframes oder haben hier ihren Ursprung

91 % aller mobilen Anwendungen interagieren (zumeist im Hintergrund) mit einem Mainframe

89 % der führenden CIOs sagen, dass ihre Mainframes mindestens in den nächsten 10 Jahren weiterhin Eckpfeiler ihrer Unternehmens-IT sein werden

---

Das Erfolgsrezept: Effiziente, hochflexible Nutzungskonzepte, höchste Sicherheits- und Verfügbarkeitslevel sowie die nahtlose Einbindung in offene heterogene IT-Landschaften zeichneten moderne Mainframes seit jeher aus. Unternehmen halten mit ihnen den Schlüssel in der Hand, Neues und Bewährtes ohne großen Aufwand miteinander zu verknüpfen. Technologisch up to date bleiben und in vielerlei Hinsicht einen Maßstab für andere neu hinzukommende Plattformen darstellen können: Mainframetechnologien sind damit im Zeitalter der Digitalisierung auch weiterhin eine innovative Antwort auf Herausforderungen, vor denen IT-Manager in Unternehmen und Organisationen heute stehen. Eine Dilemma-Situation wird zur großen Herausforderung um die Mainframetechnologie.

Die Mainframe-Challenge

Technologisch sind Mainframes bestens gerüstet, um auch zukünftig ihre wichtige Rolle im Eco-System von Unternehmens-IT-Landschaften auszufüllen. Seit einigen Jahren stellen jedoch der demografische Wandel und der damit einhergehende zunehmende IT-Fachkräftemangel für die gesamte IT-Branche ernstzunehmende Herausforderungen dar. Über 60 % der Mainframe-Fachkräfte sind inzwischen älter als 50 Jahre. Gleichzeitig stockt die Rekrutierung und Ausbildung des Fachkräftenachwuchses und damit ein optimaler Know-how-Transfer bezüglich Mainframetechnologien, weil unter anderem in Hochschulen Mainframetechnologie-Wissen nur in geringem Umfang und wenn, dann als allgemeine Theorie, vermittelt wird. An Hochschulen kommen zunehmend eher spannende Blicke in Zukunftstechnologien wie z. B. aus dem Bereich der KI zum Zug als fundiertes IT-Basiswissen (z. B. zu gewachsenen IT-Infrastruktur-Systemen wie den Mainframes).

Wissen, Erkenntnisse, Daten wachsen ständig an. Hier sind längst auch Hochschulen nachvollziehbar gefordert zu selektieren und Lehrpläne zu konsolidieren/optimieren. Doch die weiterhin hohe Nachfrage vor allem aus großen Unternehmen an Nachwuchskräften mit fundiertem Mainframe-Wissen übersteigt inzwischen das zunehmend schwindende Angebot. Die Abdeckung des erforderlichen Kompetenzbedarfs an Mainframe-Experten in Rechenzentren ist gefährdet. Diese Entwicklungen fordern Hersteller und Kunden gleichermaßen heraus, systematisch entgegenzusteuern, um die Kontinuität der auf Mainframes basierenden Geschäftsprozesse

---

[1] *https://www.precisely.com/blog/mainframe/9-mainframe-statistics* sowie Fujitsu-Studien

langfristig sicherzustellen und die erheblichen IT-Investitionen in Mainframeinfrastruktur und Unternehmens-Anwendungen zu schützen. Ein ganzheitliches Konzept für Bildung und Nachwuchssicherung im Mainframe-Bereich war dringend gefordert.

Fujitsu stellte sich mit der Entwicklung einer Mainframe Academy dieser Herausforderung. Verschiedene Perspektiven und Fragestellungen galt es bei der Konzeption ins Visier zu nehmen (Bild 2.6). Die Auseinandersetzung forderte stark heraus, in eine Vielfalt an Perspektiven einzutauchen und Chancen ins Visier zu nehmen, traditionelle Herangehensweisen mit digitalen Möglichkeiten zu verknüpfen, begleitende Programme zu entwickeln, „digitale" Bereitschaft zu wecken, um Menschen allseitig im digitalen Wandel mitzunehmen.

Bild 2.6 Beispiele für Leitfragen zur Konzeptentwicklung einer Academy für den Mainframe-Bereich

Das richtige Maß für den Wandel finden

Wandel fordert grundlegende Aufmerksamkeit und Verständnis für und Umgang mit Unterschieden. Was für die einen selbstverständlich ist, kann für andere noch weit entfernt sein. Digitale Bildung und Schaffung von Voraussetzungen zur Befähigung suchen regelrecht nach Antworten auf Fragen, wie: Was bedeutet Digitalisierung eigentlich? Was kommt mit KI auf uns zu? Was bewegt Menschen? Wie können und müssen Abläufe digitalisiert werden und wie ist damit umzugehen – flächendeckend, vernetzt – mit welchen Skill-Sets? Welche Ausstattung braucht es und welche Methoden, Werkzeuge, Tools müssen beherrscht werden? Steinchen der Digitalisierung ebnen im Bildungsbereich völlig neue Wege. „Präsent-sein-müssen" schmilzt dahin wie Eis in der Sonne. Umgang mit neuen Medien, Abläufen, Automatisierung sucht nach neuen Formaten und angepassten Spielregeln im Zusammenwirken: flexibel, synchronisiert, abgestimmt, individuell. Bildung und Lernen im digitalen Wandel fordert neben der inhaltlichen Ausrichtung enorm heraus, den sensiblen Umgang mit Daten, Zugriffsrechten, Datenschutz, Administration zu sichern, hybride Lernstrukturen zu etablieren und neuen Style in herkömmliche Klassenraumformate zu bringen, attraktive Lerneinheiten zu kreieren. Alles in allem: ohne Zwang zu begeistern, d.h. eigene Antriebe zu wecken und wissen zu wollen.

Neue Ansätze in der Lernkultur

Durch Bereitstellung kompletter Lernlandschaften, fähiger Lehrkräfte und gut funktionierender maßgeschneiderter Learning-Management-Systeme (LMS) sind alle Zielgruppen individuell erreichbar. Es können unterschiedliche Lernstile bedient werden. Methodeneinsatz und didaktisch aufbereitete Inhalte, die Spaß bereiten und Aha-Erlebnisse schaffen – die somit benutzerfreundlich und verständlich, intuitiv und einfach, nützlich und motivierend zu handhaben sind.

Die Auseinandersetzung mit Digitalisierung im Bildungsbereich eröffnet vielseitige Möglichkeiten, um völlig neue Formate zur Wissensvermittlung zu gestalten. Bei der Fujitsu-Academy-Konzeptentwicklung war immer wieder das richtige Maß gefordert, um die Vielzahl an neuen Herausforderungen zu meistern. Präsenzkurse in onlinebasierte/virtuelle Formate zu entwickeln erfordert z. B. völlig unterschiedliche Ansätze, zu gestalten durch: andere Art von Vorbereitung, Durchführung, Nachbereitung, Aufbereitung von Informationen, Kursunterlagen, Templates, Übungsaufgaben, Lernanreize, Räumlichkeiten, Methoden, Zusammenarbeit, Technik-Check und Support während des kompletten Prozesses, Zeitmanagement, Präsentationstechniken, Plattformen, Netzwerk, Datensicherung, Speicherung von Daten u. v. m.

2.3 Vielfalt ebnet Wege in die digitale Zukunft

Das Entwickeln und Etablieren einer Akademie für den Fujitsu-Geschäftsbereich der Mainframes erwies sich auch aus heutiger Sicht als wichtig und richtig. Zugleich war und ist es eine sehr anspruchsvolle und komplexe Aufgabe. Dies verstärkt durch den Facettenreichtum der Digitalisierung und umso mehr, weil das Vorhaben – von der Definition der Anforderungen bis hin zur Umsetzung von Maßnahmen – in einem ambitionierten Zeitfenster bewältigt werden sollte, sehr unterschiedliche Zielgruppen und Bildungsbereiche einzubinden waren und das Projekt grundlegend holistische Auseinandersetzungen erforderte. Um den berechtigten Kundenanforderungen gerecht zu werden, war ein nachhaltiger und konsistenter sowie pragmatischer Ansatz nötig, mit dem parallel verschiedene Problemlösungen entwickelt werden konnten, die sich zeitnah in qualitativ messbare Ergebnisse umsetzen ließen.

Sehr hilfreich war zum einen, dass alle Beteiligten im Schulterschluss absolut verlässlich zusammenarbeiteten, zumal die Akademie nicht auf der „grünen Wiese" aufsetzte. Viele Ideen und Aktivitäten mussten sich in bestehende Abläufe, Prozesse und Zuständigkeiten einflechten. Daten zu kritischen Themenfeldern galt es, systematisch zu sammeln und zu analysieren, neue und bessere Wege zu finden, geeignete Lösungen zu beleuchten und diese schrittweise in umsetzbare Maßnahmen zu überführen.

Innerhalb weniger Monate kristallisierte sich mit einem agilen Netzwerk mehrerer Involvierter und projektorientierter Aktionsteams auf diese Weise ein ganzheitliches Gerüst heraus. Und letztendlich entstand ein Bildungskonzept, das durch modulare Ansätze flexibel nutzbar und anpassungsfähig wurde und somit schnell umsetzbar Wege in die digitale Zukunft ebnete.

Erfolgsstory „Fujitsu Mainframe Academy" – Einblicke in die Entstehung, Umsetzung und Ergebnisse

Die Aufgabe war klar gesetzt: die Entwicklung eines ganzheitlichen Konzepts für eine „Fujitsu Mainframe Academy" und dessen schnelle Umsetzung. Die Ergebnisse, die beim Aufbau innerhalb kurzer Zeit erreicht wurden, waren zurückblickend enorm. Dies lag nicht zuletzt am starken Engagement und systematischen Vorgehen aller Beteiligten, die in dem Gesamtprojekt, neben der strategischen Notwendigkeit, auch die innovativen Ansätze von Zukunfts- und Kundenorientierung sahen. Vielseitige Anforderungen wurden zusammengetragen, Zielgruppen definiert und darauf aufsetzend ein Grundgerüst für ein Academy-Konzept erstellt.

Vier große Bereiche (Säulen) wurden als wichtig angesehen, die in einem Academy-Setup unbedingt enthalten sein sollten (Bild 2.7). Diese wurden nebeneinander aufgebaut und miteinander verknüpft. Somit ging das Grundgerüst einer Mainframe Academy mit vier Hauptbereichen an den Start. Die hierfür zu entwickelnden Aktivitäten sollten die Bedürfnisse der Kunden, Partner, Professoren, Studierenden und Schülerinnen bzw. Schüler ebenso wie die der beschäftigten Fujitsu-Mitarbeiter und -Mitarbeiterinnen inmitten digitaler Transformationen adressieren.

Die Bereiche haben unterschiedliche Ausrichtungen und umfassende, jeweils eigene abgegrenzte Verantwortungsfelder, können jedoch nach Bedarf effektiv miteinander zusammenwirken, sich unterstützen und in bestimmten Programmen und Initiativen ergänzen.

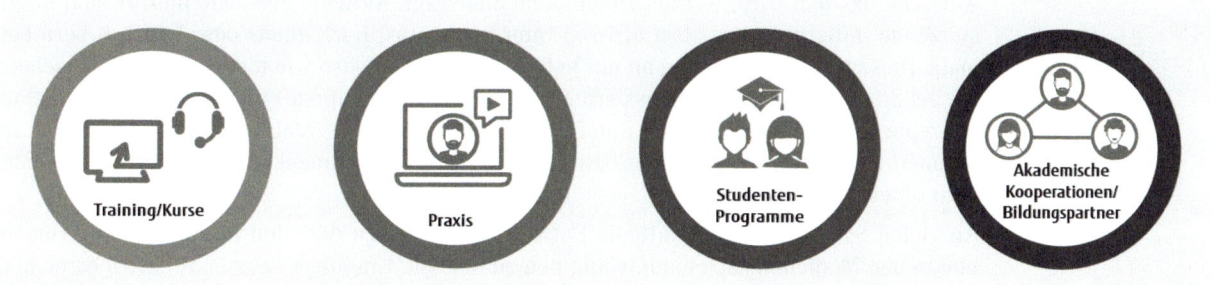

Bild 2.7 Die Hauptbereiche der Fujitsu Academy, CE

Einblick in den Bereich Training: Das zu Beginn der Konzeptentwicklung existierende klassische Trainingsportfolio für den Geschäftsbereich der Mainframes (Bild 2.7) bestand zuvor aus vielen standardisierten Einzeltrainings für ein Spektrum von ca. 100 Produkten aus dem Hard- und Softwareumfeld. Hier galt es, Inhalte auf Aktualität und mit Blick auf zukünftige Erfordernisse in digitalen Transformationen zu prüfen und zu überarbeiten sowie Kurslandschaften so zu konsolidieren, dass sich z. B. Job-level-basierte Ausbildungspfade entwickeln ließen. Allein für den Mainframe-Bereich wurden im Zuge der Mainframe-Academy-Entwicklung mehr als 50 verschiedene Standardkurse definiert, die dann in 11 berufsbezogene Ausbildungspfade eingebettet wurden und abschließende Zertifizierungsoptionen entstehen ließen. Kundenspezifische Workshop-Angebote und die Implementierung einer Bildungs-Cloud-Lösung rundeten das breite Spektrum ab.

Neben bisherigen Präsenztrainingsangeboten wurde es durch Online-Unterrichtseinheiten, erweiterte e-Learning-Module, Bereitstellung erforderlicher Peripherie-Ausstattung (z. B. Hard- und Software, Lizenzen) sowie hybride Lehrformate nun jederzeit möglich, ortsunabhängig Trainings umzusetzen, um Wissen zu vermitteln, praktische Übungen durchzuführen und vor allem auch neue Skill-Kompetenz-Anforderungen für den Umgang in und mit digitalen Umgebungen zu erlangen.

Theorie und Praxis wurden durch vielseitige Hands-on-Angebote verknüpft. Regelmäßige Kolloquien z. B. boten für unterschiedliche Zielgruppen, insbesondere auch für die Belegschaft, Topic-bezogene Wissensvermittlung, um über den Tellerrand hinaus aktuell informiert zu bleiben. Die Nutzung digitaler Tools ermöglichte nicht nur innovative und moderne Ansätze in der Zusammenarbeit, sondern unterstützte ebenso Abfragen, gemeinsames Reflektieren oder Zusammengehörigkeitsempfinden. *Studentenprogramme* wurden in enger Zusammenarbeit mit Personalbereichen stark erweitert. Selbst Recruiting-Möglichkeiten, Assessments, Interviews, interaktive Gruppenaktivitäten wurden inzwischen in digitalen Formaten entwickelt.

Akademische Kooperationen wurden komplett neu aufgesetzt. Besonders am Herzen lag den Mitwirkenden von Anfang an, junge Menschen für die Mainframe-Welt zu begeistern. Enge Kooperationen mit Bildungspartnern, Universitäten und Instituten wie z. B. dem Hasso-Plattner-Institut Potsdam, der Hochschule für Technik Stuttgart, der Goethe-Universität Frankfurt oder der Friedrich-Alexander-Universität Erlangen/Nürnberg waren hier wirkungsvolle Türöffner, um gezielt verschiedene Zielgruppen mit unterschiedlichen Lehrangeboten (wie z. B. Massive-Open-Online-Course-(MOOC)-Angeboten) bedarfsgerecht zu erreichen. Die deutlich erweiterte Zusammenarbeit in Projekten mit Professoren und wissenschaftlich Mitarbeitenden ermöglichte vielfältigere Einstiege in Bereiche von Lehre und Forschung. Für Mainframetechnologie-Themen brachte dies wieder mehr Aufmerksamkeit und Gehör in IT-nahen Studiengängen der Universitäten ein. Fujitsu-Know-how-Träger konnten sich als Gastdozenten und Experten aus der Praxis zunehmend in Lehrveranstaltungen der Universitäten einbringen. Exkursionen in die Mainframe-Praxis werden inzwischen von Schulgruppen als wertschätzende Ergänzung zum Lehrplan angenommen. Spezielle Veranstaltungstage wie die „Mainframe Days" oder „Transaction Processing Days" werden von etablierten Lehranstalten dankend in IT-Lehrpläne eingebunden. Veranstaltungen mit hohem Praxisanteil, in denen IT zum Anfassen möglich wird, werden zunehmend angefragt. Aktuelle Beispiele hierfür sind unterstützende Initiativen, wie Meet-ups von Informatikclubs, Hackathons oder Lunch & Lern-Formate. Diese trafen von Anfang an auf hohen Zuspruch, ebenso wie mehrtägige Lehrangebote, die bei Studierenden und Interessierten sehr beliebt sind. Fujitsu Winterschul- oder AI-Schulkonzepte sowie Mainframe- und DataCenter-Challenge-Camps, etablierten sich erfolgreich im Rahmen der Academy-Programme. In Projekte der Unternehmenspraxis wird immer wieder gern hineingeschnuppert.

An vielen Stellen forderten aktuelle Entwicklungen hin zu digitalen Bildungsanforderungen und neuen Medieneinsätzen auf, völlig neu zu denken. Um junge Talente direkt zu erreichen, war es von Anfang an wichtig, nicht mehr nur auf bewährte Pfade zu setzen, sondern ergänzend außerhalb von Universitäten/Hochschulen eine Vielzahl von Kooperationen mit Initiativen ins Leben zu rufen und neue Wege der Ansprache zu nutzen. Stets wurde dabei darauf geachtet, diese möglichst als nachhaltige Aktionen aufzusetzen, sinnvoll ergänzende Trend-Themen sowie didaktische Elemente (spielerisch, interaktiv) einzubinden und Angebote fortführend aufrechtzuerhalten. Es heißt ja „Der Wurm muss dem Fisch schmecken" und „Eintagsfliegen-Aktionen" wurden als wenig förderlich für nachhaltige Strategien angesehen. Was den aktuellen „Kampf um Talente" angeht, rückt die Auseinandersetzung mit zielgruppengerechter Ansprache, ebenso wie die Einbindung digitaler Kompetenzanforderungen, immer stärker in den Vordergrund.

Bild 2.8 Aktuelle Trends jeglicher Couleur einzubinden, sichert eine lebendige Entwicklung

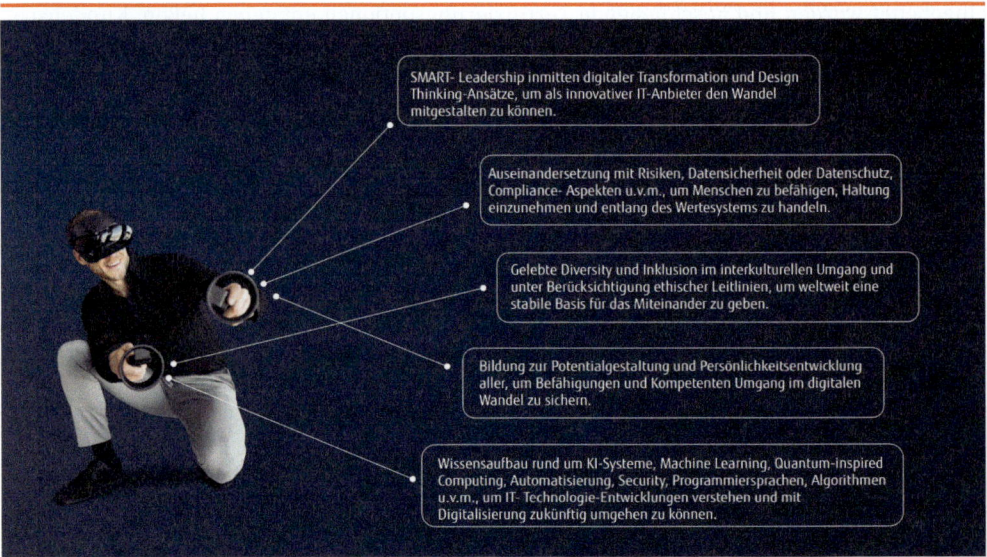

SMART- Leadership inmitten digitaler Transformation und Design Thinking-Ansätze, um als innovativer IT-Anbieter den Wandel mitgestalten zu können.

Auseinandersetzung mit Risiken, Datensicherheit oder Datenschutz, Compliance- Aspekten u.v.m., um Menschen zu befähigen, Haltung einzunehmen und entlang des Wertesystems zu handeln.

Gelebte Diversity und Inklusion im interkulturellen Umgang und unter Berücksichtigung ethischer Leitlinien, um weltweit eine stabile Basis für das Miteinander zu geben.

Bildung zur Potentialgestaltung und Persönlichkeitsentwicklung aller, um Befähigungen und Kompetenten Umgang im digitalen Wandel zu sichern.

Wissensaufbau rund um KI-Systeme, Machine Learning, Quantum-inspired Computing, Automatisierung, Security, Programmiersprachen, Algorithmen u.v.m., um IT- Technologie-Entwicklungen verstehen und mit Digitalisierung zukünftig umgehen zu können.

Konstruktives Reflektieren und regelmäßige Eco-Checks für zeitnahes Justieren und Verbessern sind wichtige Erfolgsbarometer in Veränderungs- und Gestaltungsprozessen. Bei der Entstehung der Fujitsu Academy waren sie ebenso bedeutungsvolle Taktschläger wie die Auseinandersetzung mit aktuellen und zukünftigen Anforderungen, der Integration digitaler Möglichkeiten, regelmäßigen Feedback-Schleifen mit Kunden, Partnern, Teilnehmenden an Veranstaltungen, Presse und Analysten, um sich kritisch mit Vorgehensweisen, Bedürfnissen und evtl. Justierungsbedarf auseinanderzusetzen. Stimmt der Kurs noch oder weht der Wind bereits von einer anderen Seite? Dies ist fortlaufend zu hinterfragen, wenn die Zielgruppe in der schnelllebigen Zeit schnell erreicht werden soll.

Nicht zuletzt eröffneten Ansätze, wie *„Bewährtes einbringen – In Frage stellen & Neudenken dürfen – Anders machen & damit besser sein können"* und *„Lernen lernen – Können können – Machen!",* vielseitige Möglichkeiten, ein Gesamtkonzept mit innovativen Angeboten und starkem Engagement vieler Beteiligter in die Praxis umzusetzen. Die Ergebnisse sprechen für sich und zeigen, dass dies ein geeigneter Weg war und ist. Ein Weg mit Angeboten, um den digitalen Wandel zu begleiten und zu gestalten, unterschiedlichste Generationen fit für die Zukunft zu machen, dem Fachkräftemangel, wie z.B. im Mainframe-Bereich, entgegenzuwirken und so nicht zuletzt state-of-the-art-Kundenanforderungen zu treffen.

Auf natürliche Weise motivieren und inspirieren: Letzten Endes führte es bei Fujitsu dazu, das ursprünglich entwickelte ganzheitliche Bildungskonzept einer Mainframe Academy um die Belange weiterer Geschäfts- bzw. Produktbereiche zu erweitern und auszubauen. Die heutige Fujitsu Academy Central Europe (CE) ist mittlerweile erheblich breiter aufgestellt, und das nicht nur mit Blick auf ein vielseitiges Spektrum des Fujitsu-Portfolios und erweiterter Kooperationsinitiativen. Vielmehr geht es darum, aktuelle Trends unterschiedlichster Couleur einzubinden. Das macht es möglich, sich flexibel mit dem Rad der Zeit zu bewegen, Horizonte zu erweitern und digitale Welten zu entdecken (Bild 2.8).

Heutige Internationalität fordert stark heraus. Zugleich liegen hier enorme Chancen, um vernetzt miteinander in Austausch zu kommen und zu kooperieren, mit Kunden, Partnern, Fachleuten und Interessierten. Wer sich hierfür öffnet, hat zweifellos eine gute Basis, um erfolgreich sein zu können und gemeinsam Wissen zu nutzen, Mehrwerte zu schaffen. Digitalisierung braucht Vielfalt und reift an verschiedenen Perspektiven. Fujitsu hat z.B. weltweite Innovation Labs entstehen lassen und verschiedene Communities etabliert, um einen interdisziplinären Erfahrungsaustausch zu fördern, Fachleute zu verbinden, Innovationen zu pushen.

An verschiedensten Standorten wurden sogenannte Digital Transformation Center (DTC) eingerichtet, um Freiräume zu schaffen und Kreativitätsprozesse zu unterstützen (Bild 2.9). Diese weltweiten Fujitsu-DTC-Zentren sind als Think Tanks konzipiert, um mit Kunden, Partnern und Interessierten in zielorientierten Workshops zu spezifischen Themen Ideen zu entwickeln, unterschiedliche Perspektiven zu beleuchten, Szenarien der realen Welt für virtuelle Welten zu entwickeln, Machbarkeitsstudien zu initiieren und zu helfen, schnell greifbare Ergebnisse zu erzielen. Die eigens dafür weiterentwickelte Fujitsu Human-Centric-Experience-Design-(HXD)-Methode kommt inzwischen vielseitig zum Einsatz. Immer wieder ist es verblüffend, wie viel dank dieser Kreativitätstechnik in kurzer Zeit erreicht werden kann!

Fujitsu Human Centric Experience Design (HXD)

Dies ist eine Design-Thinking-Methode, die es ermöglicht, gemeinsam mit Kunden die Umsetzung ihrer digitalen Strategie zu beschleunigen und innovative Lösungen zu gestalten. FUJITSU HXD fokussiert auf diese vier Bereiche:

- Verstehen geschäftlicher Herausforderungen im Kontextbezug
- Betrachten von Problemen aus verschiedenen Blickwinkeln
- Kombinieren von Business- und Technologie-Wissen zur schnellen Entwicklung neuer Konzepte
- Entwickeln gemeinsamer Business- und Arbeitsplanungen für sofortige Tests

235

Bild 2.9 Die Fujitsu Digital Transformation Center bieten Freiräume, um Kreativität zu entfalten

Mainframe Academy wird zur Blaupause

Inmitten digitaler Transformationen braucht es geeignete, sinnstiftende Maßnahmen, die sowohl einzeln als auch zusammen wirken können und sich dabei flexibel variierend einsetzen lassen.

Das Setup der Mainframe Academy führte zu einer Fülle messbarer und dauerhaft wirksamer Verbesserungen: von der Qualität und Attraktivität der Bildungsangebote bis hin zur gestiegenen Kundenzufriedenheit.

Konkrete Ergebnisse bezogen auf die herausfordernden Themengebiete waren z. B.

Demografischer Wandel

- Gewinnung junger Talente in der Technologie-Branche, zeitnah auch für den Mainframe-Bereich

- Absicherung des Wissenstransfers zwischen Generationen, Support für Kunden und Business

- Gewinnung sowie Aufbau von Lehrpersonal und Trainernachwuchs, z. B. für Mainframe-Kurse

IT-Fachkräftemangel

- Schaffung rollenbasierter Curricula-Reihen mit Zertifizierung für den Mainframe-Bereich

- Entwicklung und Integration zukunftsweisender Kursmodule zum Skill-Aufbau für digitale Themen

- Akquise für Nachwuchsaufbau in enger Zusammenarbeit mit Kunden und Partnern, Fujitsu-Experten und Fujitsu Young Community

Zunehmende Digitalisierung

- Erhöhung der Aufmerksamkeit für IT/Digitalisierung/Bedeutung der Mainframes in der Öffentlichkeit sowie Integration von Theorie und Praxis in Lehre und Beruf

- Verbesserung des Ressourceneinsatzes, Befähigung der Belegschaft für den Umgang mit digitalen Medien und neuen Tool-Landschaften im Unternehmensbereich

- Entwicklung und Implementierung einer Bildungs-Cloud-Lösung und Learning-Management-Plattform

Hohes Innovationstempo

- Befähigung der Mitarbeiter und Mitarbeiterinnen zur Mit- und Weiterentwicklung von bewährten Technologien in moderne IT-Landschaften, Nutzung digitaler Skills, agiler Methoden, kreativer Prozessgestaltung

- Effiziente Gestaltung des Trainingsmanagements im Unternehmen, insbesondere im Fujitsu-Mainframe-Bereich

- Umsetzung zielgruppenorientierter Programme und vielfältiger Initiativen

Empowerment war und ist eine entscheidende Kraft auf dem Weg zum Gesamtergebnis. Klares Management Commitment, abgesicherte Bereitstellung von Budgets sowie die zuverlässige Unterstützung durch das Management bildeten das wesentliche Fundament, auf dem befähigte Mitarbeiter*innen, Manager*innen und Fachleute Seite an Seite in agilen Arbeitsschritten am Akademie-Konzept und der Umsetzung von Maßnahmen arbeiten konnten und können.

Beim Aufbau der Mainframe Academy erwies sich als sehr zielführend, das gesamte Vorhaben als einen Prozess zu betrachten. Viele wertvolle Erfahrungen wurden gesammelt, geeignete Best-Practice-Methoden eingebunden und neue Ansätze entwickelt. Entwicklungswege in Gestaltungsprozessen sind vielseitig und geprägt durch die Nutzung, Einbindung und Entwicklung aller Potenziale. Das **W.E.G.-Modell der P.e.P. Lebens-Stil-Programme**® (ORH.IDEAL. IMAGE Magazin 2011) bezieht sich z. B. auf unterschiedliche Phasen, die enormen Einfluss auf den Prozess nehmen: • *Wahrnehmen & Wissen* • *Erfahren & Erleben* • *Gestalten & Genießen*. Dynamik entwickelt sich während des Prozesslaufes durch **T-O-M-K-A** (Birkner 2009), wobei grundlegende Einstellungen (Mindset) und besondere Fähigkeiten vorteilhaft und wichtig sind wie z. B.:

- **Team-Struktur:** klare Teamstruktur, Rollenverständnis und Verantwortlichkeiten, um Ideen und Fähigkeiten zu bündeln und diese durch geeignete Strukturen und Nutzung von passenden Formaten in qualitativ wertvolle Ergebnisse zu bringen; Teamgeist; verantwortungsvolle Einbindung der Beteiligten

- **Offenheit:** offene Herangehensweise an Veränderungssituationen, Bereitschaft, kontinuierliche Verbesserungen von Inhalten und bisherigen Prozessabläufen zu überdenken und Raum für neue Wege und Adaption zu eröffnen

- **Menschen:** zwischenmenschliche Fähigkeiten und Bereitschaft zur kreativen Findung von Lösungen und Umsetzung von Maßnahmen; Umgang miteinander; Empathie; wertschätzende Kommunikation; Kollaboration; Einstellungen; Entscheidungsfähigkeit; verantwortungsvolles Handeln

- **Kritikfähigkeit:** kritische Auseinandersetzung mit Situationen, Entscheidungen, bestehenden Strukturen, organisatorischen Abläufen, Prozessen, eingesetzten Hilfsmitteln, Tools, Plattformen,

- **Analytische Auseinandersetzung:** analytisches Vorgehen zur Lösung von Problembereichen; Navigation durch unbekannte Situationen; Herausforderung als Normalität ansehen; strategisches Denken und Kombinationsfähigkeit

FADE-Lösungsansatz

Komplexe Projekte profitieren davon, Gesamtprozesse klar zu strukturieren und zu sequenzieren. Der bekannte FADE-Problemlösungsansatz von *Organizational Dynamics, Inc. (ODI)* gibt hierfür eine gute Orientierung (Bild 2.10). FADE unterteilt den Gesamtprozess in vier Phasen, die bis zur Problemlösung konsequent durchlaufen werden. Der offene, praktische Ansatz ist variabel einsetzbar und ermöglicht z. B. im Zusammenspiel mit anderen Werkzeugen zur Analyse und Prozessverbesserung, die Zeiten für Bearbeitungen und Entscheidungsfindungen effizient zu verkürzen und Maßnahmen rasch und effektiv umzusetzen.

Bild 2.10 FADE-Problemlösungsansatz nach ODI

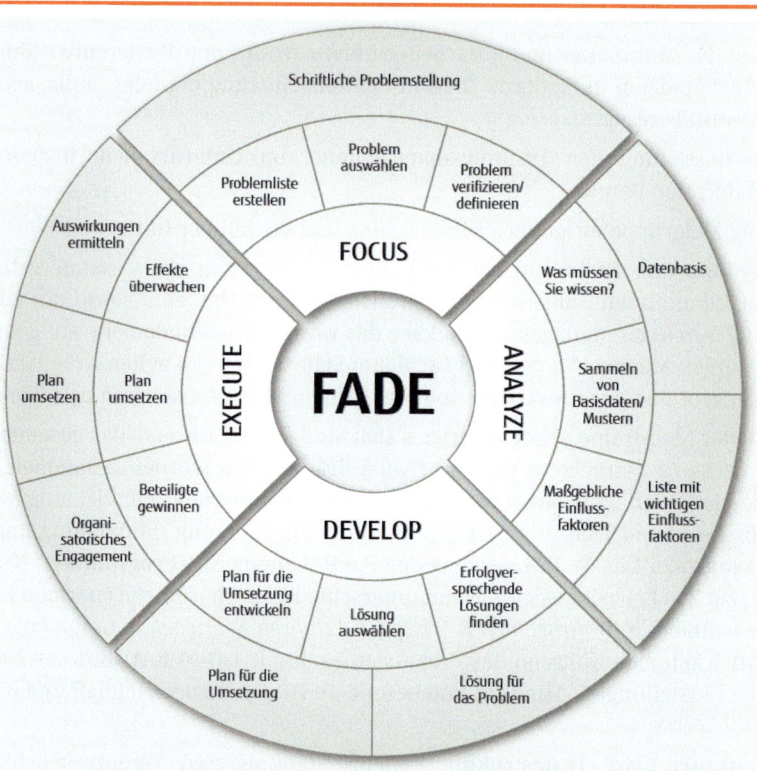

Erfahrungen zeigen eindeutig, dass die reibungsfreie Umsetzung einzelner Projektschritte eine kontinuierliche Prozessverbesserung fordert, was im Prozess gezieltes Vorantreiben ebenso wie gezielte Unterstützung notwendig macht. Darüber hinaus braucht es ein konsequentes Prozessmanagement – eine fördernde Leadership-Kultur und ein passendes Umfeld mit dem Potenzial, das Menschen durch Bildung und Kreativität den Weg ebnet.

Das ist wie bei einem guten Konzert. Hier kommt es auf den Einsatz passender Fähigkeiten und das gut abgestimmte Zusammenspiel aller Einflussfaktoren an. Wesentliche Taktschläger im Zusammenspiel beeinflussen den Prozesslauf mit großer Wirkung, sind deshalb enorm wichtig und lassen sich vor allem wertvoll nutzen.

Hier spielen herausragende Einflussfaktoren hinein, wie z. B.

- Fokussierung auf vorrangige Verbesserungsmöglichkeiten und Potenzialentfaltungen, z. B. durch:
  Aufdecken von Chancen im „digital first mindset"

- Konsequentes Prozessmanagement als permanente Prozessbegleitung, z. B. durch:
  Verfolgung von Iterationen und des Fortschritts im Projektverlauf während des gesamten Prozesses, Mitschrift von Ergebnissen und Auswirkungen kontinuierlicher Aktivitäten, permanenter Review-Prozess und Entscheidungen im Hinblick auf Zielplanungen, Ergebnisse, Qualität und Kundenzufriedenheit, um justieren und kontinuierlich verbessern zu können, gute Planung, Setup und Nachbereitung von Besprechungen und Aktivitäten

- Zuverlässiges Zusammenwirken und Supportstrukturen, z. B. durch:
  Einbindung organisationsweiter Supportstrukturen unterstützender Bereiche, um schneller Maßnahmen umsetzen zu können, Innovationen zu entwickeln, breiteren Wirkungskreis zu erreichen, Einbindung und Mitnahme aller Beteiligten

- Fördernder Führungsstil, z. B. durch:
  Aufrechterhaltung des positiven Motivationslevels, Erkennen und Anerkennen von Leistungen des Teams sowie Einzelner, Förderung von Teamgeist, pro-aktive Entwicklungsplanung,

Bildung und Talententwicklung, lern- und kreativitätsfördernde Fehlerkultur, intrinsische Motivation fördern ebenso wie die Bereitschaft, für persönliche Weiterentwicklung proaktiv zu sein, Volunteer-Tätigkeiten als Wert anzusehen, Unternehmergeist zu entwickeln und einzubringen

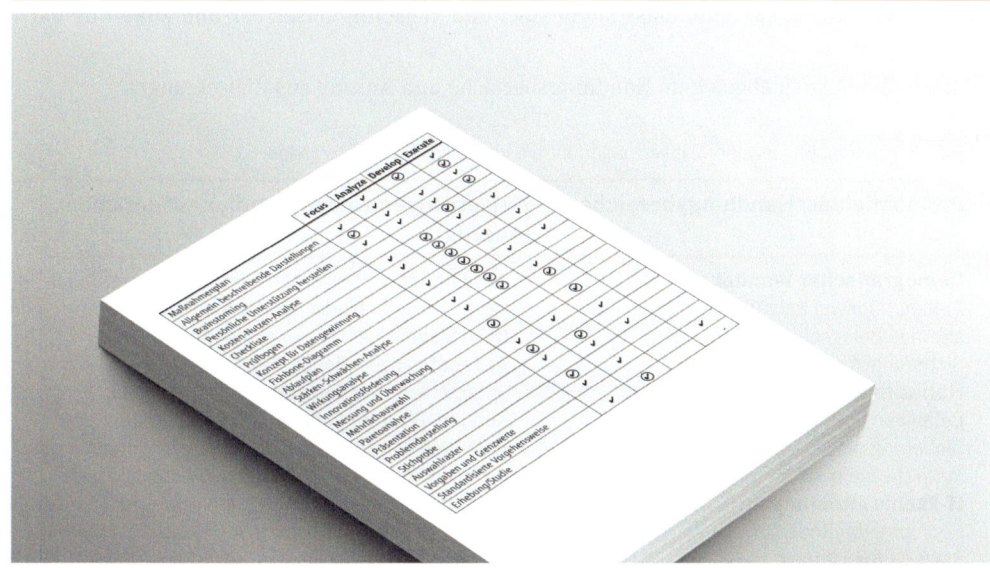

Bild 2.11 Ergänzende Methoden unterstützen in den einzelnen Projektphasen

Für eine optimale Umsetzung der einzelnen Schritte im Gesamtprojekt bieten sich verschiedene Methoden an. Diese lassen sich nicht nur einfach in Projektphasen einbinden, sondern helfen in den einzelnen Phasen, um schnell und übersichtlich Informationen aufzubereiten, Zusammenhänge transparent zu machen, Abhängigkeiten aufzudecken, Entscheidungsprozesse zu vereinfachen. Bild 2.11 gibt Beispiele für hilfreiche Methoden in einzelnen Projektphasen. Diese können durch Reduktion zeitaufwändiger Bearbeitungen dazu beitragen, die Effizienz eines Gesamtprojekts sicherzustellen, wodurch sich wiederum unnötige Kosten vermeiden lassen.

Nachfolgend einige Einblicke und Beispiele aus den Erfahrungen bei der Herangehensweise an die Aufgabe zur Entwicklung und Umsetzung einer Fujitsu Academy. Angelehnt an den FADE-Prozess wurden die jeweiligen Phasen in ihrer Logik durchlaufen:

FOCUS (Fokussieren) – ANALYZE (Analysieren) – DEVELOP (Entwickeln) – EXECUTE (Umsetzen).

FOCUS

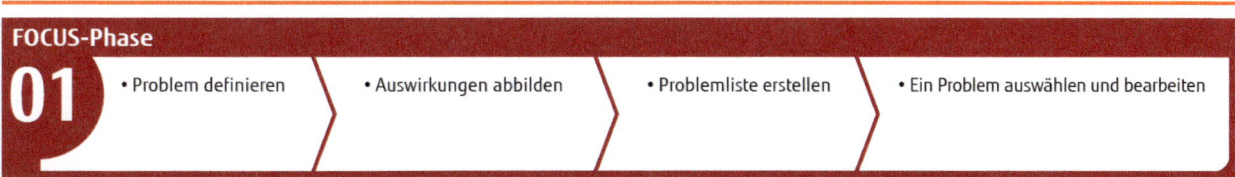

FOCUS-Phase

01 • Problem definieren • Auswirkungen abbilden • Problemliste erstellen • Ein Problem auswählen und bearbeiten

Bild 2.12 Grundsätzliche Schritte in der FOCUS-Phase

Den Projektstart bildete die intensive Auseinandersetzung mit den Herausforderungen, aus denen verschiedene Handlungsfelder abgeleitet wurden, auf die sich im weiteren Projektverlauf fokussiert werden sollte. Daran anknüpfend erfolgte die Definition einzelner Zielsetzungen für die identifizierten Problemfelder. Unabhängig von den Projektphasen war es dabei immer wieder erforderlich, SMART-Ziele zu setzen und diese anzugehen. SMART im Sinne von: specific-spezifisch/measurable-messbar/attractive-attraktiv/realistic-realisierbar/time-zeitlich festgelegt.

Das bedeutete, grobe Zielsetzungen in viele kleinere Unterziele zu unterteilen, diese klar zu definieren und dann schrittweise zu bearbeiten und Lösungen zu entwickeln. Lösungen, die idealerweise so gestaltet sind, dass sie flexibel und vielseitig umsetzbar und zukünftig auch erweiterbar sind.

Beispiel: Einblicke in abgeleitete Handlungsbereiche und Auszug aus Zielsetzungen

Tabelle 2.1 Definition einzelner Zielsetzungen für die identifizierten Problemfelder

Problemfelder/Handlungsbereiche	Zielsetzungen zu den Handlungsbereichen (Auszug)
Demografischer Wandel: Aufbau Nachwuchskräfte, alternde Belegschaft, Sicherung Wissenstransfer **Hohes Innovationstempo:** Befähigung der Menschen, Sicherung digitaler Skills, innovativ bleiben können **IT-Fachkräftemangel:** Recruiting-Maßnahmen, Skills-Aufbau, Image, Unternehmenssichtbarkeit in der Öffentlichkeit **Zunehmende Digitalisierung:** Theorie und Praxis, Umgang mit neuen Medien, Tools, Tech-Landschaften, Unterstützung von Lehre und Forschung	• Absicherung der erforderlichen Fachkräfte-Besetzung in unterschiedlichen Geschäftsbereichen (z. B. Mainframe) • Angebot ganzheitlicher Mainframe-Trainings für unterschiedliche Zielgruppen (z. B. Beschäftigte, Kunden, Partner, Schüler*innen, Studentinnen) • Angebote zur Potenzialentwicklung im Umgang mit digitalen Welten und Transformationsprozessen • Nachhaltige Absicherung für Mainframe-Services durch gezielte Qualifikation von Beschäftigten und Kunden, einschließlich zukunftsorientierter Befähigungen • Gewinnung von Nachwuchstalenten im IT-Bereich (insbesondere für den Mainframe-Bereich) durch geeignete Maßnahmen, die für das Mitmachen begeistern • Einbindung und enge Zusammenarbeit mit akademischen Kooperationspartnern zwecks Förderung von Bildung, Lehre und Forschung sowie Nachwuchsgewinnung • Verknüpfung von Theorie und Praxis, Umgang mit und Einsatz von modernen Tool-Landschaften und agilen Methoden

Bild 2.13 Das Academy-Konzept adressiert ein äußerst herausforderndes Umfeld

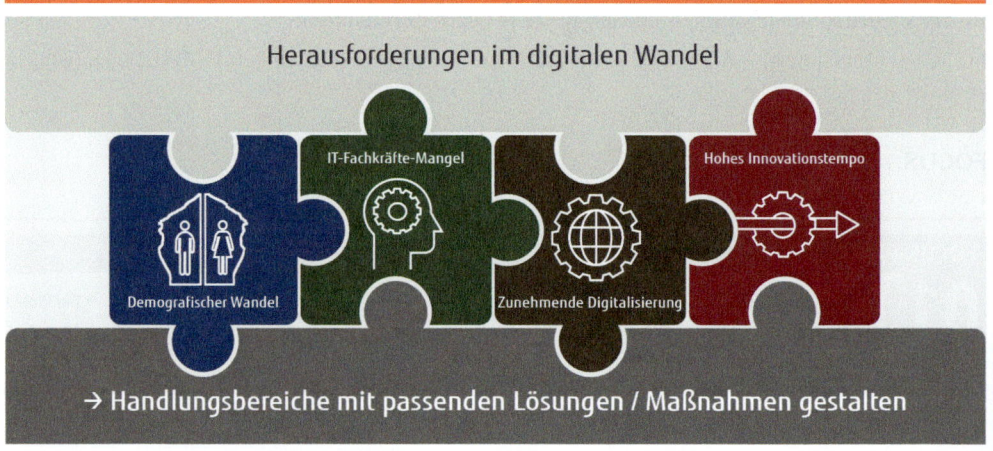

Das Academy-Konzept adressierte von Anfang an ein äußerst breites und herausforderndes Umfeld (Bild 2.13). Während der Auseinandersetzung mit den Problemfeldern und entstehenden Handlungsbereichen bildete sich in der Phase der Fokussierung letztlich heraus, dass die Akademie ein ansprechendes Portfolio aufbauen sollte, das auf vier Hauptbereichen basiert (Bild 2.7):
• (1) Training • (2) Praxis erleben • (3) Studenten-Programme • (4) Akademische Kooperationen

Für diese definierten Hauptbereiche galt es nun, Lösungen zu finden und ansprechende, bedarfsgerechte Angebote zu entwickeln. Dafür wurde jeder Bereich für sich als Prozess betrachtet, analysiert, Lösungen entwickelt und umgesetzt.

Ein Grundgedanke, der sich bei der weiteren Vorgehensweise durch alle Phasen des Gesamtprojektes zog, galt dem Blick auf möglichst modulare – offene – Gestaltungsansätze. Ziel war es, das entstehende Gesamtkonzept so aufzubauen, dass zukünftig für unterschiedliche Handlungsbereiche Lösungen bzw. Angebote jederzeit vielseitig nutzbringend zum Einsatz kommen können, die flexibel um weitere Bausteine erweiterbar sind oder sich mit anderen Bausteinen an Aktivitäten verbindend kombinieren lassen. So lassen sich zum Beispiel Inhalte und Ressourcen für ein Trainings-Kursmodul zielgruppenorientiert so anpassen, dass sie auch für benachbarte Akademiebereiche oder andere Zielgruppen (z. B. Schüler oder Studierende) oder in Projekten mit akademischen Kooperationen zum Einsatz kommen können oder umgekehrt. Ähnliches gilt für Inhalte oder Anwendungsszenarien, die zum Beispiel im Rahmen von Bildungsinitiativen mit externen Kooperationspartnern entstehen und sich auch in andere Parallelprojekte einbinden lassen.

ANALYZE

ANALYZE-Phase
02
• Grundlegende erforderliche Daten sammeln
• Zusammenführen
• Muster schaffen
• Gestaltung vorbereiten

Bild 2.14 Grundsätzliche Schritte in der ANALYZE-Phase

Nachdem mit der Fokussierung die Zielsetzung klar gesetzt war, konnte es an den zweiten großen Schritt, in die Analyze-Phase, gehen, um Gegebenheiten zu analysieren und die Grundlage für Gestaltungsschritte vorzubereiten (Bild 2.14). Die Datengrundlage für dieses weitere Vorgehen zu legen ist wichtig und lohnend!

Fujitsu verfügt weltweit seit Jahrzehnten über einen Trainings-Campus mit vielseitigen Trainingsprogrammen und Weiterbildungsmaßnahmen für Mitarbeiter*innen. Der Aufbau einer Mainframe Academy erfolgte somit nicht komplett auf „grüner Wiese". Für jeden einzelnen Handlungsbereich war gefordert, detaillierte Ist- und Soll-Analysen (intern/extern) durchzuführen und diese durch Marktanalysen zu ergänzen, um auf Basis der gewonnenen Erkenntnisse Pläne für das weitere Vorgehen entwickeln und Maßnahmen zur Umsetzung definieren zu können. Hierfür wurden unterschiedlichste Geschäftsbereiche eingebunden – von der Entwicklung (Hardware und Software) über Services, Consulting, Maintenance, Produktion, Staging, Produktplanung, Business Development bis hin zu den Vertriebsbereichen. Neben den internen Informationen war insbesondere wichtig, Informationen von außen, wie Marktdaten, Kundenbedürfnisse oder Partneraspekte, einzubeziehen. Nur das Betrachten von Mängeln und Bedürfnissen aus unterschiedlichen Perspektiven stellte sicher, dass das Setup der Akademie den breit gefächerten Anforderungen der Adressaten und zukünftigen Erfordernissen gerecht werden konnte.

Genutzt wurden dazu unter anderem Feedbackauswertungen, Fragebögen oder direkte Austauschmöglichkeiten wie Round-Table-Gespräche, um Inspirationen zu erhalten oder Antworten auf offene Fragen zu bekommen. Fragen, die uns hierbei bewegten, waren zum Beispiel:

- Was wird am Markt im Bildungsbereich benötigt, wie z. B. Ausbildungsformate, digitale Lernplattformen, Ausstattung (Hardware, Software, Lizenzen), Firewall-Lösungen, virtuelle Maschinen, Server, Speicher, Hosting, Netzwerktechnologien? Was ist hier speziell im Mainframe-Bildungsbereich erforderlich?

- Welche Trainings werden angeboten und sind mit Blick auf digitale Entwicklungen von besonderem Interesse? Und dies sowohl im Mainframe-Bereich als auch im Hinblick auf Trendthemen, wie z. B. Komplexitätsmanagement mit DevOps, Projektmanagement (SCRUM-Orientierung), Agile-Methoden, Kreativitätstechniken, Design Thinking, Machine Learning, Data Science, Data Analytics, Programmiersprachen, Coding, Künstliche Intelligenz, Automation, Cyber-Security, Cloud-Technologien, Hard- und Soft-Skills und Kompetenzprofile und vieles andere mehr.

- Wie können Bildungsformate durch einen guten Mix aus Theorie und Praxis sinnvoll und lebendig gestaltet werden, um Wissen (z. B. mit Mainframe-Fokus) spannend zu vermitteln und um die Mainframe-Welt anschaulich in den Kontext aktueller IT-Trends zu integrieren?

- Welche Möglichkeiten bieten sich für akademische Kooperationen und Allianzen mit Bildungspartnern, auch rund um die Mainframe-Welt?

- Wie könnten/sollten zukünftig weitere Module eingebunden und Academy-Angebote erweitert werden?

Darüber hinaus wurden in der Analysephase zahlreiche weitere Themenfelder untersucht. Dazu zählte unter anderem die Frage zur Sicherstellung der Altersstruktur, wozu gezielt Erhebungen zu eigenen Ressourcen und den Ressourcen der Kunden erfolgten. Ebenso war wichtig, vorhandene Skills/Kompetenzen und Produktwissen unter die Lupe zu nehmen. Es ging vielseitig darum, die existierende Know-how-Basis innerhalb der Belegschaft, z. B. zum Mainframe-Portfolio, sonstige IT-Skills sowie erforderliche Skills für zukünftige Tätigkeitsfelder durch den Einfluss digitaler Transformationen zu erkunden und aufzudecken, wo eventuell Mängel bestehen. Flankiert wurden die Analysen von Marktuntersuchungen zu aktuellen Lernformaten, Lernangeboten, Plattformen, Zertifizierungen etc. Die vielfältigen Datensammlungen, Untersuchungen und Auswertungen bezogen sich unter anderem auf die Auseinandersetzung mit:

- Altersstruktur und Absicherung von Ressourcen sowie Know-how-Transfer

- Wissensanforderungen zu Produktbereichen zukünftiger Tätigkeitsfelder und zukünftig geforderten Skills- und Kompetenzprofilen, insbesondere digitalen Kompetenzen

- Perspektiven für Mitarbeitende durch Einflüsse digitaler Transformationsprozesse

- Marktangeboten im Trainings-Portfoliobereich der Mainframes und übergreifender Bereiche

- Trainingsmethoden, modernen Lernformaten, digitalen Tools, Plattformen, virtuellen Lösungen

- Studentenprogrammen, Incentive- und Anreizsystemen für unterschiedliche Zielgruppen, dualen Studentenprogrammen, Trainee-Programmen, Schülereinsätzen, Projekt- und Masterarbeiten etc.

- akademischen Kooperationsmöglichkeiten, Fördermaßnahmen und Integration übergreifender Themenfelder, wie z. B. Diversity und Inklusion oder Ethik in algorithmischen Systemen, Datensicherheit und -Souveränität

Wie bereits eingangs erwähnt, ist diese Grundlagenarbeit unentbehrlich, um eine valide Basis für das weitere Vorgehen zu legen und daraus geeignete Lösungen für einen Maßnahmenkatalog zu entwickeln. Beim Aufbau der Mainframe Academy war sie in jedem Fall sehr bedeutungsvoll für eine ganzheitliche Betrachtung und das breite Filtern möglicher Handlungsansätze.

Sehr nützliche Erkenntnisse aus der Analysearbeit waren beispielsweise, dass:

- das aktuell aufbereitete Mainframe-Fachwissen aus den letzten Jahren für digitale Wissensvermittlung komplex zu überarbeiten war und Mainframe-Topics, gepaart mit digitalen Kompetenzanforderungen, wieder mehr in Lehrpläne und Forschungsaktivitäten integriert werden müssen,

- vielseitiger Kompetenzaufbau für die Zukunft in digitalen Welten erforderlich wird, wie z. B.:
  Faktencheck, Abgleichen von Kontextinformationen auf Onlinemedien mit der Realität * verantwortlicher Umgang mit Medien – Daten – Handlungs- und Problemlösungsprozessen * Erlangen von Fertigkeiten in vielseitigen Aufgaben und Tätigkeitsfeldern * kreative, soziale, emotionale Intelligenz * Empathie * körperliche und geistige Fitness * Gesundheitsprävention und Switch-off-Fähigkeiten * Resilienzverhalten * Umgang mit Methodenmix * unternehmerisches Verständnis * interdisziplinäres Denken * Wertekultur in digitalen Welten …,

- Wissenstransfer und Lernlandschaften für digitale Umgebungen anzupassen sind, Inhalte digitalisiert und praxisrelevant aufbereitet werden sollten, Infrastrukturen, Plattformen, Tools und erforderliche IT-Landschaft inkl. Wissen zur Anwendung bereitgestellt werden müssen,

- Diversity und Inclusion-Aspekte zu berücksichtigen sind, intensiv auch Frauen für MINT und IT-Tätigkeitsfelder begeistert werden sollten, um den Anteil weiblicher Akteure in der Digitalwirtschaft zu erhöhen und deren Stärken zu nutzen,

- Maßnahmen zur Bildung zielgruppenspezifisch und attraktiv zu gestalten sind, Bedeutung und Nutzen aufgezeigt werden müssen und frühzeitig anzusetzen ist, d. h. nicht erst im Erwachsenenalter.

Aus diesen Impulsen heraus war die Basis gelegt, die es ermöglichte, das Grundkonzept einer Mainframe Academy durch geeignete Maßnahmen mit Leben zu füllen. Damit ging es reibungslos in die dritte Phase des FADE-Prozesses – zur kreativen Gestaltungs- und Lösungsfindung – der DEVELOP-Phase (Bild 2.15).

DEVELOP

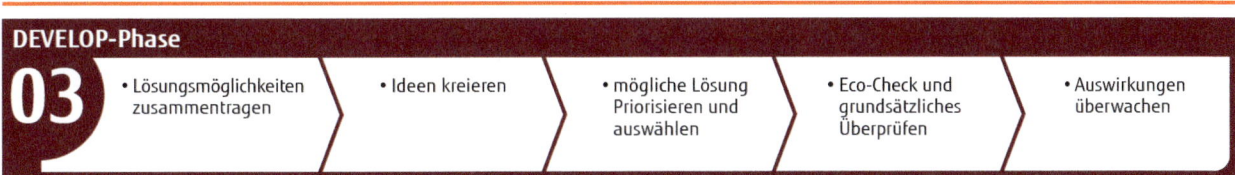

DEVELOP-Phase
03
- Lösungsmöglichkeiten zusammentragen
- Ideen kreieren
- mögliche Lösung Priorisieren und auswählen
- Eco-Check und grundsätzliches Überprüfen
- Auswirkungen überwachen

Bild 2.15 Grundsätzliche Schritte in der DEVELOP-Phase

Je nach Hauptbereich wurde hierzu mit unterschiedlichen Akteuren eng zusammengearbeitet, um mit diesen im direkten Dialog das Wunschkonzert zu eröffnen. Nun ging es gezielt darum, Möglichkeiten auszuloten, welche Lösungen sinnvoll erscheinen und bedarfsgerecht sind. Unternehmensintern waren dies z. B. Abstimmungen mit Vertreter*innen aus verschiedenen Geschäfts- und Personalbereichen, Marketing, Vertrieb und Kommunikation sowie auf Managementebene. Extern betraf dies einen engen Austausch mit ausgewählten Kunden, Partnern und bestehenden Kontakten zu akademischen Einrichtungen, wie Hochschulen, Universitäten, sonstigen Bildungseinrichtungen.

Daraus resultierte eine Fülle an möglichen Ideen und Lösungsvorschlägen, die in einem ganzheitlichen Check bewertet und priorisiert wurden, um Wirkungsparameter konkreter Maßnahmen zu beleuchten, abzuwägen und strategisch zu prüfen.

243

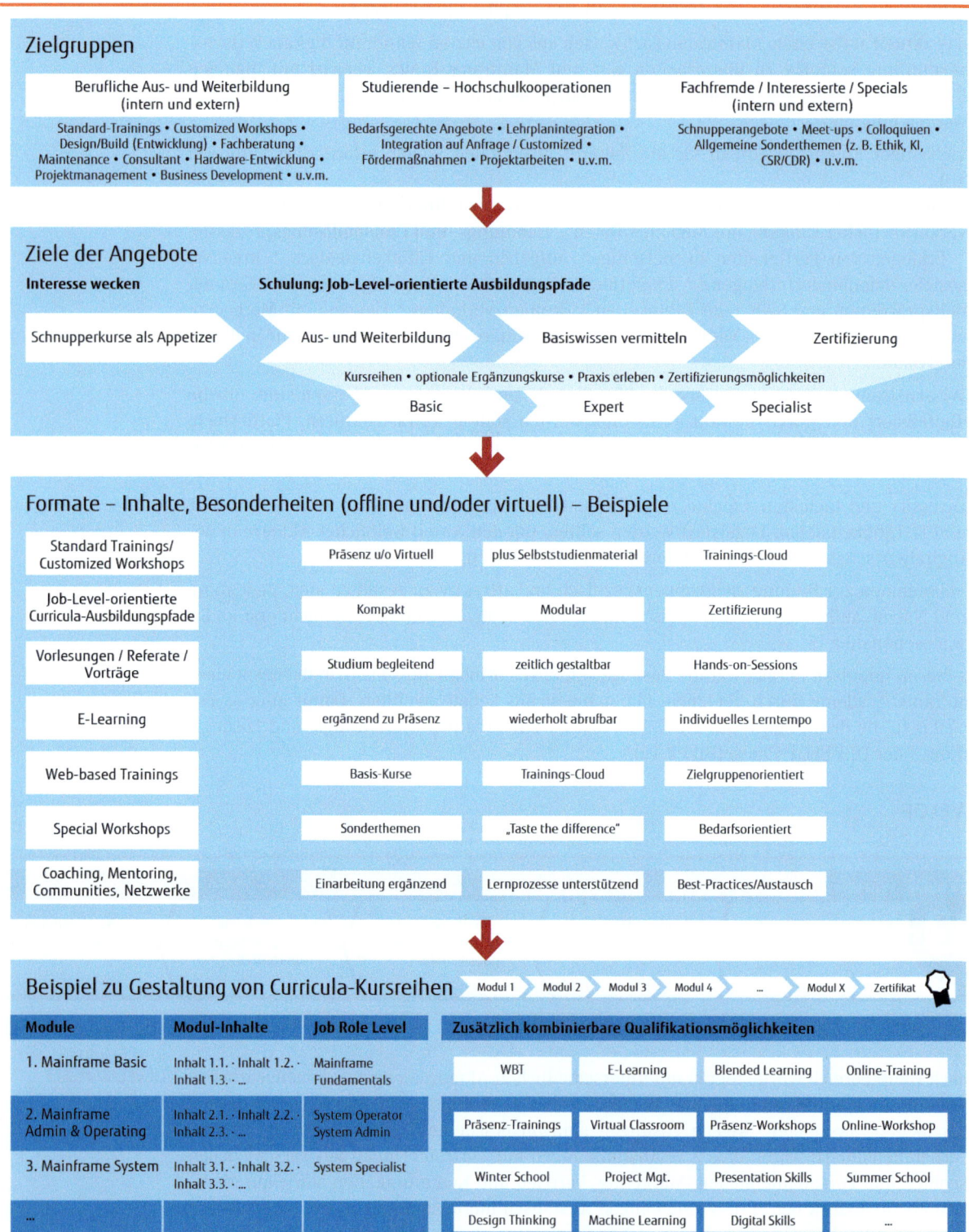

Bild 2.16 Beispiel für den Ablauf der Entwicklung und Gestaltung von Curricula-Reihen

Bild 2.16 stellt ein Beispiel aus dem Hauptbereich Training des Mainframe-Academy-Konzeptes mit Bezug auf das Design von Mainframe-Curricula-Reihen dar. Aufsetzend auf den Problemfeldern mit den abgeleiteten Handlungsbereichen war die Idee, ganzheitliche Mainframe-Trainings für unterschiedliche Zielgruppen als „Mainframe-Curricula-Reihen" völlig neu aufzusetzen und zu gestalten. Beim Design sollte darauf abgezielt werden, spezifische Kompetenzen im Mainframe-Umfeld aufzubauen und hierfür Ausbildungsmodule zu definieren, aus denen Job-Level-orientierte Angebote formuliert werden können und Zertifizierungen möglich sind. Das Vorgehen für den Ablauf der Entwicklung und Gestaltung von Curricula-Reihen veranschaulicht die Übersicht Bild 2.16.

Die Standard-Module einer Kursreihe bauen aufeinander auf und sind flexibel kombinierbar. Neue Angebote lassen sich in kurzer Zeit konfigurieren. Die Trainingsreihen sind für Beschäftigte über ein Unternehmens-LMS (Learning Management System) buchbar, ebenso für Kunden. Die Definition und Planung der Curricula-Reihen forderte zugleich die Sicherstellung von Organisations- und Buchungsprozessen, darin die Bereitstellung von aktuellen Kursunterlagen, die Gewährleistung von Train-the-Trainer-Programmen, eine ganzheitliche Implementierung in die Unternehmensprozesse sowie breite Kommunikation des Vorhabens, mit unterstützenden Communities und Netzwerken zwecks Austausch und gemeinsamen Lernmöglichkeiten..

Bild 2.17 gibt eine grobe Übersicht über das umfassende Programm, das aus den entwickelten Ideen zum Leben erweckt wurde und inzwischen unter dem Dach der Fujitsu Academy angeboten wird.

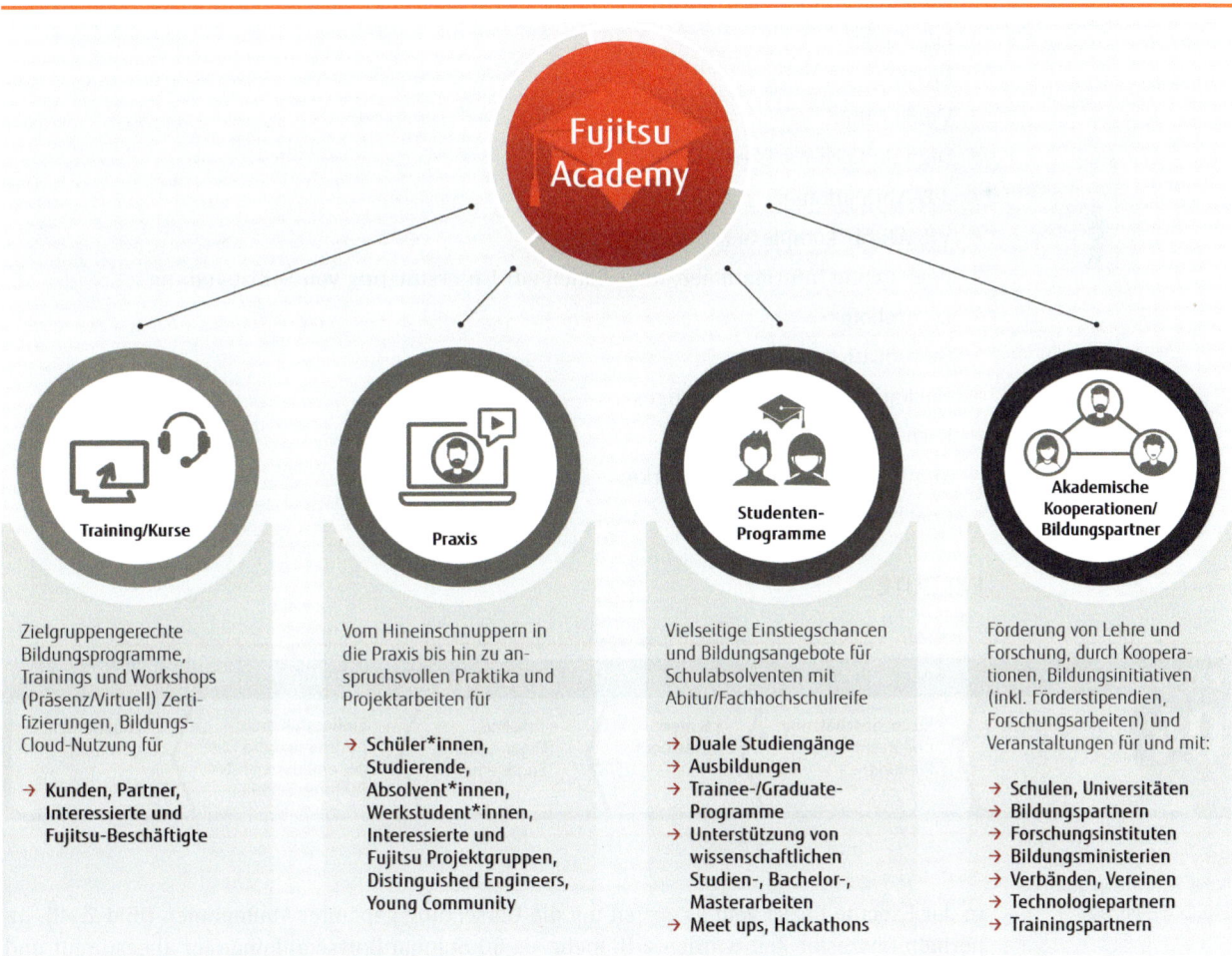

Bild 2.17 Einblicke in die Handlungsbereiche der Fujitsu Academy, CE

Innerhalb des FADE-Prozesses gilt es, in der Praxis die Übergänge zwischen den einzelnen Phasen fließend zu gestalten. Dies trifft insbesondere auf die Entwicklung und Umsetzung von Teilprojekten zu. Die im vorherigen Abschnitt skizzierte Entwicklung der Curricula-Ausbildungsreihen war nur ein Beispiel-Teilprojekt.

Um Wissen situativ bereitzustellen und Lernprozesslandschaften zu gestalten, bieten sich breite Gestaltungsräume mit großer Vielfalt an Nutzungsszenarien. Mit Blick auf Kosten/Nutzen-Aspekte lassen sich an Bedarf und Zielgruppe orientiert passende Möglichkeiten zur Gestaltung von Lehrangeboten nutzen bzw. sollten in Betrachtungen eingebunden werden, wie z. B.:

- e-Learning-Formate
- Hybride Unterrichtsgestaltung
- Bereitstellung von Endgeräten
- Breitbandzugänge/Netzwerke
- Ausstattung mit Lehrmaterial
- Übungsaufgaben bzw. Projektarbeiten
- Selbstständig Lernen und Bearbeiten von Wissen
- Gruppenarbeiten und Teamerleben
- Präsenzkurse und Online-Kurse
- Umgang mit digitalen Medien
- Umgang mit digitalen Tools
- Lehrfilme
- MOOCs
- Video-Clips
- Digitale Lern-Assistenten
- 3-D-Animationen
- VR/AR für komplexe Zusammenhänge
- Begleitende Informationen/Materialien zur Unterstützung von Selbststudium
- Lernroboter
- Gamification
- Hackathon/Robotic-Challenges
- Lern-Tandems
- Mentorschaften und Netzwerke
- Coaching.

EXECUTE

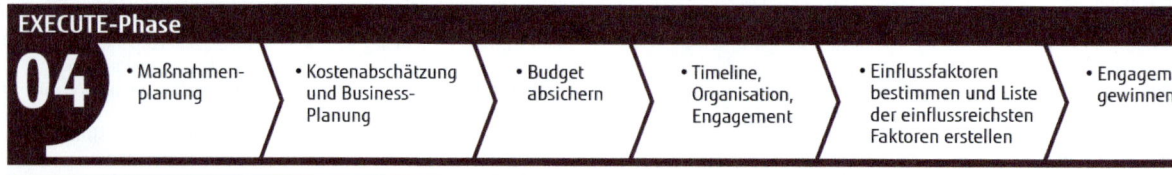

Bild 2.18 Grundsätzliche Schritte in der EXECUTE-Phase

In der Execute-Phase geht es gezielt um die Umsetzung geplanter Maßnahmen (Bild 2.18). Innerhalb kürzester Zeit wurden z. B. mehr als 50 Standardkurse aufeinander abgestimmt und zusammengestellt, durch sehr zuverlässiges Projektmanagement abgesichert. Diese können nun inhaltlich bedarfsgerecht, zielgruppenfokussiert, modular und flexibel zum Einsatz kommen. Das wiederum bot vielseitig nutzbare Möglichkeiten für benachbarte Handlungsbereiche. Ergänzend zu Projekt-, Ressourcen-, Zeit- und Budgetplanungen wurde sich z. B. einer einfach nutzbaren, agilen Methode mit Kanban bedient (in den 1950er Jahren von Toyota entwickelt). Kanban basiert auf Teamarbeit und kurzen Stand-up-Meetings, in denen sich die Teammitglieder über Fortschritte, Erfolge, Probleme und das weitere Vorgehen austauschen. Das visuelle Hilfsmittel hierbei ist das Kanban-Board, über das der Aufgabenstatus parallel laufender Aktionen leicht nachvollziehbar ist (Bild 2.19).

Bild 2.19 Beispiel: Visualisierung des Status laufender Projekte mit dem Kanban-Board

2.4 Kreative Lernerlebnisse schaffen

Die Fujitsu Academy bietet einen inspirierenden Theorie-Praxis-Mix, um Menschen für Lernen, IT-Welten und Zukunftsgestaltung zu begeistern. Geeignete Bildungsmaßnahmen tragen dazu bei, für die Zukunft vorbereitet zu sein und digitalen Wandel mit Lösungen gestalten zu können, die dem Menschen dienen. Um dies Realität werden zu lassen, braucht es kreative Lernerlebnisse. Drei Hebel setzen hier aus dem Konzept der Fujitsu Academy an: intensive Kooperationen – Verknüpfung von praxisnahen Initiativen – aktive Förderung von Kreativität und Innovation.

Gemeinsam statt einsam – Bildungsnetzwerk

„Wenn Menschen miteinander kooperieren, wird in ihrem Gehirn das Belohnungssystem aktiviert." (Purps-Pardigol, Kehren 2018). Unser Gehirn ist dafür geschaffen, miteinander zu kooperieren. Um Synergien zu schaffen, stand von Beginn an die Vernetzung mit unterschiedlichen Partnern und die Schaffung von Möglichkeiten für kooperatives Zusammenwirken im

Vordergrund. Je nach Ausrichtung und Wünschen der Zielgruppen ließen sich dadurch spielerische Formate zur Wissensvermittlung maßgeschneidert und zielgruppengerecht in praxisorientiertes Erleben einbetten. Im Laufe der Jahre ist auf diese Weise ein breitgefächertes Bildungsnetzwerk entstanden, das sich lebendig weiterentwickelt und eine Vielzahl an unterschiedlichen Bildungsinitiativen vorantreibt. Nachfolgend finden sich verschiedene Ansätze, die als Anregung dienen können, wenn es darum geht, Bildungswege im digitalen Wandel zu ebnen und erfolgreich zu gestalten (Bild 2.20).

Bild 2.20 Ansätze zur Gestaltung von Bildungswegen im digitalen Wandel

Die Fujitsu Academy engagiert sich vielseitig in Lehre und Forschung mit akademischen Einrichtungen, wie Universitäten und Hochschulen und beteiligt sich intensiv an Projekten und Initiativen gemeinsam mit Vereinen, Verbänden und Bildungspartnern.

Unter dem Motto: „Gemeinsam statt einsam!" sind inzwischen viele wertvolle Aktionen umgesetzt worden, die den ursprünglichen Problemfeldern mit abgeleiteten Handlungsbereichen positiv entgegenwirken. Möglichkeiten für ein Zusammenwirken in Kooperationen gibt es enorm viele. Die Planung von Maßnahmen der Fujitsu Academy orientierte sich an den strategischen Zielsetzungen der jeweiligen Handlungsbereiche. Entsprechend den Bedürfnissen wurden darauf aufsetzend unterschiedliche Kooperationspartner ausgewählt und mit ihnen geeignete Schritte für mögliche Initiativen oder gemeinsame Projekte spezifisch abgestimmt und umgesetzt.

Beispiele und Vorteile für gemeinsame Initiativen mit Kooperationspartnern:

- Gestaltung interaktiver Workshops für verschiedene Interessensgruppen (Fujitsu-Belegschaft, Studierende, Schüler*innen, Interessierte u. a.) zur Wissensförderung zu verschiedenen IT-Trend-Topics, Kreativitätsförderung, Ideenfindung, Machine-Learning-Anwendungsszenarien, Erleben von Kundenlandschaften, Design-Thinking-Lernen etc.

- Hochschulnetzwerkpartnerschaften zwecks Austausch zwischen Hochschulen, Arbeitgebern, Zivilgesellschaft und Politikvertretungen und Zusammenwirken in gemeinsamen Initiativen zur Bildungsförderung

- Mitwirken in verschiedenen Gremien von Kooperationspartner-Verbänden zur Unterstützung von Öffentlichkeitsarbeit im Bildungsbereich

- Support und Förderung von Forschung, Projektarbeiten und Auszeichnungen, Mitarbeit an Studien in der Digitalbranche, Mitwirken an Forschungsarbeiten, Studien, wie z.B. FeMINT

- Akademische Kooperationspartner zur Vernetzung von Lehre und Praxis, Mitwirken an Produktentwicklungen, Unterstützung der Nachwuchsförderung in der IT, Zugang zu Nachwuchskräften, Unterstützung fächerübergreifender Netzwerke für Studierende, IT-Expertinnen und -Experten

- Unterstützung von Initiativen, um den Frauenanteil in der Digitalwirtschaft, in MINT-Bereichen, in der Technologie-Branche zu heben, insbesondere Support von Bildungsinitiativen für Kinder, Mädchen, Frauen, Studierende unterschiedlicher Altersgruppen, die durch die Grundgedanken von Informatik, Problemlösefähigkeiten und Kreativität zum Erforschen der digitalen Welt anregen

- Bekanntheit von Fujitsu bei Kindern und Eltern als attraktiven Arbeitgeber steigern

- Unterstützung von Ausbildungs- und Lernformaten, Erstellung von e-learning-Kursformaten

- Partner zur Einbindung in verschiedene Formate für Trainings und Workshops für die eigene Belegschaft sowie für Aktivitäten, die über Fujitsu Academy umgesetzt wurden und begleitet, zwecks:

  - Unterstützung des Ansatzes für lebenslanges Lernen sowie der Motivation zur Befassung mit Neuem, Austausch, voneinander und miteinander lernen (online und offline)

  - Inspiration zur Vielfalt digitaler Themen und Wissensvermittlung zu verschiedenen Technologien und der Befähigung, Technologien auf das eigene Arbeitsfeld zu übertragen

  - Arbeit an persönlichen und Unternehmenswerten, an eigenen Überzeugungen, an Einstellungen, den Mindsets, am Miteinander, um einander zu verstehen, um digitalen Wandel zu begreifen, um heute zu handeln, ein lebenswertes und gutes Morgen für alle zu gestalten

  - Auseinandersetzung mit Skills im 21. Jahrhundert, z.B. Lernerfahrungen mit Virtual Reality, Unternehmensaustausch zu Trendentwicklungen in verschiedenen Gremien, u.a.

Beispiele für Kooperationspartner und Initiativen der Fujitsu Academy, CE:

AES TUM – Asian European Society • BIBB – Bundesinstitut für Berufsbildung • Bitkom e. V. – Digitalverband Deutschland • BPW Danube Net • BVDW e. V. – Bundesverband Digitale Wirtschaft • Careers lounge • Cross-Collaboration https://www.cross-collaboration.de/ • Digital Media Women • Form21GmbH • Fujitsu NEXT e. V. • GI: Gesellschaft für Informatik • Global Digital Women • Hacker School e. V. • Hasso-Plattner-Institut • Innovationszentrum 4.0 • Intao-Digitaler Mentor für Transformation • Leading Women Business Network • Meetup-Computer Science • PWN e. V. • ReDi School e. V. • Robotik4kids • Vogel IT Academy • vonMorgen • Women Speaker Foundation • …

Empowerment durch geschickte Verknüpfung von Initiativen

Für Beschäftigte bei Fujitsu und externe Zielgruppen (Kunden, Partner, Interessenten, Schüler*innen, Studierende, Praktikant*innen) geht es immer wieder gezielt darum, Bausteine an Aktivitäten so zu kombinieren, dass ganzheitlich Wissen vermittelt werden kann und Begeisterung zum Mitmachen entsteht. Das Spektrum ist sehr vielfältig, umfasst viele Ansätze, wie z.B. Hackathons, Academic Days für Wissenschaftler und Wissenschaftlerinnen, Design Thinking Workshops, KI School, Girls Days, Bothatons, Meet-ups für Studierende, TechTalks, Blitzlicht-Events, Initiativen wie *IamRemarkable* oder *Working out loud* oder themenbezogene Panel-Gespräche. Was steckt dahinter? Nachfolgend einige Beispiele als Anregung für Schüler*innen sowie Studierende unterschiedlicher Altersgruppen.

Mainframe Day

In kompakten eintägigen Veranstaltungen erhalten Studierende aktuelle Einblicke in die Welt der Mainframes und deren Bedeutung in Bezug auf aktuelle IT-Trends. Austausch mit Experten, neben dem Mix an Informationen zu Hard-, Soft-, Middleware, Betriebssystem, Prozess-Automatisierung u. v. m.

Innovation Day

Veranstaltungen für Studierende thematisieren innovative Trends der IT-Branche, wie Cyber-Security, Künstliche Intelligenz, Quantum Computing oder produktbezogene Topics, wie Digital Annealer u. a. mit Experten und Hands-on-Möglichkeiten, Themen und Dauer nach Bedarf.

Middleware Day/Transaction Processing Day

Studierende erhalten grundlegende Informationen zur Einführung in Transaktionsprozesse und bearbeiten praktische Anwendungsbeispiele mit Middleware-Produkten, um erworbene Kenntnisse gleich anwenden zu können. Hands-on-Möglichkeiten, Themen und Dauer nach Bedarf.

Projekttage/Exkursionen

Studierende erhalten vielseitige Einblicke in die Unternehmenspraxis, zu IT-Trend-Themen oder speziellen Ergänzungen zu Lehrplanthemen, inkl. Informationen zu beruflichen Einstiegsmöglichkeiten im Unternehmen, Topics, wie Ethik, KI, Diversity und Inklusion, treffen zunehmend auf großes Interesse.

Projektarbeiten

Möglichkeit, in Kontakt mit Unternehmen zu kommen, Theorie und Praxis zu verbinden, Einblicke in unterschiedliche Unternehmensbereiche zu erhalten, Möglichkeiten für Gruppenarbeit an realen Projekten, in festgesetztem Zeitraum. Beispiel-Projektarbeit (HTW Berlin, 2019/20) *„Penetrationstest eines Web-Servers"*

Winter School/AI School

Die Fujitsu Mainframe und Data Center Challenge oder die AI/KI_Schule sind mehrtägige Veranstaltungen mit einem Mix aus Theorie und Praxis rund um aktuelle IT-Trend-Themen für Studierende, begleitet von Experten, Einblicken in Mainframe, Data-Center-Umgebungen oder Machine Learning, KI-Grundlagen Gruppenarbeit, Lernen und Teamerlebnissen.

Co-Creation – Kreativität und Innovation fördern

Die digitale Welt lebt von Inspiration und Innovation. Kreativität ist der Antrieb für disruptive Veränderung und Transformation. Co-Creation-Ansätze fördern Design Thinking und bieten sich hervorragend an, auf kreative Art und Weise zusammen Lösungen für Fragestellungen oder Probleme zu finden. Co-Creation ermöglicht es, fast spielerisch Ideen zu entwickeln und in kurzer Zeit Lösungen aus unterschiedlichsten Perspektiven zu kreieren. Thematisch sind prinzipiell keine Grenzen gesetzt. Fujitsu nutzt intern Co-Creation als Methode sehr vielseitig, um Wissen auszutauschen, Ideenmanagement und Change-Projekte zu unterstützen, Praxis gemeinsam zu erleben (Bild 2.21).

Ein schönes Beispiel aus der gelebten Praxis der Fujitsu Academy ist die Fachtagung für Wissenschaftler und Wissenschaftlerinnen. Wie lassen sich gemeinsam Bildungskonzepte verbessern und gestalten? Wie wird sich Bildung in Zukunft verändern? Gemeinsam mit eingeladenen Professoren und wissenschaftlich Mitarbeitenden ging es um derartige Fragestellungen. Im gemeinsamen Austausch und interaktiven Gruppenarbeiten wurden Brennpunkte herausgearbeitet und Ideen entwickelt. Lösungsansätze waren dann Treiber für Folgeaktionen und gemeinsame Initiativen. Auch zum „Bundesweiten Digitaltag 2020" war dieser Ansatz ein unterstützendes Format, das sich virtuell umsetzen ließ. Unter dem Hashtag #digitalmiteinander wurden z. B. gemeinsam Lösungen zu aktuellen Fragestellungen des digitalen Wandels und einer digitalen Gesellschaft erarbeitet. Über 100 Teilnehmende fanden sich in Web Sessions zusammen, an die sich virtuell interaktive Gruppenarbeiten mit Studierenden rund um Themen wie SmartCity, Future Workplaces, Digitaler Zwilling oder biometrische Lösungen anschlossen. Jede Gruppe der Studierenden arbeitete hier mit Hilfe des Design-Thinking-Ansatzes an bestimmten Fragestellungen und entwickelte mit Experten aus der Praxis Lösungsansätze und neue Ideen, die später in Folgeprojekten weiterverfolgt werden konnten.

Bild 2.21 Co-Creation ermöglicht es, fast spielerisch Ideen zu entwickeln und Lösungen zu kreieren

2.5 Im Wandel wird Machen zum Erfolgsfaktor

Auf dem Entwicklungspfad der Fujitsu Academy zeigt sich immer wieder, dass es im digitalen Wandel um vieles mehr geht. Traditionelle und bislang bewährte Trainingsformate wie Klassenzimmerschulungen reichen längst nicht mehr aus. Was es heute braucht: neue Bildungsformate – hybride Lernformen – digitale Bildungsangebote! Digitalisierung fordert Bildung heraus: Begeisterung zu wecken, zu motivieren, sich zu engagieren und unternehmerisches Denken zu entwickeln. Bildung soll es Menschen ermöglichen, schon frühzeitig an der Zukunftsgestaltung mitzuarbeiten, um digitale Transformation zu verstehen, Kompetenzen zu entfalten und gemeinsam kraftvoll voranzubringen.

Digitaler Wandel fordert eine neue Art von Kultur – „Culture Chance" – in Bildung, Führung, Unternehmen heraus. Kultur, die Vielfalt lebt und liebt. Um im digitalen Wandel mithalten zu können, braucht es hier nachhaltige Lösungen und kooperatives Mindset, Generationen und Organisationen übergreifend, mit der Bereitschaft, von- und miteinander zu lernen. Dazu gehört auch, kontinuierlich unterschiedliche Perspektiven zusammenzubringen und gemeinsam kreative Lösungen für die vielfältigen Herausforderungen zu entwickeln, denen wir als Gesellschaft gegenüberstehen.

Die Fujitsu Academy versteht sich in diesem Sinne als eine Plattform in einer sich immer mehr vernetzenden Bildungslandschaft, die Wissen rund um digitale Technologien erlebbar und damit leichter erlernbar macht. Wenn Bildungswege erfolgreich gestaltet werden sollen, dann braucht es Ansätze, in denen Vielfalt und Individualität miteinander flexibel zusammenspielen können und ein guter Mix aus Theorie und Praxis begreifbar wird. Wissensvermittlung fordert hier den kompetenten Umgang mit digitalen Medien, ebenso wie die Fähigkeit, sich schnell auf neue Anforderungen und zukünftig neue Tätigkeitsfelder einstellen zu können und zielgruppenorientiert vorbereitet zu sein. Gestaltungsansätze, erprobte Methoden und Werkzeuge, die dabei nützlich sind, gibt es unzählig viele. Digitalisierung ergänzt inzwischen, vielseitig verblüffend, mit zusätzlichen vielen neuen Möglichkeiten, die bereits nutzbar sind.

Wie so oft im Leben kommt es auf die Umsetzung an. Auch im digitalen Wandel wird das Machen zum Erfolgsfaktor! Wie erfolgreich wir Menschen auf diesem Weg sein werden, bestimmen wir selbst mit unserem Denken und Handeln. Digitalisierung präsentiert sich selbst in und mit unendlicher Vielfalt. Dies fordert ebenso vielseitig heraus. Sei es Haltung im Umgang mit digitalen Veränderungen einzunehmen, sich mit Medien kritisch auseinanderzusetzen, mit Mut, offen für Neues zu sein und bewusst Neuland zu betreten, Neues auszuprobieren und nicht zu lange auf Bewährtem und Bequemen zu verharren.

Sich für Vielfalt zu öffnen fordert den Blick für das Wesentliche zu nutzen, um flexibel und passgenau reagieren zu können und verantwortungsbewusst mit Ressourcen umzugehen. In dem Prozess der Entwicklung und Umsetzung eines ganzheitlichen Akademie-Konzeptes waren unterschiedlichste Perspektiven gefordert, den bisherigen Horizont zu erweitern und vermeintliche Grenzen zu überwinden. In Gestaltungsprozessen eröffnen sich für jeden neue Chancen, passende Weichen zu stellen, aus den eigenen und den Erfahrungen anderer zu lernen und diese wertschätzend und nutzbringend zu integrieren.

Wir Menschen spielen die Hauptrolle auf dem Weg, unsere Zukunft in digitalen Welten mitzugestalten.

Dafür braucht es jede(n)! Bildung ist hier der Schlüssel zum Erfolg. Das muss allen ermöglicht werden! Bildungswege im digitalen Wandel erfolgreich gestalten: Das geht jede(n) an!

Shaping tomorrow with YOU!

Literaturverzeichnis

Berg, A.: New Work: Wie arbeitet Deutschland? In: Bitkom Research Studie, 2019

Birkner, F.: Macherpotenziale fördern. In: Hildebrandt, A.; Neumüller, W. (Hrsg.): Visionäre von heute – Gestalter von morgen, S. 267, Springer-Gabler, Berlin 2019

Birkner, F.: P. e.P.-LebensStilProgramme. Interview mit Felicitas Birkner lebensmomente®. Geschäftsfrau des Monats Juli 2011, 7. Jahrgang, 2009, *www.orhidal-image.com.ORH.IDEAL.IMAGE* Magazin.®, *https://www.orhideal-image.com/titelstory/5160-felicitas-birkner-lebensmomente-2011-07.html*

Bitkom-Positionspapier – 9 Erfolgsfaktoren für Digital Learning im Unternehmen, die nach Corona wichtig sind. 2020

Krieger, M.: Der Erfolgsmacher: Vom Leistungssportler zum Bauunternehmer. In: Hildebrandt, A.; Neumüller, W. (Hrsg.): Visionäre von heute Gestalter von morgen. S. 97, Springer-Gabler, 2019

Purps-Pardigol, S.; Kehren, H.: Digitalisieren mit Hirn. S. 153, 2018

Zweig, K.: Ein Algorithmus hat kein Taktgefühl. S. 27

Internetquellenverzeichnis

AES TUM – Asian European Society: *https://www.aesmuc.de/*

Bundesinstitut für Berufsbildung (BIBB), FeMINT-Forschungsprojekt: *https://www.bibb.de/de/dapro.php?proj=2.1.320*

Bitkom e.V. Frauen in Digitalwirtschaft: *https://www.bitkom.org/Bitkom/Organisation/Gremien/Frauen-in-der-Digitalwirtschaft.html*

BVDW e.V. – Bundesverband Digitale Wirtschaft: *https://www.bvdw.org/*

BPW Danube Net: *https://www.bpw-muenchen.de/aktivitaeten/danube-net/*

Careers Lounge: *https://www.careerslounge.com/*

Cross-Collaboration: *https://www.cross-collaboration.de/*

Digital Media Women: *https://digitalmediawomen.de/*

FADE ODI Quality Action Teams: *http://www.orgdynamics.com/QAT.pdf*

Form21 GmbH: *https://www.form21.org/*

Fujitsu Mainframe Academy/Enterprise Platform Services: *https://www.fujitsu.com/de/products/computing/servers/mainframe/bs2000/epsa/*

Fujitsu Academy, Central Europe: *https://emeia.fujitsu.local/emeia/d/P0094/de/academy/Pages/default-de.aspx*

Fujitsu NEXT e.V. Experten-Netzwerk: *https://www.fujitsu-next.com/*

GI – Gesellschaft für Informatik e.V.: *https://gi.de/*

Global Digital Women: *https://global-digital-women.com/*

Hacker School e.V.: *https://hacker-school.de/*

HPI – Hasso-Plattner-Institut: *https://hpi.de/*

Innovationszentrum 4.0: *https://www.i40.de/*

Intao-Digitaler Mentor für Transformation: *https://intao.io/*

IamRemarkable: *https://iamremarkable.withgoogle.com/*

Leading-Women-Business-Netzwerk: *https://leadingwomen.de/*

Meetup-Computer Science: *https://www.meetup.com/de-DE/topics/computer-science/*

Projektarbeit Beispiel (HTW 2019/20) „Penetrationstest eines Web-Servers": *https://fiwprojekte.f4.htw-berlin.de/projekte2019/Fujitsu/index.html*

PWN-Professional Women's Network global: *https://pwnglobal.net/*

ReDi School e.V.: *https://de.redi-school.org/redimunich*

Robotik4kids: *https://robotik4kids.de/wp/*

ShetransformsIT: *https://www.shetransformsit.de/*

Vogel IT Academy: *https://www.vogelitakademie.de/*

vonMorgen: *https://www.vonmorgen.io/*

Women Speaker Foundation: *https://women-speaker-foundation.jimdo.com/#:~:text=Die%20WOMEN%20SPEAKER%20FOUNDATION%20vermittelt%20 %C3%BCber%20600%20Rednerinnen,auf%20Ihre%20E-Mail%20oder%20einen%20Anruf%20von%20Ihnen%21*

WOL – Working out loud: *https://workingoutloud.com/*

Digitale Kompetenz als Brücke in die AIoT-Welt

Herbert Prickarz und Alexander Röck

Bosch setzt auf AIoT, also die Möglichkeiten der Künstlichen Intelligenz mit den Möglichkeiten des Internets der Dinge zu kombinieren, um mit technischen Lösungen sowohl das menschliche Wohl zu fördern, unseren Planeten zu schützen als auch Mensch und Natur zu dienen.

Dabei ist neben diversen Aktivitäten, wie beispielsweise der Gewinnung von Talenten mit „digitalen Kompetenzen" auf dem internationalen Arbeitsmarkt, die digitale Kompetenzentwicklung ein wesentlicher Bestandteil. Der Lernbedarf aller Akteure im Rahmen der digitalen Transformation ist bei der Robert Bosch GmbH schon früh unter dem Begriff *„Learning Company"* zusammengefasst worden. In diesem Kapitel soll daher ein Überblick über die zugrunde liegenden Mechanismen und die daraus entstehende Handlungsnotwendigkeit der Kompetenzentwicklung der bestehenden Belegschaft sowie des „Systems Organisation" gegeben werden. Nach einem Abriss über das Lernen von Organisationen und Personen stellen die Autoren kurz die Konsequenz für die Art zu Lernen auf Grund der Digitalisierung sowie der Herausforderungen für die Organisation und die Mitarbeiter und Mitarbeiterinnen[1] dar. Abschließend werden anhand einer beschränkten Auswahl einige Maßnahmen und Konzepte in der digitalen Kompetenzentwicklung bei Bosch erläutert.

3.1 Digitale Transformation als ein Treiber der Handlungsnotwendigkeit

Die Digitalisierung – hier verstanden als die rasant zunehmende Erzeugung von digitalen Abbildern (sog. Digitalen Zwillingen) von Menschen, Dingen und Prozessen – und die rasante Entwicklung der Technologien in der Datenwelt (Infrastruktur, Daten, Algorithmen) führen zu einer massiven Verlagerung von Wertschöpfung aus der physikalischen in die digitale Welt: WhatsApp statt Postkarten, Spotify statt CDs oder das Finden von Parkplätzen über die Zusammenführung verschiedener Sensorsignale aus Mobiltelefonen statt einer nervenaufreibenden Suche per Auto.

---

[1] Innerhalb der Robert Bosch GmbH wird für die Bezeichnung von Personen die Begrifflichkeit „Mitarbeiter:innen" verwendet, um alle Geschlechter zu adressieren. In diesem Kapitel benutzen wir die vom Hanser Verlag festgelegte Nomenklatur (vgl. Vorwort).

Bild 3.1 Schematische Darstellung der Digitalisierung als massives Auftreten digitaler Abbilder © Bosch

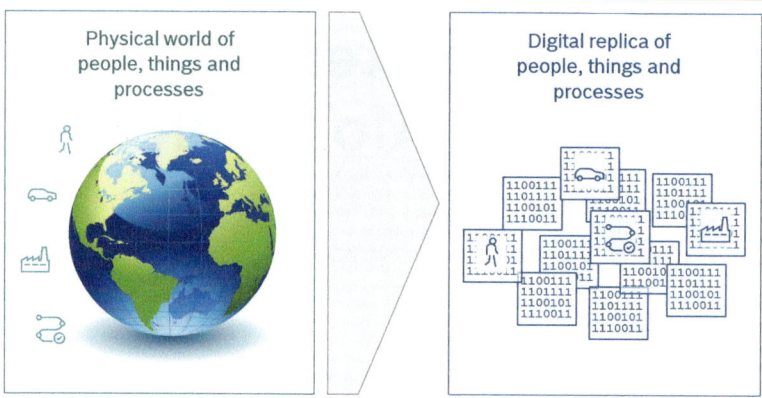

Die Grundlage kontinuierlich fortschreitender Digitalisierung bilden voneinander abhängige technische Treiber (KriHaSch2017), modifiziert und erweitert:

- Miniaturisierung und sinkende Kosten bei gleichzeitig steigender Kapazität von Massenspeichern und Leistung von Rechnern,
- rapide zunehmende Bandbreite in Netzwerken und Vernetzung von Dingen,
- Entstehung von einer Vielzahl sog. „Digital twins" als digitale Replik von Dingen durch Daten führt zu Massendaten,
- Entwicklung von Algorithmen und Technologien zur Nutzung der Massendaten,
- Fortschritte im Bereich der Künstlichen Intelligenz und des Maschinellen Lernens.

Diese technischen Trends verstärken und beschleunigen das Verschieben von Werteversprechen – also Bedienung von Kundenwünschen oder Problemlösungen für Nutzer – in die digitale Welt. Je nach Art des Werteversprechens für Kunden und Kundinnen sind dabei unterschiedliche Anteile der digitalen Realisierung möglich: Bei Postkarten ist das physikalische Objekt, bei Vernachlässigung des Mobiltelefons, vollständig verschwunden. Bei IoT-Lösungen (IoT, Internet der Dinge) in der Mobilität und der Fertigung wird das physikalische Objekt nie ganz verschwinden, der Anteil der Lösung, welcher „digital" realisiert wird, nimmt jedoch sehr stark zu.

Werden Werteversprechen für Kunden und Kundinnen durch Dinge, d. h. Objekte der physikalischen Welt, realisiert, so muss das Unternehmen, das diese Lösung anbietet, unter anderem über drei Fähigkeiten verfügen: Erstens benötigt es den Zugang zu Rohstoffen oder Halbzeugen, zweitens muss es im Besitz von Maschinen sein, die Rohstoffe oder Halbzeuge weiterverarbeiten, und drittens benötigt es dazu die notwendigen Kompetenzen (zum Beispiel für Entwicklung und Fertigung dieser Erzeugnisse).

Bild 3.2 Zum klassischen produktbasierten Geschäft kommt das auf Daten beruhende Servicegeschäft hinzu – dafür bedarf es der Entwicklung digitaler Kompetenzen © Bosch

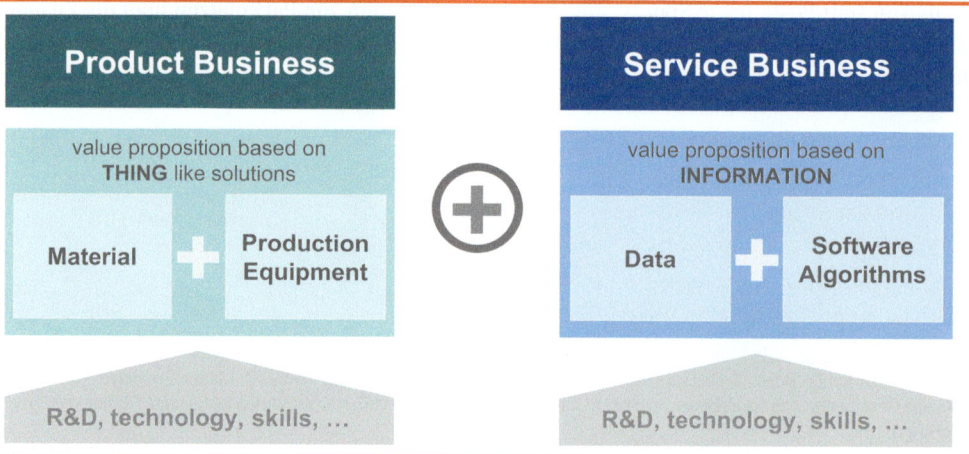

Wird das Werteversprechen für Kunden – teilweise oder vollständig – digital umgesetzt, also ein Service oder eine nichtphysische Dienstleistung angeboten, so zeigt sich ein sehr ähnliches Bild: Erstens benötigt das Unternehmen dafür den Zugang zu Daten oder daraus gewonnenen Informationen, zweitens muss es im Besitz von entsprechenden Technologien sein, welche Daten bearbeiten oder Algorithmen erzeugen, und drittens benötigt es (bzw. seine Mitglieder) auch die dazu notwendigen Kompetenzen (zum Beispiel für die Entwicklung von Algorithmen oder deren Betrieb).

Es wird offensichtlich, dass dem Thema Kompetenzerwerb und Wissensvermittlung in beiden Welten eine entscheidende Bedeutung zukommt. Zusätzlich unterliegt auch die Wissensvermittlung der digitalen Transformation. Daraus folgt, dass digitale Kompetenzentwicklung in der Doppelbedeutung *digitale Kompetenzen zu entwickeln* und *die Kompetenzentwicklung digital zu ermöglichen* Hand in Hand gehen. Diese Verschränkung von geänderten Inhalten mit geänderten Vermittlungstechnologien und Methoden sowie die grundsätzlich schnelleren Innovationszyklen in der digitalen Welt führen zu einer rasant wachsenden Zunahme an Lernbedarfen.

Für die Robert Bosch GmbH stellte sich daher die Aufgabe, wie die eingespielten und erfolgreichen Vorgehensweisen zum Aufbau und Erhalt von zum Beispiel Fertigungs- und Entwicklungskompetenzen erweitert werden müssen, um im digitalen Zeitalter nahtlos an die bisherige Leistung anknüpfen zu können. Schon Ende 2017 wies Dr. Volkmar Denner, Vorsitzender der Geschäftsführung der Robert Bosch GmbH, in seinem Blog *„Denner's view"* (Denner2017) auf diesen Zusammenhang zwischen Digitalisierung und Bosch als einer *Learning Company* hin:

Wer nicht lernt, bleibt analog.

Volkmar Denner, Vorsitzender der Geschäftsführung der Robert Bosch GmbH

In diesem Blogbeitrag wird unter anderem ausgeführt, Arbeiten und Lernen als Einheit zu verstehen, dass Weiterbildung integraler Bestandteil der Firmenstrategie ist und dass Mitarbeiter und Mitarbeiterinnen eine Verantwortung für ihre Qualifikation haben.

Wie sieht nun der Einfluss der Digitalisierung auf die Lernakteure Organisation und Mitarbeiter aus? Was bleibt in der digitalen Kompetenzentwicklung unverändert, wo gibt es Änderungen? Um welche Kompetenzen geht es, wenn von digitalen Kompetenzen die Rede ist?

3.2 Erweiterung des Begriffs der „digitalen Kompetenz"

Kompetenz wird von Bauer, Hämmerle, Bauernhansl und Zimmermann (BaHäBaZi2018, S. 183) als die „Verbindung von Wissen und Können" beschrieben. Darunter fallen in erster Näherung (vgl. Abschnitt 3.9.1 für Details)

1. das an Wissen orientierte Fach-Know-how, wie bspw. „Python", „machine learning" oder „data analytics",

2. ein „vertiefendes Prozessverständnis sowohl der physischen als auch der digitalen Prozesse und deren echtzeitnaher Synchronisation (…)" (ebenda),

3. „Kompetenzen zur disziplin- und prozessübergreifenden Kommunikation, Kooperation und Organisation (…) in interdisziplinären Teams und Netzwerken (…)" (ebenda) – nach unserem Verständnis auch in virtueller Form

4. sowie auch das Vermögen einer Organisation, Lerninhalte „digital zu vermitteln".

Diese Sicht ist präzisier- und erweiterbar:

Ausgehend vom Begriff des Lernens, den Müller (Müller2019, S. 28) als „(...) Transformations- und Verdichtungsprozess von individuell gelebten sowie kollektiv geteilten Werten, Wissensbeständen und Kompetenzen hin zur organisationalen Performanz (...)" beschreibt, lassen sich auch Maßnahmen fassen, die beispielsweise zu einer Veränderung der Organisationsstruktur und Ablauforganisation führen oder die Haltung[2] verändern.

Damit einhergehend stellt sich die Frage nach den **Lernakteuren**. Die Beschränkung auf die Mitarbeiter und Mitarbeiterinnen als alleinige Lernakteure ist – aus Sicht der Autoren – nicht ausreichend. Die spätestens seit Senge (Sen1996) diskutierte Fähigkeit des Systemlernens einer Organisation zählen wir ebenso darunter, auch wenn in diesem Kapitel der Schwerpunkt auf die lernenden Menschen innerhalb der Organisation gelegt wird.

3.3 Was gleich bleibt – und was sich verändert

Die Beschleunigung des Markts durch die zunehmende Digitalisierung von Werteversprechen und dem damit verbundenen Risiko einer jederzeit möglichen Disruption setzt sowohl Start-ups als auch Konzerne unter Innovationsdruck, den eigenen Wertbeitrag ihrer Produkte oder Services kontinuierlich zu hinterfragen und die eigene Veränderungsdynamik der Umwelt (vgl. Sag2016) anzupassen. In Bezug auf Organisationen formulieren von Ameln und Wimmer (vAmeWim2016, S. 13) die Notwendigkeit wie folgt: „Organisationen müssen (... auf diese neue Qualität) an Veränderungsdynamik ihrer relevanten Umwelten antwortfähig bleiben." Da sich das Metakonstrukt Organisation nicht selbst wahrnehmen kann, ist es „auf (...) die Bewusstseinssysteme ihrer Mitglieder angewiesen" (Clau2012, S. 78).

Die Digitalisierung stellt aber nicht alles auf den Kopf, sie hat Transformationsanteile, die keiner Veränderung unterliegen. Die **Lernakteure** der Zukunft werden sowohl die „Organisation" als auch ihre „Mitarbeiter" bleiben. Das **Gebot des „lebenslangen Lernens"** bleibt gleich und ist seit Jahrzehnten Bestandteil unserer Konzernkultur.

Hingegen weicht auf Grund zunehmender Komplexität und Geschwindigkeit die vorprogrammierte Arbeit dem Erfordernis, dass Mitarbeiter individuelle Situationspotenziale erkennen und eigenverantwortlich erschließen (vgl. von Ameln und Wimmer, 2013, S. 13). Als Konsequenz verändern sich **Steuerungsmechanismen** des Lernens. *In-case-of-need learning* wird zum Schlüssel für zügiges und eigenverantwortliches Problemlösen. Die Mitarbeiter bestimmen durch ihre Herangehensweise an Aufgaben den „Lernbedarf *(need)*", die Inhalte sowie den Zeitpunkt der Wissens- und Kompetenzerweiterung selbständig.

Die Anforderung an das kontinuierliche Lernen steigt jedoch in dem Maße, wie sich die Halbwertszeit des Wissens im Zuge der Digitalisierung verringert und neues Know-how schneller entsteht. Damit verändern sich auch die Vermittlungsformate: Im Arbeitsalltag entstehen beispielsweise Lernformate von *„Learning Nuggets"* über themenzentrierte Podcasts und neuartige Kurzqualifikationsprogramme bis hin zu digital vermittelten *„Micro-Degrees"*. Selbst Inhalte von Ausbildung und Studium müssen kontinuierlich angepasst werden.

Durch die Digitalisierung entsteht ein zusätzlicher Spagat: Einerseits müssen großen Teilen der Belegschaft Wissen und Kompetenz vermittelt werden, andererseits bedarf es sehr individualisierter, zugeschnittener Wissens- und Kompetenzvermittlung für einzelne Mitarbeiter und Mitarbeiterinnen.

---

[2] Haltung verstanden als eine „[...] durch Werte und Moral begrenzte Gesinnung bzw. Denkweise eines Menschen, die den Handlungen, Zielsetzungen, Aussagen und Urteilen des Menschen zugrunde liegt. Sie bestimmt, [...] welche Maßstäbe für unser Handeln wir verinnerlicht haben." [Perm2019, S. 13]

Die Autoren leiten daraus als organisatorisch-digitale Kompetenzen ab, dass Unternehmen 1.) eine hohe Differenzierungsfähigkeit für Entwicklungsbedarfe von Teilen oder einzelnen Mitgliedern der Belegschaft entwickeln, 2.) differenzierte Angebote schaffen und 3.) Skalierbarkeit von Wissens- und Kompetenzvermittlung für große Teile der Belegschaft ermöglichen müssen. Diesen Überlegungen nach führt dies zur Konzeption digitaler Vermittlungsformate, da sie leicht „skalierbar" sind. Organisationen werden dadurch immer stärker gefordert sein, den optimalen **Zugang zu Lerninhalten,** durch z. B. Verträge mit externen Anbietern, bedarfsorientiert und zeitnah zu ermöglichen. Der Mehrgewinn für Unternehmen und Mitarbeiter: Als Folge verschmelzen Leistungserbringung und Aufgabenerledigung mit der Erschließung und Erweiterung von Kompetenzen.

Die Digitalisierung treibt die erläuterten Aspekte. Ein Fehlschluss wäre jedoch, im bildlichen Sinne „die Hände in den Schoß zu legen", sich auf externe Angebote allein zu berufen und damit in einer passiven Rolle zu verharren.

Die Einnahme der systemtheoretischen Perspektive eröffnet die Handlungsnotwendigkeit: Organisationen können „(…) als funktional ausdifferenzierte (…) soziale Systeme, d. h. als Kommunikationssysteme mit einem entsprechend ausdifferenzierten Operator ‚Entscheidung' als konstruktivem Element" (Clau2012, S. 78) verstanden werden. Durch Entscheidungen versuchen Organisationen, sich von ihrer Umwelt zu differenzieren und selbst zu erhalten.

Die Digitalisierung fordert die Organisationen heraus 1.) die Digitalisierung in ihrer Strategie zu berücksichtigen und 2.) Visions-, Missions- und Strategienarrative anzureichern. Unternehmen sind heute und in Zukunft vermehrt in der Verantwortung, ein Differenzierungsangebot an ihre Marktumwelt und ihre Mitarbeiter zu machen. Die Gestaltung und Vermittlung der Unternehmensvision, -mission und -strategie als sinnstiftende und gleichzeitig differenzierende Narrative gewinnen wesentlich an Bedeutung.

Nach innen gerichtet ermöglichen Vision, Mission und Strategie der Belegschaft, sich so zu verhalten, „als ob die Zukunft sicher wäre" (Nag2017, S. 11). Erst in diesem Kontext können Mitarbeiter und Mitarbeiterinnen ziel- und zukunftsorientiert arbeiten – und eben genau diese Entscheidungen treffen, mit denen sie aktuelle und zukünftige Situationspotenziale sowie erforderliche digitale Kompetenzen erschließen.

> Moschella, Reid, Ash und Lachlan (MoRePaLa2019, S. 12, Figure 4) vergleichen Unternehmen aus dem 20. und dem 21. Jahrhundert. Sie beleuchten den Ausgangszustand sowie Teile einer Visionsumsetzung von Unternehmen, die die digitale Transformation zu bewältigen haben:
>
> „20th century organizations: data centres, sales-driven, Capex, organizational silos, gut feel, human decisions, Organizational learning, proprietary, Innovation vs. efficiency".
>
> „21th century organizations: cloud computing/SaaS, Customer experience, Opex, Fast, agile teams, data-driven, algorithmic operations, machine learning, strategic openness, innovation and efficiency".

Den Wunsch der Organisation einerseits Stabilität schaffen zu können, andererseits aber auch auf den kontinuierlichen Wandel setzen zu müssen, führt dazu, dass das Unternehmen selbst sowie die Mitarbeiter und Mitarbeiterinnen ein Verständnis und eine Haltung zur ständigen Veränderung entwickeln sollten.

3.4 Verständnis und Umgang mit ständiger Veränderung

Die „ureigene psychologische Ausstattung" (Schi2019, S. 3) des Menschen (in sozial stabilen Systemen zu agieren) sowie die Tendenz von (organisationalen) Systemen, sich autopoietisch – also selbsterhaltend und sich selbst reproduzierend – zu verhalten (vgl. Clau2012), stellt Organisationen bei ihrer überlebensnotwendigen Umweltanpassung vor Herausforderungen.

Der Begriff der Resilienz „als Fähigkeit von Systemen, in Krisen die Funktionsfähigkeit wiederherzustellen (…)" (Elbe2020, S. 147) geht häufig damit einher. Entgegen dem Verständnis von Elbe, dass Resilienz „(…) nur die Rückkehr zu bekannten Handlungsmustern abdeckt und dabei die Illusion erzeugt, nun einen Schutz vor neuer Ungewissheit aufgebaut zu haben", sehen die Autoren Resilienz als hilfreiches Konstrukt für Mitarbeiter, Teams und Organisationen (vgl. Mour2014, SchuGeKa2016). Dabei können wir die oftmals in der Literatur beschriebenen Verharrungstendenzen von Mitarbeitern und Organisationen zwar nachvollziehen, haben aber in unserer Arbeit sehr viel „nach vorne gerichtete" Resilienz und positiv geprägte Veränderungsbereitschaft erlebt.

> Tipp aus systemischer Sicht: Systeme verharren im Status quo, wenn sie in der Transformation um ihre Auflösung fürchten. Werden in Systeme hingegen Impulse so gegeben, dass sie sich verändern oder eine neue Form finden können, ist der Impuls ein „Katalysator" oder ein „Enzym", der oder das die Veränderung anstößt.

> Unserer Erfahrung nach sind viele Mitarbeiter und Mitarbeiterinnen gegenüber Veränderungen offen, wenn ihnen die Erforderlichkeit erläutert wird und sich die – insbesondere subjektiv empfundenen – Vor- und Nachteile mindestens die Waage halten. Wir gehen dabei nicht vom homo economicus aus und betonen deswegen die „Subjektivität" der Einschätzung. Teilweise begegnen uns diffuse Sorgen oder Ängste – häufig basierend auf „Nicht-Wissen" oder „Unkenntnis".
>
> Viele Mitarbeiter und Mitarbeiterinnen, aber auch Teams oder Organisationen durchlaufen – je nach subjektiv empfundenem „Veränderungsimpact" – eine mehr oder weniger steile Kurve typischer Phasen, die von Schock bis hin zur Integration verlaufen (vgl. „Reaktionen der Veränderungen" von Streich, 1997, S. 243, zit. n. Gai2017, S. 146; auch SchmTa1999). Diese Phasen werden zwar häufig zitiert, jedoch unterliegen sowohl Mitarbeitende als auch Organisationen unterschiedlichen Veränderungstypen. Es hängt an mehreren Faktoren, doch eine adressatengerechte, gute Kommunikation anstehenden Wandels zieht häufig einen „sanfteren" Verlauf ohne den „Schock" nach sich.
>
> Unserem Verständnis nach bedarf es im Zuge der digitalen Transformation geeigneter, vorausschauender und Orientierung gebender Kommunikation (als erforderliche Organisationskompetenz) – gleichzeitig aber auch geeigneter Kommunikationsinhalte (z. B. Transformationserfordernis, Vision, Strategie, digitale Kompetenzen).
>
> In Bezug auf die Veränderung des eigenen Jobs äußerte sich ein langjähriger Mitarbeiter sinngemäß, dass rückblickend eine Verweigerungshaltung bei der Umstellung von der Schreibmaschine auf den Computer auch nicht hätte sinnvoll sein können, da es mittelfristig das eigene Unternehmen in eine schlechtere Position gebracht hätte, wenn Mitarbeiter und Mitarbeiterinnen nicht „up-to-date" gewesen seien. Die damals empfundenen Sorgen bezüglich der eigenen Kompetenz und des Impacts auf den Arbeitsplatz hätten sich als unbegründet herausgestellt, weil die Herausforderung meisterbar gewesen ist.

Die neue Qualität der Herausforderung lässt sich anders beschreiben: War *„Change Management"* gestern noch in das Modell von Kurt Lewins *„unfreeze – move – refreeze"* gießbar, entfällt der letzte Schritt durch das Tempo der Digitalisierung. Mitarbeiter und Organisation müssen sich dem „ständigen Wandel" laufend anpassen.

> Unser Verständnis hat uns zu dem zukünftigen Bild sich verflüssigender Organisationsformen geführt: Netzwerkstrukturen, die sich zu Wertschöpfungsclustern kristallisieren, um sich dann wieder zu verflüssigen und andere „Molekularbindungen mit katalytischer Wertschöpfungswirkung" einzugehen.
>
> Die Erfahrung zeigt uns, dass wir auch nicht von „ständigem Wandel" sprechen, sondern die Plateau-Phasen von Stabilität kürzer werden oder als subjektiv instabiler wahrgenommen werden. Das „Damoklesschwert" ständiger Disruption vermehrt das Gefühl von Unsicherheit.

Daraus lassen sich mehrere, kombinierbare Stoßrichtungen schlussfolgern, die beispielsweise von der Förderung von Innovatoren und sog. *early adopters* (Rog2003, S. 410) sowie der Veränderung der Haltung von Mitarbeitern und Mitarbeiterinnen, über eine sinnvolle und moderierte Gestaltung neuer Netzwerke bis hin zu Veränderungen der Organisationsstruktur und Ablauforganisation reichen können und sollten.

Die Landschaft an Modellen, Theorien und Praxisberichten, die *Change-Management* und Transformation beschreiben, ist dabei anregend vielfältig – sowie Anbieter, die diese Veränderungen unterstützen oder begleiten möchten, zahllos.

3.5 Anschlussfähigkeit an Lernakteure in Systemen

Wir beziehen uns bei der Betrachtung der Organisation als „Lernakteur" auf eine systemtheoretische Sicht: Teile des komplexen Systems „Unternehmen" werden durch zielorientierte Veränderungsimpulse angeregt, das System wird irritiert und „erzeugt das Potential für Kommunikationen über Abweichungen von existierenden Strukturen" (Clau2012, S. 75). Die im Konzern stattfindende reaktive Varietät wird selektiert und erfährt eine veränderte Systemreife.

Bricht man die Systemtheorie weiter auf, sind die Systemelemente „Kommunikationen", die Mitarbeiter erreichen und entweder verstanden oder nicht verstanden werden. Die „Anschlussfähigkeit" der Kommunikationen ist zentral, denn nur so können Organisationsmitglieder den Appell-Charakter aufgreifen und aktiv werden.

> Stark technisch geprägte Unternehmen haben häufig eine Lernkultur, die rational und funktional ausgeprägt ist. In Diskussionen mit Vertretern anderer Konzerne wird diese rein rational-funktionale Sicht manchmal als hinderlich in ihrem eigenen Wirken innerhalb des Unternehmens gesehen.
>
> Wir sehen diese Ausprägung als Chance. Es ist eine hervorragende Basis, um über Sachargumente Veränderungen anstoßen zu können. Voraussetzung dafür ist eine rational-funktionale Argumentation, um Führungskräfte, Mitarbeiter und Mitarbeiterinnen für die digitale Transformation zu gewinnen.

> Als hervorragender Fertigungs- und Entwicklungskonzern ist insbesondere die Fertigung traditionell durch Effizienz und Effektivität geprägt, so dass digitale Kompetenzen zur Effizienzgewinnung ebenfalls vom System angenommen, systemtheoretisch also positiv selektiert werden.

3.6 Herausforderung für Mitarbeiter und Mitarbeiterinnen

3.6.1 Haltungsänderungen als Folge der Digitalisierung

Mitarbeiter und Mitarbeiterinnen sowie die als Teilmenge begriffene Menge der Führungskräfte stehen vor der gleichen Herausforderung: Sie sind in der Verantwortung, sowohl ihre Einstellung zu der Dynamik als auch ihr Verhalten in Bezug auf die schneller werdende Umweltveränderung anzupassen.

- VUKA-Verständnis[3]: Umweltveränderungen können unvorhersehbar eintreten und großen Einfluss auf die Organisation und deren Mitglieder haben. Wir halten es für wesentlich, diese „neue Instabilität" der Umwelt zu akzeptieren und eine schnelle Reaktionsfähigkeit zu entwickeln. Die beinah plötzlich eintretende Covid-19-Pandemie mit all ihren gesellschaftlichen und wirtschaftlichen Folgen ist ein gutes Beispiel.

- Kontinuierliche Reflexion und Lernen: Anforderungen wandeln sich kontinuierlich – und die Plateaus stabiler Phasen verkürzen sich. Um Aufgaben zu bewältigen, geht es um eine kontinuierliche Erweiterung der eigenen Kompetenzen (Lernen). Wir halten eine persönliche Reflexion, welchen Wertbeitrag „ich als Organisationsmitglied" im Unternehmenskontext erbringen möchte (purpose) und kann (capability), für alle Mitarbeiter und Mitarbeiterinnen für vorteilhaft.

- Komplexität: Die Digitalisierung führt zur Steigerung der Komplexität (KriHaSch2017), da die Kombination von Eigenschaften eines „Digital Twins" potenziell unzählige Möglichkeiten eröffnet, Neugeschäft (und damit auch potenziell Disruption) zu generieren. Damit braucht es als adäquate Reaktion einen schnellen, experimentellen Ansatz sowie die Verlagerung der iterativen, inkrementellen Lösungserarbeitung in Netzwerke mit hoher Diversität.

- Systemisches Denken: Besonders der Fokus auf das „große Ganze" und Orientierung an Vision und Leitbild gewinnen an Bedeutung. Einher geht damit auch die Forderung, Ambiguität akzeptieren zu können (vgl. die systemisch-autonome Haltung, Perm2019) sowie die Orientierung an Prinzipien anstatt an Regeln, da Regeln in einer VUKA-Welt nicht alle möglichen Situationen abdecken können.

- Kollaboration, Ko-Kreation und Netzwerke: Die „Kreativität vieler schlägt die Kreativität des Einzelnen". Wer „Dinge (T von AIoT) zu neuen Services oder Produkten vernetzen will, muss zuerst die jeweiligen Experten vernetzen" (kurz: „Wer Dinge vernetzen will, muss Menschen vernetzen"). Damit werden Transparenz, Teilen von Daten und Informationen und die Fähigkeit, schnell und effizient wertschöpfende Netzwerke über Hierarchien, Funktionen, Länder, Experten und über Unternehmensgrenzen hinweg zu formen, zu einem Schlüssel des Unternehmenserfolgs.

---

[3] VUKA verstanden als Abkürzung von Volatilität, Ungewissheit, Komplexität, Ambiguität [vgl. Schel2017]

- Daten und Datennutzung: In der digitalen Welt sind „Daten" der Rohstoff, aus dem Informationen gezogen werden können. Die sinnvolle Nutzung von Daten zur Stärkung des Kundennutzens (oder der „User Experience"), der Effizienz und Effektivität bei gleichzeitig achtsamem Umgang mit Daten („handling data professionally") gewinnt rasant an Bedeutung.

3.6.2 Führung und Führungskräfte als Multiplikatoren

Wagner (Wagn2020) verweist auf zentrale Aspekte, wie sich Führung aktuell innerhalb des Unternehmens verändert. Als Autoren betonen wir ebenfalls, dass Führung dabei nicht allein der klassischen Rolle „Führungskraft" obliegt. Durch die zunehmende Digitalisierung und Komplexitätssteigerung werden Entscheidungen in Expertennetzwerke oder auf Teamebene verlagert. Teammitglieder und Netzwerke motivieren und koordinieren sich untereinander (vgl. „shared leadership" KaIaSa2019, S. 124). Damit greifen Mitarbeitende, Teams und Expertennetzwerke temporär in die Unternehmenssteuerung mit ein.

Führung wandelt sich zur Aufgabe, Mitarbeiter und Mitarbeiterinnen in ihrer Arbeit zu unterstützen, Entscheidungen in Netzwerken und Teams zu ermöglichen, Hindernisse aus dem Weg zu räumen, Teammitglieder zu motivieren, Vision und Sinnstiftung zu fördern sowie Teamentwicklung oder -neugestaltung voranzutreiben. Diese Aufgabe wird im Zuge der sich im stetigen Wandel befindenden Organisationsstrukturen (Netzwerke, verflüssigte Organisation) zunehmend an Bedeutung gewinnen.

Auf eine Kompetenz sei besonders hingewiesen, da sie die Schlussfolgerung zulässt, dass die Führungskraft auch ein Verständnis von der Digitalisierung, von Technologien und Veränderungsfolgen entwickeln sollte. „We recommend that digital leaders develop and nurture their sensing capabilities so that they can help their organizations better determine when a new technology is ready for widespread adoption" (MoRePaLa2019, S. 13).

Erst dann, wenn sich Führungskräfte mit neuen Technologien befasst haben, können sie als Multiplikatoren, die sie qua Rolle sind, positiv-unterstützend Einfluss nehmen. Damit ist die rudimentäre Wissens- und Kompetenzvermittlung zu neuen Technologien eine wesentliche Aufgabe aller weiterbildnerisch tätigen Funktionen, wenn diese Vermittlung auch nur auf einer oberflächlichen Ebene bleiben kann und vertiefender Kompetenzaufbau Experten vorbehalten bleibt.

> **Digital leader vs. leader in the digital age?**
>
> Wir verwenden in unserer Arbeit die Begrifflichkeit *„leader in the digital age"*. Wir verstehen unter Führung auch in Zeiten der digitalen Transformation „mehr als nur Digitales". Viele Führungskräfte reichern ihr Führungsverständnis und ihre umfangreichen Erfahrungen an, werden aber deswegen nicht zu *„digital leaders"*. Uns ist die Betonung der Menschen, die geführt werden und führen, wichtiger als die Themenbetonung der „Digitalisierung".

> Häufig wird auch die „Führungskraft als Coach" ins Feld geführt. Ibarra & Scoular (IbaSc2019) sehen im Coaching durch Führungskräfte den ersten, jedoch nicht ausreichenden Schritt, um Coaching zu einer „organizational capacity" zu machen: „(...) to transform your company into a genuine learning organization, you need to do more than teach individual leaders and managers how to coach better. You also need to make coaching an organizational capacity that fits integrally within your company culture." Wir sehen Konfliktpotenzial, wenn neben „angestammten Aufgaben" Führungskräfte auch Coaches eigener Teammitglieder sind. Wendet sich bspw. ein Mitarbeiter an die Führungskraft und

eröffnet ihm, dass er erhebliche Probleme innerhalb des Teams habe, kommt es spätestens dann zu einem intrapersonellen Konflikt der Führungskraft, wenn die Beurteilung des Mitarbeiters für ein Zeugnis etc. ansteht.

Trotzdem halten wir eine am Coaching orientierte Haltung der Führungskraft für sehr gewinnbringend und fördern die Haltung und Kompetenz in unseren Führungstrainings und -programmen.

Innerhalb der Robert Bosch GmbH hat sich darüber hinaus eine organisationale „coaching capacity" aufgebaut. Es ist ein umfangreiches Coaching-Netzwerk etabliert, das jederzeit und von allen Mitarbeitern und Mitarbeiterinnen in Anspruch genommen werden kann.

Die Einbindung der Führungskräfte halten wir für einen wesentlichen Hebel in den Bemühungen, die digitale Transformation voranzutreiben sowie die digitale Kompetenz der Organisation und ihrer Mitglieder auszubauen. Führungskräfte, die die Digitalisierung und die daraus entstehende Erweiterung der Kompetenzen als Chance sehen, unterstützen den Meinungsbildungsprozess und die Haltung ihrer Mitarbeiter und Mitarbeiterinnen zur Digitalisierung positiv. Die Führungskraft hat auf Grund ihrer Rolle eine besondere Stellung in der Konstruktion von „Sinnhaftigkeit" von Arbeit und Veränderung (Cam2012) und fungiert als Multiplikator.

Als Unternehmen, das historisch bedingt stark durch Linien-, Projekt- oder Matrixorganisation im Aufbau geprägt ist, sind Ressourcenplanung und Auslastung von Mitarbeitern und Mitarbeiterinnen durch Führungskräfte gesteuert. Der zeitliche Aspekt mag in Entwicklungsabteilungen selbst der Steuerung durch die Mitarbeiter und Mitarbeiterinnen unterliegen – in beispielsweise der Fertigung oder der Logistik bedarf es aber der Planung solcher Zeiten.

Die Schlussfolgerung ist so einfach wie unumgänglich: Wer sich Digitalisierung auf die Fahne schreibt, wird diese nicht zum Nulltarif bekommen. Die Transformation benötigt viele Ingredienzen. Zwei davon sind Zeit und Geld.

Unserer Erfahrung nach besteht die Gefahr, dass Kollegen und Kolleginnen in Führungspositionen Berührungsängste mit der Transformation ihrer eigenen Rolle haben, da die Delegation von Entscheidungen in das Team den Verlust von Einfluss auf die Unternehmenssteuerung bedeuten könnte. Bei Führungskräften, die diese Gefahr sehen, stellt sich nach Annahme der Rolle öfter heraus, dass das veränderte Aufgabenprofil persönlich sinnstiftend ist. Die Erfahrung, dass „less me – more we" bedeutet und damit Aufgaben wie Teamentwicklung, Visions- und „kollektive Sinnkonstruktion (...) (Sensemaking)" (vgl. Elbe2020, S. 142) in den Vordergrund rücken, wird häufig als befriedigend empfunden. Ein gemeinsamer Teamerfolg ist ebenfalls ein Erfolg gelungener „Führung". Beispielsweise bedeutet die Demokratisierung von Entscheidungen (unabhängig vom Treiber „Digitalisierung") eben nicht: „Neue-Welt-Organisation = Alte-Welt-Organisation Minus Führung" (Schwe2016, S. 86).

Führung ist ebenso in der „Neue-Welt-Organisation" erforderlich und wird auch in modernen Formen der (Selbst-)Organisation, bspw. dem holokratischen Ansatz (Rob2016, Scher2019) oder der evolutionären Organisation (Lal2017) bejaht.

3.7 Herausforderung für die Organisation

3.7.1 Vision & Strategie

Die **zentrale Herausforderung** an die Organisation durch die Digitalisierung lässt sich wie folgt zusammenfassen:

- Unternehmen müssen nutzerzentrierte und -freundliche Produkte oder Services auf den Markt bringen, die ihre Kunden begeistern.

- Gleichzeitig müssen sie in kürzerer Zeit mit der erhöhten Komplexität umzugehen lernen.

- Der gesamte Lebenszyklus (von der Ideenkonzeption über die Entwicklung, Produktion bis dahin, dass das Produkt vom Markt genommen wird) muss effizient und effektiv gestaltet sein, denn sowohl das neue Produkt als auch der Service können „schon morgen" durch neue Wertschöpfungsnetzwerke oder digitale Angebote der Disruption anheimfallen.

- Es ist ratsam, Kooperationen und Partnerschaften über die eigenen Unternehmensgrenzen hinweg zu etablieren. Gleichzeitig sind Organisationen heute und in Zukunft vermehrt in der Verantwortung, ein Differenzierungsangebot an ihre Marktumwelt und ihre Mitarbeiter und Mitarbeiterinnen zu machen.

Die Folge der Digitalisierung ist damit die verstärkte Anforderung an die Unternehmenskompetenz, **Visions- und Strategienarrative** gestalten und vermitteln zu können sowie mit den **Chancen der Digitalisierung** zu verknüpfen.

Die Narrative sollten so gestaltet sein, dass sie gleichzeitig die Veränderung bestehender und die Emergenz neuer Produkte und Services ermöglichen, Richtungskorrekturen zulassen und die zukünftigen, sich beschleunigenden Veränderungen von Unternehmensstruktur und Ablauforganisation begründen können.

Vision und Strategie fordern ihre internen Akteure auf, das passende Situationspotenzial mithilfe individueller, kompetenter Entscheidungen eigenverantwortlich zu realisieren und so zum Erhalt der Organisation, unabhängig von der Hierarchie oder der Spezialisierung, beizutragen.

> Die Robert Bosch GmbH transportiert mit „Invented for Life" ein für Mitarbeiter und Mitarbeiterinnen sinnstiftendes Werteversprechen, dass durch Nachhaltigkeit und Mensch(heits)orientierung geprägt ist. Das Unternehmen handelt beispielsweise durch Erreichen der CO_2-Neutralität authentisch und glaubwürdig.
>
> Neben „Invented for life" werden Mitarbeitern und Mitarbeiterinnen weitere sinnstiftende und richtungsweisende Botschaften als Differenzierungskriterien und „true north" zur Orientierung, als Versprechen und gleichzeitig als Handlungsaufforderung vermittelt, sich selbst und das Unternehmen weiterzuentwickeln. So greifen die beiden Narrative, ein „AIoT-Unternehmen" (als „digitale Kompetenz") zu werden und gleichzeitig die „learning company" (vgl. Abschnitt 3.1) auszubauen, ineinander.

3.7.2 Dynamik und Lernfähigkeit

In Abschnitt 3.7.1 sind unter „neuen Herausforderungen" viele Aspekte als Anforderung formuliert, die für uns ebenfalls unter den Begriff der „digitalen Kompetenz" fallen.

Wir verstehen unter „Nutzer- und Kundenzentriertheit" im Wesentlichen das durch die Interpretation eines bestenfalls kontinuierlichen Datenstroms erzeugte Verständnis über die Bedürfnisse der Nutzer und Kunden sowie die Prädiktion von Erwartungen und Wünschen, um beide Gruppen bestmöglich zu begeistern. Ein von Nutzern für einen spezifizierten Verwendungszweck freigegebener Umgang mit Daten und eine nach dem Stand der Technik ausgeprägte Datensicherheit sind dabei selbstverständlich.

Auch Effizienz und Effektivität lassen sich hervorragend durch die Analyse von Daten steigern. Es ist selbstredend, dass zur Automation Daten(ströme) erforderlich sind – und dies gilt unabhängig davon, ob es um den Einsatz von AI innerhalb bspw. der Fertigung, Logistik oder der Entwicklung geht.

Die Digitalisierung führt – unserer Ansicht nach – zu mehreren Schlussfolgerungen, die unabhängig davon gültig sind, ob ein Unternehmen seinen Umsatz und Gewinn durch physische Produkte oder (digitale) Services erwirtschaftet: *Disrupt yourself.*

Dieser von Keese (Keese2018) gewählte Buchtitel gilt gleichermaßen für Personen wie Organisationen. Die beiden Schlüsselfragen im **Organisationskontext** lauten:

- Wie kann das Werteversprechen, das Service oder Produkt bieten, mithilfe der Digitalisierung ersetzt (disruptiert) werden?
- Wie können sich andere im Markt so positionieren, dass sie einen wesentlichen Einfluss durch bspw. Kontrolle von Marktplätzen und Schnittstellen erlangen oder **Ökosysteme** etablieren, um den Strom der Wertschöpfung anderer Unternehmen zu kontrollieren?

> Sprachsteuerung wird in Zukunft eines der Hauptinterfaces zu den Nutzern und Kunden sein. Wer diese Schnittstelle kontrolliert, kann als Gatekeeper seine eigenen Services und Produkte oder die der unter Vertrag stehenden Fremdfirmen anbieten und den Verkauf von Konkurrenzprodukten und -services erschweren oder unterbinden. Inwieweit gesetzliche Regulierungen diesen sich verändernden Wettbewerbsbedingungen entgegenwirken können, wird sich in der zukünftigen Praxis noch zeigen.

Auf Grund dieser potenziell disruptiven Bedrohungen bedarf es einer …

1. … ständigen Überprüfung, ob das Wertversprechen des eigenen Produkts oder Services am Markt nicht in irgendeiner Form angegriffen werden oder der Zugang durch andere kontrolliert werden kann.
2. … intensiven Marktbeobachtung verbunden mit dem, in unserem Konzern, verknüpften Begriff der „Hyper-Awareness",
3. … schnellen Reaktions- und Entscheidungsfähigkeit,
4. … zügigen Umsetzungsfähigkeit der getroffenen Entscheidungen sowie
5. … organisationalen Lernfähigkeit (vgl. Schel2017, Piel2003, Sen1996), basierend auf datengestütztem und kundengetriebenen Feedback.

> Die Robert Bosch GmbH hat sich schon früh auf den Weg gemacht, eine kunden- und „business"-orientierte Organisationsentwicklung zu leben. In Bezug auf die Digitalisierung unterstützen die Mitarbeiter, die in der Digitalisierung tätig sind, die Organisation dabei, das Verständnis für die Grundlagen und den Aufbau von Datenstruktur(en) zu erweitern. Vereinfacht gesprochen, sind unserer Ansicht nach die in Funktionen (Controlling, HR, Entwicklung etc.) übergeordneten Aufgaben auch durch „Perspektiven" auf einen Gesamtpool unterschiedlicher Daten, von Unternehmens- und Personal-, Entwicklungs- sowie Fertigungs- bis hin zu Logistikdaten, abbildbar. Damit einhergehend sehen wir in vielen Unternehmen noch ausschöpfbare Potenziale, um den „seamless data flow" zu unterstützen. Diese kunden- und businesszentrierte, „daten-getriebene (data-driven)" Sicht führt schlussendlich zur Gestaltung der Ablauforganisation und Organisationsstruktur und zum Umbau zu einem AIoT-Unternehmen.

In vielen Unternehmen wird auf die durch die Digitalisierung entstehende Komplexität die Antwort in „Agilität" gesucht.

Dieser Sichtweise schließen wir uns dann an, wenn unter Agilität schrittweises und aufeinander aufbauendes (iteratives und inkrementelles), auf Feedback basierendes Vorgehen unter der Prämisse der Komplexitätsbewältigung verstanden wird (vgl. Schel2017, S. 42) und wenn die Agilität mit Augenmaß in komplexem Setting Verwendung findet.

Unserer Meinung nach ist Agilität aber kein Allheilmittel und sollte auch nicht aus Mode Einzug in alle Organisationen oder Organisationseinheiten halten. Manche Aufgabenbereiche, wie standardisierte Controlling-Aufgaben, mögen kompliziert sein, folgen aber einem geregelten, prozeduralen Ablauf und sind damit eher zugänglich für datengestützte Automation (als ein Aspekt der Digitalisierung), gerade weil der Prozess nicht volatil ist, sondern nur die im Prozess zu verarbeitenden Zahlenkolonnen.

Hingegen kann der Einsatz z. B. einer agilen Praktik wie „stand-up meetings" auch in solchem Setting durchaus denkbar und sinnvoll sein.

3.7.3 Organisationskultur und -klima

Eine weitere Kompetenz, die wir für die Digitalisierung als wesentlich erachten, ist die Gestaltung von Organisationskultur und -klima. Unserem Verständnis nach sind diese beiden Begrifflichkeiten stark miteinander „verschränkt" und bedingen sich gegenseitig. Dabei verstehen wir Klima als „tägliche Wahrnehmung der Organisation", von „organisatorischen Praktiken, Prozeduren und (sich in Verhalten äußernden, d. A.) Werten" (KaWeLe2019, S. 70).

> Eine tiefverwurzelte Misstrauenskultur wird zu einem mitarbeiterfeindlichen Organisationsklima führen. Ein negatives Organisationsklima verändert über längere Zeit die Kultur zum Schlechteren.
>
> Unsere Erfahrung – und damit auch Empfehlung – ist ein positives Klima durch Prägung positiver Werte und einer menschenzugewandten Haltung zu schaffen bzw. auszubauen und die Umsetzung, natürlich unabhängig von der Digitalisierung, kontinuierlich zu fördern.

Kultur (und Klima) einer Organisation sind deswegen grundlegend, weil nur eine durch Vertrauen geprägte und für Veränderung offene Kultur die Umsetzung der Digitalisierung ermöglicht. Zu dieser offenen Kultur gehört auch ein erweitertes Verständnis von Kooperation und Zusammenarbeit über Funktion, Aufgabengebiete, Geschäftsbereichsgrenzen und Unternehmensgrenze (*Open-Innovation, -development* etc.) hinweg.

Einen intuitiven Zugang bzgl. der Organisationskultur bietet die Sicht von Bowler (1966, zit. nach Mend2020) *„That's the way we do things around here"* in Kombination mit

- dem Kulturebenenmodell von Edgar Schein
- und der Differenzierung zwischen Person, Team und Organisation,
- um die Möglichkeiten der positiven Einflussnahme auf Team und Organisation zu beschreiben.

Bild 3.3 zeigt vereinfacht die sich gegenseitig bedingende Beeinflussung: Mitarbeitern und Mitarbeiterinnen (sowie der Teilmenge der Führungskräfte) verdeutlichen wir, dass sie sowohl aktive Gestalter der Kultur und des Klimas und gleichzeitig in diese Kultur eingebettet sind.

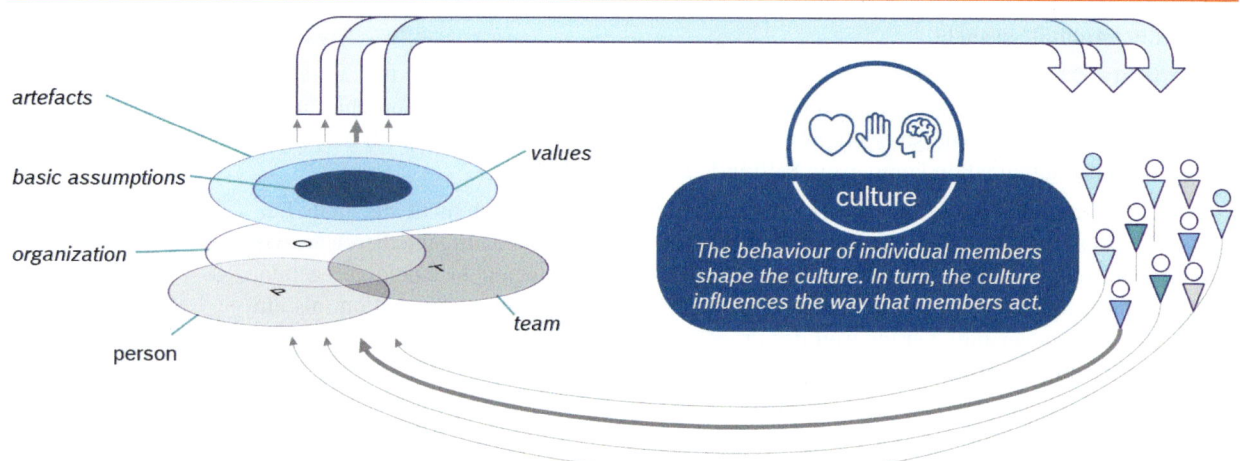

Die Vertrauenskultur, die bei der Robert Bosch GmbH vorzufinden ist, ist durch einen positiv-zugewandten, fehlertoleranten Umgang miteinander und die Haltung geprägt, dass jeder bestmöglich zum Unternehmenserfolg beiträgt.

3.8 Emergenz und Steuerung

Es entspricht dem westlichen Denken, dass Transformation zentral „gemanaged" werden könne. Wir unterstützen die Ansicht der Autoren Doppler, Simon und Wimmer (DoSiWi2017), dass eine integrative Sicht auf die Transformation eines Konzerns zielführend ist. Die Transformation findet kontinuierlich statt und trägt sowohl westliche, „gesteuerte Anteile" als auch östliche Anteile in sich, dass die „Wandlungsvorstellung ein Sich-mit-dem-Situationspotenzial-der-jeweiligen-Verhältnisse-Mitbewegen (ist)." (ebenda, S. 4). Dabei ist uns wichtig zu betonen, dass eine „östliche Vorgehensweise" nicht mit einem strukturlosen, zufälligen Vorgehen zu verwechseln ist. Wir fördern aus sich selbst entstehende Transformationsaktivitäten innerhalb des Konzerns, gleichzeitig treiben wir die Transformation mittels diverser, auch eigeninitiierter Handlungsstränge voran.

Back, Berghaus und Kaltenrieder (BaBeKa2017, S. 20, Wortlaut angepasst, d. A.) sehen fünf Zugangsarten zur Digitalisierung:

Top-down: Digitalisierung wird durch die Führungsebene getrieben. Der Fokus liegt auf der Erstellung und Umsetzung einer digitalen Transformationsstrategie.

Bottom-up: Die Digitalisierung wird durch die Initiativen der Mitarbeiter und Mitarbeiterinnen im Unternehmen vorangebracht. Wichtigster Fokus ist die Konsolidierung bestehender Initiativen.

IT-Fokus: Durch die Anforderungen an die IT wird Digitalisierung innerhalb des Unternehmens fokussiert. Hauptaugenmerk liegt dabei auf der Erneuerung und Bereitstellung geeigneter IT-Infrastruktur und IT-Systeme.

Kanal-Fokus: Kundenerwartungen sind Treiber der Digitalisierung. Augenmerk liegt auf der Erneuerung und Verbesserung der digitalen Kundenkanäle.

> **Innovations-Fokus:** Wird auf Grund von Experimentierfreude oder bei Gefährdung des bestehenden Geschäftsmodells in den Vordergrund gerückt. Hauptaugenmerk liegt auf dem Ausprobieren neuer Technologie und Erarbeitung möglicher neuer Geschäftsmodelle.

Ziehen wir die Differenzierung von Back, Berghaus und Kaltenrieder (BaBeKa2017) zurate, sehen wir einen Mix aller „Treiber" der Digitalisierung (Top-down, Bottom-up, IT-Fokus, Kanal-Fokus – d. h. kundeninitiierte Anforderung – und Innovationsfokus).

Die Digitalisierung einschließlich des Einsatzes von Künstlicher Intelligenz leistet schon heute wesentliche Wertbeiträge zur Effizienzsteigerung in z. B. der Produktion oder Qualitätssicherung der Robert Bosch GmbH. Der Wertschöpfungsbeitrag der digitalen Kompetenz ist hier auch für den Unternehmensteil, der sich mit der „Ding-Welt" (T von AIoT) befasst, offensichtlich.

Auf dem Weg zum AIoT-Konzern halten wir zusätzlich den Ausbau des digitalen Geschäfts sowie die Stärkung der damit verbundenen Fähigkeit, als ambidextre Organisation zu agieren, für wesentlich.

> Häufig wird der Begriff „Ambidextrie" von vielen Mitarbeitern und Mitarbeiterinnen als das „Sowohl-als-auch zweier Welten" verstanden. Anfänglich sind wir aber öfter dem gleichen „Missverständnis" begegnet:
>
> Der Begriff „Ambidextrie" wird von Mitarbeitern und Mitarbeiterinnen um das ursprüngliche Verständnis von Effizienz vs. Innovationsfähigkeit auf die „Dingwelt" vs. „digitaler Welt" erweitert. (Wir nehmen dies als „Entweder-oder-Haltung" wahr, selbst wenn wir Effizienz und Innovationskraft nicht als entgegengesetzte Pole begreifen). Vertiefen wir die Gespräche, stellt sich heraus, dass viele Mitarbeiter und Mitarbeiterinnen sowie Führungskräfte das „Sowohl-als-auch" beider Welten bzw. deren Verschmelzung sehen und begrüßen.
>
> Die von uns wahrgenommene, anfängliche „Entweder-oder"-Sicht löst sich in dem Wunsch der Kollegen auf, die Historie als entwicklungs- und fertigungsorientierter Konzern zu würdigen.

Eine Auswahl zur Förderung der digitalen Kompetenzen im Unternehmen wird im Folgenden vorgestellt, verzichtet wird aber auch auf viele Inhalte, angefangen von veränderter Gremienstruktur bis hin zum Aufbau der Digitalisierungsnetzwerk-Struktur (sog. di-OS-Struktur, di-OS = **digital operating system**).

3.9 Konkrete Umsetzung digitaler Kompetenzentwicklung

3.9.1 Aufsatz eines Kompetenzmodells für die digitale Transformation

Im Rahmen einer bereichsübergreifend angelegten Initiative wurde in einem ersten Schritt ein mehrstufiges **Kompetenzmodell für die digitale Transformation** bei Bosch definiert, das unter Berücksichtigung externer Studien, Empfehlungen von Beratern und der Expertise im Unternehmen entstand. Dieses umfasst auf oberster Ebene folgende dreizehn Kompetenzfelder:

Business Modelling – Agility – Leadership – User Experience – Change Management – Digital Media – Network Collaboration – Software Engineering – Systems Engineering – Security – Data Technology – Cloud Computing – Artificial Intelligence.

Bei den Kompetenzfeldern handelt es sich nicht nur um Bereiche, die durch die Digitalisierung quasi neu entstanden (Beispiel *cloud computing*), sondern auch um Kompetenzbereiche, welche durch die Digitalisierung eine Änderung erfahren haben, oder aber deren Bedeutung gestiegen ist (Beispiel *network & collaboration*). Die Kompetenzfelder eins bis sieben umfassen die eher nichttechnischen Felder, neun bis dreizehn haben einen starken Technikfokus.

> Die interdisziplinäre Entwicklung eines Kompetenzmodells schärft die eigene Sicht auf die digitale Transformation, schafft Klarheit über die in Zukunft notwendigen Kompetenzen und über die Schwerpunkte betrieblicher Kompetenzentwicklung. Das Modell bietet weiter einen hervorragenden Rahmen, um die Ausdifferenzierung durch die Mitarbeiter und Mitarbeiterinnen selbst durchführen zu lassen, indem sie selbständig die erforderlichen Kompetenzen gemäß individueller erkannter Situationspotenziale und *In-case-of-need-Learning* (vgl. Abschnitt 3.3) erschließen.

Bild 3.4 Das Kompetenzmodell der digitalen Transformation: Kompetenzbereiche © Bosch

Competence areas for digital transformation	
non-technical	**technical**
Business Modelling	Software Engineering
Agility	Systems Engineering
Leadership	IT Security
UX & Design Thinking	Data Technologies
Change Management	Cloud Computing
Network Collaboration	Artificial Intelligence
Digital Media	

In einem weiteren Schritt wurden anschließend mit internen Experten und Expertinnen für jedes Kompetenzfeld die Kompetenzen beschrieben. Zusätzlich wurden als dritte Ebene – ohne Anspruch auf Vollständigkeit – einzelne Fertigkeiten aufgelistet. Diese konkreten Beschreibungen helfen, mit dem Kompetenzmodell bis zur operativen Ebene einzelner Trainingsmaßnahmen oder Lernbausteine durchzudringen.

Verdeutlicht wird dieses Vorgehen zum Beispiel bei dem Kompetenzfeld *Software Engineering* mit der Kompetenz *programming language* und der Fertigkeit *coding in python* oder bei dem Kompetenzfeld *artificial intelligence* mit der Kompetenz *machine learning* und der Fähigkeit *creation of convolutional neural networks with NumPy*.

Bild 3.5 Beispielhafte Darstellung der Ebenen im Kompetenzmodell: angefangen von den Kompetenzbereichen über die Kompetenzen hin zu den Fertigkeiten © Bosch

Level 1: competence area	Level 2: competence	Level 3: skills (examples)
software engineering	programming languages	• coding in python • apply MapReduce algorithms to big data set • …
artificial intelligence	machine learning	• creation of convolutional neural networks with NumPy • implement of transfer learning with TensorFlow • …

Während die Kompetenzfelder eine höhere zeitliche Stabilität aufweisen und in der Regel jährlich überprüft werden, sind die Begrifflichkeiten der Ebenen zwei und drei einer höheren Dynamik unterworfen. Für die Fertigkeiten der Ebene drei existieren daher immer nur Beispiele, eine zentrale und vollständige Übersicht wird auf Grund der Volatilität auf dieser Ebene auch nicht angestrebt.

3.9.2 Digitale Kompetenzentwicklung je Funktion

Anhand des beschriebenen Kompetenzmodells wurde in einem weiteren Schritt gemeinsam mit Fachexperten und Weiterbildnern aus den verschiedenen Funktionen wie Entwicklung, Verkauf, Logistik, Produktion, Finanzwesen usw. der Zielbedarf bezüglich der Kompetenzfelder abgeleitet. Dabei wurden Kompetenzniveaus verwendet, wie sie auch bisher im Kompetenzmanagement bei Bosch üblich sind. Angefangen mit dem Kompetenzniveau *basic* (dt. am ehesten mit Kenner zu übersetzen, kennt Grundlagen und kann unter Anleitung arbeiten), gefolgt von *advanced* (dt. Könner, kann selbstständig in dem Kompetenzfeld arbeiten) bis zum *expert* (dt. Experten, kann andere anleiten und ausbilden).

> Bei der Ableitung des notwendigen Kompetenzniveaus je Funktion entsteht unweigerlich die Frage nach dem Mengengerüst: Wie viele Mitarbeiter und Mitarbeiterinnen in welcher Funktion müssen welches Kompetenzniveau erreichen? Die daraus gewonnenen Erkenntnisse liefern wertvolle Hinweise zu der Größe von Teilnehmergruppen von Entwicklungsmaßnahmen und stoßen die Diskussion an, wie man diese Kompetenzen organisieren will (Pools, Experten in jeder Abteilung usw.).

Auf Grund der langen Geschäftstätigkeit ist ein Mindestmaß an technischem Know-how auch in allen nichttechnischen Bereichen vorhanden. Dieses stellt sicher, dass im Unternehmen eine allgemeine Zuhör- und Fragefähigkeit für technische und technologische Themen vorhanden ist. Um dies auch bei den digitalen Kompetenzen zu erreichen, wurde im Rahmen des Kompetenzmodells ein weiteres Kompetenzniveau *informed* (dt. informiert, kann Diskussion und allgemeinen internen Veröffentlichungen folgen) eingeführt. Eines der ersten Ziele bei der Vermittlung von digitalen Kompetenzen war, die Zuhör- und Fragefähigkeit für digitale und datenbezogene Technikthemen – also das Niveau *informed* – bei einer großen Anzahl der Beschäftigten zu etablieren.

	Function 1	Function 2	Function 3	Function 4
Software engineering	informed	advanced	basic	advanced
Systems engineering	informed	informed	informed	basic
IT Security	informed	basic	informed	expert
Data Technologies	basic	advanced	basic	advanced
Cloud Computing	informed	expert	basic	advanced
Artificial Intelligence	informed	expert	advanced	advanced
Business Modelling	advanced	informed	basic	basic
Agility	advanced	basic	advanced	informed
Leadership	basic	basic	basic	basic
UX & Design Thinking	informed	informed	informed	informed
Change Management	basic	basic	basic	basic
Network Collaboration	informed	basic	advanced	basic
Digital Media	expert	basic	basic	basic

Bild 3.6 Geforderte Ausprägung der einzelnen Kompetenzbereiche je Funktion im Unternehmen (*informed, basic* entspricht dem Kenner-, *advanced* dem Könner- und *expert* dem Expertenniveau) © Bosch

Ein weites Angebot an niederschwelligen, kurzen Lernformaten, welches theoretisch allen Mitarbeitern und Mitarbeiterinnen zur Verfügung steht, dient dabei dazu, diese erste Hürde des „Informiert-Seins" oder des „Bekanntseins von Begrifflichkeiten" zu überwinden. Dafür eignen sich Glossare zu bestimmten Themenkomplexen, öffentlich zugängliche Wissensquellen wie Wikipedia oder TEDtalks auf youtube. Diese Mikrolernbausteine sind ein typisches Merkmal bei der Vermittlung von digitalen Kompetenzen.

3.9.3 Analyse der Schulungslandschaft intern und extern

Die Begrifflichkeiten der Ebenen zwei und drei des Kompetenzmodells dienten weiter dazu, die Klassifizierung von vorhandenen oder geplanten Entwicklungsmaßnahmen innerhalb des Unternehmens vorzunehmen. Dazu wurden alle in Systemen aufgelisteten Entwicklungsmaßnahmen (Präsenzschulung, Online-Formate usw.) hinsichtlich ihrer Überdeckung mit den Kompetenzen und Fertigkeiten abgeglichen. Während die Kompetenzen wie oben beschrieben noch eine gewisse Vollständigkeit aufweisen, sind Fertigkeiten eher als Beispiele oder Stichproben zu sehen.

Dieser Abgleich erfolgte in einem ersten Schritt anhand der Titel und Kurzbeschreibungen der jeweiligen Schulungsmaßnahmen. Schulungsmaßnahmen, welche auf Grund dieses Verfahrens nicht klassifiziert werden konnten, deren Titel oder Kurzbeschreibung jedoch eine vermutete Relevanz für die Entwicklung digitaler Kompetenzen aufwies, wurden in einem zweiten Schritt von den jeweiligen Schulungsverantwortlichen erneut bewertet und manuell klassifiziert.

> Die Angebote Externer für die Vermittlung digitaler Kompetenzen müssen zum eigenen Kompetenzmodell passen. Auch ist darauf zu achten, dass bei grundlegenden Begriffen und Themen kein Widerspruch zu betriebsinternen Definitionen oder Entwicklungsmaßnahmen besteht.

Auch zur Bewertung und Auswahl von Schulungsangeboten Dritter wird auf die Ebenen zwei und drei des Kompetenzmodells zurückgegriffen. Dabei dienen speziell die Begriffe der Kompetenzen dazu, die große Anzahl an Maßnahmen, welche bei externen Anbietern speziell auf Online-Portalen existieren, zu sortieren und Lernpfade auf diesen Plattformen auszuweisen.

3.9.4 Online-Schulungsangebote, virtuelle Lernräume und Videoplattform

Die im Abschnitt 3.1 beschriebene Kopplung aus der inhaltlichen Änderung *digitale Kompetenzen zu entwickeln* und gleichzeitig *die Kompetenzentwicklung digital zu ermöglichen* hat dazu geführt, dass zusätzlich zu vielen Präsenzmaßnahmen virtuelle oder Online-Angebote erstellt wurden. Unter dem Titel *learning goes digital* wird allen bisherigen Schulungsgestaltern und Anbietern eine Hilfestellung geboten, vorhandene Maßnahmen mit einer digitalen Version zu ergänzen. Die vorgeschlagene Vorgehensweise orientiert sich dabei am sogenannten ADDIE-Modell (Apos2018).

Viele der fachspezifischen Software- und datentechnologischen Schulungen liegen überwiegend digital vor. Kompetenzbereiche jedoch, welche schon bisher ein reiches Maßnahmenportfolio an Präsenzveranstaltungen hatten, können so um ein digitales Angebot ergänzt werden. Neben der inhaltlichen Anreicherung um digitale Aspekte ermöglicht die Digitalisierung oder Virtualisierung des Lernangebots eine Einbettung in moderne Lernumgebungen.

Vorhandene Präsenzschulungen oder Trainings sollten um ein digitales Angebot angereichert werden. Neben der Vergrößerung der Zielgruppe durch den Entfall von Reisetätigkeit und die damit verbundene Verringerung der Eintrittsbarriere ermöglicht dies auch die Einbettung in moderne Lernumgebungen.

Zusätzlich steht mit dem sogenannten **Bosch Virtual Classroom** die Technologie zur Verfügung, dass Maßnahmen zur Entwicklung digitaler Kompetenzen in einer hochqualitativen, virtuellen 3-D-Lernumgebung stattfinden können. Die Teilnehmer und Teilnehmerinnen können dabei von jedem Ort der Welt die virtuellen Schulungsräume betreten und sich mit Hilfe eines personalisierten Avatars in der virtuellen Welt bewegen.

 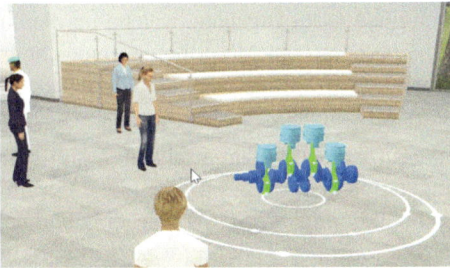 

Bild 3.7 Eindrücke von virtuellen Schulungsräumen als adäquates digitales Format zur Vermittlung von Kompetenzen © Bosch

Neben dem Inhalt der Schulung wird hierbei spielerisch der Einsatz neuer digitaler Technologien wie *virtual reality* (VR) vermittelt. Der Transfer, das virtuelle Lernerlebnis auch im Rahmen der eigenen Aufgabe auszuprobieren und zum Beispiel Wartungsarbeiten und Instandhaltung an Maschinen und Prüfständen für neue Kollegen oder Kolleginnen mit Hilfe von *virtual reality* (VR) oder *augmented reality* (AR) zeit- und ortsunabhängig zugänglich zu machen, ist dabei ein gewünschter Nebeneffekt.

Ein weiterer Baustein, um die digitale Kompetenzentwicklung zu fördern, stellt die interne Videoplattform **BoschTube** dar. Neben dem Streaming von offiziellen Veranstaltungen und kuratierten Informationskanälen ist das Einstellen oder Hochladen von Lernvideos ein Hauptzweck dieser Plattform. Da es für Mitarbeiter und Mitarbeiterinnen mit PC-Zugang möglich ist, eigene Beiträge bestehend aus Videoaufnahmen, Aufzeichnungen von Bildschirmabläufen und Programmiererfahrungen online zu teilen, fördert dieses Format das niederschwellige Lernen und das „Vermitteln und Teilen" digitaler Inhalte auf breiter Basis.

3.9.5 eUniversities und externe Lernportale

In Ergänzung zu einem reichhaltigen Angebot an internen Quellen zum Erwerb digitaler Kompetenzen kommt externen Lernplattformen wie sogenannten *eUniversities* eine nicht zu unterschätzende Bedeutung zu. Gerade für digital natives ist es selbstverständlich, sich über diese Kanäle weiterzubilden und den Stand der Technik aktuell zu halten. Es ist zusätzlich eine gute Möglichkeit, Experten als Referenten zu akquirieren, für deren Kompetenz man keine eigenen Experten im Haus hat, oder deren Kapazität nicht in der erforderlichen Anzahl zur Verfügung steht.

Wir unterscheiden dabei drei Klassen von Quellen. Erstens Lernportale, die für eine Vielzahl von Themen und Kompetenzbereichen Lernvideos und Kurse zur Verfügung stellen. Bei diesen stehen das Kennenlernen eines Themas und erste Schritte im Vordergrund. Bezogen auf die oben eingeführten Kompetenzniveaus, zielen diese Plattformen in der Regel auf die Level I *(informed)* und B *(basic)*. Formale Abschlüsse oder Zeugnisse spielen keine wesentliche Rolle. Der typische Zeiteinsatz für diese Art von Lernmaßnahmen bewegt sich zwischen einigen Minuten bis hin zu Stunden.

> Die Bedeutung der niederschwelligen Lernplattformen mit einem breiten Angebot an Maß-nahmen, welche auf das Kennenlernen eines Themas und erste Schritte zielen, ist auf Grund der günstigen Kosten und der Breitenwirkung nicht zu unterschätzen.

Eine zweite Stufe von *eUniversities* bietet in ihrem Portfolio überwiegend Formate in Kursform mit Übungen an. Teilnahmebestätigungen oder Zeugnisse gehören zum Standard, der Zeitauf-wand bewegt sich im Rahmen von Stunden, öfter auch über mehrere Wochen hinweg. In diese Kategorie fallen auch die MOOC-Angebote, welche im deutschsprachigen Raum z. B. vom HPI in Potsdam *(open.hpi.de)* oder vom MOOChouse (mooc.house) angeboten werden. Typischer-weise handelt es sich um Trainingsmaßnahmen, welche die beiden Kompetenzniveaus B *(basic)* und A *(advanced)* bedienen.

Die dritte Stufe von *eUniversities* bedient erfahrene Praktiker oder Experten. Aufwändige Kurse mit benoteten Übungen und Zeugnisse sowie ganze Programme mit entsprechenden Abschlüs-sen stehen im Vordergrund (engl. *degrees*). Hierbei haben die Maßnahmen klar den Anspruch, das Kompetenzniveau A *(advanced)* oder E *(expert)* zu vermitteln. Der Zeitaufwand beläuft sich auf mehrere Stunden pro Woche, großteils über Monate hinweg. Im Gegensatz zu den kosten-los oder gegen geringe Kosten angebotenen Lernformaten der Stufe eins und zwei können bei dem Ausbildungsangebot der Stufe drei bis zu mehrere Tausend Euro pro Nutzer und/oder Jahr anfallen. Daher eignet sich dieses Gebiet eher für Expertenqualifizierung mit selektierten Teilnehmern.

3.9.6 Zentrales internes Lernportal

Um die Vielzahl an Angeboten, welche in den letzten Abschnitten dargestellt wurden, den Mit-arbeitern und Mitarbeiterinnen benutzerfreundlich zur Verfügung zu stellen, wurde ein zen-traler Zugang für alle Maßnahmen aufgebaut: das **Bosch Learning Portal.** Neben der Auf-listung von Lernmöglichkeiten innerhalb verschiedener Kategorien oder Kompetenzfelder stellt das Portal eine leistungsfähige Suche zur Verfügung. Zusätzlich zu Maßnahmen mit dem entsprechenden Link liefert die Suche auch den Kontakt zu Experten und verweist auf Com-munities im firmeneigenen sozialen Netzwerk, die sich mit entsprechenden Themen beschäf-tigen. So können in Ergänzung zu Lernformaten und Medien auch Kollegen und Kolleginnen gefunden werden, die über das gesuchte Wissen und Kompetenzen verfügen.

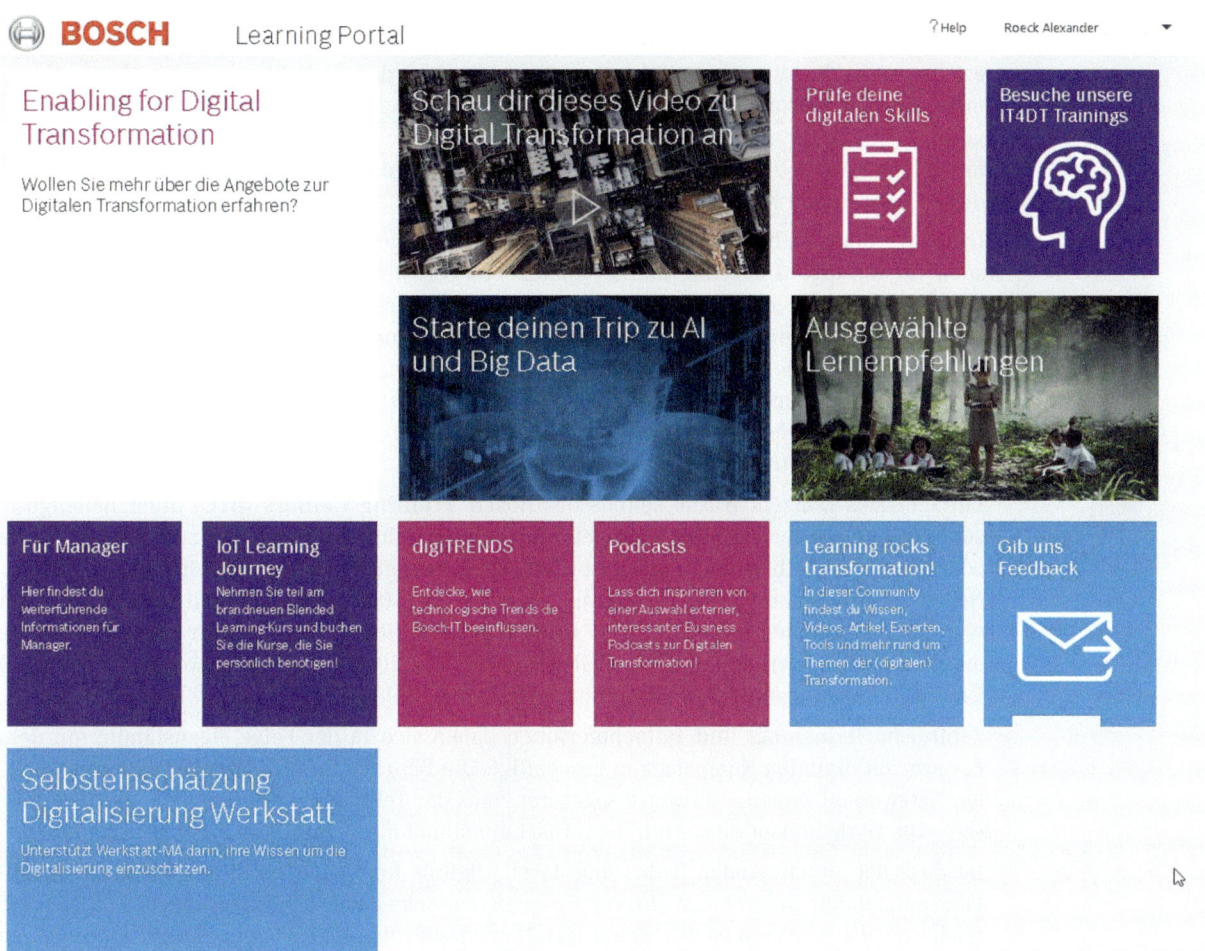

Bild 3.8 Bildschirm-abzug des Kanals zur digitalen Transformation auf der zentralen Lern-plattform © Bosch

Der direkte Absprung in entsprechende Buchungssysteme für kostenpflichtige Maßnahmen ist ebenso möglich wie die Beantragung von Lizenzen für *eUniversities*. Das Bosch Learning Portal ist interaktiv aufgebaut: Nutzer können Feedback zu einzelnen Maßnahmen geben (das be-rühmte *Liken* aus den sozialen Netzwerken) und Links auf Inhalte einfach aus dem Tool heraus an Kollegen und Kolleginnen senden. Durch Teilen von Lernerfahrungen – sei es durch Be-wertung von Schulungsmaßnahmen und damit den Aufbau einer aus Mitarbeitersicht „zum Unternehmen" passenden Auswahl an Lerninhalten oder aber durch die aktive Weiteremp-fehlung – entsteht auch im Bereich der digitalen Kompetenzentwicklung im Unternehmen ein Netzwerkeffekt.

Im Bosch Learning Portal befindet sich zusätzlich ein Selbsttest, der dabei hilft, den eigenen digitalen Kompetenzstand zu ermitteln. Nach Durchführung eines Frage-basierten Tests ent-lang der Kompetenzfelder unseres Kompetenzmodells erhalten Nutzer im Anschluss Empfeh-lungen für weitergehende Entwicklungsmaßnahmen und relevante *communities* im internen sozialen Netzwerk.

3.9.7 Interne Veranstaltungen

Die Erfahrung hat uns gezeigt, dass der Zugang zu digitalen Kompetenzen leichter und Lernerfolge in der Regel größer sind, wenn die Anfangshürde mit Kollegen und Kolleginnen gemeinsam und eher niederschwellig überwunden wird. Gerade die Neuqualifizierung für langjährige Mitarbeiter und Mitarbeiterinnen in Kompetenzfeldern, die bisher nicht gefragt waren, fällt leichter, wenn zeitgleich die Erfahrung gemacht wird, dass es „anderen genauso geht und diese Kollegen und Kolleginnen dieselben Fragen haben".

Daher wurden von Beginn an Veranstaltungen vor Ort geplant und gefördert, die den Grundstein für die *digital learning journey* bilden. Konzernweit ist dabei sicherlich die Tagesveranstaltung *„Digital transformation in a nutshell"* an erster Stelle zu erwähnen. Das Konzept besteht aus zwei Keynote-artigen Impulsvorträgen – einer davon mit einem internen Referenten, einer davon mit einem externen Referenten – als Klammer, einer Anzahl von *break-out sessions,* in denen mit Experten Themen entlang der Kompetenzbereiche des Kompetenzmodells wie Künstliche Intelligenz oder Software-Entwicklung vertieft werden, sowie einer abschließenden Frage- und Antwortrunde oder Podiumsdiskussion.

Ein zentrales Konzept wurde seitens des **Bosch Training Centers** (BTC) unter Beteiligung zahlreicher Experten erstellt und in Deutschland eingeführt. Regionen, wie zum Beispiel China oder Nordamerika, haben anhand dieses Konzepts eigene Trainingsveranstaltungen aufgesetzt. Neben zentral geplanten Veranstaltungen mit bis zu 150 Teilnehmern und Teilnehmerinnen wurden auch Sonderveranstaltungen an individuellen Standorten oder für größere Bereiche durchgeführt. In den ersten beiden Jahren (2018 und 2019) konnten so weltweit über 6000 Fach- und Führungskräfte direkt mit ihrer eigenen digitalen Kompetenzentwicklung beginnen.

Zahlreiche Teilnehmer und Teilnehmerinnen haben sich in der Folge eigenständig mit dem Erwerb von digitalen Kompetenzen beschäftigt. Die Beiträge in internen oder externen sozialen Netzwerken zeigen – teilweise sogar mit Fotos der Teilnahmebestätigungen oder Zeugnissen – die Wirksamkeit dieser initialen Anschubmaßnahme.

Im Zuge der zunehmenden Bedeutung davon, digitale Kompetenzen in der Breite zu vermitteln, entstanden innerhalb mehrerer Geschäftsbereiche neue Schulungskonzepte. Diese bereichsspezifischen Veranstaltungen tragen Namen wie *digi campus* oder *data literacy campaign* und verfolgen das Ziel, die digitale Kompetenzentwicklung eng an den jeweiligen Geschäftserfordernissen der Bereiche anzulehnen. Dies wird erreicht, indem die vermittelten digitalen Kompetenzfelder, die Experten und Expertinnen und Beispiele häufig aus dem eigenen Geschäftsbereich kommen. Neben der Vermittlung von Inhalten wird damit auch die Botschaft glaubwürdig vermittelt, dass „der Aufbau digitaler Kompetenzen den eigenen Bereich beschäftigt und dort auch schon die erforderlichen Experten und Expertinnen agieren". Die entwickelten Formate werden innerhalb der Robert Bosch GmbH frei geteilt und den Bedürfnissen der adaptierenden Bereiche angepasst.

> Auch wenn die Wissensvermittlung für den Aufbau von digitalen Kompetenzen bei rein virtuellen Formaten in der Regel gut funktioniert, kann gerade am Anfang eine Präsenzveranstaltung als Startpunkt hilfreich sein. Die gemeinsame Erfahrung, dass Kollegen und Kolleginnen sich mit den gleichen Fragen beschäftigen und sich untereinander persönlich kennenlernen, steigert die Vertrautheit untereinander. Sehr wertvoll ist, dass sich Teilnehmer und Teilnehmerinnen in heterogenen Teams sehr schnell die ersten Fertigkeiten aneignen können. Diese Erfahrung liefert einen wichtigen Beitrag, diese neue Lernkultur zu erleben.

Eine andere Klasse an Veranstaltungen sind kürzere Events an einzelnen Standorten in lockererer Atmosphäre; Namen hierfür sind zum Beispiel *digital night* oder *pitch night.* Dort steht das Kennenlernen von digitalen Technologien und Geschäftsmodellen im Vordergrund. Durch den zwanglosen Rahmen haben diese Veranstaltungen einen starken Community- und Netzwerk-Charakter und vermitteln damit auch die kulturellen Aspekte der digitalen Transformation. Die Inhalte kommen üblicherweise aus der Community selbst – und legen die ungeheure Vielfalt, sich mit der Digitalisierung zu befassen, offen.

Auch die zahlreichen Kleinveranstaltungen von Bereichen oder Abteilungen, auf denen Themen der digitalen Transformation vorgestellt und vermittelt werden, leisten ihren Beitrag zum Aufbau von digitalen Kompetenzen. Es handelt sich um turnusmäßige Veranstaltungen (*start-of-the-year meeting*, Quartals- oder Monatsteamrunden, Strategie-Workshops usw.), die um digitale Aspekte angereichert werden. Die Aufnahme dieser Themen auf die Agenda geschieht meistens, nachdem die Verantwortlichen auf zentralen Events mit diesen in Berührung gekommen sind. Zum Teil wird dies auch mit praxisnahen und spielerischen Übungen zur Vernetzung von Dingen und den daraus resultierenden Möglichkeiten angereichert *(IoT master class)*.

Zusätzlich werden in bestehenden Veranstaltungen oder Entwicklungsprogrammen (zum Beispiel für Führungskräfte) das Thema digitale Transformation und die dazu erforderlichen digitalen Kompetenzen stark forciert. Digitale Kompetenzentwicklung ist damit in der täglichen Arbeit angekommen und ein fester Bestandteil der erlebten digitalen Transformation innerhalb der Robert Bosch GmbH.

3.9.8 Entwicklung digitaler Kulturelemente

Neben den beschriebenen Aktivitäten, die auf eine unmittelbare Vermittlung von digitalen Kompetenzen zielen, ist auch das Thema Kulturentwicklung als Bestandteil der digitalen Transformation gesetzt. Die Ausgangsfrage war dabei „Gibt es eine spezielle digitale Kultur?", also unterscheidet sich die Unternehmenskultur in IT-, Software- oder Internetfirmen von derjenigen in klassischen Produktionsbetrieben der Maschinenbau- und Elektrotechnikbranche?

Auf diese sehr weitgefasste Fragestellung gibt es nach Meinung der Experten und Expertinnen, die dieses Thema diskutieren, keine kurze und einfache Antwort. Es stellt sich jedoch heraus, dass es kulturelle Aspekte gibt, die in den unterschiedlichen Branchen verschieden akzentuiert werden. Am deutlichsten wird dies beispielhaft an der Sicht auf oder Haltung zu Daten. Während Daten auf der einen Seite eher unter Effizienzaspekten bewertet werden, sind sie auf der anderen Seite ein Rohstoff, um damit Geschäft zu machen. Auch die unterschiedlichen Erwartungen an Vorgehen und Ergebnisse eines Workshops im Vergleich zu einem Hackathon verdeutlichen die unterschiedlichen kulturellen Schwerpunktsetzungen.

> Es empfiehlt sich, die Kulturaspekte der digitalen Transformation zeitgleich zu den digitalen Kompetenzen zu entwickeln. Auf Grund der teilweise unterschiedlichen Wahrnehmungs- und Erklärungsnarrative in einer „Produkt-Kultur" und einer „Software-Kultur" macht die Entwicklung digitaler Kompetenzen die Kultur „digitaler". Andererseits eröffnet die Beschäftigung mit Fragen der „digitalen Kultur" Pfade, um den Lernbedarf von den Lernakteuren Organisation und deren Mitglieder besser skizzieren zu können.

Auch der planerische Ansatz einerseits und das eher spielerische oder explorative Vorgehen bei Problemlösungen andererseits sind ein Ausdruck der unterschiedlichen Einstellungen und Haltungen. Zur Verdeutlichung, wie auch Teamkulturentwicklungsprozesse explorativ bearbeitet werden können, folgendes Beispiel:

Bei der Bearbeitung der beiden verdeckten Ebenen des Kulturebenenmodells von Edgar Schein wurde die Methode der Theatermetapher (SchmWen2000) innerhalb eines Teams verwendet, um eine fantasievolle Erzählung zu entwickeln. Das Team beschreibt darin, wie und welchen Wertbeitrag es zur Digitalisierung beitragen will. An der Erzählung wurden alle Teammitglieder beteiligt. Aus der Erzählung wurden erst dann Werte der Zusammenarbeit, Aspekte der Haltung und Einstellung zum Kunden sowie Vision und Mission des Teams extrahiert. Das Vorgehen zeigt zwei Vorteile: Erstens fließen vielschichtige Werte und Glaubenssätze in die Konstruktion der Erzählung ein, die damit besprechbar und einer Interpretation zugänglich werden. Zweitens führt die Einbindung aller bei der Gestaltung der Geschichte zu einem hohen „Commitment", welches alle Teammitglieder geben.

3.10 Zum Abschluss

Die Transformation von Fähigkeiten eines Unternehmens von der Größe der Robert Bosch GmbH auf Grund der Digitalisierung ist nach Meinung der Autoren größer als die bisherige Herausforderung von Kompetenzmanagement und betrieblicher Weiterbildung. Auf Grund der Breite – betroffen ist nahezu jeder Mitarbeiter oder jede Mitarbeiterin – und der Tiefe der Veränderung – es werden Kompetenzen und kulturelle Techniken benötigt, die sich zum Teil deutlich von den vorhandenen unterscheiden – trifft die Formulierung „betriebliche Neubildung" die Aufgabe vermutlich besser. Die kommunikative Begleitung, dass die digitale Transformation keine klassische Veränderungsinitiative ist, muss Anknüpfungspunkte an bisherige Erfolge aufweisen, um glaubwürdig zu sein. Auch sollte von Beginn an klar sein, dass dieser Prozess eher einem Marathon ähnelt und nicht einem kurzen Sprint.

Es ist erfreulich, dass die Themen Digitalisierung, Künstliche Intelligenz, Internet der Dinge und digitale Kompetenzentwicklung in den letzten Jahren bei der Robert Bosch GmbH massiv an Fahrt aufgenommen haben. Als Mitarbeiter, die in der Digitalisierung arbeiten und dort „zuhause" sind, freut uns dieser „Pull-Effekt". Wie bei jeder Veränderung erreicht man die *innovators, early adopter* und Teile der *early majority* leicht mit katalytischen Impulsen. Ausdauer und Energie ist notwendig, um die Belegschaft vollständig zu erreichen und Kolleginnen und Kollegen bei der Aufnahme der „Spur" zu unterstützen.

Eine weitere Herausforderung bei der täglichen Arbeit ist die Volatilität digitaler Kompetenzen. Gemachte Erfahrungen zu sinnvollen Zyklen für eine Überarbeitung von Kompetenzfeldern und Kompetenzen können nicht ohne weiteres übertragen werden. Je nach Verankerung solcher Vorgehensweisen in Ablauf- oder Aufbauorganisationen ist auch hier Beharrungsvermögen erforderlich. Wer glaubt, mit wenigen Maßnahmen und im Alleingang die Digitalisierung in einem Großkonzern umsetzen zu können, der liegt vermutlich falsch.

Die Aufgabe, Lernformate digital zu gestalten, also die Kompetenzentwicklung digital zu ermöglichen, stellt dabei den leichteren technischen Teil dar, der auch durch Partner unterstützt werden kann. Aus Sicht der Autoren ist der Schlüsselfaktor für den Erfolg der digitalen Transformation, dass sie nicht in der Verantwortung einer Organisationseinheit liegt, sondern die Aufgabe aller ist. Digitize #LikeABosch.

Literatur

(Apos2018) Apostolopoulos, A.: ADDIE Training Model: What Is It and How Can You Use It? *https:// www.talentlms.com/blog/addie-training-model-definition-stages/#The%205%20stages%20of%20 the%20ADDIE%20training%20model* (online 05.01.2021)

(BaBeKa2017) Back, A.; Berghaus, S.; Kaltenrieder, B.: Digital Maturity & Transformation Report 2017, *https://office-roxx.de/wp-content/uploads/2019/01/digital-maturity-transformation-report-2017.pdf* (online 05.01.2021)

(BaHäBaZi2018) Bauer, W.; Hämmerle, M.; Bauernhansl Th.; Zimmermann Th.: Future Work Lab. In: Neugebauer R. (eds): Digitalisierung. Springer Vieweg, Berlin, Heidelberg 2018, *https://doi. org/10.1007/978-3-662-55890-4_11* (online 05.01.2021)

(Bow1966) Bowers, M.: The Will to Manage Corporate Success through Programmed Management. McGraw-Hill Company, New York 1966

(Cam2012) Cameron, K.: Positive Leadership. Strategies for extraordinary performance. 2nd edition, Berrett-Koehler Publishers Inc., 2012

(Clau2012) Claussen P.: Konzepte der Systemtheorie. In: Die Fabrik als soziales System. Springer Gabler, Wiesbaden 2012, *https://doi.org/10.1007/978-3-8349-4377-4_3* (online 05.01.2021)

(Denner2017) Denner, V.: Blog Denner's View *https://www.bosch.com/de/stories/denners-view-digita les-lernen/* (online 05.01.2021)

(DoSiWi2017) Doppler, K.; Simon, F.B.; Wimmer, R.: Change im Fluss der Dinge. OrganisationsEnt- wicklung (2017) 3

(Elbe) Elbe, M.: Die Einsatzorganisation als Lernende Organisation. In: Kern, E.M.; Richter, G.; Mül- ler, J.; Voß, F.H. (Hrsg.): Einsatzorganisationen. Springer Gabler, Wiesbaden 2020, *https://doi. org/10.1007/978-3-658-28921-8_8*

(Gai2017) Gairing, F.: Organisationsentwicklung. Geschichte – Konzepte – Praxis. 1. Auflage. Verlag W. Kohlhammer, Stuttgart 2017

(IbaSc2019) Ibarra, H.; Scoular, A.: The Leader as Coach. 2019, *https://hbr.org/2019/11/the-leader-as- coach*

(KaIaSa2019) Kauffeld, S.; Ianiro-Dahm, P.M.; Sauer, N. Ch.: Führung. In: Kauffeld, S. (Hrsg.): Ar- beits-, Organisations- und Personalpsychologie für Bachelor. 3. Ausgabe, Springer, Berlin 2019

(KaWeLe2019) Kauffeld, S.; Wesemann, S.; Lehmann-Willenbrock, N.: Organisation. In: Kauffeld, S. (Hrsg.): Arbeits-, Organisations- und Personalpsychologie für Bachelor. 3. Ausgabe, Springer, Ber- lin 2019

(Keese2018) Keese, Ch.: Disrupt yourself. Vom Abenteuer, sich in der digitalen Welt neu erfinden zu müssen. 1. Auflage, Penguin Verlag, München 2018

(KriHaSch2017) Krings-Klebe, J.; Heinz, J.; Schreiner, J.: Future Legends. Business in Hyper-Dynamic Markets. tredition GmbH, Hamburg 2017

(Lal2017) Laloux, F.: Reinventing Organizations visuell. Ein illustrierter Leitfaden sinnstiftender For- men der Zusammenarbeit. Aus dem Engl. von Kauschke, M., illustr. von Appert, E., Verlag Franz Vahlen GmbH, München 2017

(Mend2020) Mendes, E.: Leader as a Coach. 2020, *https://coachcampus.com/coach-portfolios/re search-papers/eduardo-mendes-leader-as-a-coach/* (online 05.01.2021)

(MoRePaLa2019) Moschella, D.; Reid, D.; Pal, A.; Lachlan, S.: A tale of two missions: From IT Moder- nization to business transformation. Leading Edge Forum, 2019

(Mour2014) Mourlane, D.: Resilienz. Die unentdeckte Fähigkeit der wirklich Erfolgreichen. 5. Auflage, BusinessVillage GmbH, Göttingen 2014

(Müller2020) Müller, M.F.: Von der Performance zur Persönlichkeit – Potenziale ganzheitlicher Lern- prozesse für nachhaltigen Unternehmenserfolg in einer agilen Arbeitswelt. In: Keller, K. (Hrsg.): Arbeitsintegriertes Lernen in der Personal- und Organisationsentwicklung. Springer Gabler, Ber- lin, Heidelberg 2020, *https://doi.org/10.1007/978-3-662-60926-2_3* (online 05.01.2021)

(Nag2017) Nagel, R.: Organisationsdesign. Modelle und Methoden für Berater und Entscheider. 2. ak- tual. und erw. Auflage, Schäffer-Poeschel Verlag, Stuttgart 2017

(PERM2019) Permantier, M.: Haltung entscheidet. Führung & Unternehmenskultur zukunftsfähig gestalten. 1. Auflage, Verlag Franz Vahlen GmbH, München 2019

(Piel2003) Pieler, D.: Neue Wege zur lernenden Organisation. 2. Auflage, Verlag Dr. Th. Gabler GmbH, Wiesbaden

(Rob2016) Robertson, B. J.: Holacracy: Ein revolutionäres Management-System für eine volatile Welt. Aus dem Amerikan. von Kauschke, M., Verlag Franz Vahlen, München 2016

(Rog2003) Rogers, E. M.: Diffusion of Innovations. 5th Edition, Free Press., New York 2003

(Sag2016) Sagmeister, S.: Business Culture Design. 1. Auflage, Campus Verlag GmbH, Frankfurt am Main 2016

(Schel2017) Scheller, T.: Auf dem Weg zur agilen Organisation. Wie Sie Ihr Unternehmen dynamischer, flexibler und leistungsfähiger gestalten. 1. Auflage, Verlag Franz Vahlen GmbH, München 2017

(Scher2019) Schertler, K. M.: Chancen und Grenzen von Holacracy – ein Erfahrungsbericht. Wirtschaftspsychologie aktuell. Zeitschrift für Personal und Management. (2019) 4, S. 57 – 60

(Schi2019) Schilling, W.: Editorial. Wirtschaftspsychologie aktuell. Zeitschrift für Personal und Management. (2019) 4

(SchmWen2000) Schmid, B.; Wengel, K.: Die Theatermetapher: Perspektiven für Coaching, Personal- und Organisationsentwicklung. 2000, *https://bibliothek.isb-w.eu/alfresco/d/d/workspace/SpacesStore/43256b9c-48d4-4815-8742-eafc9937dfb7/037-DieTheatermetapher-Schmid-Wengel_2000.pdf* (online 05. 01. 2021)

(SchuGeKa2016) Schulte, E.-M.; Gessnitzer, S.; Kauffeld, S.: Ich – wir – meine Organisation werden das überstehen! Der Fragebogen zur individuellen Team- und organisationalen Resilienz (FITOR). Gruppe. Interaktion. Organisation. Zeitschrift für angewandte Organisationspsychologie (GIO), 47 (2016), S. 139 – 149, *doi:10.1007/s11612-016-0321-y* (online 05. 01. 2021)

(Schwe2016) Schwemmle, M.: Transformation von Führung in das Zeitalter der Dialogkultur. In: Leipoldt, T.; Schwemmle, M. (Hrsg.): Leadership für eine neue Zeit. Book on Demand, Norderstedt 2016

(Sen1996) Senge, P. M.: Die fünfte Disziplin: Kunst und Praxis der lernenden Organisation. Aus dem Amerikan. von Maren Klostermann, 2. Auflage, Klett-Cotta, Stuttgart 1996

(vAmeWim2016): von Ameln, F.; Wimmer, R.: Neue Arbeitswelt, Führung und organisationaler Wandel. Gr Interakt Org 47 (2016), S. 11 – 21, *https://doi.org/10.1007/s11612-016-0303-0* (online 05. 01. 2021)

(Wag2020) Wagner, J.: Man kann Menschen nicht an ein Unternehmen binden. Neue Narrative. NN Publishing GmbH, Berlin 2020, *https://www.neuenarrative.de/magazin/jens-wagner-im-interview-zu-positive-leadership/* (online 05. 01. 2021)

Danksagung

Die beiden Autoren danken den zahlreichen Kollegen und Kolleginnen innerhalb der Robert Bosch GmbH, die im Rahmen unzähliger Veranstaltungen, Initiativen und Projekte die Entwicklung der digitalen Kompetenzen mit viel Engagement vorantreiben. Wir haben hier Ausschnitte der Aktivitäten geschildert, ohne uns damit Urheberschaft oder den Hauptteil der Arbeit zuzuschreiben. Auch die vorhandenen Strukturen wie ein Bosch Training Center mit den Experten und Expertinnen für das Thema Kompetenzentwicklung, Lernen und Didaktik haben einen wesentlichen Anteil an der nachhaltigen Umsetzung einer *learning company* und der dazu notwendigen Tool- und Prozesslandschaft.

IBM „Your Learning" – wie neue Spielregeln das Lernen transformieren

Lutz Marten

Lernen bestimmt unser Leben von Kindheit an und heute immer stärker auch unser Berufsleben. Mit diesem Beitrag soll vorgestellt werden, wie in einem Unternehmen Lernen ein wesentlicher Bestandteil der Unternehmenskultur werden kann, um dieser Entwicklung gerecht zu werden. Neben der Frage nach dem, was man tun kann, wird auch darauf eingegangen, wie man dies begleitet, um es in der Unternehmenskultur zu verankern und die Mitarbeitenden auf dem Weg in eine neue Kultur des Lernens mitzunehmen. Abschließend wird auf die Frage eingegangen, wie diese Kultur des Lernens in den Gesamtprozess der Weiterentwicklung und den Fortgang der Karriere eines Mitarbeitenden im Unternehmen eingebettet wird.

4.1 Das Unternehmen IBM

Der Hauptsitz des Unternehmens ist in Armonk, im Staat New York in den USA. Mit Niederlassungen in mehr als 170 Ländern ist IBM der Technologie- und Transformationspartner, um gemeinsam mit Unternehmen, öffentlichen Auftraggebern und Non-Profit-Organisationen IT-Lösungen für deren Herausforderungen zu entwickeln. Schwerpunkte sind hier Cloud-Computing, Blockchain-Technologie, IT-Security und Quantum-Computing. Mitarbeitende von IBM und Kunden rund um die Welt arbeiten eng zusammen, um die Expertise in den Bereichen Forschung und Entwicklung, Technologie sowie Beratung so einzusetzen, dass Unternehmen, öffentliche Auftraggeber wie auch Städte und ganze Volkswirtschaften dynamischer und effizienter agieren können. Mit hohen Investitionen in die Ausbildung der Mitarbeitenden und in die Forschung will IBM auch weiterhin Schrittmacher in der Entwicklung neuer Technologien und Lösungen bleiben. 2019 beschäftigte IBM weltweit mehr als 350 000 Mitarbeitende.

4.2 Zusammenfassung

In einer sich rasant verändernden Welt stehen Unternehmen der gewaltigen Herausforderung gegenüber, ihre Strategie, ihre Produkte und Dienstleistungen an neue Gegebenheiten anzupassen. Insbesondere Digitalisierung und Automatisierung sind hierbei treibende Kräfte. Eine entscheidende Komponente für Unternehmen, um diesen Herausforderungen gerecht zu werden, ist der Bereich Talententwicklung. Wie können neue Fähigkeiten und Kompetenzen durch Mitarbeitende erworben werden beziehungsweise die vorhandenen verbessert werden, um auf die veränderten Anforderungen vorbereitet zu sein? Welchen Ansatz kann ein Unternehmen hier nutzen, um dies zu unterstützen?

Das IBM Institute of Business Value hat in einer Studie (IBM-IBV-1 2016) aufgezeigt, in welchen Fertig- und Fähigkeitsbereichen hier die größten Herausforderungen liegen (Bild 4.1).

Bild 4.1 Mitarbeitenden-fähigkeiten, für die ein großer Bedarf besteht (IBM-IBV-1 2016)

Wie Unternehmen die Wichtigkeit von Fähigkeiten der Mitarbeiter einschätzen	
Grundlegende Fähigkeiten Computer und Anwendungen zu nutzen zu	61%
Kernkompetenzen aus den Bereichen aus den Bereichen Mathematik, Informatik, Naturwissenschaft und Technik ("MINT-Fächer")	61%
Die Fähigkeit effektiv in beruflichen Umfeld zu kommunizieren	53%
Den Willen zu haben flexible, agil und anpassungsfähig auf Veränderung zu reagieren	51%
Die Fähigkeit gut in einem Team zu arbeiten	50%
Grundlegende Kernkompetenzen Texte zu lessen, verstehen, zu verfassen und Kenntnisse in Arithmetik	50%

Neben den Fertig- und Fähigkeiten kommt hinzu, dass immer häufiger in einer anderen Art als bisher zusammengearbeitet wird. Ein Schlagwort ist hier agiles Arbeiten. Dabei stehen weniger feste Rollenbeschreibungen der Teambildung im Vordergrund, sondern einzelne Fertig- und/oder Fähigkeiten, die in einer Aufgabenstellung oder einem Projekt benötigt werden. Die Mitarbeitenden organisieren dann die einzelnen Aktivitäten, die zum Ziel der Aufgabe führen, selbst und passen ihre Vorgehensweise auf Grund des erhaltenen Feedbacks, das am Ende einer Aktivität eingeholt wird, an. Es liegt somit viel Entscheidungsgewalt beim Projektteam selbst. Zudem kann wahrgenommen werden, dass innerhalb dieser Teams Lernen vonstatten-geht und sich Teammitglieder gegenseitig coachen. Daneben verändert sich die Entwicklung des Arbeitslebens selbst. Menschen werden älter. So haben die Generationen, die heute ins Berufsleben eintreten, eine gute Chance, älter als hundert Jahre zu werden. Hieraus ergibt sich ein deutlich längeres Berufsleben und damit die Anforderung sich kontinuierlich fort- und weiterzubilden. Und dies geschieht nicht (nur) formal an Hochschulen oder bei anderen Bildungsträgern, sondern auch zunehmend im Unternehmen selbst. Herkömmliche Weiterbildungsangebote sind hier oft nicht mehr passend. Hinzu kommt die schiere Flut an heute verfügbaren Lerninhalten, sehr getrieben von den über das Internet angebotenen Lerninhalten und der Möglichkeit der ubiquitären Nutzung dieser.

Lernen findet immer häufiger kontinuierlich statt, begleitet das tägliche Leben und den Beruf. Oft auch außerhalb formaler Bildungseinrichtungen.

Durch das Dilemma, das bei der Entwicklung von Fertig- und Fähigkeiten zu erkennen ist, und bei den neuen Anforderungsprofilen, die aufkommen, gibt es einen begründeten Bedarf für einen neuen Ansatz im Bereich Lernen, Fortbildung und Weiterentwicklung für den heutigen Arbeitsmarkt. IBMs „Your Learning"-Plattform ist ein solcher Ansatz, hin zu einem digitalen Ökosystem für Lernen, Fortbildung und Weiterentwicklung, um Organisationen und deren Mitarbeitende zu unterstützen, sich auf diese neue Situation sich entwickelnder Technologien und Anforderungen durch aktuell einsetzbare Fertig- und Fähigkeiten auszurichten (Bild 4.2).

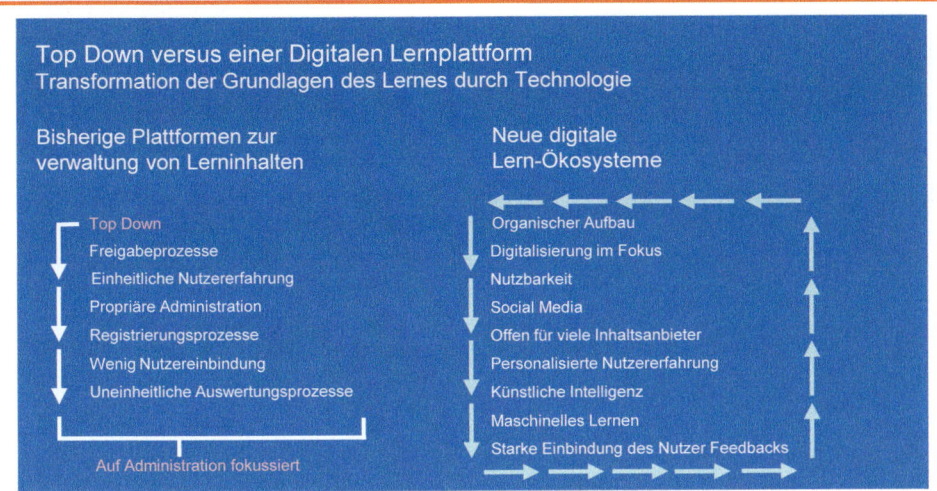

Bild 4.2 Traditionelles und zukunftsorientiertes Lernen (IBM-Corp-1 2017)

Daneben sieht man eine sich generell abzeichnende Transformation im Personalbereich. Wie aktuelle Marktuntersuchungen zeigen, würden die Unternehmensleitungen und die Personalabteilungen vieler Unternehmen eine stärkere Nutzung von Künstlicher Intelligenz in den HR-Prozessen begrüßen (Bild 4.3 und IBM-IBV-2 2016).

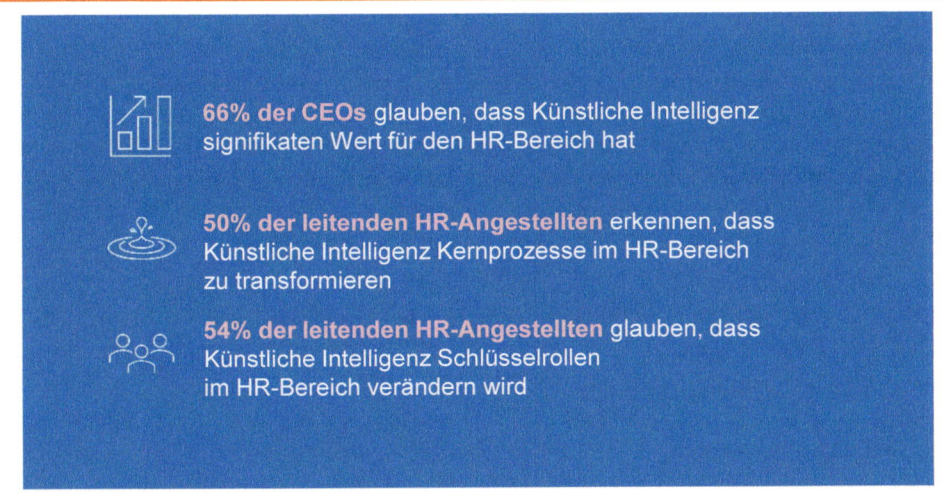

Bild 4.3 Einschätzung des Einflusses Künstlicher Intelligenz auf HR durch HR-Führungskräfte (IBM-IBV-2 2016)

Der Weg führt also hin zu einer „Digital HR", was ein Zusammenspiel von Social Media, mobilen, analytischen und kognitiven Technologien basierend auf Cloud-Computing darstellt, um nutzerorientierte Anwendungen für alle Mitarbeitenden, im Personalbereich und den anderen Bereichen der Unternehmen bereitzustellen (Bild 4.4). Der Erfolg dieses neuen „Digital HR" wird nicht an den Maßstäben herkömmlicher Technologieeinführungen gemessen werden, sondern daran, wie schnell sie sich an neue Herausforderungen anpasst, wie sie die Nutzung der neuen Anwendungen durch die Mitarbeitenden steigert und wie diese bewertet werden. Dies kann zum Beispiel durch eine Kennzahl geschehen, die ausdrückt, wie die Nutzer die Anwendungen weiterempfehlen (Promotorenüberhang – Net Promoter Score).

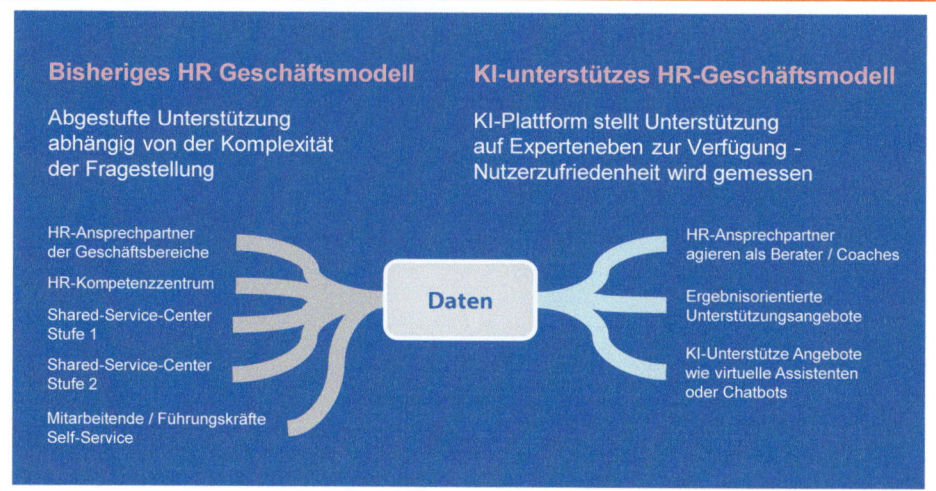

4.3 Der Grundgedanke von IBM „Your Learning"

Wie im vorangehenden Abschnitt dargestellt, soll die neue „Your Learning"-Plattform Lernangebote auf eine intelligentere und nutzerorientierte Art und Weise bereitstellen. Um dies zu erreichen, wurde auf Basis von Design-Thinking-Prinzipien (IBM-Corp-3 2020) vorgegangen, um dabei durch schnelle erste Ergebnisse („Rapid Prototyping") zur Gestaltung eines MVP („Minimal Viable Product") den verschiedenen Interessensgruppen im Unternehmen („Stakeholder") eine erste Lösung zu präsentieren. Von dort findet die Weiterentwicklung bis heute statt, in Iterationen, auf Basis von Nutzerfeedback und zusätzlich gewünschten Funktionalitäten, zu immer neuen verbesserten und erweiterten Versionen.

Drei wesentliche Elemente im Rahmen des Designs der „Your Learning"-Plattform liegen im Fokus. Diese sind:

1. Kognitive Lösungsansätze (Watson)

2. Eine offene Schnittstellenarchitektur (APIs – „Application Programming Interfaces"), die in der IBM Public Cloud läuft

3. Eine erstklassige Erfahrung für alle Nutzer beim Gebrauch der Anwendung

Die kognitiven Lösungsansätze sind eine der Kernfunktionalitäten der Plattform. Hier spielen vorhandene Daten und neu generierte Daten die entscheidende Rolle. Das System wertet diese Daten aus und reagiert entsprechend. Dann werden zum Beispiel die Bewertung des Ergebnisses einer Suche oder auch andere Folgereaktionen der Benutzer genutzt, um die Verarbeitungsstrategie der Daten anzupassen und zu verbessern. Somit „lernt" das System und wird fähig, immer komplexere Aufgabenstellungen zu lösen. Hierbei wird auch die Fähigkeit solcher Systeme genutzt, menschliche Sprache zu verstehen und riesige Datenmengen in sehr kurzer Zeit auszuwerten. Dieser Lernvorgang ist kontinuierlich und wird immer bessere Ergebnisse liefern durch Bewertungen, Nutzerverhalten und erneute Auswertung von Daten auf Basis gelernter Muster.

Was tut dieses, auf Watson basierende, kognitive System? Es vollzieht im Wesentlichen drei Schritte (Bild 4.5):

- Verstehen – also Daten auswerten und die Informationen auf Basis von „deep learning" oder anderer Methoden der Künstlichen Intelligenz auszuwerten. Dabei werden vornehmlich Muster erkannt und Schlüsselwörter genutzt

- Begründen – hier werden auf Basis der ausgewerteten Daten Schlüsse gezogen, also Hypothesen aufgestellt und daraus Vorschläge für nächste Schritte oder Ergebnisse abgeleitet

- Lernen – auf Basis von Rückmeldung an das System über die Güte der gemachten Vorschläge und des Nutzerverhaltens, wie zum Beispiel Suchhistorien oder Art der genutzten Lerninhalte nach Format, Zeiten und anderen Parametern

Kognitive Systeme analysieren Daten, ziehen daraus Schlüsse und bilden Hypothesen. Sie lernen über Rückkopplung von Bewertungen der Ergebnisse oder auf Basis der Hypothesen neu generierter Daten.

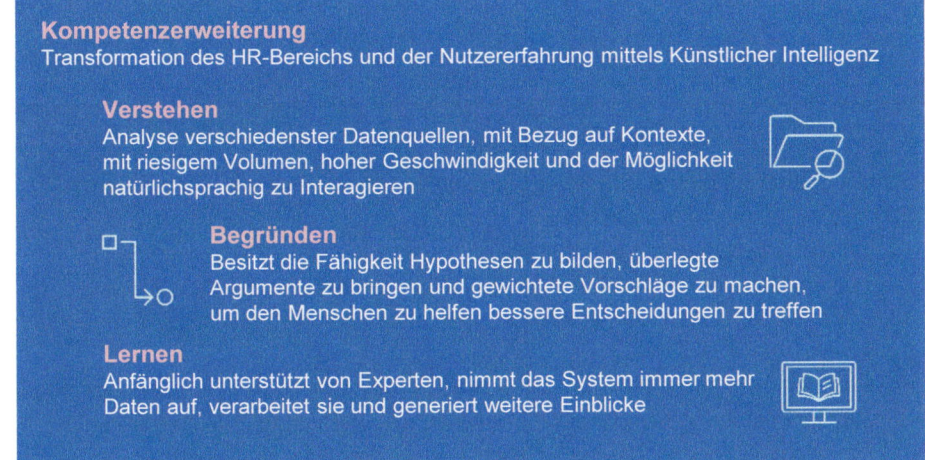

Kompetenzerweiterung
Transformation des HR-Bereichs und der Nutzererfahrung mittels Künstlicher Intelligenz

Verstehen
Analyse verschiedenster Datenquellen, mit Bezug auf Kontexte, mit riesigem Volumen, hoher Geschwindigkeit und der Möglichkeit natürlichsprachig zu Interagieren

Begründen
Besitzt die Fähigkeit Hypothesen zu bilden, überlegte Argumente zu bringen und gewichtete Vorschläge zu machen, um den Menschen zu helfen bessere Entscheidungen zu treffen

Lernen
Anfänglich unterstützt von Experten, nimmt das System immer mehr Daten auf, verarbeitet sie und generiert weitere Einblicke

Bild 4.5 Wie Künstliche Intelligenz die Lernerfahrung verändert (IBM-Corp-1, 2017)

Die gerade erwähnten Funktionen werden technisch auf der IBM-Cloud-Plattform realisiert. Diese stellt sogenannte Microservices wie Datenbanken, Datenauswertungen („Analytics"), Sprachanalyse („Natural Language Understanding"), etc. zur Verfügung. Die Microservices werden in einer offenen Schnittstellenarchitektur („openAPI") angeboten, was zu einer flexiblen, leicht skalierbaren Gestaltung der „Your Learning"-Plattform führt.

4.4 Das Vorgehen

Zur Umsetzung des Vorhabens „Your Learning" wurde im Wesentlichen auf drei Prinzipien aufgebaut:

- Design Thinking
- Agiles Arbeiten
- Offering Management

Bild 4.6 Design thinking, agile Methoden und Offering Management

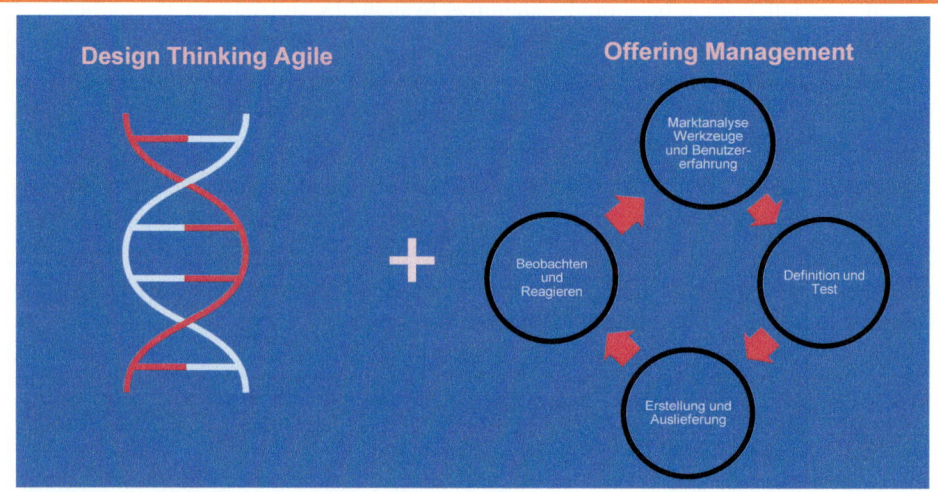

In Technologieunternehmen wird immer häufiger der breit angelegte, kundenzentrische Ansatz des Offering Management genutzt.

Ein wesentlicher Unterschied zum klassischen Produktmanagement ist beim Offering Management, dass hier nicht eine Gruppe von Kunden im Vordergrund steht, die ein bestimmtes Produkt kaufen, sondern Kunden, die ein bestimmtes gemeinsames Bedürfnis haben.

Somit hat der Offering Manager, neben den klassischen Aufgaben, die ein Produktmanager hat, wie Management des Lebenszyklus eines Produktes, Budgetplanung, Marketing etc., auch die Rolle des Vertreters der Kundenbedürfnisse wahrzunehmen und ihre Umsetzung auf Basis eines detaillierten Geschäftsplanes, quer über die verschiedenen Bereiche des Unternehmens, zu koordinieren. Die Kunden sollen hierbei eine herausragende Ende-zu-Ende-Erfahrung bei der Umsetzung ihrer Anforderungen haben.

Um dies zu erreichen, wurden die verschiedenen Interessengruppen – Sponsoren – in der IBM befragt, was für sie wichtige Elemente und Funktionen, was ihre Anforderungen an ein Lernplattform-Offering sind (Bild 4.7).

Bild 4.7 Was erwarten IBMer von einer Lernplattform (Fuller 2018)

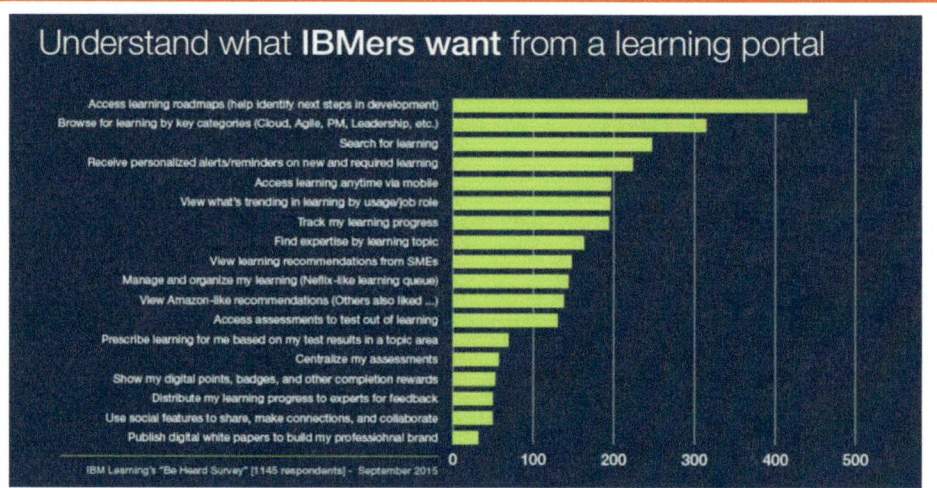

Aus dem Abgleich der Ergebnisse dieser Befragung und Workshops mit über 400 Personen aus den verschiedensten Interessensbereichen sowie Marktanalysen – intern wie extern – ergab sich die Entscheidung, die Plattform selbst zu entwickeln und keine am Markt angebotene Lösung zu nutzen.

Durch den Design-Thinking-Prozess werden Interessensgruppen durch die Erstellung von „Personas" und „Empathy Maps" zu Mitentwickelnden („Co-creator") und Mit-besitzern („Co-owner") der neu zu schaffenden Lösung (Bild 4.8).

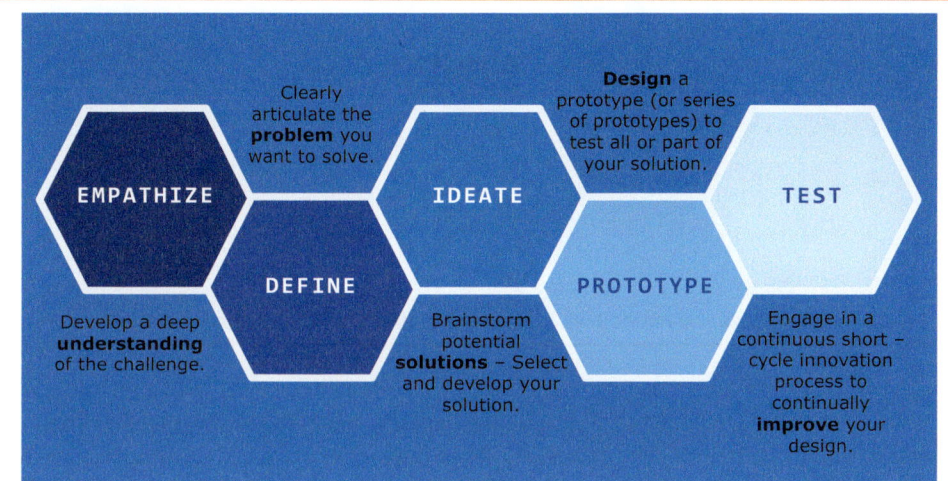

Bild 4.8 Vorgehens-modell (Fuller 2018)

Um bei der Entwicklung der Lösung den Sponsoren frühestmöglich einen guten Eindruck zu geben, wie die spätere Lösung aussehen kann und was sie tut, wurde der Ansatz des „Visual Designs" genutzt und das Feedback der Sponsoren auf Basis dieses Ansatzes in die nächsten Entwicklungsschritte eingebracht (Bild 4.9).

Ideenfindung („Ideating"), Prototyperstellung („Prototyping") und Testen sind die Schritte, die das Konzept des Design Thinking und des agilen Arbeitens zusammenbrachten.

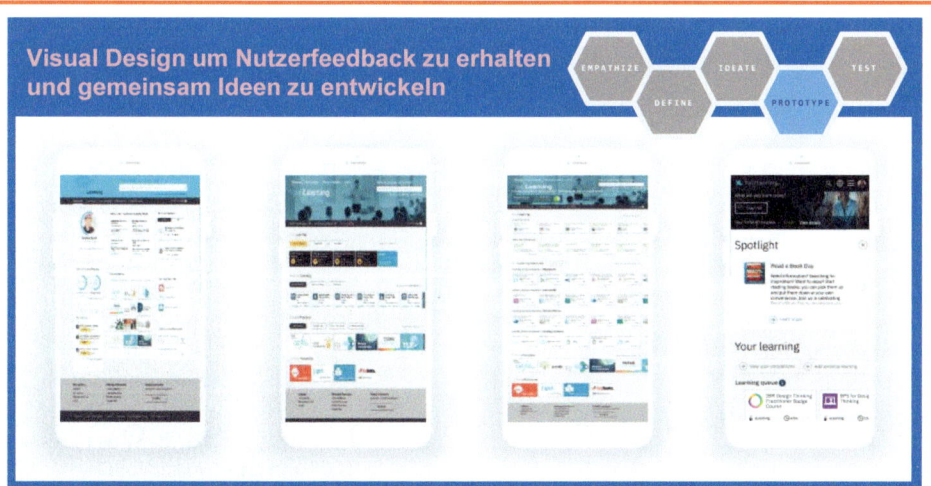

Bild 4.9 Visual-Design-Einsatz (Fuller 2018)

Tägliche Standups, Agile Sprints und Iterationen haben die Entwicklung der „Your Learning"-Plattform beschleunigt, da immer wieder erneut auf die Anforderung der Sponsoren fokussiert wurde und sich stringent an diese gehalten wurde (Bild 4.10). Die agilen Sprints und Iteratio-nen haben auch geholfen, die in Summe komplexen Anforderungen an die „Your Learning"-Plattform in machbare Aufgabenpakete zu zerlegen, zu bündeln und dabei den geforderten Kundennutzen im Blick zu behalten.

Bild 4.10 Agile Methode (Fuller 2018)

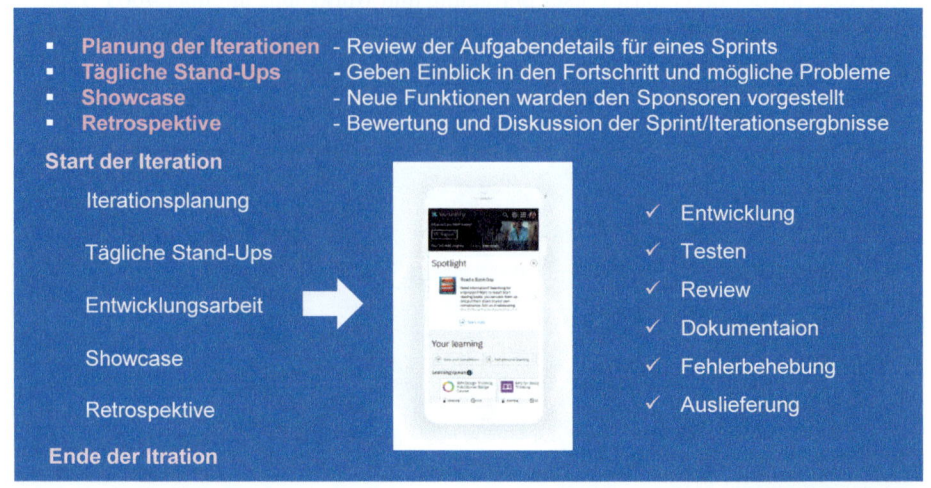

Ein besonders wichtiger Punkt ist während der Entwicklung die kontinuierliche Prüfung der Benutzerfreundlichkeit der Anwendungsoberfläche von „Your Learning". Um dies zu erreichen, wurde während der Basisentwicklung der Plattform, wie auch bei ihrer andauernden Weiterentwicklung, das Prinzip des „Net Promoter Score (NPS)", auch Promotorenüberhang genannt, genutzt (Bild 4.11). Dieser erzeugt Kennzahlen, inwiefern Nutzer/Käufer ein Produkt oder eine Dienstleistung weiterempfehlen würden. Gemessen werden die Antworten auf einer Skala von 0 (sehr unwahrscheinlich) bis 10 (sehr wahrscheinlich). Als Promotoren werden die Kunden bezeichnet, die mit den Werten 9 oder 10 antworten. Als Detraktoren werden diejenigen angesehen, die mit einem Wert von 0 bis 6 antworten. Kunden, die mit den Werten 7 oder 8 antworten, gelten als „Indifferente". Der Net Promoter Score wird nach folgender Formel berechnet: NPS = Promotoren (in % aller Befragten) − Detraktoren (in % aller Befragten). Der Wertebereich des NPS liegt damit zwischen plus 100 und minus 100 (Wikipedia-1 2021).

> Der Net Promoter Score bringt Einsicht in die Zufriedenheit von Nutzern mit einer Anwendung. Er misst, ob ein Nutzer eine Anwendung eher weiterempfehlen oder dies nicht tun würde.

Bild 4.11 Net Promoter Score (Fuller 2018)

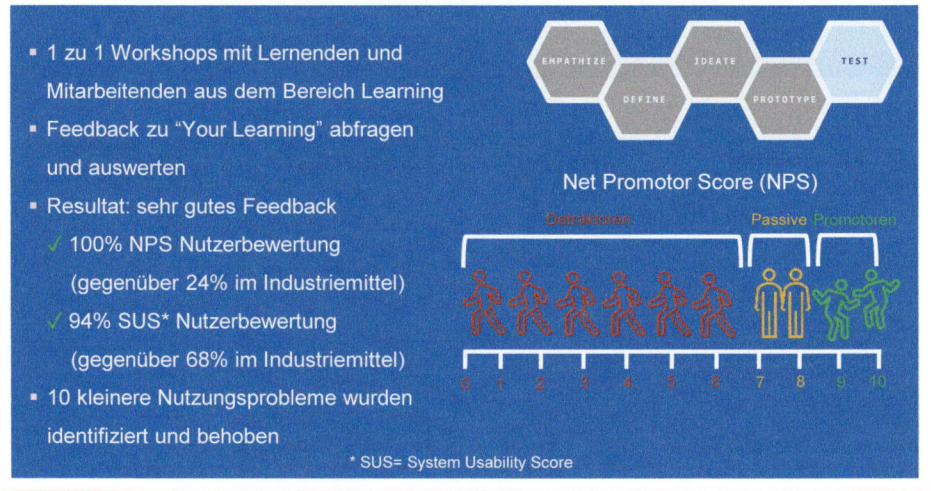

Zusammengefasst lässt sich das Vorgehen bei der Definition, der Implementierung und dem genutzten Vorgehensmodell wie folgt beschreiben:

- die „Your Learning"-Plattform ist eine marktgetriebene Entwicklung, die den (internen) Kunden ein hervorragendes Erlebnis bei der Nutzung bietet (die Frage nach dem „Warum tun wir es?" und „Was tun wir?")

- der „Design Thinking"-Ansatz bringt einen menschzentrierten Blick (die Frage nach dem „Wer tut was?" und „Wo ist die Aufgabe verortet?")
- die Umsetzung mit agilem Vorgehen (die Frage nach dem „Wie tun wir es?" und „Wann tun wir es?"):
  - zerteilt das komplexe Projekt in machbare Arbeitspakete und Zeiträume
  - bringt klare Verantwortlichkeiten
  - agile Sprints helfen das Projekt voranzutreiben
  - agile Iterationen führen zu kreativen Ergebnissen
  - unterstützt dabei die Aufgaben nicht kollidieren zu lassen oder den Fokus zu verlieren

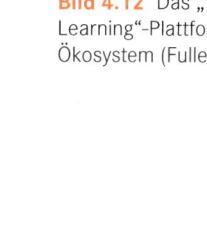

Design Thinking und ein agiles Vorgehensmodell unterstützen eine effiziente und nutzerorientierte Umsetzung von Entwicklungsvorhaben.

Bild 4.12 Das „Your Learning"-Plattform-Ökosystem (Fuller 2018)

4.5 Erfahrungen rund um das Projekt „Your Learning"

Eine Plattform wie „Your Learning" erfolgreich einzuführen und eine Kultur des kontinuierlichen Lernens zu schaffen, bedarf begleitender Maßnahmen. Drei, die in der IBM genutzt wurden und werden, sollen in diesem Abschnitt dargestellt werden:

- Marketing für die neue Plattform und Lernen an sich
- Kontinuierliches Lernen zu fördern
- Neugier als Antrieb zum Lernen zu nutzen

4.5.1 Marketing

Wie bei anderen Einführungen neuer Anwendungen oder Prozesse in Unternehmen, so waren und sind auch bei der Einführung der „Your Learning"-Plattform eine begleitende Kommunikation und Schulungsmaßnehmen wichtig.

Im Zuge des Starts der Nutzung der „Your Learning"-Plattform wurden entsprechende Schulungen zu ihrer Nutzung, je nach Nutzergruppe, wie Mitarbeitende, Führungskräfte, Personalmitarbeitende mit Schwerpunkt Lernen und Weiterbildung, angeboten. Daneben wurden Diskussionsforen etabliert, in denen Mitarbeitende Fragen zur Nutzung stellen, neue Funktionen vorschlagen und auch Fehler melden konnten. (Anm.: IBM nutzt ein Ticketingsystem zur allgemeinen Fehlermeldung und -behebung, während der Einführung der neuen Plattform wurde jedoch eine zusätzliche Möglichkeit des Austausches zu Komplikationen angeboten, als ein „high touch support".)

Daneben wird die „Your Learning"-Plattform auch aktiv beworben. Beispiele hierzu sind

- Konventionelle Poster, Plakate, Tischkarten mit QR-Codes, die zur Plattform führen und mit Hinweisen zu neuen Funktionen der Plattform

- Werbematerial wie Schlüsselbänder, Ausweisabzugsbänder, Tassen, Aufkleber, Bildschirmhintergründe für Laptops und Smartphones

- Regelmäßige Kommunikation per E-Mail über den Newsletter des IBM CLO (Chief Learning Officer)

- Prominente Positionierung der persönlichen Lernstatistik auf der Startseite der IBM-Mitarbeitenden im IBM-Intranet

Der Bereich Lernen hat in der IBM eine eigene Marketingfunktion. Dieses Marketing wird kontinuierlich weiterbetrieben, insbesondere um den nächsten Punkt des kontinuierlichen Lernens zu fördern.

4.5.2 Kontinuierliches Lernen

Wie vorangehend beschrieben, ist es das Ziel, dass die Mitarbeitenden Lernen als Bestandteil der täglichen Arbeit sehen. Zum einen wird dies durch die oben beschriebenen Marketingansätze unterstützt. Wenn Lernende sich ihre eigenen Ziele setzen und ihren eigenen Lernfortschritt selbst verfolgen, ist dies am effektivsten, wenn das Unternehmen eine Kultur des kontinuierlichen Lernens etabliert, anstatt vorgegebenen Schritten zu folgen.

Zudem erreichen Lernende mehr, wenn sie fühlen, dass sie die Kontrolle über ihr Lernen haben.

Robert Marzano hat 2009 mit einer Studie belegt, dass Lernzielsetzung durch die Lernenden einen Gewinn an Lernaktivität zwischen 18 und 41 % erreichen kann (Marzano 2009).

Das Setzen der Lernziele muss den Lernenden die Möglichkeit geben dies, zumindest zu einem gewissen Grad, autonom zu machen. Daneben muss Lernen ihr Interesse wecken und sie reizen zu lernen (siehe im folgenden Abschnitt zum Thema „Neugier als Antrieb für Lernen") und ihr Selbstvertrauen in einer positiven Art und Weise bestärken. Hier unterstützt der „Learning Journey Action Guide" (Bild 4.13) den Lernenden dabei, Klarheit für die nächsten Schritte zu haben und dies mit der Führungskraft und/oder Mentoren zu diskutieren.

Die Frage, die oft gestellt wird, ist: Was ist die richtige Geschwindigkeit, der richtige Aufwand, der in kontinuierliches Lernen investiert werden sollte, oder auch anders gefragt: wie quantifiziere ich kontinuierliches Lernen? Kontinuierliches Lernen kann auf verschiedene Arten gemessen werden, es ist jedoch nicht (nur) charakterisiert durch die Anzahl der Lernstunden, der Abschlüsse von Kursen und Zertifizierungen. Kontinuierliches Lernen ist vielmehr eine positive Einstellung des einzelnen Mitarbeitenden zum Lernen, die durch die Motivation zum Lernen gezeigt wird, die Selbstverpflichtung zum Lernen und den Willen, etwas durch das Lernen zu erreichen.

> *Kontinuierliches Lernen soll nicht zur Erschöpfung führen, es ist kein Marathon mit einer Zielflagge am Ende. Vielmehr soll es eine Reise sein, bei der Schritt für Schritt gelernt wird, oft wird es viel mehr ein Spaziergang im Park als ein Marathon sein, angetrieben durch Neugier und gekennzeichnet durch inkrementellen Zuwachs von Fertig- und Fähigkeiten.*

IBM hat hier unter anderem Initiativen wie den „Think Friday" eingeführt, wo in Teams oder auch individuell regelmäßig Stunden während der Arbeitszeit am Freitag zum Lernen genutzt werden.

Die Bereiche, die für Lernen zuständig sind, und, zumindest in einem gewissen Umfang, auch die Lernenden selbst mögen sich auch mit anderen vergleichen. Die IBM hat in diesem Kontext im Jahr 2013 mit dem Konzept „Think 40" gestartet. Die Intention, die die damalige CEO der IBM, Ginni Rometty, beschrieb, ist, dass alle IBMer im Jahr mindestens 40 Stunden lernen. Dies heißt nicht, dass jeder IBMer 40 Stunden in einem Klassenraum sitzt, vielmehr können, neben dem konventionellen Anwesenheits- oder auch virtuellen Training, das Lesen von Fachliteratur oder der Besuch von externen Weiterbildungsveranstaltungen auf Kongressen hier berücksichtigt werden. Im Jahr 2019 hatte bereits jeder IBMer im Durchschnitt 77 Stunden in „Think 40" registriert (Bild 4.14). Der Kernpunkt dieser Initiative ist es, dass aus der Unternehmensleitung heraus Lernen mit hoher Priorität angesehen wird und nicht als lästige Pflichtübung. So wird Lernen immer mehr ein fester Bestandteil der Unternehmenskultur in der IBM.

Bild 4.14 Gelernte Stunden der IBM-Mitarbeiter nach Rollen im Jahr 2019 (Fuller 2020)

4.5.3 Neugier als Antrieb für Lernen

In wenigen Jahren, ca. 2025, werden sehr viele Unternehmensprozesse stark digitalisiert sein und ihre Durchführung durch Künstliche Intelligenz unterstützt werden. Die Anwendungen werden in einer IT-Cloud ablaufen und viele Sicherheitsaspekte in der IT und anderen Geschäftsbereichen zu berücksichtigen haben.

Damit Mitarbeitende hier mit ihren Fertig- und Fähigkeiten auf dem notwendigen Stand bleiben, um in dieser neuen Welt aktiv mitzuarbeiten, muss zum Fördern der Lernbereitschaft, neben der Unterstützung durch Anwendungsplattformen wie „Your Learning", eine der zentralen Fähigkeiten des Menschen genutzt werden – seine Neugier.

Der IBM CEO Arvind Krishna teilt seine Sicht auf IBM und aktuelle Entwicklungen im Unternehmen und im Markt in Fragestunden („office hours") mit allen IBMern weltweit. Diese Fragestunden sind eine noch nie dagewesene Möglichkeit für alle IBMer Fragen zu Themen ihrer Wahl zu stellen. In einer kürzlich im Jahr 2020 gehaltenen Fragestunde stellte ein IBM-Mitarbeitender die Frage, welchen Ratschlag Arvind Krishna zum Thema Karrierefortschritt geben kann. Die drei wichtigsten Punkte, die der IBM CEO nannte, waren:

1. Verbessere und stärke Deine Kommunikationsfähigkeiten
2. Finde heraus, wie Du in Deiner Rolle oder einer zukünftig angestrebten Rolle durch Deine Fertig- und Fähigkeiten einen Mehrwert in dieser Rolle bieten kannst
3. Entwickle Deine Neugier

Neugier ist etwas, das uns von Kindheit an gegeben ist. Über ihre Lebenszeit hinweg verlieren viele Menschen ihre Neugier, sie wollen mehr Sicherheit und Kontrolle. Neugier hingegen benötigt den Willen sich zu verändern, sich anzupassen und auf neue Dinge einzulassen. Ein guter Ansatz, der diese Sicht unterstützt, ist ein von Carol Dweck aufgezeigter, der verdeutlicht, dass Menschen, die Veränderung als Möglichkeit zu lernen und sich zu entwickeln sehen, besser in einer sich ständig und schneller verändernden Welt zurechtkommen (Dweck 2006). Sie nennt es das „Growth Mindset", das ausdrückt, Veränderung nicht als Bedrohung zu sehen, sondern als Möglichkeit, Neues zu lernen, Fehler zu machen und besser zu werden.

IBM hat zum Thema Neugier eigene interne Untersuchungen vorgenommen, um Charakteristika von Neugier zu verstehen und zu validieren. Diese Untersuchung zielte auf die Notwendigkeit, in einer Rolle neugierig zu sein, um gut in einer Rolle zu arbeiten, und auf die Frage, wie sich Neugier über die Zeit hinweg entwickelt. IBM war neugierig!

Menschen mögen Stabilität. Veränderung kann als Bedrohung oder als Chance, sich zu entwickeln, gesehen werden. Daher ist es wichtig, ein Umfeld für die Mitarbeitenden zu schaffen, wo Veränderung als Chance gesehen wird und dazu führt sich lernen und sich entwickeln zu wollen.

Die Untersuchung wurde 2020 quer über verschiedene IBM-Bereiche im Umfeld Wissenschaft und Entwicklung in der IBM durchgeführt (Fuller 2020). Die Kennzahlen, die erfasst wurden, kombinieren quantitative und qualitative Daten von Schlüsselmerkmalen der Neugier, dazu wie Neugier entwickelt wird, wie sie genutzt wird im Kontext der Rolle eines Mitarbeitenden. Methodisch wurden Umfragen und Fokusgruppen genutzt. Die Teilnehmer waren ungefähr zur Hälfte Wissenschaftler, zur anderen Hälfte Entwickler. Die Fertigkeitsstufen der Teilnehmenden waren ca. zu je zwei Fünftel weniger erfahrene und erfahrene Mitarbeitende und zu ein Fünftel sehr erfahrene Mitarbeitende. Da IBM keine guten bzw. gut passenden Definitionen für die Charakteristika von Neugier finden konnte, wurden acht Charakteristika definiert:

- den Willen zu haben, Fehler zu machen

- unvoreingenommen zu sein

- Fragen zu stellen, die zuvor nicht gestellt wurden

- fokussiert zu sein – z.B. Telefone abzuschalten und keine anderen Dinge gleichzeitig zu tun, während man sich auf eine Aktivität konzentriert

- tiefer zu gehen – Dinge nicht als gegeben hinzunehmen, sondern sie zu hinterfragen

- Publikationen, Bücher, Blogs etc. aus verschiedenen Bereichen zu lesen, auch aus nicht direkt mit der eigenen Tätigkeit verbundenen Bereichen

- Lernen als Spaß zu sehen

- Abenteuer zu suchen, sich auf neue Dinge einzulassen

Diese acht Charakteristika wurden ausgewertet im Kontext der Rollen, in denen die Teilnehmer agieren, in Form von Bewertung auf einer Skala von 1 bis 10 (wobei 1 niemals notwendig und 10 sehr notwendig ist) bezüglich der Notwendigkeit dieser in ihrer Rolle. Die folgende Grafik (Bild 4.15) stellt die Ergebnisse für die Rollen „Data Scientist" und „Software-Entwickler" dar.

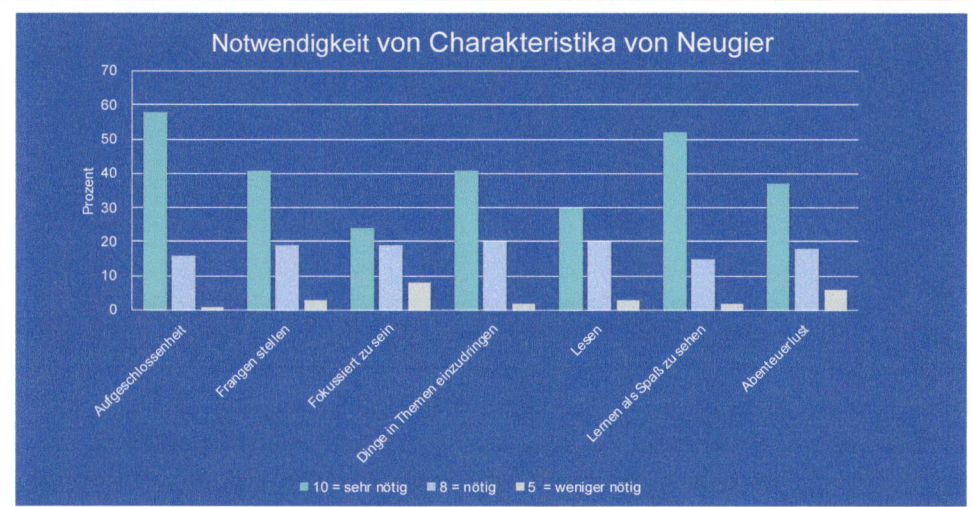

Bild 4.15 Die Notwendigkeit von Charakteristika von Neugier in einer Jobrolle (Fuller 2021)

Es wurde hinterfragt, auf welchem Weg die Mitarbeitenden Neugier in ihrer Rolle entwickeln. Die Antworten zeigten, dass im Umfeld Lernen mehr als 65 % der Antwortenden nach Möglichkeiten schauen, Dinge zu lernen, die außerhalb ihrer Komfortzone liegen, also herausfordernd sind und nicht einfach zu erlernen sind. Mehr als 40 % unterstützen dies durch das Setzen von Lernzielen für sich selbst.

Um eine Kultur der Neugier zu schaffen, muss die Lernumgebung einige Grundelemente bereitstellen. Diese Grundelemente sind eng damit verbunden, wie die IBMer ihren Grad an Neugier sehen und wie fähig sie sind Neugier zu entwickeln.

Zunächst darf Lernen nie langweilig sein – neugierige Mitarbeitende empfinden es als wichtig, dass sie neue, interessante Dinge erkunden. Zweitens muss Lernen Spaß machen, und hier reden wir nicht über „Gamification", also Lerninhalte durch Spielelemente, wie Bestenlisten nach erworbenen Punkten oder Quiz, interessanter zu gestalten. Vielmehr sollen neugierige Mitarbeitende sich anstrengen und die Bereiche erkunden, die sie bisher nicht kennen. Die Erwartungshaltung an das Lernen ist es, dass es die Vorstellungskraft herausfordert und adaptierbar genug ist, so dass es als Hilfe zur Lösung von Aufgaben/Problemen im beruflichen Alltag gesehen wird. Es wird hierdurch eine Umgebung geschaffen, die Herausforderung und Unterstützung kombiniert, was im Idealfall zu einem Zustand führt, der als „Flow" (Csíkszentmihályi 1991) bezeichnet wird oder auch als „Polarisation der Aufmerksamkeit" (Maria Montessori).

Und letztendlich muss Lernen in einer Umgebung stattfinden, in der etwas falsch zu machen nicht als negativ oder als Schwäche gesehen wird. Der Begriff „Psychological Safety" (Edmondson 1999/Edmondson 2019) beschreibt eine solche Umgebung gut, insbesondere, wenn Lernen eines Mitarbeitenden nicht alleine für sich stattfindet, sondern in Teams oder öffentlich.

Neugier und Lernen stehen für neugierige Menschen in einer engen Verbindung. Sie denken, dass man neue Herausforderungen als eine Möglichkeit sehen muss, Fehler zu machen; wenn Du nicht bereit bist Fehler zu machen, hast Du nicht die richtige Einstellung zum Lernen.

Neugierige Mitarbeiter empfinden, dass Neugier und Lernen Hand in Hand gehen. Sie empfinden, dass, je neugieriger sie sind, ihnen Lernen umso mehr Spaß macht, es wird dadurch für sie zu einem Abenteuer.

> Wie wird Lernen zum Erfolg? Lernen muss interessant gestaltet werden und die Neugier der Mitarbeitenden wecken. Lernen muss Spaß machen und es muss Zeit dafür zur Verfügung stehen. Lernende müssen die Kontrolle über ihr Lernen haben.

> Ohne Fehler kein Lernen! Die Menschen müssen sich sicher fühlen, dass sie, während sie lernen, Dinge nicht im ersten Ansatz richtig machen müssen!

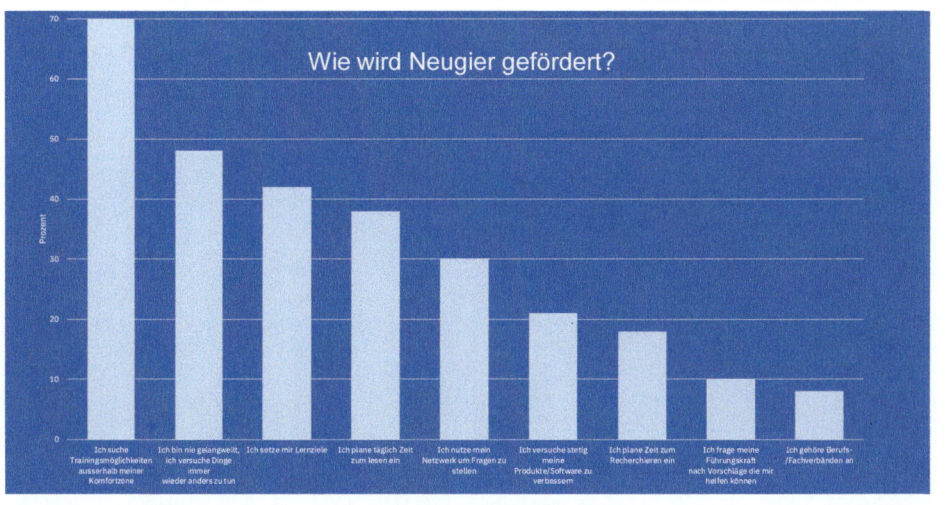

Bild 4.16 Wie erzeugen Data Scientists und Software-Entwickler Neugier? (Fuller 2020)

Die Daten aus den Untersuchungen, wie neugierige Mitarbeiter Neugierde erlernen, zeigen, dass über 70 % von ihnen Dinge außerhalb ihrer Komfortzone lernen (Bild 4.16). In den Fokusgruppen wurden Data Scientists und Entwickler befragt, wie sie ihre Neugier fördern. Hier sind einige Antworten aus diesen Workshops:

Was heißt „lernen außerhalb der Komfortzone" für Sie?

1. über den Horizont der eigenen Jobrolle hinauszuschauen, da sich die in ihrem Umfeld eingesetzte Technologie so schnell weiterentwickelt

2. Herausforderungen an Methodiken der Datenanalyse beantworten zu können; eigene Voreingenommenheit und Einschränkungen aus der Lösung zu eliminieren

3. keinen geraden Entwicklungspfad für die eigene Karriere zu nehmen und die Bereitschaft zu zeigen, zu lernen, welche Fähigkeiten in anderen Rollen benötigt werden, um diese zu nutzen, ihre eigenen Fähigkeiten auszubauen

4. um mit Veränderung umzugehen, ist es am besten, wenn man Teil der Veränderung ist, und dabei zu erkennen, was eventuell nicht machbar ist, und es – trotzdem – anzugehen; ein „Entrepreneurial Mindset" oder „Growth Mindset" zu haben (Dweck 2006)

Wie stärken Sie ihre Fähigkeit Neugier zu haben?

1. Lesen, Lesen, Lesen

2. Jedes Stück Information, das man erhält, in Frage zu stellen

3. Immer wieder inne zu halten und über die Dinge, die man tut, zu reflektieren

4. Alles Neue erzeugt Neugier

Wie erzeugen Sie mehr Neugier?

1. Sich Zeit nehmen und Dinge außerhalb der eigenen Rolle zu lernen – das Gehirn beweglich zu halten

2. Neugier kann man steuern

3. Diskussionen zu folgen, sich im professionellen Umfeld umzuschauen, um zu erkennen, was in der Zukunft für die eigene Jobrolle wichtig ist

4. Lesen, Lesen, Lesen – wurde dies bereits erwähnt?

Abschließend sei bemerkt, dass es über die Neugier hinaus wichtig ist, dass die Motivation zum Lernen auch aus anderen Quellen gespeist wird. Neben der direkten Auswirkung des Lernens auf die Progression der eigenen Karriere, also das Potenzial, was hinter dem Lernen und Anwenden des Erlernten steckt, sind zwei weitere Motive für den Willen zum Lernen wichtig: das Spielhafte („Play") in ihm und die Auswirkung („Purpose") des Gelernten. Das Spielhafte ist das, was man gerne macht, ohne dafür einen direkten Gegenwert zu erwarten, wie es zum Beispiel Menschen tun, wenn sie ihrem Hobby nachgehen oder etwas spielen. Im beruflichen Umfeld kann sich dies zum Beispiel dadurch ausdrücken, dass jemand darin aufgeht, ein komplexes Problem als Ingenieur zu lösen, und dabei spürt, wie es Freude macht, der Lösung immer näher zu rücken. Das zweite Motiv, die Auswirkung, ist der Einfluss, den das, was man tut, hat. Ein Beispiel ist hier, dass Menschen ehrenamtlich Dinge tun und anderen helfen, ohne eine direkte Gegenleistung zu erhalten (Doshi; McGregor 2015).

> Neugier ist eine der stärksten Triebkräfte, die zum Lernen anregen. Wenn die Neugier der Mitarbeitenden an neuen Themen geweckt wird, entsteht auch der Wunsch darüber mehr zu erfahren, mehr zu lernen.

4.6 Die Zukunft

Die „Your Learning"-Plattform ist der Anfang des Aufbaus einer integrierten Plattform zur Weiterentwicklung der Mitarbeitenden in der IBM. Ziel dieser integrierten Plattform („Your Career") ist es, den Bedarf an bestimmten Fertig- und Fähigkeiten, die die IBM für ihre Geschäftstätigkeit braucht, mit der Entwicklung des einzelnen Mitarbeitenden enger zu verknüpfen, basierend auf einer durchgängigen, einheitlichen Sicht auf die hierzu notwendigen Daten.

Hierzu werden Schritt für Schritt die neben der „Your Learning"-Plattform existierenden Systeme in die „Your Career"-Plattform integriert. Dies sind zum Beispiel die HCM-Lösung Workday, die interne Datenbank mit den berufsbezogenen Lebensläufen, das Zielsetzungs- und Bewertungssystem oder die Bewerberverwaltung (Bild 4.17).

„Your Career" wird hierdurch zum zentralen Einstiegspunkt für die Weiterentwicklung jedes IBM-Mitarbeitenden.

Dies wird umso wichtiger, da sich auf dem Arbeitsmarkt für viele benötigte Jobrollen, wie zum Beispiel der des „Data Scientist" oder des „Security Specialist", immer weniger Jobsuchende finden lassen. Durch eine Plattform wie „Your Career" kann das Potenzial der Weiterentwicklung eigener Mitarbeiter in zukünftig benötigte Jobrollen unterstützt werden, um hier eine Verbesserung zu erzielen.

Bild 4.17 Beispiele für „Your Career"-Daten-quellen

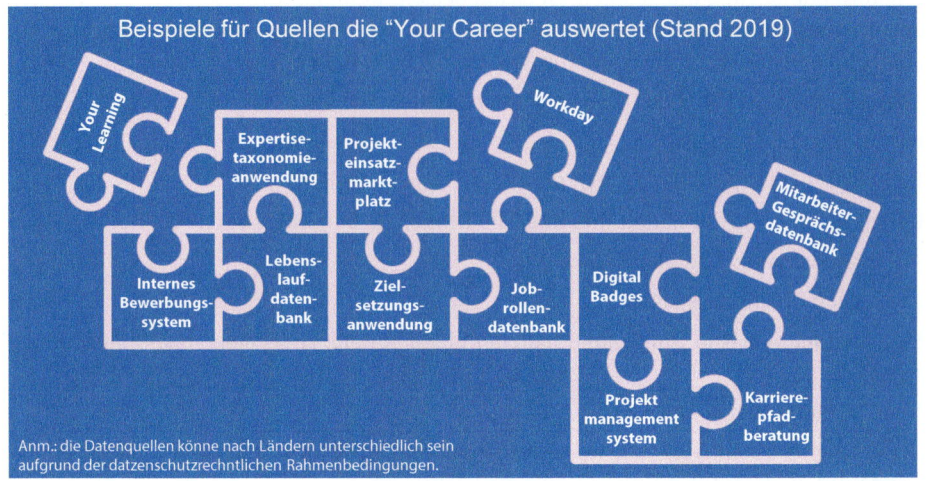

Bild 4.17 Beispiele für „Your Career"-Daten-quellen

In der „Your Career"-Plattform sind drei Hauptbereiche zu finden:

1. die Fertig- und Fähigkeiten des Mitarbeitenden
2. die Rollen die ein Mitarbeitender im Unternehmen einnimmt
3. die Möglichkeit auf Basis der Punkte 1. und 2. nächste Entwicklungsschritte zu planen

Bild 4.18 Die drei Berei-che von „Your Career"

Was verstehen wir unter den Fertig- und Fähigkeiten und wie werden sie festgelegt? Dies kön-nen im klassischen Sinne Fertigkeiten sein wie Projektmanagement, das Beherrschen einer Programmiersprache oder Durchführen von Design-Thinking-Workshops. Daneben können es Fähigkeiten sein, die breiter angelegt sind, wie Kenntnisse in einer bestimmten Industrie, Nut-zung verschiedener Führungsstile bei Führungskräften oder Problemlösungsstrategien situa-tionsgerecht einzusetzen.

Diese Fertig- und Fähigkeiten werden dann mit Stufen bewertet, die aussagen, wie stark eine Fertig- oder Fähigkeit bei diesem Mitarbeitenden vorhanden ist. Diese Festlegung geschieht durch den Mitarbeitenden in Abstimmung mit seiner Führungskraft. Basis dieser Festlegung sind zum einen „harte Fakten", wie Zertifizierungen, z. B. als Projektmanager über das PMI (Project Management Institute), oder eine bestimmte Anzahl Stunden, die ein Mitarbeitender in einer Rolle, z. B. als Scrum-Master in einem agilen Team, gearbeitet hat.

Daneben können Fertig- und Fähigkeiten auch aus Daten abgeleitet werden (Bild 4.19). So kann die Beteiligung an einem internen Forum zu einem bestimmten Thema eine Fertig- oder Fähigkeit aufzeigen; je nach Daten kann hier die Stufe der Fertig- oder Fähigkeit inferiert – abgeleitet – werden („Expertise Inference").

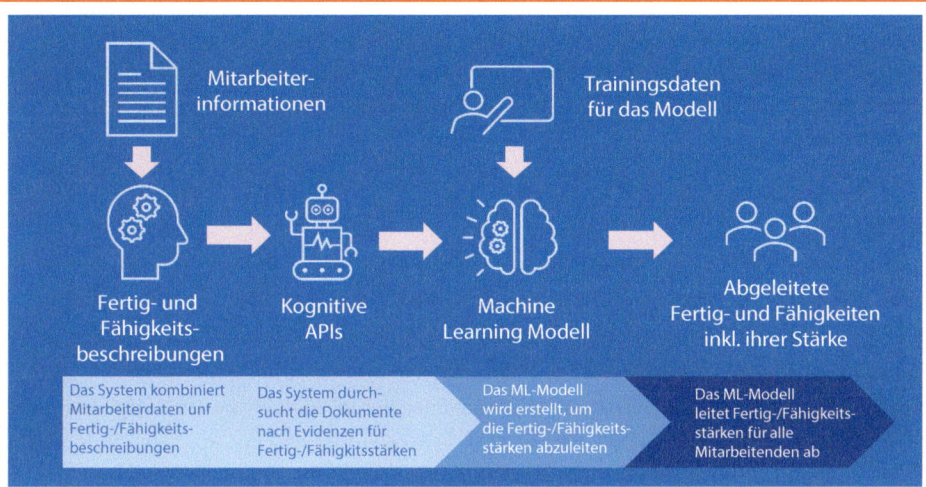

Bild 4.19 KI-gestützte Fertig- und Fähigkeits-ermittlung

Durch den kontinuierlichen Prozess dieser Inferenz kommen Vorschläge zur Anpassung einer Fertig- oder Fähigkeitsstufe oder der Neuaufnahme einer Fertig- oder Fähigkeit nicht nur mehr ein- oder zweimal im Jahr in das Profil eines Mitarbeitenden, sondern immer dann, wenn neue Daten zu dem Mitarbeiter ausgewertet wurden. Der Mitarbeitende sieht diese dann in seiner persönlichen „Your Carrer"-Portalansicht.

Im 2. Bereich der Rollen findet sich die Tätigkeitsbeschreibung für den Mitarbeitenden. Dies können verschiedenste Ausprägungen sein, wie zum Beispiel Projektmanager, Programmierer, Berater im Bereich Telekommunikation, Personalsachbearbeiter usw. Jede Rolle besitzt eine Reihe von Fertig- und Fähigkeiten, die ein Mitarbeitender auf einer bestimmten Fertig- oder Fähigkeitsstufe leisten können muss, um die Rolle in der entsprechenden Fachkompetenzstufe (Einsteiger bis zum Vordenker) ausüben zu können.

Im 3. Abschnitt wird nun das aktuelle Profil der Fertig- und Fähigkeiten sowie der Rollen, in der der Mitarbeitende tätig ist, mit den Fertig- und Fähigkeiten und Rollen, die für die Geschäftstätigkeit der IBM wichtig sind, abgeglichen. Hieraus werden Vorschläge zur Weiterentwicklung der Mitarbeitenden abgeleitet. Zusätzlich wird auch die Lücke in den Fertig- und Fähigkeiten und deren Stufen zwischen dem „Soll" – muss der Mitarbeitende für die Rolle haben – gegen das „Ist" – hat der Mitarbeitende aktuell – aufgezeigt und mit Hinweisen auf entsprechende Lerninterventionen („Your Learning") oder andere Entwicklungsschritte verknüpft.

Das heißt, in Entwicklungsgesprächen zwischen dem Mitarbeitenden und der Führungskraft kann diese Sicht auf die aktuelle Fertig- und Fähigkeitssituation, in der sich ein Mitarbeitender befindet, genutzt werden, um nächste Weiterentwicklungsschritte für den Mitarbeiter zu diskutieren und in der Zielvereinbarungsanwendung festzulegen.

Das „Your Career"-Portal ist seit ca. einem Jahr im Einsatz und wird kontinuierlich erweitert, was Datenquellen, Inferenzmechanismen und die Funktionalität des Portals selbst angeht.

Wie geht es weiter? Zunächst steht das Sammeln von Erfahrungen im Vordergrund: Wie gut klappt die Verknüpfung der Mitarbeiterinformationen über die kognitiven APIs, hin zu den abgeleiteten Fertig- und Fähigkeiten, wie gut ist die Qualität dieser, wie gut unterstützen sie die Mitarbeitenden in ihrer Entwicklung? Daneben werden neue Datenquellen eingebunden werden, um die Informationsbasis zu verbreitern und inhaltlich zu schärfen. Perspektivisch lässt sich eine weitere Integration in HR-Prozesse sehen, so zum Beispiel die unmittelbare

Systeme mit kognitiven Fähigkeiten – Künstliche Intelligenz (KI) – müssen zur Unterstützung von Menschen dienen, nicht diese ersetzen. Das schafft Vertrauen und verstärkt die Akzeptanz bei der Einführung solcher Systeme.

Verknüpfung mit den persönlichen Zielen der Mitarbeitenden, die jährlich im Rahmen von Mitarbeitergesprächen vereinbart werden. Ebenso die Verbindung zu Anreizsystemen, die zielgerichtete Entwicklung belohnen, dies kann bis zu Vergütungsbestandteilen gehen, die mit dem Entwicklungsfortschritt verbunden sind. Langfristig geht es darum, den Mitarbeitenden eine möglichst vollständige Sicht auf ihre Person zu geben und aufzuzeigen, wo sie im Unternehmen mit ihren Fertig- und Fähigkeiten stehen. Kurzfristig wird hier weiter der agile Ansatz bestimmend sein, der in kürzeren Iterationsschritten neue Entwicklungen in das „Your-Learning"-/„Your Career"-Ökosystem einbringt, die auch nur zeitnah definiert werden, eben abgeleitet aus dem Rückblick auf die Erfahrung und neuen Anforderungen, die von den Sponsoren gefordert werden.

Literatur

Csíkszentmihályi, M.: Flow – the psychology of optimal experience. Harper Perennial, 1991

Doshi, N.; McGregor, L: Primed to Perform. HarperCollins Publishers, 2015

Dweck, C. S.: mindset – Changing the way you think to fulfil your potential. Random House, 2006

Edmondson, A.: The fearless organization. Wiley, 2019

Edmondson, A.: Psychological Safety and Learning Behavior in Work Teams. In: Administrative Science Quarterly, 44 (1999) 2, S. 350 – 383

Fuller, G.: The IBM Your Learning Story. Externer Vortrag, IBM Corporation, 2018

Fuller, G.: The Journey of Learning. Externer Vortrag, IBM Corporation, 2020

Fuller, G.: The Curious Advantage: Curiosity, AI & The Future of Learning. – A podcast series facilitated by authors of the Curious Advantage, Simon Brown, Paul Ashcroft and Garrick Jones. Heruntergeladen im Januar 2021 von *https://podcasts.apple.com/de/podcast/the-curious-advantage-podcast/id1509018267?l=en&i=1000479106330*

IBM-IBV-1: Facing the storm – Navigating the global skills crisis. 2016, heruntergeladen im November 2020 von *https://www.ibm.com/downloads/cas/LBMPLMLJ*

IBM-IBV-2: Extending expertise: How cognitive computing is transforming HR and the employee experience. 2017, heruntergeladen im November 2020 von *https://www.ibm.com/downloads/cas/QVPR1K7D*

IBM-Corp-1: IBM's Your Learning and Watson –Together a game changer in learning. 2017, heruntergeladen im November 2020 von *https://www.ibm.com/downloads/cas/G8DVQ9MB*

IBM-Corp-2: Reinventing Corporate Learning with a Digital Marketplace Strategy. 2017, heruntergeladen im November 2020 von *https://www.ibm.com/downloads/cas/WZRMWG2D*

IBM-Corp-3: Apply design thinking to complex teams, problems, and organizations. 2020, heruntergeladen im November 2020 von *https://www.ibm.com/design/thinking/*

Marzano, R. J.: Designing and teaching learning goals and objectives: Classroom strategies that work. Marzano Research Laboratory, 2009

Wikipedia-1: Net Promoter Score. Heruntergeladen im Januar 2021 von *https://de.wikipedia.org/wiki/Net_Promoter_Score*

Die digitale Kompetenzentwicklung im Produktions-Ecosystem von Airbus Defence and Space

Elvire Meier-Comte

Airbus ist ein internationaler Pionier in der Luft- und Raumfahrtindustrie und führend in der Entwicklung, Herstellung und Lieferung von Luft- und Raumfahrtprodukten, -dienstleistungen und -lösungen für Kunden auf globaler Ebene mit Betriebsaktivitäten für Verkehrsflugzeuge, Hubschrauber, Verteidigung und Raumfahrt. Das Unternehmen ist seit mehr als 50 Jahren aktiv und hat seine Wurzeln in der französischen, deutschen und britischen Luftfahrttechnologie-Kooperation, die den zusätzlichen Vorteil hatte, die kommerzielle und technologische Entwicklung in Europa zu fördern. Bis zu diesem Zeitpunkt war die europäische Luftfahrtindustrie in erster Linie in nationalen Unternehmen tätig, und das ursprüngliche Ziel war es, ein europäisches Luft- und Raumfahrtunternehmen zu schaffen, das mit der amerikanischen Vormachtstellung konkurrieren kann. Heute hat Airbus einen Umsatz von über 30 Milliarden Euro und beschäftigt weltweit mehr als 134 000 Mitarbeiter. Wie viele andere Unternehmen auf der Welt ist auch Airbus von einem tiefgreifenden Wandel der Märkte, der Akteure und der neuen digitalen Technologien betroffen.

Kontext und Auswirkungen der Veränderung

In der Tat hat sich der Luft- und Raumfahrtmarkt in den letzten Jahren durch das Auftreten neuer Wettbewerber im Umfeld von Raumfahrtsystemen (z. B. Space X) oder „born digital"-Firmen (z. B. Blue Origin – Amazon), die in diesen attraktiven Markt investieren oder dies planen, enorm verändert. Die globale Leistungsfähigkeit und industrielle Aufstellung sowie die Optimierung der Lieferkette haben sich ebenfalls verändert und wirken sich auf die industriellen Produktionssysteme von Airbus aus. Neue nationale Akteure wie China investieren Milliarden in Robotik und Automatisierung[1] und fordern den Status quo heraus. Trotz dieser Herausforderungen ergeben sich neue Chancen durch neue Technologien (kostengünstige Datenspeicherung, zunehmende Rechenleistung, Data Science, IT-Plattformen mit echter digitaler Kontinuität, Modellierungs- und Simulationstechniken), die die Art und Weise, wie Geschäfte getätigt, produziert und geliefert werden, verändern.

Im Bereich der Fertigungs- und Produktionssysteme ergeben sich die wichtigsten Durchbrüche aus der Robotik, dem 3D-Druck, fortschrittlichen Materialien und der Konvergenz von digitaler und physischer Welt, wo Hardware in Kombination mit Sensoren, innovativer Software und künstlicher Intelligenz Produkte, Prozesse und die Verbindung und Zusammenarbeit mit Kunden und Lieferanten verändert[2]. Betrachtet man die allgemeine Produktion von Daten, die für Datenanalysen, Vorhersagen und Entscheidungsfindung zur Verfügung stehen, so wurden

---

[1] Chinesische Investitionen in intelligente Fertigung erreichten 2018 10,1 Milliarden Dollar, in Asia News, „Chinas Roboterindustrie: A steady path to automation", von Shintya Felicitas, 16. August 2019, in *www.asiafundmanagers.com*

[2] „Exponential technologies in manufacturing: Transforming the future of manufacturing through technology, talent, and the innovation ecosystem", Deloitte und Singularity University, 2018, S. 62

allein in den letzten zwei Jahren nur 1 % der generierten Daten analysiert[3]. Die Daten im Produktionskontext optimal zu nutzen, bedeutet, die Akteure des Ökosystems einzubinden und Partnerschaften und Kooperationen zu nutzen, um Zugang zu den Daten zu erhalten. Es bedeutet auch, dass die Akteure antizipieren müssen, was mit den Daten zu tun ist, um ein besseres Ergebnis zu erzielen. Der Aufstieg dieser digitalen Technologien öffnet auch die Tür zu neuen Produktionsmöglichkeiten mit mehr Variabilität, Modularität und Wiederverwendbarkeit. Dies schafft einen Bedarf an Plattformen, Wiederverwendung von Komponenten und weniger isolierte technologische Entwicklungen als in der Vergangenheit. Es bietet auch neue Möglichkeiten zur Verbesserung der Prozesseffizienz und der industriellen Leistungskennzahlen, die sich auf Durchlaufzeit und Kosten konzentrieren.

Dieser neue Kontext verändert tiefgreifend die Art und Weise, wie Führungskräfte, Mitarbeiter und Menschen mit der Technologie interagieren[4], miteinander umgehen und wie sie neue digitale Kompetenzen effizient in Bezug auf Inhalt und Geschwindigkeit entwickeln. In dieser sich schnell verändernden Umgebung mit kontinuierlicher technologischer Entwicklung können Mitarbeiter überfordert sein oder sogar Angst vor den neuen Technologien haben, die ihren Datenschutz bedrohen oder die Rolle des Menschen am Arbeitsplatz in Frage stellen. Organisationen müssen ein sicheres Umfeld und Vertrauen schaffen, eine intrinsische Motivation für die Menschen, diese neuen Trends mit Gelassenheit anzunehmen und kontinuierlich zu lernen, sich anzupassen. Sie müssen auch Wege schaffen, um digitale Kompetenzen auf eine agilere, dynamischere und flexiblere Weise zu entwickeln. Zusammenarbeit, gemeinsame Entwicklung und ein weniger sequenzieller Ansatz innerhalb und außerhalb der Unternehmensgrenzen müssen ebenfalls gestärkt werden. Lieferanten sind wichtige Akteure in der Fertigungs- und Produktionswertschöpfungskette, aber die heutigen Wege der Zusammenarbeit können entweder zu aufdringlich oder zu fragmentiert und nicht kollaborativ genug sein.

Akteure der Veränderung

Bei Airbus wird die digitale Transformation durch das Geschäft vorangetrieben und durch das Digital Transformation Office (DTO) für den technischen Teil, aber auch durch die Personalabteilung (HR) für den Mitarbeiter-, Kompetenz- und Kulturteil unterstützt. Externe Akteure wie Kunden und Ökosystempartner, eine Gemeinschaft von Experten haben ebenfalls einen starken Einfluss auf diese Transformation, die die traditionellen Grenzen der organisatorischen Transformation herausfordert.

Die DTO-Organisation gibt es seit 2015, anfangs als zentrale Abteilung und jetzt als Teil der Funktionen Engineering und Operations bei Airbus. Die Organisation zielt darauf ab, die digitale Transformation für das gesamte Unternehmen zu unterstützen und konzentriert sich auf die folgenden Themen:

- Das DDMS-Projekt (Digital Design, Manufacturing and Services) ist eine End-to-End-Plattform, die neue Prozesse, Methoden, Werkzeuge, Geschäftsmodelle und Arbeitsweisen für die Entwicklung der nächsten Generation von Airbus-Produkten bereitstellt. DDMS wirkt sich auf das gesamte Unternehmen aus, einschließlich Produkte, Prozesse, industrielle Systeme, Support und Dienstleistungen, Kernkompetenzen und Informationsmanagement.

- Das Internet der Dinge (IoT) ist die Verbindung zwischen der physischen und der digitalen Welt. Airbus baut Plattformen und Lösungen zur Wertschöpfung durch die Echtzeit-Integration von Sensoren, Trackern, Maschinen oder Wearable-Daten in Geschäftsprozesse. Das Ziel ist es, die richtigen Informationen zur richtigen Zeit in der richtigen Reihenfolge zu haben. IoT ist auch ein wichtiger Enabler für die schnelle Datenaufnahme, das Gerätemanagement, die Datensicherheit und die Big-Data-Edge-Verarbeitung im Rahmen der End-to-End-Wertschöpfungskette der Luft- und Raumfahrt. Entlang der Wertschöpfungskette umfasst es die Bereiche Supply Chain und Logistik, Engineering und Fertigung sowie Connected Services.

---

[3] „Straight talk about big data", McKinsey Quarterly, N. Henke, A. Libarikian, B. Wiseman, 10/2016
[4] „Reimagining Digital Identity: A Strategic Imperative", World Economic Forum, Januar 2020, S. 19

- Plattform für künstliche Intelligenz: Airbus konzentriert sich auf fünf Bereiche von KI-Technologien, um für die Transformation der Luft- und Raumfahrtindustrie am besten aufgestellt zu sein: Computer Vision (automatisiertes Verstehen von digitalen Bildern oder Videos), Anomaly Detection (automatisierte Entdeckung von Anomalien in erwarteten Mustern), Decision Making (Steigerung der Effizienz bestehender Prozesse durch KI-Technologien), Knowledge Extraction (Abbildung von Beziehungen zwischen komplexen Dateneinheiten), Conversational Assistance (automatisierte intelligente Antworten auf Eingaben von Nutzern). Beispiele sind:

  - Konnektivität mit mobilen Kommunikationsplattformen: Airbus bietet eine durchgängig gesicherte und zuverlässige Infrastruktur mit maximaler Sicherheit, dezentraler Infrastruktur (jederzeit und überall), hohem Volumen und Partnerschaft mit Telekommunikationsunternehmen.

  - Skywise, einer offenen Datenplattform für die Luftfahrtindustrie.

Das DTO arbeitet mit dem Geschäft durch Key Account Manager zusammen, die Hand in Hand mit Geschäftsexperten arbeiten. Allgemeine Themen werden von der Konzern-DTO und spezifische Themen von den divisionalen DTOs behandelt. Das DTO hat auch die wichtige Funktion, Informationen über neue Tools und Trainingsprogramme zentral an Schlüsselanwender und Mitarbeiter zu kommunizieren. Dazu gehören das DTO-Innovationsforum, Communities, um Menschen aus verschiedenen Abteilungen zu verbinden, und „Digest Reports" zu digitalen Themen.

Wie bereits erwähnt, bedeuten digitale Technologien auch einen drastischen Wandel für Menschen, ihre Identität und die Art der Arbeit und des Arbeitsplatzes. Entscheidend ist die Entwicklung einer Kultur, die Mitarbeiter in die Lage versetzt, um auf allen Ebenen Vertrauen zu schaffen und den Austausch von Daten zu ermöglichen. Die Personalabteilung von Airbus hat ein neues Betriebssystem entwickelt, um die Auswirkungen der digitalen Revolution auf Menschen und Organisationen zu antizipieren, das auf drei Säulen ruht:

- Die Säule „Culture Evolution" fördert neue Arbeitsweisen, die an die Bedürfnisse von Flexibilität und Agilität angepasst sind. Die Hauptaktivitäten zielen auf die Beseitigung bürokratischer Prozesse, die Förderung vereinfachter und standardisierter Prozesse. Außerdem werden agile und flexible Arbeitsweisen mit mehr Zusammenarbeit über Silos hinweg und eine Kultur des „Experimentierens und Scheiterns" gefördert. Ein Beispiel für die Culture Evolution-Aktivität sind die Team-Feedback-Sitzungen, die seit 2017 Airbus-weit für alle Führungskräfte eingeführt wurden. Feedback-Sitzungen sind als Top Company Target definiert, was bedeutet, dass sie bei der individuellen und der Team-Leistungsbewertung zählen, wenn die 100 %ige Umsetzung nicht erreicht wird.

- Die Entwicklung neuer Kompetenzen ist die zweite Säule mit einem Prozess, der sich mit neuen Rollen befasst, die entstehen könnten, und insbesondere mit den geschäftskritischen Kompetenzen. Kompetenzen, die sich in letzter Zeit als geschäftskritisch herausgestellt haben, sind diejenigen, die sich auf die Modellierung von Systemen beziehen (Model Based System Engineering), da sie in Bezug auf die bereits erwähnten Digital Design and Manufacturing Systems (DDMS) von zentraler Bedeutung sind. Ein weiteres Beispiel ist die Rolle der Industriearchitekten, die für die Entwicklung neuer Programme (z. B. Eurodrone, FCAS – wird später in diesem Kapitel erläutert) von entscheidender Bedeutung sind und die für die Definition der industriellen Systeme verantwortlich sind. Für diese neue Rolle war es erforderlich, eine Jobbeschreibung zu erstellen sowie den Entwicklungspfad und eine Lenkungsgruppe zu definieren, um den Bedarf und die Verfügbarkeit von ausgebildeten Industriearchitekten zu antizipieren, wenn die Programme sie benötigen werden.

- Die „Führungskräfte von morgen" sind die letzte Säule. Es ist wichtig, mehr selbstbewusste Führungskräfte zu haben, die ihre Teams befähigen und entwickeln, die Zusammenarbeit fördern und sich mit Mut und Neugier auf das Unbekannte einlassen. Selbstbewusste Führungskräfte können Airbus in die Lage versetzen, das Unternehmen von innen heraus zu verändern, wirklich neue Verhaltensweisen mit ihren Teams umzusetzen und kreativ zu arbeiten. Sie sind auch der Schlüssel zur Gewinnung und Bindung von Talenten. Die Airbus Leadership University unterstützt Führungskräfte und Teams mit Bewusstseinsschulungen, Entwicklungs- und Kommunikationsangeboten. Um den Wandel zu beschleunigen, wurden einige Führungskräfte mit ausgeprägter digitaler Expertise (vertikal oder horizontal) und Erfahrung auch extern eingestellt, um den Mentalitätswandel zu verstärken und eine neue Perspektive in die Organisation zu bringen.

Mit einem Digital Transformation Office und einer Personalstrategie, die neue Arbeitsweisen, solide Kompetenzentwicklung und Führung fördert, ist Airbus für die Herausforderung der digitalen Transformation gerüstet. Aber diese Transformation ist mehr als das: Es handelt sich um einen umfassenden Veränderungsprozess, der nicht nur einzelne Organisationen, sondern auch alle anderen Akteure des Ökosystems wie Kunden, Lieferanten, Universitäten und Start-ups betrifft. Dies ist notwendig, da Innovationen und neue Technologien nicht mehr von großen Organisationen ausgehen, sondern von verschiedenen Akteuren im Ökosystem. Das Erlernen des Umgangs mit diesen neuen Technologien ist folglich ein gemeinsamer Prozess und eine Herausforderung für alle öffentlichen und privaten Akteure. Die Herausforderung für eine Organisation wie Airbus besteht darin, eine Verbindung zu diesen Ökosystempartnern herzustellen, um von diesen Lernerfahrungen zu profitieren und eine optimale digitale Kompetenzentwicklung zu gewährleisten.

In diesem Kapitel wird beschrieben, wie die Division Airbus Defence and Space die Entwicklung digitaler Kompetenzen in der Operations-Umgebung vorangetrieben hat, indem sie sich den Herausforderungen des Erwerbs neuen Wissens und der Schaffung einer Lernmentalität im Kontext offener Innovation, kontinuierlicher und exponentieller technischer Entwicklung gestellt hat. Wir zeigen nicht nur den Rahmen auf, der für die Entwicklung digitaler Kompetenzen geschaffen wurde, sondern auch die gewonnenen Erkenntnisse und Analysen anhand konkreter Anwendungsfälle im Industrie 4.0-Umfeld (Produktion, Beschaffung, Qualität).

5.1 Digitalisierung und Kompetenzentwicklung bei Airbus Defence and Space (DS)

Airbus Defence and Space (Airbus DS) ist die zweitgrößte Division nach dem zivilen Flugzeuggeschäft von Airbus und steht für ca. 20 % des Umsatzes von Airbus. Die Division beschäftigt 34 000 Mitarbeiter mit mehr als 80 Nationalitäten. Es gibt vier Programmlinien: Military Aircraft (Kampfflugzeuge, Lufttransporter, Luftbetankungssysteme, luftgestützte Kampfsysteme), Space Systems (Satelliten, Weltraumforschung, Raumstationsprogramm), Connected Intelligence (sichere Kommunikationslösungen, Cybersicherheit) und Unmanned Aerial Systems (Unbemannte Flugsysteme).

Die digitale Transformation von Airbus DS wurde mit der Ankunft von Dirk Hoke, seit 2016 CEO der Division Airbus DS, beschleunigt. Dirk Hoke kam mit solider internationaler Erfahrung im Industrie-4.0-Umfeld und dem Ehrgeiz, neue Geschäfte zu entwickeln, innovative Technologien zu fördern und sich erfolgreich gegen traditionelle und neue Wettbewerber zu behaupten. Er baute auf der bereits von der DTO- und Personalabteilung begonnenen Arbeit auf, um die Transformation im Verteidigungs- und Raumfahrtgeschäft mit der Einrichtung einer soliden gemeinsamen Grundlage für alle Mitarbeiter und Führungskräfte zu stärken: den Core Values.

5.1.1 Werte und kulturelles Fundament bei Airbus DS

Die Schaffung eines Umfelds, in dem sich alle Mitarbeiter nicht nur mit ihren beruflichen Aufgaben als Teil der Gesamtgeschäftsstrategie, sondern auch mit ihren persönlichen Werten und Erfahrungen als Teil der DNA fühlen, ist ein wichtiges Element der Strategie von Airbus Defence and Space and Operations, um eine tiefgreifende und nachhaltige digitale Transformation mit Gelassenheit, Neugierde und Offenheit für Veränderungen anzugehen.

5.1.1.1 Die Value Journey und der Geschäftszweck

Durch Werte definieren Menschen, was sie für zutiefst wichtig halten. Sie beeinflussen, wie Menschen sich verhalten und miteinander interagieren. Die Summe der Werte, zusammen mit Normen und vergangenen Erfahrungen, definieren die Kultur der Organisation. Wenn Menschen sich ihrer Werte bewusst sind, können sie ihr eigenes Verhalten besser verstehen und ihre positiven oder negativen Emotionen vorhersehen. Wenn sich eine Organisation kollektiv der gemeinsamen Werte bewusst ist, kann sie auch besser auf tiefgreifende Veränderungen eingehen und die kollektiven Emotionen steuern. Das Wissen um die gemeinsamen Werte einer Organisation ist ein starker Hebel, um die Organisation tiefgreifend zu verändern, um sich in einer digitalen Welt anzupassen und zu lernen und die Mitarbeiter zu verantwortlichen und bewussten Akteuren und Eigentümern der Veränderung zu machen. Davon ist Dirk Hoke fest überzeugt und das ist der Grund, warum er bei Airbus Defence and Space von Anfang an mit einer „Value Journey" begann.

In der „Value Journey" wurden die Werte von allen Mitarbeitern auf allen Ebenen der Organisation gesammelt. Anschließend wurden Workshops auf der ganzen Welt organisiert, um die Verhaltensweisen zu diskutieren, die die Werte in der täglichen Kommunikation und Zusammenarbeit repräsentieren sollen. Ein Vertreter pro Workshop kam zu einem abschließenden Workshop in die Zentrale, um die globale Sicht in ein Wertegerüst zu bringen. Daraus entstand das House of Values (Haus der Werte, siehe Bild 5.1): Kundenorientierung, Verlässlichkeit, Respekt und Kreativität auf dem Fundament der Integrität und unter dem Dach von Teamwork/We Are One.

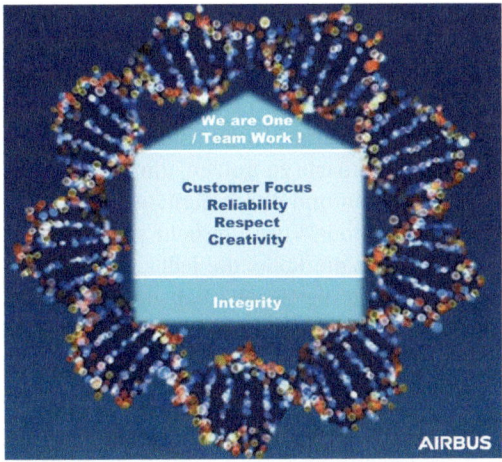

Bild 5.1 House of Values

Die sieben Werte wurden als gemeinsamer Leitfaden dafür eingerichtet, wie die Organisation funktioniert, wie Menschen Beziehungen aufbauen, sich gegenseitig respektieren und als Team arbeiten, und es wurden sichtbare Konsequenzen für arbeitswidriges Verhalten und Fehlverhalten geschaffen. Die Aktivitäten zum kulturellen Wandel, die von der Personalabteilung initiiert wurden, wurden mit dem Input und dem Engagement der Value Journey angereichert, um die Organisation auf kollektiver Ebene auf das Neue vorzubereiten. Bei Airbus Defence and Space heben die Cultural Change-Aktivitäten das erwartete Verhalten hervor, das auf den gemeinsamen Werten basiert, und bereiten die Organisation auf die Zukunft vor. Der Schwerpunkt liegt dabei auf individuellem Verhalten (Selbstbewusstsein, Redebereitschaft, Engagement, Leidenschaft und Neugier auf kontinuierliches Lernen), kollektivem Verhalten (Zusammenarbeit, Feedback-Kultur, Vielfalt und Inklusion) und organisatorischem Verhalten (Befähigung, neue Arbeitsweisen, flache Hierarchien). In diesem kulturellen Rahmen verfügen die Mitarbeiter über mehr Flexibilität, Agilität und die Fähigkeit, sich in schnell wechselnden Umgebungen anzupassen und zu lernen.

Das übergeordnete Ziel ist, dass die Mitarbeiter diese Werte in ihrem täglichen Leben anwenden und sich zu eigen machen, um nicht nur auf Airbus DS einzuwirken, sondern auch darüber hinaus auf das große Ökosystem, das Kunden, Partner, die Gesellschaft oder internationale Akteure wie die Vereinten Nationen (UN) mit den Zielen für nachhaltige Entwicklung sein können. Mitarbeiter und Führungskräfte können sich mit Themen beschäftigen, die aus ihrer tiefsten Überzeugung und Motivation heraus entstehen, und so Einfluss auf das Unternehmen und die Gesellschaft nehmen.

Infobox

Vor der Value Journey hat Airbus im Jahr 2012 „The Airbus Way" mit dem Ziel eingeführt, Mitarbeiter- und Führungsverhalten zu standardisieren. Der „Airbus Way" führte zur Entwicklung des Airbus Leadership Model als Grundlage für die Beurteilung von Führungskräften und Talenten. In der Folge wurde gemeinsam mit Gallup alle zwei Jahre eine Engagement-Umfrage auf Basis des „Airbus Way" gestartet, um das Engagement des Unternehmens zu messen und daraus Maßnahmen abzuleiten. Die Teilnahme an der Umfrage wurde als Ziel für Führungskräfte und darüber hinaus festgelegt.

Die von Dirk Hoke im Jahr 2016 initiierte Value Journey legte eine neue Grundlage für das Leadership University Portfolio, für die Leadership-Bewertung und führte zu einer Anpassung des Leadership-Modells. Außerdem wurde eine neue Engagement-Umfrage erstellt (MyWorking Environment Survey) mit einem neuen Ansatz, der auf Empowerment und auf der Einbindung von Mitarbeitern in Ressourcengruppen zur Förderung der Werte basiert.

Über die Werte hinaus heißen die von Dirk Hoke in der Strategie definierten geschäftlichen und organisatorischen Ziele „Strategy for growth: smarter products, more services, and more digital". Das bedeutet, dass Airbus DS darauf abzielt, sich umzuwandeln und neue Chancen in der Verteidigungs- und Raumfahrtindustrie zu nutzen, um sich für eine weitere Führungsposition in der Raumfahrt zu positionieren und durch digitale Dienstleistungen und sichere Konnektivität zu wachsen. Die übergreifende Vision bezieht sich auf das Geschäft, aber auch auf die Werte und den Zweck und betont die Rolle, die jeder Mitarbeiter spielen kann, um nicht nur sein Unternehmen, sondern auch die Gesellschaft um ihn herum zu beeinflussen. „Wir wollen führend sein bei intelligenten Lösungen für die Luft- und Raumfahrt und Verteidigung für eine sicherere und vernetzte Welt".

Im Einklang mit der Vision ist das Geschäft, das Dirk Hoke vorantreibt, die Entwicklung einer digital integrierten Umgebung auf der Grundlage neuer europäischer Verteidigungsprogramme, die sich nicht nur auf die Verteidigung und den Schutz der europäischen Bürger auswirken, sondern auch auf den Datenschutz und die sichere Kommunikation im Allgemeinen.

Das Future Combat Aircraft Systems (FCAS) begann als deutsch-französische Kooperation auf Basis der strategischen Kooperationsvereinbarung von Bundeskanzlerin Merkel und Präsident Macron vom 13. Juli 2017 und wurde auf der ILA[5] 2018 formalisiert. Spanien ist als dritte Na-

---

[5] Internationale Luft- und Raumfahrt Ausstellung (International Aerospace Exhibition)

tion offiziell im Jahr 2020 beigetreten. FCAS hat das Potenzial, das wichtigste europäische Verteidigungsprojekt aller Zeiten zu werden und eine Grundlage für eine gemeinsame europäische Verteidigungsstrategie und Beschaffung zu schaffen. Die Idee hinter FCAS entstand aus der Notwendigkeit, ein Verteidigungssystem zu schaffen, das auf der Grundlage schneller technologischer Innovationszyklen komplexeren Szenarien der Zukunft gewachsen ist und eine glaubwürdige Alternative zum amerikanischen F-35-Flugzeug darstellt. Dies kann nur durch einen System-of-System-Ansatz erreicht werden, der die Entwicklung eines Kampfflugzeugs der 6. Generation und fortschrittlicher ferngesteuerter Träger mit der Fähigkeit kombiniert, diese neuen und bestehenden Systeme (Marine-, Heeres-, Luftwaffen- und Raumfahrtsysteme) durch eine hochentwickelte und speziell cybergesicherte Multi Domain Combat Cloud (MDCC) zu verbinden.

Definition: System-of-System (SoS)

Der System of Systems-Ansatz bedeutet, eine technische und programmatische Kohärenz zu gewährleisten, um eine Betriebsfähigkeit für Systeme zu liefern, die zusammenarbeiten müssen und die meist unabhängig voneinander, zu unterschiedlichen Zeiten entwickelt wurden und für sich alleine arbeiten können. Durch die intelligente Verknüpfung der verschiedenen Einzelsysteme ermöglicht der System of Systems-Ansatz mehr Funktionalität, Leistung und ein optimiertes Kundenerlebnis. Da wir in einer vernetzten Welt leben, kann jedes entwickelte System später zu einem Modul eines größeren System of Systems werden, das die Effekte eines einzelnen Systems nutzt.

Die Herausforderung besteht darin, das Bewusstsein für diese Möglichkeit zu schaffen. So ist der System of Systems-Ansatz auch eine neue Art, ganzheitlich im Ökosystem zu denken und das Potenzial zu berücksichtigen, das sich aus den Wechselwirkungen verschiedener Akteure ergibt (interdisziplinärer Ansatz).

In der Endverbraucherindustrie erfordert beispielsweise ein zukünftiges autonomes Auto, das Sie von Punkt A nach Punkt B bringt, einen System-of-Systems-Ansatz mit einem nahtlosen Erlebnis für den Fahrgast, mit intelligenten Interaktionen zwischen weitgehend unabhängigen Systemen, die der Fahrgast nicht einmal sehen wird (Satelliten, Kamera, Sensoren auf der Straße …). Für FCAS wird der System-of-Systems-Ansatz durch die Multi-Domain-Combat-Cloud ermöglicht, die alte und neue Plattformen in allen Domänen (Luft, Land, See, Weltraum, Cyber) intelligent miteinander verbindet.

Um die MDCC zu schaffen, hat Airbus zusammen mit Thales (und jetzt auch mit INDRA) eine strukturierte Roadmap definiert, die das Wissen berücksichtigt, das durch den Aufbau der Airbus Restricted Cloud (ARC) für Regierungs- und kritische Infrastrukturkunden geschaffen wurde. MDCC wird massive Investitionen in Software, Hardware und Infrastruktur erfordern, um die Fähigkeit zu schaffen, massive Daten in überlasteten Umgebungen sicher auszutauschen. Da diese in normalen Zeiten Überkapazitäten haben wird, würde sie zusätzliche Dienste zum Schutz der Daten von kritischen Infrastrukturen, Städten, Gemeinden, Staaten und Nationen ermöglichen. Darüber hinaus wird es fortschrittliche neue europäische Innovationen für künstliche Intelligenz, Cloud Storage, Edge Computing und viele andere schaffen. Es wird auch die kritische Aufgabe lösen, die massiven Daten in fast Echtzeit in einer nationalen und internationalen Schicht für Analysen zu verwalten, bevor ausgewählte strukturierte und verarbeitete Daten zurück an die Systeme verteilt werden. Die zusätzlichen Bemühungen, alle europäischen Nationen auf 2 % des BIP-Verteidigungsbudgets zu bringen, würden daher die notwendige Grundlage schaffen, um FCAS auszuführen und Spillover-Effekte zu erzeugen, da diese Innovationen andere Initiativen wie GAIA-X unterstützen und einen Teil der Lücke gegenüber den USA und China bei Cloud- und KI-Technologien schließen würden.

Die Gesamtentwicklung dieser Programme erfolgt gemeinsam mit den Kunden von Airbus DS, wobei die agile Arbeitsweise und Feedback-Schleifen genutzt werden. Sowohl FCAS als auch das MDCC könnten sich nicht nur auf die Wirtschaft, sondern auch auf die Gesellschaft auswirken, indem sie den Schutz und die Zusammenarbeit europäischer Länder, die sich für technologische Fortschritte einsetzen, stärken. Dieser Aspekt, kombiniert mit den Werten, die im Mittelpunkt aller Aktivitäten stehen, stärkt die innere Motivation und das Engagement der Mitarbeiter von Airbus DS und schafft einen starken Motor für die digitale Reise von Airbus DS.

Über die starken Werte und den Zweck als Grundlage für die digitale Transformation hinaus hält Dirk Hoke die Vereinfachung und Verschlankung aller Prozesse (The Business Management System: BMS) sowie die Standardisierung der IT-Systeme und das Collaboration Mindset für essenziell. Eine digitale Transformation erfordert einen tiefen und starken vertikalen Fokus und ein Verständnis der spezifischen Geschäftsanforderungen, um diese in IT-Lösungen zu übersetzen. Eine End-to-End-Sicht auf das Geschäft zur Integration aller Akteure entlang der gesamten Wertschöpfungskette (Production-Life-Cycle-Management-Ansatz – „PLM") ist erforderlich, um maßgeschneiderte, flexible, effiziente und kundenorientierte Produkte und Lösungen anzubieten.

Trotz der sich schnell verändernden Umwelt und der notwendigen Anpassung von Organisationsstrukturen und Strategien bleibt der Mensch im Mittelpunkt. All die Veränderungen sind nur mit einem intrinsisch motivierten Team möglich. Dieser Ansatz wird vom Exekutivkomitee (Excom) von Airbus Defence and Space und insbesondere im Bereich Operations, wo der Mensch im Zentrum des geschäftlichen Ökosystems steht, nachdrücklich unterstützt.

5.1.1.2 Das menschenzentrierte Business-Ökosystem als Kernstück der Digitalisierung von Operations

Airbus DS Operations ist eine übergreifende Funktion, die für die Produktion, die Endmontagelinie, die Beschaffung und die Logistik sowie die Qualität für alle Airbus Defence and Space-Programme verantwortlich ist. Die Funktion beschäftigt ein Drittel der Gesamtmitarbeiter von Airbus DS und ist hauptsächlich in europäischen Ländern (Frankreich, Deutschland, Großbritannien, Spanien, Polen) angesiedelt. Executive Vice-President Barbara Bergmeier leitet Operations seit Dezember 2019, berichtet direkt an den CEO Dirk Hoke und ist Teil des Airbus DS Executive Committee. Sie hat eine sehr transparente und klare Vision, wohin sie Operations in den nächsten Jahren führen möchte, mit einer Balance zwischen der Lieferung von „on quality, on time and on cost" und Investitionen in die Zukunft von Operations im Kontext der Digitalisierung mit Standardisierung, Automatisierung, dem Einsatz von Robotern und Künstlicher Intelligenz. Mit dem Wissen, dass diese disruptiven Technologien alle betrieblichen Prozesse drastisch verändern werden, muss sie alle Ressourcen nutzen, um ein industrielles System von Weltklasse zu entwickeln und zu erhalten, das in der Lage ist, Produkte und Dienstleistungen besser, schneller und billiger zu liefern.

Bild 5.2 Vision Operations AIRBUS

We are proud to be

One Prime Operations

*providing innovative solutions, always on quality, on time and cost,
leveraging internal and external collaboration, and offering the best
environment for people to grow!*

Zur Umsetzung dieser Vision wurden sechs Säulen definiert:

1. die Pflege unserer Mitarbeiter und Talente an Bord in einem sicheren Arbeitsumfeld

2. die Umwandlung in die Fabrik der Zukunft

3. die tiefe Einbindung der Zulieferer in die Operations-Strategie

4. die Umsetzung einer industriellen Strategie, die auf Flexibilität, Effizienz und Ergonomie basiert

5. ein kundenzentriertes und präventives Qualitätsdenken innerhalb und außerhalb von Operations

6. eine äußerst wettbewerbsfähige Aufstellung in Bezug auf die finanzielle Leistung.

Barbara Bergmeier ist davon überzeugt, dass der Mensch im Mittelpunkt aller Operations-Aktivitäten stehen muss und sieht ihre Funktion Operations als „eine nachhaltige Organisation, in der Menschen und Umwelt interagieren und ein menschenzentriertes Geschäftsökosystem schaffen". Wenn Mitarbeiter auf allen Ebenen im Einklang mit ihren Werten und ihrem Umfeld nachhaltig handeln, wird das Unternehmen erfolgreich sein. Ein Beispiel aus diesem Ansatz ist die Reorganisation der End-to-End-Qualitätsorganisation der Lieferkette im Jahr 2019. Die Mitarbeiter wurden von Anfang an in diese organisatorische Veränderung einbezogen, um ihre Ängste und Ideen zu äußern, was am Ende zu einer leichteren Umsetzung führte, weil unsere Mitarbeiter wirklich davon überzeugt waren, dass es der richtige Weg war, dieses Thema anzugehen. Nach ein paar Monaten mit der neuen Organisation sind die positiven Auswirkungen auf die Motivation der Mitarbeiter und auf die tägliche Arbeit immer noch spürbar. Für das Unternehmen und von den Leistungskennzahlen her ist es auch ein großer Erfolg, der vom Rest der Organisation bestätigt wird.

> Die digitale Transformation und die Säule „Menschen" gelten als starke Befähiger und Beschleuniger all dieser Säulen.

Barbara Bergmeier glaubt auch wirklich an wertebasierte Führung und fördert in ihrer Organisation die Werte von Airbus DS und ihre persönlichen Werte: Vertrauen, Transparenz, Innovation, starke Disziplin und Verantwortlichkeit. Sie glaubt, dass Sicherheit, das Wohlbefinden des Teams und ein sicherer, vielfältiger und inklusiver Workshop mit starker Zusammenarbeit ihre Organisation auf die digitale Transformation vorbereiten werden.

Heute wird die digitale Transformation im Unternehmen durch die „Factory of the Future"-Aktivitäten vorangetrieben, die eine langfristige Digitalisierung der End-to-End-Prozesse namens „Digital Design Manufacturing and Services" (DDMS) und die Standardisierung von Prozessen (oder industriellen Backbones mit ERP/MES) beinhalten. Der DDMS-Prozess wird auch im Airbus-Ökosystem genutzt, um mit Airbus-Zulieferern anders zu kooperieren und sie in die Digitalisierungsreise einzubeziehen. Über diese Aktivitäten hinaus werden kontinuierlich inkrementelle Bottom-up-Innovationen unter Verwendung neuer digitaler Technologien (z. B. Data Analytics, künstliche Intelligenz, maschinelles Lernen und Robotik) entwickelt, um Prozesse, das Wohlbefinden der Mitarbeiter, die Arbeitsbedingungen und die Gesundheit am Arbeitsplatz zu verbessern.

Mit dem langfristigen End-to-End-Prozess (DDMS) und der kurzfristigen inkrementellen Innovation bewegt sich Airbus DS Operations mit zwei Geschwindigkeiten und Hebeln der digitalen Transformation (Top-down und Bottom-up). Die Kompetenzentwicklung findet folglich auf beiden Ebenen auf unterschiedliche Weise und in unterschiedlichen Geschwindigkeiten statt. Die folgenden Kapitel beschreiben den Airbus-Lernrahmen für die Entwicklung digitaler Kompetenzen sowie die Anwendung dieses Rahmens auf die Anwendungsfälle bei Operations.

5.1.2 Airbus-Lernrahmen für die Entwicklung digitaler Kompetenzen

Die konzernweite Kompetenzstrategie von Airbus wird auf der Grundlage der obersten Unternehmensziele entwickelt, die jedes Jahr vom Airbus Management Board festgelegt werden. Die Kompetenzstrategie ist das Ergebnis eines Bottom-up- und Top-down-Prozesses, der von Kompetenz- und Lernagenten in den Geschäftsbereichen (den „Akademien") vorangetrieben und auf der Grundlage der Geschäftsanforderungen für alle Airbus-Geschäftsbereiche gebündelt wird. Die Kompetenzen werden dann in kurz-, mittel- und langfristig klassifiziert und mit einer zugehörigen Liste von Stellen und Kompetenzen versehen. Basierend auf diesen Eingaben wird der Vorschlag vom Learning Board mit Vorstandsmitgliedern, Personalspezialisten und Akademien Top-down hinterfragt und validiert. Dank dieses Bottom-up- und Top-down-Ansatzes können sowohl High-Level- als auch operative Empfehlungen umgesetzt werden. Der Fokus auf die Digitalisierung in den obersten Unternehmenszielen von Airbus spiegelt sich in der Kompetenzstrategie von Airbus wider.

Ein Beispiel für die Entwicklung der Kompetenzstrategie ist das DDMS-Projekt. Die DDMS-Kompetenzen wurden zunächst durch Interviews mit den Funktionsleitern und anderen wichtigen Führungskräften und Stakeholdern identifiziert (z. B. End-to-End-Durchgängigkeit und beteiligte Tools, Umwandlung von Geschäftsanforderungen in digitale Anforderungen, Entwicklung von DDMS-Lösungen, Datenmodellen, Prozessmodellen und modellbasiertem System Engineering). Darauf aufbauend haben die Akademien die Kompetenz- und Lernmaßnahmen sowohl kurzfristig (DDMS-Sensibilisierungstrainings, Erlernen von Industrialisierungsprozessen, Erlernen von Datenmodellen und Prozessmodellen) als auch mittelfristig (Definition neuer Rollen für leitende Prozessingenieure, Einbindung von Kompetenzen in fertigungstechnische Aufgaben und Lernlösungen) definiert. Dieser Input wurde dann in der Kompetenzstrategie zusammengestellt, die top-down validiert werden sollte.

Um der Herausforderung eines sich schnell verändernden Umfelds und der Geschwindigkeit der digitalen technologischen Entwicklung zu begegnen, bietet Airbus einen großen Rahmen für das Lernen mit formellen sowie informellen oder gemeinschaftsbasierten Aktivitäten.

5.1.2.1 Rahmen der Airbus-Kompetenzstrategie

Der Kompetenzstrategie-Rahmen von Airbus kombiniert einen strategischen Ansatz – der nicht nur die Transformation von Airbus unterstützt – und einen operativen Ansatz, der Teams und Mitarbeiter bei ihrer Entwicklung anleitet, um Eigenverantwortung und eine kontinuierliche Lernkultur zu fördern. Für die digitale Transformation wurden Schlüsselkompetenzen identifiziert und mit Stellenprofilen verknüpft. Sie werden durch den DTO-Lernrahmen ergänzt, um eine datengesteuerte Kultur zu implementieren.

Digitale Kompetenzen als strategisch für die Zukunft identifiziert

Der Kompetenzstrategie-Rahmen zielt darauf ab, der Organisation und allen Mitarbeitern zu helfen, sich zu entwickeln und Airbus bei der Vorbereitung auf die Zukunft zu unterstützen. Empfehlungen werden immer für drei verschiedene Arten von Populationen gegeben: alle Mitarbeiter, Schlüsselanwender und Experten. Mitarbeiter haben die Möglichkeit, als freiwillige Aktivität jederzeit eine Kompetenzbewertung zu fahren, um zu beurteilen, wo sie stehen und in welchen Bereichen sie wachsen sollten.

Die empfohlene Lernreise der Mitarbeiter kann auf drei verschiedene Arten durchgeführt werden:

- Formales Lernen (Präsenztraining und digitales Training)
- Soziales Lernen (Gemeinschaften und Lernen mit Gleichaltrigen)
- Lernen am Arbeitsplatz (Lernen durch die Ausführung von Aufgaben innerhalb der Rolle des Mitarbeiters)

Jeder Mitarbeiter kann entscheiden, wie er seine Lernreise je nach Thema und verfügbarem Lernangebot gestalten möchte. Innerhalb der elf Achsen, die als wesentliche Kompetenzen im Jahr 2020 identifiziert wurden, sind diese vier, die sich auf digitale Fähigkeiten beziehen:

1. Digitale Fähigkeiten und Nutzerzentrierung: deckt digitale Fähigkeiten gemäß der Definition des Digital Transformation Office ab (Advanced Analytics, Artificial Intelligence, Big Data). Richtet sich an alle Ebenen vom allgemeinen Bewusstsein bis hin zu Spezialisten.

2. Cyber- und physische Sicherheit, Produktsicherheit und Krisenmanagement: Antizipieren aller Kompetenzen, die erforderlich sind, um Airbus vor jeglichen Angriffen zu schützen, Verstärkung der Produktsicherheit (allgemeines Bewusstsein, mittleres und Master-/Spezialistenniveau in Bezug auf Sicherheitsrisikomanagementkompetenzen, interne Sicherheitsrichtlinien, neue Plattformen und Software)

3. Fortgeschrittene Analytik, künstliche Intelligenz und Big Data: unterstützt Airbus bei der Umwandlung in ein datengesteuertes Unternehmen mit einer zunehmend datengesteuerten Entscheidungsfindung in allen Bereichen des Unternehmens

4. Agile Methodik-Framework: bezieht sich auf die Verwendung der Agilen Methodik für das Projektmanagement oder die Neuentwicklung zur Unterstützung der geschäftlichen Herausforderungen (z. B. Scrum Master, Product Owner, Kanban, Hub Community AGILE).

Für jede strategische Kompetenzachse gibt es einen „Handlungsaufruf" für drei spezifische Gruppen von Menschen: Spezialisten, wichtige Befähiger und alle Airbus-Mitarbeiter. Es gibt immer ein gemischtes Angebot, das formales Lernen (Lernen im Klassenzimmer, E-Learning) und soziales Lernen (Empfehlung zur Teilnahme an Communities) kombiniert. Siehe unten die Zusammenfassung des Ansatzes für die vier ausgewählten Kompetenzen.

Tabelle 5.1 Vier ausgewählte Kompetenzen

Was?	Wie?	Wer?
Cyber- und physische Sicherheit, Produktsicherheit und Krisenmanagement	Nur formales Lernen (Cybersicherheit, Sicherheitsrisikobewertung, Sicherheitsrichtlinien)	Für alle, für Technik, für Spezialisten
Erweiterte Analytik, Künstliche Intelligenz und Big Data	Mix aus formalem Lernen und sozialem Lernen: z. B. Experten: Data Analyst Nano Degree, Artificial Intelligence Nano Degree, Community of Practice. Key-User: Crashkurs in Data Science, Community of Practice. Alle Mitarbeiter: KI für alle, Data Governance	Experte, Key-User, alle Mitarbeiter
Digitale Fähigkeiten und Benutzerzentriertheit	Mix aus formalem Lernen und sozialem Lernen: z. B. Experten: IoT, Cloud, UX/UI, AWS, Community of Practice. Hauptnutzer: formales Lernen und Anwenden mit Team, Alle: formales Lernen und Anwenden mit Team	Alle Mitarbeiter, Key-User, Experten
Agile Entwicklungsmethodik	Formales Lernen und Intranet-Community: z. B. Experten: Scrum Master, Product Owner. Key Enabler/alle Mitarbeiter: Playlist des Lernens und Hub-Community AGILE	Spezialist, andere (Key Enabler, alle Mitarbeiter)

Um die zukünftigen Kompetenzen in allen vom technologischen, gesellschaftlichen und politischen Wandel betroffenen Bereichen zu antizipieren, hat Airbus eine Global Workforce Study (GWF) entwickelt, die Transparenz über die Entwicklung von Airbus schafft und es den Mitarbeitern ermöglicht, sich vorzubereiten. Die GWF ist für Talente auf der ganzen Welt öffentlich zugänglich und wird mit dem Extended Enterprise Netzwerk von Airbus und anderen Partnern, wie z. B. Universitäten, geteilt. Diese Transparenz ermöglicht es jedem, zu wissen, worauf er sich vorbereiten muss und wie er sich vorbereiten kann. Die Studie wurde 2019 bei der Europäischen Kommission vorgestellt und existiert sowohl als Taschenbuch und digitales Buch, als auch als mobile Anwendung für alle Smartphones und Tablets.

Kompetenzen, die mit einem Stellenprofil verbunden sind

Über die strategischen Top-down-Schlüsselbereiche hinaus hat Airbus einen Kompetenzmanagement-Ansatz entwickelt, um Kompetenzen zu managen und zu antizipieren und jeden Arbeitsplatz auf die Kompetenzen auf Mitarbeiterebene abzustimmen. Dieser sehr detaillierte und von unten nach oben gerichtete Ansatz der Kompetenzentwicklung wurde bei Airbus ursprünglich eingerichtet, um die Qualitätszulassungen für Flugzeuge zu verfolgen und die technischen Fähigkeiten zu verwalten. Später wurde er auf alle Mitarbeiter ausgeweitet und an neue Umgebungen und Bedürfnisse angepasst.

Die Grundlage des Kompetenzmanagements ist ein Stellenprofilkatalog, in dem die Beschreibung jeder Stelle mit Kompetenzen verknüpft ist. Alle Airbus-Mitarbeiter werden im Stellenkatalog mit einem Stellenprofil abgebildet, das zu einer Stellenfamilie gehört. Die gesamte Zuordnung zwischen Mitarbeitern und Stellenprofil und -familien wird von den „Academies" und der für die Kompetenzentwicklung zuständigen Abteilung („Develop"-Abteilung) koordiniert.

Beispiel für ein Jobprofil: Data Architect

Beschreibung: Entwerfen und Entwickeln von logischen und physikalischen Datenmodellen und Datenbanken, zur Verteilung der Datenverwaltung und Gestaltung von Informationsmanagementfunktionen im Kontext von strukturierten und unstrukturierten großen Datenmengen. Gewährleistung der Gesamtdatenkonsistenz, Pflege und Aktualisierung der Gesamtdaten auf System-/Teilsystem-/Komponentenebene während der Entwicklung.

Assoziierte Kompetenzen: Configuration Management Fundamentals, Systems Engineering, Computing Systems Fundamentals, Software Organisation/Strukturierung, Data Structure & Storage

---

Für jede Kompetenz gibt es eine Ausprägungsstufe (1 – 4) (1: grundlegend, 2: autonom/selbständig, 3: fortgeschritten, 4: Referent). Heute sind die digitalen Kompetenzen in das Stellenprofil und die zu entwickelnde Kompetenz für jeden Mitarbeiter integriert. Es liegt an jedem Mitarbeiter, die mit dem Stellenprofil verbundenen Kompetenzen selbst einzuschätzen und mit seinem Vorgesetzten zu besprechen, wobei er gegebenenfalls Kompetenzen hinzufügt, die mit der spezifischen Stelle verbunden sind. Diese Kompetenzbeurteilung kann auf individueller Ebene erfolgen oder für ein Team oder eine Organisation gestartet werden.

Neben den von der Personalabteilung organisierten Schulungen bietet das DTO-Büro auch einen Rahmen für die Nutzung von Daten an, der als „Data Governance"-Framework bezeichnet wird.

DTO-Lernframework für die datengesteuerte Kultur

Data Governance stellt sicher, dass Airbus DS die wichtigsten Prinzipien erfüllt, um Daten zu einer Säule des zukünftigen Geschäfts zu machen. Sie befasst sich mit dem Gesamtmanagement der Verfügbarkeit, Nutzbarkeit, Integrität, Konsistenz und Sicherheit von Daten und umfasst die Festlegung von Regeln, Prozessen, Rollen, Tools und Schulungen, um ein effektives und effizientes Datenmanagement zu gewährleisten. Data Governance umfasst auch den Datenschutz, die Datensicherheit und die Daten-Compliance zum Schutz des Unternehmens. Darüber hinaus unterstützt sie die Kontrolle und Verbesserung der Datenqualität, der Datenverantwortlichkeiten und ermöglicht es, Unternehmensstammdaten oder Referenzdaten zu identifizieren. Es hilft erheblich dabei, die kritischen Daten zu verstehen, um sich auf das Wesentliche zu konzentrieren.

Die wichtigsten Prinzipien sind wie folgt:

1. Die Daten sind für andere innerhalb von Airbus offen und werden nur aufgrund von Compliance- und Risikoanalysen eingeschränkt.

2. Daten unterstützen die datengesteuerte Produktionsoptimierung und die Verbesserung der Produktsicherheit.

3. Daten als starker Enabler für die Wertschöpfung des Unternehmens müssen unternehmensweit geteilt und verstanden werden.

4. Effektive Datenerfassung, -speicherung, -kategorisierung, -klassifizierung, -integration, -vertraulichkeit, -integrität, -verfügbarkeit, -rückverfolgbarkeit, -genauigkeit und -analyse ist der Schlüssel für den gegenwärtigen und zukünftigen Erfolg von Airbus.

5. Datenbezogene Anforderungen, Risiken und Sicherheit sind durch weit verbreitete und überprüfbare Prozesse unter Kontrolle.

6. Jede Funktion verfügt über die notwendige Ressourcenorganisation, das Wissen und das Material, um das Ziel der Data Governance zu erreichen.

Was die gemeinsame Nutzung von Daten betrifft, so ist die Herausforderung im Zusammenhang mit dem Geschäft und den Kunden von Airbus DS besonders groß. Viele Daten sind streng vertraulich und können überhaupt nicht geteilt werden (z. B. Einschränkungen durch OCCAR[6]-Spezifikationen, kundenspezifische Produkte pro Land). Dies führt zu einer fragilen Grundlage für die gemeinsame Nutzung von Daten, auch wenn viele nützliche Daten überhaupt nicht von dieser Art von Einschränkungen betroffen sind. Die wichtigsten Maßnahmen, um dieser Aussage entgegenzuwirken, bestehen darin, Transparenz darüber zu schaffen, welche Daten geteilt werden dürfen, um den Menschen zu helfen, sich zu trauen, mehr zu teilen, und persönliche Ängste aufgrund eines geringen Verständnisses von Datenthemen abzubauen. Eine weitere Maßnahme ist es, die Sicherheit der Daten, die derzeit entwickelt werden, zu gewährleisten und das Bewusstsein für die Exportkontrolle zu stärken.

Aber Lernen ist mehr, als Kompetenzen und Schulungen zu definieren und den Rahmen für eine datengetriebene Kultur zu schaffen. Es geht auch darum, ein Umfeld zu entwickeln, in dem die Menschen neugierig auf Neues sind und die Bereitschaft haben, sich mit anderen dynamischen Menschen auszutauschen. Das folgende Unterkapitel beschreibt diese als Community of Practice und Ökosystem-Lernen bezeichneten Aktivitäten, die in der Division Airbus Defence and Space besonders gefördert wurden.

5.1.2.2 Community of Practice und Lernen im Ökosystem

Im Rahmen der Digitalen Transformation wurde vom Digital Transformation Office (DTO) und der Personalabteilung von Airbus DS ein neuer Ansatz für das Lernen initiiert: der Community-Ansatz. Das Ziel dieser Communities ist es, interessierte Mitarbeiter auf eine kollektive Reise zu schicken, um gemeinsam zu lernen und sich auszutauschen, wobei das interne sowie externe Wissen und die Expertise auf eine sehr dynamische und informelle Art und Weise genutzt werden. In der Tat ist für viele Digitalexperten der große Schulungskatalog und das E-Learning, das als Teil des Airbus-Kompetenzrahmens angeboten wird, gut zu haben, aber nicht ausreichend, wenn die Mitarbeiter die Bereitschaft haben, in einem sich schnell verändernden Fachgebiet kontinuierlich zu wachsen. Einige Schulungen für aktuelle Technologien sind möglicherweise auch nicht zu dem Zeitpunkt verfügbar, der für neue Projekte erforderlich ist.

Innerhalb der DTO- oder Airbus DS-Personalabteilungen wurden einige Communities von der Organisation (das DOCK) oder unter der Initiative einzelner Führungskräfte mit dem Willen gegründet, eine Bewegung zur Unterstützung der digitalen Transformation zu schaffen (IoT, Data Analytics Communities, Communities of Interest).

---

[6] OCCAR: Organisation für gemeinsame Rüstungskooperation

Internet der Dinge (IoT) Gemeinschaft

Die Internet of Things Community besteht seit 2019 und wurde von einem Internet of Things Experten und Mitglied des Young Leader World Economic Forum for the Future of Manufacturing ins Leben gerufen. Seine Motivation war es, eine Community für IoT aufzubauen, um das Thema nicht nur auf IT-Spezialisten, sondern auch auf Funktionsvertreter auf konzernweiter Ebene auszuweiten. Das Projekt begann mit einem Team von 7 – 8 Personen und einem Netzwerk von 200 Personen rund um den Globus und war nach weniger als 3 Jahren auf 2000 Community-Mitglieder angewachsen. Die Community-Aktivitäten sind eine Mischung aus

1. regelmäßig organisierten „Meet-ups" mit einem monatlichen Telefonat zum Informationsaustausch,

2. vierteljährlichen Rückblicken, um das Erreichte zu reflektieren,

3. einem jährlichen IoT-Gipfel, um alle Anwendungsfälle des Jahres zu teilen,

4. einer digitalen Roadshow an allen Standorten, um allen Mitarbeitern zu erklären, wie IoT auf dem Markt funktioniert, wobei externe Start-ups eingeladen werden, ihr Fachwissen zu teilen.

Die Community bietet eine Möglichkeit, sich auch außerhalb von Airbus zu vernetzen und ein starkes IoT-Ökosystem aufzubauen.

Alle Informationen werden auf einer gemeinsamen IT-Plattform geteilt, um die Vertraulichkeit zu gewährleisten. Alle Menschen können mit spezifischen Wünschen und Fragen kommen und erhalten eine Antwort aus der Community sowie aus dem Demand-Management-Prozess.

Darüber hinaus fördert die Community mit der IoT-Akademie Entwicklungsmaßnahmen, die für Experten angeboten werden (IoT für Einsteiger, MOCC-Schulungen). Die meisten Schulungsteilnehmer sind IT-Spezialisten und nutzen die agile Methodik in ihren Projekten. Insgesamt geht es darum, Menschen zu erreichen und sie für IoT-Themen zu sensibilisieren. Nach drei Jahren gibt es in jeder Abteilung eine kleine IoT-Organisation, die das Thema von innen heraus mit guten Kenntnissen über Produkte und offizielle Plattformen vorantreibt. Diese Embryonen des IoT sind bereit für den Scale-up.

Datenanalyse und KI-Gemeinschaft

Die Data Analytics Community wurde von einem talentierten Data Scientist gegründet, der sich leidenschaftlich mit Data Analytics und künstlicher Intelligenz beschäftigt. Seine Community begann mit einem kleinen Treffen von KI-Botschaftern an verschiedenen Standorten, die noch nicht miteinander verbunden waren. Nach einigen Jahren vertraten die KI-Botschafter fast alle Airbus-Standorte und ermöglichten es dem Unternehmen, Mitarbeiter mit diesen Kompetenzen zu identifizieren, falls ihre Profile im internen Kompetenzsystem nicht aktualisiert waren. Einige Botschafter traten auch aufgrund von Empfehlungen bei. Die Organisation der Community ist wie folgt:

1. Regelmäßige „Meet-ups" mit allen Botschaftern zum Austausch von Anwendungsfällen unter Verwendung neuer Tools für virtuelle Verbindungen (z. B. Stack Overflow, Videoarchiv). Diese neuen Tools für virtuelle Verbindungen ermöglichen die Bewertung von Fragen aus der Community, Badges für gute Fragen mit Gaming-Lösungen, und unterstützen sinnvoll und tiefgreifend den Austausch über Cases zwischen den Seiten.

2. Pro Monat werden 6 – 8 Veranstaltungen (online und persönlich) mit Präsentationen für alle Community-Mitglieder organisiert, um Wissen standortübergreifend auszutauschen.

3. Monatliche Newsletter werden erstellt, um Neuigkeiten zu teilen und zu veröffentlichen, wobei Nutzer des Monats, aktuelle Geschichten in der Community und angebotene Schulungen hervorgehoben werden, insbesondere die Schulungsprogramme mit gutem Feedback.

4. Eine Hub-Seite im Airbus-Intranet wurde eingerichtet, um aktuelle Nachrichten zu teilen und einen Überblick über verfügbare Schulungs- und Entwicklungsmaßnahmen zu geben. Sie bietet auch Transparenz und Sichtbarkeit für Projekte, in denen die Mitarbeiter ihre Kompetenzen einsetzen können.

5. Für technische Fragen zu schwierigen Anwendungsfällen gibt es Ressourcen, um schnell zu antworten. Bei 89 bis 90 Airbus-Besuchern pro Tag beträgt die Wartezeit bei der Nutzung des Frage-und-Antwort-Tools nur 1,5 Stunden. Regelmäßige Nutzer des Monats werden ebenfalls ausgezeichnet. Darüber hinaus gibt es ein gemeinsames Toolset, mit dem sowohl der Quellcode als auch die Binärdateien für eine schnelle Installation gemeinsam genutzt werden können.

Zu den von den Nutzern dieser Community erkannten Vorteilen gehört die Tatsache, dass alle in Bezug auf formales Lernen auf dem Laufenden bleiben können, das Gelernte auf konkrete Projekte anwenden können und den Ansatz des lebenslangen Lernens wirklich leben, auch im nicht-technischen Bereich (z.B. wie man scheitert). Außerdem hält es die Mitarbeiter in ihren Bereichen und ermöglicht Airbus den Aufbau von Fachwissen für seine Data Scientists. Um die Mitarbeiter zu ermutigen, der Community beizutreten, wurde vor kurzem ein automatisches Mitgliedschaftsverwaltungssystem für jeden eingerichtet, der an Schulungsprogrammen der Digital Academy teilnimmt, und sie werden in ihrer lokalen Community angemeldet.

DOCK-Gemeinschaft

Das Dock ist eine digitale Initiative, die gemeinsam von Airbus DS Military Aircraft und der DTO-Abteilung ins Leben gerufen wurde, um digitale Projekte zu beschleunigen. Sie ist in einem gemeinsamen Arbeitsbereich verkörpert, in dem alle Funktionen und Programme eingeladen sind, neue Fähigkeiten auf schnellstmögliche Weise zu entwickeln, die einen Mehrwert für das Unternehmen bringen. Es bietet auch eine starke Methodikunterstützung durch die „Dock Scrum Master Community". Die übergeordnete Mission der Community ist es:

1. digitale Projekte in der Startphase zu unterstützen, indem sie einen robusten Ansatz für die anfängliche Produktgestaltung bereitstellt,
2. die Markteinführung der vielversprechendsten digitalen Produkte zu beschleunigen und eine schnelle Implementierung der internen Effizienz digitaler Lösungen zu gewährleisten,
3. einen kulturellen Wandel, neue Arbeitsweisen und datengesteuerte Entscheidungen zu fördern,
4. die Verwendung des agilen Ansatzes, eine schnelle Entwicklung und häufige Iterationen auf der Grundlage konkreter Anwendungsfälle, Kundenzentrierung mit Feedbackschleifen, Anpassungsfähigkeit der Projektumgebung zu fördern,
5. den Zugang zu digitalen Fähigkeiten und Lernangeboten zu erleichtern.

Die DOCK-Community fungiert auch als Vorbild, um die Werte von Airbus, Kundenorientierung und Verantwortlichkeit innerhalb und außerhalb von Airbus zu fördern.

Communities von Interesse

Die Personalabteilung von Airbus Defence and Space hat unter der Leitung von Dr. Lars Immisch einen Pionieransatz entwickelt, um engagierte Mitarbeiter innerhalb von Interessengemeinschaften zu identifizieren und zu fördern. Diese Communities sind Teil der Talentmanagement-Aktivitäten und ermöglichen es Mitarbeitern, sich durch ähnliche Interessen zu verbinden, um ein Thema zu mobilisieren und gemeinsam zu wachsen. Sie sind technisch oder nicht-technisch und können sich auf frühe Talente (Shake and Shape), Frauen (MyWay) oder generationenübergreifend mit Mitarbeitern konzentrieren, die eine gemeinsame Leidenschaft haben, um gemeinsam ein Thema zu entwickeln und etwas zu bewirken (Passion4Growth). Entwicklungsmaßnahmen entlang des getriebenen Projekts konzentrieren sich auf Selbsterfahrung, Beziehungs- und Systembewusstsein sowie Ökosystembewusstsein und vernetzen die Teilnehmer mit der Außenwelt, um neue Inspirationen zu sammeln. Diese Communities werden von engagierten und intrinsisch motivierten Mitarbeitern sehr geschätzt und stellen die Weichen für die langfristige digitale Transformation.

Fazit

Die Vielfalt der Communities ermöglicht es den talentierten und zukunftsorientierten Mitarbeitern sich auszutauschen

Die Vielfalt der Communities bildet eine solide Grundlage für die digitale Transformation, da sie einen anderen und dynamischeren Weg schaffen, um gemeinsam mit Experten innerhalb und außerhalb von Airbus zu lernen und sich weiterzuentwickeln. Die Communities ermöglichen auch die Identifizierung und Verbindung von talentierten und zukunftsorientierten Mitarbeitern und bieten eine Plattform um sich auszutauschen, Fragen zu stellen und Probleme anzusprechen. Sie geben praktische Beispiele, damit die Menschen verstehen, was sie aus den Technologien (z. B. Daten) machen können und wie sie sich die Themen wirklich zu eigen machen. Das Ziel für die Zukunft ist es, Communities von Interesse weiter zu entwickeln und die eher technischen Communities auch für Nicht-IT-Experten zugänglich zu machen. Die jüngere Generation der Mitarbeiter unterstützt diesen Ansatz sehr, da sie danach strebt, innerhalb und außerhalb von Airbus sichtbar zu sein und die Botschafter von Airbus zu sein.

Während für die Entwicklung digitaler Kompetenzen ein großer Lernrahmen entscheidend ist, betrachten wir im nächsten Kapitel den konkreten Einsatz dieses Kompetenzentwicklungsangebots anhand von Anwendungsfällen aus dem Bereich Operations und Industrie 4.0.

5.2 Industrie 4.0-Aktivitäten und Kompetenzentwicklung[7]

Industrie 4.0 ist die intelligente Vernetzung entlang der Operations-Wertschöpfungskette (Produktion, Fertigung, Qualität und Beschaffung) und quer dazu durch den Einsatz von Analytics, Internet of Things (IoT), Qualitätsanalytik, 3D-Druck. Industrie 4.0 erfordert eine Software, die den veränderlichen Workflow des Fertigungsprozesses unterstützen kann. Sie sollte auch in der Lage sein, heterogene Maschinen von verschiedenen Herstellern in ein System zu integrieren[8].

Wir beschreiben im Detail Top-Down-Innovationsprojekte mit Fokus auf Operations (z. B. Digital Design and Manufacturing Systems – DDMS) sowie inkrementelle Innovationen, die im Rahmen des gesamten Industrie 4.0-Prozesses bei Airbus Defence and Space in den Bereichen Produktion und Fertigung, Beschaffung und Logistik sowie Qualität entwickelt wurden. Die digitale Kompetenz hat einige Gemeinsamkeiten, aber auch Besonderheiten entwickelt, abhängig von der Größe des Projekts und dem Kontext der digitalen Technologien.

5.2.1 ERP-Standardisierung und End-to-End-Ansatz der DDMS

DDMS ist das Airbus-weite Projekt zur Ermöglichung einer durchgängigen Toolchain ohne Unterbrechungen zwischen den verschiedenen Systemen, die für Design, Engineering, Produktion und Services benötigt werden. Es ermöglicht Airbus DS, die Effizienz zu steigern, Kosten und Vorlaufzeiten zu reduzieren und eine höhere Leistung zu erreichen. Eine der größten Herausforderungen für DDMS ist es, die digitale Kontinuität innerhalb von Airbus, aber auch in seinem Ökosystem, vorzubereiten, indem das Product Lifecycle Management (PLM) der nächsten Generation mit den industriellen Backbones (z. B. ERP) verbunden wird. DDMS ist in mehrere Säulen unterteilt (Modellierungssimulation, Tools, Transformation und Change Manage-

---

[7] Industrie 4.0-Anwendungsfälle wurden im Rahmen des Projekts „Data-Driven Culture" des multifunktionalen Teams von Airbus DS Operations ausgetauscht und analysiert: Tania Stafford (Lernen); Carmona Remedios Dr. (DDMS); Bechir Hmeida, Toledo Fernandez Jose Manuel und Cerezo Dominguez Francisco (Produktion und Fertigung); Vale Yague Guillermo (Beschaffung); Christine Hahn (Qualität)

[8] Produktion und Bereitstellung von Dienstleistungen – Industrie 4.0, *www.fraunhofer.de*

ment). Für die Implementierung ist DDMS nicht nur mit dem IT-Tool, sondern auch mit neuen Arbeitsweisen, Kultur und Verhalten verbunden.

DDMS wird derzeit auf der Ebene der Airbus Group für große Demonstratoren verwendet. Innerhalb von Airbus DS wird DDMS für das Raumfahrtsystemgeschäft sowie für das neue Programm Eurodrone verwendet. Es ist auch geplant, DDMS für Prozesse und erweiterte Fähigkeiten gegenüber wichtigen Unterauftragnehmern, Partnern, Lieferanten und Kunden einzusetzen, um eine digitale Datenkontinuität im gesamten erweiterten Unternehmen zu ermöglichen. Langfristig kann DDMS auch genutzt werden, um mehrere Produkte mit einer gemeinsamen Umgebung zu verbinden und den Kunden voll integrierte Plattformen zu bieten.

ERP (Enterprise Resource Planning) und MES (Manufacturing Execution System) sind das Fundament und die industrielle Basis, die parallel zur DDMS entwickelt und standardisiert werden. Das Ziel dieses Standards ist es, die Gesamteffizienz in den aktuellen und älteren Programmen zu erhöhen, um ein wettbewerbsfähiges Marktangebot bereitstellen zu können. Diese Effizienz wird in zwei Schlüsselaspekten gemessen: a) Anzahl der verbrauchten Stunden pro Einheit und b) Kosten für nicht qualitätsbezogene Stunden, die entlang des End-to-End-Prozesses anfallen (was „verschwendete Zeit" in Prozessen, z. B. Wartezeit, einschließt). Die generelle Einführung der „Methods of Time Management (MTM)" schafft die notwendige Transparenz, um die Effizienz weiter zu fördern. Darüber hinaus ermöglicht sie eine Verknüpfung mit DDMS, um Verbesserungsmöglichkeiten in der Produktion digital antizipieren und Feedback-Schleifen fahren zu können. Die Standardisierungs- und SAP-Migrationsprojekte wurden 2019 gestartet und konzentrieren sich auf Daten, die für die Zukunft benötigt werden. Alte Daten werden im Archiv gespeichert. Heute haben wir unterschiedliche ERP-Systeme im Military Aircraft, in der Raumfahrt und im Wartungsgeschäft (MRO) mit einer gemeinsamen ERP-Plattform für die Ebene von Airbus DS und auf der Ebene der Airbus Group. Diese Standardisierung wurde zunächst in den Bereichen Finanzen und Projektmanagement vorangetrieben und wird nun mit Unterstützung der Airbus-Implementierungspartner in den Bereichen Produktion, Supply Chain, Beschaffung und Qualität umgesetzt. Viele der Anwendungsfälle, die später in diesem Artikel beschrieben werden, nutzen ERP-Plattformen als Grundlage für den Aufbau ihrer Data Lake- und Analytics-Lösungen. In Bezug auf die Kompetenzentwicklung wurden Schulungsprogramme für Schlüsselanwender sowie für die ERP-Expertengemeinschaft angeboten. Für jedes Projekt wird eine neue Community aufgebaut, angetrieben von der Spitze.

5.2.1.1 DDMS-Anwendungsfall

Wie bereits erwähnt, ist DDMS eine Top-Down-Initiative bei Airbus zur Entwicklung eines durchgängigen digitalen Backbones unter Verwendung neuer Methoden, digitaler Tools und neuer Arbeitsweisen. An dem Projekt sind Mitarbeiter aus allen Programmen und Geschäftsbereichen beteiligt, was die Harmonisierung und Standardisierung des Gesamtprozesses zu einer Herausforderung macht. Nichtsdestotrotz werden alle Lehren aus dem Projekt über die gesamte Organisation verteilt und der Gesamteinfluss auf die digitale Kultur und Denkweise ist noch größer. Zu den für DDMS identifizierten Fähigkeiten gehören: Produktlinie, Co-Entwicklung, modellbasiertes System-Engineering, Entwicklung außerhalb des Zyklus, digitale Kontinuität der Entwicklung außerhalb des Zyklus und Product Lifecycle Management (PLM).

Die DDMS-Implementierung wurde innerhalb von Airbus Defence and Space im Kontext des Raumfahrtsystems begonnen. Da sich der Raumfahrtmarkt durch den Markteintritt neuer Wettbewerber (z. B. Space X) rasant entwickelt, verlangen die Raumfahrtkunden zunehmend schnellere, kostengünstigere und leistungsfähigere Produkte, was die Marktanforderungen für das Geschäft mit Telekommunikationssatelliten drastisch verändert hat. Die Kunden erwarten von Airbus schnellere Lieferungen bei geringeren Kosten, während die erforderliche Satellitennutzlast drastisch zunimmt. Das Projekt DDMS@Space zielt darauf ab, die Arbeitsweise von den Kundenanforderungen über die Produktion und den Datenaustausch mit den Zulieferern bis hin zum Ende der Lebensdauer des Satelliten zu digitalisieren. Das Prinzip ist, alle Daten zentral zu speichern, um einen digitalen Zwilling aufbauen zu können, der als digitale Kopie des physischen Satelliten leichter zu testen und zu bauen ist. Heute wird DDMS für die Individualisierung und Automatisierung von Produkten im Fertigungsbereich eingesetzt und ist in allen Produktionsstätten der Telekom für Raumfahrzeuge implementiert. Es ist interessant zu beobachten, wie stark sich dieser neue Prozess nicht nur auf das Werkzeug und die Methoden auswirkt, sondern auch auf den Mentalitätswandel und die Einbeziehung aller Akteure und Teams über die traditionellen Silos hinaus.

DDMS@Eurodrone wurde nach DDMS@Space gestartet. Die DDMS@Eurodrone ist die Anwendung dieses End-to-End-Ansatzes, um das Eurodrone-Produkt von Anfang an zu entwickeln. Dieses Projekt ist auch ein Pilot, um die Basis für die Entwicklung der nächsten Generation von Flugzeugen bei Airbus zu schaffen. Die Einführung von DDMS verändert die Art und Weise, wie Airbus produziert, radikal. Daher wurde ein umfangreicher Schulungsplan aufgestellt, der den gesamten Prozess und alle Funktionen (Engineering, Fertigung, Qualität, Service) abdeckt.

5.2.1.2 DDMS-Kompetenzentwicklung

Die Entwicklung des Lernens war eine echte Herausforderung für das Team, da viele Themen vorher überhaupt nicht existierten. Diese Pionierarbeit wird im Folgenden zusammengefasst.

Tabelle 5.2 Zusammenfassung der Kompetenzentwicklung entlang des Anwendungsfalls DDMS

Was?	Wie?	Wer?
1. Großes Bild, Ökosystem-denken	Training on the Job, Teilnahme an Entwicklungsplattformen	Experte, Schlüsselanwender
2. Methodik, Werkzeuge, gemeinsame Sprache	Formales Lernen (virtuelles Klassenzimmer, E-Learning), Awareness-Sitzungen	Experten, Key-User
3. Modellbasierte Systemtechnik (Simulation von Systemen zur Antizipation)	Formales Lernen, Awareness-Sitzungen mit großen Bevölkerungsgruppen, soziales Lernen (Communities für Tool-Anwender)	Experten, Key-User, Endanwender
4. Stärkere Zusammenarbeit	Lernen am Arbeitsplatz (gemeinsame Entwicklung formaler Lernlösungen)	Experten
5. Einschränkungen der Datenfreigabe im militärischen Kontext	Formales Lernen (Kunden-erwartungen)	Experte, Schlüsselanwender
6. Change Management, neue Arbeitsweise, Führung, Kommunikation	Formales Lernen (Kommunikation des Trainingsplans)	Experten, Key-User

Die Kompetenzentwicklung erfolgte in diesem Anwendungsfall in der folgenden zeitlichen Reihenfolge:

1. Großes Bild, Ökosystem-Denken: Die Auswirkungen von DDMS auf den Entwicklungs- und Industrialisierungsprozess zu erklären, war der erste wesentliche Schritt, um den Menschen verständlich zu machen, wie sich DDMS auf die gesamte Industrialisierung von Produkten auswirken wird und wie unterschiedlich Menschen zusammenarbeiten müssen (jenseits von Silos).

2. Methodik, Werkzeuge, gemeinsame Sprache: Da die Methodik ein wesentliches Thema des Projekts war, war es wichtig, die Schulung und das Lernen für alle betroffenen Mitarbeiter zugänglich zu machen. Der Schwerpunkt der Schulung lag auf der Anwendung des Tools und der Methoden sowie auf der Ausrichtung auf eine gemeinsame Sprache und Vorgehensweise. Experten und wichtige Geschäftsanwender nahmen an einem Workshop zur Kompetenzentwicklung teil, um die Trainer für die Endanwender zu werden. Sie definierten auch den Weg, dem andere folgen sollten. Die formale Schulung bestand aus zwei Teilen:

   ▪ Tool-Schulung: DDMS-Playlist mit einer Mischung aus technischem Training (virtuelles Klassenzimmer-Training, um das Tool zu schulen (z. B. mechanische Konstruktion, Konfigurationsmanagement), E-Learning (Mitarbeiter können Inhalte individuell lernen), z. B. grundlegender Überblick DDMS, Engineering-Funktionen, einfache Themen, kollaborative Umgebung. Schulungsprogramme wurden für alle Airbus DS-Funktionen (Engineering, Fertigung, Qualität, Services) geplant.

   ▪ Methodentraining: wie die verschiedenen Werkzeuge auf Engineering-, Industrie- oder Support-Prozesse angewendet werden.

3. Modellbasiertes System-Engineering: Simulation von Systemen während der Entwicklung, um deren Validierung und Verifizierung zu erleichtern. Dies spielt eine wichtige Rolle in DDMS, da es eine nahtlose Verbindung zwischen den verschiedenen Phasen der Systementwicklung und des Tests ermöglicht (d. h. es ist Teil des End-to-End-Backbones). Es wurden auch Communities geschaffen, um sich über die Methodik auszutauschen und die Tools zu nutzen und die Silos zu durchbrechen, indem die verschiedenen Funktionen zusammenarbeiten.

4. Stärkere Zusammenarbeit: In der ersten Phase der Eurodrone-Programme lag der Fokus hauptsächlich auf der Entwicklung von Schulungsmaterial, um die erste Welle von DDMS-Anwendern bei einem Programm-Kick-off zu schulen. Ein multifunktionales Team mit allen Lernorganisationen, der Technik und der IT war beteiligt, um die digitale Lernplattform oder Playlist, die zu entwickelnden Schlüsselfähigkeiten sowie die technische Dokumentation und die Schulungsinhalte zu definieren (z. B. war das erste Schulungsthema modellbasiertes System-Engineering).

5. Datenbeschränkungen, Vertraulichkeit: Dies ist die größte Herausforderung bei der Entwicklung von digitalen Kompetenzen. Wichtigste Erkenntnis: Es ist notwendig, einen Weg zu haben, um Dateien und Informationen auszutauschen, um zusammenzuarbeiten und gleichzeitig mit den militärischen Produktbeschränkungen in Einklang zu stehen.

6. Change Management

   ▪ Das Change Management begann mit einer Kommunikation des Schulungsplans an alle von DDMS betroffenen Mitarbeiter.

   ▪ Transformations- und Kulturveränderungsaktivitäten zur Schaffung eines neuen Arbeits- und Kollaborationsumfelds sind in Entwicklung und werden auf Konzernebene unterstützt.

   ▪ Auch das Leadership Mindset ist ein wichtiges Thema, da Führungskräfte gefordert sind, ganzheitlich zu denken und transversale Projekte voranzutreiben.

Die Reise der DDMS-Kompetenzentwicklung hat gerade erst begonnen. Die bisher erstellten und beschriebenen Schulungen und Lernerfahrungen spiegeln nur die erste Phase des Programms wider, zeigen aber bereits die Auswirkungen auf die Mitarbeiter in Bezug auf die Zusammenarbeit über Silos hinweg, die Etablierung einer gemeinsamen Sprache und die Nutzung von Communities, um sich über das Lernen auszutauschen und sich gegenseitig zu stimulieren. Ein großer Schritt wurde auch in Bezug auf das Vertrauen und die Vertraulichkeit der Daten im Einklang mit den Kundenrestriktionen getan. Über dieses ehrgeizige Top-down- und transversale Projekt hinaus befassen wir uns im folgenden Unterkapitel mit der Bottom-up-Innovation und Kompetenzentwicklung, die in den Bereichen Produktion und Fertigung, Beschaffung und Qualität stattgefunden hat.

317

5.2.2 Produktion und Fertigung[9]

Neben dem großen und langfristigen DDMS-Ansatz zur Bündelung aller Aktivitäten von der Konstruktion über die Fertigung bis hin zum Kundenservice entwickelt Airbus DS Operations parallel dazu inkrementelle Innovationen direkt in der Fertigung zusammen mit der DTO-Organisation. Diese Aktivitäten wurden und werden hauptsächlich von den Manufacturing-Engineering-Abteilungen vorangetrieben, die neue Technologien wie das Internet der Dinge, Datenanalyse, Mixed Reality, Automatisierung und 3D-Druck einsetzen, um die Effizienz und Flexibilität des Betriebs zu verbessern. Die Mitarbeiter der Abteilung Manufacturing Engineering befinden sich in jedem der Werke oder in der Endmontage. Die Nähe zum Shopfloor setzt sie den täglichen Herausforderungen aus und gibt ihnen die Möglichkeit, zu beobachten und sich mit den Technikern auszutauschen, wo Probleme liegen könnten. Experimentelle Bereiche (z. B. 3D-Druck) befinden sich oft mitten im Produktionsbereich, während Data-Analytics-Lösungen mit den Software-Engineering-Teams an verschiedenen Standorten entwickelt werden.

Einige Aktivitäten sind ergonomischen Lösungen und Produkten gewidmet und gehören zur „Human Factory". Sie zielt auf die Verbesserung der Arbeitsbedingungen der Airbus-Mitarbeiter ab und bietet auch einen Lernrahmen zur Verbesserung der Gesamtprozesse. Der Gesamtansatz wird von der DTO-Organisation unterstützt, die mit den lokalen Abteilungen zusammenarbeitet.

Bevor wir auf die Details der Digitalisierung des Produktionsprozesses eingehen, ist es wichtig zu verstehen, wie die Fertigungs- und Endmontagelinien von Flugzeugen organisiert sind.

Endmontagen sind alle in ähnlicher Weise nach Stationen strukturiert. Jede Arbeitsstation führt eine bestimmte Aufgabe bei der Montage des Flugzeugs oder der Systemprüfung aus und hat ihre eigene Konfiguration in Bezug auf Werkzeug, Vorrichtungen, Maschinen und industrielle Mittel. Normalerweise verbleibt die gefügte Flugzeugstruktur an jeder Arbeitsstation, bis alle der Station zugewiesenen Aufgaben abgeschlossen sind. Es ist wichtig zu wissen, dass jede Aufgabe eine Ausführungszeit hat, die von Minuten bis zu Stunden reicht und dass ihr Personalressourcen zugeordnet sind. Einige Aufgaben können spezifische Bedienerprofile und besondere industrielle Mittel und Werkzeuge für ihre Ausführung erfordern. Das Gesamtziel der Arbeitsstation ist die Optimierung von Zeit, Qualität und Kosten. Im Allgemeinen beginnt der Fließbandprozess mit dem Rumpf, dann werden die beiden Tragflächen zusammengefügt und die Triebwerkstützen und das Fahrwerk montiert. Danach wird das Flugzeug zum Systemtest und zur Kabinenmontage bewegt. Zu den abschließenden Arbeitsschritten gehören der Einbau der Triebwerke, Kraftstoff- und Drucktests, Lackierung, Triebwerkseinlauf, Flugtests sowie die Abnahme und Auslieferung des Flugzeugs. Die Zeitspanne vom Beginn des Prozesses bis zum Abschluss wird als LEAD TIME bezeichnet. Die Durchlaufzeit ist ein wichtiger Key Performance Indicator (KPI) im operativen Bereich und wird in der Fertigung, im Supply Chain Management und im Projektmanagement in allen Phasen überprüft. Die Gesamtdurchlaufzeit für Flugzeuge ist von der Bestellung bis zur Auslieferung neuer Flugzeuge[10].

Das Manufacturing Engineering ist verantwortlich für die Integration neuer Produkte und die Geschäftsentwicklung durch die Definition und Optimierung aller Industrialisierungsaktivitäten. Sie liefert klare Fertigungs- und Systemintegrationsprozesse vom Rohmaterial bis zum Endprodukt. Der Prozess beginnt mit dem Produktdesign und der Materialspezifikation. Diese Aktivität ist eng mit der Abteilung Design Engineering und dem Industriedesign verbunden. Dann definiert der Fertigungsingenieur die industriellen Prozesse und industriellen Hilfsmittel, die zur Herstellung dieser Produkte benötigt werden. Diese Prozesse sind diejenigen, die

---

[9] Beide Anwendungsfälle in Produktion und Fertigung wurden im Rahmen von ATENEA entwickelt, einem Projekt, das vom Europäischen Fonds für regionale Entwicklung (FEDER) und dem spanischen Ministerium für Wissenschaft, Innovation und Universitäten über das Zentrum für die Entwicklung industrieller Technologien kofinanziert wurde.

[10] Rios J., Mas F, Menendez J. L., September 2011, A Review of the A400M Final Assembly Line Balancing Methodology, AIP Conference Proceedings 1431: 601 – 608

später vom Produktionsteam in der Werkhalle ausgeführt werden, um das Flugzeug zu bauen. Die Digitalisierung dieser Fertigungsprozesse stellt neue Datensätze zur Verfügung, die es den Produktionsteams ermöglichen, die Durchlaufzeit zu überwachen und zu optimieren und Exzellenz in die Produktion zu bringen.

Das übergeordnete Ziel in der Fertigung und Endmontage ist es, die Qualität, die Kosten, die Termintreue und die Effizienz des Montageprozesses zu gewährleisten und gleichzeitig sicherzustellen, dass die Aufgaben unterstützt werden können, um ihre Gesundheit und Sicherheit zu garantieren. Airbus Defence and Space liefert auch Raumfahrtsystemprodukte und die Endmontage erfolgt im AIT (Satellites Assembly, Integration and Tests). Alle im Folgenden beschriebenen Anwendungsfälle stehen jedoch im Zusammenhang mit dem Military Air System.

5.2.2.1 Anwendungsfall: Assistent zur Fehlersuche in der Elektrofertigung (KI)

5.2.2.1.1 Geschäftskontext/Anforderungen

Das Projekt wurde bei Airbus Defence and Space in den Programmen Light and Medium (C295-Flugzeuge) und A400M entwickelt. Beide Produkte gehören zum Geschäftsbereich Military Air Systems, der militärische Transport- und Kampfflugzeuge anbietet.

Wie in der Einleitung beschrieben, enthält der Endmontageprozess verschiedene Stationen. Entlang dieser Stationen werden täglich Tausende von Arbeitsaufträgen ausgeführt (z. B. elektrische Tests, Teilemontage, Qualitätsprüfungen und Systemtests). Ein Arbeitsauftrag ist ein Dokument, das eine Reihe von Anweisungen enthält, die die Schritte zur Ausführung oder Überprüfung einer Produktionsaufgabe beschreiben, die von den Produktionsmitarbeitern in der Fertigung ausgeführt werden. Er liefert auch Informationen, um ein Problem zu verstehen oder eine Lösung zu finden. Der Arbeitsauftrag kann aus spezifischen Kundenanfragen stammen oder er wird nach einem Audit oder einer Inspektion erstellt. Arbeitsaufträge sind für Produkte und Dienstleistungen verfügbar.

Die Ausführung dieser Arbeitsaufträge erfolgt durch verschiedene Abteilungen entlang der Wertschöpfungskette wie Produktion (Shop Floor), Flight Line, Flight Test, Qualität. Das System ist so aufgebaut, dass diese Arbeitsaufträge kontinuierlich verbessert werden. Während der Ausführung dieser Arbeitsaufträge können einige Probleme auftreten, die an die Support-Teams (z. B. Manufacturing Engineering und/oder Design Office) gemeldet werden. Der Aufwand und die Zeit, die für die Behebung der Vorfälle aufgewendet werden, können zu Abweichungen in der Gesamtplanung führen, wodurch sich die Kosten und die Durchlaufzeit des Programms erhöhen. Die Herausforderung für das Fertigungstechnik-Team bestand daher darin, die Vorlaufzeit zwischen der Support-Anfrage und der Lösung zu verkürzen, indem eine digitale Lösung auf der Basis inkrementeller Innovation eingesetzt wird.

5.2.2.1.2 Lösungen

Das Team der Fertigungstechnik musste eine Lösung finden, die in der Lage ist, die Vielfalt der Arbeitsaufträge und unterschiedlichen Stationen (z. B. elektrische Tests, Teilemontage, Qualitätsprüfungen, Systemtests) zu adressieren. Das Team hat daher einige gemeinsame Elemente für diese verschiedenen Szenarien identifiziert:

- Eine große Datenbank mit historischen Daten von mehreren Jahren, die diese Vorfälle lösen
- Die Analyse, dass sich die meisten Vorfälle/Lösungen wiederholen und dass wir daraus lernen können
- Das Wissen, wie der Vorfall zu lösen ist, wurde mit wenigen Experten aus verschiedenen Abteilungen zentralisiert

Die geschaffene Lösung besteht darin, die riesige Menge an Daten, die in den letzten Jahren gespeichert wurden, zu nutzen, indem sie in einem einzigen Datensee zusammengeführt werden. Basierend auf diesem einzigen Datensee hat das Team einen virtuellen Assistenten entwickelt, der auf Technologien der künstlichen Intelligenz und des maschinellen Lernens basiert und in der Lage ist, Lösungen für Anwender (für die Lösung kleinerer Zwischenfälle) und Fertigungsingenieure (für Qualitäts- oder Designabweichungen) bereitzustellen.

Die Lösung wurde in verschiedenen Bereichen der Produktion eingesetzt und an unterschiedliche Produkte, Datenmodelle, Datenstrukturen und Kontexte angepasst:

Elektrische Fertigung und Prüfung: Unterstützung bei der Lösung von Vorfällen auf der Grundlage des Machine Learning-Modus, Lösungsvorschläge und Korrekturmaßnahmen in der Werkstatt durch den Einsatz der standardisierten historischen Lösungen unter Verwendung von Natural Language Processing-Technologien.

Fehlersuche an der Fluglinie: Unterstützen Sie die Fehlersuche im Fluglinienbetrieb anhand der Eingaben aus dem Flugzeuglogbuch, der technischen Dokumentation, historischer Daten und vom Flugzeug generierter Informationen.

Das Tagesgeschäft von Ingenieuren und Betrieben: Unterstützen Sie Anwender und Büroingenieure bei administrativen und fertigungstechnischen Tätigkeiten im Tagesgeschäft und reduzieren Sie die Betriebszeiten (sog. Chatbot-Tool).

Die Lösung hat eine enorme Verbesserung der Effizienz und Wettbewerbsfähigkeit aus den frühen Entwicklungsphasen gezeigt. Sie wird nun für den letzten Industrialisierungsschritt bewertet, um alle Errungenschaften zu realisieren.

Dieses Projekt hat zu einer starken Verbesserung des Wissensmanagements für die Techniker, aber auch für die Ingenieure geführt, was zu einer insgesamt größeren Effizienz des Prozesses führt. Das Risiko von fehlendem Wissen bei den Arbeitsaufträgen wird durch die gemeinsame und zentralisierte Wissensbasis gemindert. Da der First-Level-Support durch Künstliche Intelligenz geleistet wird, können sich die Experten außerdem mehr auf ihre Spezialisierung konzentrieren.

5.2.2.2 KI Trouble Shooting Kompetenzentwicklung

Zusammenfassung der Kompetenzentwicklung entlang des Anwendungsfalls AI-Fehlerbehebung

Dieses Projekt hat zu bedeutenden Lerneffekten bei den Hauptanwendern, den Experten, aber auch bei allen Mitarbeitern geführt.

Tabelle 5.3 Kompetenzentwicklung entlang des Anwendungsfalls KI-Fehlerbehebung

Was?	Wie?	Wer?
1. Stärkere Zusammenarbeit und Verständnis für die Bedürfnisse der anderen Abteilungen	Lernen am Arbeitsplatz, soziales Lernen (KI-Communities)	Beteiligte Mitarbeiter aus Operation (inkl. Blue Collars), Engineering, DTO
2. Bewusstsein für die Interpretation der Daten durch Andere und die damit verbundenen Informationen	Lernen am Arbeitsplatz , formales Lernen (Datenvisualisierung und Kommunikation)	Alle Mitarbeiter
3. Projektmanagement-Tools (z. B. Agile Scrum-Methodologien)	On-the-Job-Lernen, formales Lernen (Klassenraum), soziales Lernen (Kollegen mit Wissen zu diesem Thema)	Alle Mitarbeiter
4. Data Governance, Datenklassifizierung, Datenqualität, Datenbeschränkungen	Lernen am Arbeitsplatz	Alle Mitarbeiter, Key-User, Experten
5. Grundlagen des Datenbewusstseins	On-the-job-Lernen (tägliche Nutzung des Tools, Hackathons), soziales Lernen (KI-Communities), formales Lernen (Grundlagen der Digitalisierung, Datenanalyse, Webinare)	Alle Mitarbeiter (inkl. Blue Collars), Key User

Was?	Wie?	Wer?
6. Fähigkeit, mit Unsicherheit umzugehen	Lernen am Arbeitsplatz	Hauptbenutzer
7. Bewusstsein für die Komplexität der Geschäftsdatenmodelle	On-the-job-Lernen, formales Lernen (Datenanalytik)	Wichtige Anwender, Experten
8. Fähigkeiten in der Datenverarbeitung	On-the-Job-Lernen (als multifunktionales Team), formales Lernen (Datenanalytik)	Experten (eigene, DTO), Key-User
9. Virtueller Lernzyklus: Neugierde, mit Neuem zu experimentieren	Soziales Lernen (Community), formales Lernen (Klassenzimmer, Webinar, E-Learning)	Hauptbenutzer

1. Stärkere Zusammenarbeit und Verständnis für die Welt der jeweils anderen (zwischen Fertigung – White und Blue Collar –, Technik, Qualität und den Datenwissenschaftlern): Alle Datenanalyse-Entwicklungen und -Lösungen erfordern eine starke Zusammenarbeit zwischen den Geschäftsanwendern (Fertigung, Qualität, Technik) und den Datenwissenschaftlern, um die Komplexität der Geschäftsdatenmodelle und der von den verschiedenen Datenquellen bereitgestellten Informationen richtig zu verstehen.

2. Das Bewusstsein dafür, wie andere die Daten interpretieren, wird entwickelt, wodurch das Verständnis für die Informationen, die um jeden Prozess herum generiert werden, erhöht wird: Verschiedene Abteilungen und Akteure (Geschäftsanwender aus der Fertigung, Qualität, Technik und die Datenwissenschaftler) mussten Daten, Geschichte und Lösungen sammeln, die sich über die Jahre angesammelt hatten.

3. Einsatz von agilen Methodiken

   - Soziales Lernen: Teilnahme an „dem DOCK" (an jedem Produktionsstandort), das durch Programme geschaffen wird, um ein minimal viable Product (MVP) zu entwickeln und schnell greifbare Ergebnisse und Mehrwert zu bringen. Das DOCK wird durch einen gemeinsamen Arbeitsplatz verkörpert, an dem multifunktionale Projektteams auf die Scrum-Methodik für die iterative Produktentwicklung setzen, die den Kunden und das Geschäft in den Mittelpunkt stellt.

   - Formales Lernen: Zertifizierung in Agile, Scrum Master von Projektmitgliedern (Experten, Endanwender – verschiedene Schulungen).

   - Lernen am Arbeitsplatz: Die Umstellung auf eine agile Arbeitsweise und die Änderung der Denkweise der Organisation dauern normalerweise Jahre. Der konkrete Einsatz neuer Tools und die Zusammenarbeit tragen zu dieser Veränderung bei und wirken sich auf alle am Projekt beteiligten Akteure aus.

4. Data Governance, Klassifizierung, Qualität, Restriktionen: Als das Projekt 2017 mit dem Proof of Concept gestartet wurde, war die gesamte Data-Governance-Politik von Airbus noch nicht so ausgereift wie heute. Alle am Projekt beteiligten Mitarbeiter waren gezwungen, mit Daten in einem sich stark verändernden Szenario umzugehen, in dem die verschiedenen Rollen der Data Governance (z. B. Data Owner, Data Custodian, Data Domain Officers) zu diesem Zeitpunkt nicht vollständig von der Organisation definiert waren. Daher war alles zu Beginn etwas komplexer und langwieriger, aber schließlich gelang das Projekt mit einem starken Bewusstsein für die Kritikalität und Wichtigkeit der Sicherstellung der Integrität und Zugriffsbeschränkung unserer Daten zu jeder Zeit. Data Governance, Datenbereinigung und Standardisierung unterstützen die allgemeine Verbesserung der Datenqualität, die die wichtigsten Herausforderungen innerhalb des Projekts waren.

5. Grundlagen des Datenbewusstseins und Bewusstsein für die Schlüsselrolle, die Data Analytics als neues Paradigma für die Fertigungsindustrie spielen soll: Es wurde hauptsächlich

am Arbeitsplatz durch die Implementierung der Wissensmanagementlösung aufgebaut. Die Mitarbeiter konnten den Zusammenhang zwischen Datennutzung und Effizienzsteigerung, neuer Priorisierung von Aufgaben aufgrund von Zeitersparnis, Optimierung des Gesamtprozesses erkennen.

6. Die Fähigkeit, mit Ungewissheit umzugehen: Bei der Verwendung von unüberwachten und neuronalen Netzen kann nicht vorhergesagt werden, was die Algorithmen produzieren werden. Dieser Mangel an Kontrolle kann für Mitarbeiter, die noch nie damit konfrontiert waren, sehr schwer zu akzeptieren sein. Experten sagen, dass es trotz dieser Unsicherheit wichtig ist, den Algorithmen während des Prozesses zu vertrauen. Je mehr Menschen damit konfrontiert werden, desto leichter fällt es ihnen, die Algorithmen zu akzeptieren.

7. Bewusstsein für die Komplexität der Geschäftsdatenmodelle und der aus verschiedenen Datenquellen bereitgestellten Informationen: Dies betrifft eher die Hauptanwender und Experten, da sie die Lösung entwickeln mussten.

8. Fähigkeiten in der Datenverarbeitung:
   - Formales Lernen: Data Analytics Nano Degree und Artificial Intelligence Nano Degree
   - Lernen am Arbeitsplatz: Das Projekt ermöglicht die Entwicklung eines höheren Reifegrads von Analysefähigkeiten für alle Experten und Schlüsselanwender in der Organisation. Es war das erste Projekt, das gemeinsam mit dem Manufacturing Engineering Team und dem Digital Transformation Office (DTO) vorangetrieben wurde und gab die Möglichkeit, Analytics-Fähigkeiten im Business, aber auch im Digital Transformation Office (DTO) zu entwickeln. Das Team hatte die Möglichkeit, Analytics-Fähigkeiten auf der Business-, aber auch auf der DTO-Seite zu entwickeln, damit die Mitarbeiter sich gegenseitig kennenlernen konnten. Es erhöhte schließlich die gesamten technischen und weichen Kompetenzen in diesem Bereich

9. Der Anwendungsfall löste die Neugierde unserer Mitarbeiter und Experimente mit neuen Prozessen aus: Einige Geschäftsexperten (Fertigungsingenieure, Flugtestingenieur) nahmen an einer sehr spezifischen Schulung zur Datenanalyse teil, um selbstständig Daten zu analysieren und Modelle für maschinelles Lernen zu erstellen. Im Vergleich zum Lernen im Klassenzimmer hatten sie danach die Möglichkeit, alles, was sie während des Projekts gelernt hatten, in die Praxis umzusetzen.

Als Fazit können wir sagen, dass das Projekt insgesamt zu einer Steigerung der digitalen Reife, des Vertrauens und der Neugierde geführt hat, mehr von der Organisation in Bezug auf Tools, Prozesse, aber auch Soft Skills (Zusammenarbeit mit der Qualität, der Beschaffung und mit anderen Abteilungen wie der DTO-Abteilung, Verständnis für die Perspektive anderer, Vertrauen in die Daten) zu lernen. Diese Fähigkeiten und die Fähigkeit, aus den riesigen Datenmengen, die generiert werden, einen echten Wert zu schöpfen, werden in den kommenden Jahren immer wichtiger werden, um die Effizienz des Betriebs zu verbessern.

5.2.2.3 Anwendungsfall: die Human Factory – Überwachungswerkzeuge für die Gesundheit und Sicherheit von Bedienern (IIoT, Cybersicherheit, Datenanalytik)

5.2.2.3.1 Geschäftskontext/Anforderungen

Wie bereits in der Strategie für Operations der Leiterin von Airbus DS Operations (Barbara Bergmeier) erwähnt, sind die Menschen eine der wichtigsten strategischen Säulen zur Entwicklung einer nachhaltigen Organisation. Die Förderung einer sicheren Umgebung mit Wohlbefinden gehört zum Ansatz der Human Factory. Die Digitalisierung des Arbeiters und seiner Umgebung während der Aufgabenerledigung hat die Tür zu einem neuen Ökosystem von Wearable Devices und Sensoren geöffnet, die es ermöglichen, in Echtzeit zu messen und aufzuzeichnen, was in den Werkshallen gerade passiert. Die Themen Datenbeschränkung und Cybersicherheit haben erste Priorität, um den Einsatz von Sensoren und Konnektivitätslösungen zu ermöglichen. Es müssen hohe Standards erreicht werden, um diese Art von Projekten erfolgreich zu machen.

Der Besitz dieser Art von Daten öffnet auch die Tür zu zusätzlichen Möglichkeiten wie der Unterstützung von Entscheidungsprozessen zur Verbesserung von Effizienz und Qualität. Es verbessert auch die Sicherheitsbedingungen der Mitarbeiter und ermöglicht die Prävention von Verletzungen am Arbeitsplatz. Insgesamt führt es zu einer Verringerung der Fehlzeiten und erhöht die Motivation und das Engagement der Mitarbeiter und wird daher von den Sozialpartnern, die voll in den Prozess eingebunden sind, sehr unterstützt. Die Sozialpartner arbeiten bereits in den frühen Phasen der Entwicklung dieser neuen Technologien mit, um einen soliden Datenschutz und die Vertraulichkeit aller Mitglieder des Teams, das das System testet, sicherzustellen.

5.2.2.3.2 Lösungen

Die Lösung wurde vom Manufacturing Engineering Team in Sevilla San Pablo mit dem Ziel entwickelt, die Anzahl der Verletzungen und Zwischenfälle zu reduzieren.

Ziel war es, tragbare Geräte und Technologien zu entwickeln und zu testen, um die Parameter der Arbeiter und die Umgebungsbedingungen am Arbeitsplatz zu messen, die Gesundheit und Sicherheit am Arbeitsplatz zu gewährleisten und zu analysieren, welche Auswirkungen diese Parameter auf die Produktionslinien haben. Die größte Herausforderung zu Beginn war die Verwendung personenbezogener Daten und die Notwendigkeit, eine sichere Plattform für das industrielle Internet der Dinge (IIoT) zu entwickeln, um die Datenerfassung gemäß den verschiedenen für Airbus DS erforderlichen Sicherheitsstufen zu unterstützen und den Datenschutz und die Anonymität der Arbeiter zu gewährleisten.

Das Projekt wurde in drei verschiedene Linien aufgeteilt, um die unterschiedlichen Ziele und Herausforderungen abzudecken:

1. Sichere Arbeitsbedingungen und Überwachung von Unfällen: Entwickeln Sie ein Echtzeit-Statussystem, um sichere Arbeitsbedingungen zu gewährleisten und Unfälle zu überwachen, indem Sie Wearables und Sensoren zur Messung und Speicherung verschiedener Parameter während der Betriebsausführung verwenden: Sauerstoff, CO_2, Druck, Feuchtigkeit, Helligkeit.

2. Prävention von Verletzungen: Entwicklung einer Technologie zur Vorbeugung von Verletzungen bei sich wiederholenden Arbeitsvorgängen auf der Grundlage der historischen Analyse von Bedienerparametern unter Verwendung von thermografischen Bildern und Dehnungsmessstreifen zur Erstellung statistischer Vorhersagemodelle.

3. Datensicherheit: Definition und Test einer cybersicheren IT-Infrastruktur, um das Erreichen des für Airbus DS erforderlichen Sicherheitsniveaus zu gewährleisten. Diese besteht aus einer Plattform für das industrielle Internet der Dinge (IIoT), einem industriellen Netzwerk und einer Reihe von Sicherheitselementen einschließlich einer Proxy-Firewall, die die Sicherheit der Dateneingabe und der Kommunikation zwischen industriellen Anlagen und dem Unternehmensnetzwerk gewährleistet.

Das industrielle Internet der Dinge sind die miteinander verbundenen intelligenten Sensoren, Aktoren und andere Geräte, die mit Computern verbunden sind, die in der Fertigung eingesetzt werden (z.B. Robotik, medizinische Geräte). Es befindet sich an der Schnittstelle von Informationstechnologie (IT), Prozessen der Betriebstechnik und industriellen Steuerungssystemen, einschließlich Mensch-Maschine-Schnittstellen (HMIs), Überwachungs- und Datenerfassungssystemen (SCADA), verteilten Steuerungssystemen (DCSs) und speicherprogrammierbaren Steuerungen (PLCs). Industrielle Internet-of-Things-Produkte sind zum Beispiel Erfassungsgeräte, die für die Gesundheit unserer Mitarbeiter eingesetzt werden, Kameras mit thermografischen Informationen sowie Internet of People Solutions (IoP) (internetfähige persönliche Elektronik) zum Schutz vor elektromagnetischer oder Strahlung.

Dieses Projekt ist noch sehr jung und wird nur in der Montagelinie für leichte und mittelschwere Flugzeuge in San Pablo eingesetzt (als Proof of Concept). Es hat erst kürzlich den Reifegrad erreicht, um mit der endgültigen Industrialisierung an Produktionslinien zu arbeiten.

5.2.2.4 Human Factory-Kompetenzentwicklung

Zusammenfassung der Kompetenzentwicklung entlang des Anwendungsfalls „Human Factory"

Dieses Projekt hat zu bedeutenden Lerneffekten bei den Hauptanwendern, den Experten, aber auch bei allen Mitarbeitern geführt.

Tabelle 5.4 Kompetenzentwicklung entlang des Anwendungsfalls „Human Factory"

Was?	Wie?	Wer?
1. Stärkere Zusammenarbeit und Verständnis für die Bedürfnisse anderer Kollegen	Lernen am Arbeitsplatz, soziales Lernen	Alle Mitarbeiter (Betrieb, Technik, DTO), Sozialpartner
2. Data Governance, Datenschutz, Cybersecurity, IIoT (Industrial Internet of Things)	On-the-Job-Lernen, formales Lernen (GDPR, IIoT-Schulungen, Analytik zur Erstellung von Vorhersagemodellen), soziales Lernen (externe Communities, Hub)	Alle Mitarbeiter, Key-User, Experten, Human Resources, Sozialpartner, externe Experten
3. Projektmanagement-Tools (Agile, Scrum)	Formales Lernen, soziales Lernen (The DOCK), Lernen am Arbeitsplatz	Key-User, Experten, alle Mitarbeiter
4. Grundlagen Datenbewusstsein und -verständnis	Lernen am Arbeitsplatz (tägliche Nutzung von Tools), soziales Lernen (DTO-Intranet und Webinare), formales Lernen (Data Analytics und Artificial Intelligence Awareness Training, Digitalisierungsgrundlagen)	Schlüsselanwender, alle Mitarbeiter
5. Bewusstsein für das große Ganze/Denken von Anfang bis Ende	On-the-Job-Lernen (Einbindung in Projekte), soziales Lernen (Communities, Intranet, Webinare)	Wichtige Anwender, Experten
6. Bewusstsein für die Interpretation der Daten und Informationen erzeugt	Lernen am Arbeitsplatz, formales Lernen (Datenvisualisierung und Kommunikation)	Alle Mitarbeiter
7. Kenntnisse in der Datenverarbeitung	Lernen am Arbeitsplatz (Hackathons), soziales Lernen (Communities – interner und externer Stake Overflow, Hub, Open Sources), Data Analytics Talks, Webinare), formales Lernen (Data Analytics Nano Degree und Artificial Intelligence Nano Degree)	Experten (eigene, DTO), Key-User

1. Stärkere Zusammenarbeit und Verständnis für die Bedürfnisse anderer Kollegen

   - Interne Zusammenarbeit zwischen Personalwesen, Sozialpartnern, Produktion, Fertigung, Qualität und Digital Transformation Office (DTO), da es um die Interaktion von Mensch und Maschine ging.

   - Zusammenarbeit auch beim Lernen zum Thema Cybersecurity. DTO-Experten könnten auch Erfahrungen zu diesem Thema sammeln

2. Data Governance, Datenschutz:

   - Personalwesen und Sozialpartner: Beginn mit Datenschutz (z. B. GDPR), rechtlicher Rahmen, Anonymisierung von Daten, um die Privatsphäre aller zu überwachenden Arbeitnehmer zu gewährleisten. Nutzung von formalem Lernen (Schulungen durch Plattformhersteller, soziales Lernen (externe Communities: Stack Overflow, Hub (Repository of data), Open Source).

   - Besseres Verständnis für die Notwendigkeit der Data Governance.

   - Identifizierung verschiedener Stakeholder (Dateneigentümer, Datenverwahrer, Datenbereichsverantwortliche). Nutzen Sie die Entwicklung und Anwendung solcher Datenrichtlinien für Airbus DS.

3. Einsatz von agilen Methoden:

   - Formales Lernen: Zertifizierung in Agile, Scrum Master der Projektmitglieder (Experten, Endanwender – verschiedene Schulungen)

   - Soziales Lernen: Teilnahme an The DOCK (an jedem Produktionsstandort), das von Programmen erstellt wird, um eine minimale lebensfähige Produktentwicklung zu entwickeln, mit dem Ziel, schnelle und greifbare Ergebnisse mit Mehrwert zu erzielen (wie für den anderen Anwendungsfall beschrieben)

   - Learning-by-doing: Die Anwendung der Methodik durch alle am Projekt beteiligten Akteure trug zum allgemeinen Kultur- und Mentalitätswandel bei

4. Grundlegendes Datenbewusstsein und -verständnis

   - Lernen am Arbeitsplatz (Werkzeuge für den täglichen Gebrauch)

   - Soziales Lernen (DTO-Intranet und Webinare)

   - Formales Lernen: Data Analytics und Artificial Intelligence Awareness Training, Digitalisierungsgrundlagen. Sensibilisierung für die Datenklassifizierung für jeden Parameter, der über die Sensoren abgerufen wird, um das geeignete Sicherheitsniveau für die Verwaltung der Datenkommunikation und die Festlegung der IT-Sicherheitsmessungen festzulegen.

   - Die enge Zusammenarbeit von Interessenvertretern des Unternehmens (Produktion, Fertigung, Qualität) und IT-Experten, um das richtige Verständnis der Informationen zu gewährleisten und sie für die Bedeutung aller während des Fertigungsprozesses aufgezeichneten Daten zu sensibilisieren und dafür, wie sich diese Parameter auf das Endprodukt auswirken können.

5. Big Picture und End-to-End-Denken: Datenverständnis mit der Entwicklung der statistischen Korrelationen schaffen, um zu verstehen, ob einige dieser Parameter irgendwie die Produktionsergebnisse beeinflussen könnten (Nichtkonformitäten, Qualitätsprobleme, Planungsabweichungen).

6. Datenverarbeitungskenntnisse:

   - Formales Lernen (Data Analytics Nano Degree, Artificial Intelligence Nano Degree), Lernen, wie man echten Wert für alle abgerufenen Daten extrahiert, was dazu führt, dass die Produktionsexperten einige spezielle Schulungen zu Industrial Internet of Things-Plattformen (IIoT) absolvieren, um besser in der Datenerfassung und auch in der Datenanalyse in Zusammenarbeit mit dem DTO-Team zu werden und in der Lage zu sein, Korrelations- und Vorhersagemodelle während der Projektausführung zu erstellen

- Lernen am Arbeitsplatz
- Soziales Lernen (Communities – interner und externer Stack Overflow Hub, Open Sources), Data-Analytics-Vorträge, Webinare, monatlicher Innovationsausschuss zum Austausch neuer Ideen, Proof of Concept

Über einen hohen Wissenszuwachs in Bezug auf das Datenbewusstsein hinaus hatte das Projekt Human Factory eine starke Auswirkung auf die Zusammenarbeit zwischen der Personalabteilung, den Sozialpartnern und dem Betrieb und stärkte das Vertrauen der Mitarbeiter und der Organisation in die Daten und deren Auswirkungen auf die Verbesserung der Arbeitsbedingungen und der Gesundheit. Der folgende Anwendungsfall der Beschaffung zeigt eine ähnliche Auswirkung auf die Menschen und die Zusammenarbeit, die auf interne und externe Akteure ausgeweitet wurde.

5.2.3 Beschaffung

Die Vision für die Digitalisierung der Beschaffung ist es, die End-to-End-Beschaffung und Supply-Chain-Operationen voranzutreiben sowie ein Ökosystem mit allen Lieferanten (z. B. One Prime Operations) mit einer zentralen Beschaffung mit zentralisierten Tools und Methoden zu schaffen. Wie viele andere Unternehmen strebt auch Airbus DS danach, die Leistung der Liefer- und Beschaffungsoperationen in Echtzeit über das Performance Cockpit zu überwachen. Die Nutzung der digitalen Datenkontinuität bietet eine End-to-End-Transparenz der eingekauften Teile und Materialflüsse entlang des Produktlebenszyklus vom Design über die Beschaffung bis hin zur Auslieferung und Nutzung im Betrieb (PLM-Integration und Teileverfolgung über Trace and Track, z. B. Flussmetriken).[11]

Der Ansatz von Airbus DS bei der Zusammenarbeit mit den Zulieferern besteht darin, die Zusammenarbeit zu verstärken, Leistungsherausforderungen und Anforderungen im Voraus zu erkennen und zu teilen, um gemeinsame Ziele und Erfolge zu erreichen. Außerdem sollen Innovation, Forschung und Entwicklung sowie digitale Plattformen in die Lieferantenprozesse integriert werden, um die Leistung und Qualität zu steigern. Supplier Collaboration nutzt sowohl DDMS als auch inkrementelle Innovation, um anders mit den Lieferanten zu kooperieren und sie in die Digitalisierungsreise einzubeziehen. Dies zeigt die Notwendigkeit, als Unternehmen anders mit externen Stellen zusammenzuarbeiten und sich an neue digitale Denkweisen und Prozesse anzupassen.

Die Beschaffungsorganisation ist auf der Ebene der Airbus Group zentralisiert. Sie steuert Prozesse, Verträge, Digitalisierungsstrategie mit gebündelten Ressourcen. Die Beschaffungsaktivitäten werden auf Divisionsebene geführt.

Das derzeitige digitale Tool für die Beschaffung auf Ebene der Airbus Group ist das AirSupply Purchase to Pay (P2P). Dabei handelt es sich um ein Airbus-Projekt zur Implementierung eines nahtlosen elektronischen Datenflusses von der Bestellung bis zur Rechnungsstellung (Direct Material). Die Vorteile von AirSupply für Lieferanten sind die Reduzierung des Risikos verspäteter Zahlungen und die Steigerung der Effizienz durch Echtzeit-Transparenz.

---

[11] McKinsey & Company, Alexander Streif, Amine Abidi, Fabio Russo, Marc Sommerer, „Digital Procurement: Für nachhaltigen Wert, gehen Sie ins Ausland und in die Tiefe: Um das Beste aus der Digitalisierung der Beschaffung herauszuholen, müssen Führungskräfte ihre Ambitionen zusammen mit ihren Fähigkeiten steigern"

5.2.3.1 Anwendungsfall: Data Lake als Grundlage für Datenanalysen in Lieferkette und Qualitätsbetrieb

5.2.3.1.1 Geschäftskontext/Anforderungen

Heute sind die Beschaffungskennzahlen über verschiedene SAP-Systeme in ganz Europa verteilt. Ziel des Projekts war es, Brücken zu schaffen, indem all diese unterschiedlichen SAP-Systeme miteinander verbunden und die Informationen regelmäßig in einen Data Lake geladen werden. Um den Data Lake zu schaffen, hat Airbus DS eine Extraktionstechnologie namens SLT (Server Landscape Transformation) eingesetzt. Dabei handelt es sich um eine robuste, hochmoderne Extraktionstechnologie im Kern der ERP-Systeme, um Daten in den Data Lake zu übertragen. Hunderttausende Felder von SAP-Objekten, die für die Beschaffung relevant sind (z. B. Bestellungen an Lieferanten, Wareneingang, Nichtkonformitäten), werden nun regelmäßig in diesen gemeinsamen Datensee hochgeladen, der die Türen zu verschiedenen Analyselösungen öffnet und eine Kultur der datengesteuerten Entscheidungsfindung ermöglicht.

5.2.3.1.2 Lösungen

Viele Lösungen wurden auf der Grundlage des Data Lake implementiert, der als Basis für die Beschaffungsdatenanalyse geschaffen wurde. Alle Projekte werden mit dem agilen Methodik-Framework mit einem Projektverantwortlichen, einem Business Lead und einem Vertreter aus der IT-Abteilung vorangetrieben. Um die Zentralisierung und Harmonisierung der Aktivitäten zu gewährleisten, berichten die Projektteams an den Digital Supply Chain Council (einschließlich des Head of Procurement Supply Chain) und andere Top-Leader im Einkauf. Auf der Ebene von Airbus DS Operations ermöglicht das Digital Innovation Committee (mit Quality, Procurement, Manufacturing) einen regelmäßigen Austausch über alle für den Betrieb entwickelten Lösungen.

Die Verwertung von Daten: Die Basislösung für die Nutzung von Daten verwendet den SAP Business Explorer, ein Werkzeug zum Durchsuchen von Rohdaten, Filtern, Erstellen von Abfragen und Exportieren nach Excel.

Dashboard für die Entscheidungsfindung: Das Dashboard, das wir erstellt haben, basiert auf SAP Analytics Cloud, dessen Hauptaugenmerk auf der Verfolgung der On-Time-Delivery-Rate liegt. Das Tool verwendet die Rohdaten, um die wichtigsten Leistungsindikatoren für die Lieferkette (Liefertermintreue der Lieferanten) zu berechnen, und zeigt angepasste und interaktive Dashboards an (z. B. Drilldowns beim Klicken auf einen der Diagrammbalken), was den Hauptwert dieses Dashboards darstellt.

Die Fehlteillösung, die in Zusammenarbeit mit internen Kunden („e-Missing parts") eingesetzt wurde: Die Fehlteillösung wurde in Zusammenarbeit mit Produktions- und Fertigungskunden sowie mit dem Programm (Business) erarbeitet. Diese Lösung wird aus den Arbeitsaufträgen der Fertigung in SAP (und den Materialaufträgen der Kunden für den Kundendienst) in den Data Lake eingebunden. Dies ermöglicht es, die Abdeckung der Teile, die in der Produktion benötigt werden, in Echtzeit zu kennen und zu verwalten. Diese Lösung wurde für den A400M und für leichte und mittlere militärische Transportflugzeuge, in Bremen und für den MRTT (Tanker) in Getafe eingesetzt.

Process-Mining-Lösung (Celonis Process Mining): Dies ist eine bahnbrechende Process-Mining-Technik, die auf SAP-Ereignisprotokollen (einschließlich Zeitstempel) basiert. Dieses Tool ermöglicht es dem Benutzer, Prozesse so zu visualisieren, wie sie tatsächlich ausgeführt werden, sowie ihre Leistung auf verschiedenen Tiefenebenen, um Ineffizienzen zu identifizieren, Indikatoren und Dashboards zu entwickeln. Es wurde erfolgreich für den Prozess Purchase to Pay (von der Kaufanfrage bis zur Rechnungszahlung) eingesetzt.

Die wichtigsten Vorteile dieser Lösungen für die Beschaffungsorganisation sind:

- Echtzeit und Effizienz: Der sofortige Zugriff auf einen großen Teil der Informationslandschaft von Airbus DS Procurement, auf alltägliche Abfragen, die multinationale Daten erfordern, erhöht die Effizienz des gesamten Portfolios der digitalen Lieferkettenprojekte.

- Die Erkundung von Daten, Process Mining: die einfache und benutzerdefinierte Berichterstattung und die Übergabe an transnationale Teams haben neue Fähigkeiten zur Erkundung ihrer Daten eingesetzt. Dies ist der erste Schritt in die prädiktive und präskriptive Analytik.

5.2.3.2 ProcurementAnalytics-Kompetenzentwicklung

Zusammenfassung der Kompetenzentwicklung entlang des Beschaffungsfalls

Dieses Projekt hat zu bedeutenden Lerneffekten bei den Hauptanwendern, den Experten, aber auch bei allen Mitarbeitern geführt.

Tabelle 5.5 Kompetenzentwicklung entlang des Beschaffungsfalls

Was?	Wie?	Wer?
1. Agile Methodik Rahmen	Formales Lernen, soziales Lernen (The DOCK), on-the-job	Schlüsselanwender, alle Mitarbeiter
2. Bewusstsein für das große Ganze/Ökosystem und Vision	Lernen am Arbeitsplatz	Wichtige Anwender, Experten
3. Zusammenarbeit, Eigenverantwortung und kollektive Intelligenz	Lernen am Arbeitsplatz	Key-User, alle Mitarbeiter (inkl. Blue Collars)
4. Datenqualität, Data Governance, Datenklassifizierung, Harmonisierung des Vokabulars	Formales Lernen, Awareness-Sitzung, Lernen am Arbeitsplatz	Alle Mitarbeiter, Key-User, Experten
5. Change Management, Konfliktmanagement	On-the-job-Lernen, soziales Lernen (Gemeinschaft der digitalen Botschafter)	Alle Mitarbeiter, Digital Ambassadors
6. Grundlegendes Verständnis von Daten, Akzeptieren von Black-Box-Unsicherheit	Lernen am Arbeitsplatz, formales Lernen	Schlüsselanwender, alle Mitarbeiter
7. Kenntnisse in der Datenverarbeitung (prädiktive und präskriptive Analytik, Process Mining)	Formales Lernen	Experten (eigene, DTO), Key-User

1. Agile Methodik-Rahmen:

- Für alle Mitarbeiter und Key-User, unter Verwendung von formalen Schulungen und E-Learning

Bild 5.3 Agiles Lernen Airbus

- Für Schlüsselanwender mit sozialem Lernen (DOCK), das eine offene, von der DTO-Organisation betriebene Plattform ist, auf der sich DTO- und Business-Experten regelmäßig treffen, um gemeinsam an Anwendungsfällen zu arbeiten und Lösungen zu finden. Auch externe Experten nehmen an dieser Plattform teil.

2. Bewusstsein für das große Ganze, Ökosystem und Vision:

- Da die Beschaffung die Funktion ist, die für die Verbindung zwischen Airbus und seinen Lieferanten, aber auch innerhalb von Airbus mit der Qualität, der Fertigung und den internen Kunden verantwortlich ist, mussten die Mitarbeiter ihren Blick auf das Geschäft erweitern, um eine digitale Kontinuität der Produkte und Lösungen zu planen.

- Die Kunden sollen stärker in die Entwicklung von Lösungen einbezogen werden: Es wurden weitere Schritte unternommen, um interne Kunden und ihre Daten für gemeinsame Leistungskennzahlen einzubeziehen (Missing Parts an interne Kunden in der Produktion und im Materialservice) oder zu fortgeschritteneren Techniken wie Process Mining überzugehen, um Prozessineffizienzen weiter zu erforschen.

3. Eigenverantwortung, Zusammenarbeit und kollektive Intelligenz:

- Das digitale und zentralisierte Tool und die Lösungen stärkten die Zusammenarbeit zwischen allen Beschaffungsakteuren und führten auch zu einem Wechsel der Verantwortlichkeiten. In der Vergangenheit wurden die Daten und Indikatoren von jeder Unterorganisation manuell kontrolliert und berichtet und anschließend aggregiert. Durch die Bereitstellung eines digitalen Tools und zentralisierter und harmonisierter Regeln für die Datenextraktion und -interpretation wurde das Modell stark verbessert und von IT-Teams und Datennutzern gemeinsam genutzt.

- Die „Celonis Process Mining"-Lösung wird zwischen der Beschaffungs- und der Qualitätsabteilung eingesetzt, um eine gemeinsame Visualisierung von Ineffizienzen zu ermöglichen, was diese beiden Abteilungen stärker zusammenbringt.

- Auch bei der Lösung „eMissing Parts", die in Zusammenarbeit mit den Kunden aus Produktion und Fertigung sowie den Programmen (Kunden) erarbeitet wurde, fand eine Zusammenarbeit zwischen Beschaffung, Fertigung und Kunden statt.

4. Data Governance, Datenqualität:

- Die größte Herausforderung bei der Digitalisierung der Beschaffung ist die Datenqualität im Prozess. Sobald der Prozess digitalisiert ist, sind die Daten vollständig transparent, und interne Kunden können so tun, als würden sie die Daten nicht mehr erkennen.

- Eine weitere Herausforderung ist das fehlende Datenbewusstsein und die Harmonisierung des Vokabulars. Es wurden erhebliche Change-Management-Aktivitäten investiert, um die Einhaltung des Standardprozesses und die Sicherung der Datenqualität an der Quelle zu gewährleisten. Die Datenqualität wird dadurch messbar verbessert, aber nach jedem Tool-Rollout sind noch erhebliche Anstrengungen erforderlich, um die Prozesse und Daten an der Quelle zu bereinigen, damit die vom Tool angezeigten Indikatoren erkannt werden können. Die operativen Endanwender in den Bereichen Supply Chain und Qualität haben bereits erkannt, dass sie durch die richtige Nutzung der Daten ihre täglichen Aktivitäten optimieren und die Zeit nutzen können, um Maßnahmen zu identifizieren, anstatt manuelles Data Crunching durchzuführen.

5. Änderungs- und Konfliktmanagement:

- Strukturelle Änderungen: Airbus DS hat die Organisation in der Kombination von Lieferkette und Qualität geändert, um eine stärkere Verantwortung für Qualitätsthemen entlang der Lieferkette zu haben.

- On-Time-Delivery (OTD) bleibt das Hauptaugenmerk aller Lösungen und Dashboards. Dabei kann das Dashboard den Effekt des Aufzeigens von Fakten haben, die in der Vergangenheit nicht transparent waren. Das hat zu internen Konflikten geführt.

- Digitale Botschafter sind operative Personen aus dem Unternehmen, die ein persönliches Interesse an den Tools und eine digitale Denkweise haben. Sie sind an jedem Projekt ab der

Rollout-Phase beteiligt. Sie haben einen engen Kontakt mit dem Projektteam und die Aufgabe, Early Adopters zu sein, wichtige Tool-Nutzer und das Change Management vor Ort zu unterstützen und ihre Kollegen zu schulen

6. Grundlegendes Verständnis von Daten

- Lernen am Arbeitsplatz: Lernen während des Projekts, Akzeptieren der Blackbox-Unsicherheit (d.h. die Unbekannten hinter den Algorithmen). Die Akzeptanz der Blackbox brachte den „Win-Win"-Effekt mit sich, mehr Daten zu verwenden und die Arbeit zu teilen (weniger Data Crunching, sondern Konzentration auf die Datenanalyse). Es wurde eine einzige große Blackbox gebaut und Vertrauen um sie herum aufgebaut. Alle waren in der Lage, Feedback zur Blackbox zu geben, um sie zu modifizieren und anzupassen (Ownership der Blackbox).

- Formales Lernen: Key-User wurden geschult, um ein gutes Verständnis für die Daten zu entwickeln.

7. Datenverarbeitung:

Förderung von Schulungen und Wissensaufbau zur Datenverarbeitung für Schlüsselanwender, damit sie besser verstehen, was sich hinter den Daten verbirgt, wie sie mit den Daten navigieren und Änderungen vornehmen können (um sie an Bord zu holen). Formales Lernen wurde angeboten, hauptsächlich für Experten, da die Kernkompetenz hauptsächlich im Digital Transformation Office (DTO) verbleibt.

Das Beschaffungsprojekt hat das Gesamtbild und das Bewusstsein für das Ökosystem bei allen beteiligten Akteuren innerhalb und außerhalb von Airbus enorm gestärkt. Neue Projektmanagement-Tools (z.B. Agile), DTO-Community (DOCK) und IT-Lösungen wurden eingesetzt und getestet, um die Zusammenarbeit und das Verständnis für Daten zu verbessern. Das Change Management wird weiterhin davon angetrieben, dass die Mitarbeiter intrinsisch von den Vorteilen von Daten überzeugt sind (z.B. Digital Ambassadors). Ähnlich wie die Beschaffung ist die Qualität eine Querschnittsfunktion, bei der die Nutzung von Daten einen wesentlichen Einfluss auf die Effizienz und die Einstellung der Mitarbeiter innerhalb und außerhalb der Qualitätsfunktion hat.

5.2.4 Qualität: Anwendungsfälle in der Qualitätsanalytik

Die Qualitätsabteilung spielt eine grundlegende übergreifende Rolle in den Aktivitäten und Prozessen von Airbus DS Operation, Manufacturing und Procurement. Diese Prozesse werden in Hardware- und Softwaresystemen angewendet und zielen auf die kontinuierliche Verbesserung von Effizienz, Qualität und Flexibilität ab. Mit der zunehmenden Komplexität der Fertigungs- und Lieferkettenprozesse ist es notwendig, ein tieferes Verständnis für diese anwendbaren Prozesse und den damit verbundenen Einsatz von Softwarelösungen wie Product Life Cycle Management (PLM), Manufacturing Execution System (MES) zu haben, um Anomalien oder Fehler in der Produktion zu erkennen. Diese Systeme sind ein wichtiger Hebel für die Erkennung von Anomalien, aber die größte Herausforderung besteht darin, die verschiedenen Softwaresysteme zu verbinden und zusammenzuführen, um eine einheitliche, solide Grundlage für die Analyse der Qualität von Produkten, Aufträgen und den damit verbundenen Daten zu schaffen. Daten können aber auch zum Beispiel von Sensoren an Maschinen mit Echtzeit-Produktionsinformationen kommen. Große Fortschritte wurden auch auf dem Gebiet der Schaffung einer intuitiveren und ergonomischeren Benutzerführung gemacht; dies wurde durch den Einsatz von virtueller oder erweiterter Realität erreicht. Basierend auf diesen Daten ermöglicht Künstliche Intelligenz (KI) als eines der digitalen Mittel die Vorbeugung und Vorhersage von Fehlern, die Optimierung von Prozessen sowie kontextspezifische Informationen zur Entscheidungsfindung.

In der Vergangenheit ergriffen Fertigungssysteme Qualitätsmaßnahmen am Ende der Produktionskette. Mit der Digitalisierung von Prozessen und Arbeitsweisen wurden neue Wege zur Implementierung eines Qualitätssystems im gesamten Fertigungsprozess erforscht, und das Ziel ist es, zu einer stärker präventiven und prädiktiven Denkweise in der Qualität überzugehen. Airbus DS Operations zielt darauf ab, neue Technologien, Datenanalysen, künstliche Intelligenz und vernetzte Tools zu nutzen, um diese neue Kultur der Prävention und Vorhersage zu schaffen, um bessere und schnellere Entscheidungen treffen zu können. Eine weitere große Umstellung für das Unternehmen und die Operations-Abteilung besteht darin, Qualitätsdaten nicht nur in den Qualitätsabteilungen zu nutzen, sondern diese Datenerkenntnisse und Erkenntnisse auch mit anderen Funktionen und Programmen zu teilen, damit alle Organisationen eine datengestützte Qualitätsmentalität entwickeln.

5.2.4.1 Anwendungsfälle der Qualitätsanalytik

Das Qualitätsmanagement in der Fertigung verbindet verschiedene Stakeholder von der Forschung und Entwicklung über die Zulieferer bis hin zur Produktion und dem Aftermarket. In ähnlicher Weise ist Data and Quality Analytics eine Lösung, die sich an Mitarbeiter der Qualitätsorganisation und die anderen zuvor genannten Funktionen (Forschung und Entwicklung, Lieferanten, Produktion, Aftermarket) richtet. Die Verbindung aller Stakeholder ermöglicht den Zugriff auf und die Einsicht in Datenanalysen zu Anomalien und zugehörigen Qualitätsdateninformationen. Sie ist eine Voraussetzung und bildet die Grundlage für die Qualitätskultur.

Geschäftskontext/Anforderungen

Wie in vielen anderen Organisationen auch, besteht die größte Herausforderung darin, Daten optimal für Prävention und Antizipation zu nutzen. Dies ermöglicht es uns, mit mehreren und unterschiedlichen Tools umzugehen und die Qualität der Daten zu verstehen, während wir mögliche Anomalien, Defekte, Nichtkonformitäten und Daten für die praktische Problemlösung (PPS) entdecken. In der Vergangenheit verbrachten die Mitarbeiter viel Zeit damit, Informationen manuell aus den verschiedenen Datenquellen zu sammeln und verwendeten hauptsächlich Excel-Dateien zur Datenmanipulation. Daher bestand die Dringlichkeit, alle diese Qualitätsdatenobjekte und diese Informationen in einer zentralen Datenbank (Data Lake) und einem Tool (automatisiert und digitalisiert) zu sammeln, um aus den generierten Daten und Anomalieinformationen einen Mehrwert zu generieren.

Der Einsatz der Quality-Analytics-Lösung ermöglicht es dem Unternehmen, Anomalien auf der Grundlage historischer Daten zu verhindern, Probleme zu antizipieren, aber auch Anomalien auf der Grundlage der Datenanalysefähigkeiten vorherzusagen. Die Quality-Analytics-Lösungen können Informationen über Nichtkonformitäten aus vielen verschiedenen Datenquellen auf automatisierte Weise sammeln, verwenden Tools zur Datenvisualisierung und bieten tiefergehende Datenanalysefunktionen. Diese Datenanalysefunktionen ermöglichen es Airbus DS Operations in der ersten Phase, Probleme zu identifizieren, zu priorisieren, die Vorlaufzeit von Nichtkonformitäten und Anomalien zu reduzieren und den Umgang mit Problemlösungen zu üben.

Der nächste Schritt ist die Ausweitung der Nutzung von Qualitätsanalysen für Risikohinweise, um das Auftreten von Anomalien zu verhindern. Das Ziel ist es, einen besseren Wert aus den vorhandenen Daten zu generieren, durch Automatisierung effizienter zu werden, eine bessere Transparenz der Daten und ihrer Auswirkungen voranzutreiben und Prävention statt Reaktion zu ermöglichen.

Lösungen

Airbus DS Operations zielt darauf ab, langfristige, programmunabhängige Lösungen zu entwickeln. Für die erste Version wurden einige der Anwendungsfälle und Funktionalitäten innerhalb eines bestimmten Umfangs für eine Qualitätsfunktion oder ein Programm entwickelt, jedoch immer mit dem Ziel vor Augen, dass die entwickelten Funktionen so eingerichtet werden müssen, dass sie zu einem späteren Zeitpunkt leicht wiederverwendet und auf andere Funktionen in der Qualität erweitert werden können. Ein gemeinsamer und skalierbarer Ansatz innerhalb jedes Anwendungsfalls wird immer stark gefördert.

Quality Analytics ist eine Cloud-basierte Lösung mit einer gemeinsamen Datenbank (Data Lake) dahinter. Die erforderlichen Daten werden aus den verschiedenen Quellsystemen abgerufen und die Datenverarbeitung wird in diesem zentralen Data Lake mit verschiedenen Analysetools durchgeführt. Die Ergebnisse und Resultate dieser Datenverarbeitung werden den Endanwendern in einer benutzerfreundlichen und intuitiven Front-End-Web-Oberfläche zur Verfügung gestellt.

Die verwendeten Analytics-Tools und -Fähigkeiten sind Natural Language Processing (NL), Artificial Intelligence (AI), Machine Learning, Standardtechnologien, die für die Datenaggregation, das Datenmapping und die Datenverarbeitung benötigt werden, sowie Reporting- und Visualisierungs-Tools.

Für die erste Version von Quality Analytics wurde beschlossen, mit einigen grundlegenden Funktionen zu beginnen, die jedes Analytics-Tool bieten sollte. Diese umfassen:

1. Automatisierung (z.B. Datenerfassung, Datenvisualisierung, Cockpits, Reporting) zur Vermeidung manueller Arbeiten.

   ▪ Globale Suche über mehrere Datenquellen: Suchfunktion von qualitätsrelevanten Daten (Google-ähnliche Suche), um das Lernen, Teilen und Wiederverwenden von Wissen über frühere Erkenntnisse zu ermöglichen.

   ▪ Datenanalyse und -visualisierung: Automatisierte und Ad-hoc-Datenverfügbarkeit zusammen mit standardisierten Key Performance Indicators, Dashboard, Trend-Reports, um die Aggregation von Daten und Deep-Dive-Analysen von Daten zu ermöglichen.

   ▪ Qualitätsprogramm-Cockpits: Integrierte 360°-Sicht auf alle qualitätsrelevanten Informationen innerhalb eines Programms zur besseren Verwaltung von Produktqualität, Qualitätssicherung, Maßnahmen und der Vorbereitung auf Kundenprüfungen.

2. Prävention und Vorhersage:

   ▪ Clustering und Visualisierung: Automatisiertes und manuelles Clustering von Daten unter Verwendung von Technologien für künstliche Intelligenz und natürliche Sprachverarbeitung für Auswirkungs- und Priorisierungsanalysen.

   ▪ Prävention des erneuten Auftretens von Anomalien: Basierend auf historischen Daten werden Risikoindikatoren bereitgestellt, um die wichtigsten und wahrscheinlichsten Fehler zu identifizieren, die auftreten können, mit dem Ziel der Prävention. Das Ziel ist, dass die Mitarbeiter in der Qualität, aber auch die Mitarbeiter in der Produktion informiert werden, um die notwendigen Maßnahmen zu ergreifen, damit diese Anomalien nicht (wieder) auftreten.

Der Einsatz von Quality Analytics mit seinen verschiedenen Merkmalen, Funktionalitäten und Analysemöglichkeiten bringt viele Vorteile in Bezug auf Effizienz (Automatisierung manueller Tätigkeiten), Prävention (Lernen aus historischen Problemen und Lösungen), Kundenorientierung und Kundenzentrierung (verbesserte Entscheidungsfindung auf Basis von Daten) und Kosten (Senkung der Kosten für Qualität und Nicht-Qualität).

Als Nebeneffekt hilft ein gemeinsamer Data Lake- und Data-Analytics-Ansatz bei Airbus DS auch dabei, individuelle Tool-Entwicklungen in einem Silo-Ansatz zu reduzieren und zu begrenzen.

5.2.4.2 Qualitätsanalytik und Kompetenzentwicklung

Dieses Qualitätsanalyseprojekt hat zu einem erheblichen Lerneffekt bei den Hauptanwendern, den Experten, aber auch bei allen Mitarbeitern geführt.

Tabelle 5.6 Zusammenfassung der Kompetenzentwicklung entlang des Anwendungsfalls Qualität

Was?	Wie?	Wer?
1. Projektmanagment (Agil)	Formales Lernen, soziales Lernen (DOCK), on-the-job	Experte, Schlüsselanwender
2. Stärkere Zusammenarbeit und Verantwortung für Daten	On-the-job und soziales Lernen (Communities)	Experten (IT) und Key-User (Fachexperten)
3. Bewusstsein für das große Ganze/End-to-End-Denken, länder- und funktionsübergreifend	Lernen am Arbeitsplatz	Hauptbenutzer
4. Grundlegendes Datenbewusstsein	Formales Lernen, Lernen am Arbeitsplatz (inkrementelles Lernen durch Projekte und Sprints), soziales Lernen (Workshops, Webinare), externe Schulungen (z. B. Youtube)	Schlüsselanwender, alle Mitarbeiter
5. Data Governance und Compliance, Datenbewertung, Datenklassifizierung, Datenqualität	Formales Lernen, soziales Lernen (Awareness-Sitzungen), Peer-to-Peer-Lernen und On-the-Job-Lernen	Alle Mitarbeiter, Key-User, Experten, IT-Abteilungen, Datenverantwortliche
6. Fähigkeiten in der Datenverarbeitung (prädiktive und präskriptive Analytik)	Formales Lernen, soziales Lernen (Gemeinschaften)	Experten von DTO hauptsächlich, Schlüsselanwender
7. Änderung der Einstellung zur gemeinsamen Nutzung von Daten	On-the-job, soziales Lernen (Teams, Gemeinschaften)	Alle Mitarbeiter, Key-User, Ökosystem-Experten

1. Projektmanagement (z. B. Scrum, Agile):

- Formale Schulungsmöglichkeiten werden von der Airbus DS Academy für spezielle Schlüsselanwender im Projekt angeboten, aber auch für alle Mitarbeiter empfohlen. Das Wissen über Agile und Scrum-Methodik war zu Beginn des Projekts sehr gering. Scrum verwendet spezifische Terminologien (z. B. Sprint, Sprint-Planung, Sprint-Review, Zeremonien, Product Backlog) und Regeln (z. B. tägliche Meetings, agile Zusammenarbeit, iterative Schleifen zwischen Business und Experten mit schnellem Feedback) und dies war zu Beginn des Projekts noch nicht üblich. Die Methodik musste on-the-job an die Organisation von Airbus DS angepasst werden (z. B. Zeitfenster für Tests, Feedback-Schleifen, die nicht so schnell waren, wie im agilen Rahmen normalerweise erwartet). Dies beinhaltete:

- Für Key-User, Nutzung von Social Learning (The DOCK). DOCK ist eine offene Plattform, auf der sich DTO- und Business-Experten gemeinsam treffen oder gemeinsam an Anwendungsfällen arbeiten und gemeinsam Lösungen finden. An dieser Plattform nehmen auch externe Experten teil.

2. Stärkere Zusammenarbeit zwischen IT-Experten und Business Key Usern:

- Die primäre Herausforderung bestand darin, die geschäftlichen Anforderungen an die IT-Experten zu übersetzen, um die vom Geschäft benötigten Lösungen zu entwickeln (z. B. der

333

Anwendungsfall „Prävention", der sehr stark mit Algorithmen verbunden ist). Aufgrund der fehlenden Datenqualität und -harmonisierung waren viele Feedback-Schleifen zwischen IT und Business erforderlich.

- Zusammenarbeit zwischen verschiedenen Business-Experten für die Datenmodellierung und -verarbeitung (Data Scientists, Data Engineers, DTO-Analytics) als starke Grundlage für zukünftige Analytics-Projekte. Die Business-Experten lieferten Informationen über die Nutzung der Daten in den verschiedenen Systemen und deren Interpretation der Daten. Das Analyseteam stellte seine Erfahrung in der Datenmodellierung, Datenverarbeitung und Analysefähigkeiten (z. B. Algorithmenentwicklung auf Basis von Datenkorrelationen) zur Verfügung.

- Key-User: mussten Informationen über das Geschäft und die Verwendung der Daten weitergeben

3. Big Picture Awareness, End-to-End:

Für Key-User im Bereich Anomalie-Management und Anomalie-Prävention. Schlüsselanwender mussten den End-to-End-Prozess einschließlich Lieferanten über die Silos ihrer Abteilung hinaus betrachten.

4. Grundlegendes Datenbewusstsein:

- Alle Mitarbeiter (nicht nur aus der Qualität, sondern auch aus der Produktion): Es wurden Webinare organisiert, um die Nutzung des Tools zu verstehen. Es wurde ein digitaler Weiterbildungsplan mit einer Liste von obligatorischen Schulungsprogrammen erstellt, die auf die Bedürfnisse zugeschnitten sind (in MyPULSE Learning). Jährliche Workshops werden auch entsprechend den Hauptprioritäten der verschiedenen Unternehmen eingerichtet, die diese auch organisieren.

- Wichtige Anwender haben auch an öffentlich aufgezeichneten, kostenlosen Webinaren teilgenommen (YouTube).

- Lernen am Arbeitsplatz: Zu Beginn des Projekts wurden dieselben Daten über verschiedene Programme hinweg auf unterschiedliche Weise verwendet und interpretiert. Die Harmonisierung der Datenobjekte wurde als Voraussetzung für vertrauenswürdige Analyseergebnisse und Outputs vorangetrieben.

5. Data Governance, Bewertung und Klassifizierung:

Von Anfang an hat Quality Analytics die Data-Governance-Regeln befolgt, indem die erforderlichen Datenbewertungen und -klassifizierungen durchgeführt wurden.

- Der erste Schritt und die Anforderungen für jeden Anwendungsfall bestanden darin, die benötigten Datenobjekte und Datenquellen zu identifizieren. Es wurden interne Schulungen und -Sitzungen für Business-Experten und Datenverantwortliche organisiert, um den Prozess zur Durchführung der Datenbewertung zu erklären. Zusätzlich wurde ein multifunktionales Team (MFT) mit der Abteilung Informationsmanagement (IM), dem Datenqualitätsbeauftragten und anderen Datenbeauftragten und Stakeholdern eingerichtet. Dieses MFT hat es den Mitarbeitern ermöglicht, Erfahrungen und Know-how für das Datenmanagement zu sammeln

- Wichtige Befähiger, die mit den alltäglichen Qualitäsproblemen vertraut sind, wurden in den Workshop zur Datenbewertung und -klassifizierung einbezogen und nahmen an Awareness-Sitzungen teil. Formales Lernen: Sie mussten es auf die Planung von Data Governance und digitaler Weiterbildung anwenden, aber „Learning-on-the-Job" war am effektivsten.

- Experten: Interne Schulungen und Sitzungen für Business-Experten und Datenkunden wurden durchgeführt, um den Prozess zur Durchführung der Datenbewertung zu erklären.

6. Datenverarbeitung:

Die Datenverarbeitung ist keine Kernkompetenz von Quality. Es gibt zwar einige Experten für Datentechnik und Datenverarbeitung, aber die meisten Teammitglieder hatten keinen Hintergrund in Datenverarbeitung. Das Projekt ermöglichte es ihnen, mehr über Datenverarbeitung zu lernen. Die Kernkompetenz bleibt auf der Seite des Digital Transformation Office (DTO).

7. Mentalitätswechsel:

- Zu Beginn des Projekts waren die Leute zurückhaltend, Daten zu teilen. Durch das Projekt wurden die Leute gezwungen, Daten im Rahmen der Data Governance auszutauschen.

- Als nächster Schritt ist geplant, die Projektmitglieder mit Communities (Internet der Dinge, Künstliche Intelligenz) zu verbinden, um ihnen zu ermöglichen, ihr Wissen zu nutzen, weiter zu lernen und sich nach außen zu öffnen (mit anderen Experten)

Das Quality-Analytics-Projekt zeigt, wie wichtig es ist, mit einem klaren Projektrahmen und einem gemeinsamen Verständnis der Projektmanagement-Terminologie (z.B. Scrum) zu beginnen. Die beteiligten Mitarbeiter lernten nicht nur, Daten für einen gemeinsamen Zweck zu teilen, sondern auch, die Bedürfnisse zwischen der Geschäfts- und der Technikerwelt zu übersetzen. Da Qualität mehr als eine Funktion ist, sondern auch eine Denkweise und eine Kultur, die alle Mitarbeiter betrifft, ermöglicht das Datenanalyseprojekt ein „Big Picture"-Denken und ein Verständnis für den Wert von Daten für die Organisation.

5.3 Fazit

Die Entwicklung digitaler Kompetenzen im Kontext eines sich schnell verändernden Umfelds und exponentiellen technologischen Fortschritts erfordert Flexibilität und Geschwindigkeit, was für Mitarbeiter und große Organisationen eine große Herausforderung darstellt. Bei Airbus DS Operations wurden Werte als gemeinsames solides Fundament für einen tiefgreifenden und nachhaltigen Wandel definiert, zusammen mit einem klaren strategischen Geschäftszweck und im Vertrauen auf das Engagement und die Eigenverantwortung der Mitarbeiter. Der Airbus-Lernrahmen bietet umfangreiche formelle und informelle Möglichkeiten zum Lernen und zur Entwicklung digitaler Kompetenzen. Diese Mischung aus strukturierten und vorhersehbaren Schulungen und Angeboten der DTO- und Personalabteilungen zusammen mit der flexiblen und agilen Arbeitsweise der Communities, die von engagierten Mitarbeitern vorangetrieben wird, schafft einen Raum für schnellere Anpassung und Lernen.

Betrachtet man die Anwendungsfälle im Bereich Operations und Industrie 4.0, so lassen sich konkrete Geschäftsvorteile in Bezug auf Effizienz und Wettbewerbsfähigkeit, Echtzeitinformationen, besseres Wissensmanagement, Vermeidung von Anomalien und eine stärkere Kundenorientierung beobachten. Auch auf der Menschen- und Lernseite wurden top-down identifizierte Themen wie Kollaboration, Big Picture Thinking entlang der Wertschöpfungskette angewandt und „on-the-job" integriert. Die Herausforderung des Vertrauens in Daten konnte durch eine starke Zusammenarbeit mit allen Akteuren innerhalb und außerhalb des Unternehmens, einschließlich Kunden, Lieferanten und Sozialpartnern, überwunden werden. Die Konfrontation mit Ungewissheit durch den Einsatz von unüberwachten und neuronalen Netzen sowie durch den Black-Box-Ansatz half den Mitarbeitern, diese zu akzeptieren. Interessant war, dass sich das Lernen insgesamt nicht nur auf die IT-Experten, sondern auch auf die Key-User und alle an den Projekten beteiligten Mitarbeiter auswirkte. Jede Gruppe hat eine andere Art des Lernens oder eine andere Lernkurve, um alle auf die Reise der digitalen Kompetenzentwicklung mitzunehmen. Das Community-Learning-Angebot weist die größte Lernvielfalt auf und erwies sich als das geeignetste, insbesondere durch die natürliche Verbindung zum externen Ökosystem. Wesentlich für den Erfolg war die Etablierung einer gemeinsamen „digitalen" Sprache, die von den Data-Governance-Teams vorangetrieben wurde. Aus organisatorischer Sicht und Arbeitsweise erforderten die Use Cases den systematischen Einsatz agiler Methodik, den Scrum-Ansatz sowie die Zusammenarbeit über die Business- oder IT-Silos hinaus und legten ein neues Fundament für zukünftige Data-Analytics-Projekte. Die Mitarbeiter bemerkten auch den Wert, der durch die Interoperabilität über die Anwendungsfälle und das Lernen über die verschiedenen Bereiche hinweg geschaffen wurde.

Menschen, Werte, Vertrauen, der Aufbau von Beziehungen und die Zusammenarbeit im großen Airbus-Ökosystem sind die wesentliche Grundlage für den Aufbau digitaler Kompetenzen.

Dies bestätigt, dass Menschen, Werte, Vertrauen, der Aufbau von Beziehungen und die Zusammenarbeit im großen Airbus-Ökosystem mit Kunden, Lieferanten und Sozialpartnern die wesentliche Grundlage für den Aufbau digitaler Kompetenzen sind. Es unterstreicht auch die Bedeutung von Soft Skills, Werten und Vertrauen, der Art und Weise, wie Menschen zusammenarbeiten und kommunizieren sollten, wie sie Empathie für verschiedene Welten entwickeln, wie sie in End-to-End-Prozessen über die Hard Skills der Datenverarbeitung hinaus groß denken. Es bestätigt auch die Notwendigkeit, eine Vielfalt von Lernansätzen anzubieten, die formalen und die gemeinschaftlichen. Während Trainingsprogramme Hard-Skill-Wissen erzeugen und verstärken können, können Communities die Eigenverantwortung und die Neugierde zu lernen fördern, indem sie ein Gefühl der Zugehörigkeit innerhalb der Gruppe vermitteln, dass eine „Mut zum Scheitern und Experimentieren"-Mentalität ermöglicht. Gemeinschaften ermöglichen nicht nur formelles und informelles Lernen (Soft- und Hard-Skills), sie identifizieren, binden und motivieren Talente. Sie sind besser an sich schnell verändernde Umgebungen angepasst, in denen ständig neue Themen und Kompetenzen auftauchen. Menschen sind eine soziale Spezies; innerhalb von Gemeinschaften können sie sich verbinden, ein Gefühl der Zugehörigkeit kuratieren, das gleichzeitig verankert und befreit und ihre Neugierde fördert, auch in unsicheren Zeiten zu lernen. Communities sind auch das Bindeglied zwischen Experten, Key-Usern und allen Mitarbeitern, um die Anwendbarkeit von Lösungen zu testen. Die Zukunft erfordert die Weiterentwicklung von Communities von Interesse und eine Ausweitung von Communities mit technologischem Fokus nicht nur auf IT-Experten, sondern auf alle Mitarbeiter. Diese Communities sollten von Anfang an mit der externen Welt verbunden sein. Um beide Welten, innerhalb und außerhalb von Airbus, zu verbinden, werden Botschafter der Communities oder „Super Key User" benötigt, die sich sowohl in der IT- als auch in der Business-Welt bewegen, da sie mit deren Besonderheiten, Bedürfnissen, Sprache und Kultur vertraut sind. Sie können auch mit konkreten Anwendungsfällen, wie in diesem Artikel beschrieben, argumentieren, um zögerliche, unsichere Mitarbeiter zu überzeugen, sich auf neue digitale Technologien einzulassen.

Insgesamt geht es bei der Entwicklung digitaler Kompetenz darum, eine allgemeine Denkweise zu erreichen, die Bereitschaft, sich auf neue Ideen einzulassen, gemeinsam zu lernen und sich auf andere zu verlassen, um zu wachsen und ein Verständnis für verschiedene Ansichten und unterschiedliche Perspektiven zu entwickeln. Organisationen können die Leidenschaft und das Engagement zukunftsorientierter Mitarbeiter freisetzen, um das gesamte Unternehmen auf diese Lernreise einzuschwören und voranzubringen, bei der jeder zählt.

Digitale Kompetenz-erweiterung bei Continental – E-Learnings als Basis und Überblick zur Transforma-tionsqualifizierung

Sebastian Borchers und Andrea Schindler

6.1 Die Ausgestaltung der Transformation bei Continental – Ausgangssituation und Vorgehensweise

Continental arbeitet an der Mobilität der Zukunft, hat 240 000 Beschäftigte, davon 58 000 in Deutschland. Dabei ist das Ziel nachhaltige, vernetzte und intelligente Mobilitätslösungen für unterschiedlichste Anwendungsbereiche zu entwickeln, zu produzieren und zu vertreiben.

In nahezu allen Tätigkeitsfeldern des Konzerns findet eine zunehmend schnellere Veränderung und Verbesserung von Methoden und Prozessen mit einer fortschreitenden Digitalisierung statt. Durch die komplexe Konzernstruktur existiert dazu eine Vielzahl von Aktivitäten, Projekten, Programmen und Initiativen auf unterschiedlichsten Ebenen. Alle Fachbereiche arbeiten oft vernetzt und standortübergreifend an optimierten Vorgehensweisen und zukunftsweisenden Ausrichtungen in den fortlaufenden Transformationsprozessen. Insbesondere in der Automobilindustrie wird die Entwicklung der Digitalisierung durch die politischen Rahmensetzungen, Veränderung zu neuen Antriebskonzepten und die Vernetzung von Fahrzeugen wesentlich verstärkt und beschleunigt.

Fast ausnahmslos führen diese Transformationen zu Veränderungen von Arbeitsplätzen, sei es durch neue Prozesse, Anlagen oder Veränderung ganzer Produktbereiche oder Geschäftsmodelle. Die Auswirkungen auf die Beschäftigten können auf der einen Seite neue Chancen bieten und Zukunftsfähigkeit von Unternehmensbereichen sicherstellen, auf der anderen Seite aber auch den Wegfall bisheriger Arbeitsinhalte bis hin zu ganzen Unternehmensteilen bedeuten. Gleichzeitig herrscht ein Mangel an gut qualifizierten Beschäftigten in digitalen Schlüsselqualifikationen, insbesondere in den Softwarebereichen.

Dies ist kein neues Phänomen, es hat in den letzten Jahrzehnten laufend Veränderungen gegeben. Auch Trends wie Digitalisierung und Vernetzung haben schon vor einigen Jahren begonnen. Das zunehmende Tempo des technischen Fortschritts führt aber dazu, dass die Auswirkungen auf eine breite Masse an Arbeitsplätzen immer stärker zunehmen und sich in Veränderungstiefe und Tempo weiter erhöhen.

Die Herausforderung besteht damit nicht nur in der gezielten Qualifikation einzelner Mitarbeiter zu neuen Aufgabenbereichen, vielmehr muss die gesamte Belegschaft einhergehend mit den veränderten Anforderungen qualifiziert werden. Je nach Beschäftigungsgruppe, Bildungsnähe und insbesondere persönlichen Bildungserfahrungen und Erfolgen erfordert dies sehr unterschiedliche Strategien und Vorgehensweisen.

Auf dieser Grundlage wurde in der Continental frühzeitig ein breiter Dialog mit den vertretenen Gewerkschaften, dem Konzernbetriebsrat und der Unternehmensleitung gestartet, um Rahmenvereinbarungen für die Ausgestaltung der Auswirkungen von Transformationsprozessen auf die Beschäftigten zu treffen. Der Fokus lag hierbei auf Angeboten für den Erhalt und den Ausbau der individuellen Beschäftigungsfähigkeit aller Mitarbeiter. Dazu wurde ein gemeinsames Programm „Continental in Motion!" gestartet, in dem die Themenbereiche „Interner Arbeitsmarkt", „Transformationsqualifizierung" sowie die Entwicklung eines „Gesamtkonzeptes" in der Transformation gemeinsam entwickelt wurden.

Zur Gestaltung des „Gesamtkonzeptes" wurde Anfang 2019 mit dem „Continental Institut für Technologie und Transformation (CITT)" eine eigene Organisationseinheit gegründet. Damit wird eine konsistente und dauerhafte Bearbeitung der Themenbereiche durch ein HR-Kompetenzzentrum für die Ausgestaltung der Transformation sichergestellt.

Für die Themenbereiche „Interner Arbeitsmarkt" und „Transformationsqualifizierung" wurden Konzernbetriebsvereinbarungen abgeschlossen, die einen klaren und verlässlichen Rahmen für alle Beschäftigten und Konzerngesellschaften in Deutschland bilden.

Im Rahmen des CITT wurde das Thema Qualifizierung in der Transformation strukturiert und neben der strategischen Gestaltung ein interner Bildungsträger für die ganzheitliche Umsetzung gegründet. Damit wurden die Effizienz und Geschwindigkeit als die zwei wesentlichen Erfolgskriterien gesteigert. Als eine erste Aufgabe wurde die Aufnahme bestehender Konzernprojekte und Qualifizierungen sowie deren Strukturierung und Umwandlung in einheitliche Qualifizierungsangebote an breite Beschäftigungsgruppen in allen deutschen Standorten definiert. Dabei stellte, insbesondere im Rahmen der fortschreitenden Umsetzung von Industrie 4.0, die Integration des Themas Future Learning durch einheitliche E-Learnings für alle Mitarbeiter einen wichtigen ersten Schritt zu einem gemeinsamen Verständnis des Themas „Digitale Kompetenzen" sowie einen Ausgangspunkt für weitere Qualifizierungsangebote dar.

Bild 6.1 Bildungshintergrund Continental-Mitarbeiter am Beispiel Deutschland

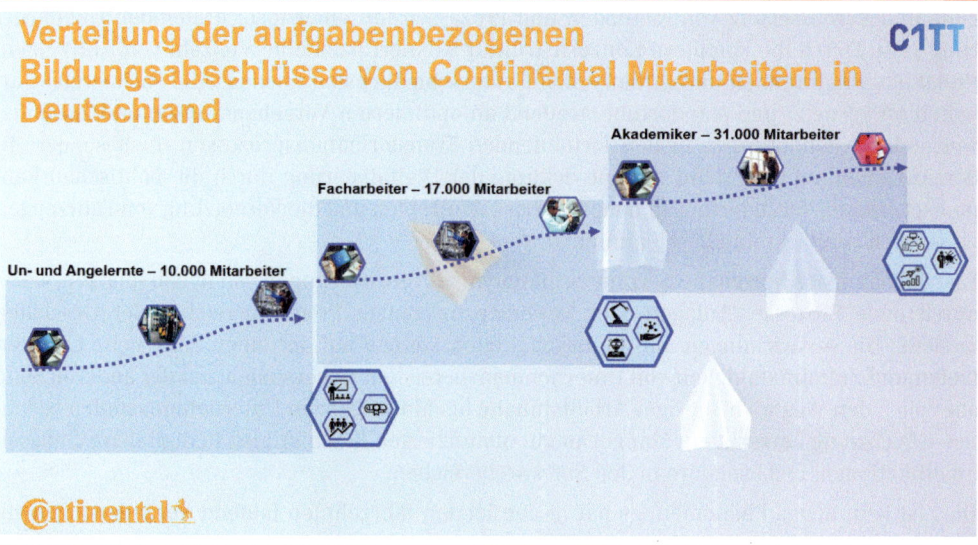

6.2 Umsetzung von Industrie 4.0 – Future Learning als Rahmensetzung für einheitliche und breite Qualifizierung in digitalen Grundkompetenzen

Bereits vor einigen Jahren starteten die ersten konzerninternen Ansätze zum Thema Industrie 4.0 im Continental-Konzern. Die ersten drei industriellen Revolutionen wurden immer im Nachhinein zu einer industriellen Revolution ausgerufen, doch bei der vierten industriellen Revolution war dies anders. Parallel zum Aufkommen neuer Technologien wurde die Entwicklung von der Wissenschaft bereits zur nächsten Revolution proklamiert. Das Verständnis darüber, was dies tatsächlich bedeutet, war aber nicht flächendeckend gegeben.

Im Austausch mit Experten und verschiedenen Management-Vertretern wurde das Industrie-4.0-Dachprojekt für die Automotive-Sparte des Konzerns aufgesetzt. Ziel des Projekts war es, neue Technologien zu untersuchen und die Einsetzbarkeit für Continental zu bewerten. Dabei wurden Themen wie zum Beispiel Qualitäts- und Effizienzsteigerung evaluiert. Das Dachprojekt beinhaltet daher drei Ebenen: Technologien, Enabler und Strategic Areas.

Referenzmodell Industrie 4.0

Technologien, Enabler sowie Strategische Ebenen und Bereiche

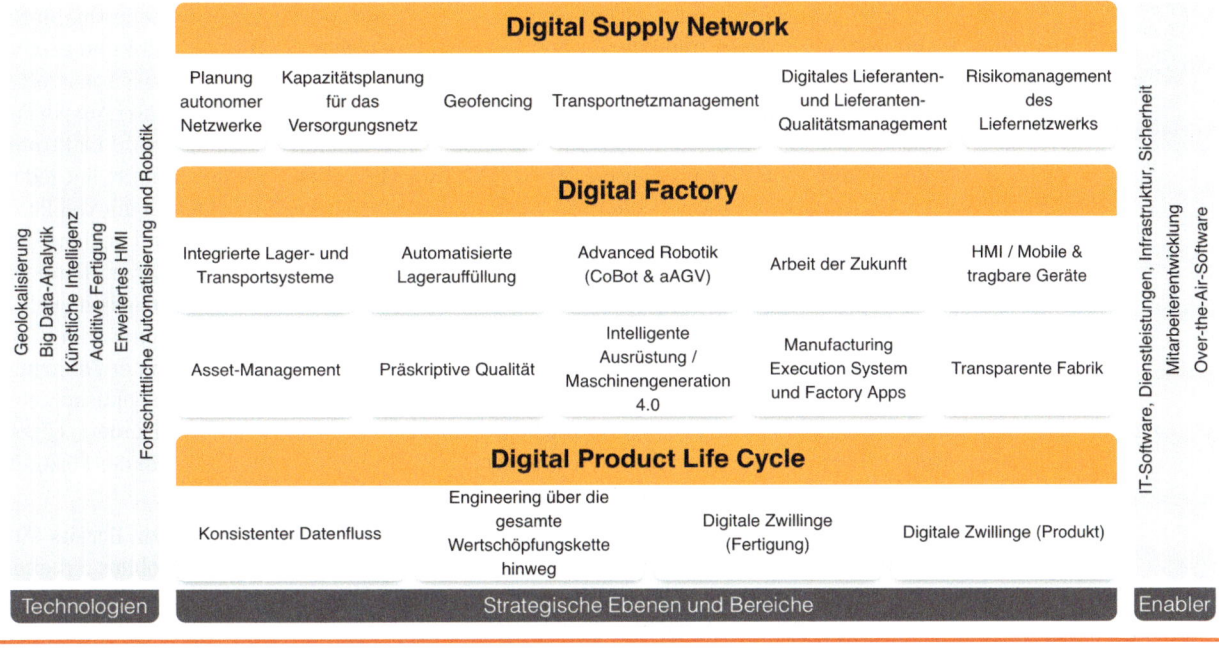

Bild 6.2 Continental-Referenzmodell

Geolocation, Big Data, Künstliche Intelligenz, Additive Manufacturing, Advanced Human-Machine-Interface und Advanced Automation und Robotics wurden als Schlüsseltechnologien von Experten und Management-Vertretern identifiziert und festgelegt. Die Enabler – also die Möglichmacher – haben einen starken Fokus auf IT: IT-Software und Service, Infrastruktur, IT-Sicherheit und Cloud Software. Jedoch wurde bereits bei den Enablern die Weiterbildung der Mitarbeiter als wichtige Komponente aufgeführt. Die Strategic Areas, koordiniert von

Strategic Area Leads, stellen Felder dar, in denen Pilotprojekte gestartet wurden; die Strategic Layers fassen zusammengehörige Strategic Areas zusammen.

Die Strategic Area Leads hatten die Aufgabe neue Konzepte aufzusetzen und mithilfe von neuen Technologien voranzutreiben. Zwei Werke, ein Elektronikwerk und ein Mechanikwerk, wurden zu Industrie-4.0-Modell-Werken und dienten als Pilot für neue Themen. Ziel war es, nicht nur in der Theorie Neues zu entwickeln, sondern vor Ort zu testen, um einen weltweiten und flächendeckenden Rollout möglich zu machen.

Um auch der Qualifizierung der Mitarbeiter gerecht zu werden, wurde die Strategic Area Future Work definiert und das Projekt Future Learning davon abgeleitet. Ziel war es, eingefahrene Denkmuster aufzubrechen und Arbeiten und Lernen neu zu gestalten. Gerade im Shopfloor-Bereich war dies schon immer eine große Herausforderung, auf Grund der starren Arbeitsabläufe und des Bildungshintergrunds der Mitarbeiter. Zentrale Frage dabei war, wie können wir für unsere Mitarbeiter am Shopfloor Lernen möglich machen und was müssen unsere Mitarbeiter in Zukunft wissen, um erfolgreich in der digitalisierten Fabrik arbeiten zu können. Ganz konkret ging es also um das Wie und Was, denn dass und warum eine Veränderung notwendig ist, wurde durch die veränderten Bedingungen und die schnelle Entwicklung der Digitalisierung offensichtlich.

Daher war es Ziel, neue Lernstrategien, -methoden und -formate im White- und Blue-Collar-Bereich zu erarbeiten. Die Entwicklung digitaler Kompetenzen war am Anfang des Projekts noch nicht als Gap identifiziert worden, dies wurde erst im späteren Projektverlauf offensichtlich. Da dies eine wichtige Erkenntnis war, soll zunächst beschrieben werden, in welchen Bereichen wir angesetzt hatten.

Ein Baustein war die Entwicklung eines standardisierten Trainingskatalogs bestehend aus zehn E-Learnings. Im Fertigungsbereich herrscht ein hoher Grad an Automatisierung und Prozessschritte müssen von allen Mitarbeitern genau befolgt werden, um eine hohe Qualität zu gewährleisten. Dies wird zum Beispiel deutlich, wenn man sich die Airbag-Produktion genauer ansieht. Jeder Prozessschritt muss exakt befolgt werden, eine Abweichung muss sofort offensichtlich werden, denn ein Fehler – also ein defekter Airbag – könnte gravierende Auswirkungen haben. Diese Prozessstandards wurden von einer Abteilung, zuständig für 30 Elektronikwerke weltweit, definiert und an die Werke weitergegeben. Der Trainingsprozess lief jedoch lokal ab. Daher war für uns die standardisierte Weiterentwicklung ein Schlüssel mit viel Potenzial. Der Trainingskatalog konzentrierte sich auf diese Minimum-Standards und bediente sich eines neuen Konzepts. Unter dem Motto „Lernen soll Spaß machen" wurden die Module im Story-Telling-Stil gestaltet. Jedes Modul fing mit einer Analogie außerhalb der Arbeitswelt an und machte dann den Bogen zum Continental-Shopfloor. Die Alltagsgeschichten waren witzig und ansprechend, die Mitarbeiter sollten sich damit identifizieren können. Um der Zielgruppe gerecht zu werden, wurden die Trainings außerdem im ersten Schritt in unsere Fokussprachen übersetzt, denn das Thema Muttersprache gerade beim Lernen ist nicht zu unterschätzen. Schnell wurde jedoch eine weitere Hürde ausgemacht: Nicht jeder Mitarbeiter in der Fertigung hat automatisch Zugriff zu einem PC und weiß, wie er diesen zu bedienen hat.

Daher wurde ein zweiter Baustein – das Projekt Flex @ Shopfloor – ausgerufen. Bereits 2016 rollte Continental das Flexibility-Projekt aus, darunter fielen Themen wie „Mobiles Arbeiten" oder Sabbatical. Die Hauptzielgruppe waren White-Collar-Mitarbeiter. Nach dem Projekterfolg wurde es notwendig, auch für Blue-Collar-Mitarbeiter neue Möglichkeiten der Flexibilisierung anzubieten. 2018 wurde der Ableger Flex @ Shopfloor in den Elektronikwerken gestartet. Es galt, starre Schichtmodelle, starre Arbeitsabläufe und starre Denkweisen aufzubrechen. Mitarbeiter sollten mehr Möglichkeiten bekommen ihren Arbeitstag selbst gestalten zu können, um mehr Zeit und Raum für Qualifizierung zu geben, jedoch ohne die Fertigung zu gefährden.

Der dritte Baustein wurden die Future Learning Competence Centers, die mit lokalen Initiativen in verschiedenen Werken starteten, um Projekte zu pilotieren. Auch hier gab es das Ziel, erst lokal zu testen und zu lernen, um danach global ausrollen zu können. In einem gemeinsamen Workshop wurden acht Projekte definiert. Eine Erkenntnis aus dem Workshop war, dass wir Learning Guides brauchen. Guter Inhalt und PC-Zugriff allein sind nicht ausreichend, um alle Fertigungsmitarbeiter mitzunehmen. Die Altersstruktur und der Bildungshintergrund sind sehr divers, so dass viele Mitarbeiter Unterstützung benötigen, um das neue Lernangebot überhaupt nutzen zu können. Die sogenannten Lernfloor Buddies sollten als zentraler Multiplikator fungieren, um alle Fertigungsmitarbeiter bei (digitalen) Lernmöglichkeiten zu unterstützen. Gleichzeitig sollten sie auch Trainingsbedarf und Feedback sammeln, um die Qualität der Weiterbildung und auch der Trainings kontinuierlich zu verbessern. Der erste Schritt zur digitalen Kompetenzentwicklung war getan, jedoch waren wir immer noch am Anfang.

> **Merke:** Lernfloor Buddies: Mitarbeiter am Shopfloor, die Kollegen bei der Verwendung von PCs unterstützen, damit alle digital lernen können.

Der Kreis schloss sich in einem Workshop mit den anderen Strategic Area Leads. Sie hatten an verschiedenen Themen in ihren jeweiligen Bereichen gearbeitet und diese pilotiert, wie zum Beispiel den Einsatz von Geolocation in einem Werk, um den Wertstrom weiter zu optimieren. Der nächste Schritt war der globale Rollout der Themen. Dies gestaltete sich jedoch schwieriger als gedacht, denn was alle unterschätzt hatten, war das Fehlen einer gemeinsamen Sprache, eines gemeinsamen Vokabulars. Um ein einfaches Beispiel zu nennen: die Strategic Area Leads traten an die Werke mit einer Liste an (digitalen) Anforderungen heran, um den Rollout zu starten, diese wurden in den Werken jedoch oft nicht verstanden. So gab es ein unterschiedliches Verständnis, was zu Verzögerungen führte. Erst der gemeinsame Workshop machte klar, dass das Problem zum Teil Kompetenzlücken, v. a. im digitalen Bereich, waren. Diese Erkenntnis ermöglichte uns zu verstehen, was digitale Kompetenzen tatsächlich sind. Es geht nicht darum, ein Smartphone oder einen PC bedienen zu können, sondern v. a. um neue Technologien. Denn die voranschreitende Digitalisierung hält nicht nur Einzug im privaten Umfeld, sondern auch immer mehr im beruflichen. Künstliche Intelligenz, Big Data, Internet der Dinge und Software as a Service sind hier nur einige Themen, die mit Digitalisierung gemeint sind.

Die Notwendigkeit digitale Kompetenzen in allen Bereichen und Ebenen zu trainieren wurde deutlich.

Bausteine auf dem Weg zur Digitalen Kompetenzentwicklung

Standardisierter und innovativer Trainingskatalog → Flex @ Shopfloor Projekt → Future Learning Competence Centers → Notwendigkeit für digitale Kompetenzen

Bild 6.3 Bausteine zur Entwicklung digitaler Kompetenzen

Digitale Kompetenzen

Gemeinsame Sprache und gemeinsames Verständnis bzgl. neuer Technologien und Digitalisierung schaffen, um alle zu befähigen sich der Digitalisierung zu bedienen.

Blue-Collar- und White-Collar-Mitarbeiter

Blue Collar: Industriemitarbeiter und Fachkräfte, die im produzierenden und verarbeitenden Gewerbe tätig sind, auch als direkte Mitarbeiter bezeichnet.

White Collar: Büro-, Handels-, Dienstleistungs- und ähnliche Berufe, auch als indirekte Mitarbeiter bezeichnet.

6.3 Entstehung und Schaffung von zielgruppengerechten Lernmodulen zur Entwicklung digitaler Kompetenzen

Die Grundidee von digitalen Kompetenzen für uns war die Schaffung eines gleichen Basiswissens für alle Mitarbeiter, um alle dazu zu befähigen sich der Digitalisierung zu bedienen. Es ging nicht darum, aus jedem einen Software-Programmierer zu machen, der seine Codes selbst schreibt. Es ging darum, ein Verständnis zu schaffen, was diese verschiedenen Technologien bewirken, wie sie eingesetzt werden und wo ihr Potenzial liegt. Nur so kann es gelingen, Digitalisierung für alle zugänglich zu machen, eine Art Hilfe zur Selbsthilfe.

Da wir für alle Mitarbeitergruppen ein Training anbieten wollten, zogen wir verschiedene Aspekte bei der Konzeptionierung in Betracht.

Ein wichtiges Ziel war für uns die Aktivierung aller Mitarbeiter, um allen eine positive Lernerfahrung möglich zu machen. Auf Grund der sehr diversen Mitarbeiterstruktur von Blue Collar bis White Collar ist die Ausgangssituation der schulischen Vorbildung ein zentraler Aspekt. Das Lernangebot sollte jeden Mitarbeiter dort abholen, wo er steht, besonders mögliche Zielgruppen mit negativeren Lernerfahrungen. Daher war für uns die Zielgruppe entscheidend.

Aus diesem Grund entstanden drei Module:

Bild 6.4 Strategische Ausrichtung der Module

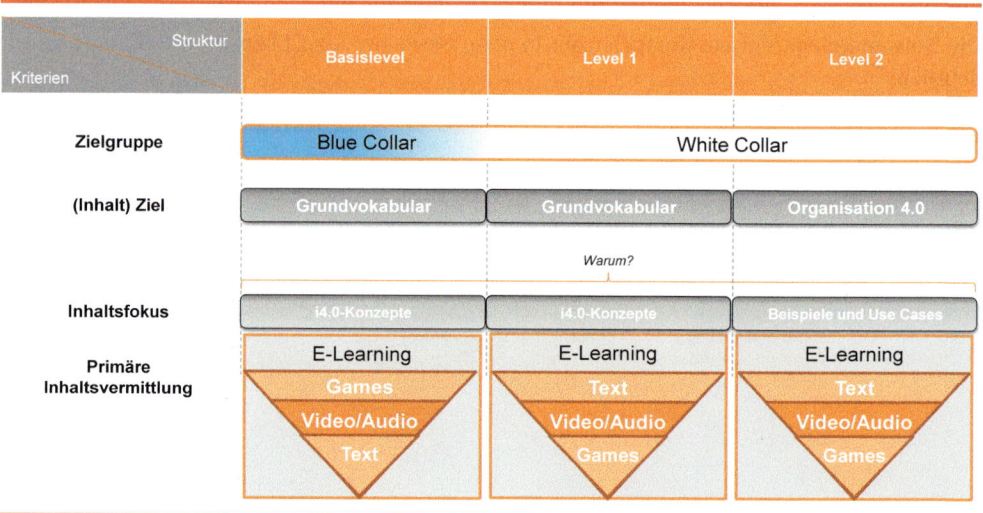

Das Basislevel fokussiert besonders auf den Blue-Collar-Bereich, der von der Digitalisierung besonders betroffen ist und für den es wenig Angebote gibt. Ziel ist es, alle Mitarbeiter mitzunehmen und Grundlagen für eine positive Veränderungsbereitschaft zu schaffen. Hier setzt, wie anfangs beschrieben, auch der Ansatz der Aktivierung aller Mitarbeitergruppen, insbesondere der geringqualifizierten, durch das CITT an. Level 1 und Level 2 hingegen zielt auf den wesentlich bildungsnäheren White-Collar-Bereich ab.

Der Hauptunterschied ist der didaktische Aufbau der Module. Das Basislevel und Level 1 sind inhaltlich sehr ähnlich. Beide Module vermitteln den digitalen Grundwortschatz und die wichtigsten Konzepte, die hinter Digitalisierung stehen. Darunter zählen unter anderem: Digitale Transformation, Internet der Dinge, Big Data und Künstliche Intelligenz. Lernziel ist es, die gleiche Sprache zu sprechen, das gleiche Verständnis zu haben und einen Überblick über neue Technologien zu bekommen.

Der Aufbau und die Aufmachung sind jedoch andere: Das Basislevel bedient sich sehr vieler Gamification-Elemente. Dadurch wurde auch eine einfachere Sprache verwendet und die inhaltliche Tiefe ist eine andere. Grundsätzlich geht das Basislevel auch von weniger Vorwissen als Level 1 aus. So werden wissenschaftliche Konzepte nicht erklärt, sondern es wird die Perspektive des Mitarbeiters eingenommen, der täglichen Routinen und der Auswirkungen darauf. Der Lerner muss nicht den wissenschaftlichen Namen kennen, aber das zugrunde liegende Konzept verstehen. Die Perspektive der Blue Collars wurde hier als zentrales Element genutzt.

Auch wird der Lerner von einem kleinen Roboter spielerisch durch die Module begleitet. Es gibt viele kurze Erklär-Videos, kurze Quizzes, Bilder zum Klicken, Wiederholungen und Zusammenfassungen. Durch den spielerischen Aufbau soll eine positive Lernumgebung geschaffen werden, um den Lernerfolg sicherzustellen.

Basislevel-Module:

• Digitalisierung und Industrie 4.0	• Systemintegration
• Sich für Digitalisierung vorbereiten	• Plattformen
• Das Internet der Dinge	• Mensch-Maschine-Interaktion
• Daten, Daten, Daten: Big Data	• Additive Fertigung

👥 Wie sich Welt und Wirtschaft ändern

Hallo, schön, dass du wieder da bist. Heute wollen wir etwas über „Digitalisierung" lernen. Das ist ein Wort, das zurzeit in aller Munde ist. Jeder hat es bereits gehört, aber kaum jemand weiß, was Digitalisierung genau bedeutet und was sie für einen Einfluss auf uns alle hat. Dabei ist das wirklich erstaunlich. Möchtest du ein paar interessante Fakten über Digitalisierung erfahren? Klicke einfach auf Play, um das Video zu starten.

Bild 6.5 Basislevel „Digitalisierung und Industrie 4.0"

Am Beispiel von Basislevel „Künstliche Intelligenz" soll der komplette Aufbau und die Didaktik eines Moduls dargestellt werden. Der Lerner wird durch das Kapitel von dem kleinen Roboter begleitet.

- Roboter begrüßt und führt ein
- Kurzes Erklärvideo zu Hintergründen von Künstlicher Intelligenz mit Beispielen zu Musikplaylisten und Sprachassistenten im privaten Bereich
- Roboter fasst zusammen und leitet über
- Kurzer Erklärblock zu „Was genau ist Künstliche Intelligenz" mit Bildern zum Anklicken
- Roboter fasst wieder zusammen
- Kurzes Quiz mit einem Lückentext
- Roboter leitet über
- Kurzes Video „Künstliche Intelligenz und der Mensch"
- Roboter fasst zusammen
- Bilder zum Klicken mit „Beispielen zum Einsatz von KI in unterschiedlichen Bereichen"
- Roboter leitet zum Spiel über
- Spiel „Trete gegen eine KI an" als leichte Variante mit 16 Bildern
- Spiel „Trete gegen eine KI an" als schwere Variante mit 100 Bildern
- Roboter fasst zusammen und gratuliert dem Lerner zum bestandenen Modul

Grafisch liegen die einzelnen Elemente im E-Learning untereinander, der Lerner scrollt von oben nach unten und klickt sich dabei durch das Kapitel. Um einen visuellen Eindruck vom E-Learning zu bekommen, wurden die Elemente im Bild teils nebeneinander angeordnet.

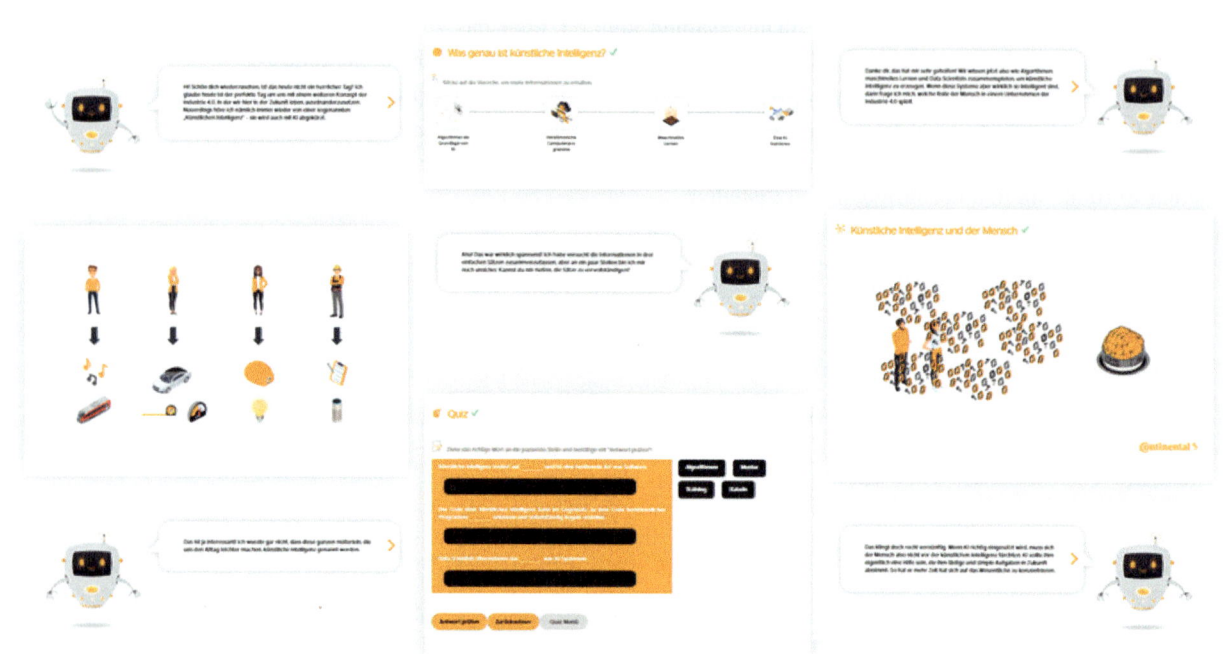

Bild 6.6 Basislevel „Künstliche Intelligenz" Teil 1

Bild 6.7 Basislevel „Künstliche Intelligenz" Teil 2

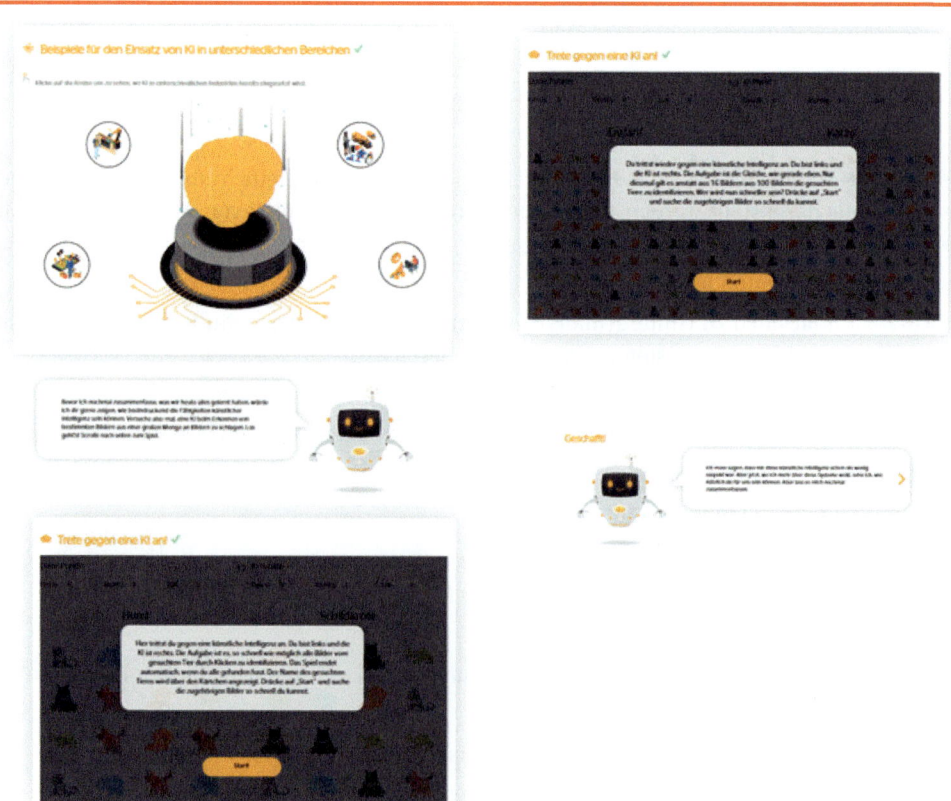

Beim Vergleich von Basislevel und Level 1 werden aber auch ein paar Unterschiede inhalt-licher Art deutlich. So wurde im Basislevel mehr Wert auf die Veränderung unserer alltäg-lichen Arbeit gelegt. Jeder benötigt die richtige Einstellung gegenüber Veränderung, denn nur so werden wir von Industrie 4.0 und Digitalisierung profitieren. Lernbereitschaft und Kreati-vität sind wichtig, um unser Unternehmen voranzubringen. So können wir als Gewinner aus der Digitalen Transformation hervorgehen.

Level 1 hingegen ist textlastiger, zusätzlich sind auch kurze Erklär-Videos und Quizzes sowie Bilder zum Klicken eingebaut. In diesem Modul wurden mehr Fachausdrücke und wissen-schaftliche Konzepte verwendet. Die Erklärungen in den Modulen sind dadurch ausführlicher und länger, dadurch wird eine andere Wissenstiefe erreicht. Es geht bei dem Level um einen strukturierten Wissensaufbau, in dem die zugrunde liegenden Konzepte erklärt werden. Diese sind Basis für Level 2.

Level-1-Module:

- Die Digitale Transformation
- Digital Mindset
- Das Internet der Dinge und Dienste
- Leadership 4.0

- Horizontale und vertikale Integration
- Geschäftsmodellinnovation
- Plattformökonomie
- Mensch-Maschine-Interaktion

 Digitalisierung in der Industrie: Industrie 4.0

Die Digitalisierung verändert nicht nur unser Privatleben. Das Potenzial des technologischen Fortschrittes wurde vor allem im wirtschaftlichen Raum schnell erkannt. Im unternehmerischen Kontext spricht man von der Digitalisierung auch als „Industrie 4.0" – der vierten, digitalen Industriellen Revolution. Doch warum ist sie schon die „vierte" Revolution? Lassen Sie uns einen Blick zurück auf die Geschichte werfen und herausfinden, wo die Industrie 4.0 ihre Wurzeln hat.

Klicken Sie nacheinander auf die Icons für weitere Informationen.

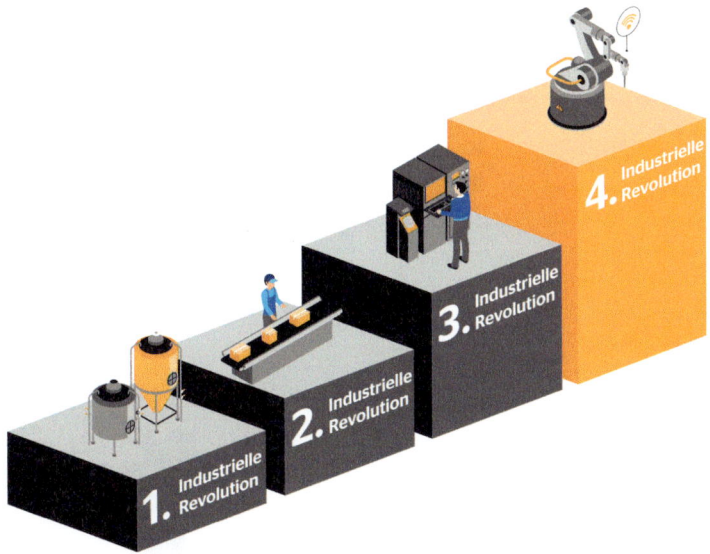

Bild 6.8 Level 1 „Die Digitale Transformation" 1/2

Bild 6.9 Level 1 „Die Digitale Transformation" 2/2

🍦 Erkenntnisse

- Unser komplexes Umfeld wird häufig auch als „VUCA"-Welt bezeichnet. Das steht für „Volatility" (Volatilität), „Uncertainty" (Unsicherheit), „Complexity" (Komplexität) und „Ambiguity" (Mehrdeutigkeit).
- Die Industrie 4.0 wird gemeinhin auch als die vierte industrielle Revolution bezeichnet. Ihr Ziel ist es, digitale Technologien in die Produktionslandschaft zu integrieren, um mehr Flexibilität, Vernetzung und Transparenz zu schaffen.
- Die Konzepte der Industrie 4.0 und der schlanken Produktion ergänzen einander.
- Aktuelle Trends in der Automobilindustrie bedeuten eine Transformation des Werteversprechens – weg von einem reinen Fortbewegungsmittel und hin zu smarter, vernetzter Mobilität.

Level 2 verfolgt einen anderen Aspekt. Nachdem die Grundbegriffe und konzeptionellen Ideen von Digitalisierung und Industrie 4.0 verstanden sind, fokussiert sich Level 2 auf konkrete Anwendungen in Continental.

Level 2:

▪ Die Bedeutung von Industrie 4.0 für Continental	▪ Qualitätsmanagement 4.0
▪ Fertigung 4.0	▪ Instandhaltung 4.0
▪ Forschung und Entwicklung 4.0	▪ Digitale Administration
▪ Human Relations 4.0 und Lernen 4.0	▪ Marketing 4.0 und Sales 4.0
▪ Supply Chain Management 4.0	▪ IT 4.0

Bild 6.10 Level 2 „Fertigung 4.0": erstes Klickbild zeigt die Erklärung unter der Bildreihe

🔧 Fertigung 4.0 bei Continental - Cobots

Was sich bisher vielleicht eher nach Zukunftsmusik anhört, ist bei Continental schon Realität, denn der Konzern hat bereits erste Schritte Richtung Fertigung 4.0 gemacht. Sehen wir uns zwei der Projekte etwas näher an!

🖐 Klicken Sie auf die Bilder, um mehr zu erfahren!

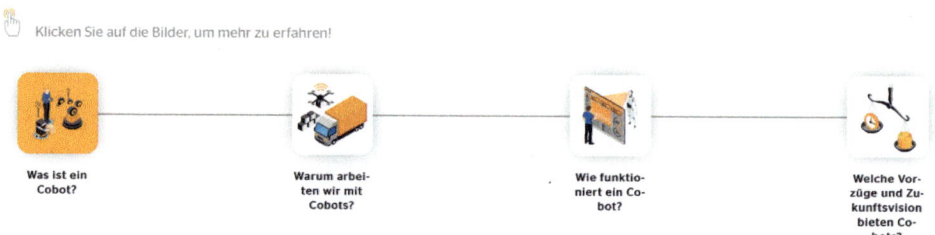

| Was ist ein Cobot? | Warum arbeiten wir mit Cobots? | Wie funktioniert ein Cobot? | Welche Vorzüge und Zukunftsvision bieten Cobots? |

Was ist ein Cobot?

„Cobot" steht für „collaborative robot", also einen Roboter, der **Hand in Hand und ganz ohne trennende Schutzvorrichtungen** mit dem Menschen zusammenarbeitet, um ein gemeinsames Ziel zu erreichen. Cobots basieren auf Automationstechnologie, die sich einfach in vorhandene Arbeitsabläufe integrieren lässt.

SCM 4.0 bei Continental – SARA 4.0

Ein weiteres Beispiel für die gelungene Umsetzung von Supply Chain 4.0 bei Continental ist SARA 4.0. Sehen wir uns an, was dieses Nachschubsystem alles leisten kann!

Klicken Sie nacheinander auf die Reiter, um mehr zu erfahren.

Herausforde-
rungen

Projektüber-
sicht und
Technologie

Vorteil und
Vision

Neue Arbeits-
felder und
Kompetenzen

Herausforderungen

Die Fähigkeit, ununterbrochen Waren liefern zu können, ist bei Continental äußerst wichtig. In der Vergangenheit erforderte dies eine umfangreiche **Warenlagerung und entsprechend hohe Kosten**. Die manuelle Planung des Warennachschubs war dabei jedoch sehr anfällig für Fehler bei Berechnungen oder Vorhersagen.

Bild 6.11 Level 2 „Supply Chain Management 4.0": erstes Klickbild zeigt die Erklärung unter der Bildreihe

Die Inhalte von Level 2 entstanden in Abstimmung mit internen Stakeholdern sowie den Strategic Area Leads für die jeweiligen Themen. So wird in den Modulen zunächst das wissenschaftliche Konzept erklärt, aufbauend auf dem Wissen von Level 1. Im weiteren Verlauf der Module werden konkrete Anwendungen von Continental beschrieben sowie die Anwendung im Konzern erklärt. Im Kapitel Fertigung 4.0 wird zum Beispiel der Einsatz von CoBots, kollaborierenden Robotern, in der Fertigung beschrieben. Eines der Ziele ist die Erhöhung der Taktzeit, so dass mehr Teile in kürzerer Zeit produziert werden können. Im Kapitel Supply Chain Management 4.0 wird unter anderem die Software SARA vorgestellt. SARA ermöglicht es, das Lagervolumen im Fertigungsbereich zugunsten von mehr Platz und weniger Kosten drastisch zu reduzieren, auch die Berechnung von Lagerbeständen ist dadurch hinfällig.

Der didaktische Ansatz entspricht dem von Level 1. Durch die verwendeten Use Cases lernt die Organisation, was bereits Konkretes läuft, was es für Anwendungsfälle gibt, wie diese im Unternehmen eingesetzt werden und was die Auswirkungen auf Prozesse und Arbeitswelt sind. Nur durch dieses Verständnis kann es gelingen, die digitale Transformation voranzubringen und erfolgreich zu gestalten.

Auch wenn die Ausrichtung der Module bestimmte Zielgruppen im Fokus hat, so bedeutet dies natürlich nicht, dass diese exklusiv für die jeweilige Zielgruppe bestimmt sind. Eine Kombination ist durchaus gewünscht. Durch den vereinfachten Einstieg in das Thema im Basislevel soll es den Blue Collars möglich gemacht werden, Level 1 und Level 2 ebenfalls zu absolvieren, um ein breiteres Verständnis zu erhalten und sich tiefer mit dem Thema zu beschäftigen. Das Basislevel und Level 1 mögen sich inhaltlich teilweise überschneiden, aber durch die unterschiedlichen didaktischen Ansätze ermöglicht die gezielte Wiederholung einen größeren Lernerfolg bei der Zielgruppe.

Für White Collars besteht natürlich ebenfalls die Möglichkeit mit dem Basislevel anzufangen, durch den spielerischen Ansatz soll Lernen Spaß machen.

Abschließend gilt noch zu erwähnen, dass alle drei Level ca. drei Stunden Zeit in Anspruch nehmen und im konzerninternen Learning Management System allen Mitarbeitern zur Verfügung stehen.

Level 1:
Fundamentale Konzepte der Digitalisierung

- **Die Digitale Transformation**: Wie die Wirtschaft und Welt sich verändern
- **Digital Mindset**
- **Internet der Dinge & Services**
- **Big Data, Maschinelles Lernen, K.I.**
- **Führung 4.0:** datengetriebene Führung, Demokratischer Führungsstil, Dezentralisierte Entscheidungsfindung, Autonomie, fluide Verantwortlichkeiten
- **Business Modell Innovation** (Everything-as-a-Service Kultur)
- **Horizontale** (IT Systeme der Value Chain inkl. Zulieferer und Kunden) **und vertikale Integration** (interne Produktion und IT Systeme z.B. Maschinen, MES, ERP, ...)
- **Mensch-Maschinen Interaktion und Assistenz Systeme**
- **Die Plattformökonomie**

Level 2:
Die Organisation 4.0

- **Die Bedeutung von Industrie 4.0 für Continental**
- **Fertigung 4.0** (Robotics, Additive Fertigung, CPPS etc.)
- **F&E 4.0** (Prozesse: Virtuelles Prototyping, 3D Druck, Simultaneous Engineering; Produkte: Interconnection, Digital Twin, (Partielle-) Autonomie, Usability, Individualisierung)
- **HR 4.0 / Learning 4.0**
- **Supply Chain Management 4.0** (Autonome Transportsystem, Tracking etc.)
- **Qualitätsmanagement 4.0**
- **Maintenance 4.0** (Predictive Maintenance etc.)
- **Digitale Administration**
- **Marketing 4.0 / Sales 4.0**
- **IT im Context der Industrie 4.0**

Bild 6.12 Die Bestandteile von Level I zu Level II

6.4 Die Implementierung im Konzern – entscheidend ist es, die Mitarbeiter zu erreichen

Um das beschriebene Ziel der breiten Nutzung durch möglichst viele Mitarbeiter sicherzustellen, wurde ein regions- und zielgruppenspezifischer Implementierungsplan erarbeitet. In Vorbereitung der Einführung wurden folgende Schritte unternommen:

Technisch werden alle drei Level des E-Learnings über das Continental Learning Management System (LMS) zur Verfügung gestellt.

Auf Basis einer Zielgruppenanalyse wurden Informationskanäle identifiziert, um alle Mitarbeitergruppen zu erreichen.

Inhalte wurden in deutscher und englischer Sprache produziert:

- Videobotschaft des Managements, bei Continental durch die CHRO Dr. Ariane Reinhart
- Testimonials aus unterschiedlichen Bereichen und Hierarchiestufen testen die E-Learnings und berichten über ihre Erfahrungen
- Plakate für unterschiedliche Zielgruppen (inkl. QR-Code zu dem Testimonial-Film)
- Flyer zu den Leveln 1 und 2 (inkl. QR-Code zu dem Testimonial-Film)
- Flyer zu dem Basislevel (inkl. QR-Code zu dem Testimonial-Film)

- Präsentationen zur Information von Management und Betriebsräten
- Artikel in internen Medien

Alle wesentlichen Gremien und Stakeholder wurden zu dem Projekt informiert und eingebunden.

Die Umsetzung erfolgte im ersten Schritt in Deutschland. Dabei unterteilten sich die Nutzergruppen in die bereits beschriebenen zwei Cluster (White Collar und Blue Collar).

Im ersten Cluster (White Collar sowie Teilen des Blue-Collar-Bereiches) waren die Mitarbeiter mit Computer- und LMS-Zugang. Diese können das E-Learning selbstständig, kostenfrei und ohne Freigabeprozesse aufrufen. Für diese Gruppe stellte sich die Frage der Information und Aktivierung der Mitarbeiter, an dem Angebot teilzunehmen.

Dazu wurden in verschiedenen internen Informationstools, z. B. „location news", beim Hochfahren des PCs Informationen platziert. Es wurden Plakate und Flyer zum Level 1 und 2 über Informationswände bereitgestellt.

Im zweiten Cluster (ein Großteil des Blue-Collar-Bereiches) waren die Mitarbeiter ohne Computer- und LMS-Zugang. Durch den direkten Produktionsbezug dieser Mitarbeitergruppe stellt sich hier die Herausforderung der individuellen zeitlichen Planung sowie des digitalen Zugangs zu den E-Learnings. Als Lösung wurde ein durch das CITT begleitetes Durchführungsangebot konzipiert, in dem Gruppen von bis zu 20 Mitarbeitern zu geplanten Zeiten über bereitgestellte iPads Zugriff bekommen. Das für diese Gruppe grundlegende Basislevel hat einen Umfang von ca. drei Stunden. Durch diese Systematik soll eine effiziente und skalierbare Teilnahme auch größerer Mitarbeitergruppen sichergestellt werden.

Die Angebote richten sich damit primär an Produktionseinheiten, die für ihre Belegschaft die Anzahl der E-Learnings und Zeiten planen, was eine gute Integration in die Anforderungen eines Produktionsbetriebes erlaubt. Die Aktivierung der individuellen Mitarbeiter findet dann über gezielte Ansprachen, Plakate und Flyer zum Basislevel statt.

In weiteren Ländern wird die Implementierung über die jeweiligen HR-Landesverantwortlichen gesteuert. Hierbei können benötigte kulturelle und rechtliche Adaptionen vorgenommen werden. Auch sprachliche Anpassungen, jenseits des englischen Standards, können auf diese Weise erfolgen.

Die Erfahrungen mit der gewählten Vorgehensweise waren sehr positiv. Bereits in den ersten Tagen wurde mehrere tausend Mal auf die Seiten zugegriffen. Es wurden bereits nach kurzer Zeit mehrere hundert Abschlüsse von Modulen durchgeführt. Die individuellen Feedbacks, auch aus technischen Expertenbereichen, warne sehr gut. Insgesamt hat das E-Learning seine Funktion als ein Angebot zur Schaffung eines Grundverständnisses in digitalen Kompetenzen sowie einen ersten Schritt zur individuellen Beschäftigung mit dem Thema Transformationsqualifizierung erreicht.

Wichtig werden die dauerhafte Bewerbung und weitere Nutzung sein, um eine hohe Anzahl von Mitarbeitern zu schulen. Hierbei hilft der Ansatz des CITT mit einem eigenen Bildungsträger, um insbesondere in Zeiten schwacher Betriebsauslastung schnell mit zukunftsgerichteten und passgenauen Qualifizierungsangeboten reagieren zu können.

Bild 6.13 Flyer Digitale Kompetenzen 4.0

UNSER KONZEPT:

Bild 6.14 Flyer Inhalt

6.5 Ausblick

Die Qualifikation einer breiten Belegschaft in der immer schneller voranschreitenden technischen Entwicklung auf dem aktuellen Stand zu halten wird eine große Herausforderung bleiben. Wichtig wird dabei sein, ein einheitliches Grundverständnis und eine Basis für weitergehende Angebote und den individuellen Arbeitsalltag zu schaffen. Ein technisches Grundlagenwissen und ein Verständnis der grundlegenden Konzepte und Entwicklungen werden entscheidend für die Zusammenarbeit und die individuelle Entwicklung der Mitarbeiter im Konzern sein. Gleichzeitig stellen die E-Learnings einen ersten Schritt in eine verstärkte breite Aus- und Weiterbildungskultur dar, die die geänderten Anforderungen durch die Transformationsprozesse widerspiegelt und viele vertiefende Qualifizierungsangebote bereithält.

Die Erfahrungen im Vorgehen der Continental haben gezeigt, dass selbst relativ kurze Einheiten wie die drei beschriebenen Module einen großen Planungs-, Umsetzungs- und Implementierungsaufwand erfordern. Um eine Aktualität und hohe Durchdringung der Belegschaft sicherzustellen, bedarf es insbesondere einer kontinuierlichen Pflege und Betreuung des Themas. Gerade für Mitarbeitergruppen, die keinen ständigen Computerzugang haben und in den direkten Produktionsbereichen beschäftigt sind, müssen arbeitsplatznahe Durchführungswege bereitgestellt werden. Gleichzeitig bietet sich für diese Gruppe der größte Hebel, die Qualifizierung durch gezielten Einsatz je nach Auftrags- und Auslastungslage gut in betriebliche Abläufe zu integrieren. Durch das CITT als internes Institut mit eigenem Bildungsträger, das von der strategischen Entwicklung von Qualifizierungskonzepten bis zur bedarfsgerechten und betriebsintegrierten Umsetzung eine ganzheitliche Vorgehensweise sicherstellt, kann die Transformation schnell und effizient begleitet werden.

Digitalisierung in der Berufsbildung: zur Operationalisierung von Kenntnissen und Fertigkeiten

Barbara Ofstad und Jürgen Hollatz

7.1 Einleitung

Digitalisierung ist ausgewiesener Teil der Unternehmensstrategie bei Siemens. Dementsprechend hat der Konzern konsequent Produkte, Dienstleistungen, Lösungen, Plattformen und die internen Strukturen aufgestellt und ausgebaut. Heute versteht sich Siemens als Technologieunternehmen mit klarem Fokus auf Industrie, Infrastruktur und Mobilität. Mithilfe unserer Technologien versetzen wir Kunden in die Lage, ganze Industrien und Infrastrukturen umzugestalten und unser tägliches Leben zu bereichern; kein anderes Unternehmen kann sie dabei so umfassend mit den notwendigen Technologien befähigen, um die digitale und die physische Welt zu verbinden.

Diese Transformation der Konzernausrichtung stellt die Frage nach der Humankapital-Strategie neu. Digitalisierung lernen, selbstgesteuertes Lernen, die Diskussion über Digital Natives und Digital Immigrants, Upskilling und Reskilling für Mitarbeiter rücken in den Vordergrund und leiten einen Kulturwandel ein.

> „Wer treibt diesen Wandel? Die Antwort ist einfach: Sie. Wir. Gemeinsam. Indem wir uns für Veränderungen öffnen, Neues lernen, indem wir neue Arten der Zusammenarbeit ausprobieren."
>
> Dr. Roland Busch, CEO der Siemens AG in einem Brief an alle Siemens-Mitarbeiter am 1. Oktober 2020

Uns für Veränderungen öffnen, Neues lernen, neue Arten der Zusammenarbeit: genau dies wird in der Ausbildung von Siemens umgesetzt. Die Ausbildung bei Siemens Professional Education – Talentpipeline insbesondere in Deutschland, wo rund 80 % der unter 25-Jährigen, die jährlich bei Siemens eingestellt werden, aus der hauseigenen Ausbildungsabteilung, d.h. der Siemens Professional Education, kommen – hat sich in diesem Kontext gehäutet und inhaltlich sowie strukturell neu aufgestellt.

Die Siemens Professional Education in Deutschland umfasst heute 20 Training Center, die Auszubildende und Duale Studenten von mehr als 50 Einstellstandorten für den Berufsalltag qualifizieren. An einigen Standorten hat Siemens auch eigene Berufsschulen oder -kollegs. Mehr als 3000 eigene Azubis und duale Studenten plus über 1000 weitere Auszubildende, die wir für Dritte in Ausbildungskooperation ausbilden, gehören zu unserem Bestand (Stand: Oktober 2020). Fast 80 % unserer Lernenden streben Berufe im technischen Bereich an, insgesamt sind über 40 % der Lernenden duale Studenten. Ein kleinerer Teil unserer Aktivitäten betrifft technische Fortbildung und die Betreuung ausgewählter Masterstudiengänge für die Fachabteilungen.

Im folgenden Kapitel geht es um diese inhaltliche, methodische und kulturelle Neuausrichtung der Ausbildung von Siemens in den letzten Jahren bis heute. Von Praktikern für Praktiker geschrieben, geht es den Autoren neben dem, was sich geändert hat, vor allem um das wie. Die Autoren stellen deshalb nach einer kurzen Einführung die verschiedenen Elemente der strategischen Analyse vor, mithilfe derer sie die inhaltlichen Themen erarbeitet haben sowie die Methoden der Umsetzung.

7.2 Strategie-Entwicklung in der Berufsbildung

7.2.1 Digitalisierungsprojekt

Auch in einer Ausbildung 4.0 sind Lehren und Lernen ausschlaggebend für den Erwerb der Handlungskompetenzen. Fähigkeiten, Kenntnisse, Fertigkeiten und umfassende Handlungskompetenzen *für den besonderen Bereich der digitalen Transformation,* die künftig benötigt werden, müssen jedoch zunächst analysiert und aufgebaut werden.

Eine solche Analyse kann z. B. durch ein Projekt organisiert werden. Bei der Siemens Professional Education wurde dazu ein Digitalisierungsprojekt ins Leben gerufen. Thema des Projektes: *welche Kompetenzen benötigt der Mitarbeiter der Zukunft?*

Es wurde in diesem Projekt zusammen mit internen und externen Stakeholdern der Ausbildung gearbeitet, um möglichst breiten Konsens zu erreichen.

Teilnehmende können hierbei sein:

- Interne Verantwortliche der Fachabteilungen (als Ausbildungskunden) – oft gleichzeitig Führungskräfte der Azubis sowie ausgewählte Leitende Angestellte
- Externe Kunden der Ausbildung
- Zukunftsforscher
- Verbandskollegen
- Industrie 4.0 Experten
- Corporate Technology-Abteilung
- Forschungsinstitute
- Universitäten
- andere Industriepartner

Dieses breite Meinungsbild ist hilfreich, wenn in der Berufsbildung nicht Ausbildungsberufe im Hinblick auf künftige Kompetenzen analysiert werden, sondern typische Rollen im Unternehmen.

Im Kern wurden bei Siemens Professional Education 15 Jobprofile und Rollen betrachtet, einige davon als Siemens-Job-Profile, einige andere kamen von Forschungsinstituten sowie aus dem Produktionsnetzwerk 4.0.

Wir empfehlen folgendes Vorgehen: reale Anwendungsfälle (oder: Use Cases) – in unserem Fall 25 Fälle – zu I4.0 aus dem Netzwerk und dem eigenen Unternehmen in verschiedener Ausprägung werden Rollen zugeordnet. Daraus können die relevanten und maßgeblichsten Kompetenz- und Themenfelder identifiziert und die Kompetenzverschiebung zwischen den heutigen und künftigen Anforderungen je Anwendungsfall und Rolle beschrieben werden.

Kompetenzentwicklung in der Ausbildung: Fertigkeiten, Kenntnisse und Fähigkeiten (und damit die berufliche Handlungsfähigkeit)

Strategieentwicklung in der Ausbildung mit allen internen und externen Stakeholdern am Tisch.

Diese Vorgehensweise stellt folgendes sicher:

1. Keine Annahmen
2. Hoher Realitätsbezug
3. Hoher Praxisbezug
4. Repräsentative Erhebung

7.2.2 Kompetenzen der Zukunft

Mittels einer solchen Bildungs-Gap-Analyse können Kompetenzverschiebungen ermittelt werden: im Fall der Siemens Professional Education in 15 Berufsbildern und 11 dualen Studiengängen mit über 20 000 Kompetenzeinträgen.

Ein Beispiel für diese künftige Kompetenzentwicklung für Rollen und Jobprofile ist in Abbildung 7.1 ersichtlich.

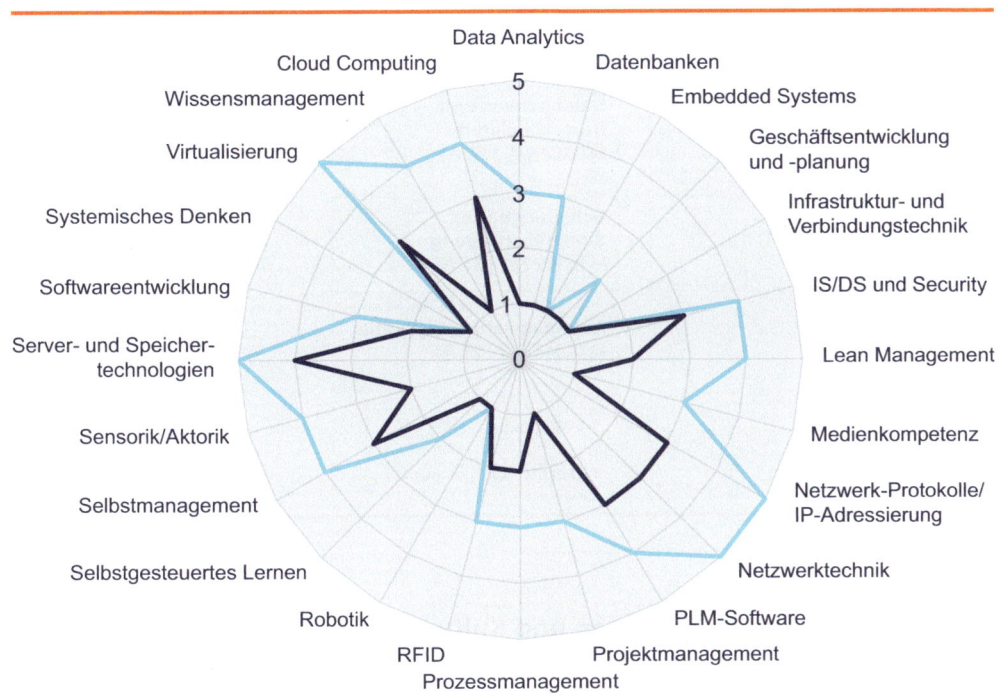

Bild 7.1 Spezifisches Kompetenzprofil

Es ist wichtig, bei einer solchen Analyse auch nicht die überfachlichen Kompetenzen aus dem Blick zu verlieren. Als neue Kompetenzen im überfachlichen Bereich wurden in unserem Fall darüber hinaus identifiziert:

- Umgang mit digitalen Endgeräten (digital device usage)
- Soziale Medien (social media)
- Erstellung von digitalen Inhalten (content creation)
- Digitaler Fußabdruck (digital footprint)
- Digitales Lasten-Management (digital load management)
- Virtuelle Kommunikation und Kollaboration (virtual communication and collaboration)
- Cyber Security

zusätzlich

■ Agile Methoden/Leane Methoden

■ Wissensmanagement (Knowledge Management)

Eine Ausbildungsabteilung kann diese ermittelten Kompetenzen dann in die betrieblichen Ausbildungspläne der einzelnen Berufe einordnen und inhaltlich ergänzen.

Übereinstimmend mit allen Stakeholdern wurden im Übrigen neben den fachlichen Kompetenzen auch überfachliche Kompetenzen ausgewiesen, die eine besonders hohe Relevanz für die Digitalisierung haben. So wurde Medienkompetenz, Lean Management, Systemisches Denken, Selbstmanagement und Selbstgesteuertes Lernen sowie Wissensmanagement übereinstimmend in den Kompetenzkanon aufgenommen.

Ein Beispiel für einen solchen überarbeiteten Betrieblichen Ausbildungsplan (BAP) für den Beruf Elektroniker für Geräte und Systeme (EGS) zeigt Abbildung 7.2.

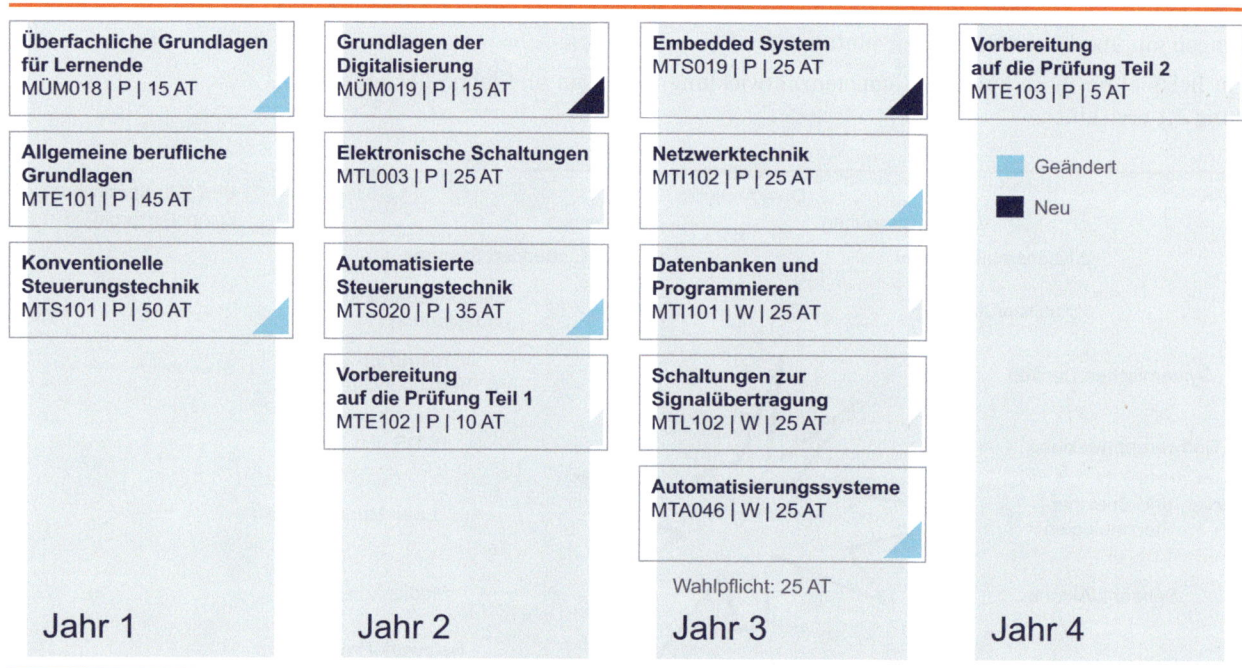

Bild 7.2 Betrieblicher Ausbildungsplan

7.2.3 Digitalisierungs-Roadmap und Kulturwandel

Die so konzipierten digitalen Inhalte – in der Ausbildung spricht man auch von Curricula – können dann in den folgenden Monaten innerhalb der Ausbildung entwickelt werden. Wichtig hierbei ist, dass die Entwicklung nicht allein in einer Zentrale oder von externen Content Providern erfolgt, sondern zusammen von den Ausbildern für die Ausbilder. So kann Akzeptanz geschaffen werden.

> Im Fall von Siemens Professional Education wurden im Zusammenhang mit der Digitalisierung insgesamt im Elektronik-Bereich 64 % der Ausbildungsinhalte neu konzipiert oder überarbeitet. Im Mechanik-/Maschinenbau-Bereich wurden sogar 81 % der Inhalte erneuert oder überarbeitet (IT: 53 %, BWL: 60 %). Im Durchschnitt über alle Fakultäten wurden über 60 % der Inhalte auf diese Weise innoviert.

Bei der Einführung der neuen betrieblichen Ausbildungspläne mit Inhalten aus dem Bereich der Digitalisierung darf nicht vergessen werden, dass die Portfolio-Entwicklung nur ein Teil der Digitalisierungs-Roadmap ist, mit dem sich ein Unternehmen in Sachen Ausbildung 4.0 fit macht. Genauso wichtig war beispielsweise für die Siemens Professional Education der Ausbau der technischen Anlagen (Hardware, Software), der Methodik und Didaktik sowie der Train-the-Trainer Aktivitäten. Auch der Einsatz von digitalen Endgeräten gehört dazu; im Umkehrschluss ist dieser Einsatz eben noch nicht Digitalisierung in der Ausbildung, sondern wie ausgeführt ist Digitalisierung in der Ausbildung ein sorgfältiger Transformationsprozess, der Inhalte, Infrastruktur und Menschen ganzheitlich betrifft.

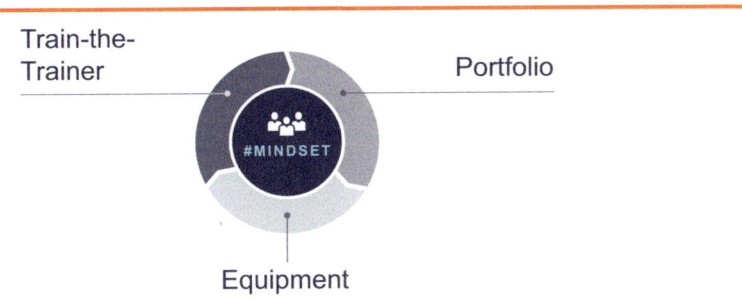

Bild 7.3 Elementare Enabler in der Aus- und Fortbildung

Einer der Schlüsselfaktoren für Erfolg dieses digitalen Wandels soll deshalb die Fortbildung der Trainer-Mannschaft bezüglich der neuen Themen sein. Hier ist es empfehlenswert, mit einer Vielzahl von Methoden zu arbeiten, um den individuellen Lernpräferenzen der Einzelnen Rechnung zu tragen. Neben klassischem Training arbeitet die Berufsbildung bei Siemens mit Training-on-the-Job, Supervisionskonzepten, Simulationen, digitalen Laborformaten, virtuellen Lernformaten und Lernforen. Die Trainer werden mit unterschiedlichen Lernformaten konfrontiert, um sich mit diesen verschiedenen Formaten zu familiarisieren und um das offene Mindset zu trainieren.

Wie Abbildung 7.3 anschaulich zeigt, sind die drei Elemente der Transformation der Siemens Professional Education hinsichtlich Digitalisierungs-Roadmap Portfolio, Equipment und Fortbildung der Trainer essenziell – aber immer noch nicht ausreichend. Digitalisierung ist auch und gerade Ausdruck einer anderen Haltung (siehe Abbildung 7.4) der Ausbilder, denn die Rolle der Ausbilder und die Ausbildungsphilosophie an sich ändert sich. Es wird in der Zukunft weniger der Ausbilder benötigt, der etwas vormacht, sondern der Ausbilder, der als Coach hinter seinen Azubis steht und sie zum eigenständigen Lernen ermutigt. Es wird mehr darum gehen, Resilienz aufzubauen und Kreativität und Lösungsorientierung im Trainingscenter zu erproben, als dass der Ausbilder a priori alles weiß und Antworten gibt. Dies ergibt sich insbesondere auch aus der Projektorientierung in der Ausbildung, wie in der Siemens Professional Education gelebt. Mehr und mehr werden hier digitale Projekte ausprobiert, bei denen Ausbilder und Auszubildende gemeinsam lernen. Das erfordert Lernfähigkeit und Selbstbewusstsein, Neugier und Spaß an Innovationen und muss auch von den Führungskräften vorgelebt und eingefordert werden.

> Kulturwandel, Transformation, Wandel – Digitalisierung in der Ausbildung ist und bleibt ein ganzheitliches Unterfangen.

> Das notwendige „Mindset", um die Digitale Transformation erfolgreich voranzutreiben, lässt sich in sechs Cluster einteilen:
>
> - Sei offen
> - Denke disruptiv
> - Sei kreativ
> - Keine Grenzen
> - Sei mutig
> - Sei visionär

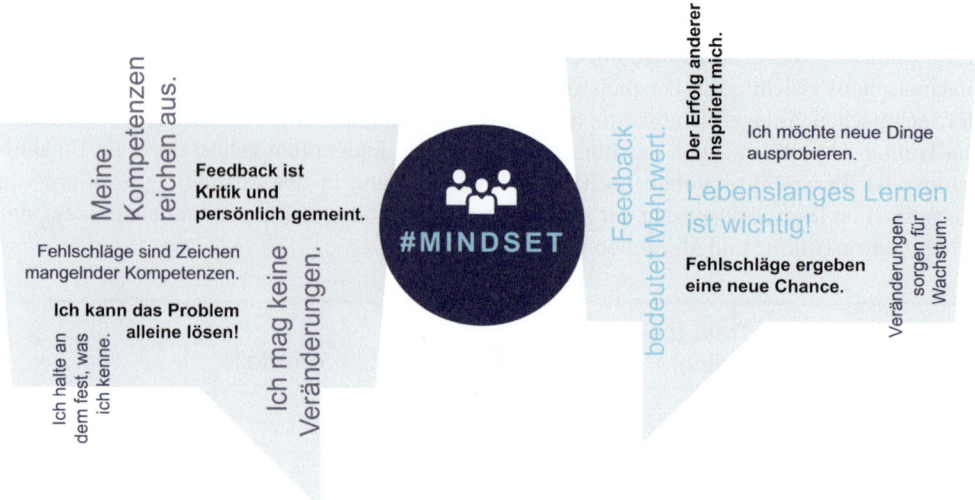

Bild 7.4 Die Veränderung der Denk- und Verhaltensweise jedes Einzelnen (links-alt, rechts-neu) ist ein wichtiger Baustein für eine „digitale Kultur"

7.3 Lernen in der Berufsbildung

Die Berufsausbildung, die durch die Digitalisierung der Arbeitswelt geprägt ist, erfordert ein überarbeitetes Herangehen an das Lehren und Lernen. Dabei muss nicht nur über Inhalte, sondern auch über Schulungskonzepte, Lehrstoffvermittlung und Kompetenzerwerb nachgedacht werden. Daraus ergibt sich ein entsprechend neu gedachtes Rollenverständnis des Trainers, der mit der entsprechenden Methodik und Didaktik ausgestattet ist. Das Coaching und die Kompetenzmessung der Auszubildenden nimmt einen zentralen Kern der Lernbegleitung ein. Der dazugehörige Abschnitt erläutert Betrachtungen der Kompetenzmessung und -entwicklung

7.3.1 Schulungskonzept für die Lernenden

Die Digitalisierung ist ein wichtiges Element zur Lösung unserer globalen Mega-Trends wie zum Beispiel Globalisierung, Urbanisierung, demografischer Wandel und Klimawandel. Diese Trends, und damit auch die Digitalisierung an sich, bringen eine immer höhere Komplexität und Geschwindigkeit des Wandels mit sich. Um dieser Komplexität und Dynamik gewachsen zu sein, bedarf es überarbeiteter Ansätze in den Schulungskonzepten, d. h. umfassender berufspädagogischer/didaktischer Konzepte mit Ansätzen zur Methodik, die unsere Trainer in die Lage versetzen, unseren Auszubildenden und dual Studierenden als Coach der Lernenden heutige und künftige Schlüsselkompetenzen zu vermitteln.

Die Halbwertzeit von Wissen wird immer kürzer, gleichzeitig bleibt breites berufliches Grundwissen die Basis für kompetentes berufliches Handeln. Es steigen dadurch die Anforderungen an lebenslanges Lernen und an die Individualkompetenzen.

Diese nehmen im Rahmen aller erforderlichen Kompetenzen eine wichtige Rolle ein. Um sie reihen sich die anderen für die berufliche Handlungskompetenz wichtigen Fähigkeiten und Kompetenzen. Eine Querschnittsfunktion haben auf jeden Fall die immer wichtiger werdenden Digital- und Medienkompetenzen, die Ausprägungen in allen Bereichen der beruflichen Handlungskompetenz hinterlassen. Beispiele sind Videokonferenzen in der Kommunikationsfähigkeit, Teamarbeit über die Distanz hinweg oder digitale Hilfsmittel zur Organisation der modernen Arbeitswelt. Es wird zunehmend wichtig, die Individualkompetenzen der Lernenden auch individueller zu fördern und zu erfassen.

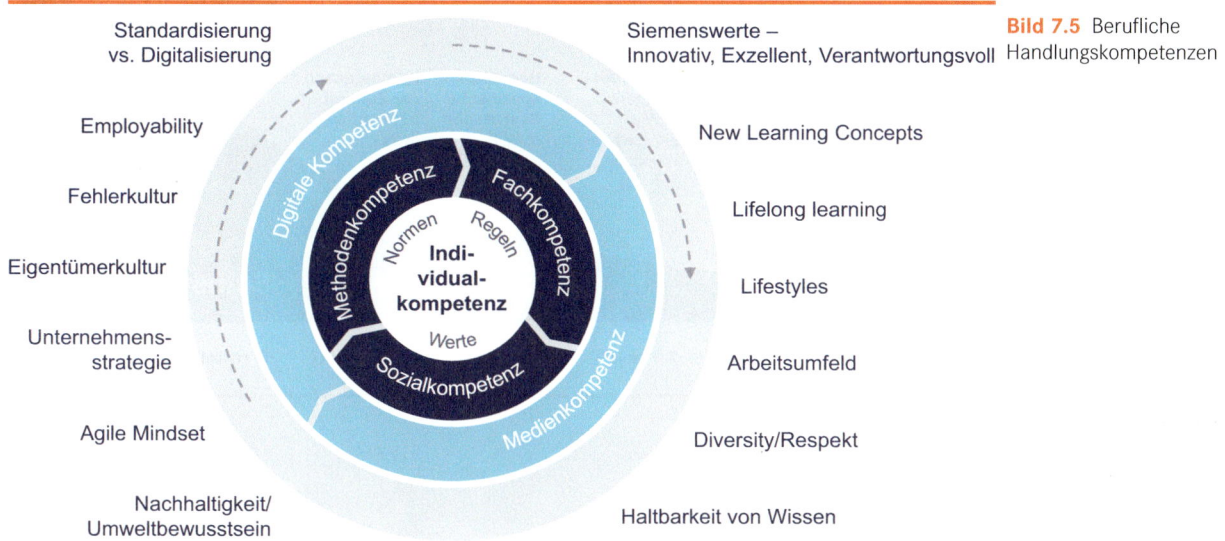

Bild 7.5 Berufliche Handlungskompetenzen

Aus all diesen Betrachtungen ergibt sich das Erfordernis, den didaktischen Ansatz weiter zu entwickeln:

- Die Arbeitswelt verändert sich weiter durch die Digitalisierung.
- Die Anforderungen an die Mitarbeiter von morgen ändern sich.
- Die Halbwertzeit von Wissen wird immer kürzer.
- Wir möchten die Individualkompetenzen unserer Lernenden stärker fördern.
- Unsere Lernenden haben unterschiedliche Bedürfnisse.
- Unsere Ausbildungsgruppen werden kleiner und teilweise gemischter.
- Unsere Ausbilder wünschen sich mehr Flexibilität.

Eine Kernidee bei dem Schulungskonzept ist der im Verlauf der Ausbildungsphase zunehmende Selbstlernanteil, unterstützt durch den Lernbegleiter vor Ort. Während zu Beginn der Ausbildung die in den Handlungssegmenten beruflichen Grundlagen vermittelt werden und das Lernen noch sehr moderiert und gestützt verläuft, liegt am Ende der Ausbildung der Fokus mehr auf dem Lernen in Projekten, deren Analyse und Reflektion. So werden das Transferlernen und der Umgang mit stets schnell wechselnden und komplexen Themen anschaulich und in einer geschützten Umgebung trainiert. Dies unterstützt auch das Lernen aus Fehlern und Erfahrungen.

Bild 7.6 Selbstlernanteil

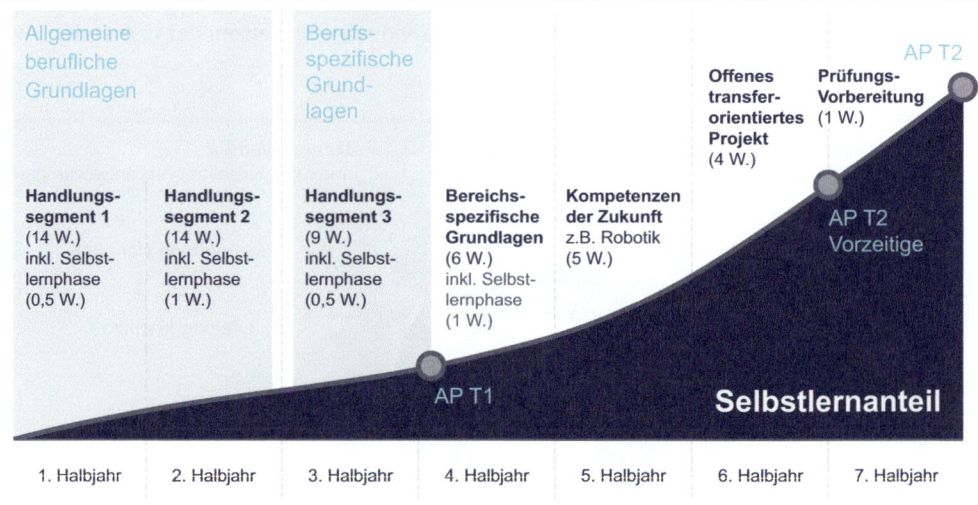

7.3.2 Rolle des Trainers

Im Kontext der Digitalisierung kommt den Lehrern und Trainern die wichtigste Rolle im Lernprozess zu, da sowohl Lehrende als auch Lernende in einem sozialen Gefüge miteinander interagieren. Sie sind stets, gewollt oder ungewollt, in einer Vorbildfunktion. So wie sie mit Problemen und Herausforderungen umgehen, so wie sie sich im beruflichen Umfeld bewegen und so wie bei ihnen die überfachlichen Kompetenzen ausgeprägt sind, werden sie zu Vorbildern für Auszubildende und Studierende.

Die Digitalisierung, der technologische Wandel, die Änderungen in der Arbeitswelt und bei Kunden erfordern funktionsübergreifendes Arbeiten, prozessorientiertes Denken und Handeln und lebenslanges Lernen. Dies macht neue Lehr-, Lern- und Betreuungsansätze notwendig.

Selbstgesteuerte Lernprozesse müssen bereits in der Ausbildung beginnen – die Lernenden sollen nach und nach die Verantwortung für ihre Lernprozesse übernehmen.

Die Trainer und Lehrer werden zu Lernbegleitern und Lerncoaches, die ein positives Umfeld schaffen, individuelle und selbstgesteuerte Lernprozesse fördern und die Lernenden zur Reflektion anregen.

Der Trainer als Lernbegleiter ist ein „fördernder Unterstützer" im Ausbildungsprozess. Er hat eine hohe fachliche Breite, ist für mindestens eine größere und längere Lerneinheit verantwortlich und kommuniziert mit den Auszubildenden/Studierenden auf Augenhöhe.

Er übernimmt die Funktion des Coaches, der mit seinen Auszubildenden und Studierenden konkrete Lernvereinbarungen trifft. Der Kernprozess des Coachings besteht dabei darin, gemeinsam Lösungen zu erarbeiten und zu gestalten. Dies beinhaltet neben der Vermittlung von Wissen und Handlungskompetenz auch die Prüfungsvorbereitung, Kompetenzbewertung und Reflektionsgespräche sowie Leistungskontrollen.

Anforderungen an den Trainer

Diese Rollendefinition impliziert geänderte methodisch didaktische Anforderungen an den Trainer. Dabei müssen die Trainer befähigt werden:

- selbständig mit digitalen Medien unterrichten zu können (mit Tablets, virtuell und auf Distanz)
- als kooperierende Lernpartner zu agieren, die Selbstlernkompetenz vermitteln und selbstgesteuertes Lernen ermöglichen/fördern
- individuelle Lernarrangements zu schaffen
- sich in einem offeneren und sich selbst organisierenden System zurechtzufinden
- vielfältige Methoden zu kennen und anzuwenden

- virtuell zu unterrichten
- (Online) Coachingansätze zu kennen und anzuwenden
- (digitale) Schulungsinhalte zu erstellen
- über Berufe und Standorte hinweg zu arbeiten

Ergänzend kann es sinnvoll erscheinen, dem Auszubildenden und Studierenden noch einen Mentor zur Seite zu stellen, ähnlich einem Klassenlehrer, der den Schüler über fachliche und zeitliche Grenzen hinweg kennt und begleitet. Er hat ein ganzheitliches Bild des Lernenden. Zu dieser Aufgabe gehört, regelmäßig Hilfe und Anregung mit dem Ziel der Entwicklung der Fach- und Individualkompetenzen zu geben. Am Ende von größeren Lerneinheiten wird eine Gesamtbewertung und ein Reflektionsgespräch mit dem Lernenden durchgeführt.

7.3.3 Kompetenzmessung

Besonders durch die Digitalisierung kristallisiert sich die Anforderung an jeden einzelnen deutlich heraus, das Verantwortungsbewusstsein für den eigenen Lernprozess zu stärken. Damit geht die Erstausbildung, sei es klassische Berufsausbildung oder Studium, immer stärker schon in die Phase des lebenslangen Lernens über. Die Herausforderung liegt nicht in mangelnden Lernangeboten, sondern an der konsequenten Eigeninitiative und dem Engagement, das Lernangebot zu nutzen.

Um dies zu lernen, zu trainieren und zu üben, gilt es schon in der Erstausbildung

- zum selbstgesteuerten Lernen zu befähigen
- die Individualkompetenz zu stärken
- und einen systematischen und eigenverantwortlichen Lern- und Entwicklungsprozess zu gestalten.

Dies gelingt durch

- Fokussierung auf Kompetenzen und deren Entwicklungen
- Anregung zur Reflektion
- regelmäßige Reflektionsgespräche
- und das Aufzeigen von Entwicklungspfaden.

Wir haben für unsere Ausbildung zehn zentrale Kompetenzen definiert, die wir mit den Lernenden besprechen, reflektieren, begleiten und entwickeln.

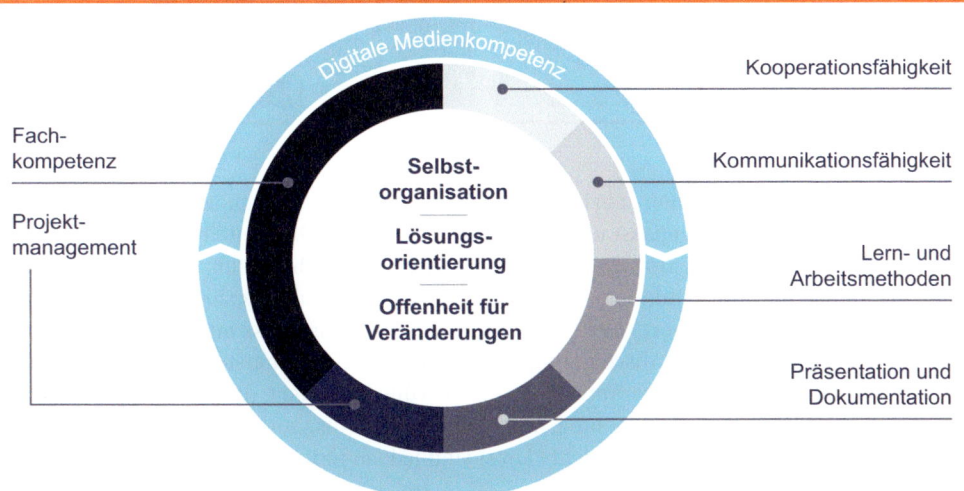

Bild 7.7 Kompetenzrad

Die Kompetenzmessung erfolgt dabei in vier Schritten.

- Selbsteinschätzung

  Der Lernende wird aufgefordert nach jeder längeren Lerneinheit (wie z. B. Kursphasen im Trainingszentrum, Praxisphasen in der operativen Abteilung) eine Selbsteinschätzung (in elektronischer oder Papierform) abzugeben. Diese ist eine wichtige Grundlage für das Reflektionsgespräch.

- Fremdeinschätzung

  Die Fremdeinschätzung wird vom Trainer, Betreuer oder Mentor erstellt. Diese von außen erstellte Einschätzung ist für den Lernenden sichtbar und kann von diesem auch kommentiert werden.

- Reflektionsgespräch

  Zwischen dem Lernenden und dem Mentor findet ein persönliches Reflektionsgespräch statt. Grundlage dabei sind die Selbst- und Fremdeinschätzungen des vorangegangenen Ausbildungsabschnitts, die zusammenfassende Kompetenzbewertung sowie die Lernvereinbarungen aus dem letzten Gespräch. Bei Bedarf werden zusätzliche Reflektionsgespräche vereinbart. Zusammenfassende Kompetenzbewertung und entsprechende Lernvereinbarungen durch Mentor und Formulierung von Lernvereinbarungen wird schriftlich fixiert.

- Optionales Peer-Feedback

  Nach Ermessen des Trainers kann optional noch ein Peer-Feedback durchgeführt werden. Dabei finden in Kleingruppen von Mitlernenden (z. B. 1:1 Gruppe mit fester Zuordnung) moderierte Peer-Feedbacks statt. Auch hier ist wieder ein Vergleich von Selbst- und Fremdeinschätzung die Grundlage des Peer-Dialogs unter den Auszubildenden.

Kompetenzerfassungs-
bogen hat sich bewährt | Als Hilfsmittel zur Erfassung der Kompetenzen dient ein Kompetenzerfassungsbogen, sowohl für die Selbst- als auch für die Fremdeinschätzung.

In unserem Ansatz erfolgt die Beurteilung der einzelnen Kompetenzen über vier Kompetenzstufen.

Bild 7.8 Kompetenzstufen

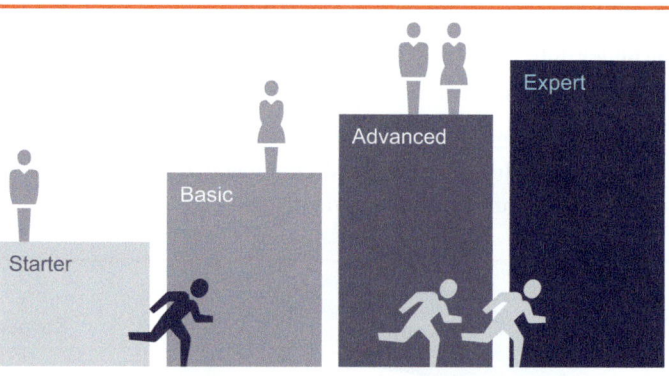

Für die Ausbildung sind
spezielle Kompetenz-
stufen nötig, und nicht
die üblichen Personal-
beurteilungsstufen. | Diese Kompetenzstufen wurden speziell für die Beurteilung von Lernenden in der Ausbildung bzw. im dualen Studium angepasst und entsprechen nicht den üblichen Personalbeurteilungsstufen für Mitarbeiter und Führungskräfte. Des Weiteren ist zu beachten, dass „Starter" nicht zwangsläufig die Ausgangssituation eines Lernenden zu Beginn der Ausbildung kennzeichnen muss. Genauso ist auch „Expert" nicht immer das Ziel zum Abschluss einer Ausbildung. Vielmehr geht es hierbei um die Abschätzung und Einstufung der Kompetenz, die sich im Laufe der Ausbildung hoffentlich weiterentwickelt. Es ist wünschenswert, dass die Lernenden während der Ausbildung eine Entwicklung durchlaufen. Der Ausgangspunkt, das Ausmaß und Tempo der Entwicklung und das erreichte Level sind jedoch individuell unterschiedlich.

Diese Einschätzung der Kompetenzen ist eine verantwortungsvolle Aufgabe, die entsprechend ernst genommen werden muss. Diese Bewertung trägt dazu bei, Lernende in ihrer beruflichen Weiterentwicklung zu unterstützen. Die Bewertung in den Kompetenzstufen soll realistisch, fair und ehrlich sowie ohne Vorurteile erfolgen. Ein absoluter Korrektheitsanspruch ist dieser Kompetenzeinordnung nicht zuzuschreiben. Allerdings stellt sie eine wertvolle Basis zur Gesprächsführung und zum Coachingprozess dar. Je mehr die persönliche Einschätzung von objektiven Beobachtungen gestützt wird, umso nachvollziehbarer ist diese für den Lernenden. Deswegen ist es naheliegend, nicht alle Kompetenzbereiche einschätzen zu müssen, sondern, sofern sie nicht einschätzbar sind, sie auch offen zu lassen.

Im Folgenden wird eine mögliche Differenzierung in Kompetenzstufen am Beispiel der Kompetenz „Lern- und Arbeitsmethoden" beschrieben.

Differenzierung in Kompetenzstufen am Beispiel der Kompetenz-, Lern- und Arbeitsmethoden

Diese Kompetenz beschreibt in der Ausbildung die Fähigkeit, Aufgaben in unterschiedlichen Lern- und Arbeitsumgebungen effektiv und verantwortungsbewusst zu bewältigen. Der Lernende ist dann in der Lage

- Aufgaben zu priorisieren und zu strukturieren,
- sich Lern- und Arbeitsmethoden anzueignen und anzuwenden,
- die zur Verfügung stehende Zeit effizient zu nutzen und einzuteilen,
- Lern- und Arbeitsweise nachhaltig zu gestalten (z. B. selbstgesteuertes Lernen) und Wissen zu teilen.

Diese Kompetenz kann jetzt nach dem 4-Säulen-Modell zum Beispiel in folgende Kompetenzstufen eingeteilt werden.

- Starter: Lernt und arbeitet mit Hilfestellungen.
- Basic: Lernt und arbeitet in ihm/ihr bekannten Kontexten zunehmend selbstständig.
- Advanced: Lernt und arbeitet auch in weniger bekannten Kontexten selbstständig und verantwortungsbewusst.
- Expert: Lernt und arbeitet selbstständig auch in neuartigen und komplexeren Kontexten, reflektiert und realisiert Lern- und Arbeitsziele.

Anhand dieses Kompetenzbeispiels ist sehr gut der Nutzen eines Reflektionsgespräches aufgrund von Selbst- und Fremdeinschätzung zu erkennen. Die individuelle Kompetenzentwicklung wird durch Formulierung von Lernvereinbarungen sowie durch einen regelmäßigen Abgleich mit deren Erreichung gefördert. Der Erfolg stellt sich durch Etablierung eines kontinuierlich-partnerschaftlichen Gesprächsprozesses zwischen Lernenden und Mentoren ein. Durch das hier formalisierte Vorgehen darf nicht die notwendige individuelle Unterstützung bei Herausforderungen im Ausbildungsverlauf vergessen werden.

Mit den so entwickelten Kompetenzen zum Verantwortungsbewusstsein sich selbst und anderen gegenüber werden die Absolventen der Ausbildung auf einen sicheren Weg in die digitale Zukunft und in die sogenannte VUCA-Welt gebracht.

> VUCA: Gängiger Begriff zur Beschreibung einer modernen Arbeitswelt, die als „Volatile", „Unpredictable", „Chaotic" und „Ambiguous" beschrieben wird. Übersetzt in das Deutsche lässt sich die moderne Arbeitswelt als unbeständig, unvorhersehbar, chaotisch und mehrdeutig charakterisieren. Damit müssen Mitarbeiter und Führungskraft umgehen lernen.

7.4 Die Zukunft gestalten

7.4.1 Product Lifecycle-Management (PLM) Prozess in der Berufsbildung

Berufsbildung ist ein Prozess, in dem ständig neue Inhalte für Auszubildende, Duale Studenten und auch Mitarbeiter, die sich technisch weiterbilden wollen, eruiert und aufgenommen werden müssen, damit die Ausbildung dem technischen Fortschritt im Allgemeinen sowie der Innovationsfähigkeit des Unternehmens im Speziellen Rechnung trägt. Das kann von elementarem Vorteil sein, selbst wenn der vorgeschriebene Ausbildungsrahmenplan sich nicht ändert.

> Der Ausbildungsrahmenplan ist ein Anhang der Ausbildungsordnung. Er enthält eine grobe zeitliche und sachliche Gliederung der betrieblichen Ausbildungsinhalte. Auf Basis des Ausbildungsrahmenplans erarbeiten die Betriebe betriebliche Ausbildungspläne.

Es bietet sich hier ein systematischer Product Lifecycle-Management-Prozess an, wobei das Objekt des Prozesses – das Produkt – als Bildungsgang oder allgemeiner formuliert, als Lernangebot verstanden werden kann. Ein Produkt ist also z. B. der Elektroniker für Betriebstechnik oder eine Weiterbildung in Robotics.

Erstes Element dieses Prozesses kann ein sogenanntes Innovationsradar sein, der z. B. alle zwei Jahre gemacht werden kann. In einem solchen Prozess können Innovationsbewegungen aller Art erfasst werden. Es empfiehlt sich, anhand dieser Übersicht mit diversen internen und externen Stakeholdern in einen Dialog zu treten, bei dessen Ausgang die Fristigkeit und Relevanz der diversen Teilpunkte festgelegt sind.

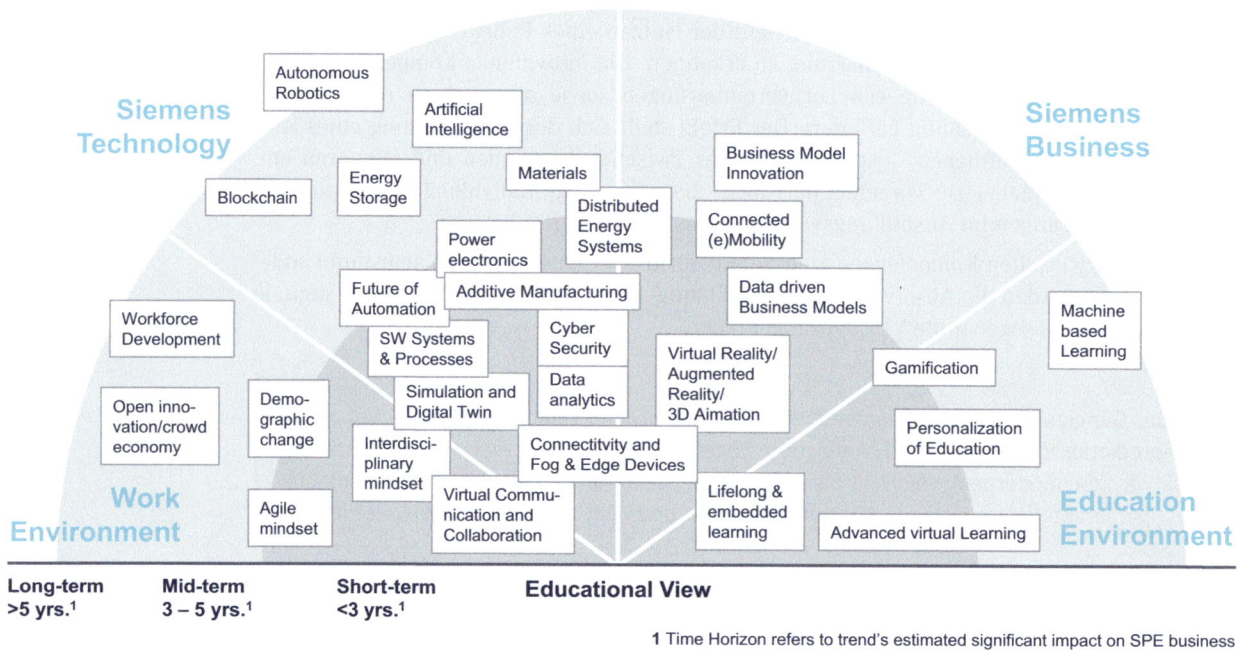

Bild 7.9 Beispiel eines Trendradars

Das Ergebnis eines solchen Innovationsradars kann man in einem zweiten Schritt auch mit anderen Zielgruppen (z. B. Vertrieb) spiegeln. Ähnlich wie im Initialprozess (Digitalisierungsprojekt, siehe Abschnitt 7.2.1) geht es darum, mittels qualitativer Befragungen möglichst viele Stakeholder im Ökosystem einzubinden und die einzelnen Trends zu priorisieren.

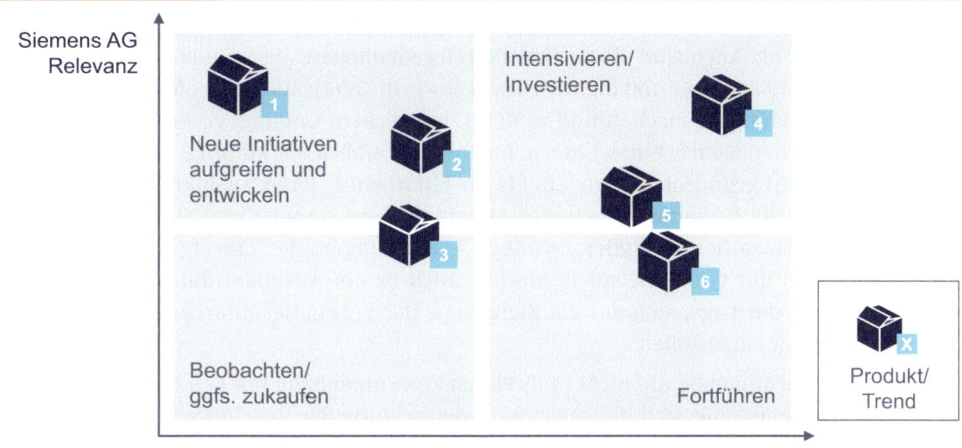

Bild 7.10 Innovationsradar

7.4.2 Lernen im Ökosystem

Produktentwicklung in der Ausbildung ist ein dynamischer Prozess nicht nur in Bezug auf die Inhalte, die im Hinblick auf die strategischen Bedarfe des Unternehmens immer wieder ergänzt werden sollten, sondern auch in Bezug auf die Quellen, die in einem großen Unternehmen intern angezapft werden sollten, um umfassend und möglichst effizient Inhalte zu generieren.

Hier bietet es sich an, im Begriff des Lern-Ökosystems zu denken.

Eigenschaften eines Ökosystems

- Spezifisches Nutzenversprechen
- Klar definierte, wenngleich wechselnde, Gruppe an Teilhabern
- Unterschiedliche Rollen und Beziehungen
- Benötigt einen Koordinator/Orchestrator
- Alle Teilhaber profitieren mehr, als wenn sie alleine handeln

Teilhaber im Ökosystem können Geschäftsleitung, interne Geschäftseinheiten, zentrale Forschungsabteilungen, andere HR-Abteilungen, Produktschulen, aber auch externe Bildungsanbieter, Verbände, usw. sein, vgl. auch die Stakeholder in Kapitel Abschnitt 7.2.1. Im Unterschied zu einem einmaligen Projekt ist hierbei der zeitliche Horizont des Austauschs nicht begrenzt.

7.4.3 Upskilling/Reskilling

Neben der Entwicklung von Inhalten für die Erstausbildung und die dualen Studenten empfiehlt es sich zu prüfen, inwieweit sich die ermittelten Inhalte auch für den Einsatz für Mitarbeitertrainings eignen.

Natürlich wird im Hinblick auf Erwachsenenbildung z. T. mit anderen Methoden gearbeitet als in der Erstausbildung. Auch sind die technischen Gegebenheiten, die Möglichkeiten von hybriden Lernmodellen in analoger und digitaler Form sowie die Motivation und die Zeitanforderungen, eine Weiterbildung zu machen und wenn ja, in welchem Umfang, gesondert zu betrachten. Dennoch sind die Bedarfe eines Unternehmens im Hinblick auf künftige Kompetenzen für Auszubildende nicht grundsätzlich anders als für Mitarbeiter, deren Ausbildung schon einige Jahre zurückliegt. Die Bedienung moderner Maschinen, die Planung und Simulation von Fabrikationsprozessen mittels Digitaler Zwillings-Anwendungen, der Einsatz von Robotern in der Fertigung sind nur einige Beispiele hierfür. Auch ist ein Ausbilder didaktisch und auch soziologisch oft in der Lage, sich auf die Zielgruppe der Fertigungsmitarbeiter oder Servicemitarbeiter sehr gut einzustellen.

Im Hinblick auf Lernthemen, die nicht in direktem Zusammenhang mit den heute ausgeübten Aufgaben stehen, empfiehlt sich die gesonderte Betrachtung der Regelungen zu Arbeits- und Freizeit, auch im Hinblick auf künftige „Employability", in Abstimmung mit den Sozialpartnern.

7.5 Ausblick in das internationale Geschäft

In vielen global agierenden Unternehmen sind Auszubildende, nicht nur in Deutschland, sondern auch in anderen Ländern, Teil der Nachwuchsentwicklung.

In Österreich und der Schweiz ist das Modell sehr ähnlich zu dem in Deutschland. Im Rest Europas sind verschiedene Modelle, z. T. aber mit höherer schulischer Komponente und weniger formalisierter Verankerung in den Unternehmen, die Regel. Auch in anderen Teilen der Welt, z. B. in Südamerika und Asien, nimmt das Thema Fahrt auf. Während Investitionen in Bildung und Berufsorientierung im Allgemeinen für Beschäftigung und Wohlstand sowie sozialen Frieden gelten, sind es besonders die Staaten mit einem hohen Grad an Berufsbildung und enger Verzahnung mit Unternehmen, die eine besonders niedrige Jugendarbeitslosigkeit aufweisen.

Gerade bei den neuen Inhalten, die im Zusammenhang mit Digitalisierung stehen – beispielsweise Additive Manufacturing, Robotics, Cybersecurity, Digital Factory – gibt es u. U. erhebliche Skalierungs-Effekte, da die entwickelten Inhalte aufgrund ihrer Relevanz und Allgemeingültigkeit einmal inhaltlich entwickelt sowie methodisch und didaktisch umgesetzt werden und dann in verschiedene Sprachen übersetzt und genutzt werden können.

Das ist insbesondere dann der Fall, wenn diese Inhalte auch in digitalen oder hybriden Lernformen angeboten werden, d. h. ein Teil im Selbststudium erarbeitet werden soll. In diesem Fall kann unter Zugriff geeigneter Lernplattformen eine hohe Anzahl an Nutzern erreicht werden.

In hybriden Modellen, d. h. in Lernmodellen mit einem Selbstlernanteil und einem praktischen Lernanteil im Training Center unter Aufsicht von Ausbildern, können ggfs. auch die Train-the-Trainer Aktivitäten im Vorfeld zusammengefasst werden, sofern es geeignete Lösungen für die möglichen Sprachbarrieren gibt.

7.6 Zusammenfassung und Ausblick

Resultierend aus allen Erfahrungen ist das beschriebene Vorgehen zur Implementierung von digitalen Handlungskompetenzen in der beruflichen Bildung sehr erfolgreich gewesen. Das initiale Digitalisierungsprojekt hat den konkreten Start für Veränderung und Anpassung an die digitalen Herausforderungen in der beruflichen Praxis gegeben. Die daraus entstandenen Kompetenzen der Zukunft und die digitale Roadmap waren der inhaltliche Anker des Change-Prozesses. Die operationale Umsetzung im täglichen Lernen stellt die Basis für den Kulturwandel dar. Und für die Nachhaltigkeit sorgt abschließend die Implementierung eines kontinuierlichen Product Lifecycle-Managements. Dieses exemplarische Vorgehen kann jederzeit auch wieder auf zukünftige andere disrupte Herausforderungen, so wie es heute die Digitalisierung ist, angewandt werden.

Das dargestellte Konzept hat seine besonderen Stärken in der schnellen und anforderungsgerechten Anpassung der Inhalte. In Zukunft gilt es noch agiler passende Lernpfade für die unterschiedlichen Zielgruppen zu generieren: die verschiedenen Rollen in einem Unternehmen, wie zum Beispiel White Collar und Blue Collar Worker, haben unterschiedliche Anforderungen. Ein mehrdimensionales Product Lifecycle-Management zum Beispiel könnte hier die erforderliche Schnelligkeit und Passgenauigkeit liefern. Des Weiteren schafft die Digitalisierung immer neue Möglichkeiten die Didaktik und Methodik zu erweitern und an jedes Individuum anzupassen.

Es bleibt herausfordernd, inspirierend und spannend, wie die neuen Erkenntnisse in der beruflichen Bildung umgesetzt werden können, und damit die Digitalisierung letztendlich immer mehr gesellschaftlichen Nutzen für alle generieren kann.

Einführung von kompetenz-orientierter Weiterbildung im Bereich Operations der Infineon Technologies AG – ein Erfahrungsbericht

Andrea Stich

Seit Jahren werden Kompetenzen in Unternehmen immer mehr zu zentralen Wettbewerbsfaktoren und die Investition in Wissen gewinnt tagtäglich an strategischer Relevanz (Probst; Deussen; Eppler; Raub 2000; North; Reinhardt 2005; Frieling; Schäfer; Fölsch 2007).

Das sich kontinuierlich verändernde Marktumfeld, in dem das politische, wirtschaftliche und soziale Umfeld sowie die IT-Umgebung immer globaler und dynamischer werden, fordert von Organisationen und ihren Mitarbeitern, sich kontinuierlich an neue fachliche und persönliche Herausforderungen anzupassen (Frieling; Schäfer; Fölsch 2007; Bauer; Karapidis 2013).

> Somit wird ein systematischer Ansatz zur Stärkung und zum Aufbau von Kompetenzen nicht nur im Unternehmensumfeld immer bedeutsamer (Muellerbuchhof 2007).

Die Infineon Technologies AG ist ein weltweit führender Anbieter von Halbleiterlösungen, die das Leben einfacher, sicherer und umweltfreundlicher machen. Mikroelektronik von Infineon ist der Schlüssel für eine lebenswerte Zukunft (Internet Quelle: *https://www.infineon.com/ cms/de/about-infineon/company*). Heute gehört Infineon zu den zehn größten Halbleiterunternehmen weltweit.

Über die letzten Jahre hinweg entwickelte sich die Infineon Technologies AG immer stärker vom reinen Technologieführer und Produktanbieter zum Entwicklungspartner und Systemanbieter, der die Anwendungen und Anforderungen seiner Kunden im Detail versteht und dafür maßgeschneiderte Lösungen anbietet.

Während früher die Technologie allein oft die einzige Quelle für Wettbewerbsvorteile war, fordern die Kunden heute systemorientierte Angebote, die auf ihre spezifischen Bedürfnisse zugeschnitten sind und zur Zielanwendung passen. Es geht nicht mehr nur darum, wie technisch und qualitativ hochwertig die einzelnen Produkte sind – andere Faktoren jenseits der technischen Eigenschaften werden ebenso relevant.

> „Denn man muss nicht nur in großartigen Technologien denken, sondern den Kundenerfolg in den Mittelpunkt stellen. Wir gehen noch einen Schritt weiter. Wir erforschen die Anforderungen von morgen, um erfolgreich zu sein, ...“
> (Reinhard Ploss, CEO Infineon Technologies, June 09, 2015//By Iconic Insights: in conversation with Hanns Windele)

Dieser Wandel in Richtung Systemdenken, gepaart mit der wachsenden digitalen Transformation und Automatisierung vor allem auch in den Produktionsbereichen der Infineon Technologies AG, initiierte den Bedarf einer Aus- und Weiterentwicklung von neuen Kompetenzen für alle Mitarbeiter weltweit.

Vor etwa acht Jahren entschieden sich erste Bereiche des Unternehmens für die Einführung von kompetenzbasierter fachlicher Weiterbildung. Der Bereich Operations, der für die gesamte Halbleiterproduktion von Infineon verantwortlich ist, war einer davon.

Das Besondere bei diesem Weiterbildungsansatz ist, dass der Mitarbeiter in seiner Rolle im Unternehmen entlang seiner Aufgaben, mit denen er zum Erfolg der Unternehmensstrategie beiträgt, und den genau dafür notwendigen Kompetenzen betrachtet wird.

> Nicht das Prinzip des „Alle haben alles zu lernen!" zählt, sondern die individuellen Kompetenzen entlang der eigenen (Job-)Rolle im Unternehmen bestimmen die personalisierte Weiterbildung.

Da die Unternehmensbereiche selbst das gesamte fachliche Wissen besitzen, das vermittelt werden muss, wird das Angebot der kompetenzorientierten funktionalen Weiterbildung heute aus dreizehn bereichsinternen Akademien in enger Kooperation mit dem globalen Personalmanagement bereitgestellt.

Mit Beginn des Jahres 2013 entschied sich die Operations-Leitung zusammen mit ihrem Führungskreis den Herausforderungen aus zukünftiger Produktionsstrategie, Industrie 4.0 und der steigenden Automatisierung in den Fertigungsbereichen aktiv durch die Vertiefung gegenwärtiger und proaktiv durch die Entwicklung zukünftig notwendiger Kompetenzen zu begegnen.

8.1 Ziele, Zielgruppen und durchführende Organisation in Operations

Der Bereich Operations organisiert sich in fünf globalen Fachbereichen: Frontend, Backend, Corporate Supply Chaine, Procurement und Quality Management und beschäftigt im Bereich Frontend und Backend weltweit an 21 Fertigungsstandorten mehr als 30 000 Mitarbeiter.

Die Entwicklung eines geeigneten Prozesses für solch einen komplexen Bereich bedarf transparenter Ziele und definierter Rahmenbedingungen, da dieser neue Prozess nicht „auf der grünen Wiese", sondern in ein Unternehmen und seine Geschäftsprozesslandschaft passgenau hinein entwickelt werden muss. Da die bisherige Weiterbildungsstrategie nicht abgestellt wird und die neue in Kraft tritt, muss ein fließendes Miteinander beider Prozesse sichergestellt sein. Der Übergang in den laufenden Betrieb muss möglichst reibungslos erfolgen, ohne das „laufende Geschäft" unnötig zu stören.

Es wird sich zeigen, dass solch eine Einführung schrittweise erfolgen muss und über Jahre hinweg mit kontinuierlichen Verbesserungen und individuellen Anpassungen an die verschiedenen Funktionen des jeweiligen Bereichs und seine strategischen Ziele einhergeht.

Dieses iterative Vorgehen erlaubt ein dynamisches und individuelles Herangehen an die strategischen Bedürfnisse der unterschiedlichen Fachbereiche. Neue Herausforderungen durch Digitalisierung, Automatisierung und zukünftig auch der Einsatz von angewandter Künstlicher Intelligenz fließen dabei stetig mit ein und werden bei der Kompetenz Entwicklung vorausschauend berücksichtigt.

Ziele – Welche Ziele sollen mit der Einführung eines Kompetenzmanagement-Prozesses erreicht werden

Ziel dieses Prozesses ist es, die fachliche Weiterbildung der Operations-Mitarbeiter an den für den Unternehmenserfolg notwendigen Kernkompetenzen auszurichten. Dabei dienen die strategischen Ziele und großen Programme im Bereich Operations als Grundlage. Unternehmensziele und individuelle Ziele werden verbunden und ermöglichen damit:

- Eine klare Orientierung für Management, Mitarbeiter und Personalplanung
- Die proaktive Identifizierung von Kompetenzlücken und deren Schließung
- Die frühzeitige Strategie und Umsetzung von kompetenzorientierter Weiterbildung
- Die Identifizierung von Kompetenzträgern und gezielte Wissenssicherung

Ziel

Der Kompetenzaufbau kann in einem Unternehmen nur einen vorrangigen Sinn verfolgen, nämlich die Erreichung der Unternehmensziele durch den Aufbau dafür notwendiger Kompetenzen, genau da, wo sie gebraucht werden, und zum richtigen Zeitpunkt. Darüber hinaus erhöht das Vorhandensein von Kompetenzprofilen die Transparenz für die Mitarbeiter über die an sie gestellten Erwartungen.
(Infineon Geschäftsbericht 2012 – Der entscheidende Faktor, 2012, S. 111).

Qualitäts- und Stabilitätssicherung durch passgenaue Mitarbeiterqualifikation

In sehr komplexen Branchen, wie sie die Halbleiterindustrie darstellt, in denen die unterschiedlichsten Fach- und Anwendungsgebiete zusammenarbeiten, ist es notwendig, diese in ihrer fachspezifischen Kompetenzvielfalt abzubilden. Daher muss die fachliche Weiterbildung der Mitarbeiter aus deren auf die Funktion im Unternehmen zugeschnittenen Kompetenzprofilen abgeleitet und damit frühzeitig auf diese für den Unternehmenserfolg notwendigen Kompetenzen ausgerichtet werden.

Der so erzielte Aufbau der beruflichen Fähigkeiten trägt auf diese Weise direkt zum Unternehmenserfolg bei.

„Have the right competencies in place!" – ist eines der strategischen Ziele bei Infineon.

Bild 8.1 Runterbrechen des strategischen Ziels auf Organisation, Management und Mitarbeiter; Internal Presentation „High Performance Monitor", Infineon Technologies, 2017

Das Ziel, die richtigen Kompetenzen zur richtigen Zeit dort zu haben, wo sie benötigt werden, klingt eigentlich recht simpel und ist doch eine so herausfordernde Aufgabe. Aus den Unternehmensaufgaben muss abgeleitet werden, wo in der Organisation welche Fähigkeiten in welcher Ausprägung gebraucht werden, um den Führungskräften und ihren Mitarbeitern transparente Entwicklungspfade für die von ihnen geforderten Kompetenzen aufzeigen zu können.

In Erfahrungsberichten anderer Firmen zeigte sich, dass zu granulare ebenso wie zu generische Kompetenzmanagement-Prozesse, besonders wenn diese Verfahren zusätzlich signifikante Aufwände in der Einführung und Pflege erzeugten, oftmals zum Scheitern verurteilt waren.

Aus diesen Erfahrungen abgeleitet war ein weiteres wichtiges Ziel die nachhaltige Implementierung eines Kompetenzmodells und -Management-Prozesses, der so detailliert wie nötig, aber ebenso pragmatisch wie möglich sein sollte und der gleichzeitig in die bestehenden Personalmanagement-Prozesse und deren jährliche Abläufe einfach zu integrieren sei.

Eine Zielepyramide ermöglichte es, alle Anforderungen zusammenzufassen, die ein zukünftiger Kompetenzmanagement-Prozess in Operations erfüllen sollte:

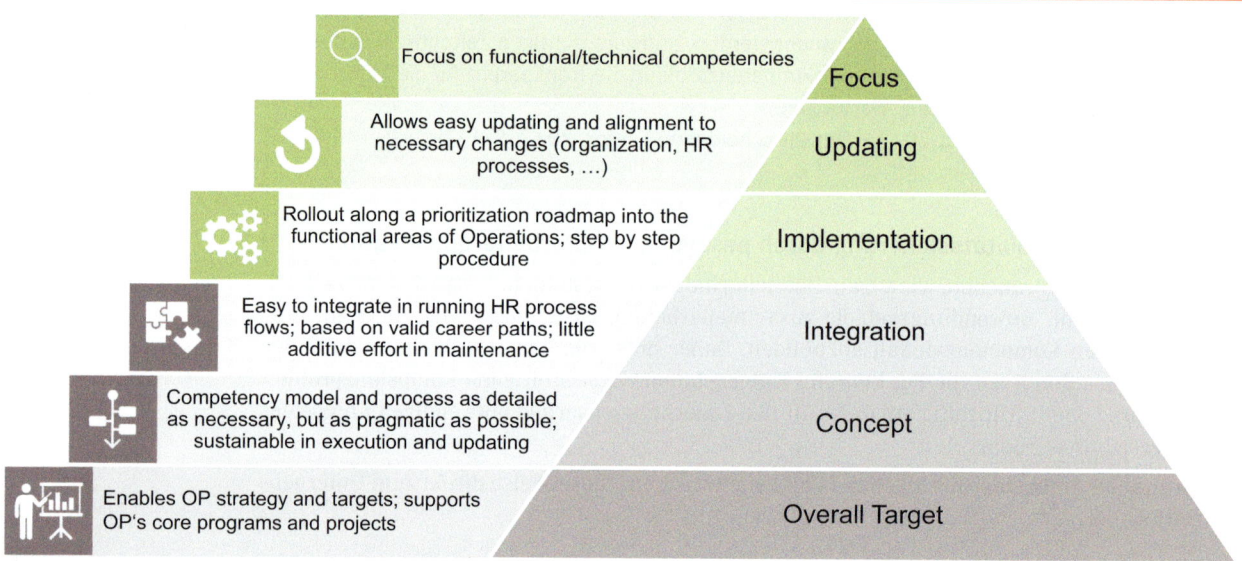

Bild 8.2 Zielepyramide mit Anforderungen an den zukünftigen Geschäftsprozess; Operations Academy, Infineon Technologies, 2013

Tipp

Diese Darstellung der Anforderungen an den zu entwickelnden Prozess erleichterte kritisches Hinterfragen entlang der zu Beginn formulierten Ziele und hat – wie sich am finalen Kompetenzmanagement-Prozess für Operations zeigen wird – dazu geführt, einen Prozess zu entwickeln, der individuell die Bedürfnisse der Fachbereiche abbildet und dabei alle anderen Ansprüche aus der Zielepyramide erfüllt.

Die Strategie für den Geschäftsbereich Operations und die daraus abgeleiteten Ziele, Programme und Projekte stellen die Grundlage für die Entwicklung eines passenden Kompetenzmodells dar. Anforderungen an die Integrationsfähigkeit, die Umsetzung und Pflege des zukünftigen Prozesses sowie der Fokusbereich der Umsetzung wurden ebenso in der Pyramide abgebildet.

8.1.1 Zielgruppe – Welche Zielgruppe wurde priorisiert und warum?

Die Priorisierung der Zielgruppen ergab sich aus der Analyse der strategischen Programme und Kernprojekte im Bereich Operations. Daraus wurde abgeleitet, welche Fachbereiche in den folgenden Jahren eine globale Schlüsselrolle für die Zielerreichung spielen werden. Auch wurde dabei betrachtet, inwieweit diese Bereiche besonders schnell durch die genannten Herausforderungen wie Industrie 4.0, Digitalisierung und Automatisierung eines erweiterten Kompetenzspektrums bedürfen.

Da in allen Fachbereichen die Gruppe der Fachexperten bei der Einführung und Umsetzung von innovativen, richtungsweisenden Methoden, Projekten und Programmen eine wesentliche Rolle bekleidet, wurde der primäre Fokus auf den Bereich „Engineering" gelegt. Eine Ausweitung auf weitere Berufsgruppen sollte themenabhängig im Verlauf des geplanten Rollouts diskutiert und entschieden werden.

> **Tipp**
>
> Der ausgewählte Pilotbereich muss aktiv wollen! – Aus diesem Wollen entsteht fruchtbare Zusammenarbeit und ausreichend Kraft für eine nachhaltige Implementierung.

Als Pilot wurde der Fachbereich Industrial Engineering (IE) ausgewählt, da dieser in Operations eine globale und gleichzeitig an den Fertigungsstandorten lokale Verantwortung für die Planung und Optimierung von Arbeitsabläufen zur Verbesserung von Produktivität, Qualität und Durchlaufzeiten trägt. Die optimale Gestaltung der produktionsbezogenen Kernprozesse abhängig von den auf den vier Schwerpunkten des Industrial Engineerings beruhenden Bereichen Mensch – Maschine – Material – Methode ist einer der wichtigsten Schlüssel zur Zielerreichung in Operations.

Daher umfasste das Pilotprojekt alle Industrial-Engineering-Fachabteilungen weltweit und hatte den Auftrag eine globale Kompetenz-Analyse und -Profilierung und daraus abgeleitet eine Weiterbildungsbedarfsanalyse für diesen Bereich zu erstellen.

Wie wurde das Team zur Entwicklung des Prozesses und zur späteren Implementierung gewählt?

Für die Entwicklung des Rahmenprozesses wurde die Operations-Akademie gegründet. Dieses interdisziplinäre Team vereint langjährige fachliche Expertise und Managementerfahrung in verschiedenen Bereichen von Operations, Projektleitungsfähigkeiten sowie ein hervorragendes Netzwerk im gesamten Unternehmen gepaart mit Wissen um Personalmanagement und Erwachsenendidaktik in sich, was ein notwendiger Schlüssel zum Erfolg war.

Die Einführung von Kompetenzprofilen zur gezielten Weiterentwicklung der Mitarbeiter konnte nur gelingen, wenn Management und Fachbereiche überzeugt waren, dass dieses Vorgehen ihnen in ihrer Zielerreichung hilfreich sein wird. D. h., nur wenn der Prozess und das ausführende Team als kompetenter Partner und die gemeinsame Arbeit als Mehrwert gesehen wurde, konnte das Vorhaben gelingen.

Das neugegründete Team der Operations-Akademie war verantwortlich für die gesamte Prozessentwicklung.

- Basierend auf Recherchen, Interviews mit internen und externen Partnern zu:
  - Erwartungen an Kompetenz-Management
  - Erfahrungen mit Kompetenz-Management
  - (gewünschte) Umsetzungsstrategien
  - (mögliche) Stolpersteine

- und ergänzt durch Bachelor- und Masterarbeiten wurde im ersten Schritt ein Rahmenprozess mit passendem Kompetenzmodell entwickelt.

> **Tipp**
>
> Begleitende Bachelor- und Masterarbeiten ermöglichen wissenschaftliche Tiefe in der Recherche und Ausarbeitung von Themen ohne die eigenen Teamressourcen zu sehr zu beanspruchen. Das dadurch mit verschiedenen Hochschulen entstehende Netzwerk ist ein zusätzlicher Gewinn für Erfahrungsaustausch und Wissenstransfer.

Im zweiten Schritt sollte dieser Rahmenprozess durch die Umsetzung in dem Pilotprojekt im Bereich Industrial Engineering in die Praxis überführt werden.

Diese zeitliche Investition in einen passenden Rahmenprozess, der der schon beschriebenen Zielepyramide genügen musste, ist wichtig. In diesem Abschnitt der Entwicklung sollten alle Partner im Unternehmen miteinbezogen werden, die später betroffen sind oder inhaltlich wichtige Themen beisteuern können. Von Geschäftsbereichen außerhalb Operations, die schon Erfahrung gesammelt hatten, konnte aus deren Erfahrungen und Vorgehen gelernt werden. Bereiche, die sich ebenfalls mit der Einführung von kompetenzbasierter Weiterbildung beschäftigen, wurden dadurch zu Verbündeten und Sparringspartnern. Extrem wichtig ist die frühzeitige Einbindung der richtigen Partner aus dem Personalmanagement.

Bei Infineon wurde in diesem Zeitbereich das Netzwerk „Academy Connect" aus allen schon bestehenden Fachbereichs-Akademien unter der Moderation der globalen Weiterbildungsorganisation in HR gegründet. Dieses Netzwerkteam konnte hervorragend für die aktive Einbindung aller beschriebenen Bereiche genutzt werden. Auch half diese Einbindung das Thema informativ in weitere Teile von Infineon zu tragen.

Nach Abschluss der Rahmenprozess-Entwicklung und Genehmigung im Operations Management Board wurde das Kernteam der Operations Academy um die Manager und ausgewählte Experten des Pilotfachbereichs und dessen Partner aus dem Personalmanagement erweitert. Die Teamzusammensetzung erfolgte auch in jedem weiteren Projekt immer mit Vertretern aus allen Standorten, um standardisierte, global gültige Ergebnisse zu gewährleisten.

Der Gesamtauftrag der Operations-Akademie war sowohl die aus dem Kompetenzmanagement abgeleitete Lernbedarfsanalyse zu erstellen als auch deren Erfüllung durch das Bereitstellen passender Lehrpläne und Lernangebote für die erarbeiteten Kompetenzprofile. Lerninhalte werden dabei durch die Fachexperten der Bereiche erstellt, von der Operations-Akademie didaktisch in die richtigen Formate übersetzt und das Training daraus entwickelt und bereitgestellt. Interessierte Fachexperten werden von der Akademie zu Trainern ausgebildet und begleitet, um ihr Wissen professionell an die Lernenden vermitteln zu können.

> **Tipp**
>
> Dieses Vorgehen aus einer Hand gewährleistet die notwendige Realitätsnähe und Pragmatik bezüglich der Entwicklung von praxisorientierten Kompetenzprofilen und nachhaltig wirksamen Lernangeboten.

Das Ziel von sachbezogenen, anwenderfreundlichen Profilen, die ausgerichtet auf die strategische Zielerreichung als Grundlage für den zu ermittelnden Lernbedarf dienen, wird in dieser Gesamtverantwortung optimal abgebildet. Übergabe von unerfüllbaren Arbeitspaketen in andere Hände ist dadurch nicht möglich, denn das Team ist für die gesamte Prozesskette von Kompetenzmodell und -prozess bis hin zur Umsetzung der Lernangebote in den Lehrplänen verantwortlich.

8.2 Rahmenprozess

Wie sieht der so entstandene Kompetenzmanagement-Prozess aus?

Der Rahmenprozess für die kompetenzbasierte Lernbedarfsanalyse besteht aus vier Schritten:

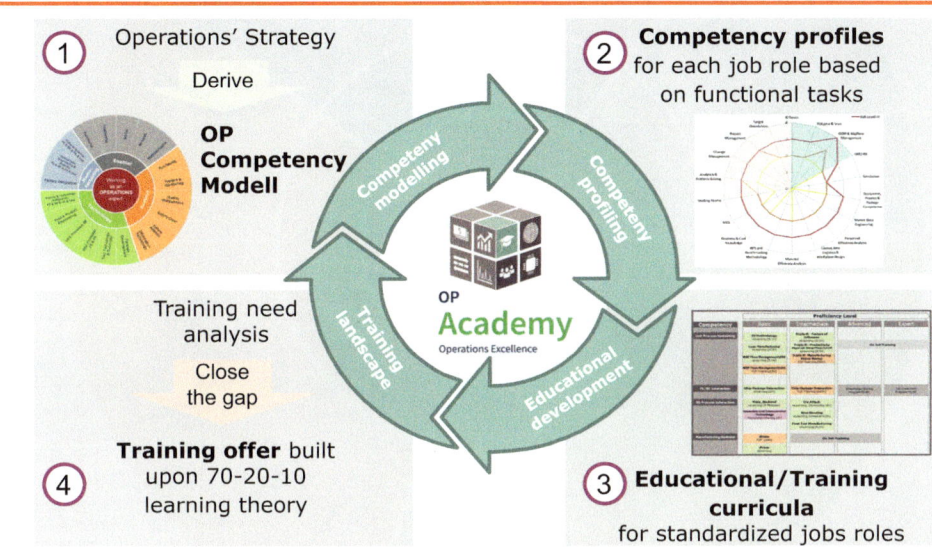

Bild 8.3 Rahmenprozess für kompetenzorientierte Weiterbildung im Bereich Operations; Operations Academy, Infineon Technologies, 2014

8.2.1 (1) Kompetenzmodell

Im ersten Schritt erfordert die Erarbeitung eines passenden Kompetenzmodells umfassende Kenntnisse zu den Strategien, Strukturen wie Prozessen und vor allem den fachlichen Aufgaben in einem Unternehmen.

Aus diesem meist komplexen Gerüst gilt es abzuleiten, welche grundlegenden Fähigkeiten Mitarbeiter ausbilden müssen, um ihre individuellen Verantwortungsbereiche optimal ausfüllen zu können. Um dieses im Modell bestmöglich abbilden zu können, fiel die Entscheidung für ein aufgabenorientiertes Kompetenzmodell.

> **Fazit**
>
> Im Bereich Operations ist ein aufgabenorientiertes Kompetenzmodell zur Erfüllung der gesetzten Ziele am besten geeignet.

Dafür wurden aus dem Operations-Organigramm alle Fachbereiche und deren Hauptaufgabenfelder beschrieben und als Basis für eine Modellentwicklung genutzt. Diese Hauptaufgabenfelder wurden aus Gesprächen mit den Fachbereichen ermittelt.

Bild 8.4 Aufgaben-orientiertes Kompetenz-modell; Operations Academy, Infineon Technologies, 2013

Als Ergebnis ergab sich folgende Struktur eines aufgabenorientierten Kompetenzmodells:

Unter den vier Hauptfunktionsbereichen Manufacturing, Technology, Support und Enabler (Befähiger) splittet sich das Modell in weitere Untergruppen auf, die inhaltlich die Kompetenz-bereiche darstellen, unter denen sich dann wiederum die einzelnen fachlichen Kompetenzen abbilden lassen, die für einen Experten in Operations notwendig sein sollten, um seine profes-sionellen Aufgaben optimal zu erfüllen.

Unter dieser Struktur lassen sich alle funktionalen Kompetenzen so standardisiert darstellen, dass sie in ihrer Gesamtheit die „Kompetenz-Bibliothek" für Operations ausbilden. Diese Sammlung unterliegt abhängig von zukünftigen Anforderungen einer dynamischen Entwick-lung und bedarf daher kontinuierlicher Pflege und Administration.

> **Tipp**
>
> Die standardisierte Beschreibung und Katalogisierung sollen vermeiden, dass jeder Be-reich von neuem mit der Definition und Beschreibung seiner individuellen fachlichen Kom-petenzen startet.

Schon beschriebene Kompetenzen sollen von anderen Bereichen genutzt werden, können aber im Bedarfsfall durch das Akademie-Team um weitere Aspekte ergänzt werden. Dieses darf allerdings nur als Ergänzung geschehen, ohne schon bestehende Profile verändernd zu beein-flussen. Neue Kompetenzen werden so beschrieben, dass sie für weitere Bereiche möglichst nachnutzbar sind. Die Kompetenz-Bibliothek liegt im globalen Verantwortungsbereich der Operations-Akademie.

Für unser Pilotprojekt Industrial Engineering wurden beispielsweise Kompetenzen aus den Bereichen Productivity, Factory Integration, Unit Process Engineering, Quality Management, Finance & Controlling und Information Technology benötigt.

Zusätzlich wurden aus dem Bereich der Enabler – das sind die Kompetenzen, die als „Befähiger" aus den Bereichen Projektmanagement, Methoden, Soziale und Führungskompetenzen dienen – die Profile ergänzt. Die Enabler-Kompetenzen werden bei Infineon durch die globale Personalentwicklung für alle Infineon-Mitarbeiter definiert und ihre Entwicklung wird durch zentrale Weiterbildungsangebote sichergestellt.

8.2.2 Kompetenzprofile

Zusammen mit den Fachbereichen werden die fachlichen Kompetenzprofile erstellt.

Dieser Teil des Rahmenprozesses, in dem die fachlichen Kompetenzprofile erstellt werden, wird im Detail im 6-STEP-Prozess im nächsten Abschnitt detailliert beschrieben, da dieser im Prozess die höchste Komplexität beinhaltet und darin der essenzielle Schlüssel zum nachhaltigen Erfolg der weiteren Prozessschritte liegt.

Der Rahmenprozess muss jedoch beschreiben, wie die Kompetenzausprägungen standardisiert messbar gemacht und die möglichen Entwicklungsstufen einer Stelle abgebildet werden können.

Die Ausprägung der Kompetenzen (Proficiency Level) wurde in einer von der Operations-Akademie betreuten Masterarbeit anhand von Recherchen und Vergleichen im nationalen wie internationalen Umfeld so formuliert, dass sie eine möglichst hohe Vergleichbarkeit zwischen den internen Bereichen, aber auch zu weiteren internationalen Unternehmen, Hochschulen und Universitäten zulässt. Es war das erklärte Ziel dafür möglichst standardisierte Begriffe und Definitionen zu nutzen.

Diese Ausprägungsniveaus sind vielfach in der Literatur beschrieben und können individuell auf die eigene Organisation angepasst werden. Sie werden am besten über Kenntnisse/Fähigkeiten und Handlungen beschrieben, so dass sie später auf den einzelnen Mitarbeiter gut anwendbar sind. Diese sogenannten Handlungsanker und die dazugehörigen Fragen machen eine objektive Betrachtung möglich, um festzulegen, wie sehr eine fachliche Kompetenz entwickelt sein muss, um eine bestimmte Aufgabe zu erfüllen.

Wie die Beschreibung der verschiedenen Level in Bild 8.5 zeigt, kann anhand der Handlungsanker und deren mehrdimensionaler Darstellung eingeschätzt werden, welche Ausprägungsstufe einer Kompetenz gebraucht wird, aber auch wie ausgeprägt diese bei einem Mitarbeiter vorhanden ist. Dazu können die Unterpunkte der Beschreibungen, in Fragen umgewandelt, zur leichteren Beurteilung beitragen.

Bild 8.5 Tabelle zur Beurteilung der Ausprägungsniveaus von fachlichen Kompetenzen; Operations Academy, Infineon, 2017

Level	Level title	Level description
n.a.	Not applicable	› Competency not needed
0	Not visible	› Employee does not show required competency
1	Basic "understand"	› Demonstrates basic knowledge › Understands basic structures, primary concepts, techniques, tools and knows relevant procedures › Able to deal with simple standard situations › Requires frequent guidance
2	Intermediate "apply"	› Demonstrates intermediate knowledge and practical experience › Applies common processes, systematic methods and concepts consistently and puts them into practice successfully › Able to manage non-routine situations › Works independently and may require occasional guidance › Contributes to improvements
3	Advanced "master"	› Demonstrates advanced knowledge and substantial experience › Proactively resolves situations by advanced analytical thought › Masters complex situations › Proactively provides technical guidance to others › Initiates new ideas and optimization, strives for improvements and creates synergies
4	Expert "shape"	› Demonstrates comprehensive expert knowledge and experience and ability to think beyond › Shapes and develops processes, methods and concepts for optimization and innovation and/or creates ground-breaking solutions › Consistently demonstrates excellence in unique, highly complex and challenging situations across multiple projects and/or organizations › Advises others (e.g. as consultant/mentor/coach); is seen as key "go-to" person › Challenges stakeholders including top management › Leads optimization by setting standards and creates competitive advantage through innovation › Identifies relevant growth opportunities

Beispiel

Bei einer Entscheidung für ein Level 2 „Intermediate" muss z. B. gefragt werden, ob es notwendig ist, dass der Mitarbeiter bei der Ausführung seiner Tätigkeit keine Anleitung mehr braucht und auch nichtalltägliche Situationen ohne Führung meistern können muss? Bei der Festlegung auf Level 4 „Expert" sollten alle im Fachbereich auf die Frage, ob die dazugehörigen Aufgaben wirklich erfordern, dass der Mitarbeiter die Schlüsselperson im Bereich zu dieser Kompetenz sein muss und in ihr fachlich richtungsweisend ist, mit einem eindeutigen Ja antworten können.

Die Stufen n. a. (not applicable) und Level 0 (not visible) sind nur dann relevant, wenn eine Kompetenz individuell nicht gebraucht wird oder in der Ist-Beurteilung durch den Mitarbeiter noch nicht gezeigt wird.

Ähnlich wie die Kompetenzlevels müssen die möglichen Entwicklungsstufen innerhalb eines Kompetenzprofils festgelegt werden.

So wurde definiert, dass es in jedem Fachbereich verschiedene fachliche Aufgabenschwerpunkte gibt, die in sogenannten Jobrollen abgebildet werden sollen. Zu diesen Jobrollen wird je ein die fachlichen Anforderungen beschreibendes Kompetenzprofil erstellt, das wiederum in sich verschiedene Entwicklungsstufen (Job Level) dieser Rolle abbildet.

Bild 8.6 verdeutlicht diesen Zusammenhang nochmals grafisch. Die im Kompetenzprofil farbig dargestellten Ausprägungskurven der vier Job Levels zeigen sehr anschaulich, wie sich die geforderten Kompetenzen entwickeln müssen, um sich in dieser Jobrolle fachlich weiter auf ein höheres Job Level zu entwickeln.

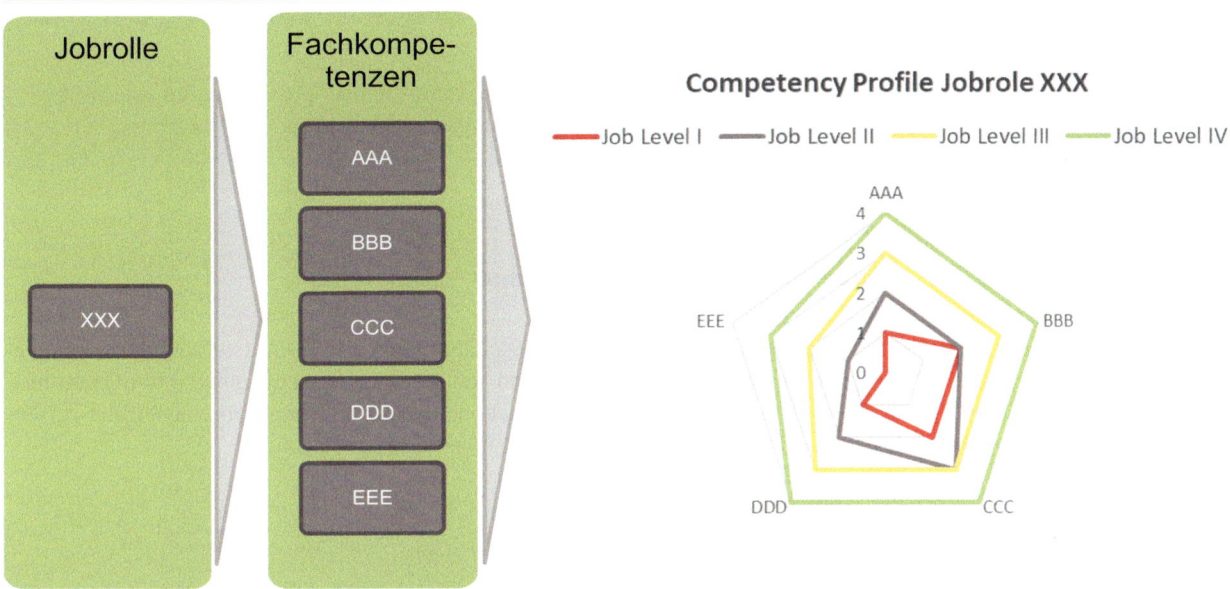

Bild 8.6 Prinzipieller Zusammenhang Job Level und Ausprägungslevel der Fachkompetenzen eines Profils; Operations Academy, Infineon, 2020

Da mit zunehmender beruflicher Erfahrung ein Kompetenzzuwachs erfolgt und dadurch Selbständigkeit und Verantwortung in den übertragenen Aufgaben kontinuierlich wachsen, wurden die verschiedenen Entwicklungsstufen (Job Level) einer Jobrolle in Abhängigkeit der fachspezifischen Berufserfahrung definiert.

Bild 8.7 Ausrichtung Erwartung Job Level an Berufserfahrung; Darstellung Operations Academy, Infineon, 2017

Job Level	Experience
I	0 - 4 yrs
II	4 - 8 yrs
III	8 - 12 yrs
IV	> 12 yrs

In der späteren Erstellung der Kompetenzprofile wird durch diese gedankliche Übersetzung eine Jobrolle leichter in die verschiedenen Job Levels abbildbar. Die Job Levels und die in ihnen notwendigen Kompetenzausprägungen können gut vorstellbar an firmeninternen Erfahrungswerten und an Beispielen aus den Bereichen gespiegelt werden.

Somit kann eine Festlegung der fachlichen Rollen und ihrer unterschiedlichen Entwicklungsstufen unabhängig von Karrierepfaden oder Global-Grading-Systemessn erfolgen. Einen direkten Bezug zwischen Karrierestufe, Gehaltsniveau und Kompetenzausprägung gibt es in dieser Systematik absichtlich nicht.

Hinweis

Mit Kompetenzprofilen kann für einen Mitarbeiter weder dessen Leistung gemessen werden noch eine Beurteilung erfolgen, welche Karrierestufe seine aktuelle Stelle erfüllt!

Sind für eine Jobrolle nicht alle vier Job Levels strategisch erforderlich, sollten im dazugehörigen Kompetenzprofil auch nur die abgebildet werden, die gebraucht werden.

Tipp

Die Diskussion der Job Levels in der Praxis muss straff moderiert werden, um zu vermeiden, dass diese mit Karrierestufen oder Leistungserwartungen vermischt werden.

8.2.3 Kompetenzorientierte Lehrpläne – „Curricula"

Der vorletzte Schritt des Rahmenprozesses beschäftigt sich mit der Aufstellung der Lernangebote in Form von Lehrplänen (Curriculum) im Rahmen der unternehmensweiten Trainings-Landschaft. Diese Lehrpläne enthalten alle fachlichen Trainingsangebote zugeordnet zu den Kompetenzen einer Jobrolle und den verschiedenen Ausprägungsstufen.

Tipp

Lernen allein führt nicht zur Ausbildung von Kompetenzen, sondern nur zur Erweiterung des Wissens. Kompetenzen entstehen da, wo Informationen, Wissen, Werte, Fähigkeiten und Erfahrungen in ihrem Zusammenspiel und ihrer Anwendung zu gewollten Lösungen führen. Wissen zu vermitteln, das weder für die eigenen Aufgaben notwendig noch anwendbar ist, macht daher wenig Sinn. Weiterbildungsangebote im Unternehmen müssen auf die praktische Anwendung ausgerichtet sein, um einen möglichst hohen Wirkungsgrad und einen nachhaltigen Kompetenzaufbau erzielen zu können.

Diese Curricula werden mit den schon bestehenden Lernangeboten gefüllt und zeigen anschließend die Lücken auf, die durch neue Trainingsmaßnahmen gefüllt werden müssen. Allerdings reicht in den höheren Kompetenzstufen oftmals trainieren nicht mehr aus, sondern muss durch zusätzliche Weiterbildungsmaßnahmen wie Mentoring, Coaching, aktives fachliches Netzwerken o. Ä. ergänzt werden. In Bild 8.8 wird ein exemplarischer Lehrplan in seiner Struktur dargestellt:

Bild 8.8 Prinzip Darstellung eines fachlichen Curriculums für eine definierte Jobrolle; Operations Academy, Infineon, 2016

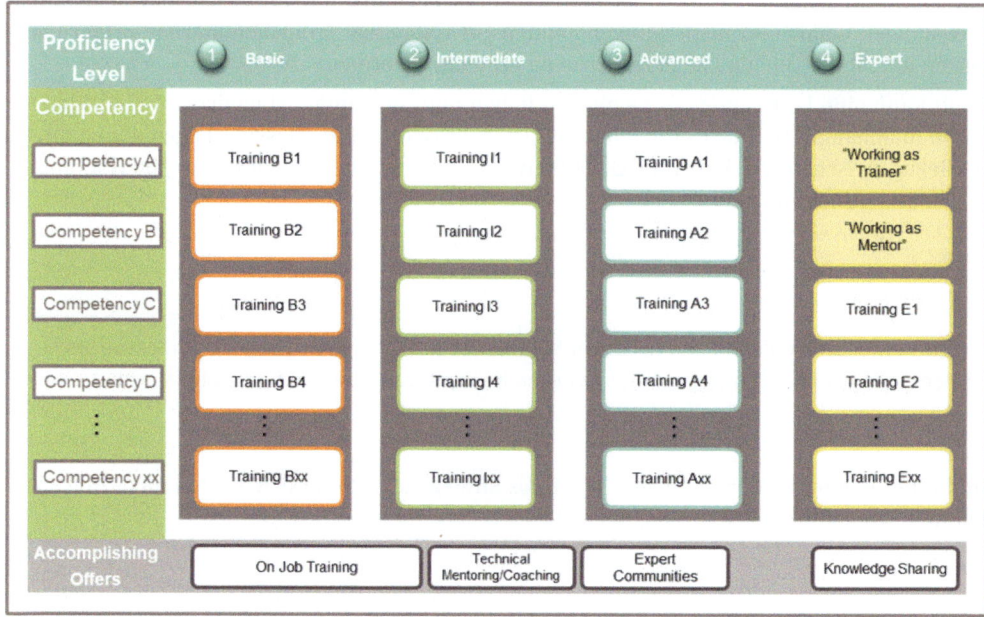

Tipp

Infineon fördert aktiv, dass fachliche Experten andere Mitarbeiter im Unternehmen trainieren und als Mentoren wirken, um damit ihr Fachwissen gezielt weiterzugeben. Daher werden in dieser Stufe Ausbildungen zum Trainer und Mentor angeboten.

Diese Lehrpläne decken für alle Kompetenzen einer Jobrolle die Lern- und Weiterentwicklungsangebote für eine Jobrolle und alle Ausprägungsstufen ab.

8.2.4 Bildungsbedarfsanalyse und Weiterbildungsangebote Infineons Lernphilosophie folgend

Mitarbeiter und Führungskraft leiten gemeinsam aus dem passenden Curriculum den Bildungsbedarf für die individuelle Situation ab und legen fest, welche Kompetenzentwicklung mit welchen Angeboten kurz-, mittel- und ggf. auch längerfristig umgesetzt werden soll. In der Regel findet diese Festlegung im jährlichen Mitarbeitergespräch statt und wird individuell durch weitere passende Entwicklungsmaßnahmen wie Einsatz in Projekten, fachliches Mentoring/Coaching, Teilnahme an Experten Communities oder Knowledge Sharing Aktivitäten ergänzt.

Die Lehrpläne und Trainingsmaßnahmen folgen in der Grundidee der 70-20-10-Regel des informellen Lernens. Diese besagt, dass im Unternehmen 10 Prozent des Wissens durch klassische Weiterbildung, 20 Prozent durch das berufliche Umfeld und kollegialen Austausch und 70 Prozent durch selbst durch die Mitarbeiter gemeisterte Herausforderungen im Rahmen ihrer Aufgaben entstehen.

Seit 2018 wurde im Unternehmen das 70-20-10-Modell durch die 4E-Philosophie des Lernens ersetzt, die noch mehr den kontinuierlichen Lernansatz auf verschiedenen Ebenen in den Mittelpunkt rückt. Lernen als alltäglicher Prozess wird darin gefördert und aktiv unterstützt.

Die 4 E stehen für:

- Education: gesamtes Angebot an informellen Lerneinheiten
- Experience: Lernen, das im Berufsalltag bei der Ausführung der funktionellen Aufgaben stattfindet, unterstützt durch Mitarbeit in Projekten
- Exposure: Lernen, das durch persönliche Interaktion und Beziehungen erfolgt
- Environment: bedarfsorientierte Angebote an Tools, Systemen und Infrastruktur, um punktuell notwendiges Wissen schnell und einfach zugänglich zu machen.

In allen vier Bereichen werden drei zeitliche Entwicklungsebenen angesprochen:

- Kurzfristig: Angebote, die notwendig sind, um die aktuellen Aufgaben der Jobrolle erfüllen zu können
- Mittelfristig: Angebote zur Weiterentwicklung in höhere Level der aktuellen Jobrolle
- Langfristig: Angebote, die eine Weiterentwicklung in andere Bereiche oder neue Geschäftsziele ermöglichen

Bild 8.9 4E as shown in the „HR Training Booklet" by Infineon HR, 2019; ergänzt vom Autor, 2020

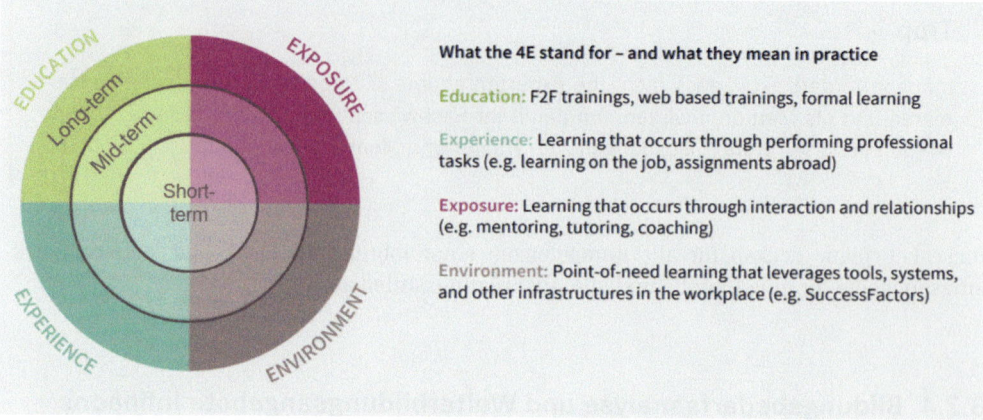

What the 4E stand for – and what they mean in practice

Education: F2F trainings, web based trainings, formal learning

Experience: Learning that occurs through performing professional tasks (e.g. learning on the job, assignments abroad)

Exposure: Learning that occurs through interaction and relationships (e.g. mentoring, tutoring, coaching)

Environment: Point-of-need learning that leverages tools, systems, and other infrastructures in the workplace (e.g. SuccessFactors)

Diesem Ansatz folgend müssen nachhaltig wirksame Weiterbildungsangebote alle Bereiche des beruflichen Umfeldes abdecken, praxisnah formuliert sowie leicht auffindbar sein und den Wissenstransfer in die täglichen Anforderungen aktiv sichern. Ein Angebot an fachlichen Netzwerkgruppen ergänzt dieses perfekt und fördert zusätzlich die gezielte Verbreitung von Wissen und Erfahrungen im Unternehmen.

Ein vollständiger Lehrplan der Operations Academy besteht daher – wie in Bild 8.9 dargestellt – aus einer Vielfalt von praxisorientierten Lernangeboten, ergänzt durch Mentoring, Coaching und mit dem Fachbereich abgestimmten gezielten Möglichkeiten, das neu erworbene Wissen im täglichen beruflichen Umfeld einsetzen zu können.

Nur Lernangebote, die all diese Anforderungen erfüllen, können nachhaltig zur Ausbildung von Kompetenzen beitragen.

Dieser Rahmenprozess in seinen vier Schritten bildete den Ausgangspunkt für die Entwicklung des detaillierten 6-Stufen-Rollout-Prozesses, der heute in Operations angewandt wird.

8.3 Beschreibung der 6 STEPs des Kompetenz-management-Prozesses

Wichtig

Kompetenzmanagement ist eine Führungsaufgabe, die erfordert, Kompetenzen zu beschreiben, sie transparent zu machen und deren aktive Nutzung und kontinuierliche Entwicklung basierend auf individuellen Zielen für die Mitarbeiter sicherzustellen, um die strategischen Ziele einer Organisation dadurch zu erreichen.

(North; Reinhardt 2005)

Operative Kompetenzentwicklung bedarf eines klaren Verständnisses, welches Wissen tagtäglich angewendet werden muss, um die Vielzahl an möglichen Aufgaben, die zum jeweiligen Umfeld gehören, erfolgreich und eigenverantwortlich meistern zu können. Besonders im Bereich der Digitalisierung muss die Kompetenzentwicklung ganzheitlich zusammen mit der Einführung und den Anforderungen durch Hard- und Software-Tools im beruflichen Bereich behandelt werden. Nur Wissen, das direkt angewendet werden kann, führt zur nachhaltigen Ausbildung von Kompetenzen.

Um diese Anforderungen beschreiben zu können, muss aber für jedes berufliche Umfeld transparent sein, wie Verantwortlichkeiten und Tätigkeiten definiert sind. Diese gehen vom Nutzer bis hin zum tiefen Fachexperten und Entwickler. Funktionales Kompetenzmanagement folgt also nicht organisatorischen Richtlinien, sondern betrachtet individuell die Fachbereiche mit ihren Aufgaben und den Fähigkeiten, die deren erfolgreiche Erfüllung fordert.

Auf Basis des bisher beschriebenen Rahmenprozesses, der das aufgabenorientierte Kompetenzmodell, die Profile mit ihrer strukturellen Ausrichtung an fachlichen Berufserfahrungen und die zukünftige Struktur für Lehrpläne und Lernangebote definiert, ging es nun in die aktive Umsetzung des ersten Pilotprojektes.

Der Arbeitsprozess sollte unter Mitwirkung aller betroffenen Abteilungen entstehen, um einen praxisnahen und Anwender-orientierten Prozess zu gewährleisten. Der prinzipiell vorgegebene Rahmen, der die Einbettung in die Infineon-Prozesslandschaft absicherte, musste nun mit Leben gefüllt werden.

Im Pilotprojekt entstand ein Umsetzungsprozess in sechs Schritten, der bis heute die Grundlage für den Rollout von funktionalem Kompetenzmanagement in Operations bildet.

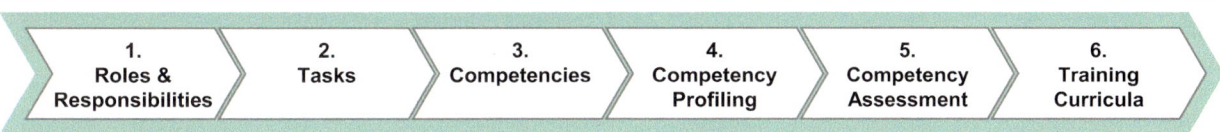

Bild 8.10 Grafische Darstellung der sechs Schritte des Kompetenzmanagement-Prozesses; Operations-Akademie, Infineon, 2016

Der Kompetenzmanagement-Prozess verläuft in den folgenden Schritten:

- Rollen und Verantwortlichkeiten:
  Festlegung der fachlichen Verantwortlichkeiten und daraus Ableitung von Jobrollen

- Aufgaben:
  Beschreibung der Jobrollen und der dazugehörigen Aufgaben

- Kompetenzen:
  Definition und/oder Zuordnung der zur erfolgreichen Erfüllung der Aufgaben notwendigen Kompetenzen mit Fokus auf fachliche Fähigkeiten

- Kompetenz-Profile:
  Definition von Kompetenz-Profilen zu jeder Jobrolle und Festlegung des dazugehörigen Zielprofils

- Kompetenz-Assessment:
  Zuordnung der Mitarbeiter zu den korrespondierenden Kompetenz-Profilen und individuelles Assessment zum Zielprofil

- Lehrpläne:
  Festlegen geeigneter Trainings-/Weiterbildungsmaßnahmen zum gezielten Kompetenzaufbau der Mitarbeiter

Die Schritte 1 – 4 sind essenziell, um passgenau die Kompetenzbedarfe eines Bereichs abbilden zu können. Dazu bedarf es eines grundlegenden Verständnisses der beruflichen Rollen und Aufgaben in diesem Fachbereich. Deren Beschreibung ist bestimmend für die Qualität des Gesamtergebnisses und wurde daher von einem interdisziplinären Team, gebildet aus den Managern und ausgewählten Experten des jeweiligen Fachbereichs, den dazugehörigen Partnern aus dem Personalmanagement und ggf.[1] einem Vertreter des Betriebsrats unter professioneller Moderation der Operations-Akademie durchgeführt.

---

[1] länderspezifisch

In der nun folgenden Prozessbeschreibung wird erst das prinzipielle methodische Vorgehen allgemein beschrieben und im Anschluss die Erfahrungen aus dem Pilotprojekt dazu gespiegelt.

8.3.1 Rollen und Verantwortlichkeiten

8.3.1.1 Vorgehen

Im ersten Schritt werden für den Fachbereich die Verantwortlichkeiten entlang der Kernaufgaben festgelegt. Dazu eignet sich am besten die in Bild 8.11 beschriebene RACI-Methode:

	Abteilung A	Abteilung B	Abteilung C	Abteilung D	Abteilung E	Abteilung F
Aufgabe 1	A R	I			C	
Aufgabe 2	R	A	I			C
Aufgabe 3	R	A	C		I	
Aufgabe 4	A			R	C	
Aufgabe 5	C		A	R	I	
Aufgabe 6	R		A		C	I
Aufgabe 7	A	R		C		I
Aufgabe 8	R		I	A	C	
Aufgabe 9	A R				I	C

Kurzbeschreibung RACI-Diagramm
In der RACI-Tabelle werden die Aufgaben in Zeilen und die beteiligten Funktionen/Abteilungen in Spalten aufgelistet. Im Schnittpunktfeld von Aufgabe und Funktion/Abteilung wird die jeweilige Rolle eingetragen, die die Funktion/Abteilung mit dieser Aufgabe verbindet. Es gibt vier Arten von Beziehungen oder Rollen im RACI-System:
- **Responsible** (Bearbeiter und Bearbeiterin)
  - Wer erledigt die Aufgabe?
- **Accountable** (Manager und Managerin)
  - Wer trifft Entscheidungen und ergreift Maßnahmen für die Aufgabe?
- **Consulted** (beratend)
  - Wer wird zu Entscheidungen und Aufgaben hinzugezogen und darüber informiert?
- **Informed** (zu informieren)
  - Wer wird über Entscheidungen und Aktionen informiert?

In die Schnittpunktfelder trägt man also ein **R**, **A**, **C** oder **I** ein, oder man lässt es leer. Für jede Aufgabe sollte es nur einen R geben, d. h., pro Zeile sollte nicht mehr als ein R zu finden sein.

Bild 8.11 RACI-Methode, Darstellung Andrea Stich, Text aus Internetquelle allegra, *trackplus.com*

Die RACI-Matrix bringt Transparenz in die Verantwortlichkeiten und macht sichtbar, welche Aufgaben vom wem entschieden und erledigt werden müssen. Alle Aufgaben, die mit A (Accountable) und R (Responsible) belegt werden, stellen die Kernaufgaben des analysierten Bereichs dar, die Aufgaben mit C (Consulted) können additive Kompetenzen triggern, wenn diese nicht schon durch die Kernaufgaben abgedeckt werden. Alle Aufgaben mit I (Informed) sind für das weitere Vorgehen irrelevant.

Ein wichtiger Bestandteil dieser RACI-Analyse ist nicht nur die Benennung der Aufgaben, für die dieser Bereich verantwortlich ist, sondern auch die Themen zu besprechen, die außerhalb seines Verantwortungsbereichs liegen, um dadurch zu vermeiden, dass überzogene Kompetenz-Anforderungen zu überdimensionierten Kompetenzprofilen führen.

Tipp

Dieser Prozess erfordert in der Moderation eine möglichst gute Kenntnis und Erfahrung mit den Strukturen und Prozessabläufen im Unternehmen, um durch kritisches Hinterfragen die Fokussierung auf die wirklich essenziellen Verantwortlichkeiten (Responsible & Accountable) sicherzustellen.

8.3.1.2 Praktische Beispiele aus dem Pilotprojekt

Zu dem Zeitpunkt des Pilotprojektes lief im Bereich Industrial Engineering eine globale Harmonisierung und Ausrichtung der Jobrollen auf die zukünftigen Herausforderungen, um grundlegende Themen weltweit möglichst synergetisch und ressourcenoptimiert und durch den Einsatz strategisch ausgewählter und global harmonisierter Methoden zu bearbeiten. Da erfahrene Fachexperten im Bereich IE nicht beliebig auf dem Markt verfügbar sind, sollte mit Hilfe des Kompetenzmanagement-Projektes eine Bestandsaufnahme erfolgen und daraus abgeleitet für die folgenden Jahre ein Weg in die Realisierung einer strategischen Personalplanung und den Auf- und Ausbau IE-spezifischer Kompetenzen aufgezeigt werden.

Daher wurde zu Beginn des ersten Arbeitsschrittes für alle Beteiligten noch einmal intensiv diskutiert, was die langfristigen Ziele des Prozesses für den Bereich IE sind. Es entstand folgende Darstellung, in der die über dem Zeitstrahl liegenden Aufgaben zeigen, welche Schritte in der Personalplanung in den nächsten Jahren geplant sind, und die Aufgaben darunter, welche Maßnahmen auf Ebene der Weiterbildung und Kompetenzentwicklung dazu notwendig sind.

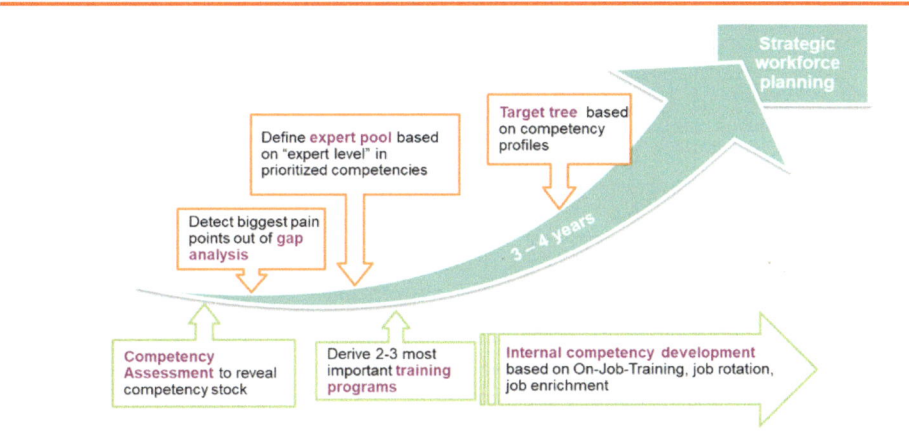

Bild 8.12 Strategische Personalplanung als übergeordnetes Ziel für den Bereich IE; Operations Academy, Infineon, 2014

Dieses Gesamtbild machte allen Beteiligten nochmals deutlich, dass die Einführung von Kompetenzprofilen und von kompetenzorientierter Weiterbildung die Basis für die strategische Personalentwicklung und -planung der nächsten Jahre bilden werden.

In der anschließend ausgeführten RACI-Analyse war es wichtig, globale und lokale Verantwortlichkeiten komplett abzubilden, um in der weiteren Projektarbeit alle für die Zukunft maßgeblichen Aufgaben in allen Teilbereichen der IE-Organisation zu betrachten.

Die RACI für den Bereich IE wurde auf zwei unterschiedlichen Ebenen durchgeführt:

- Die Analyse der Kernaufgaben auf Ebene der globalen Cluster-Organisation
- Die Analyse der Kernaufgaben auf Ebene der lokalen Standort-Organisationen

Daraus ergab sich eine Sammlung der essenziellen Kernaufgaben, die zukünftig in IE bearbeitet und verantwortet werden, und eine deutliche Abgrenzung zu den Aufgaben anderer Abteilungen. So gingen nur Kernaufgaben in die Aufgabensammlung mit ein, für die in der RACI ein A oder R in einer der IE zugehörigen Spalten stand. Alle Aufgaben, die ein C, I oder keine Zuordnung zur IE beinhalteten, wurden besprochen und anschließend aus der Liste gestrichen. Gerade im sehr komplexen Umfeld der Industrial-Engineering-Organisation war dieses ein essenzieller Schritt, um im weiteren Verlauf des Projektes auf die wirklichen Kernaufgaben des Bereichs zu fokussieren.

Auf Wunsch einiger Teammitglieder wurde auch eine prozessbasierte RACI-Analyse gestartet, die sich jedoch als nicht zielführend erwies und daher nicht zu Ende geführt wurde. Dieses

Ergebnis bestätigte noch einmal, dass für die Fachbereiche in Operations die im Rahmenprozess definierte Aufgaben-Orientierung die richtige Grundlage für die Kompetenzprofilierung darstellt.

> **Tipp**
>
> Es ist wichtig, mehrere Wege – wie in diesem Beispiel an der RACI-Methode gezeigt – zuzulassen und auszuprobieren, um herauszufinden, welche Methode im Unternehmensumfeld am besten passt.

Tasks	Cluster Head	Global IE	Segm./Site Head	TEX	MEX	OPC	FI	IT	FC	Production Sites	Local IE	OP Academy	NIoP	QM
Identification, Conception & Implementation of industrial engineering Analysis Tools	I	A	I		C	C	R	R		R	R	I		
Define and develop productivity methods to be used within IFX		A		R	R	R	R	R		C	R			
Define industrial engineering standards and ensure governance*		A		C*	C	C				C	R			
Definition of the requirements for automation		A			C		R	C		R	R			C
Definition of manufacturing concepts	I	A	C		C	R	C			C	R			C
Ensure IE competencies within the organization		A	C		R			R			R	R		
Identify potentials and recommend productivity improvement measures	R	A	R	R	R	R	R	R	R	R	R	C	R	R
Controlling of Implementation productivity improvement measures	R	C	R	I	R	I	I		R	R	R		A	
Ensure to reach the productivity roadmap targets	A	R	R	R	C	R	R	R	C	R	R	R	R	R
Implement productivity methods to be used within IFX		A	R	C						R				
Implementation of industrial engineering standards		A	R	C	R					R	R			
~~Execution of Implementation productivity improvement potentials~~ no IE core task		C	A	C		R				R	C			
Competency Management within OP/IE		R		R						R	A			

Bild 8.13 RACI mit IE-Kernaufgaben; Operations Academy, 2014

Das Ergebnis aus der RACI-Analyse war eine Liste mit allen Kernaufgaben des Industrial Engineering in Operations, mit der im Folgenden weitergearbeitet wurde.

In Gruppenarbeiten wurden anschließend diese Kernaufgaben so gruppiert, dass sich fachlich sinnvolle Rollen daraus ergaben. Im Wesentlichen entsprachen diese fachlichen Aufgabenzusammenstellungen den in Teilen der Industrial-Engineering-Organisation neu überarbeiteten Jobbeschreibungen.

Diese Gruppenarbeiten wurden von den Fachabteilungen selbst geleitet, um so deren Akzeptanz für das Ergebnis zu stärken. Das restliche Team war dabei unterstützend und kritisch hinterfragend an der Diskussion beteiligt.

Tipp

An jeder Stelle des Prozesses ist es wichtig, dass der Fachbereich selbst die endgültige Entscheidung für ein Ergebnis trifft. Nur dann können Management und Mitarbeiter des Bereichs sich damit identifizieren.

Aus diesen Aufgaben-Zusammenstellungen wurden anschließend folgende Jobrollen abgeleitet:

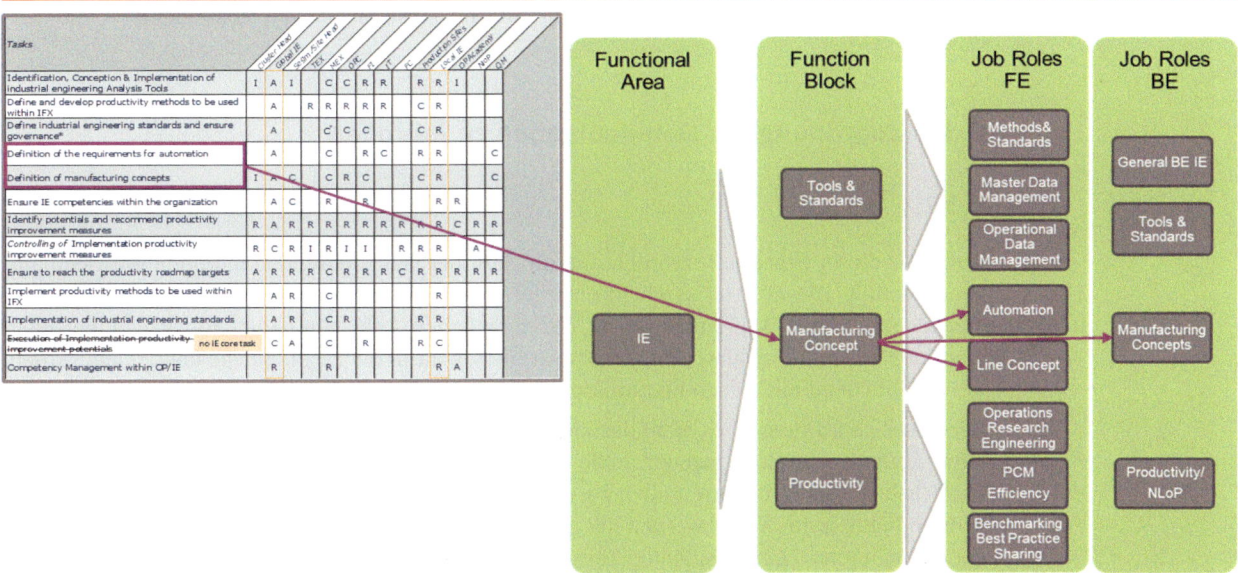

Bild 8.14 Ergebnis der Jobrollen-Ableitung aus den Kernaufgaben; Operations Academy, Infineon, 2014

Bei der Definition der Jobrollen aus den Kernaufgaben wird deutlich, dass Kernaufgaben ganze Wirkungsbereiche einer Jobrolle beinhalten können. Die schlicht formulierte Kernaufgabe „Manufacturing Concepts" beinhaltet so viele Detailaufgaben, dass daraus ein individueller Funktionsblock und im Bereich Frontend (FE) zwei fachliche (Job-)Rollen für die Kernthemen Automatisierung (Kernaufgabe aus RACI) und Linien-Konzepte entstanden sind, im Bereich Backend (BE) hingegen nur eine.

Für diesen Arbeitsschritt können keine allgemein gültigen Regeln erstellt werden, wie genau Kernaufgaben definiert sind oder wie aus diesen in der anschließenden Diskussion die Jobrollen abgeleitet werden müssen. Das hängt sehr von dem Fachbereich und seinem Aufgabenspektrum im Unternehmen ab.

Je komplexer dieses ist, desto eher sollten schon an dieser Stelle, vorgezogen aus dem nächsten Prozessschritt, die Kernaufgaben in Detailaufgaben heruntergebrochen werden, um fachliche Zusammenhänge und Abgrenzungen besser verständlich zu machen. Wichtig dabei ist nur, dass nicht zu viele zu granulare Rollen definiert werden. Es ist gezielt darauf zu achten, dass so viele Rollen wie unbedingt nötig, aber gleichzeitig so wenig wie möglich definiert werden. Für einen komplexen Bereich wie Industrial Engineering waren acht Jobrollen im Frontend und vier im Backend weltweit betrachtet ein sehr gutes Ergebnis.

> **Tipp**
>
> In Operations haben wir uns für globale Bereiche maximal zehn Jobprofile als Ziel gesetzt. Bis heute wird diese Zahl eher unterschritten.

Während dieser Diskussionen kann es hilfreich sein zu betonen, dass diese Jobrollen auf fachlicher Ebene abgeleitet werden und nichts mit einer speziellen Zuordnung innerhalb einer Organisationsstruktur zu tun haben. Eine Jobrolle kann parallel in mehreren Fachabteilungen verschiedenen Mitarbeitern zugeordnet werden, da sie die Grundlage für deren fachliches Kompetenzprofil darstellt und nicht ihre organisatorische Zugehörigkeit abbildet!

8.3.2 Zuordnung der Detailaufgaben zu Jobrollen

8.3.2.1 Vorgehen

Auf Basis dieser Ergebnisse werden nun die zum Bereich gehörenden Jobrollen mit Detailaufgaben befüllt. Dieser Prozessschritt erfordert einen tiefen fachlichen Einblick in die grundlegende Arbeit der Mitarbeiter, um zu deren täglichen Aufgaben benötigte Fachkompetenzen zuordnen zu können. Daher muss dieser Arbeitsschritt in die Fachbereiche übergeben werden, um anschließend mit diesen Ergebnissen im Projektteam weiterarbeiten zu können.

Bei dieser Zuordnung ist es nicht das Ziel, jeden einzelnen Mitarbeiter mit all seinen individuellen Aufgaben in einer eigenen Rolle zu erfassen, sondern die Kern-/Detailaufgaben eines Bereichs auf standardisierte Rollen zu verteilen, zu denen dann die Kompetenzprofile erstellt werden können. In diesen werden die grundlegenden und wichtigsten Kompetenzen abgebildet und können zu einem späteren Zeitpunkt für einzelne Mitarbeiter mit speziellen Aufgaben von der Führungskraft individuell ergänzt werden.

> **Tipp**
>
> Dieser Arbeitsschritt, in dem diese Rollen verfeinert und standardisiert werden, ist nicht nur für die Erstellung der Jobrollen-basierten Kompetenzprofile wichtig. Durch ihn werden Synergien zwischen den Aufgabenbereichen oder auch Verluste durch Parallelvergaben von Aufgaben sichtbar gemacht und können durch geeignete Anpassungen zur Ressourcenoptimierung genutzt werden. Gerade im globalen Umfeld kann zusätzlich eine Synchronisierung und Harmonisierung der Rollen und deren Aufgaben eines Bereichs über mehrere Standorte erfolgen. Allerdings sind dies willkommene Randeffekte, aber nicht die Hauptaufgabe dieses Arbeitsschrittes.

Als Ergebnis liegt nun eine bestimmte Anzahl Jobrollen mit ihren dazugehörigen Aufgaben in tabellarischer Form vor, die die Arbeitsgrundlage für den nächsten Prozessschritt bilden, in dem aus den Aufgaben die dazu notwendigen fachlichen Kompetenzen abgeleitet werden.

8.3.2.2 Praktische Beispiele aus dem Pilotprojekt

Da im Bereich IE acht plus vier verschiedene Jobrollen zu befüllen waren und im Projektteam alle dazu notwendigen Manager und Experten verfügbar waren, wurde auch dieser Schritt in Gruppenarbeiten ausgeführt. Bei der Beschreibung der Detailaufgaben wurden auch zu nutzende Tools (Hardware, Software) und Methoden mitangegeben, da diese bei der späteren Ableitung der fachlichen Kompetenzen eine wichtige Rolle spielen.

Als Beispiel wird ein Ausschnitt aus der Aufgabenbeschreibung für die Jobrolle „Automation" genommen. Darin wird die Detailaufgabe „Basic Concept for Automation" auf dem Detaillevel beschrieben, das anschließend zur Ableitung fachlich notwendiger Kompetenzen genutzt wurde.

Function Block	Core Task	Tasks	Task Description
Manufacturing Concept	Automation	Basic concept	Define automation level (definition of 5 layer automation model)
			==> Provide effort & benefit for different automation levels (prepare for management decision)
			==> Data automation (manual - full automated data acquisition)
			==> Material flow automation (manual handling, semi auto handling, full auto handling like auto line)
			Define "design rules" for automation
			==> ID concept for products, materials & tools
			==> Reader concept for m/c & work places
			==> Define information/data flow
			==> Define m/c interface to IFX standard
			Define data flow
			==> which data necessary
			==> which data go to what tool (TFM, APC, etc)
			Define traceability level
			==> define effort/benefit for traceability
			Decide traceability level
			==> Lot level
			==> Strip traceability (Strip mapping)
			==> Single device traceability (FE <==> BE)

Bild 8.15 Auszug aus der Aufgabenbeschreibung der Jobrolle „Automation"; Operations Academy, Infineon, 2014

Zu jedem Aufgabenpunkt wurde vermerkt, was zu tun ist und welche Tools und Methoden genutzt werden. Auch in diesem Prozessschritt hängt die Detailtiefe der Beschreibung der Aufgaben sehr von deren Komplexität ab. Grundsätzlich sollte aus der Beschreibung deutlich werden, welche Fähigkeiten ein Mitarbeiter braucht, um diese Aufgabe erfolgreich ausfüllen zu können.

Es müssen daraus folgende Informationen ersichtlich werden (Beispiele aus Bild 8.15):

- (A) Welches Fachwissen brauche ich?
  (Define automation level → dafür muss das 5-Layer-Modell der Automatisierung verstanden und angewandt werden)
- (B) Welche Tools muss ich dafür beherrschen?
  (Which data go to what tool? → dafür bedarf es Kenntnisse in den Tools und Methoden wie der TFM-Datenstruktur, APC (Advanced Process Control), Tableau (Software) … etc.)
- (C) Wie muss ich agieren, kommunizieren, präsentieren?
  (Provide effort and benefit for different automation levels – prepare for management decis-

ion → bedarf bestimmter Kompetenzen in Präsentationstechnik, Kommunikation, Problemlösung … etc.)

Je besser die Detailaufgaben inklusive der dafür notwendigen Tools und Methoden beschrieben werden, desto leichter können im nächsten Schritt die Kompetenzbedarfe abgeleitet werden.

8.3.3 Ableitung und Definition zur Aufgabenerfüllung notwendiger Kompetenzen

In der Fachliteratur werden Kompetenzen in vier Hauptgruppen eingeteilt: professionelle, methodische, soziale und persönliche Kompetenzen.

(Muellerbuchhof 2007; Kauffeld 2006; Erpenbeck; Rosenstiel 2007; Becker 2008)

8.3.3.1 Vorgehen

Nach Becker (2008) ist eine Kompetenz erst ausgebildet, wenn Fähigkeiten und Wissen („Können"), die Zuständigkeit („Dürfen") und der Wille bzw. die Motivation („Wollen"), etwas zu tun, vorhanden sind. Damit bedarf es für das Kompetenzmanagement in jedem Umfeld der Betrachtung dieser drei Komponenten, um umfassend die Kompetenzanforderungen in Profilen abzubilden.

Die fachlichen Kompetenzprofile setzen sich aus Kompetenzen der drei Hauptkategorien (professionelle, methodische und soziale Kompetenzen) zusammen und werden entlang der Aufgaben einer Jobrolle abgeleitet, so dass dadurch „Können" und „Wollen" abgebildet werden und das „Dürfen" durch die Zuordnung von Jobrolle und Aufgaben erfüllt ist.

Hinweis

Soziale Kompetenzen mit einem hohen Persönlichkeitsanteil wie z. B. Empathie oder Toleranz o. Ä. und persönliche Kompetenzen sind nicht Bestandteil der fachlichen Kompetenzentwicklung und werden daher nicht betrachtet.

Die fachlichen Kompetenzen müssen im Bereich Operations individuell benannt und beschrieben werden, da diese meist sehr speziell auf die Bereichsanforderungen und das fachliche Arbeitsumfeld abgestimmt werden müssen. Die „Befähiger" – in Operations „Enabler Competencies" genannt –, also Methoden- und ausgewählte Sozial-Kompetenzen, wurden schon während der Entwicklung des Rahmenprozesses unternehmensweit mit der globalen Personalentwicklung abgestimmt und in einem Katalog festgeschrieben. Dabei wurden die Kompetenzen sehr beispielhaft entlang von Verhaltens- oder Handlungsankern für jedes Ausprägungslevel beschrieben. Diese Library ist für alle Anwendungen in Infineon einheitlich nutzbar.

Zu jeder Aufgabe werden die zur erfolgreichen Erfüllung notwendigen Kompetenzen – sofern schon definiert – zugeordnet. Ist eine notwendige fachliche („professionelle" oder „methodische") Kompetenz noch nicht beschrieben, so muss diese Beschreibung durch das interdisziplinäre Team entlang bekannter Anwendungsfälle für diese Aufgabe individuell erfolgen.

Dabei wird die Kompetenz passend betitelt und beschrieben. In der Beschreibung wird sowohl die kognitive wie auch die funktionale Dimension mithilfe von Handlungsankern so beschrieben, dass daraus wiederum erkennbar wird, dass diese fachliche Aufgabe nach Erlangen dieser

Kompetenzen erfolgreich erfüllt werden kann. Dieses ist ein wichtiger Schritt, um Kompetenzen versteh- und anwendbar zu gestalten und die Verbindung zwischen theoretisch notwendigen Kenntnissen und deren praktischer Umsetzung aufzuzeigen.

8.3.3.2 Praktische Ergebnisse aus dem Bereich Industrial Engineering (IE)

Bei der fachlichen Kompetenzbeschreibung wurden aus den Detailaufgaben jeder Jobrolle die Schlüsselbegriffe zu Methoden und Tools extrahiert, die dort hinterlegt wurden.

Diesen Schlüsselbegriffen wurden nun im stetigen Quervergleich zu den Aufgaben Kompetenzen aus den Bereichen der Enabler, der technischen und Tool-Kompetenzen zugewiesen. Das Team diskutierte dabei an aktuellen Fallbeispielen, welche Kenntnisse und Fähigkeiten für die jeweiligen Aufgaben notwendig waren, und vergab passende schon definierte oder Bezeichnungen für noch zu beschreibende Kompetenzen.

	Keywords		Competency
Enabler	introduction of new methods	⇨	Change Management
	leads team	⇨	Leading Teams
	communication to managment	⇨	Communication
	prepares decisions	⇨	Systemic Thinking / Target orientation
	supports in projects	⇨	Project oriented Work
	...		
Technical	anaylysis data	⇨	Data Analytics
	OEE/IEE	⇨	OEE/IEE
	FMEA	⇨	T6Sigma&Lean
	DILO	⇨	T6Sigma&Lean
	4-Partner Synchronisation	⇨	OCM (Operating Curve Management)
	...		
Tools	MES	⇨	Manufacturing Execusion System
	Camstar	⇨	Manufacturing Execusion System
	Workstream	⇨	Manufacturing Execusion System
	Cerberus	⇨	Data Analytics
	Simul8	⇨	Simulation
	...		

Bild 8.16 Ausschnitt aus der Liste der Zuordnung von Keywords aus Aufgaben zu Kompetenznamen; Operations Academy, 2015

Das Beispiel OEE/IEE soll das Vorgehen verdeutlichen:

OEE steht für Overall Equipment Efficiency (or Effectiveness). OEE ist eine im Lean-Production-Umfeld komplexe Kennzahl, auf deren Grundlage Verbesserungen im Produktionsbereich analysiert und umgesetzt werden können. IEE steht für Intrinsic Equipment Engineering und beschreibt die Weiterführung von OEE.

Das Wissen um OEE/IEE und deren Anwendung wurde von dem Bereich IE als eine der IE-Basis-Kompetenzen festgelegt. Es wurde kurz und knapp beschrieben, was die Haupthandlungen sind und welche weiteren Kenntnisse wie z.B. über OCM (Operating Curve Management), 4-Partner-Synchronisation, Equipment-Login-Daten, Equipment Codes ... etc. notwendig sind. Damit werden in der Beschreibung Handlungsanker mit notwendigen Methoden- und Tool-Kenntnissen verbunden.

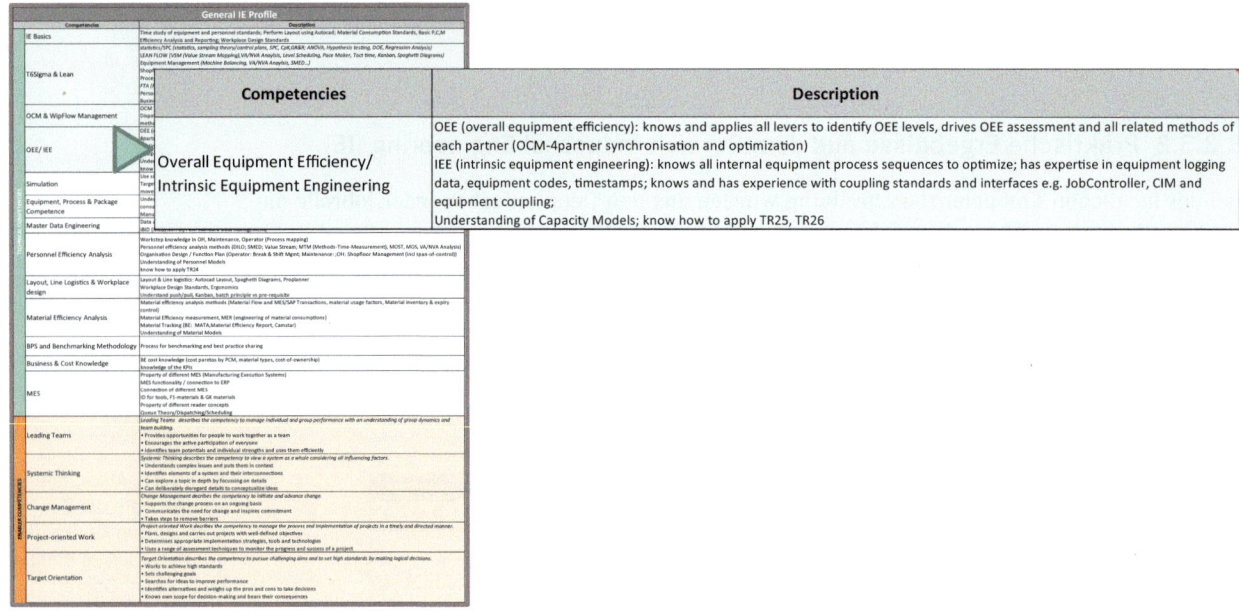

Bild 8.17 Liste der Kompetenzen mit Beschreibung für die Jobrolle „General IE"; Operations Academy, 2014

Die Beschreibung ist nur so ausführlich, wie für diesen Fachbereich notwendig. Sollte die Beschreibung für eine spätere Anwendung in anderen Bereichen nicht ausreichen, so kann diese iterativ in den folgenden Rollout-Projekten ergänzt oder detaillierter formuliert werden.

Im weiteren Verlauf wurden so aus allen Aufgabenbeschreibungen die wichtigen fachlichen Kompetenzen herausgefiltert und beschrieben. Damit wurde im Pilotprojekt IE der Grundstein für die fachliche Kompetenzbibliothek in Operations gelegt. Die methodischen und sozialen Kompetenzen wurden aus dem Enabler-Kompetenz-Katalog genommen.

In diesem Schritt, der einem Puzzlespiel ähnelt, ist es besonders wichtig, immer wieder kritisch zu hinterfragen, was die wirklich wichtigen Kompetenzen sind und wie weit diese die Jobrolle bestimmen.

Tipp

Dabei ist im Team die Rolle des „Advocatus Diaboli" sehr hilfreich, der mit seinen Fragen hilft, die wirklich relevanten Kompetenzen einer Rolle zu bestimmen und nichtrelevante außen vor zu lassen.

Dieses Vorgehen ist zwingend nötig, um auf die Kernkompetenzen zu fokussieren und Kompetenzprofile nicht unnötig ausufern zu lassen. Im Pilotprojekt haben wir daher eine feste Grenze bei maximal zwanzig Kompetenzen pro Profil gesetzt und diese bei jedem Profil unterschritten.

8.3.4 Definition von Kompetenzprofilen und deren Sollausprägung

8.3.4.1 Vorgehen

Somit entstand für jede der Jobrollen die aus den Aufgaben abgeleitete Kompetenzliste. Dies ist die Grundlage für die nun folgenden Kompetenzprofile.

Im Rahmenprozess wurde festgelegt, dass in den Kompetenzprofilen die Job Levels I bis IV die verschiedenen Entwicklungsstufen einer Jobrolle aufzeigen. Auch definiert wurden die sechs Ausprägungsstufen der Kompetenzen mit n. a. (nicht anwendbar) und 0 (nicht sichtbar) bis 4 (expert) (siehe Bild 8.5).

Jeder Kompetenz einer Jobrolle wird nun die zum dem jeweiligen Job Level erwartete Kompetenzausprägung zugeordnet, um festzulegen, wie die Soll-Ausprägung der Kompetenzen innerhalb dieser Jobrolle sein muss, um diese vollständig und erfolgreich ausfüllen zu können.

Die so entstandenen Zielprofile werden tabellarisch und als Netzprofil (auch „Kompetenzspinne" genannt) dargestellt.

8.3.4.2 Praktische Beispiele aus dem Pilotprojekt

Im Team des Pilotprojektes wurden den verschiedenen Jobrollen nun die notwendigen Job Levels zugeordnet und diese in ihrer Soll-Ausprägung festgelegt.

> **Hinweis**
>
> Nicht jede Jobrolle bedarf aller Job Levels. Diese Zuteilung ist Teil der strategischen Personalplanung und legt fest, welche Entwicklungsstufen notwendig sind, um die damit verbundenen Aufgaben in IE optimal auszufüllen.

An dieser Stelle muss sich das Team ausreichend Zeit für Diskussionen nehmen. Meist wird zu Beginn der Festlegung das Niveau der notwendigen Kompetenzausprägung zu hoch gesetzt, da das Team erst einmal ein gemeinsames Verständnis dafür entwickeln muss, was die definierten Ausprägungsstufen wirklich bedeuten. Am besten macht das Team diese immer wieder durch geeignete Beispiele begreifbar.

Das nun genutzte Beispiel „General IE" (BE-Jobrolle) beschreibt die Rolle des typischen Industrial-Engineering-Ingenieurs ohne zusätzliche Spezialaufgabengebiete. Die Tabelle zeigt einen Ausschnitt aus dem vollständig bewerteten Kompetenzprofil mit Zuordnung der Ausprägungsstufe zu jedem Job Level.

General IE Profile					
	Competencies	Description	Job Level I	Job Level II	Job Level III
TECHNICAL COMPETENCIES	IE Basics	Time study of equipment and personnel standards; Perform Layout using Autocad; Material Consumption Standards, Basic P,C,M Efficiency Analysis and Reporting; Workplace Design Standards	2	2	3
	T6Sigma & Lean	statistics/SPC *(statistics, sampling theory/control plans, SPC, CpK,GR&R; ANOVA, Hypothesis testing, DOE, Regression Analysis)* LEAN FLOW *(VSM (Value Stream Mapping),VA/NVA Anaylsis, Level Scheduling, Pace Maker, Tact time, Kanban, Spaghetti Diagrams)* Equipment Management *(Machine Balancing, VA/NVA Anaylsis, SMED...)* Shopfloor Management *(Operator Balancing, VA/NVA Analysis (MOS , DILO), Visual Workplace, SIPOC Diagram)* Process &Quality Management *(VoC (Voice of Customer), CTQs (Critical to Quality), C&E Matrix, Fishbone Diagrams, FMEA, Process Map, FTA (Fault Tree Analysis), 3x5Why, Poka Yoke)* Personnel Efficiency Management *(Operators VA/NVA, Maintenance DILO, Overhead Makigami)* Business Process Reengineering	2	2	3
	OCM & WipFlow Management	OCM Theory, 4-P Synchronisation, Tact-Chart (Factory Physics), Cycle Time, know how to apply TR27 Dispatching/Scheduling methods; Supporting shop floor control; Implementing, scheduling and global dispatch rule (supply chain) methods; Optimizing capacity planning	2	3	4
	Overall Equipment Efficiency/ Intrinsic Equipment Engineering	OEE (overall equipment efficiency): all levers to identify OEE levels, OEE assessment and all related methods of each partner (OCM-4partner synchronisation and optimization) IEE (intrinsic equipment engineering): all internal equipment process sequences to optimize; Expertise in equipment logging data; equipment codes, timestamps; coupling standards and interfaces e.g. JobController; CIM and equipment coupling Understanding of Capacity Models know how to apply TR25, TR26	2	2	3

Bild 8.18 Ausschnitt mit den IE-Standard-Kompetenzen aus der Sollprofil-Tabelle „General IE"; Operations Academy, 2015

In der Diskussion der Sollausprägung einzelner Kompetenzen war es, wie erwartet, immer wieder notwendig, die Fragen zu stellen, die implizit in der Beschreibung der Handlungsanker der Ausprägungsstufen in Bild 8.5 stecken. Die Bewertungen können damit für alle im Team leichter verständlich gemacht werden.

> **Hinweis**
>
> Die Definition der Ausprägungsstufen (siehe Bild 8.5) erleichtert durch die darin beschriebenen Handlungsanker und die damit implizit abgebildeten Fragen deren Zuordnung zu den Fachkompetenzen in Abhängigkeit von den zugehörigen Job Levels.

Stellt man beispielsweise zu einer Aufgabe die Frage, ob der Mitarbeiter in dieser fachlichen Rolle die darin beschriebenen fachlichen Methoden selbstständig weiterentwickeln muss, und diese mit einem Nein beantwortet werden kann, dann kann auch keine Ausprägungsstufe 4 gesetzt werden.

Nehmen wir ein weiteres Beispiel aus Bild 8.5:

Bild 8.19 Beschreibung der Level 3 der Kompetenzausprägung; Infineon HR, Operations Academy, Infineon, 2016

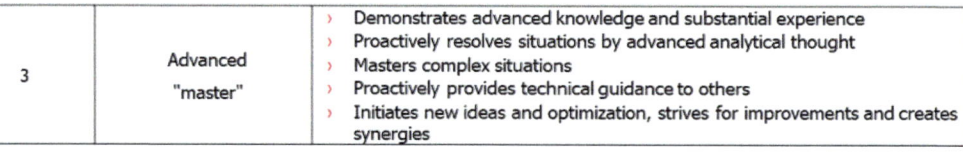

3	Advanced "master"	› Demonstrates advanced knowledge and substantial experience › Proactively resolves situations by advanced analytical thought › Masters complex situations › Proactively provides technical guidance to others › Initiates new ideas and optimization, strives for improvements and creates synergies

Ist sich das Team bei einer Vergabe der Stufe 3 nicht einig, dann können folgende Fragen gestellt werden:

Muss im Job Level 3 der Mitarbeiter in der Kompetenz „IE Basics" wirklich

- proaktiv Situationen mittels fortgeschrittenem analytischen Denken lösen?
- Muss er wirklich proaktiv anderen fachliche Anleitung geben?
- Muss er neue Ideen, Verbesserungen und Optimierungen initiieren?

Können diese Fragen von allen mit „Ja" beantwortet werden, dann ist es ein Level 3.

Die fertigen Sollprofile zu jeder Jobrolle wurden dann grafisch als Kompetenzspinnen dargestellt (Bereich Backend, General IE Profile):

Bild 8.20 Kompetenzspinne „General IE" (Bereich BE); Operations Academy, 2015

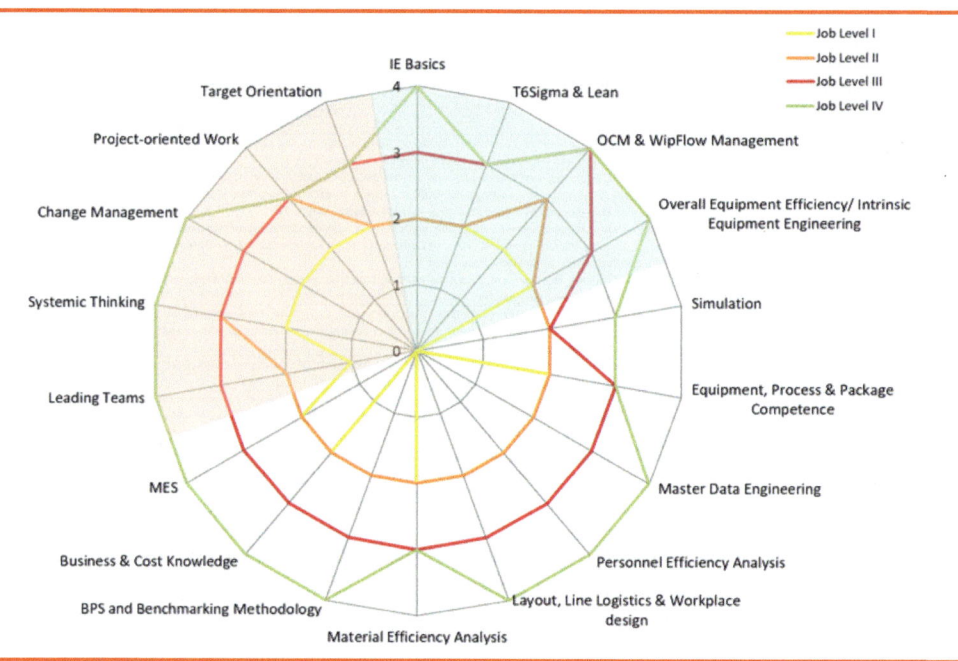

Die drei Segmente der Spinne markieren in:

- Grün den Bereich der IE-Standard-Kompetenzen, die jeder Jobrolle gleichermaßen zugeordnet wurden

- Weiß den Bereich der für die Rolle spezifischen fachlichen Kompetenzen

- Orange den Bereich der Enabler-Kompetenzen.

Für jedes Job Level definieren die verschieden farbigen Kurven das Soll-Profil der fachlichen und methodischen Kompetenzen dieser Jobrolle. Mit diesem Schritt endet die gemeinsame Erarbeitung der Kompetenz-Profile und es beginnt die Arbeit mit diesen Profilen.

8.3.5 Zuordnung der Mitarbeiter zu den korrespondierenden Kompetenzprofilen und individuelles Assessment

8.3.5.1 Vorgehen

In diesem Prozessschritt werden nun alle Führungskräfte des Bereichs hinzugezogen, die nach ausführlicher Einführung in den Prozess ihre Mitarbeiter zu den passenden Kompetenzprofilen zuordnen und sie dann bezüglich ihres Ist-Status zu der Referenz-Anforderung des jeweiligen Profils beurteilen sollen.

Diese Beurteilung kann einseitig verlaufen, indem der Vorgesetzte aus seiner eigenen Beobachtung heraus und unter Einbeziehen von Rückmeldungen Dritter ein individuelles Kompetenz-Profil des Mitarbeiters entwirft und anschließend mit diesem im Dialog bespricht. Oder das Ist-Profil wird kooperativ vom Vorgesetzten und vom Mitarbeiter parallel ausgefüllt, anschließend gemeinsam diskutiert und wenn nötig aufeinander angepasst.

> **Tipp**
>
> Die kooperative Methode, die Fremd- und Selbstbeurteilung verbindet, ist als Führungsaufgabe sicherlich anspruchsvoller, je größer die Unterschiede in der Ist-Beurteilung ausfallen, birgt aber durch die direkte Einbeziehung des Mitarbeiters in diesen Prozess ein hohes Maß an Motivation, Eigenverantwortung und Akzeptanz der Ergebnisse.

Bewertet wird immer das Niveau der geforderten Kompetenz, was nicht mit einer Leistungsbeurteilung verwechselt werden darf. Um dieses zu vermeiden, müssen alle Beteiligten umfassend anhand von praktischen Beispielen in den Prozess der Kompetenzprofilierung eingeführt und darin angeleitet werden.

Das Ergebnis aus dem Assessment ist die Identifikation bestehender Kompetenzlücken je Mitarbeiter, um diese gezielt mit geeigneten Weiterbildungsmaßnahmen schließen zu können. Aber auch, um auf Abteilungsniveau analysieren zu können, ob es in der Summe über das Team grobe Lücken gibt, die bis zu diesem Zeitpunkt noch nicht erkannt werden konnten. Daraus kann wiederum eine Priorisierung des Weiterbildungsangebots für die gesamte Organisation erfolgen.

8.3.5.2 Praktische Beispiele aus dem Pilotprojekt

An dieser Stelle splittete sich das Vorgehen auf Grund unterschiedlicher Voraussetzungen zwischen den Standorten auf.

An allen Standorten, in denen es schon einen Basisprozess für Skills-Managements gab – in unserem Fall an unseren Standorten in Asien – konnten die Kompetenzprofile und anschließend auch die Assessments, durch die Führungskräfte unterstützt, durch die Partner aus den

Personalabteilungen in einem in-house programmierten IT-Tool dokumentiert werden und im Rahmen der jährlichen Bildungsbedarfsanalyse darin bearbeitet und ausgewertet werden.

In allen anderen Standorten haben wir uns im Team ganz pragmatisch dafür entschieden, diese Kompetenzprofile in Form von Excel-Files an die Führungskräfte zu übergeben, die sie dann im Rahmen ihrer Führungsaufgabe freiwillig als persönliche Hilfestellung für die jährliche Bildungsbedarfsanalyse nutzen können. Sie können als Leitfaden zusammen mit einem vorbereiteten tabellarischen Formblatt herangezogen werden, um den kompetenzorientierten Bildungsbedarf für die eigenen Mitarbeiter abzuleiten. Es gibt kein Dokumentationstool, die Ergebnisse sind nur bei der Führungskraft und ggf. dem Mitarbeiter hinterlegt und werden nur für die Analyse des Bildungsbedarfs genutzt.

Zur einfachen Durchführung der Kompetenzbeurteilung und Bedarfsanalyse haben wir in der Akademie die folgenden Excel-Vorlagen entwickelt.

Anmerkung: Alle im Folgenden gezeigten Beispiele sind rein exemplarischer Natur und zeigen keine realen Analyseergebnisse!

Zu jeder Jobrolle gibt es die in Bild 8.21 gezeigten tabellarischen Formblätter, die die Kompetenzen und Referenz-Profile enthalten. Die Führungskraft trägt nun in die Spalten mit NAME die einzelnen Mitarbeiter ein, wählt das jeweilige Job Level aus und bewertet für jeden die individuellen Kompetenzausprägungen. Automatisch errechnet das Tool sowohl auf Mitarbeiterebene wie auf Abteilungsebene für jede Kompetenz die Differenz zum Ziel-Wert der dazugehörigen Referenzprofile (unter „Gap to Current Reference Profile" und „Gap to Target"). Auf Abteilungsebene wird immer der Maximal-Wert, der durch mindestens einen Mitarbeiter im Ist-Profil erzielt wird, für die Gap-Analyse verwendet. Denn nur Lücken, die innerhalb der Abteilung gar nicht gefüllt werden können, sind strategische Gaps. Die individuellen Lücken bei den einzelnen Mitarbeitern stellen deren individuelle Gaps dar.

Competencies	Job Level IV NAME	Gap to Current Reference Profile Job Level IV	Job Level IV NAME	Gap to Current Reference Profile Job Level IV	Job Level II NAME	Gap to Current Reference Profile Job Level II	Job Level II NAME	Gap to Current Reference Profile Job Level II	Gap to Target Job Level II	Gap to Target Job Level IV	Target Job Level I	Target Job Level II	Target Job Level III	Target Job Level IV
IE Basics	2	-1	2	-1	1	-2	1	-2	-1	-1	2	3	3	3
T6Sigma & Lean	1	-2	1	-2	1	-1	1	-1	-1	-2	2	2	3	3
OCM & WipFlow Management	2	-1	2	-1	N/A		N/A		0	-1	1	2	3	3
OEE/ IEE	3	0	3	0	2	0	2	0	1	0	2	2	3	3
Automation Standards & Principles	3	-1	3	-1	1	-1	2	0	1	0	2	2	3	4
Equipment Connection	2	-1	4	1	1	-1	3	1	2	1	2	2	3	3
Data Analytics	2	-1	3	0	2	0	3	1	1	1	2	2	2	3
Layout, Line Logistics & Workplace design	3	0	2	-1	N/A		N/A		1	0	2	2	3	3
Material Flow Automation	3	-1	3	-1	1	-1	2	0	1	0	2	2	3	4
MES	2	-2	4	0	2	0	3	1	2	1	2	2	3	4
Personnel Efficiency Analysis	3	0	2	-1	1	-1	1	-1	1	0	2	2	3	3
Equipment, Process & Package Competence	3	0	3	0	1	-1	1	-1	1	0	2	2	3	3
Design for Automation	2	-2	2	-2	1	-1	1	-1	0	-1	2	2	3	4

Bild 8.21 Formblatt für Kompetenz-Gap-Analyse (Excel) mit exemplarischem Beispiel; Frontend Academy, 2018

Aus diesen Daten wird nun durch den Vorgesetzten auf Mitarbeiterebene der fachliche Weiterbildungsbedarf ermittelt und priorisiert. Auch erhält er einen Überblick auf Abteilungsebene, wie gut sein Team die Gesamtkompetenzanforderungen schon erfüllt, oder ob strategische Lücken auf diesem Level vorliegen. Für diese sollte zeitnah und priorisiert eine Lösung gefunden werden, wie diese am schnellsten zu schließen sind.

Aus den anonymisierten Daten aller Fachabteilungen wird in der Operations-Akademie ausgewertet, in welchen fachlichen Kompetenzen die größten Abweichungen von Ist-Erfüllung zu Referenz-Anforderung vorliegen, und basierend darauf mit dem Bereich die Priorisierung notwendiger Weiterbildungsmaßnahmen vorgenommen.

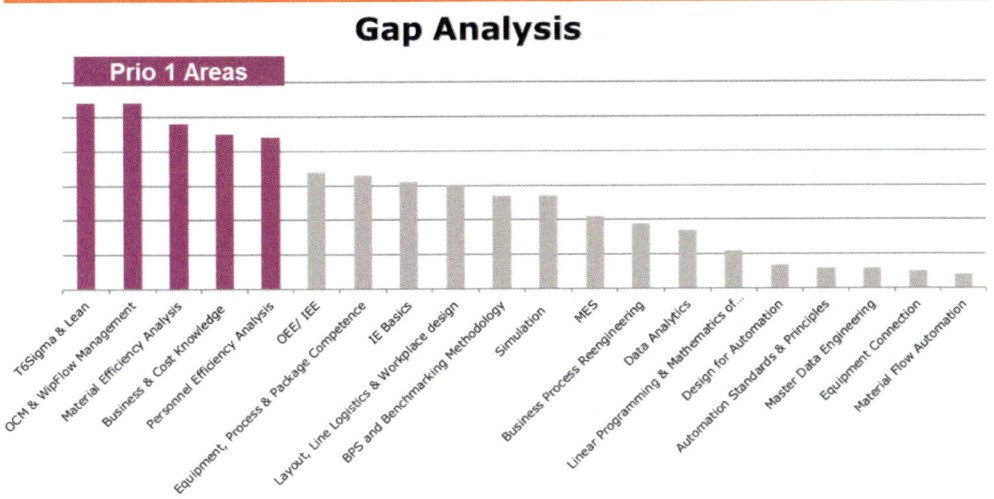

Bild 8.22 Exemplarische Gap-Analyse auf Basis der IE-Referenz-Profile; Frontend Academy, 2020

In diesem Falle – wie in Bild 8.22 exemplarisch dargestellt – würden die fünf farblich markierten Kompetenzen mit den größten Differenzen zum Soll für die priorisierte Bereitstellung von Weiterbildungsangeboten ausgewählt und als Erstes gestartet werden.

Auch dabei spielen die Fachbereiche wieder eine essenzielle Rolle, da die Weiterbildungsangebote inhaltlich durch deren Experten, die meist auch als Trainer agieren, in Zusammenarbeit mit der Operations-Akademie entwickelt und angeboten werden.

8.3.6 Zuordnung geeigneter Weiterbildungspläne

8.3.6.1 Vorgehen

Aus den individuellen Beurteilungen und den detektierten Kompetenzlücken werden nun – je nach Organisation in den dafür zuständigen Bereichen – geeignete Weiterbildungsmaßnahmen zugeordnet oder entwickelt, sofern diese nicht schon vorhanden sind. Dabei ist es überaus wichtig, das Ziel des Kompetenzaufbaus im Auge zu haben, denn dieses bedeutet sowohl „Lernen" wie „Anwenden" anzubieten, da eine Kompetenz – wie schon mehrfach betont – aus dem eigenständigen und verantwortungsvollen Anwenden von Gelerntem zur erfolgreichen Erfüllung variabler Aufgaben entsteht. Daher muss in dem Weiterbildungsangebot Fachwissen auf Basis von interaktivem Lernen anhand von Anwendungsbeispielen und zielorientiertes Üben mit Wiederholen angeboten werden.

Mit Zuordnung und Durchführung der geeigneten Maßnahmen ist der Kompetenzaufbau gestartet und kann nun in ausgewählten Zeitintervallen z.B. im Rahmen von jährlichen Mitarbeitergesprächen evaluiert und jeweils der persönlichen Entwicklung der Mitarbeiter folgend angepasst werden.

Auch sollten die bestehenden Jobprofile in regelmäßigen Zyklen auf ihre Aktualität hin überprüft und ggf. adaptiert werden, um den Anforderungen im Unternehmen, die durch innovative Technologien wie z.B. Automatisierung, Digitalisierung oder Künstliche Intelligenz entstehen, frühzeitig in der Ausbildung zukünftig benötigter Kompetenzen Rechnung tragen zu können.

8.3.6.2 Praktische Beispiele aus dem Pilotprojekt

Aus den durch die Führungskräfte im Bereich IE ausgefüllten Formblättern wurden anonymisiert in der Operations-Akademie die Kompetenzbedarfe für alle Fachbereiche ermittelt und aufbereitet.

Dazu wurden verschiedene Gap-Analysen herangezogen, um ein allumfassendes Gesamtbild des Bedarfs zu erstellen. Ausgewertet wurden folgende Pareto-Analysen:

- Anzahl Mitarbeiter mit Gap > 1 über alle Kompetenzen

- Anzahl der Gesamtsumme fehlender Ausprägungsstufen über alle Kompetenzen

- Anzahl Mitarbeiter mit Gap = −1, GAP = −2, … etc. über alle Kompetenzen

- Anzahl Mitarbeiter in Job Level 1, Job Level 2, … etc. mit Gap > 0 über alle Kompetenzen

Parallel zu diesen Bedarfsanalysen wurden in der Operations Academy auf Basis aller für IE relevanten fachlichen, methodischen und sozialen Kompetenzen für jede Jobrolle Lehrpläne erstellt.

Zu jeder Kompetenz wurden die schon existierenden Trainingsmaßnahmen aufgeführt. Dazu wurden alle Arten von Weiterbildung, seien es formelle wie informelle oder analoge, wie digitale Lernformate, On Job Training durch Experten, Mentoring, Knowledge Sharing oder Community-Programme bis hin zu Job-Cross-Over-Möglichkeiten dem Lehrplan hinzugefügt.

Bild 8.23 Lehrplan für die Kompetenz Statistical Data Analysis; Operations Academy, 2017

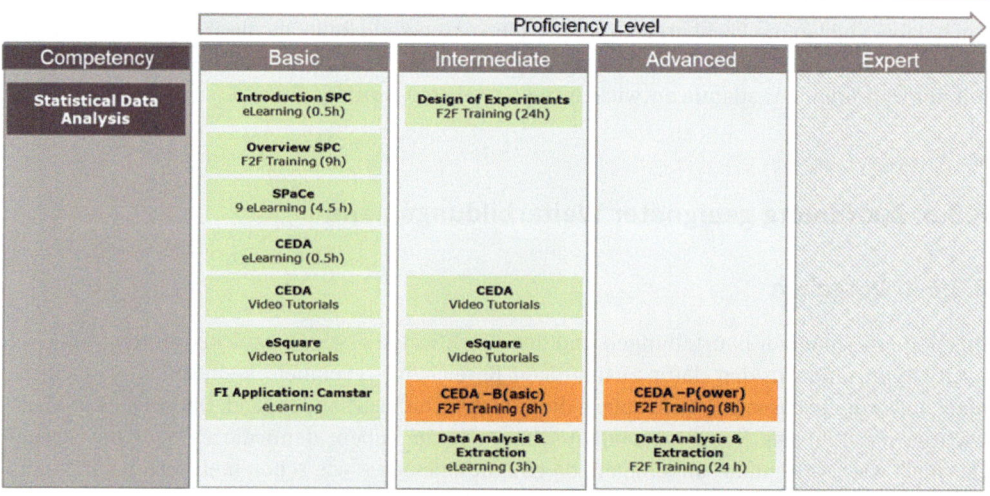

Als Beispiel dient der Lehrplan für die Kompetenz „Statistische Datenanalyse":

Im Lehrplan abgebildet ist in diesem Fall jede Art von Training, gestaffelt nach Ausprägungsstufe unter Angabe von Trainingsformat und Dauer. Gleichzeitig werden alle IE-relevanten Trainings in einem Trainingskatalog in iShare angeboten. Dabei sind im Katalog zu jedem Training alle relevanten Informationen wie Titel, Kompetenz-Ausprägungsstufe, Inhalt, Format, Dauer, Trainer und der Buchungslink in das Learning Management System (LMS) von Infineon aufgeführt. Trainings, die gerade in der Erstellung sind, werden im Katalog schon angekündigt und die Mitarbeiter können sich per One Click registrieren, um dann informiert zu werden, sobald das Training fertiggestellt und buchbar ist.

Diese Curricula gibt es für alle Jobrollen. Anhand dieser Lehrpläne werden nun durch die Führungskraft dem Mitarbeiter die Weiterbildungsmaßnahmen individuell zugeordnet, die er braucht, um seine Kompetenzlücken schließen zu können.

Diese Analysen wurden für den Bereich pro Region, pro Standort, pro Fachabteilung etc. durchgeführt und aus diesen Ergebnissen gemeinsam mit dem Management und den führenden

Experten in einem Workshop das weitere Vorgehen für noch nicht verfügbare Weiterbildungsmaßnahmen erarbeitet.

Denn nicht alle Kompetenzen konnten mit bereits existierenden Weiterbildungsmaßnahmen ausgestattet werden. Für die Festlegung, welche Maßnahmen als Erste entwickelt und angeboten werden müssen, dienten die durchgeführten Gap-Pareto-Analysen (vergleichbar zu Bild 8.22) als wichtige Grundlage, um zu entscheiden, wie für den jeweiligen Bereich strategisch priorisiert werden muss.

Fünf Trainingsprogramme wurden daraufhin festgelegt. Diesen wurden die für die Erstellung und Umsetzung notwendigen Fachexperten aus den Fachbereichen zugeordnet, die die fachlichen Inhalte liefern und anschließend die Trainercommunity zu diesen Trainings bilden werden. In der Operations-Akademie wurden die verantwortlichen Trainingsmanager bestimmt, die diese Trainingsformate didaktisch und formal umsetzen und anschließend in der Durchführung begleiten sollten.

Damit wurde das Pilotprojekt abgeschlossen. Die vereinbarten Maßnahmen wurden in ihrer weiteren Ausführung in die verantwortlichen Organisationen übergeben und dort bearbeitet.

Jedes Jahr im Rahmen der Lernbedarfsanalyse wird aus den aktualisierten Mitarbeiterprofilen abgeleitet, welche Trainingsmaßnahmen notwendig sind. Existierende Weiterbildungsmaßnahmen werden zeitnah über die Akademie angeboten und von den Mitarbeitern im LMS gebucht. Noch nicht im Angebot vorhandene Trainingsmaßnahmen werden an die Akademie adressiert und nach Abstimmung und gemeinsamer Priorisierung zusammen mit den passenden Fachexperten erstellt und ins Weiterbildungsangebot übernommen.

8.4 Rollout in den Pilotbereich und weitere Bereiche in Operations

Der Rollout in den Pilotbereich Industrial Engineering erfolgte in Form einer Aufklärungskampagne mit Unterstützung des gesamten Projektteams und mit Fokus auf die Standorte im Backend, da dort der größte Effekt aus der zeitnahen Anwendung erwartet wurde.

Im asiatischen Backend erfolgte der Rollout unter Nutzung des schon vorhandenen IT-Tools, das inhaltlich auf die Anforderungen aus dem nun festgelegten Prozess angepasst wurde.

Dort wird im Tool einmal im Jahr terminlich optimiert vor den Budgetplanungsrunden die Bildungsbedarfsanalyse aus den Daten aller IE-Mitarbeiter zusammen mit ihren Führungskräften ermittelt. Diese Ergebnisse fließen dann wiederum in die Weiterbildungs- und korrespondierende Budgetplanung und den Trainingsplan für das folgende Geschäftsjahr ein.

In allen anderen Bereichen erfolgte der Rollout mit Nutzung der Excel-Vorlagen. Die Bedarfsplanung passiert zeitlich parallel, individuell ausgeführt durch die Führungskräfte, und wird anschließend als anonymisiertes Gesamtergebnis von der Akademie abgefragt und in den Planungen hinterlegt.

Allen Führungskräften im Bereich IE wurden der Prozess der kompetenzbasierten Bildungsanalyse und der geplante Rollout in internen Management-Runden vorgestellt. Dabei wirkten die Projektmitglieder als bereichsinterne Stakeholder und damit als positive Meinungsbildner.

Begleitend wurden verpflichtende Einführungsseminare für alle Führungskräfte abgehalten und Erklärvideos (Tutorials) sowie ein Handbuch (Booklet) mit bereichsspezifischen Inhalten zur Verfügung gestellt, um die praktische Umsetzung des Prozesses für die Anwender so komfortabel wie möglich zu gestalten. Jede Führungskraft wurde zusätzlich auf Wunsch bei der Erstellung der Mitarbeiterprofile persönlich beraten und individuell unterstützt.

Bild 8.24 Titelseite und Inhaltsverzeichnis des Managers Guide; Operations-Akademie, Infineon, 2017

Das erklärte Ziel dieser proaktiven Herangehensweise war es, die Führungskräfte bei der Einführung und späteren Durchführung der Kompetenzbeurteilung ihrer Mitarbeiter so zu unterstützen, dass sie den damit verbundenen Aufwand keinesfalls nur als Mehrbelastung, sondern zusammen mit dem Ergebnis als zusätzlichen Mehrwert im Rahmen ihrer Führungsaufgabe empfinden.

Der Rollout in weitere Bereiche findet nach dem Pull-Prinzip statt. Dabei entscheidet der Bereich selbstständig und eigenverantwortlich, wann es für ihn strategisch hilfreich ist, Kompetenzmanagement einzuführen. Die Beweggründe können dabei recht unterschiedlich sein. Sei es, dass intern umorganisiert werden soll, und kompetenzbasierte Jobrollen dabei unterstützen können, oder sei es, dass der Bereich, verstärkt betroffen durch Innovationen wie wachsende Digitalisierung, steigende Automatisierung oder die anstehende Einführung von KI-gestützten Anwendungen, in die gezielte Ausbildung von zukünftigen Kompetenzen gehen muss und diese proaktiv rechtzeitig starten möchte.

Das Vorgehen nach dem Pull-Prinzip hat den großen Vorteil, dass der umsetzende Bereich hoch motiviert ist und aus eigener Überzeugung Kompetenzmanagement einsetzen möchte.

Allerdings bedarf es eines aktiven Marketings für den angebotenen Prozess. Dazu braucht es zufriedene Kunden aus dem Pilotprozess, die ihre Erfahrungen aktiv teilen, es braucht Stakeholder im Top-Management, die den Prozess aktiv weiterempfehlen, und Plattformen wie All-

Hands Meetings, Management-Runden und standortübergreifende Artikel und Erfahrungsberichte im internen Internet und in z. B. einer digitalen Mitarbeiterzeitung, die zur Verbreitung des Angebots beitragen.

Zusätzlich wurde die Operations-Akademie-Webseite genutzt, um über den Kompetenzmanagement-Prozess mittels grafischer und textueller Darstellungen, aber auch eigens dafür geschaffener Marketing- und Erklärvideos zu informieren.

Die nächsten Bereiche, die Kompetenzmanagement anfragten, waren vor allem Bereiche im Backend, die zu diesem Zeitpunkt vor einer notwendigen organisatorischen Umstrukturierung standen und diese von vornherein kompetenzorientiert gestalten wollten. Der eigentliche Zweck ist aber am Ende immer die kompetenzorientierte Weiterbildung der Mitarbeiter, die umso einfacher gelingt, je besser und transparenter Jobrollen und Stellenbeschreibungen aufeinander abgestimmt sind und zusammenpassen.

8.5 Lessons Learned

In der Rückschau über das Pilotprojekt und weitere Rollout-Projekte kann man heute sagen, dass der Prozess seine Belastungsprobe im Bereich Operations bestanden hat.

Es gibt mittlerweile zusätzliche interdisziplinäre Rollen wie den „internen fachlichen Trainer" und die dazu passenden Weiterbildungsangebote, die über die Grenzen von Operations hinaus angeboten und auf Basis desselben Prozesses entwickelt wurden. In Operations Backend und Frontend ist kompetenzbasierte Weiterbildung in mehr als zehn Fachbereichen verfügbar, basierend auf dem fachlichen Kompetenzkatalog mit mehr als 300 Operations-internen technischen, funktionalen und methodischen Kompetenzen. Alles in allem eine gute Basis für eine Lessons-Learned-Betrachtung.

Folgende Punkte haben sich für den Bereich Operations in Infineon in der Retrospektive als richtig und hilfreich erwiesen:

Auslöser und Start:

Der Wunsch Kompetenzmanagement einzuführen, muss top-down entstehen und vom Management beauftragt werden. Diese Stakeholder mit Entscheidungskraft, deren Meinung im Unternehmen wahrgenommen wird, spielen eine Schlüsselrolle bei der dauerhaften Etablierung.

Organisatorische Umsetzung:

Die Gründung einer eigenen Organisation wie der Operations-Akademie aus dem eigenen Geschäftsbereich mit Teammitgliedern, die fachlich divers und in den Bereichsstrukturen erfahren sind, ist ein wichtiger Schlüssel für die Entwicklung eines passgenauen, realitätsnahen und ausreichend pragmatischen Prozesses und seiner Umsetzung.

Projektteam:

Ein interdisziplinäres Team aus Management, Fachexperten, Personalmanagement und dem Betriebsrat[2] unter Moderation und Führung der verantwortlichen Akademie sichert die Akzeptanz aller in den betroffenen Bereichen und lieferte praxisnahe, dauerhafte Lösungen. Globale Bereiche waren dabei immer mit Teilnehmern aus allen Standorten im Projektteam vertreten.

---

[2] länderspezifisch

Prozess:

Ein Rahmenprozess, der die wichtigen Anforderungen des Geschäftsbereichs erfüllt und dabei so viel Modularität und Flexibilität zulässt, dass jeder Fachbereich sich darin verwirklichen kann, war eine Grundvoraussetzung für das Gelingen. In die Entwicklung des Rahmenprozesses investierter Aufwand und Zeit waren überaus wichtig und haben zu einem standardisierten, global akzeptierten Vorgehen in Operations beigetragen.

Fachlicher Trainerpool:

Experten für den fachlichen Inhalt der Trainings und als interne Trainer einzusetzen, bringt nur Vorteile für das Unternehmen. Damit werden passgenau und anwendungsorientiert fachliche Inhalte vermittelt und gleichzeitig das Expertenwissen innerhalb des Unternehmens weitergegeben und erhalten (Stichwort: Knowledge Retention).

In-house-Trainings aus der Hand der bereichsinternen Akademie:

Die professionelle Trainingserstellung für alle Arten von Training – ob in Präsenz, digital oder virtuell durchgeführt – muss den Experten abgenommen und in professionelle und aus IP-Gründen bereichsinterne Hände gelegt werden. Da Fachexperten keine Didaktiker oder professionellen Trainer sind, müssen sie dahingehend entlastet und in dieser Rolle begleitet werden. Allerdings hat es sich gerade im technischen Bereich als Vorteil erwiesen, wenn die didaktischen Partner in der Trainingserstellung auch einen technischen bzw. fachlichen Hintergrund besitzen. Dieses fachliche „Verstanden-Werden" steigert die Bereitschaft der Fachexperten Trainingsinhalte bereitzustellen und selbst als Trainer zu agieren.

Bei den folgenden Punkten haben wir dazugelernt und haben diese Erkenntnisse möglichst zeitnah in den laufenden Prozess einfließen lassen:

Vollständigkeit und Detailtiefe:

Mut zur Lücke! Wenn komplexe Bereiche zu 70 – 80 % bei ihrer Einführung, was ihre Aufgaben, Jobrollen und Kompetenzen betrifft, abgedeckt werden, ist das völlig ausreichend. Eine iterative Komplettierung und Adjustierung finden kontinuierlich in der weiteren Anwendung statt. Wichtig ist es, da zu beginnen, wo die größten Kompetenzlücken erwartet werden und danach schrittweise zu komplettieren.

Betreuende Organisation:

Mittlerweile haben wir im Bereich Operations für die beiden Hauptbereiche Backend und Frontend jeweils eine eigene Akademie ausgegliedert. Die Aufteilung der Operations-Akademie in die Backend- und die Frontend-Akademie erfüllt die doch unterschiedlichen Bedürfnisse der beiden Bereiche besser und intensiver. Dabei bleiben die globalen Prozesse gleich, die Inhalte und deren Priorisierung sind jetzt jedoch deutlich individueller erfüllbar.

Zielgruppen:

Anfangs war geplant, fachliches Kompetenzmanagement und kompetenzorientierte Weiterbildungsangebote auf Ingenieurslevel zu konzentrieren. Durch die Automatisierung der Produktionslinien steigen die fachlichen Kompetenzanforderungen auch im Bereich der Produktionsmitarbeiter. Daher wurden diese Zielgruppen in die kompetenzorientierte Weiterbildungsstrategie mit aufgenommen.

IT-Integration:

Die Integration der Kompetenzbedarfsanalysen und der Curricula in ein LMS-System, ergänzt durch automatische Erinnerungen und Links zu regelmäßig wiederkehrenden Qualifizierungs- oder Zertifizierungsmaßnahmen, muss längerfristig durch ein passendes IT-System erfüllt werden.

Wie bei jedem neu entwickelten Geschäftsprozess werden weitere Optimierungen und Anpassungen an additive Anforderungen kontinuierlich durchgeführt. Dabei bedarf es der Bereitschaft aller Verantwortlichen, diese Anpassung aktiv im weiteren Rollout umzusetzen.

8.6 Fazit

Während der vergangenen sechs Jahre wurde in mehr als zehn Fachbereichen in Backend und Frontend Operations kompetenzbasierte Weiterbildung eingeführt. Die beiden Akademien bieten abgeleitet daraus mittlerweile mehr als 350 Weiterbildungsmaßnahmen an. Der Grad der Nutzung dieser Lernangebote zeigt, dass diese offensichtlich den Bedarf treffen und auf die Kompetenzen abzielen, die in den Bereichen wichtig sind.

Entscheidet sich ein Unternehmen für die Einführung von Kompetenzmanagement, dann bedarf es Überzeugung, Ausdauer und Leidenschaft für dieses Thema.

Kompetenzmanagement kauft man nicht von der Stange und hofft, dass es dann passt. Das werden wohl viele Unternehmen bestätigen können, die schon durch diesen Prozess gegangen sind. Ein nachhaltig funktionierender fachlicher Kompetenzmanagement-Prozess muss dem Unternehmen und seinen Bereichen auf den Leib geschnitten werden. Dabei kommt es vordergründig nicht auf die Detailtiefe an, sondern darauf, dass dieser neue Prozess wie ein weiteres Kleidungsstück übergezogen werden kann und zum Rest perfekt dazu passt, ohne unangenehm zu kneifen. Dieses Bild soll veranschaulichen, dass der Prozess synergetisch und möglichst harmonisch in die bestehende Prozesslandschaft hinein entwickelt werden sollte, um möglichst einfach zur Anwendung zu kommen.

Kompetenzbasierte Weiterbildung erlaubt es, proaktiv die Mitarbeiter in neue fachliche Herausforderungen hinein zu entwickeln, was in vielen Unternehmen aktuell in den Bereichen digitale Transformation, Automatisierung und Anwendung Künstlicher Intelligenz passieren muss. Dafür ist das Verständnis, welche Aufgaben genau von wem dabei zu bewältigen sind und welche Kompetenzen dafür notwendig sind, eine wichtige Grundvoraussetzung.

Der hier beschriebene Kompetenzmanagement-Prozess muss dazu nicht vollständig im Unternehmen ausgerollt werden, sondern kann zielorientiert eingesetzt werden, um Mitarbeiter auf die neuen fachlichen Herausforderungen in ihrem Bereich vorzubereiten. Mit Jobrollen-feinen Weiterbildungsprogrammen z. B. zum Thema Digitalisierung kann so jeder Mitarbeiter genau die digitalen Kompetenzen ausbilden, die er für die erfolgreiche Erfüllung seiner beruflichen Aufgaben braucht.

Kompetenzorientierte Weiterbildung basierend auf diesem Geschäftsprozess bietet eine hohe Flexibilität sowohl in der Einführung wie auch in der Anwendung und nicht zuletzt in der Anpassung an individuelle Bedürfnisse von Unternehmen bis hin zu einzelnen Fachbereichen.

Quellen:

North, K.; Reinhardt, K.: Kompetenzmanagement in der Praxis – Mitarbeiterkompetenzen systematisch identifizieren, nutzen und entwickeln. Betriebswirtschaftlicher Verlag Dr. Th. Gabler, Wiesbaden 2005

Kauffeld, S.: Kompetenzen messen, bewerten, entwickeln: Ein prozessanalytischer Ansatz für Gruppen. Schäffer-Poeschel Verlag, Stuttgart 2006

Muellerbuchhof, R.: Kompetenzmessung und Kompetenzentwicklung. Peter Lang GmbH, Frankfurt am Main 2007

Erpenbeck, J.; Rosenstiel, v. L. (Hrsg.): Handbuch Kompetenzmessung. Schäffer-Poeschel Verlag, Stuttgart 2007

Becker, M.: Messung und Bewertung von Humanressourcen. Schäffer-Poeschel Verlag, Stuttgart 2007

Reinhard Ploss, CEO Infineon Technologies, June 09, 2015 //By Iconic Insights: in conversation with Hanns Windele

Infineon Geschäftsbericht 2012 – Der entscheidende Faktor. 2012, S. 111

https://refa.de/service/refa-lexikon/oee-overall-equipment-effectiveness

https://www.infineon.com/cms/de/about-infineon/company/

research-bulletin-2014.pdf, Getting from 70-20-10 to Continuous Learning. Source: Bersin by Deloitte, 2013

Via internet source: *https://www2.deloitte.com/content/dam/Deloitte/at/Documents/human-capital/research-bulletin-2014.pdf*

IV

Ansätze zu ausgewählten Herausforderungen im Kontext digitaler Kompetenzen

Der nachhaltige Aufbau digitaler Kompetenzen ist eine anspruchsvolle und vielfältige Aufgabe, da es viele Faktoren gleichzeitig zu berücksichtigen gilt. Es ist vor allem eine Aufgabe, die etwas mit Menschen zu tun hat, was individuelle und ganzheitliche Vorgehensweisen voraussetzt. Buchteil IV zielt auf ausgewählte Herausforderungen in diesem Zusammenhang ab. Dabei werden unterschiedliche Blickwinkel auf Domänen, Anwendungsfälle und Vorgehensweisen eingenommen.

Die Kapitel in diesem Buchteil drehen sich um folgende Leitfragen:

- Welche digitalen Kompetenzen braucht das Management und wie kann der Wandel gemanaged werden?
- Wie können Datenstrategien und Datenkompetenz zur Transformation beitragen?
- Wie begegnen wir ethischen Fragestellungen beim Einsatz digitaler Technologien?
- Wie kann der Mittelstand von digitalen Kompetenzen profitieren? Welche Lern-Mechanismen braucht der „Shopfloor"?

Das Management als Flaschenhals der digitalen Transformation?

Eine Agenda rund um Kultur, Kompetenz und die Notwendigkeit zu lernen.

Philipp Ramin

Können Sie sich daran erinnern, was Anfang April 2011 geschehen ist, also vor ziemlich genau einem Jahrzehnt?

Die Antwort mag vielleicht überraschen, denn bereits zu diesem Zeitpunkt wurde der Zukunftsbegriff Industrie 4.0 auf der Hannover Messe 2011 erstmals der Öffentlichkeit vorgestellt und ebenso in die Hightech-Agenda der Bundesregierung aufgenommen.

Zehn Jahre später ist Industrie 4.0 sowie die Kurzform „4.0" als Synonym für den digitalen Wandel in unterschiedlichen Bereichen immer noch in aller Munde. Nicht nur in Deutschland, sondern ebenso in vielen Teilen der Welt, teilweise sogar in deutscher Schreibweise, wie ich vor allem in Asien feststellen durfte. Aus einer übergeordneten wirtschaftspolitischen Sichtweise kann Industrie 4.0 damit durchaus als Erfolgsgeschichte gesehen werden.

Mein Beitrag soll sich allerdings nicht auf die Geschichte des Industrie-4.0-Konzepts beziehen, sondern vielmehr auf die Frage, wie die digitale Transformation bis dato zu bewerten ist und welche Rolle das Management dabei bisher spielte sowie zukünftig spielen sollte.

In meinem Vorwort zu diesem Handbuch habe ich bereits über ein Wahrnehmungs-Gap geschrieben zwischen den ambitionierten Digital-Experten und einer viel größeren Gruppe an Personen in den Unternehmen, die nur wenig Substanzielles von der digitalen Transformation verstehen. Darauf aufbauend möchte ich in diesem Beitrag ein kritisches Licht auf die Rolle des Managements im Kontext der digitalen Transformation werfen.

Auch wenn sich die folgenden Seiten wie ein anmaßender Frontalangriff auf die Führungsetagen lesen lassen könnten, so sind meine Reflexionen in keiner Weise als solcher gedacht. Vielmehr geht es um eine subjektiv ehrliche Analyse im komplexen Gefüge der digitalen Transformation. Dass Ausnahmen die Regel bestätigen, versteht sich von selbst.

Häufig werden Studien und Beiträge über die Zukunft der Arbeit verfasst und wie sich „Leadership" in Zukunft entwickeln sollte. Oft bleibt dabei jedoch eine vermeintlich einfache Frage unbeantwortet: Sind unsere heutigen Führungskräfte für die Aufgaben von morgen überhaupt qualifiziert?

1.1 Ein Fehler in der Formel?

Auch wenn das Potenzial und die Notwendigkeit der digitalen Transformation offensichtlich sind und mittlerweile viele Unternehmen ihre Digitalisierungsinitiativen gestartet haben, bleiben Geschwindigkeit und Stringenz des Wandels häufig zu gering. Zahlreiche Branchen haben auf Grund der prosperierenden letzten Jahre nicht genügend Anlass gesehen, um substanzielle Veränderungen vorzunehmen. Das liegt auch am vorherrschenden Management-Verständnis, das sich in der Gegenwart mehr in Richtung „verwalten" und „bewahren" entwickelt hat als in Richtung progressiver und echter Innovation. Diesen Vorwurf müssen Führungskräfte in Unternehmen nicht allein ertragen, er wird in ähnlicher Weise auch an Politiker oder Verbände gerichtet, wie man unschwer in der öffentlichen Debatte erkennen kann. Woran liegt das? Haben Entscheider heute nicht mehr genug Einfluss, um Entscheidungen stringent zu treffen? Haben sie vielleicht Angst davor oder fehlt ihnen im schwer durchblickbaren Nebel der vielen unterschiedlichen Themen schlicht und einfach das notwendige Know-how, um weitreichende Entscheidungen für den großen Wandel zu treffen?

Ohne Zweifel wurden in den letzten Jahren zahlreiche Prozesse mithilfe digitaler Technologien optimiert, ein ganzheitlicher Ansatz oder gar ein kultureller Wandel fehlt jedoch nach wie vor. Vielen Führungsetagen scheint es an Mut und ebenso am tiefgreifenden Verständnis für den veränderten Kontext zu mangeln. Ein Beispiel: Sieht man sich heutige Organigramme von größeren Unternehmen an, ist es nicht verwunderlich, dass Mitarbeiterinnen und Mitarbeiter immer noch in recht isolierten Fach- und Funktionsbereichen, den sogenannten Silos, denken – ein Thema, das im Übrigen auf jeder noch so angestaubten Digital-Konferenz mit großer Leidenschaft thematisiert wird. Auch im Jahr 2021 gilt in den meisten Organisationen: Silos, wohin man nur sieht: bei Prozessen, bei Entwicklungen, bei der IT-Infrastruktur und auch im Führungsstil oder den Verantwortlichkeiten.

In diesen Kontext passen die von der OECD veröffentlichten Forschungsergebnisse aus dem Jahr 2019. Trotz jahrelanger, enormer Investitionen in digitale Technologien hat sich der Produktivitätsanstieg in wirtschaftlich wichtigen OECD-Ländern über die letzten Jahre hinweg verlangsamt. Ein auch für mich durchaus überraschendes Ergebnis, predigen wir Digitalexperten doch nur zu gern von den großen Effizienzpotenzialen der Digitalisierung. Sieht man sich die Studie genauer an, wird der Zusammenhang jedoch deutlicher. Die Formel, bestehendes Unternehmen + etwas Digitalisierung = Erfolg, scheint so nicht allgemeingültig oder zumindest nicht linear zu sein. Der große und nachhaltige Erfolg bei der digitalen Transformation benötigt weitere vermittelnde Variablen. In der Untersuchung wird deutlich, dass Digitalisierung zwar Wachstum unterstützen kann, allerdings eben nur dann, wenn zusätzliche komplementäre Faktoren zutreffen. Wesentliche Faktoren sind der Studie zufolge in Fähigkeiten und Ressourcen der Firmen zu sehen, wie z. B. technischen Fähigkeiten, aber auch Managementfähigkeiten sowie Stärken in der Organisation und der Innovation.

All diese Themen gehören auf die Agenda des Managements. Hat das Management die Digitalisierung unterschätzt?

1.2 Digitalisierung auf Sparflamme

Schauen wir uns folgendes Beispiel an, das weitestgehend unverändert auf fast jedes Unternehmen projizierbar ist. Fragen Sie einfach einmal Ihre Kolleginnen und Kollegen, wie zufrieden sie mit den Prozessen und Systemen im täglichen Unternehmensalltag sind. Vermutlich lautet die Antwort, dass träge IT-Strukturen dominieren, mit vielen manuellen und schlecht verknüpften Prozessschritten, anstatt Anwendungen, die sich schnell an neue Prozesse und Bedürfnisse anpassen lassen und den manuellen Aufwand für Routineaufgaben minimieren. Sie würden die Einschätzung erhalten, dass zwar reichlich neue Software eingeführt wurde, aber die Vielzahl an Schnittstellen sowie der geringe Integrationsgrad der verschiedenen Anwendungen in den Unternehmensbereichen ein kundenzentriertes, durchgehendes und intuitives Prozessdesign verhindern. Leider folgen Unternehmen im Wesentlichen immer noch der Logik einer schlecht vernetzten Top-down-Pyramide, die reaktiv, langsam und wenig flexibel ist. Hinzu kommt die geringe Qualität und Verfügbarkeit von relevanten Echtzeitdaten.

Es sind aber nicht nur technische Defizite, vor allem in Denkweisen und Einstellungen wird die digitale Amateurliga sichtbar. In etlichen Bereichen dominiert die tief verankerte Das-haben-wir-schon-immer-so-gemacht-Mentalität. Statt Transparenz zu schaffen, werden Informationen zurückgehalten und Entscheidungen verschleiert – ein Problem vor allem des Managements. Ebenso kann festgehalten werden, dass „Agilität" in vielen Projekten nicht mehr als ein Kunstbegriff ist. Abgesehen von einigen wenigen Leuchtturmprojekten ächzen die Beteiligten unter bürokratischen Prozessen. Dabei sollte Agilität vernetzen und Entscheidungen erleichtern.

Diese offensichtlichen Defizite werden nicht behoben – auch weil Führungskräfte häufig nicht mehr in der Lage sind, unangenehme und einschneidende Entscheidungen zu treffen und deren Konsequenzen zu tragen. Die geschilderten Beispiele hätten eins zu eins bereits vor einem Jahrzehnt so beschrieben werden können und alle Beteiligten hätten hinsichtlich der wahrgenommenen Defizite zugestimmt. Tiefgreifende Veränderungen von Abläufen bringen auch viele unbequeme Konsequenzen mit sich und das Management scheut sicher häufig davor zurück, die „heißen Eisen" anzupacken. Warum ist das so?

Die unbequeme Wahrheit liegt in einem unübersichtlichen Gemisch aus Erfolgsverwöhntheit, einer verkrusteten Unternehmenskultur und fehlendem Wissen über eine Welt, die sich im Wandel befindet. Gleichzeitig verhindert ein traditionelles Managementverständnis aber auch die Demokratisierung von Entscheidungen – will heißen, dass lieber keine oder eine kurzfristig geprägte Entscheidung getroffen wird, als dass Mitarbeiterinnen und Mitarbeiter befähigt werden auf Grund ihrer operativen Expertise selbst Entscheidungen zu treffen, ohne die üblichen formellen und hierarchischen Vorgaben einhalten zu müssen. Das Resultat ist nicht Stillstand, aber zumindest viel zu langsame und defensive Veränderungen, wenn es beispielsweise um die Entwicklung neuer Produkte und Dienstleistungen geht oder um die Transformation des Unternehmens an sich.

Merke: Eigentlich ist die Zeit der Ist-Analysen zur Digitalisierung vorbei und die Umsetzung sollte im Mittelpunkt stehen. Ein ehrlicher, regelmäßiger Schulterblick ist jedoch unumgänglich. Digitalisierung bedeutet Iteration und dazu gehört auch eine ehrliche Bewertung der bisherigen Ergebnisse.

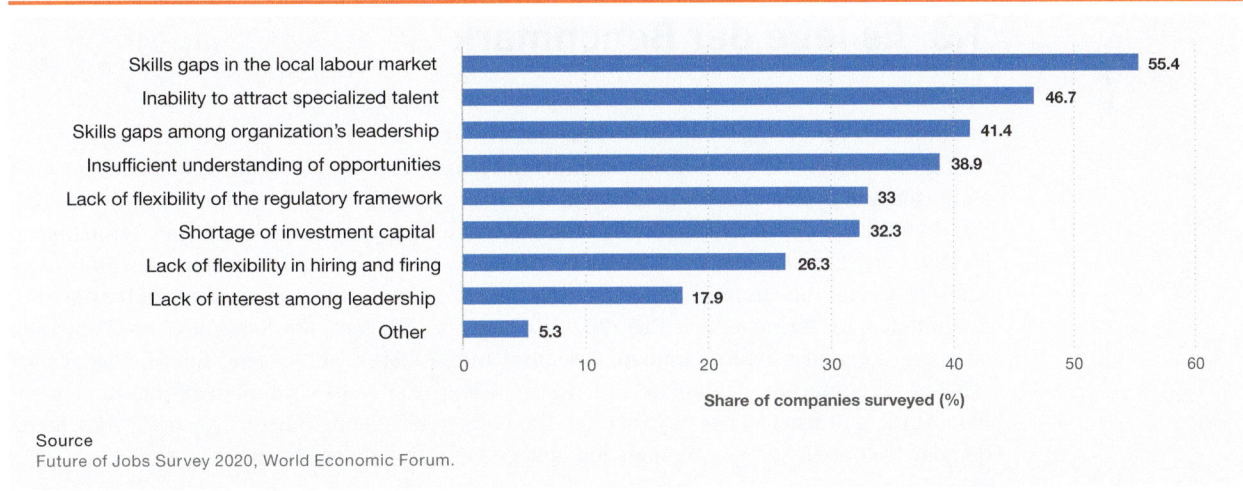

Source
Future of Jobs Survey 2020, World Economic Forum.

Bild 1.1 Barrieren für die Einführung neuer Technologien

Erschwerend kommt hinzu, dass die Digitalisierung in den meisten Branchen innerhalb bestehender Geschäftsmodelle erfolgt. Der Unterschied zwischen einem digitalisierten und einem digitalen Geschäftsmodell ist vielfach nicht klar oder zumindest fehlt auch hier der Wille im Management das bisherige Geschäft ernsthaft in Frage zu stellen. Grundlegende Defizite des Geschäftsmodells finden somit wenig Berücksichtigung, wie beispielsweise die starke Fokussierung auf einzelne Produkte oder Segmente, ohne das Fehlen digitaler Komplettlösungen im Sinne von Service-Ökosystemen zu beheben.

Das Management muss sich die Frage gefallen lassen, woher die digitalen Geschäftsmodelle und großen Effizienzverbesserungen kommen sollen, wenn beispielsweise Daten für weite

Teile der Organisation nur einen abstrakten Fremdkörper darstellen. An diesem Defizit werden auch einzelne Experten und die üblichen Leuchtturmprojekte nichts ändern können, da strukturelle Probleme nicht behoben werden.

Meint es das Management wirklich ernst mit der großen Transformation, wie sie oft nach außen dargestellt wird, so gilt es die Organisation als Ganzes auf diese Herausforderung vorzubereiten. Dazu gehört vor allem auch eine Transformation im Management und der damit verbundenen Unternehmenskultur. In seinem Future of Jobs Report 2020 kommt auch das Weltwirtschaftsforum zu dem Ergebnis, dass ein erkennbares Skill Gap der Führungsebene zu den wesentlichen Barrieren für die Einführung neuer Technologien gehört (vgl. Bild 1.1).

Insbesondere das Top-Management ist es nicht gewöhnt, hinsichtlich der eigenen Qualifizierung und Eignung im Kontext der digitalen Transformation bewertet zu werden. Allerdings wäre dies ein transparentes und professionelles Vorgehen, das in ähnlicher Art auch mit der Belegschaft durchgeführt wird.

Zentrale Fragen für eine solches Bewertung könnten wie folgt aussehen:

- Welche Motivation und Anreize besitzt das (Top-)Management, um das Unternehmen und analog sich selbst tiefgreifend zu „transformieren"?
- In welchem Maße lebt das Management selbst die geforderten Veränderungen und Anforderungen im Kontext der Digitalisierung, die es an die Belegschaft richtet?
- In welchem Umfang ist das Management fachlich auf die neuen Herausforderungen vorbereitet?
- Wie würde eine Job Description für das zukünftige Management aussehen? Werden die Anforderungen durch das Bestandsteam ausgefüllt?

1.3 Es lebe der Benchmark

Ein Indikator für geringe digitale Kompetenz wird dadurch ersichtlich, dass das Management häufig nur wissen möchte, was die Konkurrenz macht, anstatt die Ansätze, Technologien und Möglichkeiten systematisch verstehen zu wollen oder sogar kritisch zu hinterfragen. Aus den Schulungserfahrungen mit mehr als einhunderttausend Teilnehmerinnen und Teilnehmern können wir feststellen, dass Use Cases das Handeln vieler Unternehmen stark beeinflussen – aber eben nicht die gesamte „Story", sondern stark vereinfachte „Anekdoten" zu bestimmten Produkten und Technologien. Das dahinter liegende Mindset, die konkreten Mechanismen oder gar der umfassende Paradigmenwechsel interessieren nur wenige Entscheider. Es ist schlichtweg einfacher sich anzusehen, welche Cloud von welchem Konkurrenten implementiert wurde und wie viel das gekostet hat. Die Fragen nach dem „Warum", nach der Akzeptanz und der Nachhaltigkeit der Maßnahmen bleiben vielfach auf der Strecke.

Möchte das Management mit Digitalisierung und Industrie 4.0 echten Mehrwert schaffen, muss es selbst damit beginnen, die Themen systematisch und umfassend zu verstehen und zu leben. Das technokratische Abarbeiten von einem Use Case nach dem anderen oder der Versuch bewährte Digital-Philosophien von Apple, Google, Tesla und Co. zu kopieren, sind in jedem Fall nicht ausreichend. Im Mittelpunkt sollte ein tiefes Verständnis für die global-digitale Welt stehen, was jedoch eine breite digitale Kompetenz als Grundlage voraussetzt. Nur so können unternehmensspezifische Strategien gefunden werden, die in den Organisationen akzeptiert werden und für echte Innovationen sorgen.

Das hierfür benötigte Up- und Reskilling ist nicht mit halbtägigen Workshops in schicken Hotels getan. Es geht um eine veränderte Kultur, wie Unternehmen organisiert und geführt werden. Das bedeutet für die Art der Führung und für die Rollenbeschreibung des Managements nicht weniger als einen Paradigmenwechsel.

Analog zum Kompetenzmanagement für Mitarbeiterinnen und Mitarbeiter ist folgendes Vorgehen notwendig. Aus dem Abgleich von vorhandenen Kompetenzen und der Veränderungen der zukünftigen Aufgaben im Managementumfeld leiten sich konkrete, fehlende Kompetenzen und die notwendigen Lernpfade ab. Wichtig ist zu verstehen, dass Digitalkompetenz im Unternehmen jede Person und damit auch jede Führungskraft betrifft.

Ein wesentliches Ziel liegt darin, das bisherige Buzz-Wörter-Bingo durch konkrete Fähigkeiten und Fertigkeiten sowie durch ein zeitgemäßes Mindset bei Führungskräften zu ersetzen. Ein typisches Beispiel für das besagte Buzzword-Bingo ist beim Management die beliebte Suche nach der nächsten disruptiven Innovation (vgl. Infobox).

Beispiel für das Buzzword-Bingo: Disruptive Innovationen

Der Begriff der disruptiven Innovation geht auf den Professor Clayton Christensen zurück. Auf Basis einer Untersuchung der historischen Entwicklung des Festplattenmarktes entwickelte er die Theorie der disruptiven Innovation, die damit einen ganz bestimmten Innovationstypus beschreibt.

Im Gegensatz zu den bis dato zentralen Innovationstypen „inkrementell" und „radikal" ist eine disruptive Innovation dadurch charakterisiert, dass sie sich aus einem niedrigen Leistungsspektrum heraus entwickelt, d. h., gemessen an den am Markt üblichen Produkten oder Dienstleistungen ist die disruptive Innovation zunächst leistungstechnisch unterlegen. Gleichzeitig weist sie aber in alternativen Leistungskriterien eine bessere Leistung auf, die allerdings vom Massenmarkt zunächst nicht geschätzt wird. Auf Grund dieser Merkmale werden disruptive Innovationen häufig von etablierten Unternehmen nicht ernst genommen oder sogar als unattraktiv eingeschätzt, weswegen disruptive Innovationen öfter von Branchenneulingen in den Markt eingeführt werden und dann zu großen Umbrüchen führen können (vgl. Christensen 1997).

Im heutigen Sprachegebrauch artikuliert das Management häufig die Aufgabenstellung, dass man doch ein disruptives Geschäftsmodell entwickeln müsste. Dabei wird disruptiv jedoch in vielen Fällen als Synonym für eine „große" Innovation gesehen, die beispielsweise die bestehenden Produkte der Konkurrenz durch mehr Leistung in den Schatten stellt. Somit wird die eigentliche Bedeutung einer disruptiven Innovation verwässert und auch unter den Mitarbeitern ein falsches Bild vermittelt. Die Theorie der disruptiven Innovation ist damit ein gutes Beispiel dafür, dass sich Entscheider heute viel zu wenig mit der Substanz hinter den jeweils aktuellen Trendbegriffen beschäftigen und damit Innovation behindern.

1.4 Zurück zur Schulbank

Was also muss das Management zukünftig anders machen, was gilt es zu beherrschen?

Bild 1.2 beinhaltet die Top 15 Skills für 2025 auf Basis der aktuellen Future-Work-Studie des Weltwirtschaftsforums. Sicherlich können forschungsbasierte Listen dieser Art nicht als allgemeingültiges Curriculum dienen, allerdings spiegeln sie wichtige Entwicklungen wider, die im Kontext einer Management-Perspektive entsprechende Implikationen haben.

B. Top 15 skills for 2025

1	Analytical thinking and innovation		9	Resilience, stress tolerance and flexibility
2	Active learning and learning strategies		10	Reasoning, problem-solving and ideation
3	Complex problem-solving		11	Emotional intelligence
4	Critical thinking and analysis		12	Troubleshooting and user experience
5	Creativity, originality and initiative		13	Service orientation
6	Leadership and social influence		14	Systems analysis and evaluation
7	Technology use, monitoring and control		15	Persuasion and negotiation
8	Technology design and programming			

Source
Future of Jobs Survey 2020, World Economic Forum.

Bild 1.2 Top Skills bis 2025

An erster Stelle findet sich das analytische Denken und Innovation. Dieser Aspekt erscheint nicht besonders neu, allerdings sind auch hier veränderte Gegebenheiten für das Management zu erkennen. Beim analytischen Denken müssen zunehmend mehr Faktoren (Hyper Competition, pluralistische Gesellschaft, individuelle Bedürfnisse, zunehmende Regulatorik, Volatilität der Märkte) bedacht werden, da der Kontext, in dem Entscheidungen getroffen werden, vielschichtiger und multidimensionaler wird. Da diese Komplexität für das menschliche Gehirn teilweise nicht mehr greifbar ist, werden (strategische) Entscheidungen häufiger datengetrieben stattfinden, weshalb auch das Management die hierfür notwendigen Kompetenzen benötigt. Dazu gehört der souveräne Umgang mit Daten, aber auch die Veränderung von traditionellen KPIs. Das Fordern datengetriebener Geschäftsmodelle setzt ein datengetriebenes Management voraus. Diese Aufgabe kann nicht nur den spezialisierten Data Scientists überlassen werden, sondern benötigt dezidierte Kompetenz aufseiten des Managements. Insgesamt mangelt es in vielen Unternehmen bislang an genau dieser Kompetenz, die beispielsweise zur Erarbeitung einer konsistenten Datenstrategie nötig wäre. Deren Ziel sollte sein, die Ausgestaltung von Prozessen, Infrastruktur und Mindset so festzulegen, dass Daten tatsächlich als zentraler Rohstoff unternehmensweit und systematisch genutzt werden können. Dem Management kommt hier eine wichtige Rolle zu, da von ihm eine große Symbolwirkung in positiver, aber auch in negativer Hinsicht ausgehen kann. In eine ähnliche Richtung können auch die Skills „Complex problem-solving" und „Critical thinking and analysis" interpretiert werden. Auch hier wachsen die Anforderungen hinsichtlich der Nutzung von Daten.

Bild 1.3 These aus der MÜNCHNER KREIS e.V. Zukunftsstudie VIII, Leben, Arbeit, Bildung 2035+: Soviel Prozent der Befragten sind der Meinung, dass KI einen Großteil der administrativen Führungsaufgaben bis ... übernimmt

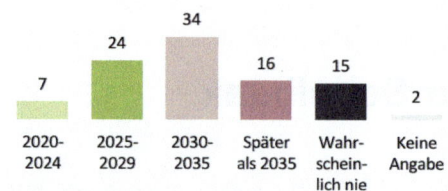

These: KI-Technologien übernehmen einen Großteil der administrativen Führungsaufgaben (z. B. Aufgabenplanung, Zielerreichung, Kontrolle). Trifft das zu? Wenn ja, wann?

Im Frühjahr 2020 haben wir mit unserem Team beim Innovationszentrum für Industrie 4.0 die MÜNCHNER KREIS e.V. Zukunftsstudie rund um KI in den Bereichen Leben, Arbeit und Bildung mitverfasst. Dabei wurden progressive Zukunftsthesen von Expertinnen und Experten aus unterschiedlichen Domänen formuliert und bewertet. Für die These, dass KI-Technologien einen Großteil der administrativen Führungsaufgaben übernehmen werden, kamen kumulierte

65 % der Befragten zu der Einschätzung, dass eine solche Transformation in den nächsten 15 Jahren abgeschlossen sein wird. Diese schöne Zukunftswelt setzt allerdings vom Management her voraus, dass die Bedingungen hierfür (Infrastruktur, Datenqualität, Breitenkompetenz) im Unternehmen vorliegen und dass auch das Management versteht, was in der „KI-Blackbox" passiert. Die Notwendigkeit einer umfassenden Daten- und Technologiekompetenz des Managements wird hier nochmals deutlich.

Analytisches Denken – Implikationen für das Management:

- Den routinierten Umgang mit Daten erlernen und eine echte Vorbildfunktion wahrnehmen: Praktische Trainings sind ein guter Startpunkt, aber auch Reverse Mentoring durch junge Kolleginnen und Kollegen kann dabei helfen, Berührungsängste gegenüber den neuen Themen abzubauen. Von seinem Team zu lernen, ist kein Widerspruch zu Souveränität!

- Lernen, datenbasierte Entscheidungen zu treffen – operativ und strategisch: Auch hier gilt es zu lernen. Welche Daten brauche ich zukünftig für welche Entscheidungen? Der Aufbau dieser Prozesse wird mit einem cross-funktionalen Team gut funktionieren.

KPIs aus der „analogen" Welt in Frage stellen und entsprechend anpassen: Wie messen wir Erfolg? Neben betriebswirtschaftlichen Größen gehören Kunden noch viel stärker in den Mittelpunkt der Messung. KPIs zur Art und Weise, wie auf den sozialen Plattformen über ein Produkt/eine Dienstleistung kommuniziert wird, sowie eine systematische Lebenszyklus-Orientierung, gepaart mit Echtzeitdaten, sind die Grundlage datengetriebener, adaptiver Geschäftsmodelle.

Den Skill „Innovation" gilt es in einem größeren Kontext zu betrachten, um Implikationen für das Management abzuleiten.

Was wir in unserer Arbeit mit den Kunden oft beobachten, ist auch heute noch ein sehr formelles Verhältnis des Managements zu Innovation. Innovation findet in den Unternehmen vor allem durch Entwicklungsprojekte statt, also durch konkrete, zielorientierte Aufgabenstellungen mit klarem Start- und Endpunkt. Darin sind traditionelle Unternehmen auch sehr gut und erfahren.

Gleichzeitig sind aber strukturelle Gegebenheiten erkennbar, die Innovation nicht nur bremsen, sondern sie teilweise sogar verhindern. Dazu gehören aus unserer Erfahrung drei zentrale Defizite:

- Verantwortlichkeitskämpfe
- fehlendes Vertrauen gegenüber Mitarbeiterinnen und Mitarbeitern
- fehlende Stringenz bei Entscheidungen

Alle drei Aspekte kosten wertvolle Zeit, reduzieren die Lust auf Innovation und stiften keinerlei Mehrwert. Das Abstimmen der Verantwortlichkeiten ist häufig ein Ausgangspunkt, der sich in vielen Fällen durch ganze Innovations-Projekte hinweg zieht. Die Frage, wer für etwas verantwortlich ist, stellt dabei weniger eine fachlich-organisatorische Frage dar, sondern resultiert häufig in einem Politikum. Dabei wird eine Kultur sichtbar, die von Kontrollbedürfnissen, hierarchischem Denken und Kämpfen von „Alphatieren" geprägt ist. Eng damit verbunden ist auch ein zu geringes Vertrauen in dezentrale Entscheidungen, die zwar häufig gepredigt, aber in der Realität kaum gelebt werden. Dabei werden hochmotivierte Mitarbeiterinnen und Mitarbeiter eingebremst, da selbst kleinere Ideen formell abgesegnet werden müssen – aus Prinzip. Innovation im digitalen Zeitalter braucht hingegen ausreichend Freiraum, Spontanität und vor allem Vertrauen. Es klingt abgedroschen, aber diese Werte gilt es im Management authentisch und kontinuierlich zu leben. Sicher kann Innovation auch in strikt durchgeplanten Projekten erfolgen, wie beispielsweise Apple mit seiner hierarchischen Entwicklungsstrategie bei iPod, iPhone & Co. bewiesen hat, allerdings ist dieser Sonderfall ganz entscheidend mit dem visionären Denken von CEO Steve Jobs verbunden gewesen.

Besonders problematisch erscheint in diesem Zusammenhang auch ein unstetes Entscheidungsverhalten des Managements. Dabei werden Entscheidungen entweder schlecht oder wenig transparent kommuniziert oder ständig wieder verändert. Auf diese Weise kommt es zu Demotivation bei den ausführenden Teams und auch zu einer fehlenden Orientierung, in welche Richtung das Unternehmen eigentlich steuert.

Die Rolle des Managements im Innovationsprozess sollte darin liegen, visionäre Ziele, Zukunftsorientierung und Inspiration sicherzustellen. Anstatt Innovation technokratisch und formell zu kontrollieren und zu messen, sollte dem Management eher eine inspirierende Coaching-Funktion obliegen, was heute meist nicht der Fall ist.

Innovation – Implikationen für das Management:

- **Kulturelle Defizite müssen klar benannt werden:** Wie stark vertraut das Management der „Schwarmintelligenz" des Unternehmens? Gibt es nach wie vor „politisches" Verhalten anstatt der klaren Orientierung zur bestmöglichen Lösung?

- **Innovation von Grund auf neu denken und kulturell verankern:** Innovation findet überall statt. Dem muss Rechnung getragen werden durch offene, dezentrale und spontane Möglichkeiten, Innovation zu „machen" – in allen Unternehmensbereichen.

- **Dezentrale Entscheidungen „erlernen" und zulassen:** Innovation kann nicht „verordnet" und ebenso wenig kontrolliert werden. Trauen Sie Ihrem Team möglichst viel Umsetzungskompetenz zu – Sie stellen nur die Weichen.

- **Demokratisch führen:** Entscheidungen erfolgen nicht mehr im Hinterzimmer, sondern durch zahlreiche interne und externe Impulse. Gründe und Ausprägungen von Entscheidungen müssen jedem zugänglich sein. Das Management coacht die Belegschaft, um bei der Umsetzung von Entscheidungen bestmöglich zu helfen.

Sicherlich sind für Defizite nicht nur Personen aus dem Top-Management verantwortlich, andererseits kann den Führungsetagen vielerorts unterstellt werde, diese Defizite nicht mit ausreichender Intensität adressiert zu haben. Innovation ist eben nicht ein starres Konzept, das ähnlich einer Maschine parametrisiert implementiert werden kann, sondern Innovation benötigt eine zutiefst innovative Kultur, die vom Management proaktiv gestaltet werden muss. Dementsprechend ist es folgerichtig, die damit verbundenen Skills an oberster Stelle der Managementanforderungen zu sehen.

These: Da in Unternehmen ein Großteil der Entscheidungen von KI-Technologien vorbereitet wird, ist das Management hauptsächlich für Personalführung, Motivation und Kreativleistungen verantwortlich. Trifft das zu? Wenn ja, wann?

In diesem Zusammenhang möchte ich nochmals auf die MÜNCHNER KREIS e. V. Zukunftsstudie eingehen. In einer weiteren These haben wir untersucht, welchen Einfluss KI auf das zukünftige Managementverständnis nehmen wird (vgl. Bild 1.4). Die Studienergebnisse zeigen, dass 50 % der befragten Expertinnen und Experten davon ausgehen, dass bis 2035 ein „people-driven" Managementansatz entsteht, bei dem Entscheidungen durch KI-Technologien maßgeblich vorbereitet werden und die eigentliche Managementaufgabe somit darin liegt, Menschen zu führen, zu motivieren und für Kreativleistungen zu sorgen. Die Studie hat auch hervorgebracht, dass solch eine neue Managementorientierung positive Auswirkungen sowohl für die Wirtschaft als auch für die Gesellschaft bringen würde. Knapp die andere Hälfte der befragten Expertinnen und Experten ist hingegen der Meinung, dass dieses Szenario entweder sehr viel später oder gar nicht eintreffen wird. Die Gründe dafür werden aus der Studie nicht ersichtlich, allerdings kann interpretiert werden, dass weniger die Technik die zentrale Hürde darstellt als vielmehr das vorherrschende Mindset, da viele administrative Aufgaben bereits heute, fernab von KI, automatisierbar wären.

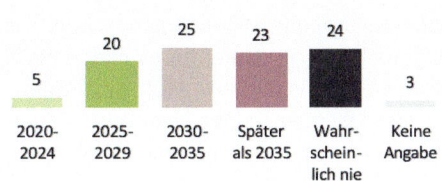

Bild 1.4 These aus der
MÜNCHNER KREIS e. V.
Zukunftsstudie VIII,
Leben, Arbeit, Bildung
2035+: Soviel Prozent
der Befragten sind der
Meinung, dass bis ...
viele Management-
Entscheidungen durch
KI-Technologien
maßgeblich vorbereitet
werden

Hand aufs Herz. Hätten Sie „Lernen" und „Lernstrategien" als zweitwichtigsten Skill der Zukunft gesehen? Und wo liegt hier die Verbindung zum Management?

An dieser Stelle möchte ich eine Anekdote aus dem Jahr 2020 schildern, die mich selbst überrascht hat. Seit etwa zwei Jahren betreuen wir mit dem Innovationszentrum für Industrie 4.0 einen der weltweit größten Hersteller für LKW, Busse und Baumaschinen unter anderem mit unserem sechstägigen Schulungsprogramm, dem „Digitalisierung und Industrie 4.0 Führerschein". Das Programm ist in drei Kurse à zwei Tage als Präsenztraining gegliedert. Bei dem besagten Unternehmen wurde das Training von mehreren Fachbereichen absolviert, um damit Ideen für zukünftige Digitalprojekte zu generieren und um ebenso ein homogeneres Kompetenzniveau in den Teams zu erreichen. Die Resonanz auf das Training war positiv, doch was nun folgte, überraschte auch unser Team nach vielen Jahren von weltweiten Schulungen. Mehrere Mitglieder des Top-Managements entschieden sich dazu, das komplette sechstägige Training in einem offenen Kurs gemeinsam mit anderen Mitarbeiterinnen und Mitarbeitern selbst zu absolvieren. Begründung: Man wolle genau verstehen, was da draußen passiert und ob die eigenen Ansätze in die richtige Richtung gehen.

Wenn Sie als Leserin oder Leser selbst Mitglied des Managements sind, können Sie vielleicht erahnen, warum diese Anekdote durchaus erwähnenswert ist. Aus meinen Erfahrungen heraus ist es auch heute noch keineswegs selbstverständlich, dass (oberste) Führungskräfte bei sich selbst einen Lernbedarf erkennen und damit auch noch „öffentlich" und entspannt im Unternehmen umgehen. Die vorherrschende Kultur geht überspitzt davon aus, dass Management so etwas wie Allwissenheit bedeutet. Zumindest gewinnt man dieses Gefühl, wenn man die Dynamik bei Meetings oder Konferenzen beobachtet. Nur sehr selten finden Nachfragen statt oder gar Einwürfe, dass man etwas nicht verstanden habe. In weiteren Fällen können Meetings auch kaum als Meinungsaustausch bezeichnet werden, sondern vielmehr als der Versuch den „Anderen" um jeden Preis von der eigenen Meinung zu überzeugen, anstatt zugänglich für andere Perspektiven zu sein. Um es auf den Punkt zu bringen: Eine echte Lernkultur fernab von exklusiven Inspirations-Reisen ins Silicon Valley oder in hippe Startup-Zentren ist auf den meisten Managementebenen nicht erkennbar. Es ist unüblich, sich systematisch weiterzubilden oder gar proaktiv zu fordern, dass das Management fachlichen Nachholbedarf, z. B. bei bestimmten Digitalthemen, hat.

Der Fehler liegt allerdings nicht nur beim Management selbst, sondern auch im System. In der Gesellschaft wird uns nicht selten ein verklärtes Bild von erfolgreichen Persönlichkeiten vermittelt, die genau wissen, was zu tun ist, die mit Leichtigkeit ihre Ziele erreichen und die sich vor uns hinstellen und immer die richtige Antwort auf unsere Fragen haben. Das klingt faszinierend und natürlich gehört zu Erfolg auch ein hohes Maß an Begabung und Intuition und Charakter. Allerdings sind diese Faktoren in vielen Fällen nur die halbe Wahrheit.

> „Erfolgreiche Managerinnen und Manager wissen, wovon sie sprechen, und dazu gehört
> die Notwendigkeit zu lernen – egal in welcher noch so prädestinierten Position sich ein
> Entscheider befindet."
>
> Dr. Philipp Ramin

Dementsprechend benötigen wir auch einen Wandel in der Art und Weise, wie wir Entscheider betrachten. Auch oder gerade ein Vorstandsvorsitzender muss kontinuierlich die Veränderung verstehen, da nur so Veränderung im jeweiligen Unternehmen proaktiv vorangetrieben werden kann. Die Wirtschaftsgeschichte hat uns immer wieder gelehrt, dass selbstzufriedene Unternehmen, die den Wandel nicht mehr wahrnehmen, schnell verschwinden können. Unter dem Ausdruck „Incumbent Inertia" wird genau dieses ökonomische Phänomen beschrieben, dessen Ursache auch darin liegt, eine veränderte Welt nicht mehr zu verstehen – das Unternehmen hat aufgehört zu lernen. Oberster Impulsgeber muss dabei das Top-Management sein. Auf diese Weise kann ein Kulturwandel über die verschiedenen Ebenen hinweg kaskadiert werden.

> „Wenn Mitarbeiter oder Führungskräfte sehen, dass die Vorstandsmitglieder des Unternehmens jeden Monat mindestens einen Tag für Weiterbildung nutzen, dann wird dieses Signal eine Organisation massiv verändern."

Dr. Philipp Ramin

Das Top-Management muss zunächst verstehen, dass es beim Thema Lernen, Weiterbildung und digitale Kompetenz eine enorme Hebelwirkung gibt. Im Kern geht es hier nicht um ein vermeintlich weiches Thema, einen sogenannten Hygienefaktor oder sogar um ein Cost Center, sondern um einen Paradigmenwechsel der Unternehmensentwicklung. Lernen ist der Ausgangspunkt für eine adaptive Unternehmenskultur. Deren Ziel ist es, dass sich Unternehmen als Ganzes kontinuierlich an verändernde Rahmenbedingungen anpassen können. Das Lernen und die Entwicklung von Lernstrategien kann damit ein Stück weit mit der Evolutionstheorie verglichen werden, wonach vor allem die Spezies überleben, die am besten ihre Umwelt verstehen und sich daran anpassen können.

Lernen und Lernstrategien – Implikationen für das Management:

- Lernen als eigene und dauerhafte Schlüsselaufgabe definieren: Das Management muss mit gutem Beispiel vorangehen und sich an Schulungsmaßnahmen regelmäßig beteiligen.

- Lernen in der Unternehmenskultur verankern: Das Management muss deutlich machen, dass es niemanden geben kann, der nicht lernt. Auch bestens qualifizierte „Digital Natives" dürfen nicht stehen bleiben.

- Den Anspruch haben fachlich nicht nur an der Oberfläche zu „kratzen": Niemand kann überall ein Experte sein, aber es ist möglich, Zukunftsfelder zu definieren, in welchen das Management umfassende Expertise braucht. In diesen Bereichen ist Konsequenz und Ausdauer gefragt.

- Systematisches Kompetenzmanagement auf Managementebene zulassen: Solange es nur bei groben Empfehlungen bleibt, wird sich wenig ändern. Auch für das Management wird ein systematisches Kompetenzmanagement benötigt mit klaren Zielen, Governance und neuen KPIs.

1.5 Die Digitale Transformation braucht das lernende Unternehmen

Das Fördern und Gestalten einer lernenden Organisation wird zu einer Schlüsselaufgabe des Managements. Wie bereits erläutert, liegt der erste Schritt beim Management selbst, damit Lernen vorgelebt und selbstverständlich wird.

Eine entsprechende Kompetenzarchitektur für das Management umfasst daher zumeist ein fachliches Fundament, das für unterschiedliche Managementbereiche sehr ähnlich ist. Es geht dabei auch um eine gegenseitige Synchronisation. Die ist notwendig, da im selben Unternehmen teils noch unterschiedliche Auffassungen und Silos darüber bestehen, „welche" Digitalisierung man denn verfolgen sollte. Wenn sich allerdings das Management nicht darüber einig ist, wird es schwierig, das gesamte Unternehmen in eine bestimmte Richtung und mit ausreichender Stoßkraft zu transformieren. Mit einer Kombination aus digitaler Wissensvermittlung durch modularisierte E-Learning-Nuggets, workshopartigen Strategie-Meetups sowie praktischen Übungsmöglichkeiten in Data und Tech Labs lässt sich dieses Fundament entwickeln – vorausgesetzt, die Maßnahmen werden vom Management ernst genommen. Darüber hinaus empfiehlt es sich durch neutrale, externe Fachexperten auch das methodische, soziale und kommunikative Kompetenzgerüst im Kontext der digitalen Transformation an die heutigen Anforderungen anzupassen.

Darauf aufbauend können in einem zweiten Schritt vertikale Kompetenzsäulen hinzugefügt werden, um konkrete Tools und tieferes Methodenwissen bestimmten Managementbereichen domänenspezifisch zugänglich zu machen. Das Produktionsmanagement kann beispielsweise in Richtung Cyber-Physischer Systeme und Mensch-Maschine-Kollaborationen geführt werden, wohingegen eher kaufmännische Managementbereiche Konzepte wie RPA, Ökosysteme oder horizontale Integration beherrschen sollten. Diese Pfade sind ein wesentlicher Bestandteil einer umfassenden Kompetenzarchitektur, um nicht nur Grundlagen, sondern auch Umsetzungskompetenz im Management aufzubauen. Unabhängig von der genauen Ausgestaltung gilt es, diese Architekturen regelmäßig zu aktualisieren und zu erweitern, um mit der Vielzahl neuer Technologien und der Schnelllebigkeit der Entwicklungen Schritt halten zu können.

Damit wird auch die Erkenntnis deutlich, dass dieser Prozess keine einmalige Pflichtübung im Hype der Digitalisierung sein kann, sondern ein zentrales Element des erfolgreichen Managements werden muss.

Entscheider sollten den beträchtlichen Aufwand hinter dieser Aufgabe nicht scheuen, da so eine kontinuierliche Transformation von innen heraus gelingen kann, ohne in die Abhängigkeit von Beratern zu geraten. Sollen Managerinnen und Manager im digitalen Unternehmen ihre volle Wirkung entfalten, müssen diese Personen in der Lage sein, das Team zu jedem Zeitpunkt fachlich inspirieren zu können.

Diese Aufgabe benötigt eine starke HR-Funktion, die in der Lage ist, die Maßnahmen für das Management nicht nur als ausführendes Organ zu organisieren, sondern vielmehr auf eine ernsthafte und nachhaltige Gestaltung Einfluss zu nehmen. Dazu gehört auch, konkrete und ambitionierte Ziele für das Management zu definieren und zu messen, um Anreize für die Lernmaßnahmen zu schaffen, aber um ebenso Konsequenz-Szenarien verfügbar zu haben, falls Teile des Managements nicht mitziehen.

Aus diesen Aufgaben wird deutlich, dass HR sich hierfür emanzipieren muss, um auf dieser überaus strategischen Ebene nicht nur als Dienstleister, sondern als zentrale Instanz wahrgenommen zu werden.

> **Empfehlung:**
>
> Dauerhaftes Lernen und Weiterbilden sollte sich in der Bewertung des Managements widerspiegeln. Solange das Management noch nicht intuitiv und routinemäßig lernt, können KPIs (z. B. Lerntage pro Jahr) dabei helfen, die Wichtigkeit des Themas auch als Teil des Anreiz- und Bewertungssystems abzubilden.

Die Notwendigkeit einer überaus engen Zusammenarbeit zwischen Management und HR-Funktion wird auch für den nächsten Schritt gebraucht: digitale Kompetenz für das gesamte Unternehmen sowie die Transformation zur lernenden Organisation. Klar ist, dass jede noch so gut qualifizierte Personengruppe mit digitaler DNA oder jahrelanger Erfahrung davon ebenso betroffen ist wie Personen, die sich auf einem geringen Kompetenzniveau befinden.

Hierfür braucht es viele Lösungen für die Heterogenität der Belegschaft, da Menschen unterschiedlich lernen und für ihre Aufgaben auch unterschiedliche Ausprägungen zukünftiger Kompetenzbereiche benötigen. Gleichzeitig müssen analog zum Management kulturelle Elemente wie Kollaboration, Neugierde, Offenheit oder Fehlertoleranz selbstverständlich für jeden werden. Eine zentrale Herausforderung liegt hier in der heute zumeist schlechten Datenlage in Bezug auf vorhandene und benötigte Mitarbeiterkompetenzen. Ist- und Sollkompetenzen, benötigte und ausgeführte Maßnahmen sowie deren Ziele und Ergebnisse sind bis dato wenig dynamisch und datengetrieben organisiert.

Bestehende Kompetenzen sollen dabei nicht verschwinden, sondern sich weiterentwickeln. Die jeweiligen Entwicklungspfade werden durch vorhandene Fähigkeiten, Lernpräferenzen und Zielsetzungen bestimmt. Training on the job, (Reverse) Mentoring, dezentrales Lernen mit E-Learning-Nuggets zu selbst wählbaren Zeiten und praxisorientiertes Lernen in Experimentierräumen – es gibt kein standardisiertes Patentrezept. Eine gute Lernarchitektur geht auf diese Unterschiede ein und benutzt dafür alle Formate, die das Thema am besten mit der richtigen „Flughöhe" transportieren. Bei technischen Themen wie IoT oder Data Science geht es schnell um praktisches Ausprobieren, wohingegen kulturelle Themen deutlich mehr Zeit und das Sammeln von Erfahrungen in der täglichen Arbeitsrealität benötigen. Besonders an dieser Stelle ist ein ernsthafter Change-Management-Prozess, getrieben durch alle Führungskräfte, entscheidend. Es klingt hart, aber sobald Mitarbeiterinnen und Mitarbeiter eine wiederholte Diskrepanz zwischen der erlernten Theorie und der täglichen Praxis erleben, z. B. hinsichtlich der Möglichkeit dezentrale Entscheidungen treffen zu dürfen oder fehlender Transparenz und Vertrauen, wird die Transformation als Ganzes schnell in Frage gestellt.

Evolutionsstufen zum lernenden Unternehmen:

1. Das lernende Management: Kontinuierliches und gegenseitiges Lernen werden bei allen Führungskräften als Selbstverständlichkeit wahrgenommen. Lernen findet crossfunktional im täglichen Handeln und in regelmäßigen Weiterbildungsmaßnahmen statt.

2. Alle Mitarbeiterinnen und Mitarbeiter haben Zugang zu Weiterbildungsmaßnahmen. Pro Monat gibt es für jede Person ein Stundenbudget zum „Lernen".

3. Kompetenzen werden systematisch gemanaged: Daten zu den Kompetenzen aller Mitarbeiter und Führungskräfte werden sinnvoll und transparent genutzt, um individuelle Entwicklungspfade umzusetzen.

4. Das lernende Unternehmen: Lernen und Weiterbildung sind tief in der DNA des Unternehmens verankert. Formelle Maßnahmen zum Lernen können zurückgefahren werden, da kontinuierliches Lernen eine Selbstverständlichkeit ist und somit eine wesentliche Schlüsselaufgabe jeder Person in der Organisation. Das Unternehmen hat KPIs implementiert, die das Lernen auf gleicher Höhe wie andere Aufgaben im Unternehmen sehen.

1.6 Schluss mit den Trends – einfach machen

Der Wandel zum lernenden Unternehmen funktioniert nicht auf Knopfdruck. Stattdessen wird ein echter Kulturwandel benötigt. Weiterbildung ist eine wichtige, dauerhafte Aufgabe für alle Bereiche. Lernen muss selbstverständlich sein und als Teil der Arbeitszeit gelten. Personalabteilungen brauchen mehr Ressourcen, um die benötigten Lernarchitekturen und Weiterbildungsangebote mit Experten zu schaffen. Kunden und Lieferanten sind einzubinden, um die Realitäten moderner Wertschöpfungsketten in Lerninhalte zu integrieren.

Daher dürfen Lernformate nicht nur hipp sein, sie müssen viel Praxiserfahrung beinhalten und vor allem müssen die Themen in der Realität Anwendung finden und wirklich gelebt werden.

Eine moderne Unternehmensakademie muss auf strategischer Ebene im Unternehmen integriert sein, benötigt ausreichende Budgets und sollte als Think Tank agieren und Vorschlagsmechanismen beinhalten, damit Mitarbeiterinnen und Mitarbeiter kontinuierlich Weiterbildungsideen einbringen können. Allerdings sind Akademien und formelle Weiterbildungsmaßnahmen nur ein Zwischenschritt oder ein Element im Portfolio.

Schlussendlich sollte das eigentliche Ziel darin liegen, ein lernendes Unternehmen zu werden. Vermutlich hat man dies nicht erreicht, solange Begriffe wie lebenslanges Lernen und Lernkultur als Trendbegriffe umherschwirren.

„Wir könnten argumentieren, dass ein lernendes Unternehmen Realität geworden ist, wenn wir gar nicht mehr so viel darüber schreiben und sprechen müssen, sondern das Lernen einfach tun. Daran muss sich das Management von heute und von morgen messen lassen."

Dr. Philipp Ramin

Das lernende Unternehmen beginnt beim Management und beinhaltet die gesamte Organisation. Allerdings haben wir noch einiges vor uns, da Lernen und Weiterbildung bis dato nicht zugänglich für wirklich jedes Organisationsmitglied ist – zumindest nicht in ausreichendem Maße. Ebenso fehlt Lernen als Teil der normalen Job Description oder sogar als Bewertungsziel. Warum nicht KPIs formulieren, die das Lernen mit gleicher Relevanz sehen wie Kosten- oder Effizienzziele?

Bezugnehmend auf meine Einleitung für diesen Beitrag, möchte ich Sie als Leserinnen und Leser mit einer offenen Frage zum Nachdenken anregen: Wären wir mit der Umsetzung von Industrie 4.0 und Digitalisierung vielleicht schon weiter, wenn wir früher damit begonnen hätten intensiver zu lernen?

Das Lernen gehört auf die strategische Agenda, da nur lernende Unternehmen zukünftig in der Lage sein werden, der Komplexität und Volatilität unserer (Business-)Welt begegnen zu können.

Literatur

Christensen, C. M.: The Innovator's Dilemma. Harvard Business School Press, Boston, Massachusetts 1997

MÜNCHNER KREIS e. V., gemeinsam herausgegeben mit der Bertelsmann Stiftung: Zukunftsstudie MÜNCHNER KREIS e. V. Phase VIII – Leben, Arbeit, Bildung 2035+. Durch Künstliche Intelligenz beeinflusste Veränderungen in zentralen Lebensbereichen. 2020, aufgerufen von *https://www.muenchner-kreis.de/fileadmin/user_upload/2020_Zukunftsstudie_MK_Band_VIII_Publikation.pdf*

OECD: Digitalisation and productivity: a story of complementarities. 2019, aufgerufen von *http://www.oecd.org/economy/growth/digitalisation-productivity-and-inclusiveness/*

World Economic Forum: The Future of Jobs Report 2020. 2020, aufgerufen von *https://www.weforum.org/reports/the-future-of-jobs-report-2020*

Datenkompetenz als zentraler Baustein einer Datenstrategie: Von der Vision zur Roadmap

Katharina Schüller

Der Beitrag zeigt anhand einer Fallstudie auf, wie in einem Verkehrsverbund das Thema Datenkompetenz in den Fokus der Entwicklung einer Datenstrategie genommen wurde. Als Grundlage für den Strategieprozess dienten das Datenstrategie-Referenzmodell von STAT-UP und das Data Literacy Framework des Hochschulforums Digitalisierung.

Das Projekt wurde in Form von co-kreativen Workshops durchgeführt. Dabei erarbeiteten die Teilnehmer aus verschiedenen Hierarchie-Ebenen und Unternehmensbereichen nicht nur eine Roadmap mit konkreten Maßnahmen, sondern erlebten bereits während dieses Prozesses das unmittelbare Arbeiten mit Daten anhand von prototypisch umgesetzten Anwendungsfällen. In der Anwendung selbst wurde vermittelt, welche Aspekte Datenkompetenz in der täglichen Arbeit umfassen kann, wo bereits Kompetenzen vorhanden und wo diese zukünftig auszubauen sind.

Die Fallstudie orientiert sich an einem tatsächlich durchgeführten Projekt. Details wurden verändert, um keine Rückschlüsse auf den Auftraggeber, seine internen Prozesse und Planungen zuzulassen.

2.1 Zusammenfassung

Als wichtiger Teil der Digitalstrategie eines Verkehrsverbundes wurde der Themenkomplex „Datenanalyse, Datenkompetenz und Datenstrategie" identifiziert. Die Fähigkeiten, Daten zu generieren, große Datenmengen zu verwalten, an den entscheidenden Stellen zu verknüpfen, auszuwerten und Erkenntnisse aus diesen zu ziehen, wird entscheidend dafür sein, ob das Unternehmen auch in Zukunft erfolgreich kundenorientierte Services entwickeln kann. Dabei hat sich insbesondere gezeigt, dass die Datenkompetenz systematisch untersucht und ein Plan entwickelt werden musste, diese strukturiert und zielgerichtet weiterzuentwickeln.

Der Verbund hat deshalb im Rahmen eines umfassenden bereichsübergreifenden Projekts zusammen mit unserer Unterstützung genau dies getan und eine Datenstrategie entwickelt. Diese Datenstrategie soll dabei helfen, Services zu entwickeln, die

- die Kernleistung durch Prozessinnovation als auch durch verbesserten Kundenservice stärken

- die Wirtschaftlichkeit und damit die Finanzierung des Verbunds sichern

- zur Positionierung als Mobilitätspartner und hinsichtlich der Umweltverträglichkeit beitragen

Damit sollen langfristig drei Ziele erreicht werden:

1. Der Verbund ist im ÖPNV führend in der Nutzung von Daten, um die Bedürfnisse der Kunden, z. B. nach einer intermodalen Mobilitätslösung, optimal zu befriedigen.

2. Er positioniert sich als Gestalter einer integrierten Datenplattform – als Partner von weiteren Verkehrsunternehmen, von anderen Unternehmen und der Politik.

3. Er stärkt mit Hilfe von Daten seine Finanzierung, z. B. durch die Gestaltung eines optimalen Angebots für seine Kunden und durch die Steigerung der Effizienz seiner Prozesse.

Zentrales Ergebnis war die Überzeugung aller Beteiligten, dass eine erfolgreiche und nachhaltige Datenstrategie stets auf zwei Ebenen „auf der Höhe der Zeit" sein muss. Zum einen gilt es, die fachlich-inhaltlichen Fähigkeiten dauerhaft auf konkurrenzfähige Lösungen, Produkte und Dienstleistungen auszurichten. Dabei zeigt sich Datenkompetenz nicht an Ergebnissen isolierter Leuchtturm-Projekte, sondern an der Fähigkeit der Organisation, Daten als Rohstoff des 21. Jahrhunderts systematisch in Wert zu verwandeln. Dafür ist zugleich ein Veränderungsprozess zu durchlaufen, der die Organisation und die Infrastruktur, die Führung und die operative Umsetzung betrifft. Es braucht eine „Daten-DNA" aus Regeln, Rollen und Arbeitsweisen, die alle Unternehmensbereiche und alle Hierarchien durchdringt.

Für das weitere Vorgehen wurde deshalb vorgeschlagen, die eigene Datenkompetenz – ausgehend von den aktuellen Fähigkeiten – im Sinne eines „learning by doing" anhand von konkreten Anwendungsfällen weiterzuentwickeln. Diese Anwendungsfälle sind dabei so gefasst, dass nach jeweils drei bis sechs Monaten ein konkretes Ergebnis vorliegt, das als sogenanntes „minimal nutzbares Produkt" (minimal viable product – MVP) eigenständig verwertbar ist und anhand dessen man beurteilen kann, ob man den Projektstrang weiterverfolgt oder die Ressourcen lieber auf ein anderes Projekt konzentriert. Mit der Bearbeitung der Anwendungsfälle soll dabei die Datenkompetenz in folgenden Dimensionen weiterentwickelt werden:

- fachliches und technisches Wissen (z. B. Wissen über Software-Tools, Datenstrukturen, Datenquellen, Analysemethoden …),

- Fähigkeiten und Fertigkeiten, dieses Wissen zweckorientiert umzusetzen, und

- Motivation und (Wert-)Haltung, die Daten in Mehrwert zu verwandeln und dabei die Möglichkeiten und Grenzen der Datennutzung kritisch zu hinterfragen.

2.2 Bedeutung und Einordnung der Datenstrategie

2.2.1 Bedeutung der Datenstrategie

Digitalisierung und Mobilität zählen zu den zentralen Herausforderungen der nächsten Jahre. Zugleich bestehen zwischen diesen beiden Entwicklungsfeldern enge Zusammenhänge und Wechselwirkungen, die nicht nur den technologischen Fortschritt betreffen, sondern die Rahmenbedingungen für die Gestaltung der Mobilität in einem umfassenden Sinne beeinflussen.

Im Zuge der Digitalisierung erlangen Themen wie „Daten", „Datenmanagement" und „Gewinnung von Erkenntnissen aus Daten" zunehmend an Bedeutung. Datenkompetenz beeinflusst maßgeblich die Qualität der datenbasierten Entscheidungsfindung und dient damit strategischen Zielen:

- Nachhaltige Ausrichtung an den Kundenbedürfnissen (Services und neue, datenbasierte Dienstleistungen)

- Unterstützung strategischer Unternehmensentscheidungen (insbesondere die zunehmend erforderliche Vernetzung zwischen Aufgabenträgern und Teilverkehrssystemen)

- Verbesserung der Wirtschaftlichkeit (Optimierung des Verkehrsangebots, Steigerung der operativen Leistung)

Die im Zuge der Datenstrategie erarbeitete Roadmap zeigt den Weg für eine dauerhaft tragfähige Datenstrategie auf, die mit anderen Strategien des Verbundes kompatibel ist.

In diesem Kontext ermöglicht Datenkompetenz erfolgreiches Handeln in vier eng verzahnten Feldern, die mit der Datenstrategie unmittelbar adressiert werden:

1. Kundenattraktivität (Kundengewinnung, Kundenzufriedenheit, Fahrgastinformation)
2. Wirtschaftlichkeit (Tarifgestaltung, wirtschaftliche Tragfähigkeit)
3. Innovation & Prozesse (Erweiterung des Angebots, Qualitätssicherung und -management)
4. Positionierung (Kooperation, Wettbewerbsfähigkeit, Umweltverträglichkeit)

2.2.2 Einordnung der Datenstrategie

2.2.2.1 Relevante Technologie- und Markttrends als Treiber

Im Zuge der Digitalisierung und Datenorientierung lässt sich eine Reihe von Trends identifizieren, die für einen Verkehrsverbund von hoher Relevanz sind. Diese Trends umfassen:

- Multimodalität/Intermodalität im Nahverkehr
- Open Data, Open Innovation, Co-Creation
- Digitale Vernetzung, dezentrale Datengenerierung und Datenspeicherung
- Automatisierung und Künstliche Intelligenz
- ÖPNV-Anbieter werden zu Plattform-Anbietern
- Digitale Informations-, Kommunikations- und Vertriebskanäle

2.2.2.2 Einordnung in die Unternehmensstrategie

Eine Datenstrategie muss den Bezug zu weiteren Strategien im Unternehmen berücksichtigen und im Einklang stehen mit den gültigen Regeln, Rollen und Arbeitsweisen. Um mögliche Konflikte von Datenstrategie und einer gegebenenfalls separat entwickelten Digitalstrategie mit bestehenden Leitlinien und Handlungsanweisungen zu vermeiden oder aufzulösen, müssen rechtliche und organisatorische Rahmenbedingungen betrachtet und auf den Prüfstand gestellt werden: Wer ist „Herr der Daten", welcher Bedarf an Kooperation und Koordination ergibt sich zwischen verschiedenen Fachbereichen, wer haftet für Fehlentscheidungen? Parallel zur technischen Implementierung stellt sich stets die Frage, was in bestehenden Strukturen getan werden kann und darf. Möglicherweise stellt sich durch die Analyse von Daten heraus, dass bestehende Prozesse nicht nur ineffizient, sondern gar ineffektiv sind (gemäß dem geflügelten Wort, dass Digitalisierung einen schlechten Prozess nicht zu einem guten Prozess macht), oder dass Anreize falsch gesetzt sind.

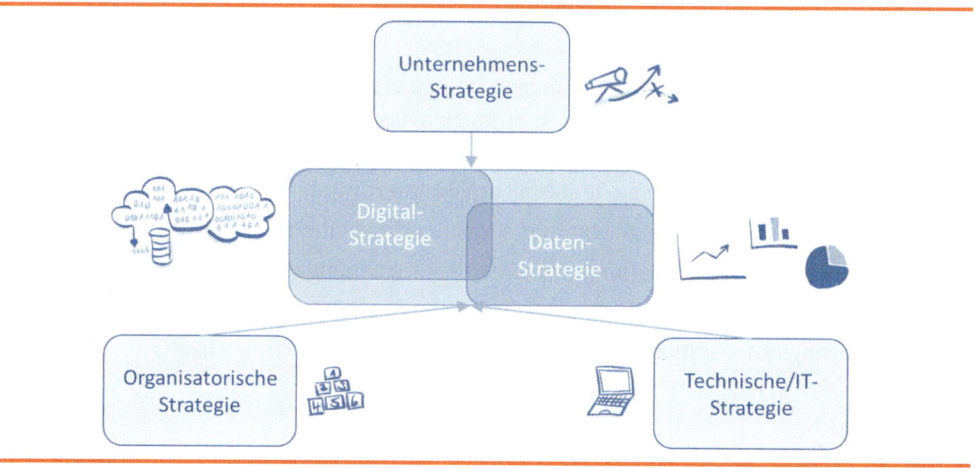

Rund um Daten- und Digitalstrategie gruppieren sich im Wesentlichen drei Strategien (Bild 2.1).

Die **Unternehmensstrategie** gibt vor:

- Wofür der Verkehrsverbund steht (Mobilitätsanbieter, Datenanbieter, Plattform …)
- Welche Zielgruppen/Kundengruppen er bedient
- Ob es Priorisierungen von Geschäftsbereichen oder Aufgaben gibt
- Welche Art von Anwendungsfällen auf dieser Basis gewünscht ist (Prozessoptimierungen, neue Geschäftsmodelle)
- Mit welchen Partnern Daten ausgetauscht werden (Lieferanten, weitere Verkehrsunternehmen, Mobilfunkanbieter …)

Die **organisatorische Strategie** gibt vor:

- Wie unterschiedliche Geschäftsbereiche zusammenarbeiten können (strikte Trennung von Abteilungen, projektbezogene Zusammenarbeit, fluide Formen der Zusammenarbeit)
- Welche neuen Organisationsformen genutzt werden können (interne Data-Science-Abteilung oder projektweise Einbeziehung externer Experten)
- Welche Weiterbildungsmöglichkeiten und Karrierewege möglich sind
- Wie Daten (Input) und daraus entstehende Produkte (Output) einzelnen Akteuren zugeordnet werden, d. h., wem „gehören" die Daten und wem „gehört" das, was daraus entsteht
- Welche rechtlichen und organisatorischen Rahmenbedingungen unverrückbar sind und welche hinterfragt werden können

Die **technische Strategie** gibt vor:

- Welche Plattformen verfügbar sind, um die Daten bereitzustellen und zu managen
- Welche IT-Architektur vorhanden ist
- Welche Software konkret vorhanden ist, wie diese genutzt werden kann und von wem (Lizenzmodelle, Rahmenverträge, Open Source)

Die bestehende **Digitalstrategie,** die selbst wiederum von den Vorgaben der drei genannten Strategien abhängt, gibt vor:

- Welche digitalen und konventionellen Kanäle zur Generierung von Daten zur Verfügung stehen und wie diese verknüpft sind
- Auf welchen Plattformen die Daten bereitgestellt werden
- Welche Leitlinien und strategischen Zielsetzungen der Datenstrategie übergeordnet sind, zu denen die zukünftigen Anwendungsfälle einen Beitrag liefern müssen

Die Umsetzung der Digitalstrategie liefert bereits eine große Menge an Daten. Es ist zu diskutieren, ob auch die Generierung von Daten ein Zweck der Digitalstrategie sein kann, weil Daten als wertvoller Rohstoff für die zukünftige Wettbewerbsfähigkeit dienen können. Das würde bedeuten, dass z. B. Apps oder Services entstehen können, die zusätzlich Daten generieren, um mit deren Hilfe die Handlungsfelder besser zu adressieren als mit vorhandenen Daten. Der Zweck solcher Apps und Services ist es vornehmlich, neben dem Anwendernutzen, neue Daten zu erschließen, um auf deren Grundlage Prozesse zu verbessern oder neue Produkte und Services zu schaffen, die

- die Kernleistung des Verbunds stärken, sei es durch Prozessinnovation oder durch einen verbesserten Kundenservice
- die Wirtschaftlichkeit und damit die Finanzierung sichern
- zur Positionierung etwa hinsichtlich der Umweltverträglichkeit oder als starker Mobilitätspartner beitragen

In diesem Fall kann die Datenstrategie auch Treiber sein für Projekte im Kontext der Digitalstrategie, d. h., es gibt Rückkopplungen und Wechselwirkungen zwischen Digitalstrategie und Datenstrategie. Umgekehrt kann festgelegt sein, dass die Datenstrategie von der Digitalstrategie bestimmt wird, d. h., es stehen nur Datenressourcen zur Verfügung, die aus Datenquellen mit einem anderen Hauptzweck als der Gewinnung von Daten stammen. In dieser Sichtweise ordnet sich die Datenstrategie der Digitalstrategie vollständig unter bzw. ist vollständig nachgelagert. Unsere Empfehlung war eine enge Verzahnung und wechselseitige Beeinflussung beider Strategien.

> Digitalstrategie und Datenstrategie zahlen gemeinsam auf die Unternehmensstrategie ein. Beide Strategien stehen in engem Zusammenhang, da die Digitalstrategie für einen wesentlichen Teil des Datenaufkommens im Unternehmen mitverantwortlich ist. Zudem müssen Abhängigkeiten von der IT- und der Organisationsstrategie beachtet werden. Organisatorisch sind die entsprechenden Rahmenvoraussetzungen zu schaffen. Dies beinhaltet sowohl strukturelle, rechtliche als auch fachliche Aspekte. Bestehende Vorgaben und Strukturen sind dabei zu berücksichtigen und gegebenenfalls anzupassen, um innerbetrieblichen Konflikten vorzubeugen. Gleichzeitig sollten bei der Gewinnung von Daten die strategischen Einsatzfelder und zukünftigen Anwendungsmöglichkeiten mit einfließen.

2.3 Erfolgsfaktoren einer nachhaltigen Datenstrategie

Eine erfolgreiche und nachhaltige Datenstrategie zeigt sich nicht in den Ergebnissen isolierter Leuchtturm-Projekte, sondern in der Fähigkeit der Organisation, Daten als Rohstoff des 21. Jahrhunderts systematisch in Wert zu verwandeln. Dafür ist ein Veränderungsprozess zu durchlaufen, der die Organisation und die Infrastruktur, die Führung und die operative Umsetzung betrifft. Ein Unternehmen muss kontinuierlich das Thema Daten bearbeiten und weitertreiben, um erfolgreicher zu werden. Es braucht eine „Daten-DNA" aus Regeln, Rollen und Arbeitsweisen, die alle Unternehmensbereiche und alle Hierarchien durchdringt:

Businesses are collecting more data than they know what to do with. To turn all this information into competitive gold, they'll need new skills and new management style.

(McAfee & Brynjolfsson, 2012, S. 60)

2.3.1 Datenkompetenz als Cluster effektiver Handlungsweisen im Wertschöpfungsprozess

Entscheidungsfindung bzw. Wertschöpfung aus Daten kann wie in Bild 2.2 als zyklischer, systemischer Prozess dargestellt werden, was betont, dass es sich um einen kontinuierlichen Vorgang handelt. Damit lässt sich zugleich identifizieren, welche Kompetenzen es braucht, damit dieser Prozess effizient (d. h. mit möglichst optimalem Ressourceneinsatz) und effektiv (d. h. möglichst zielorientiert) abläuft.

Bild 2.2 Systemisches Modell der datenbasierten Entscheidungsfindung bzw. Wertschöpfung (Schüller; Busch; Hindinger: Future Skills: Ein Framework für Data Literacy, 2019, S. 23)

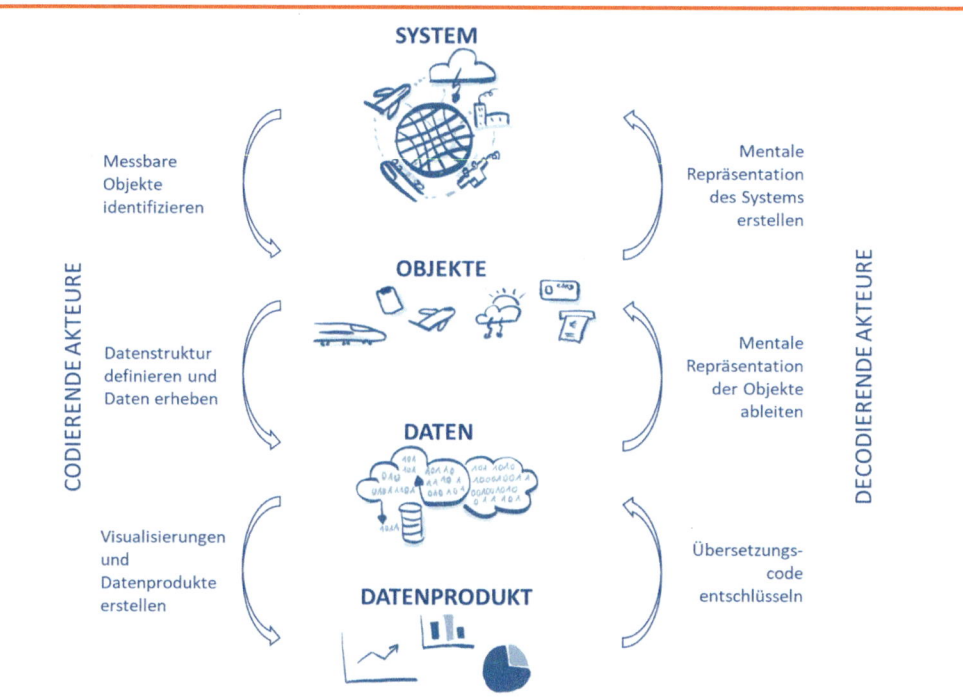

Datenkompetenz zeigt sich sowohl in einer kompetenten Produktion von Statistiken, Visualisierungen etc. (Codierung) als auch in einer kompetenten Rezeption (Decodierung) der Analyse-Ergebnisse. Auf der Codierungsseite zeigt sich Datenkompetenz in der Bewusstheit, welches Kontextwissen durch den Verarbeitungsprozess entfernt bzw. hinzugefügt wird (z. B. durch die Komprimierung der Rohdaten zu Mittelwerten oder die Wahl einer Visualisierungsform, die bestimmte Dimensionen betont) und welche Aussage dadurch mit den Daten transportiert wird. Auf der Decodierungsseite zeigt sich Datenkompetenz in der Bewusstheit, welche Information in einer Statistik/Grafik tatsächlich steckt und welche im Decodierungsprozess hinzugefügt wird bzw. vom Codierer „erzwungen" wird (z. B. durch eine manipulative Darstellungsform).

Datenkompetenz ist somit eine Schlüsselkompetenz im Zuge des digitalen Wandels. Sie umfasst

- das fachliche und technische Wissen (z. B. Wissen über Software-Tools, Datenstrukturen, Datenquellen, Analysemethoden ...),
- die Fähigkeiten und Fertigkeiten, dieses Wissen zweckorientiert umzusetzen, und
- die Motivation und (Wert-)Haltung, die Daten in Mehrwert zu verwandeln und dabei die Möglichkeiten und Grenzen der Datennutzung kritisch zu hinterfragen.

Datenkompetenz ist ein komplexes Konstrukt aus einer Vielzahl von Teilkompetenzen, die benötigt werden, um Daten in einer Organisation nachhaltig erfolgreich zu nutzen. Das wissenschaftlich fundierte Data Literacy Framework des Hochschulforums Digitalisierung (Schüller; Busch; Hindinger: Future Skills: Ein Framework für Data Literacy, 2019, S. 23) wurde als Referenzmodell ausgewählt, um zukünftig einen eigenen Datenkompetenz-Rahmen für den Verbund zu entwickeln.

2.3.2 Prozessfokus in den Workshops

Digitalisierung verändert sowohl die Form der Zusammenarbeit innerhalb einer Organisation als auch die Art und Weise, wie Organisationen mit ihrer Umwelt interagieren. Partizipation und Transparenz werden durch den technologischen Wandel nicht nur ermöglicht, sondern auch zunehmend von Kunden, Lieferanten, Mitarbeitern und weiteren Akteuren gefordert.

Für den Verkehrsverbund ergaben sich deshalb vier große Handlungsfelder, die mittels einer Datenstrategie adressiert werden können:

1. Kundenattraktivität, d. h. insbesondere Verbesserung des Kundenservice
2. Innovation und Prozesse, etwa zur Verbesserung der Planung
3. Positionierung als datenkompetente Organisation und damit auch Motivation von Kunden und Partnern zur Bereitstellung von Daten
4. Wirtschaftlichkeit, um wettbewerbsfähig zu bleiben und in der Lage zu sein, relevante und umsetzbare Anwendungen zu identifizieren

Innerhalb dieser Handlungsfelder lassen sich die Anwendungsfälle verorten, die für den Verkehrsverbund zukünftig relevant und im Zuge der Datenstrategie umsetzbar sind.

Um replizierbare Vorgehensweisen zu entwickeln und in der Organisation zu etablieren, ist es notwendig zu verstehen, welche Faktoren zum Erfolg oder auch zum Scheitern solcher Anwendungsfälle beitragen und welche systematischen Vorgehensweisen dabei helfen, einen nachhaltigen Kompetenzgewinn zu erzielen. Aus diesem Grund konzipierten wir eine Serie von aufeinander aufbauenden Workshops zur angeleiteten co-kreativen Erprobung von Anwendungsfällen, anhand derer die Elemente einer Datenstrategie sukzessive betrachtet werden können.

Mit der Datenkompetenz aller beteiligten Akteure (Management, Mitarbeiter, Kunden, Lieferanten) steht und fällt eine erfolgreiche Datenstrategie. Wichtige Handlungsfelder im Kontext des Change-Managements für Unternehmen, die eine Datenstrategie planen oder verfolgen, sind daher:

1. Der Aufbau von Datenkompetenz im Unternehmen.
2. Das Einfordern von Datenkompetenz im Management, aber auch bei Angestellten, Bewerbern, Zulieferern und Dienstleistern.
3. Das Anbieten und Fördern geeigneter und an den jeweiligen Bereich angepasster Fortbildungsmaßnahmen zur Erreichung von Datenkompetenz.
4. Das Durchführen von praxisnahen Workshops zur Erreichung einer abteilungsübergreifenden Zusammenarbeit hinsichtlich der Datenstrategie und des Datenaustauschs sowie zur Erarbeitung von praxisnahen, umsetzbaren Anwendungsfällen.
5. Das Ändern des Mindsets hinsichtlich des möglichen Scheiterns von Projekten im Datenbereich, so dass eine Kultur des kontinuierlichen Lernens und Optimierens („Fail Fast" sowie „Learn and Repeat") entsteht.

2.4 Die Datenstrategie im Detail

2.4.1 Vision und Mission/Handlungsfelder der Datenstrategie

In den Workshops wurden in einem co-kreativen Prozess Impulse für die Vision und Mission geschaffen, indem das Zukunftsbild und die Anwendungsfälle wiederholt von einer Vielzahl heterogener Teilnehmer reflektiert wurden. Ein Kernteam bzw. der Steuerungskreis des Projekts „Datenstrategie" griff die Impulse auf, leitete Vision und Mission in Form von Handlungsfeldern ab und formulierte einen ersten Vorschlag. Dieser wurde von den Teilnehmern im vierten Workshop diskutiert. Im Anschluss wurde der Vorschlag im Steuerungskreis abgestimmt.

Deutlich wurde: Als Ausgangsbasis sollten die Leitlinien der Digitalstrategie dienen. Im Fokus der Ziele stehen die Kundenbedürfnisse. Die Datenstrategie ist nicht nur untergeordneter Teil der Digitalstrategie, sondern gleichrangig. In der folgenden Tabelle 2.1 ist das Ineinandergreifen von Digitalstrategie und Datenstrategie dargestellt.

Tabelle 2.1 Gegenüberstellung der Vision von Digital- und Datenstrategie

Vision Digitalstrategie	Vision Datenstrategie
Der Verbund gilt als kompetenter Anbieter einer intermodalen Mobilitätslösung für individuelle Bedürfnisse, die aus Kundensicht entwickelt wurde.	Der Verbund ist kompetent in der Nutzung von Daten, um die Bedürfnisse seiner Kunden nach einer intermodalen Mobilitätslösung optimal zu befriedigen.
Die Positionierung des Verbunds als attraktiver Partner für weitere Akteure wird gestärkt.	Der Verbund positioniert sich als Gestalter einer integrierten Datenplattform für weitere Akteure.
Die Finanzierung des Verbunds (inkl. Sicherstellung der öffentlichen Mittel) wird gestärkt.	Der Verbund stärkt mit Hilfe von Daten seine Wirtschaftlichkeit durch die Optimierung seines Angebots und seiner Prozesse.

Die bestehende Digitalstrategie nannte bereits eine Reihe strategischer Zielsetzungen, die für die Datenstrategie ebenfalls gelten sollten. Korrespondierend hierzu wurden zehn Handlungsbereiche nach den Handlungsfeldern der Datenstrategie gegliedert (Bild 2.3). Sie strukturieren die Anwendungsfälle gemäß den jeweiligen Zielsetzungen und bilden gemeinsam die Mission der Datenstrategie.

Bild 2.3 Handlungsbereiche und Handlungsfelder der Datenstrategie (eigene Darstellung)

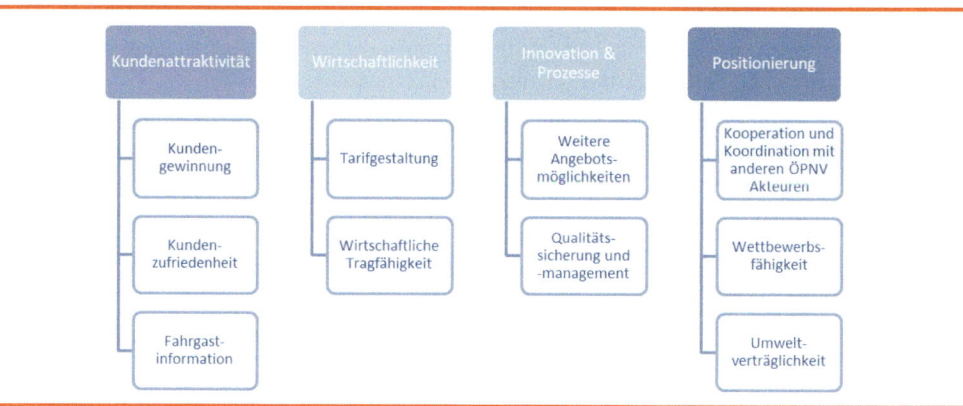

2.4.2 Aufgabenbereiche und Bausteine der Datenstrategie nach dem Datenstrategie-Referenzmodell von STAT-UP

Eine Datenstrategie umfasst nach der Definition des Referenzmodells von STAT-UP (Bild 2.4) zwei Dimensionen, die in direktem Bezug zu den umgebenden Strategien stehen. Auf der horizontalen Dimension sortieren sich die Bausteine der Datenstrategie (Strukturen, Regeln, Prozesse, Rollen, Kompetenzen) nach solchen, die (eher) die Organisation betreffen, und solchen, die (eher) die IT-Infrastruktur betreffen. Die vertikale Dimension sortiert die Aufgabenbereiche der Datenstrategie (Data Governance, Qualitäts- und Risikomanagement, Daten- und Informationsmanagement) zu solchen, die eher die Führungsebene betreffen, und solchen, die eher auf der operativen Ebene angesiedelt sind.

Bild 2.4 Dimensionen, Bausteine und Aufgabenbereiche einer Datenstrategie (Datenstrategie-Referenzmodell von STAT-UP)

Die Aufgabenbereiche lassen sich übergeordnet mit dem Begriff „Datenkultur" umschreiben, d. h., eine Organisation, die eine Datenkultur von hohem Reifegrad besitzt, ist in der Lage, die Wertschöpfung bzw. Wissensgewinnung aus Daten als strategisches Ziel zu definieren und auf Führungsebene zu koordinieren (Data Governance), diese Wissensgewinnung systematisch umzusetzen (Daten- und Informationsmanagement) und sie hinsichtlich ihrer Effektivität, d. h. Zielorientierung, sowie ihrer Effizienz, d. h. ressourcenoptimalen Umsetzung, zu überwachen (Qualitäts- und Risikomanagement).

2.4.3 Aufgabenbereiche der Datenstrategie

In den folgenden Abschnitten werden die einzelnen Aufgabenbereiche zunächst gemäß ihrer Funktion im Referenzmodell beschrieben (theoretischer Hintergrund). Im Anschluss wird das konkrete Zielbild für die jeweiligen Elemente dargestellt (Umsetzung für den Verkehrsverbund). Schließlich wird der aktuelle Zustand, der in den Workshops und in begleitenden Interviews identifiziert wurde, dargestellt.

Um das Zielbild zu erreichen, sind Maßnahmen durchzuführen, welche durch das Projektteam erarbeitet und in einem der Workshops durch deren Teilnehmer priorisiert und dann nochmals durch das Projektteam validiert wurden. Aus diesem Vorgehen ergibt sich eine Reihenfolge der Maßnahmen, die sowohl aufeinander aufbauen als auch die Nöte und Klärungen auf Mitarbeiterseite (welche die Datenstrategie schlussendlich umsetzen müssen) berücksichtigen. Eine Maßnahme kann sich dabei auf mehrere Bausteine und Aufgabenbereiche beziehen.

Die co-kreative Zusammenarbeit in den Workshops war bereits Teil des Change-Managements, was in Einklang mit der Empfehlung steht, diese Aufgabe an den Beginn der Umsetzung einer Datenstrategie zu stellen und professionell begleiten zu lassen. Konsequenterweise setzten sich die Teilnehmer in den Workshops intensiv mit Fragen der Data Governance auseinander, wobei Regeln und Rollen einen besonderen Schwerpunkt bildeten. Qualitäts- und Risikomanagement wurden erprobt, indem ausgewählte Anwendungsfälle und die Schwierigkeiten bei deren Umsetzung laufend kritisch reflektiert wurden. Das Daten- und Informationsmanagement als operativster Aufgabenbereich kann zukünftig von den jeweils Verantwortlichen umgesetzt werden. Ein konkretes Produkt der Workshop-Reihe – eine Plattform für ein Datenwiki – war das erste Ergebnis, das diesem Aufgabenbereich zuzuordnen ist.

2.4.3.1 Data Governance

Theoretischer Rahmen

Der Aufgabenbereich der Data Governance umfasst die Festlegung, welche datenbezogenen Entscheidungen unternehmensweit getroffen werden müssen, welche Rollen im Unternehmen an diesen Entscheidungen beteiligt sind und in welcher Form diese Rollen beteiligt sind. Hier befindet sich die Verbindung zur Unternehmensstrategie.

Data Governance ist die Führungsaufgabe, die in der Datenstrategie definiert und konkretisiert wird, d.h., Data Governance führt das Daten- und Informationsmanagement. Es hat zum Ziel, eine Datenkultur zu etablieren, in der Daten als wertvolle Ressource wahrgenommen werden, damit ein maximaler Wert aus den Daten, d.h. ein maximaler Nutzen für die Organisation, realisiert werden kann. Damit ist gemeint, dass eine Atmosphäre herrscht, die das Arbeiten mit Daten aktiv fördert. Datenkompetenz in unterschiedlichen, rollenspezifischen Ausprägungen wird als eine wichtige Qualifikation für die meisten Mitarbeiter angesehen, ausreichend Ressourcen für das Arbeiten mit Daten müssen vorhanden sein. Zur Etablierung und Erhaltung der Datenkultur müssen ausreichend finanzielle und personelle Ressourcen bereitgestellt werden; dazu gehört auch die Integration von Datenkompetenz in Personalentwicklungspläne.

Zielbild

- Daten und Informationen sind ein Treiber kontinuierlicher Innovation.
- Daten und Informationen sind ein strategischer Vermögenswert, d.h., durch die systematische Nutzung von Daten wird ein erheblicher Nutzen für die Organisation realisiert.
- Es herrscht eine Atmosphäre, die das Arbeiten mit Daten innerhalb der Geschäftsbereiche sowie übergreifend aktiv fördert.
- Datenkompetenz in unterschiedlichen, rollenspezifischen Ausprägungen wird als eine wichtige Qualifikation für die meisten Mitarbeiter angesehen, ausreichend Ressourcen für das Arbeiten mit Daten sind vorhanden.
- Zur Etablierung und Erhaltung der Datenkultur werden ausreichend finanzielle und personelle Ressourcen bereitgestellt; dazu gehört auch die Integration von Datenkompetenz in Personalentwicklungspläne.
- Rollen, Prozesse, Berechtigungen und Entscheidungswege sind bezüglich datenbasierter Entscheidungen klar definiert und werden eingehalten.

Aktuelle Situation

Strategische Bedeutung von Daten: Zur Rolle, die Daten und datenbasierte Entscheidungen im Verkehrsverbund spielen sollen, sind Vision und Ziele erarbeitet. Die zu priorisierenden Themenfelder sind erarbeitet und durch die Geschäftsführung verabschiedet. Die Ableitung konkreter Zielvorgaben für alle Bereiche und Hierarchien als Operationalisierung der Vision ist der nächste notwendige Schritt. Aktuell werden Innovationen aus Daten (noch) nicht systematisch erarbeitet und koordiniert, sondern es gibt isolierte Initiativen und Projekte, deren Wertbeitrag für die Organisation nur schwer abzuschätzen ist, nicht zuletzt in Ermangelung einheitlicher Bewertungskriterien.

Datenkultur/Change-Management: Es ist abzustimmen, wie ein strukturiertes Change-Management zur Etablierung der Datenkultur in Einklang mit den anderen Strategien vorangetrieben werden soll. Insbesondere auf der Führungs- und Geschäftsleitungsebene ist die Wertschätzung für Nutzen und Komplexität von Auswertungen und datengetriebenen Entscheidungen erforderlich. Die Rolle des Change-Managers muss klar definiert und in der Organisation verankert werden. Der Prozess der Kommunikation und nachhaltigen Verankerung der Datenstrategie ist noch festzulegen.

Datenkompetenz: Datenkompetenz ist in vielen Geschäftsbereichen teils in hohem Maße vorhanden, aber es ist ein gemeinsames Verständnis zu entwickeln, welche weiteren Kompetenzen benötigt werden, wie sie aufgebaut und wie sie geschäftsbereichsübergreifend genutzt werden können.

Budget: Der Verbund hat in die Erarbeitung einer Roadmap investiert; nun ist die Finanzierung der zur Umsetzung nötigen Maßnahmen zu klären. Dazu zählt auch die Schaffung notwendiger Stellen.

Rollen, Prozesse, Entscheidungswege: Dateneigner und deren Rolle sind nicht verbindlich festgelegt, allgemein bekannte und akzeptierte Prozesse zur Entscheidungsfindung über die Nutzung von Daten müssen definiert werden. Zurzeit dominieren Einzelfallentscheidungen, die Umsetzung von Maßnahmen wird erschwert, weil das Fehlen klarer Regeln und Verantwortlichkeiten zu Verzögerungen führt.

2.4.3.2 Qualitäts- und Risikomanagement

Theoretischer Rahmen

Im Qualitäts- und Risikomanagement sind Kennzahlensysteme und Prozesse festzulegen, mit denen der Erfolg der Datenstrategie an sich wie auch der dort entwickelten Anwendungen gemessen und gesichert werden kann. Qualitäts- und Risikomanagement sind Unterstützungsaufgaben in der Datenstrategie.

Unter das Qualitäts- und Risikomanagement fällt nicht nur das Management der Datenqualität, sondern auch das Management von Datenkompetenzen. Das Qualitäts- und Risikomanagement schafft deshalb Rahmenbedingungen, damit alle datenbezogenen Prozesse effizient und transparent unter Einbezug aller Mitarbeiter zur Erreichung der Unternehmensziele beitragen können.

Zielbild

- Ein Qualitäts- und Risikomanagement für den Umgang mit Daten und Informationen ist klar definiert und wird durch Kennzahlen überwacht.
- Die Prozessphasen des Qualitäts- und Risikomanagements – Qualitätsplanung (d. h. Anforderungen an die Qualität), Qualitätslenkung (d. h. Instrumente zur Umsetzung dieser Anforderungen), Qualitätsprüfung (d. h. Instrumente zur Messung der Zielerreichung) und Qualitätsdarlegung (d. h. die Kommunikation des Stellenwertes von Qualität und das Schaffen von Vertrauen in die erzielten Ergebnisse) – sind festgelegt und bei allen Beteiligten bekannt.

- Eine verlässliche Qualität in allen Stufen des Wertschöpfungsprozesses aus Daten wird sichergestellt. Nachweise darüber werden in Form von abgestimmten Kennzahlen/KPIs erbracht.
- Die Weiterentwicklung der Qualität wird kontinuierlich vorangetrieben, indem Verbesserungspotenziale systematisch identifiziert werden. Risiken in den datenbezogenen Prozessen sind identifiziert und bewertet; Maßnahmen zum Umgang mit diesen Risiken sind definiert und ihre Umsetzung wird überwacht.

Aktuelle Situation

Qualitäts- und Risikobewertung: Es sind verbindliche Qualitätsstandards für Daten und Datenprodukte sowie für den Prozess der Wertschöpfung aus Daten festzulegen. Risiken sind teilweise bekannt, aber es existiert keine Risikomatrix, in der Risiken systematisch erfasst und hinsichtlich Wahrscheinlichkeit und Höhe bewertet sind.

Qualitäts- und Risikomanagementprozess: Es ist ein einheitlicher Prozess zur Sicherstellung der Qualität bei der Wertschöpfung aus Daten festzulegen. Qualität wird teilweise ex post auf Grund von Erfahrungswerten beurteilt (z. B. wird die historisch erzielte Abweichung der Prognosen von der Realität als Ziel festgelegt), anstatt sie ex ante aus den betrieblichen Anforderungen zu definieren (für die Planung tatsächlich benötigte Prognosegüte) und den Prozess danach zu steuern.

Qualitätssicherung: Der Erfolg von Datenprojekten wird i. d. R. nicht proaktiv gesteuert, weil verbindliche Kriterien dafür, was „Qualität" jeweils ist und welche Qualität erzielt werden kann, nicht vorhanden sind. Kennzahlen zur Güte von Daten und Datenprodukten existieren in Einzelfällen (z. B. Prognosegüte der Erlösprognose). Diese sind im Rahmen der Datenprojekte festzulegen.

Qualitätsverbesserung: Verbesserungspotenziale werden noch nicht immer systematisch identifiziert. Maßnahmen zum Umgang mit den Risiken in datenbezogenen Prozessen müssen definiert und ihre Umsetzung muss überwacht werden.

2.4.3.3 Daten- und Informationsmanagement

Theoretischer Rahmen

Das Daten- und Informationsmanagement ist die inhaltliche Kernaufgabe, die mit der Datenstrategie gesteuert werden soll. Es umfasst im weitesten Sinne die Aufgabe, wie aus Daten Informationen und schließlich Anwendungen entstehen: das Erfassen, Untersuchen, Managen, Beurteilen, Visualisieren, Kontextualisieren, Interpretieren und Anwenden. In diesem Aufgabenbereich können zu einem späteren Zeitpunkt weitere Strategien ausdifferenziert werden, wie etwa eine separate BI-/Analytics-Strategie.

Das Daten- und Informationsmanagement muss dafür zunächst Strukturen festlegen, die stark von der IT-Strategie abhängen, aber auch auf diese zurückwirken können. Hier geht es zunächst um die Datenarchitektur und Informationsarchitektur in Form von Daten- bzw. Informationsmodellen. Geregelt werden die Struktur des logischen und physischen Daten- und Informationsbestands inklusive des Datenlebenszyklus und die Ressourcen zu deren Aufbewahrung, also die Infrastruktur und die Basissoftware. Damit werden eine konsistente Datenhaltung, Datenzugriff und die Datenbezüge aus diversen internen und externen Quellen festgelegt. Darunter fällt zum Beispiel die Festlegung einer „Single Source of Truth" und die Festlegung, wie welche Daten in die Systeme integriert werden.

Neben der Festlegung von solchen Basisstrukturen benötigt das Daten- und Informationsmanagement Vereinbarungen über Prozesse, Regeln und Rollen. Dazu gehören Rollen- und Berechtigungskonzepte, Security, das Metadaten-Management sowie die Festlegung von benötigten Kompetenzen zum richtigen Umgang mit Daten.

Im Aufgabenteilbereich der Analysen und Interpretationen werden Prozesse, Regeln, Rollen und Kompetenzen zu den Themen Analytics/BI, Informationsmanagement, Big-Data-Analysen und Visualisierungen festgelegt. Hierzu gehören Vereinbarungen über die einzusetzende Software und über Standardmodelle: Zum Beispiel sollten Prognosemodelle über die Gesamtorganisation und ihre Teile transparent beschrieben und möglichst konsistent sein, d. h., in einer integrierten Prognose sollen die Prognosen der einzelnen Verkehrsunternehmen der gleichen Logik folgen wie die Gesamtprognose des Verbunds.

Der letzte Aufgabenteilbereich innerhalb des Daten- und Informationsmanagements umfasst Prozesse, Regeln, Rollen und Kompetenzen zu den Anwendungen (Produkten und Services), die aus den Daten entstehen. Er bildet – ähnlich wie der erste Teilbereich eng mit der IT-Strategie verzahnt ist – die Schnittstelle zur Organisationsstrategie, aber auch zur Marketing- und Vertriebsstrategie sowie zum Business Development. Dies betrifft die Frage nach geeigneten Marketingmaßnahmen und Vertriebsmodellen für Datenprodukte, nach der Vorgehensweise zur Implementierung von Tarifanpassungen, Angebotsanpassungen oder gänzlich neuen Geschäftsmodellen und nach der Ex-ante-Abschätzung und der Ex-post-Messung von Effizienzsteigerungen aufgrund datengestützter Anpassungen von Geschäftsprozessen.

Zielbild

- Datenanalyse ist der Schlüssel zum Verständnis von Geschäftsprozessen und wiederkehrende Analysen erfolgen nach Möglichkeit automatisiert.
- Die Informationsarchitektur ermöglicht es, neuartige Datenquellen einzubinden und mit den vorhandenen Daten sinnvoll zu verknüpfen.
- Die Struktur des logischen und physischen Daten- und Informationsbestands inklusive des Datenlebenszyklus und die Ressourcen zu dessen Aufbewahrung sind geregelt und Konsistenz bezüglich Datenhaltung, Datenzugriff und der Datenbezüge aus diversen internen und externen Quellen ist sichergestellt. Darunter fallen z. B. die Festlegung einer „Single Source of Truth" und die Festlegung, wie welche Daten in die Systeme integriert werden.
- Die Analysekompetenz wird laufend verbessert. Security, das Metadaten-Management sowie die benötigten Kompetenzen zum richtigen Umgang mit Daten sind festgelegt. In einem transparenten Dialog sind Vereinbarungen über die einzusetzende Software, über den Einsatz von Standardmodellen vs. individuellen Modellen und über die Nutzbarkeit und Relevanz von Datenquellen für verschiedene Fragestellungen getroffen.
- Geeignete Marketingmaßnahmen und Vertriebsmodelle für Datenprodukte sind festgelegt. Für die Vorgehensweise zur Implementierung von Tarifanpassungen, Angebotsanpassungen oder gänzlich neuen Geschäftsmodellen – und nach der Ex-ante-Abschätzung und der Ex-post-Messung – von Effizienzsteigerungen aufgrund datengestützter Anpassungen von Geschäftsprozessen gibt es Standards bzw. Best Practices.

Aktuelle Situation

Rolle von Datenanalysen: Datenanalysen im Sinne von Data Science werden aktuell nur projektbezogen durchgeführt. Die Ansätze dort zeigen Früchte und sollten verstetigt werden. Es besteht noch großes Potenzial, um durch einen Ausbau der Datenanalysekompetenz und durch Fokussierung des Personals auf Analysen außerhalb des sonstigen Tagesgeschäfts erhebliche Erkenntnisgewinne zu erzielen.

Analysekompetenzrahmen: Vereinbarungen über die einzusetzende Software, über den Einsatz von Standardmodellen vs. individuellen Modellen und über die Nutzbarkeit und Relevanz von Datenquellen für verschiedene Fragestellungen müssen übergreifend getroffen werden, um Unklarheiten darüber zu beseitigen, wie Fragestellungen mit Hilfe von Daten optimal beantwortet werden können.

Informationsarchitektur: Datenstrukturen sind oft auf geschäftsbereichstypische Anwendungsfälle optimiert und nur mit verhältnismäßig hohem Aufwand übergreifend nutzbar zu machen. Hierbei bedarf es tiefgehender Fachkenntnis zu Inhalt, Granularität und Aktualisierungsintervallen, um eine übergreifende Nutzung zu ermöglichen und laufend die Korrektheit von Datenanalysen sicherzustellen.

Daten- und Informationsbestand: Infrastruktur und Basissoftware sind nicht einheitlich geregelt, d. h., es ist nicht festgelegt, welche Daten mit welchen Tools gespeichert, verwaltet und ausgewertet werden können bzw. dürfen. Die Konsistenz bezüglich Datenhaltung, Datenzugriff und der Datenbezüge aus diversen internen und externen Quellen muss aufgebaut werden. Es existieren verschiedene, teils redundante und widersprüchliche Datenquellen, die ein und denselben Sachverhalt abbilden (z. B. soziodemografische Daten), was ein Risiko für Fehlschlüsse darstellt.

Marketing/Vertrieb: Vereinbarungen über geeignete Marketingmaßnahmen und Vertriebsmodelle für Datenprodukte (sowohl intern als auch extern) müssen noch ausgearbeitet werden, d. h., es ist unklar, wie die Ergebnisse von Datenaufbereitungen und Datenanalysen monetarisiert werden können. Um aus Daten neue Geschäftsmodelle zu entwickeln, muss zuerst die Datenkompetenz ausgebaut werden.

2.4.3.4 Change-Management

Theoretischer Rahmen

Das Change-Management ist Begleitaufgabe der Datenstrategie. Es ist ein wichtiges Element zur Etablierung einer Datenkultur und zur Sicherstellung, dass die aus den Datenressourcen entstandenen Produkte, Services und Entscheidungen im Sinne der Unternehmensziele genutzt werden. Es ist zwar möglich, dass eine Organisation ein Data- bzw. Analytics-Team aufbaut und dieses effizient arbeitet, ohne dass der Rest der Organisation davon spürbar berührt wird. Das Risiko dabei ist jedoch, dass die Datenressourcen nicht annähernd ausgeschöpft werden, weil bisherige Strukturen und Prozesse nicht hinterfragt werden (dürfen). Eine Datenstrategie wird jedoch früher oder später dazu führen, dass Veränderungen in der Organisation erforderlich sind, die nicht von jedem gewollt sind.

Unter dem Dach des begleitenden Change-Managements ist das Thema der Kommunikation verortet. Teil der Datenstrategie ist deshalb eine interne wie externe Kommunikationsstrategie für das Thema „Daten" bzw. „Datennutzung", für die entsprechende Bausteine, d. h. Prozesse, Regeln und Rollen, zu definieren sind. Auch hier zeigt sich eine unmittelbare Rückwirkung der Datenstrategie auf weitere Unternehmensstrategien und Unternehmensbereiche, etwa die Presseabteilung, die Zugriff auf Ressourcen und Ansprechpartner bei entsprechenden Anfragen von Journalisten benötigt, sowie Datenkompetenz, um Ergebnisse von Datenanalysen richtig zu kommunizieren.

2.4.3.5 Zielbild

- Am Ende des Projekts hat das Change-Management die Organisation durch drei Phasen des Change-Prozesses begleitet:
  - Überzeugung, dass Veränderungen von Strukturen und Prozessen nötig sind – nicht, weil sie schlecht sind, sondern weil sie den neuen Anforderungen nicht gerecht werden
  - Bewegung der Organisation hin zu neuen Strukturen und Prozessen und Vertrauensbildung in Bezug auf die zukünftige Situation
  - Verankerung der neuen Situation, Strukturen und Prozesse
- Das Change-Management hat (mindestens) Datenstrategie als auch Digitalisierungsstrategie parallel und konsistent begleitet.
- Das Change-Management hat erfolgreich das Commitment über alle Hierarchien hinweg eingefordert und sichergestellt. Datenstrategie und Ressourcenbedarf sind seitens der Ge-

schäftsleitung explizit bejaht und unterstützt; es sind einvernehmlich und zielgerichtet Zeiträume, Budgets und Personalkapazitäten für die Umsetzung festgelegt.

■ Eine interne wie externe Kommunikationsstrategie für das Thema „Daten" bzw. „Datennutzung" ist festgelegt. Anfragen, die sich auf Daten oder Analyseergebnisse beziehen, werden zeitnah und kompetent beantwortet. Innerhalb und außerhalb des Verkehrsverbunds ist bekannt, dass dort Daten als strategisch wichtige Ressource gelten und welche Ziele in welchen Handlungsfeldern mit der Nutzung von Daten erfüllt werden sollen.

Aktuelle Situation

Phasen: Das Change-Management, initiiert durch interne Verantwortliche sowie externe Experten, hat bei den Workshop-Teilnehmern, im Kernteam und im Steuerkreis zur Erkenntnis geführt, dass die bestehende Situation verbessert werden kann und dass Strukturen und Prozesse verändert werden müssen. Das Vertrauen, dass die zukünftige Situation bewältigt werden kann, ist stark gewachsen.

> Ein Teilnehmer zog das Fazit, dass sich der Prozess erkennbar positiv von früheren Anläufen unterschieden hat und daher eine hervorragende Grundlage für die zukünftige Zusammenarbeit bei der Umsetzung geschaffen wurde, die auch auf andere Projekte bzw. Themen übertragen werden kann. Ein wesentliches Lernergebnis war, dass es sich lohnt, auch kritische Phasen durchzustehen und Konflikte offen, aber respektvoll auszutragen, d. h. hart in der Sache, aber wertschätzend gegenüber der Person. Es ist erkannt, dass es Projekt und Team voranbringt, unterschiedliche Erwartungen klar zu kommunizieren, Unzufriedenheiten und scheinbare Irrwege zu adressieren und aufzulösen und flexibel und konstruktiv auf unvorhersehbare Entwicklungen zu reagieren. Ein derart erzielter Kompromiss wird von den Teilnehmern nicht als störend gesehen, sondern als kreatives gemeinsames Werk gewürdigt.

Integrierte Begleitung der Strategien: Schlüsselpersonen sind sowohl in die Daten- als auch in die Digitalisierungsstrategie intensiv eingebunden und gestalten diese mit, so dass gute Voraussetzungen für eine integrierte Umsetzung bestehen. Es ist weiterhin Informations- und Überzeugungsarbeit zu leisten, um alle Schlüsselpersonen einzubinden. Der genaue Weg dorthin ist noch abzustimmen.

Commitment über alle Hierarchien: Über den Steuerungskreis wird die Führungsebene der Organisation laufend eingebunden, ein Termin mit der Geschäftsleitung hat stattgefunden. Hinsichtlich der Bedeutung der Datenstrategie und des nötigen Change-Prozesses ist ein gemeinsames Verständnis zu entwickeln. Es bestehen Bedenken, ob eine visionäre Datenstrategie im vorgesehenen 3-Jahres-Zeitraum erfolgreich und mit realistischem Ressourceneinsatz umgesetzt werden kann.

Kommunikationsstrategie: Ideen für eine Kommunikationsstrategie sind erarbeitet, aber die Kommunikation erfolgt noch informell und folgt keinem festgelegten Plan. Die Ergebnisse der Strategiearbeit sind deshalb für den Großteil der Stakeholder (Mitarbeiter, Kunden …) nicht transparent. Im nächsten Schritt sind die Ergebnisse insbesondere den internen Stakeholdern zu präsentieren.

> In den Workshops setzten sich die Teilnehmer intensiv mit der bestehenden Kultur innerhalb der Organisation auseinander. Wesentlich dabei war die Erkenntnis, dass aus der Unternehmenskultur wie auch der individuellen Persönlichkeit der Beteiligten implizite Handlungsleitlinien („Eh-klar-Regeln") resultieren, die immer wieder zu Konflikten führen,

wenn sie nicht offen formuliert und gegeneinander abgewogen werden. Keine dieser Leitlinien oder Wertvorstellungen ist besser oder schlechter. In unterschiedlichen Entscheidungssituationen sind aber manche dieser Leitlinien sachgerechter als andere. Es gilt, diesen Abwägungsprozess transparent zu gestalten. In den Workshops wurden fünf Leitlinien formuliert, die im Bild 2.5 dargestellt sind.

Bild 2.5 Implizite Handlungsleitlinien als Grundlage für Entscheidungen (eigene Darstellung)

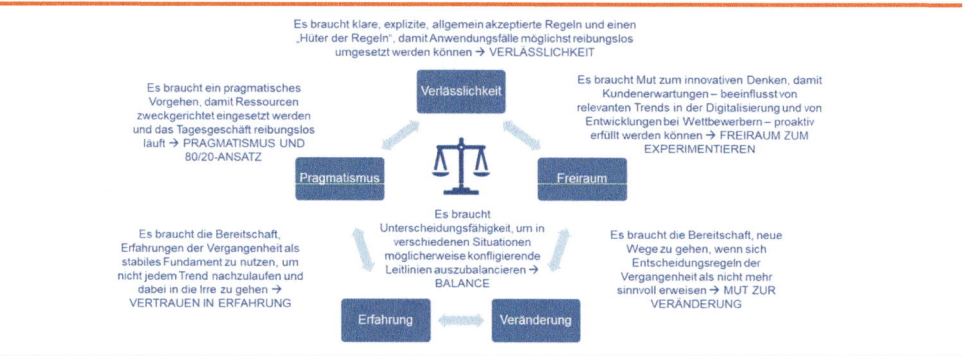

2.4.4 Bausteine der Datenstrategie

Die Datenstrategie besteht aus den folgenden Bausteinen, die – wenn auch in unterschiedlicher Ausprägung und Bedeutung – sowohl für Infrastruktur und Organisation relevant sind:

1. Strukturen
2. Regeln
3. Prozesse
4. Rollen
5. Kompetenzen

Für jeden Baustein sind kurz-, mittel- und langfristige Maßnahmen sinnvoll, d. h., die Bearbeitung der Bausteine soll parallel erfolgen.

In den Workshops sowie in begleitenden Interviews bearbeiteten die Beteiligten drei Anwendungsfälle und reflektierten kritisch, an welcher Stelle Schwierigkeiten aufgetreten waren. Dadurch konnte das Kernteam den Status quo und eine Vielzahl an zu bearbeitenden Themen im Kontext der jeweiligen Bausteine identifizieren. Folgender Handlungsbedarf wurde bei Bewertung des Status quo erkennbar:

Der Verkehrsverbund nutzt zwar bereits Daten zur Planung und Steuerung, schöpft die Potenziale aber bislang unzureichend aus. Aus zahlreichen Projekten gibt es gute Erfahrungen mit der bereichsübergreifenden Zusammenarbeit. Für eine effizientere Datennutzung ist die Abstimmung zwischen den Geschäftsbereichen jedoch weiter zu verbessern und zu systematisieren. Prozesse und Dokumentation sind noch nicht so weit entwickelt, dass sie die Konsistenz der Datengrundlagen sowie die Nachvollziehbarkeit und Vergleichbarkeit von Analysen gewährleisten. Um die Position als kundenorientierter Plattformanbieter zu festigen, ist es erforderlich, die vorhandenen Strukturen, Regeln, Rollen und Kompetenzen zu prüfen und auf die zukünftigen Herausforderungen auszurichten.

Die folgenden Abschnitte beschreiben für jeden Baustein das gemeinsam erarbeitete Zielbild und anschließend den Status quo, der von den Teilnehmern festgehalten wurde.

2.4.4.1 Strukturen

Zielbild

Technische/IT-Struktur:

- Es existiert eine übergreifende Datenplattform, über die auf sämtliche Daten der von der Datenstrategie erfassten Bereiche zugegriffen werden kann.
- Die Plattform ist durch Fachkonzepte beschrieben.
- Es existiert ein Sicherheits- und Berechtigungskonzept, das gängigen Normen entspricht (z. B. IT-Grundschutzhandbuch).

Organisatorische Struktur:

- Es existiert eine zusätzliche feste Organisationseinheit „Data Services & Products", die übergreifend betrieben wird.
- Dort ist ein kleines Team von Datenanalysten tätig, das über ein hohes Maß an Data-Science-Expertise verfügt.
- Das Team ist verantwortlich für die Entwicklung von Prototypen der Anwendungsfälle und koordiniert dazu temporäre Data Labs (agile Innovationsprojekte) im Auftrag von Fachbereichen und unter Einbeziehung der IT, interner Fachexperten/Datenexperten aus den beauftragenden Bereichen und ggf. externer Berater oder Hochschulen. Zudem ist das Team verantwortlich, Datenprodukte und Services im laufenden Betrieb regelmäßig zu überwachen und weiterzuentwickeln.
- Das Team ist informiert über sämtliche Analysen, die in anderen Geschäftsbereichen durchgeführt werden, informiert umgekehrt die Geschäftsbereiche über sämtliche seiner Analysen (Transparenzprinzip) und wird dort bei Bedarf als Berater herangezogen.
- Das Team kann andere Verbünde/Verkehrsunternehmen unterstützen. Das Team hat uneingeschränkten Zugriff auf die Datenplattform.

Aktuelle Situation

Für eine übergreifende Datenanalyse auf verteilt vorliegenden Daten liegen standardisierte Strukturen bislang nur in einer Reihe nicht vernetzter Datenbanken vor. Ein standardisierter Datenfluss für eine Datenplattform ist zu konzipieren. Eine produktübergreifende standardisierte Dokumentation z. B. von Updates oder Veränderungen, früheren Projekten und den daraus erworbenen Erfahrungen muss aufgebaut werden. Wissensmanagement-Strukturen, beispielsweise eine Übersicht über die intern vorhandenen Daten, wurden im Rahmen des Projektes beschrieben.

Mitarbeiter mit hohen Daten- und Analysekompetenzen sind in unterschiedlichen Geschäftsbereichen tätig, untereinander jedoch nicht strukturiert vernetzt. Es sind Rahmenbedingungen zu schaffen, um die Zusammenarbeit zu fördern. Eine grundlegende Transparenz, was die Ausgangslage, das Ziel und was die zur Verfügung stehenden Mittel (z. B. Analyse-Software) und Materialien (Daten) sind, wird benötigt.

2.4.4.2 Regeln

Zielbild

Datenzugriff: Es sind verbindliche Regelungen zur Nutzung von Daten getroffen. Dies umfasst ein Benutzer- und Rechtekonzept für die Datenplattform wie auch für die zugrunde liegenden Datenquellen, das mit den Datenschutz- und Datensicherheitsanforderungen konform ist. Es besteht allgemeiner Konsens, dass Datenschutz die Interessen der Kunden und ggf. Mitarbeiter, die personenbezogene Daten zur Verfügung stellen, sicherstellt, aber nicht die Geschäftstätigkeit behindert (vgl. Art. 6 DSGVO Abs. 1 f), und es ist klar, was das konkret für die Nutzung von Daten bedeutet.

Datenprodukte/Services: Es existiert ein verbindliches Bewertungsschema für die Priorisierung von Anwendungsfällen (Datenprodukte und Datenservices), das die in der Datenstrategie vereinbarten Ziele operationalisiert. Das Bewertungsschema enthält klare Regeln, wie der mögliche Wertbeitrag, die Prozess-Risiken (z. B. das Risiko schlechter Datenqualität oder das Risiko divergierender Interessen der möglichen Akteure) und das Geschäftsrisiko (z. B. das Risiko, dass das Produkt nicht nachgefragt wird, dass Kooperationspartner ausfallen oder dass rechtliche Probleme auftreten) ermittelt und bewertet werden. Es existieren Regeln, z. B. Vertragsvorlagen, für die Zusammenarbeit mit externen Partnern. Die Regeln werden in regelmäßigen Abständen überprüft und angepasst.

Aktuelle Situation

Tagesgeschäft und Projektgeschäft konkurrieren stark um vorhandene Ressourcen.

Besonders fällt auf, dass das Priorisieren von Aufgaben (z. B. Bereitstellung laufender Prognosen versus Bereitstellung von Daten für projektbezogene Auswertungen) derzeit zu Zielkonflikten führt.

Entscheidungsgrundlagen der einzelnen Beteiligten und entsprechende Kriterien sind nur implizit vorhanden, aber nicht klar festgelegt und kommuniziert. Beteiligte und Zugriffsrechte für die einzelnen Datenquellen müssen durchgängig geregelt werden. Vertragsmodelle sind aktuell unflexibel und es muss ein Regelwerk für die zukünftig notwendige agile Zusammenarbeit mit externen Partnern erarbeitet werden (z. B. um kurze Machbarkeitsstudien, Minimal Viable Products u. Ä. zu erstellen, bevor ein größeres Projekt extern vergeben wird).

2.4.4.3 Prozesse

Zielbild

Es liegen standardisierte Flowcharts und Prozessbeschreibungen (Arbeitsinhalte, Ziele, Kunden/Lieferanten des Prozesses, Methodik der Prozesssteuerung/Arbeitsanweisungen, Ressourcen, Prozessverantwortlicher und Beteiligte, Wirksamkeitsmessung/Prozess-KPIs, Risiken) für die wesentlichen Prozesse (Erstellung von Datenprodukten und Services, ggf. unterteilt in weitere Teilprozesse; Qualitätsmanagement und Controlling; Data Governance) vor. Risiken sind systematisch erfasst, bewertet und in einer Risikomatrix dargestellt. Die Prozesse werden regelmäßig im Rahmen des Change-Managements überprüft und ggf. angepasst.

Beispielhafte Leitfragen zur Beschreibung eines Prozesses:

- Was ist zu tun (Arbeitsinhalt)?

- Was sind die Prozesseingaben (Inputs) bzw. Infos? Warum wird es gemacht (Ziele, Eingaben)? Wer ist der Kunde/Lieferant der Inputs?

- Womit wird der Prozess realisiert (Ressourcen/Arbeits- bzw. Betriebsmittel)? Wie ist es zu machen?

- Wer ist an dem Prozess beteiligt und welche Fähigkeiten sind notwendig? Wer ist der Prozessverantwortliche? Wer führt den Prozess aus? Welche Schnittstellen ergeben sich zu anderen Prozessen?

- Wann ist es zu tun (Auslöser/Schwellenwert Prozess)?

- Wie wird der Prozess gemessen (Kennzahlen)? Wirksamkeit Prozess? Wie kann ein Optimierungspotenzial erkannt werden?

- Was sind die Prozessergebnisse (Output)? Wohin geht das Ergebnis/Produkt? Wer ist der Kunde der Outputs?
- Welche Risiken bestehen für den betrachteten Prozess?

Aktuelle Situation

Für Datenanalysen existieren nur wenige definierte, abgestimmte und regelmäßig überprüfte Prozesse bzw. Arbeitsweisen oder es fehlt an Transparenz über selbige. Beispielsweise sind verbindliche Prozesse zu schaffen für Anfragen an das Datenmanagement, die Qualitätssicherung von Ergebnissen, die Festlegung von Arbeitsweisen in Prozessen, die Verknüpfung mit übergeordneten, vor- und nachgelagerten Prozessen (z. B. dem Innovationsprozess). Es ist für alle Beteiligten transparent zu machen, wie eine Absicherung in datenschutzrechtlichen Fragen erfolgt, wie Ansprechpartner in Datenfragen festgelegt werden, wem welche Daten bzw. Ergebnisse zur Verfügung gestellt werden. Dabei wäre auch festzulegen, welche Daten als Rohdaten und welche Daten nur zusammen mit einer Interpretation verwendet werden dürfen, um Fehldeutungen zu verhindern.

2.4.4.4 Rollen

Zielbild

Für eine koordinierte Umsetzung der Datenstrategie ist mittelfristig die Rolle eines Chief Data Officers/Chief Digital Officers (CDO) definiert und besetzt. Der CDO, der das Mandat hat, das Thema voranzubringen, wird vom bisherigen Kernteam unterstützt. So lange kein CDO installiert ist, könnte dessen Rolle kommissarisch vom Leiter des Kernteams übernommen werden. Das Kernteam berichtet der Geschäftsleitung in einem regelmäßigen Steuerungskreis über den Fortschritt der Umsetzung. Es sind Rollendefinitionen für Datenprojekte (in den Data Labs) erarbeitet und mit Personen in den Fachbereichen verknüpft.

Aktuelle Situation

Derzeit gibt es keinen fest installierten, übergeordneten Ansprechpartner für die Umsetzung der Datenstrategie. Die Rolle selbst ist ebenfalls noch nicht definiert, weder hinsichtlich der Befugnisse noch hinsichtlich der benötigten Qualifikation, der Hierarchiestufe oder des Arbeitsanteils, den eine solche Rolle erfordert.

Zur Sinnhaftigkeit einer solchen Rolle scheint entscheidend, ob dafür die richtigen Rahmenbedingungen geschaffen werden können. Auf der Ebene der Organisation bedeutet dies: Die Aufgabe kann nicht nebenbei erledigt werden. Eine Vollzeitstelle auf Führungsebene muss dafür neu geschaffen werden. Persönliche Anforderungen hierfür sind:

- Die Person muss kompetent und anerkannt sein, gute Kommunikationsfähigkeiten und Projektleitungserfahrung besitzen.
- Sie muss dafür sorgen, dass die Regeln der Datenstrategie eingehalten werden, und sich selbst daran halten („Hüter der Regeln").
- Sie muss darauf achten, dass Stabilität gesichert ist, d. h., es darf nicht wöchentlich alles neu entschieden werden, aber zugleich muss Veränderung ermöglicht werden, wenn diese nötig ist.

Zudem wurde thematisiert, dass auch weitere Personen ein Projekt initiieren bzw. stoppen, Budget bereitstellen und festlegen können (sollten), wer daran beteiligt ist. Der Wunsch nach einem übergeordneten Gremium (z. B. einem Steuerungskreis), das Projekte fortlaufend und abschließend evaluieren und steuern kann, wurde geäußert.

Die Teilnehmer ordneten sich im Rahmen der Workshops in ihrer Rolle selbst anhand der folgenden Abbildung ein. Dabei zeigte sich deutlich, dass es im Verkehrsverbund bereits eine Vielzahl von Datenexperten (im Bild 2.6 „Data Scientist") gibt, dass diese jedoch in sehr unterschiedlichen Geschäftsbereichen verortet sind. Häufig haben sich Mitarbeiter vom Fachexperten zum Datenexperten entwickelt, so dass ihre Datenkompetenz nicht allen Kollegen bekannt ist. Das erschwert die koordinierte Zusammenarbeit über die Geschäftsbereiche. Die Workshops konnten aus Teilnehmersicht den großen Mehrwert einer solchen Zusammenarbeit beweisen und demonstrierten, dass die Organisation mit Hilfe eines sorgfältigen Change-Managements hierzu in einem hohen Maße fähig ist.

Bild 2.6 Typische Aufgaben und Schnittstellen zwischen ÖPNV-Experte, Data Scientist und IT-Experte (eigene Darstellung)

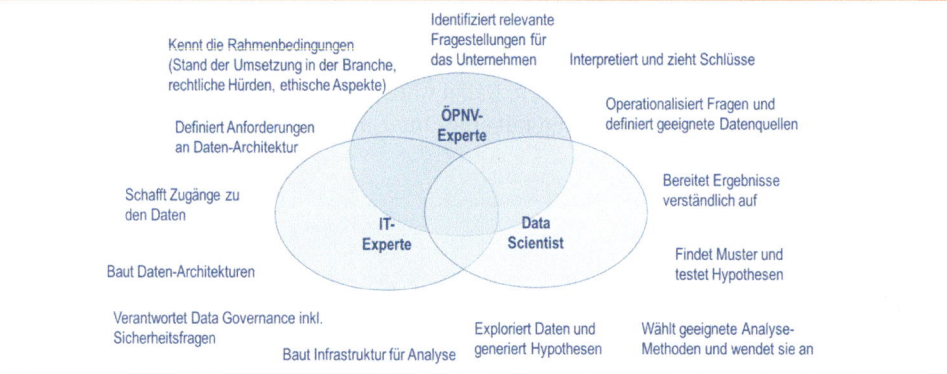

2.4.4.5 Kompetenzen

Zielbild

Kompetenzbereiche und Kompetenzniveaus für den gesamten Prozess der Wertschöpfung aus Daten sind klar definiert und in den Stellenbeschreibungen festgehalten. Es herrscht Konsens darüber, dass Datenkompetenzen nicht nur (Experten-)Fachkompetenzen bezüglich der Erhebung, Verarbeitung und Analyse von Daten (Data-Science-Expertise) umfassen, sondern dass die Fähigkeit, Daten zu interpretieren und datenbasierte Aussagen kritisch zu hinterfragen, eine Schlüsselkompetenz für den Verkehrsverbund darstellt (Data Literacy). In Abhängigkeit von der Rolle der Mitarbeiter werden Datenkompetenzen regelmäßig erhoben und sind ggf. Teil der Zielvereinbarungen. Es existiert ein Fortbildungskonzept zum Aufbau benötigter Datenkompetenzen.

Aktuelle Situation

Bezüglich der Kompetenzen, die der Verbund zukünftig als datengetriebene Organisation benötigt, müssen Entscheidungen getroffen werden, welche Kompetenzen ausgebaut werden sollen und wo diese verortet werden. Es ist sinnvoll und wichtig, hierbei auch die Personalabteilungen einzubinden. Vertreter der Personalabteilung haben deshalb am dritten Workshop teilgenommen. Es ist im Detail noch herauszuarbeiten, welche Kompetenzen bezüglich IT/Datenmanagement und bezüglich der Datenanalyse als Expertenkompetenzen in speziellen Rollen benötigt werden und welche grundlegenden Datenkompetenzen von allen Mitarbeitern verlangt werden.

Nach den positiven Erfahrungen in der Zusammenarbeit in den Workshops zur Entwicklung der Datenstrategie ist eine weitere kollaborative Zusammenarbeit von Experten im Data Engineering und der Datenanalyse mit den Fach- und Datenexperten aus den Geschäftsbereichen angestrebt. Dafür ist auch zu klären, wer (ggf. abteilungsübergreifend) auf die Kompetenzen anderer Mitarbeiter zugreifen darf (Bezug zu den Bausteinen „Regeln" bzw. „Prozesse").

In den Workshops sammelten die Teilnehmer ihre Kompetenzen zur Bearbeitung der ausgewählten Anwendungsfälle und stellten sie vor. Dabei wurde nochmals deutlich, dass Datenkompetenzen dezentral in den verschiedenen Geschäftsbereichen zu finden sind und dass sie vornehmlich aus der ÖPNV-Expertise organisch gewachsen sind. Dies hat den Vorteil, dass jeder, der sich bisher in der Organisation mit Daten beschäftigt, ein fundiertes Verständnis der zugrunde liegenden betrieblichen Probleme besitzt. Nachteilig ist jedoch, dass im Umgang mit neuen Datenquellen und zukünftigen, ggf. auch übergreifenden Anwendungsfällen, die weitere externe Akteure betreffen, Erfahrungen fehlen.

Klar wurde, dass insbesondere Experten-Kompetenzen zur Analyse von komplexen Datenproblemen ausgebaut werden bzw. durch Neueinstellungen erworben werden müssen.

Weil bei der Kompetenzerhebung wie auch bei der Kompetenzentwicklung Personalthemen betroffen sind, ist eine enge Zusammenarbeit mit der Personalabteilung, dem Personalrat sowie dem Datenschützer unumgänglich. Diese muss durch das Change-Management sorgfältig begleitet werden.

Anhand des Datenkompetenz-Rahmens lässt sich aufzeigen, welche Kompetenzen eher den IT-/Datenexperten zuzuordnen sind und wo Schnittstellen zu den Fachexperten sowie zur Führungsebene (Stichwort „Data Governance" bzw. „Datenkultur") zu sehen sind (Bild 2.7). Da die Ergebnisse von Datenanalysen zur Entscheidungsfindung auf Führungsebene beitragen sollen und auch Bürger/Kunden bzw. (Daten-)Journalisten mit den Daten bzw. Datenprodukten des Verkehrsverbunds in Berührung kommen – etwa in Zusammenhang mit Verspätungs-Statistiken –, ist Datenkompetenz auch in der internen wie externen Kommunikation zukünftig von hoher Bedeutung.

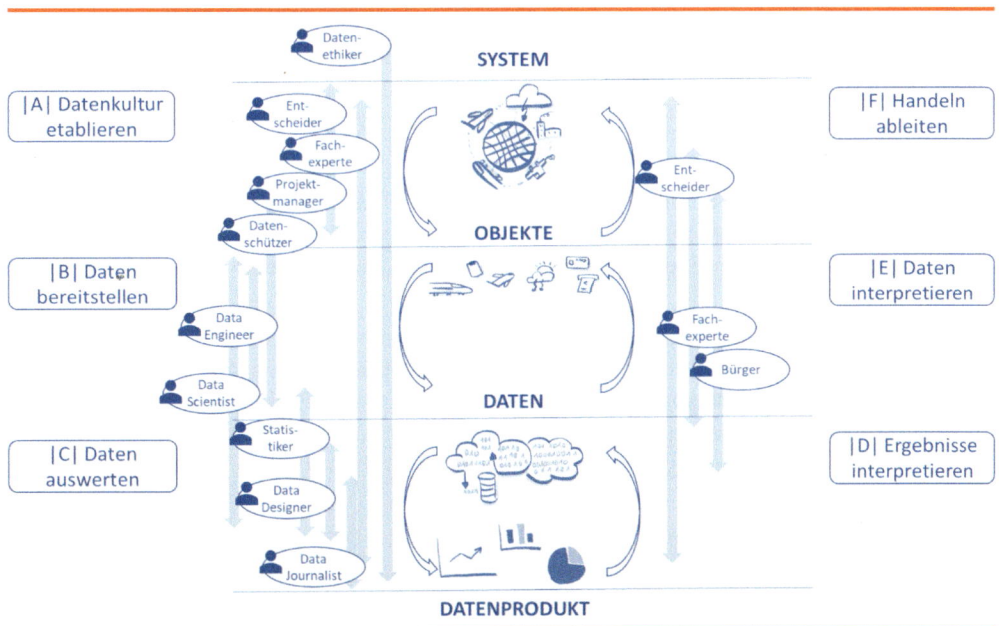

Bild 2.7 Datenkompetenzen und angrenzende Disziplinen und Rollen (Schüller; Busch; Hindinger: Future Skills: Ein Framework für Data Literacy, 2019, S. 50)

Eine Organisation, die sich mit dem Aufbau von Datenkompetenzen beschäftigt, muss sich darüber hinaus klar werden, auf welchem Niveau diese Kompetenzen in den jeweiligen Rollen bereits bestehen und zukünftig erworben werden sollen.

> Eine umfassendere interne Kompetenzerhebung mittels einer Umfrage, die in den Workshops besprochen worden war, konnte nicht durchgeführt werden, weil datenschutzrechtliche Fragen nicht abschließend zu klären waren. Dies hebt die Notwendigkeit von klaren Regeln und Prozessen zum Thema Datenschutz hervor. Die Teilnehmer entwickelten allerdings den Vorschlag, ein Minimum Viable Product (MVP; d. h. ein minimal funktionsfähiges Produkt) einer „Kompetenzplattform" zu erstellen, die auf bestehenden Nutzer-Steckbriefen im Intranet aufsetzt. Dafür kann eine existierende, datenschutzrechtlich abgesicherte Struktur verwendet werden, mit der die Nutzer bereits vertraut sind.

2.4.4.6 Bezug zum Daten-Wertschöpfungsprozess

Der Daten-Wertschöpfungsprozess spiegelt sich im Datenstrategie-Referenzmodell von STAT-UP klar wider, wie das folgende Bild 2.8 verdeutlicht.

Bild 2.8 Bezug zwischen datenbasierter Wertschöpfung und Datenstrategie (eigene Darstellung)

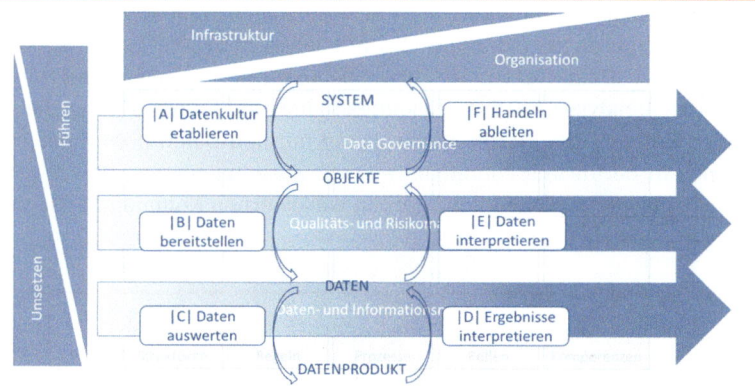

> Die Aufgabenbereiche bezüglich der Umsetzung der Datenstrategie sind vorab klar zu definieren und abzugrenzen. Mögliche Abgrenzungsmerkmale sind dabei die Einordnung der Aufgaben in Führungs- und Umsetzungsaufgaben sowie in Infrastruktur- und Organisations-Entwicklung.
>
> Entlang des Wertschöpfungsprozesses gilt es, im Unternehmen zunächst die Rahmenbedingungen zu schaffen und eine Datenkultur zu etablieren, um später datenbasierte Entscheidungen und Aktionen durchführen zu können. Beide Punkte sind Teil der Data Governance im Unternehmen. Diese hat zum Ziel, die benötigte Infrastruktur bereitzustellen und innerhalb der Organisation die Voraussetzungen zu schaffen, um datengestützt agieren zu können.
>
> Bei der Sammlung und Bereitstellung der Daten sowie der Dateninterpretation ist ein umfassendes Qualitäts- und Risikomanagement durchzuführen. Nur so kann gewährleistet werden, dass spätere Handlungsempfehlungen nicht auf falschen Dateninputs beruhen oder die Compliance des Unternehmens gefährden.
>
> Aus der Auswertung der Daten und der Interpretation entsteht schließlich das Datenprodukt als Output des Daten- und Informationsmanagement-Prozesses.

Für alle Bereiche innerhalb der Wertschöpfungskette ist Datenkompetenz die Grundvoraussetzung für erfolgreiches Handeln. Innerhalb der einzelnen Bereiche sind meist spezielle Fachkompetenzen einzelner Mitarbeiter erforderlich, welche zum Beispiel systemischer oder technologischer Natur sein können. Daher ist es wichtig, die benötigte Expertise für jeden Schritt des Prozesses zu definieren und die unterschiedlichen Aufgabenfelder den entsprechenden Experten im Unternehmen zuzuordnen.

2.5 Anwendungsfälle und ihr Beitrag zur Datenstrategie

2.5.1 Einordnung der Anwendungsfälle in den Daten-Wertschöpfungsprozess

Die Anwendungsfälle verdeutlichen exemplarisch, wie der Wertschöpfungsprozess aus Daten in der Praxis ablaufen kann, indem folgende Schritte in unterschiedlicher Ausprägung von ihnen abgedeckt werden:

1. Datenkultur etablieren
2. Daten bereitstellen
3. Daten auswerten
4. Ergebnisse interpretieren
5. Daten interpretieren
6. Handeln ableiten

Bereits im ersten Workshop skizzierten die Teilnehmer co-kreativ rund 70 Anwendungsfälle. Davon wurden zwei Anwendungsfälle für die unmittelbare Bearbeitung innerhalb der Workshop-Reihe ausgewählt; ein Geschäftsbereich hat im Anschluss einen weiteren Anwendungsfall eingebracht. Um die Auswahl zu treffen, erarbeiteten die Teilnehmer zunächst Kriterien, die sich an den Zielen der Digitalstrategie orientierten. Mit diesen Zielen im Fokus wurden die Anwendungsfälle gemeinsam hinsichtlich ihres erwarteten Nutzens und ihrer erwarteten Umsetzbarkeit/Komplexität bewertet.

Im Verlauf der Workshopreihe wurden neue Ideen fortlaufend ergänzt. Im vierten Workshop griffen die Teilnehmer die Anwendungsfälle erneut auf und ordneten sie den Handlungsfeldern zu. Anschließend wählten die Teilnehmer – diesmal vor allem unter dem Aspekt des Wertbeitrags hinsichtlich der mittlerweile formulierten Ziele der Datenstrategie, die sich in genau diesen Handlungsfeldern widerspiegeln – vier weitere relevante Anwendungsfälle aus und verfassten hierfür kurze Steckbriefe.

Die Teilnehmer gewannen dadurch unmittelbar Verständnis für die Notwendigkeit von Führungsaufgabe, Unterstützungsaufgabe und Begleitaufgabe („Change erleben"). Regeln, Rollen, Prozesse, Strukturen und Kompetenzen konnten anhand von praktischen Beispielen diskutiert und eine Bewertung möglicher Anwendungsfälle konnte auf verschiedenen Ebenen durchgeführt werden. Dabei liegen die Schwerpunkte der Anwendungsfälle auf unterschiedlichen Teilprozessen im Wertschöpfungsprozess bzw. adressieren unterschiedliche organisatorische Ebenen und unterschiedliche Kompetenzen, wie das folgende Bild 2.9 zeigt.

Bild 2.9 Schwerpunkte der Anwendungsfälle in Bezug auf den Wertschöpfungsprozess (eigene Darstellung)

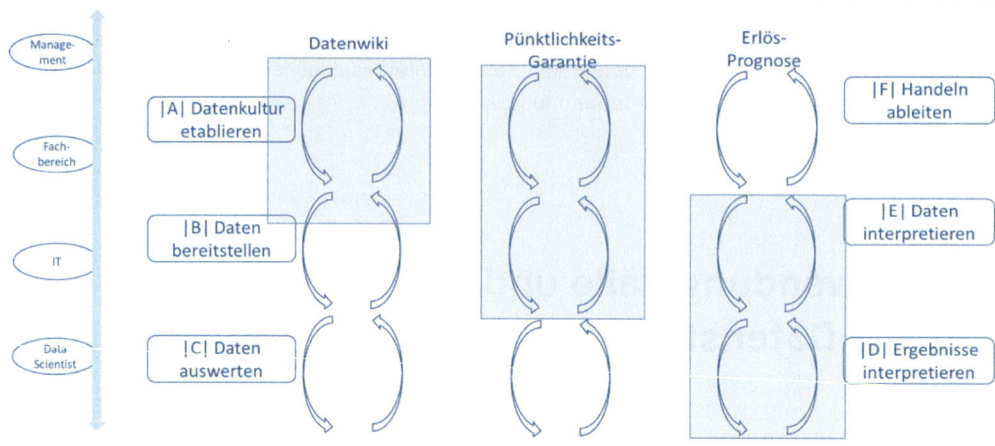

2.5.2 Roadmap der Anwendungsfälle

Bild 2.10 Häufigkeit der Anwendungsfälle in den Handlungsfeldern (eigene Darstellung)

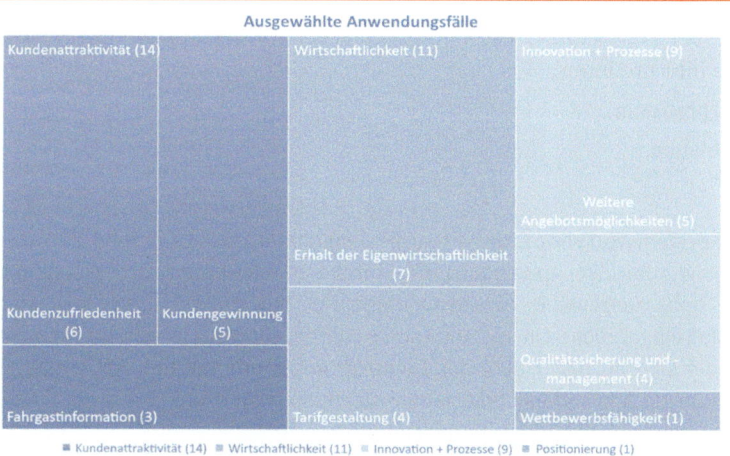

Im Nachgang zu den Workshops hat das Kernteam die Anwendungsfälle weiter geclustert, ergänzt, verdichtet, den Handlungsfeldern zugeordnet und hinsichtlich des Nutzens und der Komplexität bewertet. Insgesamt 35 Anwendungsfälle, rund die Hälfte der ursprünglichen Ideen, erscheinen im Rahmen der Datenstrategie grundsätzlich einer näheren Betrachtung wert. Das obenstehende Bild 2.10 zeigt, dass das Handlungsfeld „Kundenattraktivität" führend ist, gefolgt vom Handlungsfeld „Wirtschaftlichkeit". Die größte Relevanz scheinen die Unterfelder „Kundenzufriedenheit" und „Erhalt der Eigenwirtschaftlichkeit" zu besitzen.

In den Workshops wurde deutlich, dass die Ideen der Teilnehmer oft als verschiedene Ausbaustufen eines Anwendungsfalls betrachtet werden können, beispielsweise als unterschiedlich komplexe Stufen einer Auslastungsprognose. Daher hat das Kernteam in einem weiteren Schritt diese Anwendungsfälle zu Projekten zusammengefasst.

Die beiden Projekte mit den am höchsten priorisierten Anwendungsfällen werden im Folgenden ausführlicher dargestellt.

Auslastungsschätzung und Verbesserung der Fahrplanprognose/Störungsmanagement

Beide Projekte erfordern und fördern den Aufbau einer vernetzten Datenplattform. Es ist hierfür systematisch zu erarbeiten, wie sehr heterogene Datenquellen miteinander verbunden werden können, um ein laufendes Monitoring zu ermöglichen und ggf. Steuerungsmaßnahmen einzuleiten. Wenn aus dem Projekt heraus eine solche Datenplattform entsteht, kann auf diese Daten schnell zugegriffen werden, um Spezialanalysen zu erstellen. So könnte beispielsweise die Wirkungsweise bestimmter Maßnahmen wie etwa Aktions-Tickets oder von Umleitungsvorschlägen im Überlastungsfall sofort beobachtet werden. Über die Apps könnten A/B-Tests laufen, um zu untersuchen, wie die Kunden ihr Verhalten nach den Maßnahmen ausrichten.

Eine Häufung von Fahrplan-Anfragen oder eine deutlich erhöhte Auslastung an bestimmten Punkten könnte z. B. auch ein Frühindikator für Störungen sein. Hier besteht eine Schnittstelle zur Analyse von Echtzeit-Daten.

Diese Projekte wären primär in der IT angesiedelt, weil das Data Engineering hierfür eine große Rolle spielt. Es erfordert ein System, in das die Daten automatisiert eingelesen und aufbereitet werden. Mittelfristig besteht hier auch ein Ansatzpunkt für Maschinelles Lernen, weil die Passagiere auf steuernde Eingriffe kurzfristig reagieren werden.

Die beiden folgenden Tabelle 2.2 und Tabelle 2.3 fassen steckbriefartig die priorisierten Projekte zusammen.

Tabelle 2.2 Steckbrief des Projektvorschlags „Auslastungsschätzung"

Projekt	Auslastungsschätzung
Ziel	Verbesserung der Auslastungsprognosen, damit einhergehend: • Verbesserung der ÖPNV-Planung • Verbesserung der Anschlusssicherung • Erhöhung der Kundenzufriedenheit • Fahrgastlenkung
Beschreibung	Anfragen aus der Verkehrsverbund-App können ausgewertet werden, um zu ermitteln, wie hoch die Auslastung auf den Strecken/in den Fahrzeugen ist. Sie können mit anderen Methoden der Fahrgastzählung/Auslastungsschätzung kombiniert werden. In einem nächsten Schritt können weitere externe Datenquellen zur Verbesserung der Auslastungsprognosen genutzt werden. Bei geplanten Ereignissen wie Ferienbeginn bzw. -ende, Streiks, Konzerten, Fußballspielen etc. sollen Lastspitzen vorhergesagt werden. Dadurch können entweder mehr Fahrzeuge bereitgestellt werden oder die Fahrgäste können durch entsprechende Informationen in der App gelenkt werden. Hierdurch ist in einer nächsten Stufe ein proaktives Auslastungsmanagement möglich.
Bausteine	• Auswertung Anfrage-Dateien • Alternative interne Datenquellen und Zählmethoden • Alternative externe Datenquellen • Proaktives Auslastungsmanagement
Umsetzung	Data Lab

Tabelle 2.3 Steckbrief des Projektvorschlags „Fahrplanprognose und Störungsmanagement"

Projekt	Verbesserung Fahrplanprognose und Störungsmanagement
Ziel	Verbesserung der Prognosequalität und des Störungsmanagements
Beschreibung	Aktuell sind Daten über den Verkehrsfluss bei den Verkehrsunternehmen in der Regel nur für die eigenen Fahrzeuge bekannt. In die Prognoseberechnung fließen in der Regel nur wenige Daten ein. Durch die Vernetzung verschiedener, neuer Datenquellen zur Verkehrsinfrastruktur und zum Verkehrsfluss sowie die Identifikation von externen Einflüssen auf diese kann die bestehende Datenbasis für die Prognoseberechnung erweitert werden. Die gesammelten Daten sollen Verkehrsunternehmen bzw. Leitsystemherstellern zur Optimierung der Prognosen zur Verfügung gestellt werden. Kurzfristige, ungeplante Ereignisse wie Demonstrationen, Streckensperrungen, Unfälle oder Streiks sollen hinsichtlich ihrer Auswirkungen für ein verbessertes Störungsmanagement evaluiert werden. Ziel ist es, Auswirkungen besser vorherzusagen und Maßnahmen zur Fahrgastlenkung und Verkehrssteuerung abzuleiten.
Bausteine	• Auswertung Fahrplandaten/Strecken/Prognosen/Pünktlichkeitsmeldung • Alternative interne Datenquellen (Facebook/Twitter, Pünktlichkeits-Garantie, …) • Externe Datenquellen (Verkehrsinfrastruktur, Verkehrsfluss) • Prognose Störungsdauer und -ausdehnung • Simulation von Störungen und Maßnahmen
Umsetzung	Data Lab

Insbesondere das Thema Prognoseberechnung ist ein zukunftsträchtiges Thema. Das bedeutet, dass in einem ersten Schritt systematisch zusammenzustellen ist, welche Geschäftsbereiche in welchem zeitlichen Rhythmus welche Prognosen erstellen und wie diese Prognosen ineinandergreifen. Hieraus lassen sich vermutlich erste Synergien eines übergreifenden Prognosesystems ableiten. Es ist dann zu priorisieren, welche Prognosen besonderen Optimierungsbedarf besitzen und wo die Optimierung am schnellsten durchgeführt werden kann.

Die Optimierung von Prognosen kann in der Hand einer Abteilung „Data Services & Products" liegen, wobei das Team zur Optimierung der einzelnen Prognosen jeweils aus ein oder zwei Datenexperten bestehen und sich fallbezogen die jeweiligen Fachexperten aus den Bereichen dazu holen könnte sowie ggf. am Anfang auch Unterstützung durch externe Experten.

Aus der Beschäftigung mit der Prognosequalität unterschiedlicher Datenquellen kann der Verkehrsverbund dabei bereichsübergreifend lernen, welches Potenzial in den Daten steckt. So können z.B. Daten aus den Fahrplan-Abfragen prototypisch untersucht werden hinsichtlich ihrer Eignung, Bewegungsströme im Liniennetz zu prognostizieren.

2.5.3 Umsetzung der Anwendungsfälle in Data Labs

Die einzelnen Anwendungsfälle der jeweiligen Projekte sollen in interdisziplinären Data Labs innerhalb von drei bis vier Monaten bearbeitet werden.

Ziele der Data Labs sind (1) die Verbesserung bestehender Geschäftsprozesse und die Entwicklung neuer Geschäftsmodelle aus Daten durch Vorhersagen und Analysen; (2) die Unterstützung von Planungs-, Steuerungs- und Entscheidungsprozessen; (3) die Ableitung konkreter Maßnahmen zur Erreichung der Organisationsziele sowie (4) die Entwicklung und der Betrieb datenbasierter Services.

Ein Data Lab umfasst drei Phasen:

1. Vorbereitungsphase

    a) Festlegung der genauen Ziele der Labs

    b) Klärung der Anforderungen (Datenmaterial, Technik, Organisation)

    c) Definition der Projektstrukturen

    d) Workshop zur Vermittlung der nötigen Grundlagen

2. Labphase

    a) Datenanalyse hinsichtlich der festgelegten Fragestellung

    b) Übertragung der gewonnenen Erkenntnisse

3. Evaluationsphase

    a) Bewertung der Fragestellung hinsichtlich ihrer weiteren Umsetzbarkeit

    b) Umsetzung der Lessons Learned für die Datenstrategie

Ein Data Lab zeichnet sich aus durch den regelmäßigen Austausch zwischen allen Beteiligten in einer individuell gestalteten, agilen Laborumgebung, die unabhängig von existierenden hierarchischen Strukturen agiert. Interdisziplinäre Teams suchen im Lab nach datengetriebenen Lösungen in der experimentellen Untersuchung und freien Erprobung neuer Ideen, indem spezifische Fragestellungen auf Basis von Daten beantwortet werden.

Outputs von Data Labs sind immer konkrete Produkte (MVP). Gleichzeitig dienen die Labs der Weiterentwicklung der Strategie und fördern den Change des Verkehrsverbundes hin zu einer datengetriebenen Organisation, die ihre Fähigkeit zur Nutzung von Daten stufenweise vom Beobachten über das Verstehen und Vorhersagen zum datengestützten Steuern entwickelt.

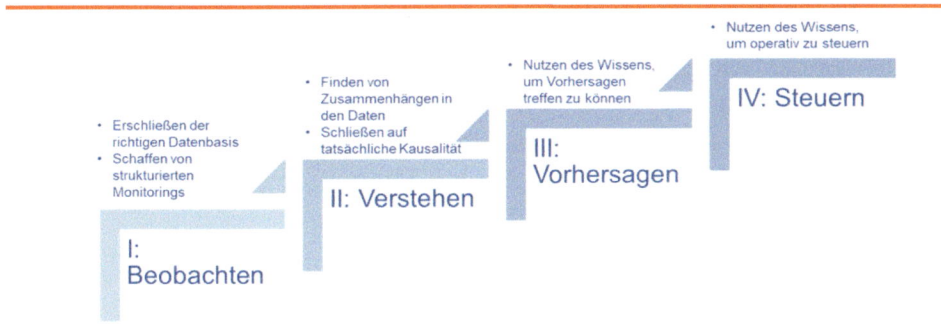

Bild 2.11 Stufenweise Entwicklung einer datengetriebenen Organisation (eigene Darstellung)

2.5.4 Roadmap der Maßnahmen zur Steigerung der Datenkompetenz

Die folgende tabellarische Roadmap der Maßnahmen beschreibt die jeweilige Maßnahme, deren Beitrag zu einem oder mehreren Bausteinen der Datenstrategie, den betroffenen Aufgabenbereich und die Beteiligten.

Dabei sind die Aufgabenbereiche folgendermaßen abgekürzt:

- Governance (GOV): Führungsaufgabe, strategische Entscheidungen
- Qualitäts-/Risikomanagement (QRM): Begleitaufgabe, Kontrolle der Zielerreichung
- Daten-/Informationsmanagement (DIM): Kernaufgabe, operative Ausführung
- Change-Management (CM): Koordination der Umsetzung der Datenstrategie

Die Bausteine sind abgekürzt mit ST (Strukturen), RE (Regeln), PR (Prozesse), RO (Rollen) und KO (Kompetenzen).

Die Roadmap der Maßnahmen wurde über mehrere Workshops und Interviews hinweg gemeinsam mit den Teilnehmern entwickelt und priorisiert. Sie entstand aus der gemeinsamen Erarbeitung der Anwendungsfälle, die teils während der Workshops, teils auch in den Phasen dazwischen mit Unterstützung der externen Experten stattfand. Aus den konkreten Fällen wurden Bedürfnisse abgeleitet, indem sich die Teilnehmer mit der Frage beschäftigten:

„Welche Strukturen, Regeln, Prozesse, Rollen und Kompetenzen würden helfen, den Anwendungsfall (besser) umzusetzen?"

Die Antworten wurden konsolidiert, im Kernteam wurden mit Hilfe unserer Einschätzung als externe Experten Maßnahmen abgeleitet und diese wurden im Abschlussworkshop ergänzt und priorisiert.

Die Roadmap spiegelt den Status quo nach Abschluss des fünften Workshops. Es ist davon auszugehen, dass sich während der Umsetzung der Datenstrategie noch weitere Maßnahmen als sinnvoll herausstellen werden. Beispielhaft sind in der folgenden Tabelle 2.4 die Maßnahmen mit der höchsten Priorität dargestellt.

Tabelle 2.4 Roadmap der Maßnahmen mit höchster Priorität

Maßnahme	Zahlt ein auf Baustein …					Betrifft Aufgaben-bereich …	Beteiligte
	ST	RE	PR	RO	KO		
Festlegung der Rolle, die Daten und datenbasierte Entscheidungen spielen sollen, inkl. konkreter Zielvorgaben						GOV	Geschäfts-leitung
Entscheidung über priorisierte Handlungsfelder, Übergabe ans Kernteam						GOV	Geschäfts-leitung
Definition der Rolle des Change-Managers als Treiber des Change-Managements in Einklang mit weiteren Strategien				x		GOV	Geschäfts-leitung
Erarbeitung und Umsetzung des Kommunikationsprozess zur internen Verbreitung der Strategie	x		x				Kernteam/ Marketing/ IT
Fertigstellung des Datenwikis in einer ersten nutzbaren Version und Benutzeranbindung der Mitarbeiter	x					DIM	IT
Festlegung der organisatorischen Struktur (Daten-Team)	x					GOV	Geschäfts-leitung
Dokumentation vorhandener Daten-Systeme nach einheitlichem Schema	x					DIM	IT/Data Engineer
Definition der Rolle von Dateneignern und Festlegung der Dateneigner				x		GOV	GB-Leiter/ Kernteam
Festlegung von allgemeinen Entscheidungsgrundlagen als Basis für ein Bewertungsschema von Anwendungsfällen						GOV	Geschäfts-leitung/ GB-Leiter
Erarbeitung einer einheitlichen Datentabelle/Datenbank als „Single Source of Truth"	x					DIM	IT/Data Engineer/ Fachbereich
Technische Bestandsaufnahme der vorhandenen Daten-Systeme	x					DIM	IT/Data Engineer

Maßnahme	Zahlt ein auf Baustein ...					Betrifft Aufgaben- bereich ...	Beteiligte
	ST	RE	PR	RO	KO		
Erarbeitung/Erwerb und Implementierung eines Pseudo- nymisierungsalgorithmus, um Datenfluss zw. Bereichen zu ermöglichen	x					QRM, DIM	IT/DS-Be- auftragter/ ggf. Einkauf
Durchführung eines Workshops mit dem Datenschutz- Beauftragten		x				GOV, QRM	Kernteam/ DS-Beauf- tragter
Entwicklung einer Checkliste zur datenschutzrechtlichen Freigabe von Daten für einen Anwendungsfall		x				QRM, DIM	Kernteam/ DS-Beauf- tragter
Neuformulierung der Datenschutzerklärung, um Kundendaten besser nutzen zu können		x				GOV, QRM	Rechtsabt./ DS-Beauf- tragter
Erarbeitung eines Muster-Prozesses zur Erstellung eines Prototyps für einen Anwendungsfall			x			QRM, DIM	Kernteam/ externe Beratung
Festsetzung des Steuerungskreises für die gesamte Umsetzungsphase der Datenstrategie				x		GOV, QRM	Geschäfts- leitung
Festsetzung des Kernteams für die Umsetzung der Datenstrategie (Befugnisse, Besetzung)				x		GOV, DIM	Geschäfts- leitung
Auswahl von Mitarbeitern für die MVP-Umsetzung mit Hilfe eines bestehenden Datenkompetenzrahmens („Quick Fix")					x	DIM	Kernteam/ GB-Leiter/ Bereichs- leiter
Konzeption und Durchführung einer Grundlagenschulung für die MVP-Umsetzung durch die beteiligten Personen					x	QRM, DIM	Externer Experte

2.6 Ausblick

Die Bearbeitung bzw. Umsetzung der oben dargestellten Projekte bzw. Anwendungsfälle und Maßnahmen zur Steigerung der Datenkompetenz begann innerhalb weniger Monate nach Abschluss des Projekts „Datenstrategie". Hierfür wurde ein Folgeprojekt „Umsetzung Datenstrategie" eingerichtet. Das bisherige Datenstrategie-Kernteam blieb auch für das Folgeprojekt weiter bestehen. Das Kernteam bekam die Aufgabe, die Umsetzung der in der Roadmap festgelegten Ziele kontinuierlich zu überprüfen und gegebenenfalls in Abstimmung mit den Beteiligten anzupassen. Auch der Fortschritt der Umsetzung der Projekte und Maßnahmen sollte regelmäßig durch das Kernteam überprüft und vorangetrieben werden. Um den Informationsfluss zur Geschäftsleitung während der Umsetzungsphase zu gewährleisten, wurde ein Steuerungskreis eingerichtet, der regelmäßig tagt.

Bezüglich der Umsetzung der Maßnahmen war in einem ersten Schritt die Verbreitung des Strategiekonzepts und der zeitnah zu bearbeitenden Anwendungsfälle unerlässlich. Hierfür sollten transparente Kommunikationswege etabliert werden. Es wurde zeitnah ein Bereich im Intranet eingerichtet, auf dem die Ergebnisse von den Mitarbeitern des Verkehrsverbundes zukünftig eingesehen werden können. Außerdem wurde eine kleine Hausmesse durchgeführt, bei der das Kernteam die Ergebnisse des Projektes in Kurzvorträgen und auf Postern vorstellte.

Um das Thema Daten ganzheitlich betrachten und verbessern zu können, ist auch ein Wandel in der Organisation selbst und damit einhergehende Änderungen der Infrastruktur, der Prozesse und der Kommunikation erforderlich. Dieser Wandel soll in den kommenden zwei Jahren ebenfalls vom Kernteam begleitet und vorangetrieben werden.

Essenziell ist der Auf- bzw. Ausbau der entsprechenden Datenkompetenz. Denkbar wäre hierfür die Entwicklung einer organisationseigenen Data Literacy App, die sich an der App „Stadt | Land | Datenfluss" des Deutschen Volkshochschul-Verbands orientieren könnte (vgl. den ensprechenden Beitrag in diesem Buch). Ein entsprechendes Curriculum könnte aus dem Data Literacy Framework abgeleitet und auf die organisationsspezifischen Themengebiete zugeschnitten werden. Dies wäre eine innovative Form der internen Weiterbildung, die Mitarbeiter fit macht in einer Schlüsselkompetenz des 21. Jahrhunderts.

Wie die Fallstudie ausführlich darlegt, betrifft die Einführung einer Datenstrategie nahezu alle Bereiche und Mitarbeiter eines Unternehmens und geht mit konkreten Change-Management-Herausforderungen einher. Grundvoraussetzung für eine erfolgreiche Umsetzung der Strategie ist die Offenheit der Mitarbeiter gegenüber der Veränderung sowie die bedingungslose Unterstützung des Top-Managements.

In einer von Digitalisierung geprägten Welt wird Datenkompetenz, wenngleich in unterschiedlichen Ausprägungen, zukünftig von jedem einzelnen Mitarbeiter benötigt. Es geht dabei nicht um Expertenwissen, sondern um eine Schlüsselkompetenz, die von jedem – unter fachkundiger Anleitung – erlernbar ist. Zielgerichtete Workshops und Smart Data Labs, wie oben beschrieben, aber auch Fortbildungsmaßnahmen für bestimmte Technologien bzw. Programmiersprachen sowie eine umfassende Kompetenz- und Weiterbildungsstrategie können das Verständnis und auch die Begeisterung der Mitarbeiter für die Datenstrategie wecken und den Weg ebnen für einen verbesserten Umgang mit Daten im Unternehmen.

Blockierende Faktoren können dabei aber, wie hier mehrfach aufgezeigt wurde, fehlende Prozesse und Abgrenzungen, Konfliktlinien und Bruchstellen zwischen Hierarchie-Ebenen und Fach-Abteilungen, Gerangel um Zuständigkeiten und Budgets oder auch rechtliche und regulatorische Vorgaben sein. Das hier vorgestellte Framework kann dazu beitragen, vor und während des Transformationsprozesses hin zu einem datengetriebenen Unternehmen die Herausforderungen und möglichen Hürden rechtzeitig zu erkennen und proaktiv zu beseitigen.

Schon jetzt befinden sich viele Unternehmen in Deutschland sowie innerhalb der EU im Hintertreffen gegenüber ihren jeweiligen Wettbewerbern aus Asien oder Nordamerika, wenn es um datengestützte Produkte und Entscheidungsprozesse geht. Um den Anschluss nicht zu verpassen und in Zukunft wettbewerbsfähig zu bleiben, gilt es daher, schnell, effektiv und effizient gegenzusteuern. Dies beginnt damit, dass Datenkompetenzen im Sinne einer umfassenden Data Literacy in allen formalen und non-formalen Bildungsbereichen als Teil der Allgemeinbildung verankert werden müssen – schon in der Schule.

Gleichzeitig ist es die Aufgabe von Politik und Wirtschaft sowie von Hochschulen und Verbänden, für mehr Datenkompetenz zu werben und die Voraussetzungen für datengetriebenes Handeln auf Ebenen zu schaffen.

Mit der Weiterentwicklung von sogenannter Künstlicher Intelligenz, immer schnelleren und komplexeren Berechnungsmöglichkeiten durch Maschinen und Computer, werden viele heute von Menschen ausgeführte Jobs mit zum Teil hohen Voraussetzungen an die Ausbildung und Kompetenz der Jobinhaber in naher Zukunft wegfallen oder zumindest teilweise automatisiert werden. Daher gilt es, gerade auch für ältere Generationen, sich auf die neuen Gegebenheiten schon jetzt vorzubereiten. Ohne eine breit in der Bevölkerung verankerte Datenkompetenz drohen extreme gesellschaftliche und wirtschaftliche Verschiebungen.

Gleichzeitig eröffnet der Ausbau von Datenkompetenzen enorme positive Chancen für die Wissenschaft, im internationalen Wettbewerb, in der internationalen Zusammenarbeit und Politik, dem Bewältigen von Krisen und Pandemien sowie im verbesserten Umgang mit Menschen und Ressourcen. Daher sind der verantwortungsvolle Umgang mit Daten, die Festlegung ethischer Grundsätze sowie die Befähigung aller Menschen zu mehr Data Literacy einige der wichtigsten und dringendsten Herausforderungen unserer Zeit. Die zentrale Bedeutung von Data Literacy als Schlüsselkompetenz des 21. Jahrhunderts wurde jüngst durch die vom Stifterverband und der Autorin initiierte Data Literacy Charta (Schüller; Koch; Rampelt: Data Literacy Charta, 2021) herausgestellt.

Literatur

McAfee, A.; Brynjolfsson, E.: Big Data: The Management Revolution. Harvard Business Review, Oktober 2012, S. 60 – 69

Schüller, K.; Busch, P.; Hindinger, C.: Future Skills: Ein Framework für Data Literacy. Hochschulforum Digitalisierung, 2019

Schüller, K.; Koch, H.; Rampelt, F.: Data Literacy Charta. Stifterverband, Berlin 2021

Praktische ethische Fragen beim Einsatz digitaler Technik – Wie sieht nachhaltige Gestaltung und Einsatz von digitaler Technik aus?

Lutz Goertz, Thomas Hagenhofer und Heike Krämer

3.1 Einleitung und Zielsetzung

3.1.1 Zusammenhang von Ethik und Nachhaltigkeit in Bezug auf die Digitalisierung

Vierte industrielle Revolution, zweites Maschinenzeitalter – wie auch immer die derzeit einsetzende Etappe technologischer und gesellschaftlicher Umbrüche genannt wird, eines ist allen klar: Die kommenden Transformationen stellen uns im Bereich der Ethik vor große Herausforderungen, manche sprechen von bruchartigen Veränderungen. Und wenn die heutigen Umwälzungen auch nur einen Bruchteil an gesellschaftlicher Sprengkraft im Vergleich zur ersten Industrialisierung mitbringen sollten, genügt ein Blick ins Geschichtsbuch, um die Dimensionen dieser Entwicklungen zu erkennen.

Verschärft wird die Situation noch dadurch, dass wir in wenigen Jahrzehnten gleich mit einer zweiten großen Transformation, der Dekarbonisierung, konfrontiert sind. Beide können nur erfolgreich im Sinne des gesellschaftlichen Zusammenhalts gemeistert werden, wenn ethische Herausforderungen frühzeitig erkannt und bei der Ausgestaltung von Technologie berücksichtigt werden. Deshalb ist es so wichtig, dass an Universitäten stärker Philosophie und Informatik in Zusammenhang gebracht werden (siehe z. B. die Vorlesung „Ethics for nerds" an der Universität des Saarlandes). Immer deutlicher wird, dass ethische Fragestellungen keinen Sozialklimbim für Projektanträge darstellen, mit denen man betroffene Betriebsräte oder Gewerkschafter in Vergabegremien beruhigen möchte. Denn ethische Fragen und Zielkonflikte zu erkennen, gehört zu den Erfolgsfaktoren von Digitalisierung. Technologieveränderungen, die gesellschaftliche Verantwortung negieren, werden von den Betroffenen abgelehnt und nur unter Zwang akzeptiert. Sie können also nicht sozial nachhaltig sein.

Ein gutes Beispiel für ethische Zielkonflikte ist die deutsche Corona-Warn-App. Natürlich hätte es technische Lösungen gegeben, die wesentlich effizienter Infektionsketten hätten nachverfolgen können. Andere Länder sind diesen Weg gegangen. Leider gehen diese Anwendungen aber zulasten des Datenschutzes und hätten zu einer noch viel geringeren Akzeptanz der App in Deutschland geführt. Ohne diese ist das Ziel aber gar nicht erreichbar, es sei denn, die App würde zur Pflicht gemacht. So kann eine aus technischer Sicht eindeutig suboptimale Lösung im gesellschaftlichen Trade-off der Zielerreichung näherkommen als andere.

3.1.2 Zielsetzung des Beitrags

Ziel dieses Beitrags ist ein Überblick über ethische Aspekte der Digitalisierung – und wie eine verbesserte Digitalkompetenz dazu beitragen kann, diese ethischen Konflikte zu entschärfen. Weiterhin liefert der Text Kriterien für die nachhaltige Durchführung von Digitalisierungsprojekten. Die folgende Grafik zeigt den Aufbau des Beitrags (Bild 3.1):

Bild 3.1 Aufbau dieses Beitrags

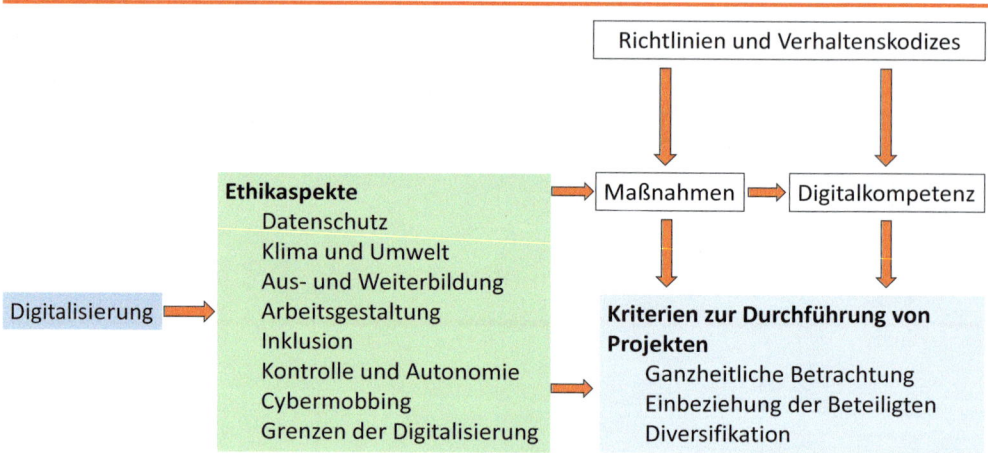

Die bereits bestehenden Regelungen und Richtlinien, die ethischen Konflikten als Folge der Digitalisierung entgegenwirken sollen, werden im Abschnitt 3.2.1 geschildert. Abschnitt 3.3 erläutert ausführlich einzelne Aspekte, bei denen die Digitalisierung mit ethischen Werten kollidiert. Beschrieben werden dort jeweils auch Maßnahmen zur Entschärfung dieser Konflikte und welche Facetten von Digitalkompetenz hierzu besonders hilfreich sind. Letztere werden auch als Anmerkung neben dem Text dargestellt. Abschnitt 3.4 bietet Ratschläge, wie Digitalisierungsprojekte unter ethisch korrekten Bedingungen durchgeführt werden können.

Uns geht es nicht darum, mit erhobenem Zeigefinger ein schlechtes Gewissen zu provozieren, sondern darum, für bestehende Zielkonflikte im Rahmen der Digitalisierung zu sensibilisieren. Dabei betrachten wir sowohl Design als auch Umsetzung von Digitalisierungsvorhaben. In einem abschließenden Kapitel gehen wir auf die aktuellen Herausforderungen durch Covid-19 und die sich abzeichnenden Perspektiven ein.

In diesen Beitrag lassen wir unsere Jahrzehnte lange Erfahrung aus Digitalisierungs- und Forschungsprojekten sowie aktuelle Entwicklungen im Bereich der beruflichen Bildung einfließen. Es geht uns neben der Sensibilisierung für dieses Thema vor allem um die Weitergabe von Erfahrungen, die in der Praxis dabei helfen können, ethische Zielkonflikte zu erkennen und zu lösen. Wir begreifen dies als einen wichtigen Bestandteil digitaler Kompetenz von Führungskräften, Projektmanagern und Projektmanagerinnen und betrieblichen Interessenvertretungen. Im Abschnitt 3.2.2 wird dargestellt, warum Ethik zu den Erfolgsfaktoren der Digitalisierung zu zählen ist.

3.2 Ethik und Digitalisierung – grundsätzliche Fragestellungen

3.2.1 Bestehende Richtlinien und Verhaltenskodizes

Wer die Einführung von Internet-Services in den letzten 25 Jahren erlebt hat, hatte vielleicht das Gefühl, sich in einem weitgehend rechtsfreien Raum zu befinden. Bei den Webangeboten herrschte fröhlicher Wildwuchs und durch die internationale Verbreitung war es auch schwierig, dieser Entwicklung mit nationalen Gesetzen Herr zu werden. Doch mittlerweile sind auf unterschiedlichen Ebenen Richtlinien und Verhaltenskodizes entstanden, die – als Gesetz oder zumindest als Empfehlung – das Miteinander im Internet regeln. Einige von ihnen, auf die wir auch später in diesem Beitrag Bezug nehmen, werden hier kurz vorgestellt.

Robotergesetze von I. Asimov aus dem Jahr 1951

(Asimov 2010)

0. Ein Roboter darf die Menschheit nicht verletzen oder durch Passivität zulassen, dass die Menschheit zu Schaden kommt.

1. Ein Roboter darf keinen Menschen verletzen oder durch Untätigkeit zu Schaden kommen lassen, außer er verstieße damit gegen das nullte Gesetz.

2. Ein Roboter muss den Befehlen der Menschen gehorchen – es sei denn, solche Befehle stehen im Widerspruch zum nullten oder ersten Gesetz.

3. Ein Roboter muss seine eigene Existenz schützen, solange sein Handeln nicht dem nullten, ersten oder zweiten Gesetz widerspricht.

Schon 1995 erschien mit der „Netiquette" (ein Kofferwort aus „net" für Netz und „Etikette") ein erster Verhaltenskodex aus der Mitte der Netzuser (Hambridge 1995). Sie entstand vor dem Hintergrund der ersten „Flamewars" im sogenannten Usenet (frühe Internetforen) sowie der zunehmenden Flut von E-Mails. In dieser Zeit waren die Autorinnen und Autoren von Postings und Mails oft anonym und ließen sich nicht lokalisieren. Im Schutz dieser Anonymität konnten sie natürlich auch viele Normen übertreten, ohne Sanktionen befürchten zu müssen. Der erste Leitsatz der Netiquette lautete daher:

„Vergiss niemals, dass auf der anderen Seite ein Mensch sitzt!" (Kirchwitz 2006)

Dieser Satz hat beinahe das Gewicht von Kants „kategorischem Imperativ". Weiterhin sagt uns die Netiquette u.a., dass wir in Postings und Mails Wörter nicht in GROSSBUCHSTABEN schreiben sollten, weil dies als „Geschrei" verstanden werden kann. Auch sollte man in einem Forum erst die Einträge der letzten ein bis zwei Monate lesen, bevor man auf einen Post antwortet, um die Mitteilungen in ihrem Kontext zu verstehen.

In den 2000er Jahren wuchs das Bewusstsein für die Darstellung der eigenen Netzidentität und für das Urheberrecht. Nachdem vorher einzelne Abbildungen, ja sogar komplette Websites ungefragt für andere Webpräsenzen übernommen wurden, stellten neue Richtlinien im Urheberrecht dieses auch für das Internet unter Strafe. Außerdem wurde in Deutschland 2007 im Telemediengesetz eine Impressumspflicht für alle Webangebote verankert.

Seitdem hat sich das Internet mit den Game-Angeboten, mit Social Media, dem Internet der Dinge und der Einführung von KI und Machine Learning immer weiter ausdifferenziert. Die Digitalisierung erfasst mehr Lebensbereiche. Dementsprechend sind für diese Bereiche auch weitere Ethik-Richtlinien erschienen.

Die Game-Designer-Community hat sich einen eigenen „Open Gamification Code of Ethics" auferlegt, der von Andrzej Marczewski (2013) initiiert wurde. Exemplarisch sei hier eine Regel genannt, die sich auch auf andere Bereiche übertragen lässt: „Gamifizierung sollte akzeptierte regionale soziale Praktiken, persönliche oder ethische Grenzen und allgemeine Menschenrechte berücksichtigen und sollte nicht dazu benutzt werden, Menschen so zu manipulieren, dass sie diese brechen" (Übersetzung durch die Verfasser).

Die Hochschule der Medien (HDM) in Stuttgart hat mit Blick auf ethisches Handeln in Unternehmen das „Institut für digitale Ethik" gegründet. Dieses Institut unter Leitung von Prof. Dr. Petra Grimm hat die Aufgabe deutlich zu machen, dass viele Menschen mit Sorge und Ängsten auf die Digitalisierung blicken, und Unternehmen dafür zu sensibilisieren, dass sie mit dieser Stimmung angemessen umgehen. Die „10 ethischen Leitlinien für die Digitalisierung von Unternehmen" sollen diese dabei unterstützen (Gogröf et al. 2017). Sie empfehlen unter anderem die Gewährleistung von Sicherheit und Qualität personenbezogener Daten, aber auch den Einsatz von Digitalisierung zur Verfolgung von ökologischen Zielen im Sinne der Nachhaltigkeit.

Ebenfalls Richtlinie für die Wirtschaft, aber aus der Perspektive von Industrieunternehmen und Verbänden, ist die „Charta der digitalen Vernetzung". Sie wurde im Zuge des Nationalen IT-Gipfels der Bundesregierung initiiert und von vielen Unternehmen ratifiziert (Charta der digitalen Vernetzung e. V. 2016). Im Vergleich zu den „10 ethischen Leitlinien" der HDM betont diese Charta den Nutzen der Digitalisierung in den Unternehmen für die Gesellschaft, z. B. durch digitale Vernetzung, Verbesserung der Lebensbedingungen sowie den datenschutzgerechten Umgang mit personenbezogenen Daten.

Mit der Datenschutzgrundverordnung (DSGVO) der EU traten 2018 Regelungen in Kraft, die einen großen Einfluss auf den Umgang mit personenbezogenen Daten haben und den nicht autorisierten Handel mit Nutzeradressen unter hohe Strafen stellen.

Für ethische Regeln beim Einsatz von Künstlicher Intelligenz für Digitalisierungszwecke machen sich die Organisationen iRights.Lab und die Bertelsmann Stiftung stark. In ihren „Algo. Rules" (Bertelsmann Stiftung 2020) formulieren sie Empfehlungen, wie man Prozesse des „Machine Learnings" für die Nutzenden transparent machen kann. So fordern die Algo.Rules zum Beispiel, dass Anwendungen mit Algorithmen als solche gekennzeichnet werden – ähnlich wie die Kennzeichnung von Werbeeinblendungen.

Ähnliche Ziele verfolgen die Ethikleitlinien für eine vertrauenswürdige KI der Europäischen Kommission (Hochrangige Expertengruppe für künstliche Intelligenz 2019) sowie das Gutachten der Datenethikkommission von 2019. Beide bilden eine gute Grundlage, um Risiken durch Anwendungen der Künstlichen Intelligenz zu minimieren (Datenethikkommission der Bundesregierung 2019).

Das Gutachten der Datenethikkommission formuliert keine gesonderten Regelungen für KI, sondern bettet die Vorschläge der Kommission ein in die allgemeinen Grundsätze, wie sie u. a. im Grundgesetz und in den Datenschutzrichtlinien formuliert werden. Die Empfehlungen betreffen menschenzentriertes Design, Vereinbarkeit mit gesellschaftlichen Grundwerten, Nachhaltigkeit, Qualität und Leistungsfähigkeit, Robustheit und Sicherheit, Minimierung von Verzerrungen und Diskriminierung, Transparenz, Erklärbarkeit und Nachvollziehbarkeit sowie klare Rechenschaftsstrukturen (Datenethikkommission der Bundesregierung 2019).

Die hier beschriebenen Richtlinien enthalten viele verschiedene Regeln, die man als Nutzer und Produzentin digitaler Anwendungen beherzigen sollte. Sie sind allerdings ausgesprochen heterogen, betreffen unterschiedliche Lebensbereiche, unterscheiden sich in ihrer Radikalität und ihrer Reichweite. Sich zu einer Richtlinie oder Empfehlung ausdrücklich zu bekennen, bedeutet oft auch die Negation der anderen Regelwerke. Hier wäre eine Vereinheitlichung von Regelwerken sinnvoll – auch mit dem Ziel einer höheren Verbindlichkeit.

Als Vorbild dafür könnte die Schaffung der neuen Standardberufsbildpositionen dienen, die im Jahr 2020 vom Hauptausschuss des Bundesinstituts für Berufsbildung beschlossen wurden. Dort finden sich in den Berufsbildpositionen „Umweltschutz und Nachhaltigkeit" sowie „Digitalisierte Arbeitswelt" auch Lernziele, die auf den Erwerb ethischer Kompetenzen zielen (Bundesinstitut für Berufsbildung 2020).

Diese Inhalte sind für alle Ausbildungsordnungen verbindlich, die ab 1. August 2021 in Kraft treten. Darüber hinaus empfiehlt der Hauptausschuss ausbildenden Betrieben und beruflichen Schulen, diese modernisierten Standardberufsbildpositionen auch jetzt schon in der Ausbildung sämtlicher Ausbildungsberufe zu vermitteln, auch wenn sie noch nicht in allen Ausbildungsordnungen enthalten sind. Somit sollen ökologische und soziale Themen in Zukunft Gegenstand jeder beruflichen Ausbildung sein. Auf diese Weise kann es gelingen, ethische Fragen stärker auch in der Arbeitswelt zu verankern.

Halten wir fest: Auch den Überblick über diese Regelwerke zu behalten und diejenigen auszuwählen, die am ehesten zu den persönlichen Normen und Werten passen, erfordert Digitalkompetenz.[1]

Ausschnitt aus den neuen Standardberufsbildpositionen für alle Ausbildungsberufe

---

Digitalisierte Arbeitswelt

a) mit eigenen und betriebsbezogenen Daten sowie mit Daten Dritter umgehen und dabei die Vorschriften zum Datenschutz und zur Datensicherheit einhalten

b) Risiken bei der Nutzung von digitalen Medien und informationstechnischen Systemen einschätzen und bei deren Nutzung betriebliche Regelungen einhalten

c) ressourcenschonend, adressatengerecht und effizient kommunizieren sowie Kommunikationsergebnisse dokumentieren

d) Störungen in Kommunikationsprozessen erkennen und zu ihrer Lösung beitragen

e) Informationen in digitalen Netzen recherchieren und aus digitalen Netzen beschaffen sowie Informationen, auch fremde, prüfen, bewerten und auswählen

f) Lern- und Arbeitstechniken sowie Methoden des selbstgesteuerten Lernens anwenden, digitale Lernmedien nutzen und Erfordernisse des lebensbegleitenden Lernens erkennen und ableiten

g) Aufgaben zusammen mit Beteiligten, einschließlich der Beteiligten anderer Arbeits- und Geschäftsbereiche, auch unter Nutzung digitaler Medien, planen, bearbeiten und gestalten

h) Wertschätzung anderer unter Berücksichtigung gesellschaftlicher Vielfalt praktizieren

---

3.2.2 Ethik als Erfolgsfaktor der Digitalisierung

Es war ein Paukenschlag im US-Wahlkampf 2020: Mitarbeiterinnen und Mitarbeiter von Facebook waren empört über die laxe Haltung der Konzernführung gegenüber den Fake-News-Kampagnen des Amtsinhabers. Während Twitter relativ zügig Warnhinweise ankündigte, blieb das Zuckerberg-Imperium mit Verweis auf die Meinungsfreiheit zurückhaltend. Daraufhin gingen mehr als ein Dutzend teilweise hochrangige Mitarbeiter auf die Barrikaden. Produktchef Jason Toff auf Twitter: „Ich arbeite bei Facebook, und ich bin nicht stolz auf das Bild, das wir abgeben"[2], und bekommt dafür fast 200 000 Likes. Hunderte Beschäftigte traten sogar in einen kurzen Streik und drohten mit Kündigung. Sie waren nicht bereit, den Schmusekurs ihres Arbeitgebers mit dem Präsidenten zu tolerieren, während gegenüber der allgemeinen Kundschaft immer mehr Kontrollmechanismen eingeführt wurden.

Beispiel: Ethische Fragen beim Umgang mit Fake-News-Kampagnen in den USA

---

[1] Zur Definition und Abgrenzung der Begriffe „Digitalkompetenz", „IT- bzw. Computerkompetenz", „Informationskompetenz", „Media Literacy" und „Medienbildung" siehe Krämer, H. et al., S. 27 – 29

[2] Siehe *https://www.sueddeutsche.de/digital/zuckerberg-trump-facebook-floyd-1.4925192* Stand: 7. 12. 20

Digitalisierung weckt Ängste, frühe Einbeziehung baut diese ab.

Prof. Wolfgang Wahlster, Mitbegründer des Deutschen Forschungsinstituts für Künstliche Intelligenz, berichtete in den 1990ern während seiner Vorlesungen von einem gescheiterten Projekt zum Einsatz von Expertensystemen in der Flugüberwachung. Die Fluglotsen weigerten sich, ihr Wissen preiszugeben, weil sie um ihre Arbeitsplätze fürchteten. Auch wenn diese Angst angesichts der damaligen Leistungsfähigkeit wohl unbegründet gewesen ist, zeigt das Beispiel doch, wie sensibel bereits in den Anfängen der Digitalisierung auf solche Fragen reagiert wurde. Vor allem macht es deutlich, wie wichtig nicht nur die formale Einbeziehung aller Stakeholder in Digitalisierungsprojekte ist, sondern auch, dass ihre Interessen frühzeitig berücksichtigt und dadurch Ängste abgebaut werden sollten.

Dabei wird für die zukünftige Entwicklung entscheidend sein, dass Ethikthemen in der Digitalisierung nicht als Belastung, sondern als Chance begriffen werden. Prof. Dr. Petra Grimm vom Institut für digitale Ethik an der Hochschule der Medien in Stuttgart stellt dabei den Zusammenhang mit dem gewachsenen Umweltbewusstsein her: „Vertrauensvolle Produkte können ein Qualitätsmaßstab sein, der einen Wettbewerbsvorteil bietet. Wie vor 40 Jahren, als das Umweltbewusstsein Fahrt aufnahm, stehen wir heute auch wieder an einem Wendepunkt: Wir müssen uns entscheiden, ob wir mehr datenökologische Verantwortung übernehmen oder das digitale Ökosystem kannibalisieren wollen."[3]

Darüber hinaus spielen ethische Aspekte gerade für die jüngere Generation eine immer größere Rolle. Dies bestätigte die Sinus-Jugendstudie 2020[4] erneut. Daher sollte dieses Thema angesichts des partiellen Fachkräftemangels bei ihren zukünftigen Arbeitgebern Teil der Unternehmensphilosophie sein.

In diesem Zusammenhang tun Unternehmen gut daran, sich über die bestehenden gesetzlichen Regelungen wie die Datenschutzgrundverordnung hinaus mit dem Thema der digitalen Ethik zu beschäftigen. Zum einen, weil die Legislative mit der Innovationsgeschwindigkeit kaum mithalten kann, und zum anderen, um in der Öffentlichkeit eine Vorreiterposition einzunehmen und bestehende Ängste oder Vorbehalte abzubauen. In ihrem Whitepaper „Digitale Ethik" kommen die Autoren und Autorinnen der Beratungsgesellschaft PwC zu folgendem Fazit:

„Digitalethik kommt damit eine Schlüsselrolle in der technologischen Transformation zu. Die digitale Verantwortung von Unternehmen ist mehr als ein Schlagwort oder Verkaufsargument. Sie beschreibt das Streben nach dem richtigen Unternehmenshandeln und der Möglichkeit, im technologischen Zeitalter verantwortungsvolles Handeln im Sinne aller zu gewährleisten. Digitalethik kann Unternehmen verantwortungsbewusst und glaubwürdig durch den Prozess der technologischen Transformation führen."[5]

Im folgenden Abschnitt werden wir uns mit einzelnen Aspekten digitaler Ethik näher beschäftigen.

---

[3] Grimm, P.: Ethik als Erfolgsfaktor in der digitalen Markenführung. In: Center for Corporate Reporting (CCR), 26.02.2019, unter: *https://www.corporate-reporting.com/artikel/ethik-als-erfolgsfaktor-in-der-digitalen-markenfuehrung* [abgerufen am 06.01.2021]

[4] Bundeszentrale für politische Bildung/bpb (Hrsg.): SINUS-Jugendstudie 2020 – Wie ticken Jugendliche? Bonn, Berlin 2020, unter: *https://www.sinus-institut.de/fileadmin/user_data/sinus-institut/Bilder/news/Jugendstudie_2020/Pressetext_SINUS_Jugendstudie_2020_bpb_SINUS-Institut.pdf* [abgerufen am 06.01.2021]

[5] PricewaterhouseCoopers GmbH: Digitale Ethik – Orientierung, Werte und Haltung für eine digitale Welt. 2020, unter: *https://www.pwc.de/de/managementberatung/risk/digitale-ethik.html* [abgerufen am 06.01.2021], S. 27

3.3 Ethikaspekte beim Design von Digitalisierungsprojekten und -maßnahmen

3.3.1 Datenschutz und Datensicherheit – die Klassiker

Die Aufregung war groß, als im Mai 2018 die Datenschutzgrundverordnung (DSGVO) in der EU scharf gestellt wurde. Jahrelang hatten viele Unternehmen und Vereine das Thema unterschätzt oder auf die lange Bank geschoben. Umso aufgescheuchter war die Stimmung vor dem Inkrafttreten. In der Praxis stellten sich viele Fragen nach der Umsetzbarkeit mancher Regelungen.

Über zwei Jahre später hat sich die Aufregung verzogen. Aus Sicht der Datenschutzbeauftragten konnte mit der DSGVO ein großer Schritt nach vorne gemacht werden, auch wenn in der Praxis nicht alle Anforderungen umgesetzt wurden. Datenschutz führt seither nicht mehr das Schattendasein früherer Jahre, sondern ist in der Gesellschaft angekommen.

DSGVO ist großer Schritt nach vorn

„Data is the new oil"[6] schrieb 2017 der Economist. Ohne die Sammlung, Bearbeitung und Auswertung von Daten sind heutige Geschäftsprozesse nicht mehr denkbar, sie sind Voraussetzung, Motor und Ergebnis der Digitalisierung. Mit der Menge der gespeicherten Daten wächst aber auch die Notwendigkeit, mit diesen verantwortungsbewusst umzugehen.

Eines der wichtigsten Leitprinzipien beim Datenschutz sind Datenminimierung und Datensparsamkeit. Sie gelten als vorbeugende Maßnahmen, um die Rechte der Kundinnen und Kunden, Geschäftspartner oder der Beschäftigten zu schützen. Dieses Prinzip kann bereits im Design einer kostenfreien Online-Lern-Plattform berücksichtigt werden. Wenn es z.B. um die Nachverfolgung regionaler Besonderheiten in der Nutzung geht, reicht die Angabe der Postleitzahl völlig. Es ist nicht nötig, die kompletten Adressdaten bei der Registrierung zu erheben.

Datenschutz heißt auch Datenminimierung und Datensparsamkeit

In Geschäftsbeziehungen oder gebührenpflichtigen Angeboten müssen aber komplette Kontaktdaten erhoben werden. Ähnliches gilt für Big-Data-Projekte, die sich ja gerade dadurch auszeichnen, dass Zusammenhänge über viele verschiedene Datenattribute analysiert werden können.

Um in diesen IT-Sektoren dennoch einen hohen Schutz personenbezogener Daten realisieren zu können, werden drei technische Lösungen verfolgt: die Anonymisierung, die Pseudonymisierung und die Verschlüsselung.

Die Anonymisierung verfolgt den Ansatz, alle personenbezogenen Daten aus der Datenerhebung komplett zu löschen. Dieser Vorgang ist nicht umkehrbar. Es gibt also keine Möglichkeit, die vorliegenden Daten wieder einer Person zuzuordnen. In diesem Fall unterliegt die Datenverarbeitung nicht mehr der DSGVO.

Anonymisierung

Falls eine Anonymisierung z.B. in Geschäftsprozessen ausgeschlossen ist, greift die zweite Möglichkeit, die Pseudonymisierung. Dabei werden die personenbezogenen Daten, wie Namen, Geburtstag, Telefonnummer etc. von den übrigen Daten wie Buchungen und Nutzungsdaten getrennt. So bleiben die Datensätze zu einer bestimmten Person erhalten, können somit der Analyse zugeführt werden, sind aber nicht mehr direkt mit der realen Person verbunden. Im Gegensatz zur Anonymisierung ist dieses Prinzip aber umkehrbar, die dazu notwendigen Informationen werden getrennt aufbewahrt. Es gibt also technische und organisatorische Vorkehrungen, die eine Verknüpfung der beiden Seiten unterbinden.

Pseudonymisierung

Bei der technischen Lösung der Verschlüsselung werden alle Daten mit einem entsprechenden Verschlüsselungssystem chiffriert. Somit können ohne Schlüssel aus den Daten keine sinnvollen Informationen abgeleitet werden. Diese Lösung ist zum einen teuer und zum anderen oft nicht praktikabel.

Verschlüsselung

---

[6] The world's most valuable resource is no longer oil, but data. In: The Economist, 6.05.2017, *https://www.economist.com/leaders/2017/05/06/the-worlds-most-valuable-resource-is-no-longer-oil-but-data* [abgerufen am 25.01.2021]

Neben diesen Grundprinzipien stellt die DSGVO weitere wichtige Anforderungen, die hier nicht komplett dargestellt werden können. So gibt es nach der Verpflichtung zur Transparenz und zur Information über die Verarbeitung personenbezogener Daten neben der grundsätzlich notwendigen Einwilligung durch die betroffene Person umfangreiche Auskunftspflichten der für die Datenverarbeitung Verantwortlichen. Zudem gibt es das Recht auf Berichtigung bei unzutreffenden Informationen und das Recht auf Löschung, Vergessenwerden und Einschränkung der Verarbeitung. Neu ist in der DSGVO der Anspruch auf Datenübertragbarkeit, welcher den Wechsel zwischen verschiedenen Anbietern erleichtern soll.

Damit die Verordnung in der Praxis gelebt wird, wurden wichtige Vorgaben für die Einrichtung und Arbeit von Datenschutzbeauftragten in Unternehmen und Verwaltungen festgelegt. Sie sind in der Ausübung ihrer Tätigkeit weisungsfrei und durch ein Benachteiligungsverbot sowie einen besonderen Kündigungsschutz abgesichert.

Die beschriebenen Maßnahmen bergen naturgemäß hohes Konfliktpotenzial. Es reicht vom großen Aufwand in der Umsetzung über teils bürokratische Vorgaben bis zur Wettbewerbssituation auf internationalen Märkten.

Datensicherheit | Im Bereich der Datensicherheit wurden in den letzten Jahren ebenfalls viele Bestimmungen verändert. Dabei geht es im Wesentlichen um den technischen Schutz der Daten in Bezug auf Vertraulichkeit, Integrität und Verfügbarkeit, unabhängig ob diese personenbezogen sind oder nicht.

In § 9 des Bundesdatenschutzgesetzes sind die technischen und organisatorischen Maßnahmen festgelegt, die datenverarbeitende Stellen einzuhalten haben. Hierbei geht es vor allem um Kontrollbestimmungen, also um Kontrolle des Zugangs, des Zugriffs, von Weitergabe, der Eingabe und der Verfügbarkeit. Geregelt ist auch, wie die Sicherheit der Daten gewährleistet wird, die im Auftrag verarbeitet werden, sowie die Trennung von Daten unterschiedlicher Zwecke.

In der DSGVO der Europäischen Union wird Datensicherheit nicht nur technisch-organisatorisch betrachtet, sondern in Zusammenhang mit dem Grad der Schutzbedürftigkeit von personenbezogenen Daten. Die Klassifizierung „normal" gilt z. B. für alle internen Datenverarbeitungen bzw. für Daten, die aus allgemein zugänglichen Quellen stammen. Das Risiko für den Betroffenen ist tolerabel. „Hoch" ist ein Schutzbedarf für Daten, die einen gewissen Vertraulichkeitsgrad erfüllen müssen, weil eine – erhebliche – Beeinträchtigung der Rechte des Betroffenen möglich ist. Ein „sehr hohes" Schutzniveau ist zu gewährleisten, wenn eine besonders bedeutende Beeinträchtigung zu befürchten ist (Beispiele siehe IHK München und Oberbayern 2020).

Gesetzliche Bestimmungen beachten und anwenden. | Hiervon ist auch die Frage betroffen, in welchem Land die Daten z. B. in einer Cloud gehostet werden und ob dort derselbe Datenschutzstandard wie in der EU gewährleistet ist.

Maßnahmen für den Datenschutz einschätzen und über Umsetzung entscheiden. | Die Vielzahl von Bestimmungen, insbesondere für die Verarbeitung personenbezogener Daten, sollte Grund genug sein, um in der Praxis eine Strategie der Datenminimierung zu verfolgen. Darüber hinaus werden eklatante Verstöße gegen Persönlichkeitsrechte im Bereich des Datenschutzes – wie im Fall der Videoüberwachung der Lidl-Beschäftigten[7] – rechtlich geahndet und auch in der Öffentlichkeit nicht mehr als Kavaliersdelikte interpretiert.

Das Wissen über gesetzliche Vorschriften im Bereich des Datenschutzes und der Datensicherheit gehört heute wie selbstverständlich zu benötigten digitalen Kompetenzen im organisatorischen Umfeld. Hierzu zählt auch, den Aufwand bestimmter Maßnahmen abschätzen und schließlich auf solider Basis entscheiden zu können.

---

[7] Süddeutsche Zeitung GmbH (Hrsg): Millionen-Strafe für die Schnüffler. In: Süddeutsche Zeitung, 17.05.2010, unter: *https://www.sueddeutsche.de/wirtschaft/lidl-muss-zahlen-millionen-strafe-fuer-die-schnueffler-1.709085* [abgerufen am 06.01.2021]

Checkliste

- Auf Datenminimierung und Datensparsamkeit achten
- Pseudonymisierung umsetzen, wenn Anonymisierung nicht möglich
- Datenschutz als Wettbewerbsvorteil kommunizieren
- Umfangreiche Hilfestellungen zur DSGVO nutzen

3.3.2 Klima und Umwelt – Digital ist nicht per se grün

„Digitalisierung schont die Umwelt" – es gibt viele Argumente, die für die Digitalisierung von physischen Gegenständen und von Prozessen sprechen. Die Corona-Krise hat gezeigt, dass wir mit digitalen Meetings per Videokonferenz aufwändige Dienstreisen vermeiden können und so weniger fahren und fliegen. Die Verbreitung von Mails und PDF-Dateien spart den ressourcenintensiven Druck und Versand von Kontoauszügen, Broschüren, Zeitschriften und Büchern. Nachhaltigkeit im Sinne der Ethik bedeutet also auch, bei vielen Aufgaben im täglichen Leben zu überlegen, ob eine digitale Alternative nicht ökologisch verträglicher ist. So weisen viele Mails in der Autosignatur darauf hin, diese besser nicht auszudrucken, z. B. „Sparen Sie pro Seite ca. 200 ml Wasser, 2 g CO_2 und 2 g Holz: Danke, dass Sie erst an die Umwelt denken, bevor Sie diese E-Mail ausdrucken". So wird die Digitalisierung ein wertvolles Mittel im Kampf gegen den Klimawandel.

Doch wenn wir nun mit PCs, Notebooks, Tablets und Smartphones arbeiten, lernen, uns informieren und amüsieren – werden wir dann alle zu Umweltengeln und die Klimaziele schon vor den Fristen des Pariser Abkommens erreicht? Das Gegenteil ist der Fall – der massive Einsatz von Computern und anderer Hardware benötigt Energie und zur Herstellung wertvolle Ressourcen (siehe Kasten).

Ressourcenfresser Digitalisierung – einige Beispiele

Nach einer Schätzung von „The Shift Project" verursacht der Einsatz von IT weltweit etwa 3,7 Prozent aller Treibhausgasemissionen. Das ist mehr als das Doppelte vom Ausstoß der zivilen Luftfahrt.

Allein in Deutschland verbrauchten im Jahr 2017 digitale Endgeräte, Server und Rechenzentren 13,2 Mrd. Kilowattstunden Strom. Das entspricht dem kompletten Stromverbrauch der Metropole Berlin.

Im privaten Bereich entpuppt sich Video-Streaming als Stromfresser. Mit dem Strom, den man mit Anschauen eines zehnminütigen Streaming-Videos (inklusive Kosten beim Inhalte-Anbieter) verbraucht, könnte man laut „The Shift Project" einen Heizlüfter mit 2000 Watt Leistung fünf Minuten lang laufen lassen (nach Parrisius 2019).

Selbst wenn wir jetzt Energie sparen, wird aller Voraussicht nach in Zukunft der Energiehunger der Informations- und Kommunikationstechnologien noch größer – Smart Homes, das „Internet der Dinge", Robotik und der Einsatz von Künstlicher Intelligenz sind spannende IT-Anwendungsgebiete, die allerdings noch mehr Strom verbrauchen werden.

Unter ethischen und ökologischen Gesichtspunkten ist es also auch geboten, darüber nachzudenken, wie viel Energie man mit dieser oder jener Anwendung verbraucht. Das fängt damit an, ob man einen Rechner im Büro Tag und Nacht laufen lässt, um ihn vom Home-Office aus im

Remote-Betrieb zu nutzen. Oder auch, ob man das Ladegerät des Smartphones ständig in der Steckdose lässt – es verbraucht auch Strom, wenn gerade kein Handy aufgeladen wird.

Oftmals widersprechen sich ethische und ökonomische Gesichtspunkte keineswegs, so z. B. für die Betreiber von Rechenzentren und Server-Farmen. Für deren Rechnerpools müssen auch Stromkosten für Kühlsysteme kalkuliert werden. Dabei wäre es durchaus möglich, die Abwärme der Rechner zu nutzen (Parrisius 2019). Im „Eurotheum" in Frankfurt am Main wird dies bereits praktiziert – und so spart man jährlich 40 000 € für Heizkosten in einem Hotel und in Büroetagen eines Hochhauses.

Green IT – Tipps zum Energiesparen bei IT-Nutzung

https://www.co2online. de/energie-sparen/ energiesparen-im-unter nehmen/green-it-10-tipps-fuer-unter nehmen/

https://t3n.de/news/ green-it-software-1227613/

Sensibilisierung für Ressourcenverbrauch durch digitale Medien

Neben dem Energieverbrauch eröffnen die Herstellung sowie die Entsorgung von IT-Hardware ein weiteres ethisches Konfliktfeld. Man möchte stets Geräte auf dem aktuellen Stand der Technik besitzen, um immer größere Datenmengen zu laden, zu speichern und zu versenden. Der Austausch von Geräten in immer kürzeren Zyklen bedeutet aber auch einen schnelleren Verbrauch von wertvollen Ressourcen: Metalle wie Kobalt, Zinn, Tantal, Wolfram und Gold, die in einem Smartphone verarbeitet werden, stammen oft aus Konfliktregionen in Afrika, werden unter zum Teil unmenschlichen Bedingungen abgebaut – manchmal auch von Kindern – und dienen auch dazu, regionale Konflikte zu finanzieren (Dörner, Fuest, Trentmann 2016). Ökologisch bedenklich ist, dass beim Gewinnungsprozess dieser Seltenen Erden vergiftete Schlämme als Abfallprodukt erzeugt werden, die u. a. in China ungesichert in Seen entsorgt werden (Lohmann, Podbregar 2012).

Um diesen ethischen Konflikt aufzulösen, sollte man bei IT-Anschaffungen überlegen, inwieweit diese wirklich notwendig sind – oder auf ein ökologisch korrektes Produkt umsteigen. Mit dem niederländischen „Fairphone" ist ein Schritt in diese Richtung gemacht worden.

Für den Erwerb von Digitalkompetenz bedeutet dies, Tipps wie die zu Green IT (siehe oben) zu beherzigen und eine „Antenne" dafür zu entwickeln, an welchen Stellen beim Umgang mit IT unnötig Energie und Ressourcen verbraucht werden. Hierbei kann die folgende Checkliste helfen:

Checkliste

- Umweltbilanz auch bei der Digitalisierung berücksichtigen
- Digitale Kommunikation effizient und ressourcenschonend umsetzen
- Entsorgung im Blick behalten

3.3.3 Aus- und Weiterbildung: Menschen motivieren und individuell qualifizieren

Inhaltliche Grundlage von Maßnahmen in der Berufsbildung sind Aus- und Fortbildungsordnungen oder Curricula von Weiterbildungsangeboten. Unter ethischen Gesichtspunkten interessiert jedoch nicht so sehr das „Was" der Vermittlung, sondern vielmehr das „Wie". Wichtig ist, dass immer wieder verdeutlicht wird, dass der Mensch im Mittelpunkt des Bildungsprozesses steht. Das bedeutet, dass alle Maßnahmen so gestaltet werden, dass sie Raum für ein individuelles Eingehen auf die Lernenden ermöglichen; dies gilt in besonderem Maße beim Erwerb digitaler Kompetenzen.

Die Qualifizierung für den Beruf beginnt mit der Ausbildung. Die Bedeutung der Kompetenz zum Umgang mit digitalen Technologien als Grundlage für einen erfolgreichen Start in das Berufsleben und für die gesellschaftliche Teilhabe ist heute unumstritten. Doch verfügen immer noch lange nicht alle Schülerinnen und Schüler über die erforderlichen Kompetenzen, um zu verstehen, wie digitale Anwendungen technisch funktionieren, wie sie sinnvoll genutzt werden können und wie diese sich auf das Leben der Menschen in der Gesellschaft auswirken.

So zeigte die international vergleichende Schulleistungsstudie ICILS 2018 (International Computer and Information Literacy Study; Eickelmann, Bos u. a. 2019), dass die computer- und informationsbezogenen Kompetenzen von Schülerinnen und Schülern der achten Jahrgangsstufe in Deutschland deutliche Schwächen zeigen. Entgegen der allgemeinen Auffassung, die heutige Jugend sei eine Generation von „Digital Natives", zeigt sich, dass junge Menschen keine hochentwickelten digitalen Kompetenzen allein durch die Nutzung digitaler Geräte aufbauen.

Digital Natives mit weniger Digitalkompetenz als gedacht

Wenn die Jugendlichen oder jungen Erwachsenen nach der Schule in eine betriebliche Ausbildung wechseln, muss in den Unternehmen also noch einiges an Kompetenzentwicklung geleistet werden. Dafür ist in den Betrieben das Ausbildungspersonal erster Ansprechpartner. Da heute die Arbeit immer mehr vernetzt ist und Arbeitsprozesse häufig in Systemen erfolgen, sollte auch die Ausbildung ganzheitlich angelegt werden. So können schon zu Beginn der Ausbildung kleinere Arbeitsaufgaben oder Projekte dazu dienen, dass Auszubildende sich einem Thema widmen, dazu recherchieren, Arbeitsabläufe und Verantwortlichkeiten festlegen und dann an der Aufgabe eigenverantwortlich arbeiten. Selbstverständlich dürfen dabei auch Fehler gemacht werden, die dann aber mit allen Beteiligten konstruktiv reflektiert werden. Bei auftretenden Problemen oder Störungen im Prozess sollten selbstständig Strategien entwickelt werden, wie diese behoben werden können. Dabei sollte stets der Lernfortschritt jedes Einzelnen im Auge behalten werden, damit rechtzeitig auch individuelle Förderung erfolgen kann und somit sichergestellt ist, dass niemand abgehängt wird.

Diese Erfahrungen bieten eine gute Grundlage, um auch in späteren Arbeitsprozessen selbstbewusst agieren zu können. Wenn dann für die Auszubildenden noch klar wird, welchen Bezug ihre Projekte zur konkreten Arbeit im Betrieb haben oder dass ihre Produkte unmittelbar eingesetzt oder weiterverarbeitet werden können, dann ist die Motivation für das nächste Projekt bestimmt gestiegen.

Bezüge des Projekts zur Arbeit herstellen

Die Rolle der Ausbilder und Ausbilderinnen hat sich in den vergangenen Jahren deutlich verändert. Nicht mehr das Prinzip „Vormachen und Nachmachen" oder der Frontalunterricht in der Ausbildungswerkstatt kann heute Auszubildende begeistern. Bewährt haben sich vielmehr Projekte, in denen die Ausbildenden sich eher als Lernbegleiter oder Moderatoren im Lernprozess verstehen. Sie sollten die Jugendlichen so weit wie möglich selbstgesteuert lernen lassen, ihnen dabei aber Leitplanken setzen, damit diese das Arbeitsziel nicht aus den Augen verlieren. Dabei gilt es, jede Auszubildende und jeden Auszubildenden auch einzeln wahrzunehmen, Stärken und Schwächen zu erkennen, um somit auch individuell auf sie oder ihn eingehen zu können und entsprechend zu fördern.

Es wird heute übrigens nicht mehr unbedingt erwartet, dass Ausbilder und Ausbilderinnen ihren Azubis immer eine Nasenlänge voraus sind. Im Gegenteil kann es auch vertrauensbildend sein, wenn sich die Rolle der Lernenden und der Lehrenden einmal umkehrt und Auszubildende den Fachkräften die neueste App auf dem Tablet oder Tutorials auf Youtube für eine bestimmte Problemlösung zeigen. Wenn Ausbildende sich so offen geben oder bereit sind zu zeigen, dass auch sie immer Lernende sind, sind sie gleichzeitig ein gutes Rollenvorbild.

Zur Identifikation der Auszubildenden mit dem Betrieb kann schließlich auch beitragen, diese in kleineren Beiträgen, Podcasts oder Videos über ihre Ausbildung oder Projekte berichten zu lassen und diese im Intranet oder auf der Website des Unternehmens zu veröffentlichen. Das kann bestenfalls auch dazu dienen, Schülerinnen und Schüler für ein Praktikum oder eine Ausbildung im Unternehmen zu interessieren.

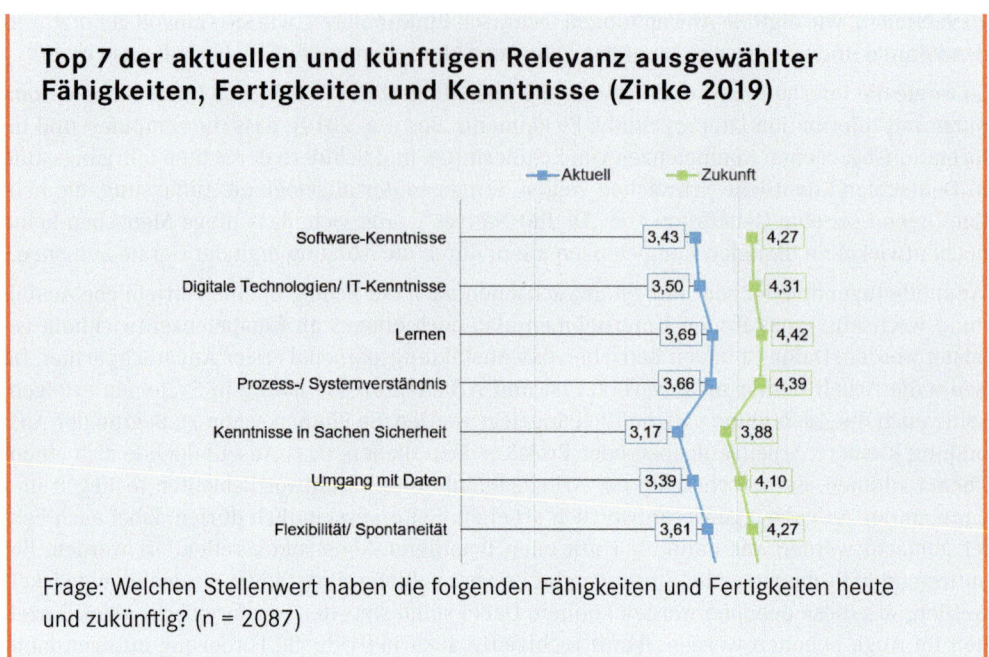

Top 7 der aktuellen und künftigen Relevanz ausgewählter Fähigkeiten, Fertigkeiten und Kenntnisse (Zinke 2019)

Frage: Welchen Stellenwert haben die folgenden Fähigkeiten und Fertigkeiten heute und zukünftig? (n = 2087)

Lebenslanges Lernen ist in Zeiten zunehmender Digitalisierung nicht mehr nur ein Schlagwort, sondern eine Notwendigkeit, um in vielen Bereichen des Arbeitslebens agieren zu können. Innovationszyklen verkürzen sich, neue digitale Technologien halten Einzug und Arbeitssysteme vernetzen sich weiter, zunehmend global. Im Rahmen des BIBB-Forschungsprojektes „Berufsbildung 4.0 – Fachkräftequalifikationen und Kompetenzen für die digitalisierte Arbeit von morgen" zeigte sich, dass Kompetenzen, die insbesondere für die Arbeit mit digitalen Systemen erforderlich sind, zukünftig wichtiger werden (siehe Kasten Zinke 2019).

Häufig erleben arbeitende Menschen jedoch, dass neue Technologien zum Einsatz kommen, deren Funktionsweise und Entscheidungen für sie nicht mehr nachzuvollziehen sind. Gleichzeitig sehen sie, dass die Sicherheit der Arbeitsplätze und ein gutes Einkommen in zunehmendem Maße von den digitalen Kompetenzen abhängen, über die sie jedoch noch nicht verfügen. Hier können zielgruppengerechte Weiterbildungen helfen, Sorgen vor Veränderungen zu nehmen und die Beschäftigten mit den erforderlichen Qualifikationen fit für die Zukunft zu machen.

Arbeitsleistung oder Stellenprofil darf Zugang zur Weiterbildung nicht einschränken

Doch wie sollten Weiterbildungen gestaltet werden, damit sie auch den erwünschten Erfolg zeigen? Nach der Bestimmung der Ziele für die Maßnahmen muss eine sorgfältige Planung vorgenommen werden, die abrechenbar Zielgruppen, Zeitpunkt, Dauer und Ort der Maßnahmen festlegt (siehe hierzu auch Abschnitt 4.4.2). Das Ziel, die Inhalte und die Rahmenbedingungen der Schulungen müssen offen mit allen Stakeholdern kommuniziert werden, kritische Nachfragen dazu sind erwünscht. Es müssen konkrete Festlegungen vorgenommen werden, welche Personen an welchem Kurs teilnehmen. So gab es Erfahrungen, dass Meister ihre vermeintlich fittesten Fachkräfte nicht an Schulungen teilnehmen ließen, weil sie im Produktionsprozess scheinbar unentbehrlich waren. In anderen Fällen wurden Teilzeitkräfte für Schulungen an das Ende der Liste gesetzt oder sogar gar nicht berücksichtigt. Solche Führungsfehler können zu Motivationsdefiziten führen.

Zu einer guten Weiterbildungskultur gehört deshalb, dass die Maßnahmen von den Vorgesetzten, den Führungskräften und den Interessenvertretungen der Beschäftigten in vollem Umfang mitgetragen und gefördert werden. Diese Unterstützung beeinflusst das Vertrauen von Beschäftigten in ihre Lernfähigkeit ganz entscheidend, das zeigten Befragungen in Unternehmen. So äußerten gerade ältere Beschäftigte häufig mehr Zweifel an ihrer Lernfähigkeit, die bei ihnen zu einem Sinken der Lernmotivation führten. Vorgesetzte sind deshalb diejenigen, die ihre Mitarbeiter und Mitarbeiterinnen ermutigen sollen, sich Veränderungsprozessen zu stellen und sich für Weiterbildungen zu öffnen. Deshalb gehören Führungskräftetrainings immer an den Anfang von Qualifizierungsmaßnahmen.

Ein weiteres heikles Thema ist die Frage, wie der Erfolg von Qualifizierungsmaßnahmen gemessen werden kann. Für viele Fachkräfte liegen die letzten bewussten Lernprozesse schon viele Jahre zurück und sind nicht immer mit guten Erinnerungen verbunden, insbesondere wenn es um das Thema Lernerfolgskontrolle geht, das oft unschöne Szenarien früherer Prüfungen in Erinnerung ruft. Deshalb muss den Teilnehmenden an Weiterbildungen vermittelt werden, dass Fehler im Lernprozess nicht schlimm sind und Erfolgskontrollen dazu dienen, ihnen selbst aufzuzeigen, wo noch gelernt werden muss. Es reicht also nicht, dass das Schulungspersonal allein fachlich versiert ist, sondern es muss auch pädagogisch und psychologisch qualifiziert sein.

Ängste vor Lernerfolgs-kontrollen vermeiden

Wichtig ist auch sicherzustellen, dass die Daten von Erfolgskontrollen auch tatsächlich nur den Lernenden zugänglich sind oder nur mit ihrem ausdrücklichen Einverständnis eingesehen werden dürfen (siehe auch Abschnitte 4.3.1 und 4.3.6). Erst wenn Unternehmen durch solche grundlegenden Maßnahmen Vertrauen schaffen, können die eigentlichen fachlich-inhaltlichen Schulungen angeboten werden.

Wenn Weiterbildungsmaßnahmen von allen Beteiligten ernsthaft und strukturiert vorbereitet, durchgeführt und letztlich auch evaluiert werden, dann zeigen die Ergebnisse aus entsprechenden Projekten, dass eine erhöhte Lern- und Veränderungsbereitschaft erzielt werden kann. So kann es auch langfristig gelingen, lernförderliche Arbeitsbedingungen zu schaffen.

Die Qualifizierung der Bevölkerung für die digitale Transformation ist auch eine Aufgabe öffentlicher Institutionen. Neben den Schulen sind dies z.B. kommunale Einrichtungen der Erwachsenenbildung oder überregionale Angebote, die zunehmend auch virtuell zugänglich werden. Doch zeigte der im Jahr 2020 von der Europäischen Union veröffentlichte Monitor für die allgemeine und berufliche Bildung (Generaldirektion Bildung, Jugend, Sport und Kultur 2020), dass Deutschland in dieser Hinsicht noch deutlichen Nachholbedarf hat. So sollten bis 2020 durchschnittlich mindestens 15 Prozent der Erwachsenen in der Altersgruppe der 25- bis 64-Jährigen an formalen oder nichtformalen Lernaktivitäten teilnehmen. Deutschland liegt mit 8,2 Prozent im Jahr 2019 unter diesem Zielwert und unter dem EU-Durchschnitt von 11,3 Prozent (Bild 3.2).

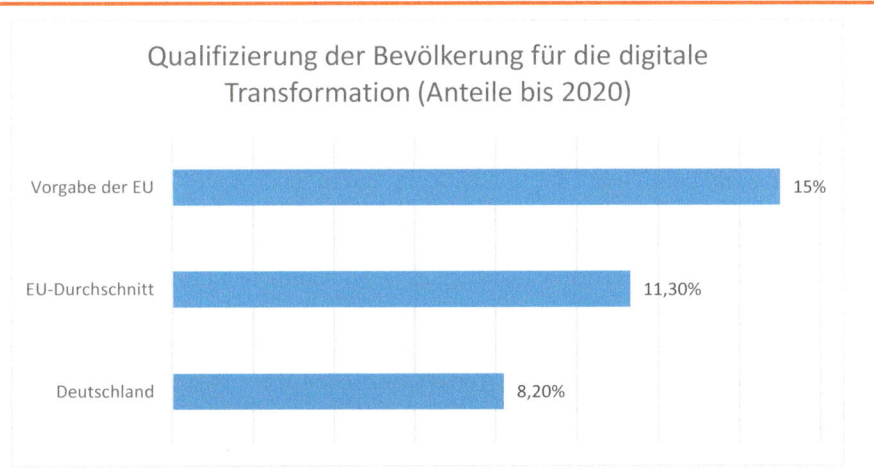

Bild 3.2 Qualifizierung der Bevölkerung für die digitale Transformation

Hier zeigt sich enormer Nachholbedarf, der alle Verantwortlichen auf den Plan rufen sollte. Die Enquete-Kommission Künstliche Intelligenz des Deutschen Bundestages fordert entsprechend in ihrem im Jahr 2020 veröffentlichten Bericht (BT-Drs. 19/23700), dass Sozialpartner und Politik ihren Gestaltungsauftrag prospektiv wahrnehmen müssen, um den Wandel der Arbeitsmärkte im Sinne des Allgemeinwohls zu begleiten. Eine besondere Herausforderung sehen sie darin, Beschäftigten mit Hilfe der Aus- und Weiterbildung die Möglichkeit zu geben, sich schnell, flexibel und kontinuierlich auf die veränderten Anforderungen und Tätigkeiten dieser neuen Arbeitsplätze vorzubereiten. Dazu gehört, die Weiterbildungskultur zu fördern, die erforderlichen Maßnahmen zur Verfügung zu stellen und entsprechende Freistellungen zu erhöhen.

Eine Vision 2030

Durch gezielte Aus- und Weiterbildung wurden Menschen dazu befähigt, KI-Systeme zu verstehen und zu kontrollieren: Sie sind in der Lage, KI-Resultate nachzuvollziehen und einzuordnen, da sie sich theoretisches und anwendungsorientiertes Wissen aneignen konnten. Zugleich wurde ihnen ermöglicht, Fähigkeiten und Kompetenzen auszubauen, die Menschen auch in absehbarer Zukunft von Robotern unterscheiden. Aus- und Weiterbildungsoffensiven haben entscheidend dazu beigetragen, dass Deutschland seinen Bedarf an Fachkräften decken konnte.

(BT-Drs. 19/23700, S. 132)

3.3.4 Arbeitsgestaltung und Digitalisierung: digitalisierte Arbeitssysteme für Menschen gestalten

Mehrdimensionale Systeme ersetzen lineare Wertschöpfungsketten

In Folge der Digitalisierung erleben wir die Entwicklung vollkommen neuer Formen der Arbeitsgestaltung. Wertschöpfungsketten, die in analogen Zeiten eindimensional und linear strukturiert waren, lösen sich auf zugunsten vernetzter, mehrdimensionaler Wertschöpfungssysteme. Die Massen- und Serienproduktion einheitlicher Waren weicht der Individualisierung von Produkten bis hin zur „Losgröße 1". Clouds ermöglichen ortsungebundenes Arbeiten, das auch die globale Zusammenarbeit unabhängig von Zeitzonen forciert. Arbeit kann weitestgehend flexibilisiert und entgrenzt werden. Organisationsstrukturen lösen sich auf, temporäre Teams bilden sich kurzzeitig und projektbezogen. Möglich ist eine unbeschränkte Orts- und Zeitautonomie – zumindest technologisch.

Entgrenzung von Arbeit

Doch diese Entgrenzungsdynamik führt auch zu neuen Problemen und erforderlichen Aushandlungsprozessen. Ist es wirklich notwendig, ständig erreichbar zu sein, auch an Wochenenden und im Urlaub? Was passiert langfristig mit Menschen, die keine Grenze mehr zwischen Arbeit und Nicht-Arbeit ziehen können? Die Corona-Pandemie hat diese Fragen noch einmal verschärft, denn rund ein Viertel der Beschäftigten waren in kürzester Zeit mit neuen Arbeitsbedingungen im Home-Office konfrontiert, oft ohne die entsprechenden tariflichen oder betrieblichen Regelungen. Solche Unsicherheiten, eventuell verbunden mit Sorgen um den Erhalt des Arbeitsplatzes, können nachweislich auch zu gesundheitlichen Problemen führen.

Gig-Economy

Eine weitere Herausforderung ist die Zunahme der sogenannten „Gig Economy". Das bedeutet, dass kleinere Aufträge kurzfristig an unabhängige Selbstständige oder Freiberufler vergeben werden, wie es z. B. der Fahrdienst Uber versucht hat oder es bei Paketzustellern immer noch üblich ist. Häufig werden diese Jobs über Online-Plattformen vermittelt. Das Problem dabei ist, dass diese Menschen vollständig auf sich selbst gestellt sind, keine Kranken- oder Sozialversicherung haben und somit in permanenter sozialer Unsicherheit leben. Mittlerweile gibt es auch Unternehmen und Konzerne, in denen hochqualifizierte Beschäftigte durch „Gigs" ihre Projekte betriebsintern erwerben müssen. Sind sie längere Zeit nicht erfolgreich, dann hat das Konsequenzen für ihre Beschäftigung. Diese Arbeitsmodelle sorgen für große Unsicherheiten und haben oft durch den psychischen Druck auch gesundheitliche Folgen (Scholz 2017).

Die Digitalisierung führt auch zu einer Veränderung der Handlungsspielräume, wie z. B. der Tätigkeits- und Entscheidungsmöglichkeiten. Zum einen erleben wir eine Reduktion dieser

Spielräume durch die Zunahme von Automatisierung, da immer mehr Arbeiten von Software übernommen werden – auch Teile von Tätigkeiten höherqualifizierter und spezialisierter Beschäftigter. Das birgt die Gefahr zunehmender Monotonie und der Abqualifizierung von Tätigkeiten.

Andererseits führt Digitalisierung auch zu einer Zunahme von Komplexität: Arbeitsabläufe werden mehrdimensionaler und auch die Vielfalt von Produkten und Dienstleistungen nimmt zu. So bedienen zum Beispiel Medienhäuser heute nicht nur einen Ausgabekanal, sondern veröffentlichen Beiträge sowohl in Printmedien als auch auf Websites, als Video, Podcast oder auf Social-Media-Plattformen. Dabei werden Textbeiträge in Deutschland erstellt, während die Bildbearbeitung oder Filmherstellung zeitgleich in Amerika oder Asien erfolgt. Erforderlich werden dadurch neue Koordinations- und Planungsfunktionen, um das Zusammenwirken verschiedener Produktionsschritte in den Wertschöpfungssystemen zu gewährleisten. Es braucht mehr Steuerung und Regelung von Prozessen, mehr Gewährleistung und Instandhaltung – die Arbeit wird geistig anspruchsvoller. Hier ist eher eine Aufwertung vieler Arbeitstätigkeiten und auch neuer Beschäftigungsfelder zu erwarten. Gleichzeitig gelten digitale Arbeitssysteme aber auch als Treiber der Erhöhung von Arbeitsintensität, denn die Beschleunigung und Rationalisierung von Prozessen nimmt weiter zu. Bei der Gestaltung solcher Arbeitssysteme ist deshalb dringend darauf zu achten, dass die Arbeitsbelastung für die Beschäftigten in einem erträglichen Maße bleibt. Die Einbeziehung der betroffenen Menschen sowie deren Interessenvertretungen ist deshalb unabdingbar.

Zunahme von Komplexität durch Digitalisierung

Eine neue Qualität bieten die Arbeitssysteme, die mit Unterstützung von Künstlicher Intelligenz (KI) funktionieren (BT-Drucks. 19/23700). Dabei kommt meistens die sogenannte schwache KI zum Einsatz, die im Alltag zunehmend auch komplexere Tätigkeiten automatisiert. So beantworten Chatbots einfachere Kundenanfragen oder KI-Assistenten versorgen Menschen im Produktionsprozess mit Informationen. Im Gegensatz zu klassischen Computersystemen, die Menschen im Alltag und Beruf längst gewohnt sind, zeichnen sich KI-Systeme durch Interaktivität und Adaptivität aus, das heißt: Im Gegensatz zum klassischen Computersystem arbeiten Menschen und KI-Assistenz gemeinsam. Wie das System dabei zu seinen Folgerungen, Ratschlägen oder Hinweisen kommt und wie es lernt, ist für Beschäftigte jedoch weitgehend intransparent und führt oft zu Verunsicherungen. Die Enquete-Kommission des Deutschen Bundestages (ebd.) empfiehlt deshalb, weiter an der Erklärbarkeit von KI zu forschen („Explainable AI") und gleichzeitig immer auch zu prüfen, welche Aufgaben sich mit anderen Methoden lösen lassen, bei denen Transparenz leichter zu erzeugen ist. Ihrer Ansicht nach weisen hybride Systeme, die z. B. Entscheidungsbäume lernen, einen Weg in die Zukunft.

Zunehmende Automatisierung durch KI

Dadurch, dass bestimmte Routine-Aufgaben durch KI-Systeme übernommen, d. h. automatisiert werden können, oder dass die Maschine bei komplexen Tätigkeiten unterstützt, ergeben sich aber auch neue Freiräume für die anspruchsvolleren, interessanteren und kreativen Aspekte von Arbeit. KI bietet somit also auch Chancen, neue Fähigkeiten zu erwerben und anzuwenden, wie z. B. planende und koordinierende Arbeiten im Rahmen der Projektorganisation. So kann das eigene Tätigkeits- und Entscheidungsfeld ausgedehnt und damit der Handlungsspielraum erweitert werden.

Neue Freiräume für anspruchsvollere, interessantere und kreative Aspekte von Arbeit

Prinzipiell ist bei der Einführung digitaler Technologien, die zu einer neuen Arbeitsteilung zwischen Mensch und Maschine führen, darauf zu achten, dass die in diesen Arbeitssystemen Beschäftigten diese Systeme auch verstehen. Noch sind nicht alle Wechselwirkungen, die dort entstehen können, hinreichend erforscht, wie z. B. die Auswirkungen des ständigen Informationsflusses. Einig sind sich jedoch viele Expertinnen und Experten, dass es gilt, die Interaktion zwischen Mensch und Maschine akzeptanzgetrieben zu gestalten und den Menschen nicht nur zu entlasten, sondern auch neue Aufgabenfelder zu erschließen. So hat eine Expertengruppe der Europäischen Union 2019 Prinzipien und Anforderungen zu vertrauenswürdiger KI definiert (Hochrangige Expertengruppe für künstliche Intelligenz 2019). Nur durch Technologieakzeptanz können Widerstände gegen den Einsatz neuer Technologien, die in der Praxis oft zu beobachten sind, abgebaut werden. Dies geschieht dadurch, dass digitale Techniken und Methoden transparent und erklärbar sind und Führungs- und Fachkräfte intensiv

Interaktion zwischen Mensch und Maschine muss akzeptanzgetrieben gestaltet werden

im Umgang damit trainiert werden. Dabei muss der Mensch die Kontrolle über die Maschine und ihr Agieren behalten.

Den Einsatz digitaler Technologien zur Erweiterung des Handlungsspielraums von Menschen nutzen.

Mittlerweile haben einige Unternehmen entsprechende Richtlinien zum Umgang mit digitalen Technologien festgeschrieben (z. B. IBM Deutschland GmbH 2020). Die Projektgruppe KI und Arbeit, Bildung, Forschung der Enquete-Kommission des Deutschen Bundestages (BT-Drucksache 19/23700) hat in ihrem Teilbericht Leitvorstellungen für die Arbeitsgestaltung entwickelt, um Potenziale für Emanzipation, Nachhaltigkeit und Gute Arbeit zu fördern und Risiken für Beschäftigte durch Entwertung ihrer Fähigkeiten, ihrer Persönlichkeitsrechte und ihrer beruflichen Anschlussfähigkeit zu minimieren sowie ungerechtfertigte Kontrolle, Entmündigung, Arbeitsverdichtung und Arbeitsplatzverluste zu vermeiden (siehe Kasten Leitvorstellungen für die Arbeitsgestaltung).

Leitvorstellungen für die Arbeitsgestaltung

(BT-Drucksache 19/23700)

„Es ist sinnvoll, die Einflussnahme des Gesetzgebers und der weiteren Normsetzungsakteure unter anderem auf folgende Ziele auszurichten:

- das Potenzial von KI zur Produktivitätssteigerung, zur Steigerung des Wohlergehens der Erwerbstätigen zu nutzen,

- neue Geschäftsmodelle zu entwickeln und zu fördern, die zur Beschäftigungssicherung und zum Beschäftigungsausbau beitragen,

- ‚Gute Arbeit by Design‘ zu entwickeln und vorrangig eintönige oder gefährliche Aufgaben an Maschinen zu übertragen, (…)

- dafür zu sorgen, dass der Mensch als soziales Wesen an seinem Arbeitsplatz die Möglichkeit hat, sozial mit anderen Menschen zu interagieren, menschliches Feedback zu erhalten und sich als Teil einer Belegschaft zu begreifen,

- menschlichen Fähigkeiten wie Empathie und Kreativität Raum zu geben,

- ethische Gestaltungsprinzipien auch in die Arbeitswelt zu tragen,

- den Beschäftigten und deren Interessensvertretungen ausreichende Mitbestimmungsrechte zu eröffnen, (…)

- KI-Anwendungen im Betrieb transparent, nachvollziehbar und erklärbar zu machen, (…)

- eine Vision für eine menschenzentrierte KI in der Arbeitswelt im Dialog mit betrieblichen Normsetzungsakteuren zu entwickeln.“

3.3.5 Inklusion mitdenken

Für bestimmte soziale Gruppen kann die Digitalisierung neue Hürden für die gesellschaftliche Teilhabe mit sich bringen. Menschen mit Behinderung haben besondere Anforderungen an digitale Systeme. Werden diese nicht berücksichtigt, kann dies zu einer weiteren Ausgrenzung führen.

2006 wurde die „Convention on the Rights of Persons with Disabilities (CRPD)", also die Behindertenrechtskonvention (BRK), von der UNO-Generalversammlung beschlossen, zwei Jahre später trat sie in Kraft. Seitdem setzt sich in unserer Gesellschaft langsam, für manche viel zu langsam, ein Perspektivwechsel durch. Es geht nicht länger um die (nachträgliche) Integration von Menschen mit Behinderung, es geht um einen neuen Ansatz, der Ausgrenzung von vornherein verhindert. Bekanntestes Beispiel für diesen Ansatz ist die Beschulung von Kindern mit Behinderung in den Regelschulen. Dabei ist Inklusion nicht auf die Bildung beschränkt, sondern umfasst alle Lebensbereiche.

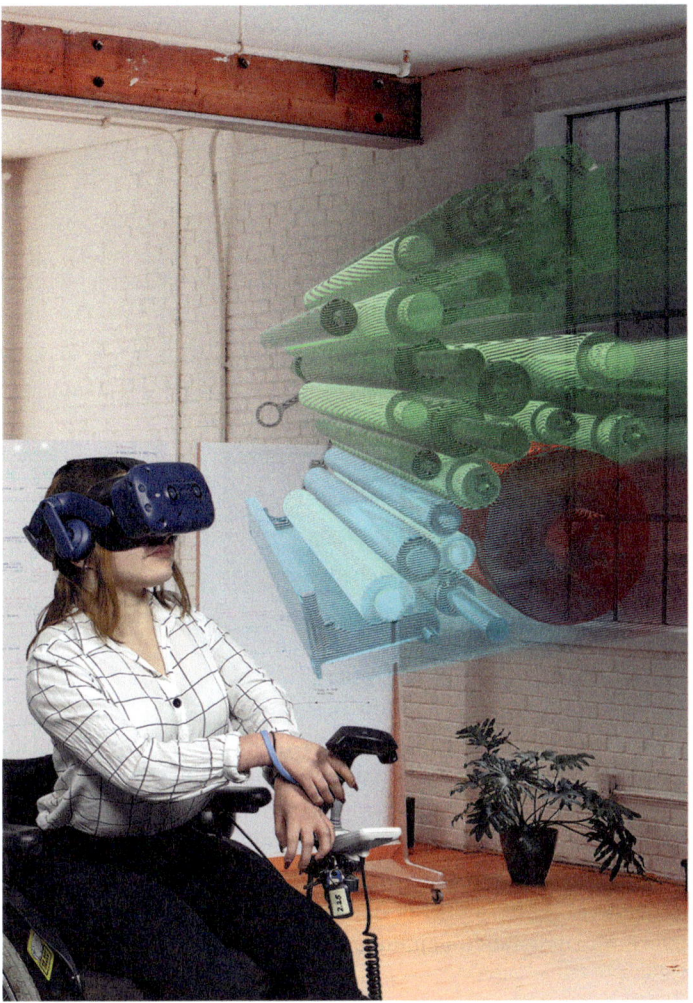

Bild 3.3 Virtual Reality Learning im Projekt InProD², Foto: Christina Hanck, Composing: Josephine Schipke

Im besonderen Blickpunkt der Gesetzgeber ist dabei die Barrierefreiheit im Internet. Bereits seit 2005 müssen alle öffentlich zugänglichen Webpräsenzen des Bundes den Anforderungen der Barrierefreie-Informationstechnik-Verordnung (BITV) entsprechen. Mit dem Inkrafttreten der Novellierung des Bundesgleichstellungsgesetzes am 14. Juli 2018 mussten nun auch alle Intranet- und Extranetangebote barrierefrei gestaltet sein. In der Neufassung des BITV 2.0 2019 wurde das Gesetz auf alle öffentlichen Stellen ausgeweitet. Technische Grundlage der Gesetze bilden die Web Content Accessibility Guidelines[8], die sich über die gesetzlichen Bestimmungen hinaus zu einem Standard entwickelt haben.

Barrierefreiheit im Internet

Im Zusammenhang mit Digitalisierung lassen sich zwei Aspekte der Inklusion betrachten. Zum einen stellt sich die Frage, wie neue Potenziale der digitalen Transformation für die Inklusion genutzt werden können, zum anderen, wie die Digitalisierung selbst inklusiv gestaltet werden kann.

So bieten neue digitale Technologien wie Sprach-Computer und Augensteuerung beeindruckende Möglichkeiten, um mehr Teilhabe in der Kommunikation und Selbstbestimmung zu ermöglichen. Gleichzeitig muss darauf geachtet werden, dass durch die digitale Transformation nicht neue Barrieren entstehen wie bei der Nutzung einer Website oder eines Virtual-Rea-

---

[8] Web Content Accessibility Guidelines 2.0, autorisierte deutsche Übersetzung, *https://www.w3.org/Translations/WCAG20-de/* [abgerufen am 25.01.2021]

lity-Lernsystems. In einer Studie des Sinus-Instituts im Auftrag der Aktion Mensch zur Digitalen Teilhabe von 2020 werden mehr Chancen als Risiken gesehen, bei der Befragung von Experten und Menschen mit Behinderung wurden vor allem die Bereiche Arbeit und Bildung als wichtig erachtet (siehe Kasten Leitprinzipien; Borgstedt, Möller-Slawinski 2020).

Leitprinzipien des Sinus-Instituts 2020

„Technik erfinden, die alle Menschen nutzen können.

Wer an technischen Erfindungen arbeitet, sollte an viele verschiedene Menschen denken.

Und daran, was diese Menschen brauchen.

Technische Erfindungen sollten auch gemeinsam mit Menschen mit Behinderung entstehen. Das heißt: Erfinder und Erfinderinnen und Menschen mit Behinderung sollten gemeinsam moderne Technik erfinden.

Alle sollten mehr über moderne Technik und Medien lernen. Wir brauchen mehr Ausbildungen, Fortbildungen, Weiterbildungen oder Unterricht für Technik und Medien.

Die Regierung sollte dafür sorgen, dass moderne Technik immer barrierefrei ist.

Technische Hilfsmittel sollten von der Krankenkasse, der Rentenversicherung oder anderen zuständigen Stellen bezahlt werden."

Für die Digitalisierung in Unternehmen ergibt sich durch die Einbeziehung von Menschen mit Behinderung eine wichtige Chance. Denn die in einem solchen Austausch verifizierten Gestaltungsbarrieren digitaler Systeme exkludieren häufig nicht nur Menschen mit Behinderung, sondern viele weitere soziale Gruppen. So können beispielsweise technische Systeme, in denen Einfache Sprache[9] zum Einsatz kommt, auch viel besser von Nicht-Muttersprachlern genutzt werden.

Inklusionskonzepte und Assistenztechnik bewerten und über den Einsatz im Unternehmen entscheiden.

Daher gehört das Wissen um Konzepte der Barrierefreiheit und die Leistungsfähigkeit von aktueller Assistenztechnik zu den digitalen Kompetenzen in Unternehmen.

3.3.6 Kontrolle, Autonomie und Transparenz – wer hat die „Hoheit" bei Digitalisierungsprozessen?

Nehmen wir einmal einen ganz normalen Nutzungsprozess im Internet: Sie schauen sich ein Youtube-Video an. Wahrscheinlich haben Sie auch einen Youtube-Account, d. h., Youtube weiß, welche Videoclips Sie sich zuletzt angesehen haben, kennt Ihre Vorlieben und kann Ihnen auf dieser Basis Vorschläge machen. Dieses mit Künstlicher Intelligenz erzeugte Empfehlungsmanagement ist ein großer Schritt in Richtung Individualisierung der Medienauswahl. Im Grunde haben Sie damit die grenzenlose Autonomie, aus einem riesigen Angebot von Videos auszuwählen. Alles bestens also?

Schauen wir einmal, wer was in diesem Auswahlprozess kontrolliert. Während der Registrierung bei der Google-Tochter Youtube haben Sie verschiedene persönliche Daten eingetragen, z. B. Ihren Namen (und damit kennt Google höchstwahrscheinlich Ihr Geschlecht) und Ihre E-Mail-Adresse. Durch Ihre bisherige Auswahl an Videos, Ihre Likes und Ihre Playlists erhält

---

[9] Einfache Sprache ist eine Stilebene der deutschen Sprache, die sich durch ihren Fokus auf Klarheit und Verständlichkeit auszeichnet, ohne die inhaltliche Komplexität der Texte zu beschränken. Die unbegrenzte inhaltliche Spannbreite markiert den entscheidenden Unterschied zur Leichten Sprache. (Institut für Textoptimierung, Halle) und Projekt InProD2 *https://www.inprod2.de/textoptimierung-in-der-beruflichen-qualifizierung/*

Youtube immer genauere Angaben über Ihre Präferenzen, Ihren Musik- und Filmgeschmack – und kann darüber natürlich auch die eingeblendete Werbung personalisieren.

Aber wie die Vorschläge und Empfehlungen zustande kommen, erfahren Sie nicht. Die Algorithmen im Hintergrund bleiben Interna von Google und entziehen sich so Ihrer Kontrolle. Hierfür hat Google sicherlich Gründe, denn wer die Algorithmen kennt, kann sie auch für sich ausnutzen und so seine eigenen Videos in den Empfehlungslisten nach vorne bringen. Natürlich gibt es auch immer wieder Bestrebungen, diesen Algorithmus zu entschlüsseln (Breuer 2020), was zu einem steten Hase-und-Igel-Rennen zwischen Youtube und Video-Erstellern führt.

Hier kann man selbstverständlich auf dem Standpunkt stehen, dass Algorithmen grundsätzlich transparent sein müssen – wie in den Algo-Rules (siehe Abschnitt 4.2.1) vorgeschlagen – und man als Youtube-Nutzende ständig nachvollziehen können sollte, warum einem dieses Video vorgeschlagen wird und nicht ein anderes. Doch da beißt man bei Youtube auf Granit. Noch schlechter steht es um die persönliche Autonomie, wenn der Staat als zusätzliche Kontrollinstanz auf den Plan tritt. So ist Youtube beispielsweise in China seit 2009 komplett gesperrt.[10]

Gerade die „Transparenz" ist sehr häufig Thema, wenn es um Digitalisierung und Ethik geht:

KI und Ethik

Eine Untersuchung hat 84 KI-Ethik-Dokumente analysiert und die Erwähnung „ethischer Prinzipien" (moralischer Wertbegriffe) gezählt. Folgende Rangliste ethischer Prinzipien im Kontext von KI hat sich ergeben:

- Transparenz (73/84): Transparenz, Erklärbarkeit, Verständlichkeit, Interpretierbarkeit, Kommunikation, Offenlegung, Darstellung
- Gerechtigkeit und Fairness (68/84): Gerechtigkeit, Fairness, Kohärenz, Inklusion, Integration, Gleichheit, (Nicht-)Voreingenommenheit, (Nicht-)Diskriminierung, Vielfalt, Pluralität, Zugänglichkeit, Umkehrbarkeit, Rechtsmittel, Rechtsbehelf, Zugang, Teilhabe und Verteilung
- Nicht-Schädlichkeit (60/84): Nicht-Schädlichkeit, Sicherheit, Schutz, Schaden, Vorsorge, Prävention, Integrität (körperlich oder geistig)
- Verantwortung (60/84): Verantwortung, Verantwortlichkeit, Haftung, integres Handeln
- Datenschutz (47/84): Datenschutz, persönliche oder private Informationen
- Nutzen (41/84): Nutzen, Wohltätigkeit, Wohlbefinden, Frieden, soziales Gut, Gemeinwohl
- Freiheit und Autonomie (34/84): Freiheit, Autonomie, Zustimmung, Wahl, Selbstbestimmung, Freiheit, Ermächtigung
- Vertrauen (28/84): Vertrauen
- Nachhaltigkeit (14/84): Nachhaltigkeit, Umwelt (Natur), Energie, Ressourcen
- Würde (13/84): Würde
- Solidarität (6/84): Solidarität, soziale Sicherheit
- Zusammenhalt (23/23)

Mantelbericht, Kapitel 6.2 „Ethische Perspektiven auf KI (Prinzipien, Werte)", BT-Drs. 19/23700, S. 81 f.

---

[10] Wikimedia Foundation Inc. (Hrsg.): Gesperrte Websites in der Volksrepublik China. 2020, unter: *https://de.wikipedia.org/wiki/Gesperrte_Websites_in_der_Volksrepublik_China#cite_note-youtubeblock2-11* [abgerufen am 06.01.2021]

Ein Schritt in Richtung mehr Digitalkompetenz ist demnach, als Anwender digitaler Medien frühzeitig zu erkennen, wo man selbst autonom agieren kann, welche Prozesse transparent sind und wo Anbieter und Dritte diesen Prozess kontrollieren.

Nehmen wir dazu noch ein anderes Beispiel: In einem Unternehmen wird ein Lernmanagementsystem eingeführt, das in der Lage ist, die Lernfortschritte von Lernenden festzustellen und ihnen auf dieser Basis individuelle Vorschläge für die nächsten Lernschritte zu machen. Im Gespräch schlage ich dem Personalverantwortlichen dieses Unternehmens vor, die „Datenhoheit" in die Hände der Lernenden zu geben, d. h., alle ihre aufgezeichneten Lerndaten sind für sie jederzeit abrufbar und nur mit ihrer Freigabe auch für Vorgesetzte und die HR-Abteilung sichtbar. „Nein!", reagiert der Personaler spontan, „so geht das natürlich nicht! *Wir* haben die Datenhoheit und die Lernenden haben dann ja zumindest den Vorteil, dass sie maßgeschneiderte Lerninhalte erhalten." Auch hier sehen wir den ethischen Konflikt zwischen den Beteiligten, also wer wem wie viel Kontrolle und Autonomie einräumt.

> Digitale Kompetenz bedeutet, Intransparenz von Algorithmen zu erkennen und diese offenzulegen, aber auch Regeln auszuhandeln.

Auflösen lässt sich dieser Konflikt durch den Diskurs zwischen allen Beteiligten. So ist das Lernen im Unternehmen auch ein Fall für den Betriebsrat bzw. die Mitarbeitervertretung, die hierbei mitbestimmungspflichtig ist.

Eine Sensibilisierung für diesen Balanceakt und somit für diese Facette von Digitalkompetenz ist damit für alle Seiten hilfreich – für die Mitarbeitenden, für den Betriebsrat sowie für die Vorgesetzten.

3.3.7 Cybermobbing – Konflikte auf ethisch korrekte Art und Weise austragen

Gerade die Sozialen Medien versetzen alle Nutzerinnen und Nutzer in die Lage, ihre persönlichen Anliegen in eine breite Öffentlichkeit zu tragen und mit ihren persönlichen Netzwerken weltweit in Kontakt zu bleiben. So manches Thema und manches Ereignis wäre sonst im Verborgenen geblieben. Doch Social Media hat auch eine Kehrseite: das Phänomen „Cybermobbing".

Beim Stichwort Cybermobbing denkt man spontan an Jugendliche, die sich in der Schule oder im Freundeskreis auf digitalen Kommunikationswegen gegenseitig das Leben schwer machen. Hierzu gehört u. a. das heimliche Filmen von kompromittierenden Bildern, die anschließend im Internet veröffentlicht werden. Im Vergleich zu den üblichen Hänseleien auf dem Schulhof vor einigen Jahrzehnten kommt angesichts der Digitalisierung eine Potenzierung durch die Anonymisierung der Kommunikatoren sowie die unendliche und dauerhafte Verbreitung der Schmähungen in den Sozialen Medien hinzu.

Was für Jugendliche gilt, ist auch in der Unternehmenswelt anzutreffen. So kann es vorkommen, dass Vorgesetzte oder Kolleginnen und Kollegen sich zusammentun und systematisch im Internet andere beleidigen oder kompromittieren.

Cybermobbing

Von Cybermobbing spricht man, wenn zwei Kriterien erfüllt sind:

Systematisch: Erst wenn die Schikane durch den Chef oder Kollegen systematisch und damit zielgerichtet erfolgt, liegt eine strafbare Handlung vor. Vorher ließe sich das Fehlverhalten als „einmaliger Ausrutscher" entschuldigen.

Wiederholt: Mobbing muss über einen längeren Zeitraum erfolgen. Nicht jeder Vorfall, der einem übel aufstößt, ist schon gezielter Psychoterror. Zum Nachweis und zur Dokumentation braucht es daher einen Leidensweg.

(Rassek 2020)

Die Folgen von Cybermobbing können schwerwiegend sein: Depressionen, Angstzustände, Schlafstörungen und Albträume. Eine Zusammenarbeit im Unternehmen ist damit hochgradig gefährdet.

Ohne damit die Täter bzw. „Cyberbullys" in Schutz zu nehmen: Cybermobbing ist ein Ausdruck von Konflikten zwischen Mitarbeitenden im Unternehmen. Das kann die subjektiv empfundene Benachteiligung von Kollegen gegenüber dem Mobbing-Opfer sein, oder dass diese Person einfach in die bestehende Vorurteils-Schublade mit bestimmten Merkmalen (Alter, Geschlecht, sexuelle Orientierung, Nationalität) passt. Die Täter finden so in der Anonymität ein Ventil, um ihre eigene Minderwertigkeit für ein paar Minuten auszublenden (Rassek 2020).

Da dies ein ethisches Problem ist, muss man auch hier die Frage stellen: „Was darf der Mensch?". Eine Antwort bietet Kants kategorischer Imperativ, den man hier mit „Wie würde ich das empfinden, wenn meine Kolleginnen und Kollegen so über mich schreiben?" umformulieren könnte.

Weitere Regelungen liefert der Gesetzgeber. In Deutschland gibt es hierzu keine speziellen Internet-Paragraphen. Vielmehr greift hier das Strafgesetzbuch, u.a. indem es Beleidigung, üble Nachrede, Verleumdung, Nachstellung, die Verletzung der Vertraulichkeit des Wortes sowie Nötigung und Bedrohung unter Strafe stellt (Medienanstalt Rheinland-Pfalz; Landesanstalt für Medien NRW 2020).

Es gibt Gegenmaßnahmen, wie man als Opfer mit den Angriffen umgehen kann. Rassek (2020) nennt hier u.a.: Seitenbetreiber kontaktieren und die Inhalte löschen lassen, mit Vertrauenspersonen darüber reden, auf Gegenangriffe verzichten („Don't feed the trolls!"), Beweismaterial sammeln, die Polizei einschalten.

Doch der Umgang mit Konflikten via Social Media und Internet ist auch eine Frage der Digitalkompetenz. Der „Medienkompetenzrahmen NRW" liefert hierzu die zwei Unterdimensionen „Kommunikation und Kooperation in der Gesellschaft" sowie „Cybergewalt und -kriminalität" (siehe Kasten).

Kompetenzen zur Bekämpfung von Cybermobbing

(Auszug aus dem Medienkompetenzrahmen NRW)

„3.3 Kommunikation und Kooperation in der Gesellschaft

Kommunikations- und Kooperationsprozesse im Sinne einer aktiven Teilhabe an der Gesellschaft gestalten und reflektieren; ethische Grundsätze sowie kulturell-gesellschaftliche Normen beachten.

3.4 Cybergewalt und -kriminalität

Persönliche, gesellschaftliche und wirtschaftliche Risiken und Auswirkungen von Cybergewalt und -kriminalität erkennen sowie Ansprechpartner und Reaktionsmöglichkeiten kennen und nutzen."

(Medienberatung NRW 2020)

> Digitalkompetenz heißt hier, andere Menschen zu respektieren und auf Cybermobbing angemessen zu reagieren.

Dies sind Kompetenzen, die man trainieren kann. Es gibt Trainingsangebote und Strategien, um Cybermobbing im Unternehmen zu vermeiden. Ähnlich wie in der Prävention bei „analogen" Konflikten gibt es auch hier Kursangebote, die sich vor allem an Vorgesetzte und Betreuungspersonen richten[11]. Auch wenn die Mehrheit solcher Angebote den Schulsektor betrifft, lassen sich viele Hinweise und Strategien auch auf die Situation in Unternehmen übertragen.

---

[11] Hinweise auf konkrete Kursangebote zum Thema „Cybermobbing":
DIPF | Leibniz-Institut für Bildungsforschung und Bildungsinformation: Hilfe bei Mobbing und Cybermobbing in der Schule. In: Deutscher Bildungsserver. 2020, unter: *https://www.bildungsserver.de/Mobbing-und-Cybermobbing-12587-de.html* [abgerufen am 06.01.2021]
Gesellschaft für Medienpädagogik und Kommunikationskultur (GMK) e.V.: Finde passende Weiterbildungen – Digitalcheck. O.D., unter: *https://www.digitalcheck.nrw/weiterbildungen* [abgerufen am 06.01.2021]

3.3.8 Grenzen der Digitalisierung erkennen und berücksichtigen

Die digitale Transformation hat in der Corona-Krise eine deutliche Beschleunigung erfahren. Die Kommunikation über Videokonferenzsysteme wird auch nach Ende der Pandemie viele Präsenztermine ersetzen. Ähnliches wird für das Home-Office gelten. Somit entlastet dieser Trend Verkehrssysteme und Umwelt.

Bei jeder einschneidenden Veränderung im Transformationsprozess sollte aber genauer hingeschaut werden, ob nur Vorteile damit verbunden sind oder auch Nachteile in Kauf genommen werden müssen. Sind z. B. Videokonferenzen geeignet, kreativen Austausch optimal zu unterstützen? Wie verändert sich die oft entscheidende informelle Kommunikation, wenn ein großer Teil der Beschäftigten im Home-Office arbeitet, und welche Nachteile ergeben sich für ihre Karrierechancen?

Kriterien, für welche Einsatzgebiete welche Form der Digitalisierung sinnvoll ist

In der praktischen Umsetzung der Digitalisierung sollten sich Organisationen, aber auch die Gesellschaft als Ganzes Kriterien erarbeiten, für welche Einsatzgebiete welche Form der Digitalisierung sinnvoll ist. Die Grenzen der Digitalisierung sollten sich also nicht nur nach den technischen Möglichkeiten, sondern ebenso nach dem sozialen, psychischen und kulturellen Kontext der involvierten Personengruppen richten. Nur durch die Einbeziehung der Stakeholder in den Prozess der Digitalisierung kann dabei ein Optimum in der Mischung aus analoger und digitaler Technologie und den damit verbundenen Arbeitsweisen erzielt werden.

Trade-off bei Standardisierung von Geschäfts- und Produktionsprozessen

Ein ähnlicher Trade-off ist nötig im Umgang mit der Standardisierung von Geschäfts- und Produktionsprozessen. Ohne Zweifel ist Standardisierung einer der wichtigsten Erfolgsfaktoren in Unternehmen und Verwaltungen, gerade bei Letzteren gibt es noch viel Luft nach oben. Gleichzeitig stellt sich aber die Frage, wie sich Prozesse weiterentwickeln sollen, wenn sie rein digital ablaufen. Häufig verstecken sich hinter digitalisierten Verfahren die alten suboptimalen Prozesse. Deshalb bleibt es nötig, die Abläufe zu hinterfragen und sie so transparent zu gestalten, dass Menschen sie analysieren können, um Verbesserungen anzustoßen. Dabei zeichnet sich bereits ab, dass der analogen Kommunikation eine höhere Wertigkeit zugemessen wird.[12] Je mehr Präsenztermine reduziert werden, umso höher wird deren Bedeutung.

Prof. Sascha Friesike von der Freien Universität (VU) Amsterdam legt eine Mischung aus Neugier für die Potenziale neuer Technologie und gleichzeitig eine gesunde Skepsis ans Herz[13]. Aus seiner Sicht sollten Projekte zu je einem Drittel aus der Problemanalyse, der Auswahl und schließlich der iterativen Optimierung und Anpassung der digitalen Technologie strukturiert werden.

Grenzen der Digitalisierung erkennen und in Entscheidungen einbeziehen.

Mit dieser Herangehensweise wird verhindert, dass technische Lösungen, die gerade im Hype sind, auf inadäquate Problemfelder angewandt werden. In der Praxis bleibt entscheidend, dass sich die Verantwortlichen für Digitalisierung selbst ein Bild von Möglichkeiten und Grenzen digitaler Technologie verschaffen und dabei die Betroffenen mit einbeziehen.

---

[12] Baumgartner, P.: Die Digitalisierung und ihre Grenzen – Analog ist das neue Bio. In: Digitale Welt, 20.05.2019, unter: https://digitalweltmagazin.de/2019/05/20/die-digitalisierung-und-ihre-grenzen-analog-ist-das-neue-bio/ [abgerufen am 06.01.2021]
[13] Friesike, S.: Digitaler Dilettantismus [Video]. YouTube, 2020, unter: https://www.youtube.com/watch?reload=9&v=fiqHaTRUUGI [abgerufen am 06.01.2021]

3.4 Kriterien für die nachhaltige Durchführung von Digitalisierungsprojekten und -maßnahmen

Im vorangegangenen Abschnitt wurden die verschiedenen ethischen Kriterien, die bei der Einführung und dem Einsatz digitaler Technologien berücksichtigt werden müssen, vorgestellt und erörtert. Nun sollen die Erkenntnisse zusammengefasst und auf die Frage fokussiert werden, wie digitale Technologien implementiert werden können, damit auch die Beschäftigten Digitalisierung für sich als Fortschritt erleben können.

3.4.1 Technologie, Organisation und Mensch als ganzheitliches System betrachten – kein alter Wein in neuen Schläuchen

Ein grundlegendes Problem, das sich auch schon in früheren Innovationsprozessen gezeigt hat, ist die Schwerpunktsetzung vieler Unternehmen und Institutionen auf die technologischen und arbeitsorganisatorischen Themen, wie z. B. die Reorganisation von Arbeitsprozessen. Dagegen werden die notwendigen, damit einhergehenden Fragen nach Veränderungen von Organisationsstrukturen, der Entwicklung der Unternehmens- und Führungskultur sowie insbesondere der Einbeziehung der Interessen und Vorstellungen der Beschäftigten häufig hintenangestellt. Und dabei ist gerade die Akzeptanz von Fach- und Führungskräften ein wichtiger Garant für die erfolgreiche Implementation neuer Technologien.

Doch häufig erweisen sich die herkömmlichen Personal- und Organisationsstrukturen als sehr manifest und es gibt nur wenig Bereitschaft, diese zu verändern; oft soll lediglich ein neuer Anstrich die alten Strukturen in neuem Licht erstrahlen lassen. So werden weiterhin Entscheidungen im Top-down-System getroffen, wo doch eine stärkere Partizipation der Beschäftigten auch neue Ideen zur Verbesserung der Arbeitsorganisation hätte bringen können. Anstatt die Eigenverantwortlichkeit und Kreativität im Arbeitsprozess zu stärken, wird weiterhin an starren Regeln festgehalten oder es werden sogar neue Vorschriften geschaffen. Und Produktivitätsfortschritte werden meist nicht für die Steigerung der Attraktivität der Arbeitsinhalte und -bedingungen sowie eine bessere Work-Life-Balance genutzt, vielmehr erleben viele arbeitende Menschen einen erhöhten Leistungsdruck und eine stärkere Arbeitsbelastung (Stiehler, Schabel 2020).

Um die Einführung neuer Technologien auch unter ethischen Gesichtspunkten erfolgreich umsetzen zu können, gibt es aus dem in diesem Beitrag bisher Beschriebenen einige Erkenntnisse, wie dieser Prozess unterstützt werden kann (Bild 3.4):

Prinzipien zur ethischen Gestaltung von digitalen Projekten

Bild 3.4 Prinzipien zur ethischen Gestaltung von digitalen Projekten

475

1. Partizipation: Die Einbeziehung der Fachkompetenz der Beschäftigten ist der beste Garant dafür, dass die Digitalisierung erfolgreich in allen Bereichen des Unternehmens durchgeführt werden kann. Die Mitarbeiter und Mitarbeiterinnen können aus eigenen Erfahrungen oft wichtige Hinweise geben, welche Tätigkeiten geeignet erscheinen, durch digitale Technologien unterstützt oder übernommen zu werden, und wie Arbeitsprozesse neu gestaltet werden können. Voraussetzung dafür ist jedoch, rechtzeitig Unsicherheiten bezüglich eines Qualifikations- oder sogar Arbeitsplatzverlustes zu nehmen und eine offene Unternehmenskultur zu schaffen, in der auch Anregungen und Kritik auf allen Ebenen willkommen sind.

2. Transparenz: Menschen akzeptieren dann eher neue Technologien, wenn sie diese auch verstehen. Deshalb sollten sie für alle Beteiligten nachvollziehbar dargestellt werden, also z. B. wie Software strukturiert ist und was sie leisten kann (oder eben auch nicht). Bei der Einführung Künstlicher Intelligenz sollte offengelegt werden, woher die Grundlagen für Entscheidungen dieser Systeme stammen, wie diese „lernen", also sich weiterentwickeln, und wie die Interaktion zwischen Mensch und Maschine dort funktionieren kann. Zur Transparenz gehört aber auch deutlich zu machen, welche Konsequenzen sich aus der Digitalisierung bezüglich der Gestaltung der Arbeitssysteme ergeben, welche organisatorischen Änderungen erforderlich sind und wie die Beschäftigten in diesem Prozess begleitet werden können.

> „KI-Systeme haben das Potenzial, die menschliche Informationsverarbeitung zu überfordern und auch zu unterfordern. Sie können einerseits psychische und physische Fehlbelastungen erzeugen und andererseits bieten sich neue Chancen, Arbeitsbedingungen individueller zu gestalten, Belastungen zu optimieren und Beschäftigungsfähigkeit auch für beeinträchtigte Menschen zu fördern. Diese Ambivalenz beim Einsatz von KI-Systemen ist zugunsten der arbeitenden Menschen zu beeinflussen. Um die Aufgaben der betrieblichen Gestaltungsarbeit in dieser Hinsicht zu leisten, braucht es auch entsprechend angepasste Regeln, Normen und Leitfäden der Arbeitsschutzinstanzen und Institute der Industrienormung."
>
> (Handlungsempfehlungen Prof. Dr. Lars Adolph 2019)

3. Qualifizierung: Bereits in einer frühen Phase sollten parallel zur Planung der Einführung neuer Technologien Maßnahmen zur Weiterbildung der Beschäftigten festgelegt werden. Dabei muss darauf geachtet werden, dass diese auch zielgruppengerecht erfolgen. So haben z. B. langjährig tätige Fachkräfte oft seit vielen Jahren keine Lernerfahrungen mehr und müssen diese Kompetenz erst wieder erwerben. In anderen Fällen müssen Spezialisten erfahren, dass ihre Tätigkeit von Software übernommen werden kann. Mit ihnen gemeinsam müssen Perspektiven entwickelt werden, z. B. Kompetenzen zu erwerben, um komplexere Prozesse zu verstehen und diese entsprechend steuern zu können. Und auch die Ausbildung zukünftiger Fachkräfte muss stärker darauf fokussieren, technologische Systeme zu verstehen und dabei eine Problemlösekompetenz zu entwickeln, anstatt kleinteilige Fertigkeiten zu erwerben.

4. Kommunikation und Kollaboration: Digitalisierung heißt Vernetzung. Das bedeutet, dass sowohl innerbetrieblich als auch mit externen Partnern neue Verbindungen entstehen. Solche formellen und informellen Formen der Zusammenarbeit sollten vonseiten des Unternehmens proaktiv unterstützt werden. So können z. B. bei der Implementation neuer Technologien Erfahrungen unter den Beschäftigten ausgetauscht und dazu genutzt werden, die Systeme störungsfreier in Betrieb zu nehmen. Durch externe Vernetzungen kann die Zusammenarbeit auch unternehmensübergreifend selbstständig und eigenverantwortlich erfolgen. Dazu müssen jedoch die entsprechenden Freiräume geschaffen werden, ohne einschränkende Kontrollmechanismen.

5. Gesundheit: Menschen sind und bleiben die wichtigste Ressource, nicht nur auf Grund des Fachkräftemangels! Die Digitalisierung ermöglicht ein entgrenztes Arbeiten, unabhängig von Ort und Zeit, mit entsprechenden Folgen für die Gesundheit der Beschäftigten. Die zunehmende Komplexität der Arbeitssysteme birgt darüber hinaus die Gefahr von Arbeitsverdichtung und steigendem Leistungsdruck. Verbindliche Regelungen, insbesondere über Arbeitszeiten, die Arbeitsplatzgestaltung (sowohl im Betrieb als auch im Home-Office!) und flexible Gestaltungsmöglichkeiten der Work-Life-Balance, können dafür sorgen, die Menschen vor negativen physischen und psychischen Folgen zu schützen. Wichtig ist dabei die Betrachtung jedes einzelnen als Individuum mit all seinen Besonderheiten und die Anpassung der Arbeitsbedingungen an dessen jeweilige Möglichkeiten.

Eine Vision 2030

Digitalisierung und KI konnten die Arbeitswelt dynamisch, aber im positiven Sinne verändern. Es wurden nicht Menschen substituiert, sondern Tätigkeiten, und dadurch neue Freiräume und Arbeitsfelder geschaffen. Arbeits- und Geschäftsprozesse sowie Arbeitsstrukturen und -formen wurden vielerorts neugestaltet und haben zur Entlastung und Unterstützung von Menschen geführt. Die Beschäftigten und ihre Betriebe schätzen das neue Maß an Autonomie bei der Wahl der Arbeitszeit und des Arbeitsortes. KI-Systeme haben dazu beigetragen, Familie und Beruf besser in Einklang zu bringen und Belastungen für Umwelt und Mensch durch das Pendeln zur Arbeitsstätte deutlich zu verringern.

Bei der Mitarbeiterschaft stoßen KI-Anwendungen mittlerweile auf breite Akzeptanz. Dafür sorgen auch Mitbestimmungsrechte bei der Konzeptionierung und Implementierung von KI- Anwendungen. Im gemeinschaftlichen Diskurs werden die Algorithmen neu trainiert und ausgerichtet, um flexibel auf interne und externe Anforderungen zu reagieren, etwa um die Arbeitsbelastung zu verringern, die Nachhaltigkeit zu steigern oder die Produktion passgenau auf die Nachfrage einzustellen.

Somit gelingt es durch KI, die Autonomie im Arbeitsalltag zu fördern und Entscheidungen zu unterstützen. Weiterhin konnte die Inklusion von Menschen mit motorischen und kognitiven Einschränkungen in den Arbeitsmarkt durch KI-Anwendungen verbessert werden.

(BT-Drs. 19/23700, S. 133)

3.4.2 Projekte gemeinsam gestalten und durchführen: Stakeholder mitnehmen und beteiligen

Vor der Umsetzung von Digitalisierungsprojekten und -maßnahmen ist es ratsam, eine Arbeitsgruppe zur Konzeption und Organisation des Projektes einzurichten. Es hat sich nicht bewährt, wenn diese Entwicklung eine „One-man-Show" oder „One-woman-Show" ist, weil eine frühzeitige Einbindung weiterer potenzieller Beteiligter wichtig ist für die Akzeptanz neuer Arbeitsweisen. Deshalb sollte ein gemischtes Team von Beteiligten unterschiedlicher Hierarchieebenen und mit unterschiedlichen fachlichen Schwerpunkten (berufsfachspezifisch, organisatorisch, technisch) von Personen zusammengestellt werden, die ein persönliches Interesse am Gelingen dieses Projekts haben. Hierzu gehören auch ein oder mehrere Mitglieder der Arbeitnehmervertretung, aber auch eine Vertretung der Vorgesetzten. Wichtig ist in diesem Gremium ebenso ein Pluralismus von Einstellungen und Meinungen, um die unterschiedlichen Blickwinkel auf ethische Themen „mit am Tisch zu haben".

Während man im Team die Umsetzung der Maßnahme plant, ist die ständige Transparenz gegenüber allen Beteiligten über den Stand des Vorhabens oberstes Gebot. Vor allem die betroffenen Arbeitnehmerinnen und Arbeitnehmer sollten wissen, was auf sie zukommt.

Zwischenstände der Planung können z.B. durch die Mitglieder des Planungsteams in Arbeitsbesprechungen auf Abteilungsebene erläutert werden. Möglich sind auch interne Mails an alle potenziell betroffenen Personen an der Maßnahme.

Eine zentrale Rolle bei der Akzeptanz einer solchen Maßnahme spielt außerdem die Mitarbeitervertretung bzw. der Betriebsrat. Der Betriebsrat muss bei der Einführung einer solchen Maßnahme, die die Arbeitsumgebung verändert, angehört werden. In einigen Fällen ist er sogar zustimmungspflichtig. Hier gilt es, mit der Interessenvertretung der Beschäftigten frühzeitig das weitere Vorgehen abzustimmen.

Ferner sollten die Inhalte der Digitalisierungsmaßnahme, die Ziele, die Zeitpläne, die Methoden und Aufwände öffentlich kommuniziert werden, damit im Vorfeld für alle Beteiligten transparent wird, was auf sie zukommt.

Anti-Beispiel – wie man es nicht machen sollte

In einem Klinikverbund sollte mit dem „Evidenzbasierten Arbeiten" eine neue Vorgehensweise eingeführt werden, die es berufserfahrenen Mitarbeiterinnen und Mitarbeitern in der Krankenpflege ermöglichen sollte, durch die Recherche in wissenschaftlichen Literaturdatenbanken mit Tablet-PCs Probleme im Arbeitsalltag zu lösen (z. B. wie Patienten beatmet werden können, die beim Aufsetzen einer Atemmaske Beklemmungsgefühle haben).

In einer Klinik liefen die Informationen zu diesem Projekt allerdings als „Stille Post" über mehrere Stationen, so dass schließlich einige der potenziellen Teilnehmerinnen und Teilnehmer an dieser Maßnahme vor dem Kick-Off-Meeting dachten, dass sie demnächst „irgendeinen Computerkurs machen sollten", um besser mit mobilen Medien klarzukommen. Umso erstaunter waren diese Teilnehmer und Teilnehmerinnen vor Beginn des Kurses, dass sich das begleitende Trainingsangebot über zweieinhalb Jahre hinziehen sollte.

Durch intensive Einzelkommunikation gelang es schließlich, einen Teil der Krankenpfleger und Krankenpflegerinnen doch noch ins Boot zu holen. Die Stimmung besserte sich weiter, als einige Kollegen und Kolleginnen als Tutoren und Tutorinnen für das Training gewonnen wurden. Hierfür haben die Projektmanager in den Kliniken, die ja ihren Mitarbeiterstamm gut kennen, bewusst Mitarbeiter und Mitarbeiterinnen ausgewählt, die Interesse an digitalen Medien haben und die sich vorstellen konnten, ihren Kollegen den Umgang mit neuen digitalen Arbeitsformen zu vermitteln.

Checkliste

- Vorab eine Befragung durchführen: Was erwarten die Mitarbeiterinnen und Mitarbeiter von der Maßnahme – wie möchten sie arbeiten?

- Sind alle Gruppen im Planungsteam repräsentiert? Haben sie Gelegenheit, ihre Ansichten zu äußern und die weitere Planung zu beeinflussen?

- Ist die Interessenvertretung der Beschäftigten in die Realisierung der Maßnahme involviert?

- Sind alle Mitarbeiterinnen und Mitarbeiter, die von einer Digitalisierungsmaßnahme betroffen sind, ausreichend informiert? Passen die Kommunikationsmittel und -wege zu den Kommunikationsgewohnheiten der Beschäftigten?

- Wissen alle Beteiligten, was auf sie zukommt (Inhalt, Zeitplan, Vorgehensweise, Aufwände für sie und andere)?

3.4.3 Diversifikation in Projektteams

In den bisherigen Ausführungen hat sich bereits gezeigt, dass gerade die Berücksichtigung von unterschiedlichen Kompetenzen, Einstellungen und Erfahrungen der Mitarbeiterinnen und Mitarbeiter in einer Maßnahme zur Digitalisierung ein Erfolgsrezept sein kann. Unter der Bezeichnung „Diversity Management" oder „Management der Vielfalt" wird dieses Vorgehen im Projektmanagement als „Anerkennung und Nutzbarmachung von Vielfalt in Unternehmen" beschrieben (Lies 2020). Diversity Management ist eine Antwort auf Entwicklungen wie Globalisierung, die Überalterung der Gesellschaft und die zunehmend internationalen und damit multikulturellen Arbeitsumfelder.

So verbindet man beispielsweise mit Frauen im Team eine höhere Empathie und mehr Verantwortungsbewusstsein, mit älteren Beschäftigten eine größere Erfahrung und das Denken in Zusammenhängen (vgl. Franken et al. 2020).

Im Zusammenhang mit der Diversifikation hat sich der Blickwinkel auf Integration geändert. Früher ging es vorrangig darum, die Interessen von Menschen mit bestimmten Merkmalen (z. B. Alter, Geschlecht, Hautfarbe, sexuelle Orientierung, körperliche oder psychische Beeinträchtigung, Nationalität, Migrationshintergrund, Zugehörigkeit zu ethnischen Minderheiten) in Projekten zu berücksichtigen, um deren Diskriminierung zu vermeiden. Heute werden viel stärker die Vorteile von Verschiedenartigkeit betont.

Wenn man bei der Umsetzung einer Digitalisierungsmaßnahme darauf achtet, dass sich ein Realisierungsteam aus Personen mit vielen verschiedenen demografischen Merkmalen zusammensetzt, erreicht man auch eine Mannigfaltigkeit von Talenten und Kompetenzen, die dieses Projekt bereichern können. Einen Schritt weiter geht man, wenn man die Diversität von Mitarbeiterinnen und Mitarbeitern schon im Recruiting-Prozess für das Projekt erreicht.

Praxiserfahrungen zeigen, dass diese Haltung häufig von den Fachkräften in den Unternehmen noch eher geteilt wird als von den Führungskräften, wie die Studie „Digitalisierung braucht Vielfalt" von der „Denkfabrik Digitalisierte Arbeitswelt" zeigt (vgl. Franken et al. 2020). Hier ist in den Unternehmen noch viel Überzeugungsarbeit zu leisten, aber ein Grundstein ist auf jeden Fall gelegt.

Beispiel: Reverse Mentoring

In einem großen Industrieunternehmen wird Diversität vor allem als fruchtbare Zusammenarbeit von Alt und Jung, von Berufseinsteigern und berufserfahrenen Mitarbeitenden genutzt. Beim Vorgehen im Sinne eines „Reverse Mentoring" wird das Wissen der Berufseinsteiger über neue Techniken genutzt, während ältere Mitarbeiter ihre langjährige Erfahrung, ihr Zusammenhangswissen und ihre Kenntnisse der Prozesse im Unternehmen einbringen. Erfahrene profitieren dabei auch von Jüngeren. Und beide Seiten wissen auf diese Weise, dass ihr Wissen wertvoll ist.

Checkliste

- Untersuchung im Unternehmen: Welche Kompetenzen und Talente sind bei den Beschäftigten vorhanden?
- Sind Menschen aus allen Gruppen der Merkmale Alter, Geschlecht, Hautfarbe, sexuelle Orientierung, körperliche oder psychische Beeinträchtigung, Nationalität, Migrationshintergrund, Zugehörigkeit zu ethnischen Minderheiten in der Projektgruppe vertreten? Auch in Führungspositionen?

■ Sind die Rahmenbedingungen vorhanden, die diesen Personen die Arbeit in diesem Unternehmen und speziell auch bei der Realisierung der Digitalisierungsmaßnahme möglich und angenehm machen (z. B. Betriebskindergarten, Programme zur Bindung älterer Beschäftigter, Work-Life-Balance)?

■ Besteht ausreichend Gelegenheit und Raum, dass alle Mitarbeiterinnen und Mitarbeiter im Team ihre Kompetenzen und ihre Kreativität einbringen können?

3.5 Ausblick und Herausforderungen

Die Corona-Pandemie hat der Digitalisierung einen enormen Schub verliehen. Home-Office, digitaler Unterricht, Videokonferenzen – Veränderungen, die sonst nur über viele Jahre möglich wären, wurden in wenigen Monaten realisiert. Experten sind sich einig, dass wir nach Ende der Krise nicht in den alten Zustand zurückkehren werden. Nach einer Studie der Bertelsmann-Stiftung werden aus Sicht der befragten Digitalisierungs-, Technologie- und KI-Experten einige Trends erhalten bleiben (siehe Kasten).

Durch Corona getriebene Trends

(Krcmar, Wintermann 2020)
Nach Ansicht von Digitalisierungs-, Technologie- und KI-Experten bleiben folgende Trends auch nach der Corona-Krise erhalten (nach Anzahl der Nennungen):

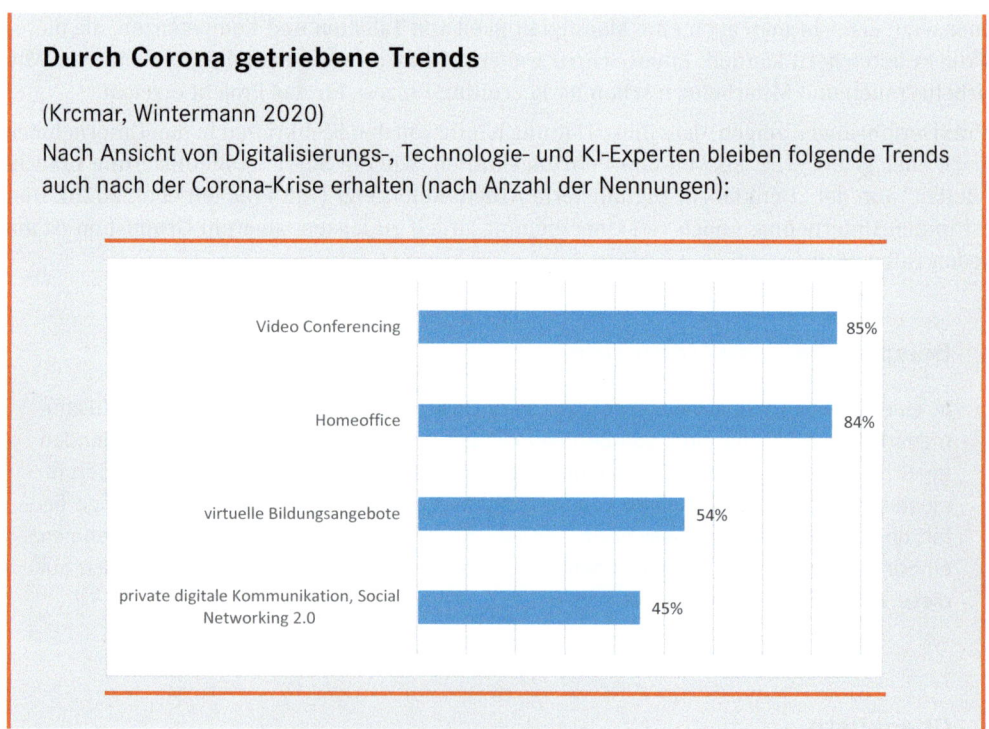

Allerdings sind nur 17 Prozent der 211 Befragten der Ansicht, dass auch nach Überwindung der Krise eine nachhaltigere Arbeits- und Lebensweise beibehalten wird.

Gleichzeitig wird deutlich, dass uns der Digitalisierungssprint viele Aufgaben für die Zukunft gestellt hat – auch auf dem Feld der digitalen Ethik. Besonders im Fokus steht sicher die ungleiche Teilhabe im Bereich der Bildung. Dies gilt nicht nur für die Verfügbarkeit digitaler Endgeräte, sondern auch für die Kompetenz, diese für das eigene Lernen gezielt einzusetzen. Es droht eine weitere Vertiefung der sozialen Spaltung.

Zudem wird es darum gehen, nach einer starken Ausweitung digitaler Kommunikation die Qualität digitaler Angebote stärker in den Mittelpunkt zu stellen. Dass „digital" nicht immer besser bedeutet, haben Schülerinnen und Schüler in der Flut von PDF-Aufgabenblättern und überlasteten Lernplattformen zu spüren bekommen. Es muss also darum gehen, sowohl die technische Infrastruktur den Anforderungen anzupassen als auch die Akteure zu befähigen, Cloudlösungen nicht als reine Verteilzentren für früher analoge Lernmaterialien zu verwenden. Digitales Arbeiten und Lernen funktioniert eben nicht eins zu eins wie das analoge. Es muss darum gehen, die Chancen für neue Formen, z. B. der Visualisierung und Aufbereitung der Inhalte, zu nutzen und Probleme, wie Vereinzelung und oft fehlendes Feedback, auszugleichen. Wir sollten ein Gespür dafür entwickeln, für welchen Zweck digitale oder analoge Formen besser geeignet sind. So wie bestimmte Gespräche nicht in einem Telefonat, sondern von Angesicht zu Angesicht geführt werden sollten, so werden wir auch lernen, was sich für die digitale Kommunikation eignet und was nicht.

Mit diesem Beitrag sollte ein kleiner Überblick über das Thema Digitale Ethik vermittelt werden. Die einzelnen Aspekte konnten wir in der gebotenen Kürze nicht erschöpfend darstellen, vieles nur anreißen. In der Zukunft wird diese Thematik vor allem im Zusammenhang mit der Entwicklung der Künstlichen Intelligenz neue Brisanz erhalten. In einem zweijährigen Projekt „Ethik der Digitalisierung – von Prinzipien zu Praktiken" des Global Network of Internet and Society Research Centers (NoC)[14] sollen praktische Fragen digitaler Ethik beantwortet werden.

„Der zunehmende Einsatz algorithmischer Systeme führt zu einer grundlegenden Veränderung unserer Gesellschaft in all ihren Elementen", so Dr. Wolfgang Rohe, Geschäftsführer der Stiftung Mercator. „Es geht unter anderem darum, Grundlagen der Demokratie zu erhalten: individuelle und kollektive Freiheitsrechte, Souveränität, Revidierbarkeit von Entscheidungen. Dazu braucht es eine informierte öffentliche Diskussion, eine engagierte Zivilgesellschaft und die Erarbeitung von Vorschlägen für die politische Umsetzung. Mit diesem Projekt möchten wir dazu einen Beitrag leisten."[15]

Perspektivisch geht es um nicht weniger als die Frage, was Menschsein in Verbindung mit der neuen Maschinenintelligenz bedeutet und wie wir uns weiterentwickeln wollen. Dies zu beantworten, darf nicht nur Ethikexperten oder andere Wissenschaftler beschäftigen, sondern muss in einem breiten gesellschaftlichen Diskurs bestimmt werden.

Literatur

Asimov, I.: Foundation, Foundation and Empire, Second Foundation. Everyman's Library, London 2010

Bertelsmann Stiftung (Hrsg.): Algo.Rules – Regeln für die Gestaltung algorithmischer Systeme. 2020, unter: *https://algorules.org/de/startseite* [abgerufen am 14.10.2020]

Berufsverband der Datenschutzbeauftragten Deutschlands (BvD) e. V.; Ruhr-Universität Bochum (RUB) (Hrsg.): Datenschutz-Wiki. 2020, unter: *https://www.datenschutz-wiki.de/* [abgerufen am 06.01.2021]

Borgstedt, S.; Möller-Slawinski, H. (SINUS Markt- und Sozialforschung GmbH): Digitale Teilhabe von Menschen mit Behinderung. Trendstudie. 2020, unter: *https://www.aktion-mensch.de/dam/sc9/ barrierefreiheit/dokumente/trendstudie-digitale-teilhabe/AktionMensch_Studie-Digitale-Teilhabe. pdf* [abgerufen am 06.01.2021]

Breuer, H.: YouTube-Algorithmus: Wie er funktioniert & wie du ihn für dein Abonnentenwachstum einsetzt. In: Der Shopify Blog, 17.8.2020, *https://www.shopify.de/blog/youtube-algorithmus* [abgerufen am 17.12.2020]

Bundesinstitut für Berufsbildung: Empfehlung des Hauptausschusses des Bundesinstituts für Berufsbildung vom 17.11.2020 zur „Anwendung der Standardberufsbildpositionen in der Ausbil-

---

[14] Alexander von Humboldt Institut für Internet und Gesellschaft gGmbH: Ethik der Digitalisierung – von Prinzipien zu Praktiken. 2020, unter: *https://www.hiig.de/project/ethik-der-digitalisierung/* [abgerufen am 06.01.2021]

[15] Alexander von Humboldt Institut für Internet und Gesellschaft gGmbH: Globaler Dialog über die Ethik der Digitalisierung. 2020, unter: *https://www.hiig.de/globaler-dialog-ueber-die-ethik-der-digitalisierung/* [abgerufen am 06.01.2021]

dungspraxis". BAnz AT 22.12.2020 S4, 2020, unter: *https://www.bibb.de/dokumente/pdf/HA172. pdf* [abgerufen am 06.01.2021]

Bundeszentrale für politische Bildung/bpb (Hrsg.): Digitale Inklusion. O.D., unter: *https://www.bpb. de/lernen/digitale-bildung/werkstatt/205404/digitale-inklusion* [abgerufen am 20.12.2020]

Charta der digitalen Vernetzung e.V.: Die Charta im Wortlaut – Charta der digitalen Vernetzung. 2016, unter: *https://charta-digitale-vernetzung.de/die-charta-im-wortlaut/* [abgerufen am 06.01.2021]

Datenethikkommission der Bundesregierung (Hrsg.): Gutachten der Datenethikkommission der Bundesregierung. Berlin 2019, online unter: *https://www.bmi.bund.de/SharedDocs/downloads/ DE/publikationen/themen/it-digitalpolitik/gutachten-datenethikkommission.pdf* [abgerufen am 14.10.2020]

Der Bundesbeauftragte für den Datenschutz und die Informationsfreiheit (Hrsg.): DSGVO – BDSG. Texte und Erläuterungen. Info 01. 2020, unter: *https://www.bfdi.bund.de/SharedDocs/Publikatio nen/Infobroschueren/INFO1.pdf?__blob=publicationFile* [abgerufen am 06.01.2021]

Der Bundesbeauftragte für den Datenschutz und die Informationsfreiheit (Hrsg.): Internetauftritt des Bundesbeauftragten für den Datenschutz und die Informationsfreiheit. o.D., unter: *https://www. bfdi.bund.de/* [abgerufen am 06.01.2021]

Deutscher Bundestag (Hrsg.): Unterrichtung der Enquete-Kommission Künstliche Intelligenz – Gesellschaftliche Verantwortung und wirtschaftliche, soziale und ökologische Potenziale. Bericht der Enquete-Kommission Künstliche Intelligenz – Gesellschaftliche Verantwortung und wirtschaftliche, soziale und ökologische Potenziale. BT-Drucksache 19/23700, Bonn 2020, online unter: *https://dip21.bundestag.de/dip21/btd/19/237/1923700.pdf* [abgerufen am 06.01.2021]

Dörner, S.; Fuest, B.; Trentmann, N.: Nach diesem Handyrohstoff buddeln Kinder metertief. In: Welt, 30.1.2016, online unter: *https://www.welt.de/wirtschaft/webwelt/article151650363/Nach-diesem-Handyrohstoff-buddeln-Kinder-metertief.html* [abgerufen am 17.12.2020]

Eickelmann, B.; Bos, W.; Gerick, J.; Goldhammer, F.; Schaumburg, H.; Schwippert, K.; Senkbeil, M.; Vahrenhold, J. (Hrsg.): ICILS 2018 #Deutschland Computer- und informationsbezogene Kompetenzen von Schülerinnen und Schülern im zweiten internationalen Vergleich und Kompetenzen im Bereich Computational Thinking. Waxmann, Münster, New York 2019, online unter: *https://kw. uni-paderborn.de/fileadmin/fakultaet/Institute/erziehungswissenschaft/Schulpaedagogik/ ICILS_2018__Deutschland_Berichtsband.pdf* [abgerufen am 06.01.2021]

Europäische Kommission: Ethics guidelines for trustworthy AI. 2019, unter: *https://ec.europa.eu/ digital-single-market/en/news/ethics-guidelines-trustworthy-ai* [abgerufen am 06.01.2021]

Franken, S.; Ihl, R.; Prädikow, L.: Digitalisierung braucht Vielfalt. Vorteile, Best Practices und Status quo – Ergebnisse einer OWL-Studie. 2020, unter: *https://www.fh-bielefeld.de/multimedia/Fach bereiche/Wirtschaft/Forschung/Denkfabrik+Digitalisierte+Arbeitswelt/Pr%C3%A4sentation+%E2% 80%93+Digitalisierung+braucht+Vielfalt+%E2%80%93+Online_Veranstaltung-p-137412.pdf* [abgerufen am 06.01.2021]

Generaldirektion Bildung, Jugend, Sport und Kultur (Europäische Kommission): Monitor für die allgemeine und berufliche Bildung 2020. Deutschland. 2020, unter: *https://op.europa.eu/de/publica tion-detail/-/publication/0b2b1170-2499-11eb-9d7e-01aa75ed71a1/language-de/format-PDF/source-179839450* [abgerufen am 06.01.2021]

Gogröf, V.; Hartmann, S.; Kapustjansky, O.; Sailer, C.; Schneider, S.: 10 ethische Leitlinien für die Digitalisierung von Unternehmen. 2017, unter: *https://www.hdm-stuttgart.de/grimm/material/ ethische_unternehmensleitlinien/material/UN_Regeln_booklet* [abgerufen am 18.12.2020]

Handlungsempfehlungen Prof. Dr. Lars Adolph, Bundesanstalt für Arbeitsschutz und Arbeitsmedizin, Projektdrucksache 19 (27) PG 4-20 vom 9. Dezember 2019

Hambridge, S.: Netiquette Guidelines. In: IETF (Hrsg.): RFC 1855 – Netiquette Guidelines. 1995, unter: *https://tools.ietf.org/html/rfc1855* [abgerufen am 18.12.2020]

Hochrangige Expertengruppe für künstliche Intelligenz: Ethik-Leitlinien für eine vertrauenswürdige KI. Europäische Kommission (Hrsg.), 2019, unter: *https://op.europa.eu/de/publication-detail/-/ publication/d3988569-0434-11ea-8c1f-01aa75ed71a1* [abgerufen am 06.01.2021]

IBM Deutschland GmbH; Vereinte Dienstleistungsgewerkschaft ver.di (Hrsg.): Künstliche Intelligenz - Ein sozialpartnerschaftliches Forschungsprojekt untersucht die neue Arbeitswelt. 2020, unter: *https://www.ibm.com/de-de/marketing/pdf/200918_IBM_KI-Broschure_Ansicht_Online-Ein zel.pdf* [abgerufen am 06.01.2021]

IHK München und Oberbayern (Hrsg.): IHK Ratgeber. EU Datenschutzgrundverordnung (DSGVO). 2020, unter: *https://www.ihk-muenchen.de/de/Service/Recht-und-Steuern/Datenschutz/Die-EU-Datenschutz-Grundverordnung/* [abgerufen am 06.01.2021]

Kirchwitz, A.: Die Netiquette. 2006, unter: *http://www.kirchwitz.de/~amk/dni/netiquette* [abgerufen am 06.01.2021]

Krämer, H.; Jordanski, G.; Goertz, L.: Medien anwenden und produzieren – Entwicklung von Medienkompetenz in der Berufsausbildung. 2017, unter *https://www.bibb.de/veroeffentlichungen/de/publication/show/8275* [abgerufen 22.1.2021]

Krcmar, H.; Wintermann, O.: Studie zu den Auswirkungen der Corona-Pandemie in gesellschaftlicher, wirtschaftlicher und technologischer Hinsicht im Rahmen der „MÜNCHNER KREIS e. V. Zukunftsstudie VIII: Leben, Arbeit, Bildung 2035+". Begleittext. 2020, unter: *https://www.muenchner-kreis.de/fileadmin/dokumente/_pdf/Zukunftsstudien/2020-07-23_MK_Sonderstudie_Corona_Begleittext_final.pdf* [abgerufen am 06.01.2021]

Lies, J.: Diversity Management. In: Gabler Wirtschaftslexikon. 2020, unter: *https://wirtschaftslexikon.gabler.de/definition/diversity-management-53993* [abgerufen am 20.12.2020]

Lohmann, D.; Podbregar, N.: Im Fokus: Bodenschätze. Auf der Suche nach Rohstoffen. Springer-Verlag, Berlin, Heidelberg 2012, S.10

Marczewski, A.: Open Gamification Code of Ethics. 2013, unter: *https://ethics.gamified.uk/* [abgerufen am 06.01.2021]

Medienanstalt Rheinland-Pfalz; Landesanstalt für Medien NRW (Hrsg.): Cybermobbing – Was sagt das Gesetz? In: Klicksafe. 2020, unter: *https://www.klicksafe.de/themen/kommunizieren/cybermobbing/was-sagt-das-gesetz/* [abgerufen am 20.12.2020]

Medienberatung NRW (Hrsg.): Medienkompetenzrahmen NRW. 2020, unter: *https://medienkompetenzrahmen.nrw/fileadmin/pdf/LVR_ZMB_MKR_Rahmen_A4_2020_03_Final.pdf* [abgerufen am 20.12.2020]

Parrisius, A.: Was unser Digitalkonsum an Energie kostet. In: Tagesspiegel, 16.11.2019, unter: *https://www.tagesspiegel.de/wirtschaft/stromfresser-internet-was-unser-digitalkonsum-an-energie-kostet/25182828.html* [abgerufen am 17.12.2020]

Rassek, A.: Cybermobbing: Folgen und Gegenmaßnahmen. In: Mai, J. (Hrsg.): Karrierebibel. 2020, unter: *https://karrierebibel.de/cybermobbing/* [abgerufen am 20.12.2020]

Scholz, T.: Uberworked and Underpaid: How Workers Are Disrupting the Digital Economy. Polity Press, Cambridge Malden 2017

Stiehler, A.; Schabel, F.: Wissensarbeit im Digitalen Wandel. Zwischen Selbstverwirklichung und Selbstausbeutung. Eine empirische Studie von Hays. Hays AG (Hrsg.), 2020, unter: *https://www.hays.de/personaldienstleistung-aktuell/studie/hays-studie-wissensarbeit-im-digitalen-wandel-2020* [abgerufen am 06.01.2021]

Unabhängiges Landeszentrum für Datenschutz Schleswig-Holstein: Virtuelles Datenschutzbüro – Ein Informationsangebot der öffentlichen Datenschutzinstanzen. 2020, unter: *https://www.datenschutz.de/* [abgerufen am 20.12.2020]

Verordnung (EU) 2016/679 des Europäischen Parlaments und des Rates vom 27. April 2016 zum Schutz natürlicher Personen bei der Verarbeitung personenbezogener Daten, zum freien Datenverkehr und zur Aufhebung der Richtlinie 95/46/EG (Datenschutz-Grundverordnung), ABl 2016 L 119/1 [=DSGVO]

Zinke, G.: Berufsbildung 4.0 – Fachkräftequalifikationen und Kompetenzen für die digitalisierte Arbeit von morgen: Branchen- und Berufescreening. Vergleichende Gesamtstudie. Verlag Barbara Budrich, Leverkusen 2019 (= Wissenschaftliche Diskussionspapiere Heft Nr. 213), online unter: *https://www.bibb.de/veroeffentlichungen/de/publication/show/10371* [abgerufen am 06.01.2021]

Kompetenzmanagement im Mittelstand – Erfolgsfaktor und Herausforderung

Rahild Neuburger

4.1 Ausgangspunkt

Neue technologische Entwicklungen der Digitalisierung, Automatisierung und Künstlichen Intelligenz zwingen Unternehmen mehr und mehr dazu, Prozesse zu automatisieren und ihre Geschäftsmodelle weiterzuentwickeln, um ihre Innovationskraft zu stärken und wettbewerbsfähig zu bleiben. In der Folge ändern sich Aufgaben und Tätigkeitsfelder; bisher relevante Kompetenzen verlieren an Bedeutung, während neuartige Kompetenzen an Relevanz gewinnen. Auf Grund der strukturellen Besonderheiten stellt dies insbesondere für mittelständische Unternehmen eine große Herausforderung dar, denn der Aufbau zukünftig relevanter Kompetenzen erfordert weit mehr als Weiterbildungsmaßnahmen im Bereich digitaler Skills. Ziel muss es vielmehr sein, ein ganzheitlich orientiertes Kompetenzmanagement aufzubauen, das sich ausgehend von den vorhandenen und den zukünftig erforderlichen Kompetenzen an den strategischen Visionen sowie am Geschäftsmodell und dessen zukünftiger strategischer Weiterentwicklung orientiert.

Vor diesem Hintergrund widmet sich dieser Beitrag primär folgenden Fragestellungen:

- Was ist unter einem ganzheitlichen Kompetenzmanagement zu verstehen?
- Warum ist Kompetenzmanagement gerade für mittelständische Unternehmen so wichtig?
- Warum ist die Realisierung von Kompetenzmanagement gerade für mittelständische Unternehmen mitunter schwierig?
- Wie lässt sich ein ganzheitliches Kompetenzmanagement in mittelständischen Unternehmen realisieren?

Die Abgrenzung mittelständischer Unternehmen erfolgt häufig anhand quantitativer Kriterien wie Umsatz, Gewinn oder Anzahl der Beschäftigten. Typischerweise zählen zum Mittelstand Unternehmen mit zwischen 50 und 299 Mitarbeitern sowie einem Jahresumsatz bis zu 50 Mio. € (IfM oder Europäische Kommission); mitunter werden auch Unternehmen mit bis ca. 3000 Mitarbeitern und Mitarbeiterinnen sowie einem Jahresumsatz bis ca. 600 Mio. € dazugezählt (Deloitte 2013). Da die Einteilung mittelständischer Unternehmen ausschließlich anhand dieser quantitativen Kriterien für den hier vorliegenden Kontext zu kurz greifen würde (Becker 2011), erscheint die Ergänzung um typische qualitative Charakteristika sinnvoll (Picot et al. 2019):

- Wirtschaftliche und rechtliche Selbständigkeit, so dass mittelständische Unternehmen flexibel und eigenständig agieren können;
- Häufige Einheit von Eigentum, Kontrolle und Leitung, woraus sich zumeist die zentrale Rolle des Eigentümers ergibt;
- Personenbezogenheit der Unternehmensführung, die mitunter nur aus einer einzelnen Person besteht;

■ Begrenzte Größe des Unternehmens, woraus sich mitunter eine vergleichsweise geringere Verfügbarkeit insbesondere personeller und finanzieller Ressourcen ergibt.

Auf diese Punkte wird im Rahmen der weiteren Ausführungen zurückzukommen sein, denn sie beeinflussen z. T. maßgeblich die Realisierung eines ganzheitlichen Kompetenzmanagements in mittelständischen Unternehmen.

4.2 Ganzheitliches Kompetenzmanagement – eine Ein- und Abgrenzung

Ziel eines ganzheitlichen Kompetenzmanagements ist es, im mittelständischen Unternehmen diejenigen Kompetenzen aufzubauen und weiterzuentwickeln, die für die Bewältigung der anstehenden Herausforderungen erforderlich sind.

> Kompetenzen lassen sich dabei als verfügbare Fertigkeiten und Fähigkeiten verstehen, um bestimmte Probleme bewältigen zu können und Problemlösungen in variablen Situationen erfolgreich nutzen zu können.[1]

Vor diesem Hintergrund verfolgt ein ganzheitliches Kompetenzmanagement v. a. zwei Ziele (vgl. Bild 4.1).

Bild 4.1 Ziele eines ganzheitlichen Kompetenzmanagements (Quelle: MÜNCHNER KREIS e. V. 2020)

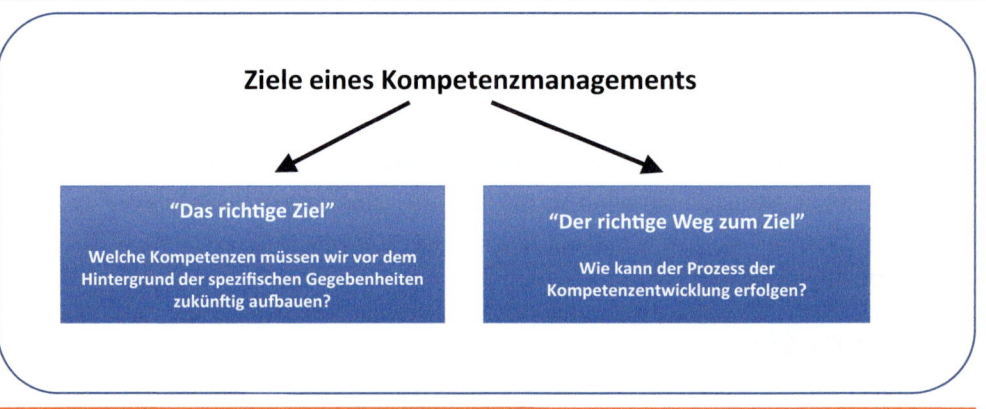

Zur Erreichung dieser Ziele sind mehrere Schritte erforderlich (vgl. Bild 4.2):

■ die Analyse der **Ist-Situation:** welche Kompetenzen sind im Unternehmen verfügbar und wie werden sie eingesetzt;

■ eine **strategische Auseinandersetzung** mit der Frage, welche Kompetenzen zukünftig erforderlich sind;

■ die Entwicklung **konkreter Maßnahmen** zur Überwindung des Kompetenz-Gaps sowie

■ die Initiierung begleitender **Aktionen zur Flankierung** dieser Maßnahmen.

---

[1] *https://lehrerfortbildung-bw.de/u_sprachlit/deutsch/gym/bp2004/fb1/01_ueberblick/kompetenz.htm*

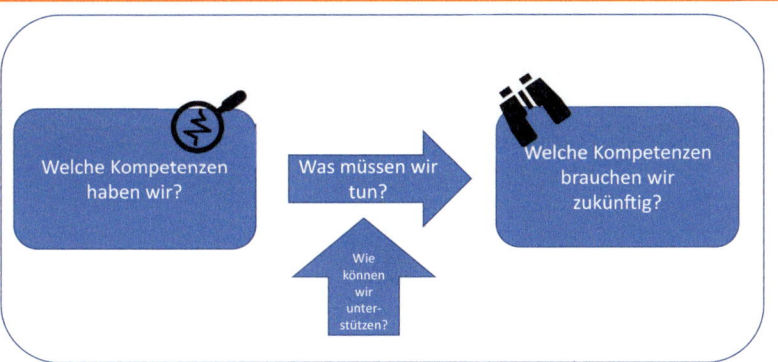

Bild 4.2 Schritte des Kompetenzmanagements im Überblick

All diese Schritte sind nicht statisch, sondern dynamisch an die jeweiligen Gegebenheiten anzupassen und immer wieder flexibel aufeinander abzustimmen. Hilfreich ist zudem, zu prüfen, wie sich das Kompetenzmanagement messen lässt und wie sich der Prozess ständig weiterentwickeln und verbessern lässt.

> Ein ganzheitliches Kompetenzmanagement umfasst sehr viel mehr als den Aufbau einzelner Fertigkeiten oder Skills. Vielmehr geht es um die Gestaltung und kontinuierliche Anpassung eines Prozesses aus vier Schritten: Welche Kompetenzen sind notwendig? Welche Kompetenzen sind verfügbar? Welche Schritte sind erforderlich? Welche flankierenden Maßnahmen sind hilfreich?

Gerade kleine und mittelständische Unternehmen stellt dies jedoch mitunter vor eine große Herausforderung: einerseits wird der gezielte Aufbau eines Kompetenzmanagements immer wichtiger; andererseits ist dessen Umsetzung gerade in mittelständischen Unternehmen schwierig. Im Folgenden werden daher zunächst die spezifischen Potenziale und Herausforderungen aufgezeigt, bevor auf konkrete Stellschrauben einer Umsetzung eingegangen wird.

4.3 Erfolgsfaktor Kompetenzmanagement in mittelständischen Unternehmen

Eine ganzheitliche Perspektive des Kompetenzmanagements erscheint wichtig, denn die zukünftigen Anforderungen, die sich durch die technische Dynamik, aber auch durch den erkennbaren Wertewandel in der Gesellschaft oder durch neue marktliche Herausforderungen an mittelständische Unternehmen zukünftig stellen, sind komplex. Lineare Lösungsansätze, die einzelne Kompetenzen wie z. B. Digital Literacy oder Digital Fluency (Kunze 2018) oder die digitalen Kompetenzen nach EU (Carretero et al. 2017) in den Mittelpunkt stellen, werden jedoch den gegenwärtigen Anforderungen nur zum Teil gerecht. Dies wird deutlich, wenn man sich die Anforderungen vor Augen führt, die gegenwärtig an mittelständische Unternehmen gestellt werden:

1. Technologische Entwicklungen

Die technologische Dynamik wie auch übergreifende ökonomische Trends wie die Dominanz von Plattformen stellen gerade mittelständische Unternehmen vor eine doppelte Herausforderung: Zum einen sind sie gefordert, zu prüfen, wie diese Technologien und Ansätze ihr Geschäftsmodell verändern; zum anderen müssen sie damit rechnen, dass genau diese Technologien das Geschäft ihrer Kunden verändern, wodurch sich neue Anforderungen an die von ihnen angebotenen Lösungen ergeben (vgl. Bild 4.3).

Bild 4.3 Implikationen der technologischen Dynamik

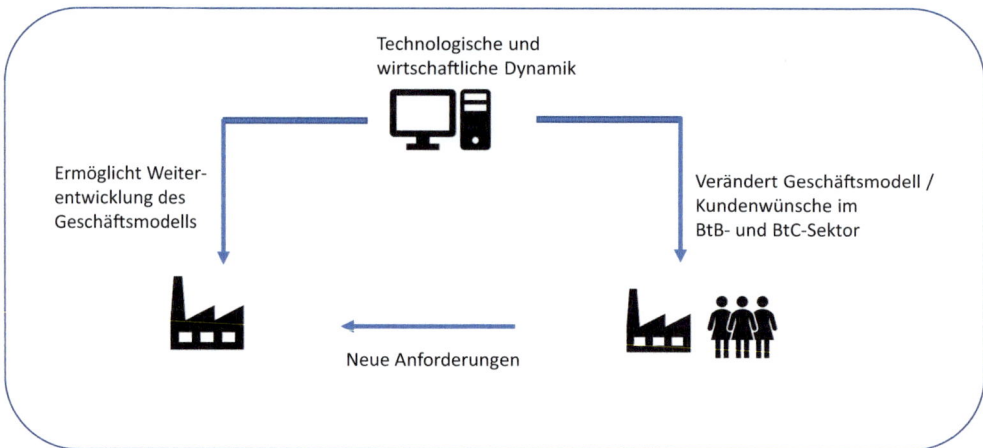

Strategische Kernfragen sind: Wie ändern sich die Wünsche und Anforderungen meiner Kunden im Zuge der technologischen und wirtschaftlichen Dynamik? Was bedeutet dies für unser Geschäftsmodell? Wie lässt es sich mit Hilfe der digitalen Technologien weiterentwickeln?

2. Zunehmender Innovationsdruck und Wettbewerbsfähigkeit

Denn Digitalisierung und neue Technologien verändern zunächst die Probleme und Anforderungen auf Kundenseite. Dies gilt für Businesskunden in gleicher Weise wie für Endkonsumenten. Beispiele sind typische Industrieunternehmen wie der OEM oder ein Heizungsbauer, in dessen vormals rein physische Produkte vermehrt digitale Komponenten wie Software oder Sensorik eingebaut sind (Noll et al. 2016). In der Folge sind die oft mittelständisch geprägten Zulieferunternehmen gefordert, die Integration derartiger Komponenten frühzeitig in ihre Geschäftsmodelle und eher physisch orientierten Lösungen einzuplanen. Die durch die Digitalisierung veränderte Nachfrage aufseiten des Kunden erfordert somit neue oder erweiterte Problemlösungen aufseiten der Lieferanten. In der Folge sind existierende Prozesse zu verändern, neue Geschäftsmodelle zu entwickeln bzw. existierende Geschäftsmodelle anzupassen. Gleichzeitig ändert sich die Schnittstelle mit dem Kunden, wenn digitale Formen der Kundenansprache bzw. des Vertriebs zum Einsatz kommen.

3. Automatisierungsdruck

Gerade mittelständische Unternehmen sind in ihrer Rolle als Lieferant in Wertschöpfungsketten bzw. Wertschöpfungsnetzen einem zunehmenden Automatisierungsdruck ausgesetzt. Ein wesentlicher Grund hierfür sind erforderliche Kosten- und Preisanpassungen, die beispielsweise durch existierende Abhängigkeiten von ihren Abnehmern bedingt sein können. In Folge müssen bisherige Verwaltungs- und Produktionsprozesse auf der Basis der oben genannten neuen Technologien effizienter gestaltet und automatisiert werden.

4. Veränderte Arbeitswelt

Gegenwärtig beobachtbare strukturelle Veränderungen in der Arbeitswelt (Picot et al. 2020) wie die Tendenz zu flacheren Organisationsstrukturen, flexiblen Arbeitsmodellen, agilen Methoden oder auch digitalen Leadership-Konzepten verändern die Arbeitswelt auch in mittelständischen Unternehmen. Auch sie stehen vor der Herausforderung, Verwaltungsprozesse anzupassen, flexiblere Strukturen umzusetzen und veränderte Planungstools einzusetzen. Gerade im Zuge der Corona-Pandemie und des hierdurch hervorgerufenen Trends zur Realisierung von Home-Office wurde diese Tendenz unabhängig von der Unternehmensgröße nochmals verstärkt.

5. Wertewandel

Forciert wird dies zudem durch den sich abzeichnenden gesellschaftlichen Wertewandel. Dieser drückt sich v. a. in sich ändernden Erwartungen an Unternehmen und Führungskräfte z. B. bzgl. Arbeits- und Führungsstrukturen, Selbstverantwortung oder auch größerer Einflussnahme und Mitgestaltung aus.

6. Denken in Wertschöpfungsnetzwerken und Kooperationen

Nicht nur die Arbeitswelt im Unternehmen ändert sich; auch die Zusammenarbeit in übergreifenden Wertschöpfungsstrukturen wandelt sich. Branchenbezogene Wettbewerbsketten entwickeln sich mehr und mehr zu branchenübergreifenden Wertschöpfungsnetzwerken. Typisches Beispiel ist die Automobilbranche. Früher weitgehend abzugrenzende Wertschöpfungsketten, bestehend aus OEM und branchenbezogenen Zulieferern, formieren sich immer mehr zu branchenübergreifenden Wertschöpfungsnetzwerken mit IT- und Softwareunternehmen oder Sensorik-Anbietern (vgl. Bild 4.4). In der Folge sind mittelständische Unternehmen gefordert, sich in diesen Netzwerken neu oder anders zu positionieren und ihre Teilhabe neu zu definieren. Dies schließt auch neue Formen der Kooperation oder Fragen der Zusammenarbeit innerhalb dieser Wertschöpfungsnetzwerke ein. Typisches Beispiel ist die gemeinsame Nutzung industrieller Daten im Zuge der Realisierung von Industrie 4.0 über mehrere Unternehmen hinweg. Denkbar sind auch Formen der Coopetition, wenn an sich konkurrierende Unternehmen gleichzeitig in diesen Wertschöpfungsnetzwerken kooperieren (Brandenburger; Nalebuff 1997).

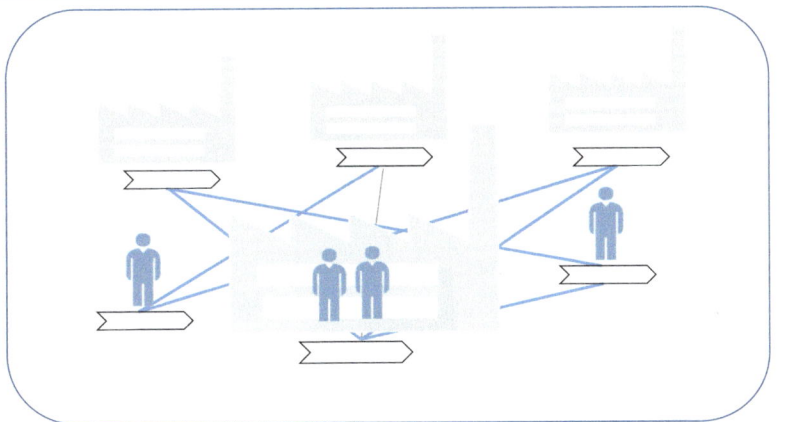

Bild 4.4 Unternehmen als Netzwerke (Quelle: Picot 2015)

In Folge all dieser Herausforderungen ändern sich Aufgaben und Rollen der Beschäftigten (Neuburger et al. 2020). Bisherige Tätigkeiten werden z. T. substituiert, indem beispielsweise in der Produktion vermehrt Automatisierungstechnologien und Industrieroboter, im Vertrieb Chatbots oder in der Verwaltung Softwarelösungen eingesetzt werden. Andere Tätigkeitsfelder ändern sich, da digitale Werkzeuge zur Unterstützung eingesetzt werden. Beispiele sind der Einsatz der digitalen Personalakte zur Unterstützung im HR-Bereich, der Einsatz eines Schweißroboters zur Übernahme kräftezehrender Aktivitäten oder der Einsatz eines CRM-Systems, so dass eine fokussierte Konzentration auf die persönliche Kundenbetreuung erfolgen kann. Schließlich entstehen ganz neue Tätigkeitsfelder, wenn einzelne Beschäftigte beispielsweise autonome Informationssysteme nur noch steuern und überwachen oder als Trainer für die eingesetzten selbststeuernden Informationssysteme eingesetzt werden (Neuburger; Fiedler 2020). Allen hier nur skizzierten Implikationen gemeinsam ist, dass zum einen existierende und in der Vergangenheit aufgebaute Kompetenzen teilweise nicht mehr in dieser Form erforderlich sind; zum anderen neuartige, bisher nicht notwendige Kompetenzen aufgebaut werden müssen.

> Aufgabe eines ganzheitlichen Kompetenzmanagements muss es daher sein, diesen Kompetenz-Shift zu erkennen und geeignete Maßnahmen zum Ausgleich zu entwickeln.

Gelingt dies, lassen sich die oben skizzierten Anforderungen sehr viel besser bewältigen, da die Unternehmen dann entsprechend aufgestellt und vorbereitet sind. Insofern stellt ein ganzheitliches Kompetenzmanagement einen wesentlichen Erfolgsfaktor für die zunehmende Wettbewerbsfähigkeit dar.

4.4 Herausforderung Kompetenzmanagement in mittelständischen Unternehmen

Allerdings stellt die Realisierung eines ganzheitlichen Kompetenzmanagements, um das eigene Kerngeschäft anpassen und neue Geschäftsmodelle entwickeln zu können, oft gerade an mittelständische Unternehmen besondere Herausforderungen. Sie liegen primär in den typischen strukturellen Charakteristika, auf die schon anfangs hingewiesen wurde. Zu nennen sind hier insbesondere folgende Aspekte (Neuburger et al. 2020; Picot et al. 2019) (vgl. auch Bild 4.5):

Bild 4.5 Spezifische Herausforderungen in mittelständischen Unternehmen

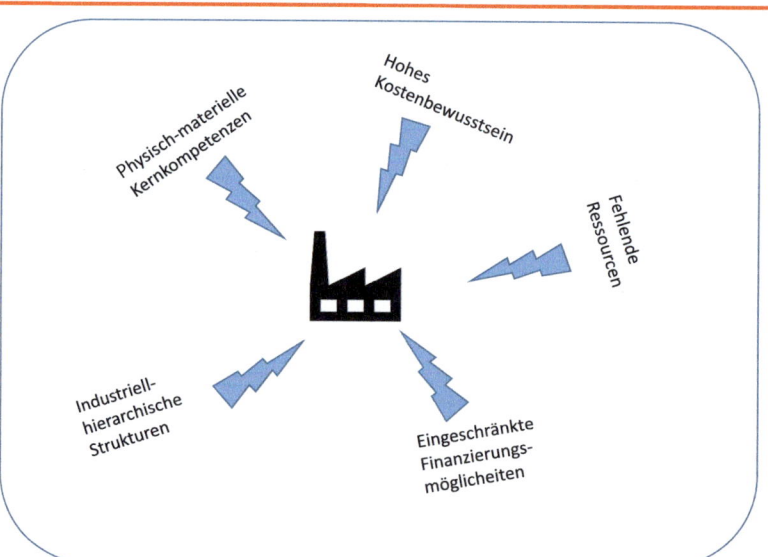

1. Historisch gewachsene physisch-materielle Kernkompetenzen

Mittelständische Unternehmen agieren zumeist in Nischen, in denen sie sich als Marktführer mit einem hohen Grad an Spezialisierung und einem hohen Qualitätsniveau etabliert haben. Für diesen Erfolg sind häufig langfristig aufgebaute physisch-materielle Kernkompetenzen verantwortlich. Ihre Anpassung und Weiterentwicklung für eine digitale Arbeitswelt, die durch Sensorik, IoT und Datenanalytik geprägt wird, ist schwierig. Dies liegt zum einen daran, dass der potenzielle Einfluss digitaler Technologien auf klassische physische Produkte nicht sofort identifizierbar ist. Zum anderen fehlt mitunter auf Grund der typischen Eigentümerstrukturen die Sensibilisierung für digitale Themen und der notwendige Blick auf die oben skizzierten Veränderungen, die sich durch die Digitalisierung für das Geschäftsmodell der Kunden wie auch das eigene Geschäftsmodell sowie die Wettbewerbsstrukturen zukünftig ergeben könnten. Dies gilt insbesondere dann, wenn der Erfolg auf der kontinuierlichen Verbesserung physischer Produkte basiert, auf die ein potenzieller Einfluss der Digitalisierung nicht sofort erkennbar ist.

2. Stärkeres Kostenbewusstsein

Gerade auf Grund der strukturellen Besonderheiten herrscht im Mittelstand mitunter ein stärkeres Kostenbewusstsein vor als in Großunternehmen. Infolgedessen werden erforderliche Investitionen z. B. in die Automatisierung von Prozessen oder die Integration von Sensorik und Datenanalytik in physische Kompetenzen einer kritischeren Wirtschaftlichkeitsanalyse unterzogen. Während die Kostenseite meist transparent ist, erscheint eine Bewertung des Nutzens schwierig, da dieser meist zu einem späteren Zeitpunkt eintritt und oft auch nicht direkt einer bestimmten Investition zugerechnet werden kann. So lassen sich beispielsweise die Kosten einer Automatisierung von Prozessen durch den Einsatz von Industrierobotern oder auch einer Integration von Sensorik in die physischen Bauteile erfassen, wohingegen Nutzenaspekte wie erhöhte Flexibilisierung, verbesserte Kundenorientierung oder erhöhte Wettbewerbsfähigkeit nicht in gleicher Weise zu erfassen sind. Erfolgen Investitionsentscheidungen jedoch primär auf der Basis von rein quantitativen Kosten-Nutzen-Analysen, besteht die Gefahr, dass erforderliche Investitionen zunächst in den Hintergrund treten.

3. Fehlende Ressourcen zum Aufbau von Kompetenzen

Verstärkt wird dieser Effekt insbesondere dann, wenn das angesprochene spezialisierte Nischengeschäft sehr gut läuft und im Zuge der erforderlichen Konzentration auf das Tagesgeschäft strategische Überlegungen in den Hintergrund treten müssen. Da die für das Tagesgeschäft erforderlichen Kompetenzen ohnehin existieren, ist der Aufbau zusätzlicher bzw. neuartiger Kompetenzen kein Thema. Doch selbst, wenn die strategische Notwendigkeit erkannt wird, fehlen nicht selten die notwendigen finanziellen und insbesondere personellen Ressourcen, um Kompetenzen aufzubauen. Hinzu kommt, dass insbesondere in den jetzt relevanten IT-Tätigkeitsfeldern häufig Fachkräfte fehlen. Auch wenn dieses Problem letztlich alle Unternehmen in gleicher Weise trifft, tangiert es mittelständische Unternehmen besonders, da sie mitunter nicht über dieselben Möglichkeiten verfügen, gut qualifizierte Mitarbeiter zu akquirieren und an sich zu binden.

4. Eingeschränkte Finanzierungsmöglichkeiten

Doch selbst, wenn die Bereitschaft für personelle und finanzielle Investitionen in die Digitalisierung bzw. den hierfür erforderlichen Kompetenzaufbau vorhanden ist, scheitert die Realisierung häufig an ihrer Finanzierung (Picot et al. 2019). So ist eine Vielzahl mittelständischer Unternehmen als typische Eigentümer-Unternehmen charakterisierbar (Becker 2011). Unternehmensführung und Eigentum am Unternehmen sind hier in einer Hand, so dass die Eigentümer nicht selten mit ihrem (privaten) Eigentum für anstehende Investitionsentscheidungen haften. Wie stark vor diesem Hintergrund in digitale Technologien investiert werden kann bzw. wird, hängt dann letztlich auch von der Einschätzung und der Finanzkraft der jeweiligen Eigentümer ab. Da sich zudem Eigentümer- und Gesellschafterstrukturen nicht so ganz einfach erweitern lassen, wird auch die Akquisition von zusätzlichem Eigenkapital schwierig. Ähnliches gilt für die Beschaffung von Fremdkapital, die letztlich von der Eigenkapitalbasis sowie den individuellen Sicherungs- und Haftungsgegebenheiten des bzw. der Eigentümer abhängt. Auch erweist es sich mitunter als problematisch, Kapital für die Finanzierung digitaler Innovationen zu akquirieren, wenn keine physischen Sicherheiten existieren.

5. Industriell-hierarchische Strukturen

Bedingt durch ihre Historie sowie die typischen Charakteristika mittelständischer Unternehmen fehlen mitunter zudem das Bewusstsein, die Bereitschaft und der Mut, sich auf flexible, agile und weniger hierarchisch-orientierte Strukturen einzulassen. Dies ist umso mehr der

Fall, wenn das Kern- bzw. Tagesgeschäft gut laufen und die strategische Notwendigkeit für organisatorische Anpassungen sowie einen hierfür erforderlichen Kompetenzaufbau nicht sofort erkennbar werden.

> Der Aufbau eines ganzheitlichen Kompetenzmanagements ist oft gerade für mittelständische Unternehmen wesentlicher Erfolgsfaktor und besondere Herausforderung.

4.5 Schritte und Stellschrauben eines Kompetenzmanagements

Deutlich wurde bisher: Zentral für die Zukunft mittelständischer Unternehmen ist ihre eigene Stärkung und Befähigung zu Anpassungen der Prozesse sowie Weiter- und Neuentwicklung ihrer Geschäftsmodelle im Zuge der durch die digitalen Technologien gegebenen Möglichkeiten. Dies erfordert neue bzw. angepasste Kompetenzen, deren Analyse und Entwicklung im Rahmen eines ganzheitlichen Kompetenzmanagements erfolgen kann.

> Vier Schritte sind erforderlich: strategische Kompetenz-Analyse, Ist-Kompetenz-Analyse, Entwicklung geeigneter Konzepte der Kompetenzentwicklung und Initiierung flankierender Maßnahmen.

4.5.1 Strategische Kompetenz-Analyse

Im Mittelpunkt des ersten Schrittes steht die Frage nach dem Bedarf an jetzt und zukünftig relevanten Kompetenzen. Erforderlich ist hier eine ganzheitliche Perspektive insbesondere aus vier unterschiedlichen Blickwinkeln, die jedoch nicht unabhängig voneinander zu sehen sind (vgl. auch Bild 4.6).

Bild 4.6 Einflussfaktoren auf die strategische Kompetenz-Analyse (in Anlehnung an MIT & Capgemina Consulting 2011)

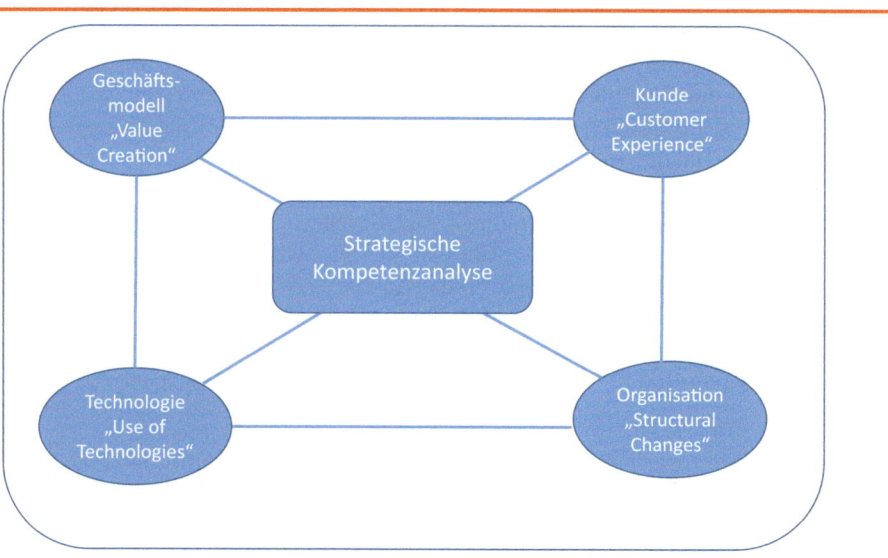

1. **Perspektive „Geschäftsmodell" bzw. „Changes in Value Creation":**

   Wie stellen wir uns als mittelständisches Unternehmen zukünftig auf? Gerade in sich ändernden Wertschöpfungsnetzwerken müssen sich mittelständische Unternehmen – wie oben schon skizziert – u. U. repositionieren und ihre Geschäftsmodelle anpassen. Welche Veränderungen sind hier konkret zu erwarten? Wie verändern sich die Problemlösung bzw. der Mehrwert für den Kunden, Erlösmodell und Organisation des Wertschöpfungsprozesses? Welche Kompetenzen sind zukünftig relevant, um dies zu durchdringen und innovative Lösungen zu entwickeln?

2. **Perspektive Kunde bzw. „Customer Experience":**

   Wer sind jetzt und zukünftig unsere Kunden und wie ändern sich ihre Probleme sowie Herausforderungen und damit ihre Erwartungen? Wie sieht der zukünftige „touch point" mit dem Kunden aus? Besteht das Risiko, dass sich zwischen Unternehmen und Kunde ein zusätzlicher Player oder ein Intermediär etabliert? Welche Kompetenzen sind erforderlich, um den Kunden wie auch die sich verändernde Art der Beziehung zum Kunden zu verstehen und gestalten zu können?

3. **Perspektive Technologien bzw. „Use of Technologies":**

   Welche Technologien spielen für unser Geschäftsmodell zukünftig eine relevante Rolle? Wie können sie zukünftig zum Einsatz kommen? Inwiefern werden beispielsweise neue Technologien wie Prozessautomatisierung, der Einsatz autonomer Systeme, eine stärkere Vernetzung mit Partnern im Zuge von Industrie 4.0 oder auch das Aufkommen von Plattformen zukünftig relevant? Welche Kompetenzen sind somit erforderlich, um die technologischen Entwicklungen und ihren Einfluss auf das eigene Geschäftsmodell sowie die eigenen Prozesse und Strukturen durchdringen zu können?

4. **Perspektive Organisation bzw. „Structural Changes":**

   Wie ändern sich zukünftig unsere Prozess- und Organisationsstrukturen in Folge all dieser neuen Technologien; aber auch im Zuge eines veränderten Geschäftsmodells? Wie ändern sich die Prozesse? Wie ändert sich die Arbeitsumgebung für den Menschen? Welche Rolle spielt dabei der Mensch? Wie verändert sich das Zusammenagieren zwischen Mensch und Technik? Gerade in oft traditionell eher industriell organisierten mittelständischen Unternehmen führen neue Technologien wie im Unternehmen der Einsatz von Robotern oder Prozessautomatisierung sowie zwischen Unternehmen der Einsatz von Industrie 4.0 zu erheblichen Prozess- und Organisationsveränderungen. Arbeitsprozesse werden dezentralisiert und inner- und überbetriebliche Teamarbeit verstärkt. Hiermit verbunden ist zudem häufig eine stärkere Einbindung von Kunden oder Kooperationspartnern. Hinzu kommt an dieser Stelle noch eine weitere Herausforderung. Je mehr Daten über Prozesse und Anwendungen zur Verfügung stehen, desto höher ist die Transparenz über die zugrunde liegenden Prozesse und Leistungen. In der Folge eröffnen sich ganz neue Möglichkeiten eines Performance-Managements, die von Mitarbeitern und Führungskräften beherrscht werden müssen, um demotivierende Implikationen zu vermeiden.

Alle vier Perspektiven beeinflussen Art und Inhalte zukünftig relevanter inhaltlicher Kompetenzen. Zu dieser Frage existiert mittlerweile eine Vielzahl an Studien und Empfehlungen, die unterschiedliche Schwerpunkte setzen (z. B. Kircher et al. 2019; McKinsey 2018; World Economic Forum 2018) sowie eine Vielzahl unterschiedlicher Kompetenzen aufzeigen; sich jedoch nicht immer direkt auf mittelständische Unternehmen übertragen lassen. Daher erscheint es möglicherweise sinnvoller, aus den vier Perspektiven relevante Kompetenzfelder abzuleiten (vgl. auch MÜNCHNER KREIS e. V. 2020):

- In Bezug auf Geschäftsmodell und Kunden:
  - Welche Kompetenzen sind zukünftig relevant, um die **Veränderungen für Geschäftsmodelle** zu durchdringen und **innovative Lösungen** zu entwickeln?
  - Welche Kompetenzen sind erforderlich, um die **technologischen Entwicklungen** und ihren Einfluss auf das eigene Geschäftsmodell sowie die eigenen Prozesse und Strukturen durchdringen zu können?

- Welche Kompetenzen sind erforderlich, um den **Kunden** wie auch die sich verändernde Art der **Beziehung zum Kunden** zu verstehen und gestalten zu können?

Notwendig ist hier v. a. die Entwicklung eines digitalen Grundverständnisses bzw. digitalen Mindsets, um den Einfluss der Technologien auf Geschäftsmodell und Rolle des Kunden verstehen zu können. Denn nur, wenn Mitarbeiter und insbesondere verantwortliche Führungskräfte die Digitalisierung verstehen und ihre Konsequenzen für Prozesse und Geschäftsmodelle reflektieren, können sie die zukünftigen Herausforderungen bewältigen (Neuburger et al. 2020). Erforderlich sind zudem Fähigkeiten wie strategisches und antizipatives Denken, Offenheit, Neugierde oder auch die Beherrschung relevanter Kreativitäts- und Planungsmethoden wie KVP- oder OKR.

- In Bezug auf Anwendung, Nutzung und Einsatz von Technologien:

  - Welche Kompetenzen sind erforderlich, um **(neue) Technologien** im sich ändernden Arbeitskontext effektiv und effizient einsetzen zu können?

  - Welche Kompetenzen sind erforderlich, um insbesondere mit **Maschinen** und **Systemen der Künstlichen Intelligenz** sinnvoll agieren zu können?

Notwendig sind hier zunächst grundlegende Fähigkeiten der Nutzung digitaler Technologien im eigenen Arbeitskontext, zur Kommunikation und Zusammenarbeit über digitale Tools (Carrero et al. 2017), für die Erstellung und Weiterentwicklung digitaler Inhalte wie auch letztlich zur Steigerung der Produktivität als Individuum oder Team. Hinzu kommen zum einen Kompetenzen, die für einen souveränen und sicheren Umgang mit und die Analyse von Daten befähigen und die häufig als „Data Literacy" bezeichnet werden. Zum anderen geht es hier um die Befähigung zum Interagieren mit KI-Systemen, Robotern oder autonomen Systemen. Dies erfordert spezifische MMI (Mensch-Maschine-Interaktions-) Kompetenzen, um mit automatisierten bzw. autonomen Informationssystemen vernünftig agieren zu können und auch ihre Schlussfolgerungen verstehen und einordnen zu können.

- In Bezug auf den organisatorischen Arbeitskontext:

  - Welche Kompetenzen sind erforderlich, um die erforderlichen Anpassungen für **Prozess- und Organisationsstrukturen** abschätzen und gestalten zu können?

  - Welche Kompetenzen sind notwendig, um in den veränderten **Arbeitsstrukturen agieren** zu können?

Hier geht es im Wesentlichen um personale Meta-Kompetenzen, um selbstbestimmt in vernetzten Arbeitsstrukturen agieren zu können, wie Eigenverantwortung und Selbstmanagement, soziale Kompetenzen für das vernetzte Arbeiten in Teamstrukturen wie Kommunikation und Konfliktfähigkeit sowie Prozesskompetenzen, um organisatorische Abläufe und Prozesse an die veränderten Herausforderungen anpassen zu können, wie beispielsweise Methodenkompetenzen oder Projektmanagement.

Im Zuge der technologischen Dynamik und der hieraus entstehenden neuen Herausforderungen für Unternehmen lassen sich somit für mittelständische Unternehmen drei zukünftig relevante Kompetenzfelder erkennen (vgl. auch Tabelle 4.1):

Tabelle 4.1 Kompetenzfelder im Überblick

Perspektive	Ziel	Kompetenzfeld
Geschäftsmodell und Kunde	Befähigung zur Weiterentwicklung des Geschäftsmodells und zur Entwicklung innovativer Lösungen für den Kunden	Strategische Kompetenzen wie digitales Grundverständnis, strategisches und antizipatives Denken, Kreativitäts- und Planungstools
Einsatz digitaler Technologien	Befähigung zur Nutzung digitaler Technologien und zum Zusammenagieren mit (autonomen) Maschinen und Technologien	Technologische Kompetenzen wie insb. technische Grundkenntnisse, erforderliches Anwendungswissen, Data Literacy, MMI-Fähigkeiten

Perspektive	Ziel	Kompetenzfeld
Veränderung des organisatorischen Arbeitskontextes	Befähigung zur Gestaltung eines und zum Agieren in einem vernetzten und virtuellen Arbeitsumfeld	Personale und soziale Meta-Kompetenzen wie Eigenverantwortung, Selbstmanagement, Teamarbeit und Kommunikation

4.5.2 Ist-Kompetenz-Analyse

Ist im Rahmen der strategischen Kompetenz-Analyse geklärt, wie sich der zukünftige Bedarf an Kompetenzen darstellt, sollte im nächsten Schritt eine Bestandsaufnahme erfolgen.

> Im Rahmen der Ist-Kompetenz-Analyse geht es v.a. um die Frage, ob und inwieweit die strategisch relevanten Kompetenzen verfügbar sind und wie diese im Unternehmen zum Einsatz kommen.

Dies ist nicht einfach. Zum einen kommen in mittelständischen Unternehmen Tools wie Expertendatenbanken oder vergleichbare Werkzeuge auf Grund von Unternehmensgröße sowie fehlender Ressourcen eher weniger zum Einsatz. Zum anderen funktionieren viele Prozesse einfach, weil Mitarbeiter und Mitarbeiterinnen schon lange im Unternehmen sind und implizites Erfahrungswissen aufgebaut haben, das nicht unbedingt expliziert werden kann. Zum dritten handelt es sich bei vielen der angesprochenen und zukünftig erforderlichen Kompetenzen um sogenannte Soft Skills, die nicht unbedingt so einfach zu erfassen sind. Schließlich herrscht gerade in mittelständischen Unternehmen oft eine starke Vertrauenskultur vor, so dass der Versuch einer systematischen Erfassung existierender Kompetenzen mitunter vorsichtig erfolgen muss. Generell handelt es sich allerdings im Zusammenhang mit der Erfassung von Skills um ein sensibles Thema, das häufig in Verbindung mit Leistungserfassung oder Performancemessung gebracht wird, so dass – unabhängig von der Unternehmensgröße – Aspekte des Datenschutzes und der Mitbestimmung unbedingt mit zu berücksichtigen sind.

Unter Berücksichtigung der jeweiligen rechtlichen Rahmenbedingungen sind prinzipiell zur Erfassung existierender Kompetenzen folgende Vorgehensweisen denkbar:

- **Auswertung existierender Daten und Informationen** vor dem Hintergrund des definierten Kompetenzbedarfes – sei es auf der Basis der Daten, die in täglich genutzten Tools (z.B. Jira oder Confluence) generiert wurden, oder auch auf der Basis von Informationen, die durch Protokolle, Teamberichte oder andere Dokumente verfügbar sind. KI-gesteuerte Tools, die aus dem Bereich des people analytic bekannt sind, lassen hier womöglich zusätzliche Schlussfolgerungen zu; ob diese die u.U. aufzubringenden zusätzlichen Ressourcen rechtfertigen, ist unternehmensindividuell zu prüfen.

- **Einsatz von Skills-Datenbanken,** die auf der Basis dieser Informationen automatisch generiert werden oder aber durch die Mitarbeiterinnen und Mitarbeiter selbst gepflegt werden (Hess 2003; Busse 2014). Ziel der automatisierten Skills-Datenbanken, die in anderen Ländern beispielsweise zur automatisierten Zusammenstellung von Teams schon länger diskutiert werden oder sogar schon zum Einsatz kommen, ist letztlich die automatische Generierung qualitativer Informationen zu existierenden Kompetenzen auf der Basis existierender Daten.

- **Aufbau von Expertendatenbanken,** in denen Mitarbeiterinnen und Mitarbeiter ihre Kompetenzen einpflegen. Denkbar ist dies beispielsweise in Verbindung oder nach Abschluss durchgeführter Projekte oder auch unabhängig davon, wenn bestimmte Kompetenzen nachgefragt werden oder aufgebaut wurden.

Die Umsetzung dieser Konzepte ist mit einem zusätzlichen Ressourcenaufwand verbunden, so dass sich möglicherweise gerade in mittelständischen Unternehmen die Frage stellt, ob dieser angemessen ist. Vor diesem Hintergrund macht es vielleicht eher Sinn, zu prüfen, ob existierende Tools derartige Informationen zur Verfügung stellen können. Auch eine Expertendatenbank z. B. in Form eines WIKI's lässt sich mit einem vergleichsweise einfachen Aufwand aufbauen und pflegen.

Allerdings sind all diese Instrumente nicht unkritisch und erfordern über die schon angesprochenen rechtlichen Aspekte hinausgehende flankierende Maßnahmen zur Einführung und Umsetzung. Hierzu zählt zum einen Vertrauen, dass die erhobenen Daten nicht missbräuchlich zur Leistungserfassung verwendet werden. Zum anderen ist Transparenz darüber notwendig, wer welche Informationen für welche Zwecke abruft (Gierlich et al. 2020). Je mehr Vertrauen und Transparenz vorherrschen, desto größer dürfte die Bereitschaft sein, die Informationen zu den eigenen Kompetenzen zur Verfügung zu stellen.

Ergänzend zu den skizzierten technisch unterstützten Methoden sind Mitarbeiterbefragungen denkbar, um zu eruieren, welche der ermittelten strategischen Kompetenzen aus Perspektive der Mitarbeiter aufzubauen sind. Ziel all dieser Maßnahmen ist es letztlich, ausgehend von den strategisch ermittelten Kompetenzen näher zu analysieren, welche Kompetenzen tatsächlich im Unternehmen existieren und wie diese Kompetenzen eingesetzt werden.

4.5.3 Konzepte der Kompetenzentwicklung

Ist als Ziel der ersten beiden Schritte das „Kompetenz-Gap" ermittelt, geht es im nächsten Schritt um den richtigen bzw. passenden Weg zur Erreichung des Zieles – den Prozess der Kompetenzentwicklung. Dieser wird meist mehr oder weniger automatisch mit unternehmensintern gesteuerten Weiterbildungs- und Qualifikationsmaßnahmen in Verbindung gebracht. Dies muss aber nicht zwangsläufig der Fall sein. Im Gegenteil – gerade für mittelständische Unternehmen ist dies oft schwierig realisierbar. Im Vergleich zu großen Unternehmen stehen zumeist weniger finanzielle, personelle und zeitliche Ressourcen zur Verfügung; eine eigene Weiterbildungsabteilung lässt sich oft nur schwer aufbauen und die existierende HR-Abteilung stößt mitunter an ihre Grenzen. Insofern sind mittelständische Unternehmen hier gefordert, kreative Lösungen anzudenken und umzusetzen.

> Prinzipiell denkbar ist die Akquisition neuer Mitarbeiter, die problemorientierte Einbindung externer Kompetenzen, die interne Kompetenzentwicklung sowie die Initiierung von Qualifikations-Kooperationen mit anderen mittelständischen Unternehmen.

1. **Akquisition neuer Mitarbeiter mit den gewünschten Kompetenzen:**

   Typisches Beispiel ist die Etablierung einer Funktion, die sich mit strategischen Fragen der Digitalisierung auseinandersetzt, oder sogar einer ganzen Abteilung, die sich intensiv mit Fragen der Digitalen Transformation des Geschäftsmodells beschäftigt. Derartige Digitalisierungs-Abteilungen agieren zunächst neben dem reinen Tagesgeschäft und können so langfristigere Lösungen erarbeiten.

2. **Einbindung von Freelancern oder Crowd-Workern:**

   Dies macht Sinn, wenn z. B. das Know-how für spezifische Fragestellungen im Unternehmen fehlt, die langfristige Bindung an neue Mitarbeiter jedoch mit einem zu hohen Risiko verbunden ist oder aber auf dem Arbeitsmarkt keine Mitarbeiter mit dem gesuchten Know-how zur Verfügung stehen. Hierdurch lassen sich nicht nur kurzfristige Kompetenzengpässe lösen; durch die intensive Zusammenarbeit mit internen Mitarbeitern kann es zudem zu einem internen Aufbau relevanter Kompetenzen kommen.

Je strategisch wichtiger oder spezifischer die jeweils gesuchten Kompetenzen sind, desto mehr macht es Sinn, diese intern aufzubauen und zu halten. Beispiel ist der Experte in Sensorik, dessen Fähigkeiten zur Erweiterung des physischen Produktes um Sensorik-Elemente erforderlich sind. Oder aber eine Abteilung, deren Aufgabe ist zu prüfen, welche veränderten digitalisierten Problemlösungen entwickelt werden sollten, um zukünftige Kundenprobleme lösen zu können. Um eher den Kompetenzbedarf für kurzfristige Aufgaben decken zu können, erscheint hingegen eine zeitweise Einbindung von Freelancern oder Crowd-Workern sinnvoller. Typisches Beispiel ist hier die Einführung agiler Methoden oder die Einführung digitaler Technologien.

Das Spektrum an Möglichkeiten für den externen Aufbau der erforderlichen Kompetenzen ist groß und gerade mittelständische Unternehmen müssen vor dem Hintergrund ihrer begrenzten Ressourcen einerseits und der strategischen Notwendigkeiten andererseits individuelle Lösungen finden. Allerdings tun sich häufig gerade mittelständische Unternehmen schwer, geeignete externe Fachkräfte zu bekommen, da sie im Vergleich zu Großunternehmen mitunter nicht so attraktiv erscheinen.

3. **Interne Kompetenzentwicklung:**

Insofern kommt der internen Kompetenzentwicklung zukünftig eine entscheidende Rolle beim Aufbau der notwendigen Fähigkeiten zu. Interne Kompetenzentwicklung ist jedoch nicht gleichzusetzen mit dem Ausbau von Weiterbildung in Form von externen Kursen und Seminaren. Denn gerade in mittelständischen Unternehmen fehlen genau hierfür die finanziellen und personellen Ressourcen. Dies gilt insbesondere vor dem Hintergrund, dass jede extern besuchte Weiterbildungsmaßnahme doppelte Kosten verursacht: die Kosten für den Besuch der Maßnahme inkl. Reisekosten wie auch die Kosten durch den Ausfall des Mitarbeiters am Arbeitsplatz. Gerade in Zeiten knapper personeller Ressourcen und eines gut funktionierenden Tagesgeschäfts erscheint dies problematisch.

Gerade für mittelständische Unternehmen ist daher ein Konzept der internen Kompetenzentwicklung erforderlich, das

- sich inhaltlich an den oben skizzierten strategischen Kompetenzfeldern orientiert, um für die zukünftigen Herausforderungen mittelständischer Unternehmen zu befähigen;

- problemorientiert direkt am Arbeitsplatz ansetzt, um einen hohen Wirkungsgrad erreichen zu können;

- modular aufgebaut und flexibel erweitert werden kann, um der technischen und wirtschaftlichen Dynamik gerecht werden zu können;

- sich mit geringem Ressourcenaufwand entwickeln und pflegen lässt, um in mittelständischen Unternehmen eingesetzt werden zu können.

Denkbar ist die Etablierung eines Learning-Ökosystems bzw. einer Learning-Plattform, über die jeder Mitarbeiter direkt vom Arbeitsplatz bzw. im jeweiligen Arbeitskontext Zugriff auf drei Bereiche hat:

- Vermittlung von **Wissen** in den unternehmensspezifisch als relevant definierten Kompetenzfeldern als Basis

- Ermöglichung von **praktischen Übungen** in den jeweiligen Bereichen zur Vertiefung der Kenntnisse

- Zugriff auf **Expertise** bei Bedarf und zum vertieften Austausch.

Problem- und arbeitsplatzbezogen kann sich jeder eigenverantwortlich diejenigen Kompetenzen aneignen bzw. durch Übungen vertiefen, die zur Lösung des jeweiligen Problems gerade beitragen können. Gleichzeitig lassen sich durch den Zugriff auf Expertise oder durch die Initiierung von internen Formaten zum Austausch unter bzw. mit Experten übergreifende Fragen diskutieren und diesbezügliche Kompetenzen entwickeln und vertiefen.

Ein derartiges Konzept lässt sich komplett neu aufbauen, indem ausgehend von den oben skizzierten Kompetenzfeldern gezielt Inhalte, Übungen und Experten gesucht und entsprechend aufbereitet werden. Oder aber es lässt sich virtuell in Form einer Plattform organisieren. Diese Plattform erlaubt dem Nutzer den direkten Zugriff auf existierende Materialien, Übungskonzepte und intern verfügbare Experten, die nach den relevanten Kompetenzen oder bestimmten Kriterien entsprechend aufbereitet und zur Verfügung gestellt werden. Im Vergleich zum gänzlich neuen Aufbau einer derartigen Plattform sind dann weniger Ressourcen erforderlich und es lässt sich schneller realisieren. Bild 4.7 zeigt das Konzept eines hybriden Learning-Ökosystems, das den Zugriff auf externe Materialien und intern verfügbare Inhalte zulässt.

Bild 4.7 Hybrides Learning-Ökosystem

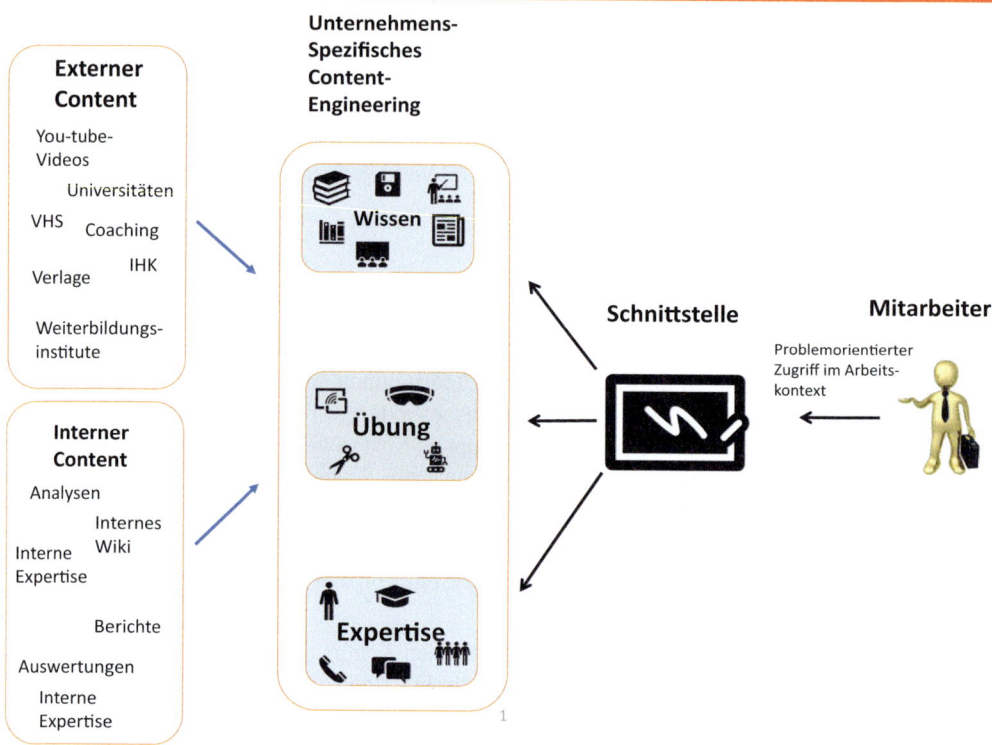

Jeder der drei Bereiche lässt sich nun unternehmensindividuell und in Abhängigkeit der gewünschten Kompetenzen modulartig mit unterschiedlichen Materialien füllen:

- **Wissen**

  Ziel ist, Materialien zur Verfügung zu stellen, die existierendes Wissen in Form von Konzepten, Ansätzen, Zusammenhängen etc. aufzeigen. Im Einzelnen kann es sich dabei um online oder offline zugängliche Dokumentationen, Bücher, Skripte, Schulungsunterlagen, Podcasts, interne oder externe Wiki-Einträge, Erfahrungsberichte oder aber auch um den Zugriff auf Weiterbildungsmaßnahmen, Seminare oder Online-Kurse handeln, wie sie beispielsweise auf Coursera-Plattformen zur Verfügung stehen oder von berufsbegleitenden Weiterbildungsinstituten angeboten werden. Die Herausforderung besteht hier zum einen darin, internes und externes Material auf Relevanz zu prüfen und den Zugang dazu zu ermöglichen; zum anderen darin, die Nutzer zu motivieren, dieses Material individuell zu ergänzen. Gelingt dies, kann so eine erweiterte Wissens-Datenbank als Basis für eine Kompetenzentwicklung ein lebendes und sich ständig weiterentwickelndes Konzept sein.

- **Übung**

  Ziel ist, den Mitarbeitern Raum für Praxis und Üben zu gewähren. Konkret kann dies durch gezieltes Online-Training, aber auch den Einsatz von VR-Brillen, Videos oder Gaming erfolgen, mit denen bestimmte Prozesse oder Anwendungen schrittweise erlernt und spielerisch geübt werden können. Denkbar sind aber darüber hinaus auch Konzepte wie die Installation einer Lernfabrik. Hier wird ein realer Produktions- oder Wertschöpfungsprozess abgebildet, anhand dessen der Lerner in die zukünftig relevanten Tätigkeiten eingewiesen wird bzw. diese üben kann. Der hiermit verbundene Aufwand spricht gerade in mittelständischen Unternehmen sicherlich zunächst gegen dieses Konzept. Die Idee lässt sich jedoch auch mit einem vergleichsweise geringen Aufwand realisieren. Konkretes Beispiel ist die Bereitstellung eines Mini-Roboters, anhand dessen die Anwendung und Arbeitsweise des sich in der Produktion befindenden realen Roboters geübt werden können.

- **Zugriff auf Expertise**

  Ziel ist, sich bei Bedarf von ausgewiesenen Experten Rat holen zu können oder sich über bestimmte Themen intensiv austauschen zu können, um dabei Kompetenzen aufzubauen. Zu denken ist hier zunächst an die Etablierung einer Experten-Datenbank, die Transparenz über die existierende Expertise im Unternehmen herstellt. Konkretisieren lässt sich dies beispielsweise durch die Installierung eines Shopfloor-Managements (Peters 2009). Dieses Konzept wird v. a. im Produktionsbereich eingesetzt. Idee ist, sämtliche arbeitsplatzspezifischen Informationen so verfügbar zu machen, dass sich jeder einen schnellen Überblick über Aufgaben, Abläufe und Ziele der Teams verschaffen kann und dass auf dieser Basis gemeinsam überlegt werden kann, wie sich die Prozesse verbessern lassen. Darüber hinaus lässt sich das Konzept auch als Lerninstrument einsetzen. Zum einen erhalten die Beteiligten quasi automatisch die Chance, sich ständig zu verbessern und durch den Austausch ihre jeweiligen Kompetenzen weiter zu entwickeln. Zum anderen lassen sich gezielt weitere Personen hinzuziehen, um ihre Fähigkeiten in den betrachteten Feldern erweitern zu können. Denkbar ist auch die Einrichtung von Austausch-Plattformen zu strategisch relevanten Themen. Das grundsätzliche Prinzip des Shopfloor-Managements, sich über bestimmte Themen intensiv auszutauschen und dabei Kompetenzen zu erweitern, lässt sich auch auf andere Inhalte und Bereiche übertragen. Dies gilt insbesondere dann, wenn der personelle bzw. finanzielle Aufwand für die Installierung einer größeren Lernplattform schwierig zu realisieren ist. Hier helfen kreative Formate wie die Planung eines wöchentlichen Wissens- und Erfahrungsaustauschs beim Lunch oder zu bestimmten Uhrzeiten. Denkbar ist auch, dass sich einzelne Mitarbeiter sehr intensiv mit einem Thema auseinandersetzen und hierzu dann ein Kurz-Seminar halten. Vorstellbar ist auch, das Konzept der „Clubhouse-App" auf Unternehmen anzuwenden, indem Mitarbeiter, die in bestimmten Themen Expertise aufgebaut haben, hierzu Talks und „Clubräume" eröffnen. In kurzen Vorträgen und Diskussionen lässt sich hier gezielt Wissen austauschen und Kompetenzen aufbauen.

Sicherlich lassen sich zu allen drei Feldern – Wissen, Übung und Zugriff auf Expertise – weitere kreative Formate und Ideen finden. Gleichzeitig lässt so ein offenes Konzept die modulartige Integration weiterer Inhalte zu. Wichtig ist auf der Seite des Zugriffs, dass jeder problembezogen seine individuellen Kompetenzen erweitern kann; gleichzeitig auf der Seite des Angebots jeweils eine kritische inhaltliche Prüfung vor dem Hintergrund der Ziele und der unternehmensspezifisch konkretisierten Kompetenzfelder erfolgt.

4. **Kooperationen mit anderen mittelständischen Unternehmen:**

   Die zugrunde liegenden Herausforderungen, Besonderheiten und Anforderungen an die strategische Kompetenzentwicklung sind für viele mittelständische Unternehmen ähnlich. Vor diesem Hintergrund macht es Sinn, über Kooperationen zur Unterstützung der Kompetenzentwicklung nachzudenken. Diese Kooperationen könnten sich beispielsweise auf die Bereitstellung oder die Ausarbeitung von Wissensmodulen, die Initiierung von Möglichkeiten zum Üben oder aber auch den Austausch von Expertenwissen beziehen. Denkbar wäre z. B. die Initiierung eines unternehmensübergreifenden Shopfloor-Managements, um unternehmensübergreifende Lern- und Erfahrungsaustauschprozesse zu installieren. Auch das oben skizzierte Konzept einer Lernfabrik ließe sich durch mehrere Unternehmen vielleicht eher realisieren als durch jedes Unternehmen alleine. Der Gedanke einer stärkeren Kooperation könnte sich auch in anderen Bereichen als sinnvoll erweisen. Konkretes Beispiel ist die gemeinsame Ausbildung von Lehrlingen.

> Zusammenfassend lässt sich erkennen: Die digitale Dynamik erhöht nicht nur die Herausforderungen für und die Anforderungen an mittelständische Unternehmen; sie eröffnet auch eine Vielzahl von Möglichkeiten des Zugriffs zu digitalen und analogen Formaten der externen und internen Kompetenzentwicklung und damit kreative Gestaltungspotenziale für die unternehmensspezifische und kompetenzbezogene Verknüpfung.

4.5.4 Flankierende Maßnahmen als Stellschrauben

Wie in Bild 4.2 gezeigt, reicht es nicht, den Kompetenz-Gap zu erkennen und zur Deckung ein ganzheitliches Kompetenzmanagement zu initiieren. Notwendig sind zusätzliche flankierende Maßnahmen. Dies ist insbesondere dann der Fall, wenn die interne Kompetenzentwicklung zukünftig primär – wie oben skizziert – in den Arbeitsprozess integriert und der Aufbau von Kompetenzen als Teil des Arbeitsprozesses definiert wird. Insbesondere vier Stellschrauben erscheinen hier relevant (MÜNCHNER KREIS e. V. 2020):

1. **Person des Mitarbeiters: Eigenverantwortung**

   Die Initiierung einer unternehmensinternen Kompetenzentwicklung wie oben skizziert setzt eigenverantwortliches Agieren seitens der Mitarbeiter voraus. Problemorientiert kann und sollte jeder selbst entscheiden, wann der Zugriff auf Wissen, Üben oder Expertise erforderlich ist. Eine wichtige Voraussetzung ist somit die Stärkung von Eigenverantwortung jedes Einzelnen, um für den selbstverantwortlichen Kompetenzerwerb befähigt zu werden. Eng hiermit verbunden ist zudem Motivation. Jeder muss motiviert sein bzw. werden, um sich bei Bedarf selbstständig um den Erwerb erforderlicher Kompetenzen zu kümmern. Unterstützt werden kann diese Motivation durch entsprechende Anreize; aber auch besonders durch die Führungskräfte.

2. **Führungskräfte: Empowerment und Vertrauen**

   Damit Mitarbeiter im Arbeitskontext eigenverantwortlich agieren können, sind Führungs- und Organisationsstrukturen notwendig, die dies auch zulassen. Dies ist in historisch gewachsenen industriell geprägten mittelständischen Strukturen mit hierarchischen Führungsstrukturen oft nicht automatisch der Fall. Die Konzentration auf das Tagesgeschäft sowie ein herkömmliches, eher direkt kontrollierendes und steuerndes Führungsverständnis führen oft zudem zu einer zeitlichen Eingebundenheit, die kaum Raum für die Förderung der Kompetenzentwicklung am Arbeitsplatz zulässt. Insofern liegt für mittelständische Unternehmen eine wichtige Stellschraube darin, indirekte Führungsinstrumente zu etablieren, die motivieren und eigenverantwortliches Handeln und Entscheiden unterstützen. Zu ihnen zählen v. a. Empowerment, Wertschätzung, offene Kommunikation sowie der Aufbau von Vertrauen.

   Eine wichtige Rolle kommt hier zunächst dem Empowerment zu (Boes et al. 2020). Es umfasst Maßnahmen, die die Autonomie und Mitbestimmungsmöglichkeiten von Mitarbeitern am Arbeitsplatz erweitern. Ziel ist letztlich, Entscheidungsbefugnisse und Verantwortung an Mitarbeiter weiterzugeben, so dass diese ihren Arbeits- und Lernprozess weitgehend selbst gestalten und verbessern können. Voraussetzung hierfür ist, dass sie Zugriff auf die über sie erhobenen Leistungsdaten erhalten. Ist dies der Fall, sind sie in der Lage, zu erkennen, wie sie ihre Arbeitsprozesse verbessern können und welche Kompetenzen sie hierfür benötigen.

   Unterstützt werden kann dies durch den gezielten Aufbau von Vertrauen. Je mehr Vertrauen in die eigenverantwortlichen Fähigkeiten des Mitarbeiters existiert, desto motivierender wirkt dies wiederum für die Mitarbeiter. Aus Sicht der Führungskräfte können Empowerment zu eigenverantwortlichem Entscheiden und der Aufbau einer Vertrauenskultur letztlich die Komplexität der Führungsaufgaben reduzieren. Voraussetzung ist ein Umdenken seitens der Führungskräfte. An die Stelle direkter Führung mit einem umfassenden Kontrollverständnis tritt indirekte Führung, die eigenverantwortliches Handeln wertschätzt und zulässt.

3. Organisation: lernförderliche Strukturen

Starre und hierarchische Strukturen gelten nicht unbedingt als förderlich für eigenverantwortliches Agieren und Lernen. Dies gilt umso mehr, wenn klassische Organisationsstrukturen von einer strikten Trennung von Arbeitsprozess und Weiterbildungsmaßnahme ausgehen. Ersteres findet vor Ort statt und Letzteres oft außerhalb des Unternehmens. Je mehr beides integriert verstanden wird und je mehr der Prozess der Kompetenzentwicklung als fester Bestandteil des Arbeitsprozesses gesehen wird, desto wichtiger wird die Anpassung der Organisationsstrukturen. Ziel ist die Gestaltung lern- und experimentierfreudiger Organisationsstrukturen als weitere Stellschraube. Dies erfordert den Abbau von Bürokratie und klassischen hierarchischen Strukturen sowie eine stärkere Demokratisierung. An die Stelle des Denkens in Silos und klassischen Funktionen sollte Raum für Vernetzung und Austausch treten; an die Stelle klassischer detaillierter Stellenbeschreibungen könnten Kompetenz- und Zielbeschreibungen treten, die Raum für die gewünschte Kompetenzentwicklung öffnen.

4. Unternehmenskultur: Lern- und Innovationskultur

Eng mit Führung und Organisation verbunden ist die jeweilige vorherrschende Unternehmenskultur. Prinzipiell lässt sie sich als eine stabilisierende Komponente verstehen, da sie die Grundsätze und die Art des Zusammenagierens in Unternehmen widerspiegelt. Den Prozess der Kompetenzentwicklung kann sie aktiv durch die Gestaltung lernfördernder Werte unterstützen. Hierzu zählt insbesondere ein im Unternehmen etabliertes und gelebtes Verständnis, das Lernen und Kompetenzentwicklung als wichtiges, integratives Element des Arbeitsprozesses sieht. Hierzu gehört die Initiierung und Förderung einer Experimentier-, Irrtum- und Feedbackkultur. Hierzu gehört aber auch das gelebte Verständnis, dass unternehmensspezifisches Wissen und Expertise keine individuellen Wettbewerbsvorteile darstellen, sondern es letztlich darum geht, gemeinsam die verfolgten Ziele zu erreichen. Die Veränderung der Unternehmenskultur ist schwierig. Konkrete Ansatzpunkte sind die Formulierung eines Leitbildes, das eigenverantwortliche Kompetenzentwicklung als wichtigen Bestandteil des Arbeitsprozesses definiert, oder auch die Etablierung entsprechender Verhaltensweisen und Routinen für ein Lern-Arbeits-Leben, das durch Vorleben in der Kultur verankert wird.

5. HR-Funktion: People Strategy als neue Aufgabe

Als weitere wichtige Stellschraube ist schließlich die HR-Funktion zu sehen. Sie sollte sich als Treiber und Enabler der Kompetenzentwicklung im Unternehmen weiterentwickeln und ihre grundlegende Ausrichtung dahingehend neu definieren. Dies ist gerade in mittelständischen Unternehmen oft nicht einfach. So fehlen zum einen häufig die hierfür erforderlichen personellen und finanziellen Ressourcen; zum anderen steht oft die klassische Rolle der HR als Personalverwaltung dieser Neuausrichtung entgegen. Hilfreich erscheint hier eine stärkere Differenzierung in klassische Verwaltungsaufgaben sowie deren Abwicklung durch digitale Tools oder Anwendungen, um zeitliche Freiräume zu eröffnen für die strategisch wichtigen Aufgaben des Kompetenzmanagements. Zu ihnen zählen neben der Initiierung und Weiterentwicklung einer (virtuellen) Lernplattform wie oben gezeigt auch die Entwicklung individueller Lernpfade sowie flankierend die Anpassung von Incentivierungssystemen, um das Lernen und die persönliche Weiterentwicklung zu belohnen.

4.6 Ziel: zukunftsorientierte Weiterentwicklung

Ziel eines ganzheitlichen Kompetenzmanagements mittelständischer Unternehmen ist die Analyse zukünftig relevanter Kompetenzen und die Initiierung geeigneter Maßnahmen zu ihrer Entwicklung. Dies ist kein statischer Prozess, sondern vielmehr ein Prozess, der sich jeweils dynamisch an die jetzigen und zukünftig zu erwartenden Gegebenheiten der Unternehmen anpassen sollte. Prinzipiell betrifft dies alle drei hier beschriebenen Schritte. So sollte immer wieder auch auf der Basis geeigneter KPI's geprüft werden, ob die Maßnahmen der Kompetenzentwicklung erfolgreich sind und die erforderlichen Kompetenzen aufgebaut werden können. Durch die flexible und modulartige Bereitstellung der Inhalte lässt sich das hybride Learning-Ökosystem unternehmensspezifisch weiterentwickeln. Eine wichtige Rolle spielen hierbei die Mitarbeiter und Mitarbeiterinnen, deren Motivation zur Nutzung und zur kontinuierlichen Verbesserung und Weiterentwicklung ein wesentlicher Erfolgsfaktor ist.

Entscheidend ist zudem, die strategische Kompetenz-Analyse kontinuierlich weiterzuführen. Gerade vor dem Hintergrund der technologischen Dynamik ändern sich die Anforderungen an Qualifikationen und Kompetenzen in einer Weise und Schnelligkeit, die historisch betrachtet neu sind. So wie früher kaum berufliche Tätigkeiten wie Social Media Manager, Web-Designer oder Data Analyst als zukünftig relevant eingestuft wurden, lässt sich heute kaum abschätzen, welche beruflichen Tätigkeiten in 10 oder 15 Jahren wichtig werden. Dies betrifft insbesondere berufliche Tätigkeiten im Kontext der Künstlichen Intelligenz. So geht lt. der MÜNCHNER KREIS e. V. Zukunftsstudie VIII (MÜNCHNER KREIS e. V. 2020b) ein Großteil der Befragten davon aus, dass in einem überwiegenden Teil aller Arbeitssituationen der Mensch ohne den Einsatz von KI-Systemen nicht mehr arbeitsfähig ist. Dies ist unabhängig von der Unternehmensgröße zu verstehen und betrifft damit auch mehr und mehr mittelständische Unternehmen. Je mehr Technologien und Anwendungen der Künstlichen Intelligenz den beruflichen Alltag prägen, desto wichtiger werden hierfür erforderliche Kompetenzen (Neuburger; Fiedler 2020). Denn Technologien und Anwendungen der Künstlichen Intelligenz stellen ein neues Element in der Arbeitswelt dar, mit dem Menschen in unterschiedlichen Formen zukünftig zusammenarbeiten. Sie programmieren und entwickeln sie, wenden sie an und trainieren sie. Dies erfordert insbesondere Mensch-Maschine-Interaktionsfähigkeiten, die für die veränderte Arbeitsteilung zwischen Mensch und Maschine befähigen. So ist davon auszugehen, dass Systeme der Künstlichen Intelligenz mehr und mehr plan- und vorhersehbare Aufgaben mit hoher Datenkomplexität übernehmen und Menschen zukünftig mehr und mehr ihre Stärke in der Bewältigung von eher weniger strukturierten und vorhersehbaren Aufgaben mit hoher Umwelt- und Kontextkomplexität haben, so dass personelle und soziale wie strategie- und lösungsorientierte Fähigkeiten immer wichtiger werden (Neuburger; Fiedler 2020). Dass Unternehmen diese menschlichen Kompetenzen in der Interaktion zwischen Menschen und Maschinen zukünftig in den Vordergrund stellen und diese Kompetenzen kontinuierlich weiterentwickeln, zeigen auch die Ergebnisse in der MÜNCHNER KREIS e. V. Zukunftsstudie VIII (MÜNCHNER KREIS e. V. 2020b). Gut 75 % der Befragten gehen davon aus, dass dies schon in den nächsten 15 Jahren der Fall sein wird; während nur 5 % der Meinung sind, dass diese These nie eintreten wird. Umso wichtiger wird es somit, sich darauf vorzubereiten und die für das Zusammenagieren mit Künstlicher Intelligenz relevanten Kompetenzen sowohl bei der Analyse der zukünftigen Kompetenzen als auch bei der Kompetenzentwicklung im Blick zu haben.

Literatur

Brandenburger, A. M.; Nalebuff, B. J.: Co-Opetition. Random House, New York 1997

Carretero, St.; Vuorikaro, R.; Punie, Y.: DigComp 2.1: The Digital Competence Framework for Citizens with eight proficiency levels and examples of use; *https://ec.europa.eu/jrc/en/publication/eur-scientific-and-technical-research-reports/digcomp-21-digital-competence-framework-citizens-eight-proficiency-levels-and-examples-use* (Zugriff: Januar 2021)

Becker, W.: Geschäftsmodelle im Mittelstand. Bamberger Betriebswirtschaftliche Beiträge, Bamberg 2011

Boes, A.; Gül, K.; Kämpf, T.; Lühr, Th.: Empowerment in der agilen Arbeitswelt – Analysen, Handlungsorientierungen und Erfolgsfaktoren. Haufe, Freiburg u. a.

Busse, G.: Trendbericht Skill-Datenbanken. 2014, *https://www.boeckler.de/pdf/mbf_bvd_hintergrund_skilldatenbanken.pdf* (Zugriff: Dezember 2020)

Deloitte: Digitalisierung im Mittelstand. 2013, *http://www.forschungsnetzwerk.at/downloadpub/Digitalisierung-im-Mittelstand.pdf* (Zugriff: Juni 2019)

Gierlich, M.; Hess, T.; Neuburger, R.: More self-organization, more control – or even both? Inverse transparency as a new digital leadership concept. In: Business Research, 13 (2020), *https://link.springer.com/article/10.1007/s40685-020-00130-0* (Zugriff Januar 2021) fiedler

Hess, K.: Im Blickpunkt: Skill-Datenbanken. In: Computer-Fachwissen 7-8 (2003), *http://www.nim-online.de/downloads/service_literatur/cf7-8hess.pdf* (Zugriff: Dezember 2019)

Kirchher, J.; Klier, J.; Lehmann-Brauns, C.; Winde, M.: Future Skills: Welche Kompetenzen in Deutschland fehlen. Hrsg.: Stifterverband/McKinsey, *https://www.future-skills.net/* (Zugriff: Dezember 2019)

Kunze, F.: Digital Fluency als zentrale Mitarbeiterkompetenz fördern. *https://www.humanresourcesmanager.de/news/digital-fluency-als-zentrale-mitarbeiterkompetenz-foerdern.html.* (Zugriff: August 2018)

Noll, E.; Zisler, K.; Neuburger, R.; Eberspächer, J.; Dowling, M.: Neue Produkte in der digitalen Welt. BoD, 2016

McKinsey Global Institute: Skill Shift –Automation and the Future of the Workforce. 2018, *https://www.mckinsey.de/~/media/McKinsey/Locations/Europe%20and%20Middle%20East/Deutschland/News/Presse/2018/2018-05-24/Studienreport_MGI_Skill%20Shift_Automation%20and%20future%20of%20the%20workforce_May%202018.pdf*

MiT C. for D. B.; Capgemini Consulting: Digital Transformation: A roadmap for billion dollar organizations. *https://www.capgemini.com/resources/digital-transformation-a-roadmap-for-billiondollar-organizations/* (Zugriff: Dezember 2020)

MÜNCHNER KREIS e. V.: Kompetenzentwicklung für und in der digitalen Arbeitswelt – Positionspapier 2020 des MÜNCHNER-KREIS-Arbeitskreises „Arbeit in der digitalen Welt", 2020a, *https://www.muenchner-kreis.de/download/MUENCHNER-KREIS-Kompetenzpapier.pdf* (Zugriff: Dezember 2020)

MÜNCHNER KREIS e. V.: Leben, Arbeit, Bildung 2035+. Durch Künstliche Intelligenz beeinflusste Veränderungen in zentralen Lebensbereichen. Zukunftsstudie Band VIII, 2020b, *https://www.muenchner-kreis.de/fileadmin/dokumente/_pdf/Zukunftsstudien/2020_Zukunftsstudie_MK_Band_VIII_Publikation.pdf* (Zugriff: Januar 2021)

Neuburger R.; Fiedler, M.: Zukunft der Arbeit – Implikationen und Herausforderungen durch autonome Informationssysteme. In: ZfbF, Jg. 72, H. 3, S. 343-369, *https://doi.org/10.1007/s41471-020-00097-y* (Zugriff: Dezember 2020)

Neuburger, R.; Czichos, R.; Hofmann, W.: Motivierte und qualifizierte MitarbeiterInnen als kritischer Erfolgsfaktor. Working-Paper im Rahmen des transdisziplinären Projektes DiDaT, 2020a, *http://www.didat.eu/files/pdf/vernehm/WBK03/SI3_6_Mitarbeiter-Qualifikation.pdf* (Zugriff: Januar 2021)

Neuburger, R.; Czichos, R.; Huhle, H.; Schauf, Th.; Goll, F.; Hofmann, W.; Knienieder, G.; Missler-Behr, M.; Probst, L.; Reichel, A.; Steiner, G.; Scholz, R.: Risiken und Anpassungen von KMU in der Digitalen Transformation. Weißbuch im Rahmen des transdisziplinären Projektes DiDaT, 2020b, *http://www.didat.eu/files/pdf/vernehm/WBK03/WBK_VR03_KMU_V021.pdf* (Zugriff: Januar 2021)

Peters, R.: Shopfloor-Management. Führen am Ort der Wertschöpfung. LOG_X, Stuttgart 2009

Picot, A.: Der Wandel der Arbeitswelt und der Aus- und Weiterbildung. Vortrag im Rahmen von open. acatech – Industrie 4.0. Potsdam 2015

Picot, A.; Berchtold, Y.; Defort, A.; Neuburger, R.: Big Data und der deutsche Mittelstand. Internes Gutachten im Rahmen von ABIA – Assessing Big Data, 2019

Picot, A.; Reichwald, R.; Wigand, R. T.; Möslein, K. M.; Neuburger, R.; Neyer, A.-K.: Die grenzenlose Unternehmung – Information, Organisation und Führung. 6. Aufl., Springer, Wiesbaden 2020

World Economic Forum: The future of jobs report 2018. Insight report. World Economic Forum, Köln, Genf, von *https://www.weforum.org/reports/the-future-of-jobs-report-2018* (Zugriff: Juni 2020)

Digitales Lernen für Shopfloor-Mitarbeiter im Mittelstand

Wolfgang Gallenberger

5.1 Ausgangslage im Beispielunternehmen

Auch im Maschinenbau sind digitale Features am eigenen Endprodukt heute ein wichtiges Merkmal der Differenzierung am Markt. Schon früh hat sich daher das Management der Maschinenfabrik Reinhausen mit den Möglichkeiten der Digitalisierung rings um das eigene Produkt, nämlich Laststufenschalter für Leistungstransformatoren, beschäftigt. Entsprechende interne Studien gehen von Steigerungspotenzialen beim Kundennutzen durch Digitalisierung des Nischenprodukts aus. Nur mittels Digitalisierung der Energienetze könnten die Ziele der Energiewende erstens überhaupt und zweitens in der politisch angestrebten Zeit erreicht werden. Die daraus entwickelte Strategie sieht vor, diese den Kunden nicht nur bei einem Austausch der sehr langlebigen Infrastruktur der Energieversorger anzubieten (MR Produkte haben eine enorm lange Betriebsdauer), sondern den Energieversorgern insbesondere auch eine Nachrüstung der bestehenden Infrastruktur mit digitaler Technik anbieten zu können.

Maschinenfabrik Reinhausen GmbH (MR)

Mittelständisches Unternehmen, 3600 Mitarbeiter, 70 % davon in Deutschland, Hidden Champion, Weltmarktführer in Nischenbereichen der Energietechnik, ein großer Teil des weltweiten Stromverbrauchs fließt über MR-Produkte. Im Jahre 2013 gewann die Maschinenfabrik Reinhausen den Industrie 4.0-Award für die Entwicklung und Einführung eines Systems zur Vernetzung von Logistik- und Fertigungsdaten, das seither auch unter dem Label ValueFacturing® extern vermarktet wird. Die Energiebranche zählt eher zu den „Late Adoptern", die in Bezug auf die Durchsetzung von innovativen Lösungen insbesondere kundenseitig als „always behind" gilt. Die Produkte der MR sind langlebig: 80 % von ihnen sind bis heute in Betrieb, der älteste Laststufenschalter z. B. seit 1950.

Im Herbst 2019, als der Autor die Verantwortung für die Personalentwicklung in diesem Unternehmen übernahm, waren viele der dafür nötigen Produkte bereits marktreif und bei Pilotkunden implementiert.

Die rund 3500 Mitarbeiter der Reinhausen Gruppe weltweit hatten vielfach davon gehört, konnten aber nach eigener Einschätzung nicht so richtig glauben, dass der eher konservative Energiemarkt nach Büchern wie „Black out" – eines der Vorzeigebeispiele für „kritische Infrastruktur" – sich für Produkte interessieren würde, die mit Digitalisierung einhergehen. In diese Zeit fiel auch eine Erhebung zum betrieblichen Weiterbildungsbedarf bei den Führungskräften: immerhin 50 % des von den Führungskräften genannten Weiterbildungsbedarfs der Mitarbeiter betraf Digitalisierungsthemen. Etwa zur Hälfte ging es dabei um Themen, die durch die neuen digitalen Features im Produktportfolio erstmalig auf die Mitarbeiter zukamen. Zur anderen Hälfte ging es darum, wie man durch die Verwendung digitaler Tools (z. B. die Apps von MS Office 365) das eigene Arbeiten optimieren könnte. Das betraf überwiegend Mitarbeiter mit ohnehin vorhandenem PC-Arbeitsplatz. Dabei handelte es sich aber nicht nur um Büroarbeitsplätze. Dem Leiter der Montage ging es z. B. in hohem Maße darum, dass die Mitarbeiter an Arbeitsplätzen die z. B. qualitätsrelevante Daten erfassen, diese unmittelbar und selbst am Arbeitsplatz z. B. mittels Tabellenkalkulation auch aufbereiten und auswerten können.

Das Projekt iN4.0RM

Für das Jahr 2020 kam es in dem ohnehin weiterbildungsaktiven Unternehmen zu einer tariflichen Arbeitgeber-Zusage für die knapp 1750 Mitarbeiter der personalstärksten deutschen Gesellschaft: Die Mitarbeiter sollten durchschnittlich mindestens drei Tage lang qualifiziert werden, um sie noch besser auf die Zukunft im Unternehmen vorzubereiten. Ein solches betriebliches Qualifizierungsversprechen verlangt nach „voluminösen" Angeboten, die einerseits den betrieblichen Bedarf treffen und andererseits Akzeptanz bei vielen Mitarbeitern finden. So entstand die Idee, eine Art Basisangebot im Bereich digitaler Kompetenzen für alle Mitarbeiter zu entwickeln, also auch für die Mitarbeiter in Logistik, Fertigung und Montage, die über keinen (festen) PC-Arbeitsplatz verfügen und bislang nicht über ein persönliches Login, sondern eine Gruppenkennung ins Unternehmensnetzwerk kommen. Eine solche Gruppe existiert fast in jedem Produktionsunternehmen und gerät bei Digitalisierungsprojekten leicht aus dem Blick. Sie erfährt über die Projekte der Unternehmensleitung oft in der örtlichen Presse (oder internen Mitarbeiterzeitschriften) oder ebenfalls analog über den immer noch üblichen Aushang am schwarzen Brett. Sie bleibt vom digitalen (aus-)probieren und selbst-betroffen-sein meist ausgeschlossen. Aber das sollte diesmal anders sein, weil offensichtlich war, dass Digitalisierung gerade auch die Arbeitsplätze dieser Gruppe verändern wird und gerade deshalb ihr Interesse an Digitalisierung sowie ihre Lern- und Veränderungsmotivation mehr denn je geweckt werden muss.

Motivation der Führungskräfte: Obwohl viele dieser Führungskräfte den Markterfolg der neuen Produkte damals noch anzweifelten, hatten sie an der Pilotlinie schon gesehen, dass sie nicht mehr ohne weiteres jeden Mitarbeiter einsetzen konnten, sondern eher diejenigen, die mehr Kenntnisse in Elektronik und Mechatronik mitbrachten, als die vielen im eigenen Hause gut ausgebildeten Metallfacharbeiter. Zwei Beispiele: Datenleitungen erfordern andere Handgriffe beim Verdrahten als Kupferkabel und bis hin zum Qualitätscheck und der Fehlersuche ist, selbst wenn diese schon zuvor softwaregestützt war, alles anders als zuvor.

Es war also das Ziel ein Bildungsprojekt zu starten, das alle gleichermaßen anspricht – vom Bestandskunden(-geschäft)-orientierten Vertriebsmitarbeiter bis zum Produktionsmitarbeiter. Darin sollte möglichst allgemeinverständlich über die Chancen der Digitalisierung (am Produkt sowie im Produktionsprozess) informiert und die darauf bezogene Strategie des Unternehmens allen Mitarbeitern gut erklärt werden. Dies hatte man 2019 auf einer der größten regelmäßigen Events des Energiemarkts schon gegenüber Kunden getan. Das entsprechende Event fand in Honkong statt und nannte sich TRANSFORM. Dafür hatte MR eigens ein Mock-up „TRANSFORMER 2020 Evolution" entwickelt. An diesem wurde veranschaulicht, welche vielfältigen (Kosten-)Vorteile für Energiefluss- und Wartungsmanagement sich für die Energieversorger aus der von MR entwickelten Produktlinie ETOS (Embedded Transformer Operating System) ergeben können. Nach der Veranstaltung wurde das Mock-up bei MR in Regensburg in einem Showroom wieder aufgebaut. Der Plan war, daran nun auch den Mitarbeitern zu zeigen, welchen Beitrag das Unternehmen zum Gelingen der Energiewende leisten kann. Damit die Mitarbeiter sehen, wie ernst es dem Unternehmen mit der Digitalisierung für alle ist, sollten sie auf digitalem Wege mittels E-Learning auf den Besuch im Showroom vorbereitet werden und damit eine Eintrittskarte erwerben.

Bislang waren die E-Learnings – wie in vielen Unternehmen – nur den White-Collar-Mitarbeitern vorbehalten. Zudem bekam jeder nur die Angebote zu sehen, die für ihn vorgesehen waren.

Der Plan war, mit einem vorbereitenden allgemeinverständlichen E-Learning jedem Mitarbeiter grundlegende Begriffe der Digitalisierung, soweit sie für Prozesse oder Produkte der MR relevant sind, als gemeinsame Grundlage für den späteren Showroom-Besuch zu vermitteln. Damals wusste noch keiner, dass wir auf ein Jahr mit wenigen Möglichkeiten zum Präsenzlernen zusteuerten. Der Showroom-Besuch sollte eine Art „TRANSFORM"-Erlebnis für Mitarbeiter werden, auf dem über die wesentlichen Prinzipen von „Industrie 4.0" informiert wird. Eine Verschmelzung der beiden Begriffe, brachte uns zunächst auf „inFORM" und später auf die Schreibweise „iN4.0RM" [sprich: inform].

5.2 Mitarbeiter ohne Systemzugang vs. systemseitige Anforderungen für die Distribution von E-Learnings

Selbst in einem Unternehmen wie der MR, das den ersten Industrie 4.0-Innovationspreis erhielt, hat nicht zwangsläufig jeder Mitarbeiter ein persönliches Login. Inselsysteme lassen sich leicht mit einem einheitlichen Passwort starten, selbst das allmächtig erscheinende ERP-System SAP lässt sich lizenzsparend mit Gruppenlogins nutzen. Wenn eine ganze Gruppe mit demselben Login arbeitet, braucht es zudem keine weiteren Kommunikationssysteme für die Produktion, weil die gemeinsame Datenbasis immer im System gepflegt wird. Wenn diese Datenbasis einsehbar und ggf. auch veränderbar ist, sie also aktiv von den Prozessbeteiligten verwendet wird, ist damit nicht nur zeitgleich die Dokumentation (z. B. für KPIs) erledigt, sondern auch die für die nächste Schicht. Individuelle Nachverfolgbarkeit und sehr hohe IT-Sicherheitshürden sind so allerdings nicht machbar.

Es ist sehr viel effizienter, weder eine SAP- noch eine Microsoft-Lizenz (oder eben die von Wettbewerbern) für alle Mitarbeiter bereitzustellen, sondern mit weniger auszukommen. Aber dafür gibt es auch keine digitale Identität und keine Identifizierungsmöglichkeit aller Mitarbeiter im System. Das hat Folgen: es kann dadurch kein individuelles Surfprofil geben aber vor allem auch kein Postfach für persönliche Nachrichten (Gehaltsnachweis, Zertifikate, persönliche Informationen) und natürlich gibt es auch keinen Kalender für Besprechungen oder Weiterbildungseinladungen. Keine Sorge, vieles funktioniert dennoch gut, aber es sind Workarounds und zahlreiche manuelle, persönliche Prozesse erforderlich.

Besonders schwierig ist die Verteilung von E-Learnings in einer vollumfänglichen Form. Wer sich nicht identifizieren kann, dem kann kein Lerninhalt zugewiesen werden. Würde man alle Inhalte allen zur Verfügung stellen, könnte ein anonymer Lerner zwar loslegen, dürfte aber keine Pause einlegen, weil sich das System seine Lernstände nicht merken kann. Ein Zertifikat könnte man notfalls am Ende ausdrucken, aber wie kommt die Information, wer was bestanden hat zurück an die Personalentwicklung? All das managt normalerweise ein Learning Management System (LMS) und jedes von diesen erfordert eine persönliche Authentifizierung.

5.3 Alternativen für Produktionsmitarbeiter

Natürlich war der naheliegendste Gedanke, sich die Einrichtung entsprechender System-zugänge zu wünschen. Wer rechnen kann wird allerdings schnell verstehen, dass monatliche Lizenzgebühren für große IT-Systeme sich bei nutzerabhängigen Lizenzmodellen schnell auf schwindelerregende Summen multiplizieren. Im schlimmsten Fall ist für jeden weiteren Nutzer dann sofort bei Microsoft, im ERP-System und ggf. noch zusätzlich in einem cloudbasierten LMS monatlich zu zahlen. Das alles vorzuhalten für ein einmaliges E-Learning ergibt wirtschaftlich keinen Sinn. Das Argument, dass dauerhaft so gelernt werden soll wird in dieser Phase der Implementierung schnell zu einem „könnte", weil ja bislang im Unternehmen die Erfahrung fehlt, ob die Zielgruppe auf diesem Weg zu lernen bereit ist. Das ist ein wichtiger Grund, warum Digitalisierung beim Lernen für Produktionsmitarbeiter an dieser Stelle an einer fehlenden Investitionsentscheidung zu scheitern droht. Es lohnt daher der Blick auf Alternativen.

5.3.1 Bündnisse (den Use-Case erweitern)

Wie wäre es, wenn die Zugänge nicht nur zum Lernen genutzt werden könnten, sondern auch zum elektronischen Verteilen der Gehaltsnachweise, der Intranet-Informationen, des Arbeit-geberempfehlungssystems usw. Probieren Sie es! Im vorliegenden Fall hat es erst einmal nichts genützt, obwohl ein Employee-Self-Service-System für HR-Zwecke bereits für die Mit-arbeiter mit persönlichem Login betriebsbereit war.

> **Wann liegt ein wichtiger Use-Case vor?**
>
> Nach Überzeugung des Autors liegt ein wichtiger Use-Case u. U. erst dann vor, wenn der persönliche Zugang zum Arbeitsprozess benötigt wird und nicht nur da ist, um die Unter-stützungsprozesse zu erleichtern. Auch die Digitalisierung der Büroarbeitsplätze ist ja vor Jahren nicht passiert, weil Mitarbeiter die Wahl hatten, auf dem PC zu schreiben, statt auf der Schreibmaschine. Nein, es gab eine unternehmerische Entscheidung, künftig diese Technik zu nutzen und die Schreibmaschinen wegzupacken, weil man sich davon Kosten-vorteile versprochen hat. Zuvor gab es allerdings PC-Kurse in geeigneten Umgebungen (IT-Schulungsräumen). Heute sind die PCs am Schreibtisch so gut ausgelegt, dass man locker zusätzlich die Lernangebote dorthin schicken kann. Das gilt aber eben nicht für Produktionsarbeitsplätze, die, wenn überhaupt mit PC ausgestattet, in der Regel durchgängig im Produktionsprozess genutzt werden. Es braucht also wieder den IT-Schulungsraum und eine Zeit, in der er genutzt werden kann, wenn für die Zukunft gelernt werden soll. Aber was, wenn Corona genau das zu riskant erscheinen lässt?

5.3.2 Internes Hosting und Onsite Learning

Bei einem internen Hosting liegt der Lerninhalt (Content) in unserem Fall auf einer internen Plattform (bei uns ein internes Learning Management System (LMS)), auf der auch alle ande-ren Lernprogramme des Unternehmens liegen.

Damit ist digitales Lernen onsite (z. B. im Schulungsraum) relativ einfach zu handhaben. Es kann wieder auf die beliebten Gruppen-Logins zurückgegriffen werden, zumindest zum Hoch-fahren des Endgeräts. Von hier aus kann ein Learning Management System (LMS) gestartet werden, auf dem das Lernprogramm gehosted wird, also Mitarbeitern zur Bearbeitung zur Verfügung steht.

Vorteile: So wird auch gleich der Weg zu E-Learnings an sich gelernt. Weitere Inhalte (Qualität, Lean, Arbeitsschutz etc.) können dort entdeckt werden und beim nächsten Mal weiß man schon, wie's geht. Die Nutzerzahl eines LMS ist – mit Ausnahme ganz alter Softwarelizenzen oder bei der in Unternehmen selten eingesetzten Open-Source-Software – begrenzt. Anders gesagt, es kostet Geld, neue Nutzer ins System zu bringen. Allerdings fallen hier nur die Lizenzgebühren für die Nutzererweiterung im LMS an, nicht jedoch die für ganze Systemlandschaften wie SAP oder Microsoft Business. Datenschutzprobleme bezüglich vertraulicher Lerninhalte oder der persönlichen Daten der Nutzer können innerhalb des Unternehmens gelöst werden. In der Regel passen dafür die bereits getroffenen Regeln für die White-Collar-Mitarbeiter auch für die neue Zielgruppe der Produktionsmitarbeiter. Entscheidender Vorteil aus Sicht der IT-Abteilung ist: alles passiert innerhalb der gewohnten Systemlandschaft. Es kommen also keine neuen Schnittstellen und damit auch keine Schlupflöcher für Cyber-Attacken hinzu. Im günstigsten Fall kommen nur neue LMS-Nutzer hinzu und vielleicht kann man es der jeweiligen Fachabteilung sogar zumuten, diese selbst anzulegen und bei Nutzerproblemen als Hotline zur Verfügung zu stehen.

Nachteile: Um an das System zu gelangen, muss man sich erst im Firmennetz anmelden (ggf. zweifaches Login nötig, erst mit dem Gruppenlogin am System und dann mit der persönlichen Kennung am LMS.) Der entscheidende Nachteil im Pandemie-Jahr 2020 war jedoch, dass diese Lösung nicht von zu Hause funktioniert und gleichzeitig Kontaktbeschränkungen die Nutzung der an allen Standorten produktionsnah vorhandenen Schulungsräume verbot. Denn dort hätten sich zusätzliche Kontakte unter Mitarbeitern ergeben, die ja vermieden werden sollten.

5.3.3 Externes Hosting für Produktionsmitarbeiter

Bei einem externen Hosting liegt der Content im Internet auf einer frei zugänglichen Lernplattform. Um den Mitarbeitern ein neues Lernangebot machen zu können, wird Lernen also bewusst außerhalb der Firewall des Unternehmens im Internet und damit von jedem Ort der Welt aus ermöglicht, also selbst im Außendienst, von zu Hause im Lockdown oder während einer Zeit der Kurzarbeit. Klassische Vorteile einer solchen Lösung: Lernen kann ggf. auch über den Bedarf der eigenen Abteilung hinaus und ohne die Erlaubnis des Vorgesetzten sowie ohne Störungen des Produktionsablaufs und – für manche Eltern wichtig nicht nur in Pandemiezeiten wichtig – auch von zu Hause möglich werden. In diesem Modell muss innerbetrieblich häufig die Frage geklärt werden, ob und ggf. in welchem Ausmaß die Lernzeiten Arbeitszeit sind bzw. im Nachhinein als Lernzeitenstunden erfasst werden können. (Auch das hatte iN4.0RM zu Beginn schon mit zwei „Ja" geklärt.)

Technisch braucht ein externes Hosting irgendeine Form von Registrierung. Zunächst muss der Nutzer sich eindeutig identifizieren und schon damit entstehen personenbezogene Daten zu seinem Nutzerverhalten. Das Unternehmen ist für den Schutz dieser Daten verantwortlich, obwohl die Daten bei Dritten erhoben werden und gespeichert sind. Die Identifikation muss durch eine definierte „Zeichenfolge" (in der Regel Nutzername und Passwort) erfolgen. Standardanbieter verlangen dabei stets nach einer E-Mailadresse, idealerweise nach einer einheitlichen. In diesem Fall ist man sofort wieder bei höheren Kosten, weil die Erhöhung der Nutzerzahl für den Mailserver des Unternehmens kostet.

Anderen LMS ist es egal, wie die Mailadressen lauten, es könnten also auch beliebige private Mailadressen sein, die der Mitarbeiter dem Unternehmen jedoch dafür preisgeben müsste. Und noch flexiblere Systeme können auch jede beliebige Kombination aus Benutzername und Passwort als Login-Information verwenden. Man könnte diese den Mitarbeitern einmalig übergeben. Sicher bleiben solche Passwörter jedoch nur, wenn der Nutzer das (erste) Passwort (immer) wieder ändern muss. Das heißt aber auch, dass es er dies danach vergessen kann und nun das System nicht mehr nutzen könnte. Es braucht also auch einen Passwort-Reset-Mechanismus, z. B. eine Hotline oder eine Mobilfunknummer, an die man ein Einmalpasswort senden kann. So kommt es schnell dazu, dass an der einen Seite enorme Lizenzkosten für Mailadressen gespart werden und auf der anderen Seite Kosten für den Betrieb entstehen.

Nachteil: Die Lernerdaten sowie die Lerninhalte „irgendwo im Internet" zu halten ist nicht unproblematisch. Bezüglich der Lernerdaten muss der Datenschutz geregelt sein, wobei die meisten Anbieter da bereits gehörig vorgearbeitet haben bis hin zu unterschriftsreifen Betriebsvereinbarungen und Datenschutzvereinbarungen.

Sind unsere Lerninhalte geheim?

Bezüglich der Lerninhalte lohnt sich eine (selbst-)kritische Bestandsaufnahme: sind unsere Lerninhalte wirklich Unternehmensgeheimnisse? Ist unser Arbeitssicherheits- oder unsere Compliance für E-Learning oder sind die Empfehlungen zum Führungsstil wirklich vertraulich oder einfach nur eine auf unsere Bedürfnisse zugeschnittene Auswahl von Standardinhalten? Die produktspezifischen Inhalte unserer Vertriebstrainings sind zwar vertraulich, aber 90 % davon bekomme ich auch als Mitbewerber auf der Website präsentiert. Natürlich gibt es auch vertrauliches Know-how, das meiner Organisation die Zukunft sichert. Aber: in welcher Organisation ist solches Wissen in elektronische Lernbausteine verpackt? Steckt es nicht vielmehr in internen Wissensmanagement-Systemen, Wikis oder ist es gar nur in den Köpfen der Portfoliomanager und internen Experten versteckt?

Wer mit seiner Lernwelt nach draußen geht, muss sich genau überlegen, was er alles in das Lernprogramm packt. Der Autor vertritt jedoch hier die Auffassung, dass es in vielen Fällen besser wäre, vorhandenes Wissen mit Partnern in der Lieferkette und potenziellen Kunden zu teilen, als übertriebenen Aufwand in eine Abschottung zu stecken. (Wirklich unternehmenskritisches Wissen bedarf allerdings nach der Identifikation eines guten Wissens- oder Technologie-Managements und sollte nicht in der Bandbreite gestreut sein, in der sich die Produktion von Lernprogrammen lohnt.)

Viel bedenkenswerter (und schnell übersehen) bei einem externen Hosting ist jedoch die Frage, ob es nach der Auslagerung der Inhalte in das Internet noch möglich ist, die Inhalte vom Unternehmensnetz aus zu nutzen. Sprich: kann ein Mitarbeiter in einer auslastungsschwachen Zeit oder weil er etwas nochmal nachsehen möchte überhaupt noch vom Arbeitsplatz auf die externe Ressource zugreifen? Firewalls können das verhindern, aber auch „Internetsperren" aller Art am Arbeitsplatz. Vieles lässt sich dabei im Nachhinein noch regeln bzw. wieder freischalten, aber eben nicht alles. Insbesondere wenn der Hosting-Anbieter seine Sicherheitsaufgaben nicht gut gemacht hat bzw. nicht ständig wiederholt, wird kein vernünftiger IT-Leiter den Zugriff von Mitarbeitern aus dem Unternehmensnetzwerk auf ggf. unsichere Sites erlauben. Das könnte schnell ein Showstopper für eine ganze Lernarchitektur werden!

5.3.4 Der gewählte Kompromiss im Fallbeispiel

Aus der Praxis dieses Falls kann zunächst festgehalten werden, dass die Entscheidung über das Hosting, vielleicht gerade weil alle Beteiligten das Thema Sicherheit sehr ernst nahmen, sehr lange gedauert hat. Es dauerte doppelt so lange wie die Definition des Projekts, seiner Inhalte und die gesamte Entwicklung des E-Learnings! Die Projektkonzeption begann Mitte Oktober. Die internen Gespräche über das Hosting des E-Learnings für Produktionsmitarbeiter begannen Anfang Dezember und sie fanden erst nach dem Kick-off Mitte Juni des Folgejahrs eine Entscheidung. Natürlich gab es in dieser Zeit auch Wochen, in denen die IT wichtigeres zu tun und zu entscheiden hatte, insbesondere durch den pandemiebedingten Bedarf an einer sicheren und betriebsbereiten IT-Infrastruktur für das mobile Arbeiten in einem Präsenzkultur-Unternehmen.

Die Entscheidung für internes vs. externes Hosting wurde von Beginn an unter dem Aspekt der Erreichbarkeit des Contents für ggf. sogar IT-ferne Mitarbeiter, für die der PC beruflich wie privat u. U. noch keine große Rolle spielt, gesehen. Aus Sicht dieser Zielgruppe sollte der Zugang in erster Linie möglichst einfach und idealerweise sowohl im Unternehmen als auch zu Hause am eigenen Endgerät möglich sein.

Zweite Maxime war das Interesse der Personalentwicklung, die Verteilung dieses E-Learnings so zu realisieren, dass später auf demselben Weg weitere digitale Lerninhalte „nachgeschoben" werden konnten. Zum einen sollten so die schon an die 100 realisierten internen E-Learnings künftig von einem breiteren internen Publikum genutzt werden können, zum anderen ging es darum, eine neue Lernkultur nach dem Konzept des Flipped Classroom in absehbarer Zukunft zu ermöglichen. Und die Pandemie zeigte schnell, dass es auch für den zweiten Teil des iN4.0RM-Programms eine Möglichkeit der digitalen Umsetzung brauchte. Dafür und zu Zwecken des Reportings lag es natürlich nahe, dasjenige LMS zu verwenden, das auch bislang im Unternehmen für die Verteilung und das Management der Lernanwendungen eingesetzt wurde.

Drittens wurden IT-Aspekte betrachtet. Dazu gehört einerseits der Schutz der Inhalte und der persönlichen Daten der Mitarbeiter und andererseits die Frage, ob durch einen Missbrauch weiterer ggf. sogar recht einfacher Zugänge zu dem auf einem internen Server aufgesetzten LMS unbefugte Zugänge in das Unternehmensnetzwerk möglich werden. Das galt es aus Sicht der IT-Abteilung natürlich zu verhindern.

Tabelle 5.1 Vor- und Nachteile internen und externen Hostings der E-Learnings für Produktionsmitarbeiter

	Internes Hosting	**Externes Hosting**
Erreichbarkeit innerhalb und außerhalb des Unternehmens	Nicht gegeben	Von außerhalb einfach, von innerhalb mit IT-Aufwand machbar
Handhabung aus Sicht der PE	Einfach, da alle E-Learnings im selben System	Komplex, da externes Hosting nur für die Produktions-Mitarbeiter realisiert werden würde, die übrigen bevorzugen sicher den gewohnten Weg.
IT-Sicherheitsrisiken bei Zugriff auf E-Learnings innerhalb des Unternehmensnetzwerks von außerhalb	hoch (daher hohe Schutzmaßnahmen nötig)	Vorhanden, wenn Mitarbeiter vom Unternehmensnetzwerk auf externes LMS zugreifen, aber durch Maßnahmen beherrschbar.

Tabelle 5.1 zeigt die Gemengelage der verschiedenen Aspekte auf: weil das Projektteam iN4.0RM von Anfang an keinen Königsweg gesehen hat, wurden sogar zwei Hosting-Varianten parallel entwickelt. Die Sympathie der PE und der IT galt dem internen Hosting und damit der Vorhaltung des E-Learnings im bereits länger genutzten LMS. D. h. es wurde in enger Abstimmung mit der IT-Abteilung versucht, eine Entscheidung für Nutzer-Lizenzen für diejenigen Mitarbeiter zu erwirken, die bislang keine persönliche Kennung im IT-System des Unternehmens besitzen. Die Folge wäre nicht nur eine gelingende Anmeldung im System, sondern auch eine Kommunikationsmöglichkeit via Mailadresse, Kalender etc. gewesen. Traumhaft, aber dem Management zu teuer. Die Entscheidung wurde vertagt und es wurde eine weitere Arbeitsgruppe eingesetzt, die den Nutzen dieser Ausgaben für das Unternehmen über das E-Learning hinaus, bewerten und im Mai (!) erneut darstellen sowie ggf. Alternativen aufzeigen sollte. Ein an sich richtiger Schritt, der aber erst im Juni nach dem Projekt-Kick off für Führungskräfte zu

der Entscheidung führte, sogenannte Microsoft F1 Lizenzen zu erwerben, die zu einem Bruchteil des Preises lediglich die Anmeldung am Unternehmensnetzwerk ermöglichen, aber kein Mailpostfach beinhalten, über das man kommunizieren könnte.

Zwischenzeitlich hatte das iN4.0RM Projektteam mit dem externen Entwicklungsteam des E-Learnings als Fall-Back-Lösung eine sichere Variante für ein externes Hosting aufgebaut. Diese wurde auch zur Demonstration des E-Learning-Programms gegenüber den Führungskräften verwendet.

Das Hosting für den Führungskräfte-Preview, war datenschutztechnisch unkritisch, weil es sich bei den Lerninhalten sowieso um keine schutzwürdigen vertraulichen Inhalte handelte (im Gegenteil wäre es für MR äußerst rühmlich, wenn sich Kunden bei MR Grundwissen über die Digitalisierung der Energienetzte abholen) und weil auf einen Login ganz verzichtet wurde, damit keine persönlichen Daten zum Hosting Partner wandern.

Auch aus Sicht der PE war klar, dass bei einem eventuellen externen Hosting ein Login erfolgen muss, denn gerade bei der IT-fernen Zielgruppe ist wichtig festzuhalten, wie viele Mitarbeiter das Angebot genutzt haben, wie weit sie dabei gekommen sind und wo vielleicht abgebrochen wurde, weil das E-Learning unverständlich wurde. Intensiv eingebunden in das Szenario „externes Hosting" war daher der Betriebsrat. Insbesondere derjenige Ausschuss, der sich mit dem Datenschutz der Mitarbeiter beschäftigt, wurde intensiv informiert, um zu erreichen, dass die gefundene Lösung am Ende betriebsratskonform ist. Und die von der Arbeitnehmerseite gewünschte Zeitgutschrift für alle Absolventen des Lernprogramms in der Freizeit erfolgen konnte.

Die Idee war, nach dem Preview-Betrieb ein Login für Produktionsmitarbeiter bei der erwähnten externen Hosting-Lösung vorzusehen, das aus einer von der PE festgelegten und an den Mitarbeiter übergebenen Kombination aus Nutzername und Passwort erfolgen sollte. Der Anbieter sollte entlang der anonymisierten Nutzernamen einmal monatlich ein Reporting schicken. Zusätzlich sollte der Nutzer sich am Ende des E-Learnings ein Zertifikat (mit selbst eingetragenem Namen und Zeitstempel des Systems) ausdrucken können, mit dem er dann die Zeitgutschrift beantragen kann.

Die Kosten für das Hosting hätten für ein halbes Jahr insgesamt weniger als die Aufstockung der Lizenzzahlen für das LMS um 500 neue Nutzer oder die Lizenzkosten für die Microsoft-Lizenzen pro Monat betragen! Aber es gab ein Veto der IT-Abteilung, denn auch die Nutzung von fremden Internet-Seiten sei Softwarenutzung und diese Form der personenbezogenen Nutzung einer Internet-Ressource könne datenschutzrechtlich nicht verantwortet werden. Tatsächlich würden so Nutzerdaten von Mitarbeitern des Unternehmens bei einem Anbieter entstehen, den man nicht kontrollieren kann. Darum wurde diese Argumentation vom iN4.0RM-Projektteam akzeptiert.

Im Gegenzug sagte die IT zu, zügig an der Umsetzung der Lizenzbeschaffung für die Produktionsmitarbeiter zu arbeiten. (Anmerkung: Allerdings sieht die DSGVO für solche Fälle eine Datenschutzverabeitungsvereinbarung vor, danach könnte man die Verhältnisse und die ggf. geteilte Verantwortung klar regeln).

Im Juli war es dann so weit. Der Roll-out startete zunächst mit einer Pilotgruppe, was allen Beteiligten recht war, weil der Weg für einen Zugang in das Unternehmensnetzwerk natürlich derselbe war, den auch alle anderen Mitarbeiter nutzen und dessen Einrichtung im ersten Quartal schon für die PC-gewohnten Mitarbeiter nicht unbedingt auf Anhieb funktioniert hat. (Welche Schritte erforderlich sind, zeigt Abschnitt 5.5)

5.4 Probleme mit dem Lernort

5.4.1 Produktionsnahe Lernstationen – lohnt die Einrichtung?

Unabhängig von den Sonderbedingungen einer Pandemie muss natürlich überlegt werden, wo der beste Lernort für digitales Lernen eines Produktionsmitarbeiters ist. Ist er im Unternehmen oder zu Hause? In einer Produktionshalle mit Umgebungsgeräuschen ist er erst mal nicht. In der berufspädagogischen Literatur gibt es seit Jahrzehnten Argumentationen für arbeitsplatznahes Lernen. Das Argument, dass ein Lernen in der Nähe des Arbeitsplatzes eher zur Anwendung des Gelernten führe ist dabei am öftesten genannt, aber nirgends belegt. Überzeugender scheint eine Praktikabilitäts-Argumentation, nach der es einerseits selbst in der an der besten organisierten Produktion manchmal Stillstandszeiten für einzelne Mitarbeiter entstehen bzw. mit zunehmendem Automatisierungsgrad Mitarbeiter in erster Linie verfügbar sein müssen, aber durchaus nebenbei lernen könnten bis der nächste Alarm nach Aufmerksamkeit und/oder Aktivitäten verlangt. Ein zweites gutes Argument für die Einrichtung produktionsnaher Lernorte ist der, dass man nicht immer alles in den Kopf bekommt, sich aber vielleicht erinnert, in welchem Lernprogramm davon die Rede war, sobald man es in der Anwendung braucht. Dann soll der Weg zu Information und Wissen einfach und kurz sein, sprich man soll denselben Weg wie damals beim „Erstlernen" gehen können (also in den Raum, an den PC, in das Lernprogramm) und an der erinnerten Stelle noch einmal nachlesen oder diesmal sogar das Wissen mit der Anwendungsfrage im Hinterkopf anders und besser verstehen als beim ersten Mal. Gegebenenfalls würde man nun auch Vertiefungsmöglichkeiten finden und nutzen, die einem vorher nicht relevant erschienen. Soweit die weiterbildungspädagogische Idee. In der Praxis müssten dafür an einem solchen Lernort nicht nur Lernprogramme, sondern sämtliche technischen Dokumentationen und ggf. ein Zugang zum internen Wissensmanagement zur Verfügung stehen. Dafür bräuchte es produktionsnahe Lernorte, egal ob es sich nun um schallgedämmte Kabinen mit PC oder Multifunktionsräume „Lerninseln" oder andere Möglichkeiten handelt.

Im konkreten Fall des Unternehmens MR ist an allen Standorten mindestens ein produktionsnaher PC-Schulungsraum vorhanden. Ausgerüstet mit einem entsprechend konfigurierten Login kommt man von dort sowohl auf die Login-Page des LMS als auch in das Intranet und Internet. Werden nun noch Öffnungszeiten für den Raum festgelegt, steht der eigenverantwortlichen Nutzung durch Produktionsmitarbeiter nichts im Wege. Natürlich braucht es dennoch Absprachen mit der Führungskraft bzw./und eine Regelung, wie die Arbeitszeit zu buchen ist. Aber all das ließ sich für das Projekt schon zu Jahresbeginn regeln, weil alle Verantwortlichen das Lernen ermöglichen wollten. Einzig die Pandemie führte dazu, dass diese Räume nicht unkontrolliert von beliebig vielen Mitarbeitern genutzt werden konnten bzw. die Nutzung wegen der Vermeidung unnötiger Kontakte schließlich vom Leiter der Produktion nicht mehr gewünscht wurde.

5.4.2 Produktionsmitarbeiter lernen im Homeoffice?

Besser erschien da schon die Lösung alle Mitarbeiter zu bitten, das E-Learning zu Hause zu bearbeiten und sich die Zeit dafür gutschreiben zu lassen. Für diejenigen Mitarbeiter, die das nicht konnten, sollte dann eine Einzelnutzung der PC-Räume terminiert werden. Der Betriebsrat wies schon früh darauf hin, dass nicht alle von dieser Lösung begeistert sein würden. Eine Vermischung von Arbeit und Freizeit sind viele Produktionsmitarbeiter nicht gewohnt und es sei auch von vielen vermutlich nicht gewollt.

Eine Nutzung von zuhause heißt auch zwangsläufig: „Bring your own device!" Das birgt nicht nur enorm mehr Sicherheitsrisiken, sondern führt auch zu einer Zunahme möglicher Fehlerquellen. Würde man nun eine Unterstützung durch die unternehmenseigene IT-Hotline anbieten, wäre der Aufwand enorm groß, weil Probleme beim Starten und Bearbeiten des Lernprogramms immer auch durch die eingesetzte Hard- und Software verursacht sein kann. Zudem würde dieser Service nach der Arbeit benötigt, also in unserem Fall außerhalb der normalen Arbeitszeit des internen IT-Supports. Es ist also nicht verwunderlich, dass dieser Service nicht bzw. nur teilweise zugesagt wurde.

5.5 Cyber Security

Ein sicherer Zugang erfordert Aufwand und errichtet Hürden: „Bring our own device" war nun beschlossen und damit musste auch der im Unternehmen etablierte Weg verwendet werden, um nun auch die Produktionsmitarbeiter über einen sichern Weg zunächst ins Unternehmensnetzwerk und von dort auf die interne Lernplattform zugreifen zu lassen.

5.5.1 Über sieben Brücken musst du gehen (Unser Fallbeispiel – die Einrichtung am eigenen Gerät)

Es sind tatsächlich sieben Schritte erforderlich, um den sicheren Zugang zum E-Learning erstmalig einzurichten. Allein die Anleitung dazu umfasst – nach mehrmaliger Überarbeitung – immer noch 12 Folien-Seiten.

Tabelle 5.2 Übersicht über die Voraussetzungen und Hürden bei der Einrichtung eines sicheren Zugangs von Privatgeräten mittels Microsoft Authenticator bis hin zum Starten des E-Learnings

Voraussetzungen	Aufgabe	Häufigste Fehlerquellen
Privater PC oder Notebook mit Internet-Browser	Rechner einschalten, aktuellen Browser (ideal: Google Chrome oder Edge) verwenden	Ggf. kein privater Rechner vorhanden, sondern nur Tablet oder Smartphone, Browser im Auslieferungszustand, Nutzer kann Browser nicht updaten.
Smartphone vorbereiten	Einschalten	Ggf. kein Smartphone sondern nur Tastentelefon vorhanden, keine Erfahrung im Umgang mit App-Store, zu wenig freier Speicher im Gerät.
Brief mit Zugangsdaten	Erhalten und öffnen, Unterschied zwischen Benutzername und Passwort kennen und URL zur Anleitung in Adresszeile des Internet-Browsers eintippen.	Die Briefe gingen anfangs über Hauspost z. T. verloren, später wurden sie per Post verschickt, dann vereinzelt aber zu Hause vergessen und lagen bei der assistierten Einrichtung nicht vor.
Einrichtungsschritte		
die Einrichtung/Registrierung bei Microsoft (über PC/Notebook)	Im Internetbrowser eintippen: aka.ms/setupmfa E-Mailadresse aus dem Brief, dann Passwort aus dem Brief (jeweils mit „Enter" bestätigen)	Hier muss eine E-Mailadresse eingegeben werden, obwohl der Nutzer nur einen Benutzernamen erhalten hat, der allerdings wie eine Mailadresse aussieht.

Voraussetzungen	Aufgabe	Häufigste Fehlerquellen
Die Einrichtung der MFA-App am Smartphone	Im „App Store" oder auf „Google Play", die App „Microsoft Authenticator" finden und installieren.	Nicht alle Smartphone Besitzer können das selbst, ggf. werden Fehlermeldungen wie „zu wenig Speicher" nicht erkannt.
Fertigstellung der MFA-Einrichtung am PC/Notebook und Smartphone (weitere 7 Schritte!)	Nun müssen beide Geräte abwechselnd bedient werden, man soll hier der Anleitung von Microsoft schrittweise folgen die App Microsoft Authenticator öffnen Zweimal „Überspringen" der angebotenen Optionen dann am dritten (unverständlichen) Bildschirm „Geschäftskonto hinzufügen" Benutzernamen (E-Mail) und Kennwort aus dem Zugangsbrief noch mal eingeben Den am Laptop/PC Bildschirm angezeigten QR-Code mit dem Smartphone scannen. Die Einrichtung des Geschäftskontos am Bildschirm des PC bestätigen und die Anmeldung beim Unternehmen auf der App bestätigen. In den Einstellungen der App: Push Benachrichtigungen zulassen und ggf. Kamera wieder deaktivieren.	Neben den Fehlerquellen a – f, kam es hier oft zu Problemen, weil die auf ihre Privatsphäre bedachten Mitarbeiter der App von Anfang an keine Kamerafreigabe gegeben haben oder sie hier nicht erteilen, wenn die App sie verlangt. Eine deaktivierte Kamera kann natürlich keinen QR Code identifizieren und damit ist der Zugang über MFA-Authenticator nicht möglich. Ein anderer häufiger Fehler, war, dass nicht der QR Code am Bildschirm, sondern der exemplarische aus der Anleitung gescannt wurde.
Kennwort ändern	Das erste Passwort (aus dem Zugangsbrief) muss nun am PC unmittelbar geändert werden – wird vom System erzwungen.	Das neue Kennwort wurde häufig nicht notiert und bald vergessen. (→ Passwort-Reset über IT-Hotline erforderlich)
Wenige Sekunden warten und die Seite nochmals aufrufen	Um ins Unternehmensnetzwerk zu kommen muss das vollständige Login noch mal von vorne beginnen, dabei erscheint beim ersten Versuch stets eine Fehlermeldung, die ignoriert werden muss.	Wenn das geänderte Passwort überhaupt noch parat ist, scheitert der Nutzer nun an der Fehlermeldung und kommt sicher heute nicht mehr zu seinem E-Learning.
Login ins LMS	Bis August 2020: Wer so weit gekommen ist, kann nun die Startseite des LMS in seinen Browser eingeben. Dann muss er als Benutzername seine Personalnummer und ein weiteres Passwort eingeben	Ab September 2020: Wurde dem Nutzer über ein Icon auf my-Apps eine direkte Verbindung auf ein Single-sign-on-fähiges angemietetes LMS angeboten, auf dem das E-Learning ebenfalls abgelegt wurde.
Suche des iN4.0RM Lernprogramms im LMS	Nun muss das Lernprogramm gesucht und gestartet werden. Herzlichen Glückwunsch!	Konnte entfallen!

Dass die Pilotgruppe damit nicht ohne Weiteres zurechtkam erklärt sich von selbst. So haben wir geändert, was man ändern konnte (also z. B. die siebte Hürde eingerissen). Zudem wurde eine Eins-zu-Eins-Unterstützung durch die IT-Abteilung bei einer erstmaligen Einrichtung onsite und während der Arbeitszeit im Laufe des Projekts doch noch ermöglicht.

5.5.2 Weiterer Hinderungsgrund: Akzeptanz eines persönlichen Zugangs zum Firmennetzwerk

Von den Pilotusern hatten einige verraten, dass ihre Motivation ihre eigenen Geräte mit dem Netzwerk des Unternehmens zu verbinden, durchaus begrenzt ist. Auch deshalb hatten wohl einige recht schnell weitererzählt, dass es ohnehin nicht funktionieren würde und es andererseits nicht besonders intensiv probiert. Ein interner IT-Prozessberater hatte schließlich die Idee, den noch nicht mit Zugangsbrief versorgten Rest der Zielgruppe vor der Einbindung zu befragen, ob sie überhaupt einen Zugang wollen und ob sie sich dabei eine persönliche Unterstützung wünschen.

Die Befragung wurde durch die Führungskräfte der Mitarbeiter durchgeführt und ans Projektteam zurückgespielt. Interessant war dabei vor allem, wie sich die Zielgruppe verkleinerte. Von den gedachten 540 neuen Nutzern, waren ca. 190 schon aus anderen Gründen seit 1.1.2019 mit einem Zugang ausgestattet worden. Die Befragung enthielt Rückmeldungen zu 281 potenziellen Nutzern, die noch keinen Zugang erhalten hatten.

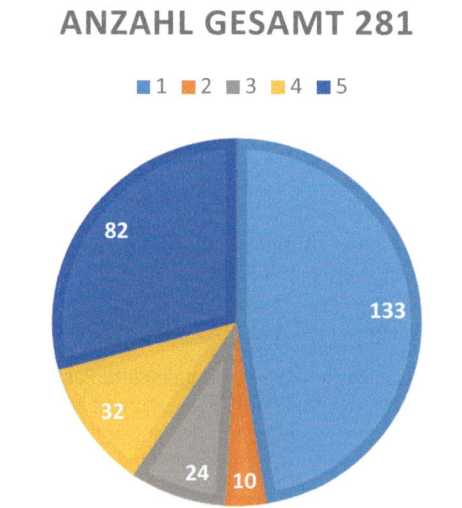

ANZAHL GESAMT 281

■ 1 ■ 2 ■ 3 ■ 4 ■ 5

Bild 5.1 Befragungsergebnis
(Rücklauf 281 von ca. 350)
Gruppen 1 – 5 (281):
1 (133): haben Equipment, versuchen es alleine
2 (10): haben Equipment, benötigen aber Unterstützung
3 (24): haben keinen Rechner, benötigen Unterstützung
4 (32): haben kein Smartphone, aber Interesse am Zugang
5 (82): wollen keinen Zugang

Knapp die Hälfte der bislang unversorgten Shopfloor-Mitarbeiter wollten einen Zugang und sich zunächst selbst um die Einrichtung auf den Privatgeräten bemühen. Nur 10 Personen (4 %) wünschen sich von vornherein eine Unterstützung bei der Einrichtung. 56 Personen (18 %) hatten Interesse am Zugang, aber keinen privaten PC oder kein Smartphone zur Verfügung und ein Drittel der Befragten hat tatsächlich kein Interesse an einem persönlichen Zugang in das Unternehmensnetzwerk. Anlass für die Befragung war das hier beschriebene Lernprojekt iN4.0RM. In der Fragestellung wurde allerdings darauf hingewiesen, dass sich der Zugang auch anders nutzen ließe, z. B. für einen elektronischen Gehaltsnachweis und Infos zum Speiseplan in der Betriebskantine.

5.6 Bilanz und Ausblick

Für Digitalisierungsoptimisten mag dieses Drittel der nicht interessierten Mitarbeiter frustrierend sein, für die Projektgruppe war es das nicht. Es ist Teil der Realität, dass nicht jedes Lernangebot die gesamte Zielgruppe erreicht. Auch von den Mitarbeitern mit PC-Arbeitsplatz haben nicht alle 1200 das Lernprogramm bearbeitet, immerhin aber 950, damit ist die Quote der interessierten Shopfloor-Mitarbeiter in etwa so groß, wie die Abschlussquote bei den White-Collar-Workern!

Wie viele Shopfloor-Mitarbeiter das E-Learning am Ende abschließen werden ist noch nicht klar, weil die Kontaktverbote in der Pandemie die Zeitpläne der Einzeltermine beim unterstützten Roll-out der Zugänge immer wieder in Frage gestellt hat. (Diese sind nun für wesentlich mehr Menschen notwendig, weil viele es doch nicht allein geschafft haben, die ersten drei Hürden zu nehmen.)

Aufgrund der Befragungsergebnisse hat sich das Steering-Committee des Projekts für einen Strategiewechsel ausgesprochen: um den Nutzen des Zugangs aufzuzeigen (und vielleicht doch noch mehr Interessenten im Unternehmen dafür zu finden), wird künftig jedem neuen User beim Einrichten und Erklären des Zugangs auch gleich der Weg ins Intranet und zu seinem elektronischen Gehaltsnachweis gezeigt. Viel Mut allen Nachahmern!

Routenplanung und Streckenführung der digitalen Kompetenzentwicklung und was ein Change Management dabei leisten kann

Robert Neumann und Beate Kreiner

6.1 Digitalisierung – neue Antworten auf bekannte Fragen oder Anlass neu zu fragen?

Eine bereits hinlänglich bekannte Anekdote zu Albert Einstein besagt, dass er während einer Prüfung an der Universität von einem Studierenden gefragt worden sei, warum denn die Prüfungsfragen alle Jahre gleich sind und er antwortete: „Die Fragen bleiben ja auch immer die gleichen, nur die Antworten ändern sich ständig". Wenn wir uns in der Welt der Wirtschaft bewegen, so scheinen die Fragen tatsächlich immer die Gleichen zu sein. Es geht doch immer um die Fragen zentraler Erfolgsfaktoren, Sicherung einer nachhaltigen Wettbewerbs- und Überlebensfähigkeit, Skalierungseffekte, Ertragskraft, Kapitalisierung, Wirtschaftlichkeit und Wachstum – doch die Antworten, wie dies zu erreichen ist, haben sich in den Jahrzehnten aufgrund zahlreicher Entwicklungen und Einflussfaktoren drastisch geändert. Unternehmen werden immer wieder vor Herausforderungen der Anpassung, Veränderung oder aber tiefgreifender Transformation gestellt, je nachdem, ob Optimierungen zu Verbesserungen führen sollen, das organisationale Innenleben eine Veränderung notwendig macht, oder aber andere Marktmechanismen eine regelrechte Neuerfindung und Transformation auf Basis neuer Geschäftsmodelle erfordern. Wie gut ein Unternehmen beschaffen, intern organisatorisch aufgestellt ist, auf die richtigen Produkt-Markt-Kombinationen setzt, seine Managementsysteme wirksam arrangiert hat und nicht nur in die Qualität von Abläufen, sondern insbesondere auch in die Qualifikation von Mitarbeiter*innen und Führungskräfte investiert hat, wird dann deutlich, wenn neue Möglichkeiten mit Vorsprung vor den Marktbegleitern erkannt und genutzt werden können oder wenn unvorhersehbare, einzigartige Ereignisse mit dramatischen Auswirkungen wie ein „Black-Swan" (Taleb 2015) krisenhafte Entwicklungen provozieren. „Bei Ebbe sieht man eben, wer nackt badet" (frei nach Warren Buffett). Sie werden sich nun fragen, was das alles mit Digitalisierung zu tun hat? Ganz einfach – Digitalisierung gehört ebenso wie eine anwachsende Ressourcenknappheit, das rasante Aufkommen disruptiver Geschäftsmodelle, gesellschafts- und wirtschaftspolitische Verschiebungen, neue Formen interkultureller Zusammenarbeit sowie neue Arbeitsformen, Existenzbedrohungen traditioneller Wirtschaftssektoren, technologisch neue Machbarkeiten von immer neuen Industrie-Releases und den Anforderungen einer VUCA-Welt zu den wesentlichen Zeichen der Gegenwart und Zukunft und erfordern nicht nur andere Antworten, sondern vielleicht auch reflexiv zu stellende neue Fragen. Möglichkeiten und Formen der Digitalisierung begleiten uns ja eigentlich schon seitdem analoge

Karteikartensysteme von elektronischen abgelöst wurden und erfordern technische Ausrüstungen und personelle Fähigkeiten der Handhabung, um mögliche Vorteile auch tatsächlich nutzbar machen zu können. Digitalisierung bietet neuartige technisch-instrumentelle Anwendungs- und Nutzungsmöglichkeiten, um Arbeitsaufwände und Abläufe zu vereinfachen, zu beschleunigen, in der Qualität zu heben bzw. in den Kosten zu senken, in der Umsetzung steuern und kontrollieren zu können, um dem Kunden neue Lösungen zu bieten oder aber sogar um grundlegend neue Geschäftsmodelle entwickeln und erfolgreich realisieren zu können. Damit erzeugen neue Antworten entlang traditioneller Fragen auch zwangsläufig anders zu stellende Fragen an die wesentlichen Herausforderungen im Management:

Bild 6.1 Herausforderungen im Management

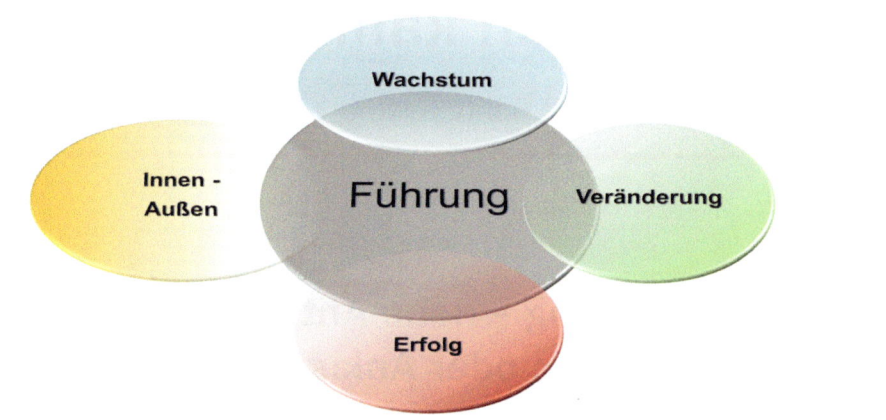

- Wie ist die Relation zwischen **Innen und Außen** des Unternehmens? Wie kann der Existenzgrund (warum gibt es uns, für wen sind wir da und welche Lösungen sind gefordert?) und die geforderten Lösungen für den Kunden im Inneren des Unternehmens übersetzt werden? Wie wird der Kunde in den Zielen, Strategien, internen Abläufen, Verhaltensweisen abgebildet, welchen Stellenwert hat dieser tatsächlich und was werden die Kunden des Kunden in Zukunft benötigen? Aber auch in die Gegenrichtung – wie lassen sich unsere Fähigkeiten, unsere Kernkompetenzen, unser implizites Wissen in verwertbare Produkte und/oder Dienstleistungen übersetzen, die dem Kunden einen Mehrwert im Nutzen stiften? Noch krasser formuliert lautet hier eine der zentralen Fragen: Wo stehen wir uns als Organisation sozusagen mit hausgemachten Dummheiten und Pathologien (Machtspiele, hidden rules, Verhaltensauffälligkeiten, Ressortegoismen, internen Konkurrenzen usw.) selbst im Wege und sind daher nicht in der Lage, unser Potential und unsere Möglichkeiten voll und ganz auszuschöpfen?

- Wie stellen wir **Wachstum** sicher? Welches Wachstum soll angestrebt werden – rein quantitatives Größenwachstum oder qualitatives Professionalisierungswachstum. Welche Aufbau- und Ablauforganisation, welche Unternehmenskultur, welche Führungsebenen, welche Management-Systeme und welche Leute (Qualität/Quantität) brauchen wir, um fortschrittsfähig sein zu können? Welches Wissen muss generiert und welche Kompetenzen müssen wie bewirtschaftet werden, um den zukünftigen Anforderungen erfolgreich gewachsen zu sein? Apropos erfolgreich:

- Wie schaffen wir es, mit und trotz **Erfolg** erfolgreich zu bleiben? Erfolg macht nicht selten satt, zufrieden, genügsam aber auch blind oder ignorant und arrogant und ist einer der nicht selten zentralen Gründe für späteren Misserfolg. Kennen wir eigentlich die wahren Kernkompetenzen und Grundlagen unseres Erfolgs und wird nachhaltig in die Erfolgspotentiale reinvestiert? Wie können wir neugierig, selbstkritisch, innovativ und fortschrittsorientiert bleiben bzw. werden, um neue Themen auch weiterhin erfolgreich aufgreifen und verarbeiten zu können? Welche kulturellen Besonderheiten wirken sich darauf positiv oder kritisch aus? Welches MindSet prägt unsere Verhaltensmuster im Umgang miteinander und gegenüber Dritten wie Kunden, Lieferanten und Kooperationspartner? Sind wir wachsam gegenüber Frühwarnindikatoren, leisen Signalen, Feedback von außen und sind wir interessiert, auch kritische Informationen lösungsorientiert zu verarbeiten ("alerte und lernende Organisation")?

- Wie gehen wir im Unternehmen mit **Veränderung** um? Welche Geschichte haben Veränderungen im Unternehmen geschrieben? Haben wir dazu Affinität oder Aversion aufgebaut, gibt es positive oder negative Erfahrungen und was haben wir daraus gelernt? Wieviel Veränderung braucht die Organisation und wieviel verträgt dieselbe? Wie tickt eigentlich unser Unternehmen, was sind die kulturellen Besonderheiten, wer sind die bewahrenden und wer die treibenden Kräfte und welche Leitfiguren prägten uns in unserer Historizität der Veränderung? Wie ist das Verhältnis zwischen Destabilisierung und Stabilisierung bzw. Konsolidierung? Welche Erfolgsfaktoren sind für das Gelingen von Veränderungen gegeben und wie werden Lernprozesse institutionalisiert, um auch weiterhin im Sinne einer lernenden Organisation zukunfts- und fortschrittsfähig zu bleiben? Welche Fähigkeiten haben wir unternehmensintern entwickelt, um mit Neuem umzugehen?

Werden all die exemplarisch genannten Fragen an die Gegenwart und Zukunft in explorativen Such-, Diagnose- und Lernprozessen rechtzeitig, ernsthaft, präventiv und regelmäßig gestellt, so ist dies wohl auch Ausdruck eines hohen Reifegrades der Organisation (Organizational Maturity-Level einer alerten und Lernenden Organisation). Dieser bedingt eine Unternehmensführung mit einem gesamthaften und integrativen Organisationsverständnis, mit der Fähigkeit zu strategischem Denken, der Kompetenz, Veränderungsprozesse professionell führen und klare Vorstellungen von der (digitalen) Zukunft des Unternehmens entwickeln und glaubhaft vermitteln zu können. Es bedarf eines Portfolios an Führungs-Persönlichkeiten, die die Profession "Führungs-Kraft-Sein" verstehen und beherrschen und über ebensolche Leadership-Maturity verfügen, was mithin auch den Wert des Unternehmens (Leadership-Portfolio und Leadership-Capital Index beeinflusst, denn "people join companies and leave bosses" (Redewendung)!

All die zuvor genannten Management-Herausforderungen und die damit zu stellenden Fragen sind im Kontext von Strategien, Maßnahmen, Applikationen, Instrumenten, Lösungen und Kompetenzen so zu stellen und konstruktiv kritisch zu beantworten, dass eine Vorbereitung auf die digitale Zukunft als Unternehmen bestmöglich ist. Die Wirksamkeit und die positiven Effekte einer Digitalisierung werden jedoch auch immer von der Konstituierung des Innenlebens und des Charakters der jeweiligen Organisation bestimmt – von den geltenden Werthaltungen, den Grundannahmen, den handlungsleitenden Einstellungsmustern, den Kognitionen, den dominanten Logiken, den blinden Flecken, den Eigengesetzlichkeiten, den Selbstverständlichkeiten, den sozialen Interaktionspraktiken, den Konservatismen und Renitenzen und der Führungsqualität ("All organizations are perfectly designed to get the results they get!" (Hanna 1988)).

Maßnahmen einer Digitalisierung und digitalen Kompetenzentwicklung haben – wie alle auf den Weg zu bringenden Neuerungen – auch selbstverständlich Risiken wie z. B.

> **Merke:** Die Besonderheiten und das Ticken der Organisation bestimmen wesentlich die Wirksamkeit einer digitalen Kompetenzentwicklung!

- eine Unterschätzung der Komplexität im digitalen Dialog bei einer Vernetzung von Innen und Außen,
- Verursachung von Folgekosten z. B. durch Umstellung auf Robotik und den damit verbundenen Wartungskosten (outgesourcte Programmierungsexperten),
- eine digitale Anbindung der Kunden verändert eventuell die gesamte Customer Journey,
- Eingriffe in zentrale Geschäftsprozesse des Unternehmens (Vertrieb, Einkauf, Produktion, Logistik, Rechnungswesen usw.),
- eine möglicherweise notwendige Datenmigration von bestehenden Anwendungen,
- ungeklärte rechtliche Rahmenbedingungen,
- die Erfüllung von Datenschutz-Anforderungen und IT-Sicherheit,

- Cyberrisiken,

- die Relation von Datenmenge und Datenqualität

- und vor allem die möglichen Folgewirkungen, wenn nur ein Mix aus losgelösten Initiativen realisiert wird, ohne einer zugrundeliegenden Digitalisierungsstrategie.

Ist diese Marschrichtung nicht definiert und konkretisiert, führen mühsame Anpassungsmaßnahmen nicht nur zu unvollendeten Insel-Lösungen, sondern auch zu einer Überforderung von Mensch, Technik und Organisation. Im Gegensatz zu den exemplarisch genannten Risiken sind natürlich besondere Chancen und Optionen hervorzuheben. Eine realisierte Digitalisierungsstrategie führt zu einer ständigen Zukunftsausrichtung des Unternehmens, es erfolgt eine Stärkung der Leistungsfähigkeit von Abläufen (Prozessautomatisierung) und Organisation (als soziale Entität betrachtet), der Reifegrad der Prozesslandschaft lässt sich maßgeblich steigern, die Transparenz und Nachvollziehbarkeit von Zuständigkeiten und Verantwortung nimmt zu und die im Laufe der Zeit entstandenen Datensilos können in gesamthafte Systemlandschaften integriert werden.

> **Praxistipp:**
>
> Eine realisierte Digitalisierungsstrategie führt zu einer ständigen Zukunftsausrichtung des Unternehmens!

In unserer nunmehr langjährigen Begleitung von Wirtschaftsunternehmen, Non-Profit-Organisationen und öffentlichen Institutionen in Entwicklungs-, Lern- und Veränderungsprozessen z.B. im Zuge der Implementierung von Systemlösungen in Form von Managementsystemen (Produktionssteuerung, Logistik, Einkauf, Vertrieb, Zeiterfassung, Arbeitseinsatz usw.) und/ oder dem Entwurf und der Institutionalisierung von Führungssystemen (Ordnung der jeweiligen Aufgaben, Verantwortung, Kompetenzen entlang der jeweiligen Führungsebenen, Prinzipien, Standards in der Führungsarbeit und realistisch lebbares Regelwerk eines Code-of-Conduct im Führungsverhalten) wird immer wieder deutlich, dass digital unterstützte Ansätze oft auf dafür wenig vorbereitete Rahmenbedingungen bzw. unerledigte Hausaufgaben in den Organisationen treffen. Anders formuliert heißt dies, dass nicht selten wenig Klarheit, Einigkeit und Verständnis zu externen und internen Kunden-Lieferanten-Beziehungen besteht, Abläufe, Zuständigkeiten, Verantwortlichkeiten und Entscheidungskompetenzen, Regelmechanismen, Legitimationen unzureichend bekannt sind und dann digitale Systemlösungen diese Unkenntnisse schonungslos aufdecken bzw. Problemlagen verstärken und nicht selten zu krisenhaften internen Entwicklungen führen können, wie auch ein späteres Beispiel verdeutlichen wird. Vielversprechende digitale Applikationen (z.B. ERP-Systeme) mit angedeuteten Vereinfachungen, Beschleunigungen, Kostensenkungen, Steuerungs- und Kontrollmöglichkeiten, erweisen sich dann nicht nur als kosmetisches Breitbandantibiotikum zur erhofften Lösung interner Schwachstellen, sondern wirken regelrecht als Katalysator zur Deutlichmachung von noch zu leistenden Vorbereitungs- und Begleitmaßnahmen im Sinne eines Organisationsentwicklungsprozesses.

Merke: Digitalisierungsmaßnahmen dürfen kein kosmetisches Breitbandantibiotikum sein und verstärken organisatorische Probleme, sofern keine ausreichende Vorbereitungsarbeit geleistet wurde.

Diese bestehen z.B. in der vollständigen Aufnahme, Dokumentation und vor allem Klärung von Prozesslandschaften, Übergaberegelungen an den Prozess-Schnittstellen, Definition von Verantwortlichen mit Entscheidungskompetenz, arbeitsinhaltlichen Detailklärungen, erforderlichen und tatsächlich vorhandenen Qualifikationen und vor allem der Klärung, wer eigentlich die Perspektive auf die Kommunikation zu internen wie externen Kunden übernimmt. Die Komplexität der Organisation, das Ausmaß eines Verregelungsgrades, eventuell diffuse Kenntnisse der Funktionsweise des eigenen Unternehmens sollte daher nicht nur erkannt und bestimmt, sondern auch gegebenenfalls so modifiziert werden, dass digitale Lösungen tatsächlich die versprochenen Vorteile zur Geltung bringen können. Simulationen müssen in Szenarien alle möglichen Eventualitäten, Neben-, Fern- und Rückwirkungen so aufzeigen, dass

Entscheidungsgrundlagen für noch zu leistende Anpassungs- oder Veränderungsmaßnahmen entstehen. Diese Erkenntnis macht deutlich, dass die Implementierung digitaler Anwendungssysteme meist organisationale Veränderungsprozesse erzeugt, die es gilt, in einem professionellen Change Management vorbereitend zu planen und prozessbegleitend zu realisieren. Welche Faktoren diese aus unserem bislang gesammelten Erfahrungswissen sind, soll später noch explizit und vertiefend aufgegriffen und erläutert werden.

Um die zuvor gestellten Fragen anhand verschiedener Perspektiven in eine holistische Betrachtung von Organisationen zu integrieren und zu verknüpfen, bedienen wir uns des von uns entwickelten sogenannten „Corporate Maturity & Alignment Navigators (CAN)®", der nachfolgend erläutert wird. Dieses Management-Modell nimmt konzeptionelle Anleihen am offenen Sozio-Techno-Ökonomischen-Ansatz von Prof. Heijo Rieckmann † (Rieckmann 1997) und dem Design komplexer Organisationen von David Hanna (Hanna 1988) und ist im Ursprung der Open-System-Generation zuzuordnen. Die Modifikationen und theoretischen wie praxeologischen Ergänzungen basieren auf eigenen Forschungen auf dem Gebiet der Systemtheorie (Neumann 1995), der Organisations- und Lerntheorien (Neumann 1997), dem Wissensmanagement (Neumann 2000), dem Veränderungsmanagement (Neumann 2007), der Management-Disziplinen (Neumann 2007) und zahlreichen persönlichen Anwendungserfahrungen aus der Führungs- und Beratungspraxis.

6.2 Der „Corporate Maturity & Alignment Navigator (CAN)®" zur Routenplanung digitaler Kompetenzentwicklung

Navigationssysteme sind Landkarten und nicht die Landschaft – das muss einleitend deutlich gemacht und unterschieden werden. Landkarten dienen der Standortbestimmung, der Einschätzung einer aktuellen Situation, zeigen Richtungen und mögliche Wege zur Zielerreichung auf und sollen Orientierung und Sicherheit in der Routenführung erzeugen. Navigationssysteme haben Modellcharakter, bestehen aus kognitiven Koordinaten und dienen einer umfassenden Berücksichtigung wesentlicher erfolgskritischer Faktoren. Navigationssysteme zeigen Ursache-Wirkungs-Relationen in ihrer Vernetzung auf und schaffen eine diagnostische Deutlichkeit hinsichtlich aktuellem (digitalen) Reifegrad und noch zu justierenden Stellgrößen. Im Unterschied zur Landkarte ist dann die Landschaft die tatsächlich gegebene organisationale Realität, die erkennbaren Reaktionsmuster, Verhaltens- und Handlungsmaximen wichtiger Akteure, die Beschaffenheit existierender Systemlandschaften, der Reifegrad der bestehenden Technologie, die spürbaren (mikro-)politischen Interessensgegensätze, die geschichtlich von Glaubenssätzen der Führungskräfte geprägten und gewachsenen Ordnungsmuster und Prozesse und oft nicht auf den ersten Blick erkennbare kulturimmanente Besonderheiten der Organisation („zweite Organisation"). Diese organisationsspezifischen Charaktermerkmale bestimmen die Ausgangssituation eines Prozesses der digitalen Kompetenzentwicklung ebenso wie die zu planenden notwendigen mitlaufenden prozessualen Veränderungsmaßnahmen und bieten nicht selten ein unwegsames Gelände. Deshalb ist nicht nur eine erfahrungsbasierte Geländegängigkeit, sondern insbesondere auch eine ausgeprägte „Überraschungskompetenz" gefordert – also die Fähigkeit auf Überraschungen überraschend gut reagieren zu können.

Am Beginn der Reise mit dem Navigator steht die Frage nach dem klaren Bild am Ende des Horizonts – also dem **„Big Picture"** ① als eine konkrete Beschreibung der Gegenwart in der Zukunft, sozusagen das *Jetzt* im Morgen, eine visuelle detailgenaue Vorstellung von Machbarkeiten und der **Klarheit hinsichtlich Existenzgrund** ① des Unternehmens oder der Organisationseinheit und welche Lösungen am Ende des Tages für Kunden von Relevanz sind, einen

Mehrwert in der Nutzung erzeugen und welches mögliches digitales Leistungsportfolio dies erfüllen kann.

In vielen Unternehmen können die Mitarbeiter*innen klar nennen, was sie tun und wie sie es tun. Schwieriger wird oft die Beantwortung der Frage, warum sie das eigentlich tun, für wen sie da sind und warum es die Organisation(seinheit) gibt („purpose"). Aus diesen Zweck-Überlegungen leiten sich vor dem Hintergrund eines geltenden Mind Sets zentrale **Ziele und Strategien** ② einer digitalen Kompetenzentwicklung ab und sind richtungsweisend für alle folgenden Entscheidungen und Maßnahmenpakete. Die zentrale Frage lautet daher – welche Ziele und Strategien einer Digitalisierung müssen wie realisiert werden, sodass marktrelevante Lösungen entstehen, die dem Kunden Nutzen stiften, eine wertvolle Kundenerfahrung und einen „Business Value" generieren. Der ständige Fokus auf (externe/interne) Kunden und Kunden des Kunden, auf den basalen Zweck von Organisationseinheiten, auf den Existenzgrund des Unternehmens und den dafür notwendigen Fine-tuning- und Refraiming-Maßnahmen stellen immerhin nachhaltig die Unternehmensentwicklung sicher!

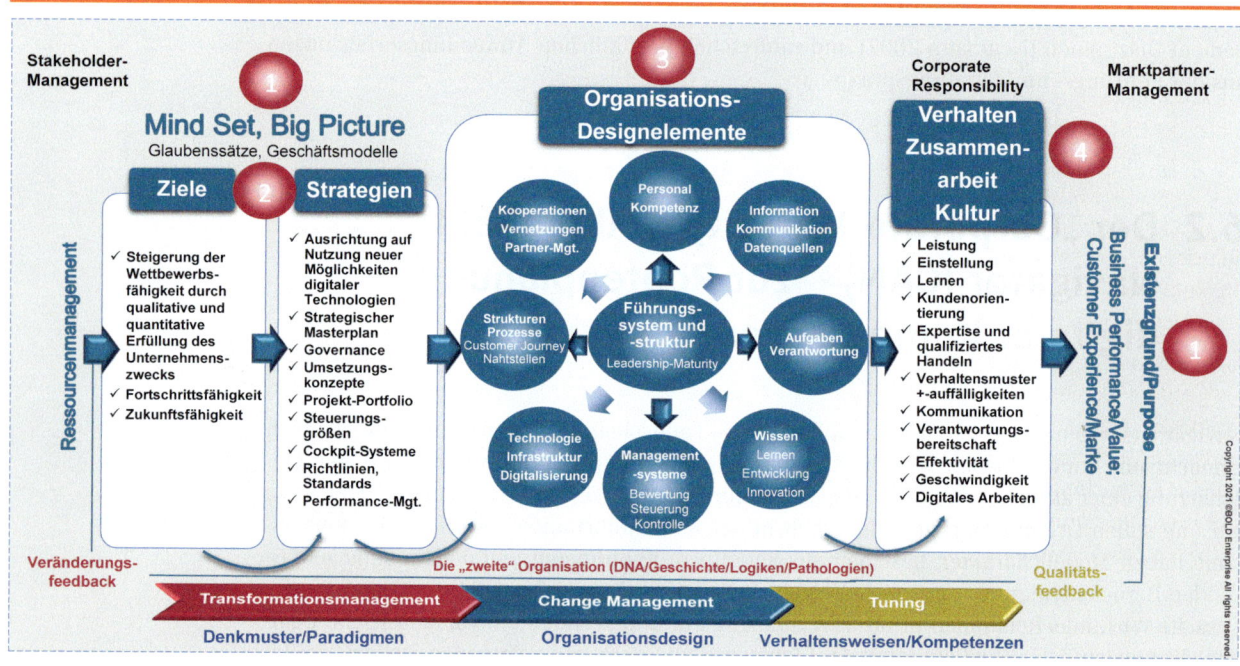

Bild 6.2 Corporate Maturity & Alignment Navigator (CAN)®

Das Herzstück des Navigators bilden die sogenannten **Organisations-Designelemente** ③ – also jene Stellgrößen, die auf ihre aktuelle Beschaffenheit konstruktiv kritisch diagnostisch zu hinterfragen bzw. zu prüfen und gegebenenfalls in der Umsetzungsplanung und Realisierung einer Digitalisierungsstrategie anzupassen bzw. zu re-designen sind. Das erste wesentliche Designelement ist die *Struktur* in der Aufbau- und Ablauforganisation und die Frage, welche Prozessdigitalisierungen erfolgen müssen bzw. Veränderungen der aktuell vorhandenen Prozesslandschaft notwendig sind, um letztlich verwertbare interne wie externe Lösungen zu erzeugen. Ein lediglich am Reißbrett entworfenes Organigramm reicht hier selten aus, weil es zum einen vielfach nicht jedem bekannt ist, zum anderen, weil die organisatorische Wirklichkeit damit kaum abgebildet ist und Geschäftsmodelle nicht sofort erkennbar widergespiegelt werden.

Ein weiteres Designelement konzentriert sich auf die Frage nach *Vernetzungs*formen und -graden des Unternehmens bzw. einzelner Einheiten. Welche Kooperationen bestehen in welcher Intensität und welche Stakeholder sind von Digitalisierungsmaßnahmen betroffen bzw. werden zukünftig in die interne Systemlandschaft zu integrieren sein und welche Schnittstellen-

bzw. Sicherheits- und rechtliche Regelungen sind hier notwendig zu entwerfen bzw. anzupassen?

Personal betrifft den nächsten und sehr zentralen Faktor in der Detailplanung von Digitalisierungsansätzen. Immerhin geht es um die zentrale Frage, welche Personengruppen von Digitalisierungsmaßnahmen betroffen sind, wie die aktuelle Kompetenz im Umgang mit digitalen Applikationen einzuschätzen ist, welche Ängste und damit verbundenen Widerstände bei der Implementierung neuer Lösungen zu erwarten sind und welche Form der Überzeugungsarbeit im Verstehen der Reaktionsmuster zu organisieren ist. Weiterhin ist natürlich in diesem Zusammenhang zu konkretisieren, wie eine notwendige Form der Weiterbildung entwickelt und angeboten werden kann, um eine geforderte digitale Handlungskompetenz schrittweise aufzubauen.

Die *Information* und eine dialogisch zu führende *Kommunikation* spielt nicht nur bei der Verdeutlichung der Digitalisierungsreise und Integration der Stakeholder in die zu realisierenden Umsetzungsschritte eine zentrale Rolle, sondern hat sich auch den unterschiedlichen Datenquellen und eventuell neu zu organisierenden Formen einer Kommunikation (Hol- vs. Bringschuld, elektronisch vs. Face-to-face) zu widmen.

Eine ebenfalls sehr zentrale Perspektive nimmt jene der *Aufgaben*, Zuständigkeiten und *Verantwortung*sbereiche ein. Zum einen gilt es zu klären, worin diese jeweils bestehen und wie diese im Unternehmen anderen Arbeitsbereichen bewusst und bekannt sind, und zum anderen sind die Auswirkungen von Digitalisierungsmaßnahmen auf den jeweiligen Tätigkeits- und Verantwortungsbereich zu hinterfragen und zu klären. „Der Köder muss ja dem Fisch schmecken und nicht dem Angler" – d. h. neue Lösungen, die Arbeitserleichterungen, Vereinfachungen, Zeitersparnis, Qualitätssteigerung, Kosteneinsparung usw. versprechen, müssen im Nutzen von den Anwendern selbst erkannt, erprobt und letztlich in die tägliche Arbeit integriert werden.

Ein weiteres Designelement betrifft das explizite und implizite *Wissen* und die aktuell vorhandenen Fähigkeiten im Sinne von geschäftsrelevanten Kernkompetenzen und wie dieses in Produkte und/oder Dienstleistungen bzw. Kundenlösungen integriert werden kann, sodass am Ende ein Mehrwert für Kunden entsteht. Es gilt aber auch zu klären, welches Wissen und welche Kompetenzen zur Realisierung einer Digitalisierungsstrategie noch erforderlich sind, wie Innovationen entstehen können und wie Lernimpulse von internen/externen Kunden zu notwendigen Verbesserungen und Optimierungen führen und Lernprozesse institutionalisiert werden können.

> „Der Köder muss dem Fisch schmecken und nicht dem Angler!"

Eine sehr verhaltensprägende Wirkung geht von den im Unternehmen existierenden *Management-Systemen* aus. Diese dienen der Bewertung, Steuerung und Kontrolle und haben fördernden (incentives) wie auch fordernden und sogar sanktionierenden Charakter. Mitarbeiter*innen orientieren sich an jenen Kriterien, an denen sie beurteilt werden, um im besten Fall organisational zu entsprechen. Damit stellt sich die Frage, welche bestehenden Mechanismen und Kriterien für welches Verhalten maßgeblich sind bzw. welches gewünschte Verhalten verhindern. Z. B. wurde in einem uns bekannten Unternehmen der IT-Consulting-Branche der Versuch unternommen, eine elektronische Wissensmanagement-Plattform nutzbar zu machen. Die Idee war, dass Projektleiter ein Projekt erst dann als finalisiert betrachten sollten, wenn „best practices" und „lessons learned" aus den Projekten gesammelt, reflektiert und im System so gespeichert sind, dass andere Bereiche auf dieses Wissen zugreifen können, um es für eventuell ähnliche Projekte zu nutzen. Wissensmanagement wurde Teil der Unternehmensstrategie, da daraus ein Wettbewerbsvorteil generiert werden kann. Leider nutzte niemand der Projektleiter dieses Tool. Zahlreiche Versuche, die Vorteile zu erläutern, Workshops zu veranstalten und Appelle der Nutzung auszusprechen, führten nicht tatsächlich zu einer flächendeckenden Anwendung. Nach einem diagnostischen Blick auf die intern existierenden Kontroll- und Belohnungskriterien wurde eine mögliche Ursache für die Nicht-Nutzung erkannt: Mitarbeiter*innen mussten eine monatliche tabellarische Stundenaufzeichnung führen. Diese beinhaltete Datum, Zeit, Tätigkeiten, Kunde und einen verrechenbaren Preis an den jeweiligen

Kunden. Am Ende des Monats zählten nur Produktivstunden, also jene, die auch verrechnet werden konnten. Warum sollte ein Mitarbeiter Zeit in die Reflexion, Dokumentation und Aufbereitung von best practices investieren, wenn diese Zeit in der Stundenaufzeichnung nicht als produktive Zeit buchbar ist. Und siehe da, nachdem auch diese Zeit in die Aufzeichnung aufgenommen werden konnte, wurde tatsächlich auch mehr an lessons learned generiert.

Eine weitere wesentliche Dimension nimmt natürlich die *Technologie* und die vorhandene Systemlandschaft selbst ein. Hier gilt es nicht nur zu klären, welches Leistungsspektrum und welche Kapazitäten und Möglichkeiten aktuell vorhanden sind, sondern insbesondere welche notwendigen Investitionen und Justierungen notwendig sind, aber auch, welche Folgekosten kalkulatorisch anzunehmen sind, um ein Potential an Digitalisierung auch tatsächlich in vollem Umfang nutzen zu können.

Für die erfolgreiche Realisierung einer Digitalisierungsoffensive ist wie bereits erwähnt das *Führungssystem, die Führungsstruktur* und der Reifegrad im Leadership-Portfolio wegweisend. Es gilt, Klarheit zu haben, was die Profession „Führungs-Kraft-Sein" inhaltlich und in der Rolle bedeutet. Es braucht Transparenz hinsichtlich der Frage, welche Führungsebenen welche konkreten Aufgaben übernehmen, über welche Entscheidungskompetenzen und Rechte/Pflichten sie verfügen und letztlich welche Verantwortung sie übernehmen. Leitlinien und Standards in der Führungsarbeit und realistische bzw. lebbare Werteprinzipien sollen zur Glaubwürdigkeit des Führungssystems beitragen. Die Management-Qualität bestimmt nicht nur die Brauchbarkeit zu treffender Entscheidungen, sondern auch die Form der Initialisierung, Steuerung und Verankerung von notwendigen Veränderungsmaßnahmen, um Prozesse einer digitalen Kompetenzentwicklung in ihrer Wirksamkeit zu stärken.

Merke: Das Reifeniveau der Führungsarbeit ist für die Realisierung von Digitalisierungsoffensiven wichtig!

Aus soziologischer handlungs- und strukturations-theoretischer Sicht ergibt das unternehmens-spezifische Arrangement der zuvor skizzierten organisationalen Designelemente eine Ordnung, die auf Basis von Richtlinien, Regeln, Standards, Routinen, Infrastrukturen und Messgrößen das **Verhalten** ④ der Organisationsmitglieder bestimmt, welches Handeln und welche Form der **Zusammenarbeit** legitimiert ist. Indem sich Menschen in ihrem Tun auf die geltende Hausordnung beziehen, wird diese nicht nur in ihrer Gültigkeit bestätigt, sondern auch in einem rekursiven Prozess verfestigt – Strukturen erzeugen also Verhalten und das Verhalten verstärkt Strukturen. Diese Erkenntnis ist insofern relevant, als dass in diesem strukturell erzeugten kollektiven Verhalten zum einen die Unternehmenskultur begründet ist und zum anderen existierende Veränderungsresistenzen und Trägheitsmomente verständlich werden. Damit wird aber auch deutlich, dass Apelle und Maßnahmen, die zur Veränderung mobilisieren sollen, nur dann erfolgreich sein können, wenn auch institutionalisierte und vielleicht schon pathologisch wirkende Muster erkannt und Gegenstand eines Reframing-Prozesses werden. Kollektive Verhaltensmuster sind vielfach Symptom und nicht Ursache, sind Botschaften, die aufzeigen, warum die Leute so denken und agieren wie sie es tun. Und spätestens an dieser Stelle können unterstützende Organisationsentwicklungsprozesse einen wertvollen Beitrag zum Gelingen einer Implementierung von Digitalisierungsstrategien zeigen.

Dem Navigator ist auch zu entnehmen, dass durch sinnvolle *Qualitäts- und Veränderungsfeedback*-Loops Indikationen resultieren, die zu unterschiedlichen Arten von Maßnahmen der Entwicklung, Optimierung, dem Lernen und der Veränderung führen, die sich in Dimension, Tragweite, Tiefgang und Laufzeiten unterscheiden. Diese Feedbacksysteme liefern marktrelevante Daten und Kunden-Einschätzungen, wichtige Frühwarnindikatoren, leise Signale und daraus resultierende Chancen und Risiken. Werden diese ernst genommen, konstruktiv aufgegriffen und für weiterführende interne und externe Lösungen und Verbesserungen genutzt, entsteht schrittweise eine alerte (risikobewusste, wachsame) bzw. lernende Organisation. *Tuning*maßnahmen, z.B. in Form von Training und Weiterbildung, dienen der Anpassung und Verhaltensänderung und dem Aufbau von Handlungskompetenz und setzen eher an der organisationalen Oberfläche an, Laufzeit und interne Wirksamkeit sind differenziert zu bewerten. Setzen Veränderungen im Innenleben der Organisation an, ist das Arrangement der Designelemente davon betroffen, so haben wir es im originären Sinn mit einem Change-Management-Prozess zu tun, der dementsprechend vorbereitet und professionell begleitet und geführt werden muss; mit

Laufzeiten zwischen zwei bis vier Jahren je nach Unternehmensgröße und Umfang ist zu rechnen. Sind für die Realisierung einer Digitalisierungsoffensive sogar Grundannahmen, Glaubenssätze, kognitive Koordinaten und Geschäftsprinzipien zu hinterfragen und neu zu entwerfen, weil sich auch Marktmechanismen und -bedingungen ändern, so sprechen wir hier von einer Transformation – einer vollständigen Neuordnung (lat. transformare). Ein Vergleich zwischen dem in der Natur sehr bekannten Beispiel der Transformation von Raupe zu Schmetterling und jenem in einer organisationalen Neuaufstellung und -ordnung ist teilweise zulässig. Die jeweiligen Formen sind genetisch gleichen Ursprungs, sehen aber anders aus, besitzen andere Fähigkeiten und bewegen sich in einem anderen Umfeld. Diese grundlegenden organisatorischen Umbauarbeiten und Neuausrichtungen bringen Laufzeiten zwischen oft 10 bis 15 Jahre mit sich und nicht selten sind diese erst abgeschlossen, wenn sich eine Organisation sozusagen generativ auswächst. Wir sehen dieses Phänomen insbesondere bei Mergers & Acquisitions wenn Unternehmen integriert werden und wie lange es dauert, bis die jeweilige Unternehmensvergangenheit aus den Köpfen und Verhalten der Mitarbeiter*innen ist, oder wenn sich Unternehmen vollkommen neu aufstellen müssen und noch alte kulturelle Denk- und Handlungsweisen in die Gegenwart wirken.

Damit wären wir auch schon bei der Frage, was ein Change-Management zu leisten hat bzw. kann, wenn Digitalisierungsmaßnahmen erfolgreich implementiert werden sollen, denn eigentlich handelt es sich in den meisten Fällen um professionell zu führende Prozesse der Organisationsentwicklung, die eine intensive Vorbereitung und Prozesssteuerung erfordern.

6.3 Digitalisierung als ein Prozess der Organisationsentwicklung und wie ein Change-Management unterstützend wirken kann

Veränderungsvorhaben sind vom Charakter her mikro- und interessenspolitische Programme, die meist auf divergierende Interessen im Wechselspiel von Entwicklung und Bewahrung treffen, durch unterschiedliche Befindlichkeiten verschiedenster Stakeholder beeinflusst werden, durch im Detail nicht vorhersehbare Eigendynamiken gekennzeichnet sind, immer auch schwer einschätzbare Risiken mit sich bringen und meist zahlreiche Heckenschützen auf ein Scheitern hoffen lassen. An der Umsetzung von Veränderungen zeigen sich jene Muster an kumulierten Widersprüchlichkeiten und hausgemachten Pathologien, für deren Bearbeitung wirksame Ansätze entwickelt werden müssen (Neumann 2020). Die Auseinandersetzung mit plötzlich neuen Situationen löst unterschiedliche Reaktionsmuster und (Eigen-)Dynamiken aus wie z.B. Schock, Betroffenheit, Orientierungs- und Hilflosigkeit, Zweifel, Resignation, Angst, offenen und verdeckten Widerstand, Flucht, „not-invented-here-syndrom", innere Kündigungshaltung, Dienst-nach-Vorschrifts-Mentalität und Abwanderungen von Leistungsträgern.

Ein **Change-Management** bildet ein Set an empfohlenen Verhaltensweisen, Vorgehensweisen, Methoden und Instrumenten, um Veränderungen in und von Organisationen erfolgreich und wirksam realisieren zu können. Dies erfordert nicht nur das Bewusstsein für die Tragweite und Dimension der damit verbundenen Interventionen und den zu antizipierenden Reaktionsdynamiken und Blow-backs, sondern auch die notwendige bereits erwähnte Überraschungskompetenz im Umgang mit denselben. Ein Management-of-Change hat sich in seiner Wirksamkeit der Umsetzung an Kriterien des Erfolgs wie **Kompetenz, Klarheit, Koalition und Kooperation, Kommunikation** und **Konsequenz** in deren Wechselspiel zu orientieren.

Bild 6.3 Kriterien des Veränderungserfolgs

1. **Kompetenz** und Wissen im professionellen Umgang mit der interessenspolitischen von einer diffusen Gewinner-Verlierer-Haltung geprägten Dimension. Zur „Art of Change" bedarf es neben einer Varietät an Designoptionen (je nach Indikation) eines angemessenen Einsatzes von Change-Methoden und Instrumenten innerhalb einer institutionalisierten „Corporate-Change-Governance", einer detailgenauen Diagnose von Ursache-Wirkungszusammenhängen, einer Pre-Konzeption und einer rollierenden Planung! Da die Betroffenen von Veränderungen die eigene Entscheidung zur Mitwirkung und Akzeptanz meist nicht an den Inhalten der Ziele beurteilen, sondern an der Frage, wer den Veränderungsprozess führt, ist die Einschätzung von Professionalität, Glaubwürdigkeit, Verlässlichkeit, Souveränität und Erfahrung der Leitfiguren für einen Change-Erfolg sehr maßgeblich und prägsam für den Prozessverlauf.

2. **Klarheit** eines „Big Picture" der Veränderung, die Beschreibung einer detailgenauen, realistischen Zukunftsvorstellung, die Orientierung und Perspektive gibt, Ziele konkretisieren, operationalisieren, den Sinn und Nutzen erkennen lässt. Darüber hinaus braucht es Deutlichkeit, Nachvollziehbarkeit und Transparenz in den Entscheidungen, sowie eine klare Ableitung von Etappen-Zielen und die Festlegung von Verantwortlichkeiten. Die Klarheit einer Veränderungsrichtung wird durch das Definieren von sogenannten Durchbruchsthemen mit großer Multiplikatorwirkung und nicht „nice-to-have" Pseudothemen, die sich nur auf oberflächliche Symptomkorrekturen konzentrieren, erzielt. Erreichte sogenannte Quick-Hits unterstreichen Zwischenerfolge, die die Wichtigkeit, Ernsthaftigkeit und Dringlichkeit zur Veränderung verstärken.

3. **Koalition und Kooperation** von Macht-, Beziehungs- und Fach-Promotoren einer Veränderung. Es bedarf sogenannter „dominanter Koalitionen", die im Sinne eines Interessensverbandes die akkordierten gemeinsamen Change-Ziele verfolgen. Deshalb existiert in der Change-Management-Disziplin häufig das Prinzip „entscheide zuerst das WER und dann das WAS". Es ist daher in eine unterstützende Community und in ein Netzwerk in einem interessenspolitischen Willensbildungsprozess zur Mobilisierung von Meinungen und Energien für Veränderung, Mut und Möglichkeit zu Entscheidungen und der Bereitstellung

nötiger Ressourcen zu investieren. Der mikro- bzw. interessenspolitische Anteil von Veränderung erfordert eine realistische Einschätzung von Stakeholder-Interessen, das Erkennen von Stellungskämpfen und psycho-sozialen Spielen sowie hidden agendas bzw. rules und deren Wirkungen. Diese Netzwerkarbeit konzentriert sich auch auf die Herstellung einer verbindlichen Mehrheitsfähigkeit, womit eine ergebnisorientierte Form einer transterritorialen Zusammenarbeit begünstigt werden kann.

4. **Kommunikation** beginnt beim Empfänger, entscheidend ist, was die Betroffenen hören und interpretieren. Eine „Need-for-Change-Kommunikation" in einer zielgruppengerechten „Trägerfrequenz" muss die notwendigen Veränderungsmaßnahmen verständlich und deutlich machen sowie einen regelmäßigen, direkten Austausch zum Fortgang der Veränderungsprozesse im Dialog mit den jeweiligen Stakeholder-Gruppen sicherstellen. Mangelnde Kommunikation wird gerne durch Spekulation ersetzt, woraus Gerüchte, Ängste und Orientierungslosigkeit resultieren. Umso wichtiger ist eine zielgruppengerechte Gestaltung einer Kommunikationsarchitektur, d. h. die adäquate Wahl von Zeitpunkt, Sprache, Medium, Dramaturgie, Storyline und Kernaussagen für die jeweils relevante Zielgruppe.

5. **Konsequenz** und somit verbindliches Einfordern von Vereinbarungen und ggf. Eskalation und Sanktion bei Missachtung und mangelndem Commitment. Insbesondere dann, wenn die Ergebnisziele von geplanten Veränderungsvorhaben zum Bestandteil von Zielvereinbarungssystemen werden und Führungskräfte in die Pflicht und Verantwortung genommen werden können, steigt der Verpflichtungs- und Konsequenz-Charakter in der Umsetzung. Ebenso müssen getestete und für brauchbar und umsetzbar befundene Lösungen mit begleitenden, adaptierten Standards, Richtlinien, Regeln, Informations-, Kommunikations- und Kontrollmechanismen ausgestattet werden, so dass diese in die Hausordnung eines Systems eingepflegt werden können.

> „Mangelnde Information und Kommunikation wird durch Spekulation ersetzt!"

Beispiel:

In einem internationalen Unternehmen der Pharma und Chemie Branche wird im Vorstand in Akkordierung mit dem Aufsichtsrat die digitale Kompetenzentwicklung als strategischer Schwerpunkt definiert und deutlich in die Planung integriert (Klarheit). Nach dem Prinzip „entscheide zuerst das Wer und dann das Was" wurden auf der Bereichsleiterebene Tandems gebildet, bestehend aus den Business-Unit-Leitungen selbst in der Rolle der Macht- und Beziehungspromotoren – ergänzt um Facilitator in der Rolle der Fach- und Prozesspromotoren (dominante Koalitionen und Kooperation). Das Council der Bereichsleitungen konnte wichtige Umsetzungsentscheidungen treffen und die Facilitator als Nachwuchsführungskräfte standen in der operativen und fachlichen Verantwortung der konkreten Umsetzung im Kaskadierungsprinzip entlang der jeweiligen Managementebenen. Die Gruppe der Facilitator wurde parallel dazu in einem modularen Management-Development-Programm in Themen der Digitalisierung, des Projektmanagements und des Change-Managements trainiert (Kompetenz) und in regelmäßigen Supervisionsgruppen und Status-Workshops wurde der jeweilige Projektfortschritt im Sinne einer rollierenden Planung reflektiert und mittels institutionalisierten Governance-System im Fortgang und im Erfolg überprüft. Das strategische Schwerpunkt-Thema der Digitalisierung wurde in die Zielvereinbarungen der Führungsebenen integriert und führte zu additiven qualitativen wie auch quantitativen Messgrößen für einen erfolgsabhängigen Gehaltsanteil. Die Ziele der digitalen Kompetenzentwicklung waren damit zusätzlicher Bestandteil der jährlichen Geschäftsplanung und in regelmäßigen Reviews wurde geprüft, inwieweit die ausgewählten bereichsübergreifenden Themen „on track" sind. Damit wurde sowohl der Verpflichtungscharakter, als auch die Verbindlichkeit und Konsequenz in der Umsetzung deutlich erhöht. Der Umsetzungsprozess wurde zum einen mit wirksamen Maßnahmen eines Veränderungsmanagements begleitet und zum anderen erfolgte durch ein Corporate Communication Center eine laufende Information und Kommunikation zum jeweiligen Projektstatus, zu bereits erreichten Quick-hits und weiteren Maßnahmen für einen perspektivischen Ausblick.

Wenn all die genannten erfolgsrelevanten Faktoren gegeben sind, gilt es, den Prozess der Umsetzung in seinen **Etappen und Phasen** und den damit verbundenen konkreten Tätigkeiten und Verantwortlichkeiten zu beschreiben.

Bild 6.4 Etappen im Change-Management

Change Prozesse haben in der Regel nur eine Chance gestartet zu werden – der erste Eindruck an Professionalität zählt. Daher muss der „Kairos" als gefühlt richtiger Moment (die Zeit ist reif) ebenso passend sein wie der „Chronos" als zeitlich geplanter Prozess entlang einer Roadmap. Daraus resultiert die Erkenntnis, dass die mit digitaler Kompetenzentwicklung einhergehenden Veränderungsmaßnahmen detailgenau unter Berücksichtigung von möglichen Risiken, Stakeholder-Konstellationen, erwartetem Sponsorenverhalten szenario-ähnlich simuliert und antizipiert werden müssen. Und dies womöglich schon bevor ein offizieller öffentlicher Startschuss (in den Sand) gesetzt wurde.

Merke: Veränderungs- und Entwicklungsvorhaben sind keine Tiefkühl- kost, die nach Belieben eingefroren und wieder aufgetaut werden kann!

Es bedarf einer erfolgsrelevanten und für den weiteren Verlauf ausschlaggebenden Phase der **(Pre-)Initialisierung.** Hier ist vor allem Überzeugungs- und Mobilisierungsarbeit bei (mikro-) politisch relevanten Entscheidungsträgern auf mehreren Managementebenen zu leisten, Interessensgemeinschaften sind zu erkennen bzw. zu bilden, sodass die Vorhaben auch den notwendigen Konsens, Rückenwind und Ressourcen (materiell/immateriell) erhalten. In dieser Phase sind natürlich auch die Ziele und angestrebten Ergebnisse zu konkretisieren und im Nutzen übersetzbar zu machen. Die Basis dafür bilden die Erkenntnisse einer ersten Diagnose und Einschätzung des Reifegrades an Digitalisierung anhand der Fragen wie im Navigator zuvor beschrieben. Daraus resultieren konkrete „Durchbruchsthemen" – Schwerpunktsetzungen mit Hebel- und Multiplikationswirkung. Diese Diagnose benötigt meist einen Methodenmix an Dokumentenanalysen, Einzel- und/oder Gruppengesprächen, Prozessdiagrammen usw. Eine Methode der schnellen und treffsicheren und für die Implementierung von Digitalisierungsstrategien nutzbringende Möglichkeit der Analyse und Diagnose bietet das auf dem Prinzip „put the whole sytem in one room" (Weisbord 1983) basierende Ansatz des sogenannten *„Lebenden Auftrags®"*.

Der **„Lebende Auftrag®"** als unternehmens-diagnostischer Ansatz auf Basis einer verhaltens- orientierten Echtzeit-Simulation entfaltet seinen Wert dann, wenn eine Ernsthaftigkeit im Interesse des Erkennens und der Reflexion von wahren Ursachen, warum im Unternehmen Dinge so laufen wie sie laufen, besteht, um folglich verwertbare Hinweise für einen daraus resultierenden notwendigen Veränderungsprozess zu gewinnen. Durch die Anwesenheit aller an ausgewählten Prozessen mitwirkenden Bereiche wird wechselseitig deutlich, wer eigentlich wofür zuständig, verantwortlich und entscheidungsbefugt ist und welche Arbeiten konkret von wem erfüllt werden. Diese Reise ins Innere des Unternehmens schafft so mehr Klarheit, Nachvollziehbarkeit aber auch Deutlichkeit von hausgemachten Abstimmungsproblemen und lässt Möglichkeiten erkennen, diese zukünftig zu ändern.

Um den Erfolg dieser Form der Diagnose zu gewährleisten, ist ein Top-Down-Ansatz hilfreich: In einem „co-creativen" Prozess werden gemeinsam mit dem Top-Management die strategischen Stoßrichtungen und die daraus abzuleitenden Ziele für eine digitale Kompetenzentwicklung definiert. Es werden jene davon betroffenen Unternehmensbereiche ausgewählt, von denen die bereichsübergreifenden Prozesse in einer Diagnose nach dem „Lebenden Auftrag®" auf mögliche Optimierungen, Vereinfachungen, Beschleunigungen usw. hin konstruktiv kritisch hinterfragt werden sollen.

Die Führungsverantwortlichen dieser ausgewählten Bereiche erarbeiten dann in einem Prozessaufnahme-Workshop anhand konkreter Leitfragen einen Überblick über die Ist-Situation jener Echt-Fälle, die in der Simulation zur Anwendung kommen. Daraus wird schon ansatzweise ersichtlich, wo einerseits mögliche Verbesserungen ansetzen könnten und welche Besonderheiten hinsichtlich „digital vs. analog" berücksichtigt werden müssen. Es muss auch geklärt werden, welche Dokumente, Arbeitshinweise, digitalen Kanäle, unterschiedliche Programme und Systemlösungen notwendig sind, um den konkreten „lebenden Echtzeit-Auftrag" so realitätsnahe wie möglich darstellen zu können. Nach dieser Vordiagnose werden repräsentativ für das Gesamtunternehmen Führungskräfte und Mitarbeiter*innen aus allen ausgewählten Geschäftsbereichen zum zwei Tage dauernden „Lebenden Auftrag®" eingeladen.

Zu Beginn dieser Real-Time-Simulation (ab 20 bis ca. 100 Personen) werden Hintergrund, Zielsetzung, Zweck und das ausgewählte Setting geklärt, sowie die organisatorischen Rahmenbedingungen, Rollen, Arbeitsweisen und Verhaltens-Spielregeln definiert. Ein typischer tatsächlicher ehemaliger oder auch laufender interner/externer Auftrag bzw. Sachverhalt wird entlang vor- und nachgelagerter interner/externer Kunden-Lieferanten-Beziehungen – symbolisch durch eine Person repräsentiert – in simulierter Echtzeit durchgespielt. Dadurch werden Ansätze für digitale Optimierungsmöglichkeiten erkannt und exploriert. Anhand eines diagnostischen Fragenkataloges lassen sich dann unter Mitwirkung aller von möglichen Umstellungen Betroffenen konkrete Ansätze zur Steigerung der „Digital Excellence" im Unternehmen identifizieren und verdichtete Themenschwerpunkte gemeinsam erarbeiten, die dann in der Folge mittels einem „Corporate-Change-Governance- System" in der Verantwortung der jeweiligen Führungskräfte bearbeitet werden.

Zusätzlich zur Identifikation einer existierenden bzw. zu entwickelnden digitalen Kompetenz wird mit dieser „Reise durchs eigene Unternehmen" ein Erkennen und Hinterfragen von u.a. Aufgaben-/Funktionsbereichen, Entscheidungskompetenzen, Kommunikationsstörungen, Abstimmungsproblemen, Schnittstellenregelungen, internes/externes Kundenverständnis, Verhaltensmuster, Ressort-Egoismen, kulturellen Besonderheiten, nicht aufgearbeiteten Altlasten und Optimierungsmöglichkeiten gefördert. Durch das Begreifen von Gesamt-Zusammenhängen in der arrangierten sozialen Öffentlichkeit wird Transparenz, Direktheit und unmittelbare, offene Besprechbarkeit von Unklarheiten, Auffälligkeiten und Widersprüchlichkeiten ebenso gefördert, wie die kollektive Möglichkeit für kreative Lösungsfindungen zur Steigerung digitaler Exzellenz. Verfälschungen im Auftreten, im Verhalten, in den Aussagen und im Agieren der Teilnehmer*innen werden durch die Anwesenheit des sozialen Korrektivs minimiert.

Die gewonnenen Eindrücke, Erfahrungen, Erkenntnisse und Ergebnisse aus der Analyse- und Diagnosephase bestimmen die Schwerpunktsetzungen in der weiteren Bearbeitung und liefern die Grundlage für die Etablierung einer möglichen **„Transitionsorganisation",** die im Aufbau meist aus Steuerungskreis, Programmverantwortung, Teilprojektleitungen und Verantwortlichen für eine Change-Kommunikation besteht, wie die nachfolgende Abbildung verdeutlicht.

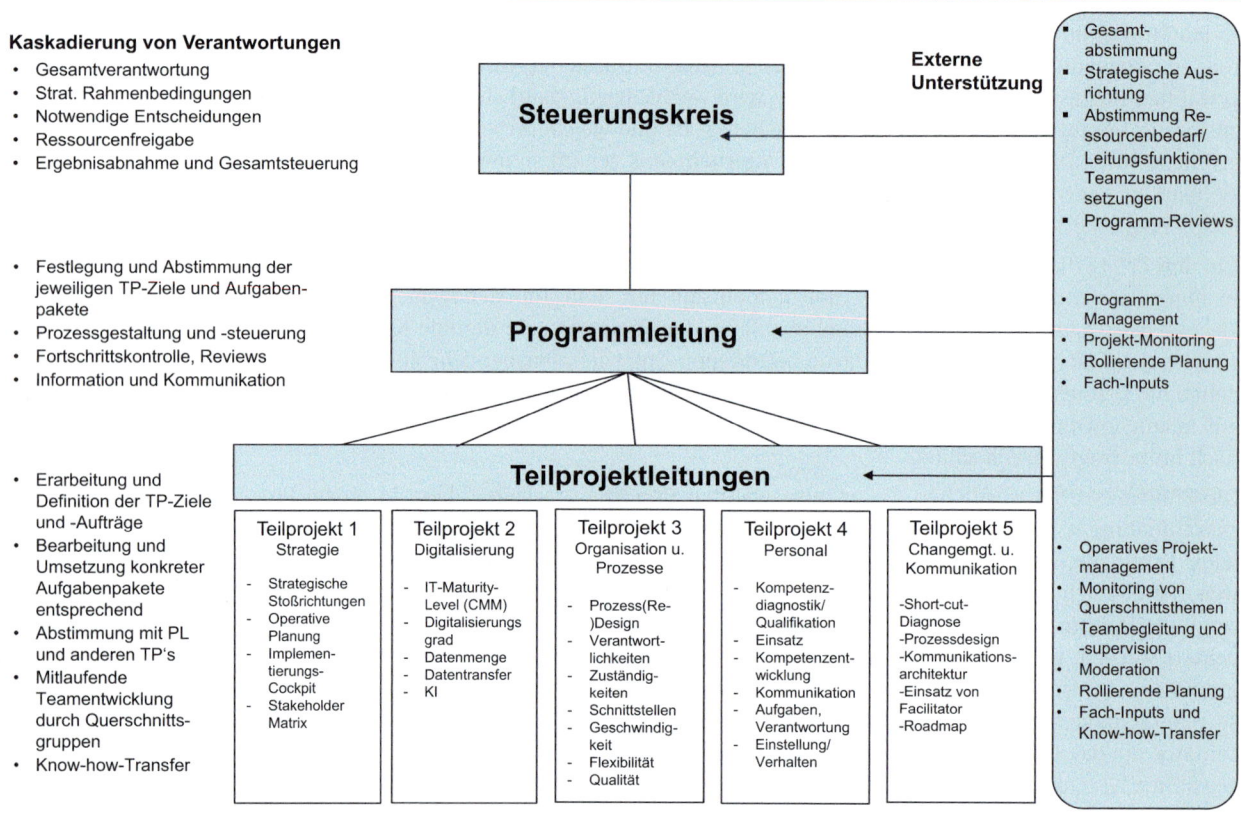

Kaskadierung von Verantwortungen
- Gesamtverantwortung
- Strat. Rahmenbedingungen
- Notwendige Entscheidungen
- Ressourcenfreigabe
- Ergebnisabnahme und Gesamtsteuerung

- Festlegung und Abstimmung der jeweiligen TP-Ziele und Aufgabenpakete
- Prozessgestaltung und -steuerung
- Fortschrittskontrolle, Reviews
- Information und Kommunikation

- Erarbeitung und Definition der TP-Ziele und -Aufträge
- Bearbeitung und Umsetzung konkreter Aufgabenpakete entsprechend
- Abstimmung mit PL und anderen TP's
- Mitlaufende Teamentwicklung durch Querschnittsgruppen
- Know-how-Transfer

Externe Unterstützung

Steuerungskreis

Programmleitung

Teilprojektleitungen

Teilprojekt 1
Strategie
- Strategische Stoßrichtungen
- Operative Planung
- Implementierungs-Cockpit
- Stakeholder Matrix

Teilprojekt 2
Digitalisierung
- IT-Maturity-Level (CMM)
- Digitalisierungsgrad
- Datenmenge
- Datentransfer
- KI

Teilprojekt 3
Organisation u. Prozesse
- Prozess(Re-)Design
- Verantwortlichkeiten
- Zuständigkeiten
- Schnittstellen
- Geschwindigkeit
- Flexibilität
- Qualität

Teilprojekt 4
Personal
- Kompetenzdiagnostik/ Qualifikation
- Einsatz
- Kompetenzentwicklung
- Kommunikation
- Aufgaben, Verantwortung
- Einstellung/ Verhalten

Teilprojekt 5
Changemgt. u. Kommunikation
-Short-cut-Diagnose
-Prozessdesign
-Kommunikationsarchitektur
-Einsatz von Facilitator
-Roadmap

- Gesamtabstimmung
- Strategische Ausrichtung
- Abstimmung Ressourcenbedarf/ Leitungsfunktionen Teamzusammensetzungen
- Programm-Reviews

- Programm-Management
- Projekt-Monitoring
- Rollierende Planung
- Fach-Inputs

- Operatives Projektmanagement
- Monitoring von Querschnittsthemen
- Teambegleitung und -supervision
- Moderation
- Rollierende Planung
- Fach-Inputs und Know-how-Transfer

Bild 6.5 Beispielhafte Transitionsorganisation

In der Umsetzungs- bzw. **Steuerungsphase** werden die einzelnen Teilprojekte in funktionalen bzw. cross-funktionalen Teams bearbeitet – teilprojektübergreifende Abstimmungen, die Klärung notwendiger Entscheidungen und wechselseitige Abhängigkeiten von Teilprojekt-Ergebnissen erfolgen in regelmäßigen Status-Workshops, die im Ablauf dem Prinzip der *„rollierenden Planung"* folgen. Geplante Maßnahmen laut Roadmap werden mit tatsächlichen Ergebnissen verglichen. Diese werden auf ihre Ergebnisse und Wirkung hin reflektiert und auf Basis der gewonnenen Erkenntnisse erfolgt eine proaktive Anpassung bzw. Ergänzung der nächsten Schritte. Diese nächsten Schritte werden auf psycho-soziale Wirkungen, soziale Befindlichkeiten bzw. Reaktionen und noch zu treffenden Managemententscheidungen und Begleitmaßnahmen hinterfragt. Die Dynamik und Komplexität dieser meist spannungsreichen Veränderungsprozesse erfordern sozusagen aus einer *Hubschrauber-Perspektive* rückblickende, reflexive und vorausschauende, konstruktive Fragen an den Prozess (Was lief bisher gut? Was weniger gut? Was muss zukünftig geändert werden?). An dieser Stelle gilt es, eine Vorwurf-Rechtfertigungs-Haltung und ein Sündenbock-Syndrom zu vermeiden, da dies jeglichen Lernfortschritt blockieren würde.

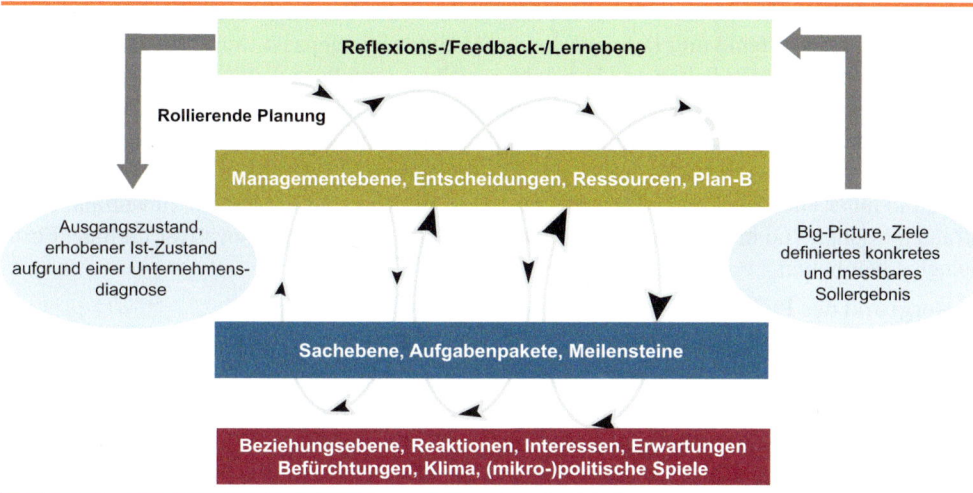

Bild 6.6 Das Prinzip der „rollierenden Planung"

Eine der wesentlichen Begleitmaßnahmen konzentriert sich auf die ständige zielgruppengerechte Kommunikation mittels ausgewählter Medien in einer nachvollziehbaren Dramaturgie und verständlichen Botschaft. Die Konsequenz und Ernsthaftigkeit wird in der Umsetzungsphase mittels des „Corporate-Change-Governance-Prinzips" verstärkt, in dem konkrete Umsetzungsthemen zur Realisierung einer Digitalisierungsstrategie in Zielvereinbarungssysteme für verantwortliche Führungskräfte aufgenommen und messbar gemacht werden. Nach dem „dualen Management-Prinzip" wird über „fordern und fördern" der Veränderungsprozess im Sinne eines „pacings" und einer zu wählenden „Stretch-Strategy" (weder Über- noch Unterforderung) im Zeitverlauf, Arbeitsaufwand und Intensität neben dem Tagesgeschäft dosiert. Die im Umsetzungsprozess generierten Lösungen und Ergebnisse müssen letztlich in die Richtlinien, Regeln, Routinen, Standards, Prozessverläufe und Zuständigkeiten im Sinne einer **Verankerung** bzw. Institutionalisierung eingepflegt und zum neuen Bestandteil der (neu) geltenden Hausordnung und Leistungserstellung werden. Begleitende Personal- und Managemententwicklungs-Maßnahmen haben unterstützenden Charakter, um Professionalität und Sicherheit in der Anwendung zu fördern.

Nachdem wir eingangs perspektivisch neu zu stellende Fragen im Zuge der Digitalisierung formuliert haben, unsere integrative Betrachtung von Organisationen entlang dem Navigator vorgestellt haben, für den Entwurf und die Implementierung von Digitalisierungsstrategien einen Prozess der Organisationsentwicklung als unabdingbar propagiert haben und die dafür notwendigen Erfolgsfaktoren erläuterten und auch den Prozess der Umsetzung in Etappen vorgestellt haben, sollen nun auch Beispiele aus der jüngsten Begleitungserfahrung zeigen, wie die praktische Umsetzung dazu aussieht.

Praxisbeispiel: „Digitale Kompetenz als Teil der DNA eines Unternehmens in der Energiewirtschaft"

Ausgangslage

Seit dem großen Umbruch (der Liberalisierung) im Energiemarkt sehen sich Unternehmen im Energiesektor mit der Herausforderung einer digitalen Transformation ständig konfrontiert. Durch den freien Wettbewerb, große Datenmengen und erheblichen Energiebedarf (Energieintensität), die gehobenen Kundenansprüche und -bedürfnisse wie Energiekosten sparen, Transparenz, Einfachheit, Rechtssicherheit, Automatisierung, Bestpreise und „Sorglospakete", ist beträchtlicher Handlungsbedarf gegeben. Es kann also davon ausgegangen werden, dass die Digitalisierung einen hohen Stellenwert im Leistungsportfolio von Energieversorgungsunternehmen einnimmt und technologische Evolutionen den größten Einfluss auf das Bestehen im Energiemarkt haben.

Das bedeutet im Umkehrschluss, dass das „Big Picture" des Unternehmens, die Ziele und Strategien, Prozesse, Systeme und Daten sowie die Abläufe so angepasst werden müssen, um mit dem Mitbewerber Schritt halten zu können bzw. sich bestenfalls von diesem zu differenzieren. Die strategischen Schwerpunktsetzungen müssen daher kritisch reflektiert bzw. neu gedacht und zeitgemäße bzw. zukunftsträchtige Geschäftsmodelle entwickelt werden. Wachstums- und Innovationsstrategien sollen die Industrie-, Technologie- und Wettbewerbstrends berücksichtigen, um einer effektiven und effizienten Energie- und Klimapolitik gerecht zu werden. Diese Strategien sollen und müssen auch die Entwicklung und Erprobung innovativer digitaler Technologien beinhalten.

Hintergrund des Praxisfalls

Beschrieben wird der Fall eines Energieversorgungsunternehmens, welches gesamthafte Energielösungen und maßgeschneiderte Energie-Dienstleistungen anbietet. Um zukünftige Herausforderungen erfolgsrelevant zu priorisieren und zu bewältigen, ist es neben der gesamtunternehmerischen strategischen Ausrichtung für das Unternehmen essentiell, die möglichen Handlungsalternativen für die einzelnen Wertschöpfungsketten laufend zu evaluieren. Durch das heterogene Produkt- und Leistungsportfolio des Unternehmens und dem differenzierten Absatzmarkt mit diversifizierten Zielgruppen ist ein verstärktes Denken in Produkt-/Markt-Kombination erforderlich. Der Fortbestand als Energiedienstleister erfordert ganzheitliche, bereichsübergreifende Geschäftsprozesse und gezielte Maßnahmen in den Bereichen Standardisierung, Digitalisierung und Prozesskostenoptimierung.

Ein Mehr an Dienstleistungsbreite und -tiefe stellte auch erhöhte Anforderungen an eine Aufbau- und Ablauforganisation. Nach strukturellen Anpassungen wurden weitere Schritte zur professionellen, zukunftsfähigen, markt- und kundenorientierten Unternehmensentwicklung notwendig, um weiterhin die Innovationskraft, Flexibilität, Schnelligkeit und Agilität in der Planung, Produkt- bzw. Projektentwicklung zu stärken.

Die schrittweise Erreichung der Zielbilder und Strategien des Unternehmens und die Umsetzung der neuen Organisationsstruktur wurde u. a. mit der Schaffung eines neuen Geschäftsbereiches vorangetrieben mit dem Auftrag, die Digitalisierungskompetenzen zu bündeln. Die Entwicklung, Implementierung und Operationalisierung einer Digitalisierungsstrategie als integrierter Bestandteil der Unternehmensstrategie ist das übergeordnete Ziel des neuen Geschäftsbereiches.

Vorgehensweise und Status-Quo

Im Zuge der Institutionalisierung einer professionellen und zukunftsfähigen markt- und kundenorientierten Organisationsform wurde für eine Ist-Analyse der Zusammenarbeit, der Schnittstellen, der jeweiligen Funktionen, Aufgaben und Verantwortlichkeiten und einer Prozessdiagnose das Konzept des „Lebenden Auftrages®" durchgeführt. In dem zweitägigen Workshop bildeten ca. 40 Teilnehmer*innen einen repräsentativen Querschnitt über die Gesamtorganisation.

Für das Unternehmen gebräuchliche interne Abläufe (z. B.: Kundenanfragen, Bemusterung, Arbeitsvorbereitung, Bestellwesen, Produktion und Vertrieb) wurden simuliert und exploriert und basierend auf den gewonnenen Erkenntnissen konnten Hinweise auf den Reifegrad der digitalen Kompetenz der Organisation abgeleitet werden. Der Erkenntnisgewinn aus der Unternehmensdiagnose brachte mehr als zehn zentrale Durchbruchsthemen hervor, wobei wir uns im Zuge dieses Praxisbeispiels auf das Thema „Digitalisierung und IT-gestütztes Geschäftsprozessmanagement" konzentrieren.

Um die Ziele dieser Schwerpunktsetzung, nämlich die Entwicklung und Umsetzung einer IT-, Digitalisierungs- und Mitarbeiterentwicklungsstrategie für das Unternehmen, das Ausweiten von best practices, das Nutzen bereits vorhandener Digitalisierungsinstrumente (wie z. B. Automatisierte Arbeitszeit- und Reisekostenerfassung und -abrechnung) und das Erzeugen von Synergieeffekten, zu erreichen, ist es notwendig, eine ganzheitliche Betrachtungsweise zu wählen und ein klares Commitment der Unternehmensleitung und aller Führungsebenen einzufordern. Ein erstes Signal an Ernsthaftigkeit entstand durch die Schaffung und strukturelle Sichtbarmachung des neuen Geschäftsbereiches.

Damit Digitalisierung als Teil der DNA des Unternehmens existiert, reicht es nicht aus, bereichsinterne Initiativen anzustoßen und umzusetzen. Der Prozess der Digitalisierung muss pro-aktiv gesteuert und dementsprechend bereichsübergreifend forciert werden, um auch den Umsetzungs- und Verpflichtungscharakter auf Managementebene zu erzeugen. Dies bedeutet im vorliegenden Fall, dass die Geschäftsführung in regelmäßigen Abständen mit konkretem Entscheidungsbedarf konfrontiert wird und die machtpolitische Stellung nutzt, um übergeordnete Maßnahmen einfordern zu können.

Für die neue Geschäftsbereichs-Leitung war es also in einem ersten Schritt nicht nur notwendig, sich mit dem neu zusammengesetzten Team auseinanderzusetzen, sondern auch die Kunden (extern und intern) einzuordnen, den Dienstleistungscharakter hervorzuheben und Erfolgsvoraussetzungs-Kriterien zu erarbeiten, um am Ende des Tages eine eindeutige Positionierung im Unternehmen zu erreichen. In einem nächsten Schritt wird das Thema der Digitalisierung zentral in der Unternehmensstrategie verankert, um eine Grundlage zur digitalen Transformation zu schaffen.

Merke: Um eine Grundlage für digitale Transformation zu schaffen, muss das Thema Digitalisierung zentral in der Unternehmensstrategie verankert sein!

Stolpersteine und Erfolgskriterien bei der Verankerung einer digitalen Kompetenzentwicklung – Learnings aus dem Praxisbeispiel

Es ist sinnvoll, eine Evaluierung der mit der Technologie in Zusammenhang stehenden Potentiale im Kerngeschäft des Unternehmens durchzuführen. Die Vernetzung mit allen Geschäftsbereichen und die Bündelung vorhandener Stärken und Kernkompetenzen sind ausschlaggebend dafür, auch im Bereich Digitalisierung gezielt Projekte zu entwickeln und umzusetzen. Dadurch erhält man Aufschluss über die Leistungsfähigkeit der eingesetzten Technologien und der an den Projekten beteiligten Bereiche und Personen – digitale Kompetenz wird transparent gemacht. Werden (Pilot-)Projekte erfolgreich gemeinsam umgesetzt, ist durch die gewonnenen Erfahrungen auch eine Schärfung in der strategischen Ausrichtung möglich.

In dem Unternehmen wurde erkannt, dass es für das unternehmensrelevante Umfeld rechtliche Rahmenbedingungen und adaptierte Systemlandschaften erfordert, und dass intern neue Voraussetzungen in der Organisationsstruktur und Infrastruktur geschaffen werden müssen.

Die Institutionalisierung einer Strategie zur Vorbereitung auf die digitale Zukunft ist ein Unternehmensentwicklungsprozess. Damit Menschen, Strukturen, Daten und Prozesse so miteinander korrespondieren, bedarf es eines hohen Maßes an Reifegrad des Unternehmens, einem Commitment des Managements, einer professionelle Information und Kommunikation, unmissverständlicher Botschaften und transparenter und messbarer Ziele.

Gibt es keine übergeordnete Digitalisierungsstrategie, besteht die Gefahr, lediglich auf Initiativen, die punktuell von unterschiedlichen Bereichen oder Personen im Unternehmen (meist, um für plötzlich auftretende Themen oder Herausforderungen des Alltags Lösungen zu schaffen) angeregt werden, zu reagieren. Eine Digitalisierungsstrategie dient hingegen dazu, Prozesse der Digitalisierung pro-aktiv zu steuern und entsprechend voranzutreiben und darf per se kein Selbstzweck sein.

Wird es verabsäumt, ein auf das Gesamt-Unternehmen abgezieltes Zukunftsbild zu entwickeln, fehlt nicht nur das Verständnis und das Engagement der beteiligten und betroffenen Unternehmensbereiche, sondern schlimmstenfalls sind auch Demotivation und Resignation die Folge. Es sollte vermieden werden, kreative und produktive Ideen unreflektiert zu verwerfen, aber auch, vorschnell Konzepte zu entwickeln, die in weiterer Folge nicht zur Umsetzung kommen.

6.4 Prinzipien und Leitlinien zur erfolgreichen Realisierung einer digitalen Kompetenzentwicklung

Die Entwicklung und Umsetzung von Strategien zur Realisierung einer digitalen Kompetenzentwicklung benötigen die höchste Form von Aufmerksamkeit und Professionalität im Management. Dabei kommt es auf Verbindlichkeit und den Mut zu Entscheidungen an, auf die Brauchbarkeit und Realisierbarkeit konkreter Ziele, die Ernsthaftigkeit des Managements, das Wissen um mögliche Reaktionen, Begleiteffekte und Blow-Backs, das gezielte Schaffen von Unterstützung, die umfassende Kenntnis eines fundiert diagnostizierten Tickens der Organisation, die Professionalität im Einsatz von Methoden und Instrumenten, das Bilden von internen und externen Netzwerken, die Ausdauer und Konsequenz in der Umsetzung und einer gelebten Verantwortung für Ergebnisse.

Die Entscheidungsgrundlage für einen Entwurf und der Umsetzung einer Digitalisierungsstrategie ist entweder durch ein „Pull-Prinzip" – einer Skizze und Deutlichmachung eines attraktiven und sinnstiftenden Zukunftsbildes mit realistischer Machbarkeit für neue Geschäftsoptionen, oder aber durch ein „Push-Prinzip" – einem existierenden Leidensdruck bei den Entscheidungsträgern, das Überleben des Unternehmens und eine nachhaltige Geschäftsfähigkeit absichern zu müssen. In beiden Fällen bedarf es eines akkordierten Netzwerks von unterstützenden Promotoren, Multiplikatoren und Influencern unter den Stakeholdern womit Digitalisierung zu einem (mikro-)politischen Willensbildungs- und Mobilisierungsprozess wird. Das Gefühl der Wichtigkeit, Brauchbarkeit, Ernsthaftigkeit und Dringlichkeit muss bei den betroffenen und zu beteiligenden Personengruppen erzeugt werden und wir wissen, dass Kommunikation beim Empfänger und nicht beim Sender beginnt.

Merke: Digitalisierung benötigt einen (mikro-)politischen Willensbildungs- und Mobilisierungsprozess!

Eine auf Kompetenz basierende Routenplanung mit professioneller Streckenführung muss darüber hinaus Klarheit, Sicherheit und Transparenz beinhalten. Von zentraler Bedeutung ist dabei immer, dass ein „ungestörter Betrieb trotz Umbau" gewährleistet wird, d. h. laufende Kernprozesse dürfen durch eventuelle Veränderungen keinen für den Kunden und Lieferanten erkennbaren Performance-Einbruch erfahren. Die Bereitschaft zu einer Anpassung, Veränderung oder womöglich Transformation durch Digitalisierungsmaßnahmen erfordert stets auch eine zukunftsfähige und nicht auf Beharrlichkeit und Herrschaftlichkeit ausgerichtete Unternehmenskultur, mit einer Hausordnung, die Reflexion, Lernen und Innovation begünstigt und belohnt. Dies erfordert in jedem Fall Wissen um existierende System-Logiken und geschichtlich bzw. personell geprägte Auffälligkeiten, sodass die „richtigen" „Change-Hebel" erkannt und in ein stringentes System der Bearbeitung aufgegriffen werden können. Der Prozess der Umsetzung sollte dem Prinzip einer rollierenden Planung folgen und benötigt immer auch einen Plan B, eventuell auch Exit- und Fall-back-Strategien bzw. mögliche Soll-Bruchstellen im Prozess.

Merke: Digitale Kompetenzentwicklung muss stets nach dem Prinzip „Ungestörter Betrieb trotz Umbau" erfolgen.

Praxisbeispiel: „Einführung eines digitalen Produktionssteuerungssystems in einem mittelständischen Unternehmen"

Ausgangslage

Durch die stark wachsende Globalisierung und dem vermehrt Internet-basierten Handel sehen sich insbesondere traditionelle, mittelständische (Produktions-) Unternehmen dem Wettbewerbsdruck gegenüber immer stärker ausgesetzt. Strategische Eckpfeiler und Stoßrichtungen, Kernkompetenzen und Geschäftsprozesse müssen zwangsweise hinterfragt und optimiert werden, um nicht Opfer eines Verdrängungswettbewerbs zu werden. Dabei ist es notwendig, Prozesse auch hinsichtlich technischer Optimierungsmöglichkeiten lösungsorientiert zu adaptieren.

Kunden fordern verstärkt eine hohe Flexibilität und raschere Reaktionsgeschwindigkeit in den Abläufen, da sie nur „einen Maus-Klick" von der Beauftragung eines anderen Unternehmens entfernt sind. Unternehmen ist es möglich, sich digital untereinander zu vernetzen, rasch miteinander zu kommunizieren und abzustimmen und somit den Kundenanforderungen schnell und flexibel gerecht zu werden. Informationstechnologie (IT) ist infolgedessen ein wesentlicher Bestandteil aller (Geschäfts-)Prozesse innerhalb und außerhalb eines Unternehmens. Ohne IT-Systeme oder ohne „Web-Shops" ist es mittlerweile unmöglich, sich auf dem – nicht nur globalen – Markt zu behaupten. Die Einführung von Produktionssteuerungssystemen gehört mit zu den größten Digitalisierungs-Projekten in Unternehmen. Enterprise-Resource-Planning-Systeme (ERP-Systeme) zielen heute und in der nahen Zukunft auf die bekannten Buzzwords wie Big Data, Cloud Computing, Industrie 4.0, Digital Engineering, Künstliche Intelligenz (KI) und/oder Cognitive Computing ab. Die Systeme müssen immer agiler und flexibler werden und sich durch nutzerfreundliche, übersichtliche und funktionsreiche Bedienungsmodule auszeichnen.

Hintergrund des Praxisfalls

Die Fallstudie beschreibt die Herausforderungen an die Managementkompetenzen nach der Einführung eines ERP-Systems in einem traditionellen, mittelständischen Produktionsunternehmen. Das Unternehmen ist stolz darauf, Produkte höchster Qualität mit Natürlichkeit und Nachhaltigkeit zu produzieren und ist in Bezug auf die digitale Kompetenz mittlerweile Vorreiter in ihrer Branche – es verfügt über einen Webshop, arbeitet mit Virtual Reality- und Berechnungs-Tools und erreicht die Kunden mit einem professionellen 3D-Rundgang in den europaweiten Ausstellungsräumen. Vor knapp zwei Jahren wurde ein ERP-System eingeführt, um die Geschäftsressourcenplanung und -steuerung entlang einer betriebswirtschaftlichen Softwarelösung zu optimieren. Die Projektumsetzung dieser Einführung brachte die Mitarbeiter*innen jedoch an ihre Grenzen. Die Stimmung war prinzipiell gut, die Belegschaft war engagiert und fleißig und das Leistungsbewusstsein, die Loyalität zum Unternehmen und die Identifikation mit der Arbeit war vorhanden. Andererseits zeigte sich vermehrt ein hohes Konfliktpotential, es fehlte an Verbindlichkeiten in Entscheidungen und Umsetzungen und „der Ton wurde zunehmend rauer". Die Unternehmensleitung wollte und musste auf diese Situation rechtzeitig und rasch reagieren, um zu erreichen, „dass alle wieder an einem Strang ziehen" und der Optimierungsbedarf erkannt und realisiert werden kann. Darüber hinaus sollte Stabilität und Ruhe in die Unternehmenskultur kommen, die Zusammenarbeit reibungsloser funktionieren und Zukunftsthemen aktiv aufgegriffen und realisiert werden.

Vorgehensweise und Lösungen

Zur Bestimmung und Diagnose des Reifegrades der aktuellen Unternehmenskonstitution wurde abermals der Ansatz des „Lebenden Auftrages®" gewählt. Zentrale Erkenntnisse aus diesem Vorgehen haben folgendes ergeben:

- Abläufe und Prozesse sind unklar. Standards für Prozessabläufe fehlen. Lösungen für Kunden entstehen oft in hemdsärmeliger Improvisation.
- Information und Kommunikation erfolgt mehr „auf Zuruf oder Nachfrage".
- Verantwortlichkeiten und Zuständigkeiten müssen geklärt werden.
- Ein gesamtheitliches Verantwortungsgefühl den Kunden gegenüber ist nicht vorhanden.
- Wesentliche Funktionen des neuen ERP-Systems müssen geändert und dem Unternehmen angepasst werden.
- Interne Regelungen werden nicht (mehr) eingehalten.
- Wissensmanagement und -transfer wird nicht wahrgenommen.
- Interne Probleme werden an den Kunden weitergegeben.
- Eine Neustrukturierung des Einkaufes ist notwendig.
- Rollen und Verantwortlichkeiten im Bereich Qualitätsmanagement und Qualitätssicherung sind zu wenig deutlich wahrgenommen und umgesetzt.

- Ein Sanktionssystem fehlt zur Gänze (Keine Konsequenzen bei Nicht-Einhaltung von Regeln und Standards).
- Der Umgang mit Management-Entscheidungen ist nicht immer nachvollziehbar.
- Ein Management-Cockpit-System muss installiert werden.

Gemeinsam mit den Führungskräften aller Unternehmensbereiche wurden Themenschwerpunkte für eine rasch notwendige Umsetzung mit Konzentration auf folgende Ergebniserwartungen priorisiert:

- Nachhaltige Sicherung von wirtschaftlicher Ertragskraft, Image und Reputation am Markt.
- Strukturelle, strategische und kulturelle Anpassung und Weiterentwicklung.
- Klärung, Optimierung und Standardisierung von Prozessen und den damit verbundenen Aufgaben und Verantwortlichkeiten.
- Verbesserung interner/externer Kundenorientierung und Festlegung von Verhaltens- und Handlungsprinzipien und Regularien zur Stärkung und Verbesserung von bereichsübergreifender Kommunikation und Zusammenarbeit.
- Erhöhung der Innovationskraft, Flexibilität, Schnelligkeit und Agilität im Hinblick auf eine marktfähige Planung, Produkt- und Projektentwicklung.
- Identifikation, Stärkung, Entwicklung und Umsetzung von strategischen Kooperationen (z. B.: Einkauf).
- Optimierung der Kapazitäts- und Ressourcenplanung.
- Professionalisierung eines flexiblen, agilen Qualitäts-, Prozess- und Projektmanagements.
- Effektiveres Zeitmanagement und Verbesserung der internen/externen Termintreue.
- Verbesserung des Einsatzes und der Nutzung des implementierten ERP-Systems.
- Institutionalisierung eines professionellen Managements von Wissenstransfer und Innovationen sowie Etablierung einer lernfähigen Unternehmenskultur.
- Verbesserung hinsichtlich Verlässlichkeit, Transparenz, Qualität und Dokumentation von steuerungsrelevanten digitalen Daten im Reporting.

Der Unternehmensentwicklungsprozess benötigte eine interne Transitionsorganisation auf Zeit, um die Eingliederung des Projektes in die Unternehmensorganisation und die Umsetzung der definierten Vorhaben miteinander zu verknüpfen. Die Projektleitung wurde durch die Unternehmensführung in der Rolle des Vorstands selbst übernommen und Führungskräfte aus dem mittleren Management wurden als Teilprojektleitungen eingesetzt. Die sechs Teilprojekte zu den Themen Prozessmanagement, Qualität, Produktion, Marketing, Innovation, Entwicklung, IT & Digitalisierung, Einkauf, Vertrieb und Controlling wurden interdisziplinär in crossfunktionale Teams über alle Unternehmensbereiche besetzt.

Das Projektmonitoring und die -fortschrittskontrolle erfolgte auf Basis regelmäßig zu erstellender Statusberichte, um einen Überblick über den Gesamtstatus (Fortschritt) im Prozess zu erhalten und kritische Erfolgsfaktoren bzw. notwendige Entscheidungsbedarfe laufend sichtbar zu machen. Dadurch wurde sichergestellt, dass die gesetzten inhaltlichen, terminlichen, qualitativen und quantitativen Ziele eingehalten und die zu erledigenden Arbeitspakete in Bearbeitung waren. Mittlere Führungskräfte (Abteilungsleitungen) haben in der Rolle der Teilprojektleitungen auf Basis von Zielvereinbarungen in Eigenverantwortung im jeweiligen Team teilprojekt-übergreifend für die Umsetzung der Arbeitspakete in der gemäß Gesamt-Roadmap vereinbarten Zeit gesorgt.

Grundlage der iterativen Detailplanungsschritte bildeten regelmäßige Statusworkshops zur Festlegung notwendiger Steuerungs- und ggf. Korrekturmaßnahmen und zur Klärung notwendiger Entscheidungs- und Handlungsbedarfe unter Berücksichtigung „Kritischer Erfolgsfaktoren".

Die Umsetzung des zukunftsorientierten Unternehmens-Entwicklungsprozesses wurde in stringenter und maßnahmenorientierter Form organisiert und gesteuert, sodass in der Laufzeit von einem Jahr vorerst folgende Ergebnisse erreicht werden konnten:

- Steigerung der Liefertreue/Lieferperformance auf über 98 %! (Somit positives Kundenfeedback)
- Klärung von Zuständigkeiten über die Kernprozesse!
- Erkennen der Wichtigkeit von Prozessbeschreibungen!
- Verbesserung der Zusammenarbeit zwischen Vertrieb und Produktion (und somit Erhöhung der Geschwindigkeit in der Auftragserfüllung)!
- Deutliche Reduktion der Lagerbestände! Lagerwerte und Planwerte entsprechen der Realität!
- Einführung neuer Standards und Richtlinien (dies führte wiederum zu Einsparungen)!
- Steigerung der Datenqualität!
- Erfolgsversprechende Ressourcenoptimierung im Versand!
- Konzentration auf Kernprodukte und Kernkompetenzen!
- Steigendes Produktverständnis in allen Bereichen!
- Einsparung im Marketingbudget durch Digitalisierungsmaßnahmen!
- Harmonisierung im Produktportfolio!
- Deutliche Zeit- und Kosteneinsparungen durch die Änderungen und Optimierungen des ERP-Systems!
- Anhebung der Service-Dienstleistungen zum externen Kunden!
- Klärung interner Zuständigkeiten!
- Erzielung erster Umsatzergebnisse durch die Installierung des Webshops als Verkaufsförderungswerkzeug!
- Verbesserung der Unternehmenskultur durch gutes Klima (und positive Stimmung in) der Zusammenarbeit!
- Steigerung der Umsetzungsmotivation in der Belegschaft!
- Erhöhung der Verbindlichkeit und Konsequenz!
- Deutliches Erkennen, dass der Zusammenhalt untereinander steigt!
- Schaffung von Stabilität in der Mitarbeiterbindung!

Im Sinne der angestrebten operativen Excellenz und Qualitätssicherung werden zwischenzeitlich Standardisierungs- und Integrationsschritte (Prozesse und Daten in den verschiedenen Systemen) umgesetzt: Ein Führungs-Kodex wurde mit und für alle Führungskräfte erarbeitet, die Digitalisierungsstrategie wurde in der Vertriebs- und Marketing-Strategie proaktiv verankert, Virtual- und Augmented Reality-Verkaufstools und Webshops wurden erfolgreich umgesetzt.

Erste Take-Aways für die Führungsarbeit aus dem Praxisbeispiel

In der proaktiven Zusammenarbeit mit allen Kundengruppen (B2B, B2C, Endkunde) hinsichtlich aussagekräftiger Produkt-und Dienstleistungsdigitalisierungsmaßnahmen ergeben sich Chancen. Diese müssen nicht nur erkannt, sondern auch proaktiv aufgegriffen werden und unternehmensintern zu Lösungen führen. Dazu braucht es aktive Führungsarbeit – diese erfordert neben ausgeprägter digitaler Fähigkeiten auch personale, sozialkommunikative, Entscheidungs- und Handlungs-Kompetenz.

> Es gilt, den Sinn und Nutzen von Digitalisierungsmaßnahmen so zu vermitteln, dass den Mitarbeiter*innen das Spannungsfeld „Tradition vs. Digital" deutlich wird und dass „old-fashioned"-Denker zu „Digital Followers" werden.
>
> Ein wesentlicher Punkt auf der Agenda besteht im Erkenntnisgewinn notwendiger kritischer Nahtstellenabstimmungen und deren Auswirkungen auf unterschiedliche Systemlandschaften und wie diese so gelöst werden können, dass sie zur Verbesserung in den Prozessen der Zusammenarbeit führen. Dazu bedarf es eines Überblicks über alle Bereiche, die Datenmengen und -qualitäten bzw. vorhandenen Software-Lösungen, um eine unternehmensweite schrittweise Harmonisierung vorantreiben zu können. Digitale Kompetenzentwicklung wird somit zur zentralen Führungsverantwortung, die sich nicht nur auf eine Implementierung von Stand-Alone-Lösungen reduziert.

6.5 Wirksame Streckenführung durch die Digitalisierungslandschaft braucht Leadership-Maturity

Der Auftrag an den Entwurf und die Umsetzung einer Strategie zur digitalen Kompetenzentwicklung und den daraus abzuleitenden Maßnahmen braucht Entscheidungen, braucht Unterstützung, Investitionen, Durchhaltevermögen, Beharrlichkeit, Konsequenz und letztlich Mut. Damit wird das Thema klar zur Führungs-Aufgabe und -Verantwortung – „leadership matters"! Führungskräfte schaffen sich durch ihre Denke, ihre Haltung, ihre Form der Kommunikation, den Stil im Umgang mit Dritten, ihrem Entscheidungs-Verhalten ihre unverwechselbare Marke – ihren Leadership Brand (Marke kommt von merken und markieren) – ihren Wiedererkennungs- und Erinnerungswert, ihre Besonderheiten und lösen damit positive wie negative Emotionen aus („dir geschieht, wie du bist, dir passiert, wie du denkst"). Wenn wir wissen, dass vielfach Mitarbeiter die Brauchbarkeit und Glaubwürdigkeit von Zielen, Richtungen, Strategien und Maßnahmen nicht an den jeweiligen Inhalten bemessen, sondern an der Frage, von wem werden diese vermittelt und verfolgt, wird deutlich, dass es relevant ist, wer den Lead für die Digitalisierungsthemen übernimmt und deren Umsetzung treibt. Gefragt sind daher nicht reine Stelleninhaber mit Positionsmacht und Rechten, sondern insbesondere Persönlichkeiten, mit Profil, einem Standing, einer Gravitas basierend auf Ausdauer, Authentizität, Verlässlichkeit, Souveränität, Durchsetzungsvermögen, Belastbarkeit und Integrität, um das notendige „followership" erzeugen zu können. Führungskräfte sollten über eine Anschluss- und Mehrheitsfähigkeit verfügen, um auch die notwendige Netzwerk- und Koalitionsarbeit leisten zu können, in dem sie Verknüpfungen in den Beziehungen und in der Zusammenarbeit herstellen und pflegen. Neben dem Leadership als emotionalen Teil der Führungsarbeit wo es auch gilt, Stimmungsseismograph der Belegschaft zu sein und attraktive, sinnstiftende Vorstellungen einer digitalen Zukunft zu vermitteln, bedarf es aber auch der Übernahme konkreter aktionaler Managementaufgaben unter Anwendung des Handwerkszeugs an Methoden und Instrumenten in der Führungsarbeit. Eine besondere Rolle entsteht durch ein Arrangement von Lernchancen und Schaffen von Gelegenheiten der Weiterentwicklung einzelner Potentialträger, der Delegation von Verantwortung, der Reflexion von Haltung, Verhalten, Leistung und Ergebnis und einem qualifizierten Feedback, womit ein Coaching durch einen Prozess der Umsetzung von Digitalisierungsstrategien erfolgt.

Die Realisierung von Digitalisierung macht daher nicht nur einen Reifegrad an Führungs-Persönlichkeiten (Leadership-Maturity) notwendig, sondern erfordert ebenso eine Reife eines durchgängigen organisationalen Führungssystems mit definierten und vor allem gelebten Werte-Prinzipien, Leitlinien und Standards, die nicht nur kulturprägend sind, sondern insbesondere eine begünstigende Wirkung auf jegliche Vorwärts-Initiativen zur Stärkung der Zukunfts- und Fortschrittsfähigkeit der Organisation haben (Augmented Leadership).

Die Digitalisierungsoffensiven von Regierungen, Unternehmen, Institutionen und Universitäten erzeugen kein neues Hype-Thema mit nur sprachlich feingeschliffenen, aufgepeppten und realitätsentfremdenden Prinzipiensammlungen, denen mit ausschließlicher Skepsis zu begegnen wäre, sie sind ernst zu nehmen, weil es an Alternativen fehlt, will man in einer komplexen und zunehmend dynamischeren Entwicklung einigermaßen Schritt halten oder sogar einen Vorsprung erzielen (Neumann 2020). Organisationen beginnen damit nicht auf der „grünen Wiese" und sind daher nicht frei von hausgemachten Dummheiten, blinden Flecken, Konservatismen und Komfortzonenmentalität, die auch Ängste, Ignoranz, Verdrängung und Abwehrhaltung erzeugen.

Aus diesem Grund gehen wir davon aus, dass sämtliche Änderungen, Optimierungen und Neuerungen immer auch einen Prozess der Organisationsentwicklung benötigen, um wichtige Rahmenbedingungen zu explorieren und um auf die Zukunft vorbereitend und begleitend so wirken zu können, dass Strategien einer digitalen Kompetenzentwicklung auf den Weg einer erfolgreichen Umsetzung gebracht werden.

Der Reifegrad an Führungs-Persönlichkeiten (Leadership-Maturity) und die Reife durchgängiger, organisationaler Führungssysteme ist für die Realisierung von Digitalisierungsoffensiven entscheidend!

Reisegenerierung zur digitalen Kompetenz auf den Punkt gebracht

Eine erfolgreiche digitale Transformation besitzt immer die Herausforderung im Erkennen und Bewerten der wirklich relevanten, fortschrittsorientierten und nachhaltigen Themen und trifft auf Ursache-Wirkungszusammenhänge von Trägheitsmomenten und Komfortzoneneffekten im Unternehmen. Deshalb erfordern Digitalisierungsstrategien in ihrer Umsetzung immer auch ein Change-Management, das sich durch Klarheit, Kommunikation, Koalition, Kooperation und Konsequenz in der Führungs-Arbeit auszeichnet. Dazu muss der Charakter und die für Veränderungsprozesse typische DNA respektiert werden und die Anwendung eines Sets an Vorgehensoptionen, Verhaltensweisen, Methoden und Instrumenten so gewählt werden, dass eine Gegenwart der Zukunft unter Beteiligung der Betroffenen wirksam und erfolgreich gestaltet und realisiert werden kann.

Literatur

Hanna, D.: Designing Organizations for High Performance. Prentice Hall, 1988.

Kreiner, B.: Professionelles Prozess- und Projektmanagement zur wirkungsvollen Realisierung von Veränderungen in und von Organisationen (Masterarbeit). Klagenfurt, 2007.

Kreiner, B.: Führungskräfteentwicklung quo vadis? Führungskräfte und deren Erziehungsauftrag (Masterarbeit). Klagenfurt, 2017.

Neumann, R.: Risiko-Organisation – organisiertes Risiko: Beiträge zur integrativ-systemorientierten Verarbeitung selbsterzeugter Risikopotentiale in und von Organisationen, Frankfurt/Main, 1995.

Neumann, R.: Die Idee vom „lernenden Unternehmen" und warum diese gerade jetzt so wichtig ist. In: Heyse, V./Erpenbeck, J. (Hrsg.), Der Sprung über die Kompetenzbarriere - Kommunikation, selbstorganisiertes Lernen und Kompetenzentwicklung von und in Unternehmen, Bielefeld, 1997, S. 283 – 286.

Neumann, R.: Die Organisation als Ordnung des Wissens. Wissensmanagement im Spannungsfeld von Anspruch und Realisierbarkeit. Wiesbaden, Gabler, 2000.

Neumann, R.: Organizational Maturity – oder: Wie reif muss eine High-Performance-Organisation sein …? In: Neumann, R./Graf, G. (Hrsg.): Management-Konzepte im Praxistest, Wien, 2007, S. 147 – 177.

Neumann, R.: Professionalität im Change Management. Veränderungen in Gang bringen und wirksam umsetzen. In: Neumann, R./Graf, G. (Hrsg.): Management-Konzepte im Praxistest. Wien, Linde International, 2007, S. 181 – 243.

Neumann, R.: „Leading Change" – Führung in Zeiten der Veränderung – Anforderungen, Prinzipien, Leitlinien einer Führungs-Leistung im Wandel. In: Neumann, Robert et al. (2019): Management in Zeiten des Umbruchs. Managementwissen und Leadershipkompetenz. Klagenfurt: M/O/T School of Management, 2019, S. 125 – 141.

Neumann, R.: "Leadership matters" – Was erfolgreiches Change Management zu leisten hat. In: Die Mediation Quartal II/2020, S. 17 – 23.

Rieckmann, H.: Managen und Führen am Rande des dritten Jahrtausends: Praktisches, Theoretisches, Bedenkliches, Frankfurt/Main, 1997.

Schaffer, R. H.: The Breakthrough Strategy. Using Short-term Successes to Build the High Performance Organization. New York: Ballinger Publishing Company, 1988.

Taleb, N. N.: Der Schwarze Schwan. Die Macht höchst unwahrscheinlicher Ereignisse. München, 2015.

Ulrich, D./Smallwood, N.: Leadership Brand, Harvard Business School Press, Boston, 2007.

Weisbord, M. R.: Organisationsdiagnose. Ein Handbuch mit Theorie und Praxis, Karlsruhe, 1983.

Zimmerli, W. Ch./Wolf, St. (Hrsg.): Spurwechsel. Wirtschaft weiter denken. Hamburg, 2006.

Die Transformation der Finanzbranche: Analysen und Lösungsansätze aus unterschiedlichen Kompetenz-Perspektiven

Die Finanzbranche durchläuft nicht nur durch die Digitalisierung eine besonders radikale Transformation, wodurch bisherige „Branchengesetze" massiv in Frage gestellt werden. In diesem Umfeld beschäftigen sich große wie kleine Player des Marktes mit den Implikationen dieses Wandels auf ihre Mitarbeiterinnen und Mitarbeiter und den einhergehenden Kompetenzveränderungen. Die Nachfolgenden Kapitel analysieren zunächst die wirtschaftlichen und technischen Auswirkungen bevor dann auch konkrete Beispiele der digitalen Kompetenzentwicklung eingegangen wird.

Die Kapitel in diesem Buchteil drehen sich um folgende Leitfragen:

- Welche veränderten Marktbedingungen entstehen durch Plattformen und FinTechs? Welche Implikationen wirken auf die Zukunft der Arbeit in der Finanzbranchen?
- Welche Technologien und Geschäftsmodelle müssen Mitarbeiterinnen und Mitarbeiter zukünftig im Corporate Banking beherrschen?
- Wie kann eine große Bundesbehörde den Wandel organisieren? Wie sehen Ansätze zur digitalen Kompetenzentwicklung im öffentlichen Sektor aus?
- Wie können etablierte Regionalbanken mit den digitalen Herausforderungen umgehen? Welche digitale Kompetenz wird vor Ort benötigt?

Arbeiten in der Finanzbranche 4.0

Laura Stiller

1.1 Einleitung

Als die digitale Revolution die Marktstrukturen des Handels, der Tourismus- oder Medienbranche bereits mit voller Wucht veränderte, schlummerte der deutsche Finanzmarkt noch immer im Dornröschenschlaf. Erst in den letzten Jahren geraten die etablierten Banken in Deutschland zunehmend unter Druck den neuen Wettbewerbsbedingungen und den neuen Kundenanforderungen gerecht zu werden. Seitdem steht die digitale Transformation ganz oben auf der Agenda vieler Top-Entscheider von Banken, aber auch die unvorhersehbare Covid-19 Pandemie wirkt als extreme Beschleunigung für digitale Prozesse im Finanzwesen. Die Marktstrukturen haben sich in kürzester Zeit rasant verändert, der Bezahlvorgang im Handel soll möglichst kontaktlos erfolgen, bisherige Unternehmens- und Risikoszenarien sind ausgesetzt und ein Großteil der Belegschaft arbeitet im Homeoffice. Nie war die Notwendigkeit für Banken so groß, sich kurzfristig neuen Marktanforderungen anzupassen, wie heute.

Bereits vor der Covid-19 Pandemie sind Banken durch neue Wettbewerber unter Druck geraten. Insbesondere seit der Finanzkrise 2008 drängen immer mehr junge Start-Ups, sogenannte Fintechs in den Markt. Fintech steht im Allgemeinen für Finanztechnologie und umfasst technologisch weiterentwickelte Finanzinnovationen. Der Begriff Fintech wird jedoch überwiegend mit jungen Unternehmen gleichgesetzt, die innovative Finanzdienstleistungen oder -produkte auf dem Finanzmarkt für B2B und B2C Kunden anbieten. Doch damit nicht genug. Neben den Fintechs haben es auch die großen Technologieunternehmen wie Google, Apple & Co. auf den Finanzmarkt abgesehen. Seit 2018 sind die ersten Technologieunternehmen auf dem deutschen Finanzmarkt im Bereich Zahlungsverkehr tätig – und das ist erst der Anfang.

Die digitale Transformation bringt viele Herausforderungen für den Finanzmarkt und die etablierten Player mit sich. Bildlich gesprochen befinden sich die Banken in einem Zweifrontenkrieg. Die erste Front, an der die Banken gefordert sind, ist die unternehmensexterne Front. Hier müssen sie die technologischen Herausforderungen für neue innovative Finanzprodukte und -dienstleistungen meistern und gegen Fintechs und Technologieunternehmen um ihre Daseinsberechtigung kämpfen. Die zweite Front, ist die unternehmensinterne Front. Hier kämpfen die etablierten Banken mit den Herausforderungen durch veraltete IT-Infrastrukturen, der Digitalisierung von Geschäftsprozessen und vor allem mit dem Aufbau von digitalen Kompetenzen ihrer Mitarbeiter.

Die digitalen Technologien, die den Finanzmarkt derzeit am stärksten beeinflussen sind digitale Plattformen, Künstliche Intelligenz und Blockchain. Um zu verstehen und zu definieren welche digitalen Kompetenzen Mitarbeiter im Finanzmarkt mitbringen müssen, ist es wichtig ein Grundverständnis für die Funktionsweise und die Anwendungsbereiche dieser Technologien zu haben. Zudem ist der Finanzmarkt ein besonderer Marktplatz, denn Finanzmärkte zählen wie das Gesundheitswesen oder der Energiemarkt zu den regulierten Märkten.

Was bedeuten diese Entwicklungen und Marktbedingungen also für die digitale Kompetenz der Mitarbeiter von Unternehmen in Finanzmärkten?

1.2 Technologie

Beginnen wir mit einer historischen Einordnung: Der Informatiker und Physiker Sir Tim Berners-Lee entwickelte ab 1989 am Kernforschungszentrum CERN das Transferprotokoll HTTP, die Seitenbeschreibungssprache HTML, den ersten Webbrowser sowie das Prinzip der Webadresse und gilt als Begründer des World Wide Web (Berners-Lee, 2020). Kurz darauf entwickelte Marc Andreesen seinen Browser Mosaic, der später unter Netscape bekannt wurde und bis 1996 als der führende Webbrowser galt. Damit war der Grundstein der digitalen Vernetzung der Welt gelegt. Seitdem beginnt die Welt zu verstehen, welche Möglichkeiten durch die Allgegenwart von Rechnern realisiert werden können. Denn eben diese Vernetzung, die durch diese Rechnerallgegenwart entsteht, ist die Grundlage für die Digitalisierung, wie wir sie heute kennen und verstehen.

Die Digitalisierung ermöglicht schlagartig datenzentrierte Geschäftsmodelle, die globale Marktstrukturen fundamental verändern. Für Mitarbeiter bedeutet das meistens, dass sie sich in der neuen digitalen Welt schnell zu Recht finden müssen und strukturierter und flexibler arbeiten müssen. Besonders junge Mitarbeiter und Mitarbeiterinnen empfinden diese Veränderungen als Chance und Befreiung von starren Hierarchien und Arbeitszeiten. Sie schätzen die neue Flexibilität, die die neuen agilen Arbeitsmethoden und digitalen Kollaborationstools mit sich bringen. So können sie bequem im Homeoffice arbeiten und müssen sich morgens nicht in die volle U-Bahn drängen. Auch die Anzahl an Freiberufler, die zu digitalen Nomaden werden und die mit Laptop vom Liegestuhl am Strand von Bali aus arbeiten, steigt stetig an. Es gibt aber auch die Mitarbeiter, die die raschen Veränderungen und das konstant zunehmende Lerntempo überfordern. Auch die zunehmend verschwimmenden Grenzen des Privat- und Berufslebens und die ständige Erreichbarkeit über das Smartphone verspüren einige Mitarbeiter als Belastung (Ramge, 2020). Den absoluten Boost haben die Digitalisierung und das Arbeiten vom Homeoffice nun durch die Covid-19 Pandemie erfahren. Von einem Tag auf den anderen standen die Bürotürme leer und die gesamte Belegschaft arbeitet vom Homeoffice. Viele Mitarbeiter mussten in das kalte Wasser springen und sich mit der neuen Arbeitsweise zurechtfinden. Nun ja, vielleicht haben so nun alle schwimmen gelernt?

Die Herausforderungen, die die Digitalisierung an Banken und Finanzdienstleister stellt, sind noch nicht gemeistert und so stehen Finanzinstitute immer noch vor dem großen Balanceakt alle Mitarbeiter in die digitale Arbeitswelt mitzunehmen. Um jedoch herauszufinden, welche digitalen Kompetenzen Mitarbeiter heute als auch in der Zukunft brauchen, ist es wichtig ein Grundverständnis für die Technologien zu entwickeln, die Markt- und Arbeitsmechanismen verändern.

1.2.1 Plattformen

Das Online-Banking feiert 2020 sein stolzes 40-jähriges Jubiläum. Bereits am 12. November 1980, noch weit vor dem Beginn des World Wide Webs, startete die Bundespost ihr Bildschirmtext-(BTX)-Experiment mit fünf externen Rechnern und tätigte das erste Bankgeschäft, ohne eine Filiale aufsuchen zu müssen. Doch die Ausbreitung des Online-Bankings ging die ersten

Jahrzehnte im Schneckentempo voran und hat erst durch digitale Plattformen ihre Blütezeit erreicht.

Eine Technologie, die die globalen Markt- und Machtstrukturen stark verändert, sind digitale Plattformen. Durch diese Technologie entwickeln sich lineare Wertschöpfungsketten hin zu Plattformmärkten mit Unternehmen als Akteure, die plattformbasierte Geschäftsmodelle nutzen. Ein heute sehr erfolgreiches Unternehmen, das als absoluter Pionier ein plattformbasiertes Geschäftsmodell auf dem Finanzmarkt genutzt hat, ist PayPal.

In einer Zeit, in der es unvorstellbar schien, Geldtransaktionen ohne Banken abwickeln zu können, entstand Confinity und setzte einen neuen Trend. Nach den verheerenden Folgen des asiatischen Währungskollapses in den späten 1990er Jahren sahen Thiel und Levchin die Möglichkeit, ein System zu entwickeln, welches den Bürgern erlaubt, ihre finanziellen Ersparnisse durch schnelle computerbasierte Transaktionen zu kontrollieren. Ende 1998 wurde Confinity von Peter Thiel, Max Levchin und Luke Nosek in Palo Alto gegründet. Eines der von Confinity entwickelten Produkte war PayPal. PayPal war zunächst allerdings nur für Palm-PDAs geplant und sollte Geldbeträge von einem Palm-Gerät auf ein anderes übertragen. Doch schnell erkannte das Team die besondere Eignung von PayPal als internetbasiertes Zahlungssystem. Auf der Premierenfeier von PayPal im Sommer 1999 überwies Nokia Ventures via PayPal drei Millionen USD auf den Palm Pilot von Peter Thiel.

Der Erfolg von PayPal zeigte sich in den rasch zunehmenden Nutzerzahlen. Im ersten Jahr meldeten sich fünf Millionen Nutzer an und im darauffolgenden Jahr waren es bereits sieben Millionen Neuanmeldungen. Am 15. Februar 2002 wurde dann das Unternehmen unter dem Namen PayPal (PYPL) im Nasdaq gelistet. Dabei platzierte PayPal 5,4 Millionen Aktien zum Preis von je 13 USD und konnte somit einen Erlös von 70,2 Millionen USD erzielen. 2005 waren weltweit 79 Millionen PayPal-Konten registriert und der Service war bereits in 56 Ländern verfügbar.

Heute ist PayPal eine offene digitale Bezahlplattform mit mehr als 305 Millionen aktiven Nutzern und einem großen Partnernetzwerk. Das Ökosystem von PayPal umfasst neben iZettle, Facebook und Google auch Kreditkarteninstitute wie Visa oder MasterCard. Damit ist PayPal in mehr als 200 Märkten weltweit verfügbar und ermöglicht seinen Nutzern, mehr als 100 Währungen zu empfangen. 2015 hatte PayPal bereits einen Börsenwert von 37 Milliarden Euro und war damit wertvoller als die Deutsche Bank mit 34 Milliarden Euro.

Doch wie hat PayPal es geschafft, so schnell zu wachsen und in dieser kurzen Zeitspanne Millionen von Nutzern zu gewinnen? Und warum ist dieses Phänomen heute auch in vielen anderen Industrien zu beobachten?

Die neuen Superstarfirmen, wie MIT-Ökonom David Autor, Google, Apple, Facebook, Amazon & Co. bezeichnet, haben eins gemeinsam, ihr Geschäftsmodell basiert auf einer Plattform.

> Ein wesentliches Merkmal von Plattformen ist, dass durch eine Plattform ein *interaktives Ökosystem* entsteht, in dem sich zwei oder mehrere Nutzergruppen Güter, Dienstleistungen oder soziale Währung austauschen können (Parker, Van Alstyne, & Choudary, 2016).

Plattformen, die verschiedene Nutzergruppen wie Käufer und Verkäufer zusammenbringen, werden typischerweise als mehrseitige Plattformen definiert. Die Marktmechanismen von Plattformen sind jedoch nichts Neues; zweiseitige Märkte bieten eine Infrastruktur und Regeln, die eine Interaktion zwischen verschiedenen, aber voneinander abhängigen Nutzergruppen ermöglichen. Dabei steigt der Wert der Plattform für die Nutzer in Gruppe A, wenn die Anzahl der Nutzer in Gruppe B steigt (Evans, 2003). Beispiele für die Funktionsweisen des zweiseitigen Marktes sind Zeitungen, die Abonnenten und Inserenten miteinander verbinden, Kreditkarten, die Verbraucher und Händler miteinander verbinden, oder Marktplätze, die Käufer und Verkäufer zusammenbringen.

Bild 1.1 Aufbau einer Plattform am Beispiel Android

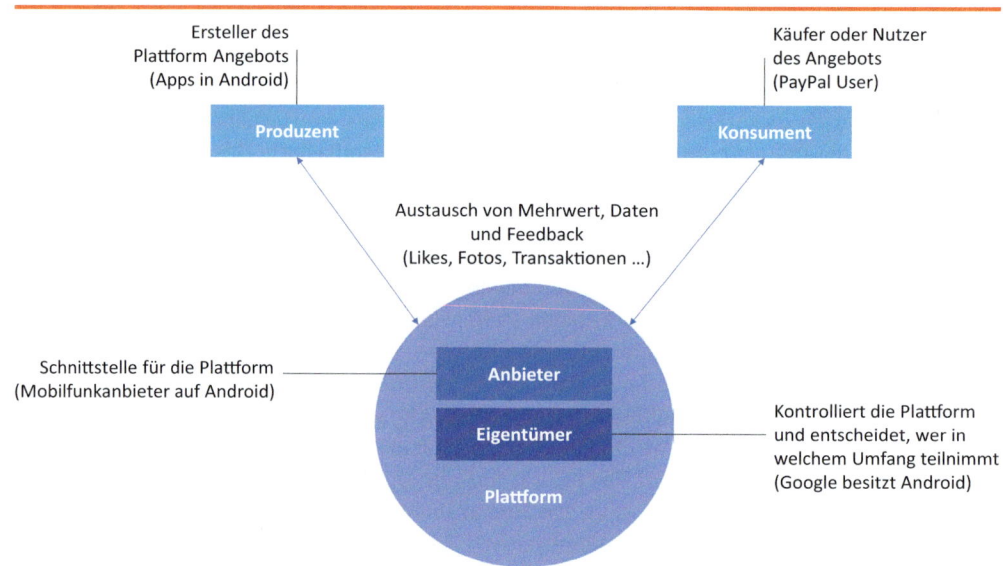

Erteller des
Plattform Angebots
(Apps in Android)

Käufer oder Nutzer
des Angebots
(PayPal User)

Produzent

Konsument

Austausch von Mehrwert, Daten
und Feedback
(Likes, Fotos, Transaktionen …)

Schnittstelle für die Plattform
(Mobilfunkanbieter auf Android)

Anbieter

Eigentümer

Plattform

Kontrolliert die Plattform
und entscheidet, wer in
welchem Umfang teilnimmt
(Google besitzt Android)

Doch wie haben es die Superstarfirmen geschafft so schnell groß zu werden? Ein Geheimnis sind hier die Netzwerkeffekte. Das Industriezeitalter im 20. Jahrhundert war geprägt von großen Monopolen, die durch Skaleneffekte entstanden sind. Durch große Produktionsmengen konnten Stückkosten gesenkt und die Produktionseffizienz gesteigert werden. So konnten große Unternehmen durch Skaleneffekte Wettbewerbsvorteile aufbauen, die neuen Unternehmen den Markteintritt fast unmöglich machten. Das Internetzeitalter im 21. Jahrhundert ist hingegen durch eine abweichende ökonomische Logik geprägt, in der Monopole durch Netzwerkeffekte entstehen.

> Im Kern beschreiben Netzwerkeffekte die Korrelation zwischen der Nutzerzahl und dem Wert der Plattform für den einzelnen Nutzer. Je mehr Teilnehmer auf einer Plattform aktiv sind, desto wertvoller ist die Plattform für den einzelnen Nutzer.

Darüber hinaus wird zwischen direkten und indirekten Netzwerkeffekten unterschieden. Bei direkten Netzwerkeffekten steigt der Plattformwert proportional zur Anzahl der Nutzer in derselben Benutzergruppe. Beispiele für direkte Netzwerkeffekte sind Social Media oder Peer-to-Peer (P2P) Zahlungsplattformen, da sie wertvoller werden, wenn sich mehr Nutzer der Plattform anschließen. Indirekte Netzwerkeffekte treten auf, wenn der Wert der Plattform von der Anzahl der Nutzer in einer anderen Benutzergruppe abhängt. Zum Beispiel werden Handelsplattformen für die Verbraucher wertvoller, wenn es viele Händler gibt, die Produkte und Dienstleistungen anbieten.

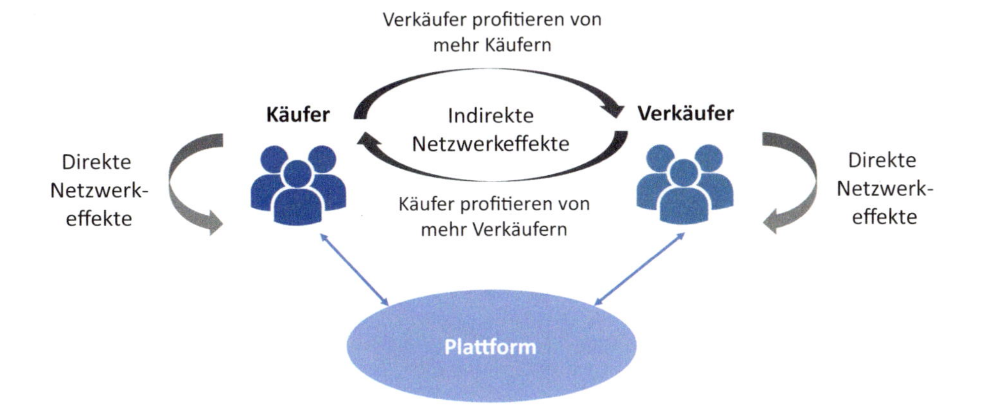

Bild 1.2 Netzwerkeffekte

Die Herausforderung für mehrseitige Plattformen besteht jedoch darin, beide Nutzergruppen auf der Plattform zum Erfolg zu bringen, welches als „Henne-Ei-Dilemma" bezeichnet wird. Um Verbraucher anzuziehen, sollte die Plattform viele Händler haben; diese werden sich jedoch nur dann registrieren, wenn sie wissen, dass es viele Verbraucher auf der Plattform gibt. Um ein Netzwerk skalieren zu können, müssen die beiden Nutzergruppen proportional zueinander wachsen.

Ein Netzwerk wird also mit zunehmender Größe für seine Benutzer immer attraktiver, was wiederum zusätzliche Benutzer dazu veranlasst, dem Netzwerk beizutreten und damit weitere direkte und indirekte Netzwerkeffekte erzeugt. Diese kausalen Zusammenhänge spiegeln das Konzept des positiven Feedbacks wider. Positive Rückkopplung verstärkt sowohl positive als auch negative Netzwerkeffekte, so dass starke Marktteilnehmer immer stärker und schwache Marktteilnehmer immer schwächer werden. Infolgedessen steigt das Vertrauen der Verbraucher in die Plattform mit zunehmendem Marktanteil.

Entscheidend für den Erfolg und die Wettbewerbsfähigkeit einer Plattform ist jedoch, ob sie eine kritische Masse an Nutzern erreicht. Das Konzept der kritischen Masse beschreibt die Notwendigkeit einer Mindestanzahl von Nutzern auf beiden Seiten der Plattform, um ein nachhaltiges Wachstum der Plattform zu ermöglichen. Außerdem ist es wichtig, so schnell wie möglich eine kritische Masse zu erreichen, da die Early Adopters auf den jeweiligen Seiten die Plattform verlassen, wenn sie zu lange auf den Beitritt anderer Nutzer warten müssen. Dementsprechend ist es für Plattformanbieter wichtig, ein Netzwerk aufzubauen und nach dem Markteintritt auf allen Seiten der Plattform schnell eine kritische Masse zu erreichen, um sich einen Wettbewerbsvorteil zu verschaffen. Hieraus resultiert, dass Plattformmärkte auch als Winner-Takes-It-All-Märkte bezeichnet werden, da Plattformmärkte in der Regel von nur wenigen großen Plattformen beherrscht werden und hart umkämpft sind. Aus diesem Grund kann es von Vorteil sein, sich mit anderen Unternehmen zusammenzuschließen und Partnerschaften aufzubauen, um schneller zu wachsen und mehr Nutzer zu erreichen.

Die Gestaltung des Ökosystems der Plattform spielt eine wesentliche Rolle bei der Zusammenarbeit mit anderen Partnerunternehmen und beeinflusst den Umfang der Kooperation. Baldwin und Woodard beschreiben den Aufbau einer Plattform als ein System, das aus einer stabilen Kernkomponente und einer peripheren Komponente besteht (Baldwin & Woodard, 2009). Die periphere Komponente kann auch als ein Ökosystem um die Plattform herum betrachtet werden. Die Assoziation eines Ökosystems, die wir aus der Natur kennen, wird oft auf Plattformökosysteme übertragen, da Unternehmensnetzwerke auch durch eine große Anzahl an lose miteinander verbundenen Teilnehmern gekennzeichnet sind, die für ihre Effektivität und ihr Überleben voneinander abhängig sind.

Aus technischer Sicht umfasst das Ökosystem der Plattform eine Sammlung von Ergänzungen, wie z. B. Apps, zur technischen Kernplattform. Ergänzungen sind zusätzliche Produkte, die die

Attraktivität der Plattform erhöhen sollen. Diese Komponenten werden meist von Drittanbietern geliefert (Ondrus, Gannamaneni, & Lyytinen, 2015). Das Plug-in von Drittanbietern in bestehende Plattform-Ökosysteme basiert auf Technologien wie z. B. Application Programming Interfaces (APIs). Diese ermöglichen es Entwicklern, Daten und Funktionen für Anwendungen zu nutzen, ohne durch die zugrunde liegende Systemkomplexität der Plattform behindert zu werden.

Bild 1.3 Ökosysteme der Giganten in Anlehnung an IT Finanzmagazin

Aus Geschäftsmodellen, die eine digitale Plattform nutzen, resultieren neue Anforderungen an die Organisationsstruktur:

- *Organisationale Prozesse:* Hier ist es wichtig, dass Mitarbeiter verstehen, wie organisationale Prozesse in einem plattformbasierten Geschäftsmodell funktionieren und diese miteinander verknüpfen können. Wenn eine Bank z. B. eine neue Banking App herausbringt, dann müssen Mitarbeiter die grundlegenden Konzepte und Funktionsweisen der App verstehen und die Funktionsweise mit der dazugehörigen online Banking Plattform verknüpfen können.

- *Vernetzung:* Der Vernetzungsgedanke bei plattformbasierten Geschäftsmodellen ist zentral. Mitarbeiter sind hier zunehmend gefragt organisationsübergreifend zu denken. Durch digitale Plattformen entstehen im Finanzsektor zunehmend Kooperationen zwischen Unternehmen, um Plattformökosysteme weiter auszubauen. So können Unternehmen das Produkt- und Dienstleistungsportfolio ihrer Plattform kontinuierlich erweitern und somit für den Nutzer attraktiver machen. Gleichzeitig können Finanzdienstleister ihre Produkte und Dienstleistungen auch als Dritter auf anderen Plattformen anbieten, um ihre Reichweite weiter auszubauen.

- *Coopetition:* Haben sich Finanzdienstleister in den vergangenen Jahren hauptsächlich mit sich selbst beschäftigt, treiben digitale Plattformen Finanzdienstleister dazu miteinander zu kooperieren. Hier treten insbesondere Kooperationen zwischen Banken und Fintechs, Banken und Technologieanbietern sowie Fintechs und Technologieunternehmen auf. Die bekanntesten Beispiele für Kooperationen zwischen Wettbewerbern sind die Kooperationen zwischen Banken und Technologieunternehmen, um Google Pay oder Apple Pay ihren Nutzern zugänglich zu machen.

Es ist zu beobachten, dass die großen Plattformunternehmen kontinuierlich in neue Märkte und Geschäftsbereiche eindringen und ihre Marktposition weiter ausbauen. Seit 2018 sind Google, Apple, Amazon und Samsung nun auch im deutschen Finanzmarkt aktiv. Der deutsche Finanzmarkt ist ein regulierter Markt weshalb Unternehmen, die Finanzprodukte oder -dienstleistungen anbieten möchten, strenge Vorgaben erfüllen und eine Banklizenz vorweisen müssen. Doch die großen Plattformunternehmen haben diese Voraussetzungen teilweise umgangen, indem sie Kooperationen mit Finanzdienstleistern eingegangen sind, die eine Banklizenz halten. Wie auch in anderen Branchen, bauen die Plattformunternehmen seit ihrem Markteintritt ihr Partnernetzwerk im deutschen Finanzmarkt kontinuierlich aus und erweitern stetig ihr Portfolio an Produkten und Dienstleistungen. Zudem nutzen sie für ihre innovativen Produkte und Dienstleistungen eine weitere spannende Technologie, die ihre Marktmacht weiter stärken kann, die Künstliche Intelligenz (KI).

1.2.2 Künstliche Intelligenz

Der Begriff Künstliche Intelligenz (KI) ist allgegenwärtig und gilt als eine technische Revolution, die – so das große Versprechen – unser Leben einfacher und besser machen soll. Unter KI verstehen Wissenschaftler algorithmisierte Entscheidungen (Algorithmic Decision Making, kurz ADM), die uns nicht nur lästige Routinen wie Vereinbarungen eines Zahnarzttermins abnehmen soll, sondern die uns auch dabei unterstützen soll die Probleme unserer Zeit zu lösen. So sollen die selbstlernenden Systeme mit Hilfe von großen Datenmengen beispielsweise Krebs schneller erkennen und die geeignete Therapieform vorschlagen, unsere Autos sicherer steuern als wir selbst und entscheiden wer welchen Versicherungstarif bekommt.

Dabei ist Künstliche Intelligenz weder ein neuartiges Phänomen noch Zukunftsmusik. Bereits seit Mitte des letzten Jahrhunderts arbeiten Wissenschaftler an der Entwicklung von Künstlicher Intelligenz und heute ist Künstliche Intelligenz Teil unseres Alltags.

Meilensteine in der Entwicklung der Künstlichen Intelligenz

Bild 1.4 Entwicklung Künstliche Intelligenz

1950
Turing Test

1964 – 1966
Entwicklung ELIZA,
Werkzeug zur Verarbeitung
Natürlicher Sprache

2015
AlphaGo von
Google schlägt
Weltmeister in Go

1949
Entwicklung
Hebbian Learning

1956
Erste Begriff Nennung
Künstliche Intelligenz

1997
IBM Deep Blue
schlägt Weltmeister
in Schach

In der Finanzbranche wird KI heute überwiegend für Chatbots- und virtuelle Assistenten, Recommendation (oder Recommender) Systeme, Robo Advice sowie zur Betrugserkennung und Risikobewertung angewendet.

1.2.2.1 Chatbots- und virtuelle Assistenten

Mit der Hilfe von Chatbots- und virtuellen Assistenten können Finanzdienstleister die Kundenkommunikation durch die Integration von KI automatisieren. Die KI Anwendungen können somit intelligente Konversationen mit menschlichen Benutzern über auditive oder textliche Methoden simulieren. Dadurch können Antworten und Prozesse automatisiert und Mitarbeiter unterstützt werden. Chatbots- und virtuelle Assistenten basieren auf einer komplexen Natural Language Processing (NLP)-Algorithmen und werden mit historischen Kundenskripten trainiert. Aber auch während des operativen Einsatzes werden die Chatbots optimiert, sodass Anfragen immer besser beantwortet werden können. Finanzdienstleister setzen Chatbots und virtuelle Assistenten für interne und externe Prozesse ein.

Die DZ Bank bietet beispielsweise über die Volksbanken Raiffeisenbanken zwei Lösungen an: den VR-Chatbot und den VR-VoiceAssistenten, der mit Amazons Alexa genutzt werden kann. Die einzelnen Volksbanken Raiffeisenbanken können dann ihre Produkte und Dienstleistungen individualisieren. Beispielhaft sind hier zu nennen VRanzi von der VR Bank Westmünsterland oder Fritz von der VR Bank Hessenland. VRanzi und Fritz sind Chatbots, die eingesetzt werden, um allgemeine Fragen rund um Finanzprodukte zu beantworten. Auch die Sparkasse Nürnberg bietet mit „Linda" einen Chatbot zur Unterstützung der Kundenkommunikation an. Oft werden die Chatbots allerdings nur für ein begrenztes Produktportfolio eingesetzt. So setzt die KfW Bank beispielsweise einen Chatbot nur zur Beratung für KfW-Studienkredite ein.

Bild 1.5 Chatbot

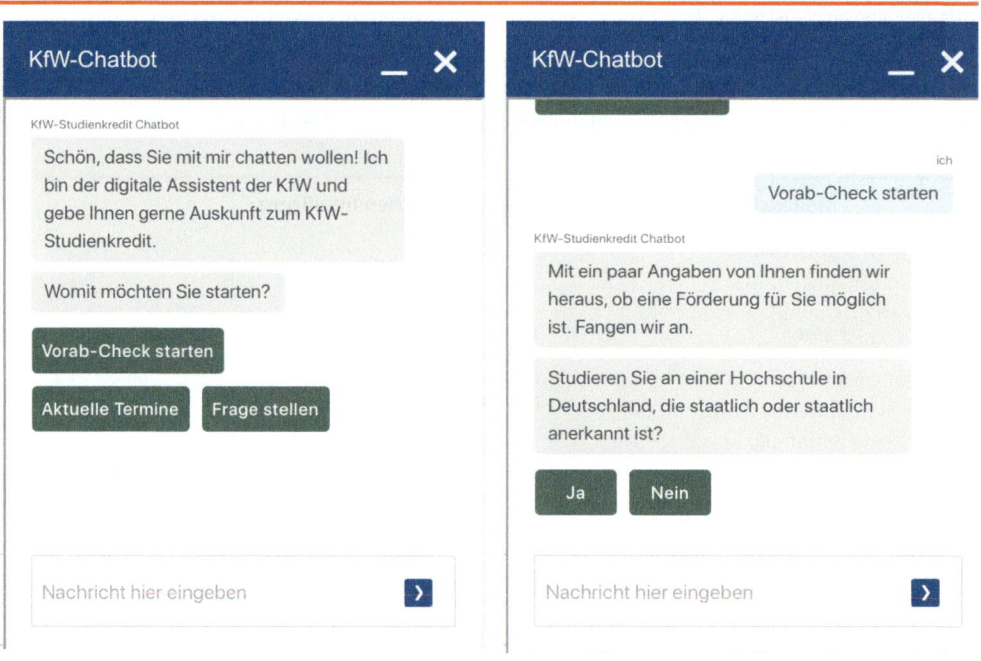

1.2.2.2 Recommendation-Systeme

In der Kundenberatung werden zudem Recommendation(Recommender)-Systeme angewendet. Recommendation-Systeme sind softwarebasierte Empfehlungssysteme, die die Bedürfnisse und Präferenzen von Kunden für Finanzprodukte und -dienstleistungen identifizieren, um dann die passenden Produkte anzubieten. Diese Empfehlungssysteme werden überwiegende im E-Commerce genutzt, finden nun aber erste Anwendungen im Finanzsektor.

> Die Apo Bank nutzt beispielsweise ein Recommendation-System für ihr Wertpapiergeschäft im Privatkundensegment. Neben der Produktberatung finden Recommendation-Systeme auch in anderen Bereichen Anwendung. So nutzt das Fintech Dwins in ihrer App „Finanzguru" Recommendation-Systeme, um ihren Nutzern Spartipps zu geben. Diese Spartipps werden aufgrund von Einnahmen, Ausgaben und laufenden Verträgen ermittelt.

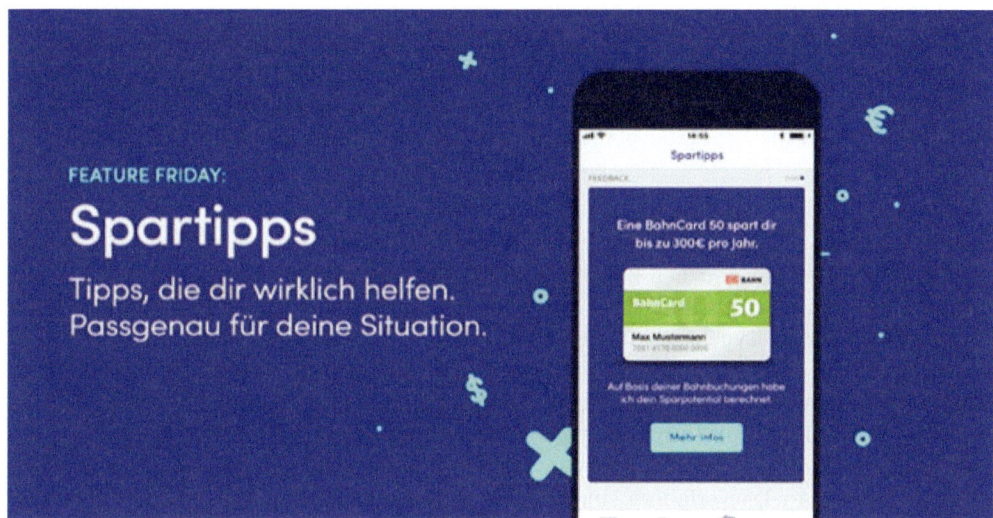

Bild 1.6 Recommendation-Systeme

1.2.2.3 Robo-Advice

Der Begriff Robo-Advisor setzt sich aus den Begriffen „Robot" und „Advisor" zusammen, jedoch handelt es sich hierbei nicht um einen physischen Roboter, sondern um eine Software mit einem selbstlernenden Algorithmus zur Vermögensverwaltung. Im Bereich Vermögensmanagement können Anleger mit Hilfe von Robo-Advice online ein Risikoportfolio ausfüllen, das dann mit einer Kombination aus Fonds verbunden wird, die ihren langfristigen Erwartungen, ihrem Liquiditätsbedarf und ihrer Risikobereitschaft entsprechen (BaFin 2018). Algorithmen überwachen und balancieren das Konto nach Bedarf neu und reinvestieren Dividenden. Zudem können Kunden ihre Portfolios durch Anlagethemen personalisieren (Gozman et al. 2018, S. 160). Robo-Advisor treffen die Investitionsentscheidungen ohne jegliche menschliche Interaktion und sollen fachmännische Berater oder Beraterinnen ersetzen. Robo-Advisor werden mittlerweile von Fintechs als auch von Banken angeboten. Einer der bekanntesten Robo-Advisor in Deutschland ist „Robin" von der Deutschen Bank.

1.2.2.4 Betrugs- und Risikobewertung

Auch bei sicherheitsrelevanten Herausforderungen im Finanzmarkt findet Künstliche Intelligenz Anwendung. So nutzen Finanzdienstleister seit einigen Jahren KI basierte Softwarelösungen bei der Betrugserkennung oder der Risikobewertung.

Aufgrund der Vielzahl möglicher Betrugsszenarien stellt die Betrugserkennung eine große Herausforderung für Banken dar. Oft kommen zur Erkennung von Betrug regelbasierte Systeme zum Einsatz, die jedoch mit menschlicher, manueller Inspektion und Intuition kombiniert werden müssen. Dieser Ansatz ist für Banken nicht nur zeit- und kostenintensiv, sondern auch anfällig für Fehler. Durch die Anwendung neuer Methoden, die auf KI basieren, können Algorithmen aus den vorhandenen Daten und Betrugsmustern lernen. So können diese dann im Anschluss zur automatisierten Betrugserkennung beim Eintreffen neuer Schadensfälle verwendet werden.

> Ein Anwendungsbeispiel hierfür ist die Danske Bank, die dänische Universalbank, hat eine KI-gestützte Plattform für Betrugserkennung entwickelt und implementiert. Maschinelles Lernen ermöglicht eine Echtzeitanalyse von tausenden Merkmalen von Millionen von Online-Banking-Transaktionen, die über die Plattform getätigt werden. Diese KI-basierte Analyse kann durch den kontinuierlichen Abgleich von bisherigen Betrugsmustern potenzielle betrügerische Aktivitäten aufgedeckt und gleichzeitig neue Betrugsmuster erlernen.

Bei der Risikobewertung, auch Kreditscoring genannt, wird die Kreditwürdigkeit einer Person repräsentiert. Hierbei versuchen Banken die Kreditwürdigkeit ihrer Kunden nach einem vorgegebenen Verfahren zu ermitteln. Der Zweck der Kreditwürdigkeitsprüfung besteht darin, die Antragsteller in zwei Typen zu klassifizieren: Antragsteller mit einer positiven Bonität und Antragsteller mit einer negativen Bonität. Die Genauigkeit der Kreditwürdigkeitsprüfung ist dabei entscheidend für die Rentabilität von Finanzinstitutionen. Ursprünglich wurde die Kreditwürdigkeitsprüfung subjektiv nach persönlichen Erfahrungen bewertet. Heute arbeiten die meisten Banken mit statistischen Analyseverfahren und Modellbildungen. Die Grundlage dieser statistischen Analyseverfahren sind historische Ausfalldaten von Krediten. Im Gegensatz zu statistischen Techniken gehen KI-Anwendungen nicht von bestimmten Datenverteilungen aus, da die KI-Anwendungen automatisch Wissen aus Trainingsdaten extrahieren. Auf der Basis von Daten, die Kredit-Nachfrager online generieren, versuchen Banken nun durch KI reputationsrelevante Informationen zu gewinnen. Diese Daten werden überwiegend durch das Verhalten auf Social Media-Seiten, dem Browser-Verhalten oder der Online-Zahlungshistorie gewonnen.

Die meisten Finanzdienstleister haben mittlerweile das Potenzial von KI-basierten Anwendungen in der Finanzbranche erkannt und einige nutzen dieses Potenzial bereits. Doch auch in der Finanzbranche steht die Künstliche Intelligenz immer im Zusammenhang mit Daten. Die Unternehmen, die es schaffen, große Mengen an Nutzer- und Marktdaten zu gewinnen und zu nutzen, können Wettbewerbsvorteile generieren. Im Zeitalter von selbstlernenden Systemen tritt ein weiterer Effekt auf, der sogenannte Feedback-Eeffekt.

> Hier ein Beispiel für Feedback-Effekte: Immer dann, wenn Google uns einen Vervollständigungsvorschlag macht und wir diesen annehmen oder eben nicht annehmen, geben wir Google Feedback. Durch dieses konstante Feedback von Abermillionen Nutzern werden die lernenden Systeme von Google so kontinuierlich trainiert und verbessert (Ramge, 2020).

Feedbackeffekte haben die Folge, dass die Produkte und Dienstleistungen von einigen wenigen Unternehmen immer besser werden, da sich die lernenden Systeme hinter den Produkten und Dienstleistungen stetig weiter verbessern und so ein zunehmendes Marktungleichgewicht weiter verstärken (Ramge & Mayer-Schönberger, 2017).

Es ist kein neues Phänomen, dass neue technische Erfindungen menschliche Arbeitskraft ersetzen und Arbeitsprozesse verändern. Neu jedoch ist die Geschwindigkeit, mit der die Digitalisierung Arbeitsprozesse und Jobs verändert:

- Maschinen übernehmen menschliche Arbeit: KI-basierte Softwareprogramme schreiben bereits heute automatisch Nachrichtenmeldungen oder beraten Kunden am Telefon. Ganze Prozessketten werden komplett automatisiert werden, so dass der Mensch an keiner Stelle mehr eingreifen muss.

  Die Risikoprüfung wird mit Hilfe von Predictive Risk Modelling und Big Data-Analysen beschleunigt. Experten werden die automatisierten Prozesse ergänzen, um Rechtskonformität sicherzustellen.

- Selbstlernende Systeme: Durch selbstlernende Algorithmen verbessern sich KI-Systeme kontinuierlich selbst und führen komplexe Aufgaben durch, von denen wir lange glaubten, dass dafür menschliche Intelligenz nötig sei. Insbesondere können KI-basierte Systeme durch die Analyse riesiger Datenmengen („Big Data") bessere Zukunftsprognosen treffen als jeder Mensch.

- Zwei-Klassen-Jobs: Der Arbeitsmarkt spaltet sich immer mehr in „gute" und „schlechte" Jobs. Die „Gewinner" mit den guten Jobs, werden neue Projekte realisieren und neue Systeme programmieren, während die Jobs der „Verlierer" durch KI-basierte Systeme ersetzt werden. Denn nicht alle Verwaltungsangestellten werden zu Datenanalysten oder Programmierern ausgebildet werden können.

1.2.3 Blockchain

Die dritte Technologie, die in den letzten Jahren insbesondere in der Finanzindustrie für Aufregung gesorgt hat, ist die Blockchain Technologie. Die Finanzindustrie wird bisher als Pionier und Hauptnutzer der Blockchain Technologie angesehen. Das liegt vor allem daran, dass die bekanntesten Anwendungen dieser Technologie Kryptowährungen sind, insbesondere Bitcoin.

Bitcoin ist eine 2009 begründete Kryptowährung, die eine Blockchain als dezentral verwaltete Datenbank nutzt. Die Nutzer von Bitcoin zahlen bei Onlinebestellungen geringere Transaktionsgebühren als bei etablierten Online-Payment Anbietern wie PayPal, den Kreditkartenanbietern oder Klarna, da eben diese Intermediäre im Zahlungsprozess ausgeschlossen werden. Dabei wird sichergestellt, dass Transaktionen mit Bitcoins nur vom jeweiligen Eigentümer getätigt werden können und die Währungseinheiten nicht mehrfach ausgegeben werden können.

Die Kryptowährung Bitcoin wird nicht durch eine Staats- oder Zentralbank reguliert. Die Währung existiert nur virtuell, es gibt also keine physischen Münzen oder Banknoten, sondern nur Kontostände, die mit privaten und öffentlichen Schlüsseln verbunden sind. Die Kontostände aller Bitcoin Nutzer, als auch alle jemals getätigten Transaktionen werden in der öffentlichen, dezentral verwalteten Datenbank, der Blockchain, dokumentiert. Die Blockchain wächst durch jede einzelne Transaktion weiter an. Parallel zu dem Wachstum der Blockchain steigt auch der Bedarf an Rechenpower für die Verwaltung dieser massiven Datenmengen an. Die bisher benötigte Rechenpower für die Bitcoin Blockchain wird durch ein weltweitumspannendes Netz von Computern bereitgestellt (Hülsbömer & Genovese, 2020).

Die Blockchain Technologie ist für viele Anwendungsbereiche interessant, da sie sichere und nicht manipulierbare Transaktionen im Netz ermöglicht. Sobald man an einer Blockchain teilnimmt und ihren Regeln folgt ist man ein Teilnehmer der Blockchain. Die Teilnehmer der Blockchain können untereinander direkte Transaktionen ohne einen weiteren Intermediär durchführen. Die Transparenz der Blockchain entsteht durch die ständige Kontrolle der sogenannten Miner. Ein Netzwerk an Miner kontrollieren die hinterlegten Informationen und Transaktionen indem sie Block für Block verifizieren und die Änderungen gleichzeitig im Netzwerk teilen. Die gespeicherten Informationen sind unveränderlich und für jeden sichtbar, somit haben alle Teilnehmer der Blockchain den gleichen Informationsstand. Diese Eigenschaften machen die Blockchain Technologie beispielsweise auch für Versicherungen, Wahlsysteme, Prozesse in der Logistik oder Verträgen hoch interessant.

Im Finanzmarkt könnte die Blockchain Technologie zukünftig im Bereich Zahlungsverkehr verstärkt Anwendung finden, aber auch die gesamte Banken-Infrastruktur stark beeinflussen. Denn die Wertübertragung sowie die Abwicklung von Transaktionen dauert über die Blockchain nicht mehr Tage, sondern wenige Minuten. Auch könnten Menschen in Entwicklungsländer einfach und schnell Zugang zu einer sicheren Finanzinfrastruktur erhalten und eigenständig ein Konto in Form eines Wallets eröffnen und ihre Finanzen selber verwalten (Klotz, 2016).

Banken werden sich zukünftig verstärkt mit Ausbildungs- und Weiterbildungskonzepten beschäftigen müssen, um ihre Mitarbeiter beim Aufbau von digitalen Kompetenzen zu unterstützen. Auch werden Finanzdienstleiter ihre Mitarbeiter an die neuen Technologien heranführen, um dann das Innovationspotential und die Kreativität ihrer Mitarbeiter für neue Finanzprodukte und -dienstleistungen, die auf den neuen Technologien basieren, nutzen zu können.

Im nachfolgenden Kapitel werden unterschiedliche Personalentwicklungskonzepte bei fünf verschiedenen Banken vorgestellt. Die Personalentwicklungskonzepte unterstützen Mitarbeiter und Führungskräfte dabei fachspezifische Kompetenzen zu vertiefen und neue digitale Kompetenzen in den Organisationen aufzubauen.

1.3 Personalentwicklung im Bereich digitaler Kompetenzen

1.3.1 Commerzbank, Goldman Sachs & JP Morgen

Bei der Commerzbank, Goldman Sachs oder JP Morgen findet man beispielsweise überwiegend generische Informationen zur allgemeinen Personalentwicklung. Alle drei Banken betonen jedoch wie wichtig ihnen die Weiterbildung und Entwicklung ihrer Mitarbeiter ist.

So beschreibt die Commerzbank, dass die kontinuierliche Qualifizierung und Entwicklung ihrer Mitarbeiter und Mitarbeiterinnen einen hohen Stellenwert haben. Das Personalentwicklungsangebot wird in außerfachliche und fachliche Qualifizierung als auch in Grundlagen- und Nachwuchsqualifizierung untergliedert. Die außerfachliche Qualifizierung umfasst Schulungsangebote zu den Themen Projektmanagement oder Konfliktlösungsstrategien. In der fachlichen Qualifizierung werden hingegen Themen behandelt, die die Mitarbeiter gezielt in ihrem aktuellen und zukünftigen Aufgabenbereich unterstützt sollen. Neben den Themen Gesundheit, Sprachtraining und Six Sigma werden PC-Anwendungen in der Kategorie Grundlagenqualifizierung gebündelt. Allgemein spricht die Commerzbank viel von Entwicklungs- und Qualifizierungsmaßnahmen, ob diese Maßnahmen in Präsenzform oder Online stattfinden wird nicht ersichtlich. Fraglich ist, ob die Maßnahmen zum Aufbau von digitalen Kompetenzen der Mitarbeiter unter den Bereich PC-Anwendungen fallen, oder aber, ob der Aufbau von digitalen Kompetenzen doch intern einen höheren Stellenwert erfährt (Commerzbank, 2020).

Die Commerzbank bietet indirekt, aber auch spezielle Events zu aktuellen Themen und den neuen Finanztechnologien an. So gab es beispielsweise vom main incubator, dem Inkubator der Commerzbank, im Jahr 2018 ein Event zu Künstlicher Intelligenz. Auf dieser Veranstaltung sprachen Wissenschaftler, Banker und Fintech-Unternehmer rund um das Thema Künstliche Intelligenz (Main Incubator, 2018). Ein weiteres Projekt der Commerzbank zur Entwicklung von digitalen Kompetenzen war die Digital Leadership Challenge. Hier haben sich rund 50 Führungskräfte der Commerzbank in einem viermonatigen Programm mit der Commerzbank 4.0 befasst und sich mit dem digitalen Wandel auseinandergesetzt (Hättich, 2017).

Goldman Sachs bietet über die Goldman-Sachs-Universität (GSU) neuen Mitarbeitern und Mitarbeiterinnen Schulungen zur Einarbeitung an. Hier erhalten die neuen Mitarbeiter bereits vor ihrem ersten Arbeitstag Zugang zu einem E-Learning Portal und können sich mit Hilfe der Orientierungsprogramme auf den Arbeitsalltag bei Goldman Sachs vorbereiten. Die Schwerpunkte dieser Orientierungsprogramme liegen auf Unternehmenskultur und Networking. Mitarbeiter auf Junior-Ebene haben zudem über eine E-Learning Plattform Zugang zu Kursen, die sich auf den Aufbau grundlegender beruflicher und technischer Fähigkeiten konzentrieren. Darüber hinaus bietet Goldman Sachs eine umfangreiche Bibliothek mit digitalen Lehrangeboten an, wie beispielsweise E-Learnings oder eine Podcast-Reihe. Außerdem nutzt Goldman Sachs maßgeschneiderte Schulungsprogramme, insbesondere mit den Schwerpunkten Führung und Unternehmenskultur, um Mitarbeiter auf den nächsten Karriereschritt vorzubereiten. Nahezu alle Mitarbeiter nehmen jedes Jahr an mindestens einem klassenraumbasierten oder digitalen Schulungsangebot teil, so haben allein die Analysten bei Goldman Sachs im Jahr 2016 mehr als 300 000 Schulungsstunden in Anspruch genommen. Ein spezielles Programm für die Entwicklung von digitalen Kompetenzen der Mitarbeiter nennt Goldman Sachs jedoch nicht (Goldman Sachs, 2020).

Auch JP Morgan Chase & Co. (JP Morgan) priorisiert die Weiterentwicklung ihrer Mitarbeiter. So bietet JP Morgan seinen Mitarbeitern viele Möglichkeiten an, miteinander in Verbindung zu treten und voneinander zu lernen. Dabei sind die Schulungs- und Entwicklungsprogramme so konzipiert, dass sie eine kontinuierliche Karriereentwicklung und Mentorenschaft fördern. Zudem hat JP Morgan Programme wie Women-on-the-Move und Advancing Black Leaders gegründet, die eine erfolgreiche Entwicklung und Beförderung sowie Networking ermöglichen sollen. Aber auch die Technologiegemeinschaft wird gefördert, indem Events wie Tech Connect und Tech's Fun stattfinden. Insgesamt hat JP Morgan im Jahr 2017 weltweit über 300 Millionen Dollar in die Aus- und Weiterbildung ihrer Mitarbeiter investiert (JP Morgan Chase, 2020).

1.3.2 HSBC

Die HSBC nutzt für die Weiterbildung ihrer Mitarbeiter, ähnlich wie Goldman Sachs, ihre HSBC University. Die HSBC University bietet Mitarbeitern auf der ganzen Welt die Möglichkeit, sich weiterzubilden, Fähigkeiten zu erlernen und Qualifikationen zu erwerben. Das Ziel von HSBC ist es, ihren Mitarbeitern die Möglichkeit zu geben, die von ihnen benötigten Fähigkeiten auf eine für sie geeignete Weise zu erwerben – sei es durch persönliche Schulungen, Online-Kurse oder weiteren Möglichkeiten, über den Klassenraum hinaus zu lernen.

Das Lernen im Klassenzimmer bietet die Chance, nicht nur Fähigkeiten zu erwerben, sondern auch Wissen zu teilen, Ideen zu entwickeln und Beziehungen zu Kollegen aufzubauen. Dabei legt HSBC großen Wert auf persönliches Training. Neben dem neuen Hauptsitz von HSBC UK in Birmingham, der beispielsweise eine Schulungseinrichtung umfasst, die bis zu 300 Personen aufnehmen kann, baut HSBC weitere, neue Ausbildungseinrichtungen der HSBC-University unter anderem in den Vereinigten Arabischen Emiraten, Mexiko und Großbritannien auf.

Online-Lernen kann aber ebenfalls von Vorteil sein, da es den Mitarbeitern ermöglicht, in ihrem eigenen Tempo und zu einer Zeit zu lernen, die für sie am besten ist. Dies ist besonders wichtig für Mitarbeiter, die sich dafür entscheiden, flexibel oder aus der Ferne zu arbeiten.

Über die Intranet-Seite der HSBC University steht eine breite Auswahl an Online-Kursen zur Verfügung, die vom Anfänger- bis zum Expertenniveau reichen. Allgemeine Kurse, die online verfügbar sind, decken Bereiche wie Teammanagement, Führung, IT und persönliche Fähigkeiten ab.

Die E-Learning Plattform von HSBC umfasst vier Bereiche.

- Im ersten Bereich können Mitarbeiter klassisch Kurse und Schulungen besuchen. Das Kursangebot umfasst insgesamt über 280 Kurse zu unterschiedlichen aktuellen Themen rund um Banking und das Finanzwesen.

- Der zweite Bereich bündelt interaktiven Videos. Hier können die Mitarbeiter in kurzen Videos (4 bis 9 Minuten) neue Themen entdecken oder ihr Lernerfahrung vertiefen.

- Der dritte Bereich nutzt eine KI-Anwendung im Bereich Lernen. Ein Algorithmus präsentiert den Mitarbeitern nach Abschluss eines Moduls drei weitere Kurse, die thematisch zum Kontext passen und die den Bedürfnissen der Lernenden am besten entsprechen sollen.

- Im vierten Bereich der E-Learning-Plattform geht es um Online-Tutoring und akkreditierte Kurse. Mitarbeiter haben hier die Möglichkeit mit sehr erfahrenen Lernmentoren aus dem Bereich Banking & Finance zusammen zu arbeiten und eine akkreditierte Zertifizierung zu erwerben (HSBC, 2020).

Weiter ermutigt HSBC Mitarbeiter auch über Entwicklungsmöglichkeiten außerhalb des Klassenzimmers oder des E-Learning nachzudenken. So können Mentoring, Job Shadowing und ehrenamtliche Arbeit wertvolle Wege sein, um beispielsweise Erfahrungen und Fachwissen zu erweitern. Hierfür bietet die HSBC-University ihren Mitarbeitern nützliche Ressourcen und Kontakte. Im Jahr 2019 haben die HSBC Mitarbeiter insgesamt 6.5 Millionen Stunden in Weiterbildung und Schulungen investiert.

> Wenn Unternehmen in ihre Mitarbeiter investieren und dafür sorgen, dass sie sich in ihrer Rolle geschätzt und unterstützt fühlen, steigen Engagement und Motivation an. Aktuelle Untersuchungen zeigen, dass lediglich 33 Prozent aller Arbeitnehmer in den USA motiviert und engagiert in ihrer Arbeitstätigkeit sind. Schätzungen zur Folge haben US-Unternehmen jährlich 960 Milliarden bis 1,2 Billionen Dollar an Produktivitätsverlusten durch Mitarbeiter, die bereits innerlich gekündigt haben, zu verzeichnen. Daher sollten Unternehmen der Mitarbeiterentwicklung weiter Vorrang einräumen.

1.3.3 Bank of America

Die Bank of America setzt bei der Personalentwicklung auf eine eigene Akademie. Laut dem Leiter der Akademie der Bank of America, John Jordan, erscheinen Investitionen in die Weiterbildung der Mitarbeiter zunächst teuer und entmutigend, amortisieren sich aber im Laufe der Zeit durch höheres Engagement der Mitarbeiter und einer steigenden Produktivität im gesamten Unternehmen, was schließlich zu Kostensenkungen führt (Morgan, 2019).

Die Bank of America nutzt die Akademie als eine unternehmenszentrierte Lernlösung. Um ein umfassendes Schulungs- und Entwicklungsprogramm zu entwickeln, das Talente anzieht und bindet sowie Mitarbeiter dabei unterstützt eine außergewöhnliche Kundenbetreuung zu leisten, schlossen sich die Personalabteilung der Bank of America und die Abteilungen für das Verbrauchergeschäft zusammen. Nachdem die Ziele für den Bereich Lernen & Entwicklung definiert wurden, entwickelte das Team die Akademie der Bank of America. Seit 2016 bietet die Akademie ein freiwilliges dreistufiges Schulungsprogramm für Mitarbeiter und Manager der Bank of America an. Jede Stufe ist darauf ausgerichtet, die Fähigkeiten der Lernenden zu schärfen, ihnen neue Fähigkeiten beizubringen und ihnen die Instrumente an die Hand zu geben, die sie benötigen, um ihre Karriere voranzubringen (Bank of America, 2020).

Das Programm ist primär in die drei Bereiche Onboarding, In-Role Development und ein intensives Trainingsprogramm für Führungskräfte gegliedert. Das Programm der Akademie der Bank of America umfasst aber auch Coaching- und Mentoring-Möglichkeiten, einschließlich eines Zugangs zu über 200 Akademie-Coaches und 11 Mitarbeiternetzwerken mit mehr als 320 globalen Bereichen und rund 160 000 Mitgliedern. So haben die Mitarbeiter der Bank of America die Möglichkeit, miteinander in Kontakt zu treten, um Führungsfähigkeiten zu entwickeln und Themen anzusprechen, die ihnen wichtig sind. Führungskräfte erhalten zusätzliche Trainings, um verantwortungsbewusste Führung zu fördern und profitieren vom Gruppen-Coaching der Akademie. Ein neues Projekt, an dem die Akademie derzeit arbeitet, ist ein Virtual Reality (VR)-Trainingspilot. Nach seiner Einführung wird das VR-Training die Lernenden in die Lage versetzen, ihre Fähigkeiten in einer sicheren Umgebung zu üben und den Lernerfolg zu unterstützen.

Seit der Einführung des umfassenden Schulungs- und Entwicklungsprogramms ist das Engagement der Mitarbeiter der Bank of America gestiegen und hat die organisatorische Effizienz und Produktivität verbessert. Zudem spielt das Programm auch eine wichtige Rolle bei der Verbesserung der Mitarbeiterbindung, die eines der strategischen Ziele der Bank of America ist. Unabhängig davon, ob es sich um die Verbesserung des Engagements und der Produktivität der Mitarbeiter, die Verringerung der Fluktuation oder einfach um die Erhöhung der Effektivität der Mitarbeiter handelt, ist die Personalentwicklung eine wertvolle und notwendige Investition. Die Bank of America ist davon überzeugt, dass Schulungen und Weiterentwicklungsprogramme Mitarbeitern die Instrumente an die Hand geben, die sie brauchen, um in der Zukunft erfolgreich zu sein (Gallo, 2020).

> Es ist zu beobachten, dass insbesondere die amerikanischen und stark international ausgerichteten Banken bereits die Notwendigkeit für den Aufbau von digitalen Kompetenzen ihrer Mitarbeiter erkannt haben und Personalentwicklungskonzepte umsetzen.

Die Digitalisierung wirkt sich auf das Geschäftsmodell und die Prozesse von Finanzdienstleistern stark aus. Prozesse, insbesondere Routinetätigkeiten, entlang der gesamte Wertschöpfungskette werden automatisiert.

Aus den untersuchten Personalentwicklungskonzepten der unterschiedlichen Banken wird nur teilweise ersichtlich, welchen Stellenwert die Banken den neuen Technologien Plattformen, KI und Blockchain einräumen. Die Themenbereiche ändern sich durch die neuen Technologien nicht immer fundamental, sondern unterstützen oft bereits existierende Prozesse oder Tätigkeiten. Daher sind Schulungen zu fachspezifischen Themenbereichen weiterhin wichtig, sofern der Einfluss oder die Anwendung der neuen Technologie auf das Themenfeld mit einbezogen wird.

> Die Technologien der digitalen Plattform, der Künstlichen Intelligenz und der Blockchain verändern die Prozesse und Aktivitäten in den Finanzmärkten heute schon stark und werden Finanzprodukte- und -dienstleistungen sowie die Marktstrukturen auf Finanzmärkten zukünftig auch weiter stark beeinflussen:
>
> - Arbeit 4.0: Durch digitale Plattformen, KI und Blockchain werden Prozesse zunehmend digital unterstützt oder komplett automatisiert werden. Steuerungsprozesse sind agil und flexibel organisiert, dadurch können Mitarbeiter zeit- und ortsunabhängig arbeiten. So müssen Mitarbeiter nicht mehr jeden Tag am Arbeitsplatz in der Bank anwesend sein, sondern können von überall aus arbeiten. Die Grundvoraussetzung für einen guten Arbeitsplatz ist heute vor allem eine schnelle und stabile Internetverbindung.

- Expertise 4.0: Der Bedarf an IT-Spezialisten mit Fach Know-how im Bereich der neuen Technologien, insbesondere AI und Blockchain, wird weiterwachsen.

- Flexibles Arbeiten: Die gewonnene Freiheit in der Arbeitseinteilung von Mitarbeitern geht jedoch mit zunehmender Verantwortung jedes einzelnen Mitarbeiters einher. Die räumlich verstreuten Mitarbeiter arbeiten in unterschiedlichen Teams in einer virtuellen Arbeitsumgebung und müssen sich selbst organisieren. Mitarbeiter können ihre Arbeit und ihre Projekte selber planen, einteilen und selbstständig erledigen. Zudem erfordert der Finanzmarkt schnelle Entscheidungsprozesse und Agilität. In Folge werden Mitarbeiter zunehmenden in internationalen und virtuellen Teams arbeiten.

- Organisationsstruktur: Diese Entwicklungen wirkt sich auch auf die Organisationsstrukturen von Finanzdienstleistern und deren Führungsstil aus. In einer digitalen Arbeitswelt können starre Organisationsstrukturen und ein streng hierarchischer Führungsstil die Innovationsfähigkeit von Unternehmen ausbremsen. Hier werden Banken oft als Öltanker und Fintechs als Speedboats bezeichnet, um den Einfluss der Organisationsstrukturen auf die Reaktions- und Innovationsfähigkeit zu verbildlichen.

- Kooperativer Führungsstil: Auch die Rolle der Führungskräfte in Finanzunternehmen verändert sich durch die Digitalisierung. Da Mitarbeiter sich verstärkt selber organisieren müssen, verschiebt sich die Rolle der Führungskräfte hin zu mehr Mitarbeitermotivation, dem Coaching von Mitarbeitern und der Förderung von inter- und intraorganisationaler Vernetzung.

In den drei nachfolgenden Kapiteln werden nun detaillierte Praxisbeispiele zum Aufbau als auch zur Weiterentwicklung von digitalen Kompetenzen von Mitarbeitern im deutschen Finanzmarkt vorgestellt. Hier beschreiben die jeweiligen Autorinnen und Autoren aus den Perspektiven einer Zentralbank sowie zweier Universalbanken die aktuellen Herausforderungen, die die Digitalisierung für ihre Organisation und Mitarbeiter mitbringt und was sie tun, um ihre Mitarbeiter bei den neuen, digitalen Herausforderungen zu unterstützen.

Referenzen

Baldwin, C. Y., & Woodard, C. J. (2009). The architecture of platforms: A unified view. Platforms, markets and innovation, 32.

Bank of America. (2020). The Academy. Retrieved from *https://careers.bankofamerica.com/en-us/join-us/career-development/the-academy*

Berners-Lee, T. (2020). Biography. Retrieved from *https://www.w3.org/People/Berners-Lee/*

Commerzbank. (2020). Personalentwicklung in der Commerzbank. Retrieved from *https://www.commerzbank.de/de/hauptnavigation/karriere/arbeiten_bei_der_commerzbank/personalentwicklung/personalentwicklung.html*

Deutsche Börse AG. (2019). Retrieved from *https://www.boerse-frankfurt.de/wissen/maerkte-und-segmente/regulierter-markt*

Evans, D. S. (2003). Some empirical aspects of multi-sided platform industries. Review of Network Economics, 2 (3).

Gallo, S. (2020). How Bank of America Leverages L&D for Employee Engagement: A Case Study. Retrieved from *https://trainingindustry.com/articles/leadership/how-bank-of-america-leverages-ld-for-employee-engagement-a-case-study/*

Gawer, A., & Cusumano, M. A. (2014). Industry Platforms and Ecosystem Innovation. Journal of Product Innovation Management, 31 (3), 417 – 433. *doi:10.1111/jpim.12105*

Goldman Sachs. (2020). Maximizing the Potential of our People. Retrieved from *https://www.goldmansachs.com/careers/training.html*

Hättich, A. (2017). Digital Leadership Challenge. Retrieved from *https://blog.commerzbank.de/digitalisierung/17q2/digital-leadership-challenge.html*

HSBC. (2020). Premium Digital Learning for Financial Professionals. Retrieved from *https://www.fit forbanking.com/hsbc/*

Hülsbömer, S., & Genovese, B. (2020). Was ist Blockchain? Retrieved from *https://www.computer woche.de/a/blockchain-was-ist-das,3227284*

IT Finanzmagazin (2018). Digitales Ökosystem: First Movers unter den Banken winken Vorteile bei Kundengewinnung und -bindung. Retrieved from *https://www.it-finanzmagazin.de/digitale-oeko system-banken-64829/*

JP Morgan Chase. (2020). Our Values & Culture. Retrieved from *https://careers.jpmorgan.com/us/en/ about-us/our-values-4*

Klotz, M. (2016). Gar kein Mysterium: Blockchain verständlich erklärt. Retrieved from *https://www. it-finanzmagazin.de/gar-kein-mysterium-blockchain-verstaendlich-erklaert-27960/*

Main Incubator. (2018). Artificial Intelligence. Retrieved from *https://main-incubator.com/artificial-intelligence/*

Morgan, J. (2019). An Inside Look at The Academy, Bank of America's Training and Development Division. Retrieved from *https://www.youtube.com/watch?v=H7dCHKw25_I*

Ondrus, J., Gannamaneni, A., & Lyytinen, K. (2015). The impact of openness on the market potential of multi-sided platforms: a case study of mobile payment platforms. Journal of Information Technology, 30 (3), 260 – 275.

Parker, G.G., Van Alstyne, M.W., & Choudary, S.P. (2016). Platform revolution: how networked markets are transforming the economy and how to make them work for you: WW Norton & Company.

Ramge, T. (2020). postdigital: Wie wir Künstliche Intelligenz schlauer machen, ohne uns von ihr bevormunden zu lassen: Murmann Publishers GmbH.

Ramge, T., Mayer-Schönberger, V. (2017). Das Digital: Das neue Kapital – Markt, Wertschöpfung und Gerechtigkeit im Datenkapitalismus: Ullstein Buchverlage.

Digitale Kompetenzen im Corporate Banking

Silvio Andrae[1]

2.1 Einleitung

Digitale Technologien verändern die Arbeitsweise von Unternehmen der Finanzbranche grundlegend – so sehr, dass die Begriffe „digitale Transformation" und „digitale Technologien" fast synonym geworden sind. Insbesondere Banken sehen sich mit einer Verlagerung von traditionellen, zwischenmenschlichen Dienstleistungsformen hin zu digitalen Finanzdienstleistungen konfrontiert. Automatisierte oder datengetriebene digitale Vorgänge gewinnen immer mehr an Bedeutung. Digitale Technologien stellen traditionelle Geschäftsmodelle in Frage. Dies gilt vor allem für das Corporate Banking.

Die fundamentalen Veränderungen bei den Unternehmenskunden (Industrie 4.0) treffen auf eine Bankenbranche, die sich durch die Digitalisierung selbst stärker technologisiert. Man spricht auch vom Banking 4.0.[2] Die Auswirkungen und die damit verbundenen Chancen sind weitreichend. Auch hier geht es um eine Perspektive, wie die Organisation und die Aktivitäten der Banken zukunftsgerichtet gestaltet werden sollen. In den Fokus rücken flexible und maßgeschneiderte Produkte und Dienstleistungen.

Es gibt jedoch noch eine andere Dimension der digitalen Transformation – die menschliche Dimension –, die trotz ihrer äußersten Wichtigkeit weitgehend übersehen worden zu sein scheint.[3] Ob ein Unternehmen beschließt, auf Cloud-basierte Software umzusteigen oder eine datengesteuerte Entscheidungsfindung zu betreiben, der Erfolg der Implementierung der neuen Technologien wird letztlich davon abhängen, wie schnell die Mitarbeitenden lernen können, gut mit ihnen zu arbeiten.[4]

Führende Organisationen werden sich zunehmend der Tatsache bewusst, dass die bloße Einführung neuer digitaler Werkzeuge für eine erfolgreiche digitale Transformation nicht ausreicht, wenn sich die Mitarbeitenden innerhalb der Organisation nicht in der Lage fühlen, sie zu nutzen. Die Frage lautet dann: Was sind die Kernkompetenzen und -fähigkeiten der Mitarbeitenden, die ein Unternehmen pflegen und entwickeln sollte, um das Potenzial der digitalen Technologien voll auszuschöpfen? Können diese Kompetenzen intern entwickelt werden oder sollten Unternehmen sie von außen anziehen? Wie identifizieren Unternehmen Mitarbeitende, die bereit sind, sich zu verändern und andere für die Auseinandersetzung mit der Technologie zu begeistern?

Im Vordergrund des Corporate Banking stehen die Bewertung der Lösungskompetenz und die Fähigkeit des Unternehmens bzw. des Netzwerks, mit der digitalen Transformation und der einhergehenden Vernetzung umzugehen. Für die Unternehmen eines Wertschöpfungsnetz-

---

[1] Der Autor vertritt in diesem Beitrag seine persönliche Meinung.
[2] Vgl. Mehdiabadi et al. (2020).
[3] Vgl. Kane et al. (2020).
[4] Die Studie von Niemand et al. (2020) zeigt aber auch, dass der bloße Grad der Digitalisierung einer Bank keinen Einfluss auf die Rentabilität hat. Stattdessen sollten Banken in dieser Zeit des technologischen Wandels eine klare Vision der Digitalisierung entwickeln, die sich durch Innovation, Vorsprung vor der Konkurrenz und Risikobereitschaft auszeichnet.

werks kommt der Kommunikation gegenüber den Finanzierungspartnern eine große Bedeutung zu. So sollten die Unternehmen in der Lage sein, die Veränderungen ihrer Geschäftsmodelle, wichtige Produktinnovationen und Betriebsabläufe zu erläutern. Diese Kommunikation muss wiederum auf Mitarbeitende und Firmenkundenbetreuende in Banken treffen, die den Wandel verstehen und die Innovationen angemessen bewerten können.

Das Kapitel ist wie folgt strukturiert: Begonnen wird mit der Darstellung der digitalen Fähigkeiten im Corporate Banking (Abschnitt 2.2). Im Kern geht es um die wesentlichen Eckpfeiler des Geschäfts- und Betriebsmodells. Abschnitt 2.3 stellt die wesentlichen Technologien im Corporate Banking dar. Auf Basis von Technologieclustern werden vier unterschiedliche Innovationspfade identifiziert. Es kann die allgemeine Schlussfolgerung gezogen werden, dass die für das Geschäftsmodell erforderlichen Technologien in allen vier Innovationspfaden eine äußerst hohe digitale Kompetenz von den Beschäftigten erfordern. Daran schließt sich die Darstellung eines konzeptionellen Rahmens für die digitale Kompetenz an. Es wird dafür plädiert, nicht nur die Vermittlung von technologischem Know-how in den Mittelpunkt zu stellen, sondern von einem ganzheitlichen und breiter angelegten Verständnis von digitaler Kompetenz auszugehen. Dieser Ansatz erkennt die zunehmend komplexen Kenntnisse und Fähigkeiten an, die die Mitarbeitenden in Banken benötigen, um in vielfältigen, digital vermittelten Umgebungen ethisch, sicher und produktiv zu arbeiten. Ein Anwendungsbeispiel für das Corporate Banking schließt sich in Abschnitt 2.4 an. Abschnitt 2.5 geht auf verschiedene Instrumente des Kompetenzerwerbs ein. Ein zentraler Bestandteil ist die Talentstrategie. Das Kapitel endet mit einer Zusammenfassung.

2.2 Digitale Fähigkeiten im Corporate Banking

In einem ersten Schritt sollen die Bereiche im Unternehmen bestimmt werden, die besonders stark den Digitalisierungsgrad eines Unternehmens prägen. Als Grundlage dient das Modell der digitalen Fähigkeiten.[5] Es wurde branchenübergreifend erarbeitet, um die Möglichkeiten und Auswirkungen der neuen digitalen Technologien abzubilden. Bild 2.1 zeigt die verschiedenen Bereiche.

Bild 2.1 Modell der digitalen Fähigkeiten

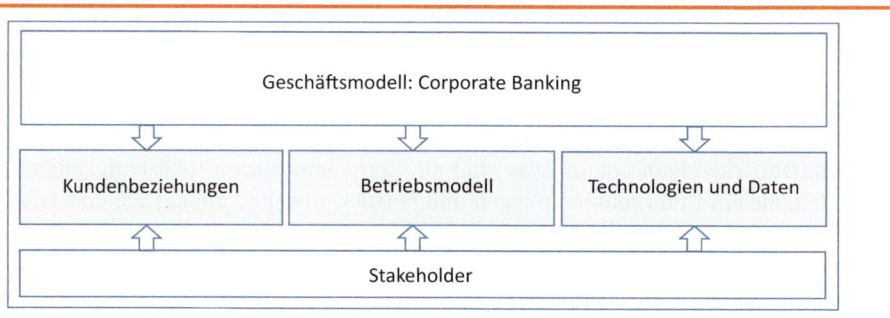

Im Folgenden wird das Modell für das Corporate Banking angewandt.

---

[5] Vgl. Bonnet/Westerman (2020).

2.2.1 Geschäftsmodell Corporate Banking

Das Corporate Banking[6] besteht aus verschiedenen Geschäftsfeldern. Im Mittelpunkt steht der Unternehmenskredit. Dazu gehören strukturierte Finanzierungen, Syndizierungen und Underwriting, das Leasinggeschäft, das Auslandsgeschäft sowie der Zahlungsverkehr. Zielgruppe des Corporate Banking sind mittlere und größere Unternehmen aus allen Branchen.

Kern der Digitalisierung dieser Geschäftsfelder ist die Transformation analoger Informationen in digitale und speicherbare Daten. Banken gehören zu den Unternehmen mit dem höchsten Digitalisierungspotenzial. Sie sammeln, verarbeiten und verknüpfen seit jeher Kunden- und Transaktionsdaten. Was unter Digitalisierung verstanden wird, unterscheidet sich zum Teil allerdings gravierend. Einige interpretieren dies als Format für neue Kommunikations- und Vertriebswege. Die Mehrheit stellt vor allem die technologische Komponente in den Vordergrund und verspricht sich eine höhere operative Exzellenz. Andere sehen darin eine strukturelle Transformation, um das Bankgeschäft zu betreiben. Auf Basis von Innovationen entstehen dann neue Geschäftsmodelle.

Banking folgt im Wesentlichen bis heute einem integrierten Geschäftsmodell. Neben vielen anderen Einflussfaktoren verlangt die Digitalisierung eine Überprüfung des Geschäftsmodells. Eine wesentliche Konsequenz kann sein, die Wertschöpfungsstufen im Banking zu reduzieren und damit zu vereinfachen. Die Vereinfachung muss mit einem Mehrwert für die Kunden und zusätzlichen Wettbewerbsvorteilen einhergehen. Bankdienstleistungen für Großkunden werden als „Banking as a Service" angeboten: Immer mehr Banken erweitern daher ihre produktbasierten Geschäftsmodelle um informationsbasierte Dienstleistungen. Sie kombinieren Sensoren, Kommunikationsnetzwerke, Anwendungen und Analysen, um Mehrwert für die Unternehmenskunden und neue Einnahmequellen für sich selbst zu schaffen. Dies erfordert fortschrittliche Analysefähigkeiten, ein End-to-End-Servicedesign und eine enge Integration mit den Geräten und Geschäftsprozessen der Unternehmen.

Zum Geschäftsmodell des Corporate Banking gehört ein mehrseitiges Plattform-Ökosystem. Dies erfordert spezifische wirtschaftliche Bedingungen, hohe Investitionen und eine große Portion Glück, um eine profitable Größenordnung zu erreichen. Daher wird nicht jede Bank versuchen, zum Plattformführer zu werden.[7] Auch Unternehmen, die keine eigenen mehrseitigen Plattformen etablieren können, können dennoch Plattformen nutzen, um ihre Geschäftsmodelle teilweise umzuwandeln oder eine wirtschaftlich tragfähige Rolle in Plattformen zu finden, die von anderen betrieben werden. Im Bereich Business-to-Business (B2B) hat sich bis heute noch kein Plattformstandard etabliert, den es im Bereich der Endnutzer hingegen schon zu geben scheint.

2.2.2 Kundenbeziehungen

Bankprodukte sind fast ausnahmslos vergleichbar. Das gilt stärker für das Retail Banking als für das Corporate Banking. Nur in Ausnahmefällen sind die Produktmerkmale ein Alleinstellungsmerkmal. Der Schlüssel zur Realisierung einer echten Kundenorientierung liegt im kundenzentrierten Denken und Handeln in Verbindung mit Verlässlichkeit und Innovation. Das Kundenerlebnis ist auch im Corporate Banking der entscheidende Schlüssel geworden. Während überzeugende Erlebnisse leicht zu erkennen sind, sind diese aber schwer zu gestalten und zu vermitteln.

---

[6] In Abgrenzung dazu stehen die Begriffe Retail-Banking, Investment-Banking sowie Vermögensmanagement für andere Sparten im Banking (vgl. Andrae 2017).

[7] Im letzten Jahr haben von den Top 10 der weltführenden Finanzinstitutionen fünf von ihnen ihr Geschäft als Plattform betrieben (vgl. *https://blog.cfte.education/5-of-the-top-10-financial-institutions-are-now-platforms/*)

Die Herausforderung im Corporate Banking liegt darin, dass sich durch die Vernetzung der Wirtschaft die Geschäftsmodelle, Produkte und Dienstleistungen sowie die Unternehmensprozesse der Unternehmenskunden gleichermaßen verändern. Dieser fundamentale Wandel wird mit dem Begriff „Industrie 4.0" in Verbindung gebracht. Industrie 4.0 ist der Überbegriff für die Weiterentwicklung von Produktions- und Wertschöpfungsnetzwerken. Diese Verknüpfung erfolgt durch sich selbst steuernde Objekte, die mit eingebetteten Systemen sowie Sensoren, Aktoren und Kommunikationsmodulen ausgestattet sind.

Technisch gesehen sind eingebettete Systeme die Kombination aus Hard- und Software, Produkten, Materialien und Maschinen. Hierbei wird die Datenebene (der digitalen Welt) mit den physischen Abläufen (der realen Welt) verbunden. Dies sorgt für den notwendigen Austausch von echtzeitbasierten Informationen zwischen den Produktionseinheiten, der Lieferkette und den unterstützenden Diensten. Der Ansatz ist derart feingliederig und umfassend, so dass fast jedes Produkt damit optimiert werden kann. Darüber hinaus steht Industrie 4.0 für einen Paradigmenwechsel industrieller Fertigung. Starre Produktionsstrukturen werden durch flexible Einheiten mit autonomen und selbststeuernden Produktionseinheiten abgelöst.

Dies gelingt durch

- die vertikale (veränderte Zuliefer- und Kundenstruktur durch Integration von Fertigungsstufen) und
- die horizontale (durch unternehmensübergreifende Wertschöpfungsnetzwerke) Vernetzung.

Die dezentralen Entscheidungsstrukturen der Industrie 4.0 reduzieren zudem die Vorlaufzeiten bei der Produktherstellung. Kundenaufträge können individuell bearbeitet werden, da die Daten, Kennzahlen und Wünsche mit Kunden, Lieferanten und Partnern im Wertschöpfungsnetzwerk direkt ausgetauscht werden. Insgesamt vollzieht sich ein Wandel in der Geschäftstätigkeit von Unternehmen zu mehr Serviceorientierung und zu arbeitsteilig ausgeführter, kooperativer Wertschöpfung mehrerer Akteure (vgl. Tab. 2.1).

Tabelle 2.1 Wandel in der Geschäftstätigkeit von Unternehmen

Durchgängigkeit des Engineerings über den gesamten Lebenszyklus	▪ Vernetzung von Maschinen über cyber-physikalische Systeme ▪ System Engineering
Horizontale Integration über Wertschöpfungsnetzwerke	▪ Methoden für neue Geschäftsmodelle ▪ Automatisierung von Wertschöpfungsnetzwerken
Vertikale Integration und vernetzte Produktionssysteme	▪ Sensorik und Aktorik ▪ Intelligenz – Flexibilität – Wandelbarkeit
Querschnittstechnologien	▪ Mikroelektronik ▪ Datenanalyse ▪ Sicherheit

Insbesondere durch die horizontale Vernetzung der Produktionsprozesse erfolgt zwangsläufig eine stärkere Kooperation mit Unternehmen, Lieferanten, IT- und Softwareanbietern und Plattformbetreibern. Unternehmen aus unterschiedlichen Branchen, die bisher parallel nebeneinander existierten, kooperieren plötzlich miteinander. Ehemals getrennte Branchen überlagern sich. Produkte und Dienstleistungen gleichen sich an.

Innovative Start-ups werden in das Wertschöpfungsnetzwerk eingebunden, um beispielsweise große Datenmengen zu verarbeiten und eine erfolgreiche Verknüpfung zwischen der digitalen und der realen Welt zu erreichen. So werden über Sensoren an den Maschinen Maschinendaten erhoben und ausgelesen. Es entstehen „Digitale Zwillinge" realer Aktiva und Objekte. Diese Digitalen Zwillinge repräsentieren „digitale Akten" realer Objekte. Die resultierenden Massendaten (Big Data) werden dann in sog. Datenseen (Data Lakes) – Systeme zur Speicherung der Rohdaten eines Unternehmens – abgelegt. Sie bilden das Gedächtnis der digitalen

Welt.[8] Diese Daten können in Daten-Clouds überführt werden. Mithilfe des Maschinellen Lernens (ML) lassen sich Strukturen in den Daten finden. Die Anwendungen beantworten aber nicht nur Fragen und finden Muster. Vielmehr werden dadurch neue Fragen gestellt und es können Muster in den Datenmengen provoziert werden. Aus Sicht der Bank stehen nicht mehr die Finanzierungsbedürfnisse eines einzelnen Unternehmens oder eines einzelnen Projektträgers im Vordergrund, sondern die eines Wertschöpfungsnetzwerks. Jede Wertschöpfungsstufe erfordert einen individuellen Finanzierungs- und Servicebedarf.

Größere Unternehmen des Netzwerks benötigen eher umfangreichere Finanzierungen, wofür Konsortialkredite oder Schuldscheine in Frage kommen. Kleinere Unternehmen des Netzwerks haben gegebenenfalls noch keinen Zugang zu Bankkrediten oder dem Kapitalmarkt und benötigen vielleicht eher Eigenkapital. Insgesamt ist ein breiterer Finanzierungsmix erforderlich, der im besten Fall miteinander verzahnt ist. Die Losgrößen der Finanzierungen steigen tendenziell an. In diesem Zusammenhang stellt sich die Frage nach den Anforderungen der Besicherung der Finanzierung und deren Durchsetzbarkeit. Immaterielle Vermögenswerte wie z. B. Patente stehen auf Grund ihres unternehmensspezifischen Charakters als Absicherung nur eingeschränkt zur Verfügung. Insofern bedarf es bei den Banken neuer Besicherungsstandards.

Banken als Bestandteil des Ökosystems ihrer Unternehmenskunden

Corporate Banking bedeutet den Einsatz von digitalen Technologien, um die Beteiligung von Kunden über ihre gesamte Wertschöpfungskette hinweg zu ermöglichen. Unternehmensfinanzierungen sind da nur ein Teil. Banken müssen auf die Entwicklung der Geschäftsmodelle ihrer Kunden reagieren und Bestandteil dieser Ökosysteme sein (vgl. Abschnitt 2.2.1).

2.2.3 Betriebsmodell

Banken konzentrieren sich auf ihre Kernkompetenzen. Die Analyse der einzelnen Prozesselemente zeigt, dass Randprozesse ggf. ausgelagert und Kernprozesse zurückgeholt werden. Es besteht die Chance, die Wertschöpfungskette zu optimieren. Im Corporate Banking werden die Abläufe digital neu erfunden.

Anwendungen sind danach ausgerichtet, dass sie sich modular erweitern lassen. Dies ist besonders wichtig, um den sich ändernden Kundenbedürfnissen zu entsprechen. Eine situationsgerechte Anpassung der Prozesse führt zu geringeren Prozesskosten. Zusätzlich können neue Anforderungen leichter erfüllt werden, wenn beispielsweise standardisierte Angebote in Echtzeit mithilfe von Datenanalysen und historischen Kundendaten kundenbezogen zu individualisieren sind.

In den letzten Jahren hat sich die Grundlage für betriebliche Entscheidungen zunehmend von rückwärtsgerichteten Berichten auf Echtzeitdaten verlagert. Neue Algorithmen für ML, intelligentere Experimente und eine Fülle von Daten ermöglichen fundierte Entscheidungen. Mithilfe dieser Technologen können operative und strategische Entscheidungen auf neue und leistungsfähige Weise integriert werden.

---

[8] Vgl. Ginzinger/Zimmermann (2020, S. 189).

> **Die Dualität des Digitalen meistern**
>
> Für etablierte Unternehmen reicht es in einer zunehmend digitalen Welt nicht aus, schrittweise Änderungen an langjährigen Geschäftsmodellen vorzunehmen, um erfolgreich zu sein. Um angesichts der disruptiven Bedrohung durch digitale Herausforderer ein nachhaltiges Wachstum zu erzielen, müssen etablierte Unternehmen zwei Herausforderungen gleichzeitig bewältigen: Innovationen mit neuen digitalen Geschäftsfeldern und gleichzeitig die Digitalisierung der Kernprozesse.

2.3 Technologien im Corporate Banking

Technologische Fortschritte verändern die betrieblichen Fähigkeiten im Corporate Banking, aber nicht nur da, sondern vor allem auch bei den Unternehmenskunden. Mehrere digitale Technologien werden mit einem ähnlichen Zeitrahmen zur Reife gebracht. Die Beherrschung der einzelnen Technologien ist ein wichtiges Unterscheidungsmerkmal. Dies führt dazu, dass manche Banken gar davon sprechen, ein Technologieunternehmen zu sein oder zu werden.

- **Künstliche Intelligenz** (KI): In den letzten Jahren hat sich Künstliche Intelligenz von einem Enabler von Punktlösungen im Corporate Banking zu einer geschäftsübergreifenden Intelligenzschicht entwickelt.

- **Quantencomputing:** Auch wenn Quantencomputing noch einige Jahre von einer skalierten kommerziellen Verfügbarkeit entfernt ist, beginnen hybride Quantenlösungen den Unternehmen zu ermöglichen, die Geschwindigkeit und Genauigkeit grundlegender industrieller Berechnungen neu zu definieren.[9]

- **Erweiterte/virtuelle Realität:** Die potenziellen Auswirkungen von erweiterter und virtueller Realität auf Finanzdienstleistungen drehen sich um die Veränderung der Art und Weise, wie Kunden Informationen über Waren und Dienstleistungen suchen und letztendlich dafür bezahlen.

- **Internet der Dinge** (IoT): Physikalische Daten aus dem Internet der Dinge ermöglichen die kontinuierliche Beurteilung von Risiken und liefern den Banken gleichzeitig operative und kontextbezogene Daten, auf die sie bisher keinen Zugriff hatten. Daten werden nicht erst nach ihrer Speicherung, sondern schon während der Übermittlung in der Cloud analysiert. Auswertungen sind in Echtzeit nicht nur bei von Sensoren gelieferten Daten möglich, sondern auch bei Transaktionen in sozialen Medien und auf Websites.

- **Cloud Computing:** Während einige Banken mit Multi-Cloud-Strategien experimentieren, entwickeln andere innovative, ko-kreative Partnerschaften mit einem Anbieter ihrer Wahl.[10]

- **Aufgabenspezifische Hardware:** Da immer mehr KI-Workloads in die Cloud verlagert werden, sind die Marktführer nun in der Lage, in großem Umfang auf hochspezialisierte Recheneinheiten (z. B. für die Verarbeitung neuronaler Netzwerke) zuzugreifen.

- **5G-Netzwerke:** 5G unterstützt dabei, Millionen Sensoren auszulesen und anzusteuern unter sehr geringen Verzögerungen, die durch das Kommunikationsnetz entstehen. Dies erlaubt auch das kollaborative Arbeiten von Menschen und Maschinen. Jenseits der Geschwindigkeitsvorteile von 5G geht es auch darum, die Gerätesicherheit in einer stärker

---

[9] Vgl. Dietz et al. (2020).

[10] Es ist darauf hinzuweisen, dass gerade Cloud-Computing-Dienste großen Technologieunternehmen ermöglichen, direkt mit großen Firmenkunden in Kontakt zu treten und damit auch bei der Bereitstellung von Finanzdienstleistungen für diese Klientel mit Banken zu konkurrieren (vgl. Boot et al. 2020).

dezentralisierten Arbeitswelt zu verbessern und ganze Netzwerke von autonomen „Dingen" zu koordinieren.

- **Distributed-Ledger-Technologie** (DLT): Distributed-Ledger-Technologien kommen im Zahlungsverkehr, bei der Außenhandelsfinanzierung von Unternehmen, im Wertpapierhandel, bei der Verwaltung von Wertpapieren oder über sogenannte Security Token Offerings (STO) im Rahmen neuer digitaler Formen der Unternehmensfinanzierung zum Einsatz.

Vorteilhafte Cluster-Bildung

Jede dieser neuen Technologien ist einzeln sehr leistungsfähig. Aber erst ihre multiplikativen Wirkungen verändern die Finanzbranche maßgeblich. Insofern ist es zu empfehlen, die Technologien als Cluster zu verstehen.

Beispiel: Die Technologien 5G-Netzwerke, Internet der Dinge, aufgabenspezifische Hardware in Verbindung mit erweiterter virtueller Realität als Cluster schließen die Lücke zwischen der physischen und der digitalen Finanzwelt. Dieses Technologie-Cluster ermöglicht neue Wege der Datengenerierung und -verarbeitung.

Das World Economic Forum (2020) identifiziert vier wichtige Innovationspfade für die Finanzdienstleistungsbranche. Die vier Innovationspfade eröffnen die Möglichkeit, leichter auf die Technologien zuzugreifen und diese zu implementieren. In Bild 2.2 ist jedem dieser Pfade im äußeren Bereich eine illustrative (aber sicherlich nicht vollständige) Reihe von branchenspezifischen Anwendungsfällen zugeordnet. Sie zeigen, wie Corporate-Banken diese Technologien zusammenbringen, um neue Wertangebote für die Unternehmenskunden zu schaffen. Die neuen Fähigkeiten, die durch diese Cluster aufstrebender Technologien freigesetzt werden, werden die Betriebsmodelle und Marktstrukturen im (Corporate) Banking maßgeblich beeinflussen. Diese vier Innovationspfade stellen teilweise unterschiedliche Anforderungen an die digitale Kompetenz.

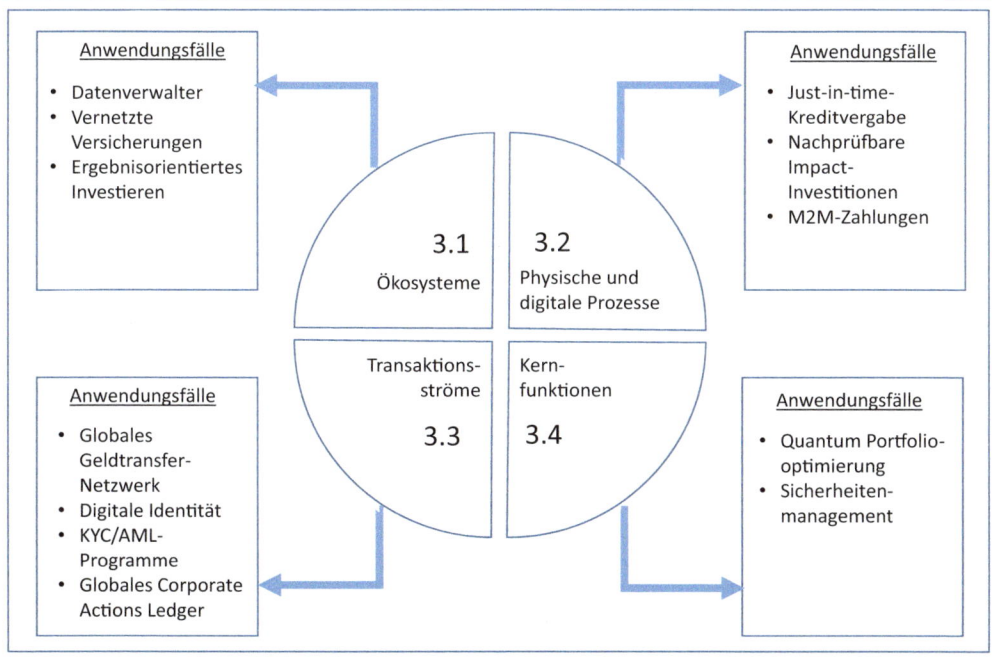

Bild 2.2 Innovationspfade im Corporate Banking

Anwendungsfälle
- Datenverwalter
- Vernetzte Versicherungen
- Ergebnisorientiertes Investieren

Anwendungsfälle
- Just-in-time-Kreditvergabe
- Nachprüfbare Impact-Investitionen
- M2M-Zahlungen

3.1 Ökosysteme
3.2 Physische und digitale Prozesse
Transaktionsströme 3.3
Kernfunktionen 3.4

Anwendungsfälle
- Globales Geldtransfer-Netzwerk
- Digitale Identität
- KYC/AML-Programme
- Globales Corporate Actions Ledger

Anwendungsfälle
- Quantum Portfoliooptimierung
- Sicherheitenmanagement

Quelle: Darstellung in Anlehnung an WEF (2020, S. 16)

2.3.1 Etablierung von Ökosystemen

Bei diesem Innovationspfad ist die Bank Bestandteil eines umfassenden Netzwerks. Es geht um „Banking-as-a-Platform"-Lösungen und den Aufbau von API-basierten Ökosystemen. Die Nutzung von Microservices und Cloud-Infrastruktur ermöglicht es, sich immer näher an der Wertschöpfungskette der Kunden zu etablieren. Das Ökosystem stellt den Unternehmenskunden alle gewünschten und relevanten Anwendungen und Services bereit. Finanzdienstleistungen sind darin eingebettet. Funktionen, die es der Bank ermöglichen, Informationen über Ökosystempartner hinweg auf sichere und standardisierte Weise auszutauschen, helfen bei der Bündelung finanzieller und nichtfinanzieller Angebote. Mobile Payments, selbstverwaltete digitale Identitäten, Machine-to-Machine-Payments, Digitale Zwillinge, Tokenization und digitale Währungen erfordern solche Ökosysteme.

Anwendungsfälle im Corporate Banking[11]:

- **Risikoreduktion durch gemeinsame Nutzung von Daten:** Die Überschneidung von Technologien zur Datenspeicherung und -freigabe (z. B. Cloud, DLT) und Technologien zur Verbesserung der Privatsphäre (PETs) ermöglicht es, kombinierte Informationsquellen zu schaffen, die abgefragt und analysiert werden können, ohne die zugrunde liegenden Daten zu teilen.

- **Sichere Datenherkunft:** DLT schafft unveränderliche Informationsquellen, die es ermöglichen, die Herkunft von Informationen (z. B. Daten von IoT-Geräten, die über 5G-Netzwerke gesendet werden) nachzuvollziehen, Daten leichter mit Gruppen abzustimmen und das Risiko zu minimieren, dass Informationen von böswilligen Akteuren manipuliert werden.

- **Digitale Identität:** Von der Zerlegung der Wertschöpfungskette erfasst werden die digitalen Identitäten der Personen und Maschinen. Sowohl die Menschen als auch die Maschinen hinterlassen im Netz Datenspuren. Damit besitzen jede Person sowie jedes Objekt eine digitale Identität. Diese ist Voraussetzung, um in DLT-Systemen die entsprechenden automatisierten Wertetransfers durchführen zu können. Banken verfügen über verifizierte Identitäten. Dieser Vorteil muss in neue datensparsame Produkte und Services übertragen werden. Banken können beispielsweise für die Unternehmen deren Clearing übernehmen, d. h., sie prüfen die Identität der Geschäftspartner, Kunden und Geräte, die mit dem Unternehmen in Kontakt treten wollen. Sie bieten eine sichere Verwaltung und das Management der Maschinendaten an.

- **Erleichterung der Transaktionsautonomie:** Smart Contracts auf einem verteilten Ledger reduzieren den Aufwand für den manuellen Abgleich von Vereinbarungen und die Verarbeitung von Transaktionen (da sie automatisch erfolgen) und ermöglichen es, dass Zahlungen in Echtzeit und autonom an verschiedene Arten von Partnern nach Erfüllung bestimmter Vertragsbedingungen fließen.

- **Förderung der Interoperabilität des Ökosystems:** Laufende Initiativen zur Standardisierung verschiedener Konnektivitätsmethoden (z. B. OpenAI-Initiative, NACHAs API-Standardisierung für Finanzdienstleistungen) reduzieren die Kosten und die Komplexität des Outsourcings an As-a-Service-Anbieter (z. B. solche, die über die Cloud zugänglich sind), das Senden von Finanzanweisungen oder die Einbettung von Produkten in nichtfinanzielle Kontexte.

- **Sichere Erweiterung von KI:** Der Aufbau von zunehmend robusten Modellen der Künstlichen Intelligenz erfordert oft die Aufnahme großer Datenmengen von Partnern. Mit datenschutzfreundlichen Techniken können KI-Modelle (mit aufgabenspezifischer Hardware) auf sensiblen Informationen trainiert werden, ohne dass diese Informationen offengelegt werden, was beispielsweise bei der Erstellung kollektiver Transaktionsüberwachungsmodelle von Vorteil sein könnte. Sensible Transaktionsdaten werden auf diese Weise nicht an Wettbewerber weitergegeben.

[11] Vgl. WEF (2020, S. 42).

Ökosystem

Ein Ökosystem ermöglicht der Bank, Informationen über Ökosystempartner hinweg auf sichere und standardisierte Weise auszutauschen. Die Bank bündelt auf diese Weise finanzielle und nichtfinanzielle Angebote. Je mehr Ökosystempartner zur Verfügung stehen, um so zielgerichteter kann das Angebot auf die Nutzerpräferenzen angepasst werden. Durch positive Rückkopplungen erhöht sich der Kundennutzen, weil die Produkt- und Servicepalette attraktiver wird.

Alle Geschäftsprozesse sind im Ökosystem vollständig digitalisiert und automatisiert. Mit der konsequenten Einbindung von Daten der Ökosystempartner verbreitert sich das Potenzial von prädiktiven Datenanalysen. Es gibt mit einer „Financial Data Space" eine Dateninfrastruktur, die einen unternehmensübergreifenden Austausch von Daten zwischen zertifizierten Partnern möglich macht.

2.3.2 Integration von physischen und digitalen Prozessen

Bei diesem Innovationspfad geht es um die Einbettung von Daten physischer Prozesse in Finanzprodukte. Dies verbessert die Risiko- und Wertbestimmung, da die Identität von Transaktionsinitiatoren sichergestellt wird. Da die Herkunft physischer Informationen validiert ist, kann dies den Produktvertrieb optimieren. Hinzu kommt, dass die Integration von physischen Daten in die digitale Welt der Finanzdienstleistungen neue Möglichkeiten für Echtzeit- und Edge-basierte Analysen schafft sowie neue Methoden der Datenvisualisierung zur Anwendung kommen.

Anwendungsfälle im Corporate Banking[12]:

- **Analyse physikalischer Daten in Echtzeit:** IoT-Sensoren, die Daten über Vermögenswerte (z. B. Leistung von Maschinen), Räume (z. B. Fußgängerverkehr in einem bestimmten Einkaufszentrum) und Bestände (z. B. Temperatur in einem Schiffscontainer) überwachen und über 5G-Netzwerke an die Cloud melden, liefern nahezu in Echtzeit Daten, auf deren Grundlage die KI-Technologie Risiken analysiert oder zukünftige Cashflows vorhersagt.

- **Pay-per-Use-Finanzierungsmodelle:** DLT machen es über die Verwendung von Sensoren möglich, den Auslastungsgrad von Maschinen genau festzuhalten und transparent zu machen. Es ergibt sich die Möglichkeit von Pay-per-Use-Finanzierungsmodellen als neues Geschäftsmodell. Die Rückzahlung eines Kredits richtet sich nach der tatsächlichen Auslastung einer Maschine. Auf diese Weise lässt sich die Finanzierung von Maschinen und technischen Anlagen flexibler und für das produzierende Unternehmen liquiditätsschonender gestalten.

- **Identifizierung von Datenanomalien:** KI-Technologien können zur Erkennung von Anomalien beitragen, um sicherzustellen, dass die von IoT-Geräten gestreamten Daten korrekt sind (z. B., dass die Daten nicht betrügerisch manipuliert wurden). Dies ist von entscheidender Bedeutung. Da die Daten in Echtzeit in KI-basierte Entscheidungsmaschinen eingespeist werden, steigen die potenziellen Auswirkungen falscher Daten.

- **Optimierung der Datengeschwindigkeit:** Daten werden von IoT-fähigen Geräten mit hoher Geschwindigkeit gesendet. Selbst für modernere Cloud-Architekturen kann die Speicherung und Analyse von Echtzeit-Datenströmen enorm ressourcenintensiv sein. Edge-KI kann eine Analyse des Geräts durchführen und ermöglichen, dass gesammelte Erkenntnisse (im Gegensatz zu Rohdaten) an die Cloud gesendet werden, um den Arbeitsaufwand zu reduzie-

---

[12] Vgl. WEF (2020, S. 45).

ren (z. B. Analyse von Trends in Betriebsdaten und Verwendung dieses Inputs, um Risiko-modelle zu informieren).

- **Solide Entscheidungsgrundlagen:** Die Massive Machine Type Communications (mMTC) ist eines von mehreren für Mobilfunknetze der fünften Generation (5G) vorgesehenen Anwendungsprofilen, bei denen eine riesige Anzahl von Geräten oder Komponenten der Machine-to-Machine-Kommunikation und des IoT miteinander vernetzt werden. Sie ermöglicht es IoT-Geräten, schnell miteinander zu kommunizieren. Mit Edge-KI ausgestattete IoT-Geräte können diese Informationen dann nutzen, um finanzielle Entscheidungen zu treffen (z. B. könnte ein Sensor in einem von einem Versicherer verwalteten Haus Feuchtigkeit erkennen und mit einem intelligenten Schutzschalter kommunizieren, um einen Schaden zu verhindern).

Die Integration von physischen und digitalen Prozessen erhöht die Granularität und Geschwindigkeit von Daten. Ein Echtzeit-Informationsfluss über physische Vermögenswerte und Prozesse ermöglicht es, fortlaufende Beurteilungen über die Kredit- und Risikowürdigkeit durchzuführen. Entscheidungsmaschinen helfen die betrieblichen Auswirkungen auf die Cashflows besser zu verstehen. Damit kann der Finanzierungsbedarf vorhergesagt und gedeckt werden. Dies bietet den Kunden umfassende prädiktive und präventive Einblicke und schafft so neue Quellen der Kundenbindung.

Die Möglichkeit, mit physischen Vermögenswerten Zahlungen zu tätigen und zu empfangen (z. B. über eine digitale Wallet), auf andere Finanzprodukte zuzugreifen (z. B. Kredite) oder die Preisgestaltung von Finanzanlagen zu beeinflussen (z. B. eine grüne Anleihe), unterstützt die Kunden, neue Einnahmequellen zu erschließen und die Entscheidungsfindung zu vereinfachen. Verschiedene Daten statten physische Vermögenswerte mit der Fähigkeit aus, autonom Entscheidungen zu treffen (z. B. selbstfahrende Fahrzeuge); es wird entscheidend sein, auch sicherzustellen, dass relevante Finanztransaktionen genauso effizient zwischen ihnen fließen können.

2.3.3 Neuausrichtung der Transaktionsströme

Durch die Nutzung moderner Daten- und Wertübertragungskanäle können automatisiert Bewegungen von Vermögenswerten und Geldern zwischen Marktteilnehmern verfolgt werden. Auf diese Weise können autonome Transaktionen durchgeführt werden.

Anwendungsfälle im Corporate Banking[13]:

- **Verbesserung der Transaktionsautonomie:** Smart Contracts auf Basis von DLT reduzieren den Aufwand für den manuellen Abgleich von Vereinbarungen und die Verarbeitung von Transaktionen. Ein autonomer Zahlungsfluss entsteht, wenn an einen Auslöser eine intelligente Automatisierung gebunden ist (z. B. Zahlungen an einen Peer für die erfolgreiche Verifizierung von KYC-Daten, Umsatzbeteiligung für einen Vertriebspartner für den Verkauf eines eingebetteten Finanzprodukts).

- **Durchführung von atomaren Transaktionen:** DLT (z. B. Blockchain oder Smart-Contract-Ledger) ermöglichen atomare Transaktionen und Abrechnungen zwischen Gegenparteien. In einigen Märkten könnte dies die Notwendigkeit minimieren, dass mehrere Intermediäre anwesend sein müssen, um Transaktionen abzuwickeln, Aufzeichnungen und Bilanzen zu führen und Werte oder Informationen zwischen zwei Parteien zu übertragen.

---

[13] Vgl. WEF (2020, S. 48).

- **Echtzeit-Transaktionstransparenz und -überwachung:** Der Einsatz von KI auf Informations- und Werttransfernetzwerken – einschließlich dezentraler (z. B. eine DLT-basierte Security-Swap-Plattform) und zentraler (z. B. ein fiktives Debitoren-Netzwerk, das auf Cloud-basierten API-Verbindungen aufbaut) Netzwerke – gestattet es, Transaktionen in Echtzeit zu überwachen, zu klassifizieren und zu kennzeichnen (z. B. zur Überwachung von Finanzbetrug).

- **Digitalisierung von Wertpapieren oder anderen Vermögenswerten:** Die Tokenisierung von Vermögenswerten findet häufig auf der Basis der Ethereum-Blockchain statt. Wertpapiere können dadurch digitalisiert und mittels Tokens über das Internet sicher transferiert werden.

- **Digitaler Zahlungsverkehr:** Mittelfristig steht digitales Zentralbankgeld oder privatwirtschaftliches digitales Geld zur Verfügung, sei es in Form eines digitalen Kontos bei einer Zentralbank, sei es als Kryptowährung auf einer DLT-Plattform, die für den Zahlungsverkehr in den IoT-Systemen genutzt werden kann.

- **Custodian-Service für Kryptowährungen:** Banken können ihren Kunden Depotbankdienste anbieten, um Krypto-Vermögenswerte sicher aufzubewahren.[14]

> Die Neuausrichtung von Transaktionsströmen beginnt mit einer Handvoll von Anwendungsfällen. Sie wird sich perspektivisch auf ganze Netzwerke, Produktlebenszyklen und Anlageklassen ausdehnen.

2.3.4 Neuinterpretation von Kernfunktionen

Der Einsatz moderner Analysemethoden und die unternehmensübergreifende Datenorganisation führt zu genaueren und schnelleren Berechnungen in der Bank.

Anwendungsfälle im Corporate Banking[15]:

- **Erhöhte Optimierungsgeschwindigkeit:** Quantencomputer, die über Cloud-Netzwerke zugänglich sind und Daten aus der Cloud nutzen, sind in der Lage, komplexe Optimierungsprobleme (z. B. FX-Arbitrage, Portfoliomanagement, Liquiditätsallokation) schnell zu lösen, die für herkömmliche Computer bisher kaum zeitnah zu lösen waren.

- **Erhöhte Genauigkeit:** Eine Reihe von kritischen Finanz- und Risikoberechnungen (z. B. Ermittlung des Value at Risk (VaR)) wird mit vielen Schätzungen und Annäherungen durchgeführt. Mithilfe von ML können komplexe, nichtlineare Muster identifiziert werden. Jede neue Information wird verwendet, um die Vorhersagekraft der Modelle zu verbessern. Wenn diese Berechnungen durch ein Quantengerät ausgeführt werden, können Praktiker eine große Anzahl von Eingaben und weniger Einschränkungen berücksichtigen, was zu einem genaueren Ergebnis führt. Neben der Genauigkeit ist es vor allem auch der Zeitvorteil. So berichtet die Deutsche Börse, dass Berechnungen in Risikomodellen mit umfassenden Parametersets statt „Jahrzehnte" nur noch 24 Stunden benötigen.

- **Geringere Datenfragmentierung:** Die Cloud-Architektur kann Instituten dabei helfen, gemeinsame Datensätze, Plattformen und Tools zu erstellen und einzusetzen, um die Datenaufnahme, -verarbeitung und -verwaltung zu standardisieren. Dadurch werden Datenintegrität und unternehmensübergreifende Skalierbarkeit verbessert. Tools wie Wissensgraphen können dann eingesetzt werden, um Daten unternehmensweit semantisch zu verknüpfen.

- **Robustere KI-Methoden:** Quantencomputer ermöglichen es spezialisierten Datenwissenschaftlern, robustere Algorithmen für ML zu entwickeln, die die Trainingsgeschwindigkeit

---

[14] Vgl. Mogul et al. (2020, S. 12).
[15] Vgl. WEF (2020, S. 51).

und die Inferenzgenauigkeit der Klassifizierung verbessern, so dass Institute Transaktionen in Echtzeit überwachen und klassifizieren (z. B. als betrügerisch) oder Portfolios dynamisch optimieren können. Open Source bereitgestellte KI-Standardalgorithmen (z. B. Tensorflow) werden genutzt, um KI-Anwendungen noch stärker auf die spezifischen Bedürfnisse anzupassen. Hierfür sind besondere interne Kenntnisse, auch in Bezug auf die Datenaufbereitung und die KI-Entwicklung erforderlich.

- ■ **Verbesserte Datenverfügbarkeit:** KI und Cloud sind entscheidend, um die Vorteile von Quantum zu nutzen, da sie Unternehmen dabei helfen, Daten so zu verarbeiten, dass sie für Quantum-Analysen bereitstehen. Insbesondere kann KI dabei helfen, synthetische Datensätze für Experimente mit Quanten zu erstellen oder Daten automatisch so zu organisieren, dass sie für Quantencomputer verdaulich sind.

> Quantencomputer und KI haben das Potenzial, das Bankgeschäft massiv zu verändern. Die Digitalisierung der Kernfunktionen ist eine Mindestvoraussetzung für die digitale Transformation.

Die vier Innovationspfade im Corporate Banking zeigen Technologiecluster, die in ihrem Zusammenwirken einen Mehrwert für die Bank selbst und damit für den Kunden erbringen. Gemeinsam ist den Technologien und Clustern, dass sie Lösungen in Form von Informationen auf der Basis von Daten erzeugen. Konkret handelt es sich um Wahrscheinlichkeitsaussagen über die Grenzen der Kombinatorik. Den vorgenannten Beispielen ist gemein, „dass die Wechselwirkungen unterschiedlicher Parameter daraufhin beobachtet werden, wie sich die Relationen unterschiedlicher Einflussgrößen durch die Veränderung solcher Relationen verändern, wie hoch die Wahrscheinlichkeit für bestimmte erwünschte oder unerwünschte Zustände ist." (Nassehi 2019).

> Die Welt wird durch die Digitalisierung in Datenform verdoppelt. Ein wesentlicher Bestandteil der digitalen Kompetenz könnte damit in der „data literacy" liegen.
>
> Technologie ist im Wesentlichen die Hardware des Unternehmens. Aber wenn es wirklich um Transformation gehen soll, dann muss die Kultur zum Betriebssystem passen. Kultur bedeutet dann, wie die Mitarbeiter Dinge tun, wie sie Probleme lösen und wie sie Entscheidungen treffen. Es ist die Heuristik der Art und Weise, wie Menschen Situationen angehen. Es ist leider genau das, was nicht gekauft oder kopiert werden kann. Es ist etwas, das selbst gelernt werden muss.

2.4 Digitale Kompetenzen

Die Explosion digitaler Technologien hat eine Nachfrage nach neuen Kompetenzen und Fähigkeiten geschaffen, die es vorher nicht gab. Die oben genannten Technologien sind nicht voneinander zu trennen – sie bauen alle aufeinander auf und verstärken sich gegenseitig. In der traditionellen Sicht erfordert die Arbeit mit diesen Technologien vor allem neue IT-Fähigkeiten und fortgeschrittenes technisches Wissen in verschiedenen Bereichen. Nehmen wir das Beispiel der Big-Data-Jobs. Während einige der für Big-Data-Jobs erforderlichen Fähigkeiten – wie Statistik, Mathematik und Programmierung – nicht unbedingt neu sind, erfordern diese Jobs doch ein gewisses Maß an Vertrautheit mit neuartigen Anwendungen, die das Verarbeiten und Analysieren großer Datenmengen ermöglichen. Wenn ein Job darüber hinaus Fachkenntnisse im Bereich des ML erfordert, dann ist auch Erfahrung mit Simulationen, computergestützter

Modellierung, neuronalen Netzen und Lernmodellen sehr wünschenswert. Ebenso steigt die Nachfrage nach mobilen Entwicklern, Softwareingenieuren und UI/UX-Experten. Da immer mehr mobile „Dinge" untereinander vernetzt werden, wird der Marktbedarf an Experten mit Kenntnissen über Gerätenetzwerkstandards und Netzwerksicherheit weiter steigen.

Heißt das, dass in einer digitalen Welt nur noch hochspezialisierte technische Fähigkeiten gefragt sind? Nicht unbedingt. Da immer neue Technologien auftauchen, werden die heute „heißen" technischen Fähigkeiten irgendwann zum Mainstream werden. Wenn dies geschieht, werden Einzelpersonen die Fähigkeit erwerben, neue Fähigkeiten zu erlernen. Menschen mit technischem Hintergrund könnten in dieser Hinsicht einen Vorteil haben, da sie eine soge-nannte „Coding-Mentalität" entwickeln – eine Fähigkeit, ein Problem in kleine Teile zu zer-legen, ohne das ganzheitliche Bild zu verlieren, wie diese Teile als Ganzes zusammenwirken sollten. Aber während die „Coding Mindset"-Qualität für Positionen im technischen Bereich von unschätzbarem Wert ist, ist sie für andere Positionen vielleicht nicht so wichtig.

Bei der Bewertung der digitalen Kompetenz der Mitarbeitenden werden diese nicht alle nach dem gleichen Standard gemessen. Stattdessen sollte es technische und nichttechnische Bewer-tungskriterien geben, die die besten Mitarbeitenden für jedes Kriterium identifizieren und personalisierte Lern- und Entwicklungspfade entwickeln, um die Stärken der Mitarbeitenden zu stärken und ihnen zu helfen, ihre beruflichen Ziele zu erreichen. Das macht Sinn: Ein bril-lanter Programmierer hat nicht unbedingt Unternehmergeist und Out-of-the-Box-Denken, ge-nauso wie kreative Persönlichkeiten nicht immer die Geduld haben, stundenlang zu versuchen, einen Fehler in einem Code zu finden.

> Die wichtigste Erkenntnis ist, dass Unternehmen, die ihre internen digitalen Talente ver-stärken wollen, ihre Lernprogramme anpassen müssen, um die individuellen Mitarbeiter-profile zu stärken und eine solide Grundlage für das kontinuierliche Erlernen neuer Fähig-keiten zu schaffen, wenn die aktuellen veraltet sind.

2.4.1 Kompetenzrahmen

Nach Helsper (2008) gibt es eine einheitliche Definition von digitaler Kompetenz auch deshalb nicht, da sich die technologische, kulturelle und gesellschaftliche Landschaft ständig weiter-entwickelt und neu definiert, was für welche, wann und wie digitale Technologien bei persön-lichen und beruflichen Aktivitäten eingesetzt werden.

Ein Europäischer Referenzrahmen für digitale Kompetenzen (European Digital Competence Framework for Citizens „DigComp") wurde erstmals 2013 veröffentlicht. Seit 2018 liegt dieser in einer überarbeiteten Fassung vor. Er definiert branchenübergreifend fünf Bereiche, die für die Beschreibung von „digitaler Kompetenz" relevant sind:

- Datenverarbeitung,
- Kommunikation,
- Erstellung von Inhalten,
- Sicherheit und
- Problemlösung.

In diesen Bereichen legt er Kompetenzen auf acht Niveaustufen fest und schafft damit – analog zum Referenzrahmen für Sprachen – ein Raster, das als Verständigungsgrundlage über Kennt-nisse und Fähigkeiten dient. Die Kompetenzstufen in der Fassung DigComp 2.1 sollen eine sehr genaue (Selbst-)Einschätzung digitaler Kompetenzen ermöglichen.[16]

---

[16] Vgl. Kluzer / Pujol Priego (2018).

Jansen et al. (2013) erkennt die Relevanz und Bedeutung von technischem Wissen und Fertigkeiten an. Die Autoren nehmen aber eine breitere soziokulturelle Haltung ein. Es geht darum, die umfassenderen Implikationen und Auswirkungen der digitalen Technologien auf Individuen und Gesellschaft zu verstehen und zu berücksichtigen. Technologien und Technik sind nur dann erfolgreich, wenn sie im jeweiligen sozialen Kontext anschlussfähig innerhalb der Gesellschaft bzw. eines Unternehmens sind.[17]

Es sind auch Dispositions- und Einstellungselemente – oder, wie Janssen et al. (2013) es nennt, die Entwicklung einer „Geisteshaltung" gegenüber technologischen Innovationen in dem Bemühen, ihre Rolle und ihren Einfluss bei der Bildung neuer Praktiken besser zu verstehen und kritisch zu bewerten. Innovativ zu sein, bedeutet jedoch nicht einfach, innovative Dinge zu tun. Vielmehr geht es darum, ein innovationsförderndes Unternehmensumfeld zu kultivieren. Es geht darum, offen für neue Ideen zu sein, wo auch immer sie zu finden sind.[18]

Ein zu enger Fokus auf fachbezogene technische und informationstechnische Fertigkeiten erscheint für das Corporate Banking nicht angemessen. Vielmehr wird für ein ganzheitlicheres und breiter angelegtes Verständnis von digitaler Kompetenz plädiert. Dieser Ansatz erkennt die zunehmend komplexen Kenntnisse und Fähigkeiten an, die Mitarbeitende in Banken benötigen, um in vielfältigen, digital vermittelten Umgebungen ethisch, sicher und produktiv zu arbeiten.

Ein solch konzeptioneller Rahmen wird von Janssen et al. (2013) vertreten. Dieser Rahmen enthält zwölf Elemente, die als wesentlich für eine breit angelegte digitale Kompetenz angesehen werden. Diese sind in Tabelle 2.2 zusammengefasst.

Tabelle 2.2 Die zwölf Bereiche digitaler Kompetenz

Kompetenzen	Kenntnis und Verständnis von …
Funktional	der Terminologie, Verwendung digitaler Technologien für grundlegende Zwecke
Integrativ	der effektiven Integration digitaler Technologien in die tägliche Praxis
Spezialisiert	der Optimierung der Nutzung digitaler Technologien für die Arbeit und kreative Zwecke
Kommunikation und Zusammenarbeit	der digital-unterstützten Vernetzung für kollaborative Wissensentwicklung
Informationsverwaltung	der Nutzung digitaler Technologien für den Zugang, die Organisation, die Analyse und die Beurteilung der Relevanz und Genauigkeit digitaler Informationen
Privatsphäre und Sicherheit	den Maßnahmen zum Schutz der persönlichen Identität, der Daten und der Sicherheit
Rechtlich und ethisch	sozial angemessenen Verhaltensweisen in digitalen Umgebungen, einschließlich rechtlicher und ethischer Faktoren im Zusammenhang mit der Nutzung digitaler Technologien und Inhalte
Technologie und Gesellschaft	dem Kontext und der Nutzung digitaler Technologien und deren Auswirkungen auf Mensch und Gesellschaft
Lernen mit und über Technologie	den digitalen Technologien und wie sie zur Unterstützung des lebenslangen Lernens eingesetzt werden können

---

[17] Armin Nassehi (2019) betrachtet die Digitalisierung aus seiner soziologischen Perspektive so, dass „es weder eine bestehende Liste von Problemen noch eine allzu eindeutige Liste von Lösungen gibt", die in Form von digitalen *items* in Übereinklang gebracht werden.

[18] Vgl. Kane et al. (2020)

Kompetenzen	Kenntnis und Verständnis von ...
Informierte Entscheidungsfindung	der kritischen Auswahl von digitalen Technologien, die den Bedürfnissen und Zwecken entsprechen
Kohärenz/Selbstwirksamkeit	der Nutzung digitaler Technologien zur Verbesserung der persönlichen und beruflichen Leistung
Disposition	der Bedeutung, eine objektive und ausgewogene Perspektive auf digitale Innovationen beizubehalten und zuversichtlich zu sein, ihr Potenzial zu erkunden und auszuschöpfen, sobald sich Möglichkeiten bieten

Janssen et al. (2013) konzeptualisierten jedes Element als „Baustein" für den Aufbau einer ganzheitlichen digitalen Kompetenz (vgl. Bild 2.3). Sie organisierten diese in einem Modell. Dies zeigt, wie die Elemente zusammenwirkten, was zu einer „nahtlosen Nutzung führt, die Selbstwirksamkeit demonstriert".

Im Mittelpunkt des Modells stehen „Kernkompetenzen", die funktionale, integrative und spezialisierte Anwendungen der digitalen Technologie umfassen, die durch verbesserte Fähigkeiten im Bereich der Vernetzung (technologievermittelte Kommunikation und Zusammenarbeit) und des Informationsmanagements (Zugang zu und Nutzung von digitalen Informationen) ergänzt werden. Parallel dazu laufen die sogenannten „unterstützenden" Kompetenzen. Sie repräsentieren Kompetenzen, die das Verständnis rechtlicher und ethischer Zusammenhänge, persönlicher und gesellschaftlicher Auswirkungen und Folgen sowie Dispositionselemente wie die Aufrechterhaltung einer ausgewogenen und objektiven Haltung gegenüber technologischen Innovationen und den Willen, das Potenzial neuer Technologien für den persönlichen und beruflichen Nutzen zu erkunden, einschließen.

Im Zuge der Entwicklung von Kompetenzen tragen persönliche Reflexion und ein erhöhtes Maß an Integration in alle Aspekte der täglichen Aktivitäten zu einem größeren Bewusstsein dafür bei, wie eine angemessene Nutzung digitaler Technologien über die gesamte Lebensspanne hinweg erfolgen kann. Dies führt zu einer nahtlosen persönlichen und beruflich vorteilhaften Auswahl und Nutzung.

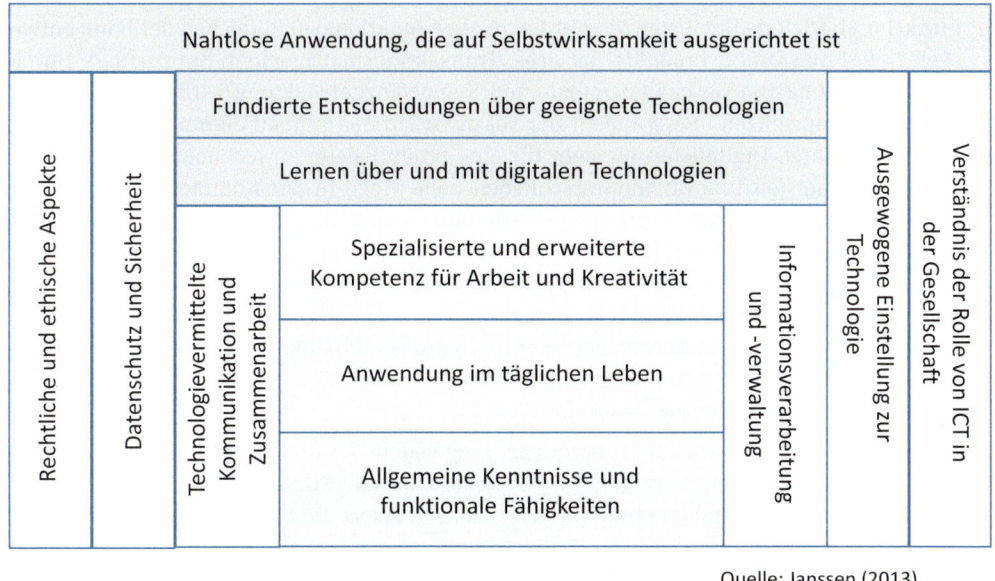

Bild 2.3 Elemente der digitalen Kompetenz

Quelle: Janssen (2013)

Die Autoren erkennen an, dass das Einschränkungen bei seiner direkten Anwendung auf spezifische Kontexte mit sich bringt. Dies ist für den hier analysierten Kontext des Corporate Banking auch weniger relevant. Banking bedeutet im Kern Vertrauen. Und dieses Vertrauen kann nur durch ein „pluralistisches Konzept" (Janssen et al. 2013) geschaffen und aufrechterhalten werden. Die einzigartigen, aber miteinander verknüpften und verbundenen Zwecke und Funktionen der digitalen Technologien sind in verschiedenen Kontexten zu berücksichtigen. Janssen et al. (2013) betonen, dass es wichtig ist, digitale Kompetenz „aus einer Vielzahl von Blickwinkeln" zu betrachten.

> Es wird dafür plädiert, nicht nur die Vermittlung von technologischem Know-how in den Mittelpunkt zu stellen, sondern von einem ganzheitlichen und breiter angelegten Verständnis von digitaler Kompetenz auszugehen. Dieser Ansatz erkennt die zunehmend komplexen Kenntnisse und Fähigkeiten an, die Mitarbeitende in Banken benötigen, um in vielfältigen, digital vermittelten Umgebungen ethisch, sicher und produktiv zu arbeiten.

2.4.2 Anwendung im Corporate Banking

Corporate Banking ist flexibles Banking. Dieses Leitmotiv bedeutet, den Unternehmenskunden zu begleiten, zu beobachten und situativ zu interagieren. Dazu bedarf es eines soliden Hintergrundverständnisses, das die Lebenswelt des Kunden und seines Netzwerks erfasst. Digitalisierung heißt nicht nur personalisierte Angebote zu kreieren, sondern bedeutet auch verständlich zu machen, welche Faktoren seine finanziellen Entscheidungen im digitalen und vernetzten Zeitalter beeinflussen. Zur digitalen Kompetenz gehören beispielsweise Überlegungen wie Cybersicherheit und die Verwaltung persönlicher Daten, digitale Identität, Ethik und Urteilsvermögen sowie der Aufbau von Wissen aus Netzwerken und virtuellen Umgebungen und die Zusammenarbeit in diesen Netzwerken und Umgebungen. Es bedarf eines ganzheitlichen konzeptionellen Rahmens, der ebenso solche Faktoren berücksichtigt.[19]

Im Folgenden wird die Anwendung des Konzeptrahmens für das Corporate Banking geprüft. Die Gliederung erfolgt nach den zwölf Kompetenzen nach Janssen (2013).

- **Funktional:** Digitale Kompetenzen werden in allen funktionalen Bereichen der Bank entwickelt (z.B. Front Office, Produkte/Services, Transaktionsmanagement, Supporting). Durch die Verknüpfung von Geschäftsstrategie und Kompetenzentwicklung wird die funktionale Sicht auf Kompetenzen überwunden. Der Fokus ist auf den Aufbau digitaler Wettbewerbsvorteile gerichtet. Digitalisierung steht für eine breite Palette an technologischen Innovationen. Die meisten Innovationen erschließen neue Wege in der Kommunikation, in der Aufbewahrung und Verarbeitung von Informationen und beim Zugang zu Finanzdienstleistungen. Nahezu jedes Produkt und jede Dienstleistung kann durch den Einsatz digitaler Instrumente effizienter und kundenfreundlicher hergestellt werden. Die Digitalisierung ermöglicht es, ganze Prozessketten zu industrialisieren. Die Förderung digitaler Kompetenz schafft es, die Ertrag- und Kostenseite effektiv zu nutzen, Produkt- und Dienstleistungsportfolios neu auszurichten, neue Wachstumsfelder zu erschließen und die Geschäftsmodelle im Corporate Banking weiterzuentwickeln.

- **Integrativ:** Digitalisierung im Corporate Banking bedeutet, Geschäfts- und IT-Prozesse mithilfe relevanter Daten und geeigneter IT-Systeme über alle Kundensysteme hinweg zu unterstützen und zu automatisieren. Voraussetzung ist, dass die bestehenden Technologien, Prozesse und Interaktionen mit den Kunden genau analysiert werden. Entscheidend ist die integrative Sicht auf Front- und Backoffice-Prozesse, die digitalisiert und durchgängig ver-

---

[19] Vgl. Falloon (2020).

bunden werden. Die Herausforderung besteht darin, sich im Frontend mit Eigenentwicklungen gegenüber Wettbewerbern zu spezialisieren. Auf diese Weise sollen die Individualisierung der Kundenansprache und die spezifischen Vorteile der Bank zum Ausdruck gebracht werden. In den Backend-Systemen wird hingegen die Standardisierung in den IT-Systemen angestrebt, um die Kosten überschaubar zu halten.

- **Spezialisiert:** In Abhängigkeit von den jeweiligen Innovationspfaden wird eine Spezialisierung in Bezug auf die Technologien bzw. Technologiecluster benötigt. Hier geht es um das Erlernen der den Technologien zugrunde liegenden Methoden und Verfahren. Es handelt sich um das Aneignen der spezifischen Funktionen zur Verwendung digitaler Technologien für betriebliche Zwecke.

- **Kommunikation und Zusammenarbeit:** Im Vordergrund des Corporate Banking stehen die Bewertung der Lösungskompetenz und die Fähigkeit des Unternehmens bzw. des Netzwerks, mit der digitalen Transformation und der einhergehenden Vernetzung umzugehen. Für die Unternehmen eines Wertschöpfungsnetzwerks kommt der Kommunikation gegenüber den Finanzierungspartnern eine große Bedeutung zu. So sollten die Unternehmen in der Lage sein, die Veränderungen ihrer Geschäftsmodelle, wichtige Produktinnovationen und Betriebsabläufe zu erläutern. Diese Kommunikation muss wiederum auf Mitarbeitende und Firmenkundenbetreuende in Banken treffen, die die digitale Transformation verstehen und die Innovationen angemessen bewerten können.

- **Daten- und Informationsverwaltung:** Die Technologien müssen kultiviert werden, um zu einer vertrauenswürdigen Kernfähigkeit zu werden. Echter Wert entsteht oft erst durch Skalierbarkeit, Wiederholbarkeit und effektiven Einsatz. Um Menschen wirklich zu befähigen, müssen sie ein besseres Verständnis für die Erkenntnisse haben, die Daten mithilfe von Analysen liefern, und dafür, wie sie die Arbeitsweise verbessern können. Datenkompetenz – die Fähigkeit, Daten zu verstehen, mit ihnen umzugehen, sie zu analysieren und mit ihnen zu argumentieren – ist ein Schlüsselfaktor für die erfolgreiche Implementierung einer datengesteuerten Kultur innerhalb einer Bank. Es werden die Rollen eines Data Believer, Data User, Data Scientist und Data Leader unterschieden. Digitale Kompetenz bedeutet, sicher mit Daten umzugehen und diese versiert analysieren und interpretieren zu können.

- **Privatsphäre und Sicherheit:** Das Management von systemischen Risiken, die durch die technologische Innovationswelle eingeführt werden, stellt eine Herausforderung dar. Insbesondere das Cyber-Risiko wurde als das vielleicht wichtigste Einzelrisiko für die Finanzbranche identifiziert. Da die Banken ein steigendes Volumen an Daten über ihre Unternehmenskunden verwenden, gewinnt das Thema an strategischer Bedeutung. Ein wirksamer (Daten-)Schutz erfordert besondere Kompetenzen. Viele Unternehmen investieren in eine Information-Security-Management-(ISM)-Funktion, um sicherzustellen, dass die digitalen Assets geschützt sind.[20]

- **Rechtlich und ethisch:** Technologiesprünge haben immer auch ihre Vor- und Nachteile. Ihre Anwendungen rufen ethische Dilemmata hervor: Sie treiben den Fortschritt voran, aber sie setzen die Welt auch Bedrohungen aus, die vorher nicht existierten, oder verstärken andere, die bereits existierten. Mittlerweile denken auch die Gesetzgeber darüber nach, ob es notwendig ist, Gesetze zu erlassen, um die möglichen Risiken zu mindern. Dies gilt beispielsweise für die Datenstrategie, KI-Technologien, Plattformen, Netzsicherheit etc. Risiken liegen nicht in der Technologie selbst, sondern in der Art und Weise, wie sie eingesetzt wird. Die ersten Regulierungsansätze lassen sich von den Leitlinien lenken, dass Regulierung technologieneutral sein soll und sich auf Anwendungen konzentrieren sollte. Schließlich sollten sich die regulatorischen Bemühungen darauf konzentrieren, Bereiche zu identifizieren, in denen die derzeitige Regulierung entweder unzureichend oder nicht vorhanden ist.

---

[20] Vgl. Ahmad et al. (2019).

- **Technologie und Gesellschaft:** Hier geht es vor allem um Medienkompetenz. Mittels (sozialer) Medien lassen sich gesellschaftliche Entwicklungen identifizieren und analysieren.

- **Lernen mit und über Technologie:** Lernen muss personalisiert und an individuelle Anreize geknüpft werden. Ein überzeugendes Lernerlebnis knüpft an die Gewohnheiten der Nutzer aus dem alltäglichen Umgang mit modernen Medien an. Auf Basis von Lerntechnologien wird die Wahrscheinlichkeit erhöht, dass sich die Lernenden aktiv mit den Inhalten auseinandersetzen und das Gelernte zugunsten der Bank anwenden.

- **Informierte Entscheidungsfindung:** Corporate Banking bedeutet den Wert von Daten freizusetzen, sie zugänglich und demokratisch zu machen. Daten werden im Corporate Banking als Grundlage für Managemententscheidungen genutzt. Viele Prognoseprozesse und Faustregeln tendieren dazu, sich auf die Dynamik der jüngsten Trends zu stützen. Meistens reicht das aus, vor allem wenn die Wirtschaft sich im ruhigen Fahrwasser befindet. Doch bei Krisen und Rezessionen oder gar schockartigen Zuständen ist ein solches Vorgehen ungenügend. Die Identifizierung von Punkten, an denen sich die Trends umkehren, bleibt eine der schwierigsten Aufgaben beim Blick in die Zukunft. Nicht einmal die raffiniertesten ML-Verfahren sind aktuell dazu in der Lage, diese Aufgabe zu lösen. Aus diesem Grund müssen die Risikomanager noch stärker mit Szenarien arbeiten. Ein solcher Ansatz berücksichtigt mehrere Aufwärts- und Abwärtspfade. Mithilfe der Cloud-Technologie müssen die Szenarien nicht mehr durch betriebliche Überlegungen begrenzt werden. Risikomanager können und sollten von Szenarien aller Art Gebrauch machen, einschließlich der statistischen Analyse historischer Beziehungen von Wirtschaftsindikatoren, die zur Generierung von Verteilungen wahrscheinlichkeitsbasierter Szenarien verwendet werden können.

- **Kohärenz/Selbstwirksamkeit:** Der Fokus liegt auf komplementären oder Wissensfähigkeiten. Wissensfertigkeiten können als eine Reihe von sozialen und intellektuellen Kompetenzen und Fähigkeiten definiert werden, also Fertigkeiten und Eignungen, um etwas zu erreichen oder etwas zu vermeiden. Menschen entwickeln Fähigkeiten wie Einfühlungsvermögen, Kommunikation, Zuhören und die Fähigkeit, konstruktives Feedback zu geben, indem sie in Situationen gebracht werden, in denen sie diese Fähigkeiten anwenden müssen. Hierzu gehört auch Einfühlungsvermögen, Überzeugungskraft und emotionale Intelligenz. Diese Kompetenzen sind umso mehr erforderlich, je weiter die Automatisierung voranschreitet und je mehr sich die Banken auf die Lösung komplexer Probleme und die Entwicklung maßgeschneiderter kundenorientierter Erlebnisse konzentrieren.

- **Disposition:** Hier steht die richtige Geisteshaltung im Mittelpunkt. Maßgeblich ist eine zukunftsgerichtete und leidenschaftliche Pionierkultur. Häufig geht es um ein Umdenken, d. h., alte Denkweisen und Prozesse werden hinter sich gelassen. Die neue Geisteshaltung beinhaltet Neugier, über den Status quo hinauszuschauen. Die Kompetenz besteht darin, mit ständiger Veränderung umzugehen.

2.5 Kompetenzerwerb

Erfahrungen zur digitalen Transformation zeigen, dass Mitarbeitende entweder die größten Hemmnisse oder die größten Ermöglicher des Transformationserfolgs sein können. Die Dynamik des heutigen Wettbewerbsumfelds unterstreicht die Dringlichkeit, den Mitarbeitenden die Fähigkeiten zu vermitteln, die sie benötigen, um mit dem Tempo des Wandels Schritt zu halten. Dies ist im Banking nicht anders als in anderen Branchen. Diese Technologien definieren die Art und Weise, wie Arbeit derzeit in den meisten Unternehmen organisiert ist, neu. Auf dem Weg der digitalen Transformation werden sich auch die Banken zunehmend des Qualifikationsdefizits bewusst, das sie beheben müssen, um voranzukommen. Folglich experimentieren sie mit neuen Wegen zum Aufbau digitaler Kompetenzen im Unternehmen und probieren alternative Modelle für die Beschaffung digitaler Talente von außen aus.

Im Folgenden werden verschiedene Ansätze vorgestellt, wie der Erwerb digitaler Kompetenz im präferierten breiteren Kontext gelingen kann. Natürlich gibt es keinen Standard, geschweige denn Best Practices. Insofern dienen die nachfolgenden Ausführungen als Illustration auf Basis unterschiedlicher Beispiele aus der Praxis.[21]

2.5.1 Vielseitige Qualifikationen

Daten sind die Grundlage jeder der in Abschnitt 2.3 dargestellten digitalen Technologien. Sie durchdringen fast jeden Aspekt der organisatorischen Entscheidungsfindung. Somit ist die steigende Nachfrage nach technischen Fähigkeiten keine Überraschung. Hervorzuheben ist jedoch, dass Soft Skills für IT-Profis genauso wichtig werden wie technisches Wissen, insbesondere in Führungspositionen. Zusätzlich erforderlich sind Fähigkeiten wie Empathie, Problemlösung, Serviceorientierung, Verhandlungsgeschick, Kommunikation und Zusammenarbeit.

Eine Bank kann großartige Technologieprodukte entwickeln, aber das allein wird ihr nicht zum Erfolg verhelfen, wenn die IT-Führungskräfte das Geschäftsumfeld nicht verstehen, sich nicht in die Lage ihrer (möglicherweise) nichttechnischen Anwender hineinversetzen können, sich nicht in deren Probleme einfühlen und die Vorteile der Lösungen, die ihr Unternehmen vorschlägt, nicht klar kommunizieren. Die Verbindung von Hard- und Soft-Skills ist der Kern der meisten Berufe in einer digitalen Welt.

Eine weitere wichtige Herausforderung besteht darin, dass sich die Zusammensetzung der für eine bestimmte Jobposition erforderlichen Fähigkeiten ständig ändert. Die Fähigkeiten sind nicht immer auf andere Branchen übertragbar. Dennoch sind bestimmte Fähigkeiten in verschiedenen Branchen ähnlich, wenn wir beispielsweise an den Data Scientist denken. Da das Banking in Ökosystemen organisiert sein wird, ist dies auch von Vorteil.

Die bloße Veränderungsrate und die branchenübergreifenden Unterschiede implizieren, dass das Vertrauen auf formale Stellenbeschreibungen im digitalen Zeitalter irreführend sein kann. Stellenbezeichnungen werden in Zukunft wahrscheinlich als „Agglomerationen" von Fähigkeiten definiert.[22] Einfach ausgedrückt: In Zeiten, in denen Fähigkeiten so schnell veralten, sollten Menschen mehr danach bewertet werden, was sie wissen und potenziell tun können, und weniger danach, was sie in der Vergangenheit getan haben und wie die Stellenbezeichnung dafür lautete. Da die alten Fähigkeiten und Fertigkeiten nicht unbedingt die gleichen sind, die für die zukünftige Rolle benötigt werden, sind die wertvollsten Mitarbeitenden diejenigen, die die richtige Eignung haben und deren intellektuelle Neugier sie dazu antreibt, selbst neue Fähigkeiten zu entwickeln. Um das Problem der Qualifikationslücke zu lösen, müssen sich Unternehmen daher darauf konzentrieren, „vielseitige" Kandidaten zu identifizieren und zu gewinnen, die sich an das hohe technologische Tempo anpassen können und bereit sind, kontinuierlich zu lernen.

Voraussetzung für den erfolgreichen Kompetenzerwerb ist, die Bank als eine lernende Organisation zu verstehen. Es bedarf einer Kultur des kontinuierlichen Lernens. Die Mitarbeiter sollen zu technologischen Innovationen ermutigt werden. Es geht darum die Neugierde der Mitarbeitenden zu wecken, indem sie befähigt und ermutigt werden, zu experimentieren, aber auch Misserfolge zu erleben und Lehrer zu werden.[23] Das Experimentieren und die Bereitschaft, Risiken einzugehen, sind die wesentlichen Faktoren für den Kompetenzerwerb. Doch warum tun sich etablierte Unternehmen hier so schwer? Ganz einfach: Es steht im Wider-

---

[21] Vgl. Arkhipova/Bozzoli (2020).

[22] Mithilfe von Softwarelösungen kann ein Bewerber leicht eine Selbsteinschätzung vornehmen, um seine Qualifikationen und Eignung für eine offene Position zu beurteilen. Ein Bewerber könnte dann zu einem E-Learning-Portal weitergeleitet werden, das Online-Kurse empfiehlt. Diese können ihm helfen, sich für die Stellen seiner Wahl zu qualifizieren.

[23] Dies erfordert einen kulturellen Paradigmenwechsel, ist doch die Kultur in den Banken zuvorderst durch Kontrolle geprägt („Dinge richtig tun"). Wertschöpfende Aktivitäten sind hier auf das Streben nach Effizienzsteigerungen durch bessere Prozesse zurückzuführen. Ziel ist es, die Dinge zu niedrigeren Kosten und mit weniger Risiko zu tun.

spruch zu dem, worauf die meisten Unternehmen in den letzten fünfzig Jahren ausgerichtet waren – die Optimierung der Effizienz und die Minimierung operativer Schwankungen. Bei einer Kultur des Experimentierens geht es aber vielmehr darum, absichtlich Abweichungen von bestehenden Prozessen zu schaffen, um zu sehen, ob es bessere Wege gibt, Dinge zu tun. Bei einer solchen Kultur werden vor allem auch Mitarbeitende mitgenommen, deren digitaler Reifegrad noch nicht stark ausgeprägt ist.

> So hat beispielsweise die DNB aus Singapur einen Lehrplan (DigiFY) entwickelt. Bestandteil des Lehrplans sind sieben digitale Fertigkeiten – „Journey Thinking", „Agile", „Data Driven", „Digital Business", „Digital Technologies", „Digital Communication" sowie „Risk & Controls". Die Veranstaltungen werden über die hauseigene virtuelle Universität, den DBS Learning Hub, durchgeführt. Mehr als 80 % der Mitarbeitenden haben den Lehrplan durchlaufen.

Weitere Veranstaltungen zu einzelnen technologischen Themen vertiefen das Wissen. So kann es Veranstaltungen geben, um die Datenanalysefähigkeiten auszubauen. Ein über mehrere Monate dauerndes Programm vermittelt den Mitarbeitenden die Fähigkeiten und die Denkweise eines Data Analyst. Bestandteil solcher Programme kann auch sein, die digitalen Angebote einer Bank zu verbessern, indem sie beispielsweise Cloud-Technologien, ML, Big-Data-Analysen nutzen, um die Art und Weise, wie die Bankgeschäfte abgewickelt werden, an konkreten Use Cases zu verändern.

Eine andere Möglichkeit des Wissenserwerbs besteht in der Förderung durch Stipendien. So fördert das GANDALF-Stipendium in der DBS eine Kultur des Peer-to-Peer-Lernens. Mitarbeitende erhalten einen monetären Zuschuss, um eine Fertigkeit ihrer Wahl zu erlernen. Im Gegenzug besteht die Erwartung, mindestens zehn Personen der Bank darin zu unterrichten.

Nicht die gesamte Wissensvermittlung kann im Rahmen der beruflichen Weiterbildung erfolgen. Gefragt sind auch „Learning by doing". Durch immersive Innovationsprogramme wie Hackathons, Partnerschulen (z.B. Centre for Finance, Technology and Entrepreneurship[24]) und Start-ups kann ein großer Teil der Belegschaft digitale Kompetenzen erwerben. „Start-ups können im Allgemeinen auf kein Qualifikations- und Kompetenzangebot zugreifen, das vom Bildungs- und Ausbildungssystem schon spezifisch erzeugt worden wäre. Vielmehr sind solche Unternehmen gezwungen, einen eigenen Qualifizierungsprozess „on the job" durchzuführen. Dabei müssen sie versuchen, herauszufinden, welche Fähigkeiten die neuen technologischen Geräte, Anlagen und Systeme sowie ihre Mensch-Maschine-Schnittstellen erfordern."[25]

Digitale Lernformate wie Lernplattformen und Microlearning sind ein bewährtes Instrument zur kontinuierlichen Fortentwicklung der Kompetenz. Bei den Lernplattformen werden zwei Ausprägungen unterschieden. Bei der einen Form sind es Anbieter (z.B. LinkedIn Learning oder Udacity), die fertig produzierte Inhalte auf einer Plattform bündeln und den Kunden Zugänge pro Nutzer verkaufen. Die Pakete umfassen in der Regel allgemeingültige Inhalte. Sie sind aber weniger auf die spezifische Situation der Bank ausgerichtet. Die Mitarbeitenden vertiefen zwar ihr Wissen, es wird jedoch nicht zielgerichtet mit dem Transformationsvorhaben der Bank verknüpft. Die Alternative besteht in Lernplattformen als White-Label-Lösung. Diese bieten Banken die Möglichkeit, das Design und den Funktionsumfang der Plattform nach ihren individuellen Anforderungen zu gestalten und eigene Lernangebote zu integrieren. Hier wird die Belegschaft für ein konkretes Transformationsvorhaben vorbereitet. Bei diesem Format besteht die Möglichkeit, die digitale Kompetenz im o.g. breiten Verständnis auszuprägen.

Durch physische und virtuelle Gemeinschaften auf den sozialen Plattformen kann Wissen schnell innerhalb einer Bank verbreitet werden. Dies fördert die Zusammenarbeit und den

---

[24] *https://cfte.education/*
[25] Vgl. Kornwachs/Stehr (2021).

Austausch. Überhaupt sollte der Fokus auf der Bildung vielfältiger und funktionsübergreifender Teams liegen. So wie es bei der Innovation um ein Umfeld geht, in dem Ideen auf allen Ebenen der Organisation kultiviert werden, so sollte auch der Geist des Feedbacks und des Lernens alle Ebenen durchdringen.

Zudem können Banken Richtlinien entwickeln, die die Geschwindigkeit der Talentakquise priorisieren (z. B. Blick über die traditionellen Talentpools hinaus) und interne Mobilität ermöglichen (z. B. mehr projektbasierte Aktivitäten oder mehr Möglichkeiten, sich funktionsübergreifenden Teams anzuschließen).[26]

Die Entwicklung „harter" oder technischer Fähigkeiten erfordert die Übertragung von Wissen vom Experten, z. B. einem Trainer oder Kursleiter, auf den Lernenden. Menschliche Fähigkeiten (soft skills) hingegen kommen größtenteils von innen. Der Einzelne muss seine eigenen Erfahrungen und Emotionen erforschen und sie nutzen. Hierfür bietet sich beispielsweise das Instrument des Peer Coaching an.

Insgesamt sind für die Mitarbeitenden Anreize für ein breiteres Spektrum an Fähigkeiten zu entwickeln. Der Aufbau eines Rahmens von digitalen Hard- und Soft-Skills, die Verknüpfung dieser Skills mit einer Reihe von Rollen und die Verwendung dieser Skills, um die Karriereentwicklung abzubilden, wird die Mitarbeitenden dazu ermutigen, ihre Fähigkeiten und Kompetenzen auszubauen.

> Digitale Kompetenz ist nicht die gelegentliche IT-Schulung, die oft wenig wirkliche Auswirkungen auf die Leistung der Mitarbeiter hat. Stattdessen geht es darum, den Mitarbeitern zu helfen, ihre Arbeit in einer digitalen Welt anders zu denken. Wie kann man von Mitarbeitenden erwarten, dass sie experimentieren und iterieren, wenn sie kein grundlegendes Wissen über die zugrunde liegenden Phänomene haben, an die sie sich anzupassen versuchen. Einzelpersonen können sich schneller an die Technologie anpassen als Organisationen. Aber sie vollziehen dies auf eine Art und Weise, die ihnen als Individuen zugutekommt. Sich so anzupassen, dass die Organisation davon profitiert, ist eine noch viel größere Herausforderung. Insofern muss das Schlüsselkonzept der digitalen Kompetenz auf die Unternehmensebene ausgedehnt werden.

2.5.2 Belegschaft nach individuellen Bedürfnissen

Genauso wie Banken sich schnell an die sich ständig verändernden digitalen Realitäten anpassen müssen, gilt dies auch für ihre Mitarbeitenden. Bei dem rasanten Tempo des technologischen Wandels veralten jedoch die Fähigkeiten der Mitarbeitenden schnell und selbst die am schnellsten Lernenden haben Schwierigkeiten, mit den in Kapitel 2.3 dargestellten neuen Technologien Schritt zu halten. Infolgedessen wird der interne Qualifikations-Mismatch für viele Unternehmen zu einer großen Herausforderung.

Außerdem müssen Unternehmen oft nur für einen begrenzten Zeitraum und gelegentlich auf spezialisiertes Fachwissen zugreifen. In diesen Fällen rechtfertigt ein zeitlich begrenzter Bedarf an einem sehr spezifischen Skill-Set möglicherweise nicht den gesamten Zeit- und Arbeitsaufwand, der in einen traditionellen Prozess der Kandidatensuche, -auswahl und -rekrutierung investiert wird. Um die richtigen Talente zu finden und schnellen Zugriff auf seltene Kompetenzen zu erhalten, wenden sich viele Unternehmen an Talent-Crowdsourcing-Plattformen. Die Kernidee dahinter ist, auf das Potenzial ungenutzter Talentpools außerhalb der „Mauern" des Unternehmens zuzugreifen und es zu nutzen. Dank digitaler Technologien erhalten Freiberufler Zugang zu Software, Werkzeugen und Bildungsmaterial, um ihre Fähig-

---

[26] Vgl. Strack et al. (2020).

keiten weiterzuentwickeln und ihre Arbeit selbstständig zu erledigen. Das Aufkommen digitaler Talentplattformen ermöglichte es Freiberuflern, ihre Arbeit zu präsentieren und Arbeitgeber auf der ganzen Welt zu erreichen.

Auch Unternehmen scheinen zunehmend auf Online-Talentplattformen aufmerksam zu werden. Da ständig neue Technologien auftauchen, wird die Beschäftigung von externen Mitarbeitenden zu einer praktikablen Lösung, die es Unternehmen ermöglicht, auf spezialisierte Fähigkeiten und tiefgreifendes Fachwissen zuzugreifen, ohne die Kosten für die Einstellung oder Umschulung eines Vollzeitmitarbeiters auf sich nehmen zu müssen. Die „Talentwolke" ist besonders für kleine Unternehmen mit begrenzten finanziellen Ressourcen relevant, aber sie ist ebenso wichtig für größere Unternehmen, die an der Oberfläche neuer Technologie- und Betriebsbereiche kratzen, in denen sie möglicherweise noch nicht über ausreichende interne Kompetenzen verfügen. Fehlende interne Kompetenzen sind nicht der einzige Grund, warum Unternehmen Talentplattformen nutzen. Immer häufiger wenden sich Unternehmen an Online-Communities, um neue, frische Ideen zu finden.

In einen größeren Kontext gestellt, befinden wir uns am Beginn einer neuen Innovationswelle, bei der digitale Tools und Techniken einen Übergang von Organisationen hervorbringen. Der primäre Zweck von Organisationen geht damit weit über die physischen oder sogar virtuellen Räume hinaus.[27] Organisationen und Unternehmen werden zu Systemen der Ko-Generation. Der Raum der teilnehmenden Akteure ist komplex und mischt unbekannte Mikrotask-Teilnehmer, Freiberufler/Auftragnehmer, Mitglieder der Öffentlichkeit, private/interne Crowds und Allianzpartner. Bild 2.4 veranschaulicht die breite Palette an Quellenmöglichkeiten für Innovationsbeiträge.

Bild 2.4 Akteure in der neuen Welle der digitalen Innovation

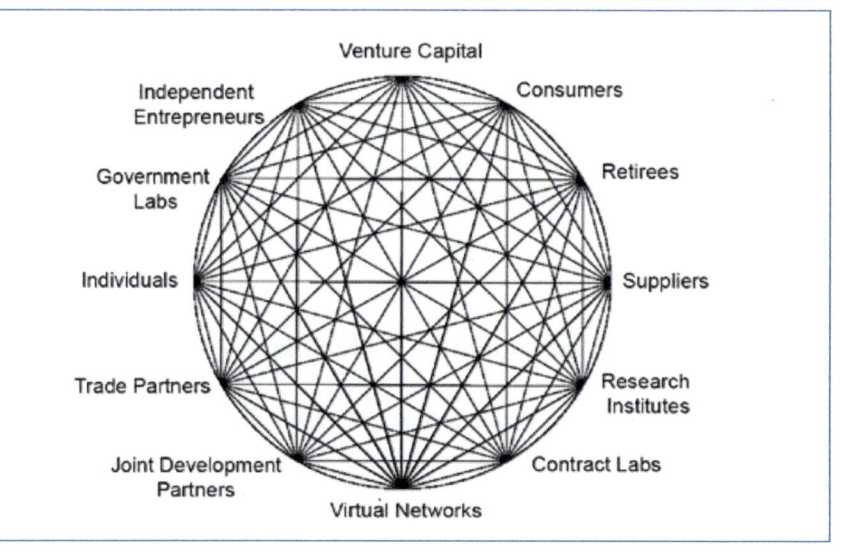

Quelle: Majchrzak/Griffith (2020, S. 18).

Bei dieser Welle digitaler Innovation gibt es nicht nur ein oder zwei Arten von Akteuren, sondern verschiedene Akteurstypen, die in Flash-Crowds oder länger zusammenarbeiten, um tiefere Innovationsthemen anzugehen. Bild 2.5 veranschaulicht einige der Möglichkeiten in Bezug auf das Wissen des Mitwirkenden, Anreize und die Art der Arbeit. Die Idee ist, dass digitale Innovation es jeder Entität (Organisation, Unternehmen, Projekt) ermöglicht, all diese verschiedenen Akteure in Bild 2.4 an verschiedenen Punkten in den verschiedenen Kapazitäten, die in Bild 2.5 dargestellt sind, einzubeziehen. Keine Entität kann jedoch all diese verschiedenen Arten der Einbindung dieser verschiedenen Akteure handhaben.

---

[27] Vgl. Majchrzak/Griffith (2020).

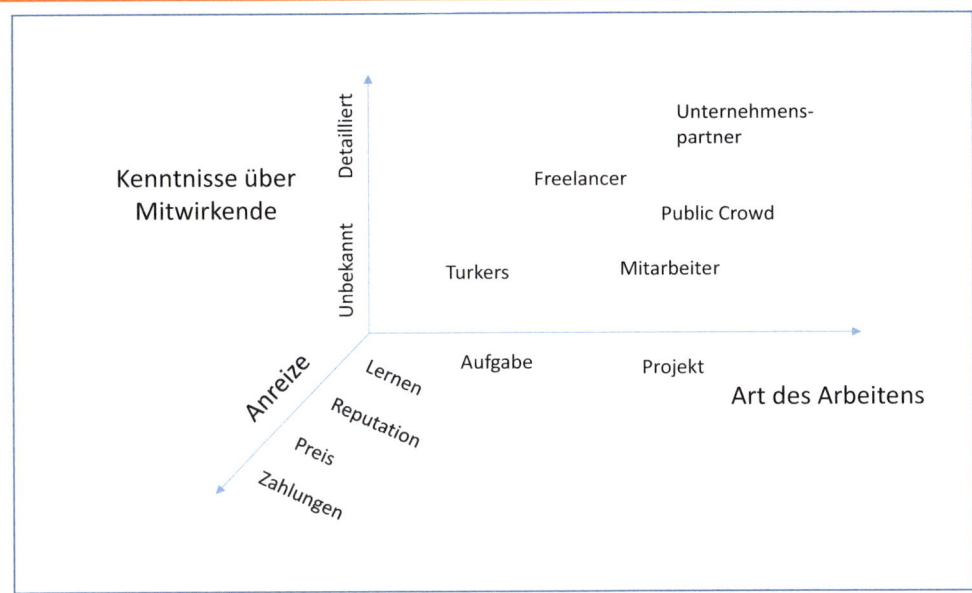

Bild 2.5 Dimensionalität der organisatorischen Akteure

Quelle: Majchrzak/Griffith (2020, S. 18).

Daher müssen Entitäten den Akteuren zunehmend helfen, sich selbst zu organisieren, d. h. ihre Fähigkeit zu managen, mit anderen zu innovieren, wenn es nötig ist. Im konventionellen Organisationsdesign ermutigen organisch gestaltete Organisationen die Mitarbeitenden dazu, „empowered" zu werden. Bei der digitalen Innovation müssen die verschiedenen Akteure hingegen zur Selbstorchestrierung angeleitet werden.

Majchrzak und Griffith (2020) schlagen den Begriff der „soziotechnischen Selbstorchestrierung" vor. Dies ist definiert als die Ermutigung von Akteuren, sich in temporär integrierten Handlungen von temporär beteiligten Akteuren zu engagieren, um Lösungen für Probleme vorzuschlagen und auszuführen, die unvorhersehbar auftauchen. Dies entspricht der Sicht von Nassehi (2019), der beide Seiten (Problem vs. Lösung) als unbestimmt ansieht. Man muss sich für die jeweilige Konstellation selbst interessieren. Digitale Kompetenz kann die Klammer zwischen den beiden Seiten bilden.

2.5.3 „Erweiterte" Belegschaft Maschine

Es gibt eine hitzige Debatte darüber, inwieweit die rasante Entwicklung fortschrittlicher digitaler Technologien zu einer Verdrängung bestehender Arbeitsplätze und Berufe führen wird. In der Tat werden die meisten einfachen, computergesteuerten Routineaufgaben, die früher von Menschen erledigt wurden (z. B. Dateneingabe, Ausfüllen von Formularen, Sortieren von E-Mails), bereits von Maschinen und Software-Bots übernommen. Aber auch komplexe, aber alltägliche Aufgaben wie Datenverarbeitung, Informationssuche und Berichterstellung werden in Zukunft zunehmend von Bots übernommen werden. Mehrere Gründe erklären dieses Phänomen. Erstens macht es die schiere Menge an Daten, die Mitarbeitende verarbeiten müssen, für eine Person unmöglich, die Aufgaben in der gleichen Geschwindigkeit und mit der gleichen Präzision wie die Bots zu erledigen. Außerdem sind Maschinen völlig rational, wenn es darum geht, Risiken einzuschätzen und Entscheidungen zu treffen. Angesichts dieser Fähigkeit ist es nicht verwunderlich, dass Software begonnen hat, den Menschen bei bestimmten

Aufgaben zu übertreffen. Wann immer eine Aufgabe durch eine Reihe von logischen „Wenn-dann"-Regeln beschrieben werden kann, sind die Chancen hoch, dass sie bald durch einen intelligenten Algorithmus ersetzt wird.

Es ist nicht zu leugnen, dass KI-gestützte Systeme nun wissensintensive Berufe durchdringen. Dazu gehört auch die Finanzbranche. Betrachtet man die Automatisierung in intellektuellen Berufen jedoch differenzierter, so wird deutlich, dass verschiedene Arbeitsaufgaben in unterschiedlichem Maße für die Automatisierung anfällig sind. Es sind nicht die Jobs, sondern die Aufgaben und Tätigkeiten, die zunehmend von der Technik übernommen werden. Das Interesse sollte den Fertigkeiten, Fähigkeiten und Kompetenzen gelten, die bei digitalen Technologien deren Arbeitsleistung erst ermöglichen und ergänzen können.[28]

2.5.4 Lessons learned

Etablierte Unternehmen haben das wichtigste Kapital, um den Wandel erfolgreich zu gestalten: ihre Mitarbeitenden. Die Herausforderung liegt darin, die Mitarbeitenden auf die Zukunft vorzubereiten. Die digitale Kompetenz ist dabei ein wesentlicher Schwerpunkt. Folgende Schlussfolgerungen lassen sich ziehen:[29]

- **Strategische Prioritäten definieren:** Am Anfang steht die klare Vorstellung, welche Technologien einen Mehrwert für die Bank und für den Kunden schaffen. Die Art der erforderlichen Fähigkeiten und Kenntnisse hängt davon ab, was die Bank mit der Technologie erreichen will.

- **Identifizieren, testen und schulen der digitalen Champions:** Mitarbeitende unterscheiden sich in ihren Fähigkeiten, Kenntnissen und Einstellungen zur Technologie. Skill-Assessments[30] können helfen, High-Potential-Kandidaten zu identifizieren, die über genügend Basiswissen verfügen und bereit sind, mehr über Digitales zu lernen. Interne „Start-up"-Wettbewerbe funktionieren gut, um ihre Fähigkeiten in der Praxis zu testen und Ideen für Unternehmensherausforderungen zu sammeln (Crowdsourcing).

- **Kultur des Teilens und der Zusammenarbeit pflegen:** Digitale Champions sollten nicht als „Elite-Club" innerhalb des Unternehmens wahrgenommen werden. Stattdessen sollten sie ihre Fähigkeiten mit denjenigen teilen, die weniger versiert im Umgang mit neuen Tools sind, und durch ihr eigenes Beispiel vorangehen.

- **Testen- und Lernenmentalität kreieren:** Es empfiehlt sich, das Unternehmen auf eine „Testen und Lernen"-Mentalität auszurichten. Eine gute Möglichkeit, „schnell zu testen", ist es, Experimente mit einem festen, kurzfristigen Zeitplan zu versehen. Dabei ist der Lerneffekt nicht zu vergessen. Aus dem Experimentieren müssen Einsichten gewonnen werden. Erst das macht es wertvoll. Der Erfolg ist nicht das kurzfristige Ziel, sondern das Lernen. Genauso wie Lernen ein wesentlicher Bestandteil der Denkweise digitaler Talente ist, sollte es auch ein wesentlicher Bestandteil der Denkweise der Organisation sein.

- **Interesse erzeugen bei denjenigen, die veränderungsresistent sind:** Menschen sind eher bereit, neue Tools auszuprobieren, wenn sie einen Nutzen für sich selbst darin sehen. Wenn weniger digital bewanderte Mitarbeitende über die Vorteile der Technologie aufgeklärt und bei der Nutzung neuer Tools „an die Hand genommen werden", erhöht sich die Chance, dass sie diese tatsächlich annehmen.

- **Partnerschaften mit Experten:** Interne Talente zu entwickeln ist wichtig, aber nicht alle besten Leute arbeiten bereits für das Unternehmen. Die Zusammenarbeit mit klugen Leuten

---

[28] Vgl. Kornwachs/Stehr (2021).
[29] Vgl. auch Arkhipova/Bozzoli (2020).
[30] Rozkrut/Rozkrut (2019) schlagen ein Rahmenwerk für den Finanzsektor vor, der es erlaubt, den Fortschritt beim Erwerb digitaler Kompetenz zu messen.

von außen bringt immer eine neue Perspektive ein und bietet Möglichkeiten zum Wissensaustausch. Auch der Einsatz von Botschaftern oder „Influencern" kann wertvoll sein.

Solche Bemühungen zur Talentumwandlung sind nicht einfach; und zum Teil hängt ein Großteil des Erfolgs von der Ausführung ab. In der Tat spielen die Personalabteilung und andere engagierte Abteilungen in der Bank eine wichtige Rolle dabei, solche Initiativen voranzutreiben. Am wichtigsten ist jedoch, dass der Erfolg davon beeinflusst wird, ob das Unternehmen die allgemeine Richtung der Veränderungsbemühungen richtig einschätzt; und hier kommt dem CIO eine Schlüsselrolle zu.[31]

Führungskräfte mit hoher digitaler Kompetenz stellen die richtigen Fragen. Sie halten sich über die neuesten aufkommenden Technologien auf dem Laufenden und sind in der Lage, zwischen einem vorübergehenden Hype und den spielverändernden Trends zu unterscheiden.[32] Sie kennen die Besonderheiten ihres Unternehmens, ihrer Kunden und ihrer Branche sehr gut. Sie sind daher in der Lage festzustellen, ob eine bestimmte digitale Initiative auf ihr Unternehmen zutrifft oder nicht. Sie sind mutig genug, um innovative Tools einzusetzen und die etablierten Routinen zu stören, aber sie sind risikobewusst und setzen die Mitarbeitenden, Daten und Kunden ihres Unternehmens keinen unnötigen Sicherheitsrisiken aus.

Die neuen Modelle des Lern- und Entwicklungsmanagements in Unternehmen (weitgehend noch außerhalb der Finanzbranche) werden von einer Art von Chief Learning Officer geleitet. Nennen wir ihn Transformer CLO. Transformer CLOs formen die Fähigkeiten und die Unternehmenskultur um, indem sie Lernziele neu formulieren, um den Mitarbeitenden zu helfen, die Denkweise und die Fähigkeiten zu entwickeln, die sie brauchen, um jetzt gute Leistungen zu erbringen und sich in Zukunft reibungslos anzupassen; sie entwickeln Lernmethoden, um Lernerfahrungen zu schaffen, die stärker atomisiert, digitalisiert und personalisiert sind; und sie bilden Lernabteilungen, um sie schlanker, beweglicher und strategischer zu machen. Durch die Umgestaltung der Lern- und Entwicklungsfunktion stellen diese Führungskräfte sicher, dass die Mitarbeitenden über die Fähigkeiten verfügen, die sie benötigen, um die digitalen Technologien zu nutzen und die geschäftliche Transformation voranzutreiben.

2.6 Zusammenfassung

Digitale Kompetenzen sind nicht nur entscheidend für die Fähigkeit der Banken, ihre zukünftigen Geschäftsmodelle zu betreiben. Durch neue Technologien werden Banken mit neuen Fragen konfrontiert, wie sie Technologien nutzen können, um ihr Geschäft anders zu führen. Unweigerlich werden weitere technologische Fortschritte folgen, die wir uns heute noch gar nicht vorstellen können. Wenn man bedenkt, dass das Tempo des technologischen Fortschritts weiterhin exponentiell zunimmt, ist es sehr wahrscheinlich, dass der durchschnittliche Arbeitnehmer mehrere Wellen der digitalen Disruption erleben wird, bevor seine Karriere endet.

Innovation bedeutet nicht nur das lineare Weiterentwickeln von existierenden Produkten. Es geht vielmehr darum, ein Problem zu identifizieren und sich dann geradezu virtuos aus dem Baukasten aus Hardware, Software und Algorithmen zu bedienen. Grundlage sind enorme Datenmengen, die in einem Wertschöpfungsnetzwerk generiert werden. Aus den Datenstrukturen lassen sich mithilfe digitaler Techniken Muster erkennen und entbergen.

Im Vergleich zum Privatkundengeschäft ist das Corporate Banking weniger standardisiert. Banken haben in diesem Geschäftsfeld einen komparativen Vorteil, denn es geht um eine Bereitstellung von maßgeschneiderten Lösungen für die informationsintensivsten Kunden mit komplexen Bedürfnissen.

---

[31] Vgl. Kunisch/Menz/Langan (2020).
[32] Vgl. Wrede/Velamuri/Dauth (2020).

Die dargestellten vier Innovationspfade zeigen auf, dass das Corporate Banking in einer digitalen Unternehmenswelt neue Rollen einnimmt bzw. einnehmen wird. Dazu gehört es, selbst massiv in die Digitalisierung der eigenen Prozesse und die digitale Ausbildung der Mitarbeitenden zu investieren. Ziel ist es, sich an die Industrie-4.0-Plattformen anzudocken – in digitalen Ökosystemen und Transaktions- und Wertschöpfungsnetzwerken zu agieren – und die digitale Transformation ihrer Unternehmenskunden zu verstehen und zu begleiten sowie eine Bewertung der zentralen Aktiva der Industrie 4.0 leisten zu können.

Dies setzt hohe Anforderungen an die digitale Kompetenz im Corporate Banking voraus. Dem Bereich der Aus- und Weiterbildung zur Beherrschung der digitalen Technologien wird dabei eine Schlüsselrolle zugesprochen. Dabei ist darauf zu achten, dass es nicht nur um die bloße Vermittlung von technologischen Fertigkeiten geht. Ein zu enger Fokus auf fachbezogene technische und informationstechnische Fertigkeiten erscheint für das Corporate Banking nicht angemessen. Vielmehr wird für ein ganzheitlicheres und breiter angelegtes Verständnis von digitaler Kompetenz plädiert. Dieser Ansatz erkennt die zunehmend komplexen Kenntnisse und Fähigkeiten an, die die Mitarbeitenden in Banken benötigen, um in vielfältigen, digital vermittelten Umgebungen ethisch, sicher und produktiv zu arbeiten. Corporate Banking ist flexibles Banking. Dieses Leitmotiv bedeutet, den Unternehmenskunden zu begleiten, zu beobachten und situativ zu interagieren. Dazu bedarf es eines soliden Hintergrundverständnisses, das die Lebenswelt des Kunden, seines Netzwerks und der Wertschöpfungskette erfasst. Armin Nassehi spricht gar von einer „reflexiven Aufwertung nicht-künstlicher Intelligenz".[33]

Analog zu den Unternehmen experimentieren auch Banken mit neuen Wegen hin zum Aufbau digitaler Kompetenzen und probieren alternative Modelle für die Aus- und Weiterbildung der vorhandenen Mitarbeitenden als auch zur Beschaffung digitaler Talente von außen aus. Die Bank ist dabei als eine lernende Organisation mit einer Kultur des kontinuierlichen Lernens zu begreifen. Sie bietet den Mitarbeitenden eine Vielzahl von Möglichkeiten zum Lernen und zur Weiterbildung. Es geht darum, die Neugierde der Mitarbeitenden zu wecken, indem sie befähigt und ermutigt werden, zu experimentieren, aber auch Misserfolge zu erleben. Führungskräfte verstehen, wie wichtig die Menschen sind, um die digitale Transformation umzusetzen. Sie experimentieren mit neuen Ansätzen der Arbeitsorganisation, geben ihren Mitarbeitenden Autonomie und investieren viel Mühe, um Kompetenzlücken zu schließen. Und diese Investitionen in das Humankapital zahlen sich in der Regel um ein Vielfaches aus. Oder wie es Kornwachs/Stehr formulieren: „Was sich nicht ändert: Wie beim Pferderennen setzt man auf den Jockey und nicht auf das Pferd."[34]

Literatur

Ahmad, A. et al.: How Integration of Cyber Security Management and Incident Response Enables Organizational Learning. Journal of the Association for Information Science and Technology, S. 1 – 15, 2019, *https://doi.org/10.1002/asi.24311*

Andrae, S.: Geschäftsmodelle im Banking. Schäffer & Poeschel, Stuttgart 2017

Arkhipova, D.; Bozzoli, C.: Digital Capabilities. In: Bongiorno, G. et al. (Hrsg.): CIOs and the Digital Transformation. S. 121 – 146, Springer, Wiesbaden 2018

Bonnet, D.; Westerman, G.: The New Elements of Digital Transformation. In: MIT Sloan Management Review, November 2020, *https://sloanreview.mit.edu/article/the-new-elements-of-digital-transformation/*

Boot, A. et al.: Financial Intermediation and Technology: What's Old, What's New? IMF Working Paper No. 161, August 2020

Dietz, M. et al.: How Quantum Computing Could Change Financial Services. McKinsey Paper, Dezember 2020

---

[33] Vgl. Nassehi (2019).
[34] Vgl. Kornwachs / Stehn (2021, S. 39).

Falloon, G.: From Digital Literacy to Digital Competence: The Teacher Digital Competency (TDC) Framework. Educational Technology Research and Development (2020) 68, S. 2449 – 2472, *https://doi.org/10.1007/s11423-020-09767-4*

Ginzinger, L.; Zimmermann, G.: Finanzierung der Wissensökonomie. In: Corporate Finance (2020) 07 – 08, S. 189 – 193

Helsper, E.: Digital Inclusion: An Analysis of Social Disadvantage and the Information Society. Department for Communities and Local Government, London 2008

Janssen, J. et al.: Experts' Views on Digital Competence: Commonalities and Differences. Computers & Education (2013) 68, S. 473 – 481

Kane, G. C. et al.: The Technological Fallacy: How People Are the Real Key to Digital Transformation. The MIT Press, Cambridge 2020

Kluzer, S.; Pujol Priego, L.: DigComp Into Action – Get Inspired, Make It Happen. In: Carretero, S. (Hrsg.): JRC Science for Policy Report, EUR 29115 EN. Publications Office of the European Union, Luxembourg 2018

Kornwachs, K.; Stehr, N.: Die Frage der Qualifizierung in einer digitalisierten Gesellschaft. In: Wirtschaftsdienst (2021) 1, S. 33 – 39

Kunisch, S.; Menz, M.; Langan, R.: Chief Digital Officers: An Exploratory Analysis of Their Emergence, Nature, and Determinants. Long Range Planning. *https://doi.org/10.1016/j.lrp.2020.101999*

Majchrzak, A.; Griffith, T. L.: The New Wave of Digital Innovation: The Need for a Theory of Sociotechnical Self-orchestration. In: Nambisan, S. et al. (Hrsg.): Handbook of Digital Innovation. S. 17 – 40, Edwar Elgar, Cheltenham 2020

Mehdiabadi, A. et al.: Are We Ready for the Challenge of Banks 4.0? Designing a Roadmap for Banking Systems in Industry 4.0. International Journal of Financial Studies (2020) 8, 32, *https://doi:10.3390/ijfs8020032*

Mogul, Z. et al.: How Banks Can Succeed with Cryptocurrency. BCG Paper, November 2020

Nassehi, A.: Muster. Theorie der digitalen Gesellschaft. C. H. Beck, München 2019

Niemand, T. et al.: Digitalization in the Financial Industry: A Contingency Approach of Entrepreneurial Orientation and Strategic Vision on Digitalization. European Management Journal, *https://doi.org/10.1016/j.emj.2020.04.008*

Rozkrut, M.; Rozkrut, D.: Towards Measurement Framework of Digital Skills in Finance. In: Tarczyński, W.; Nermend, K. (Hrsg.): Effective Investments on Capital Markets. S. 121 – 133, Springer, Wiesbaden 2019

Strack, R. et al.: How Banks Can Succeed with Cryptocurrency. BCG Paper, Juli 2017

Wrede, M.; Velamuri, V. K.; Dauth, T.: Top Managers in the Digital age: Exploring the Role and Practices of Top Managers in Firms' Digital Transformation. Managerial and Decision Economics (2020) 41(8), S. 1385-1633, *https://doi.org/10.1002/mde.3202*

World Economic Forum: Forging New Pathways: The Next Evolution of Innovation in Financial Services. 2020, *http://www3.weforum.org/docs/WEF_Forging_New_Pathways_2020*

Digitalkompetenzen im öffentlichen Dienst – Herausforderungen und Rolle der Weiterbildung: Praxisbeispiel Deutsche Bundesbank

Annika Müller de Vries[1]

3.1 Einleitung

„Digitale Kompetenzen" stellen auch in einer öffentlichen Institution wie der Deutschen Bundesbank unabdingbare Schlüsselqualifikationen für einen erheblichen Teil der Fachrollen dar. Noch stärker als wohl in vielen Bundesministerien gehen diese Anforderungen für immer mehr Aufgabenprofile über den Umgang mit üblichen oder sogar auch mit speziellen IT-Anwendungen hinaus. Digitale Anwendungen und Systeme müssen oftmals nicht nur bedient, sondern mitentwickelt, bewertet und gesichert werden. Der Vorstand der Bundesbank, spezialisierte neue Organisationseinheiten, die Geschäftsbereiche und auch der Weiterbildungsbereich der Bundesbank haben daher in den letzten drei Jahren erhebliche Anstrengungen unternommen, die digitale Transformation voranzutreiben. Dazu wurden eine „Digitale Agenda" formuliert, konkrete Projekte identifiziert, verhandelt und initialisiert, Ressourcen neu aufgebaut und ausgerichtet und strategische Ziele entwickelt und kommuniziert. Entscheidend für das Gelingen des digitalen Wandels ist aber, dass das größte Augenmerk auf die Beschäftigten selbst gerichtet wird. Ihre Motivation zum Erlernen neuer digitaler Kompetenzen ist der Hauptschlüssel zum Erfolg in allen Geschäftsbereichen und damit entscheidend dafür, wie gut die Bundesbank ihren Auftrag als Notenbank Deutschlands auch noch in einigen Jahren zu erfüllen vermag. Die Rolle des Weiterbildungsbereichs dabei? Dazu beizutragen, dass Lernangebote, Maßnahmen und Rahmenbedingungen so aufgesetzt sind, dass diese Motivation erhalten bleibt und die individuell gesteckten Entwicklungsziele erreicht werden können.

---

[1] DISCLAIMER: Der Beitrag stellt die Wahrnehmung und Position der Verfasserin dar und nicht die offizielle Position der Deutschen Bundesbank.

> Digitale Kompetenzen werden in diesem Beitrag verstanden als Kenntnisse und Fähigkeiten zum Einsatz oder zur Entwicklung IT-basierter Mittel und Tools, um gesetzte Aufgaben effektiv und effizient zu bewältigen.
>
> In der Deutschen Bundesbank wird Digitalisierung verstanden als „die Nutzung neuer Technologien und Methoden, um im Sinne einer digitalen Transformation die Möglichkeiten des technischen Fortschritts zu nutzen."[2]

Was aber genau bewegt die Deutsche Bundesbank als öffentliche Institution beim Thema digitale Kompetenzen? Warum misst sie digitalen Kompetenzen einen so hohen Stellenwert bei? Als Notenbank der Bundesrepublik Deutschland steht sie doch nicht im direkten Wettbewerb zu anderen Notenbanken, muss nicht einem wettbewerblichen Konkurrenzdruck standhalten?

Die Bundesbank erfüllt ein klares gesetzliches Mandat. Wie effektiv und effizient sie dieses Mandat allerdings weiterhin erfüllt, kann sich in einer zunehmend „digitaler" werdenden und damit volatilen Welt schnell ändern. Um die Chancen der Digitalisierung zu nutzen, etwa für die Erhebung, Auswertung und Bereitstellung von Daten, muss sich die Bundesbank sowohl den neuen Anforderungen mit Stichworten wie „Big Data", „Artificial Intelligence" und „Cloud Computing" als auch den neuen Risiken, wie etwa „Cyber Crime", Hacking und Systemausfällen stellen und ihre technologische Infrastruktur dafür bereit machen. Ein erheblicher Entwicklungs- und Transformationsprozess, der insbesondere die Beschäftigten der Kerngeschäftsfelder der Bank, der Statistik und der IT, aber auch Beschäftigte, die den digitalen Anschluss verlieren könnten, besonders fordert. Ein Szenario, dass in vielen Unternehmen und öffentlichen Institutionen ähnlich Realität ist oder werden könnte.

In den folgenden Abschnitten soll daher orientiert an einigen Leitfragen aus der Perspektive des Aufgabengebiets „Weiterbildung" berichtet und reflektiert werden:

- Welche besonderen Bildungsherausforderungen hat die Bundesbank im Bereich „Digitalisierung"? Wie „digital" müssen ihre Beschäftigten warum sein oder noch werden?
- Welche konzeptionelle und operative Handlungskompetenz hat der Weiterbildungsbereich und wie erfüllt er seine Aufgaben? Welche weiteren Akteure sind hier wichtige Kollaborateure für den digitalen Kompetenzaufbau?
- Was erwarten die Führungskräfte der Bank und andere Beobachter an künftigen digitalen Kompetenzen und wie kann erkannt werden, über welches Know-how die Beschäftigten bereits verfügen?
- Welche Ziele sind für den internen digitalen Transformationsprozess gesetzt und wie geht die Bank vor, um diese Ziele durch den Aufbau digitaler Kompetenzen zu erreichen?

---

[2] Der Verfasserin ist bewusst, dass „digitale Kompetenz" oft auch als digitalisierungsbezogene soziokulturelle Einstellungs- und Verhaltenskompetenz verstanden wird. Diese Aspekte sowie die Frage nach den richtigen digitalen Lernmethoden sind nicht Thema dieses Beitrags.

3.2 Digitale Transformation: Herausforderungen für die Bundesbank und ihren Weiterbildungsbereich

Digitale Zahlungssysteme, digitale Währungen, FinTech, Distributed-Ledger-Technologien und Blockchain – moderne Technologien haben die Finanzwelt in den letzten Jahren dramatisch geändert. Big Data, Data Science, Künstliche Intelligenz, Machine Learning, Chat Bots, Social Media etc. sind Innovationen, die nicht nur immense Potenziale für die Amazons und Googles dieser Welt bergen, sondern auch Chance und Entwicklungsanforderung für Zentralbanken sind. Cloud Services, Cyber Risks und immer neue Tools und Programme sind die ganz heutigen Herausforderungen in der Informationstechnologie: für Entwickler, Betreiber, Profi-Anwender und einfache Nutzer gleichermaßen. Automatisierung und Robotik setzen ihren Lauf in vormals stark manuell geprägten Geschäftsbereichen fort und verlangen Adaption und das Erlernen neuer *„Skills"* dort tätiger Arbeitskräfte. Hinzu kommen „neue" Prinzipien smarter IT-gestützter Verwaltungsprozesse wie *„digital by default"* (möglichst nichts mehr papierhaft) und *„once only"* (Daten nur einmal anlegen und vorhalten), die sich an allen PC-Arbeitsplätzen bemerkbar machen und digitale, digital/analoge Prozess- und Medienbrüche oder den Einsatz verschiedener Software-Universen immer weniger tolerieren. Agile Projektmethoden der Digitalisierungswelle wie Design Thinking und Scrum wollen auch im Geschäftsablauf der Bundesbank durchdacht, implementiert und angewandt werden. Smartphones und Tablets sind als Dienstgeräte in der Bundesbank weit verbreitet; die mobile, schnelle Kommunikation sorgt für mehr Flexibilität, erfordert aber auch bestimmte Grundkompetenzen und Sicherheitsbewusstsein bei den Nutzern und Betreuungs-Know-how für Hard- und Software im Zentralbereich IT.

Welch immenser Kompetenzaufbau hier innerhalb kurzer Zeit notwendig war und dauerhaft weiter geboten ist, wird in diesem Kapitel transparent und an Beispielen nachvollziehbar.

3.2.1 Wieso ist und wird Digitalkompetenz für die Bundesbank wichtig(er)?

Der Einfluss der Bundesbank beruht maßgeblich auf Daten – ihrer Erhebung, Systematisierung, Aufbereitung, Analyse, Darstellung und Vermittlung – sowie auf modernen, performanten, schnellen und sicheren IT-Systemen und Tools. Der zweite wichtige und schließlich entscheidende Faktor ist die darauf bezogene Handlungskompetenz[3] ihrer Beschäftigten; auf Ebene der Fachkompetenz ist hier sowohl tätigkeitsbezogenes/berufliches Wissen als auch zunehmend ein entsprechendes bzw. fortschreitendes Digitalisierungs-Know-how angesprochen. Hinzu kommt: Die schnellen und einschneidenden Entwicklungen des Marktes für digitale Lösungen und der Finanzwelt kann und darf auch die Bundesbank nicht ignorieren, um ein *„Level-Playing-Field"* mit Geschäftspartnern, Marktakteuren, beaufsichtigten Instituten und durchaus auch mit anderen auf ihren Gebieten führenden Notenbanken aufrechtzuerhalten.

Bereiche, die besonders stark von der Digitalisierung getrieben sind, sind bspw. der Zahlungsverkehr und die Wertpapierabwicklung. Digitales Bezahlen in Echtzeit *(Instant Payments)* könnte mittelfristig der neue Standard werden.[4] Entwicklungen, die auch von Nicht-Zentralbankern im Alltag erlebt und nachvollzogen werden können. Im Zahlungsverkehr wünschen sich manche, es möge alles noch schneller und schlanker werden; doch die Sicherheit der übertragenen Daten sollte selbstverständlich nicht kompromittiert werden. Ein ambitioniertes

---

[3] Hier verstanden als Fachkompetenz (Wissen und Fertigkeiten) und personale Kompetenz (soziale Kompetenz und Selbstständigkeit) gem. Definition des Deutschen Qualifikationsrahmens für Lebenslanges Lernen, DQR, 2011.

[4] Das Eurosystem unterhält hier mit „TARGET Instant Payment Settlement (TIPS)" ein eigenes System.

Unterfangen, über das sich nicht nur die Finanzindustrie, sondern auch die Zahlungsverkehrs- und IT-Expert/innen der Notenbanken weltweit Gedanken machen.

> *„Die voranschreitende Digitalisierung, FinTechs als neue und innovative Marktteilnehmer sowie BigTechs als Ökosysteme mit gigantischen Ressourcen, die sich neue Felder auch im Zahlungsverkehr und in der Wertpapierabwicklung erschließen, sorgen für eine ganz neue Dynamik. Als Verbraucher werden wir von diesem Wettbewerb profitieren, doch vor allem in Europa sollten die Institute den Anschluss an die weltweiten Entwicklungen nicht verlieren, sondern sie mitbestimmen.“* (Burkhard Balz, Mitglied des Vorstands der Deutschen Bundesbank)[5]

Eine weitere digitale Innovation: „Programmierbare Zahlungen"[6], für die das Interesse und der Bedarf der Wirtschaft steigt.[7] Und „[w]enn sich das Eurosystem für die Herausgabe eines digitalen Euro[8] entscheidet, dann sollte dieser programmierbare Zahlungen für die Geschäftsfälle auf Basis der Distributed-Ledger-Technologie ermöglichen".[9]

Doch der elektronische oder „unbare" Zahlungsverkehr ist nur ein Aufgabengebiet, dessen technologischer Sogkraft die Bundesbank als Mitgestalter und Akteur folgen muss.

3.2.1.1 Breite und Tiefe der gesetzlichen Aufgaben

Um die Herausforderungen, also die Potenziale und Risiken der fortschreitenden Digitalisierung, für die Deutsche Bundesbank besser zu verstehen, ist es hilfreich, sich zumindest überblicksartig mit dem gesetzlichen Mandat und den zentralen Aufgaben der Institution sowie den daraus abzuleitenden Anforderungen an die Beschäftigten vertraut zu machen. Auch ohne tiefergehende Erläuterung wird hier evident, welche unmittelbare Bedeutung die Erfassung, Verarbeitung und Analyse von Daten, die Anwendungs- und Entwicklungskompetenz von bzw. für Software und IT-Tools sowie die Leistungsfähigkeit und Sicherheit digitaler Anwendungen und Systeme für das Kerngeschäft der Deutschen Bundesbank haben.

Gesetzlicher Auftrag der Deutschen Bundesbank

- **Geldpolitik** – Der Präsident der Deutschen Bundesbank hat Sitz und Stimme im EZB-Rat. Die Deutsche Bundesbank bereitet ihren Präsidenten auf die Sitzungen des EZB-Rats vor und setzt die geldpolitischen Beschlüsse des EZB-Rats in Deutschland um. Sie nimmt volkswirtschaftliche Analysen der wirtschaftlichen Entwicklung vor und erstellt hierauf basierende Prognosen.

- **Finanz- und Währungssystem** – Analyse systemischer Risiken und nationale, europäische und internationale Austauschs- und Präventionsarbeit

- **Bankenaufsicht** – Überwachung der Geschäftätigkeiten von Kreditinstituten sowie auch Finanzdienstleistungs-, E-Geld- und Zahlungsinstituten (z. B. FinTechs)

- **Bargeld** – Bereitstellung und Inverkehrgabe von Euro-Bargeld in ausreichender Menge und hoher Qualität, Falschgeldbearbeitung, Bargeldbearbeitung

---

[5] *https://www.bundesbank.de/resource/blob/824764/cbbc96d00fcb3a4917ca744cf0700031/mL/zahlungsverkehrs symposium-2019-data.pdf*, 31.12.2020

[6] *https://www.bundesbank.de/resource/blob/855080/941264701eb3f1a67ef6815831c9e40a/mL/2020-12-21-programmierbare-zahlung-anlage-data.pdf*, 31.12.2020

[7] *https://www.bundesbank.de/de/presse/pressenotizen/zunehmender-bedarf-an-programmierbaren-zahlungen-855056*, 31.12.2020

[8] *https://www.ecb.europa.eu/euro/html/digitaleuro.de.html*, 31.21.2020

[9] Vgl. Fußnote 7

> ▪ **Unbarer Zahlungsverkehr** – Sicherung und Überwachung des Zahlungsverkehrs in Deutschland, Bereitstellung von Abwicklungs- und Verrechnungsdienstleistungen (hierzu gehören auch die Systeme TARGET2 und TARGET2-Securities)
>
> Quellen: Gesetz über die Deutsche Bundesbank, BBankG sowie EG-Vertrag, Art. 4a, der die Einbindung der Bundesbank in das Europäische System der Zentralbanken (ESZB) festlegt sowie Art. 105 zu Zielen und Aufgaben des ESZB, vgl. auch *www.bundesbank.de*

Vermeintlich ist nur „Bargeld" ein digitalisierungsfern erscheinender Kernbereich. Doch auch hier steckt die Bundesbank längst in der digitalen Transformation; Automatisierung und Robotik setzen ihren Siegeszug fort und haben begonnen, die Aufgaben der rd. 1500 Beschäftigten an den Maschinen im „Bargeldrecycling" gewaltig zu verändern. Wie relevant hier potenzielle Digitalisierungs- und Automatisierungsgewinne sind, kann nachvollzogen werden, wenn man berücksichtigt, dass jährlich ein Volumen von rd. 14 – 15 Milliarden Banknoten in den Filialen der Bundesbank zu bewältigen ist. Mit dem „Cash Electronic Data Exchange" (CashEDI) ist die „elektronische [also digitale] Geschäftsabwicklung im Rahmen eines standardisierten elektronischen Datenaustausches" bereits seit 2013 verpflichtend.[10] Eine ganze Abteilung heißt aus gutem Grund „Grundsatzaufgaben des Filialbetriebs, IT-Anwendungen, Automation".

Im Verlauf des 1. Halbjahres 2021 wird nun nach sorgfältiger Planung, Errichtung und Erprobung sukzessive die „Neue Filiale" in Dortmund ihre Tore für Geschäfts- und Kleinkunden öffnen. Hier wird künftig das Bargeldgeschäft der Bundesbank für das Gebiet Rhein-Ruhr konzentriert. Nun läuft die Bargeldbearbeitung auch heute selbstverständlich schon maschinenunterstützt ab; doch es gibt noch einige digitale Innovationen in der „Neuen Filiale".[11]

- ▪ Der Tresor wird als vollautomatisiertes Hochregallager gebaut und fahrerlose Transportsysteme sowie Förderbänder sorgen für den internen Transport der Banknoten.
- ▪ Mehr als ein Dutzend hochmoderne Banknotenbearbeitungssysteme sortieren das eingezahlte Bargeld in Päckchen und Pakete, die vollautomatisch in Folie eingeschweißt und in den Tresor befördert werden. Durch die Automatisierung verringert sich die körperliche Belastung beim Bewegen der bis zu 170 kg schweren Papiergeldcontainer.

Künftig müssen automatisierte Abläufe (z. B. die Bewegungen fahrerloser Transportfahrzeuge) und logistische Komponenten (z. B. Regalbediengeräte) lastbeständig und störungsfrei von den dann ca. 200 Bargeld-Beschäftigten vor Ort bewältigt und bedient, etwaige Fehler erkannt und – wenn möglich – auch behoben werden können. Eine Randbemerkung: Auch die ca. 30 000 Anträge auf Erstattung beschädigter Euro-Noten, die jährlich im Analyse- und Bargeldrecycling-Zentrum der Bundesbank in Mainz eingehen, werden seit 2020 zum Teil digital bearbeitet. Statt zeitraubender Handarbeit mit Hilfe von Lupe oder Mikroskop unterstützt jetzt ein digitales Assistenzsystem bei der Puzzlearbeit.[12]

3.2.1.2 Beschäftigten- und Aufgabenstruktur

Die Deutsche Bundesbank ist eine Institution mit ca. 11 500 Beschäftigten (Stand 12/2020) in sehr unterschiedlichen Funktionen an rd. 40 Standorten in Deutschland. Etwa 6000 Beschäftigte sind im typischen und bereits skizzierten Zentralbankgeschäft vor allem in der Bankenaufsicht und im Bargeld eingesetzt. Unterstützt – oder besser gesagt vielfach erst ermöglicht – wird ihr Geschäft vom Zentralbereich Statistik als faktenbasiertem Rückgrat der Kernaufgaben.

---

[10] *https://www.bundesbank.de/de/aufgaben/bargeld/cashedi*, 31.12.2020

[11] *https://www.bundesbank.de/de/presse/reden/bau-der-neuen-bundesbank-filiale-in-dortmund-festakt-richtfest--665316#tar-5* und *https://www.bundesbank.de/de/presse/reden/ansprache-bei-der-grundsteinlegung-fuer-die-neue-filiale-in-dortmund-664976*, 31.12.2020

[12] *https://www.bundesbank.de/de/aufgaben/themen/leichtere-rekonstruktion-von-beschaedigten-banknoten-durch-den-epuzzler-854220*, 31.12.2020

Allein in diesem Bereich sind mehr als 500 Beschäftigte mit zum großen Teil sehr spezialisierten Kompetenzprofilen eingesetzt (vgl. Abschnitt 2.2.2). Die Aufgaben umfassen u.a. die Ermittlung und Aufbereitung der Außenwirtschaftsstatistik, Geld- und Kapitalmarktstatistiken, Konjunktur- und Preisstatistiken, Wechselkurstatistiken und die Pflege der Zeitreihen- und Echtzeitdatenbanken zur Volkswirtschaftlichen Gesamtrechnung sowie kurzfristiger Konjunktur- und Arbeitsmarktindikatoren. Ein digitaler Datenschatz, ohne den die Bundesbank und der Verbund aller Zentralbanken im Euroraum, das sogenannte Eurosystem, ihren Aufgaben nicht gerecht werden könnten.

> *„Ist die Statistik das Rückgrat, sollte der Zentralbereich Informationstechnologie mit seinen mehr als 1000 Beschäftigten als das Nervensystem und die Gelenkschmiere der Bundesbank bezeichnet werden, ohne deren Anwendungen und Support die zentralen internen Funktionen und externen Dienstleistungen einer Zentralbank nicht ausgeübt werden können. Wie knapp IT-Kräfte am Markt sind und wie wichtig, aber auch ressourcenintensiv daher – auch angesichts der Dynamik des IT-Geschäfts – die interne Qualifizierung ist, kann gewiss nachvollzogen werden."*

Wenn bei den vorgenannten Aufgaben mindestens eine gute Anwendungsroutine im Umgang mit digitalen Tools notwendig ist, in vielen Fällen sogar auch Programmier- und IT-Entwicklungsfähigkeiten erforderlich, dann ist dies für ein breites Spektrum an Supportaufgaben weniger der Fall. Zumeist sind hier eher klassische, vorwiegend computergebundene Büroarbeiten auszuüben, wie sie letztlich in jeder anderen Behörde sowie auch in Unternehmen geleistet werden. Gemeint sind hier bspw. Aufgaben der Kommunikation, des Personal-, Beschaffungs- und Rechnungswesens, Controlling, Recht, Revision, allgemeine Sekretariatsfunktionen und sicherlich auch der Aus- und Weiterbildungsbereich. Diese weiteren rd. 1700 Bundesbanker/innen müssen unter dem Digitalisierungsaspekt vor allem fit in den gängigen Office-Programmen sein, aber auch die digitalen Ablage- und Dokumentationssysteme kennen und können und die digitalen Prozessabläufe beherrschen. Dies heißt jedoch nicht, dass individuelle Vermittlungs- und Lernaufwände geringer ausfallen müssen und sollten.

Warum ist die kontinuierliche und gezielte Entwicklung, Qualifizierung, Weiterbildung aller eigenen Beschäftigten trotz der damit verbundenen erheblichen Kosten und Aufwände für die Bundesbank so zentral? Die Mobilität von Beschäftigten der Bundesbank, insbesondere von Beamtinnen und Beamten, in die Privatwirtschaft bzw. selbst zu anderen Bundesbehörden oder öffentlichen Stellen ist inklusive des Turnovers durch Eintritte in den Ruhestand gering (unter 5 % des Stammpersonals pro Jahr).[13] Beschäftigte der Bundesbank bleiben nicht selten Beschäftigte der Bundesbank für 30 oder 40 Jahre. Gleichzeitig ist eine interne Mobilität von einem Geschäftsbereich zum anderen mit neuen Fachanforderungen bzw. Digital- und IT-Kenntnissen in auf der sog. „Bestenauslese"[14] basierenden Bewerbungsverfahren durchaus gegeben. Dass damit die stetige Weiterqualifizierung oder Neuqualifizierung („Re-Skilling" und „Up-Skilling") von Beschäftigten zur Notwendigkeit wird, auch das ist evident.

---

[13] Ein Austritt aus dem Dienst der Bundesbank erfolgt zudem ohnehin oft relativ kurz nach Abschluss der Anwärterausbildung, des dualen Studiums bzw. des Referendariats.

[14] Art. 33, Abs. 2 GG regelt den Zugang zu öffentlichen Ämtern auf Grund bzw. ausschließlich nach Eignung, fachlicher Leistung und Befähigung von Bewerbern und Bewerberinnen; potenzielle bzw. konkrete interne Bewerber und Bewerberinnen müssten als grundsätzlich ungeeignet abgelehnt werden, um bspw. die externe Ausschreibung einer Stelle erforderlich zu machen.

Synthese

Auch wenn die Bundesbank andere finanzielle Möglichkeiten hat als viele andere Einrichtungen des öffentlichen Dienstes: Die strukturelle Grundkonstellation bleibt. Beschäftigte des öffentlichen Dienstes, Tarifbeschäftigte und Beamtinnen und Beamte gleichermaßen, bleiben oft dem Arbeitgeber ihr Arbeitsleben lang treu. Das gilt auch für die Bundesbank. Ein kontinuierlicher Zufluss von „außen" an neuem, aktuellen und idealerweise hochqualifizierten Fachwissen, insbesondere Digital- und IT-Kompetenzen, ist i) angesichts eines relativ geringen Personal-Turnovers bzw. auch – je nach Betrachtungswinkel – ii) angesichts der Anreizstruktur nur eingeschränkt gegeben. Hier halten sich die Limitation des Tarif- bzw. Besoldungssystems und die Arbeitsplatzsicherheit des öffentlichen Dienstes bzw. auch die gute Reputation der Bundesbank als Arbeitgeberin wohl die Waage, die immer einmal in die eine oder andere Richtung ausschlagen kann. Der Bedarf an spezialisierten und in etlichen Bereichen nicht „marktgängigen" Kompetenzprofilen ist eine Herausforderung für viele öffentliche Institutionen, insbes. für Zentralbanken und Aufsichtsbehörden. Die interne Qualifizierung, insbesondere für die neuen digitalen Herausforderungen, ist daher unbedingt geboten.

3.2.2 Welche Digitalkompetenzen in der Bundesbank?

Mit den fortschreitenden Möglichkeiten und Verarbeitungskapazitäten digitaler Tools potenzieren sich die Einsatzfelder bzw. dürfen hier mögliche Digitalisierungsrenditen – d. h. Optionen, die sich aus neuen und leistungsfähigeren digitalen Prozessen ergeben – nicht einfach ignoriert werden. Schließlich ist es die Bundesbank dem eigenen Professionalitätsanspruch und dem deutschen Steuerzahler schuldig, möglichst wirtschaftlich zu arbeiten. Doch aus Komplexität und der daraus resultierenden Anfälligkeit neuer Tools zur Datenverarbeitung, Datenübermittlung und Datenverknüpfung können sich immer wieder Schwachstellen, Sicherheitslücken und Systemausfälle ergeben.[15] Der Blick auf drei Aufgabenbereiche der Bundesbank soll dies exemplarisch aufzeigen.

3.2.2.1 Neue Jobprofile: „Explorative IT"

Wie fachlich divers und wiederum extrem spezialisiert mittlerweile die IT aufgestellt ist und wie stark das klassische Geschäft ergänzt wurde, kann man u. a. an digitalisierungsgetriebenen, organisatorischen Veränderungen wie zuletzt der Einrichtung einer Abteilung „Explorative IT" ablesen. Sie versteht sich als offene Plattform für fachbereichsübergreifende technologische und bankfachliche Innovationsarbeit und ist stark in den Aufbau der Innovationswerkstatt der Bank eingebunden (vgl. Abschnitt 4.4.3).

Vorrangig beschäftigt die Explorative IT mit ihren 23 Mitarbeiterinnen und Mitarbeitern in Frankfurt und Düsseldorf jedoch Datenstrategien und Advanced Analytics, neue IT-Infrastrukturen rund um Microservices- und Container-Technologien, Cloud-Services und die Etablierung agiler Arbeitsweisen. Die Stellenprofile tragen Bezeichnungen wie „Innovationsmanager Data Science", „Agile Coach", „Trend- & Technologieanalyst", „DevOps-Engineer", „UI/UX-Designer", „IT-Business & Process Analyst", „Cloud Management", „Data Management Architect", „Big Data Engineer", „IoT-Engineer", „Cloud Ressourcenmonitoring, Operation Cloud" und

---

[15] Zahlungsverkehrs- und Wertpapiersettlements: Nach vielen relativ reibungslosen Jahren kam es im Jahr 2020 zu drei erheblichen Störungen. Eine Einheit im Zentralbereich IT ist in die Untersuchungen involviert. Öffentlich wurde auch zuletzt im Januar 2021 bspw. eine Cyberattacke gegen die Reserve Bank of New Zealand, *https://www.rbnz.govt.nz/ news/2021/01/reserve-bank-responding-to-illegal-breach-of-data-system*, 12.01.2021

„Innovationsmanager Design Facilitator". Welches Anforderungsfeld der/die noch gesuchte „Cyber Security Expert/in" abdecken müsste, ist immerhin halbwegs vorstellbar.

Doch auch andere Abteilungen lassen mit Profilen wie „Unified Communications, eCollaboration und Workflows", „Mainframe-Entwicklung" und „Security Management, C/S-Storage, RZ-Netzwerk, C/S-Services" ohne ein IT-Grundstudium mehr Frage- als Ausrufezeichen zurück. Die Qualifizierung der IT ist in der Bundesbank eine der arbeits- und kostenintensivsten Aufgaben für den Weiterbildungsbereich.

Das Weiterbildungsteam für den Zentralbereich IT und IT-Trainings

Für die Qualifizierung der mehr als 1000 IT-Kolleginnen und -Kollegen sowie für IT- und Software-Trainings für die gesamte Zentrale (Standort Frankfurt) zeichnet ein kleines, sechsköpfiges Team im gehobenen und mittleren Dienst verantwortlich. Rund 2000 Teilnahmen allein an internen, selbst aufgesetzten Fachtrainings sowie externen Seminaren wurden im Jahr 1999 realisiert. Hinzu kommen mehrere Hundert Teilnahmen an fachübergreifenden Basis-IT- und Software-Trainings. Das Team wird seit dem Jahr 2000 durch zwei Fachkräfte für die Konzeption und Gestaltung von E-Learnings & Co. verstärkt.

Trainings für bspw. Blockchains, DLT, Machine Learning etc. oder spezielle Programmtrainings für die Bankenaufsicht werden in einem anderen Team betreut.

3.2.2.2 IT-Spezialisierung in der Statistik

Eine ähnlich fordernde Konstellation findet sich im Qualifizierungsbrennpunkt „Zentralbereich Statistik". Dies gilt vor allem mit Blick auf die komplexe Weiterbildungsbaustelle „Data Science". Zur Erinnerung: Daten sind das Rückgrat der Bundesbank, die IT ihre Nervenbahnen und Gelenkschmiere. In der Abteilung S 4 „Statistisches Informationsmanagement, mathematische Methoden" muss man sich auskennen mit „Methodischen Fragen der Softwareentwicklung (Anforderungs-, Projekt-, Produkt-, Lifecycle-Management)" und „Analyseanwendungen und Services SDMX-Standard". Hier wurde ein „Haus der Mikrodaten (HdM)" gebaut und werden die „SDMX-basierten Analyseanwendungen und -systeme" gepflegt. Es müssen „Mathematisch-statistische Methoden und Werkzeuge, SAS-Plattformen, Softwareprodukte für ökonometrische Anwendungen, Grafische Datenverarbeitung" beherrscht und „stochastische Verfahren" und das „Softwareprodukt Troll" (sic) angewandt werden. Die Abteilung steht für „Zinsstatistik, Außenwertberechnung, mathematisch-statistische Verfahren, Renditeberechnung" mit dem „Softwareprodukt Stata" und die „Saisonbereinigung, mathematisch-statistische Verfahren" mit dem „Softwareprodukt R" gerade. SAS, Matlab, Python und PAGS-Coder müssen außerdem verstanden werden. Wohl hilfreich, dass die „Zentralen Statistikservices (Steuerung und Durchführung der Statistikprozesse, Administration des makroökonomischen Informationssystems, Metadatenmanagement" auch noch da sind.[16]

3.2.2.3 Die „digitale" Banken- und Finanzaufsicht

Die Arbeit im Zentralbereich Banken- und Finanzaufsicht ist ebenfalls sehr datenorientiert und damit digitalisierungsbezogen. Für dieses ohnehin anspruchsvolle Aufgaben- und Qualifizierungsgebiet hat die Digitalisierung der letzten Jahre weitere, gravierende Veränderungen gebracht. Bundesbank und Bundesagentur für Finanzdienstleistungsaufsicht (BaFin) haben deshalb eine eigene, strategisch ausgerichtete „Digitale Agenda" entwickelt und im September

---

[16] Hier ist immerhin zu vermuten, dass es ähnliche Anforderungen an die Beschäftigten des Statistischen Bundesamtes (Destatis) gibt. Ob und wie hier eine Qualifizierungskooperation möglich ist, worauf und auf welche Profile diese fokussieren sollte und wie und mit welchen Mitteln eine solche Zusammenarbeit konkret zu realisieren ist, ist bis heute zwar andiskutiert, aber offen.

2020 „live" geschaltet.[17] Die zentralen Fragen drehten sich auch hier um „Chancen", „Effizienzsteigerung" und „Analysequalität". In drei Kernbereichen, sogenannten Innovationsfeldern, soll dem in verschiedenen Workstreams nachgespürt werden.

Was hat diesen Prozess ausgelöst? Am leichtesten lässt sich das mit einem gemeinsamen Statement von Raimund Röseler (BaFin) und Prof. Dr. Joachim Wuermeling (Bundesbank) beantworten:

> *„Unser Leitbild: Vorne mitspielen bei der Digitalisierung! Wir wollen nicht nur die Digitalisierung der Banken beaufsichtigen oder regulieren, sondern das Potenzial digitaler Technologien so umfassend wie möglich auch für uns selbst heben. Die Aufsicht wird so noch effektiver und kann flexibler auf neue Entwicklungen reagieren. Das wird nicht nur der Stabilität des Bankensektors zugutekommen, sondern auch die Institute operativ entlasten."*

Auch hier die Frage nach dem Grundanliegen und der digitalen Transformationsherausforderung Bankenaufsicht:

- Daten schneller und einfacher erheben und aufbereiten
  Das bankaufsichtliche Meldewesen ist komplex und, sowohl für die beaufsichtigten Banken als auch die Aufsicht, sehr aufwändig. Es orientiert sich tatsächlich noch stark an der starren Struktur von Meldebögen. Um das zu ändern, soll die Aufsicht in die Lage versetzt werden, erforderliche Informationen bei Bedarf direkt bei den Instituten abzuholen, aktueller und passgenauer.

- Datenanalyse
  Die Aufsicht soll sämtliche vorliegenden Daten und Informationen zu einer Bank nicht nur leicht abrufen, sondern auch miteinander verknüpfen können. Idealerweise nicht nur Daten aus dem Meldewesen, sondern auch Informationen aus den Medien, von Analysten und weiteren Quellen. Die Auswertung großer Datenmengen soll optimiert und beschleunigt werden, bspw. mit Hilfe von Künstlicher Intelligenz und Analysetools, die u. a. auf Advanced-Analytics-Methoden, Machine Learning und Text Mining basieren.

- Aufsichtsprozesse
  Um die internen Prozesse – auch die zwischen Bundesbank und BaFin – zu optimieren, soll eine gemeinsame Arbeitsoberfläche, eine Art Dashboard, mit allen relevanten bankaufsichtlichen Informationen etabliert werden.

Die Konzeption und der Aufbau dieser geplanten Innovationen und Prozessverbesserungen und schließlich auch die sichere Anwendung in der Praxis wird erhebliches digitales Knowhow der beteiligten Stellen erfordern. Das Qualifizierungsdilemma besteht trotz der und mit den digitalen Möglichkeiten fort:

> *„Eines bleibt aber auch in Zukunft unverzichtbar: der Mensch. Es werden weiterhin die Aufseherinnen und Aufseher sein, die Informationen bewerten und am Ende des Tages Entscheidungen treffen. Ihr Urteilsvermögen kann auch der beste Algorithmus nicht ersetzen."*

Sehen wir uns in den nächsten Abschnitten an, wie die Bundesbank das „Dilemma" Mensch-Computer angeht.

---

[17] „Update für die Aufsicht: Die Digitale Agenda von BaFin und Bundesbank", Namensartikel im Handelsblatt vom 26. Dezember 2020 von Raimund Röseler, Exekutivdirektor Bankenaufsicht der BaFin und Prof. Dr. Joachim Wuermeling, Vorstandsmitglied der Deutschen Bundesbank *https://www.bafin.de/SharedDocs/Veroeffentlichungen/DE/Reden/re_201110_namensartikel_EDBA_handelsblatt.html*

3.3 Der Weiterbildungsbereich und andere Qualifizierungsakteure

Die zentrale Konzeptions- und Planungsstelle für jede fachliche, fachbezogene und IT-Qualifizierung von Beschäftigten der Deutschen Bundesbank ist „die Weiterbildung".[18] Sie verantwortet mit drei Gruppen das breit aufgestellte interne Kursprogramm für die …

- Kerngeschäftsfelder und verwandten Bereiche (sowie internationale Trainings)
- Supportbereiche (sowie Sprachweiterbildung)
- Informationstechnologie sowie die generelle IT-Qualifizierung und Projektmanagementschulungen (sowie digital unterstützte Lernprozesse).

Bis vor zwei bis drei Jahren war die Zuordnung verhältnismäßig klar. Doch seitdem ist die Themenpalette für Digitalisierungsqualifizierung exponentiell gewachsen. Es wird immer schwieriger, die geforderten Kompetenzen eindeutig einem Geschäftsbereich zuzuordnen. So liegen nun Trainings für „Distributed Ledger Technology" bei der Gruppe „Kerngeschäftsfelder", „Data Science" aber bei der Gruppe „Informationstechnologie". Und schon längst wird Lernbedarf für spezielle Software-Anwendungen und -Tools nicht mehr nur aus dem Zentralbereich IT und den vielen IT-nahen Projekten gemeldet. Bankenaufsicht, Statistik, der unbare Zahlungsverkehr, die Zentralbereiche Märkte und Volkswirtschaft oder das Risiko-Controlling wissen, dass sie hier ihre Kompetenzen stetig erweitern müssen. Dabei werden die Anforderungen komplexer. Gefragt und geboten sind nicht mehr nur kürzere, spezialisiertere Kursformate. Neben *„Upskillings"*, also der (kontinuierlichen) Weiterbildung für ein bekanntes Aufgabengebiet, wird nunmehr häufiger auch das Anliegen nach *„Reskillings"* gestellt, also der Neuausrichtung und des Neuaufbaus der fachlichen Kompetenzen für ein geändertes Anforderungssetting. Das alles stellt die Planungsprozesse und -kapazitäten des Weiterbildungsbereichs vor nicht geringe Herausforderungen.

3.3.1 Der Planungsprozess des Weiterbildungsbereichs

Im Gefüge der öffentlichen Institutionen nimmt der Weiterbildungsbereich der Bundesbank als eine Art „Full-Service-Agentur" wohl eine Sonderrolle ein. Anders als die Ministerien des Bundes sowie Landesinstitutionen und kommunale Behörden greift er so gut wie gar nicht auf Bildungsformate der dem Bundesministerium des Innern (BMI) unterstellten Bundesakademie der Öffentlichen Verwaltung (BAköV) als zentrale Fortbildungseinrichtung des Bundes zu. Mit rd. 1700 realisierten Veranstaltungen im Jahr 2019 und gut 19 000 Teilnahmen stemmte der Weiterbildungsbereich ein mit der BAköV vergleichbares Volumen; Softskill und Führungskräftetrainings sind dabei noch gar nicht eingerechnet.[19]

---

[18] Konkret ist hier die Hauptgruppe Weiterbildung (ÖB 11) in der Abteilung Aus- und Weiterbildung (ÖB 1) des Zentralbereichs „Ökonomische Bildung, Hochschule und Internationaler Zentralbankdialog" (ÖB) mit 32 Beschäftigten gemeint, die durch Kolleginnen und Kollegen in den Personalreferaten der neun Bundesbank-Hauptverwaltungen unterstützt werden.

[19] Die BAköV verantwortete im Jahr 2019 rd. 1800 Seminare mit mehr als 27 000 Teilnehmenden (plus 9000 Teilnehmenden an diversen Großveranstaltungen), vgl. „Tätigkeitsbericht 2019", BAköV, S. 4
https://www.bakoev.bund.de/SharedDocs/Publikationen/LG_1/Taetigkeitsbericht_2019.pdf;jsessionid=2FDB1B395AE 629FDE2155EE5F09277A0.delivery1-master?__blob=publicationFile&v=2

Weiterbildungsstatistik Fach-, IT-, Sprachweiterbildung und internationale Kurse

	2014	2015	2016	2017	2018	2019
Teilnahmen	19 751	19 584	19 154	19 345	20 596	19 327
Teilnehmende (Personen)	7404	7458	7969	7333	8465	8476
Teilnehmerquote (in Prozent der Beschäftigten)	72	71	75	68	78	76
Weiterbildungszeit insgesamt in Stunden	349 158	339 436	334 993	312 880	334 529	309 206
Durchschnitt pro Beschäftigten (FTE in Tagen)	4,12	3,97	3,78	3,35	4,00	3,76
Maßnahmen	3826	3654	3877	3513	4072	3554
Inhouse (intern)	1994	1903	2122	1917	2146	1690
Teilnahmen an externen Maßnahmen	1832	1751	1755	1596	1926	1864

Dabei ist das Programm im Bereich „Informationstechnik und IT-Sicherheit" sicherlich in der Bundesbank erheblich umfangreicher als das der BAköV. Nicht nur in diesem Bereich mag es helfen, dass die Weiterbildung der Bundesbank keinen strikten Budgetvorgaben unterliegt. Zwar werden die überschlägigen Kosten eines voraussichtlichen Bildungsbedarfs je Abteilung etc. in jährlichen Plankostenrechnungen angezeigt. Doch jede tätigkeitsbezogene Qualifizierung, die benötigt wird und die entsprechend begründbar ist, wird intern bereitgestellt oder extern beschafft, etwa als Teilnahme an klassischen Kursen, aber auch durch Konferenzen, Messen oder Online-Programme.

Zwei Voraussetzungen müssen aber erfüllt sein:

1. Die Bereitstellung oder Beschaffung ist wirtschaftlich.
2. Es bestehen ausreichende Planungs- und Umsetzungsressourcen und ausreichend zeitlicher Vorlauf.

Es sind also allenfalls die limitierten Planungs- und Umsetzungsressourcen, nicht fehlende finanzielle Mittel, die den weiteren Auf- und Ausbau des internen Kursprogramms erschweren. Gemeint ist damit eigenes Personal, das entweder eigene Programme entwerfen oder vor allem die Auftragsklärung und Absprache mit den Fachbereichen und die Konzeption und konkrete Planung und Terminierung vornehmen kann. Hinzu kommen die Trainerrecherche und die vergaberechtlich korrekte Beschaffung, Vertrags- und Rechnungsabwicklung sowie die Vorort-Betreuung. Besonders die Erfüllung kurzfristiger, noch so berechtigter Bildungsanliegen ist schwierig. Der Weiterbildungsbereich versucht daher, so weit wie möglich und sinnvoll im Voraus zu planen. Wichtige Instrumente sind dabei:

- Jährlich im Sommer durchgeführte bankweite Bedarfsabfragen für das reguläre Weiterbildungs-Programm des Folgejahres.
- Planungshilfe-Formular für die Aufgabe von fachbereichsspezifischem Bildungsbedarf (für maßgeschneiderte Weiterbildungsformate).
- Jährliche Spitzengespräche mit den Leitungen der Kerngeschäftsfelder und großer Fachbereiche (vgl. Abschnitt 3.3.2).

Jährliche bankweite Bedarfsabfrage

Die jährliche elektronisch gestützte Bedarfsabfrage umfasst mittlerweile etwa 250 reguläre fachbezogene Formate und IT-Trainings. Sie richtet sich an die Leitungen der Geschäftsbereiche (Zentralbereiche) und an die Präsidentinnen und Präsidenten der neun Hauptverwaltungen der Bundesbank.[20] Ziel ist es, zu einem Stichtag jeweils im September eine nach Dienststellen und Geschäftsbereichen sortierte Informationsgrundlage für die sukzessive Maßnahmenplanung des Folgejahres zu erhalten. In der Liste für die Bedarfsabfrage finden sich neben Maßnahmen, die auf die Fachrollen zugeschnitten sind, und fachübergreifenden Themen auch viele Digitalisierungsthemen. Diese reichen von den klassischen Büro-Software-kursen, Social-Media-Skills und agilen Projektmethoden bis hin zu zuletzt rd. 65 Formaten, die dem spezifischen Qualifizierungsbedarf des IT-Bereichs zugeordnet sind.

Die Ergebnisse der Bedarfsabfrage sind vielleicht eher eine Bedarfsschätzung, denn eine verlässliche und verbindliche Planungsgrundlage. Die meldenden Bereiche sind nicht zu einer „Abnahme" verpflichtet, erwerben aber auch kein „Anrecht" auf eine Platzzuteilung im Kursprogramm. Das Mengengerüst ist jedoch für den Weiterbildungsbereich wichtig, um rechtzeitig ein realistisches Volumen zu planen und damit verbundene Beschaffungsprozesse aufzusetzen. Das reguläre Programm der Weiterbildung wird nach Abschluss des wesentlichen Planungsprozesses gegen Ende eines Kalenderjahres nach und nach in ein nach Themen sortiertes „Lernportal" (vgl. Abschnitt 3.2) eingestellt und ist dort für alle Beschäftigten transparent.

Bedarfsplanung und -abstimmung

Als hilfreich hat es sich erwiesen, insbesondere die inhaltlich nicht immer leicht zu fassenden Digitalisierungsthemen (z. B. Blockchain oder Data Mining) zunächst nur in Stichworten zu beschreiben. Es werden also noch keine ausgearbeiteten Formate zur „Buchung" vorgelegt, sondern eher eine Interessensbekundung eingeholt. So kann der Weiterbildungsbereich die Fachstellen mit relevantem Lernbedarf zu einem Thema identifizieren, mit ihnen frühzeitig ins Gespräch kommen und den eigenen (bedarfsbezogenen) Planungsansatz verifizieren. Nach näherer Definition von Schwerpunktthemen, Lernzielen und Zielgruppen (Lernlevel) kann dann die Planung und die Entscheidung über Didaktik und Methoden, Dauer der Maßnahme, Realisierungsoptionen und mögliche Anbieter am Markt gemeinsam geklärt werden. Insbesondere bei der Herstellung aufwändiger und kostenintensiver Formate wie der Expertenqualifizierung in Digitalisierung ist es natürlich geboten, möglichst passgenaue und bedarfsgerechte Ergebnisse zu erzielen.

Planungshilfe-Formular

Abgefragt werden Thema, Lerninhalte und Lernschwerpunkte, Lernziele, voraussichtliche Teilnehmerzahl, aktuelles Kompetenzniveau und angestrebtes Kompetenzniveau, Umsetzungstermin, Wiederholungsbedarf, Angaben zu möglichen Dienstleistern etc. Das Planungshilfe-Formular wird mit der jährlichen Bedarfsabfrage verschickt. Die Koppelung an die allgemeine Bedarfsabfrage unterstützt den Reflexionsprozess in den Fachbereichen und führt zu Rückmeldungen, die den Weiterbildungsbereich andernfalls vielleicht mit zu wenig Vorlauf erreichen würden. Die Meldung von Qualifizierungsbedarf über die Planungshilfe ist darüber hinaus laufend möglich. Mit der Planungshilfe erhalten die Gruppen des Weiterbildungsbereichs wesentliche und gut strukturierte Erstinformationen, die dann in einer Auftragsklärung präzisiert werden. Hierzu gehört erneut auch die Verständigung über geeignete Lernmethoden oder einen Methodenmix.

---

[20] Die Methode zur Sammlung der Daten (bspw. eigene Schätzung, Rückmeldung durch Abteilungsleitungen etc. oder Selbsteintragung durch Beschäftigte) bleibt dabei den Bereichen selbst überlassen. Wichtig ist die Plausibilisierung und damit Verifizierung durch die leitenden Führungskräfte.

„Make or buy"?

Rund 80 % der Weiterbildung erfolgt in oftmals maßgeschneiderten Inhouse-Maßnahmen, d. h. vom Weiterbildungsbereich intern verantworteten Formaten. Das hat im Wesentlichen sechs Gründe:

- Hohe Spezialisierung der Bundesbank-Aufgaben (z. B. Bankenaufsicht, Zahlungsverkehr, Bargeld etc.), d. h. keine passenden Angebote am externen Markt
- Vertraulichkeit von vermittelten Informationen
- Höhere Wirtschaftlichkeit (Kosteneffizienz) bei einer internen Umsetzung ab ca. fünf Teilnehmern und Teilnehmerinnen bei größerer zeitlicher Flexibilität
- Ausrichtung von Maßnahmen an den Standorten der Beschäftigten
- Größere Passgenauigkeit für die jeweilige Zielgruppe, d. h. kein Miteinkauf von Inhalten eines Standardprogramms, die nicht benötigt werden
- Vernetzung der Bundesbank-Beschäftigten untereinander und ggf. im ESZB/SSM

In den bundesbankspezifischen Kursen kommen vielfach Fachkolleginnen und -kollegen zum Einsatz, die ihr Wissen an Quer- und Neueinsteiger und Neueinsteigerinnen weitervermitteln. Insbesondere das praktische Anwendungs-Know-how ist oftmals nicht am freien Markt verfügbar. Dieses Modell stößt u. a. bei vielen Digitalisierungsthemen und auch bei spezialisierten Software- und Methodenschulungen an seine Grenzen. Entweder ist das benötigte Wissen (noch) gar nicht in der Bank vorhanden oder aber die Fachkenntnisse der Experten und Expertinnen werden so dringend in den Fachbereichen selbst benötigt (bspw. in zeitkritischen Projekten), dass ihnen die Konzeption und das Abhalten von Schulungen nicht zumutbar ist. In diesen Fällen erhalten sie häufig keine Genehmigung durch ihre Vorgesetzten für eine Referententätigkeit während der Dienstzeit. Auch ist nicht jeder Spezialist und jede Spezialistin ein didaktisches Talent. Der Weiterbildungsbereich hat dann die Möglichkeit, entweder die benötigten Fachleute als Trainer und Trainerinnen einzukaufen oder aber die Beschäftigten zu externen Fachseminaren etc. zu entsenden.

Internationale Weiterbildung

Die Bundesbank ist als Zentralbank für Deutschland zwar eine nationale Institution, doch sie ist auch integraler Bestandteil des Europäischen Systems der Zentralbanken (ESZB). Ein beachtlicher Teil der fachlichen Weiterbildung wird auch in europäischer Kooperation geplant und umgesetzt. Eine enge Kooperation besteht z. B. für Trainings für die zunehmend digitalisierungsgetriebene Bankenaufsicht. Key-Player sind hier die von der Bundesbank initiierte *Europan Supervisor Education Initiative* (Bsp.: „Machine Learning and Artificial Intelligence for Financial Supervisors") und die im Single Supervisory Mechanism angesiedelte „Steering Group for Supervisory Trainings". Die Herstellung eines fachlichen und IT-technischen Level-Playing-Fields durch Trainingsmaßnahmen ist aber auch für andere gemeinsam verantwortete Aufgaben sinnvoll. Auf Einladung der Europäischen Zentralbank (EZB) nahmen bspw. im Juni 2020 Statistiker und Statistikerinnen, IT-Beschäftigte und Bargeldprofis aus fast allen ESZB-Notenbanken an einem virtuellen Hackathon oder „Learnathon" zum Thema „Access to Cash" teil.

Wie massiv übrigens die EZB ihre Trainings- und Entwicklungsprogramme für die *„digital skills"* erhöhen wird, lässt sich anhand einer kürzlich veröffentlichen Ausschreibung für die *„ECB Data Academy"* ableiten:

> *„Provision of Learning and Development Services in the Field of Data Science, Computer Science and Information and Communications Technology.*
>
> *The ECB Data Academy is open to staff members across business areas with the following main objectives:*
>
> *(i) close knowledge gaps and upskill staff in the field of data science, information technology and data skills;*
>
> *(ii) improve general data literacy among staff;*
>
> *(iii) support the organisation's data transformation;*
>
> *(iv) standardise data skills across business areas using e.g. cross-functional synergies; and*
>
> *(v) encourage participants to learn from each other and put learning in to practice e.g. in the form of (cross) business area projects.*
>
> *Lot 1: To design, and/or co-create, deliver and administer blended learning and development services [...] in the field of data science and computer science, and the specialisations covered by the ECB Data Academy.*
>
> *Lot 2: To design and/or co-create, deliver and administer learning and development services [...] on ICT end user topics e.g. computer applications, collaboration and communication tools and cybersecurity.*
>
> *The procured services will be open to all staff of the ECB, and where applicable, to employees of NCAs of the SSM and NCBs of the ESCB."*

ESE Initiative: https://www.ese-initiative.org/ese-en/, 31.12.2020

Access to cash: https://www.ecb.europa.eu/paym/groups/erpb/shared/pdf/14th-ERPB-meeting/Access_to_cash.pdf?231a8172d862b30727d69269ddc07abe, 20.01.2021

ECB Data Academy: https://www.ecb.europa.eu/ecb/jobsproc/proc/pdf/pro-005499_cn_2020-ojs251-626986-en.pdf, 22.01.2021

3.3.2 Inanspruchnahme von Weiterbildungsmaßnahmen

Die im Lernportal der Bundesbank publizierten IT- oder Fachkursformate können i.d.R. durch Beschäftigte der Bank nicht einfach „gebucht" werden. Sie sind kein freies Lernangebot, das z.B. bei zeitlichem Freiraum nach Belieben genutzt werden kann. Die Teilnahme an in einem Lernportal veröffentlichten Qualifizierungsmaßnahmen ist an Konditionen gebunden.

> Das **Lernportal** ist eine mit SAP verknüpfte Lotus-Notes-Anwendung, die täglich aktualisiert sämtliche Weiterbildungsformate, für die konkrete Termine feststehen, anzeigt. Der Zugriff erfolgt über das Intranet der Bank. Gefiltert werden kann nach Kategorie, Thema, Datum (zeitliche Reihenfolge), Laufbahngruppe und systematisierten Kennnummern.

In der Bundesbank sind zwei Arten von Weiterbildung bekannt:

- „dienstlich notwendig" und
- „im dienstlichen Interesse".

„Dienstlich notwendige" Weiterbildung

„Dienstlich notwendig" nach Definition der Bundesbank ist die Deckung eines Weiterbildungsbedarfs dann, wenn die Anforderungen der konkret eingenommenen Stelle nicht (mehr) „ordnungsgemäß und effizient" erfüllt werden können. Also z. B., weil die Tätigkeit an sich neu ist oder sich die erforderlichen Arbeitsmittel und -methoden geändert haben.[21] Ausschlaggebend für die Einstufung als dienstlich notwendig ist die Beurteilung durch die unmittelbaren Vorgesetzten (oder eine Projektleitung). Dienstlich notwendiger Weiterbildungsbedarf wird durch Bildungsmaßnahmen erfüllt, die grundsätzlich während der Dienstzeit stattfinden. Die Kosten dieser Bildungsmaßnahmen (einschließlich Reise und Unterbringung) trägt die Bundesbank. Die Vergabe der Plätze für einen bestimmten Termin erfolgt in aller Regel nach dem Windhundprinzip. Damit erfolgt keine Personalauswahl seitens der Weiterbildung, d. h. keine Bewertung, welcher Teilnahmebedarf vorrangig bedient werden sollte. Das Ziel ist immer, jeden gemeldeten und bestätigten Bedarf rechtzeitig und wirtschaftlich zu erfüllen. Der „dienstlich notwendige" Teilnahmetyp macht letztlich ca. 98 % aller dokumentierten Weiterbildungen aus.

In der mehrheitlichen Wahrnehmung ist eine solche Weiterbildungsteilnahme sicherlich seitens der Teilnehmer und Teilnehmerinnen „freiwillig", d. h., es besteht kein expliziter Teilnahmezwang. Auf Grund der als „dienstlich notwendig" testierten Bedarfsdeckung gibt es hier allerdings ein sehr starkes verpflichtendes Motiv, denn schließlich droht, dass die Aufgabenerfüllung ohne Erwerb des neuen Wissens nicht länger effektiv und effizient erfolgt. Dies ist auch der Grund, warum die Bundesbank alle Teilnahmekosten und Reiseaufwendungen bei nachvollziehbarer Begründung und den Maßgaben der Wirtschaftlichkeit und Sparsamkeit folgend (vgl. „Haushaltsgrundsätzegesetz", HGrG § 6) übernimmt.

Weiterbildung im „dienstlichen Interesse"

Die zweite Kategorie, Weiterbildung im „dienstlichen Interesse", ermöglicht die anteilige und jährliche Erstattung von 75 % der Teilnahmegebühren an (ausschließlich) externen Qualifizierungsmaßnahmen, wobei die jährliche Erstattungsobergrenze bei 700 Euro pro Maßnahme liegt (z. B. Sprachkurs, E-Learning etc.). Bei Maßnahmen mit Abschlussnoten wie bspw. einem Studium liegt die Erstattungssumme notenabhängig rückwirkend bei bis zu 1500 Euro pro Studienjahr. Voraussetzung ist, dass mit der Maßnahme zum überwiegenden Teil Kenntnisse erworben werden können, die für eine Tätigkeit in der Bundesbank – und diese muss nicht (!) die aktuell ausgeübte Tätigkeit sein – relevant sein können. Maßnahmenauswahl und Teilnahmeantrag erfolgen allein durch die Beschäftigten. Die Teilnahme bzw. das Lernen soll jedoch außerhalb der Dienstzeit erfolgen und ist damit eine private Investition der Lernenden. Das „dienstliche Interesse" wird von den Stellen des Weiterbildungsbereichs und in den Personalreferaten im Sinne eines Qualitätschecks (Eignung der Inhalte, des Anbieters und der Methoden) bestätigt. Evident ist, dass hierunter auch jegliche Qualifizierung im Bereich der digitalen Kompetenzen und IT-Kenntnisse fallen würde.

Katalogisierung

Der logische Aufbau der Kategorien in Weiterbildungsdatenbanken und die für potenzielle Nutzer nachvollziehbare Eingruppierung der Themen ist keine leichte Aufgabe. Um die Formate für das Lernthema „Digitalisierung" auffindbarer zu machen, hat der Weiterbildungsbereich im Jahr 2019 eine neue Kategorie „Digitalisierung" hinzugefügt. Nun war diese wiederum bspw. zu IT-Schulungen oder Fachschulungen abzugrenzen oder aber diese dort ganz oder teilweise zu integrieren. Die Kategorien sind aber nicht trennscharf; Maßnahmen müssen also in mehreren Kategorien hinterlegt werden. Entscheidend ist,

---

[21] „Regelungen für die Weiterbildung der Beschäftigten der Deutschen Bundesbank – Merkblatt für Vorgesetzte sowie Mitarbeiterinnen und Mitarbeiter"

dass die potenziellen Nutzerinnen und Nutzer eine gute Übersicht über Digitalisierungs-themen erhalten und „ihre" Weiterbildung finden können. Idealerweise sind dann einzelne Maßnahmen auch konsistent in Module gruppiert und nutzerzentriert in Lernpfaden auf-gebaut. So wird auch schneller ersichtlich, wo interne Programme eventuell fehlen.

Die SAP-Veranstaltungsgruppierungen der Bundesbank lauten: „Fachspezifische Weiter-bildung", „Internationale Weiterbildung", „Managementfortbildung/Personalentwicklung", „Train the Trainer", „IT-Weiterbildung", „Qualifizierungsprogramme" (hier: Bankenaufsicht, Personalwesen, Vorzimmerkräfte), „Sprachweiterbildung" und „Veranstaltungen für die Arbeitseinheiten". Die Digitalisierungstrainings können sich also in verschiedenen Kate-gorien „verstecken".

Der Datenschatz des Weiterbildungsbereichs

Alle internen und externen Weiterbildungsteilnahmen werden inklusive der Lernzeiten und Teilnahmegebühren in SAP erfasst. Sie können anhand der durch den Weiterbildungsbereich vergebenen Kennnummern nach Weiterbildungsgebieten wie „IT-Weiterbildung", „Sprach-weiterbildung" etc. und anhand der Personalnummern der Teilnehmenden auch einzelnen Zentralbereichen und Dienststellen zugeordnet werden. Der Weiterbildungsbereich, aber auch der Zentralbereich Controlling können auf dieser Grundlage erkennen, wie hoch die Weiterbil-dungsinvestitionen in Tagen und Euro pro Weiterbildungsgebiet, aber auch pro Beschäftigtem einer Dienststelle oder eines Zentralbereichs ausfallen.

Die zeitlichen Investitionen (ohne Berücksichtigung von Reisezeiten und ohne die Maßnah-men im „dienstlichen Interesse") werden über eine Urlaubs- und Abwesenheitsreserve auf die Personaldecke der Bereiche aufgeschlagen. Bei ca. 10 000 Vollzeitbeschäftigten der Bundes-bank und einer durchschnittlichen Weiterbildungszeit von vier Fachweiterbildungstagen im Jahr wären allein so rd. 180 Vollzeitstellen zu rechnen. Die formal erfassten, zeitlichen Weiterbildungsinvestitionen fallen damit in der Summe nicht zu Ungunsten der jeweiligen Dienststellen aus, wohl aber als Personalkosten zu Lasten der Bank an. Hinzu kommen natür-lich auch die Kosten für das Personal des Weiterbildungsbereichs (und Support-Overhead-kosten), die Kosten für ein eigenes Tagungszentrum, Reise- und Verpflegungskosten sowie in Höhe von rd. 5 Mio. Euro/Jahr Trainerhonorare und Kursgebühren. Auf Grund der im Praxis-tipp „Katalogisierung" angesprochenen ambivalenten Eingruppierung der Digitalisierungs-themen ist es bedauerlicherweise schwierig bis unmöglich, eine verlässliche Aussage darüber zu treffen, wie hoch die Investition der Bundesbank in Digitalisierungs-Weiterbildungstagen mittlerweile ist.

> *„Eigentlich wäre es mittlerweile leichter, in der Fachweiterbildung zu erfassen, welche Weiterbildungsmaßnahmen nicht digitalisierungsbezogen sind." (Mitarbeiterin des Weiter-bildungsteams „IT-Weiterbildung", Januar 2021)*

Aus einer personalwirtschaftlichen Sicht ist der eigentliche qualitative Datenschatz, der sich über die Jahre aufbaut, ohnehin die Bildungshistorie eines jeden Beschäftigten. Sie ermöglicht es, einzelne Maßnahmen nachzuvollziehen und den Beschäftigten für den weiteren Qualifi-zierungsweg bei Bedarf zu beraten.

3.3.3 Verantwortung für die Entwicklung von Digitalisierungskompetenz

Am Aufbau von Digitalisierungskompetenz sind – neben dem Weiterbildungsbereich – auch weitere Akteure unmittelbar beteiligt oder üben wenigstens einen erheblichen Einfluss auf Startbedingungen, Inhalte und Rahmenbedingungen aus:

- Ausbildungsbereich
- Fachabteilungen, Weiterbildungskoordinatoren und -koordinatorinnen und Führungskräfte
- Personalabteilung
- Zentralbereich Informationstechnologie
- Stabsstelle Digitalisierung

Für den Weiterbildungsbereich soll als ergänzender Exkurs eine besondere strategische Herausforderung dargestellt werden, die nunmehr über die unter Abschnitt 3.1 und 3.2 beschriebene reguläre Programmplanung und Vorgehensweise hinausgeht: die „Digitale Breitenbildung".

Wer also nimmt welche digitalisierungsbezogene Rolle im Qualifizierungs-Puzzle ein?

3.3.3.1 Der Ausbildungsbereich

Ein nachvollziehbarer und lohnender Ansatz im stark umkämpften Markt für Digitalisierungsspezialisten ist es, sich den eigenen Digitalnachwuchs selbst aufzubauen und frühzeitig an die Institution oder das Unternehmen zu binden: der Aufbau eines nachwachsenden Talent- und Kompetenzpools. Etwa 40 % der jährlichen Neu-Bundesbanker/innen sind Absolventinnen und Absolventen einer Ausbildung bei der Deutschen Bundesbank. Die größte Gruppe sind Studierende eines von der Bundesbank exklusiv an der 1980 gegründeten Hochschule der Deutschen Bundesbank (HDB) im rheinland-pfälzischen Hachenburg durchgeführten, generalistisch angelegten Dualen Bachelorstudiengangs „Zentralbankwesen"[22]. Nach ihrem Studium an der HDB stehen den Jung-Bundesbankern und -bankerinnen diverse Fachkarrierewege in der Bank offen, aber spezialisierte Digital- oder IT-Kräfte sind sie nicht, auch wenn seit kurzem das Wahlmodul „Digitale Transformation und Advanced Analytics" an der HDB belegt werden kann. Daher ist der Ausbildungsbereich der Bundesbank[23] schon vor einigen Jahren mit dem Dualen Studiengang „Angewandte Informatik" eine Kooperation mit der DHBW Mosbach[24] eingegangen, um vor allem den Rekrutierungsappetit des Zentralbereichs IT besser erfüllen zu können. Dem Bedarf nach digital affinen und kundigen Nachwuchskräften konnte so aber nicht annähernd entsprochen werden. Die Bundesbank hat sich in Konsequenz zu weiteren Kooperationen entschlossen:

- Dualer Studiengang „BWL (Digitalisierungsmanagement)" an der DGHE Eisenach[25], 2019
- Dualer Studiengang „BWL (Digital Business Management)" an der DHBW Karlsruhe[26], 2021

Weitere Vereinbarungen bestehen für den Studiengang „Betriebswirtschaft" der OTH Regensburg[27] (2019) und den Studiengang „Betriebswirtschaft in Studienrichtung Bank" der DHBW Stuttgart[28] (2020), in dem Studierende die „notwendigen Kenntnisse und Kompetenzen" erhalten sollen, „um [..] auf eine berufliche Tätigkeit in der komplexen, digitalen und globalisierten Finanzwelt vorzubereiten". Eine weitere Ergänzung ist das Bachelor-Studium der „Betriebswirtschaft" an der HS Mainz[29], in dem auch das Optionsmodul „Wirtschaftsinformatik" gewählt werden kann.

---

[22] *https://www.hochschule-bundesbank.de/hochschule-de/*, 31.12.2020
[23] *https://www.bundesbank.de/de/karriere/duale-studiengaenge*, 31.12.2020
[24] *https://www.mosbach.dhbw.de/*
[25] *https://www.dhge.de/DHGE.html*
[26] *https://www.karlsruhe.dhbw.de/startseite.html*
[27] *https://www.oth-regensburg.de/fakultaeten/betriebswirtschaft/studiengaenge/bachelor-betriebswirtschaft.html*
[28] *https://www.dhbw-stuttgart.de/*
[29] *https://www.hs-mainz.de/*

> ### Nachwuchsgewinnung und -bindung: Hohe Investition und Übernahmegarantie
>
> *„Als Arbeitgeber im öffentlichen Dienst suchen wir unsere Nachwuchskräfte besonders sorgfältig aus, weil wir nur die Anzahl an Nachwuchskräften ausbilden, denen wir auch langfristig eine Beschäftigungsperspektive bieten können. Nach erfolgreich abgeschlossenem Studium übernimmt die Deutsche Bundesbank aus diesen Gründen alle Absolventinnen und Absolventen unbefristet auf freie Stellen. [...]. Für diese zukunftssicheren Arbeitsplätze investieren wir viel in eine gute Ausbildung, die Ihnen alles Wichtige vermittelt, was für die Erfüllung Ihrer künftigen Aufgaben von Bedeutung ist.“* (Website der Deutschen Bundesbank, Stand 12/2020)

Ergänzt werden die Einstiegsoptionen durch ein eigenes 12-monatiges Bachelor-Traineeprogramm und – im Trend der Digitalisierung – ein ebenso langes, separates IT-Traineeprogramm. Diese Programme durchlaufen jährlich ca. 30 Personen für die Laufbahn des gehobenen Diensts. Insgesamt befanden sich fast 550 Personen Ende 2020 in einer Ausbildung für diese Laufbahngruppe. Zusätzlich wurden u. a. knapp 50 Beschäftigte in Ausbildung für den höheren Dienst betreut.

Die Ausbildung ist ein personal- und kostenintensives Unterfangen. Die Bundesbank ist aber recht zuversichtlich, die selbst (mit-)ausgebildeten Nachwuchskräfte mit einschlägigen IT-Kompetenzen oder „digitalem“ Wissen längerfristig für Aufgaben in den Fachbereichen der Bundesbank gewinnen zu können. Gebraucht werden sie.

3.3.3.2 Fachabteilungen, Weiterbildungskoordinatoren und Führungskräfte

Den Fachabteilungen und Führungskräften der Bundesbank kommt die Aufgabe zu, den Weiterbildungsbedarf ihrer Beschäftigten rechtzeitig zu erkennen. Dabei sollten sie idealerweise nicht nur aktuelle, sondern auch wahrscheinliche, künftige Anforderungen im Blick haben. Sie müssen möglichst genau erläutern können, worin die neuen Anforderungen inhaltlich bestehen und welche Beschäftigten bis wann ihre Kompetenzen hierzu erweitern müssen (vgl. Abschnitt 3.1). Dies ist für das Untersuchungsgebiet „Digitalisierung“ sicherlich leichter, wenn es um konkret beschreibbare Kompetenzen wie den Umgang mit bestimmten Programmen (IT-Tools oder -Anwendungen) geht. Sehr viel weniger eindeutig sind Projektionen, wie viele und konkret welche Beschäftigten künftig Data Scientists oder Expertinnen und Experten in Künstlicher Intelligenz sein sollten und welche Fähigkeiten dafür ganz praktisch bis wann herzustellen sind. Hinzu kommt die Abwägung, welche Beschäftigten zu einer solchen Qualifizierung im Sinne eines deutlichen *„Upskillings“* oder sogar *„Reskillings“* überhaupt bereit oder in der Lage sind bzw. welche zeitlichen Freiräume und Unterstützung sie dafür durch den Fachbereich erhalten können.

Spitzengespräche

In jährlichen Spitzengesprächen des Weiterbildungsbereichs mit den Leitungen aller großen Geschäftsbereiche wird versucht, diese vorausschauende Planung anzustoßen. In diesen gut etablierten Runden erhält die Weiterbildung wertvolle Hinweise, wie sie ihr Programm inhaltlich erweitern sollte. Zur Orientierung über ihre letztjährigen Bildungsinvestitionen erhalten die Geschäftsbereiche die aus der SAP-Datenbasis gezogenen Weiterbildungsstatistiken. Diese machen transparent, wie sich die Weiterbildungsteilnahmen nach Abteilungen aufschlüsseln, wie sich die Teilnahmen prozentual nach Weiterbildungskategorie verteilen und wie diese in Relation zur Gesamtbank einzuschätzen sind. Die Leitungsebene eines Geschäftsbereichs kann u. a. auf dieser Grundlage abschätzen und entscheiden, ob bspw. die Investitionen in einen Schlüsselbereich wie „digitale Kompetenzen" und IT-Qualifizierung erhöht werden sollten.

> ## „Kontakter/innen" in den Fachbereichen
>
> Eine zentrale Rolle spielen – nicht nur für die Vorbereitung und Durchführung der Spitzengespräche – die Weiterbildungskoordinatorinnen und -koordinatoren in den Fachbereichen. Sie sind ständige Dialogpartner für die planenden Stellen des Weiterbildungsbereichs und sorgen idealerweise dafür, dass beide Seiten nicht aneinander vorbeiplanen und Informationen zügig weitergegeben werden. Die Koordinatorinnen und Koordinatoren „übersetzen" nicht nur die Lernwünsche ihrer Bereiche für die Weiterbildung, sondern können umgekehrt die Planungsbedingungen und -abläufe der Weiterbildung an die eigenen Fachstellen und Führungskräfte vermitteln.

Die Führungskräfte selbst sind die wichtigsten Motivatoren und Initiatoren, wenn es um den Kompetenzaufbau geht. In Jahresgesprächen, wie sie in vielen Unternehmen üblich sind, soll dezidiert auch die fachliche Entwicklung besprochen werden. Für den Weiterbildungsbereich ist es daher wichtig, dass Führungskräfte gut über die generellen Möglichkeiten der Bank informiert sind, die Planungsprozesse kennen und insbesondere auch über die Lernformate der Bank zur Begleitung des digitalen Transformationsprozesses informiert sind. Sie müssen verstehen, dass sie nicht ausschließlich auf „Angebote" seitens der Bank warten sollten, sondern im Aufbau der Qualifizierung für ihren Fachbereich, ihre Mitarbeiter und Mitarbeiterinnen auch selbst eine aktive Rolle einnehmen müssen: Ideen einbringen, Themen identifizieren, Lernziele vorgeben.

3.3.3.3 Rolle der Personalabteilung

Eine klassische Human-Ressources-Abteilung hat im Kontext des digitalen Kompetenzaufbaus zwei wesentliche Aufgaben:

- Die Rahmenbedingungen für die Qualifizierung festlegen.
- Die aktuelle und künftig benötigte Personalausstattung (und Kompetenzprofile) im Blick behalten.

In der Bundesbank kommt es im Wesentlichen dem Zentralbereich Personal (P) zu, im Konsens mit dem (Unternehmens-)Controlling und unter Einbeziehung der Personalvertretungen u. a. entsprechende Festlegungen zu treffen.[30] Im Hinblick auf die betriebliche Weiterbildung stellen sich grundsätzlich folgende Fragen:

- Gibt es einen Anspruch auf Qualifizierung bzw. gibt es eine Pflicht zur Qualifizierung – für Arbeitgeber und/oder Beschäftigte?
- Wie weit sollen Ansprüche auf Qualifizierung ausgelegt werden? Darf und sollte die Bundesbank überhaupt über belegte Bedarfe hinaus qualifizieren und Lernangebote machen?
- Wie viel Dienstzeit (=Arbeitszeit) darf für Qualifizierungsmaßnahmen aufgewendet werden und in welche Erfassungskategorien sind diese u. U. zu verbuchen?
- Welche Voraussetzungen müssen Beschäftigte erfüllen, um eine Qualifizierungsmaßnahme in Anspruch nehmen zu können? Sind eventuell Rückerstattungsvereinbarungen zulässig? Entstehen vielleicht sogar „geldwerte Vorteile"?

---

[30] In einer öffentlichen Institution sind i. d. R. im Zuge der „vertrauensvollen Zusammenarbeit" Personalräte, Gleichstellungsbeauftragte und die Vertrauenspersonen für schwerbehinderte Beschäftigte einzubinden, wenn es um die Ausgestaltung von Maßnahmen geht, die Auswirkungen für Beschäftigte mit sich bringen (können). (BGleiG, SGB IX, BPersVG)

■ Wer entscheidet über die Inhalte von Maßnahmen, die Qualifizierungstiefe und über die konkreten Maßnahmen selbst etc.?

Rechtliche Festlegungen für die Tarifbeschäftigten der Bundesbank sind bereits in einem eigenen Tarifvertrag (BBkTV) in enger Anlehnung an den Tarifvertrag für den öffentlichen Dienst (TVöD) getroffen. BBkTV § 5 „Qualifizierung" ist der Sache nach gleich lautend zum TVöD.[31] Ergänzend haben der Personalbereich und die Ökonomische Bildung die genauere Ausgestaltung für die Bundesbank in den internen „Regelungen für die Weiterbildung" festgehalten. Für die Qualifizierungsaufgabe „Digitalisierung" zeichnet sich jedoch ab, dass aufgrund der Dringlichkeit, IT-Kompetenzen intern aufzubauen, zumindest neue, temporäre Abkommen zu treffen sind (und auch z. T. bereits getroffen wurden). Im Wesentlichen würde dies heißen: für Beschäftigte der Bank Ziele, Regelungen, Bedingungen für Qualifizierung eventuell weit über das bisherige Aufgabenfeld hinaus aufzusetzen.

Aufstiegsqualifizierung

In der Bundesbank besteht bereits seit einigen Jahren ein Programm, das Tarifbeschäftigten (nicht jedoch Beamten und Beamtinnen) die Qualifizierung für einen Laufbahnaufstieg im Bereich IT in den mittleren, gehobenen oder höheren Dienst ermöglicht. Hierfür ist keine formale und lange Ausbildung oder ein Studium erforderlich, sondern „nur" der Nachweis in einer Prüfung, dass gleichwertige Kenntnisse vorhanden sind. Der Weiterbildungsbereich stellt bei Bedarf alle benötigten Trainings (intern und extern) vollfinanziert und während der Dienstzeit zur Verfügung. Themen sind u.a. IT-Strategie, IT-Fachkenntnisse (Querschnittswissen) für den höheren Dienst und IT-Sicherheit, IT-Grundlagen und Logik, Software Engineering, Betriebssysteme und Rechnerarchitekturen, Datenbanken und Programmierung, Netzwerktechnik-Grundlagen für den gehobenen Dienst. Auf Grund des erforderlichen, einschlägigen Vorwissens kommt dieser Karriereweg im Grunde genommen nur für IT-Beschäftigte in Frage.

Umfangreiche *Upskillings* wurden und werden bereits z. B. für Projekte durchgeführt; nun wird auch über mehrmonatige *Reskillings* bisher nicht IT-nah eingesetzter *„Hidden Talents"* in Theorie und Praxis nachgedacht. Der Personalbereich muss hier gemeinsam mit „der IT" und den Kerngeschäftsfeldern der Bank die grundsätzliche Linie klären und auch eine Lösung für die personelle Kompensation entsendender Bereiche und Dienststellen finden.

Soll der digitale Transformationsprozess auf breiter Ebene Fahrt aufnehmen, müssen auch verstärkt Beschäftigte angesprochen werden, die nicht auf Grund bereits geänderter Aufgaben oder spezieller Förderprogramme in ihr Digitalisierungswissen investieren. Dürfen sich diese überhaupt während der Arbeitszeit, also auf Kosten der Bank, mit „Digitalisierung" beschäftigen, oder umgekehrt: Dürfen und müssen ihnen hierfür durch Führungskräfte entsprechende Freiräume eingeräumt werden? Hier besteht durchaus einige Unsicherheit. Dabei gibt es einen passenden Ansatz in der Bank bzw. im öffentlichen Dienst bereits: die „Verteilzeit".

---

[31] *https://www.bmi.bund.de/SharedDocs/downloads/DE/veroeffentlichungen/themen/oeffentlicher-dienst/tarifvertraege/tvoed.pdf?__blob=publicationFile&v=6*, 31.12.2020

Die „Verteilzeit"

Die Verteilzeit ist eine personalwirtschaftliche Berechnungsgröße und wird bei jeder sog. Organisationsuntersuchung, d. h. bei einem regelmäßigen Ist-Soll-Abgleich des Personalbedarfs einer Abteilung durch den Zentralbereich Controlling, angelegt. Wesentliche und öffentlich verfügbare Kalkulationsgrundlage ist das Organisationshandbuch des BMI. Interessant für den Weiterbildungsbereich sind die sog. „planmäßigen sachlichen" Verteilzeiten, die immerhin bis zu 5 % der gesamten Arbeitszeit einnehmen dürfen. Hierzu zählen die Teilnahme an Personalversammlungen, Jahres- und Beurteilungsgesprächen, die Einarbeitung von neuen Beschäftigten, allgemeine Rüstzeiten (wie z. B. PC hochfahren, Schutzkleidung anlegen) ebenso wie:

- die Teilnahme an Fortbildungen und Schulungen
- das Lesen von Fachliteratur
- die Teilnahme an Tagungen, Kongressen, Messen.

Die drei vorgenannten Punkte gelten soweit nicht in unmittelbarem und ausschließlichem Zusammenhang mit der Fachaufgabe", d. h. eben nicht „dienstlich notwendig", sondern zusätzlich. Das zeigt, dass es hier durchaus eine gewisse Lernzeitreserve geben könnte, die in gemeinsamer Verabredung zwischen Vorgesetztem und Mitarbeiter oder Mitarbeiterin auch für den Aufbau von Digitalisierungskompetenz eingesetzt werden könnte. Ob diese Lern-Verteilzeit aber tatsächlich ausreichend ist für schließlich zusätzliche und neue Lernanliegen, kann diskutiert werden.

Verteilzeit: *https://www.orghandbuch.de/OHB/DE/Organisationshandbuch/5_Personal bedarfsermittlung/51_Grundlagen/513_Basisdaten/5134 %20Verteilzeiten/verteil zeiten_inhalt.html,* 31. 12. 2020

Warum sind die Bekanntheit und die richtige Anwendung dieses Zeitmodells so wichtig? Regeln im öffentlichen Dienst müssen transparent und nachvollziehbar sein, um Chancengleichheit an allen Standorten und für alle Beschäftigten zu ermöglichen. Ohne Wissen über diesen zeitlichen Dispositionsraum werden Vorgesetzte abhängig von verschiedenen Faktoren zu unterschiedlichen Erlaubnismodellen kommen bzw. sich im Zweifelsfall auch gegen eine großzügigere Gewährung selbstgesteuerten Lernens entscheiden. Die Kenntnisse dieser Regelungen dagegen sollten Beschäftigte und Vorgesetzte gleichermaßen ermutigen, auch einmal (mehr) in die neue digitale Welt einzutauchen und Neues zu erkunden.

3.3.3.4 Innovationstreiber Zentralbereich Informationstechnologie

Welche Sonderrolle der Zentralbereich IT mit seinen über 1000 Beschäftigten einnimmt, klang im Abschnitt 2.2.1 bereits an. Die IT stellt nicht nur die Infrastruktur für Fachbereichsanwendungen und Arbeitsplätze, sondern entwickelt auch spezialisierte Anwendungen für das Zentralbankumfeld (z. B. die Zahlungsverkehrs- und Wertpapierabwicklungssysteme TARGET2 und T2S). Die IT betreut eigene Hochleistungsrechenzentren und konzipiert die IT-Architektur der Bank. Der Zentralbereich IT ist der führende Treiber der Digitalen Transformation der Bundesbank und gleichzeitig und konsequent der größte Nutzer von entsprechenden Weiterbildungsmaßnahmen.

Um mit den Entwicklungen Schritt zu halten, zu entscheiden, welche Technologien in der Bank eingesetzt werden können oder verworfen werden sollten, hat der Zentralbereich IT einen Trendradar für die Fachbereiche und einen Technologieradar für das IT-Geschäft selbst entwickelt. Viele neue Technologien, die in der Bank eingesetzt werden oder noch implementiert werden sollen, sind irgendwann in den Netzen dieses Radars hängengeblieben. Die IT setzt damit die inhaltlichen Entwicklungsbedarfe und Lerntrends für die Digitalisierung.

Trend- und Technologieradar

„Welche technologischen Entwicklungen haben das Potenzial, die Arbeit in der Bundesbank unmittelbar zu verändern? Welche Innovationen sollte man zumindest unbedingt ausprobieren, welche näher untersuchen oder vorerst beobachten? Ein neues Instrument bündelt fortlaufend all diese Informationen."
(Intranet Bundesbank, Dezember 2019)

Mit dem bankeigenen Trendradar sollen neue und für die Bundesbank ausgewählte relevante technologische Entwicklungen aufgelistet, erklärt, praxisbezogen eingeordnet und laufend beobachtet werden. Dazu gehören:

- Marktbeobachtung, Analyse und Beratung zu neuen Technologien und Trends;
- Einordnen der Marktentwicklungen in einem Früherkennungssystem;
- Erproben von neuen Technologien in Workshops;
- Unterstützung von Prototyping und Technologieevaluierung in Innovationslaborumgebung;
- Innovationsmanagement, Marktbeobachtung, Analyse und Beratung zu Prozessen und Methoden;
- Definition des Innovationsmanagements der Bank, insbesondere Erstellen eines integrierten Innovationsprozesses und Konzeption eines Innovationslabors in Zusammenarbeit mit der KADi-Stabsstelle (vgl. Abschnitt 4.3.5)

In einem ersten Schritt wurden zehn Trends in das Radar aufgenommen, sechs von ihnen dabei in dem sogenannten Trendfeld „Advanced Analytics/Künstliche Intelligenz" zusammengefasst.

Es erübrigt sich fast zu erwähnen, dass auch der Zentralbereich unter den Leitlinien „Modernisieren, Standardisieren, Konsolidieren" eine eigene „Strategie 2024" aufgesetzt hat. Es ist die IT, die – wenn natürlich auch nicht im Alleingang – auch bankweite Systemumstellungen festlegt. Da wird bspw. 2021 Cisco Jabber zum bankweiten Tool für Echtzeitkommunikation und Outlook als neuer Mail-Client eingeführt. Änderungen, die auf den ersten Blick nicht dramatisch erscheinen. Für eine Vielzahl von Beschäftigten, die nicht als „digital Natives" zur Welt gekommen sind und sich auch nicht geschmeidig so verhalten, sind dies aber manchmal einschneidende Umstellungen. Fast jede Neuerung der vertrauten digitalen Landschaft zieht gemäß der Erfahrung des Weiterbildungsbereichs entsprechenden Schulungsbedarf nach sich, wie zuletzt die Einführung von WebEx als Videokonferenz- und Schulungstool. Es sind die Innovationen und Vorhaben der IT, die sie selbst und ganz viele andere fordern.

Dem IT-Arbeitsplatz kommt bei der Digitalisierung eine zentrale Bedeutung zu. Im Sinne der „Digitale Agenda" (vgl. Abschnitt 4) werden u. a. die folgenden weiterbildungsrelevanten Anstrengungen verstärkt:

- Kollaborationslösungen und orts- und zeitunabhängiges Arbeiten weiterentwickeln (schnelleres, unkomplizierteres Aufsetzen von internen Teams sowie leichtere und sichere Zusammenarbeit mit externen Partnern).
- Nutzung mobiler Geräte erhöhen und dafür auch Zugang zum W-LAN erleichtern.
- Verstärktes und schnelleres Testen neuer Technologien (elektronische Whiteboards, Spracherkennung).

Dass der Zentralbereich IT natürlich auch zentraler Dienstleister für die Weiterbildung ist, hat sich mit den Restriktionen der Corona-Pandemie überdeutlich gezeigt. Innerhalb weniger Wochen konnte WebEx Meetings eingeführt und so bank- und ESZB-weites „Distant Learning" erst ermöglicht werden.

3.3.3.5 Die Stabsstelle Digitalisierung

Eine vergleichsweise neue Organisationseinheit ist die direkt dem Präsidenten der Bundesbank unterstellte „Stabsstelle Digitalisierung". Ihre Aufgabe ist nichts Geringeres als „den digitalen Wandel der Bundesbank voran[zutreiben]". Die Vision ist „eine digital vernetzte Organisation, die sich schneller an Veränderungen anpassen kann und die Potenziale aufkommender Technologien konsequent zu nutzen weiß". Dazu gehören selbstverständlich „neue Arbeitsmethoden, eine hohe Technologiekompetenz und eine große Veränderungsbereitschaft" (Intranet Bundesbank, 12/2020). Die Stabsstelle Digitalisierung, die u. a. auch das Sekretariat für den Koordinierungsausschuss Digitalisierung (KADi) stellt, versteht sich als Impulsgeber, aber auch als interner Dienstleister für die Bank. Das Aufgabenprofil leitet sich von der „Digitalen Agenda" der Bundesbank ab (vgl. Abschnitt 4.2). Die Stabsstelle fungiert als Entwicklungspartner, aber in einer anderen Rolle als der Weiterbildungsbereich. Ihre Stärke sind die weitreichenden und vielgestaltigen Kontakte innerhalb und außerhalb der Bank, ihre Fähigkeit zur internen und externen Vernetzung, ihr breiter Themenüberblick und nicht zuletzt ein sehr gut ausgestatteter Instrumentenkoffer (für Beispiele vgl. Abschnitt 4.4.3). Über die Stabsstelle können die Fachbereiche der Bank Unterstützung und Expertise für ihre Digitalprojekte anfordern und sich mit experimentierfreudigen und technologiengetriebenen Ansätzen erproben.

> Das KADi-Sekretariat unterstützt die Arbeitsgruppen und die Leitung des Koordinierungsausschusses Digitalisierung. Es ist Schnittstelle für die vielfältigen Aktivitäten rund um das Thema Digitalisierung in der Bundesbank und Teil der Stabsstelle Digitalisierung.

3.3.3.6 Exkurs: „Digitale Breitenbildung" als Auftrag für den Weiterbildungsbereich

Bedarfsabfrage, Bedarfsaufgabe, Bedarfsanalyse, Bedarfsvalidierung und -bündelung, Bedarfspriorisierung, Bedarfstestierung und Bedarfsdeckung: In dieser eingespielten Prozesskette sind die Fachabteilungen die maßgeblichen Treiber und Auftraggeber für die bereitgestellten Inhalte; ihre avisierte Nachfrage bestimmt das vom Weiterbildungsbereich zur Verfügung gestellte interne Angebot. Diese strikte Orientierung am tätigkeitsbezogenen Lernbedarf der Fachbereiche musste sich mit der Digitalisierung und dem vom Vorstand gesetzten Impetus für die digitale Transformation ändern. An dieser Stelle sei daher in der gebotenen Kürze eine wichtige Weichenstellung vorweggenommen, der im Abschnitt 4 noch mehr Raum gegeben wird: den Aufträgen der zuständigen Leitungsebenen der Bank,

- die Weiterentwicklung von digitalem Expertenwissen zu intensivieren
- für alle Beschäftigte Formate der „digitalen Breitenbildung" aufzusetzen
- selbstbestimmtes Lernen unabhängig von Ort und Zeit zu fördern.

Der Aufruf zur verstärkten Weiterentwicklung von Digitalexpertise war einerseits Appell an die Fachbereiche, die Entwicklung der eigenen Mitarbeiter und Mitarbeiterinnen noch stärker in den Fokus zu rücken, sie auf diesem Gebiet noch großzügiger und gezielter zu fördern. Andererseits hieß es für den Weiterbildungsbereich, künftig vermehrt auch wissenschaftlich ausgerichtete Formate und internationale Kooperation zu unterstützen. Der zweite Auftrag – der sich vor allem an den Weiterbildungsbereich richtete – war dagegen weitaus schwieriger zu greifen. Deshalb hat der Wunsch nach einer „digitalen Breitenbildung" auch eine intensive Diskussion in der Bundesbank ausgelöst: Was ist gemeint mit „Digitalisierung"? Was davon ist Grundwissen, also Breitenbildung, und was davon für die Bundesbank und ihre Beschäftigten besonders relevant? Kann hier einem allgemeinen Ansatz von „Digital Literacy" etwa nach dem „Digitalen Kompetenzrahmen" der EU gefolgt werden?[32] Was soll also ein Curriculum der

---

[32] *https://ec.europa.eu/jrc/en/digcomp/digital-competence-framework*, 31. 12. 2020

Breitenbildung enthalten? Und welche Effekte können breit gestreute, aber vielleicht weniger gezielte Informations- und Lernangebote überhaupt erreichen? Auf welches Wissens-Level sollte man sich verständigen (Start und Ziel, Kennen oder Können)? Würde man Beschäftigte motivieren oder frustrieren?

Wichtig war, zu erkennen und zu akzeptieren, dass der Weiterbildungsbereich nun weit stärker als bisher eine Anbieterrolle annehmen sollte.

Digitalisierung für alle – Lessons learned

Der Anfang war von einigen Unsicherheiten begleitet und sicherlich kann der Auftrag, eine „digitale Breitenbildung" aufzubauen, noch nicht als abgeschlossen betrachtet werden. Dennoch, oder gerade deswegen, einige „Lessons learned":

- Für gut befundene, kleinere Ideen umsetzen, auch wenn ein umfassender Masterplan noch auf sich warten lässt. Es lässt sich ergänzen und aufbauen, einzelne Elemente aber auch schneller wieder verwerfen. Erste Schritte sind besser als gar keine, um zu erproben, was funktioniert und was weniger verfängt. Natürlich gilt aber auch hier, dass der erste Eindruck zählt. Erwartungen sollten nicht zu oft enttäuscht werden.

- Ein umfassendes und konsistentes Programm aufzustellen, ist nicht leicht und ist eine erhebliche Investition. Soll es bspw. ein größeres, modulares E-Learning-Programm oder Web-based-Training sein, sind eine umfassende Marktrecherche und Tests mit Zielgruppen eine gute Idee. Dies bietet nicht nur eine gewisse Legitimation, sondern hilft auch bei der Entscheidung, ob und wo – auch angesichts potenziell schnell veralteter fachlicher Inhalte – überhaupt auf marktgängige Angebote gesetzt werden kann, was zur Unternehmenskultur passt und für welche Themen doch besser eigene, adaptierfähige „Learnings" entwickelt werden sollten.

- Den Blick nicht nur in eine Richtung lenken: Sowohl an den PC-Führerschein oder „Kompetente Internetrecherche" im Sinne einer „digitalen" Beschäftigungsfähigkeit denken als auch bspw. mit ungewöhnlichen Impulsen („Meine ersten Schritte als Data Scientist" o. Ä.) und Einblicken in die Praxis Interesse wecken, das Verständnis für den umfassenden Wandel von Gesellschaft und Arbeitswelt erweitern und Mut zu mehr machen.

- Die an prominenter Stelle platzierte und wiederholte Kommunikation der Programme und Maßnahmen, möglichst über verschiedene Kanäle, nicht vernachlässigen. Ob die schließlich oft nicht gerade günstigen Lernangebote für relevant gehalten werden, hängt auch recht erheblich von der Sichtbarkeit ab. Hoher Bekanntheitsgrad, schnelles Auffinden und einfache Nutzung sind (auch) ausschlaggebend für den Erfolg. Immer einmal wieder mit „News" in Erinnerung rufen.

3.3.5 Zwischenfazit: Herausforderungen für den Weiterbildungsbereich

Zeit für ein Zwischenfazit.

Der Weiterbildungsbereich der Bundesbank muss auf Grund der großen Breite der gesetzlichen und unterstützenden Aufgaben und der besonders starken Relevanz von Informationstechnologie und Digitalisierungswissen für das Zentralbankgeschäft bereits im „Normalbetrieb" erhebliche und wachsende Qualifizierungsaufträge stemmen. Die Schnelligkeit der digitalen Innovation und die großen Unterschiede in den digitalen Kompetenzen der Beschäftigten kommen als weitere Schwierigkeiten hinzu. Mit der „digitalen Breitenbildung" ist ein Auftrags-Setting entstanden, das die bisher grundsätzlich eng an konkreten Tätigkeiten orientierte Fachweiterbildung zwar nicht in Frage stellt, aber dem Weiterbildungsbereich der Bundesbank einen zusätzlichen und anspruchsvollen Auftrag erteilt. Ein überzeugendes Portfolio an fachlichen und überfachlichen Qualifizierungsmaßnahmen muss mit Unterstützung und Richtungsvorgaben vor allem vorgenannter Akteure, aber in konzeptioneller Regie des Weiterbildungsbereichs, aufgebaut und ausgeweitet werden. Auch die Regelungen für die Inanspruchnahme solcher Qualifizierungen müssen überdacht, großzügiger als bisher ausgelegt und klar kommuniziert werden.

Aufbau eines Katalogs für „Digitale Qualifizierung"

Unterschiedliche Wissenslevel erfordern unterschiedliche, modulare und aufwändiger umzusetzende Lernkataloge und idealerweise Lernpfade mit klaren Lernzielen zur Orientierung. Auch der Methodenmix muss breiter angelegt werden als bisher. Ein Qualifizierungsansatz der kleinen, sukzessiven Schritte, die sich nach und nach zu einem Gesamtkonzept verdichten lassen, ist jedoch praktikabel. Der Aufbau eines vollständigen konzeptbasierten Katalogs, der allen die nötige Transparenz bietet, stellt also gewissermaßen die „Krönung" einer Digitalisierungsstrategie dar. Er bedarf auch der Systematisierung, Analyse und ggf. Neusortierung des bestehenden Programms. Wie auch immer: Ein solches Programm sollte die Beschäftigten als entwicklungsfähige und selbstverantwortliche Lerner und Leistungserbringer für die Bundesbank insgesamt und nicht nur als Beschäftigte des eigenen Fachbereichs in den Vordergrund stellen.

Dynamischer Entwicklung folgen

Vor dem Hintergrund des schnellen Entwicklungstempos digitaler Innovation wird die Planung von fachlichen und überfachlichen Digitalisierungsprogrammen seitens des Weiterbildungsbereichs durch nur jährliche Bedarfsabfragen mit statischen Resultaten nicht ausreichend unterstützt. Die angesprochene Planungshilfen-Methodik ist zwar sehr wichtig, um den Fach- und Spitzenbedarf laufend zu identifizieren. Der Dynamik der Digitalisierung sollte aber durch neue, dynamische Erhebungs- und Analysetools für den Wissens- und Lernbedarf, für Dringlichkeit und Quantität entsprochen werden. Der vorhandene Datenschatz „Output der Weiterbildung" (vgl. Abschnitt 3.2), der Auskunft über das „Was war?" gibt, müsste durch eine neue, fortlaufend aktuell gehaltene Datenbasis zum „Was soll kommen? Und bis wann?" ergänzt werden. Diese Methode sollte sowohl das Standardprogramm als auch Bedarfe für unterjährig aufgesetzte Programme oder Einzelmaßnahmen erfassen. Zudem sollte sie auch „abgearbeitete" oder zwischenzeitlich obsolet gewordene Bedarfe herausrechnen. Eine dynamische, quantitative Anzeige von Lernbedarfen würde es dem Weiterbildungsbereich leichter machen, zu verstehen, wo der Schuh am meisten „drückt" und wo entsprechende Prioritäten zu setzen sind. Ein solches komplexes und kompletteres Erfassungs- und Analysetool wäre in der Bundesbank aber erst aufzubauen.

Zeitlicher Einsatz: Eindeutigkeit für Vorgesetzte und Beschäftigte

Die arbeitsrechtlichen Bedingungen zur Nutzung von nicht unmittelbar tätigkeitsbezogenen Lernangeboten (vgl. „dienstlich notwendig", „dienstliches Interesse" und „Verteilzeit", Abschnitt 3.2) sollten überdacht werden und in neuen, eindeutigeren und offen kommunizierten Festlegungen münden. Damit hätten Vorgesetzte und Beschäftigte mehr Handlungssicherheit, aber auch einen stärkeren Handlungsauftrag (Holschuld zum digitalen Kompetenzaufbau). Die stärkere oder andere Nutzung der „Verteilzeit" (als stiller Lernzeitreserve) könnte prinzipiell eine gangbare Lösung sein. Es muss jedoch gefragt werden, ob dieser Weg angesichts des strategischen „Digitalisierungsanspruchs" der Bundesbank noch angemessen ist, vor allem für Bereiche und Beschäftigte mit großem Aufholbedarf, ungenügenden Zugängen zu digitalen Lernangeboten (Filialbereich) oder zeitkritischen Aufgaben und einer permanent hohen Arbeitslast. Für diese Gruppen ist es schwer, nebenbei und selbstgesteuert am Arbeitsplatz zu lernen.

Steuerung und Förderung des „selbstbestimmten Lernens unabhängig von Ort und Zeit" im öffentlichen Dienst

Angesichts der bekannten Vorteile von digitalen Lernformaten und in Anbetracht ihrer zunehmenden Qualität und technischen Performanz reizt es viele Personal- und Weiterbildungsbereiche, sich hier zu erproben. Auch Beschäftigte selbst erkennen durchaus die neuen und ganz persönlichen Chancen für ein zeitlich und örtlich selbstbestimmtes Lernen. Für IT- und Digitalthemen hat sich der Markt hier recht erfreulich entwickelt. Doch:

> *„[...] E-Learning-Angebote, deren Nutzung nicht an Arbeitsplätze und Arbeitszeiten gebunden ist, benötigen, so das allgemeine Verständnis, einen klaren Steuerungsrahmen für alle Beteiligten, für Führungskräfte wie Mitarbeitende und Auszubildende."*
> *(Robes 2000)*

Zeitlich selbstgesteuert und ortsungebunden darf keineswegs heißen, dass das Lernen mit digitalen Mitteln nun auch in einen Bereich außerhalb des personalrechtlichen Rahmens verbannt wird: außerhalb des Büros, noch nebenbei im Homeoffice, außerhalb der Arbeitszeit. Die Auslagerung von zeitlich selbstgesteuerten Lernaktivitäten als „Angebote" in die Freizeit wäre ein kontraproduktives Signal. Es würde die Frage aufwerfen, ob denn eine digitale Transformation von Vorstand, Geschäftsführung, Behördenleitung etc. wirklich gewollt und gefördert wird oder ob sie nicht vielmehr *„nice to have"* ist. Dagegen könnte ein Irgendwie-Nebenbei-Lernen während der Arbeitszeit unstrukturiert, beliebig und weniger „wertig" als die bekannte Seminarstruktur wirken bzw. für viele zeitlich kaum möglich sein und den inneren Stresslevel durch Aufgabenverdichtung erhöhen.

Nicht nur für die Bundesbank ergeben sich hieraus grundsätzliche Fragen der Lernkultur, Lernstruktur und möglicherweise auch von Lernkontrolle bzw. der Vertrauenskultur. Wie lange und mit welchem Effekt tatsächlich gelernt wird, ist bei E-Learnings ohne entsprechende, jedoch kritisch zu hinterfragenden elektronischen Kontrollen und Tests eben eher ungewiss.

Wie also wäre die Anreizstruktur zum selbstbestimmten Lernen anderweitig zu stärken?

Die Einführung oder Revision von Fördermodellen für Weiterbildungen im „dienstlichen Interesse" (oder vergleichbaren Modellen) könnte ein lohnender Ansatz sein. Hier könnte z. B. für die strategisch wichtige Digitalisierungsqualifizierung ein jährlicher, höherer Maximalbetrag festgelegt werden oder sogar eine strategisch und institutionell begründete Vollerstattung anstatt nur eines prozentualen Anteils erfolgen. Zudem könnten Teilnahmen an selbstgewählten und durch intern zuständige Stellen geprüften, externen Präsenzformaten in einem vertretbaren Maß auch während der Dienstzeit statt in der Freizeit akzeptiert werden. Dies sollte prinzipiell stets gleichermaßen und laufbahnunabhängig für alle Beschäftigten gelten. Die rechtlichen Konstellationen für Tarifbeschäftigte und Beamtinnen und Beamte (u. U. Sonderurlaub) wären sicherlich vorab zu klären.

Robes 2000, *https://erwachsenenbildung.at/magazin/20-41/11_robes.pdf*

Sehen wir uns im folgenden Abschnitt 3.4 an, welche Strukturen, Initiativen und ausgewählten Einzelmaßnahmen in der Bundesbank bisher aufgesetzt wurden.

3.4 Der digitale Transformationsprozess der Bundesbank – Strukturierung und konkrete Schritte

„Digitalisierung" ist nicht nur ein viel genannter Megatrend, sondern – und das ist gar nicht negativ gemeint – auch das *Buzzword* der vergangenen 36 Monate in der Bundesbank. In den vorangegangenen Abschnitten dürfte deutlich geworden sein, dass die Bundesbank bereits über ein erhebliches Digitalisierungswissen und Verständnis für die geschäftlichen Anforderungen der Digitalisierung verfügt. Sie hat Fachabteilungen entsprechend neu ausgerichtet und spezialisiert. Doch welche weiteren strukturellen Änderungen sind durch und für die Digitale Transformation entstanden? Welchem Digitalisierungsfahrplan folgt die Bank? Wo stehen die Beschäftigten der Bundesbank insgesamt im Prozess und wie wäre dies zu ermitteln? Und schließlich: Welche konkreten Initiativen konnten aufgesetzt, welche Kooperationen und Projekte bislang realisiert werden?

3.4.1 Der „Koordinierungsausschuss Digitalisierung" und seine Arbeitsgruppen

„Welche Chancen bietet die Digitalisierung für die Bundesbank und wie können wir diese am effizientesten nutzen? Wie meistern wir die Herausforderungen des digitalen Wandels am besten und wie sieht eigentlich die Arbeitswelt der Zukunft aus?" Um diese Fragestellungen konzentriert anzugehen, wurde Ende 2017 der „Koordinierungsausschuss Digitalisierung", kurz KADi, eingerichtet. Der KADi ist ein zentralbereichsübergreifendes Netzwerk. Es verbindet die Kerngeschäftsfelder, Supportbereiche sowie die IT der Bundesbank und wird von Präsident Jens Weidmann und Vorstandsmitglied Joachim Wuermeling geleitet. Der KADi versteht sich dabei als Plattform für gemeinsame Projekte und Themen rund um die Digitale Transformation und hat nach einer ersten Bestandsaufnahme der digitalen Landschaft die ersten Etappen der digitalen Marschroute festgelegt.

Aktuell werden die durch den KADi angestoßenen Überlegungen in vier Arbeitsgruppen weiter diskutiert, mit dem Ziel, nicht nur Ideen, sondern auch konkrete Lösungsansätze zu entwickeln:

Die **AG 1 „Interne Abläufe und Prozesse"** untersucht den bundesbankinternen, organisatorischen Rahmen der Digitalen Transformation und Optionen für dessen Weiterentwicklung. Dabei wird berücksichtigt, dass sich interne Prozesse durch neue Technologien, aber auch agile Projektmethoden wie Scrum oder Design Thinking verändern. Agile Arbeitsweisen werden bereits in Pilotprojekten getestet und inzwischen in vielen Bereichen der Bank angewandt. Auch verschiedene technologische Lösungen, wie beispielsweise Robotic Process Automation (RPA) oder Chatbots, werden zurzeit in der Bank getestet.

Die **AG 2 „Datenmanagement und Advanced Analytics"** unter Leitung des Zentralbereichs Statistik fokussiert auf die Notwendigkeit einer zukunftsfähigen Daten- und Analyseplattform. Die Digitalisierung eröffnet stetig neue analytische Potenziale, welche auch für die Bundesbank nicht ungenutzt bleiben sollten (z.B. Big Data, Maschinelles Lernen, Datenplattformen etc.). Ein Projektteam der Arbeitsgruppe hat hierzu die Datenstrategie der Bundesbank entwickelt, die darauf abzielt, Datensätze auf einer zentralen, bankweiten Analyseinfrastruktur bereitzustellen. Die Daten könnten so künftig von verschiedenen Nutzern unabhängig voneinander verknüpft und analysiert werden.

Die **AG 3 „IT-Sicherheit"** unter Leitung des Zentralbereichs IT konzentriert sich auf die Risiken des digitalen Wandels. An den Sitzungen nehmen regelmäßig Vertreter und Vertreterinnen der Zentralbereiche teil, die Daten erheben, Daten verwalten oder für den störungsfreien Betriebsablauf auch im Krisenfall (Business Continuity) zuständig sind. Ausgebaut wird auch der Dialog mit externen Stellen, wie etwa dem Bundesamt für Sicherheit in der Informationstechnik (BSI).

Die **AG 4 „Digitale Kompetenzen"** steht unter gemeinsamer Leitung des Zentralbereichs Ökonomische Bildung und des Zentralbereichs Personal. Neben Formaten für die digitale Breitenbildung ermittelt die Arbeitsgruppe den fachlichen und überfachlichen Qualifizierungsbedarf an digitalen Kompetenzen. Darüber hinaus analysiert die Arbeitsgruppe die Potenziale der verschiedenen Methoden digitalunterstützten Lehrens und Lernens. Dadurch sollen die Qualität der Bildungsarbeit in der Bundesbank weiter gesteigert werden und die Beschäftigten stärker als bisher orts- und zeitunabhängig lernen können.

Die Auftragserfüllung der Arbeitsgruppen wird dabei weniger vom KADi bestimmt oder gesteuert. Vielmehr sollen Impulse auf Grund der jeweiligen Mandate vorrangig aus den Gruppen und den beteiligten Zentralbereichen selbst kommen. Ergebnisse werden dem Gremium jedoch vorgelegt und dort diskutiert und bewertet. Die Aufgaben des KADi werden von einem Sekretariat (KADi Sek) in der Stabsstelle Digitalisierung unterstützt (vgl. Abschnitt 3.3.5). Vertreter des KADi Sek nehmen in einer Vernetzungsrolle auch an möglichst allen Sitzungen der Arbeitsgruppen teil, um Ideen und konkrete Vorhaben bei Bedarf zusammenzuführen und relevante Informationen weiterzutragen und einzuordnen. Darüber hinaus bereitet das KADi Sek auch die Aussprachen im Vorstand zu übergreifenden Digitalisierungsthemen vor, etwa bei der Verabschiedung der Digitalen Agenda der Bundesbank durch den Bundesbankvorstand im Sommer 2019.

3.4.2 Die Digitale Agenda

Mit der Digitalen Agenda hat der Vorstand im Jahr 2019 einen Rahmen für alle Digitalisierungsaktivitäten als Roadmap für den digitalen Wandel der Bank verabschiedet. In einem nächsten Schritt wurde die Digitale Agenda in der Ende 2020 finalisierten Strategie 2024 der Bundesbank verankert. Geschäftsfeld- bzw. fachbereichsübergreifend kann man zusammenfassen, dass die Bundesbank bis Ende 2024 mithilfe zukunftsgerechter und innovativer digitaler Technologien den vollen Nutzen aus ihrem vorhandenen Datenschatz und ihrer Infrastruktur ziehen möchte. Für diesen ambitionierten Plan sind drei Handlungsfelder identifiziert worden, die den digitalen Wandel strukturieren und eng miteinander in Verbindung stehen.

Die Digitale Agenda setzt den Rahmen für die Digitalisierung in der Deutschen Bundesbank

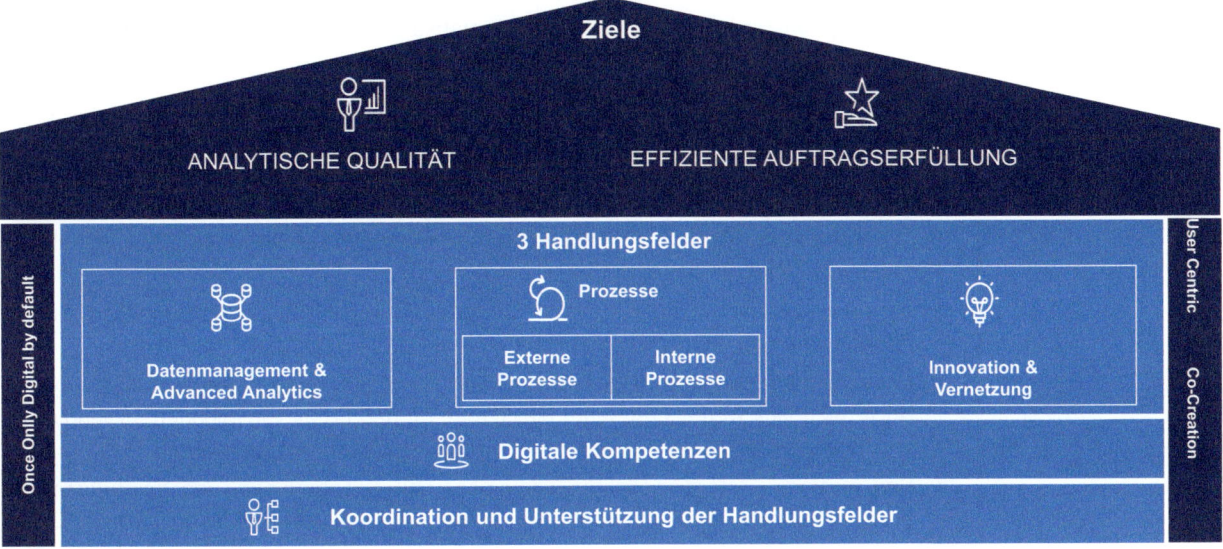

Das **Handlungsfeld „Datenmanagement und Advanced Analytics"** verfolgt das Ziel, die Daten der Bundesbank sowie externe Daten systematisch verfügbar und verknüpfbar zu machen, die agile Entwicklung datengetriebener Analysen und Produkte zu fördern und dadurch letztlich die analytische Stärke der Bundesbank weiter auszubauen.

Im **Handlungsfeld „Prozessdigitalisierung"** will die Bundesbank die Digitalisierung dazu nutzen, nach innen und nach außen als moderne Institution aufzutreten, die für Vertrauen, Sicherheit, Exzellenz und Effizienz steht. Die Erwartungen Externer an nutzerzentrierte, digitale Angebote sollen dabei ebenso berücksichtigt werden wie die Erwartungen der Beschäftigten. Ihnen soll die Möglichkeit gegeben werden, sich noch stärker auf wert- und sinnstiftende Tätigkeiten zur Erreichung der Gesamtbankziele konzentrieren zu können.

Um in den zwei zuvor beschriebenen Handlungsfeldern schneller und kostengünstiger zu Erfolgen zu kommen, ist das **Handlungsfeld „Stärkung der eigenen Innovationskraft und Agilität"** ein weiterer Eckpfeiler der Digitalen Agenda. Im dynamischen und zunehmend technologiegetriebenen Umfeld soll die eigene Innovations- und Adaptionsfähigkeit der Bundesbank weiter ausgebaut werden. Klassische Projektmanagementmethoden sollen um agile Vorgehensweisen und Methoden ergänzt werden.

Ein erfolgskritischer Faktor für den digitalen Wandel der Bundesbank und ganz wesentlich für die Realisierung der drei Handlungsfelder wird die interne Entwicklung der Digitalkompetenzen der Beschäftigten sein. Hierfür sind durch den KADi folgende Aufträge ausgesprochen worden (vgl. Abschnitt 3.3.6):

- Weiterentwicklung der digitalen Kompetenzen der Experten im Speziellen sowie der Beschäftigten insgesamt im Allgemeinen, Letzteres unter dem Stichwort „digitale Breitenbildung";
- Förderung selbstbestimmten Lernens unabhängig von Ort und Zeit;
- Gewinnung von Nachwuchskräften und Spezialisten mit ausgeprägten digitalen Fähigkeiten und IT-Expertenwissen in allen Fachbereichen.

Die grundlegenden Prinzipien für alle Digitalisierungsprojekte der Bank

Bei der Konzeption, Planung und Durchführung konkreter Projekte weisen gem. „Digitaler Agenda" vier Prinzipien den Weg:

- **Digital-by-default** – Digitale Prozesse werden zur Regel und die Schriftform wird soweit möglich durch digitale Lösungen ersetzt.
- **User-Centric** – Die Nutzerorientierung wird in allen digitalen Prozessen verankert. Das Nutzerfeedback wird als relevante Messgröße für den Erfolg von digitalen Anwendungen herangezogen.
- **Co-Creation** – Interdisziplinäre Zusammenarbeit (fachbereichs- und institutionenübergreifend) soll bei Digitalisierungsprojekten zur Regel werden.
- **Once-Only** – Daten werden nur noch einmal erhoben. Daten von Geschäftspartnern, Beaufsichtigten [Finanzinstituten] und Beschäftigten werden nur einmal abgefragt und anschließend zentral gespeichert.

Auch das Statistische Bundesamt hat sich – bereits im Herbst 2017 – eine Digitale Agenda gegeben, die sich an bereits bestehenden strategischen Zielen ausrichtete. Diese kann in der vom Statistischen Bundesamt herausgegebenen Zeitschrift „WISTA – Wirtschaft und Statistik", Ausgabe 1/2018, nachgelesen werden. Der Fokus ist aber ein anderer und erklärt eher verschiedene, spezifische Digitalprojekte anhand der Fragestellungen: Was bedeutet Digitalisierung für das Statistische Bundesamt konkret? Vor welche Herausforderungen stellt die Digitalisierung die Mitarbeiterinnen und Mitarbeiter? Von welchen Erfolgsfaktoren wird die digitale Transformation der Behörde letztendlich abhängig sein?[33]

3.4.3 Die Aufträge der KADi-Arbeitsgruppe „Digitale Kompetenzen"

Die aktuelle Arbeitsgruppe „Digitale Kompetenzen" (vgl. Abschnitt 3.4.1) wird von den Zentralbereichen Ökonomische Bildung und Personal gemeinsam geleitet; weitere Mitglieder kommen aus den Zentralbereichen Controlling und Kommunikation. Um die möglicherweise abweichenden Sichtweisen auf die Digitale Transformation und die Expertise auch außerhalb der Bundesbank-Zentrale in Frankfurt zu berücksichtigen, beteiligen sich auch die Präsidentinnen der Hauptverwaltungen in Düsseldorf und Stuttgart. Die Beteiligung der Gleichstellungbeauftragten soll zu einer ergänzenden Perspektive beitragen. Die heutige Arbeitsgruppe ist eine im Juni 2019 vollzogene Fusion aus zwei frühen Arbeitsgruppen (KADi AG 2 und AG 4), die vor allem 2018 parallel Aufträge zur digitalen Kompetenzentwicklung bzw. zu digitalen Lernmethoden erfüllt haben. Der seinerzeit noch vom KADi erteilte Auftrag zur „Bestandsaufnahme von digitalen Lernmethoden, -mitteln, -möglichkeiten und -programmen" beschränkte sich jedoch bald auf eine interne Begriffsklärung oder -systematisierung rund um das „digitale

---

[33] *https://www.destatis.de/DE/Methoden/WISTA-Wirtschaft-und-Statistik/2018/01/digitale-agenda-012018.pdf;jsessio nid=2F8B0599DD66D2BF29FBCDFFEAEF9651.internet8712?__blob=publicationFile*, 31.12.2020

Lernen". Es war bald absehbar, dass digitale Lernoptionen und konkrete inhaltliche Angebote auf einem dynamischen Weiterbildungsmarkt kaum in Gänze fassbar, stark expandierend und volatil sind bzw. für die Lernmethodik auch auf verschiedene frei verfügbare Systematisierungen zurückgegriffen werden konnte. Im Grunde genommen musste nur ausgeschlossen werden, was sicherheitstechnisch nicht möglich (IT) bzw. didaktisch und lernmethodisch nicht sinnvoll erschien (Weiterbildungsbereich).

> **Organisation – Technik – Mensch**
>
> Neben der organisationalen Ebene („Interne Abläufe und Prozesse") und den technisch getriebenen Arbeitsgruppen („Data Management und Advanced Analytics" und „IT-Sicherheit") stellt die Bundesbank in der AG „Digitale Kompetenzen" den Menschen, d. h. die eigenen Beschäftigten und ihre Entwicklungsfähigkeiten und -chancen, in den Fokus. Hier wird anerkannt, dass der digitale Wandel nicht nur Organisationsabläufe und eingesetzte Technologien betrifft, sondern sich die Anforderungen an die Beschäftigten geändert haben und sich möglicherweise massiv und disruptiv weiter ändern werden.

Was also braucht es für diese Digitale Transformation? Wo müssen die Beschäftigten der Bank „abgeholt" werden, wohin soll die Entwicklungsreise gehen? Schließlich operierte man auf dem Gebiet der Personalentwicklung noch mit weitgehend unbekannten Start- und Zielgrößen. D. h., es lagen keine aggregierten Informationen darüber vor, welche Standorte und Geschäftsbereiche über welche grundsätzlichen und fortgeschrittenen Kompetenzen verfügten und welches Wissen in drei bis fünf Jahren von wem/welcher Beschäftigtengruppe/Beschäftigtenanzahl benötigt würde.

In einem ersten Schritt wurden rd. 30 leitende Führungskräfte im Rahmen einer „Top-down"-Analyse um ihre perspektivische Einschätzung der künftig bedeutsamen Kompetenzen gebeten. Zur Ergänzung dieses Bildes wurde in einem anschließenden Schritt eine „Bottom-up"-Beschäftigtenbefragung zum digitalen Reifegrad durchgeführt.

3.4.3.1 Top-down-Analyse – Projektion für die nächsten fünf Jahre

Der direkteste Weg, um den durch die Digitalisierung ausgelösten fachlichen und überfachlichen Qualifizierungsbedarf und die veränderten und neuen Anforderungen an die Kompetenzen der Beschäftigten zu ermitteln, war die Befragung der leitenden Führungskräfte der 19 Geschäftsfelder der Bank und der neun Präsidenten bzw. Präsidentinnen der Hauptverwaltungen der Bundesbank. Zumindest sollte man so ein erstes Meinungsbild, eine Projektion oder den berüchtigten *„educated guess"* für die weitere Arbeit im KADi-Prozess erhalten. Die Arbeitsgruppe hatte sich bewusst (u. a. zu Gunsten einer schnellen Realisierung, des geringen Umfangs der Datenmengen und der Vertraulichkeit der individuellen Antworten) gegen die Einbindung eines externen Dienstleisters entschieden und einen Fragebogen selbst entwickelt[34]:

---

[34] © Deutsche Bundesbank

Fragebogen „Weiterentwicklung der Kompetenzen"

- *Allgemein*

  - Wenn Sie 5 Jahre weiterdenken, welche Trends und Veränderungen erwarten Sie in Ihrem Fachbereich durch die fortschreitende Digitalisierung?

  - Welche – insbesondere strategierelevanten – Tätigkeiten kommen möglicherweise neu hinzu (z. B. durch Innovationen, neue Produkte/Dienstleistungen/Projekte)?

  - Welche Tätigkeiten werden nach heutiger Einschätzung möglicherweise wegfallen bzw. effizienter abgewickelt werden können (z. B. durch technologischen Fortschritt/ Automatisierung, Einsatz künstlicher Intelligenzen, veränderte Geschäftsprozesse)?

  - Bitte zeigen Sie in der nachfolgenden Matrix auf, wie sich die genannten Trends und Veränderungen Ihrer Einschätzung nach in der Tendenz auf die Zahl der Beschäftigten in Ihrem Bereich jeweils qualifikationsbezogen auswirken.

    [„Stark abnehmend", „Abnehmend", „Unverändert", „Zunehmend", „Stark zunehmend"]

- *Kompetenzen/Fähigkeiten für alle Beschäftigten*

  - Bitte schätzen Sie für Ihren Fachbereich mit Blick auf die von Ihnen erwarteten Veränderungen je Laufbahn insgesamt in der Tendenz ein, wie die nachfolgenden Kompetenzen im Moment ausgeprägt sind und welche Bedeutung diese vermutlich in 5 Jahren haben werden.

    - Fachliche Kompetenz/Technik- und Medienkompetenz

    - Digitale anwenderbezogene Kompetenzen (Umgang mit Computern, Nutzung von Standard-Anwendungsprogrammen usw.)

    - Digitale technologische Kompetenzen (IT-technisches Verständnis, Programmierkenntnisse)

    - Umgang mit digitalen Medien (Nutzung und ggf. Gestaltung interner und externer Social Media Anwendungen)

    - Umgang mit Datenschutz und Datensicherheit

  Methodenkompetenz

  - Verständnis und Nutzung agiler Arbeitsformen (z. B. Arbeiten in multifunktionalen/ virtuellen Teams, Design, Zusammenarbeit in Projekten sowie autonomen sich selbst organisierenden Teams (ScrumTeams))

  - Auswertung und Filterung großer Datenmengen/Fähigkeit zur schnellen Informationsverarbeitung

  - Zeitmanagement (z. B. Umgang mit großen Informationsmengen, Priorisierung von Aufgaben, verantwortungsvoller Umgang mit zunehmender Erreichbarkeit und Schnelligkeit)

  Soziale/Organisationale Kompetenz

  - Führen ohne formale Macht

  - Vernetzungs-, Kommunikations- und Kooperationsfähigkeit/interdisziplinäres Verständnis

  Persönliche Kompetenzen

  - Veränderungsbereitschaft (Innovationsbereitschaft/-vermögen/Gestaltungswille/ -vermögen)

  - Verantwortungsbereitschaft/Eigenverantwortlichkeit/(Selbst-) Organisationskompetenz

- Umgang mit Unsicherheit/Ambiguitätstoleranz
- Selbstgesteuerte Lernbereitschaft/Lebenslanges Lernen
- Emotionale Kompetenz (Fähigkeit zur Identifizierung und Beeinflussung von Gefühlen)

Matrix: [Aktuelle Ausprägung] [Zukünftige Bedeutung]

Skala: [„niedrig", „eher niedrig", „eher hoch, „hoch"]

[Im Freitextfeld haben Sie die Möglichkeit, weitere (insbesondere Fach-) Kompetenzen aufzuführen, die aus Ihrer Sicht mit Blick auf die voranschreitende Digitalisierung künftig in Ihrem Fachbereich an Bedeutung gewinnen werden und bei Ihren Mitarbeiterinnen und Mitarbeitern stärker ausgeprägt werden sollten.]

Bitte wählen Sie abschließend je Laufbahn aus der [vorgenannten] Liste die TOP 3-Kompetenzen aus, für die Sie eine besonders hohe Relevanz/Dringlichkeit von Qualifizierungsmaßnahmen sehen.

[max. drei Häkchen je Laufbahn]

- ***Weitere ergänzende Kompetenzen für Führungskräfte (Digital Leadership)***
  - Bitte schätzen Sie für Ihren Fachbereich mit Blick auf die von Ihnen erwarteten Veränderungen insgesamt in der Tendenz ein, wie die nachfolgenden Kompetenzen im Moment ausgeprägt sind und welche Bedeutung diese vermutlich in 5 Jahren haben werden.
    - Ganzheitlich systemisches Denken und Handeln
    - Führen/Steuern von Netzwerken
    - Führen von „Freigeistern"
    - Projektmanagement
    - Gestaltung von Veränderungsprozessen/Change Management
    - Gesprächsführung/Moderation
    - Feedbackkultur leben
    - Unterstützungskompetenz (z.B. Vermittlung von Rückhalt und Orientierung, Coaching und Sparringspartner für Mitarbeiter/innen)
    - Einbindung von Beschäftigten in die Entscheidungsfindung (Rahmen, Kommunikation, Erwartungsmanagement)
    - Ermutigung zur Nutzung einer positiven „Fehler-Kultur" (Lernkultur)

Matrix: [Aktuelle Ausprägung] [Zukünftige Bedeutung]

Skala: [„niedrig", „eher niedrig", „eher hoch, „hoch"]

[Im Freitextfeld haben Sie die Möglichkeit, weitere wichtige Kompetenzen für Führungskräfte mit Blick auf die voranschreitende Digitalisierung aufzuführen, die in Zukunft stärker ausgeprägt werden sollten.]

Bitte wählen Sie abschließend aus der [vorgenannten] Liste die TOP 3 – Kompetenzen für Führungskräfte aus, für die Sie eine besonders hohe Relevanz/Dringlichkeit von Qualifizierungsmaßnahmen sehen (max. 3 Häkchen setzen).

Die Rückmeldungen lagen im Juni 2018 vor. Auf Grund des Fragensettings ergaben sich jedoch für die Entwicklung fachlicher Kompetenzen *(„Hard Skills")* nur relativ geringe Hinweise. Laufbahnübergreifend, insbesondere jedoch für den gehobenen und höheren Dienst, bestand aus Sicht der Führungskräfte in den Bereichen „Verständnis und Nutzung agiler Arbeitsformen" und „Umgang mit digitalen Medien" besonderer Entwicklungsbedarf.[35]

---

[35] D.h., einer eher niedrigen Kompetenzausprägung stand eine mittelfristig höhere Bedeutung gegenüber.

Generelle Überlegungen vor der Durchführung einer Top-down-Analyse

Die Durchführung von Top-down-Analysen bindet erhebliche Ressourcen und kann nicht beliebig oft wiederholt werden. Zudem löst jede Umfrage auch Fragen nach der Validität der Aussagen sowie einen impliziten Reaktionsdruck aus. Über die wesentlichen Parameter sollte daher im Vorfeld Konsens hergestellt bzw. sollten auch die nächsten Schritte geplant sein:

- Wer sind die geeigneten *Adressaten* einer Umfrage, um mit vertretbarem Aufwand zu verwertbaren Erkenntnissen zu kommen? Genügt es also „nur" die leitende Management-Ebene zu befragen oder müssen nicht auch Führungskräfte mit unmittelbarerem Aufgabenbezug und direkterer Kenntnis über Wissen und Fähigkeiten der Beschäftigten angesprochen werden? Welcher *Aufwand* ist vertretbar?

- *Erkenntnisinteresse:* Welche Informationen und Rückmeldungen werden im Interesse einer möglichst schlanken Befragung wirklich benötigt und sind relevant für weitere Aktionen und Reaktionen?

- Was ist ein guter *Zeithorizont* für den implizit unterstellten Prognosehorizont in der Befragung? D. h., was ist für die Befragten ausreichend absehbar und mit welchem zeitlichen Ablauf soll und können weitere Schritte implementiert und der Erfolg eingeleiteter Maßnahmen gemessen werden?

- Wie wird mit *Ambiguitäten* und Widersprüchen der Aussagen umgegangen?

- *Gewichtung* und *Priorisierung:* Wie werden die Aussagen über die Betrachtungsgruppen gewichtet? Sind die Aussagen bzgl. der zahlenmäßig größten Gruppen wichtiger oder die Aussagen über die Gruppen mit dem höchsten Entwicklungsbedarf (Abgleich Ist und Soll)? Sind einige Entwicklungsfelder relevanter als andere und sollte diesen daher trotz geringerem Entwicklungsdelta eine größere Priorität eingeräumt werden etc.?

- *Kommunikation:* Wie transparent sollen die Ergebnisse für verschiedene teilnehmende Personen gemacht werden? Sollen Empfehlungen gegeben werden, ob und wie die Ergebnisse in den befragten Bereichen offen kommuniziert werden? Soll bspw. eine organisierte Aussprache untereinander erfolgen oder sollen Feedbacks seitens der Umfrageersteller gegeben werden? Was kann den Umfrageteilnehmern und -teilnehmerinnen über das weitere Vorgehen mitgeteilt werden?

- *Weitere Schritte:* Kann/Soll eventuell bereits antizipierend vorgearbeitet werden? Stehen die nötigen Planungsressourcen und Handlungsmöglichkeiten zur Verfügung?

Gewichtung: Die Antworten wurden sowohl mit dem einfachen als auch mit dem nach der Personalgröße des antwortenden Bereichs gewichteten Durchschnitt (arithmetisches Mittel) ausgewertet. Bei Letzterem wurden die Antworten nach Gesamtbeschäftigtenzahl des Bereichs bzw. Anzahl der Führungskräfte und bei Antworten, die nach Laufbahn unterscheiden, nach Beschäftigtenzahl je Laufbahn des Bereichs gewichtet. Im Ergebnis gab es keine nennenswerten Unterschiede zwischen den genannten Auswertungsmethoden.

Angesichts des eingeschränkten Kreises der Befragten, des recht langen und damit unsicheren Prognosezeitraums und einer fehlenden Bestandsaufnahme der vorhandenen digitalen Kompetenzen der Beschäftigten sollten die Befragungsergebnisse letztlich zunächst nur eine „grobe, perspektivische Trendabschätzung" sein – so die Erläuterung der KADi AG 4 in einem Schreiben an die Führungskräfte. Die „Bottom-up-Befragung" aller Beschäftigten würde das Bild aus einer anderen Perspektive ergänzen.

3.4.3.2 Bottom-up-Befragung – Bestimmung des digitalen Kompetenzprofils

Ziel dieser Befragung im Sommer/Herbst 2019 war bewusst nicht etwa ein Wissens-Check, sondern eine Standortbestimmung des digitalen Kompetenzprofils der Beschäftigten. Dabei sollte allen Beschäftigten die Möglichkeit gegeben werden, ihre digitale Affinität und entsprechende Einstellungen und Fähigkeiten auf freiwilliger Basis selbst einzuschätzen und dazu eine vergleichende Rückmeldung zu erhalten. Die Befragung sollte zudem als wichtiger Kommunikationsbaustein dienen, um die Beschäftigten aktiv in den digitalen Transformationsprozess einzubinden und dafür zu motivieren. Aufbauend auf den Ergebnissen sollte es dann gelten, konkrete bankweite Maßnahmen für die Weiterentwicklung digitaler Kompetenzen abzuleiten, weiter auszubauen oder neu zu konzipieren sowie idealerweise deren Wirksamkeit bzw. den Transfer in die Praxis zu evaluieren.

Dieses Mal sollte die Umfrage, schon allein auf Grund der erwartbaren Datenmenge und des Auswertungs- und Berichtsaufwands, durch ein externes Unternehmen durchgeführt werden.

Wesentliche Anforderungen und Zuschlagskriterien der europaweiten Ausschreibung

Anonymisierter Online-Fragebogen einschließlich Auswertung und Interpretation der Ergebnisse zur Standortbestimmung der digitalen Kompetenzen und Einstellungen der Beschäftigten mit ca. 50 Fragen und Berücksichtigung verschiedener Dimensionen der Digitalisierung, bspw.:

- Digitale technische Kompetenzen
- Methodenkompetenzen
- Soziale/organisationale Kompetenzen
- Persönliche Kompetenzen
- Generelle Einstellung zur Digitalisierung
- Digitale Führungskompetenzen bei Beschäftigten mit Führungsverantwortung

Nachgewiesene Expertise in der Konzeption von Fragebögen für repräsentative Beschäftigtenbefragungen sowie Begründung und wissenschaftliche Fundierung des vorgeschlagenen Kompetenzmodells.

Vorzusehen waren außerdem inhaltliche und technische Pre-Tests und eine maximale Länge der Befragung von 20 Minuten. Wesentliches Resultat sollten neben Berichten über die Situation der Gesamtbank und der einzelnen Geschäftsbereiche jeweils individuelle Ergebnisberichte, also eine persönliche Standortbestimmung für jeden einzelnen befragten Beschäftigten sein. In diesen Berichten sollte das persönliche Profil mit den betrachteten Kompetenzen und Dimensionen – idealerweise im Kontext zu einer Vergleichsgruppe – grafisch dargestellt werden.[36]

Eine weitere Besonderheit der Befragung war, dass jede der schließlich ausgewählten 15 Kompetenz-Kategorien (bzw. weiteren fünf Kategorien für Führungskräfte) „erste niederschwellige Empfehlungen zur Entwicklung der eigenen Digitalkompetenz" enthalten sollte:

---

[36] Eine weitere, nicht zwingende Vorgabe lautete: „Vergleiche zu externen Vergleichsgruppen sind wünschenswert und sollten als Benchmark möglichst 5 Vergleichsunternehmen aus dem Öffentlichen Dienst und/oder dem Finanzsektor beinhalten und nicht älter als 3 Jahre sein." Der Nutzwert dieser Vergleichbarkeit sollte bei ähnlichen Vorhaben aus Sicht der Verfasserin hinterfragt werden, falls nicht ein wettbewerblicher Vergleich für maßgeblich erachtet wird.

Kategorien der Bottom-up-Befragung zu digitalen Kompetenzen

Die Kategorien sind eine Verdichtung des durch den im Verfahren ausgewählten Anbieter vorgelegten Fragensets.

- Teambezogene Fähigkeiten
  - Digitale Kommunikation, Rolle in agilen Teams, Kommunikationsfähigkeit, (interne) Kundenorientierung
- Teambezogene Einstellungen
  - Vertrauenskompetenz, Resilienz und Aktivierung, Zusammenarbeit im Team, digitales Selbstvertrauen
- Tätigkeitsbezogene Fähigkeiten
  - Innovationskraft, digitale Technologie, agile Methoden
- Tätigkeitsbezogene Einstellungen
  - Begeisterungsfähigkeit, Fehlerkultur, Lern- und Veränderungsbereitschaft, Umgang mit Komplexität
- Digitale Führung und Strategie
  - Digitalstrategie, digitale Geschäftsmodelle, Transformationsmanagement, digitale Führungskompetenz, Inspiration und Leidenschaft

Bankweit beteiligten sich über den Sommer 2019 mehr als 4300 Beschäftigte; dies entspricht einer sehr ordentlichen Teilnahmequote von 38 %.[37] Im Dezember konnten dann sowohl das aufbereitete Gesamtergebnis, die persönlichen Berichte sowie die angekündigten niederschwelligen Empfehlungen zu jeder der o. g. Kompetenzkategorien mit Hinweisen auf geeignete Selbstlern- und formalisierte Weiterbildungsmöglichkeiten zur Verfügung gestellt werden. Mit einem Startseitenbeitrag im Intranet wurden die Beschäftigten ermuntert, die Empfehlungen ihres direkten Feedbacks mit ihren Vorgesetzten zu besprechen. Den Führungskräften wurde nahegelegt, den Mitarbeiterinnen und Mitarbeitern zur Nutzung der Empfehlungen angemessene zeitliche Freiräume einzuräumen. Sämtliche Anregungen, wie etwa Hinweise auf einschlägige Fachbücher, Artikel, Blogs, Videos oder E-Learnings, standen ab diesem Zeitpunkt auch den Beschäftigten, die sich nicht beteiligt hatten, in einem Katalog im Intranet zur Verfügung. Dieser Katalog ist seitdem das Kernstück der „digitalen Breitenbildung" in der Bundesbank.

Nachfassen, Austauschen, gemeinsam entwickeln

Eine weitere Ankündigung in der Mitarbeiterkommunikation: Die Ergebnisse der Umfrage sollten nicht nur in die „Strategie 2024" der Bank einfließen. Die Ergebnisse der Befragung sollten auch dazu dienen, ein „Qualifizierungskonzept für digitale Kompetenzen" zu entwickeln. Für den auf Fach- und IT-Weiterbildung festgelegten Weiterbildungsbereich bedeutete dies eine nicht gerade geringe Herausforderung. Lag bereits der Fokus der Top-down-Analyse nicht auf der Entwicklung der *Hard Skills*, stellte auch das Fragenset zum „digitalen Reifegrad" vor allem auf die der Digitalisierung zugeschriebenen Einstellungs- und Verhaltenskompetenzen ab: Unmittelbaren Fachbezug wiesen lediglich die Kompetenzbereiche „digitale Technologie" und „agile Methoden" auf. Im Frühjahr 2020 waren die Ergebnisse soweit für die einzelnen Zentralbereiche und Hauptverwaltungsbereiche aufgeschlüsselt, aufbereitet und

---

[37] Die einzelnen Ergebnisse sollen hier nicht weiter ausgeführt werden bzw. würden anderen Unternehmen und öffentlichen Institutionen auch keinen relevanten Mehrwert liefern. Interessant ist vielleicht noch die Beobachtung, dass das Geschlecht der Befragten keinen signifikanten Effekt aufwies; auch für ältere Beschäftigte ließ sich nur ein sehr geringfügiger „negativer Effekt" ablesen, d. h., ältere Teilnehmer und Teilnehmerinnen haben nur geringfügig niedrigere Ergebnisse als jüngere erzielt.

verteilt, dass Feedbackgespräche mit allen beteiligten Geschäftsbereichen aufgenommen werden konnten. Ein Ergebnisabgleich sollte bei der Einschätzung helfen. Vor allem sollten über die gemeinsame Reflexion über die Umfrage und das als Reaktion aufgesetzte digitale Bildungsangebot weitere Hinweise für die konzeptionellen Überlegungen der KADi AG 4 gesammelt werden.

Das Feedback der leitenden Führungskräfte

Die Ergebnisse hatten die Führungskräfte nicht überrascht; die Werte lagen in fast allen Bereichen auf einem guten Niveau. Dennoch sahen letztlich alle Führungskräfte die Notwendigkeit, ihre Bereiche weiter in der Digitalen Transformation mitzunehmen. Trotz unterschiedlicher Interpretation von Details bestand über folgende weitere Schritte Konsens:

- Das Wissen über Digitalisierung und agile Methoden für Expertinnen und Experten soll weiter erhöht werden; dabei sind aber alle Beschäftigten mitzunehmen.
- Noch mehr *„Guidance"* seitens der Bankleitung, was erreicht werden soll, seitens des Personalbereichs und des Weiterbildungsbereichs, wie die Ziele erreicht werden sollen.
- Mehr Förderung der **Eigeninitiative** von Beschäftigten, die Lern- und Entwicklungschancen nutzen möchten.

Einig waren sich die Führungskräfte bzgl. der aufgezeigten Bildungsmöglichkeiten für die Digitalisierung. Folgende Äußerungen waren häufiger zu verzeichnen:

- Die Bundesbank macht viele und großzügige „Lernangebote";
- Die Möglichkeiten der diversen Lernformate von mehrtägigen Seminaren bis zu schlanken „On the fly"-Formaten und strukturierten Informationen und Lern-Links wurde positiv bewertet: „die Mischung macht's", die Vor- und Nachteile in allen Formaten werden durchaus gesehen (Präsenz, E-Learning etc.);
- Befürchtet wurde, dass die Lernangebote zur Digitalisierung z. T. noch zu wenig bekannt sind; daher Wunsch/Empfehlung die Sichtbarkeit zu erhöhen;
- Der individuelle Nutzen der Lerninhalte sollte unterstrichen werden, damit mehr Beschäftigte „mitgenommen" werden; dafür sollen die Relevanz und der (praktische) Bezug zum Arbeitsalltag herausgearbeitet und verdeutlicht werden;
- Der höchste Konsens bestand in der Frage der Personalbemessung: **Mehr Zeit fürs Lernen** wurde von letztlich allen Führungskräften eingefordert (für Führungskräfte und Beschäftigte gleichermaßen). Dafür seien verbindliche Orientierungen hilfreich bzw. erforderlich, etwa in der Frage, ob und wann Lernzeit für die Digitalisierungsformate Arbeitszeit ist.

3.4.4 Konkrete Schritte der Qualifizierungsakteure

Die Analysen der Top-down- und Bottom-up-Befragungen lagen also vor, der Ball lag nun im Spielfeld der KADi AG 4, das avisierte Qualifizierungskonzept „Digitalisierung" zu entwerfen. Ideen gab und gibt es viele; der Formulierungs-Prozess dauert jedoch noch an. Viele Aktivitäten zur Qualifizierung der Beschäftigten für die „Digitalisierung" laufen aber bereits, da ihnen ein von den Fachbereichen gemeldeter konkreter Bedarf zugrunde liegt oder der bankweite Bedarf offenkundig ist, wie etwa bei den agilen Projektmethoden.

3.4.4.1 Die Digitalisierungsmaßnahmen des Weiterbildungsbereichs

Wichtig und richtig erschien es, die vielen Begriffe und Konzepte, die mit dem intensiven KADi-Prozess Einzug in die banköffentliche Wahrnehmung gehalten hatten, nun auch für alle verständlicher zu machen. Damit war die Idee eines **„Digital Starter Kit"** geboren, einer Art Erklär- und Selbstlernbox im Intranet der Bundesbank. Hier sind mittlerweile neun Digitalisierungsthemen auf einer eigenen Seite im Intranet mit Erklärtexten, Links auf interne Fachaufsätze, Präsentationsunterlagen, Interviews, Forschungstexten, Videos, Online-Learnings und mit Nennung interner Experten und Expertinnen aufbereitet.[38] Der Grundstein zur digitalen Breitenbildung war gelegt.

Eine weitere, naheliegende Idee war die **Vortragsreihe „Digitalisierung im Fokus"**, die dem Vorbild einer seit längerem bestehenden, durch den Weiterbildungsbereich initiierten bundesbankspezifischen Kurzvortragsreihe „Thema im Fokus" folgte. Hier werden Digitalisierungstrends und -themen aufgegriffen und auch für Nicht-Spezialisten und -Expertinnen und -Experten verständlich gemacht und die Relevanz der Themen für Notenbanken und ihre Beschäftigten aufgezeigt.[39]

Auf der Hand liegend war zudem der Einkauf von **E-Learnings zu den Standardthemen der Digitalisierung,** der vorausschauend und vorab zur Bottom-up-Befragung angestoßen wurde. Ziel war es, bereits mit der Veröffentlichung der Ergebnisse auch direkte Lernlösungen zu den Abfragekategorien bereitzuhalten. Selbst im Vor-Online-Learning-Boomjahr 2019 war nicht das grundsätzliche Angebot am Markt ein Problem. Dieses erwies sich als überraschend breit. Doch Qualität, Anspruch und Passung für die Bundesbank als öffentliche Institution stimmten häufig nicht. Zu oft zielten Digitalisierungtrainings auf Onlinemarketing und individuelle Sichtbarkeit in Social Media ab; Aufgabenstellungen, die für die Bundesbank im KADi-Prozess nicht im Vordergrund stehen. Marktsichtung, Bewertung und Auswahl waren daher recht mühsam, zumal hier auch Lernmethoden und potenzielle Lernpräferenzen einzuschätzen waren und mit der avisierten Veröffentlichung der Bottom-up-Ergebnisse ein erheblicher Zeitdruck bestand. Der Weiterbildungsbereich entschied sich schließlich für den Einkauf eines Überblicks-E-Learnings „Digitalisierung" (Megatrends, Handlungsfelder, Fokusthemen, Herausforderungen) und – auf Grund der Rückmeldung aus der Befragung – für „Agile Methoden in Projekten".[40]

> ### Beiträge des Weiterbildungsbereichs zur Digitalisierung
>
> Neben den o. g. Initiativen wurden weitere Maßnahmen aufgesetzt oder betreut, die im mittelbaren oder unmittelbaren Kontext des KADi-Prozesses stehen.
>
> - „Einblick"-Reihe: Dreistündige Kurzlernformate zu den Themen „Design-Thinking", „Scrum" und „Künstlicher Intelligenz" (geplant) für alle Beschäftigten der Bank an den eigenen Standorten bzw. online. Ziel: Informieren und motivieren.

---

[38] „Augmented Reality und Virtual Reality," „Big Data", „Blockchain", „Cloud Services", „Design Thinking", „Künstliche Intelligenz", „Neues Lernen", „Scrum", „Working out Loud"

[39] Referenten und Referentinnen sind interne und externe Experten und Expertinnen; Themen: „Digitaler Wandel – Bedeutung für Notenbanken und ihre Beschäftigten" (09/2018), „Cloud Computing" (01/2019), „Der digitale Staat Estland" (02/2019), „Digitale Transformation" (03/2019), „Instant Payments" (05/2019), „Blockbaster und Libra" (09/2019), „Wie der Wandel in der Bank gelingen kann" (11/2019), „Die Vermessung des Datenuniversums" (11/2019), „Digitalisation and Central Banking – Is there a fundamental change under way?" (12/2020). Die Präsentationen und Aufzeichnungen sind weitgehend im Intranet abrufbar.

[40] Die Personalabteilung ergänzte mit E-Learnings zu „Lern- und Veränderungsbereitschaft", „Agiles Arbeiten, Vernetzen, Teams organisieren", „Kreativitätstechniken", „Fehlerkultur zulassen", „Changeability".

- Internationale *„Central Banking Workshops"* mit zwischen 30 bis 100 Teilnehmenden auch anderer ESZB-Notenbanken mit Themen wie „Digitalisation and Central Banks – Perspectives and Challenges" (2018) oder „Big Data Analytics and Central Banks" (2019). Ziel: voneinander und von führenden Köpfen lernen und vernetzen.

- *„Tech Infusions"*, gemeinsame mehrtägige Fach-Workshops mit dem TechQuartier (vgl. Abschnitt 4.4.3) zu Themen wie „Künstlicher Intelligenz" (2020) etc. Ziel: vertiefende Fachqualifizierung.

- Lern-Kooperationen mit Universitäten im Zuge des EU-geförderten Projekts *„Horizon2020"* (z. B. „AI, Market Risk und Robo Advisory", „Fintech and Big Tech in Finance"). Ziel: Expertenqualifizierung.

- Einkauf von strukturierten E-Learning- bzw. Online-Learning-Lizenzen zu *„Data Science"* und *„Artifical Intelligence"*. Ziel: sukzessiver Kompetenzaufbau als Startvoraussetzung für eine aufsetzende Fach- und Expertenqualifizierung.

- Europäisches internes Qualifizierungsprogramm zur *„Distributed Ledger Technology"* in einem praxisorientierten Blended-Learning-Format (Stichworte: Kryptotoken und Blockchain). Ziel: Fachqualifizierung von Beschäftigten der Kerngeschäftsfelder und Austausch auf Augenhöhe im Expertenumfeld.

- Teilnahme von 30 Bundesbank-Beschäftigten aus allen Geschäftsbereichen und Hauptverwaltungen am *„ada fellowship"*-Programm *(https://join-ada.com/fellowship/about. html)*, einem interdisziplinären, angeleiteten Lernnetzwerk zur Digitalisierung, das über einen Jahresverlauf Teilnehmer und Teilnehmerinnen aus Unternehmen und dem öffentlichen Dienst zusammenbringt. Ziel: digitale „Pioniere" und Motivator/innen in der Bundesbank aufbauen, Netzwerke bilden.

- Weiterbildungsreihe für Vorstands- und Zentralbereichs-Sekretariate „Lernen und Vernetzen" für eine effiziente digitale Büroorganisation und Kommunikation, ab März 2021. Ziel: Stärkung der digitalen Handlungskompetenz und Professionalität in einem intern und extern koordinierenden und sichtbaren Bereich.

- Einrichtung von zwei Stellen für qualifizierte E-Learning-Redakteure. Ziel: flexible Erstellung bundesbankbezogener digitaler Lernmedien.

3.4.4.2 Die Digital Academy

Eine wichtige Initiative, die im Laufe der letzten gut zwölf Monate in der Weiterbildung entwickelt wurde, ist die „Digital Academy". Der Begriff „Academy" bezieht sich hier nicht auf ein Gebäude, „Digital" nicht auf die Lehr- und Lernmethoden, sondern auf die fachlichen Inhalte, also „Digitalisierungswissen". Zielsetzung ist, im Bereich der Fachweiterbildung anwendungsorientierte und fachbereichsübergreifende Lernformate in Kooperation mit anderen Notenbanken im ESZB und Bildungsinstitutionen zu etablieren. Wenn zunächst auch der Fokus auf der priorisierten Fortgeschrittenen- und Spitzenqualifizierung liegt, sollen letztlich doch Beschäftigte der Bundesbank auf allen Kompetenzebenen in den Lernherausforderungen der Digitalen Transformation unterstützt werden.

Die „Digital Academy" ist sicherlich nicht nur eine Antwort auf die Forderungen des KADi nach schnellerem digitalen Kompetenzaufbau. Sie ist auch ein Strukturierungsversuch für die Zusammenführung von Weiterbildungsthemen und Lernbedarfen in der Digitalisierung, die wie bei den Beispielen „Data Science" und DLT längst nicht nur einem Bundesbank-Aufgabengebiet und deren Beschäftigten klar zugeordnet werden können.

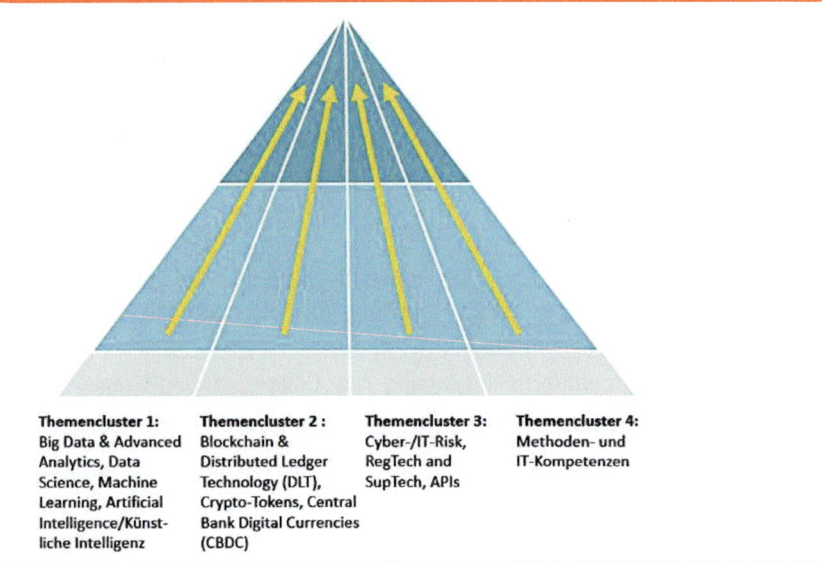

Themencluster 1:
Big Data & Advanced Analytics, Data Science, Machine Learning, Artificial Intelligence/Künstliche Intelligenz

Themencluster 2 :
Blockchain & Distributed Ledger Technology (DLT), Crypto-Tokens, Central Bank Digital Currencies (CBDC)

Themencluster 3:
Cyber-/IT-Risk, RegTech and SupTech, APIs

Themencluster 4:
Methoden- und IT-Kompetenzen

Die gesamte hier zugeordnete digitale Weiterbildung orientiert sich an den wesentlichen Handlungsfeldern der Digitalisierung mit besonderem Zentralbankbezug und gliedert sich in Themencluster, die flexibel weiterentwickelt und angereichert werden können. Neben der thematischen Zuordnung in vier Säulen gliedern sich die Weiterbildungsformate in Grundlagen-, weiterführende Fachweiterbildungen sowie in aktive Weiterbildungsformate auf Expertenebene.

Die Kategorie „weiterführende Fachweiterbildung" vermittelt fortgeschrittenes Wissen mit einem klaren Bezug zum „dienstlich notwendigen" Bedarf. Die aktiven Weiterbildungsformate auf Expertenebene sollen eng mit der vermittlungsfokussierten Fachweiterbildung verzahnt werden. Bevorzugt werden hier Weiterbildungsmethoden wie z. B. der anwendungsorientierte Erfahrungs- und Expertenaustausch mit Fachkollegen und -kolleginnen innerhalb des ESZB sowie mit internen Spezialisten und Spezialistinnen und externen Trainern und Trainerinnen.

3.4.4.3 Exkurs TechQuartier, Innovationswerkstatt, BIS Hub

Kooperation mit dem TechQuartier

Neben den direkten Aktivitäten der Weiterbildung hat vor allem die Stabsstelle Digitalisierung ein beachtliches Tempo vorgelegt. Bereits im September 2019 besiegelte die Bundesbank als institutioneller Partner eine vertragliche Kooperation mit dem in Frankfurt ansässigen TechQuartier.[41] Idee ist, u. a. von den innovativen Geschäftsmodellen der dort ansässigen FinTech-Szene stärker profitieren zu können. Das TechQuartier sieht sich dabei als Anbieter einer Art offenen Innovationsplattform, die Unternehmen, die innovative Start-up-Szene und digitale Pioniere, die Finanzindustrie, akademische Institutionen und den öffentlich-rechtlichen Sektor zusammenbringt. Das im POLLUX-Hochhaus angesiedelte TechQuartier bietet einen gemeinsamen Ort, um bei der Entwicklung innovativer Lösungen zusammenzuarbeiten, sich gegenseitig zu unterstützen und voneinander zu lernen.

Die institutionelle Partnerschaft wird seitens der Bundesbank von der Stabsstelle Digitalisierung zentral koordiniert. Vorteile sollen sich aber für alle Fachbereiche der Bank erschließen. Da ist zum einen der Zugang zur Infrastruktur des TechQuartiers mit Nutzung eines sog. Shared Desks im „Open Space Bereich", die Nutzung vorhandener Technologie bzw. der Austausch mit der Start-Up-Community.

---

[41] *www.techquartier.com*

Innovation Challenge

Ein Projekt mit Strahlkraft nach außen ist die jährlich durch das TechQuartier für und mit der Bundesbank ausgelobte „Innovation Challenge". Für die erstmals mit dem Thema „Unsupervised Risk Monitoring" als dreitägiges Boot-Camp aufgesetzte Challenge[42] konnte die Bundesbank über 50 Bewerbungen registrieren, von denen die zehn aussichtsreichsten Lösungsvorschläge ausgesucht wurden: Wie können mögliche Risiken für Banken und die Finanzindustrie (u. a. Entwicklungen am Immobilienmarkt) mittels smarter Auswertung von unkonventionellen Daten wie Social Media quasi automatisiert identifiziert werden? Oder könnten bspw. Konjunkturanalysen durch Künstliche Intelligenz unterstützt werden? Beteiligt waren die Geschäftsbereiche Banken- und Finanzaufsicht, Finanzstabilität, Risiko-Controlling, Statistik und Volkswirtschaft; wiederum ein Indikator, wie sehr Daten und die darauf aufbauenden technischen Potenziale der Treibstoff des Bundesbank-Kerngeschäfts sind. Die kurzen Pitches am „Demo Day" konnten am 27. November 2020 als Livestream verfolgt werden.

Ein weiterer Vorteil des Kooperationsvertrags ist das *„Technologie-Scouting"*. Hier führt das Research-Team des TQ eine umfassende, branchenübergreifende Technologie- und Start-Up-Recherche zu einem von der Bundesbank spezifizierten Thema durch. In der Bundesbank liefen und laufen bereits mehrere solcher Technologie-Scoutings (z. B. für das Forschungszentrum der Bundesbank). Auch ein von November 2020 bis zum Finale im Januar 2021 erstmals durchgeführtes, internationales *„AI Talents Programm"* unter Beteiligung von 25 Studierenden der Bundesbankhochschule in Hachenburg gehört zum vereinbarten Leistungsspektrum.[43] Die praxisbezogenen Aufgabenstellungen zum Thema „Künstliche Intelligenz" wurden durch im TechQuartier eingebundene Start-ups beigesteuert.

Lernen und Zusammenarbeiten in der Innovationswerkstatt

In der Digitalen Transformation kommt explorativem Lernen und gemeinsamem (Er-)Arbeiten und Ausprobieren (und Scheitern) als den Triebfedern der „Innovation" eine ganz maßgebliche Rolle zu. Doch wie kann ein solches, innovationsförderndes Umfeld aufgebaut werden? Die Antwort der Bundesbank: Durch die Einrichtung einer Innovationswerkstatt auf 1300 m^2 im Zentrum von Frankfurt am Main mit geplantem Start im Sommer 2021. Nucleus der Innovationswerkstatt wird eine rund 400 m^2 große Fläche sein, auf der künftig fachbereichsübergreifenden Digitalprojekten in Form der „Co-Creation" Leben eingehaucht werden soll. In Kreativräumen („Innovation Deep Space" und „Thought Spaces") können konkrete Prototypen entwickelt, im „Event Space" präsentiert und im „Collaboration Café" gefeiert und gleich neue Pläne ausgeheckt werden. Ein Team aus Mitgliedern der Stabsstelle Digitalisierung und der Abteilung „Explorative IT" (vgl. Abschnitt 3.2.2.1) unterstützt dabei organisatorisch, methodisch und technisch. Das Angebot an Dienstleistungen, technischen Plattformen und Instrumenten (z. B. Softwareroboter oder Kollaborationstools) soll sukzessive, sobald es die Situation erlaubt, und nach Bedarf der Fachbereiche ausgebaut werden. Im InnoWerk sollen zudem knapp 70 High-Tech-Arbeitsplätze eingerichtet werden.

---

[42] *https://wp.techquartier.com/bundesbank-innovation-challenge/*, 31.12.2020

[43] *https://wp.techquartier.com/news/aitalents/*, 15.01.2021

Bild 3.1 Der Digital Innovation Space im Innowerk

Ein Innovationsumfeld für Einsteiger

Der Zentralbereich IT hatte bereits 2017 eine über einige umgewidmete, reguläre Büroräume gestreckte Mini-Innovationswerkstatt im Haupthaus der Zentrale aufgebaut. Die grün gestrichene Hintergrundwand, ein Kaffeevollautomat, Sitzsäcke und Knetmasse des „Innovation Labs" kamen gut an. Das Lab konnte ganz analog über eine Kreidenotiz an einer außen hängenden Schultafel reserviert werden.

Auch die Gruppe IT-Weiterbildung hatte einen ähnlichen Lern- und Begegnungsraum in einem bescheideneren Maß im eigenen IT-Schulungszentrum (Skyper-Gebäude) geplant. Auf nur ca. 25 m², als „Projekt Working Space" konzipiert, hätte der Raum, der vor allem für Schulungen im agilen Projektmanagement gedacht war, im Januar 2020 eröffnen können. Erst verhinderte eine Baustelle im Innenhof den Kick-Start, danach die Corona-Umstände.

Mit der „Innovationswerkstatt" wird also einige Nummern größer gedacht. Schließlich sollen in die dort angesiedelten Büros auch Beschäftigte der Bank für Internationalen Zahlungsausgleich (BIZ) einziehen. Warum diese besondere Nähe?

Das „BIS Innovation Hub Center"

Auch die internationale Zusammenarbeit wird in der Digitalen Transformation an Relevanz gewinnen. Es war eine besonders erfreuliche Nachricht im Juni 2020, dass das Eurosystem den Zuschlag für den Aufbau eines „BIS Innovation Hub Centers" erhalten hatte.[44] Die Bundesbank wird dabei Betreiberin eines physischen Standortes des neuen „Eurosystem Hub Centers" (ein zweiter Standort ist bei der Banque de France in Paris angesiedelt). Mit dem BIS-Innovation-Hub-Netzwerk wird weltweit eine Plattform aufgebaut, auf der die internationale Zentralbank-

---

[44] *https://www.bundesbank.de/de/presse/pressenotizen/neues-biz-innovationszentrum-fuer-globale-finanzinnovation-in-frankfurt-und-paris-835672*, 31.12.2020

gemeinschaft an Projekten mit hohem digitalen Innovationspotenzial für das Finanzsystem arbeitet. Mit dem Eurosystem Hub Center sowie Innovationszentren bei der Bank of Canada, der Bank of England, einer Gruppe von vier nordeuropäischen Zentralbanken sowie den drei zuvor gegründeten Zentren bei der Hongkong Monetary Authority, der Monetary Authority of Singapore und der Schweizerischen Nationalbank verfügt das „BIZ Innovation Hub" über sieben globale Knotenpunkte.

3.5 Schlussbemerkungen

Dieser Beitrag hieß. „Digitalkompetenzen im öffentlichen Dienst – Herausforderungen und Rolle der Weiterbildung: Praxisbeispiel Deutsche Bundesbank". Ein langer Beitrag, denn es sind viele und unterschiedliche Digitalkompetenzen, die in der Bundesbank benötigt und weiterentwickelt werden. Ein langer Beitrag, denn Herausforderungen für den Weiterbildungsbereich gibt es zahlreiche und eine Rolle spielen nicht nur die Beschäftigten des Weiterbildungsbereichs, sondern noch viele weitere Stellen in der Bundesbank. Ein langer Beitrag, in dem der Begriff „Herausforderung" 16 Mal gefallen ist, und nicht einmal das Wort „Lösung"; dennoch gab es einige recht interessante Erkenntnisse.

Nachfolgend sollen die wichtigsten Beobachtungen dieser *„Learning Journey"* zum Nachlesen und zur Konsolidierung noch einmal zusammengefasst und reflektiert werden:

Digitalisierung: Welche Kompetenzen für die Deutsche Bundesbank?

Ein Anliegen, wie das des Koordinierungsausschusses Digitalisierung (KADi) nach einer „Digitalen Breitenbildung", meint zweifellos auch die Herstellung von PC-Anwenderkompetenz, denn ohne diese kann der digitale Wandel in einer Behörde wie der Deutschen Bundesbank nicht gelingen. Was jedoch darüber hinaus für wen, warum, wann erreicht werden soll und kann, ist Gegenstand einer fortgesetzten Diskussion und vielleicht notwendigerweise eine Art adaptiver und explorativer Prozess. Ein langer Atem ist hier wie so oft von Vorteil. In der Bundesbank haben die Ergebnisse aus zwei Umfragen, „Top-down" und „Bottom-up", zwar einige wichtige Hinweise ergeben; eindeutige und zwingende Aufträge für die fachliche Weiterbildung für die Mission Digitalisierung ließen sich jedoch nicht ableiten. Wenn „Breitenbildung" vielleicht ein wenig wie „Breitensport" verstanden wird, lässt es sich damit jedoch durchaus gut leben: Themen setzen, Angebote schaffen, Erfahrungen sammeln lassen, neugierig machen, ausprobieren können und ermutigen. Auch Beschäftigten, die bisher noch gar nicht mit Computern arbeiten, nicht in agilen Projekten eingesetzt sind oder sich noch nicht mit dem Wesen einer Blockchain beschäftigt haben, sollte ein Grundverständnis für digitale Aufgaben und Prozesse vermittelt und ein Ausblick auf die wichtigsten Trends gegeben werden. Idealerweise wird hier – gleich am Anfang oder aber sukzessive entwickelt – ein Konzept zu Grunde gelegt, dessen Curriculum und Zielgruppen nachvollziehbar und transparent sind und flexibel genug ist, um auf neue Entwicklungen reagieren zu können.

> „Es ist richtig: „Lernen auf Vorrat" ist angesichts der hohen Dynamik digitaler Innovationen und des schnellen Vergessens von neuer, noch nicht vernetzter Information eine unsichere Investition und eventuell nicht nachhaltig. Sich nicht ausreichend vorbereitet und damit fachlich abgehängt zu fühlen, wäre jedoch ein großes Problem für jede einzelne Mitarbeiterin und jeden einzelnen Mitarbeiter. Und solche Beschäftigte wären auch ein großes Problem und eine Verantwortung für jeden Arbeitgeber. Es lohnt sich deshalb, Anstrengungen zu unternehmen, die Beschäftigten auf den Weg des digitalen Wandels zu lotsen und mitzunehmen. Dass hier Lernerfolge und Wissenszugewinne im Sinne einer „Digital Literacy" auch messbar sind, scheint erstrebenswert, sollte jedoch nicht vorrangiges Ziel sein."

Die Identifizierung und Herbeiführung spezieller Digitalisierungskenntnisse ist kein geringerer Auftrag. Zwar sollte für die individuellen Fachbereiche eindeutiger sein, welche konkreten Aufgaben zu erledigen, welche Kompetenzen bereits vorhanden sind und was benötigt wird. Doch hat sich herausgestellt, dass der Weiterbildungsbereich in der Fachweiterbildung nicht nur Auftragsempfänger für „dienstlich notwendige" Bedarfsmeldungen, sondern auch Impulsgeber ist: von Programminitiativen wie z. B. dem „ada fellowship" für die es einer zentralen Koordination bedarf, der Bereitstellung modularer E-Learnings zu Data Science und Künstlicher Intelligenz, über Strukturen wie der „Digital Academy" und deren Sonderformaten bis zur Konzeption von fachbereichsübergreifenden „Blockchain"-Kursen. Komplex sind sowohl die Konzeptionen von speziellen und nicht marktgängigen Digitalisierungs-Trainings für die Kernaufgaben einer Zentralbank als auch die Durchführung von Schulungen für eine sicherheitssensitive und z. T. speziell auf die Bundesbank konfigurierte und adaptierte IT-Infrastruktur und Software-Palette. Ein Kurs muss vielfach im Dialog mit den Bereichen, mit verschiedenen Anbietern und externen Trainerpools maßgeschneidert und im Detail geplant werden. Angesichts knapper Zeitbudgets der Zielgruppen, des ganz unmittelbaren Bedarfs für hochspezialisierte Aufgaben und auch nicht ungeachtet der erheblichen Kosten solcher Fachtrainings, steht hier der praktische Anwendungsnutzen, die unmittelbare fachliche Relevanz, klar im Fokus.

„Die Möglichkeiten und Risiken der Digitalisierung haben in nur wenigen Jahren zu einem ebenso schnellen wie profunden Wandel geführt, wie die Deutsche Bundesbank ihre gesetzlichen Aufgaben erfüllt, neu angehen möchte und wie sie sich dafür organisatorisch, in ihren Prozessen und in vielen Projekten aufstellt. Data Science, Machine Learning, Text Mining, Distributed Ledger Technologien, FinTechs, Instant Payments, immer neue Software-Produkte und -Releases, Clouds und Cybercrime sind ganz offenkundig nicht Optionen und Herausforderungen der Zukunft, sondern bestimmen bereits das Hier und Jetzt. Ebenso sind die knappe Verfügbarkeit von IT-Spezialisten und wachsende und anspruchsvoller werdende Anforderungen an mehr und mehr Fachstellen in und außerhalb des IT-Bereichs ein sehr reales und gegenwärtiges Problem. Dies alles erfordert frühere, breiter angelegte und noch entschiedenere Investitionen in den fachlichen digitalen Kompetenzaufbau – und ein entsprechendes Bewusstsein und Handeln von Führungskräften und Beschäftigten."

Digitalisierung: Bei wem liegen Initiative und Zuständigkeit?

Der digitale Transformationsprozess in der Bundesbank hat viele Mütter und Väter. Mit der vom Vorstand initiierten Gründung des Koordinierungsausschuss Digitalisierung (KADi) im Jahr 2017, der anschließenden Einrichtung der Stabsstelle Digitalisierung, und der Gründung von themenfokussierten KADi-Arbeitsgruppen, die 2019 zur Formulierung einer „Digitalen Agenda" führten, wurden wichtige und starke Impulse für die Digitalisierung gesetzt und Prinzipien festgelegt. Vor allem treibt der KADi-Prozess die Initiativen bis zur Realisierung ganz konkreter Projekte voran; es bleibt also nicht bei einmaligen Willensbekundungen. Neue Strukturen wie bspw. die „Explorative IT" bzw. ein starker, fokussierter, aber sich agil auch immer wieder neu ausrichtender IT-Bereich, die Anstrengungen, die von anderen Kerngeschäftsfeldern wie zum Beispiel der Bankenaufsicht oder dem Zahlungsverkehr und dem Märktebereich unternommen werden, und nicht zuletzt das immense „Data Knowhow" des Statistikbereichs sprechen eine deutliche Sprache für den digitalen Wandel in der Bundesbank. Eine wichtige und wachsende Investition ist die Nachwuchsgewinnung, die mit den in den letzten zwei Jahren geschlossenen Kooperationen mit Dualen Hochschulen in Deutschland breiter aufgestellt und noch stärker auf Digitalisierungswissen ausgerichtet wurde. Die Aufgabe des Personalbereichs ist es, im Rahmen eines für den öffentlichen Dienst funktionalen Talent-Managements nicht nur neue IT-Kompetenz anzuwerben, sondern diese auch zu halten. Außerdem gilt es, mit Überblick und vorausschauend Rahmen, Raster und Ziele für die Entwicklung der Bankbeschäftigten aller Bereiche zu setzen.

Der Weiterbildungsbereich nimmt für alle Geschäftsbereiche der Bank, nicht nur für die Kerngeschäftsfelder, die zentrale Rolle als Ideengeber, Lernbedarfskonsolidierer, „Facilitator" und Realisator für eine große Bandbreite und Tiefe des fachlichen Kompetenzaufbaus ein. Es hat sich gezeigt, dass Digitalisierungsthemen längst nicht mehr nur einem Geschäftsbereich zugeordnet werden können, sondern interdisziplinär gedacht und angegangen werden müssen. In den stark IT-getriebenen und zunehmend durch mehrere Bereiche kooperativ aufgesetzten Projekten muss der Weiterbildungsbereich den Aufbau spezieller und neuer Digitalisierungskompetenz effektiv und mit breitem Wissen über den Anbietermarkt fördern. Spätestens jedoch mit der Einführung von Projektergebnissen wie bankweiten Software-Rollouts für alle PC-Arbeitsplätze muss schnell, zielgruppenspezifisch, effizient und in sehr hohen Volumen geschult werden können.

> „Der Zustand der digitalen Transformation ist mittlerweile in vielen Bereichen der Deutschen Bundesbank schon fast zum „New Normal" geworden. In der Bundesbank ist sowohl die geschäftsgetriebene Transformationsnotwendigkeit und immer öfter dann auch der Transformationswille und die Offenheit für Innovation hoch. Die entsprechenden Anstrengungen und Investitionen sind erheblich. In der Projektarbeit wird das Digitalprinzip „digital by default" mittlerweile sehr weitreichend umgesetzt."

Digitalisierung: Lernkultur und Lernstruktur

Angesichts der strategischen Bedeutung einer gelungenen „Digitalen Transformation", um den gesetzlichen Auftrag effektiv und effizient zu erfüllen und aufgrund der Einsicht, dass hierfür weiterhin ganz erheblich in den fachlichen Kompetenzaufbau auf ganz verschiedenen Wissensstufen investiert werden muss, stellt sich die Frage, ob die aktuellen Fördermodelle des Weiterbildungsbereichs noch genügen. Sind es tatsächlich rechtliche Beschränkungen im öffentlichen Dienst, die eine breiter an- gelegte fachliche Talententwicklung erschweren oder ist der zeitliche Aufwand hier schlichtweg nicht tragbar? Die großzügige Bereitstellung von Maßnahmen, sobald ein „dienstlich notwendiger" Lernbedarf für die eigene Stelle testiert wird, ist zielführend und sollte beibehalten werden. Die Möglichkeit, persönliche Lern- und Entwicklungsanliegen im „dienstlichen Interesse" der Bundesbank finanziell zu bezuschussen sollte ebenfalls nicht in Frage gestellt werden. Im Gegenteil: Könnten und sollten für die Digitalisierung nicht vielleicht noch stärkere Anreize für Beschäftigte gesetzt werden, aus eigenem Antrieb zusätzliche relevante Qualifikationen zu erwerben? Jede weitere IT-Kompetenz – angefangen von Fähigkeiten in Anlehnung an einen PC-Führerschein hin zu fundierten Anwender- und Programmierkenntnissen relevanter Softwareprodukte – würden individuell den Ein- und Umstieg auf digitalisierungsnähere und damit tendenziell zukunftssichere Beschäftigungsfelder erleichtern. Hier sollten Bundesbank und Beschäftigte auf einer Linie liegen. Auch der allgemeine Aufbau der englischen Sprachkenntnisse würde die Fähigkeit der Beschäftigten, sich in einer zunehmend digitalen und vernetzten Arbeitswelt zurecht zu finden, unstrittig verbessern. Von den Beschäftigten weitgehendfrei einteilbare Lerntage (Freistellung vom Dienst) oder bezahlten Sonderurlaub würden einen zusätzlichen Weiterbildungsanreiz liefern. Damit müsste das Lernen nicht in einen eng getakteten Arbeitstag als Verteilzeit „gequetscht" oder womöglich ganz in die Freizeit verlagert werden.

Wie könnte eine solche Lastenteilung für die Aufgabe „Digitale Transformation" ausgestaltet werden? Welches Angebot für die Beschäftigten wäre darstellbar, ohne dass es die knappen Planungs- und Umsetzungsressourcen des Weiterbildungsbereichs überbeansprucht? Welche Eigenverantwortung könnte den Beschäftigten zukommen?

Das folgende Modell könnte so oder ähnlich in vielen öffentlichen Institutionen oder Unternehmen umgesetzt werden, die weitere Wege einer „digitalen" Kompetenzentwicklung über ein internes Programm hinaus öffnen möchten oder müssen.

Fördermodell für die „digitale" Kompetenzentwicklung

- Förderung von eigeninitiativ besuchten IT- und Digitalisierungs-Weiterbildungsmaßnahmen (Kurse, Konferenzen etc.) sowie gebuchten Online-Kursen nach Anerkennung durch den Personal- oder Weiterbildungsbereich mit einem Maximalbetrag von z. B. 1000 Euro pro Kalenderjahr und potenziell voller Kostenübernahme.

- Förderung von spezifischer IT- und digitalisierungsbezogener Ausbildung oder Studium bis zu einem Basisbetrag von z. B. 1500 Euro bzw. erfolgsbezogen bis zu 3000 Euro pro Studienjahr.

- Festlegung eines jährlichen Gesamtförderbetrags zur Kostenkontrolle und/oder anderen Maßnahmen zur fairen Verteilung der Förderbudgets bei Vermeidung eines hohen Verwaltungsaufwands durch bspw. Bewerbungsverfahren auf die bereitgestellten Budgets.

- Gewährung von bspw. bis zu 3 weitgehend frei einteilbaren Lerntagen (äquivalent 24 Lernstunden) pro Beschäftigtem und Kalenderjahr für die Teilnahme an nicht unmittelbar tätigkeitsbezogenen externen oder internen IT- und Digitalisierungskursen als transparenten und messbaren Weiterbildungsanspruch. Dafür keine Erteilung von „dienstlich notwendig" Testaten für nicht unmittelbar stellenbezogene Kurse und damit auch Stärkung der eigenverantwortlich ausgestalteten Lernkultur.

- Gewährung von bis zu 10 weitgehend frei einteilbaren Lerntagen pro thematisch entsprechender Ausbildung oder Studium; eventuell mehr für vorab durch den Personal- oder Weiterbildungsbereich ausgewählte Formate.

- Freischaltung von freien Plätzen für intern aufgesetzte IT- und Digitalisierungskurse eine Woche vor Kursbeginn für Teilnehmer/innen ohne einen zwingenden/stellenbezogenen Weiterbildungsbedarf bei Einsatz der persönlichen Lerntage (oder Freizeit); Kostenübernahme zentral durch den Personal- oder Weiterbildungsbereich.

- Systematische Erfassung zusätzlich erworbener Kenntnisse und Kompetenzen in den Personalakten.

Eine Förderung von bis zu 100 % der Kosten würde vor allem für Beschäftigte unterer Tarif- und Besoldungsgruppen das finanzielle Qualifizierungshemmnis geringhalten und neue Perspektiven öffnen. Rechtlich eindeutig ausgewiesene „Lerntage" oder entsprechende Zeitanteile wären vor allem, aber nicht nur, für Beschäftigte mit Familienbetreuungspflichten ein wichtiges Signal, dass das Unternehmen/die Behörde sich für die digitale Transformation noch mehr Einsatz der Beschäftigten erhofft und sie hierbei unterstützt.

Wenn die „Digitale Transformation" und damit die „Digitale Qualifizierung" wichtige Anliegen des Unternehmens / der Behörde sind, dann müssen Lernzeitbudgets, finanzielle Investitionen, aber auch die personelle Ausstattung im Weiterbildungsbereich so ausgestaltet sein, dass dieser in der Lage ist, den Kompetenzaufbau der Beschäftigten zu lenken und zu fördern. Mit Blick auf die Deutsche Bundesbank liest sich eine vom Unternehmenscontrolling ausgearbeitete Weichenstellung, die der Vorstand im Dezember 2020 als „Strategie 2020" verabschiedete, sehr ermutigend.

Auszug aus der „Strategie 2024" der Deutschen Bundesbank

- Wir wollen die bankweit hohe, digitale Innovationskraft, die sich aus umfassenden Kompetenzen, adäquaten Rahmenbedingungen und einer spürbaren Innovationskultur speist, zur Erreichung der Gesamtbankziele nutzen.

- Wir wollen unsere Beschäftigten zielgerichtet mit Blick auf die Erfordernisse einer wissensorientierten Organisation im digitalen und demografischen Wandel entwickeln und qualifizieren.

- Wir wollen die Veränderungsbereitschaft und Mobilität unserer Beschäftigten fordern und fördern und Veränderungsprozesse begleiten und treiben.

Literatur- und Quellenverzeichnis

Bundesministerium des Innern, für Bau und Heimat: Organisationshandbuch, *https://www.orghandbuch.de/OHB/DE/Organisationshandbuch/5_Personalbedarfsermittlung/51_Grundlagen/513_Basisdaten/5134 %20Verteilzeiten/verteilzeiten_inhalt.html,* (online am 31.12.2020)

Deutsche Bundesbank: Cash Electronic Data Interchange (CashEDI), *https://www.bundesbank.de/de/aufgaben/bargeld/cashedi,* (online am 31.12.2020)

Deutsche Bundesbank, Zentralbereich Zahlungsverkehr und Abwicklungssysteme: Zahlungsverkehrssymposium 2019, Frankfurt, 2019, *https://www.bundesbank.de/resource/blob/824764/cbbc96d00fcb3a4917ca744cf0700031/mL/zahlungsverkehrssymposium-2019-data.pdf,* (online am 31.12.2020)

Deutsche Bundesbank 2020, Deutsche Bundesbank: Geld in programmierbaren Anwendungen. Branchenübergreifende Perspektiven aus der deutschen Wirtschaft, Frankfurt, 2020, *https://www.bundesbank.de/resource/blob/855080/941264701eb3f1a67ef6815831c9e40a/mL/2020-12-21-programmierbare-zahlung-anlage-data.pdf,* (online am 31.12.2020)

Deutsche Bundesbank/Bundesministerium der Finanzen: Zunehmender Bedarf an programmierbaren Zahlungen (gemeinsame Pressenotiz), Frankfurt und Berlin, 2020, *https://www.bundesbank.de/de/presse/pressenotizen/zunehmender-bedarf-an-programmierbaren-zahlungen-855056,* (online am 31.12.2020)

DeutscheBundesbank: Internetseite der Deutschen Bundesbank, *www.bundesbank.de,* (online am 31.12.2020)

Deutsche Bundesbank: Leichere Rekonstruktion von beschädigten Banknoten durch den ePuzzler, Frankfurt, 17.12.2020, *https://www.bundesbank.de/de/aufgaben/themen/leichtere-rekonstruktion-von-beschaedigten-banknoten-durch-den-epuzzler-854220,* (online am 31.12.2020)

Deutsche Bundesbank: Mit uns studieren, *https://www.bundesbank.de/de/karriere/duale-studiengaenge,* (online am 31.12.2020)

Deutsche Bundesbank: Neues BIZ-Innovationszentrum für globale Finanzinnovation in Frankfurt und Paris (Pressenotiz), Frankfurt, 29.06.2020, *https://www.bundesbank.de/de/presse/pressenotizen/neues-biz-innovationszentrum-fuer-globale-finanzinnovation-in-frankfurt-und-paris-835672,* (online am 15.01.2021)

DHBW Karlsruhe: *https://www.karlsruhe.dhbw.de/startseite.html,* (online am 31.12.2020)

DHBW Mosbach: *https://www.mosbach.dhbw.de/,* (online am 31.12.2020)

DHBW Stuttgart: *https://www.dhbw-stuttgart.de/,* (online am 31.12.2020)

DH Gera-Eisenach: *https://www.dhge.de/DHGE.html,* (online am 31.12.2020)

Europäische Kommission: The Digital Competence Framework for Citizens, *https://ec.europa.eu/jrc/en/digcomp/digital-competence-framework,* (online am 31.12.2020)

EuropäischeUnion1997: Vertrag zur Gründung der Europäischen Gemeinschaft (EG-Vertrag, 1997)

Europäische Zentralbank, 2020: Report on a digital Euro, Frankfurt, 2020, *https://www.ecb.europa.eu/pub/pdf/other/Report_on_a_digital_euro~4d7268b458.en.pdf,* (online am 31.12.2020)

Europäische Zentralbank: Directorate Banknotes: Access to cash, Frankfurt, 12.11.2020, *https://www.ecb.europa.eu/paym/groups/erpb/shared/pdf/14th-ERPB-meeting/Access_to_cash.pdf?231a8172d862b30727d69269ddc07abe,* (online am 20.01.2021)

Europäische Zentralbank: Provision of Learning and Development Services in the Field of Data Science, Computer Science and Information and Communications Technology 2020/S 251-626986 Contract notice, *https://www.ecb.europa.eu/ecb/jobsproc/proc/pdf/pro-005499_cn_2020-ojs251-62 6986-en.pdf,* (online am 22.01.2021)

European Supervisor Education Initiative: *https://www.ese-initiative.org/ese-en/,* (online am 31.12.2020)

Gesetz über die Deutsche Bundesbank, BbankG, *https://www.gesetze-im-internet.de/bbankg/,* (online 31.12.2020)

Gesetz über die Grundsätze des Haushaltsrechts des Bundes und der Länder, *https://www.gesetze-im-internet.de/hgrg/,* (online am 31.12.2020)

Grundgesetz für die Bundesrepublik Deutschland, *https://www.gesetze-im-internet.de/gg/BJNR0000 10949.html,* (online 31.12.2020)

HS Mainz: *https://www.hs-mainz.de/,* (online am 31.12.2020)

OTH Regensburg: *https://www.oth-regensburg.de/fakultaeten/betriebswirtschaft/studiengaenge/ bachelor-betriebswirtschaft.html,* (online am 31.12.2020)

Reserve Bank of New Zealand: 10.01.2021, Reserve Bank responding to illegal breach of data system (press release), *https://www.rbnz.govt.nz/news/2021/01/reserve-bank-responding-to-illegal-breach-of-data-system,* (online am 12.01.2021)

Robes, Jochen: Magazin für Erwachsenenbildung.at, Ausgabe 41/2020, Erwachsenenbildung und Zeit: Die Zeit im Onlinelernen. Über kurze Einheiten, Moments of Need und Selbstorganisation, *https://erwachsenenbildung.at/magazin/20-41/11_robes.pdf,* (online am 31.12.2020)

Statistisches Bundesamt: Thomas Riede, Thorsten Tümmler, Stefan Wondrak): Die Digitale Agenda des Statistischen Bundesamts, Bonn, 2019, *https://www.destatis.de/DE/Methoden/WISTA-Wirt schaft-und-Statistik/2018/01/digitale-agenda-012018.pdf;jsessionid=2F8B0599DD66D2BF29FBCDFFE AEF9651.internet8712?__blob=publicationFile,* (online am 31.12.2020)

Tarifvertrag für den öffentlichen Dienst (TVöD), 13.09.2005, zuletzt geändert durch Änderungstarifvertrag Nr.17 vom 20.09.2019, *https://www.bmi.bund.de/SharedDocs/downloads/DE/veroeffentli chungen/themen/oeffentlicher-dienst/tarifvertraege/tvoed.pdf?__blob=publicationFile&v=6,* (online am 31.12.2020)

TechQuartier: AI Talents Launch: Teaching to Innovate for Good, Frankfurt, 2020, *https://wp.tech quartier.com/news/aitalents/,* (online am 15.01.2021)

Thiele, Carl-Ludwig: Bau der Bundesbank-Filiale in Dortmund – Festakt „Richtfest" (rede), Dortmund, 03.04.2017, *https://www.bundesbank.de/de/presse/reden/bau-der-neuen-bundesbank-fili ale-in-dortmund-festakt-richtfest–665316#tar-5,* (online 31.12.2020)

Weidmann, Jens: Ansprache für die Grundsteinlegung für die Neue Filiale in Dortmund, Dortmund, 14.07.2016, *https://www.bundesbank.de/de/presse/reden/ansprache-bei-der-grundsteinlegung-fuer-die-neue-filiale-in-dortmund-664976,* (online am 31.12.2020)

Abkürzungen und Begriffsklärung

BaFin – Bundesanstalt für Finanzdienstleistungsaufsicht

BAköV – Bundesakademie der Öffentlichen Verwaltung (dem BMI unterstellt)

Bargeldrecycling – Bezeichnet die Hereinnahme, Echtheitsprüfung und Wiederausgabe von Bargeld. Die Zentralbanken des Eurosystems sind mit der Ausgabe von Euro-Banknoten betraut, dafür ist u.a. die Echtheit umlaufender Banknoten zu gewährleisten

Blockchain – Eine Kette von Transaktionen, die als dezentral geführtes Buchführungssystem eine technische Basis für Kryptowährungen (engl. *crypto currencies*) sowie eine der gängigste Distributed Ledger-Techniken ist.

BMI – Bundesministerium des Innern

Cash Electronic Data Exchange" (CashEDI) – System der Deutschen Bundesbank für eine digitale Erfassung und Geschäftsabwicklung bargeldbezogener Transaktionen (z.B. Einzahlungsavise und Geldestellungen)

Distributed Ledger-Technologie (DLT) – engl. für Technik verteilter (dezentral geführter) Kassenbücher *(Ledgers),* wird zur Dokumentation von (Finanz-)Transaktionen eingesetzt und über den Einsatz vernetzter Computer erreicht

ESZB – Europäisches System der Zentralbanken, bezeichnet die Europäische Zentralbank (EZB) und die nationalen Zentralbanken der Länder, die der Europäischen Union angehören

ESE – European Supervisor Education Initiative

Eurosystem – bezeichnet die Europäische Zentralbank (EZB) und die dem Euro-Währungsgebiet angehörigen nationalen Zentralbanken (darunter die Deutsche Bundesbank)

FinTech – Kurzform der Bezeichnung „Financial Technology"; beschreibt Unternehmen, die innovative, technologiebasierte und finanztransaktionsbezogene Systeme bereitstellen.

HdB – Hochschule der Bundesbank

Instant Payments – dt. Echtzeitüberweisungen; eine Zahlungsart im Online-Banking mittels der Zahlungsvorgänge nahezu sofort (max. 10 Sekunden), d. h. in Echtzeit erfolgen. Das Eurosystem bietet hierfür ihr „TARGET Instant Payment System" (TIPS) an

KADi – Koordinierungsausschuss Digitalisierung, hochrangig besetztes Gremium der Deutschen Bundesbank

Machine Learning – dt. Maschinelles Lernen, bezeichnet eine allein datengestützte und agorithmusgetriebene (künstliche) Erzeugung von Wissen aus Erfahrung oder Beispielen indem Muster erkannt und Gesetzmäßigkeiten abgeleitet werden. Solche Systeme eigenen sich bspw. neben der Sprach- und Texterkennung auch für automatisierte Marktanalysen oder das Erkennen von Kreditdatenbetrug

ÖB – bezeichnet den Zentralbereich „Ökonomische Bildung, Hochschule und Internationaler Zentralbankdialog" der Deutschen Bundesbank

Reskillings – (engl.) meint die umfassende Neuausrichtung und den Neuaufbau der fachlichen Kompetenzen für ein geändertes, berufliches Anforderungssetting

SSM – Single Supervisory Mechanism (dt. Einheitlicher Aufsichtsmechanismus), bezeichnet die zentrale europäische Bankenaufsicht. Der SSM setzt sich aus der EZB und den nationalen Aufsichtsbehörden (darunter der Deutschen Bundesbank) der teilnehmenden Länder zusammen

Stabsstelle Digitalisierung – organisatorische Einheit in der Deutschen Bundesbank zur Beschleunigung und Koordinierung des internen digitalen Wandels

Textmining – ein algorithmusbasiertes, softwaregestütztes Analyseverfahren, um automatisiert Bedeutung aus unstrukturierten oder nur schwach strukturierten Textinformationen auszulesen

TARGET – Trans-European Automated Real-time Gross Settlement Express Transfer System; seit Euro Einführung im Januar 1999 das gemeinsame Echtzeit-Brutto-Abwicklungssystem des Eurosystem. Das System umfasst mit TARGET2 seit Mai 2008 auch die technische Infrastruktur der Individualzahlungssysteme der Zentralbanken des Eurosystems

T2S – TARGET2Securities, Plattform für die zentrale und harmonisierte Abwicklung von Wertpapieren in Zentralbankgeld in der Europäischen Union

Upskillings – (engl.) bezeichnen die (kontinuierliche) Weiterbildung für ein bekanntes Aufgabengebiet (vgl. auch „Reskillings")

Verteilzeit – bezeichnet eine personalwirtschaftliche Berechnungsgröße und wird bei jeder sog. Organisationsuntersuchung, d. h. eines regelmäßigen Ist-Soll-Abgleichs des Personalbedarfs einer Abteilung, angelegt. Wesentliche und öffentlich verfügbare Kalkulationsgrundlage ist das Organisationshandbuchs des BMI

Weiterbildungskoordinator/innen – Beschäftigte der Zentralbereiche, die eine koordinierende Rolle zwischen ihrem Fachbereich und dem Weiterbildungsbereich einnehmen

ZB – Zentralbereich

ZBL – Zentralbereichsleiter / #A

Digitale Kompetenz ist keine Option
persönlich-digital: Die Reise einer Genossenschaftsbank in die Zukunft

Leonhard Zintl, Kathrin Droste und Grit Zimmer

Die Volksbank Mittweida eG ist eine erfolgreiche mittelgroße Genossenschaftsbank im Städte-Dreieck Chemnitz – Leipzig – Dresden. Als Allfinanzdienstleister bedienen wir alle klassischen Bankgeschäfte mit Fokus auf das Privat- und Firmenkundengeschäft. Darüber hinaus erbringen wir mit Nischen- und Spezialleistungen, wie zum Beispiel dem Bauträgergeschäft und der Refinanzierung von Leasinggesellschaften, zusätzliche Mehrwerte und investieren in eine langjährige Kundenbeziehung. Mit unserer klaren Ausrichtung sind wir erfolgreich durch Qualität und Kundennähe.

Freude am Erfolg, eine Vertrauens- und Leistungskultur, Innovation und Zukunftsorientierung sind die Leitgedanken unserer Bank. Wir ermutigen und fordern alle Mitarbeiter auf, neue Ideen einzubringen und damit aktiv die Zukunft des Unternehmens zu gestalten. Bereits zum dritten Mal in Folge zählen wir im Jahr 2020 zu den TOP 100 der innovativsten mittelständischen Unternehmen Deutschlands.

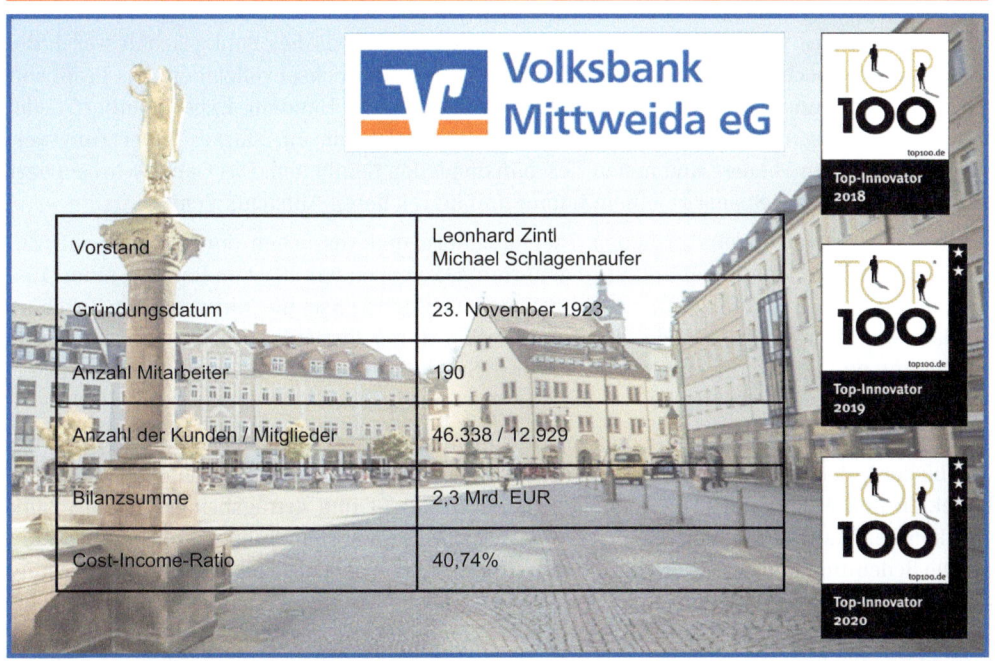

Bild 4.1 Fakten Bank (Stand 31.12.2020, Bild: Volksbank Mittweida eG)

Vorstand	Leonhard Zintl Michael Schlagenhaufer
Gründungsdatum	23. November 1923
Anzahl Mitarbeiter	190
Anzahl der Kunden / Mitglieder	46.338 / 12.929
Bilanzsumme	2,3 Mrd. EUR
Cost-Income-Ratio	40,74%

Wir wirken aktiv an der Weiterentwicklung unserer Region mit. Mit unserem Innovationszentrum Werkbank32 unterstützen wir den Digitalisierungsprozess im Mittelstand und bieten Start-ups ein optimales Arbeitsumfeld und vielseitiges Netzwerk. Als Gründungsmitglied der Initiative zur Förderung von Blockchain (INATBA) und erste Bank im Blockchain Bundesverband beschäftigen wir uns seit einigen Jahren mit der Blockchain-Technologie, suchen nach sinnvollen und greifbaren Anwendungsfällen und begleiten deren Umsetzung.

Die Bank befindet sich in einem anspruchsvollen Marktumfeld. Der Landkreis Mittelsachsen ist sehr ländlich geprägt. Anders als in Sachsens Großstädten kämpfen wir seit Jahren mit dem Verlust von jungen Leuten und Fachkräften. Auch unser Wettbewerbsumfeld hat sich signifikant verändert. Wir stehen nicht mehr nur in Konkurrenz mit unseren regionalen Mitbewerbern und Direktbanken, sondern auch mit Start-ups und Unternehmen im Finanz-Technologie-Sektor (FinTechs).

Um in eine erfolgreiche Zukunft zu blicken, müssen wir Banking neu denken und neben der Digitalen Transformation im klassischen Bankgeschäft auch neue (digitale) Ertragsquellen erschließen. Die Zielrichtung ist damit klar definiert, doch die spannende Frage ist der Weg dahin. Es gilt, nun alle Mitarbeiter mit auf die Reise in die Zukunft zu nehmen. Dabei dürfen wir unsere Kunden keinesfalls aus dem Auge verlieren. Unser Kerngeschäft sehen wir weiterhin in der Privat- und Firmenkundenberatung. Wie wir diese beiden Herausforderungen in der Bank angehen, beschreiben wir in den folgenden beiden Abschnitten.

4.1 Unsere „Learning Journey" – Grundverständnis zu Zukunftskompetenzen und Zukunftsperspektiven der Bank schaffen

Unser Haus besteht seit fast 100 Jahren am Markt. Knapp die Hälfte der Belegschaft (12/2019) hat eine Betriebszugehörigkeit von zehn Jahren oder länger. Der Altersdurchschnitt beträgt 41,5 Jahre (12/2019). Die bisherigen Anforderungen an Bankkaufleute waren klar definiert und haben sich im Laufe der Zeit nur nuanciert verändert. Klare Abläufe, höchste Priorität auf Fehlervermeidung, feste Zielvorgaben und der Fokus auf klassisches Bankgeschäft waren die Schwerpunkte. Doch nun müssen Banken einen Paradigmenwechsel vollziehen. Das Profil von Bankern muss nun vor allen Dingen innovatives Denken und Handeln, Experimentierfreude, kompetenter Umgang mit Planungsunsicherheit und trotzdem ein starkes Umsetzungsvermögen in digitalen Themen und neuen Geschäftsmodellen beinhalten. Das Ganze wird gepaart mit einem gekonnten Spagat zu einem immer umfangreicheren Aufsichtsrecht.

Wir engagieren uns bereits in neuen Themenfeldern und versuchen dort Projekte mit Zukunftspotenzial zu identifizieren und zu generieren. So haben wir 2019 im Rahmen einer Ausschreibung mit den Bündnispartnern Stadt Mittweida und Hochschule Mittweida den Zuschlag für das Förderprogramm „Wandel durch Innovation in der Region" des Bundesministeriums für Bildung und Forschung erhalten. Das Kernthema in Mittweida ist dabei die „Schaufensterregion Blockchain".

Die Bereitschaft, sich in neue Themen einzubringen, Trends zu analysieren und zu bewerten war bisher jedoch nur auf wenige Köpfe verteilt. Trotz regelmäßiger Berichte zu laufenden Projekten und Maßnahmen, die mögliche Handlungsfelder und Ertragsbringer für die Bank sein könnten, kamen die Informationen bei unseren Mitarbeitern nicht in ausreichendem Maß an. Die Bedeutung und der Grund für die Investitionen außerhalb des bisherigen Bankgeschäfts konnten viele Kolleginnen und Kollegen nicht gleichermaßen nachvollziehen. Zudem scheint es, dass viele Mitarbeiter Befürchtungen haben, Themen nicht zu verstehen, nicht mitgenommen zu werden bzw. Berührungsängste mit dem Ausbau unserer digitalen Leistungen haben.

Die Idee der Learning Journey

Wir kamen sehr schnell zu der Erkenntnis, dass uns eine klassische Wissensvermittlung im Seminarformat nicht weiterbringen wird. Bevor wir also gezielt digitale Kompetenzen aufbauen, war es für uns von essenzieller Notwendigkeit ein passendes Fundament dafür zu schaffen. Digitale Transformation soll in unserer Bank Spaß machen und antreiben Neues auszuprobieren und kein Angstauslöser sein.

Ein gemeinsames Verständnis aufbauen für Digitalisierung, laufende Veränderung und Weiterentwicklung in ganz neuer Geschwindigkeit standen bei unseren Überlegungen im Vordergrund. Wir wollten eine Basis schaffen, um zukünftig kognitiv Kompetenzen zu entwickeln, mit neuen Technologien und Methoden zu arbeiten sowie neue Verhaltens- und Arbeitsweisen sinnvoll zu implementieren.

Doch was benötigen wir dazu, um eine derartige Grundlage zu etablieren und einen Großteil aller Beschäftigen zu erreichen? In Zusammenarbeit mit einem externen Partner sind wir in die Konzeption gegangen und haben uns dazu entschlossen alle Mitarbeiter auf eine Learning Journey zu entsenden. Diese Methode ermöglicht es, neue Blickwinkel zu erhalten, sich von alten Denkmustern zu lösen und gleichzeitig das erworbene Wissen anhand von praktischen Übungen anzuwenden.

Folgende Ziele haben wir uns für die Durchführung dieser außergewöhnlichen und etwas anderen Art des Lernens gesteckt:

- Es soll Spaß machen. Neben einem angemessenen unterhaltenden Wert benötigen wir jedoch gleichzeitig eine entsprechende Seriosität. Hier galt es also verbindende Elemente zu schaffen.
- Wir wollten eine durchgängige Transparenz zu laufenden Projekten und Engagements in neuen Themenfeldern schaffen.
- Uns war es wichtig, Fragen aufzunehmen und zu beantworten, die bisher noch nicht adressiert wurden: Warum befasst sich die Bank mit Themen, die nicht unbedingt etwas mit dem klassischen Bankgeschäft zu tun haben und investiert dort hinein? Was verbirgt sich hinter den neuen Projekten?
- Wir wünschten uns ein Feedback, wie Informationen zur Digitalisierung und Zukunft der Bank bisher wahrgenommen werden und welche Informationskanäle bzw. -formen als besonders nützlich empfunden werden.
- Wir wollten erstes Grundlagenwissen zu verschiedenen Technologien bzw. Arbeitsweisen vermitteln, um so die Scheu davor zu verlieren.
- Durch die Schaffung einer entspannten Atmosphäre sollte der Austausch und die Vernetzung unter den Teilnehmern gefördert werden.
- Alle Mitarbeitenden im Haus sollten teilnehmen.

Voller Tatendrang starteten wir nun in einem kleinen Team mit der Ausgestaltung der Lernreise. Nachdem Ablauf und Inhalte erarbeitet wurden, haben wir alle Mitarbeiter zu unserem besonderen Workshop eingeladen. Die Bekanntgabe der Rahmendaten und erste Informationen zu den Inhalten übermittelte Pippi Langstrumpf höchstpersönlich in einer Videobotschaft. Die Einladung hat für Gesprächsstoff gesorgt und die Neugierde war geweckt. Wir haben insgesamt acht halbtägige Workshoptermine angeboten. Dabei war es uns wichtig, dass sich immer Personen aus unterschiedlichen Bereichen zu einem Termin zusammenfinden. Wir wollten damit für alle die gleiche Teilnahmevoraussetzung und ausreichend Networking-Möglichkeiten schaffen.

Einige Wochen später war es dann so weit, der erste Workshoptag lag vor uns. Um die Spannung hoch zu halten, wurden im Vorfeld der Lernreise nur sehr wenige Informationen über den Veranstaltungsinhalt bekanntgegeben. Deshalb war es zunächst sehr wichtig, die Teilnehmer gedanklich abzuholen und auf die Lernreise einzustimmen. Nach einer kurzen Begrüßung informierten unsere Vorstände über die aktuelle Ausgangslage unserer Bank, die damit verbundenen Handlungsentscheidungen und zukünftigen Herausforderungen. Sie kommunizierten die Ziele und Erwartungen an die Veranstaltung und verdeutlichten die Notwendigkeit und Wichtigkeit der Durchführung eines solchen Workshops. Mit den einleitenden Worten wurde allen Teilnehmern noch einmal bewusst gemacht, wie wichtig es ist, dass sich alle für die Zukunft rüsten und ihren Beitrag dazu leisten.

Im Anschluss haben wir die Teilnehmer in kleine Gruppen mit jeweils sechs Personen aufgeteilt. Diese hatten dann die Aufgabe vier verschiedene Stationen zu durchlaufen. Hierzu gehörten das Geschäftsmodell Labor, Design Thinking in 45 Minuten, Lernen mit der VR-Brille (Virtual Reality) und Blockchain/Künstliche Intelligenz. Jede Station wurde von einer Person aus dem Vorbereitungsteam begleitet. Darüber hinaus gab es eine Vorstandslounge, die in allen acht Workshops von beiden Vorständen selbst betreut wurde. Dies führte zu einer enorm hohen gefühlten Wertschätzung bei den Teilnehmern.

Natürlich haben wir auch verschiedene Möglichkeiten geschaffen, um sich auszutauschen und das Erlebte zu reflektieren. Wir starteten mit einem Come Together, bauten regelmäßige Pausen ein und stellten eine Fotobox auf, um die Reiseerinnerungen festzuhalten. Je nach Startzeit des Workshops beendeten wir unsere Reise mit einem gemeinsamen Mittag- bzw. Abendessen. Wir konnten immer wieder Gesprächen lauschen, in denen die Mitarbeiter sich gegenseitig begeistert von den bereits durchlaufenen Stationen berichteten und sich über aktuelle Themen in ihren Abteilungen austauschten. Besondere Unterhaltung bot uns ein Magier, welcher die Teilnehmer immer wieder zum Staunen brachte und sie kurzzeitig in eine andere Welt abtauchen ließ. Das Konzept basierte auf dem „Edutainment"-Gedanken, um wichtige Inhalte ernsthaft, aber gleichzeitig positiv und unterhaltsam zu transportieren. Die Teilnehmer sollten sich an die gute Atmosphäre erinnern, um damit längerfristig von den Inhalten zu profitieren.

Im folgenden Abschnitt werden die Inhalte der einzelnen Stationen unserer Learning Journey erläutert, die es nacheinander zu durchlaufen galt.

Alle Stationen unserer Learning Journey im Detail

Um weiterhin als erfolgreiche Genossenschaftsbank zu agieren und Erträge zu erzielen, müssen wir uns mit der Entwicklung von neuen Geschäftsfeldern auseinandersetzen. Bevor innovative Ideen weiterentwickelt und umgesetzt werden können, sind diese auf Wirtschaftlichkeit sowie unternehmerisches Potenzial zu prüfen, zu analysieren und letztendlich zu bewerten. Vor diesem Hintergrund wurde an der Station **Geschäftsmodell Labor** die Analyse und Bewertung von neuen Geschäftsmodellen anhand des Business Model Canvas erklärt. Im Ad-hoc-Verfahren sollten sich die einzelnen Gruppen eine fiktive Start-Up-Idee ausdenken. Die Ideen waren vielfältig und reichten von einem speziellen Bier für Frauen bis hin zur digitalen Volksbank-Geldbörse. Ein Coach erklärte die einzelnen Bausteine des Instruments praxisnah. Somit gelang es den Gruppen sehr gut, die jeweiligen Anwendungsbeispiele mit dem Canvas zu bewerten. Auf spielerische Art lernten die Teilnehmer die wesentlichen Elemente bei der Bewertung einer Geschäftsidee kennen. Es ist uns auf diese Weise gelungen, das unternehmerische Denken der Mitarbeitenden zu erweitern.

Im Rahmen unserer (im Nachgang liebevoll so genannten) „Bastel-Station" **Design Thinking in 45 Minuten** hatten die Teilnehmer die Aufgabe für einen Kunden (ihren Sitznachbarn) ein Portemonnaie zu entwickeln, welches genau seine Anforderungen und Ansprüche erfüllt, von der Funktionalität bis hin zum Design. Ausgestattet mit allerlei Materialien, die man ebenso in einem gut sortierten Bastelgeschäft findet, waren dem Einfallsreichtum und der Kreativität unserer Kolleginnen und Kollegen keine Grenzen gesetzt. In kurzen Zeitabschnitten wurden abwechselnd die Wünsche und Bedürfnisse des Kunden erfragt, um diese am Produkt umzusetzen. Es wurde mit Spaß, aber auch unter Anstrengung getüftelt und gebastelt. Schließlich ist durch den permanenten Abgleich zwischen Anforderungen und Lösungsmöglichkeiten ein kundenzentriertes Produkt für den Nutzer entstanden. Die Herausforderungen wurden dabei allen bewusst. Mit diesem Modell wollten wir einen Lösungsansatz vermitteln, der die Nutzersicht in den Fokus rückt und somit bei allen Ideen immer vom Kunden aus gedacht wird.

Bild 4.2 Station Design Thinking im Rahmen der Learning-Journey-Workshops (Bild: Volksbank Mittweida eG)

Im Rahmen der dritten Station war es erklärtes Ziel, die Hürden gegenüber neuen Technologien abzubauen. Zunächst kompliziert erscheinende Funktionsweisen sollten vereinfacht dargestellt werden. Weiterhin wurde aufgezeigt, welche Möglichkeiten uns der Einsatz von neuartigen Technologien und Künstlicher Intelligenz (KI) bietet. Nicht zuletzt durch unsere Mitarbeit im Förderprojekt mit Stadt und Hochschule haben wir im ersten Teil dieser Station das Thema **Blockchain** aufgegriffen, um den Teilnehmern ein Grundverständnis dieser Technologie zu vermitteln. Mithilfe von Stift, Zettel und eines einfachen Rechenbeispiels wurde das Grundprinzip einer Blockchain-Kette erklärt und in Anwendungsbeispielen visualisiert. Plötzlich war das Thema viel greifbarer und nachvollziehbarer. Der Aha-Effekt war in jeder Gruppe deutlich zu spüren. Bei der Gestaltung unserer Prozesse möchten wir zukünftig die vielfältigen Einsatzmöglichkeiten von **Künstlicher Intelligenz (KI)** und Robotik nutzen. Anhand der selbstständigen Programmierung des kleinen Roboters Cozmo im zweiten Teil dieser Station haben die Teilnehmer erfahren, wie eine KI funktionieren kann. In kürzester Zeit haben sie Cozmo beigebracht verschiedene Abläufe abzuarbeiten und sogar mit ihnen zu kommunizieren. Auf spielerische Weise konnten wir die Bausteine unserer zukünftigen Prozessgestaltung vermitteln und aufzeigen, wie einfache Zielstellungen technisch umgesetzt werden können.

Wir sind eine Regionalbank mit verschiedenen Dienstleistungsangeboten für unsere Kunden. Es geht uns nicht darum, aus allen Mitarbeitenden IT-Spezialisten zu machen. Für uns ist es aber entscheidend, zu verstehen, was Technologie leisten kann. Dabei möchten wir herausfinden, bei welchen Tätigkeiten und Abläufen wir die Technik zukünftig nutzen können und so auch unseren Kunden ergänzende (Bank-) Dienstleistungen anbieten können.

Wissen auf virtuellem Weg zu vermitteln wird zukünftig eine immer größere Rolle spielen. Die Teilnehmer konnten in unserer vierten Station die **Technologie VR-Brille** (Virtual Reality) live erleben und ausprobieren. In drei interessanten Lernvideos zu den Themenfeldern Blockchain, Genossenschaften und Nachhaltigkeit sowie FinTechs wurde mit dem Einsatz der VR-Brille ein Erlebnis der besonderen Art geschaffen.

Das Highlight der Learning Journey war für viele Teilnehmer die **Vorstands-Lounge.** In lockerer Atmosphäre hatte jeder die Möglichkeit zum direkten Austausch mit unserem Vorstand. Ganz gleich welche Themen oder Fragen bewegt haben, alles wurde gemeinsam besprochen und wertschätzend diskutiert. Bei den Vorbereitungen zur Veranstaltung waren wir sehr gespannt, wie dieses Angebot angenommen werden würde. Im Nachgang lässt sich feststellen, dass es ein voller Erfolg war. Die Gespräche haben einen großen Beitrag für gegenseitiges Verständnis geleistet, zudem wurden auch viele Ideen und Anregungen vom Vorstand aufgenommen.

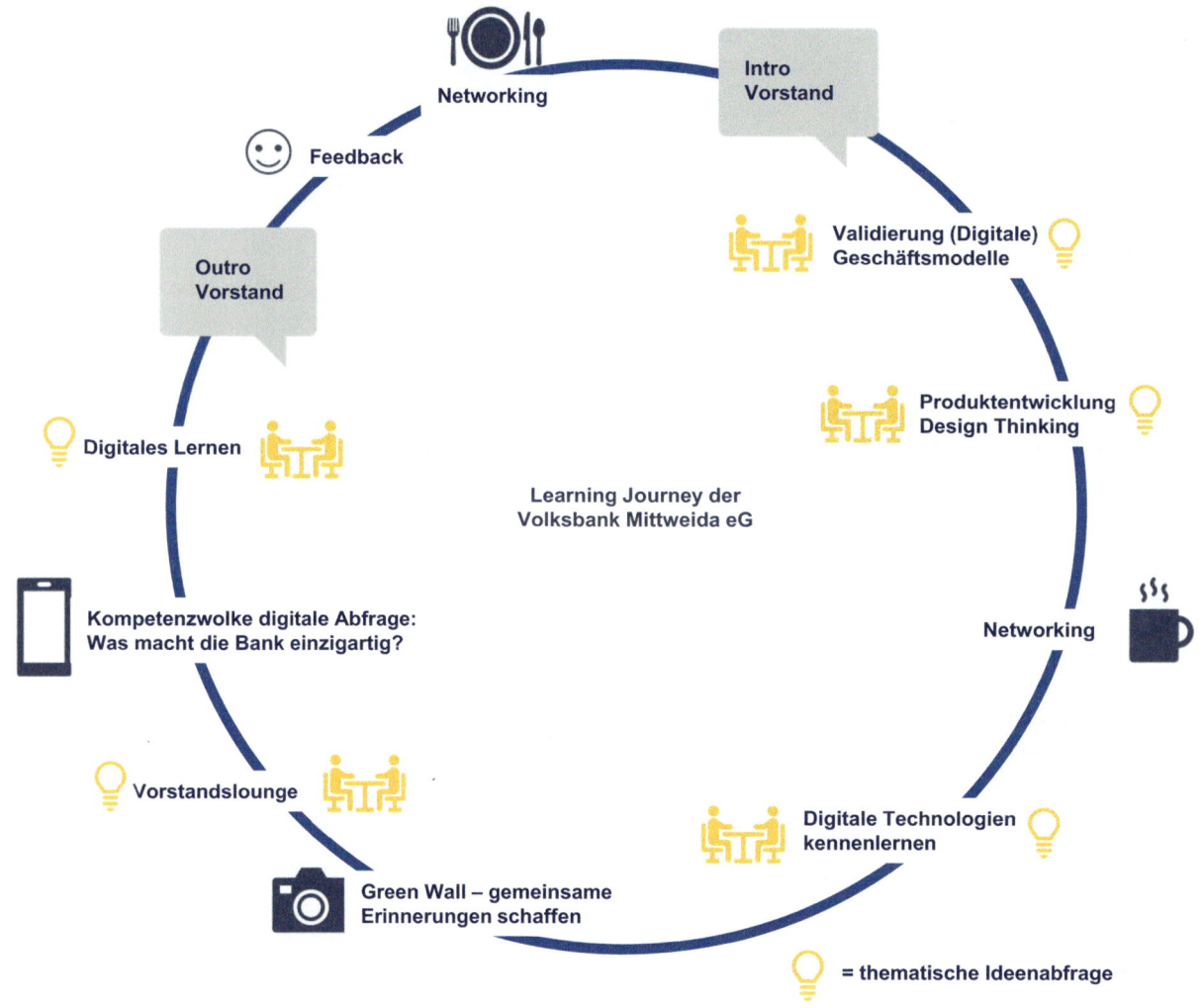

Bild 4.3 Stationen der Learning-Journey-Workshops

Erfolgsfaktoren unserer Learning-Journey-Workshops

- Raus aus dem Unternehmen – eine angenehme Workshop-Atmosphäre schaffen.
- Für den gesamten Workshopverlauf das „Arbeits-Du" für alle Teilnehmer vereinbaren.
- Alle Personen im Unternehmen einbeziehen – vom Facility Manager bis zum CEO.
- CEO ist aktiv im Workshop involviert und die ganze Zeit dabei.

- Alle Fragen werden wertschätzend aufgenommen und beantwortet.
- Ausreichend Zeit für Vernetzung und Austausch der Teilnehmer einplanen.
- Ausgewogene Mischung aus Theorie, praktischer Anwendung und Unterhaltung.
- Zukunftsthemen greifbar und konkret machen, damit klar wird, welche Rolle diese Themen zukünftig im Kontext der jeweiligen Mitarbeiterinnen und Mitarbeiter spielen können.

Ergebnis aus der Learning Journey

Bereits an den Stationen gab es sehr gutes Feedback und die in loser Form abgeforderten Rückmeldungen nach den einzelnen Veranstaltungen waren zu nahezu 100 Prozent positiv. Inhaltlich konnten wir beim Abgleich mit unseren vorab festgelegten Zielen eine vollständige Zielerreichung in der Grundmehrheit aller Kolleginnen und Kollegen verzeichnen. Viele Teilnehmer berichteten im Haus begeistert vom Erlebten und die Bereitschaft, sich neben dem klassischen Bankgeschäft zu engagieren, wächst.

Die Basis, nämlich ein Grundverständnis für den eingangs erwähnten erforderlichen Paradigmenwechsel, konnte gelegt werden. Zudem haben wir eine Vielzahl von wertvollen Hinweisen und Ideen aus den Workshops mitgenommen, die wir im Nachgang strukturiert abgearbeitet haben.

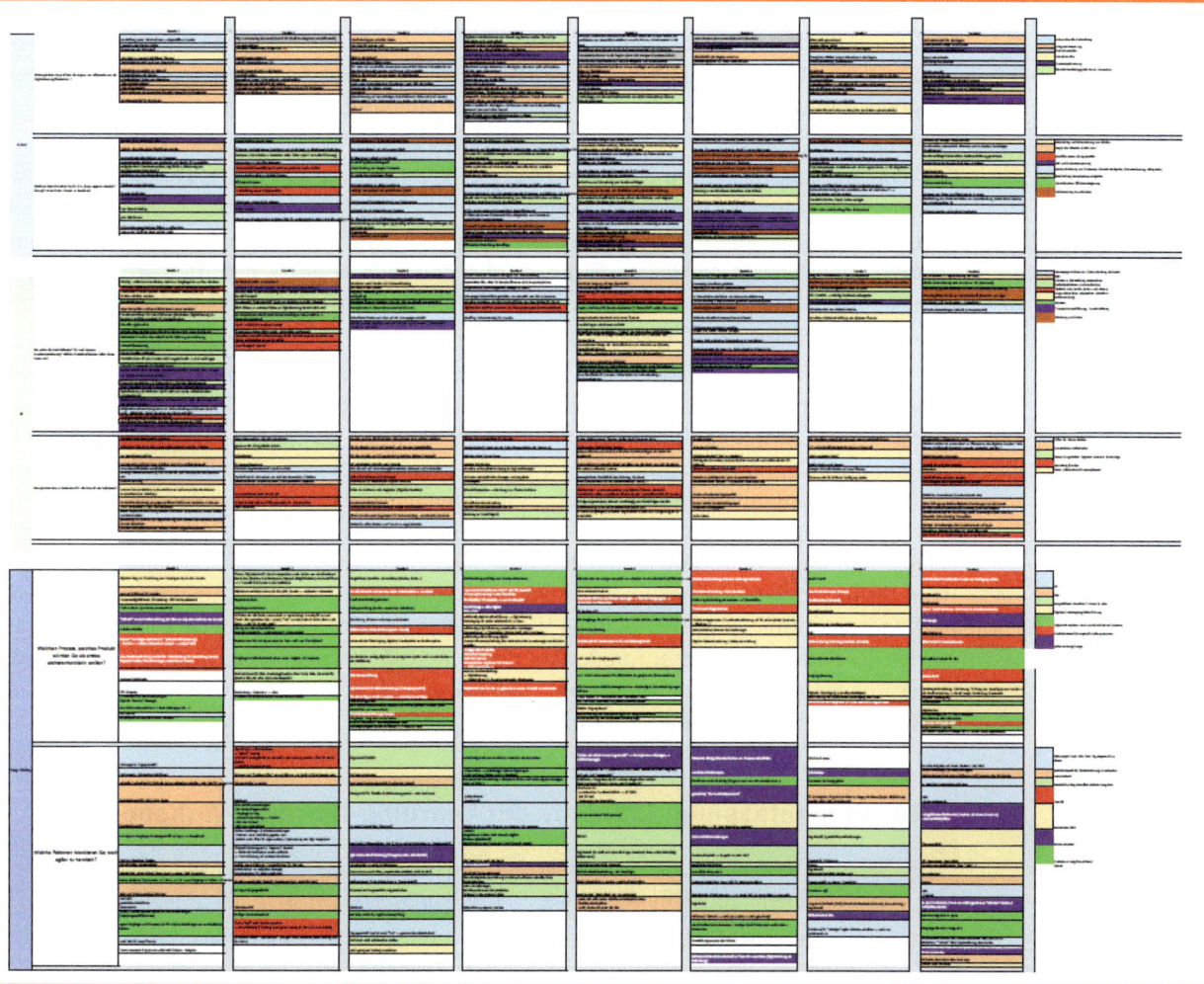

Bild 4.4 Übersicht der Menge an eingesammelten Ideen in acht Workshops mit ca. 150 Teilnehmern

Wir wollten den Schwung, den wir auf unserer Learning Journey erzeugt haben, nutzen und die Transformation weiter vorantreiben und entwickeln.

Mit unserem externen Partner haben wir zu unserem Workshopformat einen Digitalen Zwilling entwickelt. Nun können die Inhalte der Wissensvermittlung an den Stationen jederzeit durch alle Teilnehmer und neue Kolleginnen und Kollegen digital abgerufen werden. Die digitale Version der Learning Journey wurde zentral auf allen Tablets unserer Mitarbeiter verteilt. Zudem wurden alle Ideen strukturiert und bewertet. Quick-Wins wurden sofort umgesetzt und weitere Themen in die entsprechenden Fachbereiche zur Umsetzung gegeben. Der Umsetzungsfortschritt wurde ebenfalls im Digitalen Zwilling hinterlegt und somit sind für jeden alle Themen und deren Stand nachvollziehbar.

Eine wesentliche Erkenntnis aus dem Workshop war das vorherrschende sehr unterschiedliche und teilweise diffuse Verständnis von agilen Arbeitsmethoden. Die bisherigen Entwicklungsmaßnahmen dazu haben nicht den erwünschten Erfolg gebracht. Also sind wir mit einem kleinen Team gestartet, um agile Arbeitsmethoden verständlich, sinnvoll und methodisch kompetent im Haus zu implementieren. Der erste Schritt liegt darin, das Start-Team zu befähigen. Entsprechend der Methode gehen wir auch hier agil vor und wenden parallel das jeweilig Erlernte in Pilotprojekten an und weiten somit die Kompetenz auf andere Projektmitglieder im Haus aus.

In den Gesprächen erhielten wir zudem das Feedback, dass der Ablauf von der (digitalen) Idee zur Umsetzung oder Verwerfung bzw. den dazugehörigen Formaten intransparent ist. Aus diesem Grund haben wir den Prozess neu aufgesetzt und die Formate trennschärfer gestaltet. Zur Validierung der (Geschäftsmodell-/Dienstleistungs-)Idee haben wir das in der Learning Journey an alle vermittelte Instrument Business Model Canvas in variierter Form integriert. Somit ist für alle nachvollziehbar, auf welcher Basis Umsetzungs- bzw. Investitionsentscheidungen getroffen werden. Der neue Prozess wurde im Rahmen der Führungsrunde vorgestellt und danach in alle Fachbereiche kommuniziert und fest verankert.

Ein immer wieder präsentes Argument in den Diskussionen war das Thema Kapazität: Wir engagieren uns in sehr vielen Projekten gleichzeitig und leben teilweise noch umständliche Arbeitsabläufe. Im Rahmen der Projektportfoliosteuerung wurde nun ein Validierungs- und Priorisierungskonzept erarbeitet. Somit werden nun alle Projekte bewertet, wir machen gebundene Kapazitäten in der gesamten Organisation transparent und ermöglichen eine aktive Kapazitätssteuerung im Projektmanagement.

Ein weiterer Ansatzpunkt ist für uns das Thema Robotic Process Automation (RPA), mit dem wir zeitaufwändige und bisher manuelle Tätigkeiten durch technische Lösungen automatisiert abarbeiten lassen wollen. Dafür haben wir eine neue Stelle geschaffen, die diese Software für Anwendungsfälle im Haus programmieren kann. Unser Ziel ist es, alle häufig wiederkehrenden und fehleranfälligen einfachen Tätigkeiten in einem ersten Schritt zu automatisieren und dies im zweiten Schritt auf komplette Geschäftsprozesse auszuweiten. Neben Effizienzsteigerungen und den damit einhergehenden Kosteneinsparungen schaffen wir damit neuen Freiraum für Innovationsentwicklung und beispielsweise für die digitale Transformation in unserer Kundenberatung. Denn der digitale Wandel betrifft uns nicht nur intern, sondern stellt uns auch in der Betreuung unserer Kunden vor neue Herausforderungen. Die neuen Anforderungen in der Kundenberatung und wie wir unsere Bank und Mitarbeiter darauf vorbereiten, betrachten wir im nächsten Abschnitt.

Zusammenfassung: Ergebnis der Learning-Journey-Workshops

- Nahezu 100 % positive Teilnehmerrückmeldungen: super, abwechslungsreich, toller Tag, spannend, totale Begeisterung, Danke, kurzweilig, genial …
- Sammlung einer Vielzahl von wertvollen und konstruktiven Impulsen und Ideen für die digitalen Projekte und die Zukunft des Unternehmens im Allgemeinen. Alle Hinweise wurden zur Bewertung und Umsetzung an die Fachbereiche weitergegeben. „Low hanging fruits" wurden bereits umgesetzt.

- Die gemeinsame Basis für eine erfolgreiche Zukunft der Volksbank Mittweida eG ist geschaffen.
- Startschuss für die Implementierung agiler Arbeitsmethoden.
- Bereitschaft der Teilnehmer, an innovativen Ideen mitzuarbeiten, ist gestiegen.
- Im Digitalen Zwilling sind die Themen der einzelnen Stationen immer wieder abrufbar. Neue Mitarbeiter profitieren ebenfalls von den durchgeführten Workshops.
- Es geht nicht darum, unsere Kolleginnen und Kollegen zu IT-Experten auszubilden. Es ist wichtig, sich mit neuen Technologien zu beschäftigen und daraus Chancen zu erkennen.

4.2 Digitale Kompetenz in der Kundenberatung – zukünftig ein wesentlicher Erfolgsfaktor unserer Bank

4.2.1 Herausforderungen und Entwicklungen in der Kundenberatung

Das Kundenverhalten hat sich in den letzten Jahren sehr deutlich verändert. Vor einigen Jahren war der vertraute Bankberater noch erster Ansprechpartner in allen finanziellen Angelegenheiten. Heute informiert sich eine Vielzahl unserer Kunden zuerst im Internet. Teilweise finden sie gar nicht mehr den Weg zu uns in die Filiale. Weiterhin werden unsere Produkte und Dienstleistungen immer transparenter und unterscheiden sich kaum noch von den Leistungen anderer Anbieter. Auf verschiedenen Finanz- und Vergleichsportalen findet man diverse Produktinformationen und Konditionen. Eine schnelle Kontaktaufnahme zu einem Berater ist unkompliziert möglich. Mittlerweile sind auch Produktabschlüsse mit wenigen Klicks durchführbar. Für uns ist es daher essenziell, dass wir unser digitales Leistungsangebot stetig erweitern und auch unsere Kundenberater dazu befähigen, dieses selbstsicher einzusetzen. Es liegt nun an uns, die speziell dafür notwendigen Rahmenbedingungen und Voraussetzungen zu schaffen.

Die persönliche Nähe zu unseren Kunden, unsere Beratungskompetenz und unser hohes fachliches Know-how sind starke Wettbewerbsvorteile. Unsere Kunden sind es gewohnt, persönlich vor Ort beraten zu werden. Unsere Firmenkunden beispielsweise schätzen den Besuch ihres Beraters im eigenen Unternehmen sehr. Als regionale Bank können wir unser Marktumfeld sehr gut einschätzen und unseren Kunden schnelle Antworten, zum Beispiel hinsichtlich der Finanzierung eines Investitionsvorhabens, geben. Wir haben die große Chance, unsere persönliche Stärke, die Nähe zu unseren Kunden, mit einer digitalen Beratung zu verbinden und uns dabei vom Wettbewerb abzuheben. Wenn wir nicht frühzeitig damit beginnen, unsere Mitarbeiter dahingehend zu befähigen, werden wir unseren Wettbewerbsvorteil auf lange Sicht verlieren. Wichtig für unsere Zukunftssicherung ist es, neue Kunden zu gewinnen und langjährige Bestandskunden noch fester mit uns zu verbinden. Sowohl für unsere Mitarbeiter als auch für unsere Kunden ist die Digitale Transformation in der Beratung eine große Veränderung. Wobei man aber sagen muss, dass unsere Kunden uns den Weg vorgeben. Die Nachfrage nach digitalen Angeboten, wie zum Beispiel einer Online-Kontoeröffnung oder einem Baugeldrechner, steigt rasant. Gleichzeitig erwarten unsere Kunden in der persönlichen Beratung eine identische Geschwindigkeit wie in der digitalen Welt.

Online-Banking anzubieten ist nur ein kleiner Teil des Puzzles, um zukünftig weiterhin erfolgreich zu sein. Vielmehr sind neue Abläufe, Arbeitsmethoden und Beratungsmöglichkeiten notwendig, um mit unseren Kunden und Partnern Schritt zu halten. Der Kunde bestimmt die Art und Weise, wie er mit uns in Verbindung tritt. In der Vergangenheit war die Filiale die häufigste und wichtigste Anlaufstelle. Heute nutzen die Kunden vielfältige Zugangswege, hierzu zählen unsere Filialen vor Ort, unsere Online-Filiale, unser Online-Banking, unsere Banking-App und unser Kundenservicecenter.

Bild 4.5 Vertriebskanäle und Zugangswege (Bilderstellung mit Adobe Stock Icons)

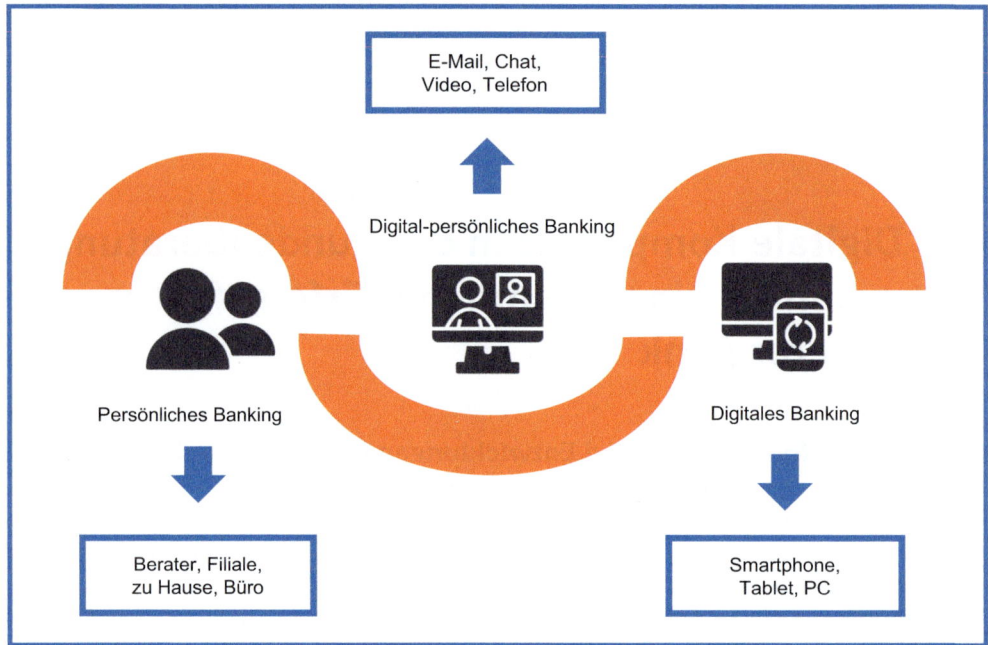

Auch die Rollenverteilung zwischen Kunde und Berater ändert sich grundlegend. Der Kunde tätigt immer mehr Bankgeschäfte, ohne dass noch ein Mitarbeiter in der Bank eingebunden ist. Konto- und Depoteröffnungen zum Beispiel funktionieren ohne persönliche Unterstützung eines Beraters. Dies löst natürlich auch Ängste und persönliche Befindlichkeiten bei uns in der Bank aus. Die Herausforderung für unsere Kundenberater ist es, sowohl in der persönlichen Beratung als auch in der digitalen Beratung souverän unterwegs zu sein. Wie schon beschrieben ändern sich die Anforderungen an unsere Mitarbeiter zunehmend. Zusätzlich zur fachlichen und sozialen Kompetenz nimmt die digitale Kompetenz einen wichtigen Stellenwert ein. Neben einer positiven Grundeinstellung, Leistungsbereitschaft und ganzheitlichem unternehmerischen Denken stehen auch Eigenschaften wie digitale Affinität und Veränderungsbereitschaft im Vordergrund. Weiterhin erleben wir einen hohen technischen Fortschritt sowohl in der Bank als auch bei unseren Kunden.

Zusammenfassung: aktuelle Herausforderungen in der Kundenberatung

- Verändertes Kundenverhalten: Kunden informieren sich zuerst online und tätigen Bankgeschäfte auch ohne Einbindung eines Beraters.

- Unsere Produkte und Dienstleistungen sind leicht am Markt vergleichbar, es gibt eine Vielzahl von Finanz- und Vergleichsportalen.

- Zukunftssicherung heißt: Neukunden gewinnen – Bestandskunden noch stärker mit uns zu verbinden.

- Unsere Kunden bestimmen den Zugangsweg zu uns in die Bank – nicht wir.

- Kunden erwarten in der persönlichen Beratung eine gleich hohe Geschwindigkeit wie in der digitalen Welt.

- Beratereigenschaften, wie digitale Affinität und Veränderungsbereitschaft, rücken in den Vordergrund.

Um unsere Herausforderungen in der Kundenberatung besser einordnen und bewerten zu können, werfen wir zunächst einen Blick zurück in die Vergangenheit. Vor 30 Jahren war der persönliche Kontakt zum Bankmitarbeiter Voraussetzung für eine gut funktionierende Kundenbeziehung. Selbst für einfache Anliegen wie Überweisungen tätigen, Kontoauszüge abholen oder Konten eröffnen, führte kein Weg am Serviceschalter der Filiale vorbei. Dies ist heute schon allein auf Grund der technischen Weiterentwicklung fast unvorstellbar. Wir befanden uns in einer Hochzinsphase. Der attraktive Sparbrief mit einer Verzinsung von 10 % p. a. machte die Geldanlage einfach und lukrativ. Auch im Kreditbereich gab es nur wenig Auswahlmöglichkeiten. Auf Grund dieser geringen Produktvielfalt fiel die Auswahl der passenden Geldanlage oder Darlehensvariante sehr leicht und bedurfte keiner technischen Unterstützung. Digitale Beratungsprogramme wurden nicht benötigt und waren daher auch nicht vorhanden. Der Berater nutzte im Kundengespräch ein weißes Blatt Papier. Hier wurden alle wesentlichen Informationen festgehalten, der Kunde nahm es zum Gesprächsabschluss mit nach Hause und heftete es in seinem Ordner ab. Bankformulare, wie zum Beispiel Kontoeröffnungs- oder Kreditanträge, standen ebenfalls nur papierhaft zur Verfügung. Online-Banking gibt es zwar seit den frühen 1980er Jahren, auf Grund der hohen Kosten war es jedoch nur für wenige Firmenkunden und Privatkunden zugänglich und attraktiv. Ab den 2000er Jahren war ein digitaler Wandel in der Bankenwelt zu spüren. Erste Online-Banken drängten auf den Markt, das Online-Angebot wurde nun vielfältiger und damit attraktiv für eine große Anzahl unserer Privat- und Firmenkunden. Neben den gängigen Zahlungsverkehrsangeboten sind nun auch weitere Leistungen, wie Möglichkeiten zur Geldanlage, Kreditangebote oder das Online-Brokerage, verfügbar. Vergleichsrechner, Selbstberatungsstrecken und Podcasts gehören heute zu einem professionellen und attraktiven Internetauftritt dazu. Auch bei uns war die Veränderung stark zu spüren. Die Filiale ist seither nicht mehr der einzige und vor allem Hauptzugangsweg für unsere Kunden. Sie kommen seltener zu uns, informieren sich im Internet über verschiedene Produkte und wickeln ihren Zahlungsverkehr auch zunehmend elektronisch ab. Heute nutzen knapp 90 % unserer Kunden das Online-Banking.

Bild 4.6 Entwicklung Nutzung Online-Banking

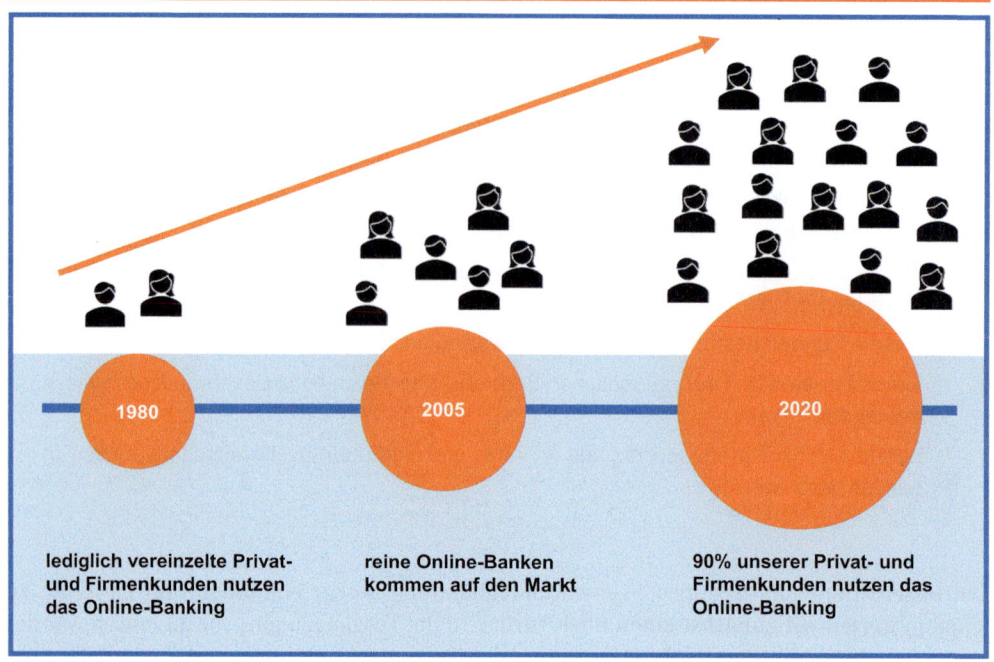

Digital affine Kunden bestimmen den Weg. Im Fokus steht nun die Omnikanalberatung. Unsere Kunden erwarten zunehmend Angebote, die sie jederzeit und überall in Anspruch nehmen können. Zum Omnikanal-Modell der genossenschaftlichen FinanzGruppe zählen die Vertriebskanäle persönliches Banking, digital-persönliches Banking und digitales Banking. Ziel ist es, ein vernetztes Dienstleistungsangebot über alle Kanäle zu schaffen und damit die Qualität des Kundenerlebnisses zu steigern. Die Kundenreise wird zukünftig über alle Kanäle und Zugangswege hinweggehen. Eine neue Herausforderung für unsere Mitarbeiter ist es, auf allen Kanälen sehr flexibel und sicher agieren zu können. Dieser Anspruch gilt nicht nur in der vertrauten Filiale, sondern auch im Rahmen einer Telefon- und Videoberatung, im Kunden-Chat und in der Interaktion mit dem Kunden im Online-Banking. Wie wir mit diesen Anforderungen umgehen und welche Unterstützungsmaßnahmen es für die Bank und unsere Mitarbeiter gibt, betrachten wir im nächsten Abschnitt.

Bild 4.7 Omnikanal – vernetztes Dienstleistungsangebot über alle Kanäle (Bilderstellung mit Adobe Stock)

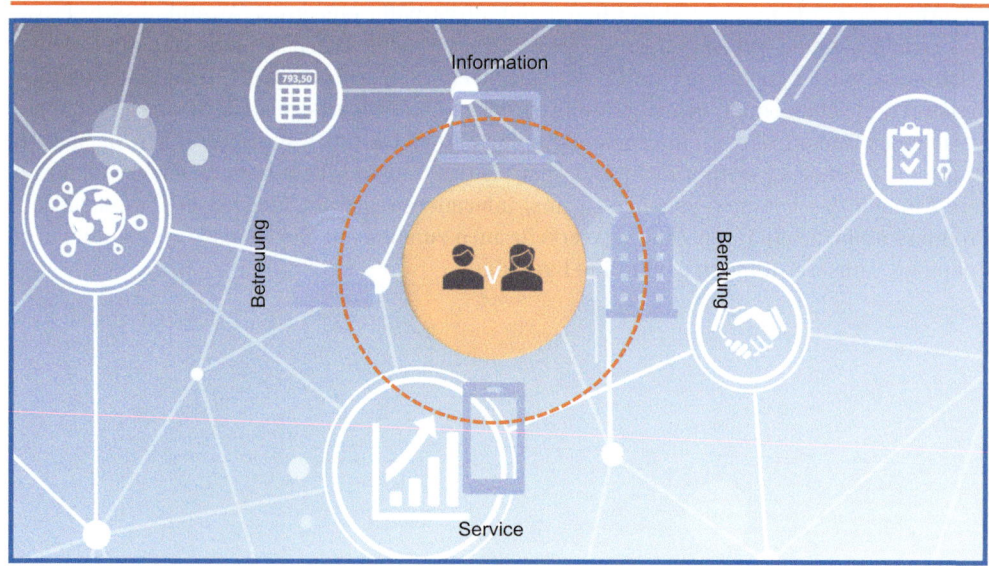

Omnikanal-Kundenreise am Beispiel einer Immobilienfinanzierung

Die Kundenreise über die verschiedenen Kanäle hinweg lässt sich gut am Beispiel der privaten Immobilienfinanzierung veranschaulichen. Verstärkt sich der Wunsch nach einer eigenen Immobilie, beginnt meist die Recherche nach dem neuen Zuhause auf verschiedenen Immobilienportalen im Internet. Sogar Besichtigungen sind mittlerweile online möglich. Hat der Kunde sein Traumhaus gefunden, muss alles ganz schnell gehen und die Finanzierung der Immobilie ist zu klären. Unser Kunde informiert sich zuerst auf verschiedenen Vergleichsportalen und schaut dann auch auf unserer Homepage vorbei. Hier findet er den Hinweis, dass er seine Immobilienfinanzierung in seinem neuen Online-Banking selbst zusammenstellen, berechnen und beantragen kann. Diese Gelegenheit nutzt er dann auch und sendet den Finanzierungsantrag gleich noch am Abend an uns ab. Dieser wird im elektronischen Postfach des Baufinanzierungsberaters eingestellt. Am nächsten Tag sichtet der Berater sein Postfach und wird auf die Finanzierungsanfrage des Kunden aufmerksam. Nun folgt die telefonische Kontaktaufnahme mit dem Kunden. Unser Berater bietet ihm eine weiterführende persönliche Beratung oder eine Videoberatung an. Der Kunde entscheidet sich für den persönlichen Weg, da er noch keine Immobilienerfahrung hat und daher das vertraute Gespräch mit einem Berater sehr schätzt. Im Kundentermin werden weitere Fragen und Details geklärt. Den Finanzierungsvorschlag stellt unser Mitarbeiter dem Kunden in seinem elektronischen Postfach im Online-Banking zur Verfügung. Diesen nimmt unser Kunde mittels einer Nachricht an den Berater aus dem Online-Banking an. Da der Kunde viel unterwegs ist, erfolgt die weitere Kommunikation und die Unterlageneinreichung hauptsächlich per E-Mail. So kann unser Kunde zeit- und ortsunabhängig auf die Informationen zugreifen. Unser Kundenberater sendet nun den Darlehensvertrag per Post zu. Dazu hat der Kunde noch ein paar Fragen. Diesmal findet das Gespräch auf Kundenwunsch per Videoberatung statt. Es können alle Fragen geklärt werden, der Kunde sendet den unterzeichneten Darlehensvertrag zurück. Zukünftig wird auch eine elektronische Vertragsunterzeichnung möglich sein. Die Auszahlung des Darlehens beantragt unser Kunde dann ebenfalls wieder vorrangig per E-Mail. An diesem Beispiel wird deutlich, dass jeder Kunde seine Reise selbst gestalten wird und kann und den Berater dann einbezieht, wann er es für richtig hält. Die Kunden nutzen situativ und nach Bedarf die jeweils relevanten Kanäle und stellen so einen hohen Anspruch an deren Vernetzung. Unsere Kundenberater müssen in der Lage sein auf allen Kanälen und Zugangswegen eine hochwertige und kompetente Beratung zu leisten.

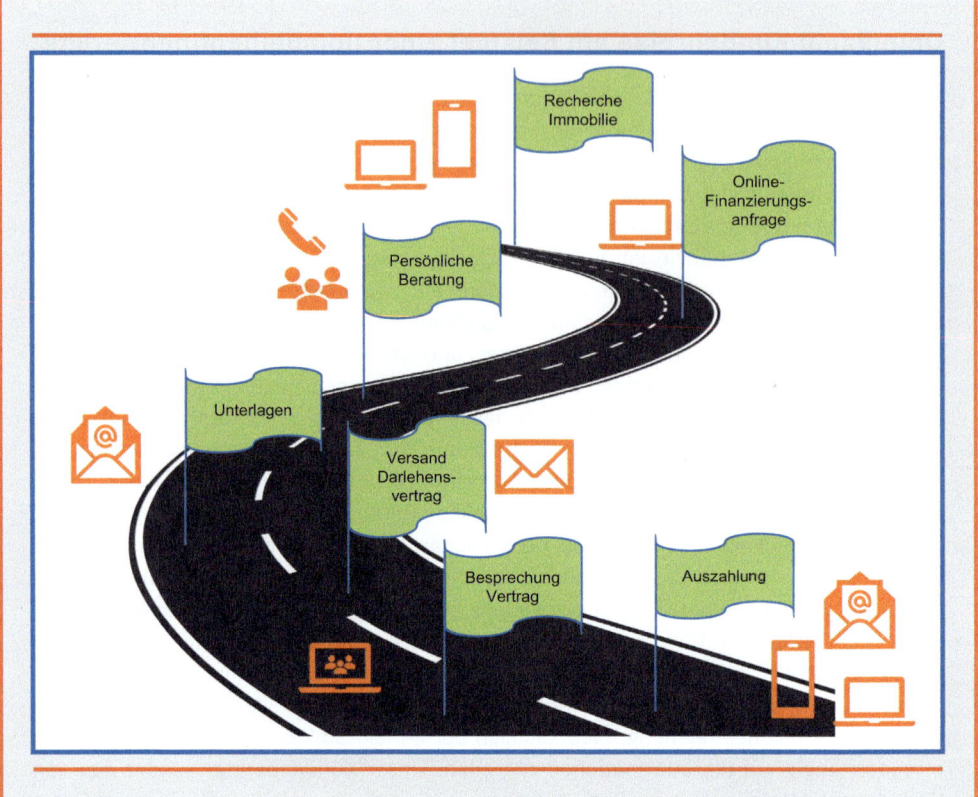

Bild 4.8 Zugangswege – Kundenreise private Immobilienfinanzierung (Bilderstellung mit Adobe Stock)

4.2.2 Digitalisierungsoffensive – ein Beitrag zur Zukunftssicherung der Genossenschaftsbanken

Die beschriebenen Anforderungen machen sehr deutlich, dass ein weißes Blatt in der Kundenberatung schon lange nicht mehr ausreicht. In unseren Kundengesprächen kommen nun anschauliche und interaktive Beratungstools zum Einsatz. Dabei wird die Beratung durch technische Lösungen unterstützt. Der Kunde schaut gemeinsam mit dem Berater auf den Bildschirm, die Dateneingabe erfolgt zeitgleich im Gespräch und teilweise werden automatische Lösungsvorschläge oder kundenspezifische Hinweise eingeblendet. Bleiben wir beim Beispiel der privaten Immobilienfinanzierung. Hier sieht der Kunde sofort, wie sich eine Veränderung der monatlichen Darlehensrate auf die Laufzeit und die Gesamtkosten auswirkt. Hinweise auf Fördermöglichkeiten werden automatisch auf Grund der Postleitzahleneingabe generiert.

Auch zukünftig erwarten wir eine weitere starke Automatisierung unserer Beratungs- und Kundenprozesse. Intern arbeiten wir stetig daran, unsere Abläufe zu vereinfachen, zu optimieren und Automatisierungspotenziale zu nutzen. Bei den vielen Hinweisen, die wir im Rahmen unserer Learning Journey erhalten haben, waren auch sehr viele Gedanken und Forderungen bezüglich des Ausbaus der digitalen Kundenberatung dabei. Dazu gehörten zum Beispiel: Handling Online-Banking verbessern, einfaches und intuitives Beratungstool für Kunden und Mitarbeiter schaffen und den digitalen Vertragsabschluss forcieren.

Der Bundesverband der Deutschen Volksbanken und Raiffeisenbanken (BVR) unterstützt die Genossenschaftsbanken dabei, die genannten Herausforderungen zu bewerkstelligen. In verschiedenen Projekten wurden zum einen die Aktivitäten zum Ausbau des Internetvertriebes stärker vorangetrieben, zum anderen wurde ein digital unterstützter Beratungsprozess erarbeitet. Im Mittelpunkt steht dabei immer die Steigerung der Beratungsqualität und der Kundenzufriedenheit. Um die neuen Herausforderungen in der Kundenbeziehung zu meistern, wurde in der genossenschaftlichen FinanzGruppe im Jahr 2018 die „Digitalisierungsoffensive" initiiert. Im Fokus steht die IT-Realisierung eines Omnikanalangebotes, in dem der Kunde seinen präferierten Kanal selbst wählen und jederzeit wechseln kann. Die Vertriebskanäle und Zugangswege für unsere Privat- und Firmenkunden werden sukzessive ausgebaut und in eine neue Vertriebsplattform integriert. Dabei handelt es sich um eine komplett neue Softwarelösung. Es werden neue Anwendungen entwickelt, die sowohl im persönlichen als auch im digitalen Banking von Kunde und Berater genutzt werden können. Zu den Anwendungen gehören zum Beispiel die Omnikanalberatung Immobilie, verschiedene Lösungen zum Thema Geld anlegen oder die Beantragungsmöglichkeit von Firmenkrediten. Des Weiteren werden natürlich die klassischen Zahlungsverkehrsmöglichkeiten angeboten.

Zusammenfassung: Zielbild Digitalisierungsoffensive

- Ausbau der digitalen Angebote für Privat- und Firmenkunden und Übertragung unserer hohen persönlichen Beratungskompetenz in die digitalen Vertriebskanäle.
- Schaffung eines herausragenden digitalen Kundenerlebnisses.
- IT-Realisierung der Omnikanalberatung: Ausbau des digitalen und digital-persönlichen Bankings.
- Wichtiger Baustein für die Wettbewerbsfähigkeit der Genossenschaftsbanken.

Der Startschuss für die Realisierung der Digitalisierungsoffensive in der Volksbank Mittweida eG wurde von unseren beiden Vorständen im Rahmen einer Mitarbeiterversammlung gegeben. Zum einen wurde eingestimmt auf die Digitale Transformation, zum anderen gab es einen umfassenden Ausblick auf die zukünftigen Veränderungen und Herausforderungen.

Die konkrete Projektumsetzung der Digitalisierungsoffensive wird nachfolgend anhand der Kategorien Zielstellung des Projektes, Mitarbeiter- und Kundeneinbindung und Kommunikation/Veränderung beschrieben.

Zielstellung des Projektes

Unser internes Projekt haben wir bewusst in zwei Bereiche aufgeteilt. In einem Teilprojekt erfolgen die technische Implementierung und die Umsetzung der regulatorischen Anforderungen. Den weitaus größeren Stellenwert bildet das zweite Teilprojekt: Veränderung und Kommunikation. Hier geht es darum, die Mitarbeiter auf dem Weg der Veränderung zu begleiten und sie zu befähigen, mit der neuen Herausforderung umzugehen und die neue Vertriebsplattform sicher anzuwenden. Die Verantwortung des Teilprojektes erfordert von Beginn an eine hohe Kommunikationskompetenz sowie Kenntnisse in der Organisationsentwicklung und im Veränderungsmanagement. Hilfreich sind auch ein technisches Grundverständnis und Vertriebserfahrung.

Im Projekt Digitalisierungsoffensive verfolgen wir diese Ziele:

- Wir möchten bei unseren Kundenberatern einen sicheren Umgang mit der neuen Vertriebsplattform, den neuen digitalen Prozessen und Beratungstools erreichen.
- Unseren Beratern muss es gelingen, die emotionale Beratungskompetenz auf neue mediale Kommunikationsformen zu übertragen.
- Entwicklung unserer Berater zu Omnikanal-Beratern. Unser Ziel ist es daher, jeden Einzelnen zu befähigen, zielgerichtet mit der „neuen Welt" umzugehen und herausragende und emotionale Kundenerlebnisse zu generieren. Den Omnikanal-Berater zeichnet es aus, dass er in der Lage ist, die Beratung ebenso professionell mit Hilfe digitaler Medien durchzuführen, wie er es heute bereits persönlich kann.

- Wichtig ist es, mit den gewachsenen Kundenanforderungen und dem neuen Kundenverhalten im Einklang zu stehen und diesen gerecht zu werden.
- Frühzeitige Einbindung unserer Kunden.

Einbindung unserer Mitarbeiter und Kunden in die Projektarbeit

Um unsere genannten Projektziele bestmöglich zu erreichen, haben wir sehr großen Wert auf die frühzeitige Einbindung unserer Mitarbeiter gelegt. Gestartet sind wir mit einem festen Kernteam. Projektmitglieder sind Mitarbeiter aus unterschiedlichen Bereichen und Hierarchieebenen der Bank, zum Beispiel: Organisation, Controlling, Privatkundengeschäft, Firmenkundengeschäft und Vertriebsmanagement. Das Projektteam fungiert dabei als Vorbild in der Bank, unterstützt in der Kommunikation und begleitet die Kolleginnen und Kollegen des eigenen Bereiches im Veränderungsprozess.

Die Projektdurchführung auf der Ebene der genossenschaftlichen FinanzGruppe erfolgt unter Anwendung agiler Methoden. Die neuen Kunden- und Beraternanwendungen werden als Minimum Viable Product (MVP) an uns ausgeliefert. Dabei handelt es sich um ein erstes funktionsfähiges Produkt, welches bereits einen echten Kundennutzen leistet. Neuerungen werden uns im Rahmen von Publications in kurzen Zyklen zur Verfügung gestellt. Aus diesem Grund müssen wir die einzelnen Anwendungen regelmäßig testen und bewerten. Die Verantwortung dafür tragen die MVP-Verantwortlichen in der Bank. Diese entwickeln sich zu Experten und kommen aus den jeweiligen Fachbereichen. Beispielsweise verantwortet eine Kundenberaterin aus dem Bereich private Baufinanzierung die Anwendung Omnikanalberatung Immobilie und ein Kollege aus dem Bereich Payment Solutions das neue Online-Banking. Sie binden im Rahmen der Projektarbeit auch weitere Kolleginnen und Kollegen aus der eigenen Abteilung ein. In diesem Zuge führen sie die Mitarbeiter schrittweise an die neue Technik heran und vermitteln gleichzeitig Expertenwissen im Umgang mit den neuen Tools. Diese Vorgehensweise sehen wir als Chance, unsere Kundenberater Schritt für Schritt an die neuen Prozesse und Abläufe heranzuführen und die effektive und sichere Nutzung der Beratungstools zu üben. Weiterhin haben unsere Mitarbeiter dadurch die Möglichkeit, die zukünftige Arbeitsweise mitzugestalten. Wie bereits im ersten Teil beschrieben, setzen wir uns seit der Durchführung unserer Learning Journey intensiv mit den agilen Arbeitsmethoden auseinander. Dies hilft uns bei der Projektbegleitung sehr und schafft hohes Verständnis bei allen Beteiligten hinsichtlich der Vorgehensweise der genossenschaftlichen FinanzGruppe.

Bankübergreifend besteht für uns die Möglichkeit in verschiedenen Business Solutions Teams mitzuarbeiten. Hier werden die einzelnen neuen Beratungsanwendungen in agilen und crossfunktionalen Teams inhaltlich weiterentwickelt. Die Teilnahme bietet unseren Mitarbeitern einen hohen persönlichen Mehrwert hinsichtlich der Entwicklung ihrer agilen und digitalen Fähigkeiten. Sie erwerben zum einen theoretische Grundkenntnisse agiler Projektarbeit, zum anderen sammeln sie direkt praktische Erfahrungen im Umgang mit agilen Arbeitsmethoden. Auch hier knüpfen wir wieder direkt an die Erfahrungen und Erkenntnisse unserer Lernreise an.

Grundsätzlich können sich natürlich alle Mitarbeiter in der Bank im Projekt einbringen, auch wenn sie in der beschriebenen Projektstruktur nicht direkt eingebunden sind. Wir haben allen Kolleginnen und Kollegen einen Zugang zur neuen Vertriebsplattform eingerichtet. So haben sie jederzeit die Möglichkeit, sich mit den neuen Anwendungen vertraut zu machen, diese selbst zu testen und zu nutzen. Diese Vorgehensweise soll ihnen den sichereren Umgang mit den neuen Anwendungen erleichtern. Später sind unsere Berater dann in der Lage die Beratungstools routiniert im Kundengeschäft einzusetzen.

Neben unseren Mitarbeitern binden wir auch unsere Kunden frühzeitig in den Veränderungsprozess mit ein. Im Juli 2020 haben wir eine kleine Kundengruppe für unser neues Online-Banking freigeschaltet. Die Kunden geben uns wertvolles Feedback hinsichtlich der Funktionsweise und Bedienerfreundlichkeit. Dieses beziehen wir bei unseren regelmäßigen Feedbackschleifen mit ein.

Bild 4.9 Übersicht Einbindung Mitarbeiter und Kunden im Projekt (Bilderstellung mit Adobe Stock)

Beschreibung Teilprojekt Kommunikation und Veränderung

Wie bereits beschrieben ist die Realisierung der Digitalisierungsoffensive in der Bank ein bereichs- und hierarchieübergreifender Veränderungsprozess. Weiterhin erfordert sie ein hohes Maß an digitaler Kompetenz sowie Veränderungsbereitschaft und -fähigkeit. Eine offene und zielgerichtete Kommunikation ist die Grundlage für eine erfolgreiche Begleitung unserer Führungskräfte und Mitarbeiter auf dem Weg in die neue digitale Kundenberatung. Wir haben daher für unser Haus eine umfassende Kommunikationsstruktur erarbeitet. Wir informieren alle (hierarchieübergreifend) regelmäßig zum Projektfortschritt. Dabei werden Hindernisse und Hürden offen angesprochen und konstruktiv diskutiert, um eine schnelle Lösungsfindung herbeizuführen. Darüber hinaus findet jährlich ein Boxenstopp statt, um das Zielbild, Inhalt des Projektes und den Umsetzungsstand abzugleichen.

Für unsere Mitarbeiter haben wir spezielle Seminare zur Digitalisierungsoffensive konzipiert. Die Durchführung erfolgte im Rahmen eines Online-Formates. Wir haben bewusst mehrere Seminartermine angeboten und die Teilnehmerzahl eingeschränkt. Ziel war es, die Mitarbeiter gut einzubinden, ausreichend Zeit für Fragen zu haben und allen Kolleginnen und Kollegen die Möglichkeit zu geben auch teilzunehmen. Inhaltlich haben wir zum einen fachliche Informationen vermittelt, zum anderen konnten alle Teilnehmer den Umgang mit unseren digitalen Konferenzsystemen üben. So haben wir neben der eigentlichen Thematik gleich weitere Lernerfolge, wie zum Beispiel die rechtzeitige Einwahl in das Konferenzsystem und die Nutzung der Chatfunktion, erzielt. Gestartet sind wir mit unseren Vertriebsmitarbeitern. Dazu zählen unsere Kundenberater aus dem Privat- und Firmenkundengeschäft und unsere Servicemitarbeiter aus unseren Filialen. Im weiteren Verlauf haben wir dann auch die Mitarbeiter aus den internen Bereichen, wie zum Beispiel Controlling, Rechnungswesen und Personal eingebunden. Neben der theoretischen Vorstellung haben wir die neuen Anwendungen in einer Live-Demonstration gezeigt und umfassend erklärt. Parallel konnten sich die Teilnehmer in die neue Vertriebsplattform einloggen und die Funktionen gleich selbst ausprobieren. Die Mitarbeiter waren schnell für die neuen Anwendungen zu begeistern und hatten die Gelegenheit rege genutzt, um erste Fragen zu stellen. Weitere Online-Fragestunden dienen dazu, den kompetenten Umgang mit der neuen Vertriebsplattform zu stärken und weiteres Wissen zu vermitteln. Insgesamt wurde das umfangreiche Seminarangebot sehr gut angenommen und ist ein wichtiger Baustein bei der Begleitung der Mitarbeiter auf dem Weg in die digitale Kundenberatung.

Bei der Vermittlung und Bearbeitung von komplexen Themen haben wir uns für die Durchführung von Praxisworkshops entschieden. Hier haben wir ausreichend Zeit eingeplant, um die Teilnehmer inhaltlich abzuholen und gemeinsam die weitere Vorgehensweise zu besprechen und wichtige richtungsrelevante Entscheidungen zu treffen.

Zusätzlich zu unseren internen Angeboten bieten wir auch die Möglichkeit, an weiteren Schulungsangeboten der genossenschaftlichen FinanzGruppe teilzunehmen.

Großen Wert legen wir im Projekt auch auf die laufende Kommunikation. Die Digitalisierungsoffensive steht bei allen Mitarbeiterversammlungen auf der Agenda. Fachliche Informationen verteilen wir regelmäßig und in kleinen Abschnitten über unsere internen Hausmitteilungen und Newsletter in unserer Mitarbeiter-App. Hier nutzen wir auch neue Kommunikationsformen, wie zum Beispiel Erklärvideos.

Erfolgsfaktor Kommunikation

- Frühzeitige Kommunikation an ALLE Mitarbeiter.
- Kleine Informationspakete, dafür in kürzeren Abständen.
- Online-Seminare in kleinen Gruppen: Teilnehmer einbinden, ausreichend Zeit für Fragen, erworbenes Wissen gleich selbst ausprobieren.
- Praxisworkshops für komplexe Themen mit ausgewählten Abteilungen/Mitarbeitern.
- Nutzung verschiedener Formate: Seminar, Newsletter, Erklärvideos, Mitarbeiterversammlung.

Neben der umfassenden Kommunikation ist ein weiterer wesentlicher Erfolgsfaktor der Projektumsetzung in der Bank das Training am Arbeitsplatz. Dabei vermitteln wir unseren Beratern die praktischen Kenntnisse, die für eine erfolgreiche Durchführung einer digitalen Beratung wichtig sind. Das ist bedeutend, da sich die Video- bzw. Online-Beratung in einigen Punkten sehr stark von einer persönlichen Beratung vor Ort unterscheidet. Außerdem müssen wir in der Lage sein, diesen modernen Kommunikationsweg zukünftig unseren Kunden vermehrt anzubieten. Das Online-Training wird direkt am eigenen Arbeitsplatz durchgeführt und simuliert eine digitale Kundenberatung. Das bedeutet, dass der Berater den Trainer online einlädt und alle Vorbereitungen treffen muss, um ein ungestörtes Kundengespräch durchzuführen. Die Basis für eine erfolgreiche Videoberatung ist eine gute Vorbereitung und Gesprächsstruktur. Die Aufmerksamkeit des Kunden während des Gespräches nicht zu verlieren und in Interaktion mit ihm zu bleiben wird schnell zu einer Herausforderung.

Unser Training-on-the-Job basiert auf einem dreistufigen in sich aufbauenden Konzept. In der ersten Stufe üben unsere Berater den sicheren Umgang mit der Technik und besprechen die Grundlagen für eine erfolgreiche digitale Beratung. Dazu gehört beispielsweise die richtige Kameraeinstellung mit den optimalen Lichtverhältnissen, das Ausschalten von Pop-ups und die Gewährleistung der notwendigen Ruhe. Auch Hinweise zur Muster- und Farbauswahl der Kleidung des Beraters sind Trainingsinhalt, da es sogar hier Unterschiede zur persönlichen Beratung gibt. Damit sich der Mitarbeiter an die neue Gesprächssituation gewöhnen und mit der Technik vertraut machen kann, wird mit einem einfachen Praxisbeispiel, wie einer Kontoeröffnung für einen Privatkunden, geübt. Im zweiten Schritt werden die Erkenntnisse aus Stufe eins gefestigt und ein komplexerer Übungsfall herangezogen, zum Beispiel eine Beratung bezüglich einer Berufsunfähigkeitsversicherung. Die grundlegenden Themen, wie Blickkontakt, Einbindung des Kunden, Nutzung der Bildschirmübertragung und Chatfunktion, sollten jetzt größtenteils routiniert ablaufen. In der dritten Stufe wird eine umfassende Wertpapierberatung durchgeführt. Der Berater sollte sich nur noch auf den Inhalt der Kundenberatung konzentrieren. Nach Durchführung des Trainings am Arbeitsplatz wird die Übung und Entwicklung der digitalen Beratungskompetenz konsequent in den Arbeitsalltag integriert und regelmäßig auf den Prüfstand gestellt und im Rahmen der internen Personalentwicklung und durch Begleitung der Führungskräfte weiterqualifiziert.

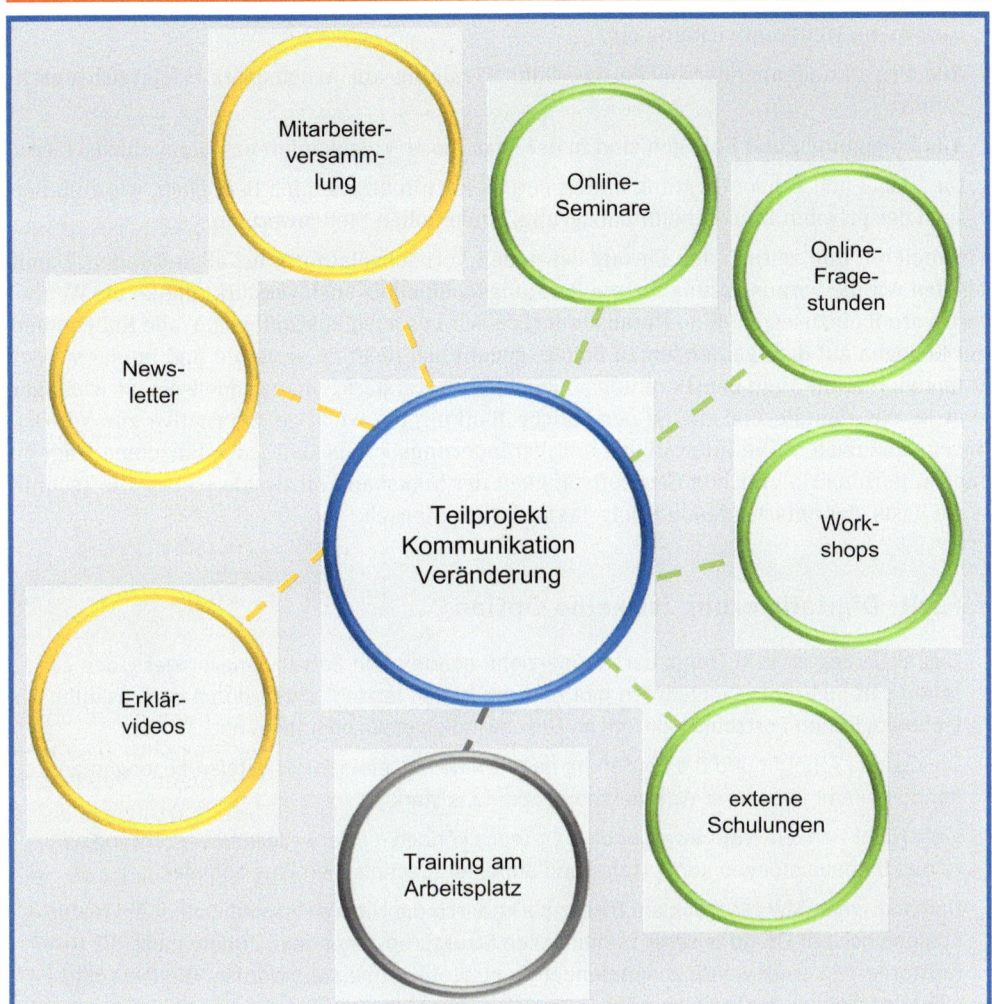

Aktueller Umsetzungsstand des Projektes Digitalisierungsoffensive und Ausblick

Mit den beschriebenen Maßnahmen ist die Projektumsetzung in unserer Bank noch nicht abgeschlossen. Im Gegenteil, wir befinden uns weiterhin mitten im Umsetzungsprozess. Folgende Projektergebnisse haben wir bisher erreicht:

- Wir haben die Weichen für die Zukunft gestellt. Im Fokus steht die Omnikanalberatung.

- Wir haben die Bedeutung der Digitalen Transformation in der Kundenberatung für alle Mitarbeiter transparent gemacht. Ein wesentlicher Baustein dafür war auch hier unsere Learning Journey.

- Wir kommunizieren regelmäßig zu Neuerungen.

- Alle Kolleginnen und Kollegen (hierarchieübergreifend, sowohl Vertriebsmitarbeiter als auch interne Mitarbeiter) kennen die neue Vertriebsplattform und damit auch die neuen Beratungsanwendungen.

- Alle Mitarbeiter sind für die neue Vertriebsplattform freigeschaltet und können diese selbst nutzen und testen.

- Wir haben einzelne Mitarbeiter zu Experten hinsichtlich der neuen Anwendungen entwickelt. Diese beziehen ihr Team mit ein und geben Fachwissen gezielt weiter.

- Erste Anwendungen haben wir an unsere Kunden ausgebracht und beziehen deren Feedback in die Weiterentwicklung ein.
- Alle Privatkundenberater haben das Online-Training am Arbeitsplatz erfolgreich durchgeführt.
- Alle Kolleginnen und Kollegen sind in der Lage unser Videokonferenzsystem einzusetzen.
- Die Video- und Telefonberatung nimmt bereits jetzt in bestimmten Bereichen, wie zum Beispiel der privaten Immobilienfinanzierung, einen hohen Stellenwert ein.

Wir forcieren nun zeitnah den Einsatz der neuen Vertriebsplattform bei allen Kunden. Damit schaffen wir die Voraussetzung unsere Beratungskompetenz auch verstärkt digital als Wettbewerbsvorteil einzusetzen. Eine Herausforderung wird es auch zukünftig sein, alle Kolleginnen und Kollegen auf dem Laufenden zu halten, gedanklich nicht zu verlieren und immer wieder zu motivieren, die digitalen Beratungsmöglichkeiten verstärkt anzuwenden. Es ist wichtiger denn je, das digitale und digital-persönliche Banking als wichtige Alternative zur Vor-Ort-Präsenz anzubieten. Die Innovations- und Veränderungsbereitschaft jedes Einzelnen trägt zu einer weiterhin erfolgreichen Geschäftstätigkeit der Volksbank Mittweida eG bei. Die Technik ist die Basis, der entscheidende Erfolgsfaktor ist der Mensch.

Fazit: Digitalisierung ist keine Option

Digitalisierung ist kein Trend, der vorüberzieht, sondern ein Entwicklungsprozess, den es schon seit mehreren Jahrzehnten gibt und der in den letzten Jahren durch den rasanten technologischen Fortschritt extrem an Geschwindigkeit zugenommen hat.

Die digitale Affinität und die Forderung nach schnellen, einfachen digitalen Lösungen der Kunden nimmt in unserer Wahrnehmung ebenfalls stark zu.

Viele Nicht-Banken-Wettbewerber bzw. FinTechs können mittlerweile eine Vielzahl von einzelnen Dienstleistungen komfortabel und auf einem technischen Weg anbieten.

Dem extremen Margendruck am Finanzmarkt durch die Niedrigzinspolitik steht ein fester Kostenblock auf Grund unserer traditionellen Strukturen gegenüber. Zudem muss die Herausforderung einer weiter zunehmenden Regulatorik gemeistert werden, die die Kosten nicht unerheblich zusätzlich erhöht.

Im Ergebnis führt dies dazu, dass Banken im Transformationsprozess schneller vorangehen müssen. Damit das gelingt, gilt es nicht nur auf Prozess- und Dienstleistungsebene zu denken. Die Unternehmenskultur muss sich darauf ausrichten und die Menschen müssen mitgenommen werden. Trotz aller Technik sehen wir in der Kundennähe und unserer Beratungskompetenz ein wichtiges Asset der Genossenschaftsbanken. Wir als Regionalbank haben die große Chance persönlich und digital miteinander zu verknüpfen und damit in eine erfolgreiche Zukunft zu steuern.

Index